2023 | 全国勘察设计注册工程师执业资格考试用书

Zhuce Gongyong Shebei Gongchengshi (Nuantong Kongtiao、Dongli) Zhiye Zige Kaoshi Jichu Kaoshi Shijuan

注册公用设备工程师（暖通空调、动力）执业资格考试

基础考试试卷

公共基础

注册工程师考试复习用书编委会 / 编

李洪欣　曹纬浚 / 主编

微信扫一扫

里面有数字资源的获取和使用方法哟

人民交通出版社股份有限公司

北京

内 容 提 要

本书分两册，分别为公共基础 2009~2022 年考试真题和暖通空调、动力专业基础 2005~2022 年考试真题，每套真题后均附有参考答案和解析。本书还配有在线电子题库，部分真题有视频解析，可微信扫描公共基础封面二维码免费领取，有效期一年。

本书可供参加 2023 年注册公用设备工程师（暖通空调、动力）执业资格考试基础考试的考生复习使用。

图书在版编目（CIP）数据

2023 注册公用设备工程师（暖通空调、动力）执业资格考试基础考试试卷/李洪欣，曹纬浚主编.—北京：人民交通出版社股份有限公司，2023.4

2023 全国勘察设计注册工程师执业资格考试用书

ISBN 978-7-114-18454-3

Ⅰ.①2… Ⅱ.①李… ②曹… Ⅲ.①建筑工程—供热系统—资格考试—习题集②建筑工程—通风系统—资格考试—习题集③建筑工程—空气调节系统—资格考试—习题集 Ⅳ.①TU8-44

中国国家版本馆 CIP 数据核字（2023）第 000367 号

书　　名：2023 注册公用设备工程师（暖通空调、动力）执业资格考试基础考试试卷
著 作 者：李洪欣　曹纬浚
责任编辑：刘彩云
责任印制：张　凯
出版发行：人民交通出版社股份有限公司
地　　址：（100011）北京市朝阳区安定门外外馆斜街 3 号
网　　址：http://www.ccprcl.com.cn
销售电话：（010）59757973
总 经 销：人民交通出版社股份有限公司发行部
经　　销：各地新华书店
印　　刷：北京市密东印刷有限公司
开　　本：889×1194　1/16
印　　张：62.75
字　　数：1276 千
版　　次：2022 年 4 月　第 1 版
印　　次：2022 年 4 月　第 1 次印刷
书　　号：ISBN 978-7-114-18454-3
定　　价：178.00 元（含两册）

目　录

（公共基础）

2009年度全国勘察设计注册工程师

执业资格考试试卷

基础考试

（上）

二〇〇九年九月

应考人员注意事项

1. 本试卷科目代码为“1”，考生务必将此代码填涂在答题卡“科目代码”相应的栏目内，否则，无法评分。

2. 书写用笔：**黑色或蓝色钢笔、签字笔或圆珠笔**；

   填涂答题卡用笔：**黑色 2B 铅笔**。

3. 必须用书写用笔将工作单位、姓名、准考证号填写在答题卡和试卷相应的栏目内。

4. 本试卷由 120 题组成，每题 1 分，满分 120 分，本试卷全部为单项选择题，每小题的四个备选项中只有一个正确答案，错选、多选、不选均不得分。

5. 考生作答时，必须按**题号在答题卡上**将相应试题所选选项对应的**字母用 2B 铅笔涂黑**。

6. 在答题卡上书写与题意无关的语言，或在答题卡上作标记的，均按违纪试卷处理。

7. 考试结束时，由监考人员当面将试卷、答题卡一并收回。

8. 草稿纸由各地统一配发，考后收回。

单项选择题（共 120 分，每题 1 分。每题的备选项中只有一个最符合题意。）

1. 设$\vec{\alpha} = -\vec{i} + 3\vec{j} + \vec{k}$，$\vec{\beta} = \vec{i} + \vec{j} + t\vec{k}$，已知$\vec{\alpha} \times \vec{\beta} = -4\vec{i} - 4\vec{k}$，则$t =$

A. −2　　B. 0

C. −1　　D. 1

2. 设平面方程为$x + y + z + 1 = 0$，直线方程为$1 - x = y + 1 = z$，则直线与平面：

A. 平行　　B. 垂直

C. 重合　　D. 相交但不垂直

3. 设函数$f(x) = \begin{cases} 1 + x, & x \geqslant 0 \\ 1 - x^2, & x < 0 \end{cases}$，在$(-\infty, +\infty)$内：

A. 单调减少　　B. 单调增加

C. 有界　　D. 偶函数

4. 若函数$f(x)$在点x_0间断，$g(x)$在点x_0连续，则$f(x)g(x)$在点x_0：

A. 间断　　B. 连续

C. 第一类间断　　D. 可能间断可能连续

5. 函数$y = \cos^2 \frac{1}{x}$在x处的导数是：

A. $\frac{1}{x^2}\sin\frac{2}{x}$　　B. $-\sin\frac{2}{x}$

C. $-\frac{2}{x^2}\cos\frac{1}{x}$　　D. $-\frac{1}{x^2}\sin\frac{2}{x}$

6. 设$y = f(x)$是(a, b)内的可导函数，x，$x + \Delta x$是(a, b)内的任意两点，则：

A. $\Delta y = f'(x)\Delta x$

B. 在x，$x + \Delta x$之间恰好有一点ξ，使$\Delta y = f'(\xi)\Delta x$

C. 在x，$x + \Delta x$之间至少存在一点ξ，使$\Delta y = f'(\xi)\Delta x$

D. 在x，$x + \Delta x$之间的任意一点ξ，使$\Delta y = f'(\xi)\Delta x$

7. 设$z = f(x^2 - y^2)$，则$\mathrm{d}z =$

A. $2x - 2y$　　B. $2x\mathrm{d}x - 2y\mathrm{d}y$

C. $f'(x^2 - y^2)\mathrm{d}x$　　D. $2f'(x^2 - y^2)(x\mathrm{d}x - y\mathrm{d}y)$

8. 若$\int f(x)\mathrm{d}x = F(x) + C$，则$\int \frac{1}{\sqrt{x}} f(\sqrt{x})\mathrm{d}x =$

A. $\frac{1}{2}F(\sqrt{x}) + C$

B. $2F(\sqrt{x}) + C$

C. $F(x) + C$

D. $\frac{F(\sqrt{x})}{\sqrt{x}}$

9. $\int \frac{\cos 2x}{\sin^2 x \cos^2 x}\mathrm{d}x =$

A. $\cot x - \tan x + C$

B. $\cot x + \tan x + C$

C. $-\cot x - \tan x + C$

D. $-\cot x + \tan x + C$

10. $\frac{\mathrm{d}}{\mathrm{d}x}\int_0^{\cos x} \sqrt{1 - t^2}\,\mathrm{d}t$等于：

A. $\sin x$

B. $|\sin x|$

C. $-\sin^2 x$

D. $-\sin x|\sin x|$

11. 下列结论中正确的是：

A. $\int_{-1}^{1} \frac{1}{x^2}\mathrm{d}x$收敛

B. $\frac{\mathrm{d}}{\mathrm{d}x}\int_0^{x^2} f(t)\mathrm{d}t = f(x^2)$

C. $\int_1^{+\infty} \frac{1}{\sqrt{x}}\mathrm{d}x$发散

D. $\int_{-\infty}^{0} e^{-\frac{x^2}{2}}\mathrm{d}x$发散

12. 曲面$x^2 + y^2 + z^2 = 2z$之内及曲面$z = x^2 + y^2$之外所围成的立体的体积$V =$

A. $\int_0^{2\pi}\mathrm{d}\theta\int_0^1 r\mathrm{d}r\int_r^{\sqrt{1-r^2}}\mathrm{d}z$

B. $\int_0^{2\pi}\mathrm{d}\theta\int_0^r r\mathrm{d}r\int_{r^2}^{1-\sqrt{1-r^2}}\mathrm{d}z$

C. $\int_0^{2\pi}\mathrm{d}\theta\int_0^r r\mathrm{d}r\int_r^{1-r}\mathrm{d}z$

D. $\int_0^{2\pi}\mathrm{d}\theta\int_0^1 r\mathrm{d}r\int_{1-\sqrt{1-r^2}}^{r^2}\mathrm{d}z$

13. 已知级数$\sum_{n=1}^{\infty}(u_{2n} - u_{2n+1})$是收敛的，则下列结论成立的是：

A. $\sum_{n=1}^{\infty} u_n$必收敛

B. $\sum_{n=1}^{\infty} u_n$未必收敛

C. $\lim_{n\to\infty} u_n = 0$

D. $\sum_{n=1}^{\infty} u_n$发散

14. 函数$\frac{1}{3-x}$展开成$(x-1)$的幂级数是：

A. $\sum_{n=0}^{\infty} \frac{x^n}{2^n}$

B. $\sum_{n=0}^{\infty} \left(\frac{1-x}{2}\right)^n$

C. $\sum_{n=0}^{\infty} \frac{(x-1)^n}{2^{n+1}}$

D. $\sum_{n=0}^{\infty} (-1)^n \frac{x^n}{4^{n+1}}$

15. 微分方程$(3+2y)x\mathrm{d}x+(1+x^2)\mathrm{d}y=0$的通解为：

A. $1+x^2=Cy$

B. $(1+x^2)(3+2y)=C$

C. $(3+2y)^2=\frac{C}{1+x^2}$

D. $(1+x^2)^2(3+2y)=C$

16. 微分方程$y''+ay'^2=0$满足条件$y|_{x=0}=0$，$y'|_{x=0}=-1$的特解是：

A. $\frac{1}{a}\ln|1-ax|$

B. $\frac{1}{a}\ln|ax|+1$

C. $ax-1$

D. $\frac{1}{a}x+1$

17. 设$\boldsymbol{\alpha}_1,\boldsymbol{\alpha}_2,\boldsymbol{\alpha}_3$是 3 维列向量，$|\boldsymbol{A}|=|\boldsymbol{\alpha}_1,\boldsymbol{\alpha}_2,\boldsymbol{\alpha}_3|$，则与$|\boldsymbol{A}|$相等的是：

A. $|\boldsymbol{\alpha}_2,\boldsymbol{\alpha}_1,\boldsymbol{\alpha}_3|$

B. $|-\boldsymbol{\alpha}_2,-\boldsymbol{\alpha}_3,-\boldsymbol{\alpha}_1|$

C. $|\boldsymbol{\alpha}_1+\boldsymbol{\alpha}_2,\boldsymbol{\alpha}_2+\boldsymbol{\alpha}_3,\boldsymbol{\alpha}_3+\boldsymbol{\alpha}_1|$

D. $|\boldsymbol{\alpha}_1,\boldsymbol{\alpha}_1+\boldsymbol{\alpha}_2,\boldsymbol{\alpha}_1+\boldsymbol{\alpha}_2+\boldsymbol{\alpha}_3|$

18. 设$\boldsymbol{A}$是$m\times n$非零矩阵，$\boldsymbol{B}$是$n\times l$非零矩阵，满足$\boldsymbol{AB}=0$，以下选项中不一定成立的是：

A. $\boldsymbol{A}$的行向量组线性相关

B. $\boldsymbol{A}$的列向量组线性相关

C. $\boldsymbol{B}$的行向量组线性相关

D. $r(\boldsymbol{A})+r(\boldsymbol{B})\leqslant n$

19. 设$\boldsymbol{A}$是 3 阶实对称矩阵，$\boldsymbol{P}$是 3 阶可逆矩阵，$\boldsymbol{B}=\boldsymbol{P}^{-1}\boldsymbol{AP}$，已知$\boldsymbol{\alpha}$是$\boldsymbol{A}$的属于特征值$\lambda$的特征向量，则$\boldsymbol{B}$的属于特征值$\lambda$的特征向量是：

A. $\boldsymbol{P\alpha}$　　B. $\boldsymbol{P}^{-1}\boldsymbol{\alpha}$　　C. $\boldsymbol{P}^{\mathrm{T}}\boldsymbol{\alpha}$　　D. $(\boldsymbol{P}^{-1})^{\mathrm{T}}\boldsymbol{\alpha}$

20. 设$\boldsymbol{A}=\begin{bmatrix}1&1\\1&2\end{bmatrix}$，与$\boldsymbol{A}$合同的矩阵是：

A. $\begin{bmatrix}1&-1\\-1&2\end{bmatrix}$

B. $\begin{bmatrix}-1&1\\1&-2\end{bmatrix}$

C. $\begin{bmatrix}1&1\\-1&2\end{bmatrix}$

D. $\begin{bmatrix}1&-1\\1&2\end{bmatrix}$

21. 若$P(A)=0.5$，$P(B)=0.4$，$P(\overline{A}-B)=0.3$，则$P(A\cup B)=$

A. 0.6　　B. 0.7　　C. 0.8　　D. 0.9

22. 设随机变量$X\sim N(0,\sigma^2)$，则对任何实数λ，都有：

A. $P(X\leqslant\lambda)=P(X\geqslant\lambda)$

B. $P(X\geqslant\lambda)=P(X\leqslant-\lambda)$

C. $X-\lambda\sim N(\lambda,\sigma^2-\lambda^2)$

D. $\lambda X\sim N(0,\lambda\sigma^2)$

23. 设随机变量X的概率密度为$f(x)=\begin{cases}\frac{3}{8}x^2, & 0<x<2\\ 0, & 其他\end{cases}$，则$Y=\frac{1}{X}$的数学期望是：

A. $\frac{3}{4}$　　B. $\frac{1}{2}$　　C. $\frac{2}{3}$　　D. $\frac{1}{4}$

24. 设总体X的概率密度为$f(x,\theta)=\begin{cases}e^{-(x-\theta)}, & x\geqslant\theta\\ 0, & x<\theta\end{cases}$，而$X_1,X_2,\cdots,X_n$是来自该总体的样本，则未知参数$\theta$的最大似然估计是：

A. $\overline{X}-1$

B. $n\overline{X}$

C. $\min(X_1,X_2,\cdots,X_n)$

D. $\max(X_1,X_2,\cdots,X_n)$

25. 1mol 刚性双原子理想气体，当温度为T时，每个分子的平均平动动能为：

A. $\frac{3}{2}RT$　　B. $\frac{5}{2}RT$　　C. $\frac{3}{2}kT$　　D. $\frac{5}{2}kT$

26. 在恒定不变的压强下，气体分子的平均碰撞频率$\overline{Z}$与温度T的关系为：

A. $\overline{Z}$与T无关

B. $\overline{Z}$与$\sqrt{T}$成正比

C. $\overline{Z}$与$\sqrt{T}$成反比

D. $\overline{Z}$与T成正比

27. 汽缸内有一定量的理想气体，先使气体做等压膨胀，直至体积加倍，然后做绝热膨胀，直至降到初始温度，在整个过程中，气体的内能变化 ΔE和对外做功W为：

A. $\Delta E=0$，$W>0$

B. $\Delta E=0$，$W<0$

C. $\Delta E>0$，$W>0$

D. $\Delta E<0$，$W<0$

28. 一个汽缸内储有一定量的单原子分子理想气体，在压缩过程中外界做功 209J，此过程中气体内能增加 120J，则外界传给气体的热量为：

A. −89J　　B. 89J　　C. 329J　　D. 0

29. 已知平面简谐波的方程为$y=A\cos(Bt-Cx)$，式中A、B、C为正常数，此波的波长和波速分别为：

A. $\frac{B}{C}$，$\frac{2\pi}{C}$

B. $\frac{2\pi}{C}$，$\frac{B}{C}$

C. $\frac{\pi}{C}$，$\frac{2B}{C}$

D. $\frac{2\pi}{C}$，$\frac{C}{B}$

30. 一平面简谐波在弹性媒质中传播，在某一瞬间，某质元正处于其平衡位置，此时它的：

A. 动能为零，势能最大

B. 动能为零，热能为零

C. 动能最大，势能最大

D. 动能最大，势能为零

31. 通常声波的频率范围是：

A. 20~200Hz　　B. 20~2000Hz

C. 20~20000Hz　　D. 20~200000Hz

32. 在空气中用波长为λ的单色光进行双缝干涉实验，观测到相邻明条纹的间距为 1.33mm，当把实验装置放入水中（水的折射率$n = 1.33$）时，则相邻明条纹的间距变为：

A. 1.33mm　　B. 2.66mm　　C. 1mm　　D. 2mm

33. 波长为λ的单色光垂直照射到置于空气中的玻璃劈尖上，玻璃的折射率为n，则第三级暗条纹处的玻璃厚度为：

A. $\frac{3\lambda}{2n}$　　B. $\frac{\lambda}{2n}$　　C. $\frac{3\lambda}{2}$　　D. $\frac{2n}{3\lambda}$

34. 若在迈克尔逊干涉仪的可动反射镜 M 移动 0.620mm 过程中，观察到干涉条纹移动了 2300 条，则所用光波的波长为：

A. 269nm　　B. 539nm

C. 2690nm　　D. 5390nm

35. 波长分别为$\lambda_1 = 450\text{nm}$和$\lambda_2 = 750\text{nm}$的单色平行光，垂直入射到光栅上，在光栅光谱中，这两种波长的谱线有重叠现象，重叠处波长为λ_2谱线的级数为：

A. $2,3,4,5,\cdots$　　B. $5,10,15,20,\cdots$

C. $2,4,6,8,\cdots$　　D. $3,6,9,12,\cdots$

36. 一束自然光从空气投射到玻璃板表面上，当折射角为 30°时，反射光为完全偏振光，则此玻璃的折射率为：

A. $\frac{\sqrt{3}}{2}$　　B. $\frac{1}{2}$　　C. $\frac{\sqrt{3}}{3}$　　D. $\sqrt{3}$

37. 化学反应低温自发，高温非自发，该反应的：

A. $\Delta H < 0$，$\Delta S < 0$　　B. $\Delta H > 0$，$\Delta S < 0$

C. $\Delta H < 0$，$\Delta S > 0$　　D. $\Delta H > 0$，$\Delta S > 0$

38. 已知氯电极的标准电势为 1.358V，当氯离子浓度为 $0.1\text{mol}\cdot\text{L}^{-1}$，氯气分压为$0.1 \times 100\text{kPa}$时，该电极的电极电势为：

A. 1.358V　　B. 1.328V　　C. 1.388V　　D. 1.417V

39. 已知下列电对电极电势的大小顺序为：$E(F_2/F^-) > E(Fe^{3+}/Fe^{2+}) > E(Mg^{2+}/Mg) > E(Na^+/Na)$，则下列离子中最强的还原剂是：

A. F^- B. Fe^{2+} C. Na^+ D. Mg^{2+}

40. 升高温度，反应速率常数增大的主要原因是：

A. 活化分子百分数增加
B. 混乱度增加
C. 活化能增加
D. 压力增大

41. 下列各波函数不合理的是：

A. $\psi(1,1,0)$
B. $\psi(2,1,0)$
C. $\psi(3,2,0)$
D. $\psi(5,3,0)$

42. 将反应$MnO_2 + HCl \longrightarrow MnCl_2 + Cl_2 + H_2O$配平后，方程式中$MnCl_2$的系数是：

A. 1 B. 2 C. 3 D. 4

43. 某一弱酸 HA 的标准解离常数为1.0×10^{-5}，则相应弱酸强碱盐 MA 的标准水解常数为：

A. 1.0×10^{-9}
B. 1.0×10^{-2}
C. 1.0×10^{-19}
D. 1.0×10^{-5}

44. 某化合物的结构式为（苯环邻位取代 —CHO、—CH_2OH），该有机化合物不能发生的化学反应类型是：

A. 加成反应
B. 还原反应
C. 消除反应
D. 氧化反应

45. 聚丙烯酸酯的结构式为 $\left[\!-CH_2-\underset{\displaystyle CO_2R}{\underset{|}{CH}}-\right]_n$，它属于：

①无机化合物；②有机化合物；③高分子化合物；④离子化合物；⑤共价化合物。

A. ①③④
B. ①③⑤
C. ②③⑤
D. ②③④

46. 下列物质中不能使酸性高锰酸钾溶液褪色的是：

A. 苯甲醛 B. 乙苯 C. 苯 D. 苯乙烯

47. 设力$\boldsymbol{F}$在x轴上的投影为F，则该力在与x轴共面的任一轴上的投影：

A. 一定不等于零
B. 不一定等于零
C. 一定等于零
D. 等于F

48. 等边三角形ABC，边长为a，沿其边缘作用大小均为F的力$\boldsymbol{F}_1$、$\boldsymbol{F}_2$、$\boldsymbol{F}_3$，方向如图所示，力系向A点简化的主矢及主矩的大小分别为：

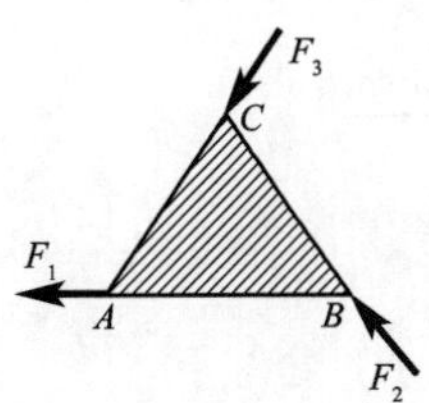

A. $F_{\mathrm{R}} = 2F$，$M_{\mathrm{A}} = \frac{\sqrt{3}}{2}Fa$

B. $F_{\mathrm{R}} = 0$，$M_{\mathrm{A}} = \frac{\sqrt{3}}{2}Fa$

C. $F_{\mathrm{R}} = 2F$，$M_{\mathrm{A}} = \sqrt{3}Fa$

D. $F_{\mathrm{R}} = 2F$，$M_{\mathrm{A}} = Fa$

49. 已知杆AB和杆CD的自重不计，且在C处光滑接触，若作用在杆AB上力偶矩为M_1，若欲使系统保持平衡，作用在CD杆上的力偶矩M_2，转向如图所示，则其矩值为：

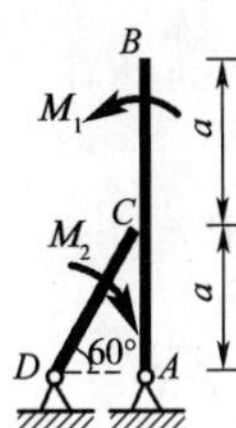

A. $M_2 = M_1$

B. $M_2 = \frac{4}{3}M_1$

C. $M_2 = 2M_1$

D. $M_2 = 3M_1$

50. 物块重力的大小$W = 100\mathrm{kN}$，置于$\alpha = 60°$的斜面上，与斜面平行力的大小$F_{\mathrm{P}} = 80\mathrm{kN}$（如图所示），若物块与斜面间的静摩擦系数$f = 0.2$，则物块所受的摩擦力$\boldsymbol{F}$为：

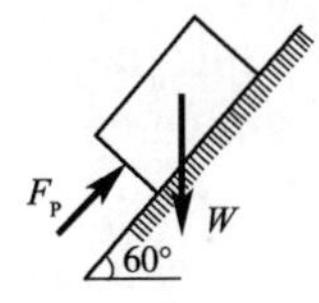

A. $F = 10\mathrm{kN}$，方向为沿斜面向上

B. $F = 10\mathrm{kN}$，方向为沿斜面向下

C. $F = 6.6\mathrm{kN}$，方向为沿斜面向上

D. $F = 6.6\mathrm{kN}$，方向为沿斜面向下

51. 若某点按$s = 8 - 2t^2$（s以 m 计，t以 s 计）的规律运动，则$t = 3\mathrm{s}$时点经过的路程为：

A. 10m

B. 8m

C. 18m

D. 8m 至 18m 以外的一个数值

52. 杆$OA = l$，绕固定轴O转动，某瞬时杆端A点的加速度$\boldsymbol{a}$如图所示，则该瞬时杆OA的角速度及角加速度分别为：

A. 0，$\frac{a}{l}$

B. $\sqrt{\frac{a\cos\alpha}{l}}$，$\frac{a\sin\alpha}{l}$

C. $\sqrt{\frac{a}{l}}$，0

D. 0，$\sqrt{\frac{a}{l}}$

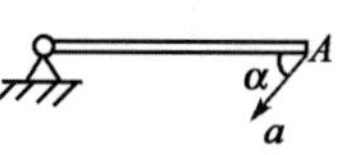

53. 图示绳子的一端绕在滑轮上，另一端与置于水平面上的物块 B 相连，若物块 B 的运动方程为$x = kt^2$，其中k为常数，轮子半径为R。则轮缘上A点的加速度大小为：

A. $2k$

B. $\sqrt{4k^2t^2 / R}$

C. $(2k + 4k^2t^2) / R$

D. $\sqrt{4k^2 + 16k^4t^4 / R^2}$

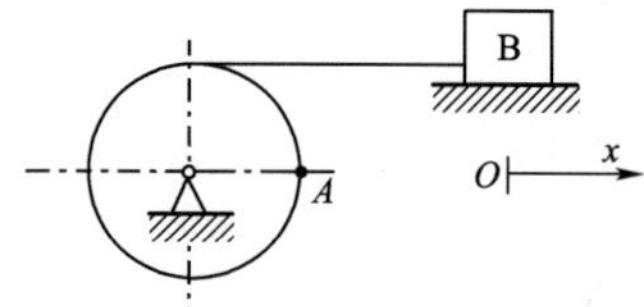

54. 质量为m的质点M，受有两个力$\boldsymbol{F}$和$\boldsymbol{R}$的作用，产生水平向左的加速度$\boldsymbol{a}$，如图所示，它在x轴方向的动力学方程为：

A. $ma = F - R$

B. $-ma = F - R$

C. $ma = R + F$

D. $-ma = R - F$

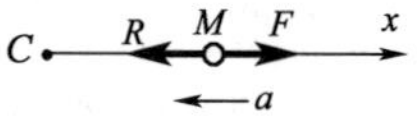

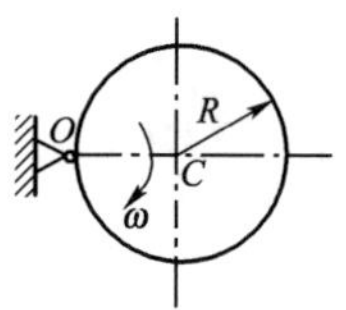

55. 均质圆盘质量为m，半径为R，在铅垂平面内绕O轴转动，图示瞬时角速度为ω，则其对O轴的动量矩和动能大小分别为：

A. $mR\omega$，$\frac{1}{4}mR\omega$

B. $\frac{1}{2}mR\omega$，$\frac{1}{2}mR\omega$

C. $\frac{1}{2}mR^2\omega$，$\frac{1}{2}mR^2\omega^2$

D. $\frac{3}{2}mR^2\omega$，$\frac{3}{4}mR^2\omega^2$

56. 质量为m，长为 $2l$的均质细杆初始位于水平位置，如图所示。A端脱落后，杆绕轴B转动，当杆转到铅垂位置时，AB杆角加速度的大小为：

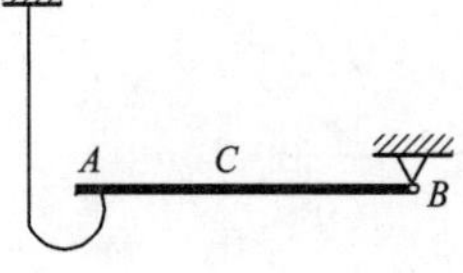

A. 0

B. $\frac{3g}{4l}$

C. $\frac{3g}{2l}$

D. $\frac{6g}{l}$

57. 均质细杆AB重力为$\boldsymbol{P}$，长为 $2l$，A端铰支，B端用绳系住，处于水平位置，如图所示。当B端绳突然剪断瞬时，AB杆的角加速度大小为$\frac{3g}{4l}$，则A处约束力大小为：

A. $F_{Ax}=0$，$F_{Ay}=0$

B. $F_{Ax}=0$，$F_{Ay}=P/4$

C. $F_{Ax}=P$，$F_{Ay}=P/2$

D. $F_{Ax}=0$，$F_{Ay}=P$

58. 图示弹簧质量系统，置于光滑的斜面上，斜面的倾角α可以在0°~90°间改变，则随α的增大，系统振动的固有频率：

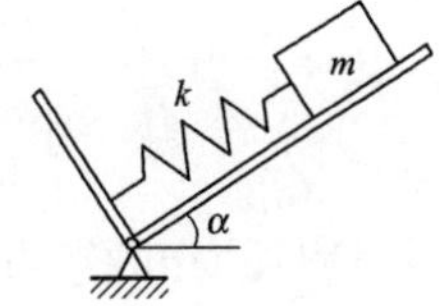

A. 增大

B. 减小

C. 不变

D. 不能确定

59. 在低碳钢拉伸实验中，冷作硬化现象发生在：

A. 弹性阶段

B. 屈服阶段

C. 强化阶段

D. 局部变形阶段

60. 螺钉受力如图所示，已知螺钉和钢板的材料相同，拉伸许用应力$[\sigma]$是剪切许用应力$[\tau]$的 2 倍，即$[\sigma]=2[\tau]$，钢板厚度t是螺钉头高度h的 1.5 倍，则螺钉直径d的合理值为：

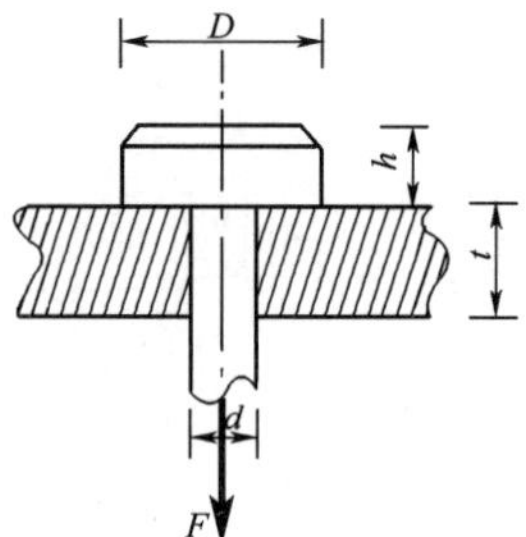

A. $d=2h$

B. $d=0.5h$

C. $d^2=2Dt$

D. $d^2=Dt$

61. 直径为d的实心圆轴受扭，若使扭转角减小一半，圆轴的直径需变为：

A. $\sqrt[4]{2}d$　　B. $\sqrt[3]{\sqrt{2}}d$

C. $0.5d$　　D. $2d$

62. 图示圆轴抗扭截面模量为W_t，剪切模量为G，扭转变形后，圆轴表面A点处截取的单元体互相垂直的相邻边线改变了γ角，如图所示。圆轴承受的扭矩T为：

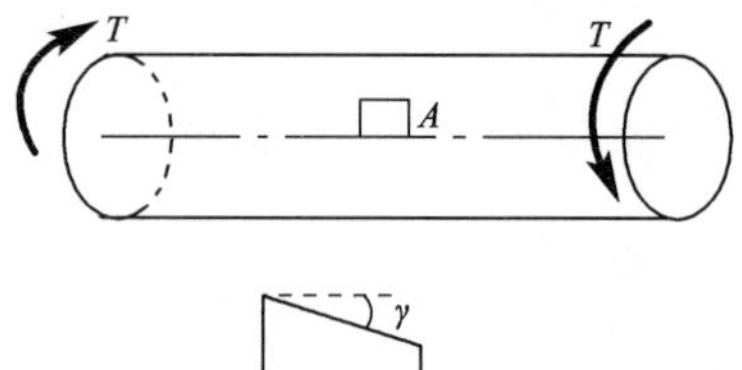

A. $T=G\gamma W_t$

B. $T=\frac{G\gamma}{W_t}$

C. $T=\frac{\gamma}{G}W_t$

D. $T=\frac{W_t}{G\gamma}$

63. 矩形截面挖去一个边长为a的正方形，如图所示，该截面对z轴的惯性矩I_z为：

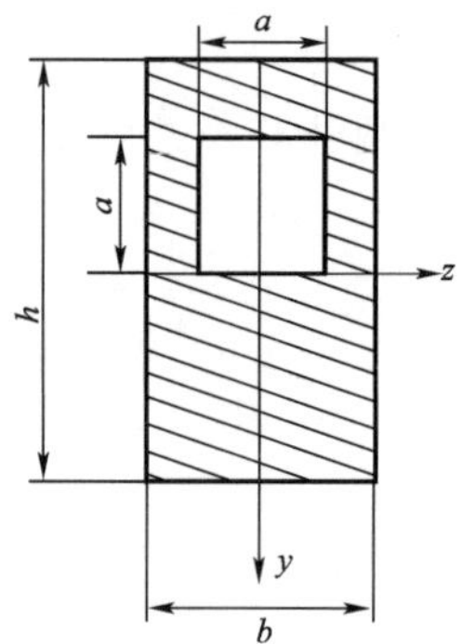

A. $I_z=\frac{bh^3}{12}-\frac{a^4}{12}$

B. $I_z=\frac{bh^3}{12}-\frac{13a^4}{12}$

C. $I_z=\frac{bh^3}{12}-\frac{a^4}{3}$

D. $I_z=\frac{bh^3}{12}-\frac{7a^4}{12}$

64. 图示外伸梁，A截面的剪力为：

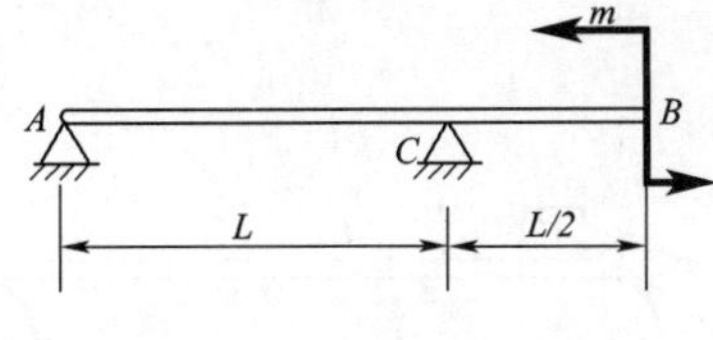

A. 0　　B. $\frac{3m}{2L}$　　C. $\frac{m}{L}$　　D. $-\frac{m}{L}$

65. 两根梁长度、截面形状和约束条件完全相同，一根材料为钢，另一根材料为铝。在相同的外力作用下发生弯曲变形，两者不同之处为：

A. 弯曲内力　　B. 弯曲正应力

C. 弯曲切应力　　D. 挠曲线

66. 图示四个悬臂梁中挠曲线是圆弧的为：

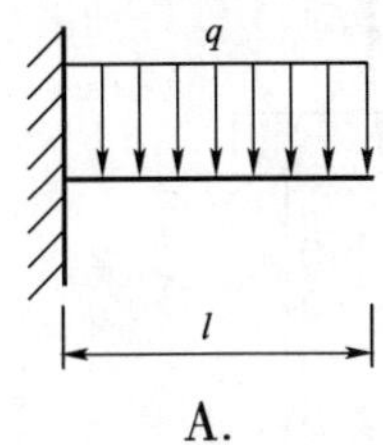

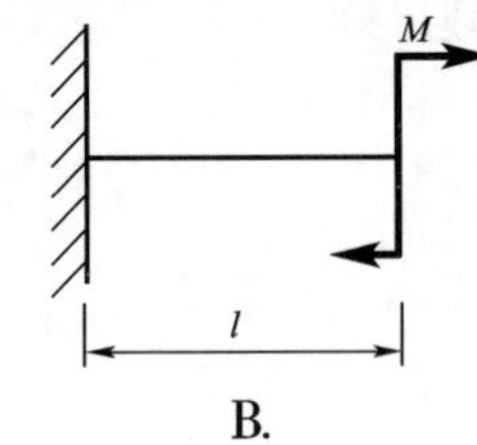

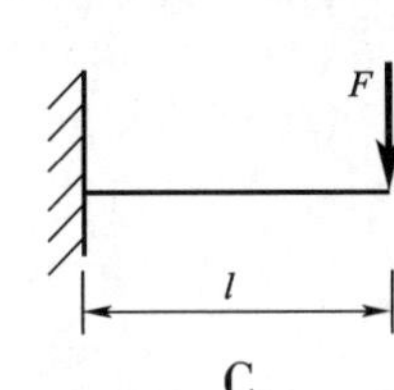

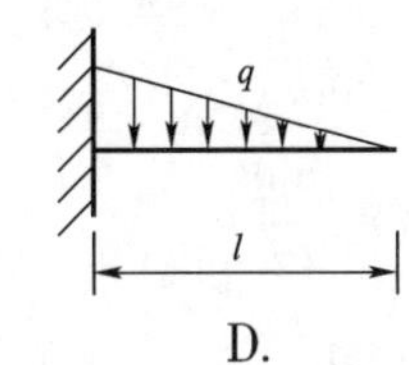

67. 受力体一点处的应力状态如图所示，该点的最大主应力σ_1为：

A. 70MPa

B. 10MPa

C. 40MPa

D. 50MPa

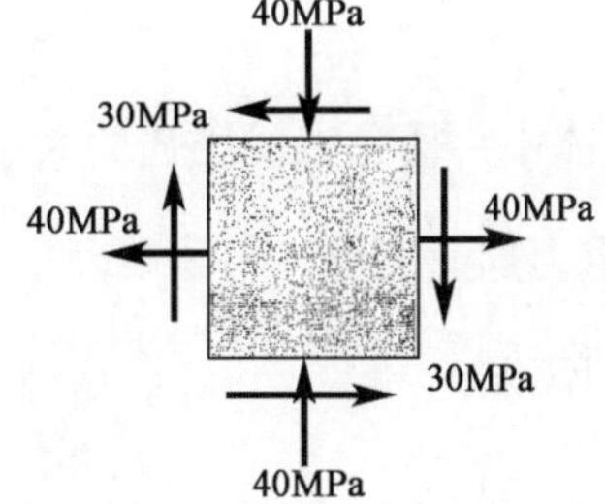

68. 图示T形截面杆，一端固定一端自由，自由端的集中力F作用在截面的左下角点，并与杆件的轴线平行。该杆发生的变形为：

A. 绕y和z轴的双向弯曲

B. 轴向拉伸和绕y、z轴的双向弯曲

C. 轴向拉伸和绕z轴弯曲

D. 轴向拉伸和绕y轴弯曲

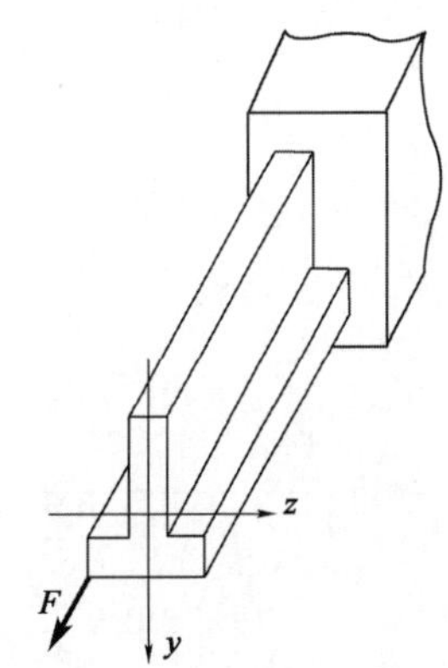

69. 图示圆轴，在自由端圆周边界承受竖直向下的集中力F，按第三强度理论，危险截面的相当应力σ_{eq3}为：

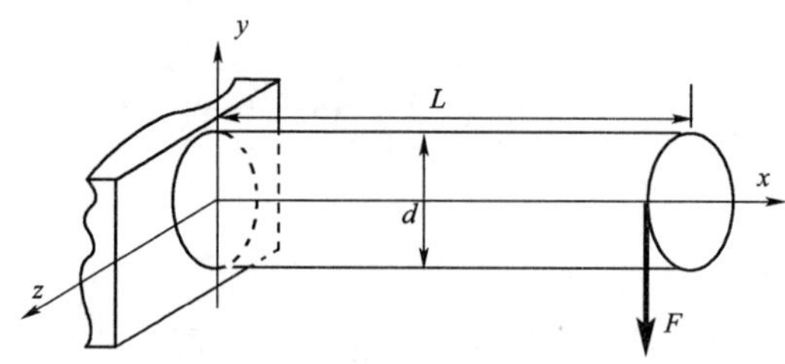

A. $\sigma_{eq3}=\frac{16}{\pi d^3}\sqrt{(FL)^2+4\left(\frac{Fd}{2}\right)^2}$　　B. $\sigma_{eq3}=\frac{16}{\pi d^3}\sqrt{(FL)^2+\left(\frac{Fd}{2}\right)^2}$

C. $\sigma_{eq3}=\frac{32}{\pi d^3}\sqrt{(FL)^2+4\left(\frac{Fd}{2}\right)^2}$　　D. $\sigma_{eq3}=\frac{32}{\pi d^3}\sqrt{(FL)^2+\left(\frac{Fd}{2}\right)^2}$

70. 两根完全相同的细长（大柔度）压杆AB和CD如图所示，杆的下端为固定铰链约束，上端与刚性水平杆固结。两杆的弯曲刚度均为EI，其临界荷载F_a为：

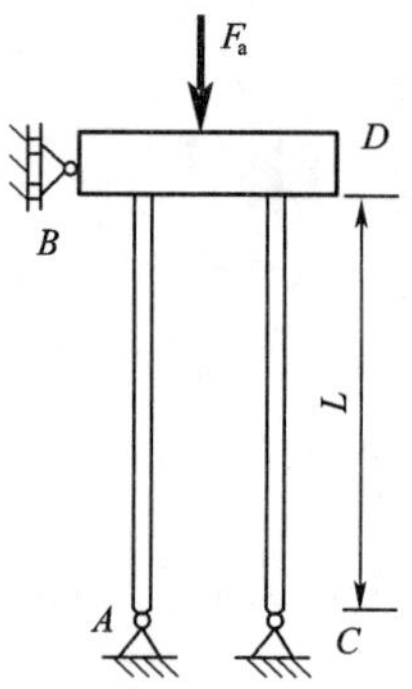

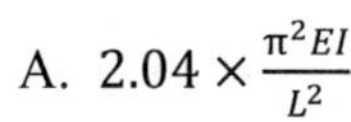

A. $2.04\times\frac{\pi^2EI}{L^2}$

B. $4.08\times\frac{\pi^2EI}{L^2}$

C. $8\times\frac{\pi^2EI}{L^2}$

D. $2\times\frac{\pi^2EI}{L^2}$

71. 静止的流体中，任一点的压强的大小与下列哪一项无关？

A. 当地重力加速度　　B. 受压面的方向

C. 该点的位置　　D. 流体的种类

72. 静止油面（油面上为大气）下 3m 深度处的绝对压强为下列哪一项？（油的密度为800kg/m^3，当地大气压为 100kPa）

A. 3kPa

B. 23.5kPa

C. 102.4kPa

D. 123.5kPa

73. 根据恒定流的定义，下列说法中正确的是：

A. 各断面流速分布相同

B. 各空间点上所有运动要素均不随时间变化

C. 流线是相互平行的直线

D. 流动随时间按一定规律变化

74. 正常工作条件下的薄壁小孔口与圆柱形外管嘴，直径d相等，作用水头H相等，则孔口流量Q_1和孔口收缩断面流速v_1与管嘴流量Q_2和管嘴出口流速v_2的关系是：

A. $v_1 < v_2$，$Q_1 < Q_2$

B. $v_1 < v_2$，$Q_1 > Q_2$

C. $v_1 > v_2$，$Q_1 < Q_2$

D. $v_1 > v_2$，$Q_1 > Q_2$

75. 明渠均匀流只能发生在：

A. 顺坡棱柱形渠道

B. 平坡棱柱形渠道

C. 逆坡棱柱形渠道

D. 变坡棱柱形渠道

76. 在流量、渠道断面形状和尺寸、壁面粗糙系数一定时，随底坡的增大，正常水深将会：

A. 减小

B. 不变

C. 增大

D. 随机变化

77. 有一个普通完全井，其直径为 1m，含水层厚度$H = 11\text{m}$，土壤渗透系数$k = 2\text{m/h}$。抽水稳定后的井中水深$h_0 = 8\text{m}$，试估算井的出水量：

A. $0.084\text{m}^3/\text{s}$

B. $0.017\text{m}^3/\text{s}$

C. $0.17\text{m}^3/\text{s}$

D. $0.84\text{m}^3/\text{s}$

78. 研究船体在水中航行的受力试验，其模型设计应采用：

A. 雷诺准则

B. 弗劳德准则

C. 韦伯准则

D. 马赫准则

79. 在静电场中，有一个带电体在电场力的作用下移动，由此所做的功的能量来源是：

A. 电场能　　　　B. 带电体自身的能量

C. 电场能和带电体自身的能量　　　　D. 电场外部的能量

80. 图示电路中，$u_C = 10\text{V}$，$i_1 = 1\text{mA}$，则：

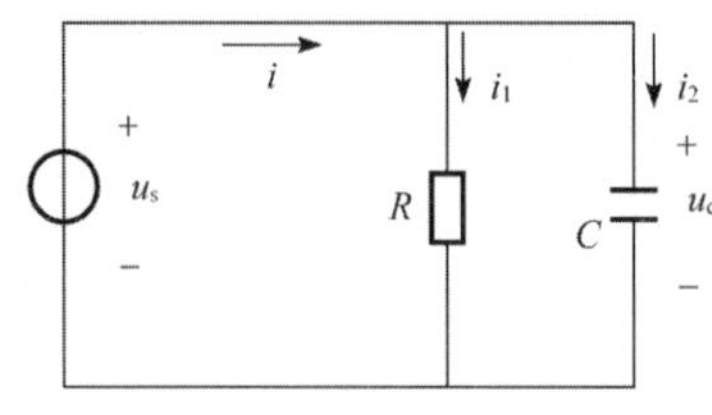

A. 因为$i_2 = 0$，使电流$i_1 = 1\text{mA}$　　　　B. 因为参数C未知，无法求出电流i

C. 虽然电流i_2未知，但是$i > i_1$成立　　　　D. 电容储存的能量为 0

81. 图示电路中，电流I_1和电流I_2分别为：

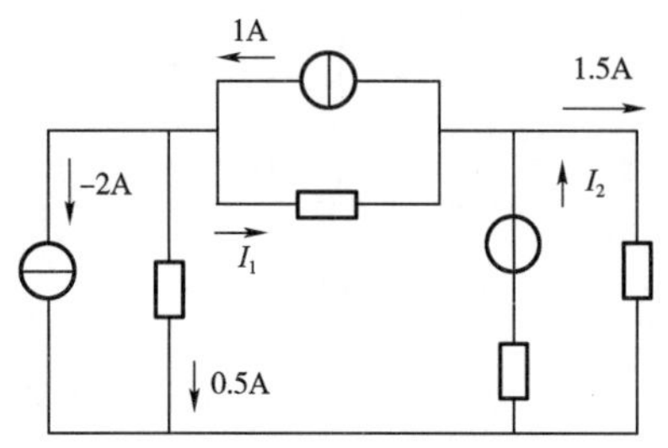

A. 2.5A 和 1.5A　　　　B. 1A 和 0A

C. 2.5A 和 0A　　　　D. 1A 和 1.5A

82. 正弦交流电压的波形图如图所示，该电压的时域解析表达式为：

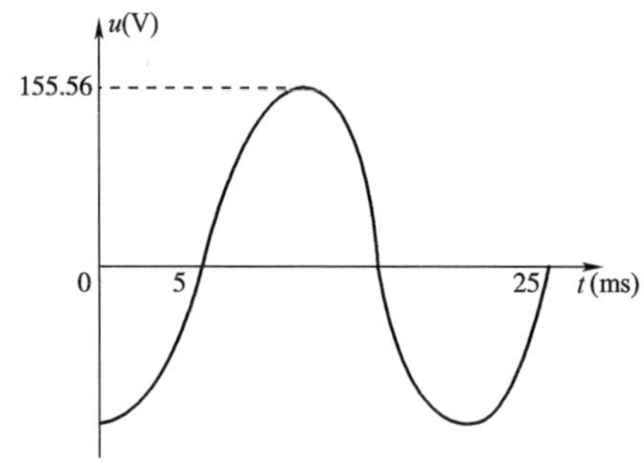

A. $u(t) = 155.56\sin(\omega t - 5°)\,\text{V}$　　　　B. $u(t) = 110\sqrt{2}\sin(314t - 90°)\,\text{V}$

C. $u(t) = 110\sqrt{2}\sin(50t + 60°)\,\text{V}$　　　　D. $u(t) = 155.56\sin(314t - 60°)\,\text{V}$

83. 图示电路中，若$u = U_{\mathrm{M}}\sin(\omega t + \psi_{\mathrm{u}})$，则下列表达式中一定成立的是：

式 1：$u = u_{\mathrm{R}} + u_{\mathrm{L}} + u_{\mathrm{C}}$

式 2：$u_{\mathrm{X}} = u_{\mathrm{L}} - u_{\mathrm{C}}$

式 3：$U_{\mathrm{X}} < U_{\mathrm{L}}$及$U_{\mathrm{X}} < U_{\mathrm{C}}$

式 4：$U^2 = U_{\mathrm{R}}^2 + (U_{\mathrm{L}} + U_{\mathrm{C}})^2$

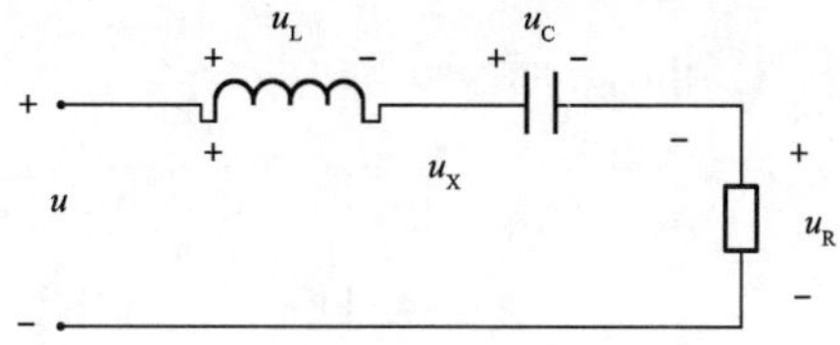

A. 式 1 和式 3　　B. 式 2 和式 4

C. 式 1，式 3 和式 4　　D. 式 2 和式 3

84. 图 a）所示电路的激励电压如图 b）所示，那么，从$t = 0$时刻开始，电路出现暂态过程的次数和在换路时刻发生突变的量分别是：

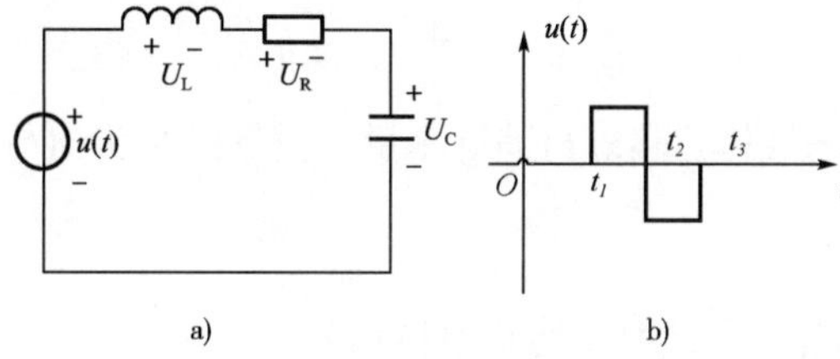

a)　　b)

A. 3 次，电感电压　　B. 4 次，电感电压和电容电流

C. 3 次，电容电流　　D. 4 次，电阻电压和电感电压

85. 在信号源$(u_{\mathrm{s}}, R_{\mathrm{s}})$和电阻$R_{\mathrm{L}}$之间插入一个理想变压器，如图所示，若电压表和电流表的读数分别为 100V 和 2A，则信号源供出电流的有效值为：

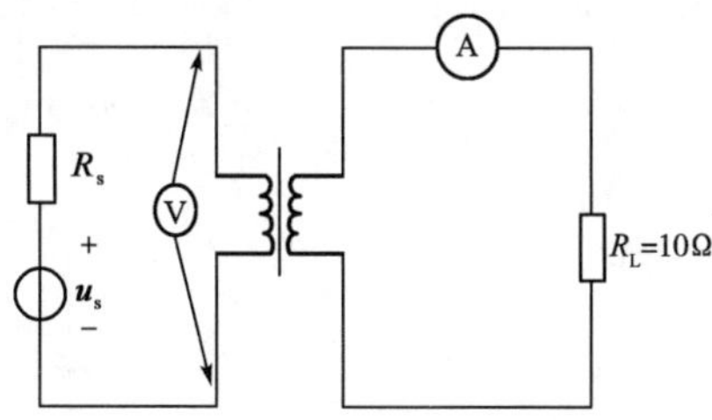

A. 0.4A　　B. 10A

C. 0.28A　　D. 7.07A

86. 三相异步电动机的工作效率与功率因数随负载的变化规律是：

A. 空载时，工作效率为 0，负载越大功率越高

B. 空载时，功率因数较小，接近满负荷时达到最大值

C. 功率因数与电动机的结构和参数有关，与负载无关

D. 负载越大，功率因数越大

87. 在如下关于信号与信息的说法中，正确的是：

A. 信息含于信号之中　　　　B. 信号含于信息之中

C. 信息是一种特殊的信号　　D. 同一信息只能承载于一种信号之中

88. 数字信号如图所示，如果用其表示数值，那么，该数字信号表示的数量是：

A. 3 个 0 和 3 个 1

B. 一万零一十一

C. 3

D. 19

89. 用传感器对某管道中流动的液体流量$x(t)$进行测量，测量结果为$u(t)$，用采样器对$u(t)$采样后得到信号$u^*(t)$，那么：

A. $x(t)$和$u(t)$均随时间连续变化，因此均是模拟信号

B. $u^*(t)$仅在采样点上有定义，因此是离散时间信号

C. $u^*(t)$仅在采样点上有定义，因此是数字信号

D. $u^*(t)$是$x(t)$的模拟信号

90. 模拟信号$u(t)$的波形图如图所示，它的时间域描述形式是：

A. $u(t) = 2(1 - e^{-10t}) \cdot 1(t)$

B. $u(t) = 2(1 - e^{-0.1t}) \cdot 1(t)$

C. $u(t) = [2(1 - e^{-10t}) - 2] \cdot 1(t)$

D. $u(t) = 2(1 - e^{-10t}) \cdot 1(t) - 2 \cdot 1(t - 2)$

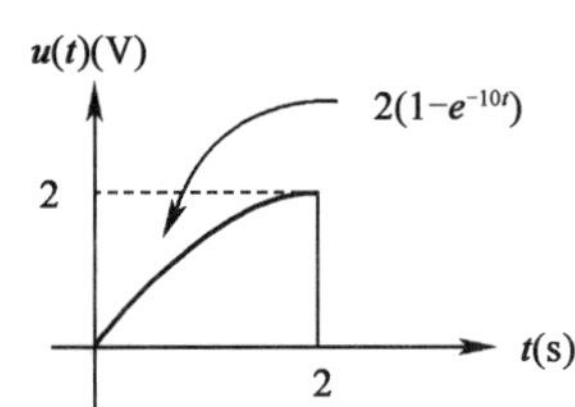

91. 模拟信号放大器是完成对输入模拟量：

A. 幅度的放大　　B. 频率的放大

C. 幅度和频率的放大　　D. 低频成分的放大

92. 某逻辑问题的真值表如表所示，由此可以得到，该逻辑问题的输入输出之间的关系为：

C	A	B	F
0	0	0	0
0	0	1	0
0	1	0	0
0	1	1	0
1	0	0	1
1	0	1	0
1	1	0	0
1	1	1	1

A. $F = 0 + 1 = 1$　　B. $F = \overline{A}\overline{B}C + ABC$

C. $F = A\overline{B}C + A\overline{B}C$　　D. $F = \overline{A}\overline{B} + AB$

93. 电路如图所示，D 为理想二极管，$u_i = 6\sin\omega t\,(V)$，则输出电压的最大值U_{oM}为：

A. 6V

B. 3V

C. −3V

D. −6V

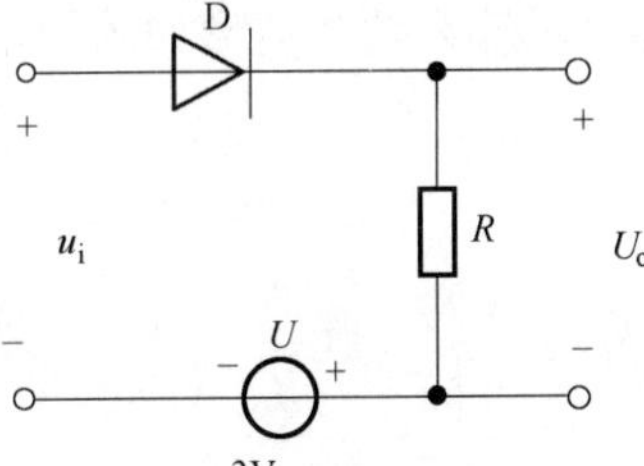

94. 将放大倍数为 1、输入电阻为 100Ω、输出电阻为 50Ω 的射极输出器插接在信号源(u_s, R_s)与负载(R_L)之间，形成图 b）电路，与图 a）电路相比，负载电压的有效值：

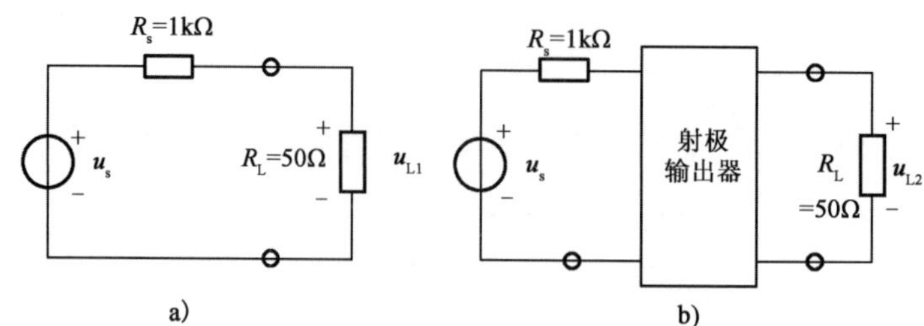

A. $U_{L2} > U_{L1}$　　B. $U_{L2} = U_{L1}$

C. $U_{L2} < U_{L1}$　　D. 因为u_s未知，不能确定U_{L1}和U_{L2}之间的关系

95. 数字信号$B = 1$时，图示两种基本门的输出分别为：

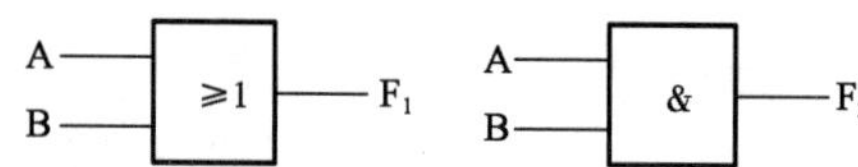

A. $F_1 = A$，$F_2 = 1$　　B. $F_1 = 1$，$F_2 = A$

C. $F_1 = 1$，$F_2 = 0$　　D. $F_1 = 0$，$F_2 = A$

96. JK 触发器及其输入信号波形如图所示，该触发器的初值为 0，则它的输出Q为：

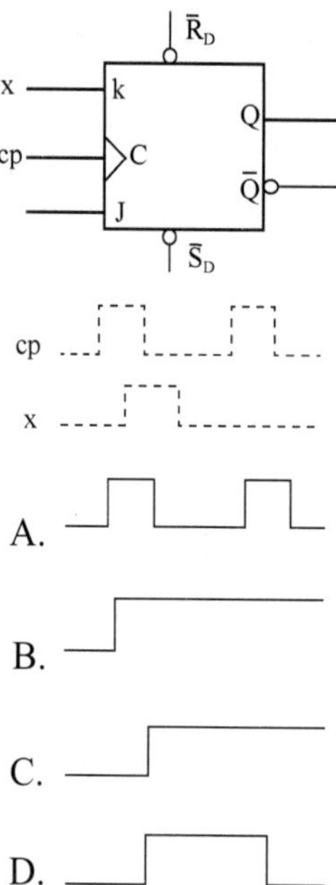

97. 存储器的主要功能是：

A. 自动计算　　B. 进行输入/输出

C. 存放程序和数据　　D. 进行数值计算

98. 按照应用和虚拟机的观点，软件可分为：

A. 系统软件，多媒体软件，管理软件

B. 操作系统，硬件管理系统和网络系统

C. 网络系统，应用软件和程序设计语言

D. 系统软件，支撑软件和应用软件

99. 信息具有多个特征，下列四条关于信息特征的叙述中，有错误的一条是：

A. 信息的可识别性，信息的可变性，信息的可流动性

B. 信息的可处理性，信息的可存储性，信息的属性

C. 信息的可再生性，信息的有效性和无效性，信息的使用性

D. 信息的可再生性，信息的独立存在性，信息的不可失性

100. 将八进制数 763 转换成相应的二进制数，其正确的结果是：

A. 110101110　　B. 110111100

C. 100110101　　D. 111110011

101. 计算机的内存储器以及外存储器的容量通常：

A. 以字节即 8 位二进制数为单位来表示

B. 以字即 16 位二进制数为单位来表示

C. 以二进制数为单位来表示

D. 以双字即 32 位二进制数为单位来表示

102. 操作系统是一个庞大的管理控制程序，它由五大管理功能组成，在下面四个选项中，不属于这五大管理功能的是：

A. 作业管理，存储管理

B. 设备管理，文件管理

C. 进程与处理器调度管理，存储管理

D. 中断管理，电源管理

103. 在 Windows 中，对存储器采用分页存储管理技术时，规定一个页的大小为：

A. 4G 字节　　B. 4K 字节

C. 128M 字节　　D. 16K 字节

104. 为解决主机与外围设备操作速度不匹配的问题，Windows 采用了下列哪项技术来解决这个矛盾：

A. 缓冲技术　　　　B. 流水线技术

C. 中断技术　　　　D. 分段、分页技术

105. 计算机网络技术涉及：

A. 通信技术和半导体工艺技术　　　　B. 网络技术和计算机技术

C. 通信技术和计算机技术　　　　D. 航天技术和计算机技术

106. 计算机网络是一个复合系统，共同遵守的规则称为网络协议，网络协议主要由：

A. 语句、语义和同步三个要素构成　　　　B. 语法、语句和同步三个要素构成

C. 语法、语义和同步三个要素构成　　　　D. 语句、语义和异步三个要素构成

107. 关于现金流量的下列说法中，正确的是：

A. 同一时间点上现金流入和现金流出之和，称为净现金流量

B. 现金流量图表示现金流入、现金流出及其与时间的对应关系

C. 现金流量图的零点表示时间序列的起点，同时也是第一个现金流量的时间点

D. 垂直线的箭头表示现金流动的方向，箭头向上表示现金流出，即表示费用

108. 项目前期研究阶段的划分，下列正确的是：

A. 规划，研究机会和项目建议书

B. 机会研究，项目建议书和可行性研究

C. 规划，机会研究，项目建议书和可行性研究

D. 规划，机会研究，项目建议书，可行性研究，后评价

109. 某项目建设期 3 年，共贷款 1000 万元，第一年贷款 200 万元，第二年贷款 500 万元，第三年贷款 300 万元，贷款在各年内均衡发生，贷款年利率为 7%，建设期内不支付利息，建设期利息为：

A. 98.00 万元　　　　B. 101.22 万元

C. 138.46 万元　　　　D. 62.33 万元

110. 下列不属于股票融资特点的是：

A. 股票融资所筹备的资金是项目的股本资金，可作为其他方式筹资的基础

B. 股票融资所筹资金没有到期偿还问题

C. 普通股票的股利支付，可视融资主体的经营好坏和经营需要而定

D. 股票融资的资金成本较低

111. 融资前分析和融资后分析的关系，下列说法中正确的是：

A. 融资前分析是考虑债务融资条件下进行的财务分析

B. 融资后分析应广泛应用于各阶段的财务分析

C. 在规划和机会研究阶段，可以只进行融资前分析

D. 一个项目财务分析中融资前分析和融资后分析两者必不可少

112. 经济效益计算的原则是：

A. 增量分析的原则　　B. 考虑关联效果的原则

C. 以全国居民作为分析对象的原则　　D. 支付意愿原则

113. 某建设项目年设计生产能力为 8 万台，年固定成本为 1200 万元，产品单台售价为 1000 元，单台产品可变成本为 600 元，单台产品销售税金及附加为 150 元，则该项目的盈亏平衡点的产销量为：

A. 48000 台　　B. 12000 台

C. 30000 台　　D. 21819 台

114. 下列可以提高产品价值的是：

A. 功能不变，提高成本　　B. 成本不变，降低功能

C. 成本增加一些，功能有很大提高　　D. 功能很大降低，成本降低一些

115. 按照《中华人民共和国建筑法》规定，建设单位申领施工许可证，应该具备的条件之一是：

A. 拆迁工作已经完成　　B. 已经确定监理企业

C. 有保证工程质量和安全的具体措施　　D. 建设资金全部到位

116. 根据《中华人民共和国招标投标法》的规定，下列包括在招标公告中的是：

A. 招标项目的性质、数量

B. 招标项目的技术要求

C. 对投标人员资格的审查标准

D. 拟签订合同的主要条款

117. 按照《中华人民共和国合同法》的规定，招标人在招标时，招标公告属于合同订立过程中的：

A. 邀约

B. 承诺

C. 要约邀请

D. 以上都不是

118. 根据《中华人民共和国节约能源法》的规定，为了引导用能单位和个人使用先进的节能技术、节能产品，国务院管理节能工作的部门会同国务院有关部门：

A. 发布节能技术政策大纲

B. 公布节能技术、节能产品的推广目录

C. 支持科研单位和企业开展节能技术的应用研究

D. 开展节能共性和关键技术，促进节能技术创新和成果转化

119. 根据《中华人民共和国环境保护法》的规定，有关环境质量标准的下列说法中，正确的是：

A. 对国家污染物排放标准中已经作出规定的项目，不得再制定地方污染物排放标准

B. 地方人民政府对国家环境质量标准中未作出规定的项目，不得制定地方标准

C. 地方污染物排放标准必须经过国务院环境主管部门的审批

D. 向已有地方污染物排放标准的区域排放污染物的，应当执行地方排放标准

120. 根据《建设工程勘察设计管理条例》的规定，编制初步设计文件应当：

A. 满足编制方案设计文件和控制概算的需要

B. 满足编制施工招标文件、主要设备材料订货和编制施工图设计文件的需要

C. 满足非标准设备制作，并注明建筑工程合理使用年限

D. 满足设备材料采购和施工的需要

2009年度全国勘察设计注册工程师执业资格考试基础考试（上）

试题解析及参考答案

1. 解 $\vec{\alpha}\times\vec{\beta}=\begin{vmatrix}\vec{i} & \vec{j} & \vec{k}\\ -1 & 3 & 1\\ 1 & 1 & t\end{vmatrix}=\vec{i}\,(-1)^{1+1}\begin{vmatrix}3 & 1\\ 1 & t\end{vmatrix}+\vec{j}\,(-1)^{1+2}\begin{vmatrix}-1 & 1\\ 1 & t\end{vmatrix}+$

$$\vec{k}\,(-1)^{1+3}\begin{vmatrix}-1 & 3\\ 1 & 1\end{vmatrix}=(3t-1)\,\vec{i}+(t+1)\,\vec{j}-4\,\vec{k}$$

已知$\vec{\alpha}\times\vec{\beta}=-4\,\vec{i}-4\,\vec{k}$

则$-4=3t-1$，$t=-1$

或$t+1=0$，$t=-1$

答案： C

2. 解 直线的点向式方程为$\frac{x-1}{-1}=\frac{y+1}{1}=\frac{z-0}{1}$，$\vec{s}=\{-1,1,1\}$。平面$x+y+z+1=0$，平面法向量$\vec{n}=\{1,1,1\}$。而$\vec{n}\cdot\vec{s}=\{1,1,1\}\cdot\{-1,1,1\}=1\neq0$，故$\vec{n}$不垂直于$\vec{s}$且$\vec{s}$，$\vec{n}$坐标不成比例，即$\frac{-1}{1}\neq\frac{1}{1}$，因此$\vec{n}$不平行于$\vec{s}$。从而可知直线与平面不平行、不重合且直线也不垂直于平面。

答案： D

3. 解 **方法1：** 可通过画出函数图形判定（见解图）。

方法2： 求导数$f'(x)=\begin{cases}1, & x>0\\ -2x, & x<0\end{cases}$

在$(-\infty,0)\cup(0,+\infty)$内，$f'(x)>0$

$f(x)$在$(-\infty,+\infty)$单调增加。

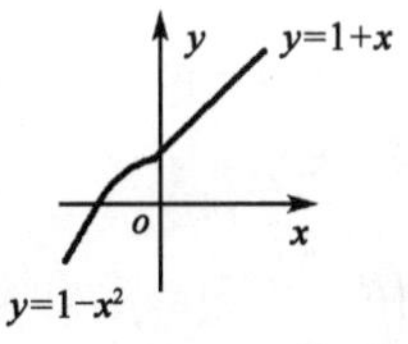

题3解图

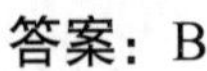

答案： B

4. 解 通过举例来说明。

设点$x_0=0$，$f(x)=\begin{cases}1, & x\geqslant0\\ 0, & x<0\end{cases}$，在$x_0=0$间断，$g(x)=0$，在$x_0=0$连续，而$f(x)\cdot g(x)=0$，在$x_0=0$连续。

设点$x_0=0$，$f(x)=\begin{cases}1, & x\geqslant0\\ 0, & x<0\end{cases}$，在$x_0=0$处间断，$g(x)=1$，在$x_0=0$处连续，而$f(x)\cdot g(x)=\begin{cases}1, & x\geqslant0\\ 0, & x<0\end{cases}$，在$x_0=0$处间断。

答案： D

5. 解 利用复合函数求导公式计算，本题由$y=u^2$，$u=\cos v$，$v=\frac{1}{x}$复合而成。所以$y'=\left(\cos^2\frac{1}{x}\right)'=2\cos\frac{1}{x}\cdot\left(-\sin\frac{1}{x}\right)\cdot\left(-\frac{1}{x^2}\right)=\frac{1}{x^2}\sin\frac{2}{x}$。

答案： A

6. 解　利用拉格朗日中值定理计算，$f(x)$在$[x,x+\Delta x]$或$[x+\Delta x,x]$连续，在$(x,x+\Delta x)$或$(x+\Delta x,x)$可导，则有$f(x+\Delta x)-f(x)=f'(\xi)\Delta x$，$\xi$位于$x,x+\Delta x$之间。

即$\Delta y=f'(\xi)\Delta x$（至少存在一点ξ，ξ位于$x,x+\Delta x$之间）。

答案： C

7. 解　本题为二元复合函数求全微分，计算公式为$\mathrm{d}z=\frac{\partial z}{\partial x}\mathrm{d}x+\frac{\partial z}{\partial y}\mathrm{d}y$，$\frac{\partial z}{\partial x}=f'(x^2-y^2)\cdot 2x$，$\frac{\partial z}{\partial y}=f'(x^2-y^2)\cdot(-2y)$，代入得：

$\mathrm{d}z=f'(x^2-y^2)\cdot 2x\mathrm{d}x+f'(x^2-y^2)(-2y)\mathrm{d}y=2f'(x^2-y^2)(x\mathrm{d}x-y\mathrm{d}y)$

答案： D

8. 解　利用不定积分第一换元法（凑微分）：$\int\frac{1}{\sqrt{x}}f(\sqrt{x})\mathrm{d}x=\int f(\sqrt{x})\mathrm{d}(2\sqrt{x})=2\int f(\sqrt{x})\mathrm{d}\sqrt{x}$，利用已知条件$\int f(x)\mathrm{d}x=F(x)+C$，得出$\int\frac{1}{\sqrt{x}}f(\sqrt{x})\mathrm{d}x=2F(\sqrt{x})+C$。

答案： B

9. 解　利用公式$\cos 2x=\cos^2 x-\sin^2 x$，将被积函数变形：

$$\begin{aligned}原式&=\int\frac{\cos^2 x-\sin^2 x}{\sin^2 x\cos^2 x}\mathrm{d}x=\int\left(\frac{1}{\sin^2 x}-\frac{1}{\cos^2 x}\right)\mathrm{d}x\\&=\int\frac{1}{\sin^2 x}\mathrm{d}x-\int\frac{1}{\cos^2 x}\mathrm{d}x\\&=-\cot x-\tan x+C\end{aligned}$$

答案： C

10. 解　本题为求复合的积分上限函数的导数，利用下列公式计算。

$$\frac{\mathrm{d}}{\mathrm{d}x}\int_0^{g(x)}\sqrt{1-t^2}\mathrm{d}t=\sqrt{1-g^2(x)}\cdot g'(x)$$

所以$\frac{\mathrm{d}}{\mathrm{d}x}\int_0^{\cos x}\sqrt{1-t^2}\mathrm{d}t=\sqrt{1-\cos^2 x}\cdot(-\sin x)=-\sin x\sqrt{\sin^2 x}=-\sin x\,|\sin x|$

答案： D

11. 解　逐项排除法。

选项 A：$x=0$为被积函数$f(x)=\frac{1}{x^2}$的无穷不连续点，计算方法：

$$\int_{-1}^{1}\frac{1}{x^2}\mathrm{d}x=\int_{-1}^{0}\frac{1}{x^2}\mathrm{d}x+\int_{0}^{1}\frac{1}{x^2}\mathrm{d}x$$

只要判断其中一个发散，即广义积分发散，计算$\int_0^1\frac{1}{x^2}\mathrm{d}x=-\frac{1}{x}\Big|_0^1=-1+\lim\limits_{x\to 0^+}\frac{1}{x}=+\infty$，所以选项 A 错误。

选项 B：$\frac{\mathrm{d}}{\mathrm{d}x}\int_0^{x^2}f(t)\mathrm{d}t=f(x^2)\cdot 2x$，显然错误。

选项 C：$\int_1^{+\infty}\frac{1}{\sqrt{x}}\mathrm{d}x=2\sqrt{x}\Big|_1^{+\infty}=2\left(\lim\limits_{x\to\infty}\sqrt{x}-1\right)=+\infty$发散，正确。

选项 D：由$\frac{1}{\sqrt{2\pi}}e^{-\frac{x^2}{2}}$为标准正态分布的概率密度函数，可知$\int_{-\infty}^{0}e^{-\frac{x^2}{2}}\mathrm{d}x$收敛。

也可用下面方法判定：

因$\int_{-\infty}^{0}e^{-\frac{x^2}{2}}\mathrm{d}x=\int_{-\infty}^{0}e^{-\frac{y^2}{2}}\mathrm{d}y$

$$\int_{-\infty}^{0}e^{-\frac{x^2}{2}}\mathrm{d}x\int_{-\infty}^{0}e^{-\frac{y^2}{2}}\mathrm{d}y=\int_{-\infty}^{0}\int_{-\infty}^{0}e^{-\frac{x^2+y^2}{2}}\mathrm{d}x\mathrm{d}y=\int_{\pi}^{\frac{3}{2}\pi}\mathrm{d}\theta\int_{0}^{+\infty}re^{-\frac{r^2}{2}}\mathrm{d}r$$

$$=\frac{\pi}{2}\left[-\int_{0}^{+\infty}e^{-\frac{r^2}{2}}\mathrm{d}\left(-\frac{r^2}{2}\right)\right]=-\frac{\pi}{2}e^{-\frac{r^2}{2}}\bigg|_{0}^{+\infty}=\frac{\pi}{2}$$

因此，$\left(\int_{-\infty}^{0}e^{-\frac{x^2}{2}}\mathrm{d}x\right)^2=\frac{\pi}{2}$，$\int_{-\infty}^{0}e^{-\frac{x^2}{2}}\mathrm{d}x=\sqrt{\frac{\pi}{2}}$收敛，选项 D 错误。

答案：C

12. 解　利用柱面坐标计算三重积分（见解图）。

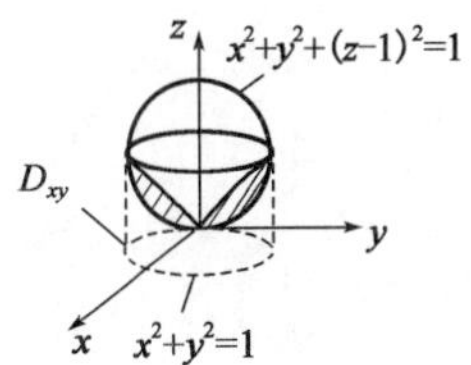

题 12 解图

立体体积$V=\iiint 1\mathrm{d}V$，联立$\begin{cases}x^2+y^2+z^2=2z\\z=x^2+y^2\end{cases}$，消$z$得$D_{xy}$：

$x^2+y^2\leqslant 1$

由$x^2+y^2+z^2=2z$，得到

$x^2+y^2+(z-1)^2=1$，$(z-1)^2=1-x^2-y^2$，$z-1=\pm\sqrt{1-x^2-y^2}$，$z=1\pm\sqrt{1-x^2-y^2}$

取$z=1-\sqrt{1-x^2-y^2}$

$1-\sqrt{1-x^2-y^2}\leqslant z\leqslant x^2+y^2$，即$1-\sqrt{1-r^2}\leqslant z\leqslant r^2$，积分区域$\Omega$在柱面坐标下的形式为

$\begin{cases}1-\sqrt{1-r^2}\leqslant z\leqslant r^2\\0\leqslant r\leqslant 1\\0\leqslant\theta\leqslant 2\pi\end{cases}$，$\mathrm{d}V=r\mathrm{d}r\mathrm{d}\theta\mathrm{d}z$，写成三次积分

先对z积分，再对r积分，最后对θ积分，即得选项 D。

答案：D

13. 解　通过举例说明。

（1）取$u_n=1$，级数$\sum\limits_{n=1}^{\infty}u_n=\sum\limits_{n=1}^{\infty}1$，级数发散，而$\sum\limits_{n=1}^{\infty}(u_{2n}-u_{2n+1})=\sum\limits_{n=1}^{\infty}(1-1)=\sum\limits_{n=1}^{\infty}0$，级数收敛。

（2）取$u_n=0$，$\sum\limits_{n=1}^{\infty}u_n=\sum\limits_{n=1}^{\infty}0$，级数收敛，而$\sum\limits_{n=1}^{\infty}(u_{2n}-u_{2n+1})=\sum\limits_{n=1}^{\infty}0$，级数收敛。

答案：B

14. 解　将函数$\frac{1}{3-x}$变形，利用公式$\frac{1}{1-x}=1+x+x^2+\cdots+x^n+\cdots\ (-1,1)$，将函数展开成$x-1$幂级数，即

$$\frac{1}{3-x}=\frac{1}{2-(x-1)}=\frac{1}{2\left(1-\frac{x-1}{2}\right)}=\frac{1}{2}\cdot\frac{1}{1-\frac{x-1}{2}}$$

再利用公式写出最后结果，所以

$$\frac{1}{3-x}=\frac{1}{2}\left[1+\frac{x-1}{2}+\left(\frac{x-1}{2}\right)^2+\cdots+\left(\frac{x-1}{2}\right)^n\right]=\frac{1}{2}\sum_{n=0}^{\infty}\left(\frac{x-1}{2}\right)^n=\sum_{n=0}^{\infty}\frac{(x-1)^n}{2^{n+1}}$$

答案：C

15. 解 方程的类型为可分离变量方程，将方程分离变量，得

$$-\frac{1}{3+2y}\mathrm{d}y=\frac{x}{1+x^2}\mathrm{d}x$$

两边积分：

$$-\int\frac{1}{3+2y}\mathrm{d}y=\int\frac{x}{1+x^2}\mathrm{d}x$$

$$-\frac{1}{2}\int\frac{1}{3+2y}\mathrm{d}(3+2y)=\frac{1}{2}\int\frac{1}{1+x^2}\mathrm{d}(x^2+1)$$

$$-\frac{1}{2}\ln(3+2y)=\frac{1}{2}\ln(1+x^2)+C$$

$$\frac{1}{2}\ln(1+x^2)+\frac{1}{2}\ln(3+2y)=-C$$

$\ln(1+x^2)+\ln(3+2y)=-2C$，令$-2C=\ln C_1$，$\ln(1+x^2)+\ln(3+2y)=\ln C_1$，故$(1+x^2)(3+2y)=C_1$。

答案：B

16. 解 本题为可降阶的高阶微分方程，按不显含变量x计算。设$y'=P$，$y''=P'$，方程化为$P'+aP^2=0$，$\frac{\mathrm{d}P}{\mathrm{d}x}=-aP^2$，分离变量，$\frac{1}{P^2}\mathrm{d}P=-a\mathrm{d}x$，积分得$-\frac{1}{P}=-ax+C_1$，代入初始条件$x=0$，$P=y'=-1$，得$C_1=1$，即$-\frac{1}{P}=-ax+1$，$P=\frac{1}{ax-1}$，$\frac{\mathrm{d}y}{\mathrm{d}x}=\frac{1}{ax-1}$，求出通解，代入初始条件，求出特解。

即$y=\int\frac{1}{ax-1}\mathrm{d}x=\frac{1}{a}\ln|ax-1|+C$，代入初始条件$x=0$，$y=0$，得$C=0$。

故特解为$y=\frac{1}{a}\ln|1-ax|$。

答案：A

17. 解 利用行列式的运算性质变形、化简。

A 项：$|\alpha_2,\alpha_1,\alpha_3|\xlongequal{c_1\leftrightarrow c_2}-|\alpha_1,\alpha_2,\alpha_3|$，错误。

B 项：$|-\alpha_2,-\alpha_3,-\alpha_1|=(-1)^3|\alpha_2,\alpha_3,\alpha_1|\xlongequal{c_1\leftrightarrow c_3}(-1)^3(-1)|\alpha_1,\alpha_3,\alpha_2|\xlongequal{c_2\leftrightarrow c_3}$

$(-1)^3(-1)(-1)|\alpha_1,\alpha_2,\alpha_3|=-|\alpha_1,\alpha_2,\alpha_3|$，错误。

C 项：
$$\begin{aligned}|\alpha_1+\alpha_2,\alpha_2+\alpha_3,\alpha_3+\alpha_1|&=|\alpha_1,\alpha_2+\alpha_3,\alpha_3+\alpha_1|+|\alpha_2,\alpha_2+\alpha_3,\alpha_3+\alpha_1|\\&=|\alpha_1,\alpha_2+\alpha_3,\alpha_3|+|\alpha_1,\alpha_2+\alpha_3,\alpha_1|+\\&\quad|\alpha_2,\alpha_2,\alpha_3+\alpha_1|+|\alpha_2,\alpha_3,\alpha_3+\alpha_1|\\&=|\alpha_1,\alpha_2+\alpha_3,\alpha_3|+|\alpha_2,\alpha_3,\alpha_3+\alpha_1|\\&=|\alpha_1,\alpha_2,\alpha_3|+|\alpha_2,\alpha_3,\alpha_1|\\&=|\alpha_1,\alpha_2,\alpha_3|+|\alpha_1,\alpha_2,\alpha_3|=2|\alpha_1,\alpha_2,\alpha_3|\end{aligned}$$
，错误。

D 项：$|\alpha_1,\alpha_2,\alpha_3+\alpha_2+\alpha_1|\xlongequal{(-1)c_1+c_3}|\alpha_1,\alpha_2,\alpha_3+\alpha_2|\xlongequal{(-1)c_2+c_3}|\alpha_1,\alpha_2,\alpha_3|$，正确。

答案：D

18. 解 $\boldsymbol{A}$、$\boldsymbol{B}$为非零矩阵且$\boldsymbol{AB}=0$，由矩阵秩的性质可知$r(\boldsymbol{A})+r(\boldsymbol{B})\leqslant n$，而$\boldsymbol{A}$、$\boldsymbol{B}$为非零矩阵，则$r(\boldsymbol{A})\geqslant 1$，$r(\boldsymbol{B})\geqslant 1$，又因$r(\boldsymbol{A})<n$，$r(\boldsymbol{B})<n$，则由$1\leqslant r(\boldsymbol{A})<n$，知$\boldsymbol{A}_{m\times n}$的列向量相关，$1\leqslant r(\boldsymbol{B})<n$，$\boldsymbol{B}_{n\times l}$的行向量相关，从而选项 B、C、D 均成立。

答案：A

19. 解 利用矩阵的特征值、特征向量的定义判定，即问满足式子$\boldsymbol{Bx}=\lambda\boldsymbol{x}$中的$\boldsymbol{x}$是什么向量？已知$\boldsymbol{\alpha}$是$\boldsymbol{A}$属于特征值$\lambda$的特征向量，故

$$\boldsymbol{A\alpha}=\lambda\boldsymbol{\alpha} \qquad ①$$

将已知式子$\boldsymbol{B}=\boldsymbol{P}^{-1}\boldsymbol{AP}$两边，左乘矩阵$\boldsymbol{P}$，右乘矩阵$\boldsymbol{P}^{-1}$，得$\boldsymbol{PBP}^{-1}=\boldsymbol{PP}^{-1}\boldsymbol{APP}^{-1}$，化简为$\boldsymbol{PBP}^{-1}=\boldsymbol{A}$，即

$$\boldsymbol{A}=\boldsymbol{PBP}^{-1} \qquad ②$$

将②式代入①式，得

$$\boldsymbol{PBP}^{-1}\boldsymbol{\alpha}=\lambda\boldsymbol{\alpha} \qquad ③$$

将③式两边左乘$\boldsymbol{P}^{-1}$，得$\boldsymbol{BP}^{-1}\boldsymbol{\alpha}=\lambda\boldsymbol{P}^{-1}\boldsymbol{\alpha}$，即$\boldsymbol{B}(\boldsymbol{P}^{-1}\boldsymbol{\alpha})=\lambda(\boldsymbol{P}^{-1}\boldsymbol{\alpha})$，成立。

答案：B

20. 解 由合同矩阵定义，若存在一个可逆矩阵$\boldsymbol{C}$，使$\boldsymbol{C}^{\mathrm{T}}\boldsymbol{AC}=\boldsymbol{B}$，则称$\boldsymbol{A}$合同于$\boldsymbol{B}$。

取$\boldsymbol{C}=\begin{bmatrix}-1 & 0\\ 0 & 1\end{bmatrix}$，$|\boldsymbol{C}|=-1\neq 0$，$\boldsymbol{C}$可逆，可验证$\boldsymbol{C}^{\mathrm{T}}\boldsymbol{AC}=\begin{bmatrix}1 & -1\\ -1 & 2\end{bmatrix}$。

答案：A

21. 解 $P(\overline{A}-B)=P(\overline{A}\,\overline{B})=P(\overline{A\cup B})=0.3$，$P(A\cup B)=1-P(\overline{A\cup B})=0.7$

答案：B

22. 解 （1）判断选项 A、B 的对错。

方法 1：利用定积分、广义积分的几何意义

$$P(a<X<b)=\int_a^b f(x)\mathrm{d}x=S$$

S为$[a,b]$上曲边梯形的面积。

$N(0,\sigma^2)$的概率密度为偶函数，图形关于直线$x=0$对称。

因此选项 B 对，选项 A 错。

方法 2：利用正态分布概率计算公式

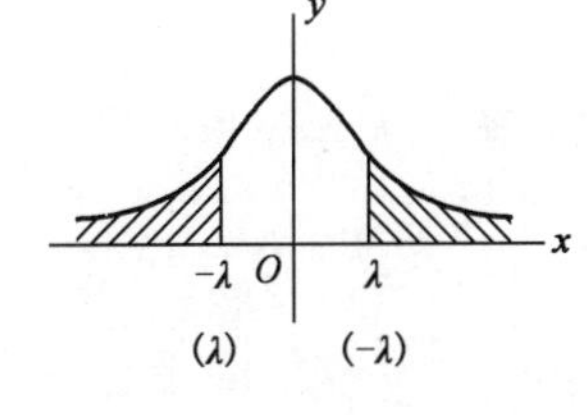

题 22 解图

$$P(X\leqslant\lambda)=\Phi\left(\frac{\lambda-0}{\sigma}\right)=\Phi\left(\frac{\lambda}{\sigma}\right)$$

$$P(X\geqslant\lambda)=1-P(X<\lambda)=1-\Phi\left(\frac{\lambda}{\sigma}\right)$$

$$P(X\leqslant-\lambda)=\Phi\left(\frac{-\lambda}{\sigma}\right)=1-\Phi\left(\frac{\lambda}{\sigma}\right)$$

选项 B 对，选项 A 错。

（2）判断选项 C、D 的对错。

方法 1：验算数学期望与方差

$E(X-\lambda)=\mu-\lambda=0-\lambda=-\lambda\neq\lambda(\lambda\neq0$ 时），选项 C 错；

$D(\lambda X)=\lambda^2\sigma^2\neq\lambda\sigma^2(\lambda\neq0，\lambda\neq1$ 时），选项 D 错。

方法 2：利用结论

若$X\sim N(\mu,\sigma^2)$，a、b为常数且$a\neq0$，则$aX+b\sim N(a\mu+b,a^2\sigma^2)$；

$X-\lambda\sim N(-\lambda,\sigma^2)$，选项 C 错；

$\lambda X\sim N(0,\lambda^2\sigma^2)$，选项 D 错。

答案：B

23. 解 $E(Y)=E\left(\frac{1}{X}\right)=\int_0^2\frac{1}{x}\frac{3}{8}x^2\mathrm{d}x=\frac{3}{4}$。

答案：A

24. 解 似然函数［将$f(x)$中的x改为x_i并写在$\prod\limits_{i=1}^{n}$后面］：

$$L(\theta)=\prod_{i=1}^{n}e^{-(x_i-\theta)},\ x_1,x_2,\cdots,x_n\geqslant\theta$$

$$\ln L(\theta)=\sum_{i=1}^{n}\ln e^{-(x_i-\theta)}=\sum_{i=1}^{n}(\theta-x_i)=n\theta-\sum_{i=1}^{n}x_i$$

$$\frac{\mathrm{d}\ln L(\theta)}{\mathrm{d}\theta}=n>0$$

$\ln L(\theta)$及$L(\theta)$均为θ的单调增函数，θ取最大值时，$L(\theta)$取最大值。

由于$x_1,x_2\cdots,x_n\geqslant\theta$，因此$\theta$的最大似然估计值为$\min(x_1,x_2,\cdots,x_n)$。

答案：C

25. 解 无论是何种理想气体分子，其分子平均平动动能均为：$\overline{w}=\frac{3}{2}kT$。

答案：C

26. 解 气体分子的平均碰撞频率$\overline{Z}=\sqrt{2}\pi d^2n\bar{v}$，其中$\bar{v}$为分子的平均速率，$n$为分子数密度（单位体积内分子数），$\bar{v}=1.6\sqrt{\frac{RT}{M}}$，$p=nkT$，于是$\overline{Z}=\sqrt{2}\pi d^2\frac{p}{kT}1.6\sqrt{\frac{RT}{M}}=\sqrt{2}\pi d^2\frac{p}{k}1.6\sqrt{\frac{R}{MT}}$，所以$p$不变时，$\overline{Z}$与$\sqrt{T}$成反比。

答案：C

27. 解 因为气体内能与温度有关，今降到初始温度，$\Delta T = 0$，则$\Delta E_{内} = 0$；又等压膨胀和绝热膨胀都对外做功，$W > 0$。

答案： A

28. 解 根据热力学第一定律$Q = \Delta E + W$，注意到"在压缩过程中外界做功 209J"，即系统对外做功$W = -209\text{J}$。又$\Delta E = 120\text{J}$，故$Q = 120 + (-209) = -89\text{J}$，即系统对外放热 89J，也就是说外界传给气体的热量为-89J。

答案： A

29. 解 比较平面谐波的波动方程$y = A\cos 2\pi\left(\frac{t}{T} - \frac{x}{\lambda}\right)$

$$y = A\cos(Bt - Cx) = A\cos 2\pi\left(\frac{Bt}{2\pi} - \frac{Cx}{2\pi}\right) = A\cos 2\pi\left(\frac{t}{\frac{2\pi}{B}} + \frac{x}{\frac{2\pi}{C}}\right)$$

故周期$T = \frac{2\pi}{B}$，频率$\nu = \frac{B}{2\pi}$，波长$\lambda = \frac{2\pi}{C}$，由此波速$u = \lambda\nu = \frac{B}{C}$。

答案： B

30. 解 质元经过平衡位置时，速度最大，故动能最大，根据机械波动能量特征，动能与势能是同相的，质元动能最大势能也最大。

答案： C

31. 解 声学基础知识。声波的频率范围为 20~20000Hz，低于 20Hz 为次声波，高于 20000Hz 为超声波。

答案： C

32. 解 双缝干涉时，条纹间距$\Delta x = \lambda_n \frac{D}{d}$，在空气中干涉，有$1.33 \approx \lambda \frac{D}{d}$，此光在水中的波长为$\lambda_n = \frac{\lambda}{n}$，此时条纹间距$\Delta x(水) = \frac{\lambda D}{nd} = \frac{1.33}{n} = 1\text{mm}$。

答案： C

33. 解 空气中的玻璃劈尖，反射光光程差存在半波损失，其暗纹条件为：

$$\delta = 2ne + \frac{\lambda}{2} = (2k+1)\frac{\lambda}{2}，k = 0,1,2,\cdots$$

令$k = 3$，有$2ne + \frac{\lambda}{2} = \frac{7\lambda}{2}$，得出$e = \frac{3\lambda}{2n}$。

答案： A

34. 解 对迈克尔逊干涉仪，条纹移动$\Delta x = \Delta n \frac{\lambda}{2}$，令$\Delta x = 0.62$，$\Delta n = 2300$，则

$$\lambda = \frac{2 \times \Delta x}{\Delta n} = \frac{2 \times 0.62}{2300} = 5.39 \times 10^{-4}\text{mm} = 539\text{nm}$$

注：$1\text{nm} = 10^{-9}\text{m} = 10^{-6}\text{mm}$。

答案： B

35. 解 由光栅公式：$(a+b)\sin\phi = k\lambda$，$k=1,2,3,\cdots$，即$k_1\lambda_1 = k_2\lambda_2$，$\frac{k_1}{k_2}=\frac{\lambda_2}{\lambda_1}=\frac{750}{450}=\frac{5}{3}$。

故重叠处波长λ_2的级数k_2必须是 3 的整数倍，即$3,6,9,12,\cdots$。

答案： D

36. 解 注意到"当折射角为 30°时，反射光为完全偏振光"，说明此时入射角即起偏角i_0。根据$i_0+\gamma_0=\frac{\pi}{2}$，$i_0=60°$，再由$\tan i_0=\frac{n_2}{n_1}$，$n_1\approx 1$，可得$n_2=\tan 60°=\sqrt{3}$。

答案： D

37. 解 反应自发性判据（最小自由能原理）：$\Delta G<0$，自发过程，过程能向正方向进行；$\Delta G=0$，平衡状态；$\Delta G>0$，非自发过程，过程能向逆方向进行。

由公式$\Delta G=\Delta H-T\Delta S$及自发判据可知，当 ΔH和 ΔS均小于零时，ΔG在低温时小于零，所以低温自发，高温非自发。转换温度$T=\frac{\Delta H}{\Delta S}$。

答案： A

38. 解 根据电极电势的能斯特方程式

$$\varphi_{Cl_2/Cl^-}=\varphi^{\Theta}_{Cl_2/Cl^-}+\frac{0.0592}{n}\lg\frac{\frac{p(Cl_2)}{p^{\Theta}}}{\left[\frac{c(Cl)}{c^{\Theta}}\right]^2}=1.358+\frac{0.0592}{2}\times\lg 10=1.388V$$

答案： C

39. 解 电对中，斜线右边为氧化态，斜线左边为还原态。电对的电极电势越大，表示电对中氧化态的氧化能力越强，是强氧化剂；电对的电极电势越小，表示电对中还原态的还原能力越强，是强还原剂。所以依据电对电极电势大小顺序，知氧化剂强弱顺序：$F_2>Fe^{3+}>Mg^{2+}>Na^+$；还原剂强弱顺序：$Na>Mg>Fe^{2+}>F^-$。

答案： B

40. 解 反应速率常数：表示反应物均为单位浓度时的反应速率。升高温度能使更多分子获得能量而成为活化分子，活化分子百分数可显著增加，发生化学反应的有效碰撞增加，从而增大反应速率常数。

答案： A

41. 解 波函数$\psi(n,l,m)$可表示一个原子轨道的运动状态。n,l,m的取值范围：主量子数n可取的数值为$1,2,3,4,\cdots$；角量子数l可取的数值为$0,1,2,\cdots,(n-1)$；磁量子数m可取的数值为$0,\pm1,\pm2,\pm3,\cdots,\pm l$。选项 A 中$n$取 1 时，$l$最大取$n-1=0$。

答案： A

42. 解 可以用氧化还原配平法。配平后的方程式为$MnO_2+4HCl = MnCl_2+Cl_2+2H_2O$。

答案： A

43. 解 弱酸强碱盐的标准水解常数为：

$$K_{\mathrm{h}}=\frac{K_{\mathrm{w}}}{K_{\mathrm{a}}}=\frac{1.0\times10^{-14}}{1.0\times10^{-5}}=1.0\times10^{-9}$$

答案：A

44. 解 苯环含有双键，可以发生加成反应；醛基既可以发生氧化反应，也可以发生还原反应。

答案：C

45. 解 聚丙烯酸酯不是无机化合物，是有机化合物，是高分子化合物，不是离子化合物；是共价化合物。

答案：C

46. 解 苯甲醛和乙苯可以被高锰酸钾氧化为苯甲酸而使高锰酸钾溶液褪色，苯乙烯的乙烯基可以使高锰酸钾溶液褪色。苯不能使高锰酸钾褪色。

答案：C

47. 解 根据力的投影公式，$F_x=F\cos\alpha$，当$\alpha=0$时$F_x=F$，即力$\boldsymbol{F}$与x轴平行，故只有当力$\boldsymbol{F}$在与x轴垂直的y轴（$\alpha=90°$）上投影为 0 外，在其余与x轴共面轴上的投影均不为 0。

答案：B

48. 解 将力系向A点简化，$\boldsymbol{F}_3$沿作用线移到A点，$\boldsymbol{F}_2$平移到A点附加力偶即主矩$M_{\mathrm{A}}=M_{\mathrm{A}}(F_2)=\frac{\sqrt{3}}{2}aF$，三个力的主矢$F_{\mathrm{R}y}=0$，$F_{\mathrm{R}x}=F_1+F_2\sin30°+F_3\sin30°=2F$（向左）。

答案：A

49. 解 根据受力分析，A、C、D处的约束力均为水平方向（见解图），考虑杆AB的平衡$\sum M=0$，$M_1-F_{\mathrm{NC}}\cdot a=0$，可得$F_{\mathrm{NC}}=\frac{M_1}{a}$；分析杆$DC$，采用力偶的平衡方程$F'_{\mathrm{NC}}\cdot a-M_2=0$，$F'_{\mathrm{NC}}=F_{\mathrm{NC}}$，即得$M_2=M_1$。

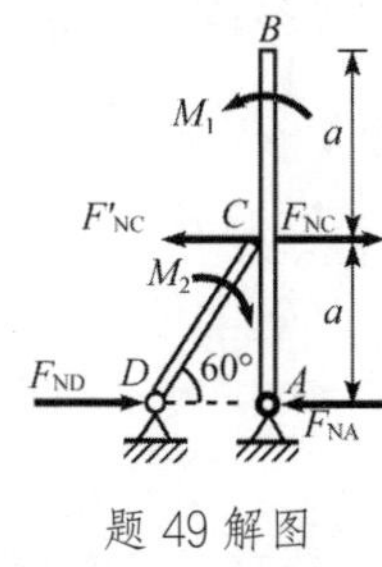

题 49 解图

答案：A

50. 解 根据摩擦定律$F_{\max}=W\cos60°\times f=10\mathrm{kN}$，沿斜面的主动力为$W\sin60°-F_{\mathrm{p}}=6.6\mathrm{kN}$，方向沿斜面向下。由平衡方程得摩擦力的大小应为 6.6kN，方向与物块运动趋势反向，即沿斜面向上。

答案：C

51. 解 当$t = 0\text{s}$时，$s = 8\text{m}$，当$t = 3\text{s}$时，$s = -10\text{m}$，点的速度$v = \frac{\text{d}s}{\text{d}t} = -4t$，即沿与$s$正方向相反的方向从 8m 处经过坐标原点运动到了$-10$m 处，故所经路程为 18m。

答案： C

52. 解 根据定轴转动刚体上一点加速度与转动角速度、角加速度的关系：$a_n = \omega^2 l$，$a_\tau = \alpha l$，而题中$a_n = a\cos\alpha = \omega^2 l$，$\omega = \sqrt{\frac{a\cos\alpha}{l}}$，$a_\tau = a\sin\alpha = \alpha l$，$\alpha = \frac{a\sin\alpha}{l}$。

答案： B

53. 解 物块 B 的速度为：$v_\text{B} = \frac{\text{d}x}{\text{d}t} = 2kt$；加速度为：$a_\text{B} = \frac{\text{d}^2 x}{\text{d}t^2} = 2k$；而轮缘点$A$的速度与物块 B 的速度相同，即$v_\text{A} = v_\text{B} = 2kt$；轮缘点$A$的切向加速度与物块 B 的加速度相同，则

$$a_\text{A} = \sqrt{a_{\text{A}n}^2 + a_{\text{A}\tau}^2} = \sqrt{\left(\frac{v_\text{B}^2}{R}\right)^2 + a_\text{B}^2} = \sqrt{\frac{16k^4t^4}{R^2} + 4k^2}$$

答案： D

54. 解 将动力学矢量方程$m\boldsymbol{a} = \boldsymbol{F} + \boldsymbol{R}$，在$x$方向投影，有$-ma = F - R$。

答案： B

55. 解 根据定轴转动刚体动量矩和动能的公式：$L_\text{O} = J_\text{O}\omega$，$T = \frac{1}{2}J_\text{O}\omega^2$，其中：$J_\text{O} = \frac{1}{2}mR^2 + mR^2 = \frac{3}{2}mR^2$，$L_\text{O} = \frac{3}{2}mR^2\omega$，$T = \frac{3}{4}mR^2\omega^2$。

答案： D

56. 解 根据定轴转动微分方程$J_\text{B}\alpha = M_\text{B}(\boldsymbol{F})$，当杆转动到铅垂位置时，受力如解图所示，杆上所有外力对B点的力矩为零，即$M_\text{B}(\boldsymbol{F}) = 0$。

答案： A

57. 解 绳剪断瞬时（见解图），杆的$\omega = 0$，$\alpha = \frac{3g}{4l}$；则质心的加速度$a_{\text{C}x} = 0$，$a_{\text{C}y} = \alpha l = \frac{3g}{4}$。根据质心运动定理：$\frac{P}{g}a_{\text{C}y} = P - F_{\text{A}y}$，$F_{\text{A}x} = 0$，$F_{\text{A}y} = P - \frac{P}{g} \times \frac{3}{4}g = \frac{P}{4}$。

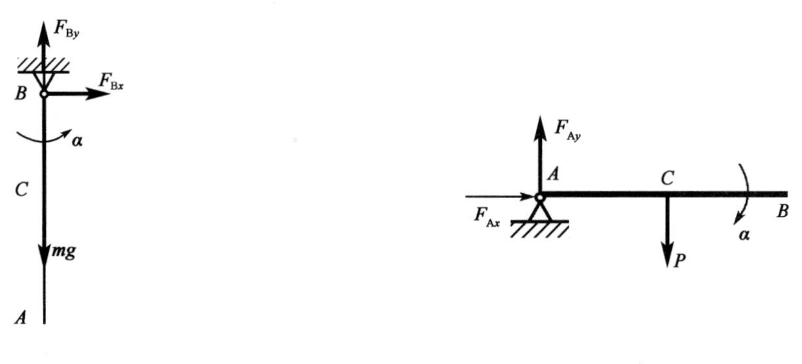

题 56 解图　　　　题 57 解图

答案： B

58. 解 质点振动的固有频率与倾角无关。

答案： C

59. 解 由低碳钢拉伸实验的应力-应变曲线图可知，卸载时的直线规律和再加载时的冷作硬化现象都发生在强化阶段。

答案： C

60. 解 把螺钉杆拉伸强度条件$\sigma=\frac{F}{\frac{\pi}{4}d^2}=[\sigma]$和螺母的剪切强度条件$\tau=\frac{F}{\pi dh}=[\tau]$，代入$[\sigma]=2[\tau]$，即得$d=2h$。

答案： A

61. 解 使$\varphi_1=\frac{\varphi}{2}$，即$\frac{T}{GI_{p1}}=\frac{1}{2}\frac{T}{GI_p}$，所以$I_{p1}=2I_p$，$\frac{\pi}{32}d_1^4=2\frac{\pi}{32}d^4$，得$d_1=\sqrt[4]{2}d$。

答案： A

62. 解 圆轴表面$\tau=\frac{T}{W_t}$，又$\tau=G\gamma$，所以$T=\tau W_t=G\gamma W_t$。

答案： A

63. 解 图中正方形截面$I_z^{方}=\frac{a^4}{12}+\left(\frac{a}{2}\right)^2\cdot a^2=\frac{a^4}{3}$，整个截面$I_z=I_z^{矩}-I_z^{方}=\frac{bh^3}{12}-\frac{a^4}{3}$

答案： C

64. 解 设F_A向上，$\sum M_C=0$，$m-F_AL=0$，则$F_A=\frac{m}{L}$，再用直接法求A截面的剪力$F_s=F_A=\frac{m}{L}$。

答案： C

65. 解 因为钢和铝的弹性模量不同，而4个选项之中只有挠曲线与弹性模量有关，所以选挠曲线。

答案： D

66. 解 由集中力偶M产生的挠曲线方程$f=\frac{Mx^2}{2EI}$是x的二次曲线可知，挠曲线是圆弧的为选项B。

答案： B

67. 解 $\sigma_1=\frac{\sigma_x+\sigma_y}{2}+\sqrt{\left(\frac{\sigma_x-\sigma_y}{2}\right)^2+\tau_x^2}=\frac{40+(-40)}{2}+\sqrt{\left[\frac{40-(-40)}{2}\right]^2+30^2}=50\text{MPa}$

答案： D

68. 解 这显然是偏心拉伸，而且对y、z轴都有偏心。把力F平移到截面形心，要加两个附加力偶矩，该杆将发生轴向拉伸和绕y、z轴的双向弯曲。

答案： B

69. 解 把力F沿轴线z平移至圆轴截面中心，并加一个附加力偶，则使圆轴产生弯曲和扭转组合变形。最大弯矩$M=FL$，最大扭矩$T=F\frac{d}{2}$，$\sigma_{eq3}=\frac{\sqrt{M^2+T^2}}{W_z}=\frac{32}{\pi d^3}\sqrt{(FL)^2+\left(\frac{Fd}{2}\right)^2}$。

答案： D

70. 解　当压杆AB和CD同时达到临界荷载时，结构的临界荷载：

$$F_{\mathrm{a}} = 2F_{\mathrm{cr}} = 2 \times \frac{\pi^2 EI}{(0.7L)^2} = 4.08\frac{\pi^2 EI}{L^2}$$

答案：B

71. 解　静压强特性为流体静压强的大小与受压面的方向无关。

答案：B

72. 解　绝对压强要计及液面大气压强，$p = p_0 + \rho gh$，$p_0 = 100\mathrm{kPa}$，代入题设数据后有：

$$p' = 100\mathrm{kPa} + 0.8 \times 9.8 \times 3\mathrm{kPa} = 123.52\mathrm{kPa}$$

答案：D

73. 解　根据恒定流定义可得，各空间点上所有运动要素均不随时间变化的流动为恒定流。

答案：B

74. 解　孔口流速系数$\varphi = 0.97$、流量系数$\mu = 0.62$，管嘴的流速系数$\varphi = 0.82$、流量系数$\mu = 0.82$。相同直径、相同水头的孔口流速大于圆柱形外管嘴流速，但流量小于后者。

答案：C

75. 解　根据明渠均匀流发生的条件可得（明渠均匀流只能发生在顺坡渠道中）。

答案：A

76. 解　根据谢才公式$v = C\sqrt{Ri}$，当底坡i增大时，流速增大，在题设条件下，水深应减小。

答案：A

77. 解　先用经验公式$R = 3000S\sqrt{k}$，求影响半径：

$$R = 3000 \times (11 - 8) \times \sqrt{2/3600} = 212.1\mathrm{m}$$

再应用普通完全井公式$Q = 1.366\frac{k(H^2 - h^2)}{\lg\frac{R}{r_0}}$，计算流量：

$$Q = 1.366 \times \frac{2}{3600} \times \frac{11^2 - 8^2}{\lg\frac{212.1}{0.5}} = 0.0164\mathrm{m}^3/\mathrm{s}$$

答案：B

78. 解　船在明渠中航行试验，是属于明渠重力流性质，应选用弗劳德准则。

答案：B

79. 解　带电体是在电场力的作用下做功，其能量来自电场和自身的能量。

答案：C

80. 解　直流电源作用下的直流稳态电路中，电容相当于断路$i_2 = 0$，电容元件存储的能量与电压的平方成正比。$u_C = u_R = u_s \neq 0$，即电容的存储能量不为 0，$i = i_1 + i_2 = i_1 = 1\text{mA}$。

答案：A

81. 解 根据节电的电流关系 KCL，列写两个节点电流方程即可解出：

$I_1 = 1 - (-2) - 0.5 = 2.5\text{A}$，$I_2 = 1.5 + 1 - I_1 = 0$

答案：C

82. 解 对正弦交流电路的三要素在函数式和波形图表达式的分析可知：

$U_m = 155.56\text{V}$；$\varphi_u = -90°$；$\omega = 2\pi/T = 314\text{rad/s}$（$T = 20\text{ms}$）

因此，可以写出：$u(t) = 155.56\sin(314t - 90°) = 110\sqrt{2}\sin(314t - 90°)\,\text{V}$

答案：B

83. 解 在正弦交流电路中，分电压与总电压的大小符合相量关系，电感电压超前电流 90°，电容电流落后电流 90°。

式 2 应该为：$u_x = u_L + u_C$

式 4 应该为：$U^2 = U_R^2 + (U_L - U_C)^2$

答案：A

84. 解 在有储能原件存在的电路中，电感电流和电容电压不能跃变。本电路的输入电压发生了三次跃变。在图示的 RLC 串联电路中因为电感电流不跃变，电阻的电流、电压和电容的电流不会发生跃变。

答案：A

85. 解 理想变压器的内部损耗为零，$P_1 = P_2$；$P_2 = I_2^2 R_L = 2^2 \times 10 = 40\text{W}$。

电源供出电流$I_1 = \frac{P_1}{U_1} = \frac{40}{100} = 0.4\text{A}$。

答案：A

86. 解 三相交流电动机的功率因素和效率均与负载的大小有关，电动机接近空载时，功率因素和效率都较低，只有当电动机接近满载工作时，电动机的功率因素和效率才达到较大的数值。

答案：B

87. 解 “信息”指的是人们通过感官接收到的关于客观事物的变化情况；“信号”是信息的表示形式，是传递信息的工具，如声、光、电等。信息是存在于信号之中的。

答案：A

88. 解 图示信号是用电位高低表示的二进制数$(010011)_B$，将其转换为十进制的数值是

$$(010011)_B = 1 \times 2^4 + 1 \times 2^1 + 1 \times 2^0 = 16 + 2 + 1 = 19$$

答案：D

89. 解　$x(t)$是原始信号，$u(t)$是模拟电压信号，它们都是时间的连续信号；而$u^*(t)$是经过采样器以后的采样信号，是离散信号$u^*(t)$。数字信号是用二进制代码表示的离散时间信号。

答案：B

90. 解　此题可以用叠加原理分析，将信号分解为一个指数信号和一个阶跃信号的叠加。

答案：D

91. 解　模拟信号放大器的基本要求是不能失真，即要求放大信号的幅度，不可以改变信号的频率。

答案：A

92. 解　此题要求掌握的是如何将真值表转换为逻辑表达式。输出变量 F 为在输入变量 ABC 的控制下数值为 1 的或逻辑。输入变量用与逻辑表示，取值“1”时写原变量，取值“0”时写反变量。

答案：B

93. 解　分析二极管电路的方法：先将二极管视为断路，判断二极管的端部电压。如果二极管处于正向偏置状态，二极管导通，可将二极管视为短路；如果二极管处于反向偏置状态，二极管截止，可将二极管视为断路。简化后含有二极管的电路已经成为线性电路，用线性电路理论分析可得结果。

本题中，$u_{\mathrm{i}} > 3\mathrm{V}$时，二极管导通，输出电压$U_{\mathrm{o}}$的最大值为：

$$U_{\mathrm{omax}} = U_{\mathrm{im}} - U = 6 - 3 = 3\mathrm{V}$$

答案：B

94. 解　理解放大电路输入电阻和输出电阻的概念，利用其等效电路计算可得结果。

图 a）：$U_{\mathrm{L1}} = \frac{R_{\mathrm{L}}}{R_{\mathrm{s}}+R_{\mathrm{L}}}U_{\mathrm{s}} = \frac{50}{1000+50}U_{\mathrm{s}} = \frac{U_{\mathrm{s}}}{21}$

图 b）：等效电路图

$u_{\mathrm{i}} = u_{\mathrm{s}}\frac{r_{\mathrm{i}}}{r_{\mathrm{i}}+R_{\mathrm{s}}} = \frac{U_{\mathrm{s}}}{11}$

$u_{\mathrm{os2}} = A_{\mathrm{u}}u_{\mathrm{i}} = \frac{U_{\mathrm{s}}}{11}$

$U_{\mathrm{L2}} = \frac{R_{\mathrm{L}}}{R_{\mathrm{L}}+r_{\mathrm{o}}}U_{\mathrm{os2}} = \frac{U_{\mathrm{s}}}{22}$

所以$U_{\mathrm{L2}} < U_{\mathrm{L1}}$。

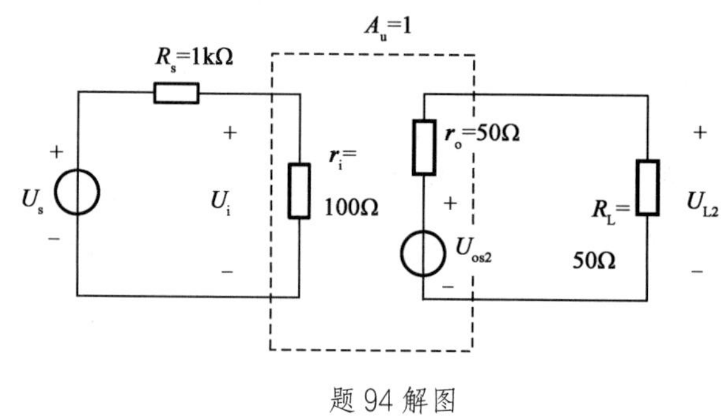

题 94 解图

答案：C

95. 解　左边电路是或门，$\mathrm{F_1 = A + B}$，右边电路是与门，$\mathrm{F_2 = A \cdot B}$。根据逻辑电路的基本关系，当$\mathrm{B} = 1$时，$\mathrm{F_1 = A + 1 = 1}$；$\mathrm{F_2 = A \cdot 1 = A}$。

答案：B

96. 解　图示电路是电位触发的 JK 触发器。当 cp 在上升沿时，触发器取输入信号 JK。触发器的状态由JK触发器的功能表（略）确定。

答案：B

97. 解 存放正在执行的程序和当前使用的数据，它具有一定的运算能力。

答案：C

98. 解 按照应用和虚拟机的观点，计算机软件可分为系统软件、支撑软件、应用软件三类。

答案：D

99. 解 信息有以下主要特征：可识别性、可变性、可流动性、可存储性、可处理性、可再生性、有效性和无效性、属性和可使用性。

答案：D

100. 解 一位八进制对应三位二进制，7对应111，6对应110，3对应011。

答案：D

101. 解 内存储器容量是指内存存储容量，即内容储存器能够存储信息的字节数。外储器是可将程序和数据永久保存的存储介质，可以说其容量是无限的。字节是信息存储中常用的基本单位。

答案：A

102. 解 操作系统通常包括几大功能模块：处理器管理、作业管理、存储器管理、设备管理、文件管理、进程管理。

答案：D

103. 解 Windows中，对存储器的管理采取分段存储、分页存储管理技术。一个存储段可以小至1个字节，大至4G字节，而一个页的大小规定为4K字节。

答案：B

104. 解 Windows采用了缓冲技术来解决主机与外设的速度不匹配问题，如使用磁盘高速缓冲存储器，以提高磁盘存储速率，改善系统整体功能。

答案：A

105. 解 计算机网络是计算机技术和通信技术的结合产物。

答案：C

106. 解 计算机网络协议的三要素：语法、语义、同步。

答案：C

107. 解 现金流量图表示的是现金流入、现金流出与时间的对应关系。同一时间点上的现金流入和现金流出之差，称为净现金流量。箭头向上表示现金流入，向下表示现金流出。现金流量图的零点表示时间序列的起点，但第一个现金流量不一定发生在零点。

答案：B

108. 解 投资项目前期研究可分为机会研究（规划）阶段、项目建议书（初步可行性研究）阶段、可行性研究阶段。

答案：B

109. 解 根据题意，贷款在各年内均衡发生，建设期内不支付利息，则

第一年利息：$(200/2)\times 7\% = 7$万元

第二年利息：$(200+500/2+7)\times 7\% = 31.99$万元

第三年利息：$(200+500+300/2+7+31.99)\times 7\% = 62.23$万元

建设期贷款利息：$7+31.99+62.23 = 101.22$万元

答案：B

110. 解 股票融资（权益融资）的资金成本一般要高于债权融资的资金成本。

答案：D

111. 解 融资前分析不考虑融资方案，在规划和机会研究阶段，一般只进行融资前分析。

答案：C

112. 解 经济效益的计算应遵循支付意愿原则和接受补偿原则（受偿意愿原则）。

答案：D

113. 解 按盈亏平衡产量公式计算：

$$\text{盈亏平衡点产销量} = \frac{1200\times 10^4}{1000-600-150} = 48000\ \text{台}$$

答案：A

114. 解 根据价值公式进行判断：价值(V) = 功能(F)/成本(C)。

答案：C

115. 解 《中华人民共和国建筑法》第八条规定，申请领取施工许可证，应当具备下列条件。

（一）已经办理该建筑工程用地批准手续；

（二）依法应当办理建设工程许可证的，已经取得建设工程规划许可证；

（三）需要拆迁的，其拆迁进度符合施工要求；

（四）已经确定建筑施工企业；

（五）有满足施工需要的资金安排、施工图纸及技术资料；

（六）有保证工程质量和安全的具体措施。

拆迁进度符合施工要求即可，不是拆迁全部完成，所以选项 A 错；并非所有工程都需要监理，所以选项 B 错；建设资金不是全部到位，所以选项 D 错。

答案： C

116. 解 《中华人民共和国招标投标法》第十六条规定，招标人采用公开招标方式的，应当发布招标公告。依法必须进行招标的项目的招标公告，应当通过国家指定的报刊、信息网络或者其他媒介发布。招标公告应当载明招标人的名称和地址，招标项目的性质、数量、实施地点和时间以及获取招标文件的办法等事项，所以 A 对。其他几项内容应在招标文件中载明，而不是招标公告中。

答案： A

117. 解 参见《中华人民共和国民法典》第四百七十三条。

要约邀请是希望他人向自己发出要约的意思表示。寄送的价目表、拍卖公告、招标公告、招股说明书、商业广告等为要约邀请。

答案： C

118. 解 根据《中华人民共和国节约能源法》第五十八条规定，国务院管理节能工作的部门会同国务院有关部门制定并公布节能技术、节能产品的推广目录，引导用能单位和个人使用先进的节能技术、节能产品。

答案： B

119. 解 《中华人民共和国环境保护法》第十五条规定，国务院环境保护行政主管部门，制定国家环境质量标准。省、自治区、直辖市人民政府对国家环境质量标准中未作规定的项目，可以制定地方环境质量标准；对国家环境质量标准中已作规定的项目，可以制定严于国家环境质量标准。地方环境质量标准必须报国务院环境保护主管部门备案。凡是向已有地方环境质量标准的区域排放污染物的，应当执行地方环境质量标准。选项 C 错在"审批"两字，是备案不是审批。

答案： D

120. 解 《建设工程勘察设计管理条例》第二十六条规定，编制建设工程勘察文件，应当真实、准确，满足建设工程规划、选址、设计、岩土治理和施工的需要。编制方案设计文件，应当满足编制初步设计文件和控制概算的需要。编制初步设计文件，应当满足编制施工招标文件、主要设备材料订货和编制施工图设计文件的需要。编制施工图设计文件，应当满足设备材料采购、非标准设备制作和施工的需要，并注明建设工程合理使用年限。

答案： B

2010年度全国勘察设计注册工程师
执业资格考试试卷

基础考试
（上）

二〇一〇年九月

应考人员注意事项

1. 本试卷科目代码为“1”，考生务必将此代码填涂在答题卡“科目代码”相应的栏目内，否则，无法评分。

2. 书写用笔：**黑色或蓝色钢笔、签字笔或圆珠笔**；

   填涂答题卡用笔：**黑色 2B 铅笔**。

3. 必须用书写用笔将工作单位、姓名、准考证号填写在答题卡和试卷相应的栏目内。

4. 本试卷由 120 题组成，每题 1 分，满分 120 分，本试卷全部为单项选择题，每小题的四个备选项中只有一个正确答案，错选、多选、不选均不得分。

5. 考生作答时，必须按**题号在答题卡上**将相应试题所选选项对应的**字母用 2B 铅笔涂黑**。

6. 在答题卡上书写与题意无关的语言，或在答题卡上作标记的，均按违纪试卷处理。

7. 考试结束时，由监考人员当面将试卷、答题卡一并收回。

8. 草稿纸由各地统一配发，考后收回。

单项选择题（共120题，每题1分。每题的备选项中只有一个最符合题意。）

1. 设直线方程为$\begin{cases}x=t+1\\y=2t-2\\z=-3t+3\end{cases}$，则直线：

A. 过点$(-1,2,-3)$，方向向量为$\vec{i}+2\vec{j}-3\vec{k}$

B. 过点$(-1,2,-3)$，方向向量为$-\vec{i}-2\vec{j}+3\vec{k}$

C. 过点$(1,2,-3)$，方向向量为$\vec{i}-2\vec{j}+3\vec{k}$

D. 过点$(1,-2,3)$，方向向量为$-\vec{i}-2\vec{j}+3\vec{k}$

2. 设$\vec{\alpha}$，$\vec{\beta}$，$\vec{\gamma}$都是非零向量，若$\vec{\alpha}\times\vec{\beta}=\vec{\alpha}\times\vec{\gamma}$，则：

A. $\vec{\beta}=\vec{\gamma}$

B. $\vec{\alpha}/\!/\vec{\beta}$且$\vec{\alpha}/\!/\vec{\gamma}$

C. $\vec{\alpha}/\!/(\vec{\beta}-\vec{\gamma})$

D. $\vec{\alpha}\perp(\vec{\beta}-\vec{\gamma})$

3. 设$f(x)=\frac{e^{3x}-1}{e^{3x}+1}$，则：

A. $f(x)$为偶函数，值域为$(-1,1)$

B. $f(x)$为奇函数，值域为$(-\infty,0)$

C. $f(x)$为奇函数，值域为$(-1,1)$

D. $f(x)$为奇函数，值域为$(0,+\infty)$

4. 下列命题正确的是：

A. 分段函数必存在间断点

B. 单调有界函数无第二类间断点

C. 在开区间内连续，则在该区间必取得最大值和最小值

D. 在闭区间上有间断点的函数一定有界

5. 设函数$f(x)=\begin{cases}\frac{2}{x^2+1}, & x\leqslant 1\\ ax+b, & x>1\end{cases}$可导，则必有：

A. $a=1$，$b=2$

B. $a=-1$，$b=2$

C. $a=1$，$b=0$

D. $a=-1$，$b=0$

6. 求极限$\lim\limits_{x\to 0}\frac{x^2\sin\frac{1}{x}}{\sin x}$时，下列各种解法中正确的是：

A. 用洛必达法则后，求得极限为 0

B. 因为$\lim\limits_{x\to 0}\sin\frac{1}{x}$不存在，所以上述极限不存在

C. 原式$=\lim\limits_{x\to 0}\frac{x}{\sin x}x\sin\frac{1}{x}=0$

D. 因为不能用洛必达法则，故极限不存在

7. 下列各点中为二元函数$z=x^3-y^3-3x^2+3y-9x$的极值点的是：

A. $(3,-1)$　　B. $(3,1)$

C. $(1,1)$　　D. $(-1,-1)$

8. 若函数$f(x)$的一个原函数是e^{-2x}，则$\int f''(x)\mathrm{d}x$等于：

A. $e^{-2x}+C$　　B. $-2e^{-2x}$

C. $-2e^{-2x}+C$　　D. $4e^{-2x}+C$

9. $\int xe^{-2x}\mathrm{d}x$等于：

A. $-\frac{1}{4}e^{-2x}(2x+1)+C$　　B. $\frac{1}{4}e^{-2x}(2x-1)+C$

C. $-\frac{1}{4}e^{-2x}(2x-1)+C$　　D. $-\frac{1}{2}e^{-2x}(x+1)+C$

10. 下列广义积分中收敛的是：

A. $\int_0^1\frac{1}{x^2}\mathrm{d}x$　　B. $\int_0^2\frac{1}{\sqrt{2-x}}\mathrm{d}x$

C. $\int_{-\infty}^0 e^{-x}\mathrm{d}x$　　D. $\int_1^{+\infty}\ln x\,\mathrm{d}x$

11. 圆周$\rho=\cos\theta$，$\rho=2\cos\theta$及射线$\theta=0$，$\theta=\frac{\pi}{4}$所围的图形的面积$S=$

A. $\frac{3}{8}(\pi+2)$　　B. $\frac{1}{16}(\pi+2)$

C. $\frac{3}{16}(\pi+2)$　　D. $\frac{7}{8}\pi$

12. 计算$I=\iiint\limits_{\Omega} z\mathrm{d}v$，其中$\Omega$为$z^2=x^2+y^2$，$z=1$围成的立体，则正确的解法是：

A. $I=\int_0^{2\pi}\mathrm{d}\theta\int_0^1 r\mathrm{d}r\int_0^1 z\mathrm{d}z$

B. $I=\int_0^{2\pi}\mathrm{d}\theta\int_0^1 r\mathrm{d}r\int_r^1 z\mathrm{d}z$

C. $I=\int_0^{2\pi}\mathrm{d}\theta\int_0^1 \mathrm{d}z\int_r^1 r\mathrm{d}r$

D. $I=\int_0^1\mathrm{d}z\int_0^{\pi}\mathrm{d}\theta\int_0^z zr\mathrm{d}r$

13. 下列各级数中发散的是：

A. $\sum\limits_{n=1}^{\infty}\frac{1}{\sqrt{n+1}}$

B. $\sum\limits_{n=1}^{\infty}(-1)^{n-1}\frac{1}{\ln(n+1)}$

C. $\sum\limits_{n=1}^{\infty}\frac{n+1}{3^n}$

D. $\sum\limits_{n=1}^{\infty}(-1)^{n-1}\left(\frac{2}{3}\right)^n$

14. 幂级数$\sum\limits_{n=1}^{\infty}\frac{(x-1)^n}{3^n n}$的收敛域是：

A. $[-2,4)$

B. $(-2,4)$

C. $(-1,1)$

D. $\left[-\frac{1}{3},\frac{4}{3}\right)$

15. 微分方程$y''+2y=0$的通解是：

A. $y=A\sin 2x$

B. $y=A\cos x$

C. $y=\sin\sqrt{2}x+B\cos\sqrt{2}x$

D. $y=A\sin\sqrt{2}x+B\cos\sqrt{2}x$

16. 微分方程$y\mathrm{d}x+(x-y)\mathrm{d}y=0$的通解是：

A. $\left(x-\frac{y}{2}\right)y=C$

B. $xy=C\left(x-\frac{y}{2}\right)$

C. $xy=C$

D. $y=\frac{C}{\ln\left(x-\frac{y}{2}\right)}$

17. 设$\boldsymbol{A}$是m阶矩阵，$\boldsymbol{B}$是n阶矩阵，行列式$\begin{vmatrix}0 & \boldsymbol{A}\\ \boldsymbol{B} & 0\end{vmatrix}=$

A. $-|\boldsymbol{A}||\boldsymbol{B}|$

B. $|\boldsymbol{A}||\boldsymbol{B}|$

C. $(-1)^{m+n}|\boldsymbol{A}||\boldsymbol{B}|$

D. $(-1)^{mn}|\boldsymbol{A}||\boldsymbol{B}|$

18. 设$\boldsymbol{A}$是 3 阶矩阵，矩阵$\boldsymbol{A}$的第 1 行的 2 倍加到第 2 行，得矩阵$\boldsymbol{B}$，则下列选项中成立的是：

A. $\boldsymbol{B}$的第 1 行的-2倍加到第 2 行得$\boldsymbol{A}$

B. $\boldsymbol{B}$的第 1 列的-2倍加到第 2 列得$\boldsymbol{A}$

C. $\boldsymbol{B}$的第 2 行的-2倍加到第 1 行得$\boldsymbol{A}$

D. $\boldsymbol{B}$的第 2 列的-2倍加到第 1 列得$\boldsymbol{A}$

19. 已知三维列向量$\boldsymbol{\alpha}$，$\boldsymbol{\beta}$满足$\boldsymbol{\alpha}^{\mathrm{T}}\boldsymbol{\beta}=3$，设3阶矩阵$\boldsymbol{A}=\boldsymbol{\beta}\boldsymbol{\alpha}^{\mathrm{T}}$，则：

A. $\boldsymbol{\beta}$是$\boldsymbol{A}$的属于特征值0的特征向量

B. $\boldsymbol{\alpha}$是$\boldsymbol{A}$的属于特征值0的特征向量

C. $\boldsymbol{\beta}$是$\boldsymbol{A}$的属于特征值3的特征向量

D. $\boldsymbol{\alpha}$是$\boldsymbol{A}$的属于特征值3的特征向量

20. 设齐次线性方程组$\begin{cases}x_1-kx_2=0\\kx_1-5x_2+x_3=0\\x_1+x_2+x_3=0\end{cases}$，当方程组有非零解时，$k$值为：

A. −2 或 3　　B. 2 或 3

C. 2 或−3　　D. −2 或−3

21. 设事件A，B相互独立，且$P(A)=\frac{1}{2}$，$P(B)=\frac{1}{3}$，则$P\left(B\middle|A\cup\overline{B}\right)$等于：

A. $\frac{5}{6}$　　B. $\frac{1}{6}$

C. $\frac{1}{3}$　　D. $\frac{1}{5}$

22. 将3个球随机地放入4个杯子中，则杯中球的最大个数为2的概率为：

A. $\frac{1}{16}$　　B. $\frac{3}{16}$

C. $\frac{9}{16}$　　D. $\frac{4}{27}$

23. 设随机变量X的概率密度为$f(x)=\begin{cases}\frac{1}{x^2}, & x\geqslant 1\\0, & 其他\end{cases}$，则$P(0\leqslant X\leqslant 3)=$

A. $\frac{1}{3}$　　B. $\frac{2}{3}$

C. $\frac{1}{2}$　　D. $\frac{1}{4}$

24. 设随机变量(X,Y)服从二维正态分布，其概率密度为$f(x,y)=\frac{1}{2\pi}e^{-\frac{1}{2}(x^2+y^2)}$，则$E(X^2+Y^2)=$

A. 2　　B. 1

C. $\frac{1}{2}$　　D. $\frac{1}{4}$

25. 一定量的刚性双原子分子理想气体储于一容器中，容器的容积为V，气体压强为p，则气体的内能为：

A. $\frac{3}{2}pV$　　B. $\frac{5}{2}pV$

C. $\frac{1}{2}pV$　　D. pV

26. 理想气体的压强公式是：

A. $p=\frac{1}{3}nmv^2$　　　　B. $p=\frac{1}{3}nm\overline{v}$

C. $p=\frac{1}{3}nm\overline{v}^2$　　　　D. $p=\frac{1}{3}n\overline{v}^2$

27. “理想气体和单一热源接触做等温膨胀时，吸收的热量全部用来对外做功。”对此说法，有如下几种讨论，正确的是：

A. 不违反热力学第一定律，但违反热力学第二定律

B. 不违反热力学第二定律，但违反热力学第一定律

C. 不违反热力学第一定律，也不违反热力学第二定律

D. 违反热力学第一定律，也违反热力学第二定律

28. 一定量的理想气体，由一平衡态p_1，V_1，T_1变化到另一平衡态p_2，V_2，T_2，若$V_2>V_1$，但$T_2=T_1$，无论气体经历什么样的过程：

A. 气体对外做的功一定为正值

B. 气体对外做的功一定为负值

C. 气体的内能一定增加

D. 气体的内能保持不变

29. 在波长为λ的驻波中，两个相邻的波腹之间的距离为：

A. $\frac{\lambda}{2}$　　　　B. $\frac{\lambda}{4}$

C. $\frac{3\lambda}{4}$　　　　D. λ

30. 一平面简谐波在弹性媒质中传播时，某一时刻在传播方向上一质元恰好处在负的最大位移处，则它的：

A. 动能为零，势能最大　　　　B. 动能为零，势能为零

C. 动能最大，势能最大　　　　D. 动能最大，势能为零

31. 一声波波源相对媒质不动，发出的声波频率是ν_0。设一观察者的运动速度为波速的$\frac{1}{2}$，当观察者迎着波源运动时，他接收到的声波频率是：

A. $2\nu_0$　　　　B. $\frac{1}{2}\nu_0$

C. ν_0　　　　D. $\frac{3}{2}\nu_0$

32. 在双缝干涉实验中，光的波长 600nm，双缝间距 2mm，双缝与屏的间距为 300cm，则屏上形成的干涉图样的相邻明条纹间距为：

A. 0.45mm　　B. 0.9mm　　C. 9mm　　D. 4.5mm

33. 在双缝干涉实验中，若在两缝后（靠近屏一侧）各覆盖一块厚度均为d，但折射率分别为n_1和n_2（$n_2 > n_1$）的透明薄片，从两缝发出的光在原来中央明纹处相遇时，光程差为：

A. $d(n_2 - n_1)$　　B. $2d(n_2 - n_1)$

C. $d(n_2 - 1)$　　D. $d(n_1 - 1)$

34. 在空气中做牛顿环实验，如图所示，当平凸透镜垂直向上缓慢平移而远离平面玻璃时，可以观察到这些环状干涉条纹：

单色光

A. 向右平移　　B. 静止不动

C. 向外扩张　　D. 向中心收缩

35. 一束自然光通过两块叠放在一起的偏振片，若两偏振片的偏振化方向间夹角由α_1转到α_2，则转动前后透射光强度之比为：

A. $\frac{\cos^2 \alpha_2}{\cos^2 \alpha_1}$　　B. $\frac{\cos \alpha_2}{\cos \alpha_1}$　　C. $\frac{\cos^2 \alpha_1}{\cos^2 \alpha_2}$　　D. $\frac{\cos \alpha_1}{\cos \alpha_2}$

36. 若用衍射光栅准确测定一单色可见光的波长，在下列各种光栅常数的光栅中，选用哪一种最好：

A. 1.0×10^{-1}mm　　B. 5.0×10^{-1}mm

C. 1.0×10^{-2}mm　　D. 1.0×10^{-3}mm

37. $K_{sp}^{\ominus}(Mg(OH)_2) = 5.6 \times 10^{-12}$，则$Mg(OH)_2$在$0.01mol \cdot L^{-1}$NaOH溶液中的溶解度为：

A. $5.6 \times 10^{-9}mol \cdot L^{-1}$　　B. $5.6 \times 10^{-10}mol \cdot L^{-1}$

C. $5.6 \times 10^{-8}mol \cdot L^{-1}$　　D. $5.6 \times 10^{-5}mol \cdot L^{-1}$

38. $BeCl_2$ 中 Be 的原子轨道杂化类型为：

A. sp　　B. sp^2　　C. sp^3　　D. 不等性 sp^3

39. 常温下，在 CH_3COOH 与 CH_3COONa 的混合溶液中，若它们的浓度均为$0.10mol \cdot L^{-1}$，测得 pH 是 4.75，现将此溶液与等体积的水混合后，溶液的 pH 值是：

A. 2.38　　B. 5.06　　C. 4.75　　D. 5.25

40. 对一个化学反应来说，下列叙述正确的是：

A. $\Delta_r G_m^\ominus$越小，反应速率越快　　B. $\Delta_r H_m^\ominus$越小，反应速率越快

C. 活化能越小，反应速率越快　　D. 活化能越大，反应速率越快

41. 26号元素原子的价层电子构型为：

A. $3d^5 4s^2$　　B. $3d^6 4s^2$　　C. $3d^6$　　D. $4s^2$

42. 确定原子轨道函数ψ形状的量子数是：

A. 主量子数　　B. 角量子数　　C. 磁量子数　　D. 自旋量子数

43. 下列反应中$\Delta_r S_m^\ominus > 0$的是：

A. $2H_2(g) + O_2(g) \longrightarrow 2H_2O(g)$

B. $N_2(g) + 3H_2(g) \longrightarrow 2NH_3(g)$

C. $NH_4Cl(s) \longrightarrow NH_3(g) + HCl(g)$

D. $CO_2(g) + 2NaOH(aq) \longrightarrow Na_2CO_3(aq) + H_2O(l)$

44. 下称各化合物的结构式，不正确的是：

A. 聚乙烯：$\lbrack CH_2-CH_2 \rbrack_n$　　B. 聚氯乙烯：$\lbrack CH_2-CH(Cl) \rbrack_n$

C. 聚丙烯：$\lbrack CH_2-CH_2-CH_2 \rbrack_n$　　D. 聚1-丁烯：$\lbrack CH_2CH(C_2H_5) \rbrack_n$

45. 下列化合物中，没有顺、反异构体的是：

A. $CHCl=CHCl$　　B. $CH_3CH=CHCH_2Cl$

C. $CH_2=CHCH_2CH_3$　　D. $CHF=CClBr$

46. 六氯苯的结构式正确的是：

A. 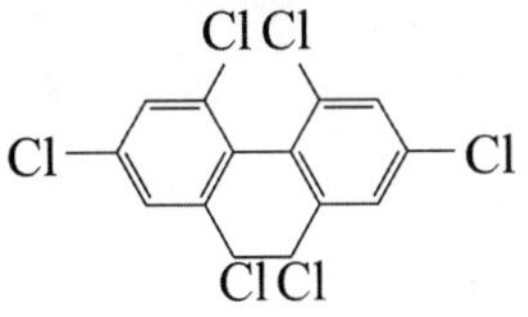　　B.

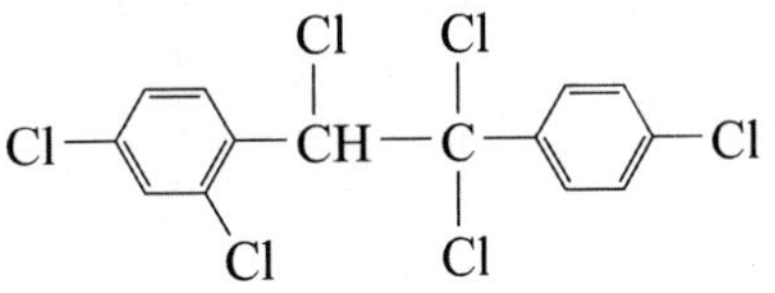

C. 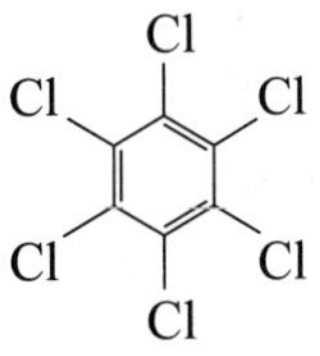　　D.

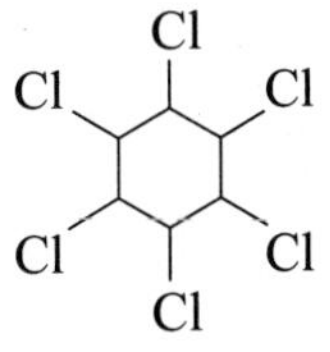

47. 将大小为 100N 的力$\boldsymbol{F}$沿x、y方向分解，如图所示，若$\boldsymbol{F}$在x轴上的投影为 50N，而沿x方向的分力的大小为 200N，则$\boldsymbol{F}$在y轴上的投影为：

A. 0

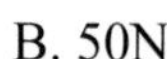
B. 50N

C. 200N

D. 100N

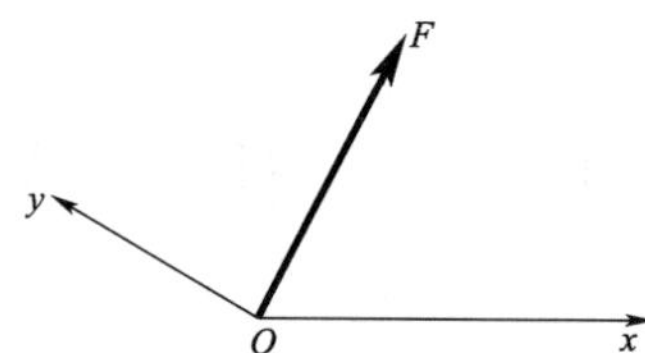

48. 图示等边三角形ABC，边长a，沿其边缘作用大小均为F的力，方向如图所示。则此力系简化为：

A. $F_{\mathrm{R}}=0$；$M_{\mathrm{A}}=\frac{\sqrt{3}}{2}Fa$

B. $F_{\mathrm{R}}=0$；$M_{\mathrm{A}}=Fa$

C. $F_{\mathrm{R}}=2F$；$M_{\mathrm{A}}=\frac{\sqrt{3}}{2}Fa$

D. $F_{\mathrm{R}}=2F$；$M_{\mathrm{A}}=\sqrt{3}Fa$

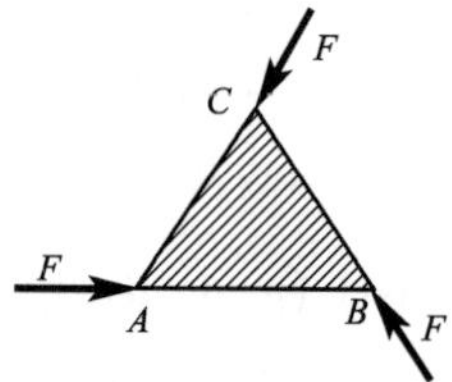

49. 三铰拱上作用有大小相等，转向相反的二力偶，其力偶矩大小为M，如图所示。略去自重，则支座A的约束力大小为：

A. $F_{\mathrm{A}x}=0$；$F_{\mathrm{A}y}=\frac{M}{2a}$

B. $F_{\mathrm{A}x}=\frac{M}{2a}$；$F_{\mathrm{A}y}=0$

C. $F_{\mathrm{A}x}=\frac{M}{a}$；$F_{\mathrm{A}y}=0$

D. $F_{\mathrm{A}x}=\frac{M}{2a}$；$F_{\mathrm{A}y}=M$

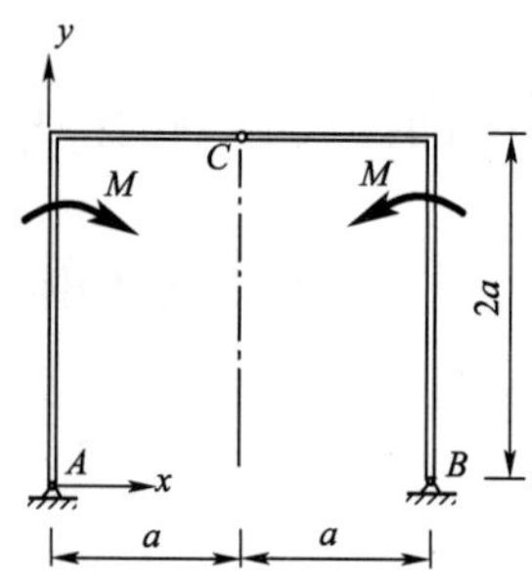

50. 简支梁受分布荷载作用如图所示。支座A、B的约束力为：

A. $F_{\mathrm{A}}=0$，$F_{\mathrm{B}}=0$

B. $F_{\mathrm{A}}=\frac{1}{2}qa\uparrow$，$F_{\mathrm{B}}=\frac{1}{2}qa\uparrow$

C. $F_{\mathrm{A}}=\frac{1}{2}qa\uparrow$，$F_{\mathrm{B}}=\frac{1}{2}qa\downarrow$

D. $F_{\mathrm{A}}=\frac{1}{2}qa\downarrow$，$F_{\mathrm{B}}=\frac{1}{2}qa\uparrow$

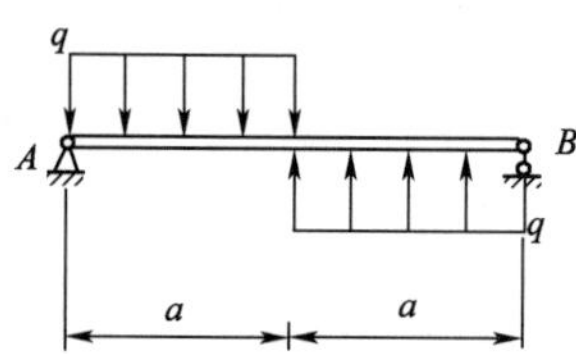

51. 已知质点沿半径为 40cm 的圆周运动，其运动规律为$s = 20t$（s以 cm 计，t以 s 计）。若$t = 1$s，则点的速度与加速度的大小为：

A. 20cm/s；$10\sqrt{2}$cm/s^2　　B. 20cm/s；10cm/s^2

C. 40cm/s；20cm/s^2　　D. 40cm/s；10cm/s^2

52. 已知点的运动方程为$x = 2t$，$y = t^2 - t$，则其轨迹方程为：

A. $y = t^2 - t$　　B. $x = 2t$

C. $x^2 - 2x - 4y = 0$　　D. $x^2 + 2x + 4y = 0$

53. 直角刚杆OAB在图示瞬间角速度$\omega = 2$rad/s，角加速度$\varepsilon = 5$rad/s^2，若$OA = 40$cm，$AB = 30$cm，则B点的速度大小、法向加速度的大小和切向加速度的大小为：

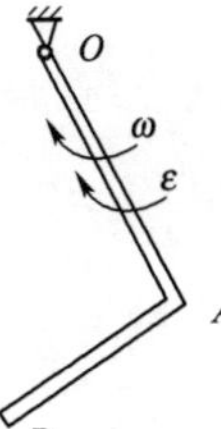

A. 100cm/s；200cm/s^2；250cm/s^2

B. 80cm/s^2；160cm/s^2；200cm/s^2

C. 60cm/s^2；120cm/s^2；150cm/s^2

D. 100cm/s^2；200cm/s^2；200cm/s^2

54. 重为$\boldsymbol{W}$的货物由电梯载运下降，当电梯加速下降、匀速下降及减速下降时，货物对地板的压力分别为$\boldsymbol{R}_1$、$\boldsymbol{R}_2$、$\boldsymbol{R}_3$，它们之间的大小关系为：

A. $R_1 = R_2 = R_3$　　B. $R_1 > R_2 > R_3$

C. $R_1 < R_2 < R_3$　　D. $R_1 < R_2 > R_3$

55. 如图所示，两重物M_1和M_2的质量分别为m_1和m_2，两重物系在不计质量的软绳上，绳绕过匀质定滑轮，滑轮半径为r，质量为m，则此滑轮系统对转轴O之动量矩为：

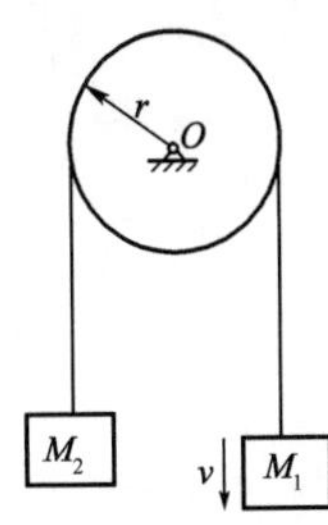

A. $L_O = \left(m_1 + m_2 - \frac{1}{2}m\right)rv$ ↘

B. $L_O = \left(m_1 - m_2 - \frac{1}{2}m\right)rv$ ↘

C. $L_O = \left(m_1 + m_2 + \frac{1}{2}m\right)rv$ ↘

D. $L_O = \left(m_1 + m_2 + \frac{1}{2}m\right)rv$ ↗

56. 质量为m，长为 $2l$的均质杆初始位于水平位置，如图所示。A端脱落后，杆绕轴B转动，当杆转到铅垂位置时，AB杆B处的约束力大小为：

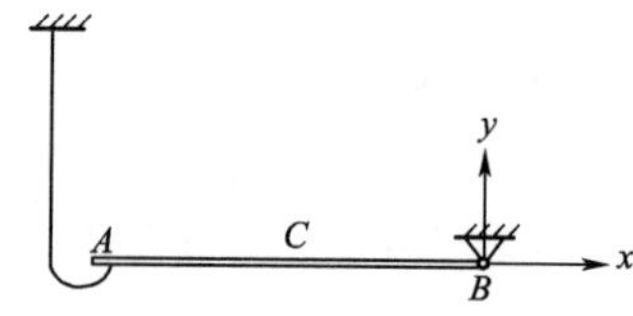

A. $F_{Bx}=0$，$F_{By}=0$

B. $F_{Bx}=0$，$F_{By}=\frac{mg}{4}$

C. $F_{Bx}=l$，$F_{By}=mg$

D. $F_{Bx}=0$，$F_{By}=\frac{5mg}{2}$

57. 图示均质圆轮，质量为m，半径为r，在铅垂图面内绕通过圆盘中心O的水平轴转动，角速度为ω，角加速度为ε，此时将圆轮的惯性力系向O点简化，其惯性力主矢和惯性力主矩的大小分别为：

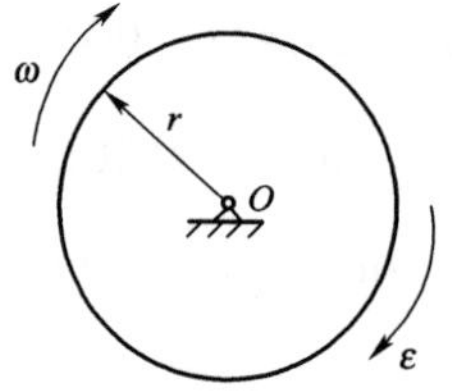

A. 0；0

B. $mr\varepsilon$；$\frac{1}{2}mr^2\varepsilon$

C. 0；$\frac{1}{2}mr^2\varepsilon$

D. 0；$\frac{1}{4}mr^2\omega^2$

58. 5 根弹簧系数均为k的弹簧，串联与并联时的等效弹簧刚度系数分别为：

A. $5k$；$\frac{k}{5}$　　B. $\frac{5}{k}$；$5k$

C. $\frac{k}{5}$；$5k$　　D. $\frac{1}{5k}$；$5k$

59. 等截面杆，轴向受力如图所示。杆的最大轴力是：

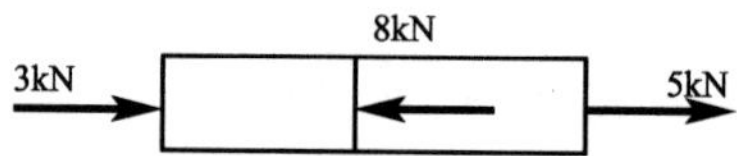

A. 8kN

B. 5kN

C. 3kN

D. 13kN

60. 钢板用两个铆钉固定在支座上，铆钉直径为d，在图示荷载下，铆钉的最大切应力是：

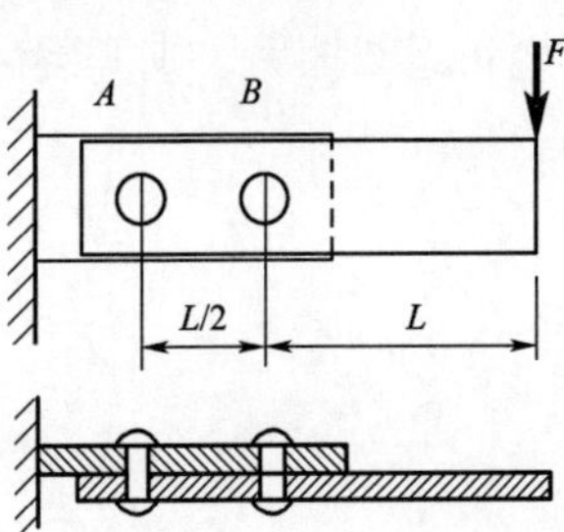

A. $\tau_{\max}=\frac{4F}{\pi d^2}$

B. $\tau_{\max}=\frac{8F}{\pi d^2}$

C. $\tau_{\max}=\frac{12F}{\pi d^2}$

D. $\tau_{\max}=\frac{2F}{\pi d^2}$

61. 圆轴直径为d，剪切弹性模量为G，在外力作用下发生扭转变形，现测得单位长度扭转角为θ，圆轴的最大切应力是：

A. $\tau=\frac{16\theta G}{\pi d^3}$　　B. $\tau=\theta G\frac{\pi d^3}{16}$

C. $\tau=\theta Gd$　　D. $\tau=\frac{\theta Gd}{2}$

62. 直径为d的实心圆轴受扭，为使扭转最大切应力减小一半，圆轴的直径应改为：

A. $2d$　　B. $0.5d$

C. $\sqrt{2}d$　　D. $\sqrt[3]{2}d$

63. 图示矩形截面对z_1轴的惯性矩I_{z1}为：

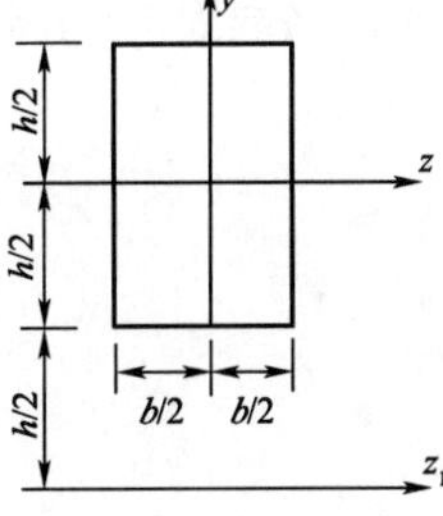

A. $I_{z1}=\frac{bh^3}{12}$

B. $I_{z1}=\frac{bh^3}{3}$

C. $I_{z1}=\frac{7bh^3}{6}$

D. $I_{z1}=\frac{13bh^3}{12}$

64. 图示外伸梁，在C、D处作用相同的集中力F，截面A的剪力和截面C的弯矩分别是：

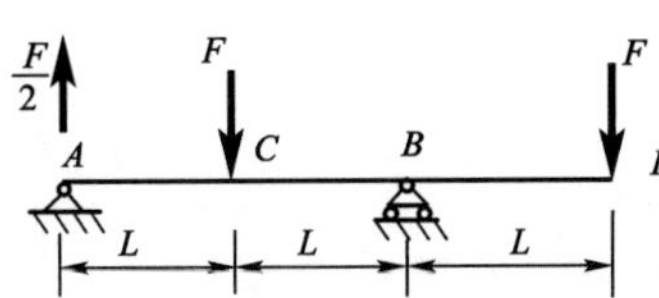

A. $F_{SA}=0$，$M_C=0$

B. $F_{SA}=F$，$M_C=FL$

C. $F_{SA}=F/2$，$M_C=FL/2$

D. $F_{SA}=0$，$M_C=2FL$

65. 悬臂梁AB由两根相同的矩形截面梁胶合而成。若胶合面全部开裂，假设开裂后两杆的弯曲变形相同，接触面之间无摩擦力，则开裂后梁的最大挠度是原来的：

A. 两者相同

B. 2 倍

C. 4 倍

D. 8 倍

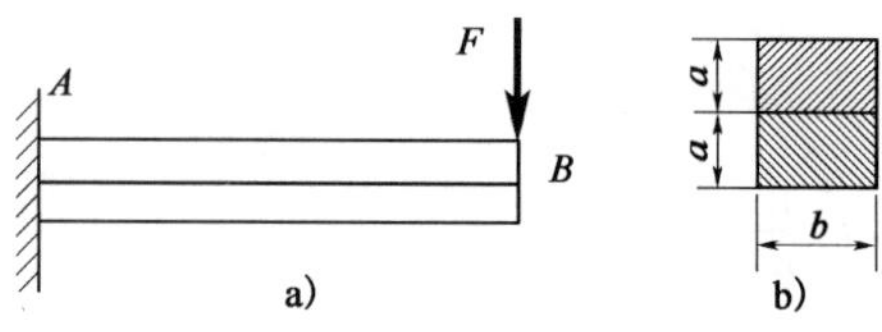

66. 图示悬臂梁自由端承受集中力偶M。若梁的长度减小一半，梁的最大挠度是原来的：

A. 1/2

B. 1/4

C. 1/8

D. 1/16

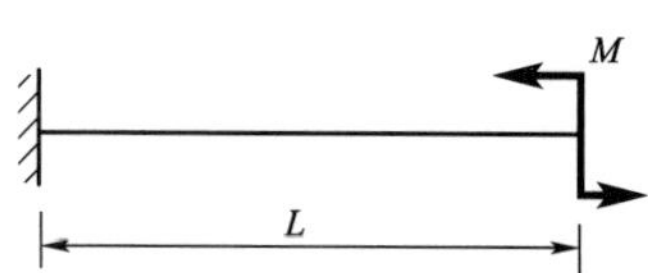

67. 在图示 4 种应力状态中，切应力值最大的应力状态是：

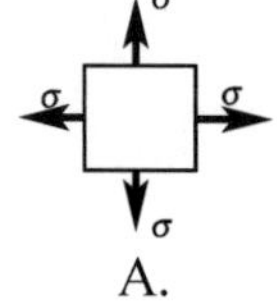

A.

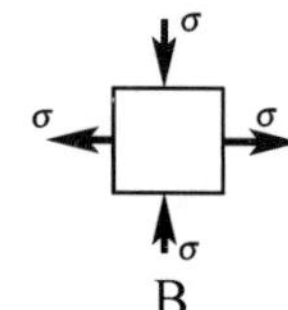

B.

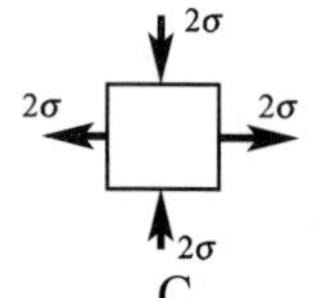

C.

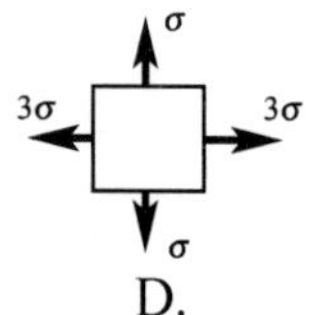

D.

68. 图示矩形截面杆AB，A端固定，B端自由。B端右下角处承受与轴线平行的集中力F，杆的最大正应力是：

A. $\sigma = \frac{3F}{bh}$

B. $\sigma = \frac{4F}{bh}$

C. $\sigma = \frac{7F}{bh}$

D. $\sigma = \frac{13F}{bh}$

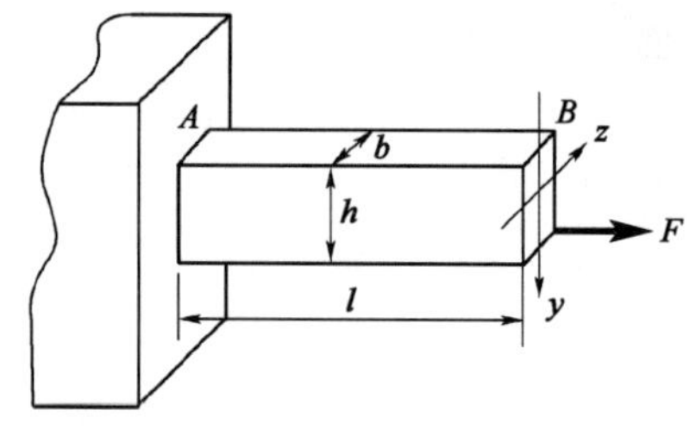

69. 图示圆轴固定端最上缘A点的单元体的应力状态是：

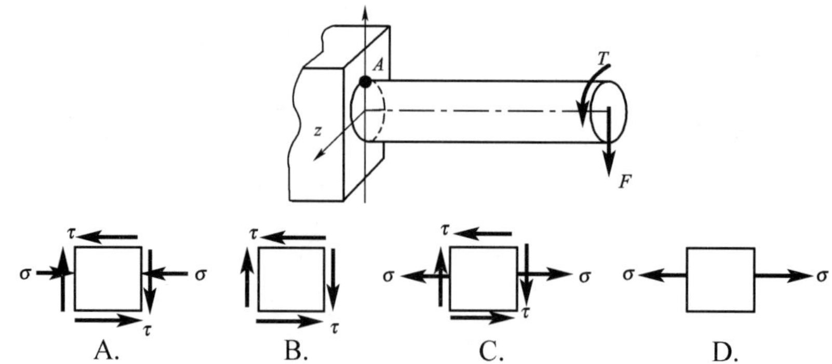

A.　B.　C.　D.

70. 图示三根压杆均为细长（大柔度）压杆，且弯曲刚度均为EI。三根压杆的临界荷载F_{cr}的关系为：

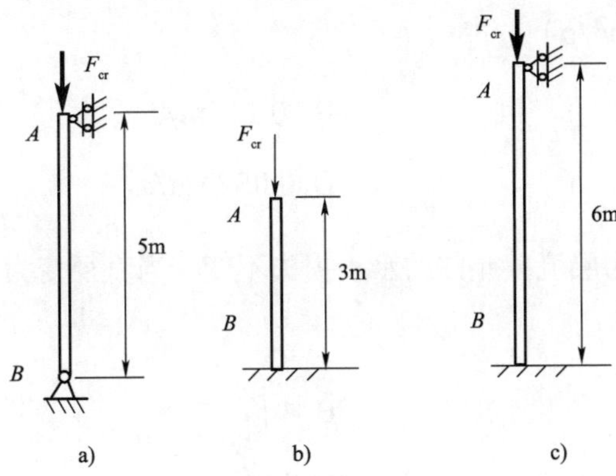

A. $F_{cra} > F_{crb} > F_{crc}$

B. $F_{crb} > F_{cra} > F_{crc}$

C. $F_{crc} > F_{cra} > F_{crb}$

D. $F_{crb} > F_{crc} > F_{cra}$

71. 如图所示，上部为气体下部为水的封闭容器装有 U 形水银测压计，其中 1、2、3 点位于同一平面上，其压强的关系为：

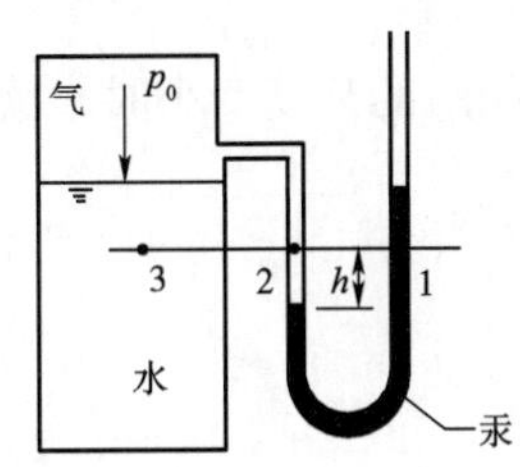

A. $p_1 < p_2 < p_3$

B. $p_1 > p_2 > p_3$

C. $p_2 < p_1 < p_3$

D. $p_2 = p_1 = p_3$

72. 如图所示，下列说法中错误的是：

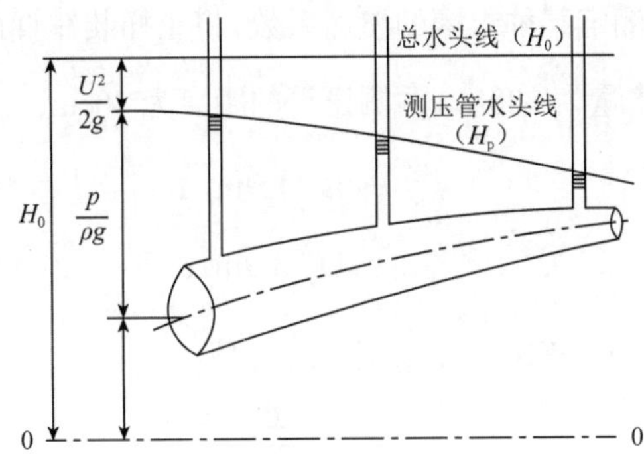

A. 对理想流体，该测压管水头线（H_p线）应该沿程无变化

B. 该图是理想流体流动的水头线

C. 对理想流体，该总水头线（H_0线）沿程无变化

D. 该图不适用于描述实际流体的水头线

73. 一管径$d = 50\text{mm}$的水管，在水温$t = 10℃$时，管内要保持层流的最大流速是：（10℃时水的运动黏滞系数$\nu = 1.31 \times 10^{-6}\text{m}^2/\text{s}$）

A. 0.21m/s　　B. 0.115m/s

C. 0.105m/s　　D. 0.0524m/s

74. 管道长度不变，管中流动为层流，允许的水头损失不变，当直径变为原来 2 倍时，若不计局部损失，流量将变为原来的：

A. 2 倍　　B. 4 倍

C. 8 倍　　D. 16 倍

75. 圆柱形管嘴的长度为l，直径为d，管嘴作用水头为H_0，则其正常工作条件为：

A. $l = (3\sim4)d$，$H_0 > 9\text{m}$　　B. $l = (3\sim4)d$，$H_0 < 9\text{m}$

C. $l > (7\sim8)d$，$H_0 > 9\text{m}$　　D. $l > (7\sim8)d$，$H_0 < 9\text{m}$

76. 如图所示，当阀门的开度变小时，流量将：

A. 增大

B. 减小

C. 不变

D. 条件不足，无法确定

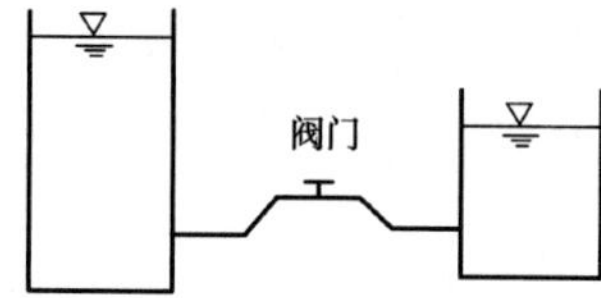

77. 在实验室中，根据达西定律测定某种土壤的渗透系数，将土样装在直径$d = 30\text{cm}$的圆筒中，在 90cm 水头差作用下，8h 的渗透水量为 100L，两测压管的距离为 40cm，该土壤的渗透系数为：

A. 0.9m/d　　B. 1.9m/d

C. 2.9m/d　　D. 3.9m/d

78. 流体的压强p、速度v、密度ρ，正确的无量纲数组合是：

A. $\frac{p}{\rho v^2}$　　B. $\frac{\rho p}{v^2}$　　C. $\frac{\rho}{p v^2}$　　D. $\frac{p}{\rho v}$

79. 在图中，线圈 a 的电阻为R_a，线圈 b 的电阻为R_b，两者彼此靠近如图所示，若外加激励$u = U_\text{M}\sin\omega t$，则：

A. $i_\text{a} = \frac{u}{R_\text{a}}$，$i_\text{b} = 0$

B. $i_\text{a} \neq \frac{u}{R_\text{a}}$，$i_\text{b} \neq 0$

C. $i_\text{a} = \frac{u}{R_\text{a}}$，$i_\text{b} \neq 0$

D. $i_\text{a} \neq \frac{u}{R_\text{a}}$，$i_\text{b} = 0$

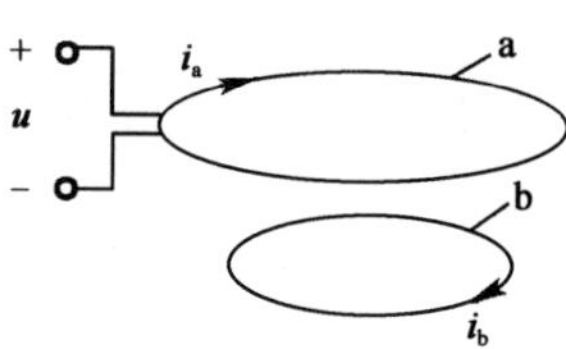

80. 图示电路中，电流源的端电压U等于：

A. 20V

B. 10V

C. 5V

D. 0V

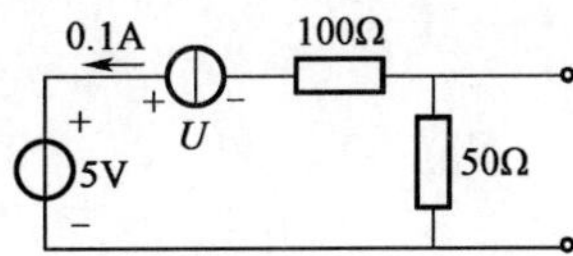

81. 已知电路如图所示，若使用叠加原理求解图中电流源的端电压U，正确的方法是：

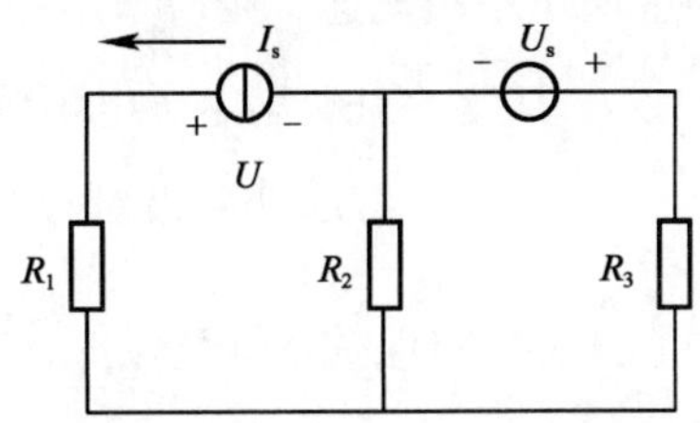

A. $U' = (R_2 /\!/ R_3 + R_1)I_s$，$U'' = 0$，$U = U'$

B. $U' = (R_1 + R_2)I_s$，$U'' = 0$，$U = U'$

C. $U' = (R_2 /\!/ R_3 + R_1)I_s$，$U'' = \frac{R_2}{R_2+R_3}U_s$，$U = U' - U''$

D. $U' = (R_2 /\!/ R_3 + R_1)I_s$，$U'' = \frac{R_2}{R_2+R_3}U_s$，$U = U' + U''$

82. 图示电路中，A_1、A_2、V_1、V_2均为交流表，用于测量电压或电流的有效值I_1、I_2、U_1、U_2，若$I_1 = 4A$，$I_2 = 2A$，$U_1 = 10V$，则电压表V_2的读数应为：

A. 40V

B. 14.14V

C. 31.62V

D. 20V

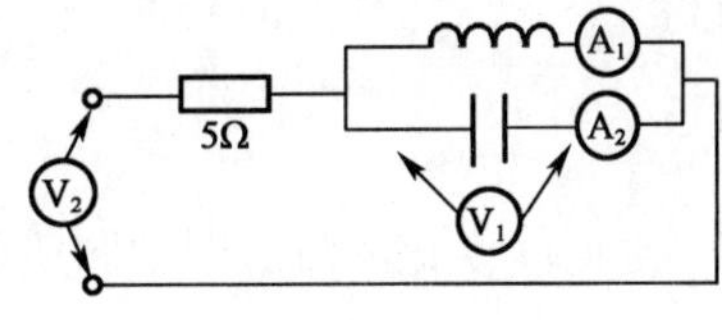

83. 三相五线供电机制下，单相负载 A 的外壳引出线应：

A. 保护接地

B. 保护接中

C. 悬空

D. 保护接 PE 线

84. 某滤波器的幅频特性波特图如图所示，该电路的传递函数为：

A. $\frac{j\omega/10}{1+j\omega/10}$

B. $\frac{j\omega/20\pi}{1+j\omega/20\pi}$

C. $\frac{j\omega/2\pi}{1+j\omega/2\pi}$

D. $\frac{1}{1+j\omega/20\pi}$

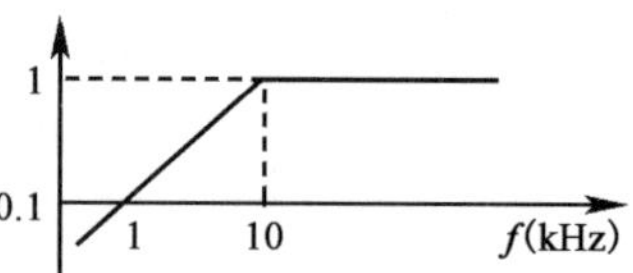

85. 若希望实现三相异步电动机的向上向下平滑调速，则应采用：

A. 串转子电阻调速方案　　B. 串定子电阻调速方案

C. 调频调速方案　　D. 变磁极对数调速方案

86. 在电动机的继电接触控制电路中，具有短路保护、过载保护、欠压保护和行程保护，其中，需要同时接在主电路和控制电路中的保护电器是：

A. 热继电器和行程开关　　B. 熔断器和行程开关

C. 接触器和行程开关　　D. 接触器和热继电器

87. 信息可以以编码的方式载入：

A. 数字信号之中　　B. 模拟信号之中

C. 离散信号之中　　D. 采样保持信号之中

88. 七段显示器的各段符号如图所示，那么，字母“E”的共阴极七段显示器的显示码 abcdefg 应该是：

A. 1001111　　B. 0110000

C. 10110111　　D. 10001001

a f g b e c d

89. 某电压信号随时间变化的波形图如图所示，该信号应归类于：

A. 周期信号　　B. 数字信号

C. 离散信号　　D. 连续时间信号

90. 非周期信号的幅度频谱是：

A. 连续的　　B. 离散的，谱线正负对称排列

C. 跳变的　　D. 离散的，谱线均匀排列

91. 图 a）所示电压信号波形经电路 A 变换成图 b）波形，再经电路 B 变换成图 c）波形，那么，电路 A 和电路 B 应依次选用：

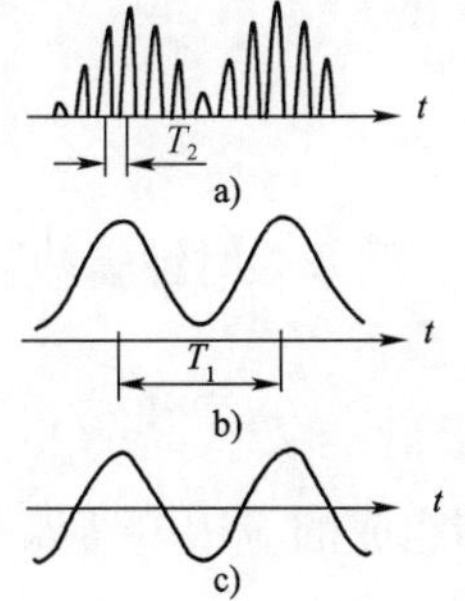

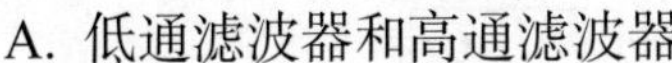

A. 低通滤波器和高通滤波器

B. 高通滤波器和低通滤波器

C. 低通滤波器和带通滤波器

D. 高通滤波器和带通滤波器

92. 由图示数字逻辑信号的波形可知，三者的函数关系是：

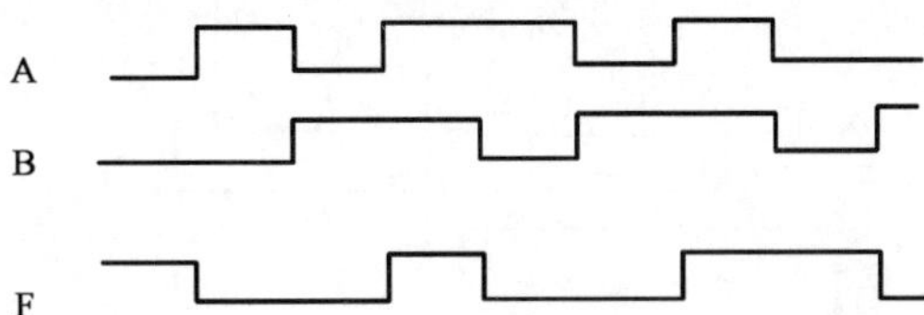

A. $F = \overline{AB}$　　　　B. $F = \overline{A + B}$

C. $F = AB + \overline{A}\overline{B}$　　　　D. $F = \overline{A}B + A\overline{B}$

93. 某晶体管放大电路的空载放大倍数$A_k = -80$、输入电阻$r_i = 1k\Omega$和输出电阻$r_o = 3k\Omega$，将信号源（$u_s = 10\sin\omega t\,mV$，$R_s = 1k\Omega$）和负载（$R_L = 5k\Omega$）接于该放大电路之后（见图），负载电压u_o将为：

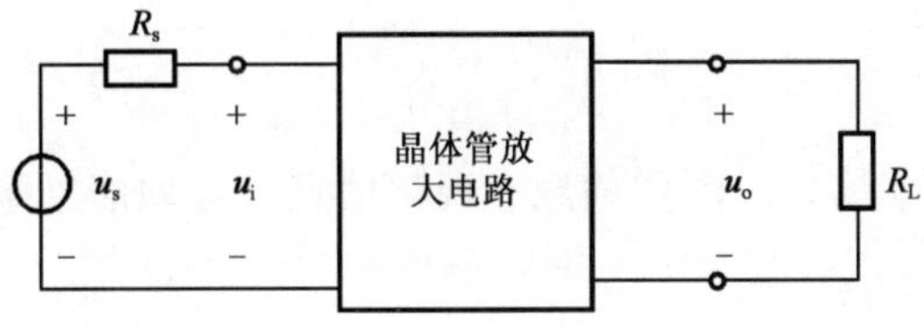

A. $-0.8\sin\omega t\,V$　　　　B. $-0.5\sin\omega t\,V$

C. $-0.4\sin\omega t\,V$　　　　D. $-0.25\sin\omega t\,V$

94. 将运算放大器直接用于两信号的比较，如图 a）所示，其中，$u_{i1} = -1V$，u_{i1}的波形由图 b）给出，则输出电压u_o等于：

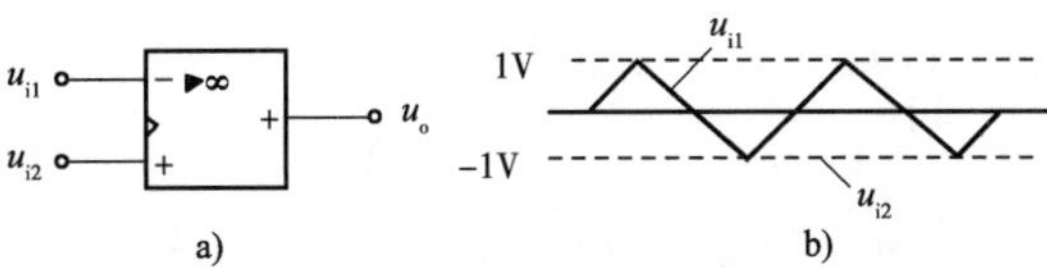

A. u_a　　　　B. $-u_a$

C. 正的饱和值　　　　D. 负的饱和值

95. D 触发器的应用电路如图所示，设输出 Q 的初值为 0，那么，在时钟脉冲 cp 的作用下，输出 Q 为：

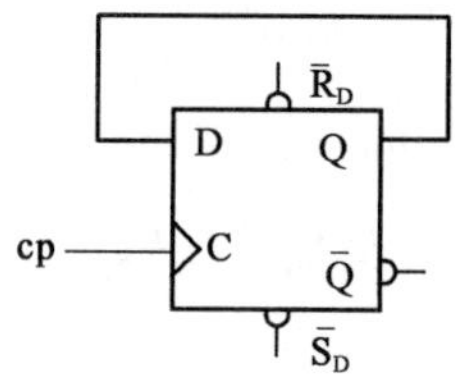

A. 1

B. cp

C. 脉冲信号，频率为时钟脉冲频率的1/2

D. 0

96. 由 JK 触发器组成的应用电器如图所示，设触发器的初值都为 0，经分析可知是一个：

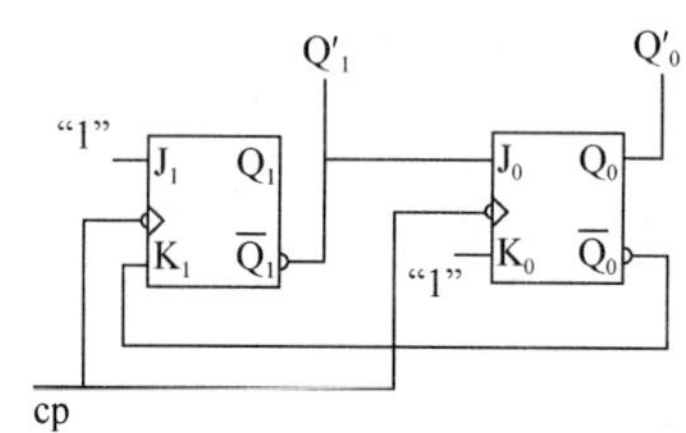

A. 同步二进制加法计数器

B. 同步四进制加法计数器

C. 同步三进制减法计数器

D. 同步三进制加法计数器

97. 总线能为多个部件服务，它可分时地发送与接收各部件的信息。所以，可以把总线看成是：

A. 一组公共信息传输线路

B. 微机系统的控制信息传输线路

C. 操作系统和计算机硬件之间的控制线

D. 输入/输出的控制线

98. 计算机内的数字信息、文字信息、图像信息、视频信息、音频信息等所有信息，都是用：

A. 不同位数的八进制数来表示的

B. 不同位数的十进制数来表示的

C. 不同位数的二进制数来表示的

D. 不同位数的十六进制数来表示的

99. 将二进制小数 0.1010101111 转换成相应的八进制数，其正确结果是：

A. 0.2536

B. 0.5274

C. 0.5236

D. 0.5281

100. 影响计算机图像质量的主要参数有：

A. 颜色深度、显示器质量、存储器大小

B. 分辨率、颜色深度、存储空间大小

C. 分辨率、存储器大小、图像加工处理工艺

D. 分辨率、颜色深度、图像文件的尺寸

101. 数字签名是最普遍、技术最成熟、可操作性最强的一种电子签名技术，当前已得到实际应用的是在：

A. 电子商务、电子政务中　　B. 票务管理、股票交易中

C. 股票交易、电子政务中　　D. 电子商务、票务管理中

102. 在 Windows 中，对存储器采用分段存储管理时，每一个存储器段可以小至 1 个字节，大至：

A. 4K 字节　　B. 16K 字节

C. 4G 字节　　D. 128M 字节

103. Windows 的设备管理功能部分支持即插即用功能，下面四条后续说明中有错误的一条是：

A. 这意味着当将某个设备连接到计算机上后即可立刻使用

B. Windows 自动安装有即插即用设备及其设备驱动程序

C. 无需在系统中重新配置该设备或安装相应软件

D. 无需在系统中重新配置该设备但需安装相应软件才可立刻使用

104. 信息化社会是信息革命的产物，它包含多种信息技术的综合应用。构成信息化社会的三个主要技术支柱是：

A. 计算机技术、信息技术、网络技术

B. 计算机技术、通信技术、网络技术

C. 存储器技术、航空航天技术、网络技术

D. 半导体工艺技术、网络技术、信息加工处理技术

105. 网络软件是实现网络功能不可缺少的软件环境。网络软件主要包括：

A. 网络协议和网络操作系统　　B. 网络互联设备和网络协议

C. 网络协议和计算机系统　　D. 网络操作系统和传输介质

106. 因特网是一个联结了无数个小网而形成的大网，也就是说：

A. 因特网是一个城域网　　B. 因特网是一个网际网

C. 因特网是一个局域网　　D. 因特网是一个广域网

107. 某公司拟向银行贷款100万元，贷款期为3年，甲银行的贷款利率为6%（按季计息），乙银行的贷款利率为7%，该公司向哪家银行贷款付出的利息较少：

A. 甲银行　　B. 乙银行

C. 两家银行的利息相等　　D. 不能确定

108. 关于总成本费用的计算公式，下列正确的是：

A. 总成本费用 = 生产成本 + 期间费用

B. 总成本费用 = 外购原材料、燃料和动力费 + 工资及福利费 + 折旧费

C. 总成本费用 = 外购原材料、燃料和动力费 + 工资及福利费 + 折旧费 + 摊销费

D. 总成本费用 = 外购原材料、燃料和动力费 + 工资及福利费 + 折旧费 + 摊销费 + 修理费

109. 关于准股本资金的下列说法中，正确的是：

A. 准股本资金具有资本金性质，不具有债务资金性质

B. 准股本资金主要包括优先股股票和可转换债券

C. 优先股股票在项目评价中应视为项目债务资金

D. 可转换债券在项目评价中应视为项目资本金

110. 某项目建设工期为两年，第一年投资200万元，第二年投资300万元，投产后每年净现金流量为150万元，项目计算期为10年，基准收益率10%，则此项目的财务净现值为：

A. 331.97万元　　B. 188.63万元

C. 171.18万元　　D. 231.60万元

111. 可外贸货物的投入或产出的影子价格应根据口岸价格计算，下列公式正确的是：

A. 出口产出的影子价格(出厂价) = 离岸价(FOB) × 影子汇率 + 出口费用

B. 出口产出的影子价格(出厂价) = 到岸价(CIF) × 影子汇率 − 出口费用

C. 进口投入的影子价格(到厂价) = 到岸价(CIF) × 影子汇率 + 进口费用

D. 进口投入的影子价格(到厂价) = 离岸价(FOB) × 影子汇率 − 进口费用

112. 关于盈亏平衡点的下列说法中，错误的是：

A. 盈亏平衡点是项目的盈利与亏损的转折点

B. 盈亏平衡点上，销售（营业、服务）收入等于总成本费用

C. 盈亏平衡点越低，表明项目抗风险能力越弱

D. 盈亏平衡分析只用于财务分析

113. 属于改扩建项目经济评价中使用的五种数据之一的是：

A. 资产　　B. 资源

C. 效益　　D. 增量

114. ABC 分类法中，部件数量占 60%~80%、成本占 5%~10%的为：

A. A 类　　B. B 类

C. C 类　　D. 以上都不对

115. 根据《中华人民共和国安全生产法》的规定，生产经营单位使用的涉及生命安全、危险性较大的特种设备，以及危险物品的容器、运输工具，必须按照国家有关规定，由专业生产单位生产，并经取得专业资质的检测，检验机构检测、检验合格，取得：

A. 安全使用证和安全标志，方可投入使用

B. 安全使用证或安全标志，方可投入使用

C. 生产许可证和安全使用证，方可投入使用

D. 生产许可证或安全使用证，方可投入使用

116. 根据《中华人民共和国招标投标法》的规定，招标人和中标人按照招标文件和中标人的投标文件，订立书面合同的时间要求是：

A. 自中标通知书发出之日起 15 日内

B. 自中标通知书发出之日起 30 日内

C. 自中标单位收到中标通知书之日起 15 日内

D. 自中标单位收到中标通知书之日起 30 日内

117. 根据《中华人民共和国行政许可法》的规定，下列可以不设行政许可事项的是：

A. 有限自然资源开发利用等需要赋予特定权利的事项

B. 提供公众服务等需要确定资质的事项

C. 企业或者其他组织的设立等，需要确定主体资格的事项

D. 行政机关采用事后监督等其他行政管理方式能够解决的事项

118. 根据《中华人民共和国节约能源法》的规定，对固定资产投资项目国家实行：

A. 节能目标责任制和节能考核评价制度

B. 节能审查和监管制度

C. 节能评估和审查制度

D. 能源统计制度

119. 按照《建设工程质量管理条例》规定，施工人员对涉及结构安全的试块、试件以及有关材料进行现场取样时应当：

A. 在设计单位监督现场取样

B. 在监督单位或监理单位监督下现场取样

C. 在施工单位质量管理人员监督下现场取样

D. 在建设单位或监理单位监督下现场取样

120. 按照《建设工程安全生产管理条例》规定，工程监理单位在实施监理过程中，发现存在安全事故隐患的，应当要求施工单位整改；情况严重的，应当要求施工单位暂时停止施工，并及时报告：

A. 施工单位　　　　B. 监理单位

C. 有关主管部门　　　　D. 建设单位

2010年度全国勘察设计注册工程师执业资格考试基础考试（上）

试题解析及参考答案

1. 解　把直线的参数方程化成点向式方程，得到$\frac{x-1}{1}=\frac{y+2}{2}=\frac{z-3}{-3}$；

则直线L的方向向量取$\vec{s}=\{1,2,-3\}$或$\vec{s}=\{-1,-2,3\}$均可。另外，由直线的点向式方程，可知直线过M点，$M(1,-2,3)$。

答案：D

2. 解　已知$\vec{a}\times\vec{\beta}=\vec{a}\times\vec{\gamma}$，$\vec{a}\times\vec{\beta}-\vec{a}\times\vec{\gamma}=\vec{0}$，得$\vec{a}\times(\vec{\beta}-\vec{\gamma})=\vec{0}$。由向量积的运算性质可知，$\vec{a}$，$\vec{b}$为非零向量，若$\vec{a}/\!/\vec{b}$，则$\vec{a}\times\vec{b}=\vec{0}$若$\vec{a}\times\vec{b}=\vec{0}$，则$\vec{a}/\!/\vec{b}$，可知$\vec{a}/\!/(\vec{\beta}-\vec{\gamma})$。

答案：C

3. 解　用奇偶函数定义判定。有$f(-x)=-f(x)$成立，$f(-x)=\frac{e^{-3x}-1}{e^{-3x}+1}=\frac{1-e^{3x}}{1+e^{3x}}=-\frac{e^{3x}-1}{e^{3x}+1}=-f(x)$确定为奇函数。另外，由函数式可知定义域$(-\infty,+\infty)$，确定值域为$(-1,1)$。

答案：C

4. 解　通过题中给出的命题，较容易判断选项A、C、D是错误的。

对于选项B，给出条件“有界”，函数不含有无穷间断点，给出条件单调函数不会出现振荡间断点，从而可判定函数无第二类间断点。

答案：B

5. 解　根据给出的条件可知，函数在$x=1$可导，则在$x=1$必连续。就有$\lim\limits_{x\to1^+}f(x)=\lim\limits_{x\to1^-}f(x)=f(1)$成立，得到$a+b=1$。

再通过给出条件在$x=1$可导，即有$f'_+(1)=f'_-(1)$成立，利用定义计算$f(x)$在$x=1$处左右导数：

$$f'_-(1)=\lim_{x\to1^-}\frac{f(x)-f(1)}{x-1}=\lim_{x\to1^-}\frac{\frac{2}{x^2+1}-1}{x-1}=\lim_{x\to1^-}\frac{1-x^2}{(x^2+1)(x-1)}=-1$$

$$f'_+(1)=\lim_{x\to1^+}\frac{f(x)-f(1)}{x-1}=\lim_{x\to1^+}\frac{ax+b-1}{x-1}=\lim_{x\to1^+}\frac{ax-a}{x-1}=a$$

则$a=-1$，$b=2$。

答案：B

6. 解　分析题目给出的解法，选项A、B、D均不正确。

正确的解法为选项C，原式$=\lim\limits_{x\to0}\frac{x}{\sin x}x\sin\frac{1}{x}=1\times0=0$。

因$\lim\limits_{x\to0}\frac{x}{\sin x}=1$，第一重要极限；而$\lim\limits_{x\to0}x\sin\frac{1}{x}=0$为无穷小量乘有界函数极限。

答案：C

7. 解　利用多元函数极值存在的充分条件确定。

（1）由$\begin{cases}\dfrac{\partial z}{\partial x}=0\\\dfrac{\partial z}{\partial y}=0\end{cases}$，即$\begin{cases}3x^2-6x-9=0\\-3y^2+3=0\end{cases}$，求出驻点$(3,1)$，$(3,-1)$，$(-1,1)$，$(-1,-1)$。

（2）求出$\frac{\partial^2 z}{\partial x^2}$，$\frac{\partial^2 z}{\partial x\partial y}$，$\frac{\partial^2 z}{\partial y^2}$分别代入每一驻点，得到$A$，$B$，$C$的值。

当$AC-B^2>0$取得极点，再由$A>0$取得极小值，$A<0$取得极大值。

$$\frac{\partial^2 z}{\partial x^2}=6x-6，\frac{\partial^2 z}{\partial x\partial y}=0，\frac{\partial^2 z}{\partial y^2}=-6y$$

将$x=3$，$y=-1$代入得$A=12$，$B=0$，$C=6$

$AC-B^2=72>0$，$A>0$

所以在$(3,-1)$点取得极小值，其他点均不取得极值。

答案：A

8. 解　**方法** 1：利用原函数的定义求出$f(x)=-2e^{-2x}$，$f'(x)=4e^{-2x}$，$f''(x)=-8e^{-2x}$，将$f''(x)$代入积分即可。计算如下：

$$\int f''(x)\mathrm{d}x=\int -8e^{-2x}\mathrm{d}x=4\int e^{-2x}\mathrm{d}(-2x)=4e^{-2x}+C$$

方法 2：利用原函数的定义求出$f(x)=-2e^{-2x}$，$f'(x)=4e^{-2x}$，

$$\int f''(x)\mathrm{d}x=f'(x)+C=4e^{-2x}+C$$

答案：D

9. 解　利用分部积分方法计算$\int u\mathrm{d}v=uv-\int v\mathrm{d}u$，即

$$\begin{aligned}\int xe^{-2x}\mathrm{d}x&=-\frac{1}{2}\int xe^{-2x}\mathrm{d}(-2x)=-\frac{1}{2}\int x\mathrm{d}e^{-2x}\\&=-\frac{1}{2}\left(xe^{-2x}-\int e^{-2x}\mathrm{d}x\right)\\&=-\frac{1}{2}\left[xe^{-2x}+\frac{1}{2}\int e^{-2x}\mathrm{d}(-2x)\right]\\&=-\frac{1}{2}(xe^{-2x}+\frac{1}{2}e^{-2x})+C\\&=-\frac{1}{4}(2x+1)e^{-2x}+C\end{aligned}$$

答案：A

10. 解　利用广义积分的方法计算。

对于选项 B，因$\lim\limits_{x\to 2^-}\frac{1}{\sqrt{2-x}}=+\infty$，知$x=2$为无穷不连续点，则有：

$$\begin{aligned}\int_0^2\frac{1}{\sqrt{2-x}}\mathrm{d}x&=-\int_0^2(2-x)^{-\frac{1}{2}}\mathrm{d}(2-x)=-2(2-x)^{\frac{1}{2}}\Big|_0^2\\&=-2\left[\lim_{x\to 2^-}(2-x)^{\frac{1}{2}}-\sqrt{2}\right]=2\sqrt{2}\end{aligned}$$

答案：B

11. 解　由题目给出的条件知，围成的图形（见解图）化为极坐标计算，$S=\iint\limits_D 1\mathrm{d}x\mathrm{d}y$，面积元素

$\mathrm{d}x\mathrm{d}y = r\mathrm{d}r\mathrm{d}\theta$。具体计算如下：

$$D: \begin{cases} 0 \leqslant \theta \leqslant \frac{\pi}{4} \\ \cos\theta \leqslant r \leqslant 2\cos\theta \end{cases}$$

$$S = \int_0^{\frac{\pi}{4}} \mathrm{d}\theta \int_{\cos\theta}^{2\cos\theta} r\mathrm{d}r = \int_0^{\frac{\pi}{4}} \left(\frac{1}{2}r^2\right)\Big|_{\cos\theta}^{2\cos\theta} \mathrm{d}\theta$$

$$= \frac{1}{2}\int_0^{\frac{\pi}{4}} (4\cos^2\theta - \cos^2\theta)\mathrm{d}\theta$$

$$= \frac{3}{2}\int_0^{\frac{\pi}{4}} \cos^2\theta \mathrm{d}\theta = \frac{3}{2}\int_0^{\frac{\pi}{4}} \frac{1+\cos 2\theta}{2}\mathrm{d}\theta = \frac{3}{16}(\pi + 2)$$

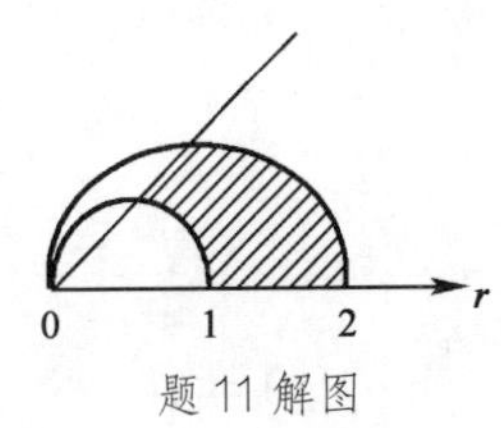

题 11 解图

答案：C

12. 解　通过题目给出的条件画出图形（见解图），利用柱面坐标计算，联立消z：$\begin{cases} z^2 = x^2 + y^2 \\ z = 1 \end{cases}$，得$x^2 + y^2 = 1$。代入$x = r\cos\theta$，$y = r\sin\theta$，$z^2 = x^2 + y^2$，$z^2 = r^2$，$z = r$，$-z = -r$，取$z = r$（上半锥）。

$$D_{xy}: x^2 + y^2 \leqslant 1,\ \Omega: \begin{cases} r \leqslant z \leqslant 1 \\ 0 \leqslant r \leqslant 1 \\ 0 \leqslant \theta \leqslant 2\pi \end{cases},\ \mathrm{d}V = r\mathrm{d}r\mathrm{d}\theta\mathrm{d}z$$

则$V = \iiint\limits_{\Omega} z\mathrm{d}V = \iiint\limits_{\Omega} zr\mathrm{d}r\mathrm{d}\theta\mathrm{d}z$，再化为柱面坐标系下的三次积分。先对$z$积，再对$r$积，最后对$\theta$积分，即$V = \int_0^{2\pi}\mathrm{d}\theta\int_0^1 r\mathrm{d}r\int_{\mathrm{r}}^1 z\mathrm{d}z$。

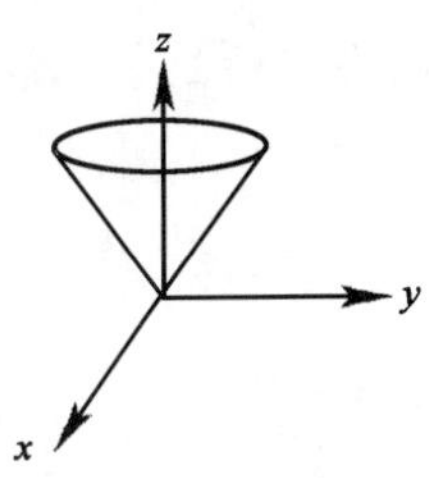

题 12 解图

答案：B

13. 解　**方法** 1：利用交错级数收敛法可判定选项 B 的级数收敛，利用正项级数比值法可判定选项 C 的级数收敛，利用等比级数收敛性的结论知选项级数 D 的级数收敛，故发散的是选项 A 的级数。或直接通过正项级数比较法的极限形式判定，$\lim\limits_{n\to\infty}\frac{U_n}{V_n} = \lim\limits_{n\to\infty}\frac{\frac{1}{\sqrt{n+1}}}{\frac{1}{n}} = \lim\limits_{n\to\infty}\frac{n}{\sqrt{n+1}} = \infty$，因级数$\sum\limits_{n=1}^{\infty}\frac{1}{n}$发散，故级数$\sum\limits_{n=1}^{\infty}\frac{1}{\sqrt{n+1}}$发散。

方法 2：直接通过正项级数比较法的极限形式判定，$\lim\limits_{n\to\infty}\frac{U_n}{V_n} = \lim\limits_{n\to\infty}\frac{\frac{1}{\sqrt{n+1}}}{\frac{1}{\sqrt{n}}} = \lim\limits_{n\to\infty}\frac{\sqrt{n}}{\sqrt{n+1}} = 1$，因级数$\sum\limits_{n=1}^{\infty}\frac{1}{\sqrt{n}}$发散，故级数$\sum\limits_{n=1}^{\infty}\frac{1}{\sqrt{n+1}}$发散。

答案：A

14. 解　设$x - 1 = t$，级数化为$\sum\limits_{n=1}^{\infty}\frac{t^n}{3^n n}$，求级数的收敛半径。

因$\lim\limits_{n\to\infty}\left|\frac{a_{n+1}}{a_n}\right| = \lim\limits_{n\to\infty}\frac{\frac{1}{3^{n+1}(n+1)}}{\frac{1}{3^n \cdot n}} = \lim\limits_{n\to\infty}\frac{n\cdot 3^n}{(n+1)3^{n+1}} = \frac{1}{3}$

则$R = \frac{1}{\rho} = 3$，即$|t| < 3$收敛。

再判定$t = 3$，$t = -3$时的敛散性，即当$t = 3$时发散，$t = -3$时收敛。

计算如下：$t = 3$代入级数，$\sum\limits_{n=1}^{\infty}\frac{1}{n}$为调和级数发散；

$t = -3$代入级数，$\sum\limits_{n=1}^{\infty}(-1)^n\frac{1}{n}$为交错级数，满足莱布尼兹条件收敛。因此$-3 \leqslant x - 1 < 3$，即$-2 \leqslant x < 4$。

答案：A

15. 解　写出微分方程对应的特征方程$r^2+2=0$，得$r=\pm\sqrt{2}i$，即$\alpha=0$，$\beta=\sqrt{2}$，写出通解$y=A\sin\sqrt{2}x+B\cos\sqrt{2}x$。

答案：D

16. 解　将微分方程化成$\frac{\mathrm{d}x}{\mathrm{d}y}+\frac{1}{y}x=1$，方程为一阶线性方程。

其中$P(y)=\frac{1}{y}$，$Q(y)=1$

代入求通解公式$x=e^{-\int P(y)\mathrm{d}y}\left[\int Q(y)e^{\int P(y)\mathrm{d}y}\mathrm{d}y+C\right]$

计算如下：

$x=e^{-\int\frac{1}{y}\mathrm{d}y}\left(\int e^{\int\frac{1}{y}\mathrm{d}y}\mathrm{d}y+C\right)=e^{-\ln y}\left(\int e^{\ln y}\mathrm{d}y+C\right)=\frac{1}{y}\left(\int y\mathrm{d}y+C\right)=\frac{1}{y}\left(\frac{1}{2}y^2+C\right)$

变形得$xy=\frac{1}{2}y^2+C$，$\left(x-\frac{y}{2}\right)y=C$

或将方程化为齐次方程计算：

$$\frac{\mathrm{d}y}{\mathrm{d}x}=-\frac{\frac{y}{x}}{1-\frac{y}{x}}$$

答案：A

17. 解

①将分块矩阵变形为$\begin{vmatrix}\boldsymbol{A} & 0\\ 0 & \boldsymbol{B}\end{vmatrix}$的形式。

②利用分块矩阵计算公式$\begin{vmatrix}\boldsymbol{A} & 0\\ 0 & \boldsymbol{B}\end{vmatrix}=|\boldsymbol{A}|\cdot|\boldsymbol{B}|$。

将矩阵$\boldsymbol{B}$的第一行与矩阵$\boldsymbol{A}$的行互换，换的方法是从矩阵$\boldsymbol{A}$最下面一行开始换，逐行往上换，换到第一行一共换了m次，行列式更换符号$(-1)^m$。再将矩阵$\boldsymbol{B}$的第二行与矩阵$\boldsymbol{A}$的各行互换，换到第二行，又更换符号为$(-1)^m$，…，最后再将矩阵$\boldsymbol{B}$的最后一行与矩阵$\boldsymbol{A}$的各行互换到矩阵的第n行位置，这样原矩阵：

$$\begin{vmatrix}0 & \boldsymbol{A}\\ \boldsymbol{B} & 0\end{vmatrix}=\underbrace{(-1)^m\cdot(-1)^m\cdots(-1)^m}_{n个}\begin{vmatrix}\boldsymbol{B} & 0\\ 0 & \boldsymbol{A}\end{vmatrix}=(-1)^{m\cdot n}\begin{vmatrix}\boldsymbol{B} & 0\\ 0 & \boldsymbol{A}\end{vmatrix}$$
$$=(-1)^{mn}|\boldsymbol{B}||\boldsymbol{A}|=(-1)^{mn}|\boldsymbol{A}||\boldsymbol{B}|$$

答案：D

18. 解　由题目给出的运算写出相应矩阵，再验证还原到原矩阵时应用哪一种运算方法。

答案：A

19. 解　通过矩阵的特征值、特征向量的定义判定。只要满足式子$\boldsymbol{A}\boldsymbol{x}=\lambda\boldsymbol{x}$，非零向量$\boldsymbol{x}$即为矩阵$\boldsymbol{A}$对应特征值$\lambda$的特征向量。

再利用题目给出的条件：

$$\boldsymbol{\alpha}^{\mathrm{T}}\boldsymbol{\beta}=3 \qquad ①$$

$$A = \boldsymbol{\beta}\boldsymbol{\alpha}^{\mathrm{T}} \tag{②}$$

将等式②两边右乘$\boldsymbol{\beta}$，得$\boldsymbol{A}\cdot\boldsymbol{\beta}=\boldsymbol{\beta}\boldsymbol{\alpha}^{\mathrm{T}}\cdot\boldsymbol{\beta}$，即$\boldsymbol{A\beta}=\boldsymbol{\beta}(\boldsymbol{\alpha}^{\mathrm{T}}\boldsymbol{\beta})$，代入①式得$\boldsymbol{A\beta}=\boldsymbol{\beta}\cdot 3$，故$\boldsymbol{A\beta}=3\cdot\boldsymbol{\beta}$成立。

答案：C

20. 解 齐次线性方程组，当变量的个数与方程的个数相同时，方程组有非零解的充要条件是系数行列式为零，即$\begin{vmatrix}1 & -k & 0\\ k & -5 & 1\\ 1 & 1 & 1\end{vmatrix}=0$

则 $\begin{vmatrix}1 & -k & 0\\ k & -5 & 1\\ 1 & 1 & 1\end{vmatrix}\xlongequal{(-1)r_2+r_3}\begin{vmatrix}1 & -k & 0\\ k & -5 & 1\\ 1-k & 6 & 0\end{vmatrix}=1\cdot(-1)^{2+3}\begin{vmatrix}1 & -k\\ 1-k & 6\end{vmatrix}$

$$=-[6-(-k)(1-k)]=-(6+k-k^2)$$

即$k^2-k-6=0$，解得$k_1=3$，$k_2=-2$。

答案：A

21. 解 已知

$$P(B|A\cup\bar{B})=\frac{P\big(B(A\cup\bar{B})\big)}{P(A\cup\bar{B})}=\frac{P(AB\cup B\bar{B})}{P(A\cup\bar{B})}=\frac{P(AB)}{P(A)+P(\bar{B})-P(A\bar{B})}$$

因为A、B相互独立，所以A、$\bar{B}$也相互独立。

有$P(AB)=P(A)P(B)$，$P(A\bar{B})=P(A)P(\bar{B})$，故

$$P(B|A\cup\bar{B})=\frac{P(A)P(B)}{P(A)+P(\bar{B})-P(A)P(\bar{B})}=\frac{\frac{1}{2}\times\frac{1}{3}}{\frac{1}{2}+\left(1-\frac{1}{3}\right)-\frac{1}{2}\left(1-\frac{1}{3}\right)}=\frac{1}{5}$$

答案：D

22. 解 显然为古典概型，$P(A)=m/n$。

一个球一个球地放入杯中，每个球都有 4 种放法，所以所有可能结果数$n=4\times4\times4=64$，事件A“杯中球的最大个数为 2”即 4 个杯中有一个杯子里有 2 个球，有 1 个杯子有 1 个球，还有两个空杯。第一个球有 4 种放法，从第二个球起有两种情况：①第 2 个球放到已有一个球的杯中（一种放法），第 3 个球可放到 3 个空杯中任一个（3 种放法）；②第 2 个球放到 3 个空杯中任一个（3 种放法），第 3 个球可放到两个有球杯中（2 种放法）。则$m=4\times(1\times3+3\times2)=36$，因此$P(A)=36/64=9/16$。或设$A_i(i=1,2,3)$表示“杯中球的最大个数为$i$”，则

$$P(A_2)=1-P(A_1)-P(A_3)$$

$$=1-\frac{4\times3\times2}{4\times4\times4}-\frac{4\times1\times1}{4\times4\times4}=\frac{9}{16}$$

答案：C

23. 解　$P(0 \leqslant X \leqslant 3)=\int_0^3 f(x)\mathrm{d}x=\int_1^3 \frac{1}{x^2}\mathrm{d}x=\frac{2}{3}$。

答案： B

24. 解　因$f(x,y)=\frac{1}{2\pi}e^{-\frac{x^2+y^2}{2}}=\frac{1}{\sqrt{2\pi}}e^{-\frac{x^2}{2}}\cdot\frac{1}{\sqrt{2\pi}}e^{-\frac{y^2}{2}}$

所以$X\sim N(0,1)$，$Y\sim N(0,1)$，X，Y相互独立。

$E(X^2+Y^2)=E(X^2)+E(Y^2)=D(X)+[E(X)]^2+D(Y)+[E(Y)]^2=1+1=2$

或$E(X^2+Y^2)=\int_{-\infty}^{+\infty}\int_{-\infty}^{+\infty}(x^2+y^2)\frac{1}{2\pi}e^{-\frac{x^2+y^2}{2}}\mathrm{d}x\mathrm{d}y=\int_0^{2\pi}\int_0^{+\infty}r^2\frac{1}{2\pi}e^{-\frac{r^2}{2}}r\mathrm{d}r\mathrm{d}\theta$

$$=\int_0^{2\pi}\mathrm{d}\theta\int_0^{+\infty}r^2\frac{1}{4\pi}e^{-\frac{r^2}{2}}\mathrm{d}r^2 \quad (令t=r^2)$$

$$=2\pi\cdot\frac{1}{4\pi}\int_0^{+\infty}te^{-\frac{t}{2}}\mathrm{d}t$$

$$=\frac{1}{2}\left(-2te^{-\frac{t}{2}}\Big|_0^{+\infty}+\int_0^{+\infty}2\,e^{-\frac{t}{2}}\mathrm{d}t\right)=2$$

答案： A

25. 解　由$E_{内}=\frac{m}{M}\frac{i}{2}RT$，又$pV=\frac{m}{M}RT$，$E_{内}=\frac{i}{2}pV$，对双原子分子$i=5$。

答案： B

26. 解　$p=\frac{2}{3}n\overline{w}=\frac{2}{3}n\left(\frac{1}{2}m\overline{v}^2\right)=\frac{1}{3}nm\overline{v}^2$。

答案： C

27. 解　单一等温膨胀过程并非循环过程，可以做到从外界吸收的热量全部用来对外做功，既不违反热力学第一定律也不违反热力学第二定律。

答案： C

28. 解　对于给定的理想气体，内能的增量只与系统的起始和终了状态有关，与系统所经历的过程无关。

内能增量$\Delta E=\frac{M}{\mu}\frac{i}{2}R(T_2-T_1)=\frac{M}{\mu}\frac{i}{2}R\Delta T$，若$T_2=T_1$，则$\Delta E=0$，气体内能保持不变。

答案： D

29. 解　波腹的位置由公式$x_{腹}=k\frac{\lambda}{2}$（k为整数）决定。相邻两波腹之间距离，即

$$\Delta x=x_{k+1}-x_k=(k+1)\frac{\lambda}{2}-k\frac{\lambda}{2}=\frac{\lambda}{2}$$

答案： A

30. 解　质元在最大位移处，速度为零，“形变”为零，故质元的动能为零，势能也为零。

答案： B

31. 解　按多普勒效应公式$v=\frac{u+v_0}{u}v_0$，今$v_0=\frac{u}{2}$，故$v=\frac{u+\frac{u}{2}}{u}v_0=\frac{3}{2}v_0$。

答案： D

32. 解 注意，所谓双缝间距指缝宽d。由$\Delta x=\frac{D}{d}\lambda$（$\Delta x$为相邻两明纹之间距离），代入数据，得

$$\Delta x=\frac{3000}{2}\times 600\times 10^{-6}\mathrm{mm}=0.9\mathrm{mm}$$

注：$1\mathrm{nm}=10^{-9}\mathrm{m}=10^{-6}\mathrm{mm}$。

答案：B

33. 解 如解图所示光程差$\delta=n_2d+r_2-d-(n_1d+r_1-d)$，注意到$r_1=r_2$，$\delta=(n_2-n_1)d$。

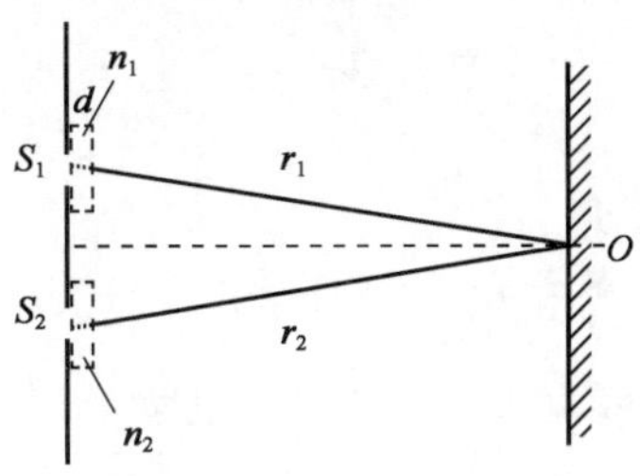

题 33 解图

答案：A

34. 解 球面与平面空气薄膜缝隙上下两束反射光产生的明暗相间圆形图样，称之为牛顿环。牛顿环属等厚干涉，同一级条纹对应同一个厚度。平凸透镜向上移动，条纹向中心收缩。

答案：D

35. 解 转动前$I_1=I_0\cos^2\alpha_1$，转动后$I_2=I_0\cos^2\alpha_2$，$\frac{I_1}{I_2}=\frac{\cos^2\alpha_1}{\cos^2\alpha_2}$。

答案：C

36. 解 由光栅公式，光栅常数d越小，同级条纹衍射角越大，分辨率越高，故选光栅常数最小的选项。

$$d\cdot\sin\theta=k\lambda,\ R=\frac{D}{1.22\lambda}$$

答案：D

37. 解 $Mg(OH)_2$的溶解度为s，则$K_{sp}=s(0.01+2s)^2$，因s很小，$0.01+2s\approx 0.01$，则$5.6\times 10^{-12}=s\times 0.01^2$，$s=5.6\times 10^{-8}$。

答案：C

38. 解 利用价电子对互斥理论确定杂化类型及分子空间构型的方法。

对于 AB_n 型分子、离子（A 为中心原子）：

（1）确定 A 的价电子对数（x）

$$x=\frac{1}{2}[\text{A 的价电子数}+\text{B 提供的价电子数}\pm\text{离子电荷数(负/正)}]$$

原则：A 的价电子数=主族序数；B 原子为 H 和卤素每个原子各提供一个价电子，为氧与硫不提供价电子；正离子应减去电荷数，负离子应加上电荷数。

（2）确定杂化类型（见解表）

题 38 解表

价电子对数	2	3	4
杂化类型	sp 杂化	sp^2 杂化	sp^3 杂化

（3）确定分子空间构型

原则：根据中心原子杂化类型及成键情况分子空间构型。如果中心原子的价电子对数等于σ键电子对数，杂化轨道构型为分子空间构型；如果中心原子的价电子对数大于σ键电子对数，分子空间构型发生变化。

$$价电子对数(x) = \sigma键电子对数 + 孤对电子数$$

根据价电子对互斥理论：$BeCl_2$ 的价电子对数$x = \frac{1}{2}$(Be 的价电子数+2个 Cl 提供的价电子数)=$\frac{1}{2} \times (2 + 2) = 2$，$BeCl_2$ 分子中，Be 原子形成了两 Be-Clσ 健，价电子对数等于σ健数，所以两个 Be-Cl 夹角为 180°，$BeCl_2$ 为直线型分子，Be 为 sp 杂化。

答案：A

39. 解　醋酸和醋酸钠组成缓冲溶液，醋酸和醋酸钠的浓度相等，与等体积水稀释后，醋酸和醋酸钠的浓度仍然相等。缓冲溶液的$\mathrm{pH} = \mathrm{p}K_\mathrm{a} - \lg\frac{C_{酸}}{C_{盐}}$，溶液稀释 pH 不变。

答案：C

40. 解　由阿仑尼乌斯公式$k = Ze^{\frac{-\varepsilon}{RT}}$，可知：温度一定时，活化能越小，速率常数就越大，反应速率也越大。活化能越小，反应越易正向进行。

答案：C

41. 解　根据原子核外电子排布规律，26 号元素的原子核外电子排布为：$1s^22s^22p^63s^23p^63d^64s^2$，为 d 区副族元素。其价电子构型为 $3d^64s^2$。

答案：B

42. 解　一组合理的量子数n, l, m取值对应一个合理的波函数$\psi = \psi_{n,l,m}$，即可以确定一个原子轨道。

（1）主量子数

①$n = 1,2,3,4,\cdots$对应于第一、第二、第三、第四，…电子层，用K, L, M, N表示。

②表示电子到核的平均距离。

③决定原子轨道能量。

（2）角量子数

①$l = 0,1,2,3$的原子轨道分别为$\mathrm{s, p, d, f}$轨道。

②确定原子轨道的形状。s 轨道为球形，p 轨道为双球形，d 轨道为四瓣梅花形。

③对于多电子原子，与n共同确定原子轨道的能量。

（3）磁量子数

①确定原子轨道的取向。

②确定亚层中轨道数目。

答案：B

43. 解 物质的标准熵值大小一般规律：

（1）对于同一种物质，$S_g > S_l > S_s$。

（2）同一物质在相同的聚集状态时，其熵值随温度的升高而增大，$S_{高温} > S_{低温}$。

（3）对于不同种物质，$S_{复杂分子} > S_{简单分子}$。

（4）对于混合物和纯净物，$S_{混合物} > S_{纯物质}$。

（5）对于一个化学反应的熵变，反应前后气体分子数增加的反应熵变大于零，反应前后气体分子数减小的反应熵变小于零。

4个选项化学反应前后气体分子数的变化：

$A = 2 - 2 - 1 = -1$，$B = 2 - 1 - 3 = -2$，$C = 1 + 1 - 0 = 2$，$D = 0 - 1 = -1$

答案：C

44. 解 聚丙烯的结构式为 $\left[CH_2-\underset{\displaystyle CH_3}{\underset{|}{CH}} \right]_n$ 。

答案：C

45. 解 烯烃双键两边C原子均通过σ键与不同基团时，才有顺反异构体。

答案：C

46. 解 苯环上六个氢被氯取代为六氯苯。

答案：C

47. 解 如解图所示，根据力的投影公式，$F_x = F\cos\alpha$，故$\alpha = 60°$。而分力$\boldsymbol{F}_x$的大小是力$\boldsymbol{F}$大小的2倍，故力$\boldsymbol{F}$与y轴垂直。

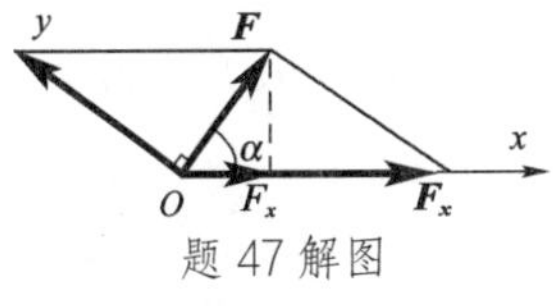

题47解图

答案：A

48. 解 将力系向A点简化，作用于C点的力F沿作用线移到A点，作用于B点的力F平移到A点附加的力偶即主矩：$M_A = M_A(F) = \frac{\sqrt{3}}{2}aF$；三个力的主矢：$F_{Ry} = 0$，$F_{Rx} = F - F\sin 30° - F\sin 30° = 0$。

答案：A

49. 解 根据受力分析，由于主动力偶自成平衡力系，则A、B处的约束力亦应组成平衡力系，即满足二力平衡条件（等值、反向、共线），均为水平方向，考虑AC的平衡，利用力偶的平衡方程，即$\sum M =$

0，$F_{Ax} \cdot 2a - M = 0$，得到$F_{Ax} = \frac{M}{2a}$，$F_{Ay} = 0$。

答案：B

50. 解　均布力组成了力偶矩为qa^2的逆时针转向力偶。A、B处的约束力沿铅垂方向组成顺时针转向力偶，与均布力组成的力偶相平衡，即：$qa^2 - F_{Ay} \cdot 2a = 0$，可得：$F_{Ay} = F_{By} = \frac{qa^2}{2}$。

答案：C

51. 解　点的速度、切向加速度和法向加速度分别为：$v = \frac{\mathrm{d}s}{\mathrm{d}t} = 20\mathrm{cm/s}$，$a_\tau = \frac{\mathrm{d}v}{\mathrm{d}t} = 0$，$a_n = \frac{v^2}{R} = \frac{400}{40} = 10\mathrm{cm/s^2}$。

答案：B

52. 解　将运动方程中的参数t消去，即$t = \frac{x}{2}$，$y = \left(\frac{x}{2}\right)^2 - \frac{x}{2}$，整理易得$x^2 - 2x - 4y = 0$。

答案：C

53. 解　根据定轴转动刚体上一点速度、加速度与转动角速度、角加速度的关系，$v_\mathrm{B} = OB \cdot \omega = 50 \times 2 = 100\mathrm{cm/s}$，$a_\mathrm{B}^\tau = OB \cdot \varepsilon = 50 \times 5 = 250\mathrm{cm/s}$，$a_\mathrm{B}^n = OB \cdot \omega^2 = 50 \times 2^2 = 200\mathrm{cm/s}$。

答案：A

54. 解　根据质点运动微分方程$m\boldsymbol{a} = \sum \boldsymbol{F}$，当货物加速下降、匀速下降和减速下降时，加速度分别向下、为零、向上，代入公式有$ma = W - R_1$，$0 = W - R_2$，$-ma = W - R_3$。

答案：C

55. 解　根据动量矩定义和公式：

$$L_\mathrm{O} = M_\mathrm{O}(m_1 v) + M_\mathrm{O}(m_2 v) + J_{\mathrm{O}轮}\omega = m_1 rv + m_2 rv + \frac{1}{2}mr^2\omega,\ \omega = \frac{v}{r},\ L_\mathrm{O} = (m_1 + m_2 + \frac{1}{2}m)rv$$

答案：C

56. 解　根据动能定理，当杆从水平转动到铅垂位置时

$$T_1 = 0;\ T_2 = \frac{1}{2}J_\mathrm{B}\omega^2 = \frac{1}{2} \cdot \frac{1}{3}m(2l)^2\omega^2 = \frac{2}{3}ml^2\omega^2$$

将$W_{12} = mgl$代入$T_2 - T_1 = W_{12}$，得$\omega^2 = \frac{3g}{2l}$

再根据定轴转动微分方程：$J_\mathrm{B}\alpha = M_\mathrm{B}(F) = 0$，$\alpha = 0$

质心运动定理：$a_{\mathrm{C}\tau} = l\alpha = 0$，$a_{\mathrm{C}n} = l\omega^2 = \frac{3g}{2}$

受力见解图：$ml\omega^2 = F_{\mathrm{B}y} - mg$，$F_{\mathrm{B}y} = \frac{5}{2}mg$，$F_{\mathrm{B}x} = 0$

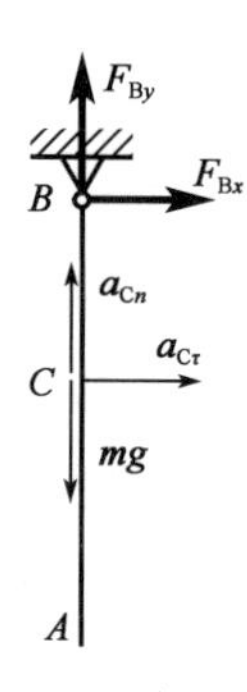

题 56 解图

答案：D

57. 解　根据定轴转动刚体惯性力系的简化结果，惯性力主矢和主矩的大小分别为$F_\mathrm{I} = ma_\mathrm{C} = 0$，$M_\mathrm{IO} = J_\mathrm{O}\varepsilon = \frac{1}{2}mr^2\varepsilon$。

答案：C

58. 解 根据串、并联弹簧等效弹簧刚度的计算公式。

答案：C

59. 解 轴向受力杆左段轴力是−3kN，右段轴力是 5kN。

答案：B

60. 解 把F力平移到铆钉群中心O，并附加一个力偶$m = F \cdot \frac{5}{4}L$，在铆钉上将产生剪力Q_1和Q_2，其中$Q_1 = \frac{F}{2}$，而Q_2计算方法如下。

$$\sum M_{\mathrm{O}} = 0，\ Q_2 \cdot \frac{L}{2} = F \cdot \frac{5}{4}$$

得$Q_2 = \frac{5}{2}F$，所以$Q = Q_1 + Q_2 = 3F$，$\tau_{\max} = \frac{Q}{\frac{\pi}{4}d^2} = \frac{12F}{\pi d^2}$

答案：C

61. 解 由$\theta = \frac{T}{GI_{\mathrm{p}}}$，得$\frac{T}{I_{\mathrm{p}}} = \theta G$，故$\tau_{\max} = \frac{T}{I_{\mathrm{p}}} \cdot \frac{d}{2} = \frac{\theta G d}{2}$。

答案：D

62. 解 为使$\tau_1 = \frac{1}{2}\tau$，应使$\frac{T}{\frac{\pi}{16}d_1^3} = \frac{1}{2}\frac{T}{\frac{\pi}{16}d^3}$，即$d_1^3 = 2d^3$，故$d_1 = \sqrt[3]{2}d$。

答案：D

63. 解 $I_{z1} = I_z + a^2 A = \frac{bh^3}{12} + h^2 \cdot bh = \frac{13}{12}bh^3$

答案：D

64. 解 考虑梁的整体平衡：$\sum M_{\mathrm{B}} = 0$，$F_{\mathrm{A}} = 0$

应用直接法求剪力和弯矩，得$F_{\mathrm{SA}} = 0$，$M_{\mathrm{C}} = 0$

答案：A

65. 解 开裂前，$f = \frac{Fl^3}{3EI}$，其中$I = \frac{b(2a)^3}{12} = 8\frac{ba^3}{12} = 8I_1$；

开裂后，$f_1 = \frac{\frac{F}{2}l^3}{3EI_1} = \frac{\frac{1}{2}Fl^3}{3E\frac{I}{8}} = 4 \cdot \frac{Fl^3}{3EI} = 4f$。

答案：C

66. 解 原来，$f = \frac{Ml^2}{2EI}$；梁长减半后，$f_1 = \frac{M\left(\frac{l}{2}\right)^2}{2EI} = \frac{1}{4}f$。

答案：B

67. 解 图 c）中σ_1和σ_3的差值最大。

$$\tau_{\max} = \frac{\sigma_1 - \sigma_3}{2} = \frac{2\sigma - (-2\sigma)}{2} = 2\sigma$$

答案：C

68. 解 图示杆是偏心拉伸，等价于轴向拉伸和两个方向弯曲的组合变形。

$$\sigma_{\max}^{+}=\frac{F_{\mathrm{N}}}{bh}+\frac{M_{\mathrm{g}}}{W_{\mathrm{g}}}+\frac{M_y}{W_y}=\frac{F}{bh}+\frac{F\dfrac{h}{2}}{\dfrac{bh^2}{6}}+\frac{F\dfrac{b}{2}}{\dfrac{hb^2}{6}}=7\frac{F}{bh}$$

答案：C

69. 解 力F产生的弯矩引起A点的拉应力，力偶T产生的扭矩引起A点的切应力τ，故A点应为既有拉应力σ又有τ的复杂应力状态。

答案：C

70. 解 图 a）$\mu l=1\times5=5\mathrm{m}$，图 b）$\mu l=2\times3=6\mathrm{m}$，图 c）$\mu l=0.7\times6=4.2\mathrm{m}$。由公式$F_{\mathrm{cr}}=\frac{\pi^2EI}{(\mu l)^2}$，可知图 b）$F_{\mathrm{cr}}$最小，图 c）$F_{\mathrm{cr}}$最大。

答案：C

71. 解 静止流体等压面应是一水平面，且应绘出于连通、连续同一种流体中，据此可绘出两个等压面以判断压强p_1、p_2、p_3的大小。

答案：A

72. 解 测压管水头线的变化是由于过流断面面积的变化引起流速水头的变化，进而引起压强水头的变化，而与是否理想流体无关，故选项 A 说法是错误的。

答案：A

73. 解 由判别流态的下临界雷诺数$\mathrm{Re_k}=\frac{v_{\mathrm{c}}d}{\nu}$解出下临界流速$v_{\mathrm{c}}$即可，$v_{\mathrm{c}}=\frac{\mathrm{Re_c}\nu}{d}$，而$\mathrm{Re_c}=2000$。代入题设数据后有：$v_{\mathrm{c}}=\frac{2000\times1.31\times10^{-6}}{0.05}=0.0524\mathrm{m/s}$。

答案：D

74. 解 根据沿程损失计算公式$h_{\mathrm{f}}=\lambda\frac{L}{d}\frac{v^2}{2g}$及层流阻力系数计算公式$\lambda=\frac{64}{\mathrm{Re}}$、$\mathrm{Re}=\frac{vd}{\nu}$联立求解可得。代入题设条件后有：$\frac{v_1}{d_1^2}=\frac{v_2}{d_2^2}$，而$v_2=v_1\left(\frac{d_2}{d_1}\right)^2=v_1 2^2=4v_1$

$$\frac{Q_2}{Q_1}=\frac{v_2}{v_1}\left(\frac{d_2}{d_1}\right)^2=4\times2^2=16$$

答案：D

75. 解 圆柱形外管嘴正常工作的条件：$L=(3-4)d$，$H_0<9\mathrm{m}$。

答案：B

76. 解 根据有压管基本公式$H=SQ^2$，可解出流量$Q=\sqrt{\frac{H}{S}}$，H为上、下游液面差，不变。阀门关小，阻抗S增加，流量应减小。

答案：B

77. 解 按达西公式$Q=kAJ$，可解出渗透系数

$$k=\frac{Q}{AJ}=\frac{0.1}{\frac{\pi}{4}\times 0.3^2\times\frac{90}{40}\times 8\times 3600}=2.183\times 10^{-5}\text{m/s}=1.886\text{m/d}$$

答案： B

78. 解 无量纲量即量纲为 1 的量，$\dim\frac{p}{\rho v^2}=\frac{\mathrm{ML^{-1}T^{-2}}}{\mathrm{ML^{-3}(LT^{-1})^2}}=1$。

答案： A

79. 解 根据电磁感应定律，线圈 a 中是变化的电源，将产生变化的电流，线圈 a 中要考虑电磁感应的作用$i_{\mathrm{a}}\neq\frac{u}{R_{\mathrm{a}}}$；变化磁通将与线圈 b 交链，在线圈 b 中产生感应电动势，由此产生感应电流$i_{\mathrm{b}}\neq 0$。

答案： B

80. 解 电流源的端电压由外电路决定：$U=5+0.1\times(100+50)=20\text{V}$。

答案： A

81. 解 用叠加原理分析，将电路分解为各个电源单独作用的电路。不作用的电压源短路，不作用的电流源断路。$U=U'+U''$，U'为电流源单独作用，$U'=I_{\mathrm{s}}(R_1+R_2/\!/R_3)$；$U''$为电压源作用，$U'=\frac{R_2}{R_2+R_3}U_{\mathrm{S}}$。

答案： D

82. 解 本题的考点为交流电路中电压、电流的复数运算关系。将原电路表示为复电路图（见解图），$|\dot{I}_{\mathrm{R}}|=|\dot{I}_1+\dot{I}_2|=4-2=2\text{A}$（注：$\dot{I}_1$和$\dot{I}_2$相位相反）

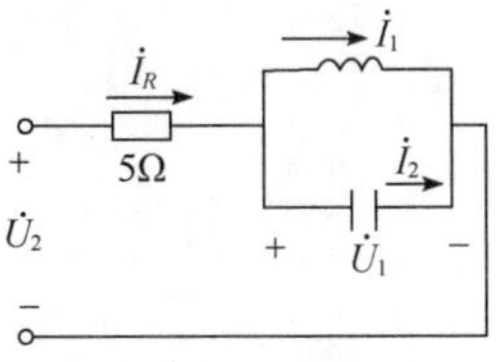

题 82 解图

$|\dot{U}_{\mathrm{R}}|=|5\dot{I}_{\mathrm{R}}|=5\times 2=10\text{V}$

$|\dot{U}_2|=|\dot{U}_{\mathrm{R}}+\dot{U}_1|=\sqrt{10^2+10^2}=10\sqrt{2}\text{V}$（注：$\dot{U}_{\mathrm{R}}$与$\dot{U}_1$相位差为 90°）

分析可见选项 B 正确。

答案： B

83. 解 三相五线制供电系统中单相负载的外壳引出线应该与“PE 线”（保护接地线）连接。

答案： D

84. 解 从图形判断这是一个高通滤波器的频率特性图。它反映了电路的输出电压和输入电压对于不同频率信号的响应关系，利用高通滤波器的传递函数分析。

高通滤波器的传递函数为：

$$H(jw)=\frac{jw/W_C}{1+jw/W_C}$$

其中：W_c为截止角频率（由电路参数 R、L、C 等决定），$W_C=2\pi f_c$，由题图可知$f_C=10\text{kHz}$，$W_C=20\pi(\text{krad})$。

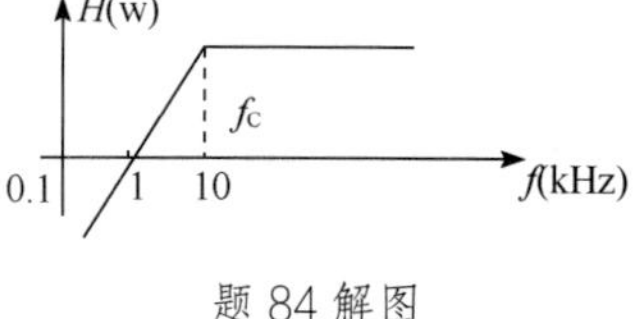

题 84 解图

代入传递函数公式可得：

$$H(jw)=\frac{jw/(20\pi)}{1+jw/(20\pi)}$$

可知选项 D 公式错，选项 A、选项 C 的W_C错，选项 B 正确。

答案： B

85. 解　三相交流异步电动机的转速关系公式为$n\approx n_0=\frac{60f}{p}$，可以看到电动机的转速$n$取决于电源的频率$f$和电机的极对数$p$，改变磁极对数是有极调速，转子串电阻和降压调速只能向下降速，而不能升速。要想实现向上、向下平滑调速，应该使用改变频率f的方法。

答案： C

86. 解　在电动机的继电接触控制电路中，熔断器对电路实现短路保护，热继电器对电路实现过载保护，交流接触器起欠压保护的作用，需同时接在主电路和控制电路中；行程开关一般只连接在电机的控制回路中。

答案： D

87. 解　信息通常是以编码的方式载入数字信号中的。

答案： A

88. 解　七段显示器的各段符号是用发光二极管制作的，各段符号如图所示。在共阴极七段显示器电路中，高电平“1”字段发光，“0”熄灭。显示字母“E”的共阴极七段显示器显示时 b、c 段熄灭，显示码 abcdefg 应该是 1001111。

答案： A

89. 解　图示电压信号是连续的时间信号，在每个时间点的数值确定；对其他的周期信号、数字信号、离散信号的定义均不符合。

答案： D

90. 解　根据对模拟信号的频谱分析可知：周期信号的频谱是离散的，非周期信号的频谱是连续的。

答案： A

91. 解　该电路是利用滤波技术进行信号处理，从图 a）到图 b）经过了低通滤波，从图 b）到图 c）利用了高通滤波技术（消去了直流分量）。

答案： A

92. 解 此题的分析方法是先根据给定的波形图写输出和输入之间的真值表，然后观察输出与输入的逻辑关系，写出逻辑表达式即可。观察$F = A \cdot B + \overline{A} \cdot \overline{B}$，属同或门关系。

答案： C

93. 解 首先应清楚放大电路中输入电阻和输出电阻的概念，然后将放大电路的输入端等效成一个输入电阻，输出端等效成一个等效电压源（如解图所示），最后用电路理论计算可得结果。

其中：

$$u_i = \frac{r_i}{R_s + r_i} u_s = 5\sin\omega t\,(\text{mV})$$

$$u_{os} = A_k u_i = -400\sin\omega t\,(\text{mV})$$

$$u_o = \frac{R_L}{r_o + R_L} u_{os} = -250\sin\omega t\,(\text{mV}) = -0.25\sin\omega t\,(\text{V})$$

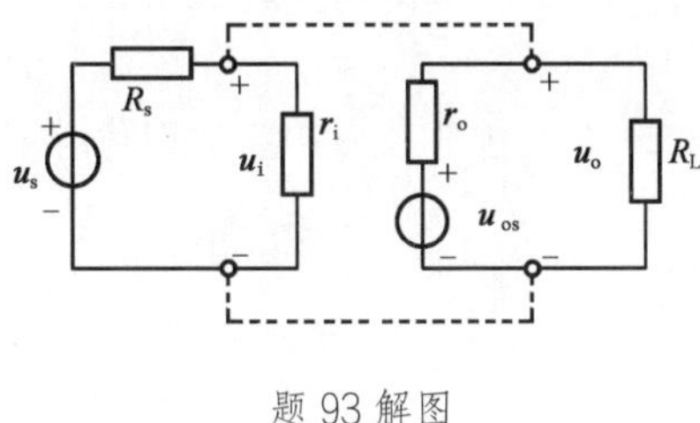

题 93 解图

答案： D

94. 解 该电路是电压比较电路，u_{i1}为输入信号，u_{i2}为基准信号。当u_{i1}大于u_{i2}时，输出为负的饱和值；当u_{i1}小于u_{i2}时，输出为正的饱和值。本题始终保持u_{i1}大于u_{i2}，因此输出u_o为负的饱和值。

答案： D

95. 解 该电路是 D 触发器，这种连接方法构成保持状态：$Q_{n+1} = D = Q_n$。

答案： D

96. 解 本题为两个 JK 触发器构成的时序逻辑电路。时钟 cp 信号同时接在两个触发器上，故为同步触发方式。初始状态$Q_1 = Q_0 = 0$，时序分析见解表。

题 96 解表

cp	Q_1	Q_0	$J_1 = 1$	$K_1 = \overline{Q}_0$	$J_0 = \overline{Q}_1$	$K_0 = 1$	$Q_1' = \overline{Q}_1$	$Q_0' = Q_0$
0	0	0	1	1	1	1	1	0
1	1	1	1	0	0	1	0	1
2	1	0	1	1	0	1	0	0
3	0	0	1	1	1	1	1	0

可见在三个时钟脉冲后完成一次循环。输出端变化顺序为$Q_1'Q_0'$：10→01→00（循环），即三进制减法计数器。

答案：C

97. 解 总线（Bus）是计算机各种功能部件之间传送信息的公共通信干线，它是由导线组成的传输线束。按照计算机所传输的信息种类，计算机的总线可划分为数据总线、地址总线和控制总线，分别用来传输数据、数据地址和控制信号。微型计算机是以总线结构来连接各个功能部件的。

答案：A

98. 解 信息可采用某种度量单位进行度量，并进行信息编码。现代计算机使用的是二进制。

答案：C

99. 解 三位二进制对应一位八进制，将小数点后每三位二进制分成一组，101 对应 5，010 对应 2，111 对应 7，100 对应 4。

答案：B

100. 解 图像的主要参数有分辨率（包括屏幕分辨率、图像分辨率、像素分辨率）、颜色深度、图像文件的尺寸。

答案：B

101. 解 在网上正式传输的书信或文件常常要根据亲笔签名或印章来证明真实性，数字签名就是用来解决这类问题的，是目前在电子商务、电子政务中应用最为普遍、技术最成熟、可操作性最强的一种电子签名的方法。

答案：A

102. 解 一个存储器段可以小至一个字节，可大至 4G 字节。而一个页的大小则规定为 4K 字节。

答案：C

103. 解 Windows 的设备管理功能部分支持即插即用功能，Windows 自动安装有即插即用设备及其设备驱动程序。即插即用就是在加上新的硬件以后不用为此硬件再安装驱动程序了。而选项 D 说需安装相应软件才可立刻使用是错误的。

答案：D

104. 解 构成信息化社会的三个主要技术支柱是计算机技术、通信技术和网络技术。

答案：B

105. 解 网络软件是实现网络功能不可缺少的软件环境，主要包括网络传输协议和网络操作系统。

答案：A

106. 解 因特网是一个国际网，也就是说因特网是一个连接了无数个小网而形成大网。

答案：B

107. 解 比较两家银行的年实际利率，其中较低者利息较少。

甲银行的年实际利率：$i_{甲}=\left(1+\frac{r}{m}\right)^m-1=\left(1+\frac{6\%}{4}\right)^4-1=6.14\%$；乙银行的年实际利率为7%，故向甲银行贷款付出的利息较少。

答案：A

108. 解 总成本费用有生产成本加期间费用和按生产要素两种估算方法。生产成本加期间费用计算公式为：总成本费用=生产成本+期间费用。

答案：A

109. 解 准股本资金是一种既具有资本金性质又具有债务资金性质的资金，主要包括优先股股票和可转换债券。

答案：B

110. 解 按计算财务净现值的公式计算。

$$\text{FNPV}=-200-300(P/F,10\%,1)+150(P/A,10\%,8)(P/F,10\%,2)$$

$$=-200-300\times0.90909+150\times5.33493\times0.82645=188.63\text{ 万元}$$

答案：B

111. 解 可外贸货物影子价格：

直接进口投入物的影子价格(到厂价) = 到岸价(CIF) × 影子汇率 + 进口费用

答案：C

112. 解 盈亏平衡点越低，说明项目盈利的可能性越大，项目抵抗风险的能力越强。

答案：C

113. 解 改扩建项目盈利能力分析可能涉及的五种数据：①“现状”数据；②“无项目”数据；③“有项目”数据；④新增数据；⑤增量数据。

答案：D

114. 解 在ABC分类法中，A类部件占部件总数的比重较少，但占总成本的比重较大；C类部件占部件总数的比重较大，占总数的60%~80%，但占总成本的比重较小，占5%~10%。

答案：C

115. 解 《中华人民共和国安全生产法》第三十七条规定，生产经营单位使用的危险物品的容器、运输工具，以及涉及人身安全、危险性较大的海洋石油开采特种设备及矿山井下特种设备，必须按照国家有关规定，由专业生产单位生产，并经具有专业资质的检测、检验机构检测、检验合格，取得安全使用证或者安全标志，方可投入使用。检测、检验机构对检测、检验结果负责。

答案：B

116. 解 《中华人民共和国招标投标法》第四十六条规定，招标人和中标人应当自中标通知书发出之日起三十日内，按照招标文件和中标人的投标文件订立书面合同。招标人和中标人不得再行订立背离合同实质性内容的其他协议。

答案：B

117. 解 《中华人民共和国行政许可法》第十三条规定，本法第十二条所列事项，通过下列方式能够予以规范的，可以不设行政许可：

（一）公民、法人或者其他组织能够自主决定的；

（二）市场竞争机制能够有效调节的；

（三）行业组织或者中介机构能够自律管理的；

（四）行政机关采用事后监督等其他行政管理方式能够解决的。

答案：D

118. 解 《中华人民共和国节约能源法》第十五条规定，国家实行固定资产投资项目节能评估和审查制度。不符合强制性节能标准的项目，依法负责项目审批或者核准的机关不得批准或者核准建设；建设单位不得开工建设；已经建成的，不得投入生产、使用。具体办法由国务院管理节能工作的部门会同国务院有关部门制定。

答案：C

119. 解 《建设工程质量管理条例》第三十一条规定，施工人员对涉及结构安全的试块、试件以及有关材料，应当在建设单位或者工程监理单位监督下现场取样，并送具有相应资质等级的质量检测单位进行检测。

答案：D

120. 解 《建设工程安全生产管理条例》第十四条规定，工程监理单位在实施监理过程中，发现存在安全事故隐患的，应当要求施工单位整改；情况严重的，应当要求施工单位暂时停止施工，并及时报告建设单位。施工单位拒不整改或者不停止施工的，工程监理单位应当及时向有关主管部门报告。

答案：D

2011年度全国勘察设计注册工程师
执业资格考试试卷

基础考试
（上）

二〇一一年九月

应考人员注意事项

1. 本试卷科目代码为“1”，考生务必将此代码填涂在答题卡“科目代码”相应的栏目内，否则，无法评分。

2. 书写用笔：**黑色或蓝色钢笔、签字笔或圆珠笔**；

   填涂答题卡用笔：**黑色 2B 铅笔**。

3. 必须用书写用笔将工作单位、姓名、准考证号填写在答题卡和试卷相应的栏目内。

4. 本试卷由 120 题组成，每题 1 分，满分 120 分，本试卷全部为单项选择题，每小题的四个备选项中只有一个正确答案，错选、多选、不选均不得分。

5. 考生作答时，必须按**题号在答题卡上**将相应试题所选选项对应的**字母用 2B 铅笔涂黑**。

6. 在答题卡上书写与题意无关的语言，或在答题卡上作标记的，均按违纪试卷处理。

7. 考试结束时，由监考人员当面将试卷、答题卡一并收回。

8. 草稿纸由各地统一配发，考后收回。

单项选择题（共 120 题，每题 1 分。每题的备选项中只有一个最符合题意。）

1. 设直线方程为$x = y - 1 = z$，平面方程为$x - 2y + z = 0$，则直线与平面：

A. 重合　　B. 平行不重合

C. 垂直相交　　D. 相交不垂直

2. 在三维空间中，方程$y^2 - z^2 = 1$所代表的图形是：

A. 母线平行x轴的双曲柱面　　B. 母线平行y轴的双曲柱面

C. 母线平行z轴的双曲柱面　　D. 双曲线

3. 当$x \to 0$时，$3^x - 1$是x的：

A. 高阶无穷小　　B. 低阶无穷小

C. 等价无穷小　　D. 同阶但非等价无穷小

4. 函数$f(x) = \frac{x - x^2}{\sin \pi x}$的可去间断点的个数为：

A. 1 个　　B. 2 个

C. 3 个　　D. 无穷多个

5. 如果$f(x)$在x_0点可导，$g(x)$在x_0点不可导，则$f(x)g(x)$在x_0点：

A. 可能可导也可能不可导　　B. 不可导

C. 可导　　D. 连续

6. 当$x > 0$时，下列不等式中正确的是：

A. $e^x < 1 + x$　　B. $\ln(1 + x) > x$

C. $e^x < ex$　　D. $x > \sin x$

7. 若函数$f(x,y)$在闭区域D上连续，下列关于极值点的陈述中正确的是：

A. $f(x,y)$的极值点一定是$f(x,y)$的驻点

B. 如果P_0是$f(x,y)$的极值点，则P_0点处$B^2-AC<0$$\left(\text{其中，} A=\frac{\partial^2 f}{\partial x^2}, B=\frac{\partial^2 f}{\partial x \partial y}, C=\frac{\partial^2 f}{\partial y^2}\right)$

C. 如果P_0是可微函数$f(x,y)$的极值点，则在P_0点处$\mathrm{d}f=0$

D. $f(x,y)$的最大值点一定是$f(x,y)$的极大值点

8. $\int \frac{\mathrm{d}x}{\sqrt{x}(1+x)}=$

A. $\arctan\sqrt{x}+C$

B. $2\arctan\sqrt{x}+C$

C. $\tan(1+x)$

D. $\frac{1}{2}\arctan x+C$

9. 设$f(x)$是连续函数，且$f(x)=x^2+2\int_0^2 f(t)\mathrm{d}t$，则$f(x)=$

A. x^2

B. $x^2 2$

C. $2x$

D. $x^2-\frac{16}{9}$

10. $\int_{-2}^{2}\sqrt{4-x^2}\mathrm{d}x=$

A. π

B. 2π

C. 3π

D. $\frac{\pi}{2}$

11. 设L为连接(0,2)和(1,0)的直线段，则对弧长的曲线积分$\int_L (x^2+y^2)\mathrm{d}S=$

A. $\frac{\sqrt{5}}{2}$

B. 2

C. $\frac{3\sqrt{5}}{2}$

D. $\frac{5\sqrt{5}}{3}$

12. 曲线$y=e^{-x}(x\geqslant 0)$与直线$x=0$，$y=0$所围图形，绕ox轴旋转所得旋转体的体积为：

A. $\frac{\pi}{2}$

B. π

C. $\frac{\pi}{3}$

D. $\frac{\pi}{4}$

13. 若级数 $\sum\limits_{n=1}^{\infty} u_n$收敛，则下列级数中不收敛的是：

A. $\sum\limits_{n=1}^{\infty} ku_n(k \neq 0)$

B. $\sum\limits_{n=1}^{\infty} u_{n+100}$

C. $\sum\limits_{n=1}^{\infty} \left(u_{2n} + \frac{1}{2^n}\right)$

D. $\sum\limits_{n=1}^{\infty} \frac{50}{u_n}$

14. 设$\sum\limits_{n=0}^{\infty} a_n x^n$的收敛半径为 2，则幂级数$\sum\limits_{n=1}^{\infty} na_n(x-2)^{n+1}$的收敛区间是：

A. $(-2,2)$

B. $(-2,4)$

C. $(0,4)$

D. $(-4,0)$

15. 微分方程$xy\mathrm{d}x = \sqrt{2-x^2}\mathrm{d}y$的通解是：

A. $y = e^{-C\sqrt{2-x^2}}$

B. $y = e^{-\sqrt{2-x^2}} + C$

C. $y = Ce^{-\sqrt{2-x^2}}$

D. $y = C - \sqrt{2-x^2}$

16. 微分方程$\frac{\mathrm{d}y}{\mathrm{d}x} - \frac{y}{x} = \tan\frac{y}{x}$的通解是：

A. $\sin\frac{y}{x} = Cx$

B. $\cos\frac{y}{x} = Cx$

C. $\sin\frac{y}{x} = x + C$

D. $Cx\sin\frac{y}{x} = 1$

17. 设$\boldsymbol{A} = \begin{bmatrix} 1 & 0 & 1 \\ 0 & 1 & 2 \\ -2 & 0 & -3 \end{bmatrix}$，则$\boldsymbol{A}^{-1} =$

A. $\begin{bmatrix} 3 & 0 & 1 \\ 4 & 1 & 2 \\ 2 & 0 & 1 \end{bmatrix}$

B. $\begin{bmatrix} 3 & 0 & 1 \\ 4 & 1 & 2 \\ -2 & 0 & -1 \end{bmatrix}$

C. $\begin{bmatrix} -3 & 0 & -1 \\ 4 & 1 & 2 \\ -2 & 0 & -1 \end{bmatrix}$

D. $\begin{bmatrix} 3 & 0 & 1 \\ -4 & -1 & -2 \\ 2 & 0 & 1 \end{bmatrix}$

18. 设 3 阶矩阵$\boldsymbol{A} = \begin{bmatrix} 1 & 1 & a \\ 1 & a & 1 \\ a & 1 & 1 \end{bmatrix}$，已知$\boldsymbol{A}$的伴随矩阵的秩为 1，则$a =$

A. -2

B. -1

C. 1

D. 2

19. 设$\boldsymbol{A}$是 3 阶矩阵，$\boldsymbol{P}=(\alpha_1,\alpha_2,\alpha_3)$是 3 阶可逆矩阵，且$\boldsymbol{P}^{-1}\boldsymbol{A}\boldsymbol{P}=\begin{bmatrix}1&0&0\\0&2&0\\0&0&0\end{bmatrix}$。若矩阵$\boldsymbol{Q}=(\alpha_2,\alpha_1,\alpha_3)$，则$\boldsymbol{Q}^{-1}\boldsymbol{A}\boldsymbol{Q}=$

A. $\begin{bmatrix}1&0&0\\0&2&0\\0&0&0\end{bmatrix}$　　B. $\begin{bmatrix}2&0&0\\0&1&0\\0&0&0\end{bmatrix}$

C. $\begin{bmatrix}0&1&0\\2&0&0\\0&0&0\end{bmatrix}$　　D. $\begin{bmatrix}0&2&0\\1&0&0\\0&0&0\end{bmatrix}$

20. 齐次线性方程组$\begin{cases}x_1-x_2+x_4=0\\x_1-x_3+x_4=0\end{cases}$的基础解系为：

A. $\alpha_1=(1,1,1,0)^{\mathrm{T}}$，$\alpha_2=(-1,-1,1,0)^{\mathrm{T}}$

B. $\alpha_1=(2,1,0,1)^{\mathrm{T}}$，$\alpha_2=(-1,-1,1,0)^{\mathrm{T}}$

C. $\alpha_1=(1,1,1,0)^{\mathrm{T}}$，$\alpha_2=(-1,0,0,1)^{\mathrm{T}}$

D. $\alpha_1=(2,1,0,1)^{\mathrm{T}}$，$\alpha_2=(-2,-1,0,1)^{\mathrm{T}}$

21. 设A，B是两个事件，$P(A)=0.3$，$P(B)=0.8$，则当$P(A\cup B)$为最小值时，$P(AB)=$

A. 0.1　　B. 0.2

C. 0.3　　D. 0.4

22. 三个人独立地破译一份密码，每人能独立译出这份密码的概率分别为$\frac{1}{5}$、$\frac{1}{3}$、$\frac{1}{4}$，则这份密码被译出的概率为：

A. $\frac{1}{3}$　　B. $\frac{1}{2}$

C. $\frac{2}{5}$　　D. $\frac{3}{5}$

23. 设随机变量X的概率密度为$f(x)=\begin{cases}2x,\ 0<x<1\\0\ ,\ 其他\end{cases}$，$Y$表示对$X$的 3 次独立重复观察中事件$\left\{X\leqslant\frac{1}{2}\right\}$出现的次数，则$P\{Y=2\}$等于：

A. $\frac{3}{64}$　　B. $\frac{9}{64}$

C. $\frac{3}{16}$　　D. $\frac{9}{16}$

24. 设随机变量X和Y都服从$N(0,1)$分布，则下列叙述中正确的是：

A. $X+Y\sim$正态分布　　B. $X^2+Y^2\sim\chi^2$分布

C. X^2和Y^2都$\sim\chi^2$分布　　D. $\frac{X^2}{Y^2}\sim F$分布

25. 一瓶氦气和一瓶氮气，它们每个分子的平均平动动能相同，而且都处于平衡态，则它们：

A. 温度相同，氦分子和氮分子的平均动能相同

B. 温度相同，氦分子和氮分子的平均动能不同

C. 温度不同，氦分子和氮分子的平均动能相同

D. 温度不同，氦分子和氮分子的平均动能不同

26. 最概然速率v_p的物理意义是：

A. v_p是速率分布中的最大速率

B. v_p是大多数分子的速率

C. 在一定的温度下，速率与v_p相近的气体分子所占的百分率最大

D. v_p是所有分子速率的平均值

27. 1mol 理想气体从平衡态 $2p_1$、V_1沿直线变化到另一平衡态p_1、$2V_1$，则此过程中系统的功和内能的变化是：

A. $W>0$，$\Delta E>0$　　B. $W<0$，$\Delta E<0$

C. $W>0$，$\Delta E=0$　　D. $W<0$，$\Delta E>0$

28. 在保持高温热源温度T_1和低温热源温度T_2不变的情况下，使卡诺热机的循环曲线所包围的面积增大，则会：

A. 净功增大，效率提高　　B. 净功增大，效率降低

C. 净功和功率都不变　　D. 净功增大，效率不变

29. 一平面简谐波的波动方程为$y = 0.01\cos 10\pi(25t - x)$ (SI)，则在$t = 0.1$s时刻，$x = 2$m处质元的振动位移是：

A. 0.01cm　　B. 0.01m

C. −0.01m　　D. 0.01mm

30. 对于机械横波而言，下面说法正确的是：

A. 质元处于平衡位置时，其动能最大，势能为零

B. 质元处于平衡位置时，其动能为零，势能最大

C. 质元处于波谷处时，动能为零，势能最大

D. 质元处于波峰处时，动能与势能均为零

31. 在波的传播方向上，有相距为 3m 的两质元，两者的相位差为$\frac{\pi}{6}$，若波的周期为 4s，则此波的波长和波速分别为：

A. 36m 和$6\mathrm{m/s}$　　B. 36m 和$9\mathrm{m/s}$

C. 12m 和$6\mathrm{m/s}$　　D. 12m 和$9\mathrm{m/s}$

32. 在双缝干涉实验中，入射光的波长为λ，用透明玻璃纸遮住双缝中的一条缝（靠近屏一侧），若玻璃纸中光程比相同厚度的空气的光程大 2.5λ，则屏上原来的明纹处：

A. 仍为明条纹　　B. 变为暗条纹

C. 既非明纹也非暗纹　　D. 无法确定是明纹还是暗纹

33. 在真空中，可见光的波长范围为：

A. 400~760nm　　B. 400~760mm

C. 400~760cm　　D. 400~760m

34. 有一玻璃劈尖，置于空气中，劈尖角为θ，用波长为λ的单色光垂直照射时，测得相邻明纹间距为l，若玻璃的折射率为n，则θ、λ、l与n之间的关系为：

A. $\theta = \frac{\lambda n}{2l}$　　B. $\theta = \frac{l}{2n\lambda}$

C. $\theta = \frac{l\lambda}{2n}$　　D. $\theta = \frac{\lambda}{2nl}$

35. 一束自然光垂直穿过两个偏振片，两个偏振片的偏振化方向成 45°角。已知通过此两偏振片后的光强为I，则入射至第二个偏振片的线偏振光强度为：

A. I　　B. $2I$　　C. $3I$　　D. $\frac{I}{2}$

36. 一单缝宽度$a=1\times10^{-4}$m，透镜焦距$f=0.5$m，若用$\lambda=400$nm的单色平行光垂直入射，中央明纹的宽度为：

A. 2×10^{-3}m　　B. 2×10^{-4}m

C. 4×10^{-4}m　　D. 4×10^{-3}m

37. 29 号元素的核外电子分布式为：

A. $1s^22s^22p^63s^23p^63d^94s^2$　　B. $1s^22s^22p^63s^23p^63d^{10}4s^1$

C. $1s^22s^22p^63s^23p^64s^13d^{10}$　　D. $1s^22s^22p^63s^23p^64s^23d^9$

38. 下列各组元素的原子半径从小到大排序错误的是：

A. Li < Na < K　　B. Al < Mg < Na　　C. C < Si < Al　　D. P < As < Se

39. 下列溶液混合，属于缓冲溶液的是：

A. 50mL 0.2mol · L^{-1} CH_3COOH 与 50mL 0.1mol · L^{-1} NaOH

B. 50mL 0.1mol · L^{-1} CH_3COOH 与 50mL 0.1mol · L^{-1} NaOH

C. 50mL 0.1mol · L^{-1} CH_3COOH 与 50mL 0.2mol · L^{-1} NaOH

D. 50mL 0.2mol · L^{-1} HCl 与 50mL 0.1mol · L^{-1} NH_3H_2O

40. 在一容器中，反应$2NO_2(g)\rightleftharpoons 2NO(g)+O_2(g)$，恒温条件下达到平衡后，加一定量 Ar 气保持总压力不变，平衡将会：

A. 向正方向移动　　B. 向逆方向移动

C. 没有变化　　D. 不能判断

41. 某第 4 周期的元素，当该元素原子失去一个电子成为正 1 价离子时，该离子的价层电子排布式为 $3d^{10}$，则该元素的原子序数是：

A. 19　　B. 24　　C. 29　　D. 36

42. 对于一个化学反应，下列各组中关系正确的是：

A. $\Delta_r G_m^\Theta>0$，$K^\Theta<1$　　B. $\Delta_r G_m^\Theta>0$，$K^\Theta>1$

C. $\Delta_r G_m^\Theta<0$，$K^\Theta=1$　　D. $\Delta_r G_m^\Theta<0$，$K^\Theta<1$

43. 价层电子构型为 $4d^{10}5s^1$ 的元素在周期表中属于：

A. 第四周期 VIIB 族　　B. 第五周期 IB 族

C. 第六周期 VIIB 族　　D. 镧系元素

44. 下列物质中，属于酚类的是：

A. C_3H_7OH　　　　B. $C_6H_5CH_2OH$

C. C_6H_5OH　　　　D. $\underset{\text{OH}}{\underset{|}{CH_2}}-\underset{\text{OH}}{\underset{|}{CH}}-\underset{\text{OH}}{\underset{|}{CH_2}}$

45. 有机化合物 $H_3C-\underset{CH_3}{\underset{|}{CH}}-\underset{CH_3}{\underset{|}{CH}}-CH_2-CH_3$ 的名称是：

A. 2-甲基-3-乙基丁烷　　　　B. 3,4-二甲基戊烷

C. 2-乙基-3-甲基丁烷　　　　D. 2,3-二甲基戊烷

46. 下列物质中，两个氢原子的化学性质不同的是：

A. 乙炔　　B. 甲酸　　C. 甲醛　　D. 乙二酸

47. 两直角刚杆AC、CB支承如图所示，在铰C处受力$\boldsymbol{F}$作用，则A、B两处约束力的作用线与x轴正向所成的夹角分别为：

A. 0°；90°

B. 90°；0°

C. 45°；60°

D. 45°；135°

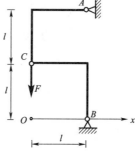

48. 在图示四个力三角形中，表示$\boldsymbol{F}_{\mathrm{R}}=\boldsymbol{F}_1+\boldsymbol{F}_2$的图是：

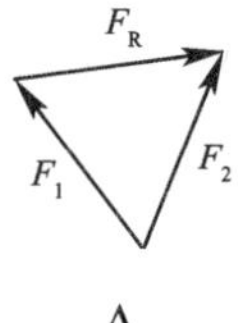

A.

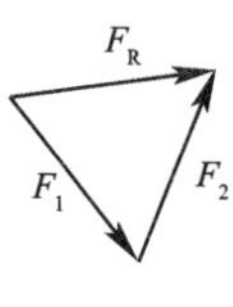

B.

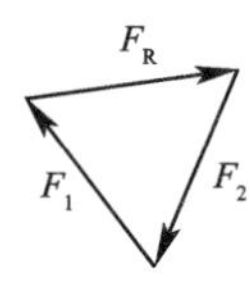

C.

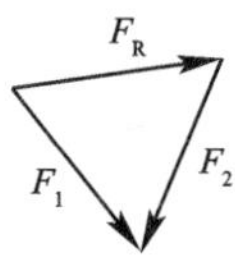

D.

49. 均质杆AB长为l，重为$\boldsymbol{W}$，受到如图所示的约束，绳索ED处于铅垂位置，A、B两处为光滑接触，杆的倾角为α，又$CD=l/4$，则A、B两处对杆作用的约束力大小关系为：

A. $F_{\mathrm{NA}}=F_{\mathrm{NB}}=0$

B. $F_{\mathrm{NA}}=F_{\mathrm{NB}}\neq 0$

C. $F_{\mathrm{NA}}\leqslant F_{\mathrm{NB}}$

D. $F_{\mathrm{NA}}\geqslant F_{\mathrm{NB}}$

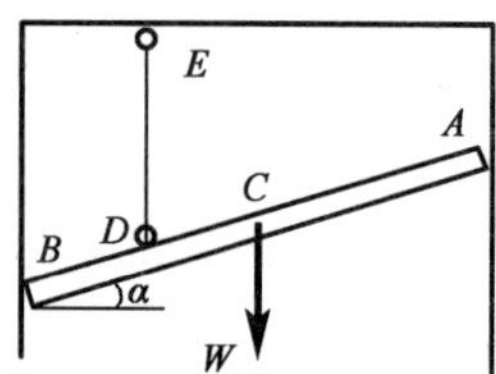

50. 一重力大小为$W=60\text{kN}$的物块，自由放置在倾角为$\alpha=30°$的斜面上，如图所示，若物块与斜面间的静摩擦系数为$f=0.4$，则该物块的状态为：

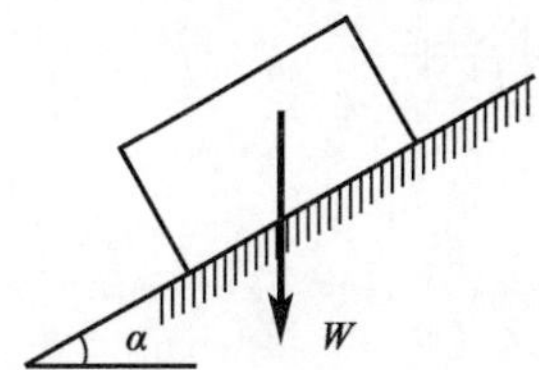

A. 静止状态

B. 临界平衡状态

C. 滑动状态

D. 条件不足，不能确定

51. 当点运动时，若位置矢大小保持不变，方向可变，则其运动轨迹为：

A. 直线　　B. 圆周

C. 任意曲线　　D. 不能确定

52. 刚体做平动时，某瞬时体内各点的速度和加速度为：

A. 体内各点速度不相同，加速度相同

B. 体内各点速度相同，加速度不相同

C. 体内各点速度相同，加速度也相同

D. 体内各点速度不相同，加速度也不相同

53. 在图示机构中，杆$O_1A=O_2B$，$O_1A /\!/ O_2B$，杆$O_2C=$杆O_3D，$O_2C /\!/ O_3D$，且$O_1A=20\text{cm}$，$O_2C=40\text{cm}$，若杆O_1A以角速度$\omega=3\text{rad/s}$匀速转动，则杆CD上任意点M速度及加速度的大小分别为：

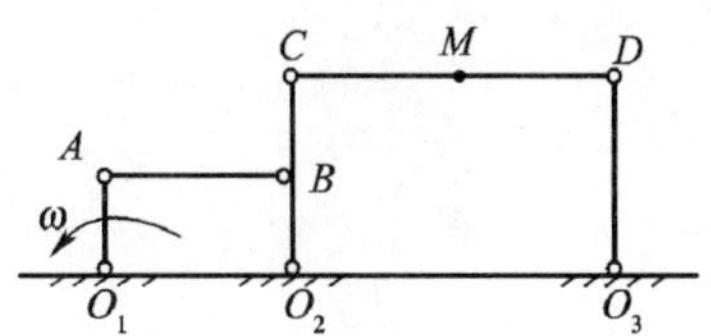

A. 60cm/s；180cm/s^2

B. 120cm/s；360cm/s^2

C. 90cm/s；270cm/s^2

D. 120cm/s；150cm/s^2

54. 图示均质圆轮，质量为m，半径为r，在铅垂图面内绕通过圆轮中心O的水平轴以匀角速度ω转动。则系统动量、对中心O的动量矩、动能的大小分别为：

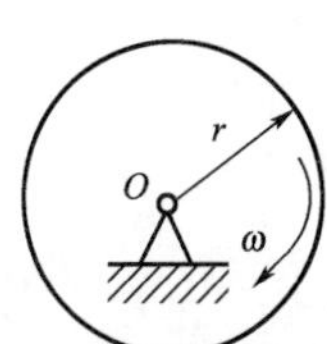

A. 0；$\frac{1}{2}mr^2\omega$；$\frac{1}{4}mr^2\omega^2$

B. $mr\omega$；$\frac{1}{2}mr^2\omega$；$\frac{1}{4}mr^2\omega^2$

C. 0；$\frac{1}{2}mr^2\omega$；$\frac{1}{2}mr^2\omega^2$

D. 0；$\frac{1}{4}mr^2\omega$；$\frac{1}{4}mr^2\omega^2$

55. 如图所示，两重物M_1和M_2的质量分别为m_1和m_2，两重物系在不计质量的软绳上，绳绕过均质定滑轮，滑轮半径r，质量为m，则此滑轮系统的动量为：

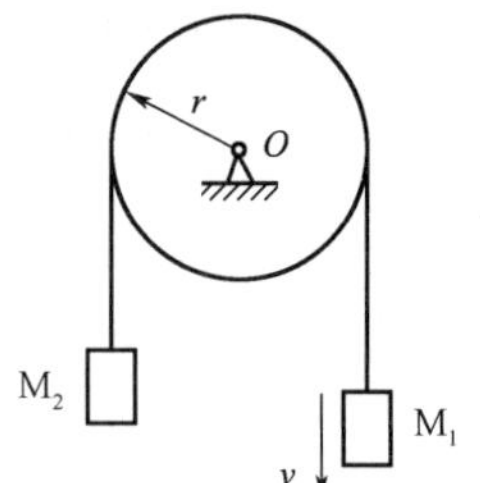

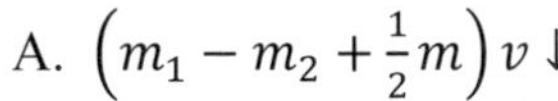

A. $\left(m_1 - m_2 + \frac{1}{2}m\right)v \downarrow$

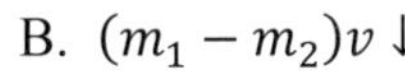

B. $(m_1 - m_2)v \downarrow$

C. $\left(m_1 + m_2 + \frac{1}{2}m\right)v \uparrow$

D. $(m_1 - m_2)v \uparrow$

56. 均质细杆AB重力为$\boldsymbol{P}$、长 $2L$，A端铰支，B端用绳系住，处于水平位置，如图所示，当B端绳突然剪断瞬时，AB杆的角加速度大小为：

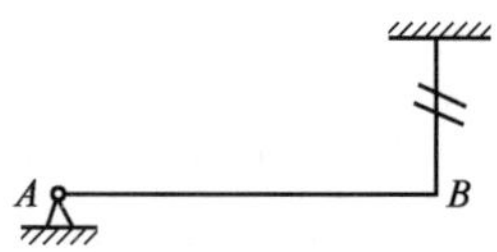

A. 0

B. $\frac{3g}{4L}$

C. $\frac{3g}{2L}$

D. $\frac{6g}{L}$

57. 质量为m，半径为R的均质圆盘，绕垂直于图面的水平轴O转动，其角速度为ω。在图示瞬间，角加速度为 0，盘心C在其最低位置，此时将圆盘的惯性力系向O点简化，其惯性力主矢和惯性力主矩的大小分别为：

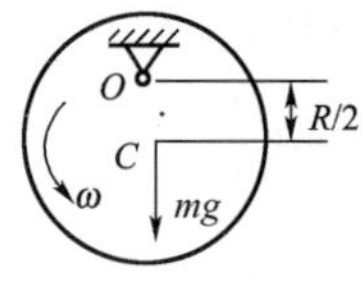

A. $m\frac{R}{2}\omega^2$；0

B. $mR\omega^2$；0

C. 0；0

D. 0；$\frac{1}{2}m\frac{R}{2}\omega^2$

58. 图示装置中，已知质量$m = 200\text{kg}$，弹簧刚度$k = 100\text{N/cm}$，则图中各装置的振动周期为：

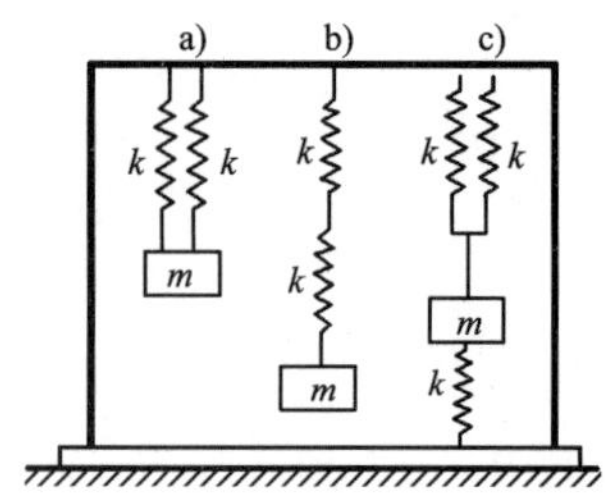

A. 图 a）装置振动周期最大

B. 图 b）装置振动周期最大

C. 图 c）装置振动周期最大

D. 三种装置振动周期相等

59. 圆截面杆ABC轴向受力如图，已知BC杆的直径$d = 100\text{mm}$，AB杆的直径为 $2d$。杆的最大的拉应力为：

A. 40MPa

B. 30MPa

C. 80MPa

D. 120MPa

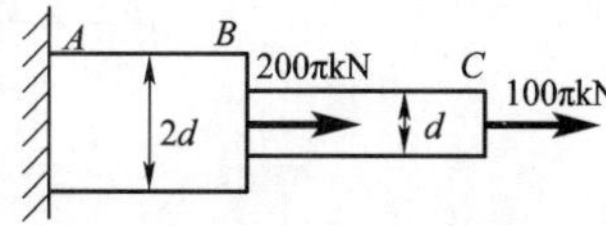

60. 已知铆钉的许可切应力为$[\tau]$，许可挤压应力为$[\sigma_{bs}]$，钢板的厚度为t，则图示铆钉直径d与钢板厚度t的关系是：

A. $d = \frac{8t[\sigma_{bs}]}{\pi[\tau]}$

B. $d = \frac{4t[\sigma_{bs}]}{\pi[\tau]}$

C. $d = \frac{\pi[\tau]}{8t[\sigma_{bs}]}$

D. $d = \frac{\pi[\tau]}{4t[\sigma_{bs}]}$

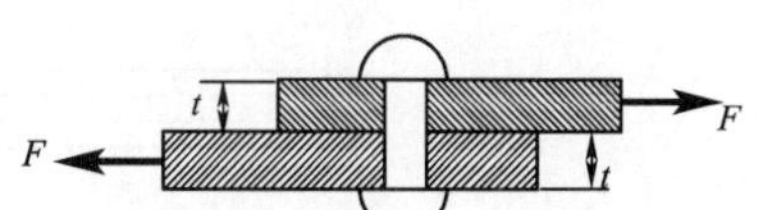

61. 图示受扭空心圆轴横截面上的切应力分布图中，正确的是：

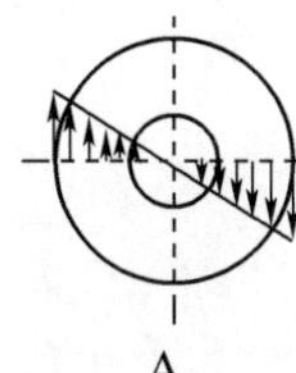
A.

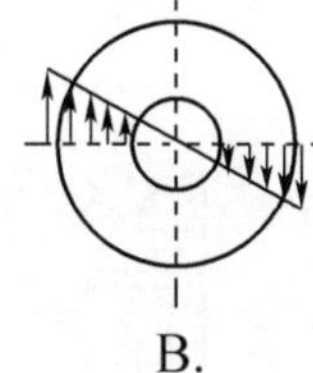
B.

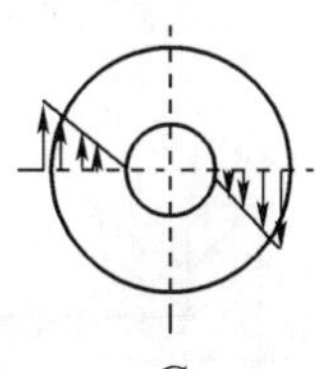
C.

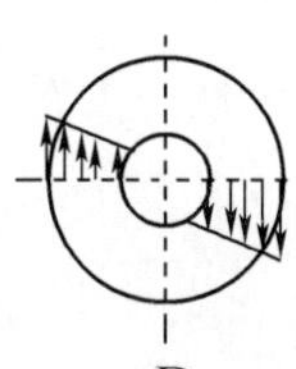
D.

62. 图示截面的抗弯截面模量W_z为：

A. $W_z = \frac{\pi d^3}{32} - \frac{a^3}{6}$

B. $W_z = \frac{\pi d^3}{32} - \frac{a^4}{6d}$

C. $W_z = \frac{\pi d^3}{32} - \frac{a^3}{6d}$

D. $W_z = \frac{\pi d^4}{64} - \frac{a^4}{12}$

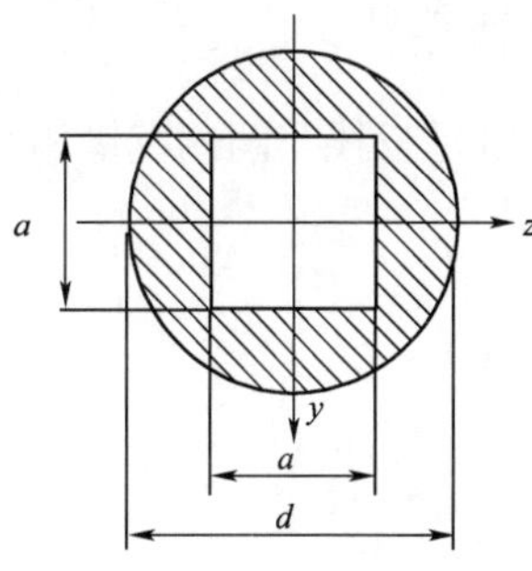

63. 梁的弯矩图如图所示，最大值在B截面。在梁的A、B、C、D四个截面中，剪力为 0 的截面是：

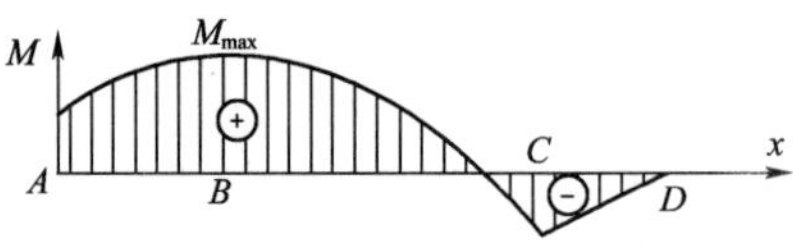

A. A截面
B. B截面
C. C截面
D. D截面

64. 图示悬臂梁AB，由三根相同的矩形截面直杆胶合而成，材料的许可应力为$[\sigma]$。若胶合面开裂，假设开裂后三根杆的挠曲线相同，接触面之间无摩擦力，则开裂后的梁承载能力是原来的：

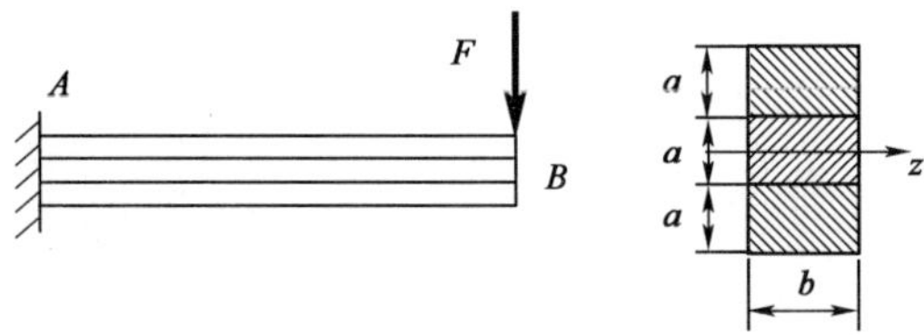

A. 1/9
B. 1/3
C. 两者相同
D. 3 倍

65. 梁的横截面是由狭长矩形构成的工字形截面，如图所示，z轴为中性轴，截面上的剪力竖直向下，该截面上的最大切应力在：

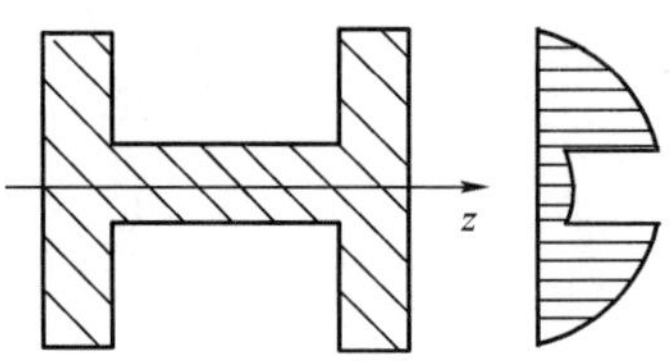

A. 腹板中性轴处
B. 腹板上下缘延长线与两侧翼缘相交处
C. 截面上下缘
D. 腹板上下缘

66. 矩形截面简支梁中点承受集中力F。若$h = 2b$，分别采用图 a）、图 b）两种方式放置，图 a）梁的最大挠度是图 b）梁的：

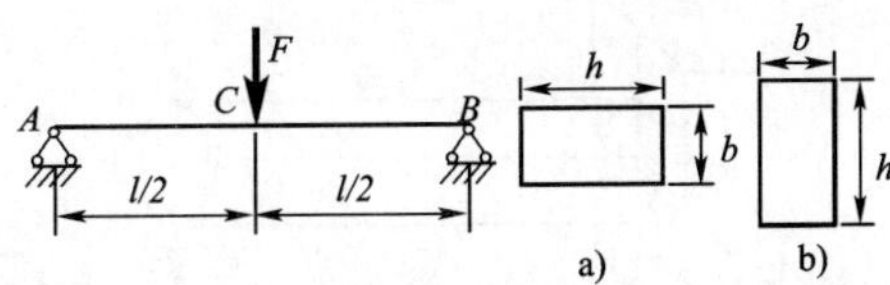

A. 1/2　　　　B. 2 倍

C. 4 倍　　　　D. 8 倍

67. 在图示xy坐标系下，单元体的最大主应力σ_1大致指向：

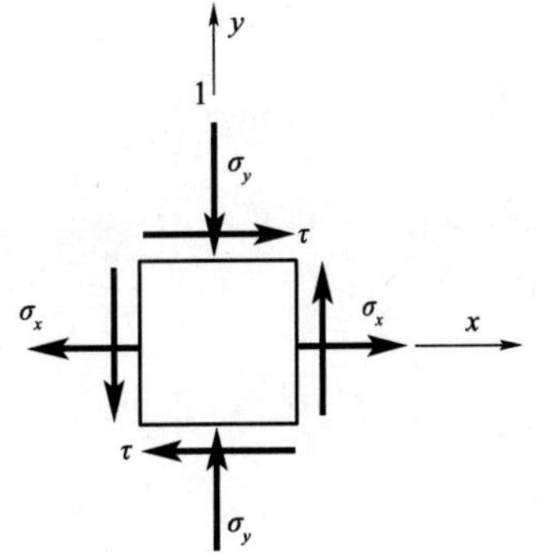

A. 第一象限，靠近x轴

B. 第一象限，靠近y轴

C. 第二象限，靠近x轴

D. 第二象限，靠近y轴

68. 图示变截面短杆，AB段压应力σ_{AB}与BC段压应力σ_{BC}的关系是：

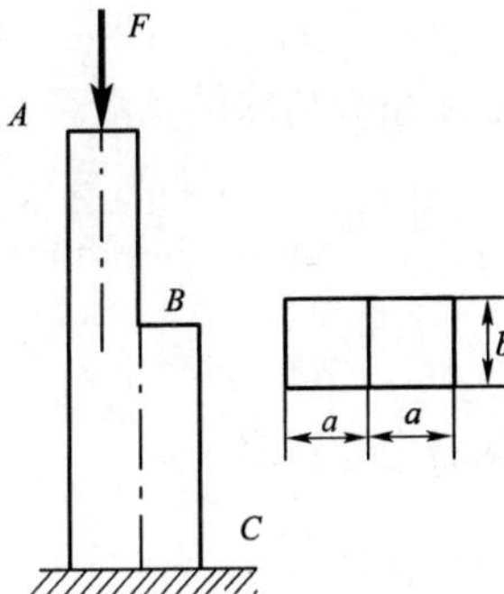

A. σ_{AB}比σ_{BC}大$1/4$

B. σ_{AB}比σ_{BC}小$1/4$

C. σ_{AB}是σ_{BC}的2倍

D. σ_{AB}是σ_{BC}的$1/2$

69. 图示圆轴，固定端外圆上$y=0$点（图中A点）的单元体的应力状态是：

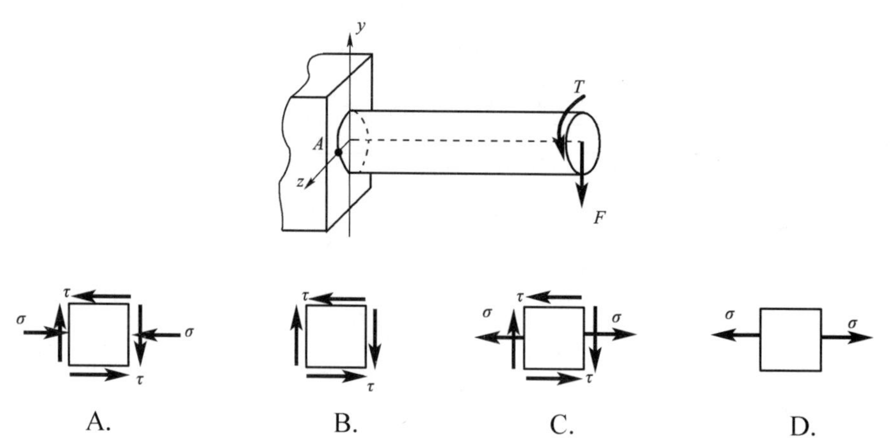

70. 一端固定一端自由的细长（大柔度）压杆，长为L（图 a），当杆的长度减小一半时（图 b），其临界荷载F_{cr}比原来增加：

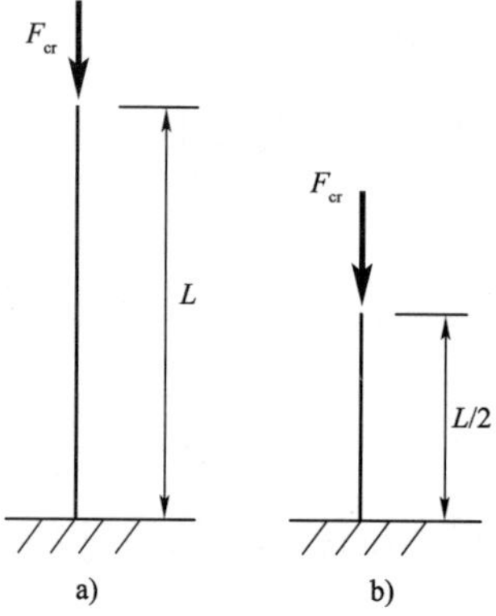

A. 4 倍

B. 3 倍

C. 2 倍

D. 1 倍

71. 空气的黏滞系数与水的黏滞系数μ分别随温度的降低而：

A. 降低，升高　　B. 降低，降低

C. 升高，降低　　D. 升高，升高

72. 重力和黏滞力分别属于：

A. 表面力、质量力　　B. 表面力、表面力

C. 质量力、表面力　　D. 质量力、质量力

73. 对某一非恒定流，以下对于流线和迹线的正确说法是：

A. 流线和迹线重合

B. 流线越密集，流速越小

C. 流线曲线上任意一点的速度矢量都与曲线相切

D. 流线可能存在折弯

74. 对某一流段，设其上、下游两断面 1-1、2-2 的断面面积分别为A_1、A_2，断面流速分别为v_1、v_2，两断面上任一点相对于选定基准面的高程分别为Z_1、Z_2，相应断面同一选定点的压强分别为p_1、p_2，两断面处的流体密度分别为ρ_1、ρ_2，流体为不可压缩流体，两断面间的水头损失为$h_{l1\text{-}2}$。下列方程表述一定错误的是：

A. 连续性方程：$v_1A_1 = v_2A_2$

B. 连续性方程：$\rho_1v_1A_1 = \rho_2v_2A_2$

C. 恒定总流能量方程：$\frac{p_1}{\rho_1g} + Z_1 + \frac{v_1^2}{2g} = \frac{p_2}{\rho_2g} + Z_2 + \frac{v_2^2}{2g}$

D. 恒定总流能量方程：$\frac{p_1}{\rho_1g} + Z_1 + \frac{v_1^2}{2g} = \frac{p_2}{\rho_2g} + Z_2 + \frac{v_2^2}{2g} + h_{l1\text{-}2}$

75. 水流经过变直径圆管，管中流量不变，已知前段直径d_1 =30mm，雷诺数为 5000，后段直径变为d_2 =60mm，则后段圆管中的雷诺数为：

A. 5000　　B. 4000　　C. 2500　　D. 1250

76. 两孔口形状、尺寸相同，一个是自由出流，出流流量为Q_1；另一个是淹没出流，出流流量为Q_2。若自由出流和淹没出流的作用水头相等，则Q_1与Q_2的关系是：

A. $Q_1 > Q_2$　　B. $Q_1 = Q_2$

C. $Q_1 < Q_2$　　D. 不确定

77. 水力最优断面是指当渠道的过流断面面积A、粗糙系数n和渠道底坡i一定时，其：

A. 水力半径最小的断面形状　　B. 过流能力最大的断面形状

C. 湿周最大的断面形状　　D. 造价最低的断面形状

78. 图示溢水堰模型试验，实际流量为$Q_n = 537\text{m}^3/\text{s}$，若在模型上测得流量$Q_\text{n} = 300\text{L/s}$，则该模型长度比尺为：

A. 4.5　　B. 6

C. 10　　D. 20

79. 点电荷$+q$和点电荷$-q$相距 30cm，那么，在由它们构成的静电场中：

A. 电场强度处处相等

B. 在两个点电荷连线的中点位置，电场力为 0

C. 电场方向总是从$+q$指向$-q$

D. 位于两个点电荷连线的中点位置上，带负电的可移动体将向$-q$处移动

80. 设流经图示电感元件的电流$i = 2\sin 1000t$ A，若$L = 1$mH，则电感电压：

A. $u_{\mathrm{L}} = 2\sin 1000t$ V

B. $u_{\mathrm{L}} = -2\cos 1000t$ V

C. u_{L}的有效值$U_{\mathrm{L}} = 2$V

D. u_{L}的有效值$U_{\mathrm{L}} = 1.414$V

81. 图示两电路相互等效，由图 b）可知，流经 10Ω 电阻的电流$I_{\mathrm{R}} = 1$A，由此可求得流经图 a）电路中 10Ω 电阻的电流I等于：

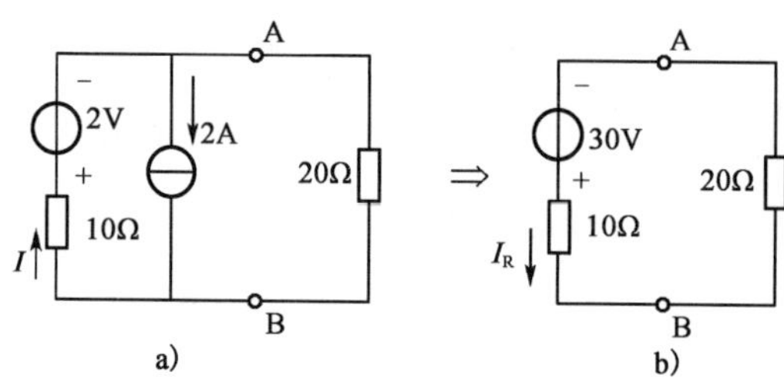

a)　　b)

A. 1A　　B. −1A　　C. −3A　　D. 3A

82. RLC串联电路如图所示，在工频电压$u(t)$的激励下，电路的阻抗等于：

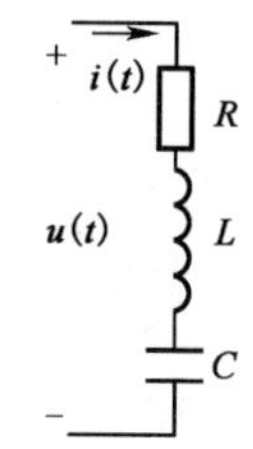

A. $R + 314L + 314C$

B. $R + 314L + 1/314C$

C. $\sqrt{R^2 + (314L - 1/314C)^2}$

D. $\sqrt{R^2 + (314L + 1/314C)^2}$

83. 图示电路中，$u = 10\sin(1000t + 30°)$ V，如果使用相量法求解图示电路中的电流i，那么，如下步骤中存在错误的是：

步骤 1：$\dot{I}_1 = \frac{10}{R + j1000L}$；步骤 2：$\dot{I}_2 = 10 \cdot j1000C$；

步骤 3：$\dot{I} = \dot{I}_1 + \dot{I}_2 = I\angle\Psi_{\mathrm{i}}$；步骤 4：$\dot{I} = I\sqrt{2}\sin\Psi_{\mathrm{i}}$

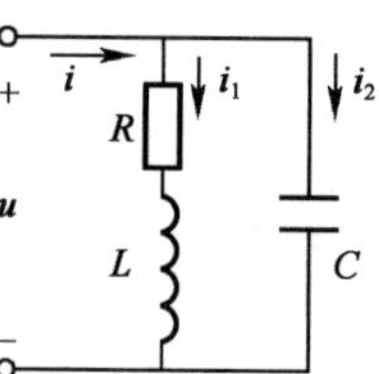

A. 仅步骤 1 和步骤 2 错

B. 仅步骤 2 错

C. 步骤 1、步骤 2 和步骤 4 错

D. 仅步骤 4 错

84. 图示电路中，开关k在$t=0$时刻打开，此后，电流i的初始值和稳态值分别为：

A. $\frac{U_s}{R_2}$和 0

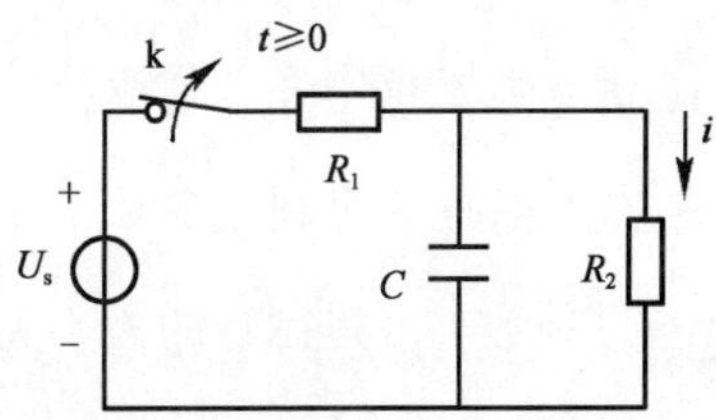

B. $\frac{U_s}{R_1+R_2}$和 0

C. $\frac{U_s}{R_1}$和$\frac{U_s}{R_1+R_2}$

D. $\frac{U_s}{R_1+R_2}$和$\frac{U_s}{R_1+R_2}$

85. 在信号源(u_s, R_s)和电阻R_L之间接入一个理想变压器，如图所示。若$u_s=80\sin\omega t\,V$，$R_L=10\Omega$，且此时信号源输出功率最大，那么，变压器的输出电压u_2等于：

A. $40\sin\omega t\,V$

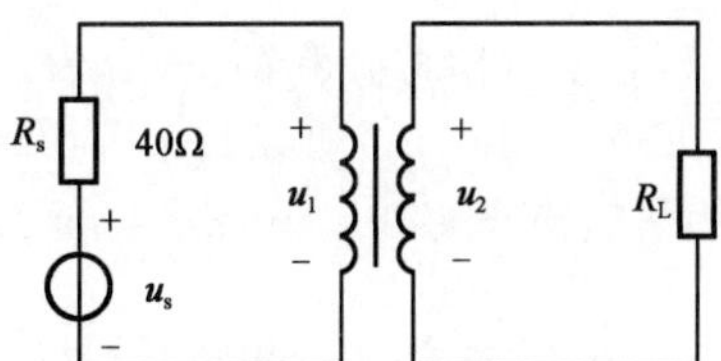

B. $20\sin\omega t\,V$

C. $80\sin\omega t\,V$

D. 20V

86. 接触器的控制线圈如图 a）所示，动合触点如图 b）所示，动断触点如图 c）所示，当有额定电压接入线圈后：

KM　KM1　KM2

a)　b)　c)

A. 触点 KM1 和 KM2 因未接入电路均处于断开状态

B. KM1 闭合，KM2 不变

C. KM1 闭合，KM2 断开

D. KM1 不变，KM2 断开

87. 某空调器的温度设置为 25℃，当室温超过 25℃后，它便开始制冷，此时红色指示灯亮，并在显示屏上显示“正在制冷”字样，那么：

A.“红色指示灯亮”和“正在制冷”均是信息

B.“红色指示灯亮”和“正在制冷”均是信号

C.“红色指示灯亮”是信号，“正在制冷”是信息

D.“红色指示灯亮”是信息，“正在制冷”是信号

88. 如果一个 16 进制数和一个 8 进制数的数字信号相同，那么：

A. 这个 16 进制数和 8 进制数实际反映的数量相等

B. 这个 16 进制数 2 倍于 8 进制数

C. 这个 16 进制数比 8 进制数少 8

D. 这个 16 进制数与 8 进制数的大小关系不定

89. 在以下关于信号的说法中，正确的是：

A. 代码信号是一串电压信号，故代码信号是一种模拟信号

B. 采样信号是时间上离散、数值上连续的信号

C. 采样保持信号是时间上连续、数值上离散的信号

D. 数字信号是直接反映数值大小的信号

90. 设周期信号$u(t)=\sqrt{2}U_1\sin(\omega t+\psi_1)+\sqrt{2}U_3\sin(3\omega t+\psi_3)+\cdots$

$$u_1(t)=\sqrt{2}U_1\sin(\omega t+\psi_1)+\sqrt{2}U_3\sin(3\omega t+\psi_3)$$

$$u_2(t)=\sqrt{2}U_1\sin(\omega t+\psi_1)+\sqrt{2}U_5\sin(5\omega t+\psi_5)$$

则：

A. $u_1(t)$较$u_2(t)$更接近$u(t)$

B. $u_2(t)$较$u_1(t)$更接近$u(t)$

C. $u_1(t)$与$u_2(t)$接近$u(t)$的程度相同

D. 无法做出三个电压之间的比较

91. 某模拟信号放大器输入与输出之间的关系如图所示，那么，能够经该放大器得到 5 倍放大的输入信号$u_i(t)$最大值一定：

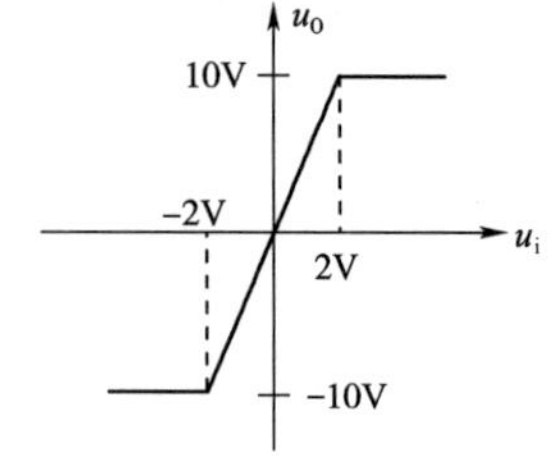

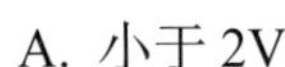

A. 小于 2V

B. 小于 10V 或大于−10V

C. 等于 2V 或等于−2V

D. 小于等于 2V 且大于等于−2V

92. 逻辑函数$F=\overline{\overline{AB}+\overline{BC}}$的化简结果是：

A. $F=AB+BC$ B. $F=\overline{A}+\overline{B}+\overline{C}$

C. $F=A+B+C$ D. $F=ABC$

93. 图示电路中，$u_{\mathrm{i}} = 10\sin\omega t$，二极管 D_2 因损坏而断开，这时输出电压的波形和输出电压的平均值为：

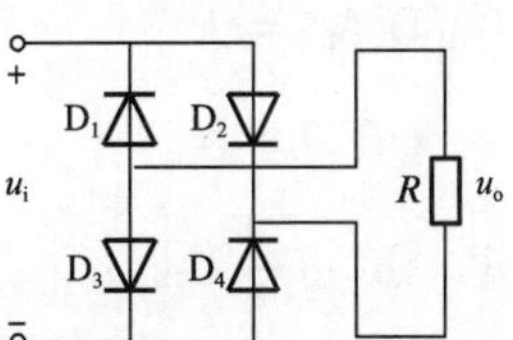

A. 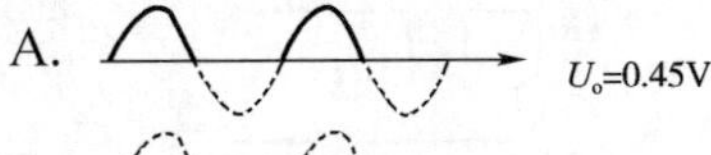 U_o=0.45V

B. 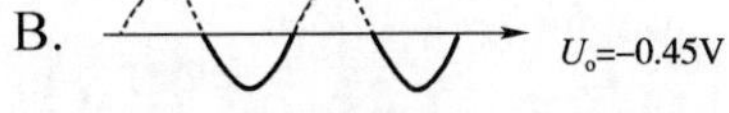 U_o=−0.45V

C. U_o=−3.18V

D. U_o=3.18V

94. 图 a）所示运算放大器的输出与输入之间的关系如图 b）所示，若 $u_{\mathrm{i}} = 2\sin\omega t\,\mathrm{mV}$，则 u_{o} 为：

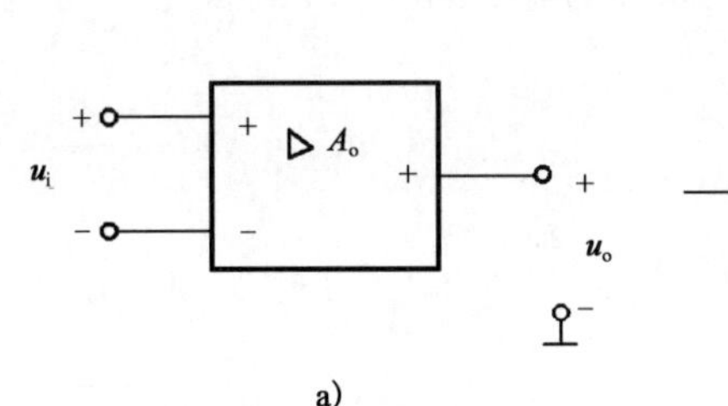

a)

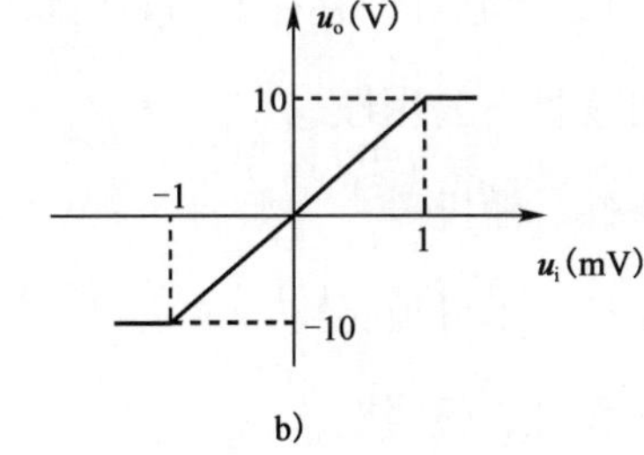

b)

A. 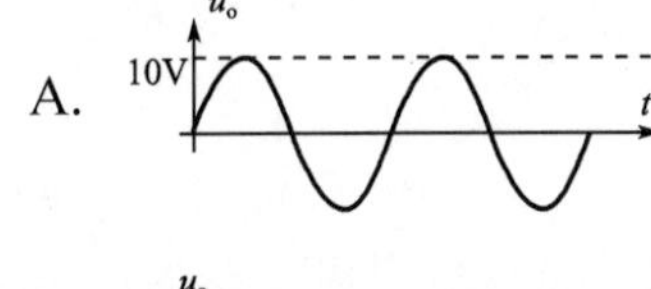

B. 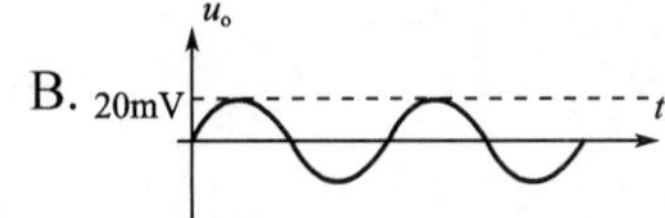

C. 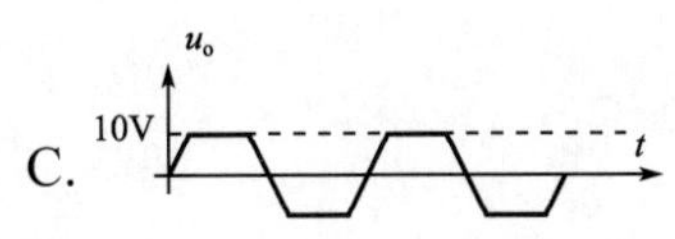

D. u_o 10V t

95. 基本门如图 a）所示，其中，数字信号 A 由图 b）给出，那么，输出 F 为：

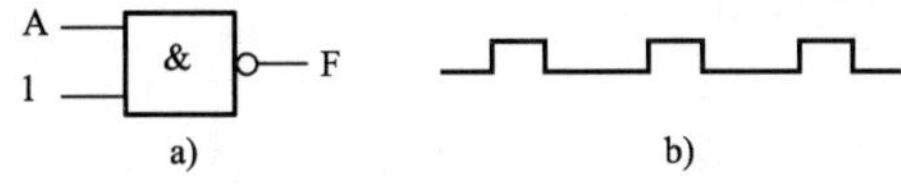

a)　　b)

A. 1

B. 0

C.

D.

96. JK 触发器及其输入信号波形如图所示，那么，在$t=t_0$和$t=t_1$时刻，输出 Q 分别为：

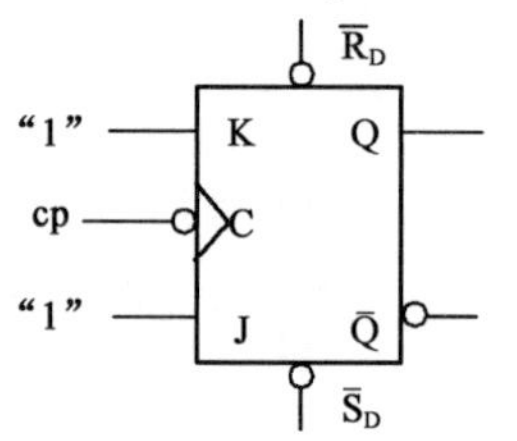

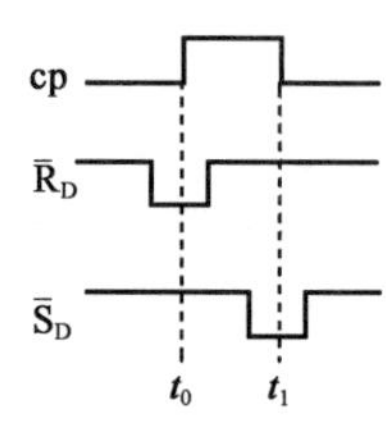

A. $Q(t_0)=1$，$Q(t_1)=0$

B. $Q(t_0)=0$，$Q(t_1)=1$

C. $Q(t_0)=0$，$Q(t_1)=0$

D. $Q(t_0)=1$，$Q(t_1)=1$

97. 计算机存储器中的每一个存储单元都配置一个唯一的编号，这个编号就是：

A. 一种寄存标志　　B. 寄存器地址

C. 存储器的地址　　D. 输入/输出地址

98. 操作系统作为一种系统软件，存在着与其他软件明显不同的三个特征是：

A. 可操作性、可视性、公用性

B. 并发性、共享性、随机性

C. 随机性、公用性、不可预测性

D. 并发性、可操作性、脆弱性

99. 将二进制数 11001 转换成相应的十进制数，其正确结果是：

A. 25　　B. 32

C. 24　　D. 22

100. 图像中的像素实际上就是图像中的一个个光点，这光点：

A. 只能是彩色的，不能是黑白的

B. 只能是黑白的，不能是彩色的

C. 既不能是彩色的，也不能是黑白的

D. 可以是黑白的，也可以是彩色的

101. 计算机病毒以多种手段入侵和攻击计算机信息系统，下面有一种不被使用的手段是：

A. 分布式攻击、恶意代码攻击

B. 恶意代码攻击、消息收集攻击

C. 删除操作系统文件、关闭计算机系统

D. 代码漏洞攻击、欺骗和会话劫持攻击

102. 计算机系统中，存储器系统包括：

A. 寄存器组、外存储器和主存储器

B. 寄存器组、高速缓冲存储器（Cache）和外存储器

C. 主存储器、高速缓冲存储器（Cache）和外存储器

D. 主存储器、寄存器组和光盘存储器

103. 在计算机系统中，设备管理是指对：

A. 除 CPU 和内存储器以外的所有输入/输出设备的管理

B. 包括 CPU 和内存储器及所有输入/输出设备的管理

C. 除 CPU 外，包括内存储器及所有输入/输出设备的管理

D. 除内存储器外，包括 CPU 及所有输入/输出设备的管理

104. Windows 提供了两种十分有效的文件管理工具，它们是：

A. 集合和记录　　　　B. 批处理文件和目标文件

C. 我的电脑和资源管理器　　　　D. 我的文档、文件夹

105. 一个典型的计算机网络主要由两大部分组成，即：

A. 网络硬件系统和网络软件系统

B. 资源子网和网络硬件系统

C. 网络协议和网络软件系统

D. 网络硬件系统和通信子网

106. 局域网是指将各种计算机网络设备互联在一起的通信网络，但其覆盖的地理范围有限，通常在：

A. 几十米之内　　　　B. 几百公里之内

C. 几公里之内　　　　D. 几十公里之内

107. 某企业年初投资 5000 万元，拟 10 年内等额回收本利，若基准收益率为 8%，则每年年末应回收的资金是：

A. 540.00 万元　　　　B. 1079.46 万元

C. 745.15 万元　　　　D. 345.15 万元

108. 建设项目评价中的总投资包括：

A. 建设投资和流动资金

B. 建设投资和建设期利息

C. 建设投资、建设期利息和流动资金

D. 固定资产投资和流动资产投资

109. 新设法人融资方式，建设项目所需资金来源于：

A. 资本金和权益资金　　B. 资本金和注册资本

C. 资本金和债务资金　　D. 建设资金和债务资金

110. 财务生存能力分析中，财务生存的必要条件是：

A. 拥有足够的经营净现金流量

B. 各年累计盈余资金不出现负值

C. 适度的资产负债率

D. 项目资本金净利润率高于同行业的净利润率参考值

111. 交通运输部门拟修建一条公路，预计建设期为一年，建设期初投资为 100 万元，建成后即投入使用，预计使用寿命为 10 年，每年将产生的效益为 20 万元，每年需投入保养费 8000 元。若社会折现率为 10%，则该项目的效益费用比为：

A. 1.07　　B. 1.17

C. 1.85　　D. 1.92

112. 建设项目经济评价有一整套指标体系，敏感性分析可选定其中一个或几个主要指标进行分析，最基本的分析指标是：

A. 财务净现值　　B. 内部收益率

C. 投资回收期　　D. 偿债备付率

113. 在项目无资金约束、寿命不同、产出不同的条件下，方案经济比选只能采用：

A. 净现值比较法

B. 差额投资内部收益率法

C. 净年值法

D. 费用年值法

114. 在对象选择中，通过对每个部件与其他各部件的功能重要程度进行逐一对比打分，相对重要的得 1 分，不重要的得 0 分，此方法称为：

A. 经验分析法　　B. 百分比法

C. ABC 分析法　　D. 强制确定法

115. 按照《中华人民共和国建筑法》的规定，下列叙述中正确的是：

A. 设计文件选用的建筑材料、建筑构配件和设备，不得注明其规格、型号

B. 设计文件选用的建筑材料、建筑构配件和设备，不得指定生产厂、供应商

C. 设计单位应按照建设单位提出的质量要求进行设计

D. 设计单位对施工过程中发现的质量问题应当按照监理单位的要求进行改正

116. 根据《中华人民共和国招标投标法》的规定，招标人对已发出的招标文件进行必要的澄清或修改的，应该以书面形式通知所有招标文件收受人，通知的时间应当在招标文件要求提交投标文件截止时间至少：

A. 20 日前　　B. 15 日前

C. 7 日前　　D. 5 日前

117. 按照《中华人民共和国合同法》的规定，下列情形中，要约不失效的是：

A. 拒绝要约的通知到达要约人

B. 要约人依法撤销要约

C. 承诺期限届满，受要约人未作出承诺

D. 受要约人对要约的内容作出非实质性变更

118. 根据《中华人民共和国节约能源法》的规定，国家实施的能源发展战略是：

A. 限制发展高耗能、高污染行业，发展节能环保型产业

B. 节约与开发并举，把节约放在首位

C. 合理调整产业结构、企业结构、产品结构和能源消费结构

D. 开发和利用新能源、可再生能源

119. 根据《中华人民共和国环境保护法》的规定，下列关于企业事业单位排放污染物的规定中，正确的是：

（注：《中华人民共和国环境保护法》2014 年进行了修订，此题已过时）

A. 排放污染物的企业事业单位，必须申报登记

B. 排放污染物超过标准的企业事业单位，或者缴纳超标准排污费，或者负责治理

C. 征收的超标准排污费必须用于该单位污染的治理，不得挪作他用

D. 对造成环境严重污染的企业事业单位，限期关闭

120. 根据《建设工程勘察设计管理条例》的规定，建设工程勘察、设计方案的评标一般不考虑：

A. 投标人资质

B. 勘察、设计方案的优劣

C. 设计人员的能力

D. 投标人的业绩

2011 年度全国勘察设计注册工程师执业资格考试基础考试（上）

试题解析及参考答案

1. 解　直线方向向量$\vec{s}=\{1,1,1\}$，平面法线向量$\vec{n}=\{1,-2,1\}$，计算$\vec{s}\cdot\vec{n}=0$，即$1\times1+1\times(-2)+1\times1=0$，$\vec{s}\perp\vec{n}$，从而知直线$/\!/$平面，或直线与平面重合；再在直线上取一点(0,1,0)，代入平面方程得$0-2\times1+0=-2\neq0$，不满足方程，所以该点不在平面上。

答案：B

2. 解　方程$F(x,y,z)=0$中缺少一个字母，空间解析几何中这样的曲面方程表示为柱面。本题方程中缺少字母x，方程$y^2-z^2=1$表示以平面yoz曲线$y^2-z^2=1$为准线，母线平行于x轴的双曲柱面。

答案：A

3. 解　可通过求$\lim\limits_{x\to0}\frac{3^x-1}{x}$的极限判断。$\lim\limits_{x\to0}\frac{3^x-1}{x}\overset{\frac{0}{0}}{=}\lim\limits_{x\to0}\frac{3^x\ln3}{1}=\ln3\neq0$。

答案：D

4. 解　使分母为 0 的点为间断点，令$\sin\pi x=0$，得$x=0,\pm1,\pm2,\cdots$为间断点，再利用可去间断点定义，找出可去间断点。

当$x=0$时，$\lim\limits_{x\to0}\frac{x-x^2}{\sin\pi x}\overset{\frac{0}{0}}{=}\lim\limits_{x\to0}\frac{1-2x}{\pi\cos\pi x}=\frac{1}{\pi}$，极限存在，可知$x=0$为函数的一个可去间断点。

同样，可计算当$x=1$时，$\lim\limits_{x\to1}\frac{x-x^2}{\sin\pi x}=\lim\limits_{x\to1}\frac{1-2x}{\pi\cos\pi x}=\frac{1}{\pi}$，极限存在，因而$x=1$也是一个可去间断点。其他间断点求极限都不存在，均不满足可去间断点定义。

答案：B

5. 解　举例说明。

如$f(x)=x$在$x=0$可导，$g(x)=|x|=\begin{cases}x\ , & x\geqslant0\\-x, & x<0\end{cases}$在$x=0$处不可导，$f(x)g(x)=x|x|=\begin{cases}x^2\ , & x\geqslant0\\-x^2, & x<0\end{cases}$，通过计算$f'_+(0)=f'_-(0)=0$，知$f(x)g(x)$在$x=0$处可导。

如$f(x)=2$在$x=0$处可导，$g(x)=|x|$在$x=0$处不可导，$f(x)g(x)=2|x|=\begin{cases}2x\ , & x\geqslant0\\-2x, & x<0\end{cases}$，通过计算函数$f(x)g(x)$在$x=0$处的右导为 2，左导为−2，可知$f(x)g(x)$在$x=0$处不可导。

答案：A

6. 解　利用函数的单调性证明。设$f(x)=x-\sin x$，$x\subset(0,+\infty)$，得$f'(x)=1-\cos x\geqslant0$，所以$f(x)$单增，当$x=0$时，$f(0)=0$，从而当$x>0$时，$f(x)>0$，即$x-\sin x>0$。

答案：D

7. 解 在题目中只给出$f(x,y)$在闭区域D上连续这一条件，并未讲函数$f(x,y)$在P_0点是否具有一阶、二阶连续偏导，而选项A、B判定中均利用了这个未给的条件，因而选项A、B不成立。选项D中，$f(x,y)$的最大值点可以在D的边界曲线上取得，因而不一定是$f(x,y)$的极大值点，故选项D不成立。

在选项C中，给出P_0是可微函数的极值点这个条件，因而$f(x,y)$在P_0偏导存在，且$\left.\frac{\partial f}{\partial x}\right|_{P_0}=0$，$\left.\frac{\partial f}{\partial y}\right|_{P_0}=0$。

故$\mathrm{d}f=\left.\frac{\partial f}{\partial x}\right|_{P_0}\mathrm{d}x+\left.\frac{\partial f}{\partial y}\right|_{P_0}\mathrm{d}y=0$

答案： C

8. 解

方法1： 凑微分再利用积分公式计算。

原式$=2\int\frac{1}{1+x}\mathrm{d}\sqrt{x}=2\int\frac{1}{1+(\sqrt{x})^2}\mathrm{d}\sqrt{x}=2\arctan\sqrt{x}+C$。

换元，设$\sqrt{x}=t$，$x=t^2$，$\mathrm{d}x=2t\mathrm{d}t$。

方法2： 原式$=\int\frac{2t}{t(1+t^2)}\mathrm{d}t=2\int\frac{1}{1+t^2}\mathrm{d}t=2\arctan t+C$，回代$t=\sqrt{x}$。

答案： B

9. 解 $f(x)$是连续函数，$\int_0^2 f(t)\mathrm{d}t$的结果为一常数，设为A，那么已知表达式化为$f(x)=x^2+2A$，两边作定积分，$\int_0^2 f(x)\mathrm{d}x=\int_0^2(x^2+2A)\mathrm{d}x$，化为$A=\int_0^2 x^2\mathrm{d}x+2A\int_0^2\mathrm{d}x$，通过计算得到$A=-\frac{8}{9}$。

计算如下：$A=\left.\frac{1}{3}x^3\right|_0^2+2Ax|_0^2=\frac{8}{3}+4A$，得$A=-\frac{8}{9}$，所以$f(x)=x^2+2\times\left(-\frac{8}{9}\right)=x^2-\frac{16}{9}$。

答案： D

10. 解 利用偶函数在对称区间的积分公式得原式$=2\int_0^2\sqrt{4-x^2}\mathrm{d}x$，而积分$\int_0^2\sqrt{4-x^2}\mathrm{d}x$为圆$x^2+y^2=4$面积的$\frac{1}{4}$，即为$\frac{1}{4}\cdot\pi\cdot 2^2=\pi$，从而原式$=2\pi$。

另一方法：可设$x=2\sin t$，$\mathrm{d}x=2\cos t\,\mathrm{d}t$，则$\int_0^2\sqrt{4-x^2}\mathrm{d}x=\int_0^{\frac{\pi}{2}}4\cos^2 t\,\mathrm{d}t=4\cdot\frac{1}{2}\cdot\frac{\pi}{2}=\pi$，从而原式$=2\int_0^2\sqrt{4-x^2}\mathrm{d}x=2\pi$。

答案： B

11. 解 利用已知两点求出直线方程L：$y=-2x+2$（见图解）

L的参数方程$\begin{cases}y=-2x+2\\x=x\end{cases}$ $(0\leqslant x\leqslant 1)$

$\mathrm{d}S=\sqrt{1^2+(-2)^2}\mathrm{d}x=\sqrt{5}\mathrm{d}x$

$$S=\int_0^1[x^2+(-2x+2)^2]\sqrt{5}\mathrm{d}x$$

$$=\sqrt{5}\int_0^1(5x^2-8x+4)\mathrm{d}x$$

$$=\sqrt{5}\left(\frac{5}{3}x^3-4x^2+4x\right)\Big|_0^1=\frac{5}{3}\sqrt{5}$$

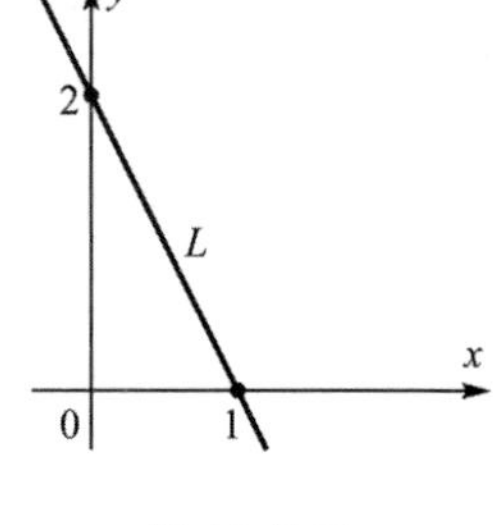

题11解图

答案： D

12. 解　$y=e^{-x}$，即$y=\left(\frac{1}{e}\right)^x$，画出平面图形（见解图）。根据$V=\int_0^{+\infty}\pi(e^{-x})^2\mathrm{d}x$，可计算结果。

$V=\int_0^{+\infty}\pi e^{-2x}\mathrm{d}x=-\frac{\pi}{2}\int_0^{+\infty}e^{-2x}\mathrm{d}(-2x)=-\frac{\pi}{2}e^{-2x}\Big|_0^{+\infty}=\frac{\pi}{2}$

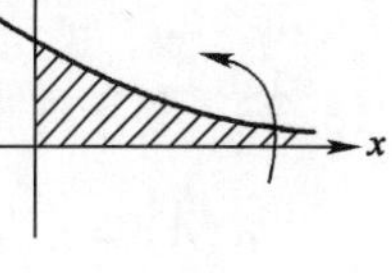

题 12 解图

答案：A

13. 解　利用级数性质易判定选项 A、B、C 均收敛。对于选项 D，因$\sum\limits_{n=1}^{\infty}u_n$收敛，则有$\lim\limits_{x\to\infty}u_n=0$，而级数$\sum\limits_{n=1}^{\infty}\frac{50}{u_n}$的一般项为$\frac{50}{u_n}$，计算$\lim\limits_{x\to\infty}\frac{50}{u_n}=\infty\neq 0$，故级数 D 发散。

答案：D

14. 解　由已知条件可知$\lim\limits_{n\to\infty}\left|\frac{a_{n+1}}{a_n}\right|=\frac{1}{2}$，设$x-2=t$，幂级数$\sum\limits_{n=1}^{\infty}na_n(x-2)^{n+1}$化为$\sum\limits_{n=1}^{\infty}na_nt^{n+1}$，求系数比的极限确定收敛半径，$\lim\limits_{n\to\infty}\left|\frac{(n+1)a_{n+1}}{na_n}\right|=\lim\limits_{n\to\infty}\left|\frac{n+1}{n}\cdot\frac{a_{n+1}}{a_n}\right|=\frac{1}{2}$，$R=2$，即$|t|<2$收敛，$-2<x-2<2$，即$0<x<4$收敛。

答案：C

15. 解　分离变量，化为可分离变量方程$\frac{x}{\sqrt{2-x^2}}\mathrm{d}x=\frac{1}{y}\mathrm{d}y$，两边进行不定积分，得到最后结果。

注意左边式子的积分$\int\frac{x}{\sqrt{2-x^2}}\mathrm{d}x=-\frac{1}{2}\int\frac{\mathrm{d}(2-x^2)}{\sqrt{2-x^2}}=-\sqrt{2-x^2}$，右边式子积分$\int\frac{1}{y}\mathrm{d}y=\ln y+C_1$，所以$-\sqrt{2-x^2}=\ln y+C_1$，$\ln y=-\sqrt{2-x^2}-C_1$，$y=e^{-C_1-\sqrt{2-x^2}}=Ce^{-\sqrt{2-x^2}}$，其中$C=e^{-C_1}$。

答案：C

16. 解　微分方程为一阶齐次方程，设$u=\frac{y}{x}$，$y=xu$，$\frac{\mathrm{d}y}{\mathrm{d}x}=u+x\frac{\mathrm{d}u}{\mathrm{d}x}$，代入化简得$\cot u\,\mathrm{d}u=\frac{1}{x}\mathrm{d}x$

两边积分$\int\cot u\,\mathrm{d}u=\int\frac{1}{x}\mathrm{d}x$，$\ln\sin u=\ln x+C_1$，$\sin u=e^{C_1+\ln x}=e^{C_1}\cdot e^{\ln x}$，$\sin u=Cx$（其中$C=e^{C_1}$）

代入$u=\frac{y}{x}$，得$\sin\frac{y}{x}=Cx$。

答案：A

17. 解　**方法 1**：用公式$\boldsymbol{A}^{-1}=\frac{1}{|\boldsymbol{A}|}\boldsymbol{A}^*$计算，但较麻烦。

方法 2：简便方法，试探一下给出的哪一个矩阵满足$\boldsymbol{AB}=\boldsymbol{E}$

如：$\begin{bmatrix}1&0&1\\0&1&2\\-2&0&-3\end{bmatrix}\begin{bmatrix}3&0&1\\4&1&2\\-2&0&-1\end{bmatrix}=\begin{bmatrix}1&0&0\\0&1&0\\0&0&1\end{bmatrix}$

方法 3：用矩阵初等变换，求逆阵。

$$(\boldsymbol{A}|\boldsymbol{E})=\begin{bmatrix}1&0&1&1&0&0\\0&1&2&0&1&0\\-2&0&-3&0&0&1\end{bmatrix}\xrightarrow{2r_1+r_3}\begin{bmatrix}1&0&1&1&0&0\\0&1&2&0&1&0\\0&0&-1&2&0&1\end{bmatrix}\xrightarrow[\substack{2r_3+r_2\\(-1)r_3}]{r_3+r_1}$$

$$\begin{bmatrix}1&0&0&3&0&1\\0&1&0&4&1&2\\0&0&1&-2&0&-1\end{bmatrix}$$

选项 B 正确。

答案： B

18. 解 利用结论：设$\boldsymbol{A}$为n阶方阵，$\boldsymbol{A}^*$为$\boldsymbol{A}$的伴随矩阵，则：

（1）$R(\boldsymbol{A})=n$的充要条件是$R(\boldsymbol{A}^*)=n$

（2）$R(\boldsymbol{A})=n-1$的充要条件是$R(\boldsymbol{A}^*)=1$

（3）$R(\boldsymbol{A})\leqslant n-2$的充要条件是$R(\boldsymbol{A}^*)=0$，即$\boldsymbol{A}^*=0$

$n=3$，$R(\boldsymbol{A}^*)=1$，$R(\boldsymbol{A})=2$

$$\boldsymbol{A}=\begin{bmatrix}1&1&a\\1&a&1\\a&1&1\end{bmatrix}\xrightarrow[-ar_1+r_3]{-r_1+r_2}\begin{bmatrix}1&1&a\\0&a-1&1-a\\0&1-a&1-a^2\end{bmatrix}\xrightarrow{r_2+r_3}\begin{bmatrix}1&1&a\\0&a-1&1-a\\0&0&2-a-a^2\end{bmatrix}$$

代入$a=-2$，得

$$\boldsymbol{A}=\begin{bmatrix}1&1&-2\\0&-3&3\\0&0&0\end{bmatrix},\ R(\boldsymbol{A})=2$$

选项 A 对。

答案： A

19. 解 当$\boldsymbol{P}^{-1}\boldsymbol{AP}=\boldsymbol{\Lambda}$时，$\boldsymbol{P}=(\alpha_1,\alpha_2,\alpha_3)$中$\alpha_1$、$\alpha_2$、$\alpha_3$的排列满足对应关系，$\alpha_1$对应$\lambda_1$，$\alpha_2$对应$\lambda_2$，$\alpha_3$对应$\lambda_3$，可知$\alpha_1$对应特征值$\lambda_1=1$，$\alpha_2$对应特征值$\lambda_2=2$，$\alpha_3$对应特征值$\lambda_3=0$，由此可知当$\boldsymbol{Q}=(\alpha_2,\alpha_1,\alpha_3)$时，对应$\boldsymbol{\Lambda}=\begin{bmatrix}2&0&0\\0&1&0\\0&0&0\end{bmatrix}$。

答案： B

20. 解 **方法** 1：对方程组的系数矩阵进行初等行变换：

$$\begin{bmatrix}1&-1&0&1\\1&0&-1&1\end{bmatrix}\to\begin{bmatrix}1&-1&0&1\\0&1&-1&0\end{bmatrix}$$

即$\begin{cases}x_1-x_2+x_4=0\\x_2-x_3=0\end{cases}$，得到方程组的同解方程组$\begin{cases}x_1=x_2-x_4\\x_3=x_2+0x_4\end{cases}$

当$x_2=1$，$x_4=0$时，得$x_1=1$，$x_3=1$；当$x_2=0$，$x_4=1$时，得$x_1=-1$，$x_3=0$，写出基础解系ξ_1，ξ_2，即$\xi_1=\begin{bmatrix}1\\1\\1\\0\end{bmatrix}$，$\xi_2=\begin{bmatrix}-1\\0\\0\\1\end{bmatrix}$。

方法 2：把选项中列向量代入核对，即：

$\begin{bmatrix}1&-1&0&1\\1&0&-1&1\end{bmatrix}\begin{bmatrix}1\\1\\1\\0\end{bmatrix}=\begin{bmatrix}0\\0\end{bmatrix}$，选项 A 错。

$\begin{bmatrix}1&-1&0&1\\1&0&-1&1\end{bmatrix}\begin{bmatrix}-1\\-1\\1\\0\end{bmatrix}=\begin{bmatrix}0\\-2\end{bmatrix}$，选项 B 错。

$$\begin{bmatrix}1 & -1 & 0 & 1\\1 & 0 & -1 & 1\end{bmatrix}\begin{bmatrix}-1\\0\\0\\1\end{bmatrix}=\begin{bmatrix}0\\0\end{bmatrix}$$，选项 C 正确。

答案：C

21. 解 $P(A\cup B)=P(A)+P(B)-P(AB)$，$P(A\cup B)+P(AB)=P(A)+P(B)=1.1$，$P(A\cup B)$取最小值时，$P(AB)$取最大值，因$P(A)<P(B)$，所以$P(AB)$的最大值等于$P(A)=0.3$。或用图示法（面积表示概率），见解图。

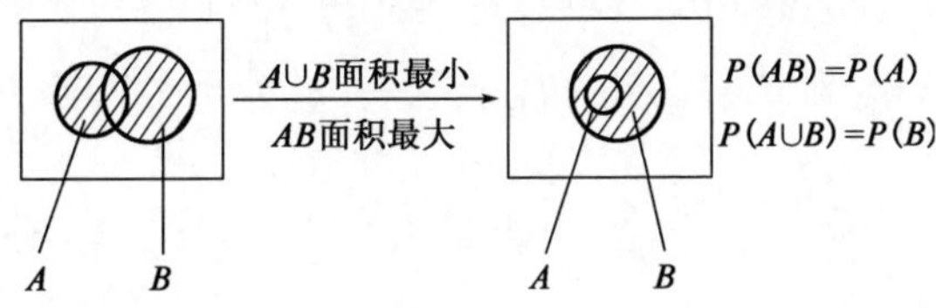

题 21 解图

答案：C

22. 解 设甲、乙、丙单人译出密码分别记为A、B、C，则这份密码被破译出可记为$A\cup B\cup C$，因为A、B、C相互独立，所以

$$\begin{aligned}P(A\cup B\cup C)&=P(A)+P(B)+P(C)-P(AB)-P(AC)-P(BC)+P(ABC)\\&=P(A)+P(B)+P(C)-P(A)P(B)-P(A)P(C)-P(B)P(C)+\\&\quad P(A)P(B)P(C)=\frac{3}{5}\end{aligned}$$

或由$\overline{A}$、$\overline{B}$、$\overline{C}$也相互独立，

$$\begin{aligned}P(A\cup B\cup C)&=1-P(\overline{A\cup B\cup C})=1-P(\overline{A}\,\overline{B}\,\overline{C})=1-P(\overline{A})P(\overline{B})P(\overline{C})\\&=1-[1-P(A)][1-P(B)][1-P(C)]=\frac{3}{5}\end{aligned}$$

答案：D

23. 解 由题意可知$Y\sim B(3,p)$，其中$p=P\left\{X\leqslant\frac{1}{2}\right\}=\int_0^{\frac{1}{2}}2x\mathrm{d}x=\frac{1}{4}$

$$P(Y=2)=C_3^2\left(\frac{1}{4}\right)^2\frac{3}{4}=\frac{9}{64}$$

答案：B

24. 解 由χ^2分布定义，$X^2\sim\chi^2(1)$，$Y^2\sim\chi^2(1)$，因不能确定X与Y是否相互独立，所以选项 A、B、D 都不对。当$X\sim N(0,1)$，$Y=-X$时，$Y\sim N(0,1)$，但$X+Y=0$不是随机变量。

答案：C

25. 解 ①分子的平均平动动能$\overline{w}=\frac{3}{2}kT$，分子的平均动能$\bar{\varepsilon}=\frac{i}{2}k$。

分子的平均平动动能相同，即温度相等。

②分子的平均动能 = 平均(平动动能 + 转动动能) $=\frac{i}{2}kT$。i为分子自由度，$i(\mathrm{He})=3$，$i(\mathrm{N_2})=5$，

故氦分子和氮分子的平均动能不同。

答案：B

26. 解　v_{p}为$f(v)$最大值所对应的速率，由最概然速率定义得正确选项C。

答案：C

27. 解　理想气体从平衡态$\mathrm{A}(2p_1,V_1)$变化到平衡态$\mathrm{B}(p_1,2V_1)$，体积膨胀，做功$W>0$。

判断内能变化情况：

方法 1：画p-V图，注意到平衡态$\mathrm{A}(2p_1,V_1)$和平衡态$\mathrm{B}(p_1,2V_1)$都在同一等温线上，$\Delta T=0$，故$\Delta E=0$。

方法 2：气体处于平衡态 A 时，其温度为$T_{\mathrm{A}}=\frac{2p_1\times V_1}{R}$；处于平衡态 B 时，温度$T_{\mathrm{B}}=\frac{2p_1\times V_1}{R}$，显然$T_{\mathrm{A}}=T_{\mathrm{B}}$，温度不变，内能不变，$\Delta E=0$。

答案：C

28. 解　循环过程的净功数值上等于闭合循环曲线所围的面积。若循环曲线所包围的面积增大，则净功增大。而卡诺循环的循环效率由下式决定：$\eta_{卡诺}=1-\frac{T_2}{T_1}$。若$T_1$、$T_2$不变，则循环效率不变。

答案：D

29. 解　按题意，$y=0.01\cos10\pi(25\times0.1-2)=0.01\cos5\pi=-0.01\mathrm{m}$。

答案：C

30. 解　质元在机械波动中，动能和势能是同相位的，同时达到最大值，又同时达到最小值，质元在最大位移处（波峰或波谷），速度为零，“形变”为零，此时质元的动能为零，势能为零。

答案：D

31. 解　由$\Delta\phi=\frac{2\pi\nu\Delta x}{u}$，今$\nu=\frac{1}{T}=\frac{1}{4}=0.25$，$\Delta x=3\mathrm{m}$，$\Delta\phi=\frac{\pi}{6}$，故$u=9\mathrm{m/s}$，$\lambda=\frac{u}{\nu}=36\mathrm{m}$。

答案：B

32. 解　如解图所示，考虑O处的明纹怎样变化。

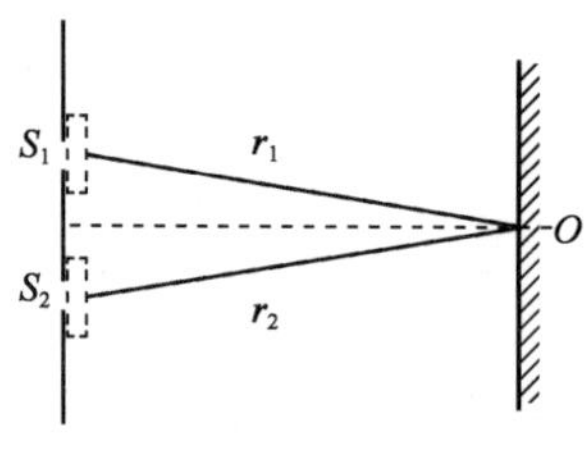

题 32 解图

①玻璃纸未遮住时：光程差$\delta=r_1-r_2=0$，O处为零级明纹。

②玻璃纸遮住后：光程差$\delta'=\frac{5}{2}\lambda$，根据干涉条件知$\delta'=\frac{5}{2}\lambda=(2\times2+1)\frac{\lambda}{2}$，满足暗纹条件。

答案：B

33. 解 光学常识，可见光的波长范围400~760nm，注意$1\text{nm} = 10^{-9}\text{m}$。

答案： A

34. 解 玻璃劈尖的干涉条件为$\delta = 2nd + \frac{\lambda}{2} = k\lambda(k = 1,2,\cdots)$（明纹），相邻两明（暗）纹对应的空气层厚度差为$d_{k+1} - d_k = \frac{\lambda}{2n}$（见解图）。若劈尖的夹角为$\theta$，则相邻两明（暗）纹的间距$l$应满足关系式：

$l\sin\theta = d_{k+1} - d_k = \frac{\lambda}{2n}$或$l\sin\theta = \frac{\lambda}{2n}$

$l = \frac{\lambda}{2n\sin\theta} \approx \frac{\lambda}{2n\theta}$，故$\theta = \frac{\lambda}{2nl}$

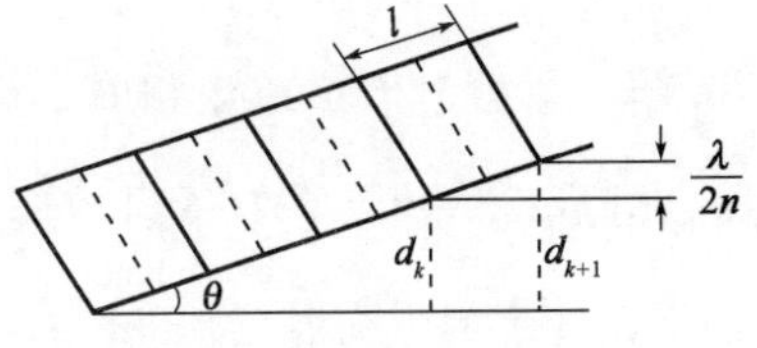

题34解图

答案： D

35. 解 自然光垂直通过第一偏振后，变为线偏振光，光强设为I'，此即入射至第二个偏振片的线偏振光强度。今$\alpha = 45°$，已知自然光通过两个偏振片后光强为I'，根据马吕斯定律，$I = I'\cos^2 45° = \frac{I'}{2}$，所以$I' = 2I$。

答案： B

36. 解 单缝衍射中央明纹宽度为

$$\Delta x = \frac{2\lambda f}{a} = \frac{2 \times 400 \times 10^{-9} \times 0.5}{10^{-4}} = 4 \times 10^{-3}\text{m}$$

答案： D

37. 解 原子核外电子排布服从三个原则：泡利不相容原理、能量最低原理、洪特规则。

（1）泡利不相容原理：在同一个原子中，不允许两个电子的四个量子数完全相同，即，同一个原子轨道最多只能容纳自旋相反的两个电子。

（2）能量最低原理：电子总是尽量占据能量最低的轨道。多电子原子轨道的能级取决于主量子数n和角量子数l，主量子数n相同时，l越大，能量越高；当主量子数n和角量子数l都不相同时，可以发生能级交错现象。轨道能级顺序：1s；2s，2p；3s，3p；4s，3d，4p；5s，4d，5p；6s，4f，5d，6p；7s，5f，6d，…。

（3）洪特规则：电子在n，l相同的数个等价轨道上分布时，每个电子尽可能占据磁量子数不同的轨道且自旋方向相同。

原子核外电子分布式书写规则：根据三大原则和近似能级顺序将电子一次填入相应轨道，再按电子层顺序整理，相同电子层的轨道排在一起。

答案： B

38. 解 元素周期表中，同一主族元素从上往下随着原子序数增加，原子半径增大；同一周期主族元素随着原子序数增加，原子半径减小。选项D，As和Se是同一周期主族元素，Se的原子半径小于As。

答案：D

39. 解　缓冲溶液的组成：弱酸、共轭碱或弱碱及其共轭酸所组成的溶液。选项 A 的 CH_3COOH 过量，与 NaOH 反应生成 CH_3COONa，形成 CH_3COOH/CH_3COONa 缓冲溶液。

答案：A

40. 解　压力对固相或液相的平衡没有影响；对反应前后气体计量系数不变的反应的平衡也没有影响。反应前后气体计量系数不同的反应：增大压力，平衡向气体分子数减少的方向；减少压力，平衡向气体分子数增加的方向移动。

总压力不变，加入惰性气体 Ar，相当于减少压力，反应方程式中各气体的分压减小，平衡向气体分子数增加的方向移动。

答案：A

41. 解　原子得失电子原则：当原子失去电子变成正离子时，一般是能量较高的最外层电子先失去，而且往往引起电子层数的减少；当原子得到电子变成负离子时，所得的电子总是分布在它的最外电子层。

本题中原子失去的为 4s 上的一个电子，该原子的价电子构型为 $3d^{10}4s^1$，为 29 号 Cu 原子的电子构型。

答案：C

42. 解　根据吉布斯等温方程$\varDelta_r G_m^\Theta = -RT\ln K^\Theta$推断，$K^\Theta < 1$，$\varDelta_r G_m^\Theta > 0$。

答案：A

43. 解　元素的周期数为价电子构型中的最大主量子数，最大主量子数为 5，元素为第五周期；元素价电子构型特点为$(n-1)d^{10}ns^1$，为 IB 族元素特征价电子构型。

答案：B

44. 解　酚类化合物为苯环直接和羟基相连。A 为丙醇，B 为苯甲醇，C 为苯酚，D 为丙三醇。

答案：C

45. 解　系统命名法：

（1）链烃及其衍生物的命名

①选择主链：选择最长碳链或含有官能团的最长碳链为主链；

②主链编号：从距取代基或官能团最近的一端开始对碳原子进行编号；

③写出全称：将取代基的位置编号、数目和名称写在前面，将母体化合物的名称写在后面。

（2）芳香烃及其衍生物的命名

①选择母体：选择苯环上所连官能团或带官能团最长的碳链为母体，把苯环视为取代基；

②编号：将母体中碳原子依次编号，使官能团或取代基位次具有最小值。

答案：D

46. 解 甲酸结构式为 $\mathrm{H-\overset{\overset{\displaystyle O}{\|}}{C}-O-H}$，两个氢处于不同化学环境。

答案：B

47. 解 C与BC均为二力构件，故A处约束力沿AC方向，B处约束力沿BC方向；分析铰链C的平衡，其受力如解图所示。

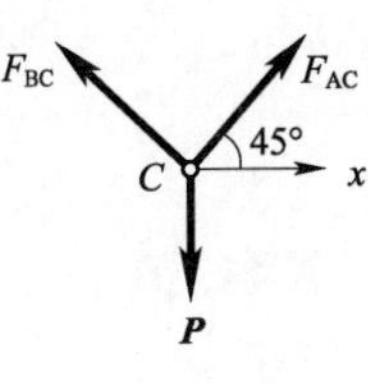

题 47 解图

答案：D

48. 解 根据力多边形法则，分力首尾相连，合力为力三角形的封闭边。

答案：B

49. 解 A、B处为光滑约束，其约束力均为水平并组成一力偶，与力$\boldsymbol{W}$和DE杆约束力组成的力偶平衡，故两约束力大小相等，且不为零。

答案：B

50. 解 根据摩擦定律$F_{\max} = W\cos 30° \times f = 20.8\text{kN}$，沿斜面向下的主动力为$W\sin 30° = 30\text{kN} > F_{\max}$。

答案：C

51. 解 点的运动轨迹为位置矢端曲线。

答案：B

52. 解 可根据平行移动刚体的定义判断。

答案：C

53. 解 杆AB和CD均为平行移动刚体，所以$v_{\mathrm{M}} = v_{\mathrm{C}} = 2v_{\mathrm{B}} = 2v_{\mathrm{A}} = 2\omega \cdot O_1A = 120\text{cm/s}$，$a_{\mathrm{M}} = a_{\mathrm{C}} = 2a_{\mathrm{B}} = 2a_{\mathrm{A}} = 2\omega^2 \cdot O_1A = 360\text{cm/s}^2$。

答案：B

54. 解 根据动量、动量矩、动能的定义，刚体做定轴转动时：

$$\boldsymbol{p} = mv_{\mathrm{C}}，L_{\mathrm{O}} = J_{\mathrm{O}}\omega，T = \frac{1}{2}J_{\mathrm{O}}\omega^2$$

此题中，$v_{\mathrm{C}} = 0$，$J_{\mathrm{O}} = \frac{1}{2}mr^2$。

答案：A

55. 解 根据动量的定义$\boldsymbol{p} = \sum m_i v_i$，所以，$p = (m_1 - m_2)v$（向下）。

答案：B

56. 解 用定轴转动微分方程$J_{\mathrm{A}}\alpha = M_{\mathrm{A}}(F)$，见解图，$\frac{1}{3}\frac{P}{g}(2L)^2\alpha = PL$，所以角加速度$\alpha = \frac{3g}{4L}$。

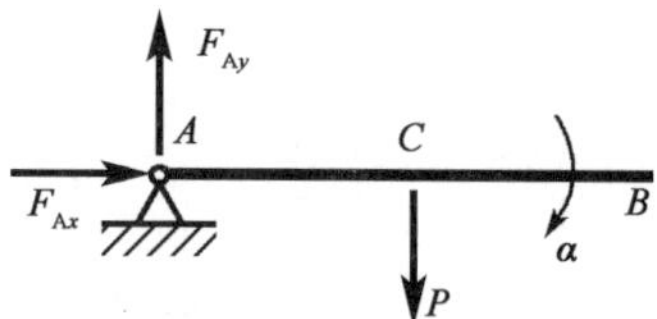

题 56 解图

答案：B

57. 解 根据定轴转动刚体惯性力系向O点简化的结果，其主矩大小为$M_{\mathrm{IO}} = J_{\mathrm{O}}\alpha = 0$，主矢大小为$F_{\mathrm{I}} = ma_{\mathrm{C}} = m \cdot \frac{R}{2}\omega^2$。

答案：A

58. 解 装置 a）、b）、c）的自由振动频率分别为$\omega_{0\mathrm{a}} = \sqrt{\frac{2k}{m}}$；$\omega_{0\mathrm{b}} = \sqrt{\frac{k}{2m}}$；$\omega_{0\mathrm{c}} = \sqrt{\frac{3k}{m}}$，且周期为$T = \frac{2\pi}{\omega_0}$。

答案：B

59. 解

$$\sigma_{\mathrm{AB}} = \frac{F_{\mathrm{NAB}}}{A_{\mathrm{AB}}} = \frac{300\pi \times 10^3\mathrm{N}}{\frac{\pi}{4} \times 200^2\mathrm{mm}^2} = 30\mathrm{MPa}$$

$$\sigma_{\mathrm{BC}} = \frac{F_{\mathrm{NBC}}}{A_{\mathrm{BC}}} = \frac{100\pi \times 10^3\mathrm{N}}{\frac{\pi}{4} \times 100^2\mathrm{mm}^2} = 40\mathrm{MPa} = \sigma_{\max}$$

答案：A

60. 解

$$\tau = \frac{Q}{A_{\mathrm{Q}}} = \frac{F}{\frac{\pi}{4}d^2} = \frac{4F}{\pi d^2} = [\tau] \quad ①$$

$$\sigma_{\mathrm{bs}} = \frac{P_{\mathrm{bs}}}{A_{\mathrm{bs}}} = \frac{F}{dt} = [\sigma_{\mathrm{bs}}] \quad ②$$

再用②式除①式，可得$\frac{\pi d}{4t} = \frac{[\sigma_{\mathrm{bs}}]}{[\tau]}$。

答案：B

61. 解 受扭空心圆轴横截面上的切应力分布与半径成正比，而且在空心圆内径中无应力，只有选项 B 图是正确的。

答案：B

62. 解

$$W_z=\frac{I_z}{y_{\max}}=\frac{\frac{\pi}{64}d^4-\frac{a^4}{12}}{\frac{d}{2}}=\frac{\pi d^3}{32}-\frac{a^4}{6d}$$

答案：B

63. 解　根据$\frac{\mathrm{d}M}{\mathrm{d}x}=Q$可知，剪力为零的截面弯矩的导数为零，也即是弯矩有极值。

答案：B

64. 解　开裂前

$$\sigma_{\max}=\frac{M}{W_z}=\frac{M}{\frac{b}{6}(3a)^2}=\frac{2M}{3ba^2}$$

开裂后

$$\sigma_{1\max}=\frac{\frac{M}{3}}{W_{z1}}=\frac{\frac{M}{3}}{\frac{ba^2}{6}}=\frac{2M}{ba^2}$$

开裂后最大正应力是原来的 3 倍，故梁承载能力是原来的1/3。

答案：B

65. 解　由矩形和工字形截面的切应力计算公式可知$\tau=\frac{QS_z}{bI_z}$，切应力沿截面高度呈抛物线分布。由于腹板上截面宽度b突然加大，故z轴附近切应力突然减小。

答案：B

66. 解　承受集中力的简支梁的最大挠度$f_c=\frac{Fl^3}{48EI}$，与惯性矩I成反比。$I_a=\frac{hb^3}{12}=\frac{b^4}{6}$，而$I_b=\frac{bh^3}{12}=\frac{4}{6}b^4$，因图 a）梁$I_a$是图 b）梁$I_b$的$\frac{1}{4}$，故图 a）梁的最大挠度是图 b）梁的 4 倍。

答案：C

67. 解　图示单元体的最大主应力σ_1的方向，可以看作是σ_x的方向（沿x轴）和纯剪切单元体的最大拉应力的主方向（在第一象限沿 45°向上），叠加后的合应力的指向。

答案：A

68. 解　AB段是轴向受压，$\sigma_{AB}=\frac{F}{ab}$

BC段是偏心受压，$\sigma_{BC}=\frac{F}{2ab}+\frac{F\cdot\frac{a}{2}}{\frac{b}{6}(2a)^2}=\frac{5F}{4ab}$

答案：B

69. 解　图示圆轴是弯扭组合变形，在固定端处既有弯曲正应力，又有扭转切应力。但是图中A点位于中性轴上，故没有弯曲正应力，只有切应力，属于纯剪切应力状态。

答案：B

70. 解　由压杆临界荷载公式$F_{cr}=\frac{\pi^2EI}{(\mu l)^2}$可知，$F_{cr}$与杆长$l^2$成反比，故杆长度为$\frac{l}{2}$时，$F_{cr}$是原来的 4 倍。

答案：A

71. 解　空气的黏滞系数，随温度降低而降低；而水的黏滞系数相反，随温度降低而升高。

答案：A

72. 解　质量力是作用在每个流体质点上，大小与质量成正比的力；表面力是作用在所设流体的外表，大小与面积成正比的力。重力是质量力，黏滞力是表面力。

答案：C

73. 解　根据流线定义及性质以及非恒定流定义可得。

答案：C

74. 解　题中已给出两断面间有水头损失$h_{l1\text{-}2}$，而选项 C 中未计及$h_{l1\text{-}2}$，所以是错误的。

答案：C

75. 解　根据雷诺数公式$\mathrm{Re}=\frac{vd}{\nu}$及连续方程$v_1A_1=v_2A_2$联立求解可得。

$$v_2=v_1\left(\frac{d_1}{d_2}\right)^2=\left(\frac{30}{60}\right)^2v_1=\frac{v_1}{4}$$

$$\mathrm{Re}_2=\frac{v_2d_2}{\nu}=\frac{\frac{v_1}{4}\times 2d_1}{\nu}=\frac{1}{2}\mathrm{Re}_1=\frac{1}{2}\times 5000=2500$$

答案：C

76. 解　当自由出流孔口与淹没出流孔口的形状、尺寸相同，且作用水头相等时，则出流量应相等。

答案：A

77. 解　水力最优断面是过流能力最大的断面形状。

答案：B

78. 解　依据弗劳德准则，流量比尺$\lambda_{\mathrm{Q}}=\lambda_{\mathrm{L}}^{2.5}$，所以长度比尺$\lambda_{\mathrm{L}}=\lambda_{\mathrm{Q}}^{1/2.5}$，代入题设数据后有：

$$\lambda_{\mathrm{L}}=\left(\frac{537}{0.3}\right)^{1/2.5}=(1790)^{0.4}=20$$

答案：D

79. 解　此题选项 A、C、D 明显不符合静电荷物理特征。关于选项 B 可以用电场强度的叠加定理分析，两个异性电荷连线的中心位置电场强度也不为零，因此，本题的四个选项均不正确。

答案：无

80. 解　电感电压与电流之间的关系是微分关系，即

$$u=L\frac{\mathrm{d}i}{\mathrm{d}t}=2\omega L\sin(1000t+90°)=2\sin(1000t+90°)$$

或用相量法分析：$\dot{U}_{\mathrm{L}}=j\omega L\dot{I}=\sqrt{2}\angle 90°\mathrm{V}$；$I=\sqrt{2}\mathrm{A}$，$j\omega L=j1\Omega(\omega=1000\mathrm{rad})$，$u_{\mathrm{L}}$的有效值为

$\sqrt{2}$V。

答案：D

81. 解 根据线性电路的戴维南定理，图 a）和图 b）电路等效指的是对外电路电压和电流相同，即电路中 20Ω 电阻中的电流均为 1A，方向自下向上；然后利用节电电流关系可知，流过图 a）电路 10Ω 电阻中的电流为$2-1=1$A。

答案：A

82. 解 RLC 串联的交流电路中，阻抗的计算公式是$Z=R+jX_{\mathrm{L}}-jX_{\mathrm{C}}=R+j\omega L-j\frac{1}{\omega C}$，阻抗的模$|Z|=\sqrt{R^2+\left(\omega L-\frac{1}{\omega C}\right)^2}$；$\omega=314\mathrm{rad/s}$。

答案：C

83. 解 该电路是 RLC 混联的正弦交流电路，根据给定电压，将其写成复数为$\dot{U}=U\angle 30°=\frac{10}{\sqrt{2}}\angle 30°$ V；$\dot{I}_1=\frac{\dot{U}}{R+j\omega L}$；电流$\dot{I}=\dot{I}_1+\dot{I}_2=\frac{U\angle 30°}{R+j\omega L}+\frac{U\angle 30°}{-j\left(\frac{1}{\omega C}\right)}$；$i=I\sqrt{2}\sin(1000t+\Psi_{\mathrm{i}})$ A。

答案：C

84. 解 在暂态电路中电容电压符合换路定则$U_{\mathrm{C}}(t_{0+})=U_{\mathrm{C}}(t_{0-})$，开关打开以前$U_{\mathrm{C}}(t_{0-})=\frac{R_2}{R_1+R_2}U_{\mathrm{s}}$，$I(0_+)=U_{\mathrm{C}}(0_+)/R_2$；电路达到稳定以后电容能量放光，电路中稳态电流$I(\infty)=0$。

答案：B

85. 解 信号源输出最大功率的条件是电源内阻与负载电阻相等，电路中的实际负载电阻折合到变压器的原边数值为$R_{\mathrm{L}}'=\left(\frac{U_1}{U_2}\right)^2R_{\mathrm{L}}=R_{\mathrm{S}}=40\Omega$；$K=\frac{u_1}{u_2}=2$，$u_1=u_{\mathrm{s}}\frac{R_{\mathrm{L}}'}{R_{\mathrm{S}}+R_{\mathrm{L}}'}=40\sin\omega t$；$u_2=\frac{u_1}{K}=20\sin\omega t$。

答案：B

86. 解 在继电接触控制电路中，电器符号均表示电器没有动作的状态，当接触器线圈 KM 通电以后常开触点 KM1 闭合，常闭触点 KM2 断开。

答案：C

87. 解 信息是通过感官接收的关于客观事物的存在形式或变化情况。信号是消息的表现形式，是可以直接观测到的物理现象（如电、光、声、电磁波等）。通常认为“信号是信息的表现形式”。红灯亮的信号传达了开始制冷的信息。

答案：C

88. 解 八进制和十六进制都是数字电路中采用的数制，本质上都是二进制，在应用中是根据数字信号的不同要求所选取的不同的书写格式。

答案：A

89. 解 模拟信号是幅值和时间均连续的信号，采样信号是时间离散、数值连续的信号，离散信号是指在某些不连续时间定义函数值的信号，数字信号是将幅值量化后并以二进制代码表示的离散信号。

答案： B

90. 解 题中给出非正弦周期信号的傅里叶级数展开式。周期信号中各次谐波的幅值随着频率的增加而减少。$u_1(t)$中包含基波和三次谐波，而$u_2(t)$包含的谐波次数是基波和五次谐波，$u_1(t)$包含的信息较$u_2(t)$更加完整。

答案： A

91. 解 由图可以分析，当信号$|u_\mathrm{i}(t)|\leqslant 2\mathrm{V}$时，放大电路工作在线性工作区，$u_\mathrm{o}(t)=5u_\mathrm{i}(t)$；当信号$|u_\mathrm{i}(t)|\geqslant 2\mathrm{V}$时，放大电路工作在非线性工作区，$u_\mathrm{o}(t)=\pm 10\mathrm{V}$。

答案： D

92. 解 由逻辑电路的基本关系可得结果，变换中用到了逻辑电路的摩根定理。

$$\mathrm{F}=\overline{\overline{\mathrm{AB}}+\overline{\mathrm{BC}}}=\mathrm{AB}\cdot\mathrm{BC}=\mathrm{ABC}$$

答案： D

93. 解 该电路为二极管的桥式整流电路，当 D_2 二极管断开时，电路变为半波整流电路，输入电压的交流有效值和输出直流电压的关系为$U_\mathrm{o}=0.45U_\mathrm{i}$，同时根据二极管的导通电流方向可得$U_\mathrm{o}=-3.18\mathrm{V}$。

答案： C

94. 解 由图可以分析，当信号$|u_\mathrm{i}(t)|\leqslant 1\mathrm{V}$时，放大电路工作在线性工作区，$u_\mathrm{o}(t)=10^4u_\mathrm{i}(t)$；当信号$|u_\mathrm{i}(t)|\geqslant 1\mathrm{mV}$时，放大电路工作在非线性工作区，$u_\mathrm{o}(t)=\pm 10\mathrm{V}$；输入信号$u_\mathrm{i}(t)$最大值为 2mV，则有一部分工作区进入非线性区。对应的输出波形与选项 C 一致。

答案： C

95. 解 图 a）示电路是与非门逻辑电路，$\mathrm{F}=\overline{1\cdot\mathrm{A}}=\overline{\mathrm{A}}$。

答案： D

96. 解 图示电路是下降沿触发的 JK 触发器，$\overline{\mathrm{R}}_\mathrm{D}$是触发器的清零端，$\overline{\mathrm{S}}_\mathrm{D}$是置“1”端，画解图并由触发器的逻辑功能分析，即可得答案。

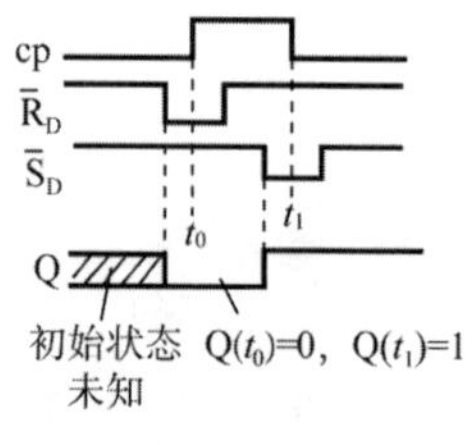

题 96 解图

答案：B

97. 解 计算机存储单元是按一定顺序编号，这个编号被称为存储地址。

答案：C

98. 解 操作系统的特征有并发性、共享性和随机性。

答案：B

99. 解 二进制最后一位是1，转换后则一定是十进制数的奇数。

答案：A

100. 解 像素实际上就是图像中的一个个光点，光点可以是黑白的，也可以是彩色的。

答案：D

101. 解 删除操作系统文件，计算机将无法正常运行。

答案：C

102. 解 存储器系统包括主存储器、高速缓冲存储器和外存储器。

答案：C

103. 解 设备管理是对除 CPU 和内存储器之外的所有输入/输出设备的管理。

答案：A

104. 解 两种十分有效的文件管理工具是“我的电脑”和“资源管理器”。

答案：C

105. 解 计算机网络主要由网络硬件系统和网络软件系统两大部分组成。

答案：A

106. 解 局域网覆盖的地理范围通常在几公里之内。

答案：C

107. 解 按等额支付资金回收公式计算（已知P求A）。

$A = P(A/P, i, n) = 5000 \times (A/P, 8\%, 10) = 5000 \times 0.14903 = 745.15$万元

答案：C

108. 解 建设项目经济评价中的总投资，由建设投资、建设期利息和流动资金组成。

答案：C

109. 解 新设法人项目融资的资金来源于项目资本金和债务资金，权益融资形成项目的资本金，债务融资形成项目的债务资金。

答案：C

110. 解 在财务生存能力分析中，各年累计盈余资金不出现负值是财务生存的必要条件。

答案：B

111. 解 分别计算效益流量的现值和费用流量的现值，二者的比值即为该项目的效益费用比。建设期 1 年，使用寿命 10 年，计算期共 11 年。注意：第 1 年为建设期，投资发生在第 0 年（即第 1 年的年初），第 2 年开始使用，效益和费用从第 2 年末开始发生。该项目的现金流量图如解图所示。

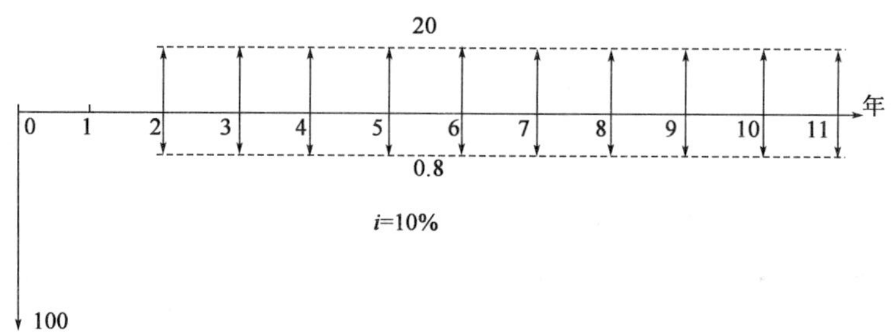

题 111 解图

效益流量的现值：$B = 20 \times (P/A, 10\%, 10) \times (P/F, 10\%, 1)$

$= 20 \times 6.144 \times 0.9091 = 111.72$ 万元

费用流量的现值：$C = 0.8 \times (P/A, 10\%, 10) \times (P/F, 10\%, 1)$

$= 0.8 \times 6.1446 \times 0.9091 + 100 = 104.47$ 万元

该项目的效益费用比为：$R_{BC} = B/C = 111.72/104.47 = 1.07$

答案：A

112. 解 投资项目敏感性分析最基本的分析指标是内部收益率。

答案：B

113. 解 净年值法既可用于寿命期相同，也可用于寿命期不同的方案比选。

答案：C

114. 解 强制确定法是以功能重要程度作为选择价值工程对象的一种分析方法，包括 01 评分法、04 评分法等。其中，01 评分法通过对每个部件与其他各部件的功能重要程度进行逐一对比打分，相对重要的得 1 分，不重要的得 0 分，最后计算各部件的功能重要性系数。

答案：D

115. 解 《中华人民共和国建筑法》第五十七条规定，建筑设计单位对设计文件选用的建筑材料、建筑构配件和设备，不得指定生产厂家和供应商。

答案：B

116. 解 《中华人民共和国招标投标法》第二十三条规定，招标人对已发出的招标文件进行必要的澄清或者修改的，应当在招标文件要求提交投标文件截止时间至少十五日前，以书面形式通知所有招标文件收受人。该澄清或者修改的内容为招标文件的组成部分。

答案：B

117. 解　《中华人民共和国民法典》第四百七十八条规定，有下列情形之一的，要约失效：

（一）拒绝要约的通知到达要约人；

（二）要约人依法撤销要约；

（三）承诺期限届满，受要约人未作出承诺；

（四）受要约人对要约的内容作出实质性变更。

答案：D

118. 解　《中华人民共和国节约能源法》第四条规定，节约资源是我国的基本国策。国家实施节约与开发并举，把节约放在首位的能源发展战略。

答案：B

119. 解　《中华人民共和国环境保护法》2014 年进行了修订，新法第四十五条规定，国家依照法律规定实行排污许可管理制度。此题已过时，未作解答。

120. 解　《建设工程勘察设计管理条例》第十四条规定，建设工程勘察、设计方案评标，应当以投标人的业绩、信誉和勘察、设计人员的能力以及勘察、设计方案的优劣为依据，进行综合评定。资质问题在资格预审时已解决，不是评标的条件。

答案：A

2012年度全国勘察设计注册工程师

执业资格考试试卷

基础考试

（上）

二〇一二年九月

应考人员注意事项

1. 本试卷科目代码为“1”，考生务必将此代码填涂在答题卡“科目代码”相应的栏目内，否则，无法评分。

2. 书写用笔：**黑色或蓝色钢笔、签字笔或圆珠笔**；

   填涂答题卡用笔：**黑色 2B 铅笔**。

3. 必须用书写用笔将工作单位、姓名、准考证号填写在答题卡和试卷相应的栏目内。

4. 本试卷由 120 题组成，每题 1 分，满分 120 分，本试卷全部为单项选择题，每小题的四个备选项中只有一个正确答案，错选、多选、不选均不得分。

5. 考生作答时，必须按**题号在答题卡上**将相应试题所选选项对应的**字母用 2B 铅笔涂黑**。

6. 在答题卡上书写与题意无关的语言，或在答题卡上作标记的，均按违纪试卷处理。

7. 考试结束时，由监考人员当面将试卷、答题卡一并收回。

8. 草稿纸由各地统一配发，考后收回。

单项选择题（共 120 题，每题 1 分。每题的备选项中只有一个最符合题意。）

1. 设$f(x)=\begin{cases}\cos x+x\sin\frac{1}{x}, & x<0\\ x^2+1, & x\geqslant 0\end{cases}$，则$x=0$是$f(x)$的下面哪一种情况：

A. 跳跃间断点　　B. 可去间断点

C. 第二类间断点　　D. 连续点

2. 设$\alpha(x)=1-\cos x$，$\beta(x)=2x^2$，则当$x\to 0$时，下列结论中正确的是：

A. $\alpha(x)$与$\beta(x)$是等价无穷小

B. $\alpha(x)$是$\beta(x)$的高阶无穷小

C. $\alpha(x)$是$\beta(x)$的低阶无穷小

D. $\alpha(x)$与$\beta(x)$是同阶无穷小但不是等价无穷小

3. 设$y=\ln(\cos x)$，则微分$\mathrm{d}y$等于：

A. $\frac{1}{\cos x}\mathrm{d}x$

B. $\cot x\mathrm{d}x$

C. $-\tan x\mathrm{d}x$

D. $-\frac{1}{\cos x\sin x}\mathrm{d}x$

4. $f(x)$的一个原函数为e^{-x^2}，则$f'(x)=$

A. $2(-1+2x^2)e^{-x^2}$

B. $-2xe^{-x^2}$

C. $2(1+2x^2)e^{-x^2}$

D. $(1-2x)e^{-x^2}$

5. $f'(x)$连续，则$\int f'(2x+1)\mathrm{d}x$等于：

A. $f(2x+1)+C$

B. $\frac{1}{2}f(2x+1)+C$

C. $2f(2x+1)+C$

D. $f(x)+C$

（C为任意常数）

6. 定积分$\int_0^{\frac{1}{2}}\frac{1+x}{\sqrt{1-x^2}}\mathrm{d}x=$

A. $\frac{\pi}{3}+\frac{\sqrt{3}}{2}$

B. $\frac{\pi}{6}-\frac{\sqrt{3}}{2}$

C. $\frac{\pi}{6}-\frac{\sqrt{3}}{2}+1$

D. $\frac{\pi}{6}+\frac{\sqrt{3}}{2}+1$

7. 若D是由$y=x$，$x=1$，$y=0$所围成的三角形区域，则二重积分$\iint\limits_D f(x,y)\mathrm{d}x\mathrm{d}y$在极坐标系下的二次积分是：

A. $\int_0^{\frac{\pi}{4}}\mathrm{d}\theta\int_0^{\cos\theta}f(r\cos\theta,r\sin\theta)r\mathrm{d}r$

B. $\int_0^{\frac{\pi}{4}}\mathrm{d}\theta\int_0^{\frac{1}{\cos\theta}}f(r\cos\theta,r\sin\theta)r\mathrm{d}r$

C. $\int_0^{\frac{\pi}{4}}\mathrm{d}\theta\int_0^{\frac{1}{\cos\theta}}r\mathrm{d}r$

D. $\int_0^{\frac{\pi}{4}}\mathrm{d}\theta\int_0^{\frac{1}{\cos\theta}}f(x,y)\mathrm{d}r$

8. 当$a<x<b$时，有$f'(x)>0$，$f''(x)<0$，则在区间(a,b)内，函数$y=f(x)$图形沿x轴正向是：

A. 单调减且凸的

B. 单调减且凹的

C. 单调增且凸的

D. 单调增且凹的

9. 函数在给定区间上不满足拉格朗日定理条件的是：

A. $f(x)=\frac{x}{1+x^2}$，$[-1,2]$

B. $f(x)=x^{\frac{2}{3}}$，$[-1,1]$

C. $f(x)=e^{\frac{1}{x}}$，$[1,2]$

D. $f(x)=\frac{x+1}{x}$，$[1,2]$

10. 下列级数中，条件收敛的是：

A. $\sum_{n=1}^{\infty}\frac{(-1)^n}{n}$

B. $\sum_{n=1}^{\infty}\frac{(-1)^n}{n^3}$

C. $\sum_{n=1}^{\infty}\frac{(-1)^n}{n(n+1)}$

D. $\sum_{n=1}^{\infty}(-1)^n\frac{n+1}{n+2}$

11. 当$|x|<\frac{1}{2}$时，函数$f(x)=\frac{1}{1+2x}$的麦克劳林展开式正确的是：

A. $\sum_{n=0}^{\infty}(-1)^{n+1}(2x)^n$

B. $\sum_{n=0}^{\infty}(-2)^n x^n$

C. $\sum_{n=1}^{\infty}(-1)^n 2^n x^n$

D. $\sum_{n=1}^{\infty}2^n x^n$

12. 已知微分方程$y'+p(x)y=q(x)[q(x)\neq 0]$有两个不同的特解$y_1(x)$，$y_2(x)$，$C$为任意常数，则该微分方程的通解是：

A. $y=C(y_1-y_2)$

B. $y=C(y_1+y_2)$

C. $y=y_1+C(y_1+y_2)$

D. $y=y_1+C(y_1-y_2)$

13. 以$y_1=e^x$，$y_2=e^{-3x}$为特解的二阶线性常系数齐次微分方程是：

A. $y''-2y'-3y=0$

B. $y''+2y'-3y=0$

C. $y''-3y'+2y=0$

D. $y''+3y'+2y=0$

14. 微分方程$\frac{\mathrm{dy}}{\mathrm{dx}}+\frac{x}{y}=0$的通解是：

A. $x^2+y^2=C(C\in R)$

B. $x^2-y^2=C(C\in R)$

C. $x^2+y^2=C^2(C\in R)$

D. $x^2-y^2=C^2(C\in R)$

15. 曲线$y=(\sin x)^{\frac{3}{2}}(0\leqslant x\leqslant \pi)$与$x$轴围成的平面图形绕$x$轴旋转一周而成的旋转体体积等于：

A. $\frac{4}{3}$

B. $\frac{4}{3}\pi$

C. $\frac{2}{3}\pi$

D. $\frac{2}{3}\pi^2$

16. 曲线$x^2+4y^2+z^2=4$与平面$x+z=a$的交线在yOz平面上的投影方程是：

A. $\begin{cases}(a-z)^2+4y^2+z^2=4\\x=0\end{cases}$

B. $\begin{cases}x^2+4y^2+(a-x)^2=4\\z=0\end{cases}$

C. $\begin{cases}x^2+4y^2+(a-x)^2=4\\x=0\end{cases}$

D. $(a-z)^2+4y^2+z^2=4$

17. 方程$x^2-\frac{y^2}{4}+z^2=1$，表示：

A. 旋转双曲面

B. 双叶双曲面

C. 双曲柱面

D. 锥面

18. 设直线L为$\begin{cases}x+3y+2z+1=0\\2x-y-10z+3=0\end{cases}$，平面$\pi$为$4x-2y+z-2=0$，则直线和平面的关系是：

A. L平行于π

B. L在π上

C. L垂直于π

D. L与π斜交

19. 已知n阶可逆矩阵$\boldsymbol{A}$的特征值为λ_0，则矩阵$(2\boldsymbol{A})^{-1}$的特征值是：

A. $\frac{2}{\lambda_0}$

B. $\frac{\lambda_0}{2}$

C. $\frac{1}{2\lambda_0}$

D. $2\lambda_0$

20. 设$\vec{\alpha_1}$，$\vec{\alpha_2}$，$\vec{\alpha_3}$，$\vec{\beta}$为n维向量组，已知$\vec{\alpha_1}$，$\vec{\alpha_2}$，$\vec{\beta}$线性相关，$\vec{\alpha_2}$，$\vec{\alpha_3}$，$\vec{\beta}$线性无关，则下列结论中正确的是：

A. $\vec{\beta}$必可用$\vec{\alpha_1}$，$\vec{\alpha_2}$线性表示

B. $\vec{\alpha_1}$必可用$\vec{\alpha_2}$，$\vec{\alpha_3}$，$\vec{\beta}$线性表示

C. $\vec{\alpha_1}$，$\vec{\alpha_2}$，$\vec{\alpha_3}$必线性无关

D. $\vec{\alpha_1}$，$\vec{\alpha_2}$，$\vec{\alpha_3}$必线性相关

21. 要使得二次型$f(x_1,x_2,x_3)=x_1^2+2tx_1x_2+x_2^2-2x_1x_3+2x_2x_3+2x_3^2$为正定的，则$t$的取值条件是：

A. $-1<t<1$

B. $-1<t<0$

C. $t>0$

D. $t<-1$

22. 若事件A、B互不相容，且$P(A)=p$，$P(B)=q$，则$P(\overline{A}\,\overline{B})$等于：

A. $1-p$

B. $1-q$

C. $1-(p+q)$

D. $1+p+q$

23. 若随机变量X与Y相互独立，且X在区间[0,2]上服从均匀分布，Y服从参数为 3 的指数分布，则数学期望$E(XY) =$

A. $\frac{4}{3}$

B. 1

C. $\frac{2}{3}$

D. $\frac{1}{3}$

24. 设$X_1, X_2, \cdots, X_n$是来自总体$N(\mu, \sigma^2)$的样本，μ、σ^2未知，$\overline{X} = \frac{1}{n}\sum\limits_{i=1}^{n} X_i$，$Q^2 = \sum\limits_{i=1}^{n}\left(X_i - \overline{X}\right)^2$，$Q > 0$。则检验假设$H_0$：$\mu = 0$时应选取的统计量是：

A. $\sqrt{n(n-1)}\frac{\overline{X}}{Q}$

B. $\sqrt{n}\frac{\overline{X}}{Q}$

C. $\sqrt{n-1}\frac{\overline{X}}{Q}$

D. $\sqrt{n}\frac{\overline{X}}{Q^2}$

25. 两种摩尔质量不同的理想气体，它们压强相同、温度相同、体积不同。则它们的：

A. 单位体积内的分子数不同

B. 单位体积内气体的质量相同

C. 单位体积内气体分子的总平均平动动能相同

D. 单位体积内气体的内能相同

26. 某种理想气体的总分子数为N，分子速率分布函数为$f(v)$，则速率在$v_1 \rightarrow v_2$区间内的分子数是：

A. $\int_{v_1}^{v_2} f(v)\mathrm{d}v$

B. $N\int_{v_1}^{v_2} f(v)\mathrm{d}v$

C. $\int_{0}^{\infty} f(v)\mathrm{d}v$

D. $N\int_{0}^{\infty} f(v)\mathrm{d}v$

27. 一定量的理想气体由a状态经过一过程到达b状态，吸热为 335J，系统对外做功 126J；若系统经过另一过程由a状态到达b状态，系统对外做功 42J，则过程中传入系统的热量为：

A. 530J　　B. 167J

C. 251J　　D. 335J

28. 一定量的理想气体，经过等体过程，温度增量ΔT，内能变化ΔE_1，吸收热量Q_1；若经过等压过程，温度增量也为ΔT，内能变化ΔE_2，吸收热量Q_2，则一定是：

A. $\Delta E_2 = \Delta E_1$，$Q_2 > Q_1$

B. $\Delta E_2 = \Delta E_1$，$Q_2 < Q_1$

C. $\Delta E_2 > \Delta E_1$，$Q_2 > Q_1$

D. $\Delta E_2 < \Delta E_1$，$Q_2 < Q_1$

29. 一平面简谐波的波动方程为$y = 2 \times 10^{-2} \cos 2\pi \left(10t - \frac{x}{5}\right)$(SI)。$t = 0.25$s时，处于平衡位置，且与坐标原点$x = 0$最近的质元的位置是：

A. ±5m　　B. 5m

C. ±1.25m　　D. 1.25m

30. 一平面简谐波沿x轴正方向传播，振幅$A = 0.02$m，周期$T = 0.5$s，波长$\lambda = 100$m，原点处质元的初相位$\phi = 0$，则波动方程的表达式为：

A. $y = 0.02 \cos 2\pi \left(\frac{t}{2} - 0.01x\right)$ (SI)

B. $y = 0.02 \cos 2\pi(2t - 0.01x)$ (SI)

C. $y = 0.02 \cos 2\pi \left(\frac{t}{2} - 100x\right)$ (SI)

D. $y = 0.02 \cos 2\pi(2t - 100x)$ (SI)

31. 两人轻声谈话的声强级为 40dB，热闹市场上噪声的声强级为 80dB。市场上噪声的声强与轻声谈话的声强之比为：

A. 2　　B. 20

C. 10^2　　D. 10^4

32. P_1和P_2为偏振化方向相互垂直的两个平行放置的偏振片，光强为I_0的自然光垂直入射在第一个偏振片P_1上，则透过P_1和P_2的光强分别为：

A. $\frac{I_0}{2}$和 0

B. 0 和$\frac{I_0}{2}$

C. I_0和I_0

D. $\frac{I_0}{2}$和$\frac{I_0}{2}$

33. 一束自然光自空气射向一块平板玻璃，设入射角等于布儒斯特角，则反射光为：

A. 自然光

B. 部分偏振光

C. 完全偏振光

D. 圆偏振光

34. 波长$\lambda = 550\text{nm}(1\text{nm} = 10^{-9}\text{m})$的单色光垂直入射于光栅常数为$2 \times 10^{-4}\text{cm}$的平面衍射光栅上，可能观察到光谱线的最大级次为：

A. 2

B. 3

C. 4

D. 5

35. 在单缝夫琅禾费衍射实验中，波长为λ的单色光垂直入射到单缝上，对应于衍射角为 30°的方向上，若单缝处波阵面可分成 3 个半波带。则缝宽a为：

A. λ

B. 1.5λ

C. 2λ

D. 3λ

36. 以双缝干涉实验中，波长为λ的单色平行光垂直入射到缝间距为a的双缝上，屏到双缝的距离为D，则某一条明纹与其相邻的一条暗纹的间距为：

A. $\frac{D\lambda}{a}$

B. $\frac{D\lambda}{2a}$

C. $\frac{2D\lambda}{a}$

D. $\frac{D\lambda}{4a}$

37. 钴的价层电子构型是$3d^7 4s^2$，钴原子外层轨道中未成对电子数为：

A. 1　　B. 2

C. 3　　D. 4

38. 在HF、HCl、HBr、HI中，按熔、沸点由高到低顺序排列正确的是：

A. HF、HCl、HBr、HI

B. HI、HBr、HCl、HF

C. HCl、HBr、HI、HF

D. HF、HI、HBr、HCl

39. 对于HCl气体溶解于水的过程，下列说法正确的是：

A. 这仅是一个物理变化过程

B. 这仅是一个化学变化过程

C. 此过程既有物理变化又有化学变化

D. 此过程中溶质的性质发生了变化，而溶剂的性质未变

40. 体系与环境之间只有能量交换而没有物质交换，这种体系在热力学上称为：

A. 绝热体系　　B. 循环体系

C. 孤立体系　　D. 封闭体系

41. 反应$PCl_3(g) + Cl_2(g) \rightleftharpoons PCl_5(g)$，298K时$K^\ominus = 0.767$，此温度下平衡时，如$p(PCl_5) = p(PCl_3)$，则$p(Cl_2) =$

A. 130.38kPa

B. 0.767kPa

C. 7607kPa

D. 7.67×10^{-3}kPa

42. 在铜锌原电池中，将铜电极的$C(H^+)$由1mol/L增加到2mol/L，则铜电极的电极电势：

A. 变大　　B. 变小

C. 无变化　　D. 无法确定

43. 元素的标准电极电势图如下：

$Cu^{2+}\xrightarrow{0.159}Cu^{+}\xrightarrow{0.52}Cu$

$Au^{3+}\xrightarrow{1.36}Au^{+}\xrightarrow{1.83}Au$

$Fe^{3+}\xrightarrow{0.771}Fe^{2+}\xrightarrow{-0.44}Fe$

$MnO_4^{-}\xrightarrow{1.51}Mn^{2+}\xrightarrow{-1.18}Mn$

在空气存在的条件下，下列离子在水溶液中最稳定的是：

A. Cu^{2+}　　B. Au^{+}

C. Fe^{2+}　　D. Mn^{2+}

44. 按系统命名法，下列有机化合物命名正确的是：

A. 2-乙基丁烷　　B. 2，2-二甲基丁烷

C. 3，3-二甲基丁烷　　D. 2，3，3-三甲基丁烷

45. 下列物质使溴水褪色的是：

A. 乙醇　　B. 硬脂酸甘油酯

C. 溴乙烷　　D. 乙烯

46. 昆虫能分泌信息素。下列是一种信息素的结构简式：

$$CH_3(CH_2)_5CH=CH(CH_2)_9CHO$$

下列说法正确的是：

A. 这种信息素不可以与溴发生加成反应

B. 它可以发生银镜反应

C. 它只能与 1mol H_2 发生加成反应

D. 它是乙烯的同系物

47. 图示刚架中，若将作用于B处的水平力$\boldsymbol{P}$沿其作用线移至C处，则A、D处的约束力：

A. 都不变

B. 都改变

C. 只有A处改变

D. 只有D处改变

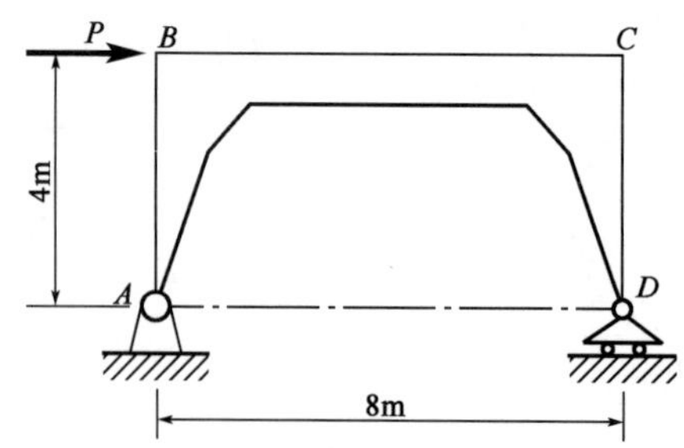

48. 图示绞盘有三个等长为l的柄，三个柄均在水平面内，其间夹角都是120°。如在水平面内，每个柄端分别作用一垂直于柄的力$\boldsymbol{F}_1$、$\boldsymbol{F}_2$、$\boldsymbol{F}_3$，且有$F_1 = F_2 = F_3 = F$，该力系向O点简化后的主矢及主矩应为：

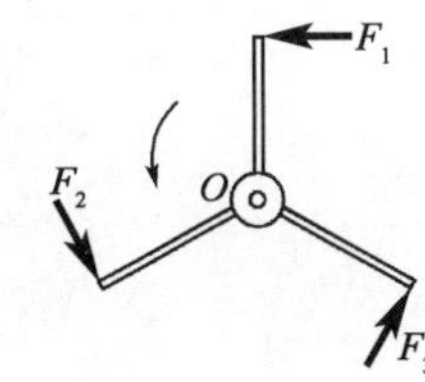

A. $F_R = 0$，$M_O = 3Fl$(↻)

B. $F_R = 0$，$M_O = 3Fl$(↺)

C. $F_R = 2F$(水平向右)，$M_O = 3Fl$(↻)

D. $F_R = 2F$(水平向左)，$M_O = 3Fl$(↺)

49. 图示起重机的平面构架，自重不计，且不计滑轮质量，已知：F =100kN，L =70cm，B、D、E为铰链连接。则支座A的约束力为：

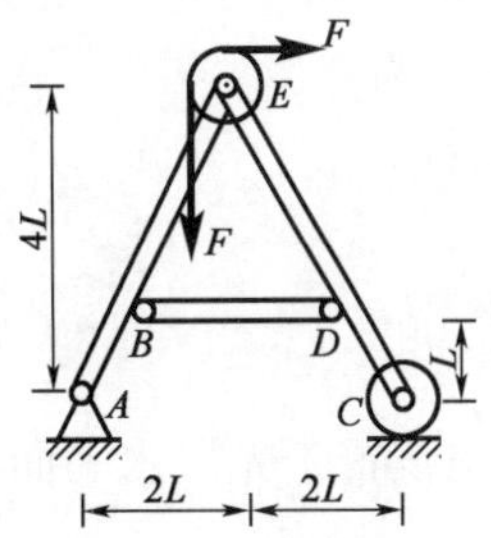

A. $F_{Ax} = 100\text{kN}(\leftarrow)$，$F_{Ay} = 150\text{kN}(\downarrow)$

B. $F_{Ax} = 100\text{kN}(\rightarrow)$，$F_{Ay} = 50\text{kN}(\uparrow)$

C. $F_{Ax} = 100\text{kN}(\leftarrow)$，$F_{Ay} = 50\text{kN}(\downarrow)$

D. $F_{Ax} = 100\text{kN}(\leftarrow)$，$F_{Ay} = 100\text{kN}(\downarrow)$

50. 平面结构如图所示，自重不计。已知：$F = 100\text{kN}$。判断图示BCH桁架结构中，内力为零的杆数是：

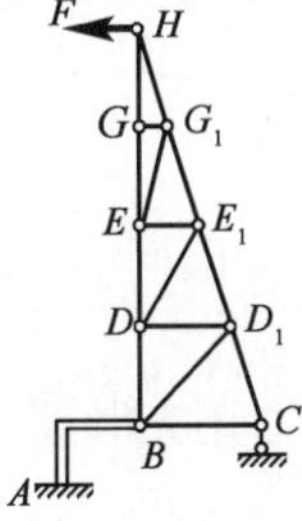

A. 3 根杆

B. 4 根杆

C. 5 根杆

D. 6 根杆

51. 动点以常加速度2m/s^2做直线运动。当速度由5m/s增加到8m/s时，则点运动的路程为：

A. 7.5m

B. 12m

C. 2.25m

D. 9.75m

52. 物体作定轴转动的运动方程为$\varphi = 4t - 3t^2$(φ以 rad 计，t以 s 计)。此物体内，转动半径$r = 0.5\text{m}$的一点，在$t_0 = 0$时的速度和法向加速度的大小分别为：

A. 2m/s，8m/s^2

B. 3m/s，3m/s^2

C. 2m/s，8.54m/s^2

D. 0，8m/s^2

53. 一木板放在两个半径$r = 0.25\text{m}$的传输鼓轮上面。在图示瞬时，木板具有不变的加速度$a = 0.5\text{m/s}^2$，方向向右；同时，鼓轮边缘上的点具有一大小为3m/s^2的全加速度。如果木板在鼓轮上无滑动，则此木板的速度为：

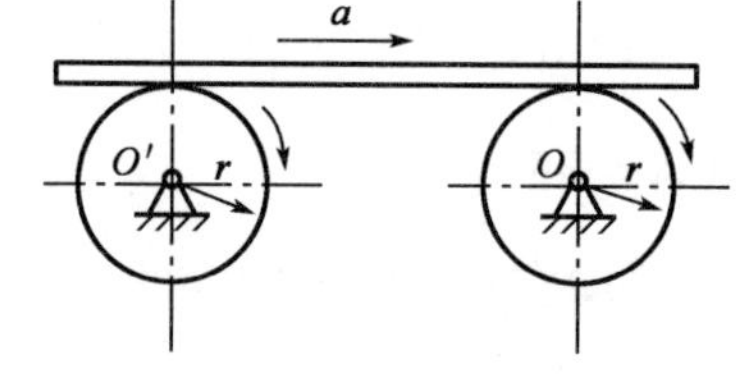

A. 0.86m/s

B. 3m/s

C. 0.5m/s

D. 1.67m/s

54. 重为W的人乘电梯铅垂上升，当电梯加速上升、匀速上升及减速上升时，人对地板的压力分别为$\boldsymbol{P}_1$、$\boldsymbol{P}_2$、$\boldsymbol{P}_3$，它们之间的关系为：

A. $P_1 = P_2 = P_3$　　B. $P_1 > P_2 > P_3$

C. $P_1 < P_2 < P_3$　　D. $P_1 < P_2 > P_3$

55. 均质细杆AB重力为$\boldsymbol{W}$，A端置于光滑水平面上，B端用绳悬挂，如图所示。当绳断后，杆在倒地的过程中，质心C的运动轨迹为：

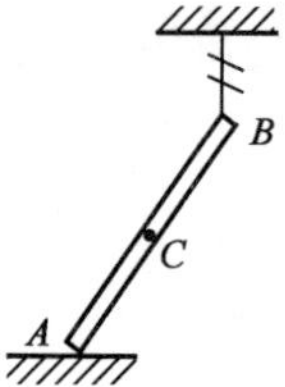

A. 圆弧线

B. 曲线

C. 铅垂直线

D. 抛物线

56. 杆OA与均质圆轮的质心用光滑铰链A连接，如图所示，初始时它们静止于铅垂面内，现将其释放，则圆轮A所作的运动为：

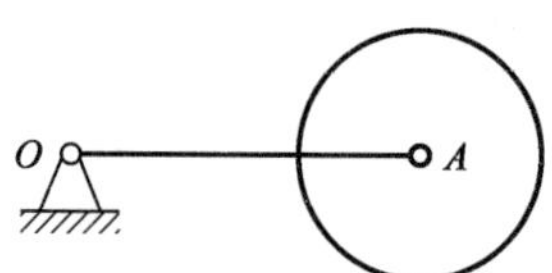

A. 平面运动

B. 绕轴O的定轴转动

C. 平行移动

D. 无法判断

57. 图示质量为m、长为l的均质杆OA绕O轴在铅垂平面内作定轴转动。已知某瞬时杆的角速度为ω，角加速度为α，则杆惯性力系合力的大小为：

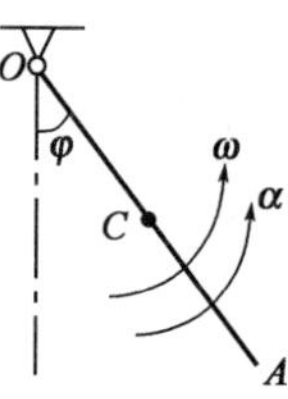

A. $\frac{l}{2}m\sqrt{\alpha^2 + \omega^2}$

B. $\frac{l}{2}m\sqrt{\alpha^2 + \omega^4}$

C. $\frac{l}{2}m\alpha$

D. $\frac{l}{2}m\omega^2$

58. 已知单自由度系统的振动固有频率$\omega_n = 2\text{rad/s}$,若在其上分别作用幅值相同而频率为$\omega_1 = 1\text{rad/s}$，$\omega_2 = 2\text{rad/s}$，$\omega_3 = 3\text{rad/s}$的简谐干扰力，则此系统强迫振动的振幅为：

A. $\omega_1 = 1\text{rad/s}$时振幅最大

B. $\omega_2 = 2\text{rad/s}$时振幅最大

C. $\omega_3 = 3\text{rad/s}$时振幅最大

D. 不能确定

59. 截面面积为A的等截面直杆，受轴向拉力作用。杆件的原始材料为低碳钢，若将材料改为木材，其他条件不变，下列结论中正确的是：

A. 正应力增大，轴向变形增大

B. 正应力减小，轴向变形减小

C. 正应力不变，轴向变形增大

D. 正应力减小，轴向变形不变

60. 图示等截面直杆，材料的拉压刚度为EA，杆中距离A端 1.5L处横截面的轴向位移是：

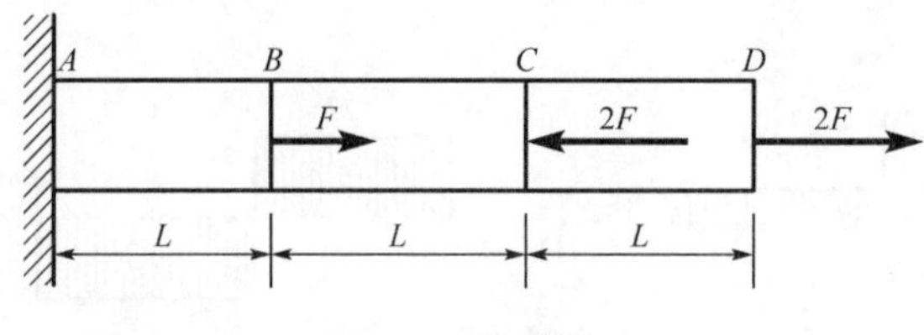

A. $\frac{4FL}{EA}$

B. $\frac{3FL}{EA}$

C. $\frac{2FL}{EA}$

D. $\frac{FL}{EA}$

61. 图示冲床的冲压力$F = 300\pi\text{kN}$，钢板的厚度$t = 10\text{mm}$，钢板的剪切强度极限$\tau_b = 300\text{MPa}$。冲床在钢板上可冲圆孔的最大直径d是：

A. $d = 200\text{mm}$

B. $d = 100\text{mm}$

C. $d = 4000\text{mm}$

D. $d = 1000\text{mm}$

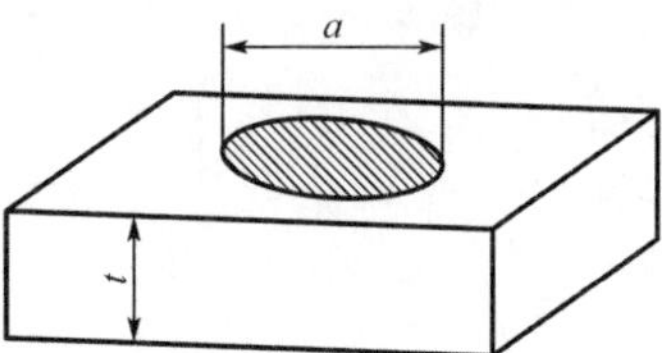

62. 图示两根木杆连接结构，已知木材的许用切应力为$[\tau]$，许用挤压应力为$[\sigma_{bs}]$，则a与h的合理比值是：

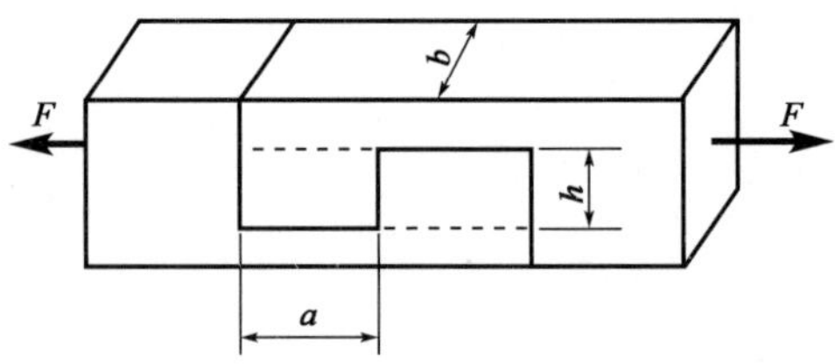

A. $\frac{h}{a}=\frac{[\tau]}{[\sigma_{bs}]}$　　B. $\frac{h}{a}=\frac{[\sigma_{bs}]}{[\tau]}$

C. $\frac{h}{a}=\frac{[\tau]a}{[\sigma_{bs}]}$　　D. $\frac{h}{a}=\frac{[\sigma_{bs}]a}{[\tau]}$

63. 圆轴受力如图所示，下面 4 个扭矩图中正确的是：

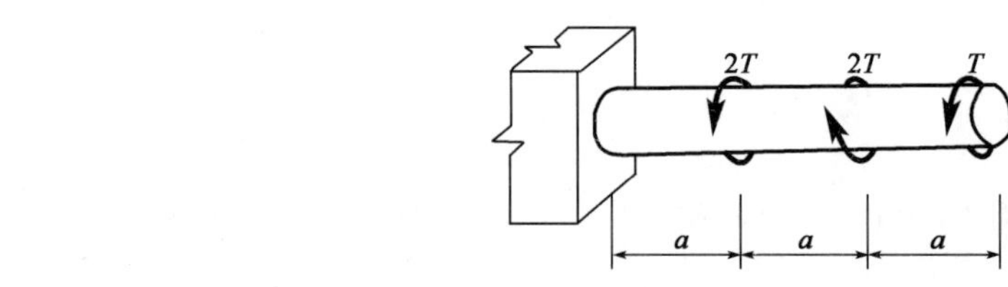

A. 3T　T　⊕　⊖　T

B.

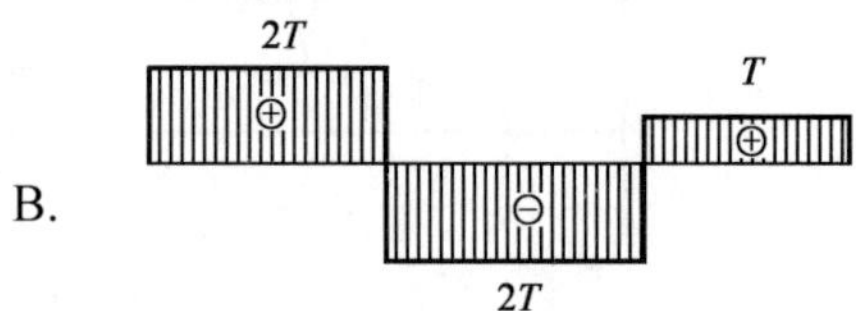

C. T　⊕　⊖　T　3T

D.

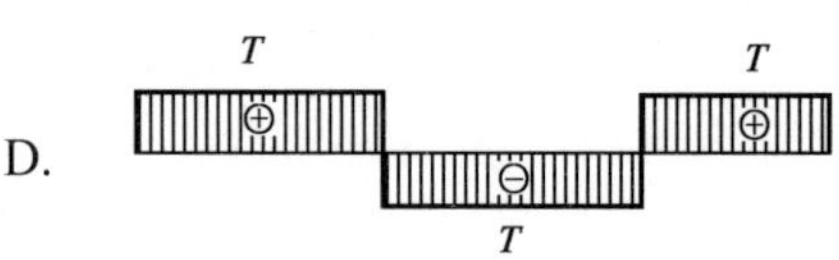

64. 直径为d的实心圆轴受扭，若使扭转角减小一半，圆轴的直径需变为：

A. $\sqrt[4]{2}d$　　B. $\sqrt[3]{2}d$

C. $0.5d$　　D. $\frac{8}{3}d$

65. 梁ABC的弯矩如图所示，根据梁的弯矩图，可以断定该梁B点处：

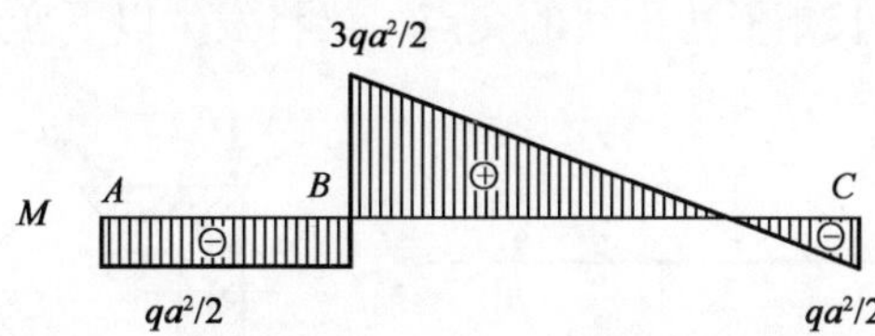

A. 无外荷载

B. 只有集中力偶

C. 只有集中力

D. 有集中力和集中力偶

66. 图示空心截面对z轴的惯性矩I_z为：

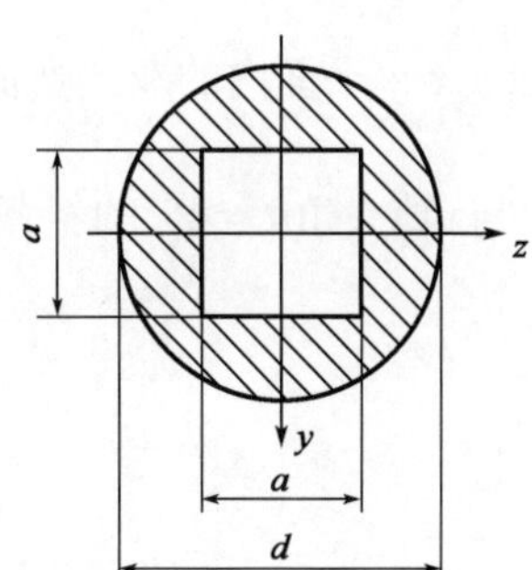

A. $I_z=\frac{\pi d^4}{32}-\frac{a^4}{12}$

B. $I_z=\frac{\pi d^4}{64}-\frac{a^4}{12}$

C. $I_z=\frac{\pi d^4}{32}+\frac{a^4}{12}$

D. $I_z=\frac{\pi d^4}{64}+\frac{a^4}{12}$

67. 两根矩形截面悬臂梁，弹性模量均为E，横截面尺寸如图所示，两梁的载荷均为作用在自由端的集中力偶。已知两梁的最大挠度相同，则集中力偶M_{e2}是M_{e1}的：$\left(\text{悬臂梁受自由端集中力偶}M\text{作用，自由端挠度为}\frac{ML^2}{2EI}\right)$

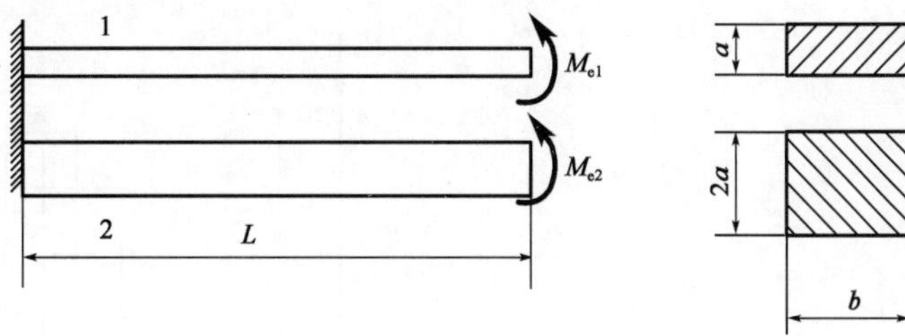

A. 8 倍

B. 4 倍

C. 2 倍

D. 1 倍

68. 图示等边角钢制成的悬臂梁AB，c点为截面形心，x'为该梁轴线，y'、z'为形心主轴。集中力F竖直向下，作用线过角钢两个狭长矩形边中线的交点，梁将发生以下变形：

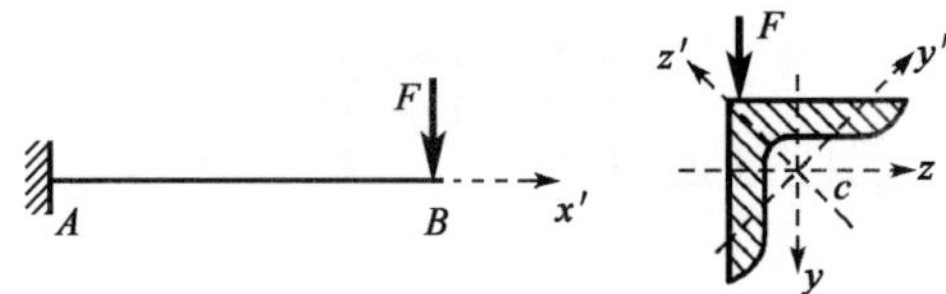

A. $x'z'$平面内的平面弯曲

B. 扭转和$x'z'$平面内的平面弯曲

C. $x'y'$平面和$x'z'$平面内的双向弯曲

D. 扭转和$x'y'$平面、$x'z'$平面内的双向弯曲

69. 图示单元体，法线与x轴夹角$\alpha=45°$的斜截面上切应力τ_α是：

A. $\tau_\alpha = 10\sqrt{2}\text{MPa}$

B. $\tau_\alpha = 50\text{MPa}$

C. $\tau_\alpha = 60\text{MPa}$

D. $\tau_\alpha = 0$

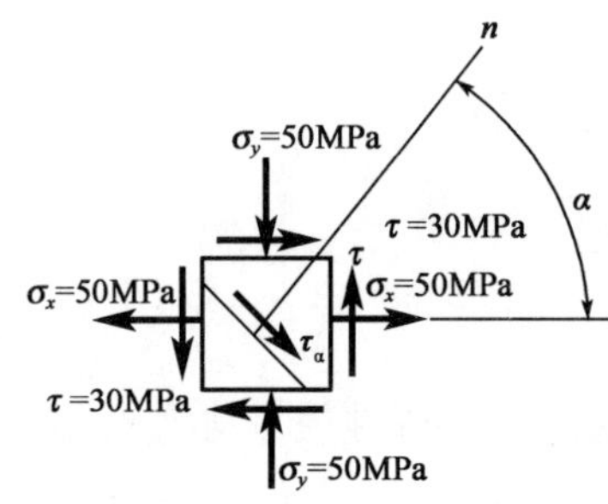

70. 图示矩形截面细长（大柔度）压杆，弹性模量为E。该压杆的临界荷载F_{cr}为：

A. $F_{cr} = \frac{\pi^2 E}{L^2}\left(\frac{bh^3}{12}\right)$

B. $F_{cr} = \frac{\pi^2 E}{L^2}\left(\frac{hb^3}{12}\right)$

C. $F_{cr} = \frac{\pi^2 E}{(2L)^2}\left(\frac{bh^3}{12}\right)$

D. $F_{cr} = \frac{\pi^2 E}{(2L)^2}\left(\frac{hb^3}{12}\right)$

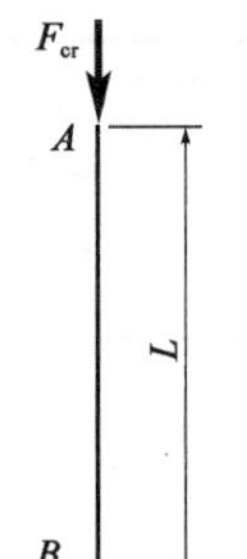

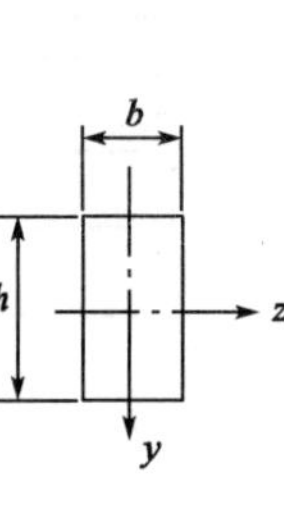

71. 按连续介质概念，流体质点是：

A. 几何的点

B. 流体的分子

C. 流体内的固体颗粒

D. 几何尺寸在宏观上同流动特征尺度相比是微小量，又含有大量分子的微元体

72. 设A、B两处液体的密度分别为ρ_A与ρ_B，由U形管连接，如图所示，已知水银密度为ρ_m，1、2面的高度差为Δh，它们与A、B中心点的高度差分别是h_1与h_2，则AB两中心点的压强差$P_A - P_B$为：

A. $(-h_1\rho_A + h_2\rho_B + \Delta h\rho_m)g$

B. $(h_1\rho_A - h_2\rho_B - \Delta h\rho_m)g$

C. $[-h_1\rho_A + h_2\rho_B + \Delta h(\rho_m - \rho_A)]g$

D. $[h_1\rho_A - h_2\rho_B - \Delta h(\rho_m - \rho_A)]g$

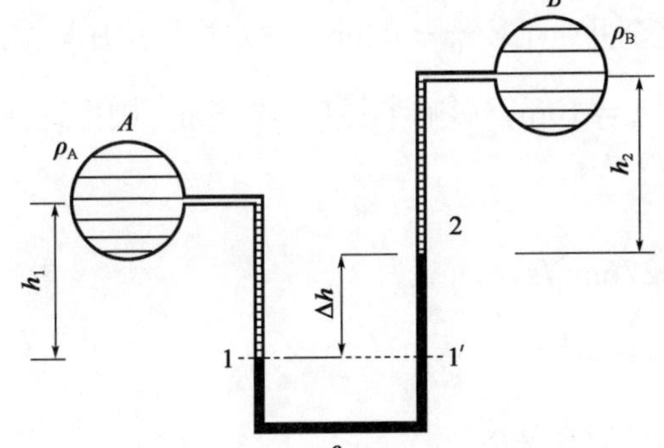

73. 汇流水管如图所示，已知三部分水管的横截面积分别为$A_1 = 0.01\text{m}^2$，$A_2 = 0.005\text{m}^2$，$A_3 = 0.01\text{m}^2$入流速度$v_1 = 4\text{m/s}$，$v_2 = 6\text{m/s}$，求出流的流速v_3为：

A. 8m/s

B. 6m/s

C. 7m/s

D. 5m/s

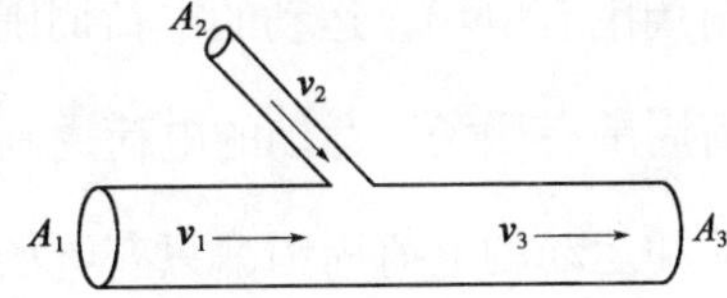

74. 尼古拉斯实验的曲线图中，在以下哪个区域里，不同相对粗糙度的试验点，分别落在一些与横轴平行的直线上，阻力系数λ与雷诺数无关：

A. 层流区

B. 临界过渡区

C. 紊流光滑区

D. 紊流粗糙区

75. 正常工作条件下，若薄壁小孔口直径为d，圆柱形管嘴的直径为d_2，作用水头H相等，要使得孔口与管嘴的流量相等，则直径d_1与d_2的关系是：

A. $d_1 > d_2$

B. $d_1 < d_2$

C. $d_1 = d_2$

D. 条件不足无法确定

76. 下面对明渠均匀流的描述哪项是正确的：

A. 明渠均匀流必须是非恒定流

B. 明渠均匀流的粗糙系数可以沿程变化

C. 明渠均匀流可以有支流汇入或流出

D. 明渠均匀流必须是顺坡

77. 有一完全井，半径$r_0 = 0.3\text{m}$，含水层厚度$H = 15\text{m}$，土壤渗透系数$k = 0.0005\text{m/s}$，抽水稳定后，井水深$h = 10\text{m}$，影响半径$R = 375\text{m}$，则由达西定律得出的井的抽水量Q为：（其中计算系数为1.366）

A. $0.0276\text{m}^3/\text{s}$

B. $0.0138\text{m}^3/\text{s}$

C. $0.0414\text{m}^3/\text{s}$

D. $0.0207\text{m}^3/\text{s}$

78. 量纲和谐原理是指：

A. 量纲相同的量才可以乘除

B. 基本量纲不能与导出量纲相运算

C. 物理方程式中各项的量纲必须相同

D. 量纲不同的量才可以加减

79. 关于电场和磁场，下述说法中正确的是：

A. 静止的电荷周围有电场，运动的电荷周围有磁场

B. 静止的电荷周围有磁场，运动的电荷周围有电场

C. 静止的电荷和运动的电荷周围都只有电场

D. 静止的电荷和运动的电荷周围都只有磁场

80. 如图所示，两长直导线的电流$I_1 = I_2$，L是包围I_1、I_2的闭合曲线，以下说法中正确的是：

A. L上各点的磁场强度H的量值相等，不等于0

B. L上各点的H等于0

C. L上任一点的H等于I_1、I_2在该点的磁场强度的叠加

D. L上各点的H无法确定

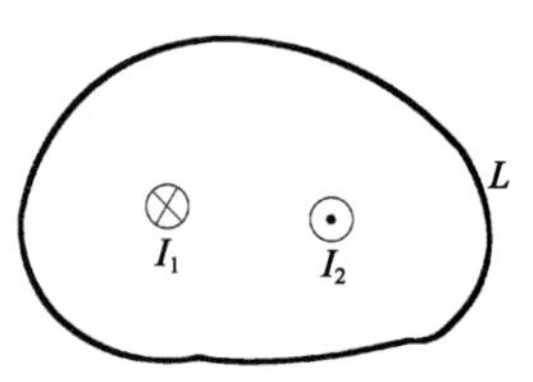

81. 电路如图所示，U_s为独立电压源，若外电路不变，仅电阻R变化时，将会引起下述哪种变化？

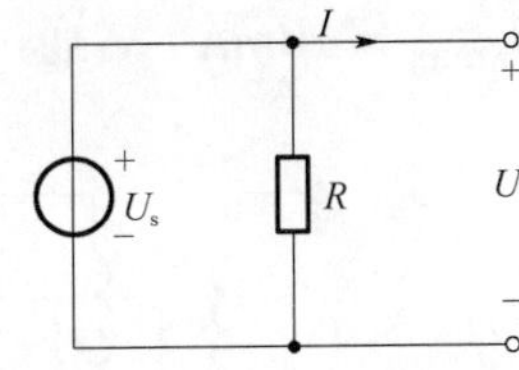

A. 端电压U的变化

B. 输出电流I的变化

C. 电阻R支路电流的变化

D. 上述三者同时变化

82. 在图 a）电路中有电流I时，可将图 a）等效为图 b），其中等效电压源电压U_s和等效电源内阻R_0分别为：

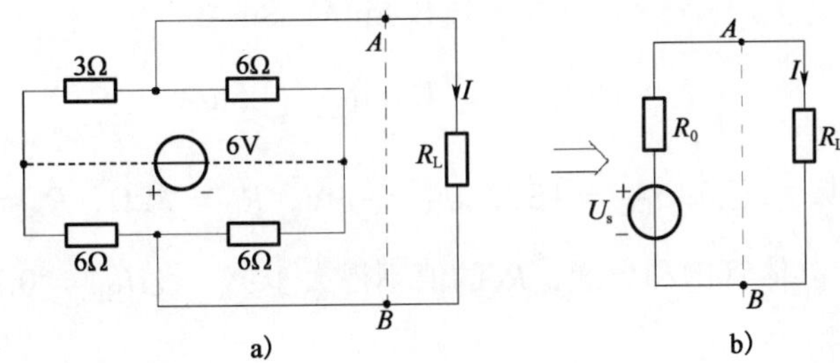

A. −1V，5.143Ω　　B. 1V，5Ω　　C. −1V，5Ω　　D. 1V，5.143Ω

83. 某三相电路中，三个线电流分别为：

$$i_A = 18\sin(314t + 23°)\ (A)$$
$$i_B = 18\sin(314t - 97°)\ (A)$$
$$i_C = 18\sin(314t + 143°)\ (A)$$

当$t = 10$s时，三个电流之和为：

A. 18A　　B. 0A　　C. $18\sqrt{2}$A　　D. $18\sqrt{3}$A

84. 电路如图所示，电容初始电压为零，开关在$t = 0$时闭合，则$t \geqslant 0$时，$u(t)$为：

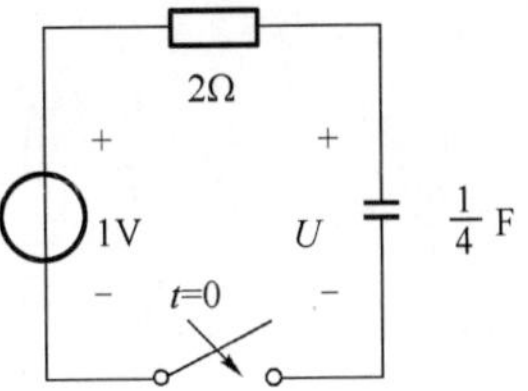

A. $(1 - e^{-0.5t})$V

B. $(1 + e^{-0.5t})$V

C. $(1 - e^{-2t})$V

D. $(1 + e^{-2t})$V

85. 有一容量为 10kV · A的单相变压器，电压为3300/220V，变压器在额定状态下运行。在理想的情况下副边可接 40W、220V、功率因数$\cos\phi = 0.44$的日光灯多少盏？

A. 110　　B. 200　　C. 250　　D. 125

86. 整流滤波电路如图所示，已知$U_1 = 30\text{V}$，$U_o = 12\text{V}$，$R = 2\text{k}\Omega$，$R_L = 4\text{k}\Omega$（稳压管的稳定电流$I_{Zmin} = 5\text{mA}$与$I_{Zmax} = 18\text{mA}$）。通过稳压管的电流和通过二极管的平均电流分别是：

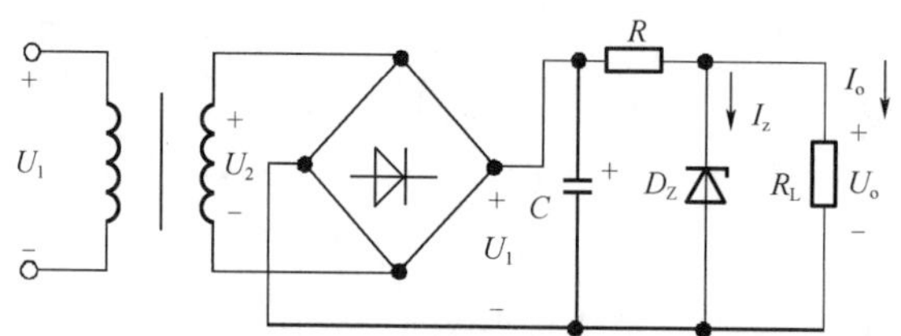

A. 5mA，2.5mA

B. 8mA，8mA

C. 6mA，2.5mA

D. 6mA，4.5mA

87. 晶体管非门电路如图所示，已知$U_{CC} = 15\text{V}$，$U_B = -9\text{V}$，$R_C = 3\text{k}\Omega$，$R_B = 20\text{k}\Omega$，$\beta = 40$，当输入电压$U_1 = 5\text{V}$时，要使晶体管饱和导通，R_X的值不得大于：（设$U_{BE} = 0.7\text{V}$，集电极和发射极之间的饱和电压$U_{CES} = 0.3\text{V}$）

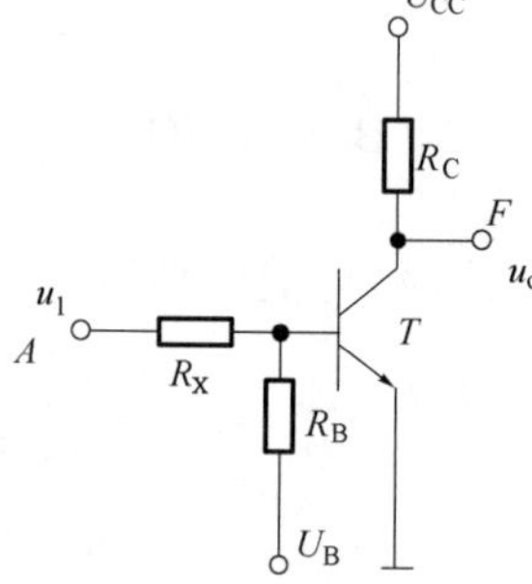

A. 7.1kΩ

B. 35kΩ

C. 3.55kΩ

D. 17.5kΩ

88. 图示为共发射极单管电压放大电路，估算静态点I_B、I_C、V_{CE}分别为：

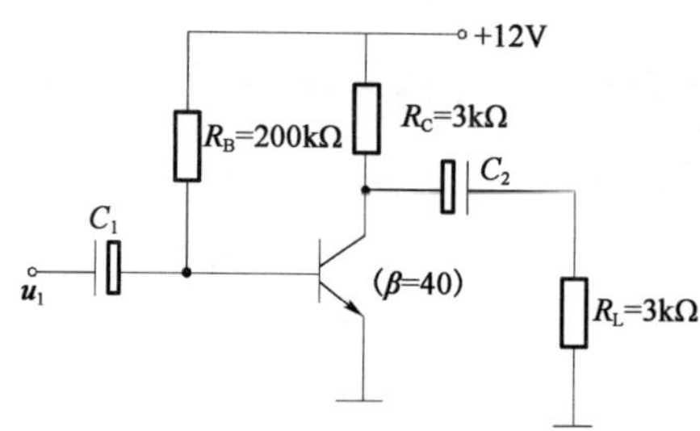

A. 57μA，2.28mA，5.16V

B. 57μA，2.28mA，8V

C. 57μA，4mA，0V

D. 30μA，2.8mA，3.5V

89. 图为三个二极管和电阻 R 组成的一个基本逻辑门电路，输入二极管的高电平和低电平分别是 3V 和 0V，电路的逻辑关系式是：

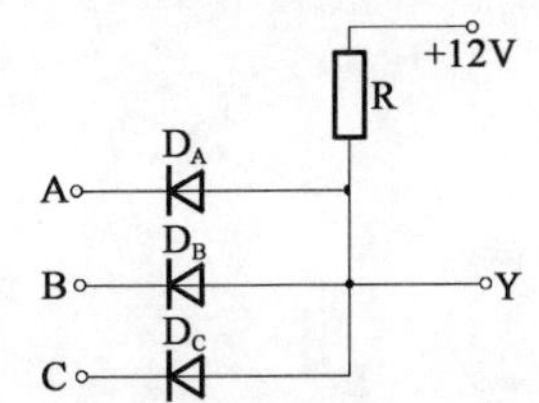

A. Y=ABC

B. Y=A+B+C

C. Y=AB+C

D. Y=(A+B)C

90. 由两个主从型 JK 触发器组成的逻辑电路如图 a）所示，设Q_1、Q_2的初始态是 0、0，已知输入信号 A 和脉冲信号 cp 的波形，如图 b）所示，当第二个 cp 脉冲作用后，Q_1、Q_2将变为：

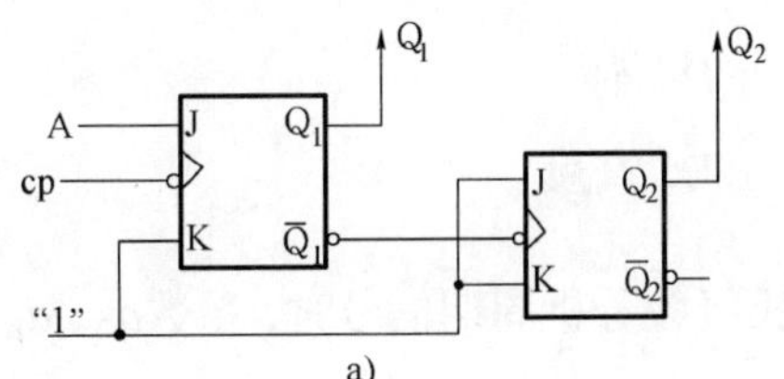

a)

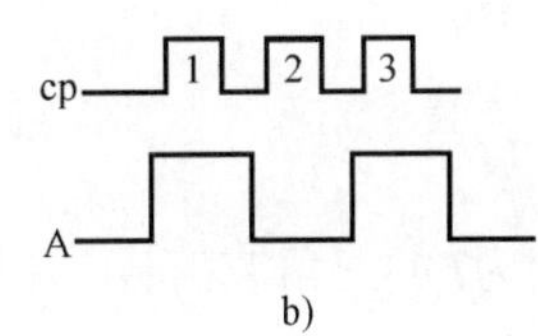

b)

A. 1、1　　　　B. 1、0

C. 0、1　　　　D. 保持 0、0 不变

91. 图示为电报信号、温度信号、触发脉冲信号和高频脉冲信号的波形，其中是连续信号的是：

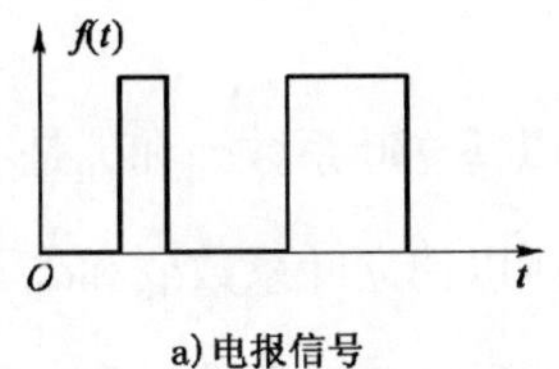

a) 电报信号

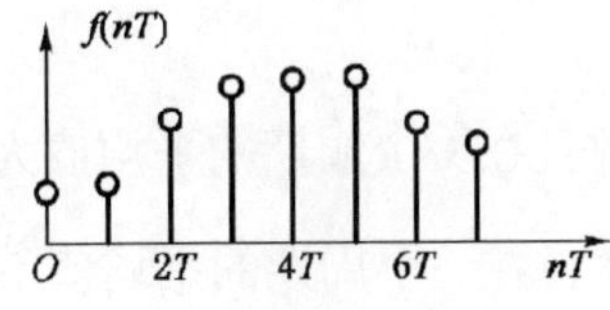

b) 温度信号

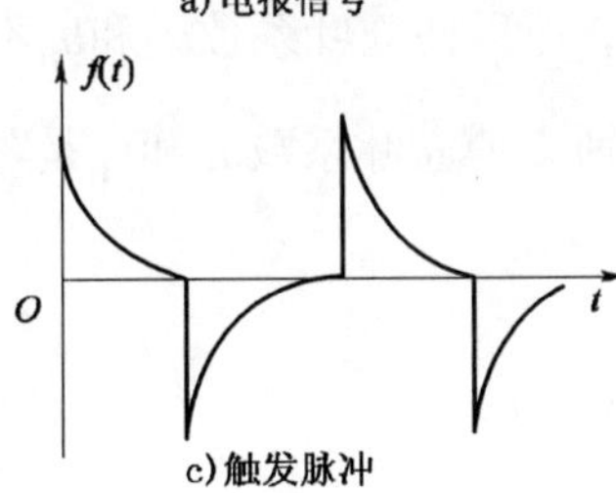

c) 触发脉冲

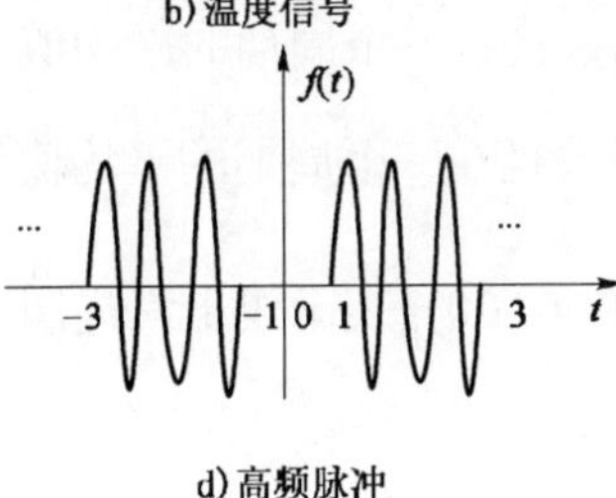

d) 高频脉冲

A. a）、c）、d）　　　　B. b）、c）、d）

C. a）、b）、c）　　　　D. a）、b）、d）

92. 连续时间信号与通常所说的模拟信号的关系是：

A. 完全不同　　B. 是同一个概念

C. 不完全相同　　D. 无法回答

93. 单位冲激信号$\delta(t)$是：

A. 奇函数　　B. 偶函数

C. 非奇非偶函数　　D. 奇异函数，无奇偶性

94. 单位阶跃信号$\varepsilon(t)$是物理量单位跃变现象，而单位冲激信号$\delta(t)$是物理量产生单位跃变什么的现象：

A. 速度　　B. 幅度

C. 加速度　　D. 高度

95. 如图所示的周期为T的三角波信号，在用傅氏级数分析周期信号时，系数a_0、a_n和b_n判断正确的是：

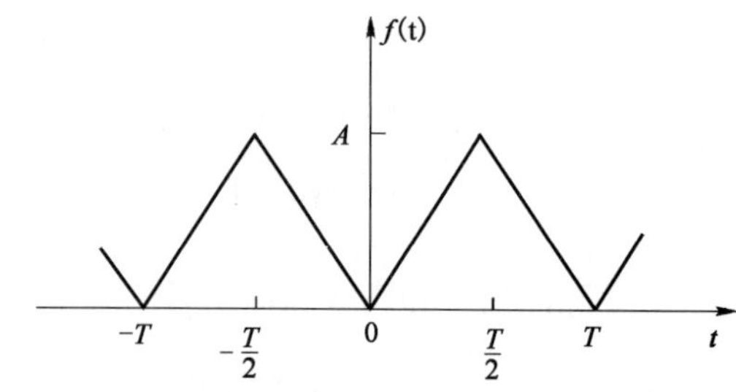

A. 该信号是奇函数且在一个周期的平均值为零，所以傅立叶系数a_0和b_n是零

B. 该信号是偶函数且在一个周期的平均值不为零，所以傅立叶系数a_0和a_n不是零

C. 该信号是奇函数且在一个周期的平均值不为零，所以傅立叶系数a_0和b_n不是零

D. 该信号是偶函数且在一个周期的平均值为零，所以傅立叶系数a_0和b_n是零

96. 将$(11010010.01010100)_\mathrm{B}$表示成十六进制数是：

A. $(\mathrm{D2.54})_\mathrm{H}$　　B. D2.54

C. $(\mathrm{D2.A8})_\mathrm{H}$　　D. $(\mathrm{D2.54})_\mathrm{B}$

97. 计算机系统内的系统总线是：

A. 计算机硬件系统的一个组成部分

B. 计算机软件系统的一个组成部分

C. 计算机应用软件系统的一个组成部分

D. 计算机系统软件的一个组成部分

98. 目前，人们常用的文字处理软件有：

A. Microsoft Word 和国产字处理软件 WPS

B. Microsoft Excel 和 Auto CAD

C. Microsoft Access 和 Visual Foxpro

D. Visual BASIC 和 Visual C++

99. 下面所列各种软件中，最靠近硬件一层的是：

A. 高级语言程序

B. 操作系统

C. 用户低级语言程序

D. 服务性程序

100. 操作系统中采用虚拟存储技术，实际上是为实现：

A. 在一个较小内存储空间上，运行一个较小的程序

B. 在一个较小内存储空间上，运行一个较大的程序

C. 在一个较大内存储空间上，运行一个较小的程序

D. 在一个较大内存储空间上，运行一个较大的程序

101. 用二进制数表示的计算机语言称为：

A. 高级语言　　B. 汇编语言

C. 机器语言　　D. 程序语言

102. 下面四个二进制数中，与十六进制数 AE 等值的一个是：

A. 10100111　　B. 10101110

C. 10010111　　D. 11101010

103. 常用的信息加密技术有多种，下面所述四条不正确的一条是：

A. 传统加密技术、数字签名技术

B. 对称加密技术

C. 密钥加密技术

D. 专用 ASCII 码加密技术

104. 广域网，又称为远程网，它所覆盖的地理范围一般：

A. 从几十米到几百米

B. 从几百米到几公里

C. 从几公里到几百公里

D. 从几十公里到几千公里

105. 我国专家把计算机网络定义为：

A. 通过计算机将一个用户的信息传送给另一个用户的系统

B. 由多台计算机、数据传输设备以及若干终端连接起来的多计算机系统

C. 将经过计算机储存、再生，加工处理的信息传输和发送的系统

D. 利用各种通信手段，把地理上分散的计算机连在一起，达到相互通信、共享软/硬件和数据等资源的系统

106. 在计算机网络中，常将实现通信功能的设备和软件称为：

A. 资源子网　　B. 通信子网

C. 广域网　　D. 局域网

107. 某项目拟发行 1 年期债券。在年名义利率相同的情况下，使年实际利率较高的复利计息期是：

A. 1 年　　B. 半年

C. 1 季度　　D. 1 个月

108. 某建设工程建设期为 2 年。其中第一年向银行贷款总额为 1000 万元，第二年无贷款，贷款年利率为 6%，则该项目建设期利息为：

A. 30 万元　　B. 60 万元

C. 61.8 万元　　D. 91.8 万元

109. 某公司向银行借款 5000 万元，期限为 5 年，年利率为 10%，每年年末付息一次，到期一次还本，企业所得税率为 25%。若不考虑筹资费用，该项借款的资金成本率是：

A. 7.5%　　B. 10%

C. 12.5%　　D. 37.5%

110. 对于某常规项目（IRR 唯一），当设定折现率为 12%时，求得的净现值为 130 万元；当设定折现率为 14%时，求得的净现值为−50 万元，则该项目的内部收益率应是：

A. 11.56% B. 12.77%

C. 13% D. 13.44%

111. 下列财务评价指标中，反映项目偿债能力的指标是：

A. 投资回收期 B. 利息备付率

C. 财务净现值 D. 总投资收益率

112. 某企业生产一种产品，年固定成本为 1000 万元，单位产品的可变成本为 300 元、售价为 500 元，则其盈亏平衡点的销售收入为：

A. 5 万元 B. 600 万元

C. 1500 万元 D. 2500 万元

113. 下列项目方案类型中，适于采用净现值法直接进行方案选优的是：

A. 寿命期相同的独立方案

B. 寿命期不同的独立方案

C. 寿命期相同的互斥方案

D. 寿命期不同的互斥方案

114. 某项目由 A、B、C、D 四个部分组成，当采用强制确定法进行价值工程对象选择时，它们的价值指数分别如下所示。其中不应作为价值工程分析对象的是：

A. 0.7559 B. 1.0000

C. 1.2245 D. 1.5071

115. 建筑工程开工前，建设单位应当按照国家有关规定申请领取施工许可证，颁发施工许可证的单位应该是：

A. 县级以上人民政府建设行政主管部门

B. 工程所在地县级以上人民政府建设工程监督部门

C. 工程所在地省级以上人民政府建设行政主管部门

D. 工程所在地县级以上人民政府建设行政主管部门

116. 根据《中华人民共和国安全生产法》的规定，生产经营单位主要负责人对本单位的安全生产负总责，某生产经营单位的主要负责人对本单位安全生产工作的职责是：

A. 建立、健全本单位安全生产责任制

B. 保证本单位安全生产投入的有效使用

C. 及时报告生产安全事故

D. 组织落实本单位安全生产规章制度和操作规程

117. 根据《中华人民共和国招标投标法》的规定，某建设工程依法必须进行招标，招标人委托了招标代理机构办理招标事宜，招标代理机构的行为合法的是：

A. 编制投标文件和组织评标

B. 在招标人委托的范围内办理招标事宜

C. 遵守《中华人民共和国招标投标法》关于投标人的规定

D. 可以作为评标委员会成员参与评标

118. 《中华人民共和国合同法》规定的合同形式中不包括：

A. 书面形式　　B. 口头形式

C. 特定形式　　D. 其他形式

119. 根据《中华人民共和国行政许可法》规定，下列可以设定行政许可的事项是：

A. 企业或者其他组织的设立等，需要确定主体资格的事项

B. 市场竞争机制能够有效调节的事项

C. 行业组织或者中介机构能够自律管理的事项

D. 公民、法人或者其他组织能够自主决定的事项

120. 根据《建设工程质量管理条例》的规定，施工图必须经过审查批准，否则不得使用，某建设单位投资的大型工程项目施工图设计已经完成，该施工图应该报审的管理部门是：

A. 县级以上人民政府建设行政主管部门

B. 县级以上人民政府工程设计主管部门

C. 县级以上政府规划部门

D. 工程监理单位

2012年度全国勘察设计注册工程师执业资格考试基础考试（上）

试题解析及参考答案

1. 解 $\lim\limits_{x\to 0^+}(x^2+1)=1$，$\lim\limits_{x\to 0^-}\left(\cos x+x\sin\frac{1}{x}\right)=1+0=1$

$f(0)=(x^2+1)|_{x=0}=1$，所以$\lim\limits_{x\to 0^+}f(x)=\lim\limits_{x\to 0^-}f(x)=f(0)$

答案：D

2. 解 $\lim\limits_{x\to 0}\frac{1-\cos x}{2x^2}=\lim\limits_{x\to 0}\frac{\frac{1}{2}x^2}{2x^2}=\frac{1}{4}\neq 1$，当$x\to 0$，$1-\cos x\sim\frac{1}{2}x^2$。

答案：D

3. 解 $y=\ln\cos x$，$y'=\frac{-\sin x}{\cos x}=-\tan x$，$\mathrm{d}y=-\tan x\mathrm{d}x$

答案：C

4. 解 $f(x)=\left(e^{-x^2}\right)'=-2xe^{-x^2}$

$f'(x)=-2\left[e^{-x^2}+xe^{-x^2}(-2x)\right]=2e^{-x^2}(2x^2-1)$

答案：A

5. 解 $\int f'(2x+1)\mathrm{d}x=\frac{1}{2}\int f'(2x+1)\mathrm{d}(2x+1)=\frac{1}{2}f(2x+1)+C$

答案：B

6. 解

$$\begin{aligned}\int_0^{\frac{1}{2}}\frac{1+x}{\sqrt{1-x^2}}\mathrm{d}x&=\int_0^{\frac{1}{2}}\frac{1}{\sqrt{1-x^2}}\mathrm{d}x+\int_0^{\frac{1}{2}}\frac{x}{\sqrt{1-x^2}}\mathrm{d}x\\&=\arcsin x\Big|_0^{\frac{1}{2}}+\int_0^{\frac{1}{2}}\frac{1}{\sqrt{1-x^2}}\mathrm{d}\left(\frac{1}{2}x^2\right)\\&=\arcsin\frac{1}{2}+\left(-\frac{1}{2}\right)\times\int_0^{\frac{1}{2}}\frac{1}{\sqrt{1-x^2}}\mathrm{d}(1-x^2)\\&=\frac{\pi}{6}+\left(-\frac{1}{2}\right)\times 2(1-x^2)^{\frac{1}{2}}\Big|_0^{\frac{1}{2}}\\&=\frac{\pi}{6}-\left(\frac{\sqrt{3}}{2}-1\right)=\frac{\pi}{6}+1-\frac{\sqrt{3}}{2}\end{aligned}$$

答案：C

7. 解 见解图，D：$\begin{cases}0\leqslant\theta<\frac{\pi}{4}\\0\leqslant r\leqslant\frac{1}{\cos\theta}\end{cases}$，因为$x=1$，$r\cos\theta=1\left(\text{即}r=\frac{1}{\cos\theta}\right)$

题7解图

等式$=\int_0^{\frac{\pi}{4}}\mathrm{d}\theta\int_0^{\frac{1}{\cos\theta}}f(r\cos\theta,r\sin\theta)r\mathrm{d}r$

答案：B

8. 解 已知$a<x<b$，$f'(x)>0$，单增；$f''(x)<0$，凸。所以函数在区间(a,b)内图形沿x轴正向

是单增且凸的。

答案：C

9. 解　$f(x)=x^{\frac{2}{3}}$在$[-1,1]$连续。$F'(x)=\frac{2}{3}x^{-\frac{1}{3}}=\frac{2}{3}\cdot\frac{1}{\sqrt[3]{x}}$在$(-1,1)$不可导[因为$f'(x)$在$x=0$导数不存在]，所以不满足拉格朗日定理的条件。

答案：B

10. 解　$\sum\limits_{n=1}^{\infty}\left|\frac{(-1)^n}{n}\right|=\sum\limits_{n=1}^{\infty}\frac{1}{n}$，发散；

而$\sum\limits_{n=1}^{\infty}\frac{(-1)^n}{n}$满足：①$u_n\geqslant u_{n+1}$，②$\lim\limits_{n\to\infty}u_n=0$，该级数收敛。

所以级数条件收敛。

答案：A

11. 解　$|x|<\frac{1}{2}$，即$-\frac{1}{2}<x<\frac{1}{2}$，$f(x)=\frac{1}{1+2x}$

已知：$\frac{1}{1+x}=1-x+x^2-x^3+\cdots+(-1)^nx^n+\cdots=\sum\limits_{n=0}^{\infty}(-1)^nx^n(-1<x<1)$

$$\text{则}f(x)=\frac{1}{1+2x}=1-(2x)+(2x)^2-(2x)^3+\cdots+(-1)^n(2x)^n+\cdots$$

$$=\sum_{n=0}^{\infty}(-1)^n(2x)^n=\sum_{n=0}^{\infty}(-2)^nx^n\qquad\left(-1<2x<1\text{，即}-\frac{1}{2}<x<\frac{1}{2}\right)$$

答案：B

12. 解　已知$y_1(x)$，$y_2(x)$是微分方程$y'+p(x)y=q(x)$两个不同的特解，所以$y_1(x)-y_2(x)$为对应齐次方程$y'+p(x)y=0$的一个解。

微分方程$y'+p(x)y=q(x)$的通解为$y=y_1+C(y_1-y_2)$。

答案：D

13. 解　$y''+2y'-3y=0$，特征方程为$r^2+2r-3=0$，得$r_1=-3$，$r_2=1$。所以$y_1=e^x$，$y_2=e^{-3x}$为选项 B 的特解，满足条件。

答案：B

14. 解　$\frac{\mathrm{d}y}{\mathrm{d}x}=-\frac{x}{y}$，$y\mathrm{d}y=-x\mathrm{d}x$

两边积分：$\frac{1}{2}y^2=-\frac{1}{2}x^2+C$，$y^2=-x^2+2C$，$y^2+x^2=C_1$，这里常数$C_1=2C$，必须满足$C_1\geqslant0$。

故方程的通解为$x^2+y^2=C^2(C\in R)$。

答案：C

15. 解　旋转体体积$V=\int_0^{\pi}\pi\left[(\sin x)^{\frac{3}{2}}\right]^2\mathrm{d}x=\pi\int_0^{\pi}\sin^3x\mathrm{d}x=\pi\int_0^{\pi}\sin^2x\mathrm{d}(-\cos x)$

$$=-\pi\int_0^{\pi}(1-\cos^2x)\,\mathrm{d}\cos x=-\pi\left(\cos x-\frac{1}{3}\cos^3x\right)\Big|_0^{\pi}=\frac{4}{3}\pi$$

答案：B

16. 解 方程组$\begin{cases} x^2+4y^2+z^2=4 & ① \\ x+z=a & ② \end{cases}$

消去字母x，由②式得：

$$x=a-z \quad ③$$

③式代入①式得：$(a-z)^2+4y^2+z^2=4$

则曲线在yOz平面上投影方程为$\begin{cases} (a-z)^2+4y^2+z^2=4 \\ x=0 \end{cases}$

答案：A

17. 解 方程$x^2-\frac{y^2}{4}+z^2=1$，即$x^2+z^2-\frac{y^2}{4}=1$，可由xOy平面上双曲线$\begin{cases} x^2-\frac{y^2}{4}=1 \\ z=0 \end{cases}$绕$y$轴旋转得到，也可由$yOz$平面上双曲线$\begin{cases} z^2-\frac{y^2}{4}=1 \\ x=0 \end{cases}$绕$y$轴旋转得到。

所以$x^2+z^2-\frac{y^2}{4}=1$为旋转双曲面。

答案：A

18. 解 直线L的方向向量$\vec{s}=\begin{vmatrix} \vec{i} & \vec{j} & \vec{k} \\ 1 & 3 & 2 \\ 2 & -1 & -10 \end{vmatrix}=-28\vec{i}+14\vec{j}-7\vec{k}$，即$\vec{s}=\{-28,14,-7\}$

平面π：$4x-2y+z-2=0$，法线向量：$\vec{n}=\{4,-2,1\}$

$\vec{s}$，$\vec{n}$坐标成比例，$\frac{-28}{4}=\frac{14}{-2}=\frac{-7}{1}$，则$\vec{s}\,/\!/\,\vec{n}$，直线$L$垂直于平面$\pi$。

答案：C

19. 解 $\boldsymbol{A}$的特征值为λ_0，$2\boldsymbol{A}$的特征值为$2\lambda_0$，$(2\boldsymbol{A})^{-1}$的特征值为$\frac{1}{2\lambda_0}$。

答案：C

20. 解 已知$\vec{\alpha_1}$，$\vec{\alpha_2}$，$\vec{\beta}$线性相关，$\vec{\alpha_2}$，$\vec{\alpha_3}$，$\vec{\beta}$线性无关。由性质可知：$\vec{\alpha_1}$，$\vec{\alpha_2}$，$\vec{\alpha_3}$，$\vec{\beta}$线性相关（部分相关，全体相关），$\vec{\alpha_2}$，$\vec{\alpha_3}$，$\vec{\beta}$线性无关。

故$\vec{\alpha_1}$可用$\vec{\alpha_2}$，$\vec{\alpha_3}$，$\vec{\beta}$线性表示。

答案：B

21. 解 已知$\boldsymbol{A}=\begin{bmatrix} 1 & t & -1 \\ t & 1 & 1 \\ -1 & 1 & 2 \end{bmatrix}$

由矩阵$\boldsymbol{A}$正定的充分必要条件可知：$1>0$，$\begin{vmatrix} 1 & t \\ t & 1 \end{vmatrix}=1-t^2>0$

$$\begin{vmatrix} 1 & t & -1 \\ t & 1 & 1 \\ -1 & 1 & 2 \end{vmatrix} \xlongequal[2c_1+c_3]{c_1+c_2} \begin{vmatrix} 1 & t+1 & 1 \\ t & t+1 & 1+2t \\ -1 & 0 & 0 \end{vmatrix}=(-1)[(t+1)(1+2t)-(t+1)]$$

$$=-2t(t+1)>0$$

求解$t^2<1$，得$-1<t<1$；再求解$-2t(t+1)>0$，得$t(t+1)<0$，即$-1<t<0$，则公共解$-1<t<0$。

答案：B

22. 解　A、B互不相容时，$P(AB)=0$。$\overline{A}\,\overline{B}=\overline{A\cup B}$

$P(\overline{A}\,\overline{B})=P(\overline{A\cup B})=1-P(A\cup B)$

$=1-[P(A)+P(B)-P(AB)]=1-(p+q)$

或使用图示法（面积表示概率），见解图。

$\overline{A}\overline{B}$　A　B

题 22 解图

答案：C

23. 解　X与Y独立时，$E(XY)=E(X)E(Y)$，X在$[a,b]$上服从均匀分布时，$E(X)=\frac{a+b}{2}=1$，Y服从参数为λ的指数分布时，$E(Y)=\frac{1}{\lambda}=\frac{1}{3}$，$E(XY)=\frac{1}{3}$。

答案：D

24. 解　当σ^2未知时检验假设H_0：$\mu=\mu_0$，应选取统计量$T=\frac{\overline{X}-\mu_0}{S}\sqrt{n}$，$S^2=\frac{1}{n-1}\sum\limits_{i=1}^{n}\left(X_i-\overline{X}\right)^2=\frac{1}{n-1}Q^2$，$S=\frac{Q}{\sqrt{n-1}}$。

当$\mu_0=0$时，$T=\sqrt{n(n-1)}\frac{\overline{X}}{Q}$。

答案：A

25. 解　①由$p=nkT$，知选项 A 不正确；

②由$pV=\frac{m}{M}RT$，知选项 B 不正确；

③由$\overline{\omega}=\frac{3}{2}kT$，温度、压强相等，单位体积分子数相同，知选项 C 正确；

④由$E_{内}=\frac{i}{2}\frac{m}{M}RT=\frac{i}{2}pV$，知选项 D 不正确。

答案：C

26. 解　$N\int_{v_1}^{v_2}f(v)\mathrm{d}v$表示速率在$v_1\to v_2$区间内的分子数。

答案：B

27. 解　注意内能的增量ΔE只与系统的起始和终了状态有关，与系统所经历的过程无关。

$Q_{\mathrm{ab}}=335=\Delta E_{\mathrm{ab}}+126$，$\Delta E_{\mathrm{ab}}=209\mathrm{J}$，$Q'_{\mathrm{ab}}=\Delta E_{\mathrm{ab}}+42=251\mathrm{J}$

答案：C

28. 解　等体过程：　$Q_1=Q_{\mathrm{v}}=\Delta E_1=\frac{m}{M}\frac{i}{2}R\Delta T$　①

等压过程：　$Q_2=Q_{\mathrm{p}}=\Delta E_2+A=\frac{m}{M}\frac{i}{2}R\Delta T+A$　②

对于给定的理想气体，内能的增量只与系统的起始和终了状态有关，与系统所经历的过程无关，$\Delta E_1=\Delta E_2$。

比较①式和②式，注意到$A>0$，显然$Q_2>Q_1$。

答案：A

29. 解　在$t=0.25\mathrm{s}$时刻，处于平衡位置，$y=0$

由简谐波的波动方程$y = 2\times10^{-2}\cos 2\pi\left(10\times0.25-\frac{x}{5}\right)=0$，可知

$$\cos 2\pi\left(10\times0.25-\frac{x}{5}\right)=0$$

则$2\pi\left(10\times0.25-\frac{x}{5}\right)=(2k+1)\frac{\pi}{2}$，$k=0,\pm1,\pm2,\cdots$

由此可得$2\frac{x}{5}=\frac{9}{2}-k$

当$x=0$时，$k=4.5$

所以$k=4$，$x=1.25$或$k=5$，$x=-1.25$时，与坐标原点$x=0$最近

答案：C

30. 解 当初相位$\phi=0$时，波动方程的表达式为$y=A\cos\omega\left(t-\frac{x}{u}\right)$，利用$\omega=2\pi\nu$，$\nu=\frac{1}{T}$，$u=\lambda\nu$，表达式$y=A\cos\left[2\pi\nu\left(t-\frac{x}{\lambda\nu}\right)\right]=A\cos2\pi\left(\nu t-\frac{\nu x}{\lambda\nu}\right)=A\cos2\pi\left(\frac{t}{T}-\frac{x}{\lambda}\right)$，令$A=0.02\text{m}$，$T=0.5\text{s}$，$\lambda=100\text{m}$，则$y=0.02\cos\left(\frac{t}{\frac{1}{2}}-\frac{x}{100}\right)=0.02\cos2\pi(2t-0.01x)$。

答案：B

31. 解 声强级$L=10\lg\frac{I}{I_0}\text{dB}$，由题意得$40=10\lg\frac{I}{I_0}$，即$\frac{I}{I_0}=10^4$；同理$\frac{I'}{I_0}=10^8$，$\frac{I'}{I}=10^4$。

答案：D

32. 解 自然光I_0通过P_1偏振片后光强减半为$\frac{I_0}{2}$，通过P_2偏振后光强为$I=\frac{I_0}{2}\cos^2 90°=0$。

答案：A

33. 解 布儒斯特定律，以布儒斯特角入射，反射光为完全偏振光。

答案：C

34. 解 由光栅公式：$(a+b)\sin\phi=\pm k\lambda \quad (k=0,1,2,\cdots)$

令$\phi=90°$，$k=\frac{2000}{550}=3.63$，k取小于此数的最大正整数，故k取3。

答案：B

35. 解 由单缝衍射明纹条件：$a\sin\phi=(2k+1)\frac{\lambda}{2}$，即$a\sin30°=3\times\frac{\lambda}{2}$，则$a=3\lambda$。

答案：D

36. 解 杨氏双缝干涉：$x_{明}=\pm k\frac{D\lambda}{a}$，$x_{暗}=(2k+1)\frac{D\lambda}{2a}$，间距$=x_{暗}-x_{明}=\frac{D\lambda}{2a}$。

答案：B

37. 解 除3d轨道上的7个电子，其他轨道上的电子都已成对。3d轨道上的7个电子填充到5个简并的d轨道中，按照洪特规则有3个未成对电子。

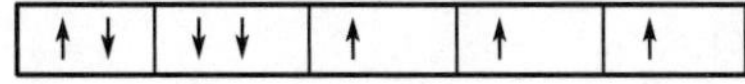

答案：C

38. 解 分子间力包括色散力、诱导力、取向力。分子间力以色散力为主。对同类型分子，色散力正比于分子量，所以分子间力正比于分子量。分子间力主要影响物质的熔点、沸点和硬度。对同类型分子，分子量越大，色散力越大，分子间力越大，物质的熔、沸点越高，硬度越大。

分子间氢键使物质熔、沸点升高，分子内氢键使物质熔、沸点减低。

HF 有分子间氢键，沸点最大。其他三个没有分子间氢键，HCl、HBr、HI 分子量逐渐增大，分子间力逐渐增大，沸点逐渐增大。

答案： D

39. 解 HCl 溶于水既有物理变化也有化学变化。HCl 的微粒向水中扩散的过程是物理变化，HCl 的微粒解离生成氢离子和氯离子的过程是化学变化。

答案： C

40. 解 系统与环境间只有能量交换，没有物质交换是封闭系统；既有物质交换，又有能量交换是敞开系统；没有物质交换，也没有能量交换是孤立系统。

答案： D

41. 解 $K^{\ominus}=\dfrac{\frac{p_{PCl_5}}{p^{\ominus}}}{\frac{p_{PCl_3}}{p^{\ominus}}\frac{p_{Cl_2}}{p^{\ominus}}}=\dfrac{p_{PCl_5}}{p_{PCl_3}\cdot p_{Cl_2}}p^{\ominus}=\dfrac{p^{\ominus}}{p_{Cl_2}}$，$p_{Cl_2}=\dfrac{p^{\ominus}}{K^{\ominus}}=\dfrac{100\text{kPa}}{0.767}=130.38\text{kPa}$

答案： A

42. 解 铜电极的电极反应为：$Cu^{2+}+2e^{-}=Cu$，氢离子没有参与反应，所以铜电极的电极电势不受氢离子影响。

答案： C

43. 解 元素电势图的应用。

（1）判断歧化反应：对于元素电势图$A\overset{E^{\ominus}_{左}}{—}B\overset{E^{\ominus}_{右}}{—}C$，若$E^{\ominus}_{右}$大于$E^{\ominus}_{左}$，B 即是电极电势大的电对的氧化型，可作氧化剂，又是电极电势小的电对的还原型，也可作还原剂，B 的歧化反应能够发生；若$E^{\ominus}_{右}$小于$E^{\ominus}_{左}$，B 的歧化反应不能发生。

（2）计算标准电极电势：根据元素电势图，可以从已知某些电对的标准电极电势计算出另一电对的标准电极电势。

从元素电势图可知，Au^{+}可以发生歧化反应。由于Cu^{2+}达到最高氧化数，最不易失去电子，最稳定。

答案： A

44. 解 系统命名法。

（1）链烃的命名

①选择主链：选择最长碳链或含有官能团的最长碳链为主链；

②主链编号：从距取代基或官能团最近的一端开始对碳原子进行编号；

③写出全称：将取代基的位置编号、数目和名称写在前面，将母体化合物的名称写在后面。

（2）衍生物的命名

①选择母体：选择苯环上所连官能团或带官能团最长的碳链为母体，把苯环视为取代基；

②编号：将母体中碳原子依次编号，使官能团或取代基位次具有最小值。

答案： B

45. 解 含有不饱和键的有机物、含有醛基的有机物可使溴水褪色。

答案： D

46. 解 信息素分子为含有 C═C 不饱和键的醛，C═C 不饱和键和醛基可以与溴发生加成反应；醛基可以发生银镜反应；一个分子含有两个不饱和键（C═C 双键和醛基），1mol 分子可以和 2mol H_2 发生加成反应；它是醛，不是乙烯同系物。

答案： B

47. 解 根据力的可传性，作用于刚体上的力可沿其作用线滑移至刚体内任意点而不改变力对刚体的作用效应，同样也不会改变A、D处的约束力。

答案： A

48. 解 主矢$\boldsymbol{F}_R = \boldsymbol{F}_1 + \boldsymbol{F}_2 + \boldsymbol{F}_3$为三力的矢量和，且此三力可构成首尾相连自行封闭的力三角形，故主矢为零；对O点的主矩为各力向O点平移后附加各力偶（$\boldsymbol{F}_1$、$\boldsymbol{F}_2$、$\boldsymbol{F}_3$对O点之矩）的代数和，即$M_O = 3Fa$（逆时针）。

答案： B

49. 解 画出体系整体的受力图，列平衡方程：

$\Sigma F_x = 0$，$F_{Ax} + F = 0$，得到$F_{Ax} = -F = -100\text{kN}$

$\Sigma M_C(F) = 0$，$F(2L + r) - F(4L + r) - F_{Ay}4L = 0$

得到$F_{Ay} = -\frac{F}{2} = -\frac{100}{2} = -50\text{kN}$

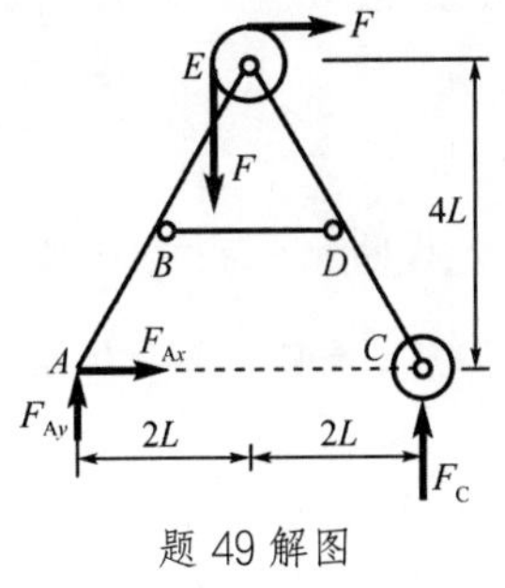

题 49 解图

答案： C

50. 解 根据零杆判别的方法，分析节点G的平衡，可知杆GG_1为零杆；分析节点G_1的平衡，由于GG_1为零杆，故节点实际只连接了三根杆，由此可知杆G_1E为零杆。依次类推，逐一分析节点E、E_1、D、D_1，可分别得出EE_1、E_1D、DD_1、D_1B为零杆。

答案： D

51. 解 因为点做匀加速直线运动，所以可根据公式：$2as = v_t^2 - v_0^2$，得到点运动的路程应为：

$$s = \frac{v_t^2 - v_0^2}{2a} = \frac{8^2 - 5^2}{2 \times 2} = 9.75\text{m}$$

答案：D

52. 解 根据转动刚体内一点的速度和法向加速度公式：$v = r\omega$；$a_n = r\omega^2$，且$\omega = \dot{\varphi} = 4 - 6t$，因此，转动刚体内转动半径$r = 0.5\text{m}$的点，在$t_0 = 0$时的速度和法向加速度的大小为：$v = r\omega = 0.5 \times 4 = 2\text{m/s}$，$a_n = r\omega^2 = 0.5 \times 4^2 = 8\text{m/s}^2$。

答案：A

53. 解 木板的加速度与轮缘一点的切向加速度相等，即$a_t = a = 0.5\text{m/s}^2$，若木板的速度为$v$，则轮缘一点的法向加速度$a_n = r\omega^2 = \frac{v^2}{r} = \sqrt{a_A^2 - a_t^2}$，所以有：

$$v = \sqrt{r\sqrt{a_A^2 - a_t^2}} = \sqrt{0.25\sqrt{3^2 - 0.5^2}} = 0.86\text{m/s}$$

答案：A

54. 解 根据质点运动微分方程$m\boldsymbol{a} = \sum \boldsymbol{F}$，当电梯加速上升、匀速上升及减速上升时，加速度分别向上、零、向下，代入质点运动微分方程，分别有：

$$ma = P_1 - W，\ 0 = W - P_2，\ ma = W - P_3$$

所以：$P_1 = W + ma$，$P_2 = W$，$P_3 = W - ma$

答案：B

55. 解 杆在绳断后的运动过程中，只受重力和地面的铅垂方向约束力，水平方向外力为零，根据质心运动定理，水平方向有：$ma_{Cx} = 0$。由于初始静止，故$v_{Cx} = 0$，说明质心在水平方向无运动，只沿铅垂方向运动。

答案：C

56. 解 分析圆轮A，外力对轮心的力矩为零，即$\sum M_A(F) = 0$，应用相对质心的动量矩定理，有$J_A\alpha = \sum M_A(F) = 0$，则$\alpha = 0$，由于初始静止，故$\omega = 0$，圆轮无转动，所以其运动形式为平行移动。

答案：C

57. 解 惯性力系合力的大小为$F_I = ma_C$，而杆质心的切向和法向加速度分别为$a_t = \frac{l}{2}\alpha$，$a_n = \frac{l}{2}\omega^2$，其全加速度为$a_C = \sqrt{a_t^2 + a_n^2} = \frac{l}{2}\sqrt{\alpha^2 + \omega^4}$，因此$F_I = \frac{l}{2}m\sqrt{\alpha^2 + \omega^4}$。

答案：B

58. 解 因为干扰力的频率与系统固有频率相等时将发生共振，所以$\omega_2 = 2\text{rad/s} = \omega_n$时发生共振，故有最大振幅。

答案：B

59. 解 若将材料由低碳钢改为木材，则改变的只是弹性模量E，而正应力计算公式$\sigma=\frac{F_N}{A}$中没有E，故正应力不变。但是轴向变形计算公式$\Delta l=\frac{F_N l}{EA}$中，$\Delta l$与$E$成反比，当木材的弹性模量减小时，轴向变形$\Delta l$增大。

答案： C

60. 解 由杆的受力分析可知A截面受到一个约束反力为F，方向向左，杆的轴力图如图所示：由于BC段杆轴力为零，没有变形，故杆中距离A端1.5L处横截面的轴向位移就等于AB段杆的伸长，$\Delta l=\frac{FL}{EA}$。

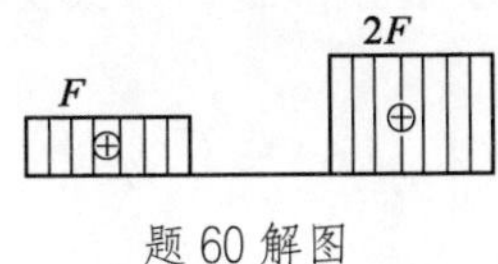

题 60 解图

答案： D

61. 解 圆孔钢板冲断时的剪切面是一个圆柱面，其面积为πdt，冲断条件是$\tau_{\max}=\frac{F}{\pi dt}=\tau_b$，故

$$d=\frac{F}{\pi t\tau_b}=\frac{300\pi\times10^3\text{N}}{\pi\times10\text{mm}\times300\text{MPa}}=100\text{mm}$$

答案： B

62. 解 图示结构剪切面面积是ab，挤压面面积是hb。

剪切强度条件：
$$\tau=\frac{F}{ab}=[\tau] \quad ①$$

挤压强度条件：
$$\sigma_{bs}=\frac{F}{hb}=[\sigma_{bs}] \quad ②$$

$$\frac{①}{②}=\frac{h}{a}=\frac{[\tau]}{[\sigma_{bs}]}$$

答案： A

63. 解 由外力平衡可知左端的反力偶为T，方向是由外向内转。再由各段扭矩计算可知：左段扭矩为$+T$，中段扭矩为$-T$，右段扭矩为$+T$。

答案： D

64. 解 由$\phi_1=\frac{\phi}{2}$，即$\frac{T}{GI_{p1}}=\frac{1}{2}\frac{T}{GI_p}$，得$I_{p1}=2I_p$，所以$\frac{\pi d_1^4}{32}=2\frac{\pi}{32}d^4$，故$d_1=\sqrt[4]{2}d$。

答案： A

65. 解 此题未说明梁的类型，有两种可能（见解图），简支梁时答案为B，悬臂梁时答案为D。

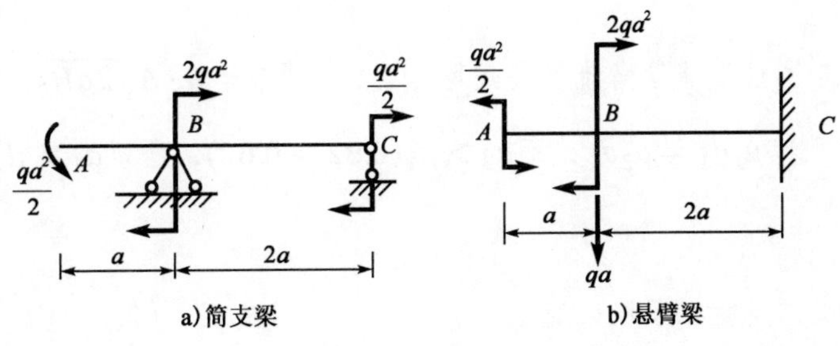

题 65 解图

答案：B 或 D

66. 解　$I_z = \frac{\pi}{64}d^4 - \frac{a^4}{12}$

答案：B

67. 解　因为$I_2 = \frac{b(2a)^3}{12} = 8\frac{ba^3}{12} = 8I_1$，又$f_1 = f_2$，即$\frac{M_1L^2}{2EI_1} = \frac{M_2L^2}{2EI_2}$，故$\frac{M_2}{M_1} = \frac{I_2}{I_1} = 8$。

答案：A

68. 解　图示截面的弯曲中心是两个狭长矩形边的中线交点，形心主轴是y'和z'，故无扭转，而有沿两个形心主轴y'、z'方向的双向弯曲。

答案：C

69. 解　图示单元体$\sigma_x = 50\text{MPa}$，$\sigma_y = -50\text{MPa}$，$\tau_x = -30\text{MPa}$，$\alpha = 45°$。故

$$\tau_\alpha = \frac{\sigma_x - \sigma_y}{2}\sin 2\alpha + \tau_x \cos 2\alpha = \frac{50-(-50)}{2}\sin 90° - 30 \times \cos 90° = 50\text{MPa}$$

答案：B

70. 解　图示细长压杆，$\mu = 2$，$I_{\min} = I_y = \frac{hb^3}{12}$，$F_{\text{cr}} = \frac{\pi^2 EI_{\min}}{(\mu L)^2} = \frac{\pi^2 E}{(2L)^2}\left(\frac{hb^3}{12}\right)$。

答案：D

71. 解　由连续介质假设可知。

答案：D

72. 解　仅受重力作用的静止流体的等压面是水平面。点 1 与 1′的压强相等。

$$P_{\text{A}} + \rho_{\text{A}} g h_1 = P_{\text{B}} + \rho_{\text{B}} g h_2 + \rho_{\text{m}} g \Delta h$$

$$P_{\text{A}} - P_{\text{B}} = (-\rho_{\text{A}} h_1 + \rho_{\text{B}} h_2 + \rho_{\text{m}} \Delta h) g$$

答案：A

73. 解　用连续方程求解。

$$v_3 = \frac{v_1 A_1 + v_2 A_2}{A_3} = \frac{4 \times 0.01 + 6 \times 0.005}{0.01} = 7\text{m/s}$$

答案：C

74. 解　由尼古拉兹阻力曲线图可知，在紊流粗糙区。

答案：D

75. 解　薄壁小孔口与圆柱形外管嘴流量公式均可用，流量$Q = \mu \cdot A\sqrt{2gH_0}$，根据面积$A = \frac{\pi d^2}{4}$和题设两者的$H_0$及$Q$均相等，则有$\mu_1 d_1^2 = \mu_2 d_2^2$，而$\mu_2 > \mu_1 (0.82 > 0.62)$，所以$d_1 > d_2$。

答案：A

76. 解　明渠均匀流必须发生在顺坡渠道上。

答案： D

77. 解　完全普通井流量公式：

$$Q = 1.366\frac{k(H^2-h^2)}{\lg\frac{R}{r_0}} = 1.366\times\frac{0.0005\times(15^2-10^2)}{\lg\frac{375}{0.3}} = 0.0276\text{m}^3/\text{s}$$

答案： A

78. 解　一个正确反映客观规律的物理方程中，各项的量纲是和谐的、相同的。

答案： C

79. 解　静止的电荷产生静电场，运动电荷周围不仅存在电场，也存在磁场。

答案： A

80. 解　用安培环路定律$\oint H\text{d}L = \sum I$，这里电流是代数和，注意它们的方向。

答案： C

81. 解　注意理想电压源和实际电压源的区别，该题是理想电压源$U_\text{s} = U$，即输出电压恒定，电阻R的变化只能引起该支路的电流变化。

答案： C

82. 解　利用等效电压源定理判断。在求等效电压源电动势时，将A、B两点开路后，电压源的两上方电阻和两下方电阻均为串联连接方式。求内阻时，将6V电压源短路。

$$U_\text{s} = 6\left(\frac{6}{3+6}-\frac{6}{6+6}\right) = 1\text{V}$$

$$R_0 = 6/\!/6+3/\!/6 = 5\Omega$$

答案： B

83. 解　对称三相交流电路中，任何时刻三相电流之和均为零。

答案： B

84. 解　该电路为线性一阶电路，暂态过程依据公式$f(t) = f(\infty)+[f(t_0+)-f(\infty)]e^{-t/\tau}$分析。$f(t)$表示电路中任意电压和电流，其中$f(\infty)$是电量的稳态值，$f(t_{0+})$表示初始值，$\tau$表示电路的时间常数。在阻容耦合电路中$\tau = RC$。

答案： C

85. 解　变压器的额定功率用视在功率表示，它等于变压器初级绕阻或次级绕阻中电压额定值与电流额定值的乘积，$S_\text{N} = U_{1\text{N}}I_{1\text{N}} = U_{2\text{N}}I_{2\text{N}}$。接负载后，消耗的有功功率$P_\text{N} = S_\text{N}\cos\varphi_\text{N}$。值得注意的是，次级绕阻电压是变压器空载时的电压，$U_{2\text{N}} = U_{20}$。可以认为变压器初级端的功率因数与次级端的功率因数相同。

$$P_N = S_N \cos\varphi = 10^4 \times 0.44 = 4400\text{W}$$

故可以接入 40W 日光灯 110 盏。

答案： A

86. 解 该电路为直流稳压电源电路。对于输出的直流信号，电容在电路中可视为断路。桥式整流电路中的二极管通过的电流平均值是电阻R中通过电流的一半。

答案： D

87. 解 根据晶体三极管工作状态的判断条件，当晶体管处于饱和状态时，基极电流与集电极电流的关系是：

$$I_B > I_{BS} = \frac{1}{\beta} I_{CS} = \frac{1}{\beta}\left(\frac{U_{CC} - U_{CES}}{R_C}\right)$$

从输入回路分析：

$$I_B = I_{Rx} - I_{RB} = \frac{U_i - U_{BE}}{R_x} - \frac{U_{BE} - U_B}{R_B}$$

答案： A

88. 解 根据等效的直流通道计算，在直流等效电路中电容断路。

设$U_{BE} = 0.6\text{V}$

$$I_B = \frac{V_{CC} - U_{BE}}{R_B} = \frac{12 - 0.6}{200} = 0.057\text{mA}$$

$$I_C = \beta I_B = 40 \times 0.057 = 2.28\text{mA}$$

$$U_{CE} = V_{CC} - I_C R_C = 12 - 2.28 \times 3 = 5.16\text{V}$$

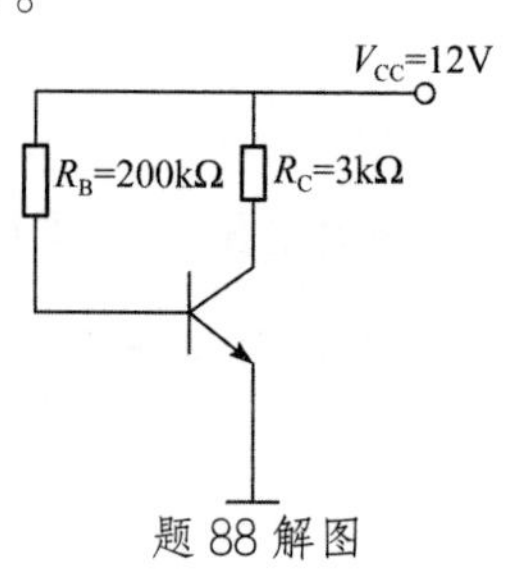

题 88 解图

答案： A

89. 解 首先确定在不同输入电压下三个二极管的工作状态，依此确定输出端的电位U_Y；然后判断各电位之间的逻辑关系，当点电位高于 2.4V 时视为逻辑状态“1”，电位低于 0.4V 时视为逻辑状态“0”。

答案： A

90. 解 该触发器为负边沿触发方式，即当时钟信号由高电平下降为低电平时刻输出端的状态可能发生改变。波形分析见解图。

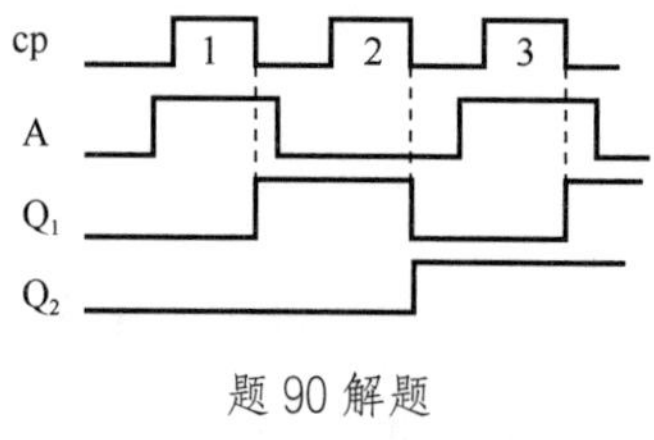

题 90 解题

答案： C

91. 解 连续信号指的是在时间范围都有定义（允许有有限个间断点）的信号。

答案：A

92. 解 连续信号指的是时间连续的信号，模拟信号是指在时间和数值上均连续的信号。

答案：C

93. 解 $\delta(t)$只在$t=0$时刻存在，$\delta(t)=\delta(-t)$，所以是偶函数。

答案：B

94. 解 常用模拟信号中，单位冲激信号$\delta(t)$与单位阶跃函数信号$\varepsilon(t)$有微分关系，反应信号变化速度。

答案：A

95. 解 周期信号的傅氏级数公式为：

$$f(t)=a_0+\sum_{k=1}^{\infty}(a_n\cos k\omega_1 t+b_n\sin k\omega_1 t)$$

式中，a_0表示直流分量，a_n表示余弦分量的幅值，b_n表示正弦分量的幅值。

答案：B

96. 解 根据二进制与十六进制的关系转换，即：$(1101\ 0010.0101\ 0100)_B=(D2.54)_H$

答案：A

97. 解 系统总线又称内总线。因为该总线是用来连接微机各功能部件而构成一个完整微机系统的，所以称之为系统总线。计算机系统内的系统总线是计算机硬件系统的一个组成部分。

答案：A

98. 解 Microsoft Word 和国产字处理软件 WPS 都是目前广泛使用的文字处理软件。

答案：A

99. 解 操作系统是用户与硬件交互的第一层系统软件，一切其他软件都要运行于操作系统之上（包括选项 A、C、D）。

答案：B

100. 解 由于程序在运行的过程中，都会出现时间的局部性和空间的局部性，这样就完全可以在一个较小的物理内存储器空间上来运行一个较大的用户程序。

答案：B

101. 解 二进制数是计算机所能识别的，由 0 和 1 两个数码组成，称为机器语言。

答案：C

102. 解 四位二进制对应一位十六进制，A 表示 10，对应的二进制为 1010，E 表示 14，对应的二进制为 1110。

答案：B

103. 解 传统加密技术、数字签名技术、对称加密技术和密钥加密技术都是常用的信息加密技术，而专用 ASCII 码加密技术是不常用的信息加密技术。

答案：D

104. 解 广域网又称为远程网，它一般是在不同城市之间的 LAN（局域网）或者 MAN（城域网）网络互联，它所覆盖的地理范围一般从几十公里到几千公里。

答案：D

105. 解 我国专家把计算机网络定义为：利用各种通信手段，把地理上分散的计算机连在一起，达到相互通信、共享软/硬件和数据等资源的系统。

答案：D

106. 解 人们把计算机网络中实现网络通信功能的设备及其软件的集合称为网络的通信子网，而把网络中实现资源共享功能的设备及其软件的集合称为资源。

答案：B

107. 解 年名义利率相同的情况下，一年内计息次数较多的，年实际利率较高。

答案：D

108. 解 按建设期利息公式$Q=\sum\left(P_{t-1}+\frac{A_t}{2}\cdot i\right)$计算。

第一年贷款总额 1000 万元，计算利息时按贷款在年内均衡发生考虑。

$$Q_1=(1000/2)\times 6\%=30\text{ 万元}$$

$$Q_2=(1000+30)\times 6\%=61.8\text{ 万元}$$

$$Q=Q_1+Q_2=30+61.8=91.8\text{ 万元}$$

答案：D

109. 解 按不考虑筹资费用的银行借款资金成本公式$K_e=R_e(1-T)$计算。

$$K_e=R_e(1-T)=10\%\times(1-25\%)=7.5\%$$

答案：A

110. 解 利用计算 IRR 的插值公式计算。

$\mathrm{IRR}=12\%+(14\%-12\%)\times(130)/(130+|-50|)=13.44\%$

答案：D

111. 解 利息备付率属于反映项目偿债能力的指标。

答案：B

112. 解 可先求出盈亏平衡产量，然后乘以单位产品售价，即为盈亏平衡点销售收入。

$$盈亏平衡点销售收入 = 500 \times \left(\frac{10 \times 10^4}{500 - 300}\right) = 2500\ 万元$$

答案： D

113. 解 寿命期相同的互斥方案可直接采用净现值法选优。

答案： C

114. 解 价值指数等于 1 说明该部分的功能与其成本相适应。

答案： B

115. 解 《中华人民共和国建筑法》第七条规定，建筑工程开工前，建设单位应当按照国家有关规定向工程所在地县级以上人民政府建设行政主管部门申请领取施工许可证；但是，国务院建设行政主管部门确定的限额以下的小型工程除外。

答案： D

116. 解 依据《中华人民共和国安全生产法》第二十一条第（一）款，选项 B、C、D 均与法律条文有出入。

答案： A

117. 解 依据《中华人民共和国招标投标法》第十五条，招标代理机构应当在招标人委托的范围内办理招标事宜。

答案： B

118. 解 依据《中华人民共和国民法典》第四百六十九条规定，当事人订立合同有书面形式、口头形式和其他形式。

答案： C

119. 解 见《中华人民共和国行政许可法》第十二条第五款规定。选项 A 属于可以设定行政许可的内容，选项 B、C、D 均属于第十三条规定的可以不设行政许可的内容。

答案： A

120. 解 《建设工程质量管理条例》（2000 年版）第十一条规定，“施工图设计文件报县级以上人民政府建设行政主管部门审查”，但是 2017 年此条文改为“施工图设计文件审查的具体办法，由国务院建设行政主管部门、国务院其他有关部门制定”。故按照现行版本，此题无正确答案。

答案： 无

2013 年度全国勘察设计注册工程师

执业资格考试试卷

基础考试
（上）

二〇一三年九月

应考人员注意事项

1. 本试卷科目代码为“1”，考生务必将此代码填涂在答题卡“科目代码”相应的栏目内，否则，无法评分。

2. 书写用笔：**黑色或蓝色钢笔、签字笔或圆珠笔**；

   填涂答题卡用笔：**黑色 2B 铅笔**。

3. 必须用书写用笔将工作单位、姓名、准考证号填写在答题卡和试卷相应的栏目内。

4. 本试卷由 120 题组成，每题 1 分，满分 120 分，本试卷全部为单项选择题，每小题的四个备选项中只有一个正确答案，错选、多选、不选均不得分。

5. 考生作答时，必须按**题号在答题卡上**将相应试题所选选项对应的**字母用 2B 铅笔涂黑**。

6. 在答题卡上书写与题意无关的语言，或在答题卡上作标记的，均按违纪试卷处理。

7. 考试结束时，由监考人员当面将试卷、答题卡一并收回。

8. 草稿纸由各地统一配发，考后收回。

单项选择题（共 120 题，每题 1 分。每题的备选项中只有一个最符合题意。）

1. 已知向量$\boldsymbol{\alpha}=(-3,-2,1)$，$\boldsymbol{\beta}=(1,-4,-5)$，则$|\boldsymbol{\alpha}\times\boldsymbol{\beta}|$等于：

A. 0　　B. 6

C. $14\sqrt{3}$　　D. $14\boldsymbol{i}+16\boldsymbol{j}-10\boldsymbol{k}$

2. 若$\lim\limits_{x\to 1}\frac{2x^2+ax+b}{x^2+x-2}=1$，则必有：

A. $a=-1$，$b=2$　　B. $a=-1$，$b=-2$

C. $a=-1$，$b=-1$　　D. $a=1$，$b=1$

3. 若$\begin{cases}x=\sin t\\ y=\cos t\end{cases}$，则$\frac{\mathrm{d}y}{\mathrm{d}x}$等于：

A. $-\tan t$　　B. $\tan t$

C. $-\sin t$　　D. $\cot t$

4. 设$f(x)$有连续导数，则下列关系式中正确的是：

A. $\int f(x)\mathrm{d}x=f(x)$　　B. $\left[\int f(x)\mathrm{d}x\right]'=f(x)$

C. $\int f'(x)\mathrm{d}x=f(x)\mathrm{d}x$　　D. $\left[\int f(x)\mathrm{d}x\right]'=f(x)+C$

5. 已知$f(x)$为连续的偶函数，则$f(x)$的原函数中：

A. 有奇函数

B. 都是奇函数

C. 都是偶函数

D. 没有奇函数也没有偶函数

6. 设$f(x)=\begin{cases}3x^2, & x\leqslant 1\\ 4x-1, & x>1\end{cases}$，则$f(x)$在点$x=1$处：

A. 不连续　　B. 连续但左、右导数不存在

C. 连续但不可导　　D. 可导

7. 函数$y=(5-x)x^{\frac{2}{3}}$的极值可疑点的个数是：

A. 0　　B. 1

C. 2　　D. 3

8. 下列广义积分中发散的是：

A. $\int_0^{+\infty} e^{-x}\mathrm{d}x$ B. $\int_0^{+\infty} \frac{1}{1+x^2}\mathrm{d}x$

C. $\int_0^{+\infty} \frac{\ln x}{x}\mathrm{d}x$ D. $\int_0^{1} \frac{1}{\sqrt{1-x^2}}\mathrm{d}x$

9. 二次积分$\int_0^1 \mathrm{d}x\int_{x^2}^{x} f(x,y)\mathrm{d}y$交换积分次序后的二次积分是：

A. $\int_{x^2}^{x}\mathrm{d}y\int_0^1 f(x,y)\mathrm{d}x$ B. $\int_0^1\mathrm{d}y\int_{y^2}^{y} f(x,y)\mathrm{d}x$

C. $\int_{y}^{\sqrt{y}}\mathrm{d}y\int_0^1 f(x,y)\mathrm{d}x$ D. $\int_0^1\mathrm{d}y\int_{y}^{\sqrt{y}} f(x,y)\mathrm{d}x$

10. 微分方程$xy' - y\ln y = 0$满足$y(1) = e$的特解是：

A. $y = ex$ B. $y = e^x$

C. $y = e^{2x}$ D. $y = \ln x$

11. 设$z = z(x,y)$是由方程$xz - xy + \ln(xyz) = 0$所确定的可微函数，则$\frac{\partial z}{\partial y} =$

A. $\frac{-xz}{xz+1}$ B. $-x + \frac{1}{2}$

C. $\frac{z(-xz+y)}{x(xz+1)}$ D. $\frac{z(xy-1)}{y(xz+1)}$

12. 正项级数$\sum_{n=1}^{\infty} a_n$的部分和数列$\{S_n\}$$\left(S_n = \sum_{i=1}^{n} a_i\right)$有上界是该级数收敛的：

A. 充分必要条件

B. 充分条件而非必要条件

C. 必要条件而非充分条件

D. 既非充分又非必要条件

13. 若$f(-x) = -f(x)(-\infty < x < +\infty)$，且在$(-\infty,0)$内$f'(x) > 0$，$f''(x) < 0$，则$f(x)$在$(0,+\infty)$内是：

A. $f'(x) > 0$，$f''(x) < 0$ B. $f'(x) < 0$，$f''(x) > 0$

C. $f'(x) > 0$，$f''(x) > 0$ D. $f'(x) < 0$，$f''(x) < 0$

14. 微分方程$y'' - 3y' + 2y = xe^x$的待定特解的形式是：

A. $y = (Ax^2 + Bx)e^x$ B. $y = (Ax + B)e^x$

C. $y = Ax^2e^x$ D. $y = Axe^x$

15. 已知直线L：$\frac{x}{3}=\frac{y+1}{-1}=\frac{z-3}{2}$，平面$\pi$：$-2x+2y+z-1=0$，则：

A. L与π垂直相交　　B. L平行于π，但L不在π上

C. L与π非垂直相交　　D. L在π上

16. 设L是连接点$A(1,0)$及点$B(0,-1)$的直线段，则对弧长的曲线积分$\int_L(y-x)\mathrm{d}s=$

A. -1　　B. 1

C. $\sqrt{2}$　　D. $-\sqrt{2}$

17. 下列幂级数中，收敛半径$R=3$的幂级数是：

A. $\sum\limits_{n=0}^{\infty}3x^n$　　B. $\sum\limits_{n=0}^{\infty}3^nx^n$

C. $\sum\limits_{n=0}^{\infty}\frac{1}{3^{\frac{n}{2}}}x^n$　　D. $\sum\limits_{n=0}^{\infty}\frac{1}{3^{n+1}}x^n$

18. 若$z=f(x,y)$和$y=\varphi(x)$均可微，则$\frac{\mathrm{d}z}{\mathrm{d}x}$等于：

A. $\frac{\partial f}{\partial x}+\frac{\partial f}{\partial y}$　　B. $\frac{\partial f}{\partial x}+\frac{\partial f}{\partial y}\frac{\mathrm{d}\varphi}{\mathrm{d}x}$

C. $\frac{\partial f}{\partial y}\frac{\mathrm{d}\varphi}{\mathrm{d}x}$　　D. $\frac{\partial f}{\partial x}-\frac{\partial f}{\partial y}\frac{\mathrm{d}\varphi}{\mathrm{d}x}$

19. 已知向量组$\boldsymbol{\alpha}_1=(3,2,-5)^{\mathrm{T}}$，$\boldsymbol{\alpha}_2=(3,-1,3)^{\mathrm{T}}$，$\boldsymbol{\alpha}_3=\left(1,-\frac{1}{3},1\right)^{\mathrm{T}}$，$\boldsymbol{\alpha}_4=(6,-2,6)^{\mathrm{T}}$，则该向量组的一个极大线性无关组是：

A. $\boldsymbol{\alpha}_2$，$\boldsymbol{\alpha}_4$　　B. $\boldsymbol{\alpha}_3$，$\boldsymbol{\alpha}_4$

C. $\boldsymbol{\alpha}_1$，$\boldsymbol{\alpha}_2$　　D. $\boldsymbol{\alpha}_2$，$\boldsymbol{\alpha}_3$

20. 若非齐次线性方程组$\boldsymbol{Ax}=\boldsymbol{b}$中，方程的个数少于未知量的个数，则下列结论中正确的是：

A. $\boldsymbol{Ax}=\boldsymbol{0}$仅有零解　　B. $\boldsymbol{Ax}=\boldsymbol{0}$必有非零解

C. $\boldsymbol{Ax}=\boldsymbol{0}$一定无解　　D. $\boldsymbol{Ax}=\boldsymbol{b}$必有无穷多解

21. 已知矩阵$\boldsymbol{A}=\begin{bmatrix}1&-1&1\\2&4&-2\\-3&-3&5\end{bmatrix}$与$\boldsymbol{B}=\begin{bmatrix}\lambda&0&0\\0&2&0\\0&0&2\end{bmatrix}$相似，则$\lambda$等于：

A. 6　　B. 5

C. 4　　D. 14

22. 设A和B为两个相互独立的事件，且$P(A)=0.4$，$P(B)=0.5$，则$P(A\cup B)$等于：

A. 0.9　　B. 0.8

C. 0.7　　D. 0.6

23. 下列函数中，可以作为连续型随机变量的分布函数的是：

A. $\Phi(x)=\begin{cases}0, & x<0\\ 1-e^{x}, & x\geqslant 0\end{cases}$　　B. $F(x)=\begin{cases}e^{x}, & x<0\\ 1, & x\geqslant 0\end{cases}$

C. $G(x)=\begin{cases}e^{-x}, & x<0\\ 1, & x\geqslant 0\end{cases}$　　D. $H(x)=\begin{cases}0, & x<0\\ 1+e^{-x}, & x\geqslant 0\end{cases}$

24. 设总体$X\sim N(0,\sigma^2)$，$X_1,X_2,\cdots,X_n$是来自总体的样本，则σ^2的矩估计是：

A. $\frac{1}{n}\sum_{i=1}^{n}X_i$　　B. $n\sum_{i=1}^{n}X_i$

C. $\frac{1}{n^2}\sum_{i=1}^{n}X_i^2$　　D. $\frac{1}{n}\sum_{i=1}^{n}X_i^2$

25. 一瓶氦气和一瓶氮气，它们每个分子的平均平动动能相同，而且都处于平衡态。则它们：

A. 温度相同，氦分子和氮分子的平均动能相同

B. 温度相同，氦分子和氮分子的平均动能不同

C. 温度不同，氦分子和氮分子的平均动能相同

D. 温度不同，氦分子和氮分子的平均动能不同

26. 最概然速率v_{p}的物理意义是：

A. v_{p}是速率分布中的最大速率

B. v_{p}是大多数分子的速率

C. 在一定的温度下，速率与v_{p}相近的气体分子所占的百分率最大

D. v_{p}是所有分子速率的平均值

27. 气体做等压膨胀，则：

A. 温度升高，气体对外做正功

B. 温度升高，气体对外做负功

C. 温度降低，气体对外做正功

D. 温度降低，气体对外做负功

28. 一定量理想气体由初态(p_1,V_1,T_1)经等温膨胀到达终态(p_2,V_2,T_1)，则气体吸收的热量Q为：

A. $Q=p_1V_1\ln\frac{V_2}{V_1}$　　B. $Q=p_1V_2\ln\frac{V_2}{V_1}$

C. $Q=p_1V_1\ln\frac{V_1}{V_2}$　　D. $Q=p_2V_1\ln\frac{p_2}{p_1}$

29. 一横波沿一根弦线传播，其方程为$y=-0.02\cos\pi(4x-50t)$ (SI)，该波的振幅与波长分别为：

A. 0.02cm，0.5cm　　B. −0.02m，−0.5m

C. −0.02m，0.5m　　D. 0.02m，0.5m

30. 一列机械横波在t时刻的波形曲线如图所示，则该时刻能量处于最大值的媒质质元的位置是：

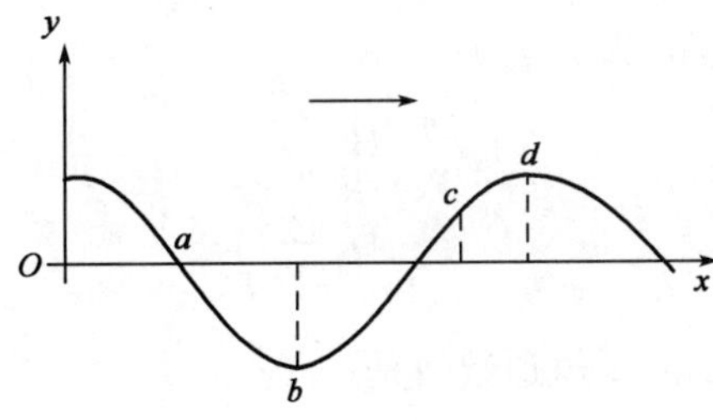

A. a　　B. b

C. c　　D. d

31. 在波长为λ的驻波中，两个相邻波腹之间的距离为：

A. $\lambda/2$　　B. $\lambda/4$

C. $3\lambda/4$　　D. λ

32. 两偏振片叠放在一起，欲使一束垂直入射的线偏振光经过两个偏振片后振动方向转过90°，且使出射光强尽可能大，则入射光的振动方向与前后两偏振片的偏振化方向夹角分别为：

A. 45°和90°　　B. 0°和90°

C. 30°和90°　　D. 60°和90°

33. 光的干涉和衍射现象反映了光的：

A. 偏振性质　　B. 波动性质

C. 横波性质　　D. 纵波性质

34. 若在迈克耳逊干涉仪的可动反射镜M移动了 0.620mm 的过程中，观察到干涉条纹移动了 2300 条，则所用光波的波长为：

A. 269nm　　B. 539nm

C. 2690nm　　D. 5390nm

35. 在单缝夫琅禾费衍射实验中，屏上第三级暗纹对应的单缝处波面可分成的半波带的数目为：

A. 3　　B. 4

C. 5　　D. 6

36. 波长为λ的单色光垂直照射在折射率为n的劈尖薄膜上，在由反射光形成的干涉条纹中，第五级明条纹与第三级明条纹所对应的薄膜厚度差为：

A. $\frac{\lambda}{2n}$　　B. $\frac{\lambda}{n}$

C. $\frac{\lambda}{5n}$　　D. $\frac{\lambda}{3n}$

37. 量子数$n = 4$，$l = 2$，$m = 0$的原子轨道数目是：

A. 1　　B. 2

C. 3　　D. 4

38. PCl_3分子空间几何构型及中心原子杂化类型分别为：

A. 正四面体，sp^3杂化　　B. 三角锥形，不等性sp^3杂化

C. 正方形，dsp^2杂化　　D. 正三角形，sp^2杂化

39. 已知$Fe^{3+}\underline{0.771}Fe^{2+}\underline{-0.44}Fe$，则$E^{\ominus}(Fe^{3+}/Fe)$等于：

A. 0.331V　　B. 1.211V

C. -0.036V　　D. 0.110V

40. 在$BaSO_4$饱和溶液中，加入$BaCl_2$，利用同离子效应使$BaSO_4$的溶解度降低，体系中$c(SO_4{}^{2-})$的变化是：

A. 增大　　B. 减小

C. 不变　　D. 不能确定

41. 催化剂可加快反应速率的原因。下列叙述正确的是：

A. 降低了反应的$\Delta_r H_m^{\ominus}$　　B. 降低了反应的$\Delta_r G_m^{\ominus}$

C. 降低了反应的活化能　　D. 使反应的平衡常数$K^{\ominus}$减小

42. 已知反应$C_2H_2(g)+2H_2(g) \rightleftharpoons C_2H_6(g)$的$\Delta_r H_m < 0$，当反应达平衡后，欲使反应向右进行，可采取的方法是：

A. 升温，升压　　　　B. 升温，减压

C. 降温，升压　　　　D. 降温，减压

43. 向原电池$(-)Ag, AgCl \mid Cl^- \parallel Ag^+ \mid Ag(+)$的负极中加入 NaCl，则原电池电动势的变化是：

A. 变大　　　　B. 变小

C. 不变　　　　D. 不能确定

44. 下列各组物质在一定条件下反应，可以制得比较纯净的 1,2-二氯乙烷的是：

A. 乙烯通入浓盐酸中

B. 乙烷与氯气混合

C. 乙烯与氯气混合

D. 乙烯与卤化氢气体混合

45. 下列物质中，不属于醇类的是：

A. C_4H_9OH　　　　B. 甘油

C. $C_6H_5CH_2OH$　　　　D. C_6H_5OH

46. 人造象牙的主要成分是 $\left[CH_2-O \right]_n$，它是经加聚反应制得的。合成此高聚物的单体是：

A. $(CH_3)_2O$　　　　B. CH_3CHO

C. HCHO　　　　D. HCOOH

47. 图示构架由AC、BD、CE三杆组成，A、B、C、D处为铰接，E处光滑接触。已知：$F_p = 2kN$，$\theta = 45°$，杆及轮重均不计，则E处约束力的方向与x轴正向所成的夹角为：

A. 0°

B. 45°

C. 90°

D. 225°

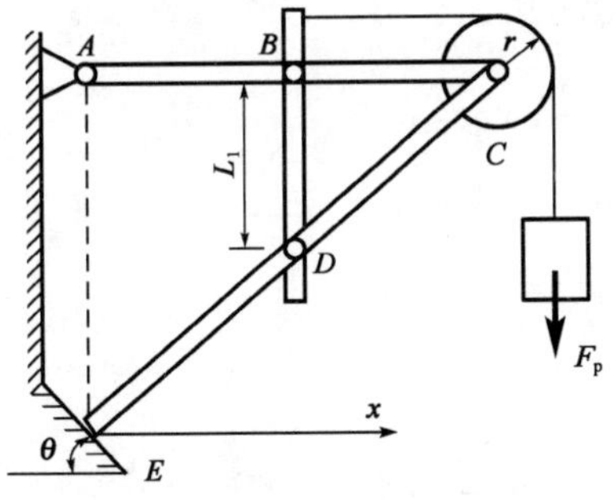

48. 图示结构直杆BC，受荷载$\boldsymbol{F}$，q作用，$BC=L$，$F=qL$，其中q为荷载集度，单位为N/m，集中力以N计，长度以m计。则该主动力系数对O点的合力矩为：

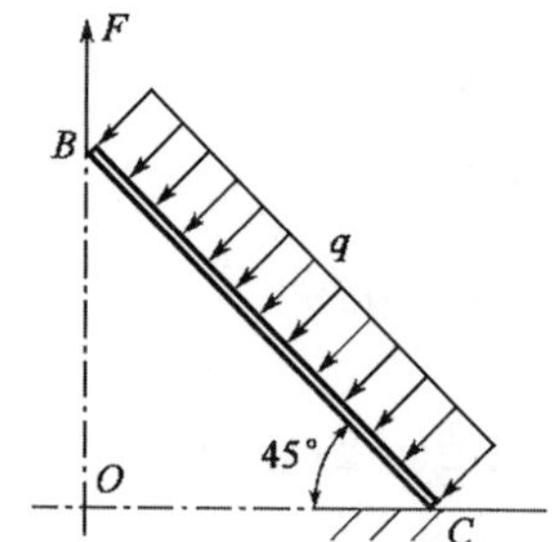

A. $M_O=0$

B. $M_O=\frac{qL^2}{2}\mathrm{N\cdot m}$(↶)

C. $M_O=\frac{3qL^2}{2}\mathrm{N\cdot m}$(↶)

D. $M_O=qL^2\mathrm{kN\cdot m}$(↷)

49. 图示平面构架，不计各杆自重。已知：物块M重力为$\boldsymbol{F}_p$，悬挂如图示，不计小滑轮D的尺寸与质量，A、E、C均为光滑铰链，$L_1=1.5\mathrm{m}$，$L_2=2\mathrm{m}$。则支座B的约束力为：

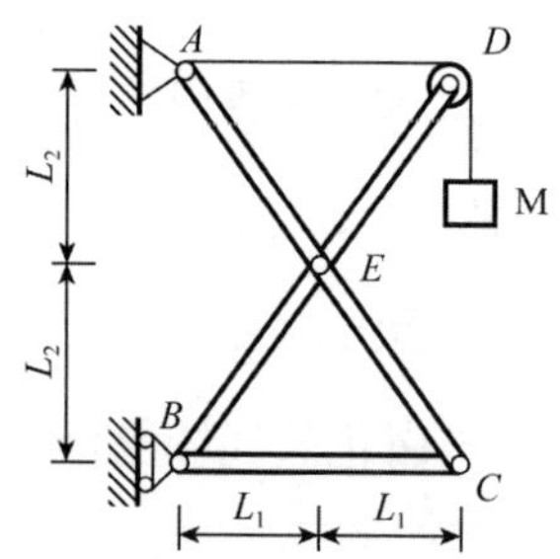

A. $F_B=3F_p/4(\rightarrow)$

B. $F_B=3F_p/4(\leftarrow)$

C. $F_B=F_p(\leftarrow)$

D. $F_B=0$

50. 物体的重力为$\boldsymbol{W}$，置于倾角为α的斜面上，如图所示。已知摩擦角$\varphi_m>\alpha$，则物块处于的状态为：

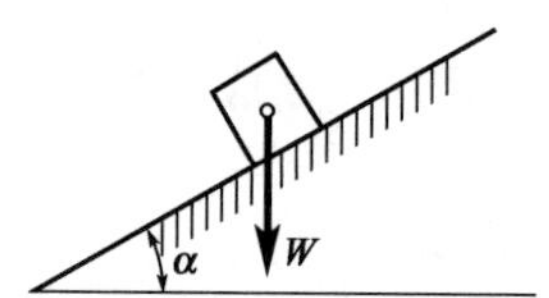

A. 静止状态

B. 临界平衡状态

C. 滑动状态

D. 条件不足，不能确定

51. 已知动点的运动方程为$x=t$，$y=2t^2$。则其轨迹方程为：

A. $x=t^2-t$

B. $y=2t$

C. $y-2x^2=0$

D. $y+2x^2=0$

52. 一炮弹以初速度v_0和仰角α射出。对于图所示直角坐标的运动方程为$x = v_0 \cos\alpha t$，$y = v_0 \sin\alpha t - \frac{1}{2}gt^2$，则当$t = 0$时，炮弹的速度和加速度的大小分别为：

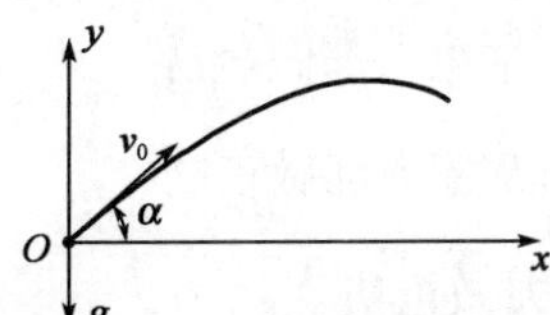

A. $v = v_0 \cos\alpha$，$a = g$

B. $v = v_0$，$a = g$

C. $v = v_0 \sin\alpha$，$a = -g$

D. $v = v_0$，$a = -g$

53. 两摩擦轮如图所示。则两轮的角速度与半径关系的表达式为：

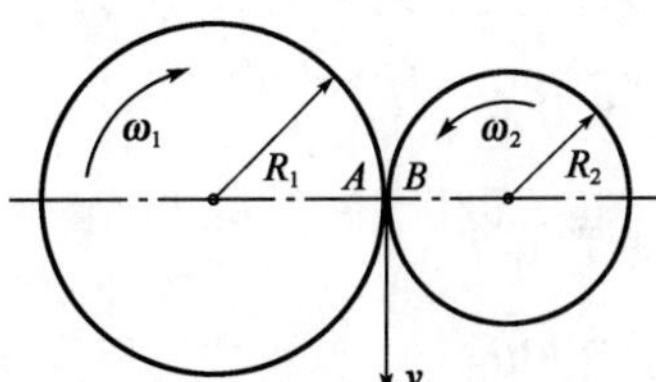

A. $\frac{\omega_1}{\omega_2} = \frac{R_1}{R_2}$

B. $\frac{\omega_1}{\omega_2} = \frac{R_2}{R_1^2}$

C. $\frac{\omega_1}{\omega_2} = \frac{R_1}{R_2^2}$

D. $\frac{\omega_1}{\omega_2} = \frac{R_2}{R_1}$

54. 质量为m的物块A，置于与水平面成θ角的斜面B上，如图所示。A与B间的摩擦系数为f，为保持A与B一起以加速度a水平向右运动，则所需加速度a的大小至少是：

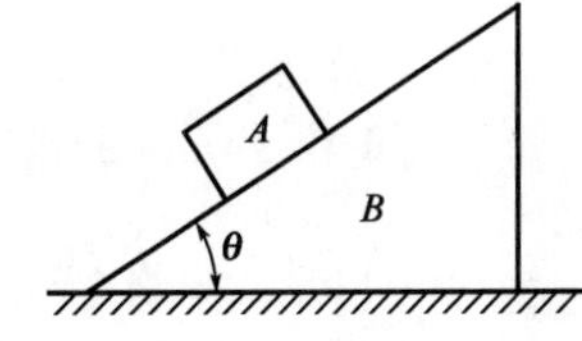

A. $a = \frac{g(f\cos\theta + \sin\theta)}{\cos\theta + f\sin\theta}$

B. $a = \frac{gf\cos\theta}{\cos\theta + f\sin\theta}$

C. $a = \frac{g(f\cos\theta - \sin\theta)}{\cos\theta + f\sin\theta}$

D. $a = \frac{gf\sin\theta}{\cos\theta + f\sin\theta}$

55. A块与B块叠放如图所示，各接触面处均考虑摩擦。当B块受力$\boldsymbol{F}$作用沿水平面运动时，A块仍静止于B块上，于是：

A. 各接触面处的摩擦力都做负功

B. 各接触面处的摩擦力都做正功

C. A块上的摩擦力做正功

D. B块上的摩擦力做正功

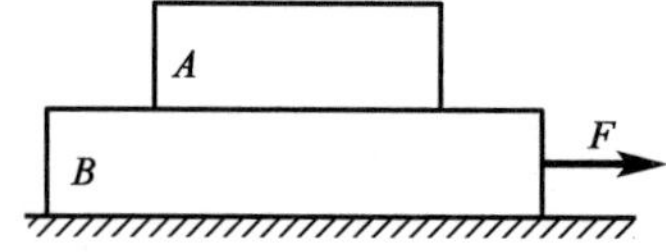

56. 质量为m，长为 $2l$的均质杆初始位于水平位置，如图所示。A端脱落后，杆绕轴B转动，当杆转到铅垂位置时，AB杆B处的约束力大小为：

A. $F_{Bx}=0$，$F_{By}=0$

B. $F_{Bx}=0$，$F_{By}=\frac{mg}{4}$

C. $F_{Bx}=l$，$F_{By}=mg$

D. $F_{Bx}=0$，$F_{By}=\frac{5mg}{2}$

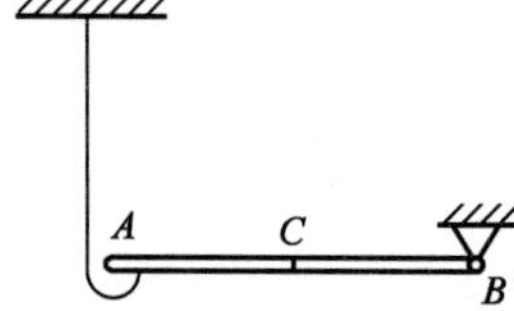

57. 质量为m，半径为R的均质圆轮，绕垂直于图面的水平轴O转动，其角速度为ω。在图示瞬时，角加速度为 0，轮心C在其最低位置，此时将圆轮的惯性力系向O点简化，其惯性力主矢和惯性力主矩的大小分别为：

A. $m\frac{R}{2}\omega^2$，0

B. $mR\omega^2$，0

C. 0，0

D. 0，$\frac{1}{2}mR^2\omega^2$

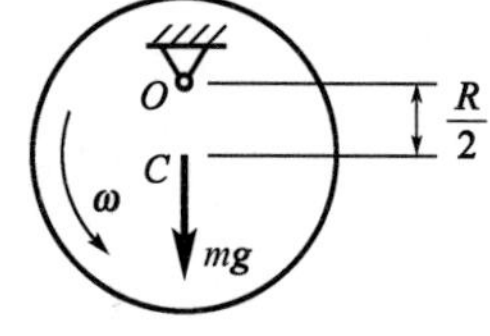

58. 质量为 110kg 的机器固定在刚度为2×10^6N/m的弹性基础上，当系统发生共振时，机器的工作频率为：

A. 66.7rad/s

B. 95.3rad/s

C. 42.6rad/s

D. 134.8rad/s

59. 图示结构的两杆面积和材料相同，在铅直力F作用下，拉伸正应力最先达到许用应力的杆是：

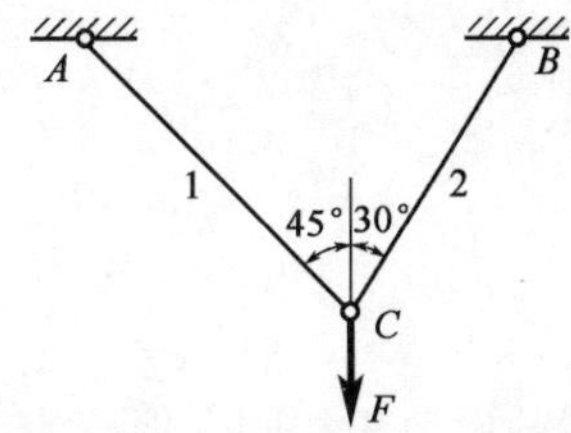

A. 杆 1

B. 杆 2

C. 同时达到

D. 不能确定

60. 图示结构的两杆许用应力均为$[\sigma]$，杆 1 的面积为A，杆 2 的面积为 $2A$，则该结构的许用荷载是：

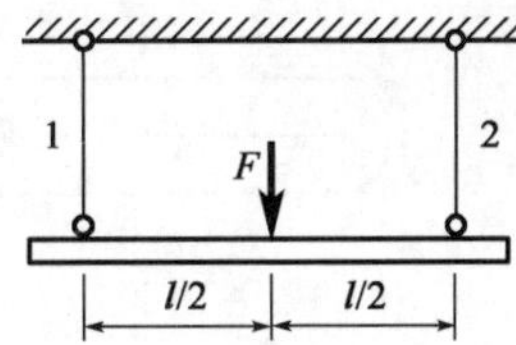

A. $[F] = A[\sigma]$

B. $[F] = 2A[\sigma]$

C. $[F] = 3A[\sigma]$

D. $[F] = 4A[\sigma]$

61. 钢板用两个铆钉固定在支座上，铆钉直径为d，在图示荷载作用下，铆钉的最大切应力是：

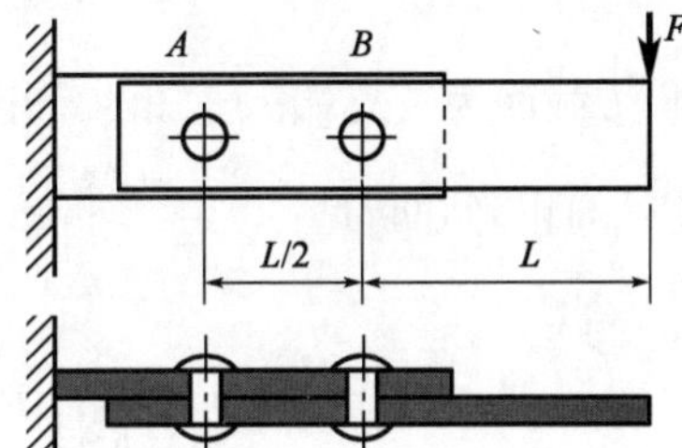

A. $\tau_{\max} = \frac{4F}{\pi d^2}$

B. $\tau_{\max} = \frac{8F}{\pi d^2}$

C. $\tau_{\max} = \frac{12F}{\pi d^2}$

D. $\tau_{\max} = \frac{2F}{\pi d^2}$

62. 螺钉承受轴向拉力F，螺钉头与钢板之间的挤压应力是：

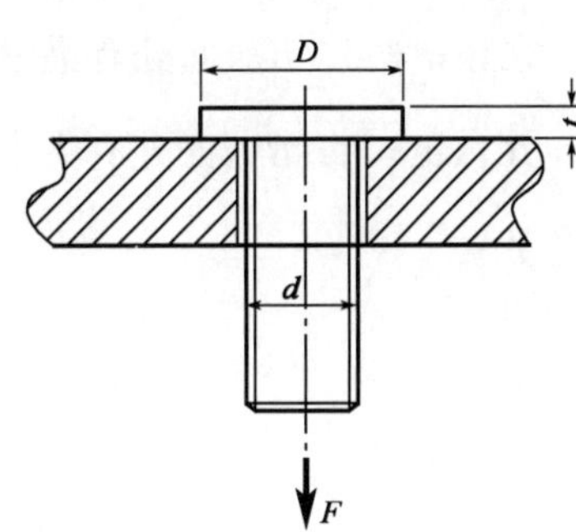

A. $\sigma_{bs} = \frac{4F}{\pi(D^2-d^2)}$

B. $\sigma_{bs} = \frac{F}{\pi dt}$

C. $\sigma_{bs} = \frac{4F}{\pi d^2}$

D. $\sigma_{bs} = \frac{4F}{\pi D^2}$

63. 圆轴直径为d，切变模量为G，在外力作用下发生扭转变形，现测得单位长度扭转角为θ，圆轴的最大切应力是：

A. $\tau_{\max} = \frac{16\theta G}{\pi d^3}$　　B. $\tau_{\max} = \theta G \frac{\pi d^3}{16}$

C. $\tau_{\max} = \theta G d$　　D. $\tau_{\max} = \frac{\theta G d}{2}$

64. 图示两根圆轴，横截面面积相同，但分别为实心圆和空心圆。在相同的扭矩T作用下，两轴最大切应力的关系是：

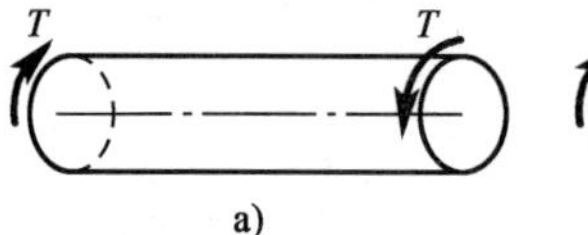

a)

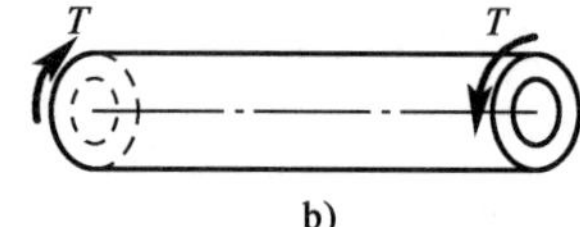

b)

A. $\tau_a < \tau_b$　　B. $\tau_a = \tau_b$

C. $\tau_a > \tau_b$　　D. 不能确定

65. 简支梁AC的A、C截面为铰支端。已知的弯矩图如图所示，其中AB段为斜直线，BC段为抛物线。以下关于梁上荷载的正确判断是：

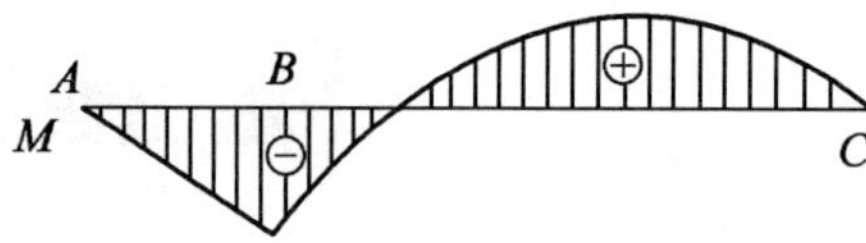

A. AB段$q = 0$，BC段$q \neq 0$，B截面处有集中力

B. AB段$q \neq 0$，BC段$q = 0$，B截面处有集中力

C. AB段$q = 0$，BC段$q \neq 0$，B截面处有集中力偶

D. AB段$q \neq 0$，BC段$q = 0$，B截面处有集中力偶

（q为分布荷载集度）

66. 悬臂梁的弯矩如图所示，根据梁的弯矩图，梁上的荷载F、m的值应是：

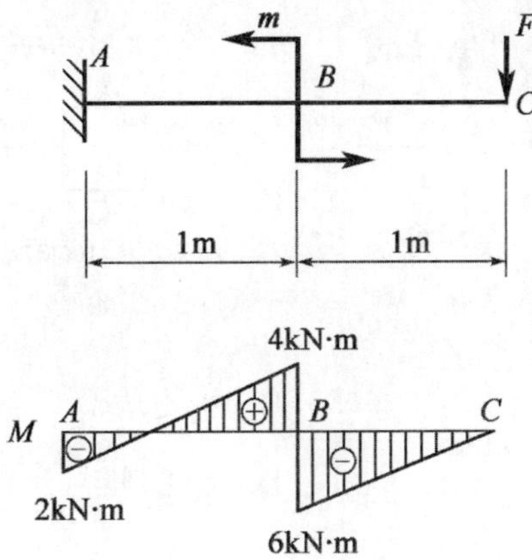

A. $F = 6\text{kN}$，$m = 10\text{kN} \cdot \text{m}$

B. $F = 6\text{kN}$，$m = 6\text{kN} \cdot \text{m}$

C. $F = 4\text{kN}$，$m = 4\text{kN} \cdot \text{m}$

D. $F = 4\text{kN}$，$m = 6\text{kN} \cdot \text{m}$

67. 承受均布荷载的简支梁如图 a）所示，现将两端的支座同时向梁中间移动$l/8$，如图 b）所示，两根梁的中点$\left(\frac{l}{2}处\right)$弯矩之比$\frac{M_a}{M_b}$为：

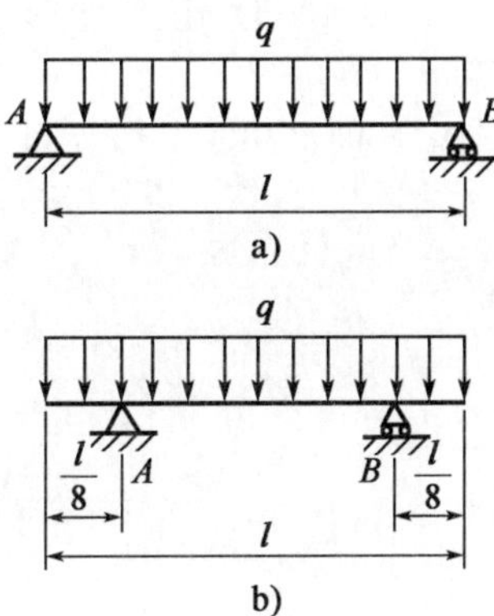

A. 16

B. 4

C. 2

D. 1

68. 按照第三强度理论，图示两种应力状态的危险程度是：

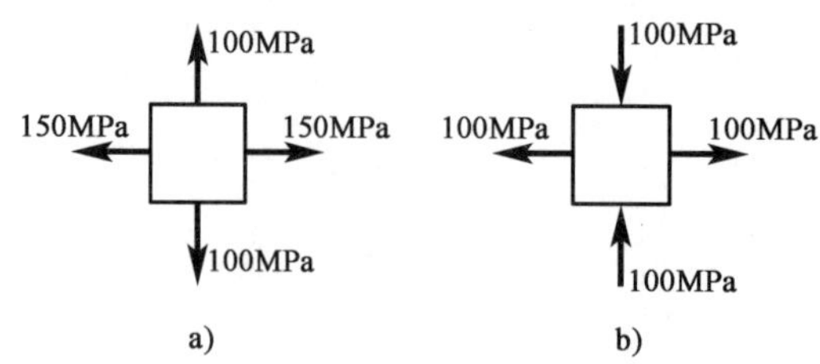

A. a）更危险　　　　B. b）更危险

C. 两者相同　　　　D. 无法判断

69. 两根杆粘合在一起，截面尺寸如图所示。杆 1 的弹性模量为E_1，杆 2 的弹性模量为E_2，且$E_1=2E_2$。若轴向力F作用在截面形心，则杆件发生的变形是：

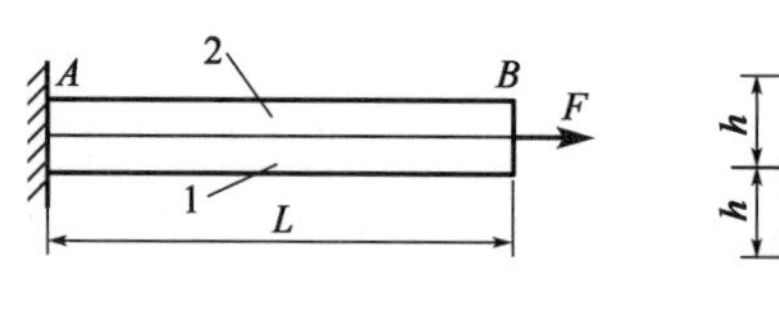

A. 拉伸和向上弯曲变形　　　　B. 拉伸和向下弯曲变形

C. 弯曲变形　　　　D. 拉伸变形

70. 图示细长压杆AB的A端自由，B端固定在简支梁上。该压杆的长度系数μ是：

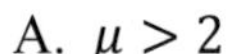
A. $\mu>2$

B. $2>\mu>1$

C. $1>\mu>0.7$

D. $0.7>\mu>0.5$

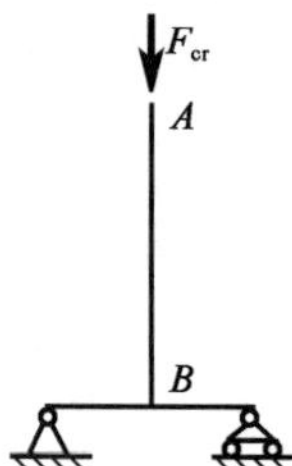

71. 半径为R的圆管中，横截面上流速分布为$u=2\left(1-\frac{r^2}{R^2}\right)$，其中$r$表示到圆管轴线的距离，则在$r_1=0.2R$处的黏性切应力与$r_2=R$处的黏性切应力大小之比为：

A. 5　　　　B. 25

C. 1/5　　　　D. 1/25

72. 图示一水平放置的恒定变直径圆管流，不计水头损失，取两个截面标记为 1 和 2，当$d_1 > d_2$时，则两截面形心压强关系是：

A. $p_1 < p_2$

B. $p_1 > p_2$

C. $p_1 = p_2$

D. 不能确定

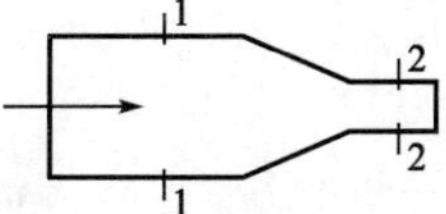

73. 水由喷嘴水平喷出，冲击在光滑平板上，如图所示，已知出口流速为$50\mathrm{m/s}$，喷射流量为$0.2\mathrm{m^3/s}$，不计阻力，则平板受到的冲击力为：

A. 5kN

B. 10kN

C. 20kN

D. 40kN

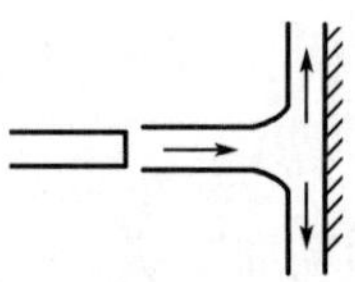

74. 沿程水头损失h_f：

A. 与流程长度成正比，与壁面切应力和水力半径成反比

B. 与流程长度和壁面切应力成正比，与水力半径成反比

C. 与水力半径成正比，与流程长度和壁面切应力成反比

D. 与壁面切应力成正比，与流程长度和水力半径成反比

75. 并联压力管的流动特征是：

A. 各分管流量相等

B. 总流量等于各分管的流量和，且各分管水头损失相等

C. 总流量等于各分管的流量和，且各分管水头损失不等

D. 各分管测压管水头差不等于各分管的总能头差

76. 矩形水力最优断面的底宽是水深的：

A. $\frac{1}{2}$

B. 1 倍

C. 1.5 倍

D. 2 倍

77. 渗流流速u与水力坡度J的关系是：

A. u正比于J

B. u反比于J

C. u正比于J的平方

D. u反比于J的平方

78. 烟气在加热炉回热装置中流动，拟用空气介质进行实验。已知空气黏度$\nu_{空气} = 15 \times 10^{-6}\mathrm{m^2/s}$，烟气运动黏度$\nu_{烟气} = 60 \times 10^{-6}\mathrm{m^2/s}$，烟气流速$v_{烟气} = 3\mathrm{m/s}$，如若实际长度与模型长度的比尺$\lambda_\mathrm{L} = 5$，则模型空气的流速应为：

A. 3.75m/s　　　B. 0.15m/s

C. 2.4m/s　　　D. 60m/s

79. 在一个孤立静止的点电荷周围：

A. 存在磁场，它围绕电荷呈球面状分布

B. 存在磁场，它分布在从电荷所在处到无穷远处的整个空间中

C. 存在电场，它围绕电荷呈球面状分布

D. 存在电场，它分布在从电荷所在处到无穷远处的整个空间中

80. 图示电路消耗电功率 2W，则下列表达式中正确的是：

A. $(8+R)I^2 = 2$，$(8+R)I = 10$

B. $(8+R)I^2 = 2$，$-(8+R)I = 10$

C. $-(8+R)I^2 = 2$，$-(8+R)I = 10$

D. $-(8+R)I = 10$，$(8+R)I = 10$

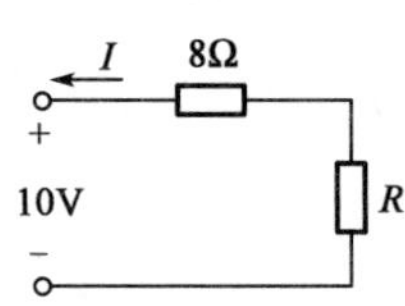

81. 图示电路中，a-b端的开路电压U_{abk}为：

A. 0

B. $\frac{R_1}{R_1+R_2}U_\mathrm{S}$

C. $\frac{R_2}{R_1+R_2}U_\mathrm{S}$

D. $\frac{R_2 /\!/ R_\mathrm{L}}{R_1+R_2 /\!/ R_\mathrm{L}}U_\mathrm{S}$

（注：$R_2 /\!/ R_\mathrm{L} = \frac{R_2 \cdot R_\mathrm{L}}{R_2+R_\mathrm{L}}$）

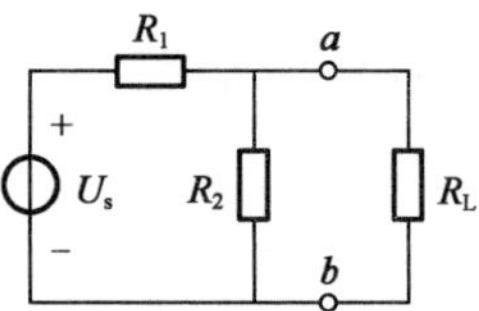

82. 在直流稳态电路中，电阻、电感、电容元件上的电压与电流大小的比值分别为：

A. R，0，0　　　　B. 0，0，∞

C. R，∞，0　　　　D. R，0，∞

83. 图示电路中，若$u(t)=\sqrt{2}\,U\sin(\omega t+\psi_u)$时，电阻元件上的电压为 0，则：

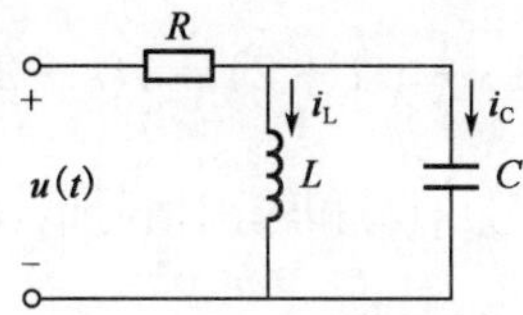

A. 电感元件断开了

B. 一定有$I_L=I_C$

C. 一定有$i_L=i_C$

D. 电感元件被短路了

84. 已知图示三相电路中三相电源对称，$Z_1=z_1\angle\varphi_1$，$Z_2=z_2\angle\varphi_2$，$Z_3=z_3\angle\varphi_3$，若$U_{NN'}=0$，则$z_1=z_2=z_3$，且：

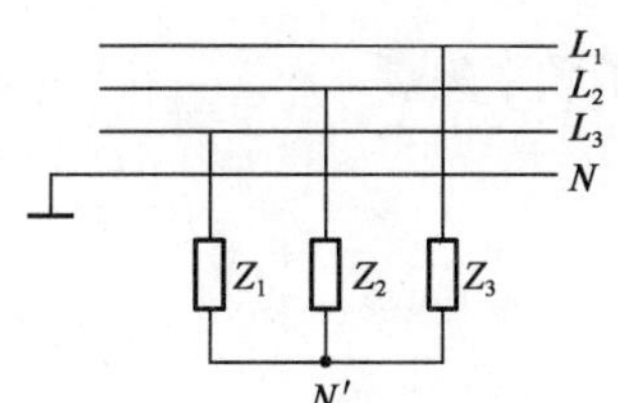

A. $\varphi_1=\varphi_2=\varphi_3$

B. $\varphi_1-\varphi_2=\varphi_2-\varphi_3=\varphi_3-\varphi_1=120°$

C. $\varphi_1-\varphi_2=\varphi_2-\varphi_3=\varphi_3-\varphi_1=-120°$

D. N'必须被接地

85. 图示电路中，设变压器为理想器件，若$u=10\sqrt{2}\sin\omega t$V，则：

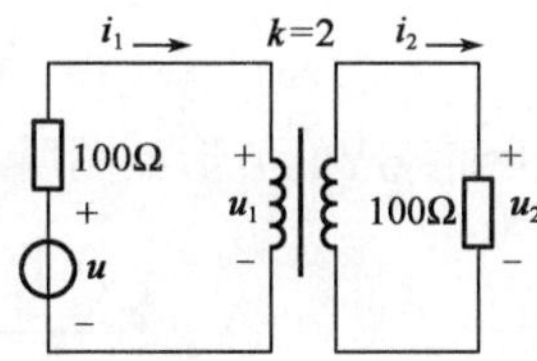

A. $U_1=\frac{1}{2}U$，$U_2=\frac{1}{4}U$

B. $I_1=0.01U$，$I_1=0$

C. $I_1=0.002U$，$I_2=0.004U$

D. $U_1=0$，$U_2=0$

86. 对于三相异步电动机而言，在满载起动情况下的最佳启动方案是：

A. Y-△启动方案，起动后，电动机以 Y 接方式运行

B. Y-△启动方案，起动后，电动机以△接方式运行

C. 自耦调压器降压启动

D. 绕线式电动机串转子电阻启动

87. 关于信号与信息，以下几种说法中正确的是：

A. 电路处理并传输电信号

B. 信号和信息是同一概念的两种表述形式

C. 用“1”和“0”组成的信息代码“101”只能表示数量“5”

D. 信息是看得到的，信号是看不到的

88. 图示非周期信号$u(t)$的时域描述形式是：［注：$u(t)$是单位阶跃函数］

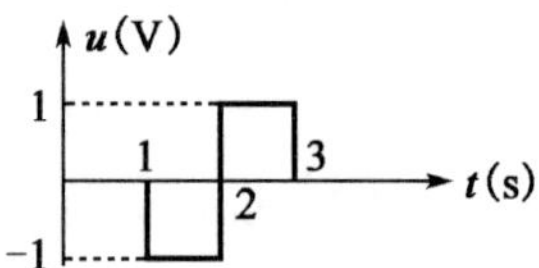

A. $u(t)=\begin{cases}1\text{V}, & t\leqslant 2\\ -1\text{V}, & t>2\end{cases}$

B. $u(t)=-1(t-1)+2\cdot 1(t-2)-1(t-3)\text{V}$

C. $u(t)=1(t-1)-1(t-2)\text{V}$

D. $u(t)=-1(t+1)+1(t+2)-1(t+3)\text{V}$

89. 某放大器的输入信号$u_1(t)$和输出信号$u_2(t)$如图所示，则：

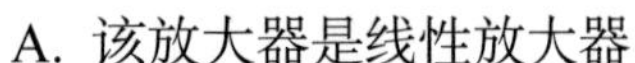

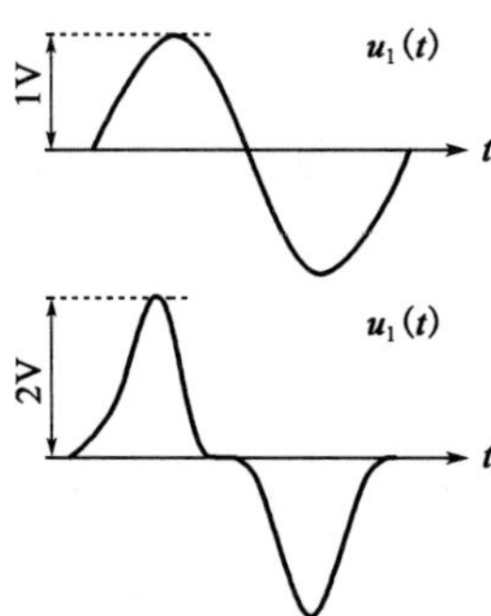

A. 该放大器是线性放大器

B. 该放大器放大倍数为 2

C. 该放大器出现了非线性失真

D. 该放大器出现了频率失真

90. 对逻辑表达式$\text{ABC}+\text{A}\overline{\text{BC}}+\text{B}$的化简结果是：

A. AB　　B. A+B

C. ABC　　D. $\text{A}\overline{\text{BC}}$

91. 已知数字信号X和数字信号Y的波形如图所示，

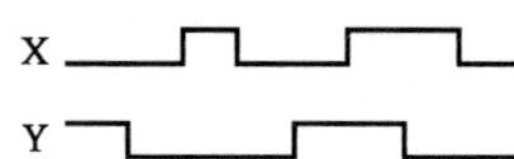

则数字信号$\text{F}=\overline{\text{XY}}$的波形为：

A. 

B.

C.

D.

92. 十进制数字 32 的 BCD 码为：

A. 00110010　　B. 00100000

C. 100000　　D. 00100011

93. 二级管应用电路如图所示，设二极管 D 为理想器件，$u_i = 10\sin\omega t\text{V}$，则输出电压$u_o$的波形为：

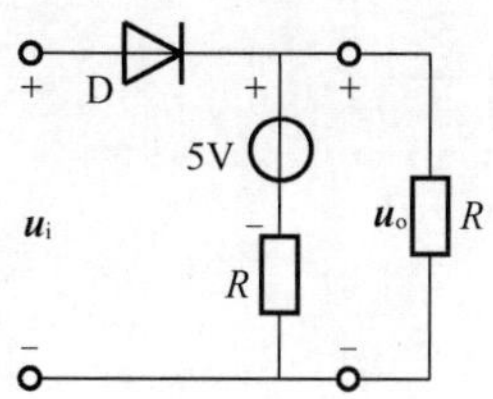

A.
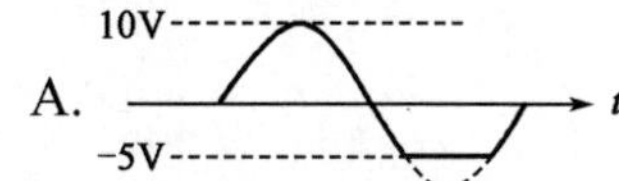

B.
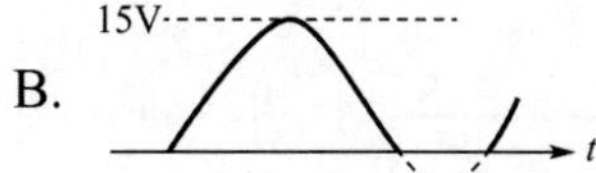

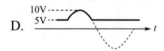

C.
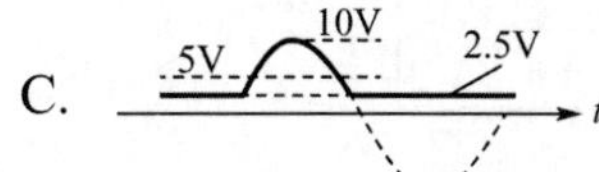

D. 10V 5V t

94. 晶体三极管放大电路如图所示，在进入电容C_E之后：

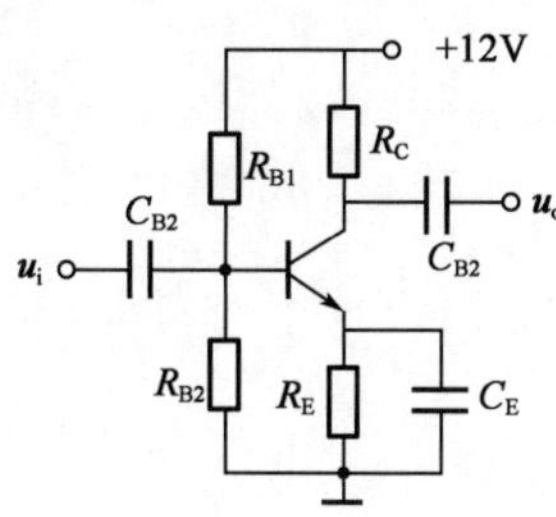

A. 放大倍数变小

B. 输入电阻变大

C. 输入电阻变小，放大倍数变大

D. 输入电阻变大，输出电阻变小，放大倍数变大

95. 图 a）所示电路中，复位信号$\overline{R}_D$，信号 A 及时钟脉冲信号 cp 如图 b）所示，经分析可知，在第一个和第二个时钟脉冲的下降沿时刻，输出 Q 分别等于：

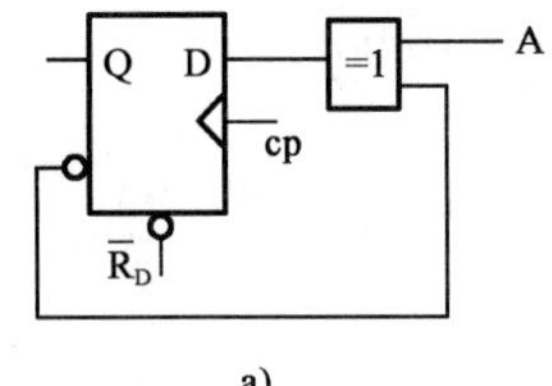

a)

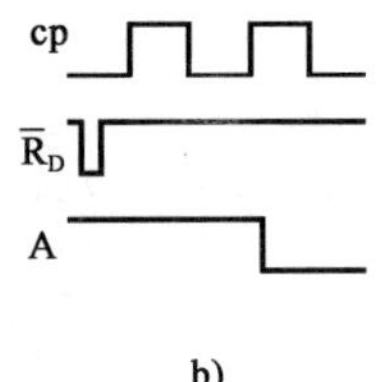

b)

A. 0　0

B. 0　1

C. 1　0

D. 1　1

附：触发器的逻辑状态表为

D	Q_{n+1}
0	0
1	1

96. 图 a）所示电路中，复位信号、数据输入及时钟脉冲信号如图 b）所示，经分析可知，在第一个和第二个时钟脉冲的下降沿过后，输出 Q 分别等于：

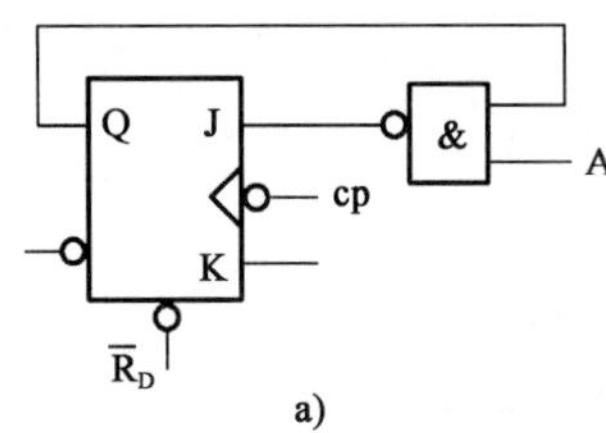

a)

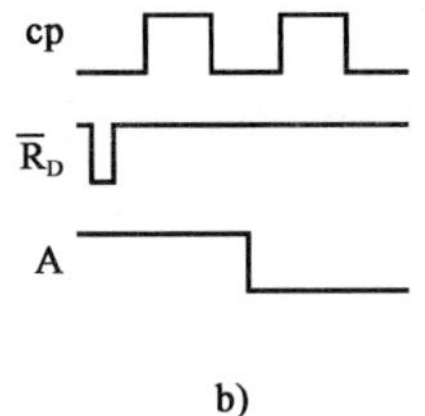

b)

A. 0　0

B. 0　1

C. 1　0

D. 1　1

附：触发器的逻辑状态表为

J	K	Q_{n+1}
0	0	Q_D
0	1	0
1	0	1
1	1	$\overline{Q}_D$

97. 现在全国都在开发三网合一的系统工程，即：

A. 将电信网、计算机网、通信网合为一体

B. 将电信网、计算机网、无线电视网合为一体

C. 将电信网、计算机网、有线电视网合为一体

D. 将电信网、计算机网、电话网合为一体

98. 在计算机的运算器上可以：

A. 直接解微分方程

B. 直接进行微分运算

C. 直接进行积分运算

D. 进行算数运算和逻辑运算

99. 总线中的控制总线传输的是：

A. 程序和数据

B. 主存储器的地址码

C. 控制信息

D. 用户输入的数据

100. 目前常用的计算机辅助设计软件是：

A. Microsoft Word

B. AutoCAD

C. Visual BASIC

D. Microsoft Access

101. 计算机中度量数据的最小单位是：

A. 数 0

B. 位

C. 字节

D. 字

102. 在下面列出的四种码中，不能用于表示机器数的一种是：

A. 原码

B. ASCII 码

C. 反码

D. 补码

103. 一幅图像的分辨率为 640×480 像素，这表示该图像中：

A. 至少由 480 个像素组成

B. 总共由 480 个像素组成

C. 每行由 640×480 个像素组成

D. 每列由 480 个像素组成

104. 在下面四条有关进程特征的叙述中，其中正确的一条是：

A. 静态性、并发性、共享性、同步性

B. 动态性、并发性、共享性、异步性

C. 静态性、并发性、独立性、同步性

D. 动态性、并发性、独立性、异步性

105. 操作系统的设备管理功能是对系统中的外围设备：

A. 提供相应的设备驱动程序，初始化程序和设备控制程序等

B. 直接进行操作

C. 通过人和计算机的操作系统对外围设备直接进行操作

D. 既可以由用户干预，也可以直接执行操作

106. 联网中的每台计算机：

A. 在联网之前有自己独立的操作系统，联网以后是网络中的某一个结点联网以后是网络中的某一个结点

B. 在联网之前有自己独立的操作系统，联网以后它自己的操作系统屏蔽

C. 在联网之前没有自己独立的操作系统，联网以后使用网络操作系统

D. 联网中的每台计算机有可以同时使用的多套操作系统

107. 某企业向银行借款，按季度计息，年名义利率为 8%，则年实际利率为：

A. 8%　　B. 8.16%

C. 8.24%　　D. 8.3%

108. 在下列选项中，应列入项目投资现金流量分析中的经营成本的是：

A. 外购原材料、燃料和动力费　　B. 设备折旧

C. 流动资金投资　　D. 利息支出

109. 某项目第 6 年累计净现金流量开始出现正值，第五年末累计净现金流量为−60 万元，第 6 年当年净现金流量为 240 万元，则该项目的静态投资回收期为：

A. 4.25 年　　B. 4.75 年

C. 5.25 年　　D. 6.25 年

110. 某项目初期（第 0 年年初）投资额为 5000 万元，此后从第二年年末开始每年有相同的净收益，收益期为 10 年。寿命期结束时的净残值为零，若基准收益率为 15%，则要使该投资方案的净现值为零，其年净收益应为：

[已知：$(P/A,15\%,10)=5.0188$，$(P/F,15\%,1)=0.8696$]

A. 574.98 万元　　B. 866.31 万元

C. 996.25 万元　　D. 1145.65 万元

111. 以下关于项目经济费用效益分析的说法中正确的是：

A. 经济费用效益分析应考虑沉没成本

B. 经济费用和效益的识别不适用“有无对比”原则

C. 识别经济费用效益时应剔出项目的转移支付

D. 为了反映投入物和产出物真实经济价值，经济费用效益分析不能使用市场价格

112. 已知甲、乙为两个寿命期相同的互斥项目，其中乙项目投资大于甲项目。通过测算得出甲、乙两项目的内部收益率分别为17%和14%，增量内部收益$\Delta IRR_{(乙-甲)}=13\%$，基准收益率为14%，以下说法中正确的是：

A. 应选择甲项目　　B. 应选择乙项目

C. 应同时选择甲、乙两个项目　　D. 甲、乙两项目均不应选择

113. 以下关于改扩建项目财务分析的说法中正确的是：

A. 应以财务生存能力分析为主

B. 应以项目清偿能力分析为主

C. 应以企业层次为主进行财务分析

D. 应遵循“有无对比”原刚

114. 下面关于价值工程的论述中正确的是：

A. 价值工程中的价值是指成本与功能的比值

B. 价值工程中的价值是指产品消耗的必要劳动时间

C. 价值工程中的成本是指寿命周期成本，包括产品在寿命期内发生的全部费用

D. 价值工程中的成本就是产品的生产成本，它随着产品功能的增加而提高

115. 根据《中华人民共和国建筑法》规定，某建设单位领取了施工许可证，下列情节中，可能不导致施工许可证废止的是：

A. 领取施工许可证之日起三个月内因故不能按期开工，也未申请延期

B. 领取施工许可证之日起按期开工后又中止施工

C. 向发证机关申请延期开工一次，延期之日起三个月内，因故仍不能按期开工，也未申请延期

D. 向发证机关申请延期开工两次，超过6个月因故不能按期开工，继续申请延期

116. 某施工单位一个有职工 185 人的三级施工资质的企业，根据《中华人民共和国安全生产法》规定，该企业下列行为中合法的是：

A. 只配备兼职的安全生产管理人员

B. 委托具有国家规定相关专业技术资格的工程技术人员提供安全生产管理服务，由其负责承担保证安全生产的责任

C. 安全生产管理人员经企业考核后即任职

D. 设置安全生产管理机构

117. 下列属于《中华人民共和国招标投标法》规定的招标方式是：

A. 公开招标和直接招标　　B. 公开招标和邀请招标

C. 公开招标和协议招标　　D. 公开招标和非公开招标

118. 根据《中华人民共和国合同法》规定，下列行为不属于要约邀请的是：

A. 某建设单位发布招标公告

B. 某招标单位发出中标通知书

C. 某上市公司发出招标说明书

D. 某商场寄送的价目表

119. 根据《中华人民共和国行政许可法》的规定，除可以当场作出行政许可决定的外，行政机关应当自受理行政可之日起作出行政许可决定的时限是：

A. 5 日之内　　B. 7 日之内

C. 15 日之内　　D. 20 日之内

120. 某建设项目甲建设单位与乙施工单位签订施工总承包合同后，乙施工单位经甲建设单位认可，将打桩工程分包给丙专业承包单位，丙专业承包单位又将劳务作业分包给丁劳务单位，由于丙专业承包单位从业人员责任心不强，导致该打桩工程部分出现了质量缺陷，对于该质量缺陷的责任承担，以下说明正确的是：

A. 乙单位和丙单位承担连带责任

B. 丙单位和丁单位承担连带责任

C. 丙单位向甲单位承担全部责任

D. 乙、丙、丁三单位共同承担责任

2013 年度全国勘察设计注册工程师执业资格考试基础考试（上）

试题解析及参考答案

1. 解　$\boldsymbol{\alpha}\times\boldsymbol{\beta}=\begin{vmatrix} \boldsymbol{i} & \boldsymbol{j} & \boldsymbol{k} \\ -3 & -2 & 1 \\ 1 & -4 & -5 \end{vmatrix}=14\boldsymbol{i}-14\boldsymbol{j}+14\boldsymbol{k}$

$|\boldsymbol{\alpha}\times\boldsymbol{\beta}|=\sqrt{14^2+14^2+14^2}=\sqrt{3\times 14^2}=14\sqrt{3}$

答案：C

2. 解　因为$\lim\limits_{x\to 1}(x^2+x-2)=0$

故$\lim\limits_{x\to 1}(2x^2+ax+b)=0$，即$2+a+b=0$，得$b=-2-a$，代入原式：

$$\lim_{x\to 1}\frac{2x^2+ax-2-a}{x^2+x-2}=\lim_{x\to 1}\frac{2(x+1)(x-1)+a(x-1)}{(x+2)(x-1)}=\lim_{x\to 1}\frac{2\times 2+a}{3}=1$$

故$4+a=3$，得$a=-1$，$b=-1$

答案：C

3. 解　$\frac{\mathrm{d}y}{\mathrm{d}x}=\frac{\frac{\mathrm{d}y}{\mathrm{d}t}}{\frac{\mathrm{d}x}{\mathrm{d}t}}=\frac{-\sin t}{\cos t}=-\tan t$

答案：A

4. 解　$\left[\int f(x)\mathrm{d}x\right]'=f(x)$

答案：B

5. 解　举例$f(x)=x^2$，$\int x^2\mathrm{d}x=\frac{1}{3}x^3+C$

当$C=0$时，$\int x^2\mathrm{d}x=\frac{1}{3}x^3$为奇函数；

当$C=1$时，$\int x^2\mathrm{d}x=\frac{1}{3}x^3+1$为非奇非偶函数。

答案：A

6. 解　$\lim\limits_{x\to 1^-}f(x)=\lim\limits_{x\to 1^-}3x^2=3$，$\lim\limits_{x\to 1^+}(4x-1)=3$，$f(1)=3$，函数$f(x)$在$x=1$处连续。

$f'_+(1)=\lim\limits_{x\to 1^+}\frac{4x-1-3\times 1}{x-1}=\lim\limits_{x\to 1^+}\frac{4(x-1)}{x-1}=4$

$f'_-(1)=\lim\limits_{x\to 1^-}\frac{3x^2-3}{x-1}=\lim\limits_{x\to 1^-}\frac{3(x+1)(x-1)}{x-1}=6$

$f'_+(1)\neq f'_-(1)$，在$x=1$处不可导；

故$f(x)$在$x=1$处连续不可导。

答案：C

7. 解

$$y'=-1\cdot x^{\frac{2}{3}}+(5-x)\frac{2}{3}x^{-\frac{1}{3}}=-x^{\frac{2}{3}}+\frac{2}{3}\cdot\frac{5-x}{x^{\frac{1}{3}}}=\frac{-3x+2(5-x)}{3x^{\frac{1}{3}}}$$

$$=\frac{-3x+10-2x}{3\cdot x^{\frac{1}{3}}}=\frac{5(2-x)}{3x^{\frac{1}{3}}}$$

可知$x=0$，$x=2$为极值可疑点，所以极值可疑点的个数为 2。

答案：C

8. 解 选项 A：$\int_0^{+\infty}e^{-x}\mathrm{d}x=-\int_0^{+\infty}e^{-x}\,\mathrm{d}(-x)=\left.-e^{-x}\right|_0^{+\infty}=-\left(\lim\limits_{x\to+\infty}e^{-x}-1\right)=1$

选项 B：$\int_0^{+\infty}\frac{1}{1+x^2}\mathrm{d}x=\left.\arctan x\right|_0^{+\infty}=\frac{\pi}{2}$

选项 C：因为$\lim\limits_{x\to0^+}\frac{\ln x}{x}=\lim\limits_{x\to0^+}\frac{1}{x}\ln x\to\infty$，所以函数在$x\to0^+$无界。

$$\int_0^{+\infty}\frac{\ln x}{x}\mathrm{d}x=\int_0^{+\infty}\frac{\ln x}{x}\mathrm{d}x=\int_0^{+\infty}\ln x\mathrm{d}\ln x=\left.\frac{1}{2}(\ln x)^2\right|_0^{+\infty}$$

而$\lim\limits_{x\to+\infty}\frac{1}{2}(\ln x)^2=\infty$，$\lim\limits_{x\to0}\frac{1}{2}(\ln x)^2=\infty$，故广义积分发散。

选项 D：$\int_0^1\frac{1}{\sqrt{1-x^2}}\mathrm{d}x=\left.\arcsin x\right|_0^1=\frac{\pi}{2}$

注：$\lim\limits_{x\to1^-}\frac{1}{\sqrt{1-x^2}}=+\infty$，$x=1$为无穷间断点。

答案：C

9. 解 见解图，D：$0\leqslant y\leqslant1$，$y\leqslant x\leqslant\sqrt{y}$；

$y=x$，即$x=y$；$y=x^2$，得$x=\sqrt{y}$；

所以二次积分交换积分顺序后为$\int_0^1\mathrm{d}y\int_y^{\sqrt{y}}f(x,y)\mathrm{d}x$。

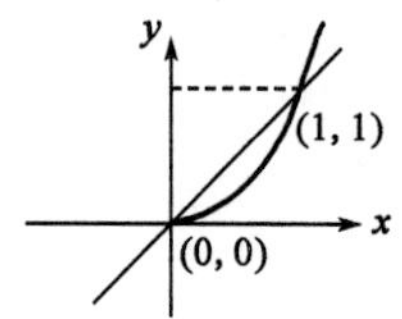

题 9 解图

答案：D

10. 解 $x\frac{\mathrm{d}y}{\mathrm{d}x}=y\ln y$，$\frac{1}{y\ln y}\mathrm{d}y=\frac{1}{x}\mathrm{d}x$，$\ln\ln y=\ln x+\ln C$

$\ln y=Cx$，$y=e^{Cx}$，代入$x=1$，$y=e$，有$e=e^{1C}$，得$C=1$

所以$y=e^x$

答案：B

11. 解 $F(x,y,z)=xz-xy+\ln(xyz)$

$$F_x=z-y+\frac{yz}{xyz}=z-y+\frac{1}{x}，F_y=-x+\frac{xz}{xyz}=-x+\frac{1}{y}，F_z=x+\frac{xy}{xyz}=x+\frac{1}{z}$$

$$\frac{\partial z}{\partial y}=-\frac{F_y}{F_z}=-\frac{\frac{-xy+1}{y}}{\frac{xz+1}{z}}=-\frac{(1-xy)z}{y(xz+1)}=\frac{z(xy-1)}{y(xz+1)}$$

答案：D

12. 解 正项级数$\sum\limits_{n=1}^{\infty}u_n$收敛的充分必要条件是，它的部分和数列$\{S_n\}$有界。

答案：A

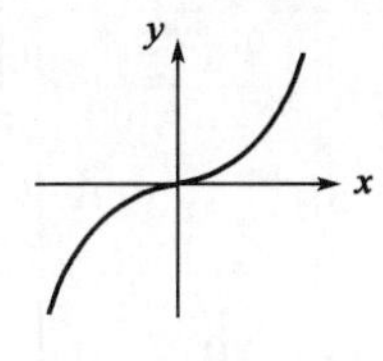

题 13 解图

13. 解　已知$f(-x)=-f(x)$，函数在$(-\infty,+\infty)$为奇函数。

可配合图形说明在$(-\infty,0)$，$f'(x)>0$，$f''(x)<0$，凸增。

故在$(0,+\infty)$为凹增，即在$(0,+\infty)$，$f'(x)>0$，$f''(x)>0$。

答案：C

14. 解　特征方程：$r^2-3r+2=0$，$r_1=1$，$r_2=2$，$f(x)=xe^x$，$r=1$为对应齐次方程的特征方程的单根，故特解形式$y^*=x(Ax+B)\cdot e^x$。

答案：A

15. 解　$\vec{s}=\{3,-1,2\}$，$\vec{n}=\{-2,2,1\}$，$\vec{s}\cdot\vec{n}\neq 0$，$\vec{s}$与$\vec{n}$不垂直。

故直线L不平行于平面π，从而选项 B、D 不成立；又因为$\vec{s}$不平行于$\vec{n}$，所以L不垂直于平面π，选项 A 不成立；即直线L与平面π非垂直相交。

答案：C

16. 解　见解图，L：$y=x-1$，所以L的参数方程$\begin{cases}x=x\\y=x-1\end{cases}$，$0\leqslant x\leqslant 1$

$\mathrm{d}s=\sqrt{1^2+1^2}\mathrm{d}x=\sqrt{2}\mathrm{d}x$

故$\int_L(y-x)\mathrm{d}s=\int_0^1(x-1-x)\sqrt{2}\mathrm{d}x=-\sqrt{2}\cdot 1=-\sqrt{2}$

答案：D

题 16 解图

17. 解　$R=3$，则$\rho=\frac{1}{3}$

选项 A：$\sum\limits_{n=0}^{\infty}3x^n$，$\lim\limits_{n\to\infty}\left|\frac{a_{n+1}}{a_n}\right|=1$

选项 B：$\sum\limits_{n=1}^{\infty}3^nx^n$，$\lim\limits_{n\to x}\left|\frac{3^{n+1}}{3^n}\right|=3$

选项 C：$\sum\limits_{n=0}^{\infty}\frac{1}{3^{\frac{n}{2}}}x^n$，$\lim\limits_{n\to\infty}\left|\frac{\frac{1}{3^{\frac{n+1}{2}}}}{\frac{1}{3^{\frac{n}{2}}}}\right|=\lim\limits_{n\to\infty}\frac{1}{3^{\frac{n+1}{2}}}\cdot 3^{\frac{n}{2}}=\lim\limits_{n\to\infty}3^{\frac{n}{2}-\frac{n+1}{2}}=3^{-\frac{1}{2}}$

选项 D：$\sum\limits_{n=0}^{\infty}\frac{1}{3^{n+1}}x^n$，$\lim\limits_{n\to\infty}\left|\frac{\frac{1}{3^{n+2}}}{\frac{1}{3^{n+1}}}\right|=\lim\limits_{n\to\infty}\frac{3^{n+1}}{3^{n+2}}=\frac{1}{3}$，$\rho=\frac{1}{3}$，$R=\frac{1}{\rho}=3$

答案：D

18. 解　$z=f(x,y)$，$\begin{cases}x=x\\y=\varphi(x)\end{cases}$，则$\frac{\mathrm{d}z}{\mathrm{d}x}=\frac{\partial f}{\partial x}\cdot 1+\frac{\partial f}{\partial y}\cdot\frac{\mathrm{d}\varphi}{\mathrm{d}x}$

答案：B

19. 解　以$\boldsymbol{\alpha}_1$、$\boldsymbol{\alpha}_2$、$\boldsymbol{\alpha}_3$、$\boldsymbol{\alpha}_4$为列向量作矩阵$\boldsymbol{A}$

$$\boldsymbol{A}=\begin{bmatrix}3&3&1&6\\2&-1&-\frac{1}{3}&-2\\-5&3&1&6\end{bmatrix}\xrightarrow{-r_1+r_3}\begin{bmatrix}3&3&1&6\\2&-1&-\frac{1}{3}&-2\\-8&0&0&0\end{bmatrix}\xrightarrow{-\frac{1}{8}r_3}\begin{bmatrix}3&3&1&6\\2&-1&-\frac{1}{3}&-2\\1&0&0&0\end{bmatrix}\xrightarrow[(-2)r_3+r_2]{(-3)r_3+r_1}$$

$$\begin{bmatrix}0&3&1&6\\0&-1&-\frac{1}{3}&-2\\1&0&0&0\end{bmatrix}\xrightarrow{3r_2+r_1}\begin{bmatrix}0&0&0&0\\0&-1&-\frac{1}{3}&-2\\1&0&0&0\end{bmatrix}\xrightarrow{r_1\leftrightarrow r_3}\begin{bmatrix}1&0&0&0\\0&-1&-\frac{1}{3}&-2\\0&0&0&0\end{bmatrix}$$

极大无关组为$\boldsymbol{\alpha}_1$、$\boldsymbol{\alpha}_2$。

（说明：因为行阶梯形矩阵的第二行中第 3 列、第 4 列的数也不为 0，所以$\boldsymbol{\alpha}_1$、$\boldsymbol{\alpha}_3$或$\boldsymbol{\alpha}_1$、$\boldsymbol{\alpha}_4$也是向量组的最大线性无关组。）

答案：C

20. 解 设$\boldsymbol{A}$为$m\times n$矩阵，$m<n$，则$R(\boldsymbol{A})=r\leqslant\min\{m,n\}=m<n$，$\boldsymbol{Ax}=\boldsymbol{0}$必有非零解。

选项 D 错误，因为增广矩阵的秩不一定等于系数矩阵的秩。

答案：B

21. 解 矩阵相似有相同的特征多项式，有相同的特征值。

方法 1：

$$|\lambda\boldsymbol{E}-\boldsymbol{A}|=\begin{vmatrix}\lambda-1&1&-1\\-2&\lambda-4&2\\3&3&\lambda-5\end{vmatrix}\overset{(-3)r_1+r_3}{=\!=\!=}\begin{vmatrix}\lambda-1&1&-1\\-2&\lambda-4&2\\-3\lambda+6&0&\lambda-2\end{vmatrix}\overset{-(\lambda-4)r_1+r_2}{=\!=\!=}$$

$$\begin{vmatrix}\lambda-1&1&-1\\-\lambda^2+5\lambda-6&0&\lambda-2\\-3\lambda+6&0&\lambda-2\end{vmatrix}=(-1)^{1+2}\begin{vmatrix}-(\lambda-2)(\lambda-3)&\lambda-2\\-3(\lambda-2)&\lambda-2\end{vmatrix}$$

$$=(\lambda-2)(\lambda-2)\begin{vmatrix}+(\lambda-3)&1\\3&1\end{vmatrix}=(\lambda-2)(\lambda-2)[+(\lambda-3)-3]$$

$$=(\lambda-2)(\lambda-2)(\lambda-6)$$

特征值为 2，2，6；矩阵$\boldsymbol{B}$中$\lambda=6$。

方法 2：因为$\boldsymbol{A}\sim\boldsymbol{B}$，所以$\boldsymbol{A}$与$\boldsymbol{B}$的主对角线元素和相等，$\sum\limits_{i=1}^{3}a_{ii}=\sum\limits_{i=1}^{3}b_{ii}$，即$1+4+5=\lambda+2+2$，得$\lambda=6$。

答案：A

22. 解 A、B相互独立，则$P(AB)=P(A)P(B)$，$P(A\cup B)=P(A)+P(B)-P(AB)=P(A)+P(B)-P(A)P(B)=0.7$或$P(A\cup B)=1-P(\overline{A\cup B})=1-P(\overline{A}\,\overline{B})=1-P(\overline{A})P(\overline{B})=0.7$。

答案：C

23. 解 分布函数［记为$Q(x)$］性质为：①$0\leqslant Q(x)\leqslant 1$，$Q(-\infty)=0$，$Q(+\infty)=1$；②$Q(x)$是非减函数；③$Q(x)$是右连续的。

$\Phi(+\infty)=-\infty$；$F(x)$满足分布函数的性质①、②、③；

$G(-\infty)=+\infty$；$x\geqslant 0$时，$H(x)>1$。

答案：B

24. 解 注意$E(X)=0$，$\sigma^2=D(X)=E(X^2)-[E(X)]^2=E(X^2)$，$\sigma^2$也是$X$的二阶原点矩，$\sigma^2$的矩估计量是样本的二阶原点矩$\frac{1}{n}\sum\limits_{i=1}^{n}X_i^2$。

说明：统计推断时要充分利用已知信息。当$E(X)=\mu$已知时，估计$D(X)=\sigma^2$，用$\frac{1}{n}\sum\limits_{i=1}^{n}(X_i-\mu)^2$比用$\frac{1}{n}\sum\limits_{i=1}^{n}\left(X_i-\overline{X}\right)^2$效果好。

答案：D

25. 解 ①分子的平均动能$=\frac{3}{2}kT$，若分子的平均平动动能相同，则温度相同。

②分子的平均动能=平均（平动动能+转动动能）$=\frac{i}{2}kT$。其中，i为分子自由度，而$i(\mathrm{He})=3$，$i(\mathrm{N_2})=5$，则氦分子和氮分子的平均动能不同。

答案：B

26. 解 此题需要正确理解最概然速率的物理意义，v_{p}为$f(v)$最大值所对应的速率。

答案：C

注：25、26 题 2011 年均考过。

27. 解 画等压膨胀p-V图，由图知$V_2>V_1$，故气体对外做正功。由等温线知$T_2>T_1$，温度升高。

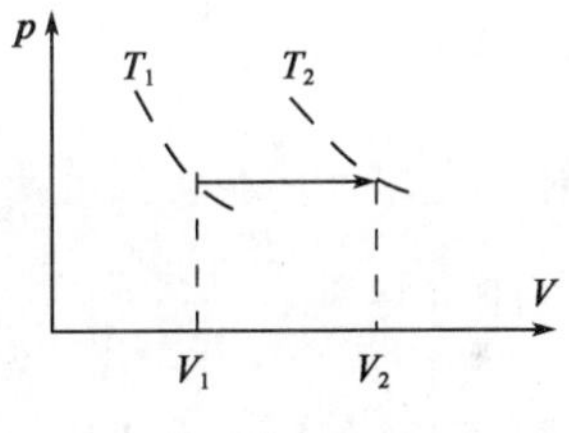

题 27 解图

答案：A

28. 解 $Q_{\mathrm{T}}=\frac{m}{M}RT\ln\frac{V_2}{V_1}=p_1V_1\ln\frac{V_2}{V_1}$

答案：A

29. 解 ①波动方程标准式：$y=A\cos\left[\omega\left(t-\frac{x-x_0}{u}\right)+\varphi_0\right]$

②本题方程：$y=-0.02\cos\pi(4x-50t)=0.02\cos[\pi(4x-50t)+\pi]$

$$=0.02\cos[\pi(50t-4x)+\pi]=0.02\cos\left[50\pi\left(t-\frac{4x}{50}\right)+\pi\right]$$

$$=0.02\cos\left[50\pi\left(t-\frac{x}{\frac{50}{4}}\right)+\pi\right]$$

故$\omega=50\pi=2\pi\nu$，$\nu=25\mathrm{Hz}$，$u=\frac{50}{4}$

波长$\lambda=\frac{u}{\nu}=0.5\mathrm{m}$，振幅$A=0.02\mathrm{m}$

答案：D

30. 解 a、b、c、d处质元都垂直于x轴上下振动。由图知，t时刻a处质元位于振动的平衡位置，此时速率最大，动能最大，势能也最大。

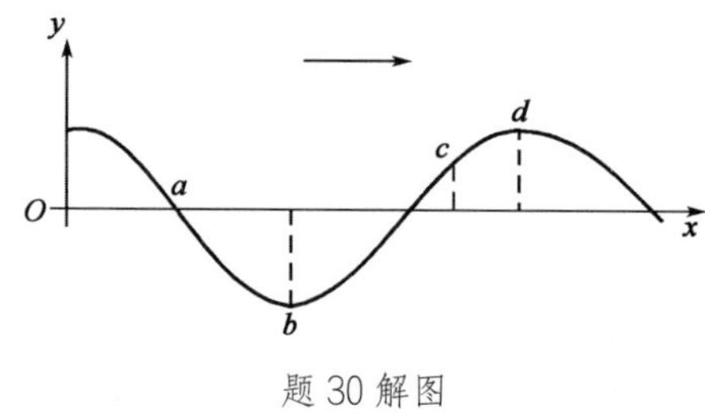

题 30 解图

答案：A

31. 解 $x_{腹}=\pm k\frac{\lambda}{2}$，$k=0,1,2,\cdots$。相邻两波腹之间的距离为：$x_{k+1}-x_k=(k+1)\frac{\lambda}{2}-k\frac{\lambda}{2}=\frac{\lambda}{2}$。

答案：A

32. 解 设线偏振光的光强为I，线偏振光与第一个偏振片的夹角为φ。因为最终线偏振光的振动方向要转过 90°，所以第一个偏振片与第二个偏振片的夹角为$\frac{\pi}{2}-\varphi$。

根据马吕斯定律：

线偏振光通过第一块偏振片后的光强$I_1=I\cos^2\varphi$

线偏振光通过第二块偏振片后的光强$I_2=I_1\cos^2\left(\frac{\pi}{2}-\varphi\right)=\frac{I}{4}\sin^2 2\varphi$

要使透射光强达到最强，令$\sin 2\varphi=1$，得$\varphi=\frac{\pi}{4}$，透射光强的最大值为$\frac{I}{4}$。

入射光的振动方向与前后两偏振片的偏振化方向夹角分别为 45°和 90°。

答案：A

33. 解 光的干涉和衍射现象反映了光的波动性质，光的偏振现象反映了光的横波性质。

答案：B

34. 解 注意到$1\text{nm}=10^{-9}\text{m}=10^{-6}\text{mm}$。

由$\Delta x=\Delta n\frac{\lambda}{2}$，有$0.62=2300\frac{\lambda}{2}$，$\lambda=5.39\times10^{-4}\text{mm}=539\text{nm}$。

答案：B

35. 解 由单缝衍射暗纹条件：$a\sin\varphi=k\lambda=2k\frac{\lambda}{2}$，令$k=3$，故半波带数目为 6。

答案：D

36. 解 劈尖干涉明纹公式：$2nd+\frac{\lambda}{2}=k\lambda$，$k=1,2,\cdots$

对应的薄膜厚度差$2nd_5-2nd_3=2\lambda$，故$d_5-d_3=\frac{\lambda}{n}$。

答案：B

37. 解 一组允许的量子数n、l、m取值对应一个合理的波函数，即可以确定一个原子轨道。量子数$n=4$，$l=2$，$m=0$为一组合理的量子数，确定一个原子轨道。

答案：A

38. 解 根据价电子对互斥理论：

PCl_3的价电子对数$x=\frac{1}{2}$(P 的价电子数 + 三个 Cl 提供的价电子数) $=\frac{1}{2}(5+3)=4$

PCl_3分子中，P 原子形成三个 P-Cl σ 键，价电子对数减去 σ 键数等于 1，所以 P 原子除形成三个 P-Cl 键外，还有一个孤电子对，PCl_3的空间构型为三角锥形，P 为不等性sp^3杂化。

答案：B

39. 解　由已知条件可知

$$Fe^{3+}\xrightarrow[z_1=1]{0.771}Fe^{2+}\xrightarrow[z_2=2]{-0.44}Fe$$

$$z=3$$

即　$Fe^{3+}+z_1e=Fe^{2+}$

+）$Fe^{2+}+z_2e=Fe$

$Fe^{3+}+ze\ =Fe$

$$E^{\ominus}(Fe^{3+}/Fe)=\frac{z_1E^{\ominus}(Fe^{3+}/Fe^{2+})+z_2E^{\ominus}(Fe^{2+}/Fe)}{z}=\frac{0.771+2\times(-0.44)}{3}\approx-0.036V$$

答案：C

40. 解　在$BaSO_4$饱和溶液中，存在$BaSO_4 \rightleftharpoons Ba^{2+}+{SO_4}^{2-}$平衡，加入$BaCl_2$，溶液中$Ba^{2+}$增加，平衡向左移动，${SO_4}^{2-}$的浓度减小。

答案：B

41. 解　催化剂之所以加快反应的速率，是因为它改变了反应的历程，降低了反应的活化能，增加了活化分子百分数。

答案：C

42. 解　此反应为气体分子数减小的反应，升压，反应向右进行；反应的$\Delta_rH_m<0$，为放热反应，降温，反应向右进行。

答案：C

43. 解　负极　氧化反应：$Ag+Cl^- = AgCl+e$

正极　还原反应：$Ag^++e = Ag$

电池反应：$Ag^++Cl^- = AgCl$

原电池负极能斯特方程式为：$\varphi_{AgCl/Ag}=\varphi^{\ominus}_{AgCl/Ag}+0.059\lg\frac{1}{c(Cl^-)}$。

由于负极中加入NaCl，Cl^-浓度增加，则负极电极电势减小，正极电极电势不变，因此电池的电动势增大。

答案：A

44. 解　乙烯与氯气混合，可以发生加成反应：$C_2H_4+Cl_2 = CH_2Cl-CH_2Cl$。

答案：C

45. 解 羟基与烷基直接相连为醇，通式为 R—OH（R 为烷基）；羟基与芳香基直接相连为酚，通式为 Ar—OH（Ar 为芳香基）。

答案：D

46. 解 由低分子化合物（单体）通过加成反应，相互结合成高聚物的反应称为加聚反应。加聚反应没有产生副产物，高聚物成分与单体相同，单体含有不饱和键。HCHO 为甲醛，加聚反应为：$nH_2C=O\longrightarrow\text{-}[CH_2-O]\text{-}_n$。

答案：C

47. 解 E处为光滑接触面约束，根据约束的性质，约束力应垂直于支撑面，指向被约束物体。

答案：B

48. 解 $\boldsymbol{F}$力和均布力q的合力作用线均通过O点，故合力矩为零。

答案：A

49. 解 取构架整体为研究对象，根据约束的性质，B 处为活动铰链支座，约束力为水平方向（见解图）。列平衡方程：

$$\sum M_A(F)=0,\ F_B\cdot 2L_2-F_p\cdot 2L_1=0$$

$$F_B=\frac{3}{4}F_P$$

题 49 解图

答案：A

50. 解 根据斜面的自锁条件，斜面倾角小于摩擦角时，物体静止。

答案：A

51. 解 将$t=x$代入y的表达式。

答案：C

52. 解 分别对运动方程x和y求时间t的一阶、二阶导数，再令$t=0$，且有$v=\sqrt{\dot{x}^2+\dot{y}^2}$，$a=\sqrt{\ddot{x}^2+\ddot{y}^2}$。

答案：B

53. 解 两轮啮合点A、B的速度相同，且$v_{\mathrm{A}} = R_1\omega_1$，$v_{\mathrm{B}} = R_2\omega_2$。

答案：D

54. 解 可在A上加一水平向左的惯性力，根据达朗贝尔原理，物块A上作用的重力mg、法向约束力F_{N}、摩擦力F以及大小为ma的惯性力组成平衡力系，沿斜面列平衡方程，当摩擦力$F = ma\cos\theta + mg\sin\theta \leqslant F_{\mathrm{N}}f(F_{\mathrm{N}} = mg\cos\theta - ma\sin\theta)$时可保证$A$与$B$一起以加速度$a$水平向右运动。

答案：C

55. 解 物块A上的摩擦力水平向右，使其向右运动，故做正功。

答案：C

56. 解 杆位于铅垂位置时有$J_{\mathrm{B}}\alpha = M_{\mathrm{B}} = 0$；故角加速度$\alpha = 0$；而角速度可由动能定理：$\frac{1}{2}J_{\mathrm{B}}\omega^2 = mgl$，得$\omega^2 = \frac{3g}{2l}$。则质心的加速度为：$a_{\mathrm{C}x} = 0$，$a_{\mathrm{C}y} = l\omega^2$。根据质心运动定理，有$ma_{\mathrm{C}x} = F_{\mathrm{B}x}$，$ma_{\mathrm{C}y} = F_{\mathrm{B}y} - mg$，便可得最后结果。

答案：D

57. 解 根据定义，惯性力系主矢的大小为：$ma_{\mathrm{C}} = m\frac{R}{2}\omega^2$；主矩的大小为：$J_{\mathrm{O}}\alpha = 0$。

答案：A

58. 解 发生共振时，系统的工作频率与其固有频率相等。

$$\omega_0 = \sqrt{\frac{k}{m}} = \sqrt{\frac{2\times 10^6}{110}} = 134.8\mathrm{rad/s}$$

答案：D

59. 解 取节点C，画C点的受力图，如图所示。

$$\sum F_x = 0，F_1\sin 45° = F_2\sin 30°$$
$$\sum F_y = 0，F_1\cos 45° + F_2\cos 30° = F$$

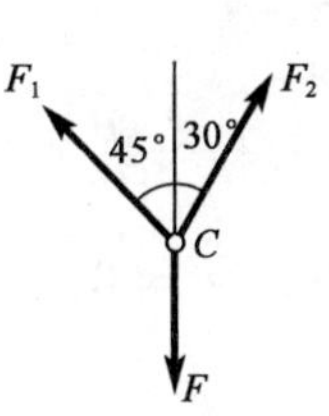

题 59 解图

可得$F_1 = \frac{\sqrt{2}}{1+\sqrt{3}}F$，$F_2 = \frac{2}{1+\sqrt{3}}F$

故$F_2 > F_1$，而$\sigma_2 = \frac{F_2}{A} > \sigma_1 = \frac{F_1}{A}$

所以杆 2 最先达到许用应力。

答案：B

60. 解 此题受力是对称的，故$F_1 = F_2 = \frac{F}{2}$

由杆 1，得$\sigma_1 = \frac{F_1}{A_1} = \frac{\frac{F}{2}}{A} = \frac{F}{2A} \leqslant [\sigma]$，故$F \leqslant 2A[\sigma]$

由杆 2，得$\sigma_2 = \frac{F_2}{A_2} = \frac{\frac{F}{2}}{2A} = \frac{F}{4A} \leqslant [\sigma]$，故$F \leqslant 4A[\sigma]$

从两者取最小的，所以$[F]=2A[\sigma]$。

答案：B

61. 解 把F力平移到铆钉群中心O，并附加一个力偶$m=F\cdot\frac{5}{4}L$，在铆钉上将产生剪力Q_1和Q_2，其中$Q_1=\frac{F}{2}$，而Q_2计算方法如下。

$$\sum M_O=0,\ Q_2\cdot\frac{L}{2}=F\cdot\frac{5}{4}L,\ Q_2=\frac{5}{2}F$$

则

$$Q=Q_1+Q_2=3F,\ \tau_{\max}=\frac{Q}{\frac{\pi}{4}d^2}=\frac{12F}{\pi d^2}$$

答案：C

62. 解 螺钉头与钢板之间的接触面是一个圆环面，故挤压面$A_{bs}=\frac{\pi}{4}(D^2-d^2)$。

$$\sigma_{bs}=\frac{F_{bs}}{A_{bs}}=\frac{F}{\frac{\pi}{4}(D^2-d^2)}$$

答案：A

63. 解 圆轴的最大切应力$\tau_{\max}=\frac{T}{I_p}\cdot\frac{d}{2}$，圆轴的单位长度扭转角$\theta=\frac{T}{GI_p}$

故$\frac{T}{I_p}=\theta G$，代入得$\tau_{\max}=\theta G\frac{d}{2}$

答案：D

64. 解 设实心圆直径为d，空心圆外径为D，空心圆内外径之比为α，因两者横截面积相同，故有$\frac{\pi}{4}d^2=\frac{\pi}{4}D^2(1-\alpha^2)$，即$d=D(1-\alpha^2)^{\frac{1}{2}}$。

$$\frac{\tau_a}{\tau_b}=\frac{\frac{T}{\frac{\pi}{16}d^3}}{\frac{T}{\frac{\pi}{16}D^3(1-\alpha^4)}}=\frac{D^3(1-\alpha^4)}{d^3}=\frac{D^3(1-\alpha^2)(1+\alpha^2)}{D^3(1-\alpha^2)(1-\alpha^2)^{\frac{1}{2}}}=\frac{1+\alpha^2}{\sqrt{1-\alpha^2}}>1$$

答案：C

65. 解 根据"零、平、斜""平、斜、抛"的规律，AB段的斜直线，对应AB段$q=0$；BC段的抛物线，对应BC段$q\neq 0$，即应有q。而B截面处有一个转折点，应对应于一个集中力。

答案：A

66. 解 弯矩图中B截面的突变值为$10\text{kN}\cdot\text{m}$，故$m=10\text{kN}\cdot\text{m}$。

答案：A

67. 解 $M_a=\frac{1}{8}ql^2$，M_b的计算可用叠加法，如解图所示，则$\frac{M_a}{M_b}=\frac{\frac{ql^2}{8}}{\frac{ql^2}{16}}=2$。

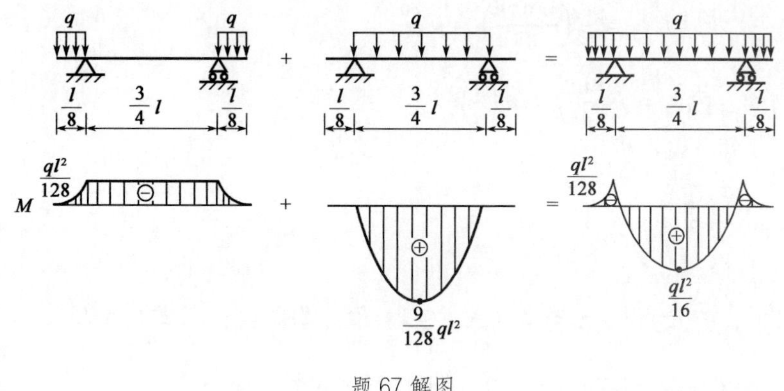

题 67 解图

答案：C

68. 解　图 a）中$\sigma_{r3}=\sigma_1-\sigma_3=150-0=150\text{MPa}$；

图 b）中$\sigma_{r3}=\sigma_1-\sigma_3=100-(-100)=200\text{MPa}$；

显然图 b）σ_{r3}更大，更危险。

答案：B

69. 解　设杆 1 受力为F_1，杆 2 受力为F_2，可见：

$$F_1+F_2=F \qquad ①$$

$\Delta l_1=\Delta l_2$，即$\frac{F_1 l}{E_1 A}=\frac{F_2 l}{E_2 A}$

故

$$\frac{F_1}{F_2}=\frac{E_1}{E_2}=2 \qquad ②$$

联立①、②两式，得到$F_1=\frac{2}{3}F$，$F_2=\frac{1}{3}F$。

这结果相当于偏心受拉，如解图所示，$M=\frac{F}{3}\cdot\frac{h}{2}=\frac{Fh}{6}$。

题 69 解图

答案：A

70. 解　杆端约束越弱，μ越大，在两端固定($\mu=0.5$)，一端固定、一端铰支($\mu=0.7$)，两端铰支($\mu=1$)和一端固定、一端自由($\mu=2$)这四种杆端约束中，一端固定、一端自由的约束最弱，μ最大。而图示细长压杆AB一端自由、一端固定在简支梁上，其杆端约束比一端固定、一端自由($\mu=2$)时更弱，故μ比 2 更大。

答案：A

71. 解　切应力$\tau=\mu\frac{\mathrm{d}u}{\mathrm{d}y}$，而$y=R-r$，$\mathrm{d}y=-\mathrm{d}r$，故$\frac{\mathrm{d}u}{\mathrm{d}y}=-\frac{\mathrm{d}u}{\mathrm{d}r}$

题设流速$u=2\left(1-\frac{r^2}{R^2}\right)$，故$\frac{\mathrm{d}u}{\mathrm{d}y}=-\frac{\mathrm{d}u}{\mathrm{d}r}=\frac{2\times2r}{R^2}=\frac{4r}{R^2}$

题设$r_1 = 0.2R$，故切应力$\tau_1 = \mu\left(\frac{4\times0.2R}{R^2}\right) = \mu\left(\frac{0.8}{R}\right)$

题设$r_2 = R$，则切应力$\tau_2 = \mu\left(\frac{4R}{R^2}\right) = \mu\left(\frac{4}{R}\right)$

切应力大小之比$\frac{\tau_1}{\tau_2} = \frac{\mu\left(\frac{0.8}{R}\right)}{\mu\left(\frac{4}{R}\right)} = \frac{0.8}{4} = \frac{1}{5}$

答案：C

72. 解　对断面1-1及2-2中点写能量方程：$Z_1 + \frac{p_1}{\rho g} + \frac{\alpha_1 v_1^2}{2g} = Z_2 + \frac{p_2}{\rho g} + \frac{\alpha_2 v_2^2}{2g}$

题设管道水平，故$Z_1 = Z_2$；又因$d_1 > d_2$，由连续方程知$v_1 < v_2$。

代入上式后知：$p_1 > p_2$。

答案：B

73. 解　由动量方程可得：$\sum F_x = \rho Q v = 1000\text{kg/m}^3 \times 0.2\text{m}^3/\text{s} \times 50\text{m/s} = 10\text{kN}$。

答案：B

74. 解　由均匀流基本方程$\tau = \rho g R J$，$J = \frac{h_\text{f}}{L}$，知沿程损失$h_\text{f} = \frac{\tau L}{\rho g R}$。

答案：B

75. 解　由并联长管水头损失相等知：$h_{\text{f}1} = h_{\text{f}2} = h_{\text{f}3} = \cdots = h_\text{f}$，总流量$Q = \sum_{i=1}^{n} Q_i$。

答案：B

76. 解　矩形断面水力最佳宽深比$\beta = 2$，即$b = 2h$。

答案：D

77. 解　由渗流达西公式知$u = kJ$。

答案：A

78. 解　按雷诺模型，$\frac{\lambda_\text{v}\lambda_\text{L}}{\lambda_\nu} = 1$，流速比尺$\lambda_\text{v} = \frac{\lambda_\nu}{\lambda_\text{L}}$

按题设$\lambda_\nu = \frac{60\times10^{-6}}{15\times10^{-6}} = 4$，长度比尺$\lambda_\text{L} = 5$，因此流速比尺$\lambda_\text{v} = \frac{4}{5} = 0.8$

$\lambda_\text{v} = \frac{v_{\text{烟气}}}{v_{\text{空气}}}$，$v_{\text{空气}} = \frac{v_{\text{烟气}}}{\lambda_\text{v}} = \frac{3\text{m/s}}{0.8} = 3.75\text{m/s}$

答案：A

79. 解　静止的电荷产生电场，不会产生磁场，并且电场是有源场，其方向从正电荷指向负电荷。

答案：D

80. 解　电路的功率关系$P = UI = I^2 R$以及欧姆定律$U = RI$，是在电路的电压电流的正方向一致时成立；当方向不一致时，前面增加“−”号。

答案：B

81. 解 考查电路的基本概念：开路与短路，电阻串联分压关系。当电路中a-b开路时，电阻$\mathrm{R_1}$、$\mathrm{R_2}$相当于串联。$U_{\mathrm{abk}}=\frac{R_2}{R_1+R_2}\cdot U_{\mathrm{s}}$。

答案：C

82. 解 在直流电源作用下电感等效于短路，$U_{\mathrm{L}}=0$；电容等效于开路，$I_{\mathrm{C}}=0$。

$$\frac{U_{\mathrm{R}}}{I_{\mathrm{R}}}=R;\ \frac{U_{\mathrm{L}}}{I_{\mathrm{L}}}=0;\ \frac{U_{\mathrm{C}}}{I_{\mathrm{C}}}=\infty$$

答案：D

83. 解 根据已知条件（电阻元件的电压为 0），即电阻电流为 0，电路处于谐振状态，电感支路与电容支路的电流大小相等，方向相反，可以写成$I_{\mathrm{L}}=I_{\mathrm{C}}$，或$i_{\mathrm{L}}=-i_{\mathrm{C}}$。

答案：B

84. 解 三相电路中，电源中性点与负载中点等电位，说明电路中负载也是对称负载，三相电路负载的阻抗相等条件为：$Z_1=Z_2=Z_3$，即$\begin{cases}Z_1=Z_2=Z_3\\ \varphi_1=\varphi_2=\varphi_3\end{cases}$。

答案：A

85. 解 本题考查理想变压器的三个变比关系，在变压器的初级回路中电源内阻与变压器的折合阻抗R_{L}'串联。

$$R_{\mathrm{L}}'=K^2R_{\mathrm{L}}\quad (R_{\mathrm{L}}=100\Omega)$$

答案：C

86. 解 绕线式的三相异步电动机转子串电阻的方法适应于不同接法的电动机，并且可以起到限制启动电流、增加启动转矩以及调速的作用。Y-△启动方法只用于正常△接运行，并轻载启动的电动机。

答案：D

87. 解 信号和信息不是同一概念。信号是表示信息的物理量，如电信号可以通过幅度、频率、相位的变化来表示不同的信息；信息是对接收者有意义、有实际价值的抽象的概念。由此可见，信号是可以看得到的，信息是看不到的。数码是常用的信息代码，并不是只能表示数量大小，通过定义可以表示不同事物的状态。由 0 和 1 组成的信息代码 101 并不能仅仅表示数量“5”，因此选项 B、C、D 错误。

处理并传输电信号是电路的重要功能，选项 A 正确。

答案：A

88. 解 信号可以用函数来描述，$u(t)$信号波形是由多个伴有延时阶跃信号的叠加构成的。

答案：B

89. 解 输出信号的失真属于非线性失真，其原因是由于三极管输入特性死区电压的影响。放大器的放大倍数只能对不失真信号定义，选项 A、B 错误。

答案：C

90. 解 根据逻辑函数的相关公式计算$ABC+A\overline{BC}+B=A\left(BC+\overline{BC}\right)+B=A+B$。

答案：B

91. 解 根据给定的 X、Y 波形，其与非门$\overline{XY}$的图形可利用有“0”则“1”的原则确定为选项 D。

答案：D

92. 解 BCD 码是用二进制数表示的十进制数，属于无权码，此题的 BCD 码是用四位二进制数表示的：$(0011\ 0010)_B=(3\ 2)_{BCD}$

答案：A

93. 解 此题为二极管限幅电路，分析二极管电路首先要将电路模型线性化，即将二极管断开后分析极性（对于理想二极管，如果是正向偏置将二极管短路，否则将二极管断路），最后按照线性电路理论确定输入和输出信号关系。

即：该二极管截止后，求$u_{阳}=u_i$，$u_{阴}=2.5V$，则$u_i>2.5V$时，二极管导通，$u_o=u_i$；$u_i<2.5V$时，二极管截止，$u_o=2.5V$。

答案：C

94. 解 根据三极管的微变等效电路分析可见，增加电容C_E以后，在动态信号作用下，发射极电阻被电容短路。放大倍数提高，输入电阻减小。

答案：C

95. 解 此电路是组合逻辑电路（异或门）与时序逻辑电路（D 触发器）的组合应用，电路的初始状态由复位信号$\overline{R}_D$确定，输出状态在时钟脉冲信号 cp 的上升沿触发，$D=A\oplus\overline{Q}$。

答案：A

96. 解 此题与上题类似，是组合逻辑电路（与非门）与时序逻辑电路（JK 触发器）的组合应用，输出状态在时钟脉冲信号 cp 的下降沿触发。$J=\overline{Q\cdot A}$，K 端悬空时，可以认为$K=1$。

答案：C

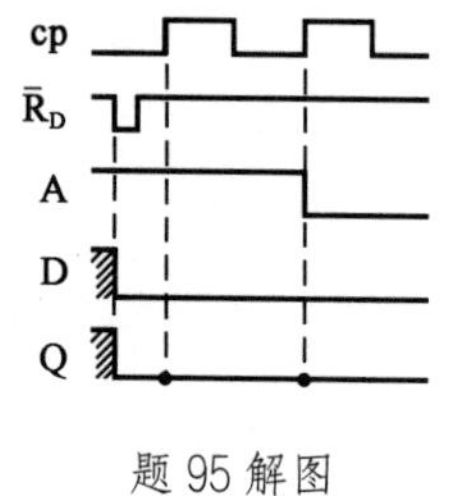

题 95 解图

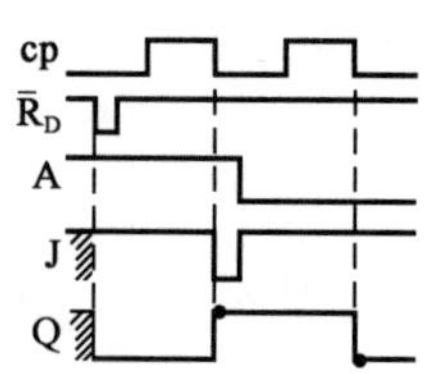

题 96 解图

97. 解 “三网合一”是指在未来的数字信息时代，当前的数据通信网（俗称数据网、计算机网）将与电视网（含有线电视网）以及电信网合三为一，并且合并的方向是传输、接收和处理全部实现数字化。

答案：C

98. 解　计算机运算器的功能是完成算术运算和逻辑运算，算数运算是完成加、减、乘、除的运算，逻辑运算主要包括与、或、非、异或等，从而完成低电平与高电平之间的切换，送出控制信号，协调计算机工作。

答案：D

99. 解　计算机的总线可以划分为数据总线、地址总线和控制总线，数据总线用来传输数据、地址总线用来传输数据地址、控制总线用来传输控制信息。

答案：C

100. 解　Microsoft Word 是文字处理软件。Visual BASIC 简称 VB，是 Microsoft 公司推出的一种 Windows 应用程序开发工具。Microsoft Access 是小型数据库管理软件。AutoCAD 是专业绘图软件，主要用于工业设计中，被广泛用于民用、军事等各个领域。CAD 是 Computer Aided Design 的缩写，意思为计算机辅助设计。加上 Auto，指它可以应用于几乎所有跟绘图有关的行业，比如建筑、机械、电子、天文、物理、化工等。

答案：B

101. 解　位也称为比特，记为 bit，是计算机最小的存储单位，是用 0 或 1 来表示的一个二进制位数。字节是数据存储中常用的基本单位，8 位二进制构成一个字节。字是由若干字节组成一个存储单元，一个存储单元中存放一条指令或一个数据。

答案：B

102. 解　原码是机器数的一种简单的表示法。其符号位用 0 表示正号，用 1 表示负号，数值一般用二进制形式表示。机器数的反码可由原码得到。如果机器数是正数，则该机器数的反码与原码一样；如果机器数是负数，则该机器数的反码是对它的原码（符号位除外）各位取反而得到的。机器数的补码可由原码得到。如果机器数是正数，则该机器数的补码与原码一样；如果机器数是负数，则该机器数的补码是对它的原码（除符号位外）各位取反，并在末位加 1 而得到的。ASCII 码是将人在键盘上敲入的字符（数字、字母、特殊符号等）转换成机器能够识别的二进制数，并且每个字符唯一确定一个 ASCII 码，形象地说，它就是人与计算机交流时使用的键盘语言通过“翻译”转换成的计算机能够识别的语言。

答案：B

103. 解　点阵中行数和列数的乘积称为图像的分辨率，若一个图像的点阵总共有 480 行，每行 640 个点，则该图像的分辨率为 640×480=307200 个像素。每一条水平线上包含 640 个像素点，共有 480 条线，即扫描列数为 640 列，行数为 480 行。

答案：D

104. 解 进程与程序的概念是不同的，进程有以下4个特征。

动态性：进程是动态的，它由系统创建而产生，并由调度而执行。

并发性：用户程序和操作系统的管理程序等，在它们的运行过程中，产生的进程在时间上是重叠的，它们同存在于内存储器中，并共同在系统中运行。

独立性：进程是一个能独立运行的基本单位，同时也是系统中独立获得资源和独立调度的基本单位，进程根据其获得的资源情况可独立地执行或暂停。

异步性：由于进程之间的相互制约，使进程具有执行的间断性。各进程按各自独立的、不可预知的速度向前推进。

答案：D

105. 解 操作系统的设备管理功能是负责分配、回收外部设备，并控制设备的运行，是人与外部设备之间的接口。

答案：C

106. 解 联网中的计算机都具有"独立功能"，即网络中的每台主机在没联网之前就有自己独立的操作系统，并且能够独立运行。联网以后，它本身是网络中的一个结点，可以平等地访问其他网络中的主机。

答案：A

107. 解 利用由年名义利率求年实际利率的公式计算：

$$i=\left(1+\frac{r}{m}\right)^m-1=\left(1+\frac{8\%}{4}\right)^4-1=8.24\%$$

答案：C

108. 解 经营成本包括外购原材料、燃料和动力费、工资及福利费、修理费等，不包括折旧、摊销费和财务费用。流动资金投资不属于经营成本。

答案：A

109. 解 根据静态投资回收期的计算公式：$P_{\mathrm{t}}=6-1+\frac{|-60|}{240}=5.25$年。

答案：C

110. 解 该项目的现金流量图如解图所示。根据题意，有

$$\mathrm{NPV}=-5000+A(P/A,15\%,10)(P/F,15\%,1)=0$$

解得 $A=5000\div(5.0188\times0.8696)=1145.65$万元

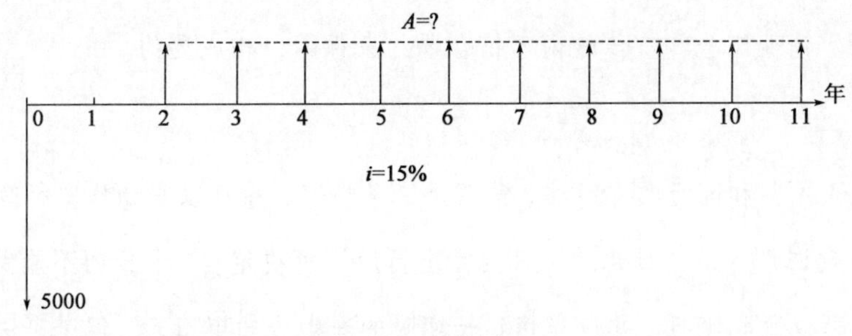

题 110 解图

答案：D

111. 解 项目经济效益和费用的识别应遵循剔除转移支付原则。

答案：C

112. 解 两个寿命期相同的互斥项目的选优应采用增量内部收益率指标，$\Delta IRR_{(乙-甲)}$为 13%，小于基准收益率 14%，应选择投资较小的方案。

答案：A

113. 解 "有无对比"是财务分析应遵循的基本原则。

答案：D

114. 解 根据价值工程中价值公式中成本的概念。

答案：C

115. 解 《中华人民共和国建筑法》第九条规定，建设单位应当自领取施工许可证之日起三个月内开工。因故不能按期开工的，应当向发证机关申请延期；延期以两次为限，每次不超过三个月。既不开工又不申请延期或者超过延期时限的，施工许可证自行废止。

答案：B

116. 解 《中华人民共和国安全生产法》第二十四条规定，矿山、金属冶炼、建筑施工、运输单位和危险物品的生产、经营、储存、装卸单位，应当设置安全生产管理机构或者配备专职安全生产管理人员。

前款规定以外的其他生产经营单位，从业人员超过一百人的，应当设置安全生产管理机构或者配备专职安全生产管理人员；从业人员在一百人以下的，应当配备专职或者兼职的安全生产管理人员。

答案：D

117. 解 《中华人民共和国招标投标法》第十条规定，招标分为公开招标和邀请招标。

答案：B

118. 解 《中华人民共和国民法典》第四百七十三条规定，要约邀请是希望他人向自己发出要约的表示。拍卖公告、招标公告、招股说明书、债券募集办法、基金招募说明书、商业广告和宣传、寄送的价目表等为要约邀请。商业广告和宣传的内容符合要约条件的，构成要约。

答案：B

119. 解 《中华人民共和国行政许可法》第四十二条规定，除可以当场作出行政许可决定的外，行政机关应当自受理行政许可申请之日起二十日内做出行政许可决定。二十日内不能做出决定的，经本行政机关负责人批准，可以延长十日，并应当将延长期限的理由告知申请人。但是，法律、法规另有规定的，依照其规定。

答案：D

120. 解 《中华人民共和国建筑法》第二十九条规定，建筑工程总承包单位按照总承包合同的约定对建设单位负责；分包单位按照分包合同的约定对总承包单位负责。总承包单位和分包单位就分包工程对建设单位承担连带责任。

答案：A

2014 年度全国勘察设计注册工程师

执业资格考试试卷

基础考试

（上）

二〇一四年九月

应考人员注意事项

1. 本试卷科目代码为“1”，考生务必将此代码填涂在答题卡“科目代码”相应的栏目内，否则，无法评分。
2. 书写用笔：**黑色或蓝色钢笔、签字笔或圆珠笔**；
   填涂答题卡用笔：**黑色 2B 铅笔**。
3. 必须用书写用笔将工作单位、姓名、准考证号填写在答题卡和试卷相应的栏目内。
4. 本试卷由 120 题组成，每题 1 分，满分 120 分，本试卷全部为单项选择题，每小题的四个备选项中只有一个正确答案，错选、多选、不选均不得分。
5. 考生作答时，必须按**题号在答题卡上**将相应试题所选选项对应的**字母用 2B 铅笔涂黑**。
6. 在答题卡上书写与题意无关的语言，或在答题卡上作标记的，均按违纪试卷处理。
7. 考试结束时，由监考人员当面将试卷、答题卡一并收回。
8. 草稿纸由各地统一配发，考后收回。

单项选择题（共 120 题，每题 1 分。每题的备选项中只有一个最符合题意。）

1. 若$\lim\limits_{x\to 0}(1-x)^{\frac{k}{x}}=2$，则常数$k$等于：

A. $-\ln 2$

B. $\ln 2$

C. 1

D. 2

2. 在空间直角坐标系中，方程$x^2+y^2-z=0$所表示的图形是：

A. 圆锥面

B. 圆柱面

C. 球面

D. 旋转抛物面

3. 点$x=0$是$y=\arctan\frac{1}{x}$的：

A. 可去间断点

B. 跳跃间断点

C. 连续点

D. 第二类间断点

4. $\frac{\mathrm{d}}{\mathrm{d}x}\int_{2x}^{0}e^{-t^2}\mathrm{d}t$等于：

A. e^{-4x^2}

B. $2e^{-4x^2}$

C. $-2e^{-4x^2}$

D. e^{-x^2}

5. $\frac{\mathrm{d}(\ln x)}{\mathrm{d}\sqrt{x}}$等于：

A. $\frac{1}{2x^{3/2}}$

B. $\frac{2}{\sqrt{x}}$

C. $\frac{1}{\sqrt{x}}$

D. $\frac{2}{x}$

6. 不定积分$\int\frac{x^2}{\sqrt[3]{1+x^3}}\mathrm{d}x$等于：

A. $\frac{1}{4}(1+x^3)^{\frac{4}{3}}+C$

B. $(1+x^3)^{\frac{1}{3}}+C$

C. $\frac{3}{2}(1+x^3)^{\frac{2}{3}}+C$

D. $\frac{1}{2}(1+x^3)^{\frac{2}{3}}+C$

7. 设$a_n=\left(1+\frac{1}{n}\right)^n$，则数列$\{a_n\}$是：

A. 单调增而无上界

B. 单调增而有上界

C. 单调减而无下界

D. 单调减而有上界

8. 下列说法中正确的是：

A. 若$f'(x_0)=0$，则$f(x_0)$必是$f(x)$的极值

B. 若$f(x_0)$是$f(x)$的极值，则$f(x)$在x_0处可导，且$f'(x_0)=0$

C. 若$f(x)$在x_0处可导，则$f'(x_0)=0$是$f(x)$在x_0取得极值的必要条件

D. 若$f(x)$在x_0处可导，则$f'(x_0)=0$是$f(x)$在x_0取得极值的充分条件

9. 设有直线L_1：$\frac{x-1}{1}=\frac{y-3}{-2}=\frac{z+5}{1}$与$L_2$：$\begin{cases}x=3-t\\y=1-t\\z=1+2t\end{cases}$，则$L_1$与$L_2$的夹角$\theta$等于：

A. $\frac{\pi}{2}$　　B. $\frac{\pi}{3}$

C. $\frac{\pi}{4}$　　D. $\frac{\pi}{6}$

10. 微分方程$xy'-y=x^2e^{2x}$通解y等于：

A. $x\left(\frac{1}{2}e^{2x}+C\right)$　　B. $x(e^{2x}+C)$

C. $x\left(\frac{1}{2}x^2e^{2x}+C\right)$　　D. $x^2e^{2x}+C$

11. 抛物线$y^2=4x$与直线$x=3$所围成的平面图形绕x轴旋转一周形成的旋转体体积是：

A. $\int_0^3 4x\mathrm{d}x$　　B. $\pi\int_0^3(4x)^2\mathrm{d}x$

C. $\pi\int_0^3 4x\mathrm{d}x$　　D. $\pi\int_0^3\sqrt{4x}\mathrm{d}x$

12. 级数$\sum\limits_{n=1}^{\infty}(-1)^n\frac{1}{n^{p-1}}$：

A. 当$1<p\leqslant 2$时条件收敛　　B. 当$p>2$时条件收敛

C. 当$p<1$时条件收敛　　D. 当$p>1$时条件收敛

13. 函数$y=C_1e^{-x+C_2}$（C_1,C_2为任意常数）是微分方程$y''-y'-2y=0$的：

A. 通解

B. 特解

C. 不是解

D. 解，既不是通解又不是特解

14. 设L为从点$A(0,-2)$到点$B(2,0)$的有向直线段，则对坐标的曲线积分$\int_L \frac{1}{x-y}\mathrm{d}x + y\mathrm{d}y$等于：

A. 1　　　　B. −1

C. 3　　　　D. −3

15. 设方程$x^2+y^2+z^2=4z$确定可微函数$z=z(x,y)$，则全微分$\mathrm{d}z$等于：

A. $\frac{1}{2-z}(y\mathrm{d}x + x\mathrm{d}y)$

B. $\frac{1}{2-z}(x\mathrm{d}x + y\mathrm{d}y)$

C. $\frac{1}{2+z}(\mathrm{d}x + \mathrm{d}y)$

D. $\frac{1}{2-z}(\mathrm{d}x - \mathrm{d}y)$

16. 设D是由$y=x$，$y=0$及$y=\sqrt{(a^2-x^2)}(x\geqslant 0)$所围成的第一象限区域，则二重积分$\iint\limits_D \mathrm{d}x\mathrm{d}y$等于：

A. $\frac{1}{8}\pi a^2$　　　　B. $\frac{1}{4}\pi a^2$

C. $\frac{3}{8}\pi a^2$　　　　D. $\frac{1}{2}\pi a^2$

17. 级数$\sum\limits_{n=1}^{\infty}\frac{(2x+1)^n}{n}$的收敛域是：

A. $(-1,1)$　　　　B. $[-1,1]$

C. $[-1,0)$　　　　D. $(-1,0)$

18. 设$z=e^{xe^y}$，则$\frac{\partial^2 z}{\partial x^2}$等于：

A. e^{xe^y+2y}　　　　B. $e^{xe^y+y}(xe^y+1)$

C. e^{xe^y}　　　　D. e^{xe^y+y}

19. 设$\boldsymbol{A}$，$\boldsymbol{B}$为三阶方阵，且行列式$|\boldsymbol{A}|=-\frac{1}{2}$，$|\boldsymbol{B}|=2$，$\boldsymbol{A}^*$是$\boldsymbol{A}$的伴随矩阵，则行列式$|2\boldsymbol{A}^*\boldsymbol{B}^{-1}|$等于：

A. 1　　　　B. −1

C. 2　　　　D. −2

20. 下列结论中正确的是：

A. 如果矩阵$\boldsymbol{A}$中所有顺序主子式都小于零，则$\boldsymbol{A}$一定为负定矩阵

B. 设$\boldsymbol{A}=(a_{ij})_{n\times n}$，若$a_{ij}=a_{ji}$，且$a_{ij}>0(i,j=1,2,\cdots,n)$，则$\boldsymbol{A}$一定为正定矩阵

C. 如果二次型$f(x_1,x_2,\cdots,x_n)$中缺少平方项，则它一定不是正定二次型

D. 二次型$f(x_1,x_2,x_3)=x_1^2+x_2^2+x_3^2+x_1x_2+x_1x_3+x_2x_3$所对应的矩阵是$\begin{bmatrix}1&1&1\\1&1&1\\1&1&1\end{bmatrix}$

21. 已知n元非齐次线性方程组$\boldsymbol{Ax}=\boldsymbol{b}$，秩$r(\boldsymbol{A})=n-2$，$\vec{\alpha_1}$，$\vec{\alpha_2}$，$\vec{\alpha_3}$为其线性无关的解向量，$k_1$，$k_2$为任意常数，则$\boldsymbol{Ax}=\boldsymbol{b}$通解为：

A. $\vec{x}=k_1(\vec{\alpha_1}-\vec{\alpha_2})+k_2(\vec{\alpha_1}+\vec{\alpha_3})+\vec{\alpha_1}$

B. $\vec{x}=k_1(\vec{\alpha_1}-\vec{\alpha_3})+k_2(\vec{\alpha_2}+\vec{\alpha_3})+\vec{\alpha_1}$

C. $\vec{x}=k_1(\vec{\alpha_2}-\vec{\alpha_1})+k_2(\vec{\alpha_2}-\vec{\alpha_3})+\vec{\alpha_1}$

D. $\vec{x}=k_1(\vec{\alpha_2}-\vec{\alpha_3})+k_2(\vec{\alpha_1}+\vec{\alpha_2})+\vec{\alpha_1}$

22. 设A与B是互不相容的事件，$p(A)>0$，$p(B)>0$，则下列式子一定成立的是：

A. $P(A)=1-P(B)$

B. $P(A|B)=0$

C. $P(A|\overline{B})=1$

D. $P(\overline{AB})=0$

23. 设(X,Y)的联合概率密度为$f(x,y)=\begin{cases}k, 0<x<1,0<y<x\\0, \quad\text{其他}\end{cases}$，则数学期望$E(XY)$等于：

A. $\frac{1}{4}$

B. $\frac{1}{3}$

C. $\frac{1}{6}$

D. $\frac{1}{2}$

24. 设$X_1, X_2, \cdots, X_n$与$Y_1, Y_2, \cdots, Y_n$是来自正态总体$X \sim N(\mu, \sigma^2)$的样本，并且相互独立，$\overline{X}$与$\overline{Y}$分别是其样本均值，则$\frac{\sum_{i=1}^{n}(X_i-\overline{X})^2}{\sum_{i=1}^{n}(Y_i-\overline{Y})^2}$服从的分布是：

A. $t(n-1)$

B. $F(n-1, n-1)$

C. $\chi^2(n-1)$

D. $N(\mu, \sigma^2)$

25. 在标准状态下，当氢气和氦气的压强与体积都相等时，氢气和氦气的内能之比为：

A. $\frac{5}{3}$

B. $\frac{3}{5}$

C. $\frac{1}{2}$

D. $\frac{3}{2}$

26. 速率分布函数$f(v)$的物理意义是：

A. 具有速率v的分子数占总分子数的百分比

B. 速率分布在v附近的单位速率间隔中百分数占总分子数的百分比

C. 具有速率v的分子数

D. 速率分布在v附近的单位速率间隔中的分子数

27. 有 1mol 刚性双原子分子理想气体，在等压过程中对外做功W，则其温度变化ΔT为：

A. $\frac{R}{W}$

B. $\frac{W}{R}$

C. $\frac{2R}{W}$

D. $\frac{2W}{R}$

28. 理想气体在等温膨胀过程中：

A. 气体做负功，向外界放出热量

B. 气体做负功，从外界吸收热量

C. 气体做正功，向外界放出热量

D. 气体做正功，从外界吸收热量

29. 一横波的波动方程是$y = 2 \times 10^{-2} \cos 2\pi\left(10t - \frac{x}{5}\right)$(SI)，$t = 0.25$s时，距离原点($x = 0$)处最近的波峰位置为：

A. ±2.5m

B. ±7.5m

C. ±4.5m

D. ±5m

30. 一平面简谐波在弹性媒质中传播，在某一瞬时，某质元正处于其平衡位置，此时它的：

A. 动能为零，势能最大　　B. 动能为零，势能为零

C. 动能最大，势能最大　　D. 动能最大，势能为零

31. 通常人耳可听到的声波的频率范围是：

A. 20~200Hz　　B. 20~2000Hz

C. 20~20000Hz　　D. 20~200000Hz

32. 在空气中用波长为λ的单色光进行双缝干涉验时，观测到相邻明条纹的间距为 1.33mm，当把实验装置放入水中（水的折射率为$n = 1.33$）时，则相邻明条纹的间距变为：

A. 1.33mm　　B. 2.66mm　　C. 1mm　　D. 2mm

33. 在真空中可见的波长范围是：

A. 400~760nm　　B. 400~760mm

C. 400~760cm　　D. 400~760m

34. 一束自然光垂直穿过两个偏振片，两个偏振片的偏振化方向成 45°。已知通过此两偏振片后光强为I，则入射至第二个偏振片的线偏振光强度为：

A. I　　B. $2I$　　C. $3I$　　D. $I/2$

35. 在单缝夫琅禾费衍射实验中，单缝宽度$a = 1 \times 10^{-4}$m，透镜焦距$f = 0.5$m。若用$\lambda = 400$nm的单色平行光垂直入射，中央明纹的宽度为：

A. 2×10^{-3}m　　B. 2×10^{-4}m

C. 4×10^{-4}m　　D. 4×10^{-3}m

36. 一单色平行光垂直入射到光栅上，衍射光谱中出现了五条明纹，若已知此光栅的缝宽a与不透光部分b相等，那么在中央明纹一侧的两条明纹级次分别是：

A. 1 和 3　　B. 1 和 2

C. 2 和 3　　D. 2 和 4

37. 下列元素，电负性最大的是：

A. F　　B. Cl　　C. Br　　D. I

38. 在NaCl，$MgCl_2$，$AlCl_3$，$SiCl_4$四种物质中，离子极化作用最强的是：

A. NaCl　　B. $MgCl_2$

C. $AlCl_3$　　D. $SiCl_4$

39. 现有 100mL 浓硫酸，测得其质量分数为 98%，密度为1.84g/mL，其物质的量浓度为：

A. $18.4mol \cdot L^{-1}$　　B. $18.8mol \cdot L^{-1}$

C. $18.0mol \cdot L^{-1}$　　D. $1.84mol \cdot L^{-1}$

40. 已知反应（1）$H_2(g) + S(s) \rightleftharpoons H_2S(g)$，其平衡常数为$K_1^\Theta$，

（2）$S(s) + O_2(g) \rightleftharpoons SO_2(g)$，其平衡常数为$K_2^\Theta$，则反应

（3）$H_2(g) + SO_2(s) \rightleftharpoons O_2(g) + H_2S(g)$的平衡常数为$K_3^\Theta$是：

A. $K_1^\Theta + K_2^\Theta$　　B. $K_1^\Theta \cdot K_2^\Theta$

C. $K_1^\Theta - K_2^\Theta$　　D. K_1^Θ / K_2^Θ

41. 有原电池$(-)Zn \mid ZnSO_4(C_1) \parallel CuSO_4(C_2) \mid Cu(+)$，如向铜半电池中通入硫化氢，则原电池电动势变化趋势是：

A. 变大　　B. 变小

C. 不变　　D. 无法判断

42. 电解NaCl水溶液时，阴极上放电的离子是：

A. H^+　　B. OH^-　　C. Na^+　　D. Cl^-

43. 已知反应$N_2(g) + 3H_2(g) \longrightarrow 2NH_3(g)$的$\Delta_r H_m < 0$，$\Delta_r S_m < 0$，则该反应为：

A. 低温易自发，高温不易自发　　B. 高温易自发，低温不易自发

C. 任何温度都易自发　　D. 任何温度都不易自发

44. 下列有机物中，对于可能处在同一平面上的最多原子数目的判断，正确的是：

A. 丙烷最多有 6 个原子处于同一平面上

B. 丙烯最多有 9 个原子处于同一平面上

C. 苯乙烯（$C_6H_5-CH=CH_2$）最多有 16 个原子处于同一平面上

D. $CH_3CH=CH-C\equiv C-CH_3$ 最多有 12 个原子处于同一平面上

45. 下列有机物中，既能发生加成反应和酯化反应，又能发生氧化反应的化合物是：

A. $CH_3CH=CHCOOH$　　B. $CH_3CH=CHCOOC_2H_5$

C. $CH_3CH_2CH_2CH_2OH$　　D. $HOCH_2CH_2CH_2CH_2OH$

46. 人造羊毛的结构简式为：，它属于：

①共价化合物；②无机化合物；③有机化合物；④高分子化合物；⑤离子化合物。

A. ②④⑤　　B. ①④⑤

C. ①③④　　D. ③④⑤

47. 将大小为100N的力$\boldsymbol{F}$沿x、y方向分解，若$\boldsymbol{F}$在x轴上的投影为50N，而沿x方向的分力的大小为200N，则$\boldsymbol{F}$在y轴上的投影为：

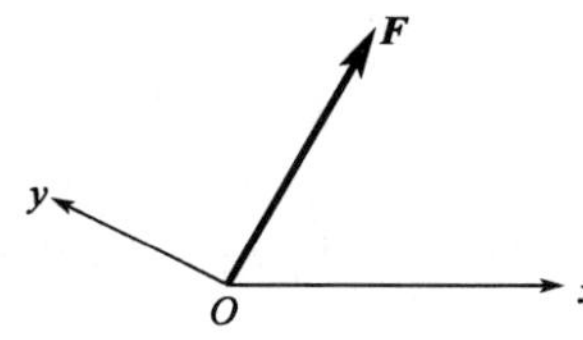

A. 0　　B. 50N

C. 200N　　D. 100N

48. 图示边长为a的正方形物块$OABC$，已知：各力大小$F_1=F_2=F_3=F_4=F$，力偶矩$M_1=M_2=Fa$。该力系向O点简化后的主矢及主矩应为：

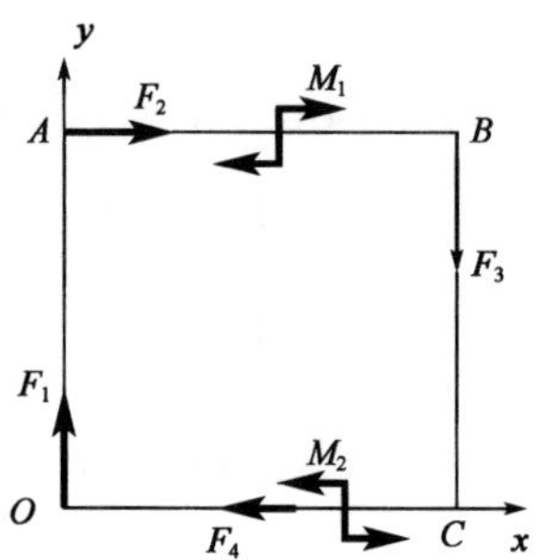

A. $F_R=0N$，$M_O=4Fa$(↻)

B. $F_R=0N$，$M_O=3Fa$(↺)

C. $F_R=0N$，$M_O=2Fa$(↺)

D. $F_R=0N$，$M_O=2Fa$(↻)

49. 在图示机构中，已知$\boldsymbol{F}_p$，$L = 2\text{m}$，$r = 0.5\text{m}$，$\theta = 30°$，$BE = EG$，$CE = EH$，则支座A的约束力为：

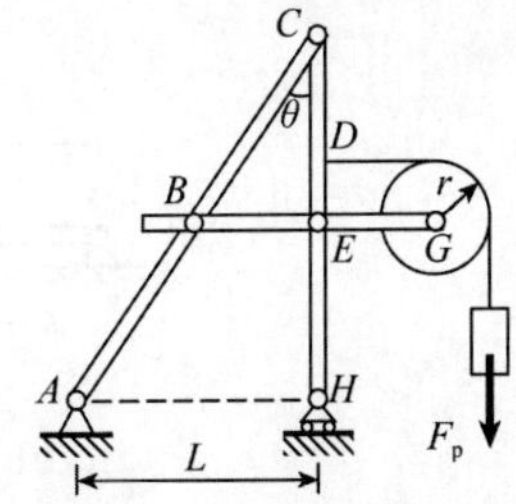

A. $F_{Ax} = F_p(\leftarrow)$，$F_{Ay} = 1.75F_p(\downarrow)$

B. $F_{Ax} = 0$，　　$F_{Ay} = 0.75F_p(\downarrow)$

C. $F_{Ax} = 0$，　　$F_{Ay} = 0.75F_p(\uparrow)$

D. $F_{Ax} = F_p(\rightarrow)$，$F_{Ay} = 1.75F_p(\uparrow)$

50. 图示不计自重的水平梁与桁架在B点铰接。已知：荷载$\boldsymbol{F}_1$、$\boldsymbol{F}$均与BH垂直，$F_1 = 8\text{kN}$，$F = 4\text{kN}$，$M = 6\text{kN}\cdot\text{m}$，$q = 1\text{kN/m}$，$L = 2\text{m}$。则杆件1的内力为：

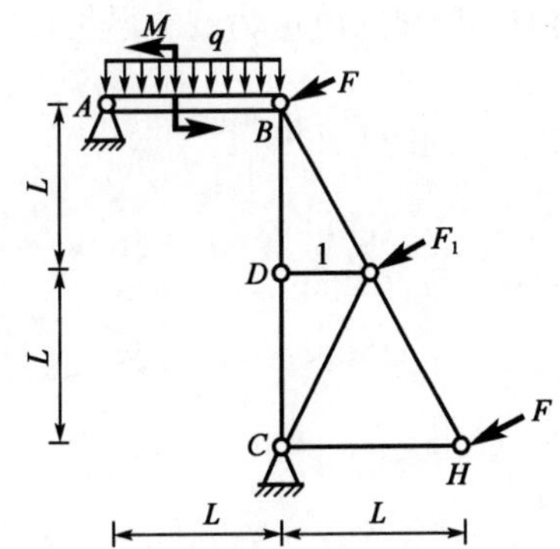

A. $F_1 = 0$

B. $F_1 = 8\text{kN}$

C. $F_1 = -8\text{kN}$

D. $F_1 = -4\text{kN}$

51. 动点A和B在同一坐标系中的运动方程分别为$\begin{cases} x_A = t \\ y_A = 2t^2 \end{cases}$，$\begin{cases} x_B = t^2 \\ y_B = 2t^4 \end{cases}$，其中$x$、$y$以cm计，$t$以s计，则两点相遇的时刻为：

A. $t = 1\text{s}$　　B. $t = 0.5\text{s}$

C. $t = 2\text{s}$　　D. $t = 1.5\text{s}$

52. 刚体作平动时，某瞬时体内各点的速度与加速度为：

A. 体内各点速度不相同，加速度相同

B. 体内各点速度相同，加速度不相同

C. 体内各点速度相同，加速度也相同

D. 体内各点速度不相同，加速度也不相同

53. 杆OA绕固定轴O转动，长为l，某瞬时杆端A点的加速度$\boldsymbol{a}$如图所示。则该瞬时OA的角速度及角加速度为：

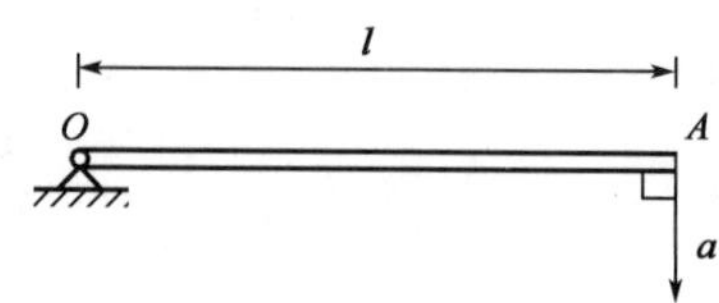

A. 0，$\frac{a}{l}$

B. $\sqrt{\frac{a\cos\alpha}{l}}$，$\frac{a\sin\alpha}{l}$

C. $\sqrt{\frac{a}{l}}$，0

D. 0，$\sqrt{\frac{a}{l}}$

54. 在图示圆锥摆中，球M的质量为m，绳长l，若α角保持不变，则小球的法向加速度为：

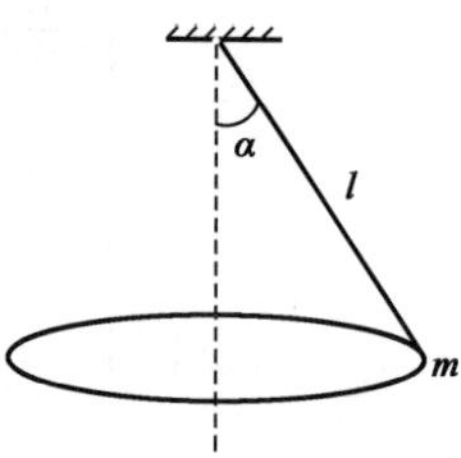

A. $g\sin\alpha$

B. $g\cos\alpha$

C. $g\tan\alpha$

D. $g\cot\alpha$

55. 图示均质链条传动机构的大齿轮以角速度ω转动，已知大齿轮半径为R，质量为m_1，小齿轮半径为r，质量为m_2，链条质量不计，则此系统的动量为：

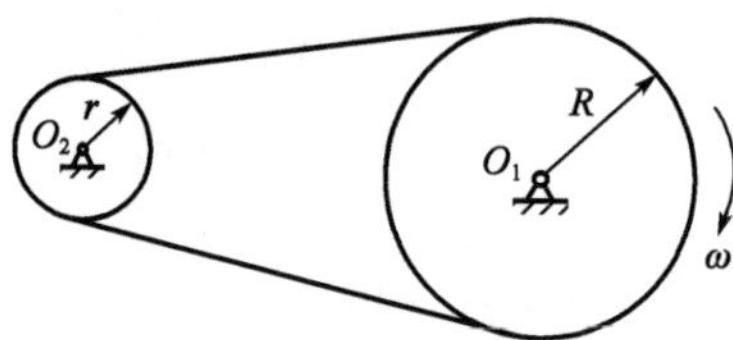

A. $(m_1+2m_2)v$ →

B. $(m_1+m_2)v$ →

C. $(2m_1-m_2)v$ →

D. 0

56. 均质圆柱体半径为R，质量为m，绕关于对纸面垂直的固定水平轴自由转动，初瞬时静止（G在O轴的铅垂线上），如图所示，则圆柱体在位置$\theta = 90°$时的角速度是：

A. 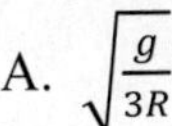

B. 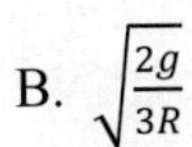

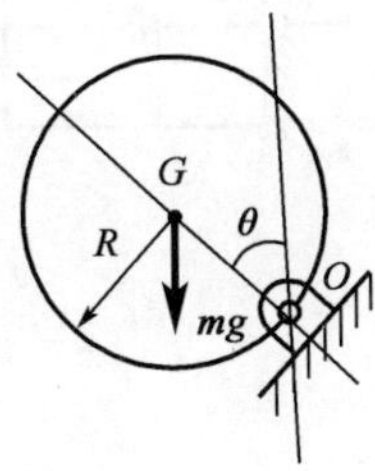

C. $\sqrt{\frac{4g}{3R}}$

D. $\sqrt{\frac{g}{2R}}$

57. 质量不计的水平细杆AB长为L，在铅垂图面内绕A轴转动，其另一端固连质量为m的质点B，在图示水平位置静止释放。则此瞬时质点B的惯性力为：

A. $F_g = mg$

B. $F_g = \sqrt{2}mg$

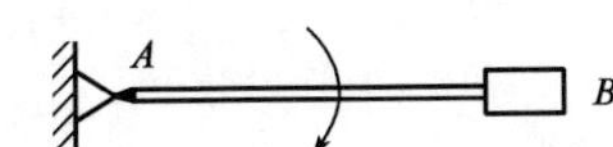

C. 0

D. $F_g = \frac{\sqrt{2}}{2}mg$

58. 如图所示系统中，当物块振动的频率比为 1.27 时，k的值是：

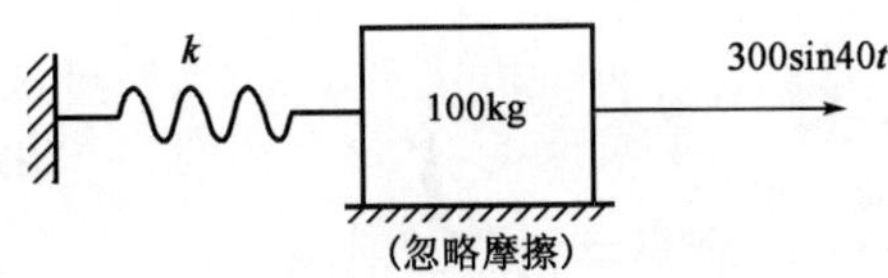

A. 1×10^5N/m　　B. 2×10^5N/m

C. 1×10^4N/m　　D. 1.5×10^5N/m

59. 图示结构的两杆面积和材料相同，在铅直向下的力F作用下，下面正确的结论是：

A. C点位平放向下偏左，1 杆轴力不为零

B. C点位平放向下偏左，1 杆轴力为零

C. C点位平放铅直向下，1 杆轴力为零

D. C点位平放向下偏右，1 杆轴力不为零

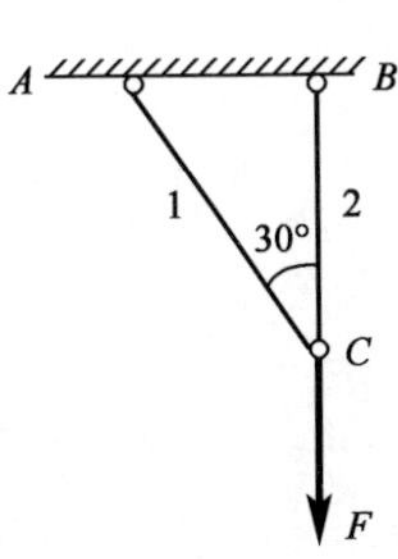

60. 图截面杆ABC轴向受力如图所示，已知BC杆的直径$d=100\text{mm}$，AB杆的直径为$2d$，杆的最大拉应力是：

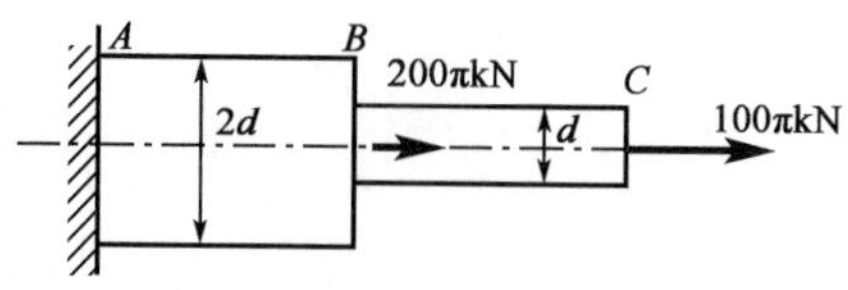

A. 40MPa

B. 30MPa

C. 80MPa

D. 120MPa

61. 桁架由2根细长直杆组成，杆的截面尺寸相同，材料分别是结构钢和普通铸铁，在下列桁架中，布局比较合理的是：

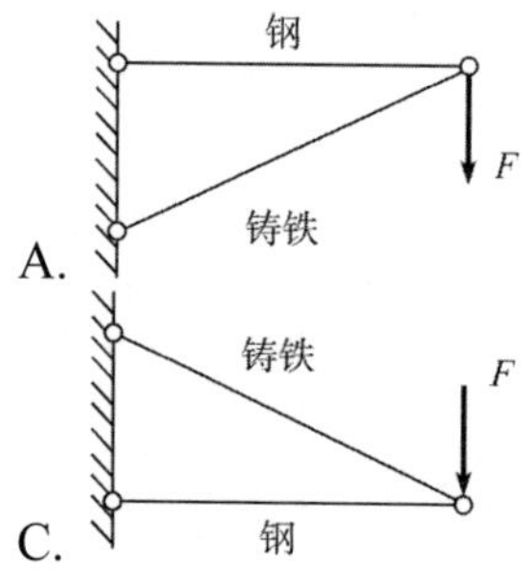

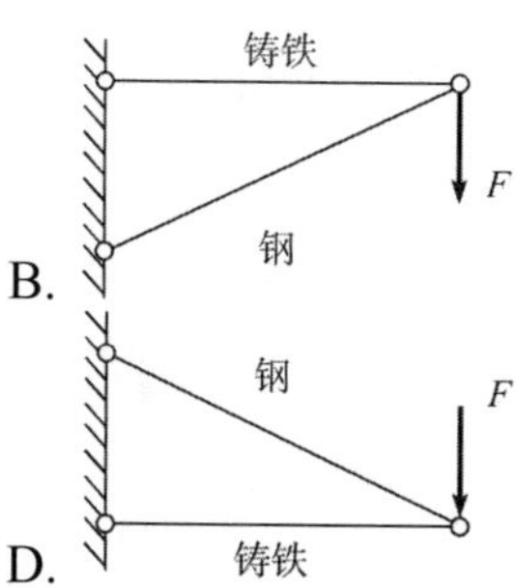

62. 冲床在钢板上冲一圆孔，圆孔直径$d=100\text{mm}$，钢板的厚度$t=10\text{mm}$钢板的剪切强度极限$\tau_b=300\text{MPa}$，需要的冲压力F是：

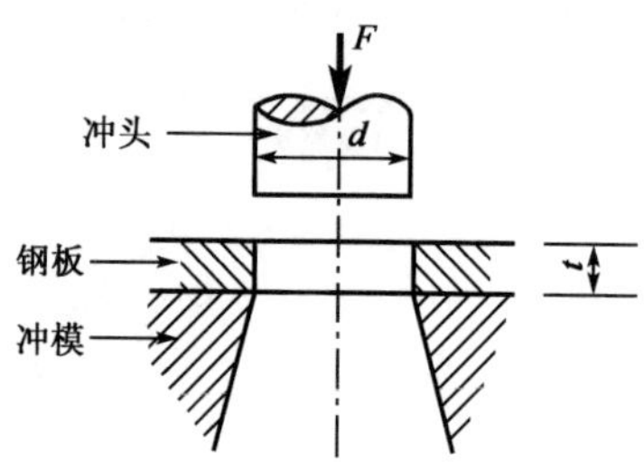

A. $F=300\pi\text{kN}$

B. $F=3000\pi\text{kN}$

C. $F=2500\pi\text{kN}$

D. $F=7500\pi\text{kN}$

63. 螺钉受力如图。已知螺钉和钢板的材料相同，拉伸许用应力$[\sigma]$是剪切许用应力$[\tau]$的 2 倍，即$[\sigma]=2[\tau]$，钢板厚度t是螺钉头高度h的 1.5 倍，则螺钉直径d的合理值是：

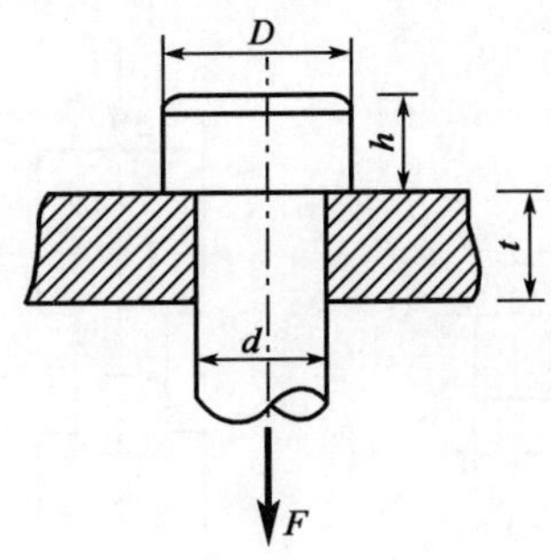

A. $d=2h$

B. $d=0.5h$

C. $d^2=2Dt$

D. $d^2=0.5Dt$

64. 图示受扭空心圆轴横截面上的切应力分布图，其中正确的是：

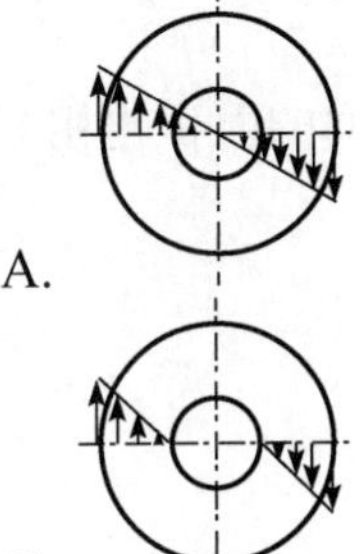

A.

B.

C.

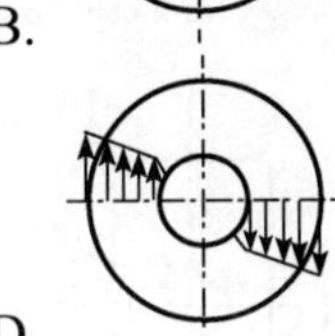

D.

65. 在一套传动系统中，有多根圆轴，假设所有圆轴传递的功率相同，但转速不同，各轴所承受的扭矩与其转速的关系是：

A. 转速快的轴扭矩大

B. 转速慢的轴扭矩大

C. 各轴的扭矩相同

D. 无法确定

66. 梁的弯矩图如图所示，最大值在B截面。在梁的A、B、C、D四个截面中，剪力为零的截面是：

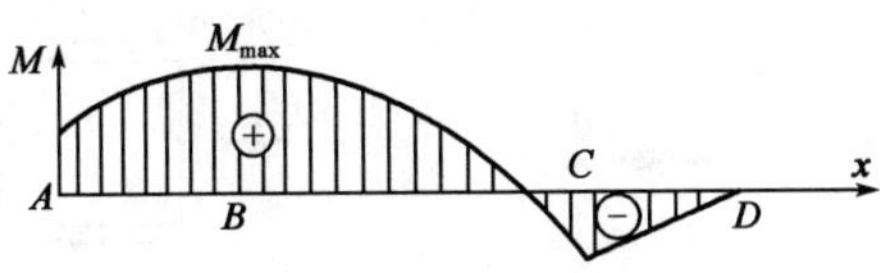

A. A截面

B. B截面

C. C截面

D. D截面

67. 图示矩形截面受压杆，杆的中间段右侧有一槽，如图 a）所示，若在杆的左侧，即槽的对称位置也挖出同样的槽（见图 b），则图 b）杆的最大压应力是图 a）最大压应力的：

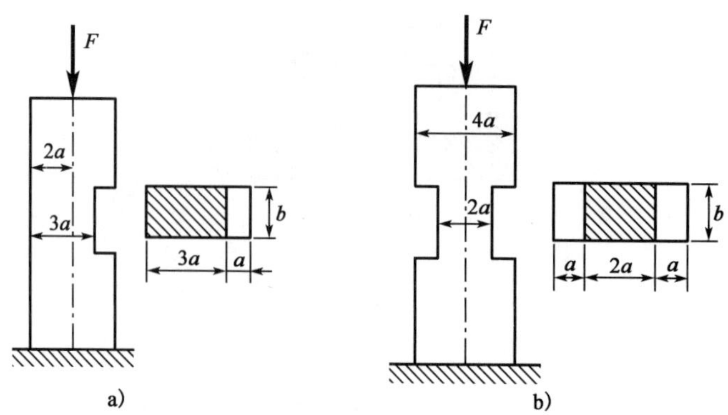

A. 3/4　　　　B. 4/3

C. 3/2　　　　D. 2/3

68. 梁的横截面可选用图示空心矩形、矩形、正方形和圆形四种之一，假设四种截面的面积均相等，荷载作用方向沿垂向下，承载能力最大的截面是：

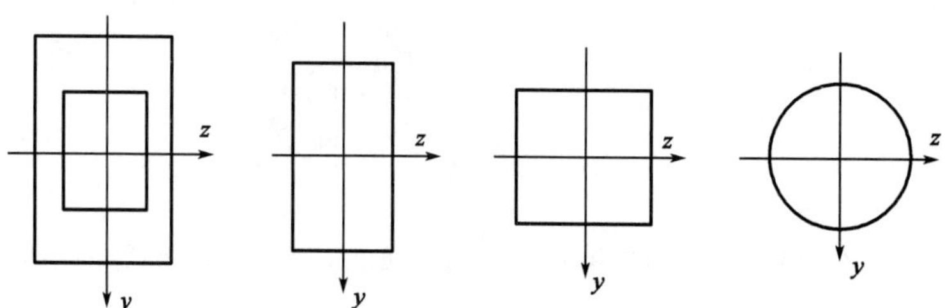

A. 空心矩形　　　　B. 实心矩形

C. 正方形　　　　D. 圆形

69. 按照第三强度理论，图示两种应力状态的危险程度是：

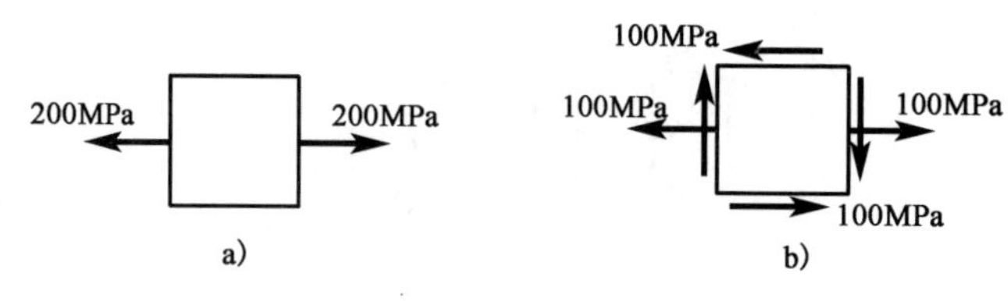

A. 无法判断　　　　B. 两者相同

C. a）更危险　　　　D. b）更危险

70. 正方形截面杆AB，力F作用在xoy平面内，与x轴夹角α，杆距离B端为a的横截面上最大正应力在$\alpha = 45°$时的值是$\alpha = 0$时值的：

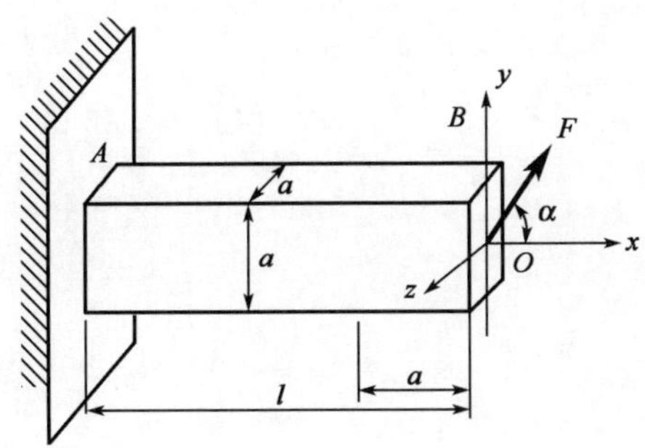

A. $\frac{7\sqrt{2}}{2}$倍

B. $3\sqrt{2}$倍

C. $\frac{5\sqrt{2}}{2}$倍

D. $\sqrt{2}$倍

71. 如图所示水下有一半径为$R = 0.1\text{m}$的半球形侧盖，球心至水面距离$H = 5\text{m}$，作用于半球盖上水平方向的静水压力是：

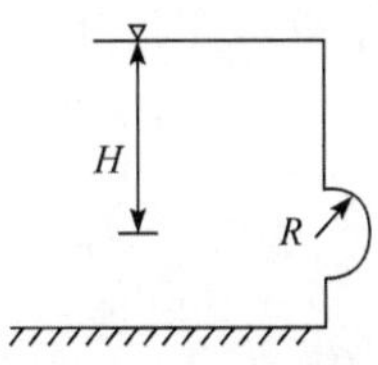

A. 0.98kN　　B. 1.96kN

C. 0.77kN　　D. 1.54kN

72. 密闭水箱如图所示，已知水深$h = 2\text{m}$，自由面上的压强$p_0 = 88\text{kN/m}^2$，当地大气压强$p_a = 101\text{kN/m}^2$，则水箱底部A点的绝对压强与相对压强分别为：

A. 107.6kN/m^2和-6.6kN/m^2

B. 107.6kN/m^2和6.6kN/m^2

C. 120.6kN/m^2和-6.6kN/m^2

D. 120.6kN/m^2和6.6kN/m^2

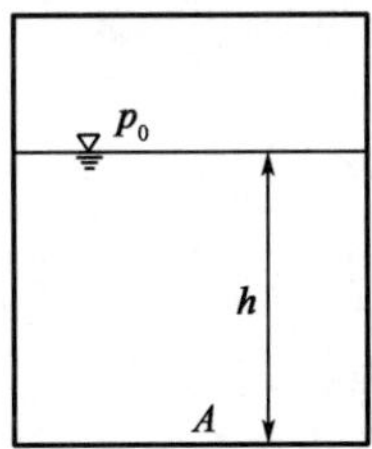

73. 下列不可压缩二维流动中，满足连续性方程的是：

A. $u_x = 2x$，$u_y = 2y$

B. $u_x = 0$，$u_y = 2xy$

C. $u_x = 5x$，$u_y = -5y$

D. $u_x = 2xy$，$u_y = -2xy$

74. 圆管层流中，下述错误的是：

A. 水头损失与雷诺数有关

B. 水头损失与管长度有关

C. 水头损失与流速有关

D. 水头损失与粗糙度有关

75. 主干管在A、B间是由两条支管组成的一个并联管路，两支管的长度和管径分别为$l_1 = 1800\text{m}$，$d_1 = 150\text{mm}$，$l_2 = 3000\text{m}$，$d_2 = 200\text{mm}$，两支管的沿程阻力系数λ均为 0.01，若主干管流量$Q = 39\text{L/s}$，则两支管流量分别为：

A. $Q_1 = 12\text{L/s}$，$Q_2 = 27\text{L/s}$

B. $Q_1 = 15\text{L/s}$，$Q_2 = 24\text{L/s}$

C. $Q_1 = 24\text{L/s}$，$Q_2 = 15\text{L/s}$

D. $Q_1 = 27\text{L/s}$，$Q_2 = 12\text{L/s}$

76. 一梯形断面明渠，水力半径$R = 0.8\text{m}$，底坡$i = 0.0006$，粗糙系数$n = 0.05$，则输水流速为：

A. 0.42m/s

B. 0.48m/s

C. 0.6m/s

D. 0.75m/s

77. 地下水的浸润线是指：

A. 地下水的流线

B. 地下水运动的迹线

C. 无压地下水的自由水面线

D. 土壤中干土与湿土的界限

78. 用同种流体，同一温度进行管道模型实验，按黏性力相似准则，已知模型管径 0.1m，模型流速4m/s，若原型管径为 2m，则原型流速为：

A. 0.2m/s　　B. 2m/s

C. 80m/s　　D. 8m/s

79. 真空中有三个带电质点，其电荷分别为q_1、q_2和q_3，其中，电荷为q_1和q_3的质点位置固定，电荷为q_2的质点可以自由移动，当三个质点的空间分布如图所示时，电荷为q_2的质点静止不动，此时如下关系成立的是：

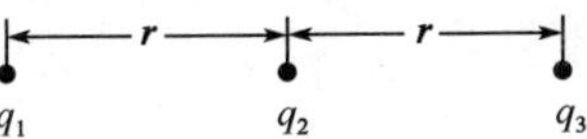

A. $q_1 = q_2 = 2q_3$　　B. $q_1 = q_3 = |q_2|$

C. $q_1 = q_2 = -q_3$　　D. $q_2 = q_3 = -q_1$

80. 在图示电路中，$I_1 = -4\text{A}$，$I_2 = -3\text{A}$，则$I_3 =$

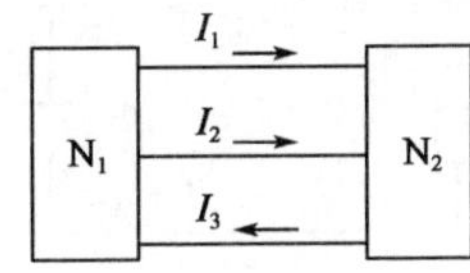

A. −1A　　B. 7A

C. −7A　　D. 1A

81. 已知电路如图所示，其中，响应电流I在电压源单独作用时的分量为：

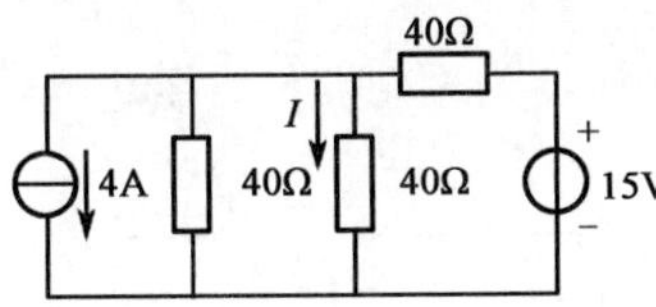

A. 0.375A　　B. 0.25A

C. 0.125A　　D. 0.1875A

82. 已知电流$\dot{I}(t) = 0.1\sin(\omega t + 10°)$ A，电压$u(t) = 10\sin(\omega t - 10°)$ V，则如下表述中正确的是：

A. 电流$i(t)$与电压$u(t)$呈反相关系

B. $\dot{I} = 0.1\angle 10°\text{A}$，$\dot{U} = 10\angle -10°\text{V}$

C. $\dot{I} = 70.7\angle 10°\text{mA}$，$\dot{U} = -7.07\angle 10°\text{V}$

D. $\dot{I} = 70.7\angle 10°\text{mA}$，$\dot{U} = 7.07\angle -10°\text{V}$

83. 一交流电路由 R、L、C 串联而成，其中，$R = 10\Omega$，$X_L = 8\Omega$，$X_C = 6\Omega$。通过该电路的电流为 10A，则该电路的有功功率、无功功率和视在功率分别为：

A. 1kW，1.6kvar，2.6kV · A

B. 1kW，200var，1.2kV · A

C. 100W，200var，223.6V · A

D. 1kW，200var，1.02kV · A

84. 已知电路如图所示，设开关在$t = 0$时刻断开，那么如下表述中正确的是：

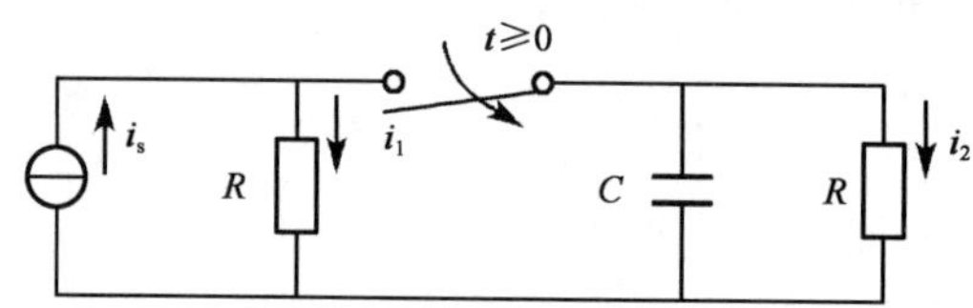

A. 电路的左右两侧均进入暂态过程

B. 电路i_1立即等于i_s，电流i_2立即等于 0

C. 电路i_2由$\frac{1}{2}i_s$逐步衰减到 0

D. 在$t = 0$时刻，电流i_2发生了突变

85. 图示变压器空载运行电路中，设变压器为理想器件，若$u = \sqrt{2}U\sin\omega t$，则此时：

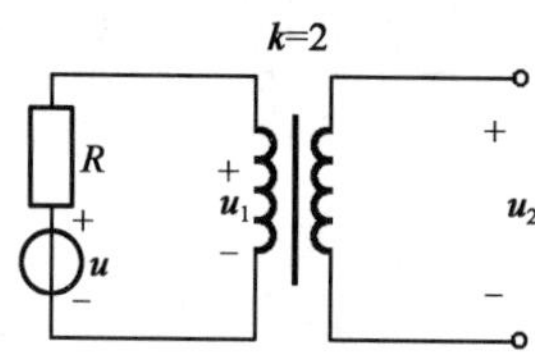

A. $U_l = \frac{\omega L \cdot U}{\sqrt{R^2 + (\omega L)^2}}$，$U_2 = 0$

B. $u_1 = u$，$U_2 = \frac{1}{2}U_1$

C. $u_1 \neq u$，$U_2 = \frac{1}{2}U_1$

D. $u_1 = u$，$U_2 = 2U_1$

86. 设某△接异步电动机全压启动时的启动电流$I_{st}=30\text{A}$，启动转矩$T_u=45\text{N}\cdot\text{m}$，若对此台电动机采用 Y-△降压启动方案，则启动电流和启动转矩分别为：

A. 17.32A，25.98N · m

B. 10A，15N · m

C. 10A，25.98N · m

D. 17.32A，15N · m

87. 图示电路的任意一个输出端，在任意时刻都只出现 0V 或 5V 这两个电压值（例如，在$t=t_0$时刻获得的输出电压从上到下依次为 5V、0V、5V、0V），那么该电路的输出电压：

A. 是取值离散的连续时间信号

B. 是取值连续的离散时间信号

C. 是取值连续的连续时间信号

D. 是取值离散的离散时间信号

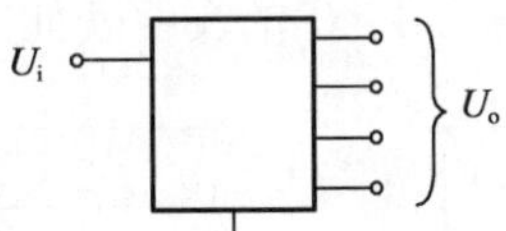

88. 图示非周期信号$u(t)$如图所示，若利用单位阶跃函数$\varepsilon(t)$将其写成时间函数表达式，则$u(t)$等于：

A. $5-1=4\text{V}$

B. $5\varepsilon(t)+\varepsilon(t-t_0)\text{V}$

C. $5\varepsilon(t)-4\varepsilon(t-t_0)\text{V}$

D. $5\varepsilon(t)-4\varepsilon(t+t_0)\text{V}$

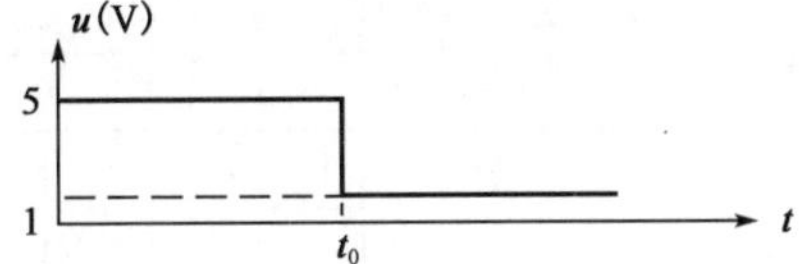

89. 模拟信号经线性放大器放大后，信号中被改变的量是：

A. 信号的频率

B. 信号的幅值频谱

C. 信号的相位频谱

D. 信号的幅值

90. 逻辑表达式(A + B)(A + C)的化简结果是：

A. A

B. $\text{A}^2+\text{AB}+\text{AC}+\text{BC}$

C. A + BC

D. (A + B)(A + C)

91. 已知数字信号 A 和数字信号 B 的波形如图所示，则数字信号$F=\overline{AB}$的波形为：

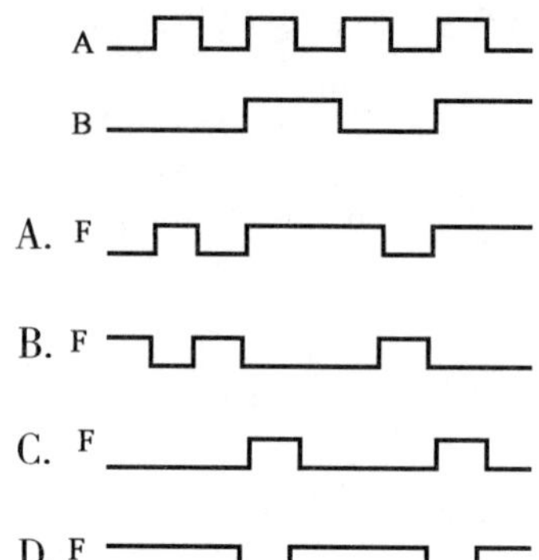

92. 逻辑函数$F=f$(A、B、C)的真值表如图所示，由此可知：

A	B	C	F
0	0	0	1
0	0	1	0
0	1	0	0
0	1	1	1
1	0	0	1
1	0	1	0
1	1	0	0
1	1	1	1

A. $F=\overline{A}(\overline{B}C+B\overline{C})+A(\overline{B}\overline{C}+BC)$

B. $F=\overline{B}C+B\overline{C}$

C. $F=\overline{B}\overline{C}+BC$

D. $F=\overline{A}+\overline{B}+\overline{BC}$

93. 二极管应用电路如图 a）所示，电路的激励u_i如图 b）所示，设二极管为理想器件，则电路的输出电压u_o的平均值$U_o=$

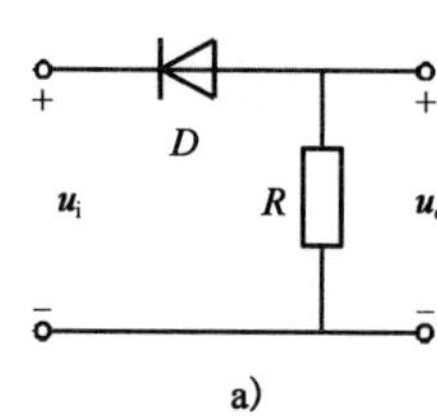

a）

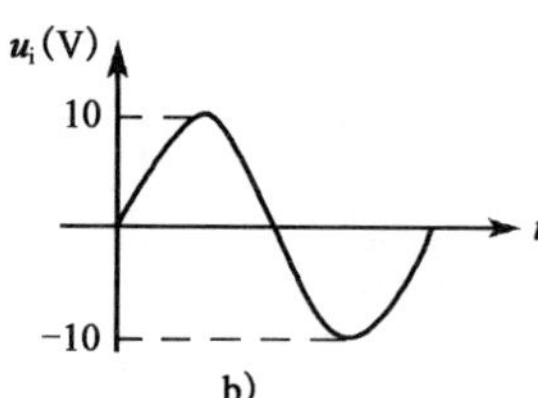

b）

A. $\frac{10}{\sqrt{2}}\times 0.45=3.18\text{V}$

B. $10\times 0.45=4.5\text{V}$

C. $-\frac{10}{\sqrt{2}}\times 0.45=-3.18\text{V}$

D. $-10\times 0.45=-4.5\text{V}$

94. 运算放大器应用电路如图所示，设运算放大器输出电压的极限值为±11V，如果将 2V 电压接入电路的“A”端，电路的“B”端接地后，测得输出电压为−8V，那么，如果将 2V 电压接入电路的“B”端，而电路的“A”端接地，则该电路的输出电压u_o等于：

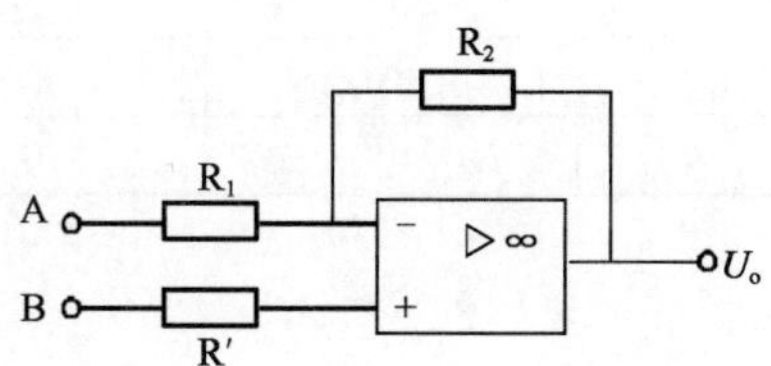

A. 8V　　B. −8V　　C. 10V　　D. −10V

95. 图 a）所示电路中，复位信号$\overline{R}_D$、信号 A 及时钟脉冲信号 cp 如图 b）所示，经分析可知，在第一个和第二个时钟脉冲的下降沿时刻，输出 Q 先后等于：

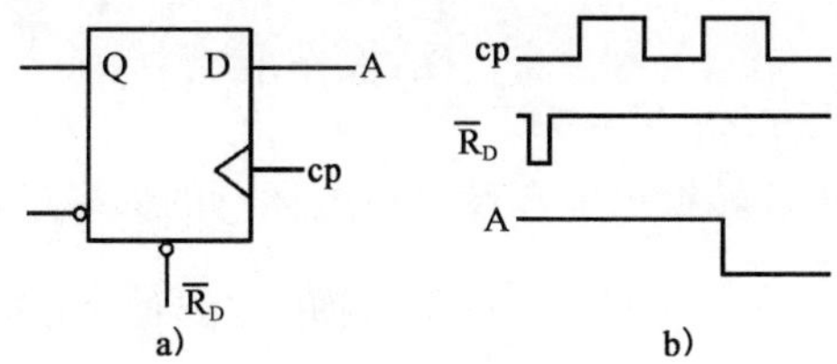

A. 0，0　　B. 0，1

C. 1，0　　D. 1，1

附：触发器的逻辑状态表为

D	Q_{n+1}
0	0
1	1

96. 图 a）所示电路中，复位信号、数据输入及时钟脉冲信号如图 b）所示，经分析可知，在第一个和第二个时钟脉冲的下降沿过后，输出 Q 先后等于：

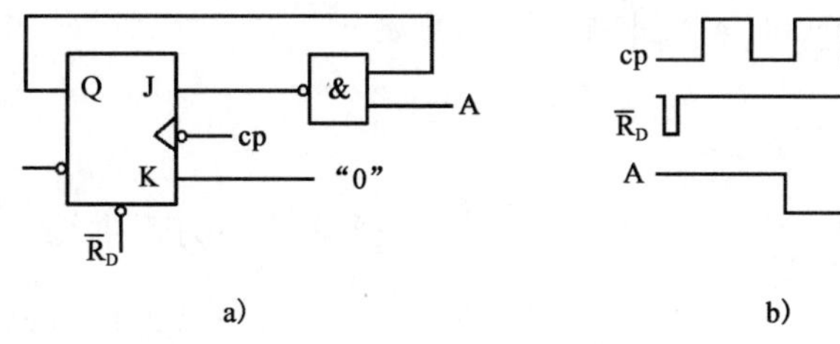

A. 0，0　　B. 0，1　　C. 1，0　　D. 1，1

附：触发器的逻辑状态表为

J	K	Q_{n+1}
0	0	Q_D
0	1	0
1	0	1
1	1	$\overline{Q}_D$

97. 总线中的地址总线传输的是：

A. 程序和数据　　B. 主储存器的地址码或外围设备码

C. 控制信息　　D. 计算机的系统命令

98. 软件系统中，能够管理和控制计算机系统全部资源的软件是：

A. 应用软件　　B. 用户程序

C. 支撑软件　　D. 操作系统

99. 用高级语言编写的源程序，将其转换成能在计算机上运行的程序过程是：

A. 翻译、连接、执行　　B. 编辑、编译、连接

C. 连接、翻译、执行　　D. 编程、编辑、执行

100. 十进制的数 256.625 用十六进制表示则是：

A. 110.B　　B. 200.C

C. 100.A　　D. 96.D

101. 在下面有关信息加密技术的论述中，不正确的是：

A. 信息加密技术是为提高信息系统及数据的安全性和保密性的技术

B. 信息加密技术是为防止数据信息被别人破译而采用的技术

C. 信息加密技术是网络安全的重要技术之一

D. 信息加密技术是为清楚计算机病毒而采用的技术

102. 可以这样来认识进程，进程是：

A. 一段执行中的程序　　B. 一个名义上的软件系统

C. 与程序等效的一个概念　　D. 一个存放在 ROM 中的程序

103. 操作系统中的文件管理是：

A. 对计算机的系统软件资源进行管理　　B. 对计算机的硬件资源进行管理

C. 对计算机用户进行管理　　D. 对计算机网络进行管理

104. 在计算机网络中，常将负责全网络信息处理的设备和软件称为：

A. 资源子网　　B. 通信子网

C. 局域网　　D. 广域网

105. 若按采用的传输介质的不同，可将网络分为：

A. 双绞线网、同轴电缆网、光纤网、无线网

B. 基带网和宽带网

C. 电路交换类、报文交换类、分组交换类

D. 广播式网络、点到点式网络

106. 一个典型的计算机网络系统主要是由：

A. 网络硬件系统和网络软件系统组成　　B. 主机和网络软件系统组成

C. 网络操作系统和若干计算机组成　　D. 网络协议和网络操作系统组成

107. 如现在投资 100 万元，预计年利率为 10%，分 5 年等额回收，每年可回收：

[已知：$(A/P,10\%,5)=0.2638$，$(A/F,10\%,5)=0.1638$]

A. 16.38 万元　　B. 26.38 万元

C. 62.09 万元　　D. 75.82 万元

108. 某项目投资中有部分资金源于银行贷款，该贷款在整个项目期间将等额偿还本息。项目预计年经营成本为 5000 万元，年折旧费和摊销为 2000 万元，则该项目的年总成本费用应：

A. 等于 5000 万元　　B. 等于 7000 万元

C. 大于 7000 万元　　D. 在 5000 万元与 7000 万元之间

109. 下列财务评价指标中，反映项目盈利能力的指标是：

A. 流动比率　　B. 利息备付率

C. 投资回收期　　D. 资产负债率

110. 某项目第一年年初投资 5000 万元，此后从第一年年末开始每年年末有相同的净收益，收益期为 10 年。寿命期结束时的净残值为 100 万元，若基准收益率为 12%，则要使该投资方案的净现值为零，其年净收益应为：

[已知：$(P/A, 12\%, 10) = 5.6500$；$(P/F, 12\%, 10) = 0.3220$]

A. 879.26 万元　　B. 884.96 万元

C. 890.65 万元　　D. 1610 万元

111. 某企业设计生产能力为年产某产品 40000t，在满负荷生产状态下，总成本为 30000 万元，其中固定成本为 10000 万元，若产品价格为1 万元/t，则以生产能力利用率表示的盈亏平衡点为：

A. 25%　　B. 35%　　C. 40%　　D. 50%

112. 已知甲、乙为两个寿命期相同的互斥项目，通过测算得出：甲、乙两项目的内部收益率分别为 18% 和 14%，甲、乙两项目的净现值分别为 240 万元和 320 万元。假如基准收益率为 12%，则以下说法中正确的是：

A. 应选择甲项目　　B. 应选择乙项目

C. 应同时选择甲、乙两个项目　　D. 甲、乙项目均不应选择

113. 下列项目方案类型中，适于采用最小公倍数法进行方案比选的是：

A. 寿命期相同的互斥方案　　B. 寿命期不同的互斥方案

C. 寿命期相同的独立方案　　D. 寿命期不同的独立方案

114. 某项目整体功能的目标成本为 10 万元，在进行功能评价时，得出某一功能F^*的功能评价系数为 0.3，若其成本改进期望值为−5000 元（即降低 5000 元），则F^*的现实成本为：

A. 2.5 万元　　B. 3 万元

C. 3.5 万元　　D. 4 万元

115. 根据《中华人民共和国建筑法》规定，对从事建筑业的单位实行资质管理制度，将从事建活动的工程监理单位，划分为不同的资质等级。监理单位资质等级的划分条件可以不考虑：

A. 注册资本　　B. 法定代表人

C. 已完成的建筑工程业绩　　D. 专业技术人员

116. 某生产经营单位使用危险性较大的特种设备，根据《中华人民共和国安全生产法》规定，该设备投入使用的条件不包括：

A. 该设备应由专业生产单位生产

B. 该设备应进行安全条件论证和安全评价

C. 该设备须经取得专业资质的检测、检验机构检测、检验合格

D. 该设备须取得安全使用证或者安全标志

117. 根据《中华人民共和国招标投标法》规定，某工程项目委托监理服务的招投标活动，应当遵循的原则是：

A. 公开、公平、公正、诚实信用

B. 公开、平等、自愿、公平、诚实信用

C. 公正、科学、独立、诚实信用

D. 全面、有效、合理、诚实信用

118. 根据《中华人民共和国合同法》规定，要约可以撤回和撤销。下列要约，不得撤销的是：

A. 要约到达受要约人

B. 要约人确定了承诺期限

C. 受要约人未发出承诺通知

D. 受要约人即将发出承诺通知

119. 下列情形中，作出行政许可决定的行政机关或者其上级行政机关，应当依法办理有关行政许可的注销手续的是：

A. 取得市场准入许可的被许可人擅自停业、歇业

B. 行政机关工作人员对直接关系生命财产安全的设施监督检查时，发现存在安全隐患的

C. 行政许可证件依法被吊销的

D. 被许可人未依法履行开发利用自然资源义务的

120. 某建设工程项目完成施工后，施工单位提出工程竣工验收申请，根据《建设工程质量管理条例》规定，该建设工程竣工验收应当具备的条件不包括：

A. 有施工单位提交的工程质量保证保证金

B. 有工程使用的主要建筑材料、建筑构配件和设备的进场试验报告

C. 有勘察、设计、施工、工程监理等单位分别签署的质量合格文件

D. 有完整的技术档案和施工管理资料

2014年度全国勘察设计注册工程师执业资格考试基础考试（上）

试题解析及参考答案

1. 解 $\lim_{x\to 0}(1-x)^{\frac{k}{x}}=2$

可利用公式$\lim_{x\to 0}(1+x)^{\frac{1}{x}}=e$计算

因$\lim_{x\to 0}(1-x)^{\frac{-k}{-x}}=\lim_{x\to 0}\left[(1-x)^{\frac{1}{-x}}\right]^{-k}=e^{-k}$

所以$e^{-k}=2$，$k=-\ln 2$。

答案：A

2. 解 $x^2+y^2-z=0$，$z=x^2+y^2$为旋转抛物面。

答案：D

3. 解 $y=\arctan\frac{1}{x}$，$x=0$，分母为零，该点为间断点。

因$\lim_{x\to 0^+}\arctan\frac{1}{x}=\frac{\pi}{2}$，$\lim_{x\to 0^-}\arctan\frac{1}{x}=-\frac{\pi}{2}$，所以$x=0$为跳跃间断点。

答案：B

4. 解 $\frac{\mathrm{d}}{\mathrm{d}x}\int_{2x}^{0}e^{-t^2}\mathrm{d}t=-\frac{\mathrm{d}}{\mathrm{d}x}\int_{0}^{2x}e^{-t^2}\mathrm{d}t=-e^{-4x^2}\cdot 2=-2e^{-4x^2}$

答案：C

5. 解

$$\frac{\mathrm{d}(\ln x)}{\mathrm{d}\sqrt{x}}=\frac{\frac{1}{x}\mathrm{d}x}{\frac{1}{2}\cdot\frac{1}{\sqrt{x}}\mathrm{d}x}=\frac{2}{\sqrt{x}}$$

答案：B

6. 解

$$\int\frac{x^2}{\sqrt[3]{1+x^3}}\mathrm{d}x=\frac{1}{3}\int\frac{1}{\sqrt[3]{1+x^3}}\mathrm{d}x^3=\frac{1}{3}\int\frac{1}{\sqrt[3]{1+x^3}}\mathrm{d}(1+x^3)$$
$$=\frac{1}{3}\times\frac{3}{2}(1+x^3)^{\frac{2}{3}}+C=\frac{1}{2}(1+x^3)^{\frac{2}{3}}+C$$

答案：D

7. 解 $a_n=\left(1+\frac{1}{n}\right)^n$，数列$\{a_n\}$是单调增而有上界。

答案：B

8. 解 函数$f(x)$在点x_0处可导，则$f'(x_0)=0$是$f(x)$在x_0取得极值的必要条件。

答案：C

9. 解

$$L_1: \frac{x-1}{1} = \frac{y-3}{-2} = \frac{z+5}{1}, \ \vec{S}_1 = \{1,-2,1\}$$

$$L_2: \frac{x-3}{-1} = \frac{y-1}{-1} = \frac{z-1}{2} = t, \ \vec{S}_2 = \{-1,-1,2\}$$

$$\cos\left(\widehat{\vec{S}_1,\vec{S}_2}\right) = \frac{\vec{S}_1 \cdot \vec{S}_2}{|\vec{S}_1||\vec{S}_2|} = \frac{3}{\sqrt{6}\times\sqrt{6}} = \frac{1}{2}, \ \left(\widehat{\vec{S}_1,\vec{S}_2}\right) = \frac{\pi}{3}$$

答案：B

10. 解 $xy' - y = x^2e^{2x} \Rightarrow y' - \frac{1}{x}y = xe^{2x}$

$$P(x) = -\frac{1}{x}, \ Q(x) = xe^{2x}$$

$$y = e^{-\int\left(-\frac{1}{x}\right)\mathrm{d}x}\left[\int xe^{2x}e^{\int\left(-\frac{1}{x}\right)\mathrm{d}x}\mathrm{d}x + C\right] = e^{\ln x}\left(\int xe^{2x}e^{-\ln x}\mathrm{d}x + C\right)$$

$$= x\left(\int e^{2x}\mathrm{d}x + C\right) = x\left(\frac{1}{2}e^{2x} + C\right)$$

答案：A

11. 解 见解图，$V = \int_0^3 \pi y^2\,\mathrm{d}x = \int_0^3 \pi 4x\mathrm{d}x = \pi\int_0^3 4x\mathrm{d}x$。

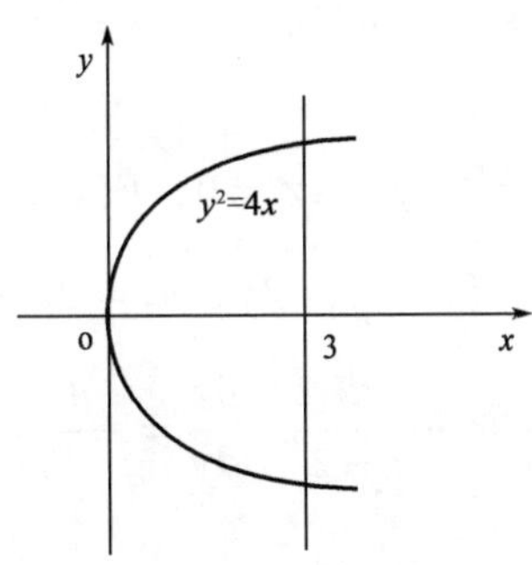

题 11 解图

答案：C

12. 解 $\sum\limits_{n=1}^{\infty}(-1)^n\frac{1}{n^{p-1}}$级数条件收敛应满足条件：①取绝对值后级数发散；②原级数收敛。

$\sum\limits_{n=1}^{\infty}\left|(-1)^n\frac{1}{n^{p-1}}\right| = \sum\limits_{n=1}^{\infty}\frac{1}{n^{p-1}}$，当$0 < p-1 \leqslant 1$时，即$1 < p \leqslant 2$，取绝对值后级数发散，原级数$\sum\limits_{n=1}^{\infty}(-1)^n\frac{1}{n^{p-1}}$为交错级数。

当$p-1 > 0$时，即$p > 1$

利用幂函数性质判定：$y = x^p(p > 0)$

当$x \in (0,+\infty)$时，$y = x^p$单增，且过(1,1)点，本题中，$p > 1$，因而$n^{p-1} < (n+1)^{p-1}$，所以$\frac{1}{n^{p-1}} > \frac{1}{(n+1)^{p-1}}$。

满足：①$\frac{1}{n^{p-1}} > \frac{1}{(n+1)^{p-1}}$；②$\lim\limits_{n\to\infty}\frac{1}{n^{p-1}} = 0$。故$\sum\limits_{n=1}^{\infty}(-1)^n\frac{1}{n^{p-1}}$收敛。

综合以上结论，$1 < p \leqslant 2$和$p > 1$，应为$1 < p \leqslant 2$。

答案：A

13. 解 $y=C_1e^{-x+C_2}=C_1e^{C_2}e^{-x}$

$y'=-C_1e^{C_2}e^{-x}$，$y''=C_1e^{C_2}e^{-x}$

代入方程得$C_1e^{C_2}e^{-x}-(-C_1e^{C_2}e^{-x})-2C_1e^{C_2}e^{-x}=0$

$y=C_1e^{-x+C_2}$是方程$y''-y'-2y=0$的解，又因$y=C_1e^{-x+C_2}=C_1e^{C_2}e^{-x}=C_3e^{-x}$（其中$C_3=C_1e^{C_2}$）只含有一个独立的任意常数，所以$y=C_1e^{-x+C_2}$，既不是方程的通解，也不是方程的特解。

答案：D

14. 解 L：$\begin{cases}y=x-2\\x=x\end{cases}$，$x:0\to 2$，如解图所示。

注：从起点对应的参数积到终点对应的参数。

$$\int_L \frac{1}{x-y}\mathrm{d}x+y\mathrm{d}y=\int_0^2\frac{1}{x-(x-2)}\mathrm{d}x+(x-2)\mathrm{d}x$$

$$=\int_0^2\left(x-\frac{3}{2}\right)\mathrm{d}x=\left(\frac{1}{2}x^2-\frac{3}{2}x\right)\Big|_0^2$$

$$=\frac{1}{2}\times 4-\frac{3}{2}\times 2=-1$$

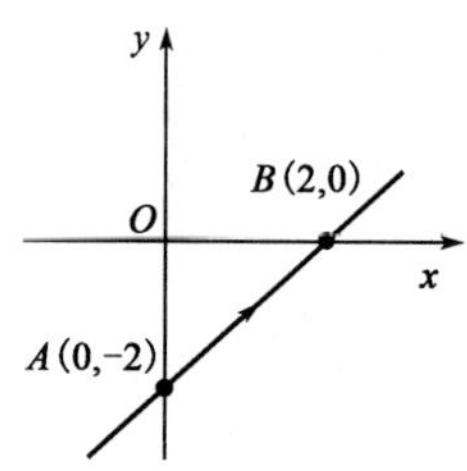

题 14 解图

答案：B

15. 解 $x^2+y^2+z^2=4z$，$x^2+y^2+z^2-4z=0$，$F(x,y,z)=x^2+y^2+z^2-4z$

$$F_x=2x,\ F_y=2y,\ F_z=2z-4$$

$$\frac{\partial z}{\partial x}=-\frac{F_x}{F_z}=-\frac{2x}{2z-4}=-\frac{x}{z-2},\quad \frac{\partial z}{\partial y}=-\frac{F_y}{F_z}=-\frac{2y}{2z-4}=-\frac{y}{z-2}$$

$$\mathrm{d}z=\frac{\partial z}{\partial x}\mathrm{d}x+\frac{\partial z}{\partial y}\mathrm{d}y=-\frac{x}{z-2}\mathrm{d}x-\frac{y}{z-2}\mathrm{d}y=\frac{1}{2-z}(x\mathrm{d}x+y\mathrm{d}y)$$

答案：B

16. 解 D：$\begin{cases}0\leqslant\theta\leqslant\frac{\pi}{4}\\0\leqslant r\leqslant a\end{cases}$，如解图所示。

$$\iint_D \mathrm{d}x\mathrm{d}y=\int_0^{\frac{\pi}{4}}\mathrm{d}\theta\int_0^a r\mathrm{d}r=\frac{\pi}{4}\times\frac{1}{2}r^2\Big|_0^a=\frac{1}{8}\pi a^2$$

答案：A

题 16 解图

17. 解 设$2x+1=z$，级数为$\sum\limits_{n=1}^{\infty}\frac{z^n}{n}$

$\lim\limits_{n\to\infty}\left|\frac{a_{n+1}}{a_n}\right|=\lim\limits_{n\to\infty}\frac{\frac{1}{n+1}}{\frac{1}{n}}=1$，$\rho=1$，$R=\frac{1}{\rho}=1$

当$z=1$时，$\sum\limits_{n=1}^{\infty}\frac{1}{n}$发散，当$z=-1$时，$\sum\limits_{n=1}^{\infty}\frac{(-1)^n}{n}$收敛

所以$-1\leqslant z<1$收敛，即$-1\leqslant 2x+1<1$，$-1\leqslant x<0$

答案：C

18. 解 $z=e^{xe^y}$，$\frac{\partial z}{\partial x}=e^{xe^y}\cdot e^y=e^y\cdot e^{xe^y}$

$\frac{\partial^2 z}{\partial x^2}=e^y\cdot e^{xe^y}\cdot e^y=e^{xe^y}\cdot e^{2y}=e^{xe^y+2y}$

答案：A

19. 解 **方法 1**：$|2\boldsymbol{A}^*\boldsymbol{B}^{-1}|=2^3|\boldsymbol{A}^*\boldsymbol{B}^{-1}|=2^3|\boldsymbol{A}^*|\cdot|\boldsymbol{B}^{-1}|$

$\boldsymbol{A}^{-1}=\frac{1}{|\boldsymbol{A}|}\boldsymbol{A}^*$，$\boldsymbol{A}^*=|\boldsymbol{A}|\cdot\boldsymbol{A}^{-1}$

$\boldsymbol{A}\cdot\boldsymbol{A}^{-1}=\boldsymbol{E}$，$|\boldsymbol{A}|\cdot|\boldsymbol{A}^{-1}|=1$，$|\boldsymbol{A}^{-1}|=\frac{1}{|\boldsymbol{A}|}=\frac{1}{-\frac{1}{2}}=-2$

$|\boldsymbol{A}^*|=\left||\boldsymbol{A}|\cdot\boldsymbol{A}^{-1}\right|=\left|-\frac{1}{2}\boldsymbol{A}^{-1}\right|=\left(-\frac{1}{2}\right)^3|\boldsymbol{A}^{-1}|=\left(-\frac{1}{2}\right)^3\times(-2)=\frac{1}{4}$

$\boldsymbol{B}\cdot\boldsymbol{B}^{-1}=\boldsymbol{E}$，$|\boldsymbol{B}|\cdot|\boldsymbol{B}^{-1}|=1$，$|\boldsymbol{B}^{-1}|=\frac{1}{|\boldsymbol{B}|}=\frac{1}{2}$

因此，$|2\boldsymbol{A}^*\boldsymbol{B}^{-1}|=2^3\times\frac{1}{4}\times\frac{1}{2}=1$

方法 2：直接用公式计算$|\boldsymbol{A}^*|=|\boldsymbol{A}|^{n-1}$，$|\boldsymbol{B}^{-1}|=\frac{1}{|\boldsymbol{B}|}$，$|2\boldsymbol{A}^*\boldsymbol{B}^{-1}|=2^3|\boldsymbol{A}^*\boldsymbol{B}^{-1}|=2^3|\boldsymbol{A}^*||\boldsymbol{B}^{-1}|=2^3|\boldsymbol{A}|^{3-1}\cdot\frac{1}{|\boldsymbol{B}|}=2^3\cdot\left(-\frac{1}{2}\right)^2\cdot\frac{1}{2}=1$

答案：A

20. 解 选项 A，$\boldsymbol{A}$未必是实对称矩阵，即使$\boldsymbol{A}$为实对称矩阵，但所有顺序主子式都小于零，不符合对称矩阵为负定的条件。对称矩阵为负定的充分必要条件：奇数阶顺序主子式为负，而偶数阶顺序主子式为正，所以错误。

选项 B，实对称矩阵为正定矩阵的充分必要条件是所有特征值都大于零，选项 B 给出的条件有时不能满足所有特征值都大于零的条件，例如$\boldsymbol{A}=\begin{bmatrix}1&1\\1&1\end{bmatrix}$，$|\boldsymbol{A}|=0$，$\boldsymbol{A}$有特征值$\lambda=0$，所以错误。

选项 D，给出的二次型所对应的对称矩阵为$\begin{bmatrix}1&\frac{1}{2}&\frac{1}{2}\\\frac{1}{2}&1&\frac{1}{2}\\\frac{1}{2}&\frac{1}{2}&1\end{bmatrix}$，所以错误。

选项 C，由惯性定理可知，实二次型$f(x_1,x_2,\cdots,x_n)=\boldsymbol{x}^{\mathrm{T}}\boldsymbol{A}\boldsymbol{x}$经可逆线性变换（或配方法）化为标准型时，在标准型（或规范型）中，正、负平方项的个数是唯一确定的。对于缺少平方项的n元二次型的标准型（或规范型），正惯性指数不会等于未知数的个数n。

例如：$f(x_1,x_2)=x_1\cdot x_2$，无平方项，设$\begin{cases}x_1=y_1+y_2\\x_2=y_1-y_2\end{cases}$，代入变形$f=y_1^2-y_2^2$（标准型），正惯性指数为$1<n=2$。所以二次型$f(x_1,x_2)$不是正定二次型。

答案：C

21. 解 **方法 1**：已知n元非齐次线性方程组$\boldsymbol{A}\boldsymbol{x}=\boldsymbol{b}$，$r(\boldsymbol{A})=n-2$，对应$n$元齐次线性方程组$\boldsymbol{A}\boldsymbol{x}=\boldsymbol{0}$的基础解系中的线性无关解向量的个数为$n-(n-2)=2$，可验证$\boldsymbol{\alpha}_2-\boldsymbol{\alpha}_1$，$\boldsymbol{\alpha}_2-\boldsymbol{\alpha}_3$为齐次线性方程

组的解：$\boldsymbol{A}(\boldsymbol{\alpha}_2-\boldsymbol{\alpha}_1)=\boldsymbol{A}\boldsymbol{\alpha}_2-\boldsymbol{A}\boldsymbol{\alpha}_1=\boldsymbol{b}-\boldsymbol{b}=0$，$\boldsymbol{A}(\boldsymbol{\alpha}_2-\boldsymbol{\alpha}_3)=\boldsymbol{A}\boldsymbol{\alpha}_2-\boldsymbol{A}\boldsymbol{\alpha}_3=\boldsymbol{b}-\boldsymbol{b}=0$；还可验$\boldsymbol{\alpha}_2-\boldsymbol{\alpha}_1$，$\boldsymbol{\alpha}_2-\boldsymbol{\alpha}_3$线性无关。

所以$k_1(\boldsymbol{\alpha}_2-\boldsymbol{\alpha}_1)+k_2(\boldsymbol{\alpha}_2-\boldsymbol{\alpha}_3)$为$n$元齐次线性方程组$\boldsymbol{Ax}=\boldsymbol{0}$的通解，而$\boldsymbol{\alpha}_1$为$n$元非齐次线性方程组$\boldsymbol{Ax}=\boldsymbol{b}$的一特解。

因此，$\boldsymbol{Ax}=\boldsymbol{b}$的通解为$\boldsymbol{x}=k_1(\boldsymbol{\alpha}_2-\boldsymbol{\alpha}_1)+k_2(\boldsymbol{\alpha}_2-\boldsymbol{\alpha}_3)+\boldsymbol{\alpha}_1$。

方法2：观察四个选项异同点，结合$\boldsymbol{Ax}=\boldsymbol{b}$通解结构，想到一个结论：

设$y_1,y_2,\cdots,y_s$为$\boldsymbol{Ax}=\boldsymbol{b}$的解，$k_1,k_2,\cdots,k_s$为数，则：

当$\sum\limits_{i=1}^{s}k_i=0$时，$\sum\limits_{i=1}^{s}k_iy_i$为$\boldsymbol{Ax}=\boldsymbol{0}$的解；

当$\sum\limits_{i=1}^{s}k_i=1$时，$\sum\limits_{i=1}^{s}k_iy_i$为$\boldsymbol{Ax}=\boldsymbol{b}$的解。

可以判定选项C正确。

答案：C

22. 解　A与B互不相容，$P(AB)=0$，$P(A|B)=\frac{P(AB)}{P(B)}=0$。

答案：B

23. 解　见解图，$\int_{-\infty}^{+\infty}\int_{-\infty}^{+\infty}f(x,y)\,\mathrm{d}x\mathrm{d}y=\int_0^1\int_0^x k\mathrm{d}y\mathrm{d}x=\frac{k}{2}=1$，得$k=2$

$$E(XY)=\int_{-\infty}^{+\infty}\int_{-\infty}^{+\infty}xyf(x,y)\mathrm{d}x\mathrm{d}y=\int_0^1\int_0^x 2xy\mathrm{d}y\mathrm{d}x=\frac{1}{4}$$

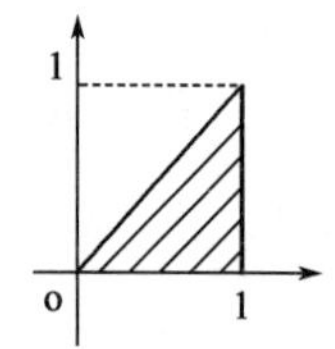

题23解图

答案：A

24. 解　设$S_1^2=\frac{1}{n-1}\sum\limits_{i=1}^{n}\left(X_i-\overline{X}\right)^2$

因为总体$X\sim N(\mu,\sigma^2)$

所以$\frac{\sum\limits_{i=1}^{n}(X_i-\overline{X})^2}{\sigma^2}=\frac{(n-1)S_1^2}{\sigma^2}\sim\chi^2(n-1)$，同理$\frac{\sum\limits_{i=1}^{n}(Y_i-\overline{Y})^2}{\sigma^2}\sim\chi^2(n-1)$

又因为两样本相互独立，所以$\frac{\sum\limits_{i=1}^{n}(X_i-\overline{X})^2}{\sigma^2}$与$\frac{\sum\limits_{i=1}^{n}(Y_i-\overline{Y})^2}{\sigma^2}$相互独立

$$\frac{\sum\limits_{i=1}^{n}\left(X_i-\overline{X}\right)^2}{\sum\limits_{i=1}^{n}\left(Y_i-\overline{Y}\right)^2}=\frac{\dfrac{\sum\limits_{i=1}^{n}\left(X_i-\overline{X}\right)^2}{(n-1)\sigma^2}}{\dfrac{\sum\limits_{i=1}^{n}\left(Y_i-\overline{Y}\right)^2}{(n-1)\sigma^2}}\sim F(n-1,n-1)$$

注意：解答选择题，有时抓住关键点就可判定。$\sum\limits_{i=1}^{n}\left(X_i-\overline{X}\right)^2$与$\chi^2$分布有关，$\frac{\sum\limits_{i=1}^{n}(X_i-\overline{X})^2}{\sum\limits_{i=1}^{n}(Y_i-\overline{Y})^2}$与$F$分布有关，只有选项B是$F$分布。

答案：B

25. 解　由气态方程$pV=\frac{m}{M}RT$知，标准状态下，p、V相同，T也相等。

由$E=\frac{m}{M}\frac{i}{2}RT=\frac{i}{2}pV$，注意到氢为双原子分子，氦为单原子分子，即$i(\mathrm{H_2})=5$，$i(\mathrm{He})=3$，又

$p(H_2)=p(He)$，$V(H_2)=V(He)$，故$\frac{E(H_2)}{E(He)}=\frac{i(H_2)}{i(He)}=\frac{5}{3}$。

答案：A

26. 解 由麦克斯韦速率分布函数定义$f(v)=\frac{dN}{Ndv}$可得。

答案：B

27. 解 由$W_{等压}=p\Delta V=\frac{m}{M}R\Delta T$，令$\frac{m}{M}=1$，故$\Delta T=\frac{W}{R}$。

答案：B

28. 解 等温膨胀过程的特点是：理想气体从外界吸收的热量Q，全部转化为气体对外做功$A(A>0)$。

答案：D

29. 解 所谓波峰，其纵坐标$y=+2\times10^{-2}\text{m}$，亦即要求$\cos 2\pi\left(10t-\frac{x}{5}\right)=1$，即$2\pi\left(10t-\frac{x}{5}\right)=\pm2k\pi$；

当$t=0.25\text{s}$时，$20\pi\times0.25-\frac{2\pi x}{5}=\pm2k\pi$，$x=(12.5\mp5k)$；

因为要取距原点最近的点（注意$k=0$并非最小），逐一取$k=0,1,2,3,\cdots$，其中$k=2$，$x=2.5$；$k=3$，$x=-2.5$。

答案：A

30. 解 质元处于平衡位置，此时速度最大，故质元动能最大，动能与势能是同相的，所以势能也最大。

答案：C

31. 解 声波的频率范围为20~20000Hz。

答案：C

32. 解 间距$\Delta x=\frac{D\lambda}{nd}$[$D$为双缝到屏幕的垂直距离（见解图），$d$为缝宽，$n$为折射率]

令$1.33=\frac{D\lambda}{d}(n_{空气}\approx1)$，当把实验装置放入水中，则$\Delta x_{水}=\frac{D\lambda}{1.33d}=1$

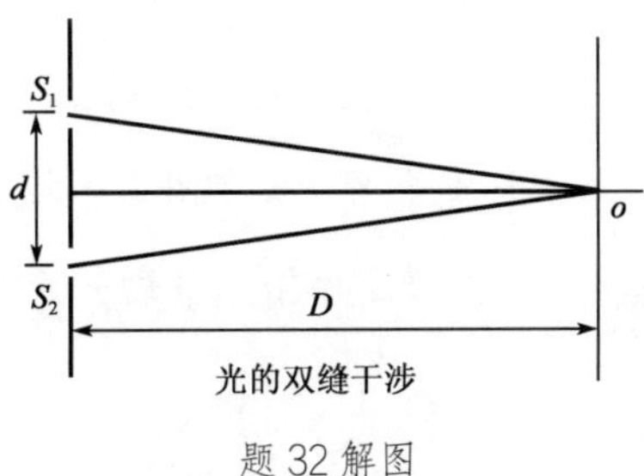

题32解图

答案：C

33. 解 可见光的波长范围400~760nm。

答案： A

34. 解　自然光垂直通过第一个偏振片后，变为线偏振光，光强设为I'，即入射至第二个偏振片的线偏振光强度。根据马吕斯定律，自然光通过两个偏振片后，$I = I'\cos^2 45° = \frac{I'}{2}$，$I' = 2I$。

答案： B

35. 解　中央明纹的宽度由紧邻中央明纹两侧的暗纹$(k = 1)$决定。

如解图所示，通常衍射角ϕ很小，且$D \approx f$(f为焦距)，则$x \approx \phi f$

由暗纹条件$a\sin\phi = 1 \times \lambda(k = 1)$($\alpha$缝宽)，得$\phi \approx \frac{\lambda}{a}$

第一级暗纹距中心P_0距离为$x_1 = \phi f = \frac{\lambda}{a}f$

所以中央明纹的宽度Δx(中央)$= 2x_1 = \frac{2\lambda f}{a}$

故 $\Delta x = \dfrac{2 \times 0.5 \times 400 \times 10^{-9}}{10^{-4}} = 400 \times 10^{-5}\text{m}$

$= 4 \times 10^{-3}\text{m}$

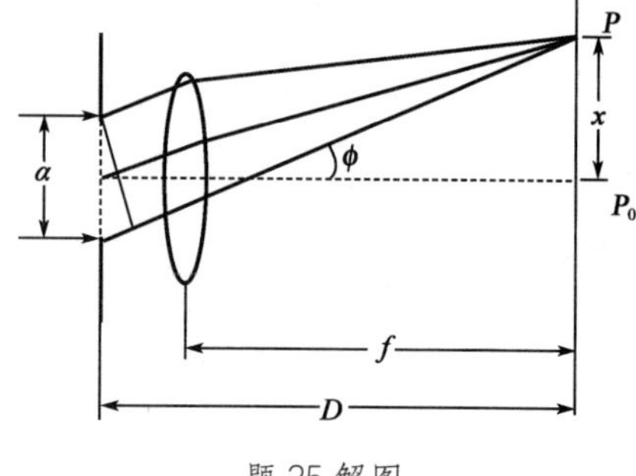

题 35 解图

答案： D

36. 解　根据光栅的缺级理论，当$\frac{a+b(光栅常数)}{a(缝宽)}$=整数时，会发生缺级现象，今$\frac{a+b}{a} = \frac{2a}{a} = 2$，在光栅明纹中，将缺$k = 2,4,6,\cdots$级，衍射光谱中出现的五条明纹为 0，$\pm 1$，$\pm 3$。（此题超纲）

答案： A

37. 解　周期表中元素电负性的递变规律：同一周期从左到右，主族元素的电负性逐渐增大；同一主族从上到下元素的电负性逐渐减小。

答案： A

38. 解　离子在外电场或另一离子作用下，发生变形产生诱导偶极的现象叫离子极化。正负离子相互极化的强弱取决于离子的极化力和变形性。离子的极化力为某离子使其他离子变形的能力。极化力取决于：①离子的电荷。电荷数越多，极化力越强。②离子的半径。半径越小，极化力越强。③离子的电子构型。当电荷数相等、半径相近时，极化力的大小为：18 或 18+2 电子构型>9~17 电子构型>8 电子构型。每种离子都具有极化力和变形性，一般情况下，主要考虑正离子的极化力和负离子的变形性。离子半径的变化规律：同周期不同元素离子的半径随离子电荷代数值增大而减小。四个化合物中，$SiCl_4$ 为共价化合物，其余三个为离子化合物。三个离子化合物中阴离子相同，阳离子为同周期元素，离子半径逐渐减小，离子电荷的代数值逐渐增大，所以极化作用逐渐增大。离子极化的结果使离子键向共价键过渡。

答案： C

39. 解　100mL 浓硫酸中H_2SO_4的物质的量$n = \frac{100 \times 1.84 \times 0.98}{98} = 1.84\text{mol}$

物质的量浓度$c = \frac{1.84}{0.1} = 18.4\text{mol} \cdot \text{L}^{-1}$

答案： A

40. 解 多重平衡规则：当n个反应相加（或相减）得总反应时，总反应的K等于各个反应平衡常数的乘积（或商）。题中反应（3）=（1）−（2），所以$K_3^\Theta = \frac{K_1^\Theta}{K_2^\Theta}$。

答案： D

41. 解 铜电极通入H_2S，生成CuS沉淀，Cu^{2+}浓度减小。

铜半电池反应为：$Cu^{2+} + 2e^- = Cu$，根据电极电势的能斯特方程式：

$$\varphi = \varphi^\Theta + \frac{0.059}{2}\lg\frac{C_{氧化型}}{C_{还原型}} = \varphi^\Theta + \frac{0.059}{2}\lg C_{Cu^{2+}}$$

$C_{Cu^{2+}}$减小，电极电势减小

原电池的电动势$E = \varphi_{正} - \varphi_{负}$，$\varphi_{正}$减小，$\varphi_{负}$不变，则电动势$E$减小。

答案： B

42. 解 电解产物析出顺序由它们的析出电势决定。析出电势与标准电极电势、离子浓度、超电势有关。总的原则：析出电势代数值较大的氧化型物质首先在阴极还原；析出电势代数值较小的还原型物质首先在阳极氧化。

阴极：当$\varphi^\Theta > \varphi^\Theta_{Al^{3+}/Al}$时，$M^{n+} + ne^- = M$

当$\varphi^\Theta < \varphi^\Theta_{Al^{3+}/Al}$时，$2H^+ + 2e^- = H_2$

因$\varphi^\Theta_{Na^+/Na} < \varphi^\Theta_{Al^{3+}/Al}$时，所以$H^+$首先放电析出。

答案： A

43. 解 由公式$\Delta G = \Delta H - T\Delta S$可知，当$\Delta H$和$\Delta S$均小于零时，$\Delta G$在低温时小于零，所以低温自发，高温非自发。

答案： A

44. 解 丙烷最多 5 个原子处于一个平面，丙烯最多 7 个原子处于一个平面，苯乙烯最多 16 个原子处于一个平面，$CH_3CH{=}CH{-}C{\equiv}C{-}CH_3$ 最多 10 个原子处于一个平面。

答案： C

45. 解 烯烃能发生加成反应和氧化反应，酸可以发生酯化反应。

答案： A

46. 解 人造羊毛为聚丙烯腈，由单体丙烯腈通过加聚反应合成，为高分子化合物。分子中存在共价键，为共价化合物，同时为有机化合物。

答案： C

47. 解 根据力的投影公式，$F_x = F\cos\alpha$，故$\alpha = 60°$；而分力F_x的大小是力F大小的 2 倍，故力F

与y轴垂直。

答案： A （此题 2010 年考过）

48. 解 M_1与M_2等值反向，四个分力构成自行封闭的四边形，故合力为零，F_1与F_3、F_2与F_4构成顺时针转向的两个力偶，其力偶矩的大小均为Fa。

答案： D

49. 解 对系统进行整体分析，外力有主动力$F_{\rm p}$，A、H处约束力，由于$F_{\rm p}$与H处约束力均为铅垂方向，故A处也只有铅垂方向约束力，列平衡方程$\sum M_{\rm H}(F)=0$，便可得结果。

答案： B

50. 解 分析节点D的平衡，可知 1 杆为零杆。

答案： A

51. 解 只有当$t=1{\rm s}$时两个点才有相同的坐标。

答案： A

52. 解 根据平行移动刚体的定义和特点。

答案： C （此题 2011 年考过）

53. 解 根据定轴转动刚体上一点加速度与转动角速度、角加速度的关系：$a_n=\omega^2 l$，$a_\tau=\alpha l$，此题$a_n=0$，$\alpha=\frac{a_\tau}{l}=\frac{a}{l}$。

答案： A

54. 解 在铅垂平面内垂直于绳的方向列质点运动微分方程（牛顿第二定律），有：

$$ma_n\cos\alpha=mg\sin\alpha$$

答案： C

55. 解 两轮质心的速度均为零，动量为零，链条不计质量。

答案： D

56. 解 根据动能定理：$T_2-T_1=W_{12}$，其中$T_1=0$（初瞬时静止），$T_2=\frac{1}{2}\times\frac{3}{2}mR^2\omega^2$，$W_{12}=mgR$，代入动能定理可得结果。

答案： C

57. 解 杆水平瞬时，其角速度为零，加在物块上的惯性力铅垂向上，列平衡方程$\sum M_{\rm O}(F)=0$，则有$(F_{\rm g}-mg)l=0$，所以$F_{\rm g}=mg$。

答案： A

58. 解　已知频率比$\frac{\omega}{\omega_0}=1.27$，且$\omega=40\,\text{rad/s}$，$\omega_0=\sqrt{\frac{k}{m}}$　$(m=100\text{kg})$

所以，$k=\left(\frac{40}{1.27}\right)^2\times 100=9.9\times 10^4\approx 1\times 10^5\text{N/m}$

答案：A

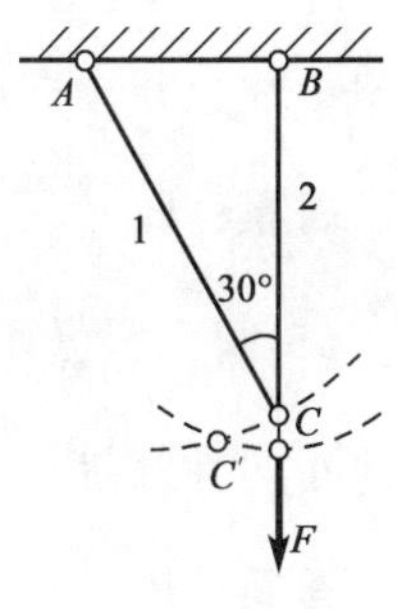

题 59 解图

59. 解　首先取节点C为研究对象，根据节点C的平衡可知，杆 1 受力为零，杆 2 的轴力为拉力F；再考虑两杆的变形，杆 1 无变形，杆 2 受拉伸长。由于变形后两根杆仍然要连在一起，因此C点变形后的位置，应该在以A点为圆心，以杆 1 原长为半径的圆弧，和以B点为圆心、以伸长后的杆 2 长度为半径的圆弧的交点C'上，如解图所示。显然这个点在C点向下偏左的位置。

答案：B

60. 解

$$\sigma_{\text{AB}}=\frac{F_{\text{NAB}}}{A_{\text{AB}}}=\frac{300\pi\times 10^3\text{N}}{\frac{\pi}{4}\times 200^2\text{mm}^2}=30\text{MPa}，\sigma_{\text{BC}}=\frac{F_{\text{NBC}}}{A_{\text{BC}}}=\frac{100\pi\times 10^3\text{N}}{\frac{\pi}{4}\times 100^2\text{mm}^2}=40\text{MPa}$$

显然杆的最大拉应力是 40MPa

答案：A

61. 解　A 图、B 图中节点的受力是图 a），C 图、D 图中节点的受力是图 b）。

为了充分利用铸铁抗压性能好的特点，应该让铸铁承受更大的压力，显然 A 图布局比较合理。

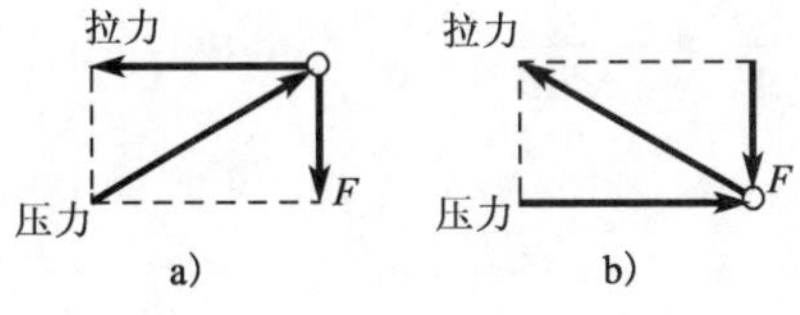

题 61 解图

答案：A

62. 解　被冲断的钢板的剪切面是一个圆柱面，其面积$A_{\text{Q}}=\pi dt$，根据钢板破坏的条件：

$$\tau_{\text{Q}}=\frac{Q}{A_{\text{Q}}}=\frac{F}{\pi dt}=\tau_{\text{b}}$$

可得$F=\pi dt\tau_{\text{b}}=\pi\times 100\text{mm}\times 10\text{mm}\times 300\text{MPa}=300\pi\times 10^3\text{N}=300\pi\text{kN}$

答案：A

63. 解　螺杆受拉伸，横截面面积是$\frac{\pi}{4}d^2$，由螺杆的拉伸强度条件，可得：

$$\sigma=\frac{F}{\frac{\pi}{4}d^2}=\frac{4F}{\pi d^2}=[\sigma] \qquad ①$$

螺母的内圆周面受剪切，剪切面面积是 πdh，由螺母的剪切强度条件，可得：

$$\tau_{\text{Q}}=\frac{F_{\text{Q}}}{A_{\text{Q}}}=\frac{F}{\pi dh}=[\tau] \qquad ②$$

把①、②两式同时代入$[\sigma]=2[\tau]$，即有$\frac{4F}{\pi d^2}=2\cdot\frac{F}{\pi dh}$，化简后得$d=2h$。

答案：A

64. 解 受扭空心圆轴横截面上各点的切应力应与其到圆心的距离成正比，而在空心圆部分因没有材料，故也不应有切应力，故正确的只能是B。

答案：B

65. 解 根据外力矩（此题中即是扭矩）与功率、转速的计算公式：$M(\mathrm{kN\cdot m})=9.55\frac{p(\mathrm{kW})}{n(\mathrm{r/min})}$可知，转速小的轴，扭矩（外力矩）大。

答案：B

66. 解 根据剪力和弯矩的微分关系$\frac{\mathrm{d}m}{\mathrm{d}x}=Q$可知，弯矩的最大值发生在剪力为零的截面，也就是弯矩的导数为零的截面，故选B。

答案：B

67. 解 题图a）是偏心受压，在中间段危险截面上，外力作用点O与被削弱的截面形心C之间的偏心距$e=\frac{a}{2}$（见解图），产生的附加弯矩$M=F\cdot\frac{a}{2}$，故题图a）中的最大应力：

$$\sigma_{\mathrm{a}}=-\frac{F_{\mathrm{N}}}{A_{\mathrm{a}}}-\frac{M}{W}=-\frac{F}{3ab}-\frac{F\frac{a}{2}}{\frac{b}{6}(3a)^2}=-\frac{2F}{3ab}$$

题图b）虽然截面面积小，但却是轴向压缩，其最大压应力：

$$\sigma_{\mathrm{b}}=-\frac{F_{\mathrm{N}}}{A_{\mathrm{b}}}=-\frac{F}{2ab}$$

故$\frac{\sigma_{\mathrm{b}}}{\sigma_{\mathrm{a}}}=\frac{3}{4}$

答案：A

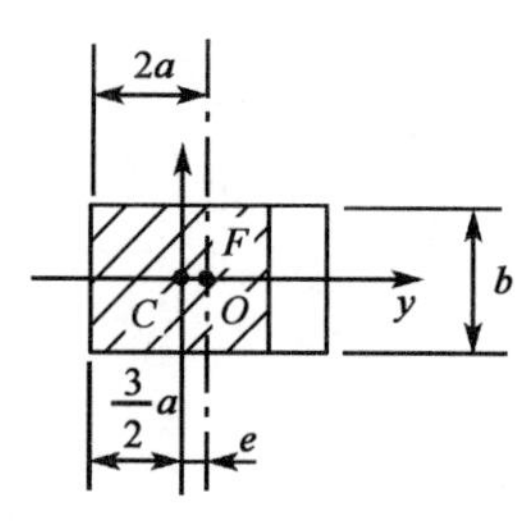

题67解图

68. 解 由梁的正应力强度条件：

$$\sigma_{\max}=\frac{M_{\max}}{I}\cdot y_{\max}=\frac{M_{\max}}{W}\leqslant[\sigma]$$

可知，梁的承载能力与梁横截面惯性矩I（或W）的大小成正比，当外荷载产生的弯矩$M_{\max}$不变的情况下，截面惯性矩（或W）越大，其承载能力也越大，显然相同面积制成的梁，矩形比圆形好，空心矩形的惯性矩（或W）最大，其承载能力最大。

答案：A

69. 解 图a）中$\sigma_1=200\mathrm{MPa}$，$\sigma_2=0$，$\sigma_3=0$

$\sigma_{\mathrm{r3}}^{\mathrm{a}}=\sigma_1-\sigma_3=200\mathrm{MPa}$

图b）中$\sigma_1=\frac{100}{2}+\sqrt{\left(\frac{100}{2}\right)^2+100^2}=161.8\mathrm{MPa}$，$\sigma_2=0$

$\sigma_3=\frac{100}{2}-\sqrt{\left(\frac{100}{2}\right)^2+100^2}=-61.8\mathrm{MPa}$

$\sigma_{r3}^{b} = \sigma_1 - \sigma_3 = 223.6\text{MPa}$

故图 b）更危险

答案：D

70. 解 当$\alpha = 0°$时，杆是轴向受位：

$$\sigma_{\max}^{0°} = \frac{F_N}{A} = \frac{F}{a^2}$$

当$\alpha = 45°$时，杆是轴向受拉与弯曲组合变形：

$$\sigma_{\max}^{45°} = \frac{F_N}{A} + \frac{M_g}{W_g} = \frac{\frac{\sqrt{2}}{2}F}{a^2} + \frac{\frac{\sqrt{2}}{2}F \cdot a}{\frac{a^3}{6}} = \frac{7\sqrt{2}}{2}\frac{F}{a^2}$$

可得

$$\frac{\sigma_{\max}^{45°}}{\sigma_{\max}^{0°}} = \frac{\frac{7\sqrt{2}}{2}\frac{F}{a^2}}{\frac{F}{a^2}} = \frac{7\sqrt{2}}{2}$$

答案：A

71. 解 水平静压力$P_x = \rho g h_c \pi r^2 = 1 \times 9.8 \times 5 \times \pi \times 0.1^2 = 1.54\text{kN}$

答案：D

72. 解 A点绝对压强$p_A' = p_0 + \rho g h = 88 + 1 \times 9.8 \times 2 = 107.6\text{kPa}$

A点相对压强$p_A = p_A' - p_a = 107.6 - 101 = 6.6\text{kPa}$

答案：B

73. 解 对二维不可压缩流体运动连续性微分方程式为：$\frac{\partial u_x}{\partial x} + \frac{\partial u_y}{\partial y} = 0$，即$\frac{\partial u_x}{\partial x} = -\frac{\partial u_y}{\partial y}$。

对题中 C 项求偏导数可得$\frac{\partial u_x}{\partial x} = 5$，$\frac{\partial u_y}{\partial y} = -5$，满足连续性方程。

答案：C

74. 解 圆管层流中水头损失与管壁粗糙度无关。

答案：D

75. 解 $Q_1 + Q_2 = 39\text{L/s}$

$$\frac{Q_1}{Q_2} = \sqrt{\frac{S_2}{S_1}} = \sqrt{\frac{8\lambda L_2}{\pi^2 g d_2^5} / \frac{8\lambda L_1}{\pi^2 g d_1^5}} = \sqrt{\frac{L_2 \cdot d_1^5}{L_1 \cdot d_2^5}} = \sqrt{\frac{3000}{1800} \times \left(\frac{0.15}{0.20}\right)^5} = 0.629$$

即$0.629Q_2 + Q_2 = 39\text{L/s}$，得$Q_2 = 24\text{L/s}$，$Q_1 = 15\text{L/s}$。

答案：B

76. 解 $v = C\sqrt{Ri}$，$C = \frac{1}{n}R^{\frac{1}{6}} = \frac{1}{0.05}(0.8)^{\frac{1}{6}} = 19.27\sqrt{\text{m}}/\text{s}$

流速$v = 19.27 \times \sqrt{0.8 \times 0.0006} = 0.42\text{m/s}$

答案：A

77. 解　地下水的浸润线是指无压地下水的自由水面线。

答案：C

78. 解　按雷诺准则设计应满足比尺关系式$\frac{\lambda_v \cdot \lambda_L}{\lambda_\nu}=1$，则流速比尺$\lambda_v=\frac{\lambda_\nu}{\lambda_L}$，题设用相同温度、同种流体做试验，所以$\lambda_\nu=1$，$\lambda_v=\frac{1}{\lambda_L}$，而长度比尺$\lambda_L=\frac{2\text{m}}{0.1\text{m}}=20$，所以流速比尺$\lambda_v=\frac{1}{20}$，即$\frac{v_{原型}}{v_{模型}}=\frac{1}{20}$，$v_{原型}=\frac{4}{20}\text{m/s}=0.2\text{m/s}$。

答案：A

79. 解　三个电荷处在同一直线上，且每个电荷均处于平衡状态，可建立电荷平衡方程：

$$\frac{kq_1q_2}{r^2}=\frac{kq_3q_2}{r^2}$$

则$q_1=q_3=|q_2|$

答案：B

80. 解　根据节点电流关系：$\sum I=0$，即$I_1+I_2-I_3=0$，得$I_3=I_1+I_2=-7\text{A}$。

答案：C

81. 解　根据叠加原理，电流源不作用时，将其断路，如解图所示。写出电压源单独作用时的电路模型并计算。

$$I'=\frac{15}{40+40/\!/40}\times\frac{40}{40+40}=\frac{15}{40+20}\times\frac{1}{2}=0.125\text{A}$$

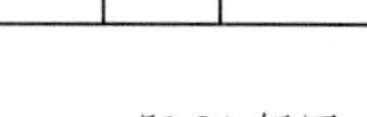

题 81 解图

答案：C

82. 解　①$u_{(t)}$与$i_{(t)}$的相位差$\varphi=\psi_u-\psi_i=-20°$

②用有效值相量表示$u_{(t)}$，$i_{(t)}$：

$$\dot{U}=U\angle\psi_u=\frac{10}{\sqrt{2}}\angle-10°=7.07\angle-10°\text{V}$$

$$\dot{I}=I\angle\psi_i=\frac{0.1}{\sqrt{2}}\angle10°=0.0707\angle10°\text{A}=70.7\angle10°\text{mA}$$

答案：D

83. 解　交流电路的功率关系为：

$$S^2=P^2+Q^2$$

式中：S——视在功率反映设备容量；

P——耗能元件消耗的有功功率；

Q——储能元件交换的无功功率。

本题中：$P=I^2R=1000\text{W}$，$Q=I^2(X_L-X_C)=200\text{var}$

$S=\sqrt{P^2+Q^2}=1019\approx 1020\text{V}\cdot\text{A}$

答案： D

84. 解　开关打开以后电路如解图所示。

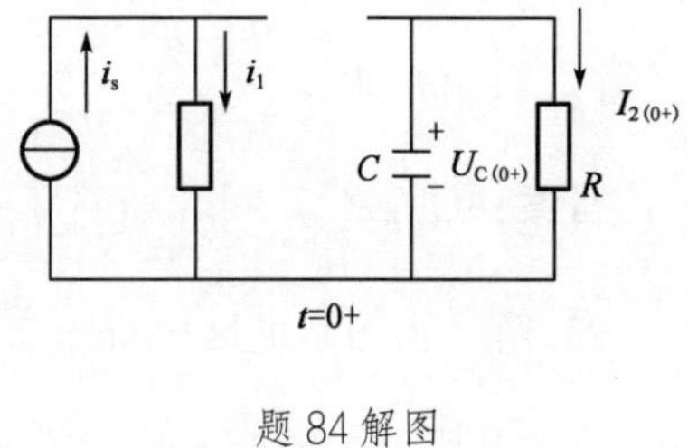

题 84 解图

左边电路中无储能元件，无暂态过程，右边电路中出现暂态过程，变化为：

$$I_{2(0+)}=\frac{U_{C(0+)}}{R}=\frac{U_{C(0-)}}{R}\neq\frac{1}{2}I_s\neq 0$$

$$I_{2(\infty)}=\frac{U_{C(\infty)}}{R}=0$$

答案： C

85. 解　理想变压器空载运行$R_L\to\infty$，则$R_L'=K^2R_L\to\infty$

$u_1=u$，又有$k=\frac{U_1}{U_2}=2$，则$U_1=2U_2$

答案： B

86. 解　当正常运行为三角形接法的三相交流异步电动机启动时采用星形接法，电机为降压运行，启动电流和启动力矩均为正常运行的1/3。即

$$I_{st}'=\frac{1}{3}I_{st}=10\text{A},\ T_{st}'=\frac{1}{3}T_{st}=15\text{N}\cdot\text{m}$$

答案： B

87. 解　自变量在整个连续区间内都有定义的信号是连续信号或连续时间信号。图示电路的输出信号为时间连续数值离散的信号。

答案： A

88. 解　图示的非周期信号利用叠加性质等效为两个阶跃信号：

$$u(t)=u_1(t)+u_2(t)$$

$$u_1(t)=5\varepsilon(t),\ u_2(t)=-4\varepsilon(t-t_0)$$

答案： C

89. 解　放大电路是在输入信号控制下，将信号的幅值放大，而频率不变。

答案： D

90. 解　根据逻辑代数公式分析如下：

$(\text{A}+\text{B})(\text{A}+\text{C})=\text{A}\cdot\text{A}+\text{A}\cdot\text{B}+\text{A}\cdot\text{C}+\text{B}\cdot\text{C}=\text{A}(1+\text{B}+\text{C})+\text{BC}=\text{A}+\text{BC}$

答案： C

91. 解　“与非门”电路遵循输入有“0”输出则“1”的原则，利用输入信号 A、B 的对应波形分析即可。

答案：D

92. 解 根据真值表，写出函数的最小项表达式后进行化简即可：

$$\begin{aligned}F(A\cdot B\cdot C) &= \overline{A}\overline{B}\overline{C}+\overline{A}BC+A\overline{B}\overline{C}+ABC\\ &= (\overline{A}+A)\overline{B}\overline{C}+(\overline{A}+A)BC\\ &= \overline{B}\overline{C}+BC\end{aligned}$$

答案：C

93. 解 由图示电路分析输出波形如解图所示。

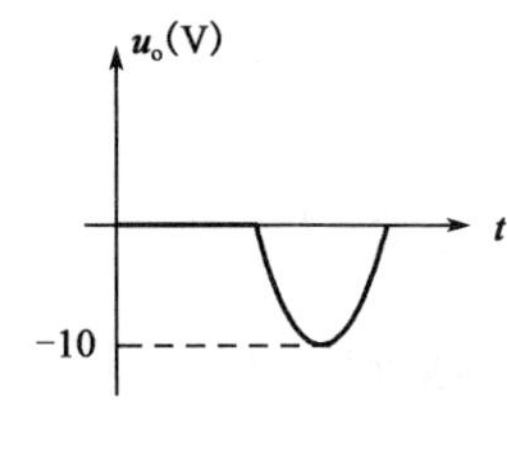

题 93 解图

$u_i>0$时，二极管截止，$u_o=0$；

$u_i<0$时，二极管并通，$u_o=u_i$，为半波整流电路。

$U_o=-0.45U_i=0.45\times\frac{-10}{\sqrt{2}}=-3.18\text{V}$

答案：C

94. 解 ①当 A 端接输入信号，B 端接地时，电路为反相比例放大电路：

$$u_o=-\frac{R_2}{R_1}u_i=-8=-\frac{R_2}{R_1}\times 2$$

得$\frac{R_2}{R_1}=4$

②如 A 端接地，B 端接输入信号为同相放大电路：

$$u_o=\left(1+\frac{R_2}{R_1}\right)u_i=(1+4)\times 2=10\text{V}$$

答案：C

95. 解 图示为 D 触发器，触发时刻为 cp 波形的上升沿，输入信号$D=A$，输出波形为$Q_{n+1}=D$，对应于第一和第二个脉冲的下降沿，Q 为高电平“1”。

答案：D

96. 解 图示为 J K 触发器和与非门的组合，触发时刻为 cp 脉冲的下降沿，触发器输入信号为：$J=\overline{Q\cdot A}$，$K=$“0”

输出波形为 Q 所示。两个脉冲的下降沿后 Q 为高电平。

答案：D

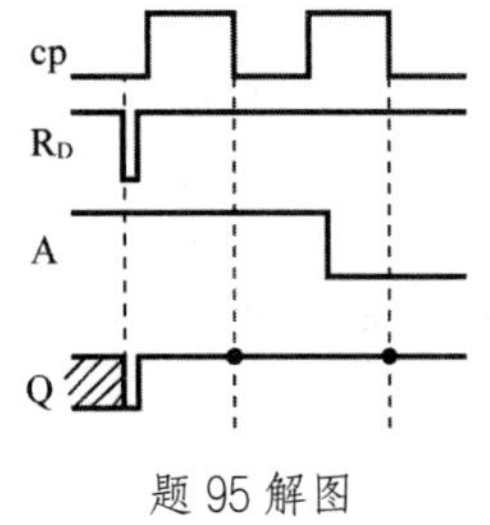

题 95 解图

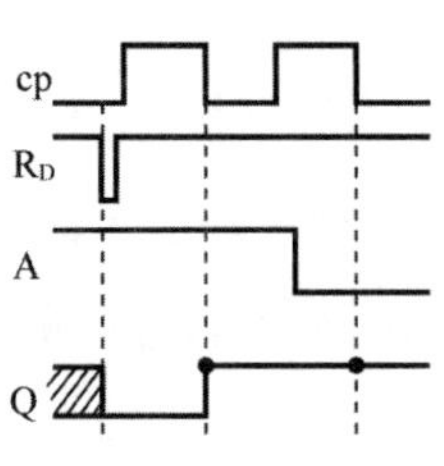

题 96 解图

97. 解 根据总线传送信息的类别，可以把总线划分为数据总线、地址总线和控制总线，数据总线用来传送程序或数据；地址总线用来传送主存储器地址码或外围设备码；控制总线用来传送控制信息。

答案：B

98. 解 为了使计算机系统所有软硬件资源有条不紊、高效、协调、一致地进行工作，需要由一个软件来实施统一管理和统一调度工作，这种软件就是操作系统，由它来负责管理、控制和维护计算机系统的全部软硬件资源以及数据资源。应用软件是指计算机用户为了利用计算机的软、硬件资源而开发研制出的那些专门用于某一目的的软件。用户程序是为解决用户实际应用问题而专门编写的程序。支撑软件是指支援其他软件的编写制作和维护的软件。

答案：D

99. 解 一个计算机程序执行的过程可分为编辑、编译、连接和运行四个过程。用高级语言编写的程序成为编辑程序，编译程序是一种语言的翻译程序，翻译完的目标程序不能立即被执行，要通过连接程序将目标程序和有关的系统函数库以及系统提供的其他信息连接起来，形成一个可执行程序。

答案：B

100. 解 先将十进制 256.625 转换成二进制数，整数部分 256 转换成二进制 100000000，小数部分 0.625 转换成二进制 0.101，而后根据四位二进制对应一位十六进制关系进行转换，转换后结果为 100.A。

答案：C

101. 解 信息加密技术是为提高信息系统及数据的安全性和保密性的技术，是防止数据信息被别人破译而采用的技术，是网络安全的重要技术之一。不是为清除计算机病毒而采用的技术。

答案：D

102. 解 进程是一段运行的程序，进程运行需要各种资源的支持。

答案：A

103. 解 文件管理是对计算机的系统软件资源进行管理，主要任务是向计算机用户提供提供一种简便、统一的管理和使用文件的界面。

答案：A

104. 解 计算机网络可以分为资源子网和通信子网两个组成部分。资源子网主要负责全网的信息处理，为网络用户提供网络服务和资源共享功能等。

答案：A

105. 解 采用的传输介质的不同，可将网络分为双绞线网、同轴电缆网、光纤网、无线网；按网络的传输技术可以分为广播式网络、点到点式网络；按线路上所传输信号的不同又可分为基带网和宽带网。

答案：A

106. 解 一个典型的计算机网络系统主要是由网络硬件系统和网络软件系统组成。网络硬件是计算机网络系统的物质基础，网络软件是实现网络功能不可缺少的软件环境。

答案：A

107. 解 根据等额支付资金回收公式，每年可回收：

$$A = P(A/P, 10\%, 5) = 100 \times 0.2638 = 26.38\text{ 万元}$$

答案：B

108. 解 经营成本是指项目总成本费用扣除固定资产折旧费、摊销费和利息支出以后的全部费用。即，经营成本=总成本费用−折旧费−摊销费−利息支出。本题经营成本与折旧费、摊销费之和为 7000 万元，再加上利息支出，则该项目的年总成本费用大于 7000 万元。

答案：C

109. 解 投资回收期是反映项目盈利能力的财务评价指标之一。

答案：C

110. 解 该项目的现金流量图如解图所示。

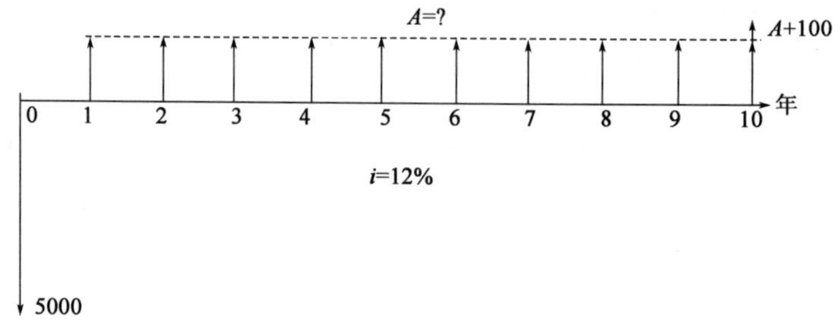

题 110 解图

根据题意有：$\text{NPV} = A(P/A, 12\%, 10) + 100 \times (P/F, 12\%, 10) - P = 0$

因此，$A = [P - 100 \times (P/F, 12\%, 10)] \div (P/A, 12\%, 10)$

$= (5000 - 100 \times 0.3220) \div 5.6500 = 879.26$ 万元

答案：A

111. 解 根据题意，该企业单位产品变动成本为：

$$(30000 - 10000) \div 40000 = 0.5\text{ 万元/t}$$

根据盈亏平衡点计算公式，盈亏平衡生产能力利用率为：

$$E^* = \frac{Q^*}{Q_c} \times 100\% = \frac{C_f}{(P - C_v)Q_c} \times 100\% = \frac{10000}{(1 - 0.5) \times 40000} \times 100\% = 50\%$$

答案：D

112. 解 两个寿命期相同的互斥方案只能选择其中一个方案，可采用净现值法、净年值法、差额内部收益率法等选优，不能直接根据方案的内部收益率选优。采用净现值法应选净现值大的方案。

答案：B

113. 解 最小公倍数法适用于寿命期不等的互斥方案比选。

答案：B

114. 解 功能F^*的目标成本为：$10 \times 0.3 = 3$万元

功能F^*的现实成本为：$3 + 0.5 = 3.5$万元

答案：C

115. 解 《中华人民共和国建筑法》第十三条规定，从事建筑活动的建筑施工企业、勘察单位、设计单位和工程监理单位，按照其拥有的注册资本、专业技术人员、技术装备和已完成的建筑工程业绩等资质条件，划分为不同的资质等级，经资质审查合格，取得相应等级的资质证书后，方可在其资质等级许可的范围内从事建筑活动。

答案：B

116. 解 《中华人民共和国安全生产法》第三十七条规定，生产经营单位使用的危险物品的容器、运输工具，以及涉及人身安全、危险性较大的海洋石油开采特种设备和矿山井下特种设备，必须按照国家有关规定，由专业生产单位生产，并经具有专业资质的检测、检验机构检测、检验合格，取得安全使用证或者安全标志，方可投入使用。检测、检验机构对检测、检验结果负责。

答案：B

117. 解 《中华人民共和国招标投标法》第五条规定，招标投标活动应当遵循公开、公平、公正和诚实信用的原则。

答案：A

118. 解 《中华人民共和国民法典》第四百七十六条规定，有下列情形之一的，要约不得撤销：

（一）要约人确定了承诺期限或者以其他形式明示要约不可撤销。

答案：B

119. 解 《中华人民共和国行政许可法》第七十条规定，有下列情形之一的，行政机关应当依法办理有关行政许可的注销手续：

（一）行政许可有效期届满未延续的；

（二）赋予公民特定资格的行政许可，该公民死亡或者丧失行为能力的；

（三）法人或者其他组织依法终止的；

（四）行政许可依法被撤销、撤回，或者行政许可证件依法被吊销的；

（五）因不可抗力导致行政许可事项无法实施的；

（六）法律、法规规定的应当注销行政许可的其他情形。

答案：C

120. 解 《建设工程质量管理条例》第十六条规定，建设单位收到建设工程竣工报告后，应当组织设计、施工、工程监理等有关单位进行竣工验收。建设工程竣工验收应当具备下列条件：

（一）完成建设工程设计和合同约定的各项内容；

（二）有完整的技术档案和施工管理资料；

（三）有工程使用的主要建筑材料、建筑构配件和设备的进场试验报告；

（四）有勘察、设计、施工、工程监理等单位分别签署的质量合格文件；

（五）有施工单位签署的工程保修书。

答案：A

2016年度全国勘察设计注册工程师

执业资格考试试卷

基础考试

（上）

二〇一六年九月

应考人员注意事项

1. 本试卷科目代码为“1”，考生务必将此代码填涂在答题卡“科目代码”相应的栏目内，否则，无法评分。

2. 书写用笔：**黑色或蓝色钢笔、签字笔或圆珠笔**；

   填涂答题卡用笔：**黑色 2B 铅笔**。

3. 必须用书写用笔将工作单位、姓名、准考证号填写在答题卡和试卷相应的栏目内。

4. 本试卷由 120 题组成，每题 1 分，满分 120 分，本试卷全部为单项选择题，每小题的四个备选项中只有一个正确答案，错选、多选、不选均不得分。

5. 考生作答时，必须按**题号在答题卡上**将相应试题所选选项对应的**字母用 2B 铅笔涂黑**。

6. 在答题卡上书写与题意无关的语言，或在答题卡上作标记的，均按违纪试卷处理。

7. 考试结束时，由监考人员当面将试卷、答题卡一并收回。

8. 草稿纸由各地统一配发，考后收回。

单项选择题（共 120 题，每题 1 分。每题的备选项中只有一个最符合题意。）

1. 下列极限式中，能够使用洛必达法则求极限的是：

A. $\lim\limits_{x\to 0}\frac{1+\cos x}{e^x-1}$

B. $\lim\limits_{x\to 0}\frac{x-\sin x}{\sin x}$

C. $\lim\limits_{x\to 0}\frac{x^2\sin\frac{1}{x}}{\sin x}$

D. $\lim\limits_{x\to \infty}\frac{x+\sin x}{x-\sin x}$

2. 设$\begin{cases}x=t-\arctan t\\ y=\ln(1+t^2)\end{cases}$，则$\left.\frac{\mathrm{d}y}{\mathrm{d}x}\right|_{t=1}$等于：

A. 1

B. -1

C. 2

D. $\frac{1}{2}$

3. 微分方程$\frac{\mathrm{d}y}{\mathrm{d}x}=\frac{1}{xy+y^3}$是：

A. 齐次微分方程

B. 可分离变量的微分方程

C. 一阶线性微分方程

D. 二阶微分方程

4. 若向量$\boldsymbol{\alpha},\boldsymbol{\beta}$满足$|\boldsymbol{\alpha}|=2$，$|\boldsymbol{\beta}|=\sqrt{2}$，且$\boldsymbol{\alpha}\cdot\boldsymbol{\beta}=2$，则$|\boldsymbol{\alpha}\times\boldsymbol{\beta}|$等于：

A. 2

B. $2\sqrt{2}$

C. $2+\sqrt{2}$

D. 不能确定

5. $f(x)$在点x_0处的左、右极限存在且相等是$f(x)$在点x_0处连续的：

A. 必要非充分的条件

B. 充分非必要的条件

C. 充分且必要的条件

D. 既非充分又非必要的条件

6. 设$\int_0^x f(t)\mathrm{d}t=\frac{\cos x}{x}$，则$f\left(\frac{\pi}{2}\right)$等于：

A. $\frac{\pi}{2}$

B. $-\frac{2}{\pi}$

C. $\frac{2}{\pi}$

D. 0

7. 若$\sec^2 x$是$f(x)$的一个原函数，则$\int xf(x)\,\mathrm{d}x$等于：

A. $\tan x+C$

B. $x\tan x-\ln|\cos x|+C$

C. $x\sec^2 x+\tan x+C$

D. $x\sec^2 x-\tan x+C$

8. yOz坐标面上的曲线$\begin{cases} y^2 + z = 1 \\ x = 0 \end{cases}$绕$Oz$轴旋转一周所生成的旋转曲面方程是：

A. $x^2 + y^2 + z = 1$

B. $x + y^2 + z = 1$

C. $y^2 + \sqrt{x^2 + z^2} = 1$

D. $y^2 - \sqrt{x^2 + z^2} = 1$

9. 若函数$z = f(x, y)$在点$P_0(x_0, y_0)$处可微，则下面结论中错误的是：

A. $z = f(x, y)$在P_0处连续

B. $\lim\limits_{\substack{x \to x_0 \\ y \to y_0}} f(x, y)$存在

C. $f_x'(x_0, y_0)$，$f_y'(x_0, y_0)$均存在

D. $f_x'(x, y)$，$f_y'(x, y)$在P_0处连续

10. 若$\int_{-\infty}^{+\infty} \frac{A}{1+x^2} \mathrm{d}x = 1$，则常数$A$等于：

A. $\frac{1}{\pi}$

B. $\frac{2}{\pi}$

C. $\frac{\pi}{2}$

D. π

11. 设$f(x) = x(x-1)(x-2)$，则方程$f'(x) = 0$的实根个数是：

A. 3

B. 2

C. 1

D. 0

12. 微分方程$y'' - 2y' + y = 0$的两个线性无关的特解是：

A. $y_1 = x$，$y_2 = e^x$

B. $y_1 = e^{-x}$，$y_2 = e^x$

C. $y_1 = e^{-x}$，$y_2 = xe^{-x}$

D. $y_1 = e^x$，$y_2 = xe^x$

13. 设函数$f(x)$在(a, b)内可微，且$f'(x) \neq 0$，则$f(x)$在(a, b)内：

A. 必有极大值

B. 必有极小值

C. 必无极值

D. 不能确定有还是没有极值

14. 下列级数中，绝对收敛的级数是：

A. $\sum\limits_{n=1}^{\infty} (-1)^{n-1} \frac{1}{n}$

B. $\sum\limits_{n=1}^{\infty} (-1)^{n-1} \frac{1}{\sqrt{n}}$

C. $\sum\limits_{n=1}^{\infty} \frac{n^2}{1+n^2}$

D. $\sum\limits_{n=1}^{\infty} \frac{\sin\frac{3}{2}n}{n^2}$

15. 若D是由$x=0$，$y=0$，$x^2+y^2=1$所围成在第一象限的区域，则二重积分$\iint\limits_D x^2y\mathrm{d}x\mathrm{d}y$等于：

A. $-\frac{1}{15}$

B. $\frac{1}{15}$

C. $-\frac{1}{12}$

D. $\frac{1}{12}$

16. 设L是抛物线$y=x^2$上从点$A(1,1)$到点$O(0,0)$的有向弧线，则对坐标的曲线积分$\int_L x\mathrm{d}x+y\mathrm{d}y$等于：

A. 0

B. 1

C. −1

D. 2

17. 幂级数$\sum\limits_{n=0}^{\infty}\frac{(-1)^n}{2^n}x^n$在$|x|<2$的和函数是：

A. $\frac{2}{2+x}$

B. $\frac{2}{2-x}$

C. $\frac{1}{1-2x}$

D. $\frac{1}{1+2x}$

18. 设$z=\frac{3^{xy}}{x}+xF(u)$，其中$F(u)$可微，且$u=\frac{y}{x}$，则$\frac{\partial z}{\partial y}$等于：

A. $3^{xy}-\frac{y}{x}F'(u)$

B. $\frac{1}{x}3^{xy}\ln 3+F'(u)$

C. $3^{xy}+F'(u)$

D. $3^{xy}\ln 3+F'(u)$

19. 若使向量组$\boldsymbol{\alpha}_1=(6,t,7)^{\mathrm{T}}$，$\boldsymbol{\alpha}_2=(4,2,2)^{\mathrm{T}}$，$\boldsymbol{\alpha}_3=(4,1,0)^{\mathrm{T}}$线性相关，则$t$等于：

A. −5

B. 5

C. −2

D. 2

20. 下列结论中正确的是：

A. 矩阵$\boldsymbol{A}$的行秩与列秩可以不等

B. 秩为r的矩阵中，所有r阶子式均不为零

C. 若n阶方阵$\boldsymbol{A}$的秩小于n，则该矩阵$\boldsymbol{A}$的行列式必等于零

D. 秩为r的矩阵中，不存在等于零的$r-1$阶子式

21. 已知矩阵$A=\begin{bmatrix}5 & -3 & 2\\ 6 & -4 & 4\\ 4 & -4 & a\end{bmatrix}$的两个特征值为$\lambda_1=1$，$\lambda_2=3$，则常数$a$和另一特征值$\lambda_3$为：

A. $a=1$，$\lambda_3=-2$　　B. $a=5$，$\lambda_3=2$

C. $a=-1$，$\lambda_3=0$　　D. $a=-5$，$\lambda_3=-8$

22. 设有事件A和B，已知$P(A)=0.8$，$P(B)=0.7$，且$P(A|B)=0.8$，则下列结论中正确的是：

A. A与B独立　　B. A与B互斥

C. $B\supset A$　　D. $P(A\cup B)=P(A)+P(B)$

23. 某店有 7 台电视机，其中 2 台次品。现从中随机地取 3 台，设X为其中的次品数，则数学期望$E(X)$等于：

A. $\frac{3}{7}$　　B. $\frac{4}{7}$

C. $\frac{5}{7}$　　D. $\frac{6}{7}$

24. 设总体$X\sim N(0,\sigma^2)$，$X_1,X_2,\cdots,X_n$是来自总体的样本，$\hat{\sigma}^2=\frac{1}{n}\sum\limits_{i=1}^{n}X_i^2$，则下面结论中正确的是：

A. $\hat{\sigma}^2$不是σ^2的无偏估计量　　B. $\hat{\sigma}^2$是σ^2的无偏估计量

C. $\hat{\sigma}^2$不一定是σ^2的无偏估计量　　D. $\hat{\sigma}^2$不是σ^2的估计量

25. 假定氧气的热力学温度提高一倍，氧分子全部离解为氧原子，则氧原子的平均速率是氧分子平均速率的：

A. 4 倍　　B. 2 倍

C. $\sqrt{2}$倍　　D. $\frac{1}{\sqrt{2}}$

26. 容积恒定的容器内盛有一定量的某种理想气体，分子的平均自由程为$\overline{\lambda}_0$，平均碰撞频率为$\overline{Z}_0$，若气体的温度降低为原来的$\frac{1}{4}$，则此时分子的平均自由程$\overline{\lambda}$和平均碰撞频率$\overline{Z}$为：

A. $\overline{\lambda}=\overline{\lambda}_0$，$\overline{Z}=\overline{Z}_0$　　B. $\overline{\lambda}=\overline{\lambda}_0$，$\overline{Z}=\frac{1}{2}\overline{Z}_0$

C. $\overline{\lambda}=2\overline{\lambda}_0$，$\overline{Z}=2\overline{Z}_0$　　D. $\overline{\lambda}=\sqrt{2}\,\overline{\lambda}_0$，$\overline{Z}=4\overline{Z}_0$

27. 一定量的某种理想气体由初始态经等温膨胀变化到末态时，压强为p_1；若由相同的初始态经绝热膨胀到另一末态时，压强为p_2，若两过程末态体积相同，则：

A. $p_1 = p_2$

B. $p_1 > p_2$

C. $p_1 < p_2$

D. $p_1 = 2p_2$

28. 在卡诺循环过程中，理想气体在一个绝热过程中所做的功为W_1，内能变化为ΔE_1，则在另一绝热过程中所做的功为W_2，内能变化为ΔE_2，则W_1、W_2及ΔE_1、ΔE_2之间的关系为：

A. $W_2 = W_1$，$\Delta E_2 = \Delta E_1$

B. $W_2 = -W_1$，$\Delta E_2 = \Delta E_1$

C. $W_2 = -W_1$，$\Delta E_2 = -\Delta E_1$

D. $W_2 = W_1$，$\Delta E_2 = -\Delta E_1$

29. 波的能量密度的单位是：

A. $\mathrm{J \cdot m^{-1}}$

B. $\mathrm{J \cdot m^{-2}}$

C. $\mathrm{J \cdot m^{-3}}$

D. J

30. 两相干波源，频率为 100Hz，相位差为π，两者相距 20m，若两波源发出的简谐波的振幅均为A，则在两波源连线的中垂线上各点合振动的振幅为：

A. $-A$ B. 0 C. A D. $2A$

31. 一平面简谐波的波动方程为$y = 2 \times 10^{-2} \cos 2\pi \left(10t - \frac{x}{5}\right)$ (SI)，对$x = 2.5\mathrm{m}$处的质元，在$t = 0.25\mathrm{s}$时，它的：

A. 动能最大，势能最大

B. 动能最大，势能最小

C. 动能最小，势能最大

D. 动能最小，势能最小

32. 一束自然光自空气射向一块玻璃，设入射角等于布儒斯特角i_0，则光的折射角为：

A. $\pi + i_0$

B. $\pi - i_0$

C. $\frac{\pi}{2} + i_0$

D. $\frac{\pi}{2} - i_0$

33. 两块偏振片平行放置，光强为I_0的自然光垂直入射在第一块偏振片上，若两偏振片的偏振化方向夹角为45°，则从第二块偏振片透出的光强为：

A. $\frac{I_0}{2}$

B. $\frac{I_0}{4}$

C. $\frac{I_0}{8}$

D. $\frac{\sqrt{2}}{4} I_0$

34. 在单缝夫琅禾费衍射实验中，单缝宽度为a，所用单色光波长为λ，透镜焦距为f，则中央明条纹的半宽度为：

A. $\frac{f\lambda}{a}$　　B. $\frac{2f\lambda}{a}$

C. $\frac{a}{f\lambda}$　　D. $\frac{2a}{f\lambda}$

35. 通常亮度下，人眼睛瞳孔的直径约为 3mm，视觉感受到最灵敏的光波波长为$550\text{nm}(1\text{nm} = 1 \times 10^{-9}\text{m})$，则人眼睛的最小分辨角约为：

A. $2.24 \times 10^{-3}\text{rad}$　　B. $1.12 \times 10^{-4}\text{rad}$

C. $2.24 \times 10^{-4}\text{rad}$　　D. $1.12 \times 10^{-3}\text{rad}$

36. 在光栅光谱中，假如所有偶数级次的主极大都恰好在透射光栅衍射的暗纹方向上，因而出现缺级现象，那么此光栅每个透光缝宽度a和相邻两缝间不透光部分宽度b的关系为：

A. $a = 2b$　　B. $b = 3a$

C. $a = b$　　D. $b = 2a$

37. 多电子原子中同一电子层原子轨道能级（量）最高的亚层是：

A. s 亚层　　B. p 亚层

C. d 亚层　　D. f 亚层

38. 在CO和N_2分子之间存在的分子间力有：

A. 取向力、诱导力、色散力　　B. 氢键

C. 色散力　　D. 色散力、诱导力

39. 已知$K_b^\ominus(NH_3 \cdot H_2O) = 1.8 \times 10^{-5}$，$0.1\text{mol} \cdot L^{-1}$的$NH_3 \cdot H_2O$溶液的pH为：

A. 2.87　　B. 11.13　　C. 2.37　　D. 11.63

40. 通常情况下，$K_a^\ominus$、$K_b^\ominus$、$K^\ominus$、$K_{sp}^\ominus$，它们的共同特性是：

A. 与有关气体分压有关　　B. 与温度有关

C. 与催化剂的种类有关　　D. 与反应物浓度有关

41. 下列各电对的电极电势与H^+浓度有关的是：

A. Zn^{2+}/Zn　　B. Br_2/Br

C. AgI/Ag　　D. MnO_4^-/Mn^{2+}

42. 电解Na_2SO_4水溶液时，阳极上放电的离子是：

A. H^+　　B. OH^-　　C. Na^+　　D. $SO_4{}^{2-}$

43. 某化学反应在任何温度下都可以自发进行，此反应需满足的条件是：

A. $\Delta_r H_m < 0$，$\Delta_r S_m > 0$　　B. $\Delta_r H_m > 0$，$\Delta_r S_m < 0$

C. $\Delta_r H_m < 0$，$\Delta_r S_m < 0$　　D. $\Delta_r H_m > 0$，$\Delta_r S_m > 0$

44. 按系统命名法，下列有机化合物命名正确的是：

A. 3-甲基丁烷　　B. 2-乙基丁烷

C. 2,2-二甲基戊烷　　D. 1,1,3-三甲基戊烷

45. 苯氨酸和山梨酸（$CH_3CH=CHCH=CHCOOH$）都是常见的食品防腐剂。下列物质中只能与其中一种酸发生化学反应的是：

A. 甲醇　　B. 溴水

C. 氢氧化钠　　D. 金属钾

46. 受热到一定程度就能软化的高聚物是：

A. 分子结构复杂的高聚物　　B. 相对摩尔质量较大的高聚物

C. 线性结构的高聚物　　D. 体型结构的高聚物

47. 图示结构由直杆AC，DE和直角弯杆BCD所组成，自重不计，受荷载F与$M = F \cdot a$作用。则A处约束力的作用线与x轴正向所成的夹角为：

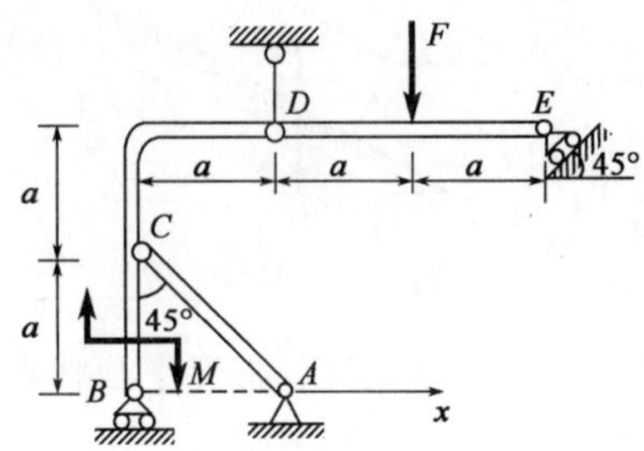

A. 135°　　B. 90°

C. 0°　　D. 45°

48. 图示平面力系中，已知$q = 10\text{kN/m}$，$M = 20\text{kN}\cdot\text{m}$，$a = 2\text{m}$。则该主动力系对$B$点的合力矩为：

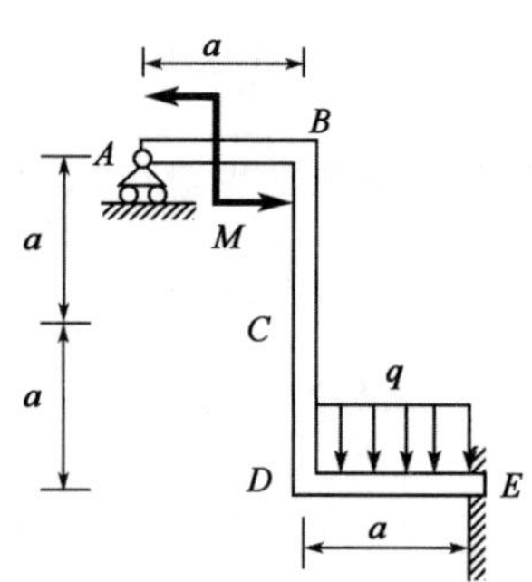

A. $M_B = 0$

B. $M_B = 20\text{kN}\cdot\text{m}$(↶)

C. $M_B = 40\text{kN}\cdot\text{m}$(↶)

D. $M_B = 40\text{kN}\cdot\text{m}$(↷)

49. 简支梁受分布荷载作用如图所示。支座A、B的约束力为：

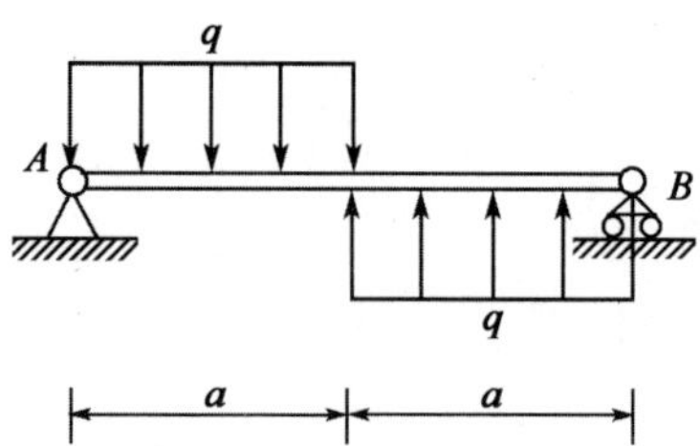

A. $F_A = 0$，$F_B = 0$

B. $F_A = \frac{1}{2}qa\uparrow$，$F_B = \frac{1}{2}qa\uparrow$

C. $F_A = \frac{1}{2}qa\uparrow$，$F_B = \frac{1}{2}qa\downarrow$

D. $F_A = \frac{1}{2}qa\downarrow$，$F_B = \frac{1}{2}qa\uparrow$

50. 重力为$\boldsymbol{W}$的物块自由地放在倾角为α的斜面上如图示。且$\sin\alpha = \frac{3}{5}$，$\cos\alpha = \frac{4}{5}$。物块上作用一水平力F，且$F = W$。若物块与斜面间的静摩擦系数$f = 0.2$，则该物块的状态为：

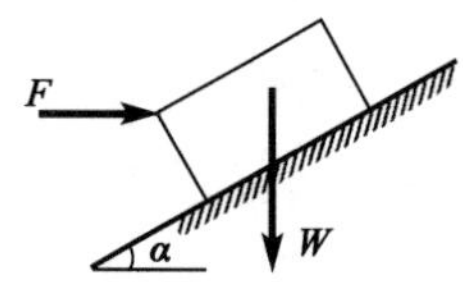

A. 静止状态

B. 临界平衡状态

C. 滑动状态

D. 条件不足，不能确定

51. 一动点沿直线轨道按照$x = 3t^3 + t + 2$的规律运动（x以 m 计，t以 s 计），则当$t = 4\text{s}$时，动点的位移、速度和加速度分别为：

A. $x = 54\text{m}$，$v = 145\text{m/s}$，$a = 18\text{m/s}^2$

B. $x = 198\text{m}$，$v = 145\text{m/s}$，$a = 72\text{m/s}^2$

C. $x = 198\text{m}$，$v = 49\text{m/s}$，$a = 72\text{m/s}^2$

D. $x = 192\text{m}$，$v = 145\text{m/s}$，$a = 12\text{m/s}^2$

52. 点在直径为 6m 的圆形轨迹上运动，走过的距离是$s = 3t^2$，则点在2s末的切向加速度为：

A. 48m/s^2　　B. 4m/s^2　　C. 96m/s^2　　D. 6m/s^2

53. 杆$OA = l$，绕固定轴O转动，某瞬时杆端A点的加速度a如图所示，则该瞬时杆OA的角速度及角加速度为：

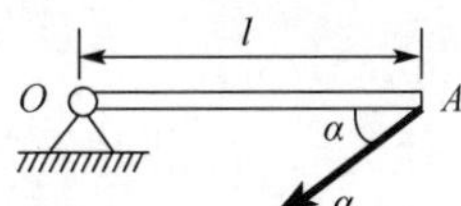

A. 0，$\frac{a}{l}$

B. $\sqrt{\frac{a\cos\alpha}{l}}$，$\frac{a\sin\alpha}{l}$

C. $\sqrt{\frac{a}{l}}$，0

D. 0，$\sqrt{\frac{a}{l}}$

54. 质量为m的物体M在地面附近自由降落，它所受的空气阻力的大小为$F_{\text{R}} = Kv^2$，其中K为阻力系数，v为物体速度，该物体所能达到的最大速度为：

A. $v = \sqrt{\frac{mg}{K}}$　　B. $v = \sqrt{mgK}$

C. $v = \sqrt{\frac{g}{K}}$　　D. $v = \sqrt{gK}$

55. 质点受弹簧力作用而运动，l_0为弹簧自然长度，k为弹簧刚度系数，质点由位置 1 到位置 2 和由位置 3 到位置 2 弹簧力所做的功为：

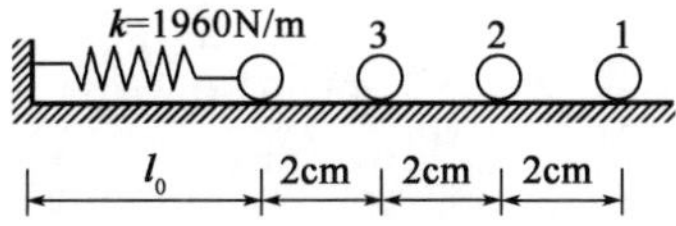

A. $W_{12} = -1.96\text{J}$，$W_{32} = 1.176\text{J}$　　B. $W_{12} = 1.96\text{J}$，$W_{32} = 1.176\text{J}$

C. $W_{12} = 1.96\text{J}$，$W_{32} = -1.176\text{J}$　　D. $W_{12} = -1.96\text{J}$，$W_{32} = -1.176\text{J}$

56. 如图所示圆环以角速度ω绕铅直轴AC自由转动，圆环的半径为R，对转轴z的转动惯量为I。在圆环中的A点放一质量为m的小球，设由于微小的干扰，小球离开A点。忽略一切摩擦，则当小球达到B点时，圆环的角速度为：

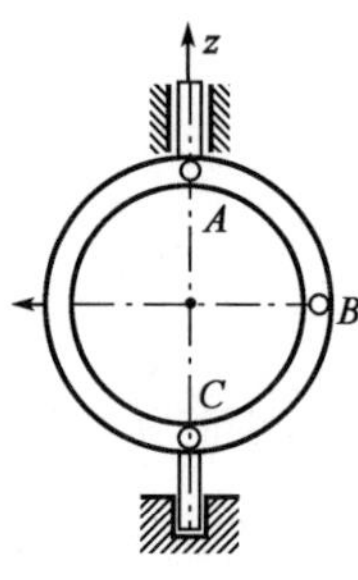

A. $\frac{mR^2\omega}{I+mR^2}$　　B. $\frac{I\omega}{I+mR^2}$

C. ω　　D. $\frac{2I\omega}{I+mR^2}$

57. 图示均质圆轮，质量为m，半径为r，在铅垂图面内绕通过圆盘中心O的水平轴转动，角速度为ω，角加速度为ε，此时将圆轮的惯性力系向O点简化，其惯性力主矢和惯性力主矩的大小分别为：

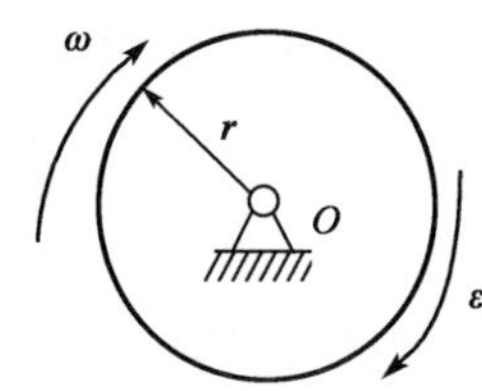

A. 0，0　　B. $mr\varepsilon$，$\frac{1}{2}mr^2\varepsilon$

C. 0，$\frac{1}{2}mr^2\varepsilon$　　D. 0，$\frac{1}{4}mr^2\omega^2$

58. 5kg 质量块振动，其自由振动规律是$x = X\sin\omega_{\mathrm{n}}t$，如果振动的圆频率为30rad/s，则此系统的刚度系数为：

A. 2500N/m　　B. 4500N/m

C. 180N/m　　D. 150N/m

59. 横截面直杆，轴向受力如图，杆的最大拉伸轴力是：

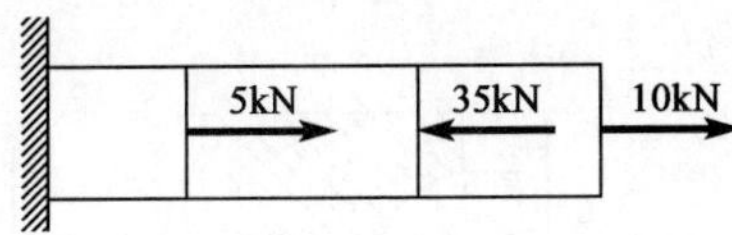

A. 10kN

B. 25kN

C. 35kN

D. 20kN

60. 已知铆钉的许用切应力为$[\tau]$，许用挤压应力为$[\sigma_{bs}]$，钢板的厚度为t，则图示铆钉直径d与钢板厚度t的合理关系是：

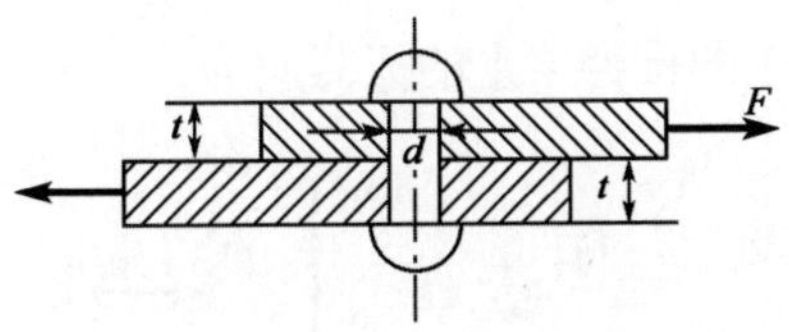

A. $d=\frac{8t[\sigma_{bs}]}{\pi[\tau]}$

B. $d=\frac{4t[\sigma_{bs}]}{\pi[\tau]}$

C. $d=\frac{\pi[\tau]}{8t[\sigma_{bs}]}$

D. $d=\frac{\pi[\tau]}{4t[\sigma_{bs}]}$

61. 直径为d的实心圆轴受扭，在扭矩不变的情况下，为使扭转最大切应力减小一半，圆轴的直径应改为：

A. $2d$

B. $0.5d$

C. $\sqrt{2}d$

D. $\sqrt[3]{2}d$

62. 在一套传动系统中，假设所有圆轴传递的功率相同，转速不同。该系统的圆轴转速与其扭矩的关系是：

A. 转速快的轴扭矩大

B. 转速慢的轴扭矩大

C. 全部轴的扭矩相同

D. 无法确定

63. 面积相同的三个图形如图示，对各自水平形心轴z的惯性矩之间的关系为：

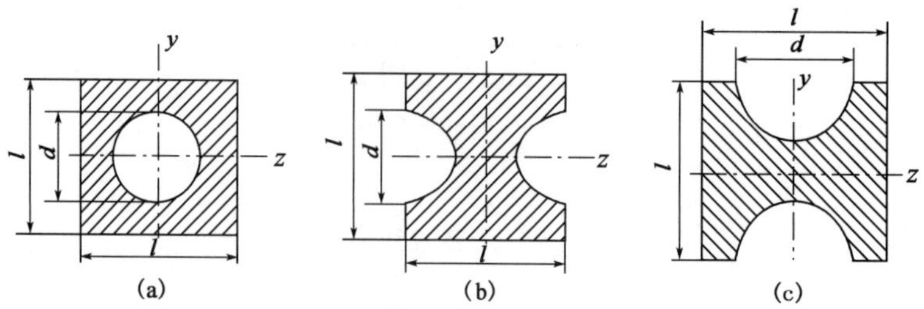

A. $I_{(a)} > I_{(b)} > I_{(c)}$　　　　B. $I_{(a)} < I_{(b)} < I_{(c)}$

C. $I_{(a)} < I_{(c)} = I_{(b)}$　　　　D. $I_{(a)} = I_{(b)} > I_{(c)}$

64. 悬臂梁的弯矩如图示，根据弯矩图推得梁上的荷载应为：

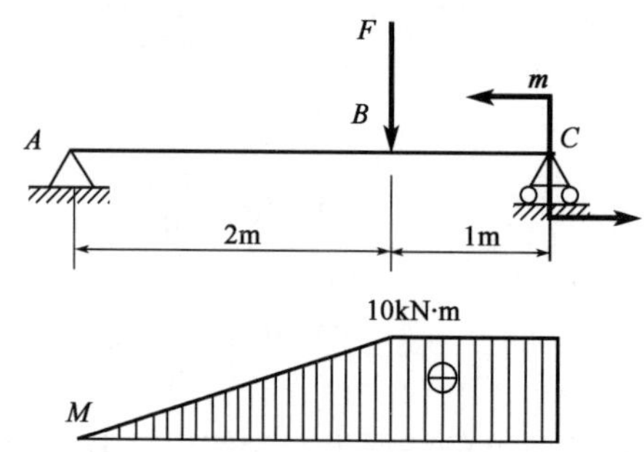

A. $F = 10\text{kN}$，$m = 10\text{kN} \cdot \text{m}$　　　　B. $F = 5\text{kN}$，$m = 10\text{kN} \cdot \text{m}$

C. $F = 10\text{kN}$，$m = 5\text{kN} \cdot \text{m}$　　　　D. $F = 5\text{kN}$，$m = 5\text{kN} \cdot \text{m}$

65. 在图示xy坐标系下，单元体的最大主应力σ_1大致指向：

A. 第一象限，靠近x轴

B. 第一象限，靠近y轴

C. 第二象限，靠近x轴

D. 第二象限，靠近y轴

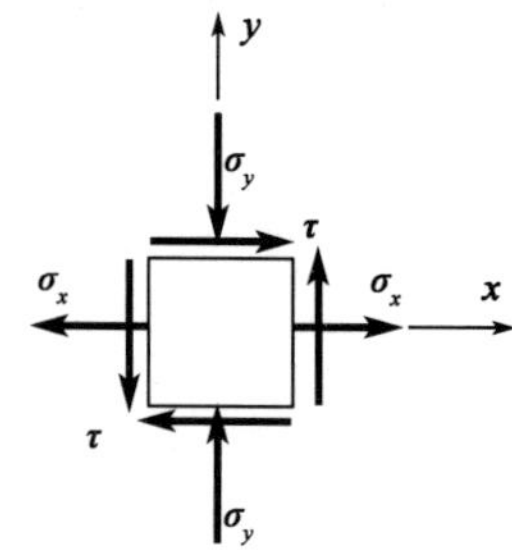

66. 图示变截面短杆，AB段压应力σ_{AB}与BC段压应力σ_{BC}的关系是：

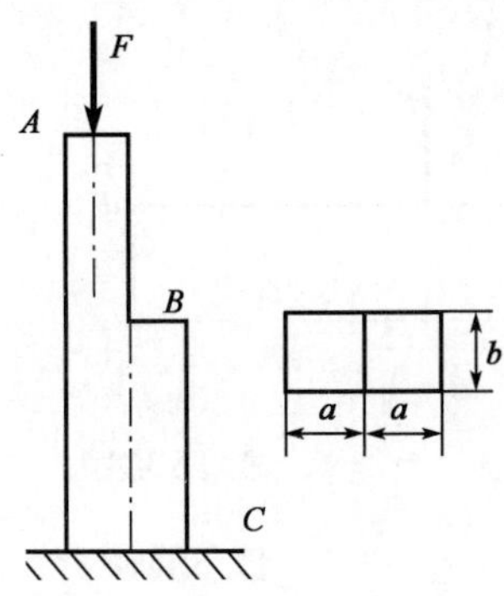

A. $\sigma_{\mathrm{AB}}=1.25\sigma_{\mathrm{BC}}$　　　　B. $\sigma_{\mathrm{AB}}=0.8\sigma_{\mathrm{BC}}$

C. $\sigma_{\mathrm{AB}}=2\sigma_{\mathrm{BC}}$　　　　D. $\sigma_{\mathrm{AB}}=0.5\sigma_{\mathrm{BC}}$

67. 简支梁AB的剪力图和弯矩图如图示。该梁正确的受力图是：

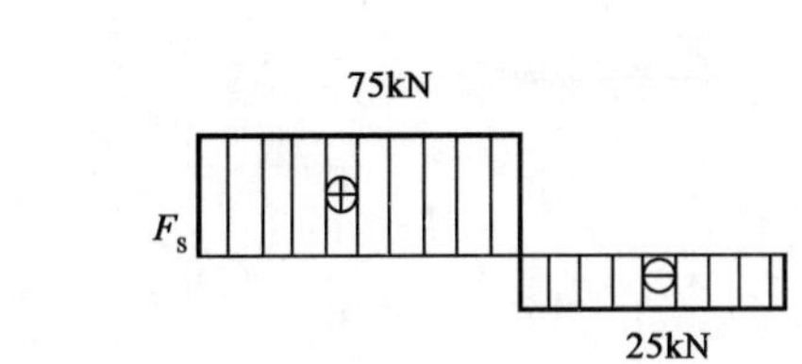

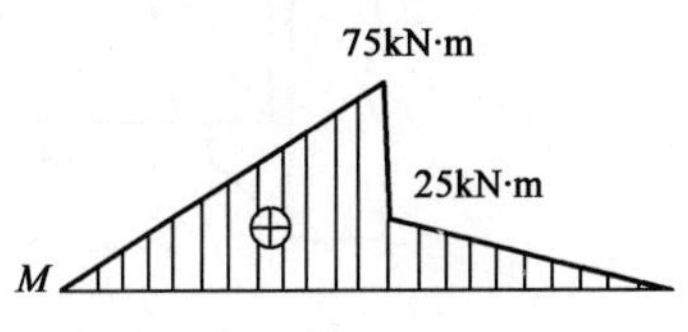

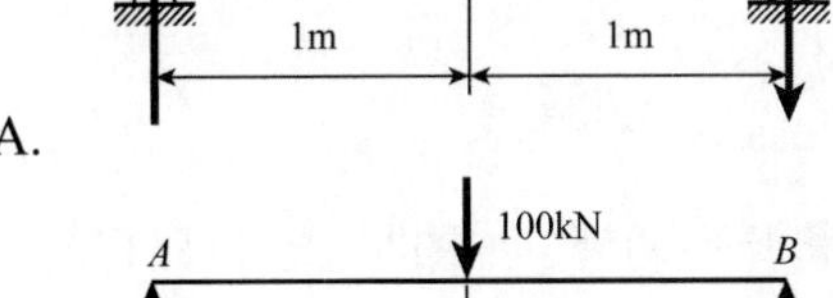

A.

B.

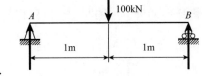

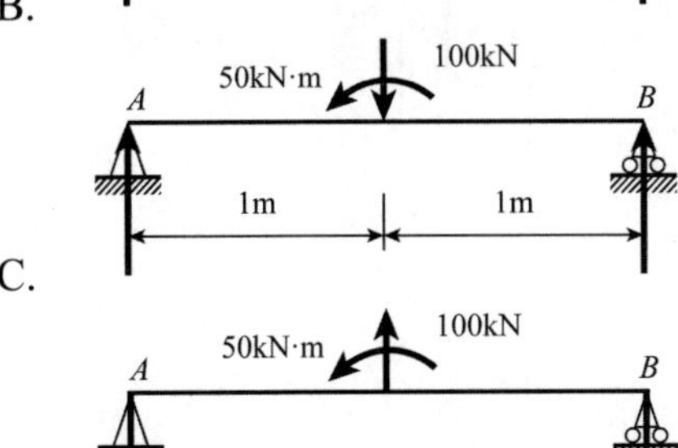

C.

D.

68. 矩形截面简支梁中点承受集中力F=100kN。若h=200mm，b=100mm，梁的最大弯曲正应力是：

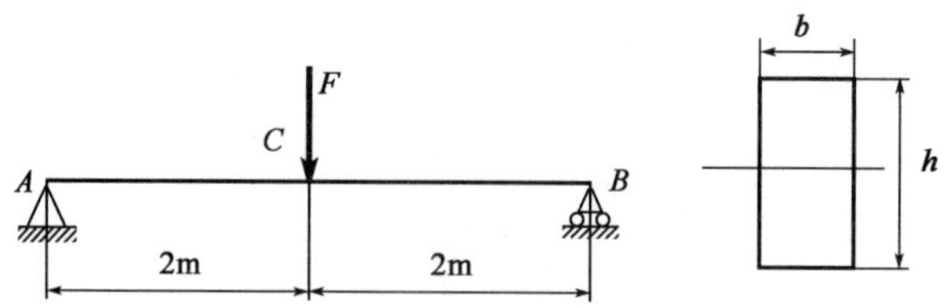

A. 75MPa　　B. 150MPa

C. 300MPa　　D. 50MPa

69. 图示槽形截面杆，一端固定，另一端自由，作用在自由端角点的外力F与杆轴线平行。该杆将发生的变形是：

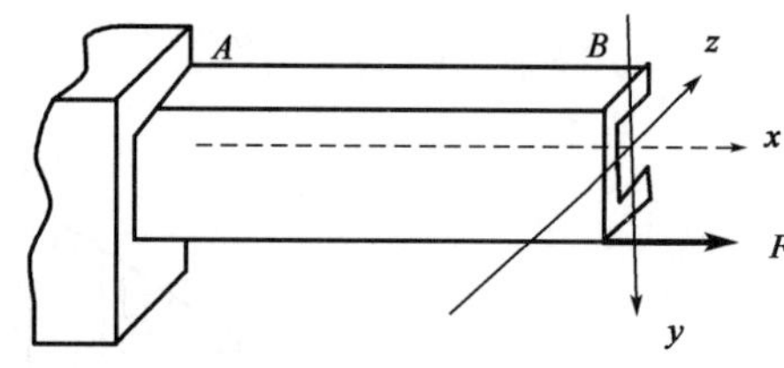

A. xy平面xz平面内的双向弯曲

B. 轴向拉伸及xy平面和xz平面内的双向弯曲

C. 轴向拉伸和xy平面内的平面弯曲

D. 轴向拉伸和xz平面内的平面弯曲

70. 两端铰支细长（大柔度）压杆，在下端铰链处增加一个扭簧弹性约束，如图所示。该压杆的长度系数μ的取值范围是：

A. $0.7<\mu<1$

B. $2>\mu>1$

C. $0.5<\mu<0.7$

D. $\mu<0.5$

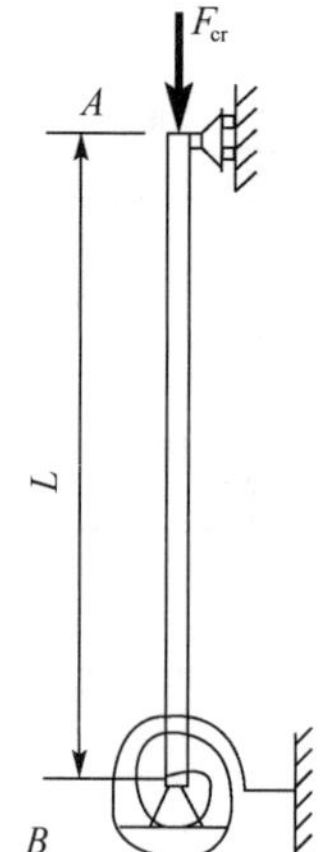

71. 标准大气压时的自由液面下 1m 处的绝对压强为：

A. 0.11MPa　　B. 0.12MPa

C. 0.15MPa　　D. 2.0MPa

72. 一直径$d_1 = 0.2$m的圆管，突然扩大到直径为$d_2 = 0.3$m，若$v_1 = 9.55$m/s，则v_2与Q分别为：

A. 4.24m/s，0.3m^3/s　　B. 2.39m/s，0.3m^3/s

C. 4.24m/s，0.5m^3/s　　D. 2.39m/s，0.5m^3/s

73. 直径为 20mm 的管流，平均流速为9m/s，已知水的运动黏性系数$\nu = 0.0114$cm^2/s，则管中水流的流态和水流流态转变的层流流速分别是：

A. 层流，19cm/s　　B. 层流，11.4cm/s

C. 紊流，19cm/s　　D. 紊流，11.4cm/s

74. 边界层分离现象的后果是：

A. 减小了液流与边壁的摩擦力　　B. 增大了液流与边壁的摩擦力

C. 增加了潜体运动的压差阻力　　D. 减小了潜体运动的压差阻力

75. 如图由大体积水箱供水，且水位恒定，水箱顶部压力表读数 19600Pa，水深$H = 2$m，水平管道长$l = 100$m，直径$d = 200$mm，沿程损失系数 0.02，忽略局部损失，则管道通过流量是：

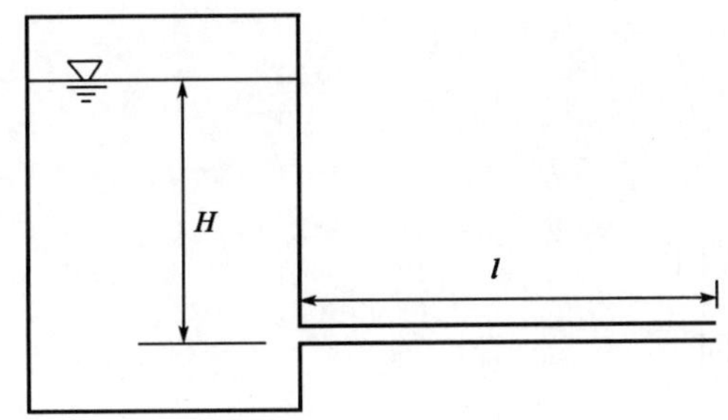

A. 83.8L/s　　B. 196.5L/s

C. 59.3L/s　　D. 47.4L/s

76. 两条明渠过水断面面积相等，断面形状分别为（1）方形，边长为a；（2）矩形，底边宽为$2a$，水深为$0.5a$，它们的底坡与粗糙系数相同，则两者的均匀流流量关系式为：

A. $Q_1 > Q_2$　　B. $Q_1 = Q_2$

C. $Q_1 < Q_2$　　D. 不能确定

77. 如图，均匀砂质土壤装在容器中，设渗透系数为0.012cm/s，渗流流量为$0.3\mathrm{m}^3/\mathrm{s}$，则渗流流速为：

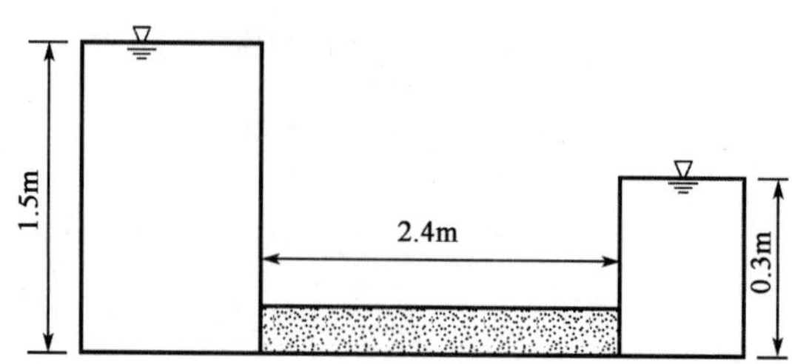

A. 0.003cm/s

B. 0.006cm/s

C. 0.009cm/s

D. 0.012cm/s

78. 雷诺数的物理意义是：

A. 压力与黏性力之比

B. 惯性力与黏性力之比

C. 重力与惯性力之比

D. 重力与黏性力之比

79. 真空中，点电荷q_1和q_2的空间位置如图所示，q_1为正电荷，且$q_2=-q_1$，则A点的电场强度的方向是：

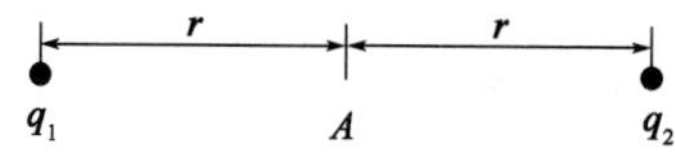

A. 从A点指向q_1

B. 从A点指向q_2

C. 垂直于q_1q_2连线，方向向上

D. 垂直于q_1q_2连线，方向向下

80. 设电阻元件 R、电感元件 L、电容元件 C 上的电压电流取关联方向，则如下关系成立的是：

A. $i_{\mathrm{R}}=R\cdot u_{\mathrm{R}}$

B. $u_{\mathrm{C}}=C\frac{\mathrm{d}i_{\mathrm{C}}}{\mathrm{d}t}$

C. $i_{\mathrm{C}}=C\frac{\mathrm{d}u_{\mathrm{C}}}{\mathrm{d}t}$

D. $u_{\mathrm{L}}=\frac{1}{L}\int i_{\mathrm{c}}\,\mathrm{d}t$

81. 用于求解图示电路的 4 个方程中，有一个错误方程，这个错误方程是：

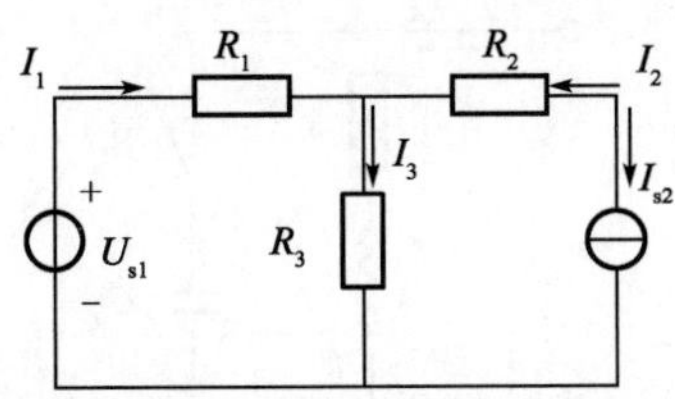

A. $I_1R_1 + I_3R_3 - U_{s1} = 0$　　B. $I_2R_2 + I_3R_3 = 0$

C. $I_1 + I_2 - I_3 = 0$　　D. $I_2 = -I_{s2}$

82. 已知有效值为 10V 的正弦交流电压的相量图如图所示，则它的时间函数形式是：

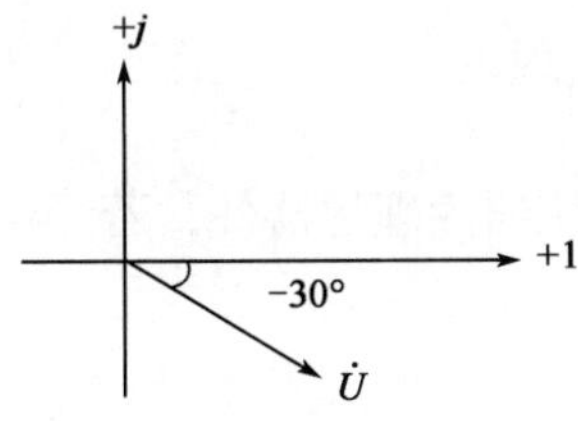

A. $u(t) = 10\sqrt{2}\sin(\omega t - 30°)$ V

B. $u(t) = 10\sin(\omega t - 30°)$ V

C. $u(t) = 10\sqrt{2}\sin(-30°)$ V

D. $u(t) = 10\cos(-30°) + 10\sin(-30°)$ V

83. 图示电路中，当端电压$\dot{U} = 100\angle 0°$V时，$\dot{I}$等于：

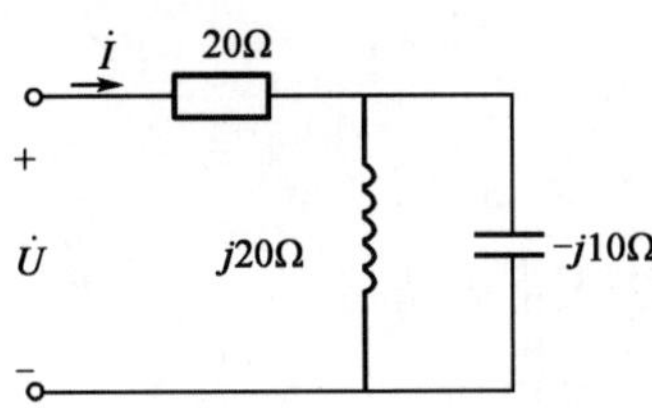

A. $3.5\angle -45°$A　　B. $3.5\angle 45°$A

C. $4.5\angle 26.6°$A　　D. $4.5\angle -26.6°$A

84. 在图示电路中，开关 S 闭合后：

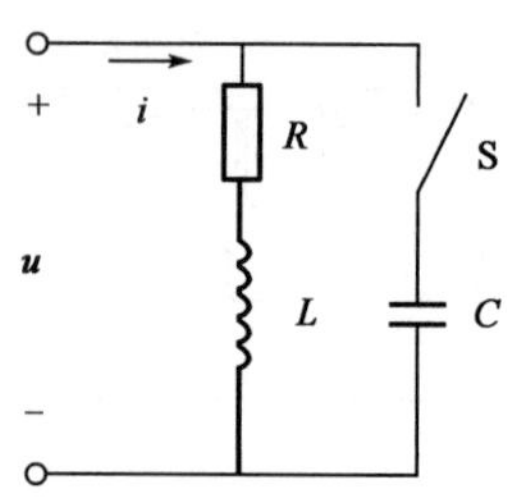

A. 电路的功率因数一定变大

B. 总电流减小时，电路的功率因数变大

C. 总电流减小时，感性负载的功率因数变大

D. 总电流减小时，一定出现过补偿现象

85. 图示变压器空载运行电路中，设变压器为理想器件，若$u=\sqrt{2}U\sin\omega t$，则此时：

A. $\frac{U_2}{U_1}=2$

B. $\frac{U}{U_2}=2$

C. $u_2=0, u_1=0$

D. $\frac{U}{U_1}=2$

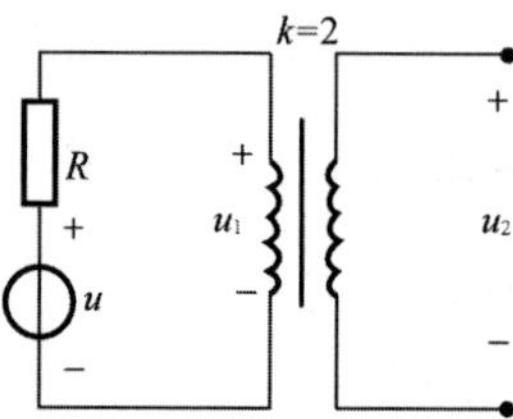

86. 设某△接三相异步电动机的全压启动转矩为66N · m，当对其使用Y-△降压启动方案时，当分别带10N · m、20N · m、30N · m、40N · m的负载启动时：

A. 均能正常启动

B. 均无法正常启动

C. 前两者能正常启动，后两者无法正常启动

D. 前三者能正常启动，后者无法正常启动

87. 图示电压信号u_o是：

A. 二进制代码信号

B. 二值逻辑信号

C. 离散时间信号

D. 连续时间信号

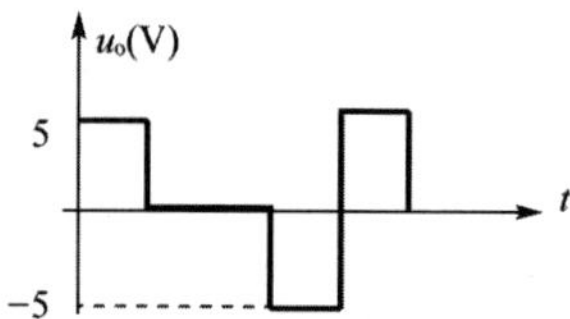

88. 信号$u(t)=10\cdot 1(t)-10\cdot 1(t-1)$V，其中，$1(t)$表示单位阶跃函数，则$u(t)$应为：

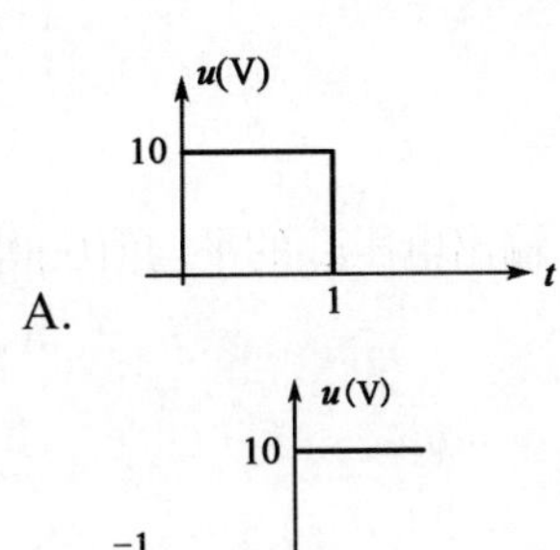

A.

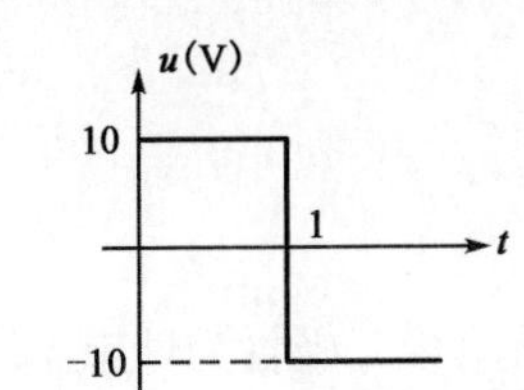

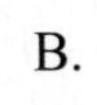

B.

C.

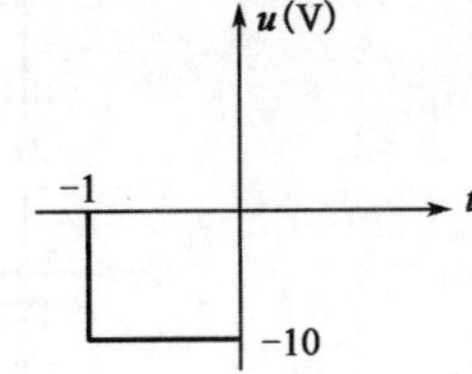

D.

89. 一个低频模拟信号$u_1(t)$被一个高频的噪声信号污染后，能将这个噪声滤除的装置是：

A. 高通滤波器　　B. 低通滤波器

C. 带通滤波器　　D. 带阻滤波器

90. 对逻辑表达式$\overline{AB}+\overline{BC}$的化简结果是：

A. $\overline{A}+\overline{B}+\overline{C}$　　B. $\overline{A}+2\overline{B}+\overline{C}$

C. $\overline{A+C}+B$　　D. $\overline{A}+\overline{C}$

91. 已知数字信号 A 和数字信号 B 的波形如图所示，则数字信号$F=A\overline{B}+\overline{A}B$的波形为：

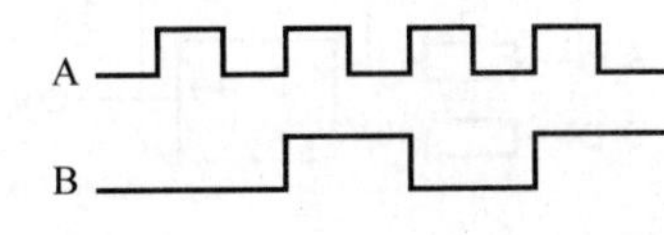

A. F

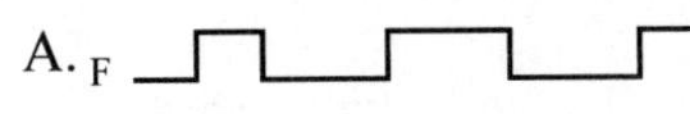

B. F

C. F

D. F

92. 十进制数字 10 的 BCD 码为：

A. 00010000　　　　B. 00001010

C. 1010　　　　D. 0010

93. 二极管应用电路如图所示，设二极管为理想器件，当$u_1 = 10\sin\omega t$V时，输出电压u_o的平均值U_o等于：

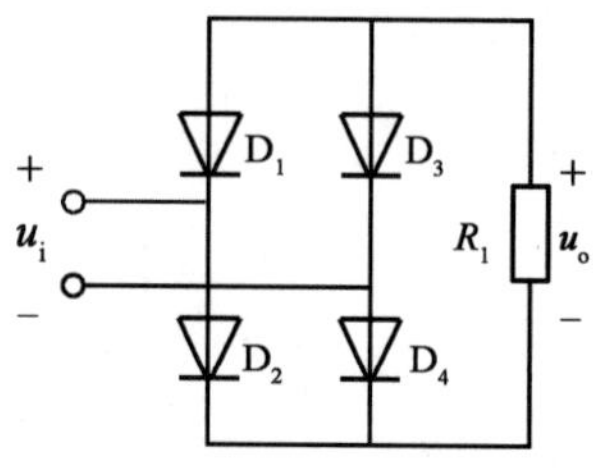

A. 10V　　　　B. $0.9 \times 10 = 9$V

C. $0.9 \times \frac{10}{\sqrt{2}} = 6.36$V　　　　D. $-0.9 \times \frac{10}{\sqrt{2}} = -6.36$V

94. 运算放大器应用电路如图所示，设运算放大器输出电压的极限值为±11V。如果将−2.5V电压接入"A"端，而"B"端接地后，测得输出电压为 10V，如果将−2.5V电压接入"B"端，而"A"端接地，则该电路的输出电压u_o等于：

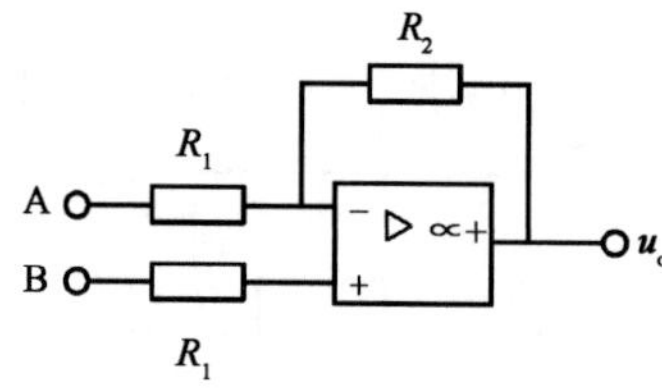

A. 10V　　　　B. −10V

C. −11V　　　　D. −12.5V

95. 图示逻辑门的输出F_1和F_2分别为：

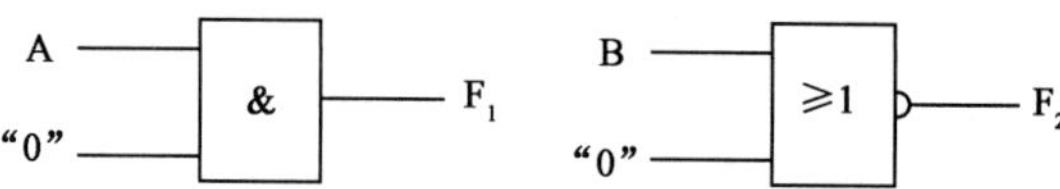

A. 0 和$\overline{B}$　　　　B. 0 和 1

C. A 和$\overline{B}$　　　　D. A 和 1

96. 图 a）所示电路中，时钟脉冲、复位信号及数模输入信号如图 b）所示。经分析可知，在第一个和第二个时钟脉冲的下降沿过后，输出 Q 先后等于：

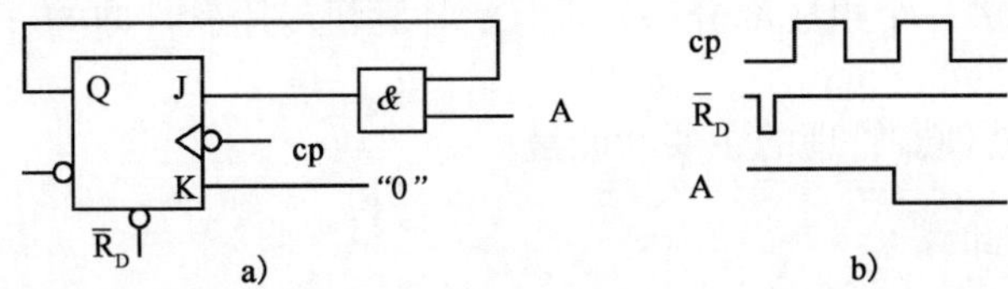

A. 0　0　　　　B. 0　1

C. 1　0　　　　D. 1　1

附：触发器的逻辑状态表为

J	K	Q_{n+1}
0	0	Q_n
0	1	0
1	0	1
1	1	$\overline{Q}_n$

97. 计算机发展的人性化的一个重要方面是：

A. 计算机的价格便宜

B. 计算机使用上的“傻瓜化”

C. 计算机使用不需要电能

D. 计算机不需要软件和硬件，自己会思维

98. 计算机存储器是按字节进行编址的，一个存储单元是：

A. 8 个字节　　　　B. 1 个字节

C. 16 个二进制数位　　　　D. 32 个二进制数位

99. 下面有关操作系统的描述中，其中错误的是：

A. 操作系统就是充当软、硬件资源的管理者和仲裁者的角色

B. 操作系统具体负责在各个程序之间，进行调度和实施对资源的分配

C. 操作系统保证系统中的各种软、硬件资源得以有效地、充分地利用

D. 操作系统仅能实现管理和使用好各种软件资源

100. 计算机的支撑软件是：

A. 计算机软件系统内的一个组成部分　　B. 计算机硬件系统内的一个组成部分

C. 计算机应用软件内的一个组成部分　　D. 计算机专用软件内的一个组成部分

101. 操作系统中的进程与处理器管理的主要功能是：

A. 实现程序的安装、卸载

B. 提高主存储器的利用率

C. 使计算机系统中的软硬件资源得以充分利用

D. 优化外部设备的运行环境

102. 影响计算机图像质量的主要参数有：

A. 存储器的容量、图像文件的尺寸、文件保存格式

B. 处理器的速度、图像文件的尺寸、文件保存格式

C. 显卡的品质、图像文件的尺寸、文件保存格式

D. 分辨率、颜色深度、图像文件的尺寸、文件保存格式

103. 计算机操作系统中的设备管理主要是：

A. 微处理器 CPU 的管理　　B. 内存储器的管理

C. 计算机系统中的所有外部设备的管理　　D. 计算机系统中的所有硬件设备的管理

104. 下面四个选项中，不属于数字签名技术的是：

A. 权限管理　　B. 接收者能够核实发送者对报文的签名

C. 发送者事后不能对报文的签名进行抵赖　　D. 接收者不能伪造对报文的签名

105. 实现计算机网络化后的最大好处是：

A. 存储容量被增大　　B. 计算机运行速度加快

C. 节省大量人力资源　　D. 实现了资源共享

106. 校园网是提高学校教学、科研水平不可缺少的设施，它是属于：

A. 局域网　　B. 城域网

C. 广域网　　D. 网际网

107. 某企业拟购买 3 年期一次到期债券，打算三年后到期本利和为 300 万元，按季复利计息，年名义利率为 8%，则现在应购买债券：

A. 119.13 万元　　B. 236.55 万元

C. 238.15 万元　　D. 282.70 万元

108. 在下列费用中，应列入项目建设投资的是：

A. 项目经营成本　　B. 流动资金

C. 预备费　　D. 建设期利息

109. 某公司向银行借款 2400 万元，期限为 6 年，年利率为 8%，每年年末付息一次，每年等额还本，到第 6 年末还完本息。请问该公司第 4 年年末应还的本息和是：

A. 432 万元　　B. 464 万元

C. 496 万元　　D. 592 万元

110. 某项目动态投资回收期刚好等于项目计算期，则以下说法中正确的是：

A. 该项目动态回收期小于基准回收期　　B. 该项目净现值大于零

C. 该项目净现值小于零　　D. 该项目内部收益率等于基准收益率

111. 某项目要从国外进口一种原材料，原始材料的 CIF（到岸价格）为 150 美元/吨，美元的影子汇率为 6.5，进口费用为 240 元/吨，请问这种原材料的影子价格是：

A. 735 元人民币　　B. 975 元人民币

C. 1215 元人民币　　D. 1710 元人民币

112. 已知甲、乙为两个寿命期相同的互斥项目，其中乙项目投资大于甲项目。通过测算得出甲、乙两项目的内部收益率分别为 18%和 14%，增量内部收益率$\Delta IRR_{(乙-甲)} = 13\%$，基准收益率为 11%，以下说法中正确的是：

A. 应选择甲项目　　B. 应选择乙项目

C. 应同时选择甲、乙两个项目　　D. 甲、乙两个项目均不应选择

113. 以下关于改扩建项目财务分析的说法中正确的是：

A. 应以财务生存能力分析为主　　B. 应以项目清偿能力分析为主

C. 应以企业层次为主进行财务分析　　D. 应遵循“有无对比”原则

114. 某工程设计有四个方案，在进行方案选择时计算得出：甲方案功能评价系数 0.85，成本系数 0.92；乙方案功能评价系数 0.6，成本系数 0.7；丙方案功能评价系数 0.94，成本系数 0.88；丁方案功能评价系数 0.67，成本系数 0.82。则最优方案的价值系数为：

A. 0.924　　　　B. 0.857

C. 1.068　　　　D. 0.817

115. 根据《中华人民共和国建筑法》的规定，有关工程发包的规定，下列理解错误的是：

A. 关于对建筑工程进行肢解发包的规定，属于禁止性规定

B. 可以将建筑工程的勘察、设计、施工、设备采购一并发包给一个工程总承包单位

C. 建筑工程实行直接发包的，发包单位可以将建筑工程发包给具有资质证书的承包单位

D. 提倡对建筑工程实行总承包

116. 根据《建设工程安全生产管理条例》的规定，施工单位实施爆破、起重吊装等施工时，应当安排现场的监督人员是：

A. 项目管理技术人员　　　　B 应急救援人员

C. 专职安全生产管理人员　　　　D. 专职质量管理人员

117. 某工程项目实行公开招标，招标人根据招标项目的特点和需要编制招标文件，其招标文件的内容不包括：

A. 招标项目的技术要求　　　　B. 对投标人资格审查的标准

C. 拟签订合同的时间　　　　D. 投标报价要求和评标标准

118. 某水泥厂以电子邮件的方式于 2008 年 3 月 5 日发出销售水泥的要约，要求 2008 年 3 月 6 日 18:00 前回复承诺。甲施工单位于 2008 年 3 月 6 日 16:00 对该要约发出承诺，由于网络原因，导致该电子邮件于 2008 年 3 月 6 日 20:00 到达水泥厂，此时水泥厂的水泥已经售完。下列关于该承诺如何处理的说法，正确的是：

A. 张厂长说邮件未能按时到达，可以不予理会

B. 李厂长说邮件是在期限内发出的，应该作为有效承诺，我们必须想办法给对方供应水泥

C. 王厂长说虽然邮件是在期限内发出的，但是到达晚了，可以认为是无效承诺

D. 赵厂长说我们及时通知对方，因承诺到达已晚，不接受就是了

119. 根据《中华人民共和国环境保护法》的规定，下列关于建设项目中防治污染的设施的说法中，不正确的是：

A. 防治污染的设施，必须与主体工程同时设计、同时施工、同时投入使用

B. 防治污染的设施不得擅自拆除

C. 防治污染的设施不得擅自闲置

D. 防治污染的设施经建设行政主管部门验收合格后方可投入生产或者使用

120. 根据《建设工程质量管理条例》的规定，监理单位代表建设单位对施工质量实施监理，并对施工质量承担监理责任，其监理的依据不包括：

A. 有关技术标准　　B. 设计文件

C. 工程承包合同　　D. 建设单位指令

2016 年度全国勘察设计注册工程师执业资格考试基础考试（上）

试题解析及参考答案

1. 解 $\lim\limits_{x\to 0}\frac{x-\sin x}{\sin x}\overset{\frac{0}{0}}{=}\lim\limits_{x\to 0}\frac{1-\cos x}{\cos x}=0$

答案：B

2. 解 由$\begin{cases}x=t-\arctan t\\ y=\ln(1+t^2)\end{cases}$，知$\frac{\mathrm{d}x}{\mathrm{d}t}=\frac{t^2}{1+t^2}$，$\frac{\mathrm{d}y}{\mathrm{d}t}=\frac{2t}{1+t^2}$，则$\frac{\mathrm{d}y}{\mathrm{d}x}=\frac{\mathrm{d}y/\mathrm{d}t}{\mathrm{d}x/\mathrm{d}t}=\frac{2t}{t^2}$，$\frac{\mathrm{d}y}{\mathrm{d}x}\Big|_{t=1}=\frac{2}{t}\Big|_{t=1}=2$

答案：C

3. 解 $\frac{\mathrm{d}y}{\mathrm{d}x}=\frac{1}{xy+y^3}$，$\frac{\mathrm{d}x}{\mathrm{d}y}=xy+y^3$，$\frac{\mathrm{d}x}{\mathrm{d}y}-yx=y^3$，方程为关于$F(y,x,x')=0$的一阶线性微分方程。

答案：C

4. 解 $|\boldsymbol{\alpha}|=2$，$|\boldsymbol{\beta}|=\sqrt{2}$，$\boldsymbol{\alpha}\cdot\boldsymbol{\beta}=2$

由$\boldsymbol{\alpha}\cdot\boldsymbol{\beta}=|\boldsymbol{\alpha}||\boldsymbol{\beta}|\cos(\widehat{\boldsymbol{\alpha},\boldsymbol{\beta}})=2\sqrt{2}\cos(\widehat{\boldsymbol{\alpha},\boldsymbol{\beta}})=2$，可知$\cos(\widehat{\boldsymbol{\alpha},\boldsymbol{\beta}})=\frac{\sqrt{2}}{2}$，$(\widehat{\boldsymbol{\alpha},\boldsymbol{\beta}})=\frac{\pi}{4}$

故$|\boldsymbol{\alpha}\times\boldsymbol{\beta}|=|\boldsymbol{\alpha}||\boldsymbol{\beta}|\sin(\widehat{\boldsymbol{\alpha},\boldsymbol{\beta}})=2\times\sqrt{2}\times\frac{\sqrt{2}}{2}=2$

答案：A

5. 解 $f(x)$在点x_0处的左、右极限存在且相等，是$f(x)$在点x_0连续的必要非充分条件。

答案：A

6. 解 对$\int_0^x f(t)\mathrm{d}t=\frac{\cos x}{x}$两边求导，得$f(x)=\frac{-x\sin x-\cos x}{x^2}$，则$f\left(\frac{\pi}{2}\right)=\frac{-\frac{\pi}{2}\cdot 1-0}{\frac{\pi^2}{4}}=-\frac{2}{\pi}$

答案：B

7. 解 $\int xf(x)\mathrm{d}x=\int x\mathrm{d}\sec^2 x=x\sec^2 x-\int\sec^2 x\,\mathrm{d}x=x\sec^2 x-\tan x+C$

答案：D

8. 解 $\begin{cases}y^2+z=1\\ x=0\end{cases}$表示在$yOz$平面上曲线绕$z$轴旋转，得曲面方程$x^2+y^2+z=1$。

答案：A

9. 解 $f'_x(x_0,y_0)$，$f'_y(x_0,y_0)$在点$P_0(x_0,y_0)$处连续仅是函数$z=f(x,y)$在点$P_0(x_0,y_0)$可微的充分条件，反之不一定成立，即$z=f(x,y)$在点$P_0(x_0,y_0)$处可微，不能保证偏导$f'_x(x_0,y_0)$，$f'_y(x_0,y_0)$在点$P_0(x_0,y_0)$处连续。没有定理保证。

答案：D

10. 解

$$\int_{-\infty}^{+\infty}\frac{A}{1+x^2}\mathrm{d}x=A\int_{-\infty}^{+\infty}\frac{1}{1+x^2}\mathrm{d}x=A\left[\int_{-\infty}^{0}\frac{1}{1+x^2}\mathrm{d}x+\int_{0}^{+\infty}\frac{1}{1+x^2}\mathrm{d}x\right]$$
$$=A\left(\arctan x\Big|_{-\infty}^{0}+\arctan x\Big|_{0}^{+\infty}\right)=A\left(\frac{\pi}{2}+\frac{\pi}{2}\right)=A\pi$$

由$A\pi=1$，得$A=\frac{1}{\pi}$

答案：A

11. 解　$f(x)=x(x-1)(x-2)$

$f(x)$在$[0,1]$连续，在$(0,1)$可导，且$f(0)=f(1)$

由罗尔定理可知，存在$f'(\zeta_1)=0$，ζ_1在$(0,1)$之间

$f(x)$在$[1,2]$连续，在$(1,2)$可导，且$f(1)=f(2)$

由罗尔定理可知，存在$f'(\zeta_2)=0$，ζ_2在$(1,2)$之间

因为$f'(x)=0$是二次方程，所以$f'(x)=0$的实根个数为 2。

答案：B

12. 解　$y''-2y'+y=0$，$r^2-2r+1=0$，$r=1$，二重根。

通解$y=(C_1+C_2x)e^x$（其中C_1，C_2为任意常数）

线性无关的特解为$y_1=e^x$，$y_2=xe^x$

答案：D

13. 解　$f(x)$在(a,b)内可微，且$f'(x)\neq 0$。

由函数极值存在的必要条件，$f(x)$在(a,b)内可微，即$f(x)$在(a,b)内可导，且在x_0处取得极值，那么$f'(x_0)=0$。

该题不符合此条件，所以必无极值。

答案：C

14. 解　对$\sum\limits_{n=1}^{\infty}\frac{\sin\frac{3}{2}n}{n^2}$取绝对值，即$\sum\limits_{n=1}^{\infty}\left|\frac{\sin\frac{3}{2}n}{n^2}\right|$，而$\left|\frac{\sin\frac{3}{2}n}{n^2}\right|\leqslant\frac{1}{n^2}$

因为$\sum\limits_{n=1}^{\infty}\frac{1}{n^2}$，$p=2>1$，收敛，由比较法知$\sum\limits_{n=1}^{\infty}\left|\frac{\sin\frac{3}{2}n}{n^2}\right|$收敛，所以级数$\sum\limits_{n=1}^{\infty}\frac{\sin\frac{3}{2}n}{n^2}$绝对收敛。

答案：D

15. 解　如解图所示，D：$\begin{cases}0\leqslant r\leqslant 1\\0\leqslant\theta\leqslant\frac{\pi}{2}\end{cases}$

$$\iint_D x^2y\mathrm{d}x\mathrm{d}y=\int_0^{\frac{\pi}{2}}\cos^2\theta\sin\theta\mathrm{d}\theta\int_0^1 r^4\mathrm{d}r$$

$$=\frac{1}{5}\int_0^{\frac{\pi}{2}}\cos^2\theta\sin\theta\mathrm{d}\theta=-\frac{1}{5}\int_0^{\frac{\pi}{2}}\cos^2\theta\,\mathrm{d}\cos\theta$$

$$=-\frac{1}{5}\cdot\frac{1}{3}\cos^3\theta\Big|_0^{\frac{\pi}{2}}=\frac{1}{15}$$

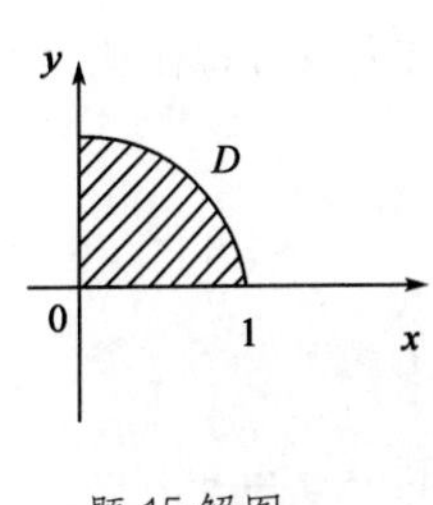

题 15 解图

答案：B

16. 解 如解图所示，L：$\begin{cases} y = x^2 \\ x = x \end{cases}$ $(x：1 \to 0)$

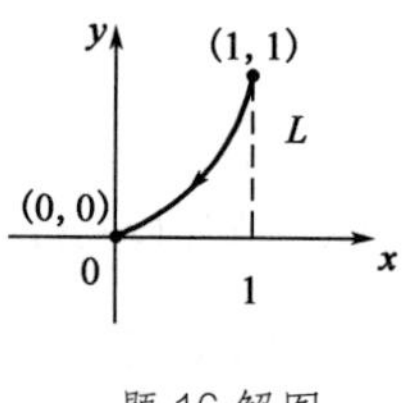

题 16 解图

$$\int_L x\mathrm{d}x + y\mathrm{d}y = \int_1^0 x\mathrm{d}x + x^2 \cdot 2x\mathrm{d}x = -\int_0^1 (x + 2x^3)\mathrm{d}x$$

$$= -\left(\frac{1}{2}x^2 + \frac{2}{4}x^4\right)\Big|_0^1$$

$$= -\left(\frac{1}{2} + \frac{1}{2}\right) = -1$$

答案：C

17. 解 $\sum\limits_{n=0}^{\infty} \frac{(-1)^n}{2^n} x^n = 1 - \frac{x}{2} + \left(\frac{x}{2}\right)^2 - \left(\frac{x}{2}\right)^3 + \cdots$

因为$|x| < 2$，所以$\left|\frac{x}{2}\right| < 1$，$q = -\frac{x}{2}$，$|q| = \left|\frac{x}{2}\right| < 1$

级数的和函数$S = \frac{a_1}{1-q} = \frac{1}{1-\left(-\frac{x}{2}\right)} = \frac{2}{2+x}$

答案：A

18. 解 $z = \frac{3^{xy}}{x} + xF(u)$，$u = \frac{y}{x}$

$$\frac{\partial z}{\partial y} = \frac{1}{x} 3^{xy} \cdot \ln 3 \cdot x + xF'(u)\frac{1}{x} = 3^{xy}\ln 3 + F'(u)$$

答案：D

19. 解 将$\boldsymbol{\alpha}_1, \boldsymbol{\alpha}_2, \boldsymbol{\alpha}_3$组成矩阵$\begin{bmatrix} 6 & 4 & 4 \\ t & 2 & 1 \\ 7 & 2 & 0 \end{bmatrix}$，$\boldsymbol{\alpha}_1, \boldsymbol{\alpha}_2, \boldsymbol{\alpha}_3$线性相关的充要条件是$\begin{vmatrix} 6 & 4 & 4 \\ t & 2 & 1 \\ 7 & 2 & 0 \end{vmatrix} = 0$

$$\begin{vmatrix} 6 & 4 & 4 \\ t & 2 & 1 \\ 7 & 2 & 0 \end{vmatrix} \xlongequal{r_2(-4)+r_1} \begin{vmatrix} 6-4t & -4 & 0 \\ t & 2 & 1 \\ 7 & 2 & 0 \end{vmatrix} = 1 \cdot (-1)^{2+3} \begin{vmatrix} 6-4t & -4 \\ 7 & 2 \end{vmatrix}$$

$$= (-1)(12 - 8t + 28) = -(-8t + 40) = 8t - 40 = 0，得t = 5$$

答案：B

20. 解 根据n阶方阵A的秩小于n的充要条件是$|\boldsymbol{A}| = 0$，可知选项 C 正确。

答案：C

21. 解 由方阵$\boldsymbol{A}$的特征值和特征向量的重要性质计算

设方阵$\boldsymbol{A}$的特征值为$\lambda_1, \lambda_2, \lambda_3$

则
$$\begin{cases} \lambda_1 + \lambda_2 + \lambda_3 = a_{11} + a_{22} + a_{33} & ① \\ \lambda_1 \cdot \lambda_2 \cdot \lambda_3 = |\boldsymbol{A}| & ② \end{cases}$$

由①式可知 $1 + 3 + \lambda_3 = 5 + (-4) + a$

得$\lambda_3 - a = -3$

由②式可知 $1 \cdot 3 \cdot \lambda_3 = \begin{vmatrix} 5 & -3 & 2 \\ 6 & -4 & 4 \\ 4 & -4 & a \end{vmatrix}$

得

$$3\lambda_3=2\begin{vmatrix}5&-3&2\\3&-2&2\\4&-4&a\end{vmatrix}\xlongequal{(-1)r_1+r_2}2\begin{vmatrix}5&-3&2\\-2&1&0\\4&-4&a\end{vmatrix}\xlongequal{2c_2+c_1}2\begin{vmatrix}-1&-3&2\\0&1&0\\-4&-4&a\end{vmatrix}$$

$$=2\cdot1(-1)^{2+2}\begin{vmatrix}-1&2\\-4&a\end{vmatrix}=2(-a+8)=-2a+16$$

解方程组$\begin{cases}\lambda_3-a=-3\\3\lambda_3+2a=16\end{cases}$，得$\lambda_3=2$，$a=5$

答案：B

22. 解　因$P(AB)=P(B)P(A|B)=0.7\times0.8=0.56$，而$P(A)P(B)=0.8\times0.7=0.56$，故$P(AB)=P(A)P(B)$，即$A$与$B$独立。因$P(AB)=P(A)+P(B)-P(A\cup B)=1.5-P(A\cup B)>0$，选项 B 错。因$P(A)>P(B)$，选项 C 错。因$P(A)+P(B)=1.5>1$，选项 D 错。

注意：独立是用概率定义的，即可用概率来判定是否独立。而互斥、包含、对立（互逆）是不能由概率来判定的，所以选项 B、C 错。

答案：A

23. 解

$$P(X=0)=\frac{C_5^3}{C_7^3}=\frac{\frac{5\times4\times3}{1\times2\times3}}{\frac{7\times6\times5}{1\times2\times3}}=\frac{2}{7}，P(X=1)=\frac{C_5^2C_2^1}{C_7^3}=\frac{\frac{5\times4}{1\times2}\times2}{\frac{7\times6\times5}{1\times2\times3}}=\frac{4}{7}$$

$$P(X=2)=\frac{C_5^1C_2^2}{C_7^3}=\frac{5}{\frac{7\times6\times5}{1\times2\times3}}=\frac{1}{7}或P(X=2)=1-\frac{2}{7}-\frac{4}{7}=\frac{1}{7}$$

$$E(X)=0\times P(X=0)+1\times P(X=1)+2\times P(X=2)=\frac{6}{7}$$

$$\left[求E(X)时，可以不求P(X=0)\right]$$

答案：D

24. 解　$X_1,X_2,\cdots,X_n$与总体X同分布

$$E(\hat{\sigma}^2)=E\left(\frac{1}{n}\sum_{i=1}^{n}X_i^2\right)=\frac{1}{n}\sum_{i=1}^{n}E\left(X_i^2\right)=\frac{1}{n}\sum_{i=1}^{n}E(X^2)=E(X^2)$$

$$=D(X)+[E(X)]^2=\sigma^2+0^2=\sigma^2$$

答案：B

25. 解　$\bar{v}=\sqrt{\frac{8RT}{\pi M}}$，$\bar{v}_{O_2}=\sqrt{\frac{8RT}{\pi M}}=\sqrt{\frac{8RT}{\pi\cdot32}}$

氧气的热力学温度提高一倍，氧分子全部离解为氧原子，$T_O=2T_{O_2}$

$\bar{v}_O=\sqrt{\frac{8RT_O}{\pi M_O}}=\sqrt{\frac{8R\cdot2T}{\pi\cdot16}}$，则$\frac{\bar{v}_O}{\bar{v}_{O_2}}=\frac{\sqrt{\frac{8R\cdot2T}{\pi\cdot16}}}{\sqrt{\frac{8RT}{\pi\cdot32}}}=2$

答案：B

26. 解　气体分子的平均碰撞频率$Z_0=\sqrt{2}n\pi d^2\bar{v}=\sqrt{2}n\pi d^2\sqrt{\frac{8RT}{\pi M}}$

平均自由程为$\bar{\lambda}_0=\frac{\bar{v}}{\bar{Z}_0}=\frac{1}{\sqrt{2}n\pi d^2}$

$$T'=\frac{1}{4}T,\ \bar{\lambda}=\bar{\lambda}_0,\ \bar{Z}=\frac{1}{2}\bar{Z}_0$$

答案：B

27. 解　气体从同一状态出发做相同体积的等温膨胀或绝热膨胀，如解图所示。

绝热线比等温线陡，故$p_1>p_2$。

答案：B

28. 解　卡诺正循环由两个准静态等温过程和两个准静态绝热过程组成，如解图所示。

由热力学第一定律：$Q=\Delta E+W$，绝热过程$Q=0$，两个绝热过程高低温热源温度相同，温差相等，内能差相同。一个绝热过程为绝热膨胀，另一个绝热过程为绝热压缩，$W_2=-W_1$，一个内能增大，一个内能减小，$\Delta E_2=-\Delta E_1$。

答案：C

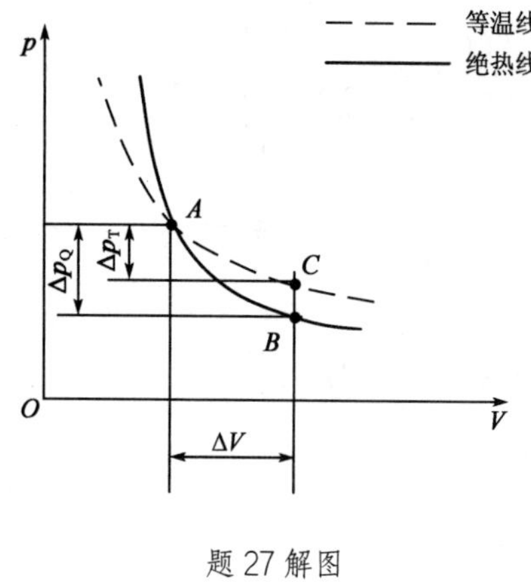

题 27 解图

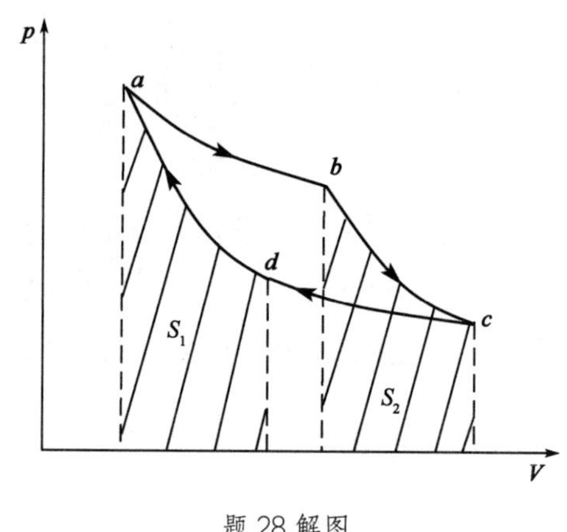

题 28 解图

29. 解　单位体积的介质中波所具有的能量称为能量密度。

$$w=\frac{\Delta W}{\Delta V}=\rho\omega^2A^2\sin^2\left[\omega\left(t-\frac{x}{u}\right)\right]$$

答案：C

30. 解　在中垂线上各点：波程差为零，初相差为π

$$\Delta\varphi=\alpha_2-\alpha_1-\frac{2\pi(r_2-r_1)}{\lambda}=\pi$$

符合干涉减弱条件，故振幅为$A=A_2-A_1=0$

答案：B

31. 解　简谐波在弹性媒质中传播时媒质质元的能量不守恒，任一质元$W_p=W_k$，平衡位置时动能及势能均为最大，最大位移处动能及势能均为零。

将$x = 2.5\text{m}$，$t = 0.25\text{s}$代入波动方程：

$$y = 2 \times 10^{-2} \cos 2\pi \left(10 \times 0.25 - \frac{2.5}{5}\right) = 0.02\text{m}$$

为波峰位置，动能及势能均为零。

答案：D

32. 解 当自然光以布儒斯特角i_0入射时，$i_0 + \gamma = \frac{\pi}{2}$，故光的折射角为$\frac{\pi}{2} - i_0$。

答案：D

33. 解 此题考查的知识点为马吕斯定律。光强为I_0的自然光通过第一个偏振片光强为入射光强的一半，通过第二个偏振片光强为$I = \frac{I_0}{2}\cos^2\frac{\pi}{4} = \frac{I_0}{4}$。

答案：B

34. 解 单缝夫琅禾费衍射中央明条纹的宽度$l_0 = 2x_1 = \frac{2\lambda}{a}f$，半宽度$\frac{f\lambda}{a}$。

答案：A

35. 解 人眼睛的最小分辨角：

$$\theta = 1.22\frac{\lambda}{D} = \frac{1.22 \times 550 \times 10^{-6}}{3} = 2.24 \times 10^{-4}\text{rad}$$

答案：C

36. 解 光栅衍射是单缝衍射和多缝干涉的和效果，当多缝干涉明纹与单缝衍射暗纹方向相同时，将出现缺级现象。

单缝衍射暗纹条件：$a\sin\varphi = k\lambda$

光栅衍射明纹条件：$(a+b)\sin\varphi = k'\lambda$

$$\frac{a\sin\varphi}{(a+b)\sin\varphi} = \frac{k\lambda}{k'\lambda} = \frac{1}{2}, \frac{2}{4}, \frac{3}{6}, \cdots$$

$$2a = a + b, a = b$$

答案：C

37. 解 多电子原子中原子轨道的能级取决于主量子数n和角量子数l：主量子数n相同时，l越大，能量越高；角量子数l相同时，n越大，能量越高。n决定原子轨道所处的电子层数，l决定原子轨道所处亚层（$l = 0$为 s 亚层，$l = 1$为 p 亚层，$l = 2$为 d 亚层，$l = 3$为 f 亚层）。同一电子层中的原子轨道n相同，l越大，能量越高。

答案：D

38. 解 分子间力包括色散力、诱导力、取向力。极性分子与极性分子之间的分子间力有色散力、诱导力、取向力；极性分子与非极性分子之间的分子间力有色散力、诱导力；非极性分子与非极性分子之间的分子间力只有色散力。CO 为极性分子，N_2为非极性分子，所以，CO 与N_2间的分子间力有色散力、诱导力。

答案：D

39. 解 $NH_3 \cdot H_2O$为一元弱碱

$$C_{OH^-} = \sqrt{K_b \cdot C} = \sqrt{1.8 \times 10^{-5} \times 0.1} \approx 1.34 \times 10^{-3} mol/L$$

$$C_{H^+} = 10^{-14}/C_{OH^-} \approx 7.46 \times 10^{-12}，\ pH = -lgC_{H^+} \approx 11.13$$

答案：B

40. 解 它们都属于平衡常数，平衡常数是温度的函数，与温度有关，与分压、浓度、催化剂都没有关系。

答案：B

41. 解 四个电对的电极反应分别为：

$$Zn^{2+} + 2e^- = Zn；\ Br_2 + 2e^- = 2Br^-$$

$$AgI + e^- = Ag + I^-$$

$$MnO_4{}^- + 8H^+ + 5e^- = Mn^{2+} + 4H_2O$$

只有$MnO_4{}^-/Mn^{2+}$电对的电极反应与H^+的浓度有关。

根据电极电势的能斯特方程式，$MnO_4{}^-/Mn^{2+}$电对的电极电势与H^+的浓度有关。

答案：D

42. 解 如果阳极为惰性电极，阳极放电顺序：

①溶液中简单负离子如I^-、Br^-、Cl^-将优先OH^-离子在阳极上失去电子析出单质；

②若溶液中只有含氧根离子（如$SO_4{}^{2-}$、$NO_3{}^-$），则溶液中OH^-在阳极放电析出O_2。

答案：B

43. 解 由公式$\Delta G = \Delta H - T\Delta S$可知，当$\Delta H < 0$和$\Delta S > 0$时，$\Delta G$在任何温度下都小于零，都能自发进行。

答案：A

44. 解 系统命名法：

（1）链烃及其衍生物的命名

①选择主链：选择最长碳链或含有官能团的最长碳链为主链；

②主链编号：从距取代基或官能团最近的一端开始对碳原子进行编号；

③写出全称：将取代基的位置编号、数目和名称写在前面，将母体化合物的名称写在后面。

（2）其衍生物的命名

①选择母体：选择苯环上所连官能团或带官能团最长的碳链为母体，把苯环视为取代基；

②编号：将母体中碳原子依次编号，使官能团或取代基位次具有最小值。

答案：C

45. 解　甲醇可以和两个酸发生酯化反应；氢氧化钠可以和两个酸发生酸碱反应；金属钾可以和两个酸反应生成苯氨酸钾和山梨酸钾；溴水只能和山梨酸发生加成反应。

答案：B

46. 解　塑料一般分为热塑性塑料和热固性塑料。前者为线性结构的高分子化合物，这类化合物能溶于适当的有机溶剂，受热时会软化、熔融，加工成各种形状，冷后固化，可以反复加热成型；后者为体型结构的高分子化合物，具有热固性，一旦成型后不溶于溶剂，加热也不再软化、熔融，只能一次加热成型。

答案：C

47. 解　首先分析杆DE，E处为活动铰链支座，约束力垂直于支撑面，如解图 a）所示，杆DE的铰链D处的约束力可按三力汇交原理确定；其次分析铰链D，D处铰接了杆DE、直角弯杆BCD和连杆，连杆的约束力F_{D}沿杆为铅垂方向，杆DE作用在铰链D上的力为$F'_{\mathrm{D右}}$，按照铰链D的平衡，其受力图如解图 b）所示；最后分析直杆AC和直角弯杆BCD，直杆AC为二力杆，A处约束力沿杆方向，根据力偶的平衡，由F_{A}与$F'_{\mathrm{D左}}$组成的逆时针转向力偶与顺时针转向的主动力偶M组成平衡力系，故 A 处约束力的指向如解图 c）所示。

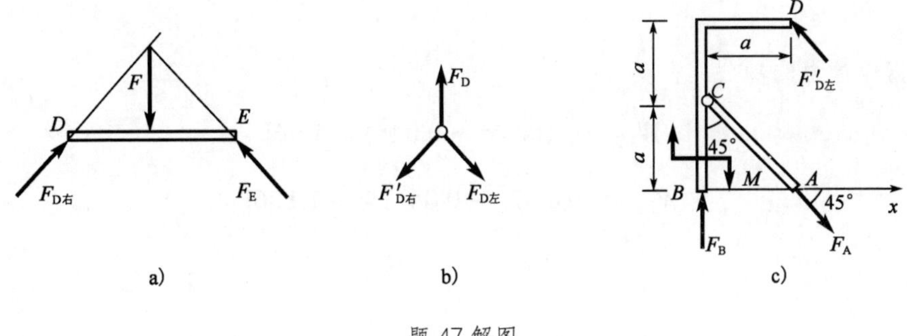

题 47 解图

答案：D

48. 解　将主动力系对B点取矩求代数和：

$$M_{\mathrm{B}} = M - qa^2/2 = 20 - 10 \times 2^2/2 = 0$$

答案：A

49. 解　均布力组成了力偶矩为qa^2的逆时针转向力偶。A、B 处的约束力应沿铅垂方向组成顺时针转向的力偶。

答案：C　（此题 2010 年考过）

50. 解 如解图所示，若物块平衡，则沿斜面方向有：

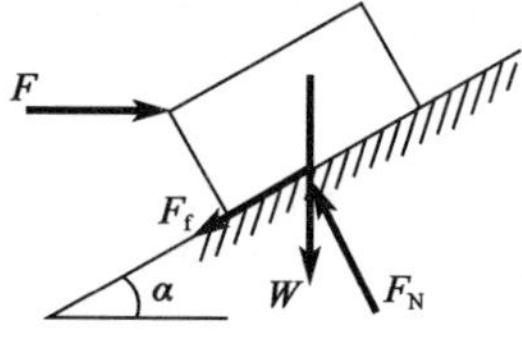

题 50 解图

$$F_f = F\cos\alpha - W\sin\alpha = 0.2F$$

而最大静摩擦力$F_{fmax} = f \cdot F_N = f(F\sin\alpha + W\cos\alpha) = 0.28F$

因$F_{fmax} > F_f$，所以物块静止。

答案： A

51. 解 将x对时间t求一阶导数为速度，即：$v = 9t^2 + 1$；再对时间t求一阶导数为加速度，即$a = 18t$，将$t = 4s$代入，可得：$x = 198m$，$v = 145m/s$，$a = 72m/s^2$。

答案： B

52. 解 根据定义，切向加速度为弧坐标s对时间的二阶导数，即$a_\tau = 6m/s^2$。

答案： D

53. 解 根据定轴转动刚体上一点加速度与转动角速度、角加速度的关系：$a_n = \omega^2 l$，$a_\tau = \alpha l$，而题中$a_n = a\cos\alpha = \omega^2 l$，所以$\omega = \sqrt{\frac{a\cos\alpha}{l}}$，$a_\tau = a\sin\alpha = \alpha l$，所以$\alpha = \frac{a\sin\alpha}{l}$。

答案： B （此题 2009 年考过）

54. 解 按照牛顿第二定律，在铅垂方向有$ma = F_R - mg = Kv^2 - mg$，当$a = 0$（速度$v$的导数为零）时有速度最大，为$v = \sqrt{\frac{mg}{K}}$。

答案： A

55. 解 根据弹簧力的功公式：

$$W_{12} = \frac{k}{2}(0.06^2 - 0.04^2) = 1.96J$$
$$W_{32} = \frac{k}{2}(0.02^2 - 0.04^2) = -1.176J$$

答案： C

56. 解 系统在转动中对转动轴z的动量矩守恒，即：$I\omega = (I + mR^2)\omega_t$（设$\omega_t$为小球达到 B 点时圆环的角速度），则$\omega_t = \frac{I\omega}{I+mR^2}$。

答案： B

57. 解 根据定轴转动刚体惯性力系的简化结果：惯性力主矢和主矩的大小分别为$F_I = ma_C = 0$，$M_{IO} = J_O\alpha = \frac{1}{2}mr^2\varepsilon$。

答案： C （此题 2010 年考过）

58. 解 由公式$\omega_n^2 = k/m$，$k = m\omega_n^2 = 5 \times 30^2 = 4500N/m$。

答案： B

59. 解 首先考虑整体平衡，可求出左端支座反力是水平向右的力，大小等于 20kN，分三段求出各段的轴力，画出轴力图如解图所示。

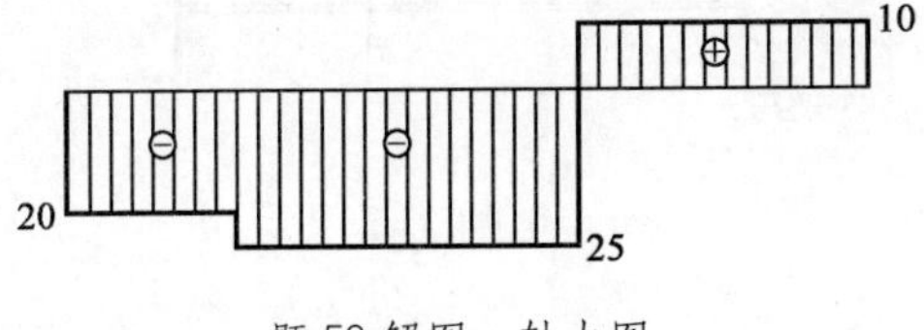

题59解图　轴力图

可以看到最大拉伸轴力是10kN。

答案：A

60. 解　由铆钉的剪切强度条件：$\tau=\frac{F_s}{A_s}=\frac{F}{\frac{\pi}{4}d^2}=[\tau]$

可得：
$$\frac{4F}{\pi d^2}=[\tau] \quad ①$$

由铆钉的挤压强度条件：$\sigma_{bs}=\frac{F_{bs}}{A_{bs}}=\frac{F}{dt}=[\sigma_{bs}]$

可得：
$$\frac{F}{dt}=[\sigma_{bs}] \quad ②$$

d与t的合理关系应使两式同时成立，②式除以①式，得到$\frac{\pi d}{4t}=\frac{[\sigma_{bs}]}{[\tau]}$，即$d=\frac{4t[\sigma_{bs}]}{\pi[\tau]}$。

答案：B

61. 解　设原直径为d时，最大切应力为τ，最大切应力减小后为τ_1，直径为d_1。

则有

$$\tau=\frac{T}{\frac{\pi}{16}d^3}，\ \tau_1=\frac{T}{\frac{\pi}{16}d_1^3}$$

因$\tau_1=\frac{\tau}{2}$，则$\frac{T}{\frac{\pi}{16}d_1^3}=\frac{1}{2}\cdot\frac{T}{\frac{\pi}{16}d^3}$，即$d_1^3=2d^3$，所以$d_1=\sqrt[3]{2}d$。

答案：D

62. 解　根据外力偶矩（扭矩T）与功率（P）和转速（n）的关系：

$$T=M_e=9550\frac{P}{n}$$

可见，在功率相同的情况下，转速慢（n小）的轴扭矩T大。

答案：B

63. 解　图（a）与图（b）面积相同，面积分布的位置到z轴的距离也相同，故惯性矩$I_{z(a)}=I_{z(b)}$，而图（c）虽然面积与（a）、（b）相同，但是其面积分布的位置到z轴的距离小，所以惯性矩$I_{z(c)}$也小。

答案：D

64. 解　由于C端的弯矩就等于外力偶矩，所以$m=10\text{kN}\cdot\text{m}$，又因为$BC$段弯矩图是水平线，属于纯弯曲，剪力为零，所以$C$点支反力为零。

由梁的整体受力图可知$F_A=F$，所以B点的弯矩$M_B=F_A\times2=10\text{kN}\cdot\text{m}$，即$F_A=5\text{kN}$。

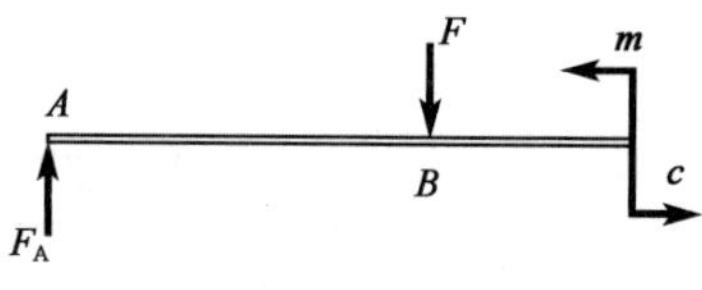

题 64 解图

答案： B

65. 解 图示单元体的最大主应力σ_1的方向，可以看作是σ_x的方向（沿x轴）和纯剪切单元体的最大拉应力的主方向（在第一象限沿 45°向上），叠加后的合应力的指向。

答案： A （此题 2011 年考过）

66. 解 AB段是轴向受压，$\sigma_{\mathrm{AB}}=\frac{F}{ab}$；$BC$段是偏心受压，$\sigma_{\mathrm{BC}}=\frac{F}{2ab}+\frac{F\cdot\frac{a}{2}}{\frac{b}{6}(2a)^2}=\frac{5F}{4ab}$。

答案： B （此题 2011 年考过）

67. 解 从剪力图看梁跨中有一个向下的突变，对应于一个向下的集中力，其值等于突变值 100kN；从弯矩图看梁的跨中有一个突变值$50\mathrm{kN\cdot m}$，对应于一个外力偶矩$50\mathrm{kN\cdot m}$，所以只能选 C 图。

答案： C

68. 解 梁两端的支座反力为$\frac{F}{2}=50\mathrm{kN}$，梁中点最大弯矩$M_{\max}=50\times2=100\mathrm{kN\cdot m}$

最大弯曲正应力：

$$\sigma_{\max}=\frac{M_{\max}}{W_z}=\frac{M_{\max}}{\frac{bh^2}{6}}=\frac{100\times10^6\mathrm{N\cdot mm}}{\frac{1}{6}\times100\times200^2\mathrm{mm}^3}=150\mathrm{MPa}$$

答案： B

69. 解 本题是一个偏心拉伸问题，由于水平力F对两个形心主轴y、z都有偏心距，所以可以把F力平移到形心轴x以后，将产生两个平面内的双向弯曲和x轴方向的轴向拉伸的组合变形。

答案： B

70. 解 从常用的四种杆端约束的长度系数μ的值可看出，杆端约束越强，μ值越小，而杆端约束越弱，则μ值越大。本题图中所示压杆的杆端约束比两端铰支压杆（$\mu=1$）强，又比一端铰支、一端固定压杆（$\mu=0.7$）弱，故$0.7<\mu<1$。

答案： A

71. 解 静水压力基本方程为$p=p_0+\rho gh$，将题设条件代入可得：

绝对压强$p=101.325\mathrm{kPa}+9.8\mathrm{kPa/m}\times1\mathrm{m}=111.125\mathrm{kPa}\approx0.111\mathrm{MPa}$

答案： A

72. 解 流速$v_2=v_1\times\left(\frac{d_1}{d_2}\right)^2=9.55\times\left(\frac{0.2}{0.3}\right)^2=4.24\mathrm{m/s}$

流量$Q=v_1\times\frac{\pi}{4}d_1^2=9.55\times\frac{\pi}{4}0.2^2=0.3\mathrm{m^3/s}$

答案：A

73. 解　管中雷诺数$\mathrm{Re}=\frac{v\cdot d}{\nu}=\frac{2\times900}{0.0114}=157894.74\gg \mathrm{Re}_{\mathrm{c}}$，为紊流

欲使流态转变为层流时的流速$v_{\mathrm{c}}=\frac{\mathrm{Re}_{\mathrm{c}}\cdot \nu}{d}=\frac{2000\times0.0114}{2}=11.4\mathrm{cm}/s$

答案：D

74. 解　边界层分离增加了潜体运动的压差阻力。

答案：C

75. 解　对水箱自由液面与管道出口写能量方程：

$$H+\frac{p}{\rho g}=\frac{v^2}{2g}+h_{\mathrm{f}}=\frac{v^2}{2g}\left(1+\lambda\frac{L}{d}\right)$$

代入题设数据并化简：

$$2+\frac{19600}{9800}=\frac{v^2}{2g}\left(1+0.02\times\frac{100}{0.2}\right)$$

计算得流速$v=2.67\mathrm{m/s}$

流量$Q=v\times\frac{\pi}{4}d^2=2.67\times\frac{\pi}{4}0.2^2=0.08384\mathrm{m^3/s}=83.84\mathrm{L/s}$

答案：A

76. 解　由明渠均匀流谢才-曼宁公式$Q=\frac{1}{n}R^{\frac{2}{3}}i^{\frac{1}{2}}A$可知：在题设条件下面积$A$，粗糙系数$n$，底坡$i$均相同，则流量$Q$的大小取决于水力半径$R$的大小。对于方形断面，其水力半径$R_1=\frac{a^2}{3a}=\frac{a}{3}$，对于矩形断面，其水力半径为$R_2=\frac{2a\times0.5a}{2a+2\times0.5a}=\frac{a^2}{3a}=\frac{a}{3}$，即$R_1=R_2$。故$Q_1=Q_2$。

答案：B

77. 解　将题设条件代入达西定律$u=kJ$

则有渗流速度$u=0.012\mathrm{cm/s}\times\frac{1.5-0.3}{2.4}=0.006\mathrm{cm/s}$

答案：B

78. 解　雷诺数的物理意义为：惯性力与黏性力之比。

答案：B

79. 解　点电荷q_1、q_2电场作用的方向分布为：始于正电荷(q_1)，终止于负电荷(q_2)。

答案：B

80. 解　电路中，如果元件中电压电流取关联方向，即电压电流的正方向一致，则它们的电压电流关系如下：

电压，$u_{\mathrm{L}}=L\frac{\mathrm{d}i_{\mathrm{L}}}{\mathrm{d}t}$；电容，$i_{\mathrm{C}}=C\frac{\mathrm{d}u_{\mathrm{C}}}{\mathrm{d}t}$；电阻，$u_{\mathrm{R}}=Ri_{\mathrm{R}}$。

答案：C

81. 解　本题考查对电流源的理解和对基本KCL、KVL方程的应用。

需注意，电流源的端电压由外电路决定。

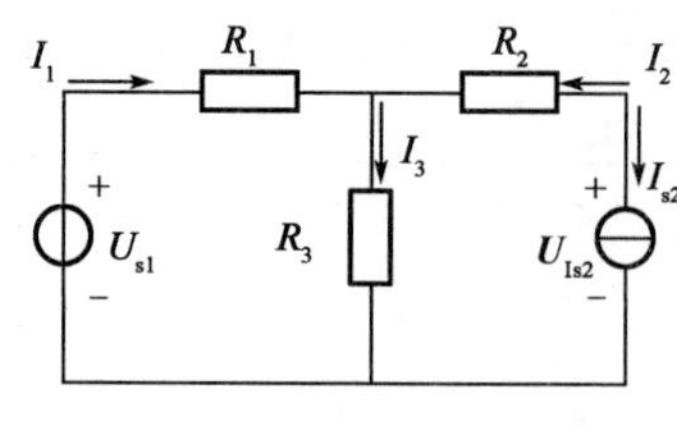

题 81 解图

如解图所示，当电流源的端电压U_{Is2}与I_{s2}取一致方向时：

$$U_{Is2} = I_2R_2 + I_3R_3 \neq 0$$

其他方程正确。

答案：B

82. 解 本题注意正弦交流电的三个特征（大小、相位、速度）和描述方法，图中电压$\dot{U}$为有效值相量。

由相量图可分析，电压最大值为$10\sqrt{2}$V，初相位为$-30°$，角频率用ω表示，时间函数的正确描述为：

$$u(t) = 10\sqrt{2}\sin(\omega t - 30°)\,\text{V}$$

答案：A

83. 解 用相量法。

$$\dot{I} = \frac{\dot{U}}{20 + (j20 /\!/ -j10)} = \frac{100\angle 0°}{20 - j20} = \frac{5}{\sqrt{2}}\angle 45° = 3.5\angle 45°\text{A}$$

答案：B

84. 解 电路中 R-L 串联支路为电感性质，右支路电容为功率因数补偿所设。

如解图所示，当电容量适当增加时电路功率因数提高。当$\varphi = 0$，$\cos\varphi = 1$时，总电流I达到最小值。如果I_c继续增加出现过补偿（即电流$\dot{I}$超前于电压$\dot{U}$时），会使电路的功率因数降低。

当电容参数C改变时，感性电路的功率因数$\cos\varphi_L$不变。通常，进行功率因数补偿时不出现$\varphi < 0$情况。仅有总电流I减小时电路的功率因素（$\cos\varphi$）变大。

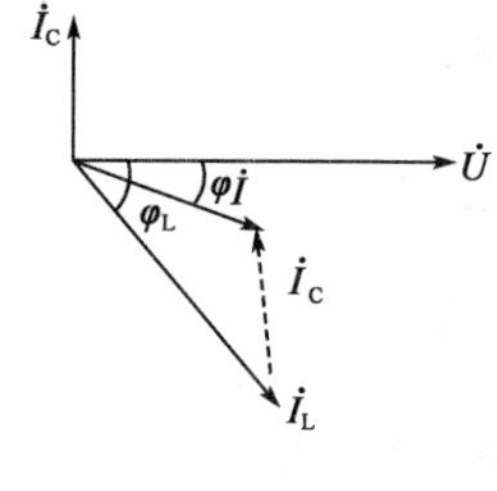

题 84 解图

答案：B

85. 解 理想变压器副边空载时，可以认为原边电流为零，则$U = U_1$。根据电压变比关系可知：$\frac{U}{U_2} = 2$。

答案：B

86. 解 三相交流异步电动机正常运行采用三角形接法时，为了降低启动电流可以采用星形启动，即Y-△启动。但随之带来的是启动转矩也是△接法的1/3。

答案：C

87. 解　本题信号波形在时间轴上连续，数值取值为+5、0、−5，是离散的。“二进制代码信号”“二值逻辑信号”均不符合题义。只能认为是连续的时间信号。

答案：D

88. 解　将图形用数学函数描述为：

$$u(t)=10\cdot 1(t)-10\cdot 1(t-1)=u_1(t)+u_2(t)$$

这是两个阶跃信号的叠加，如解图所示。

题88解图

答案：A

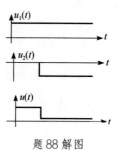

89. 解　低通滤波器可以使低频信号畅通，而高频的干扰信号淹没。

答案：B

90. 解　此题可以利用反演定理处理如下：

$$\overline{AB}+\overline{BC}=\overline{A}+\overline{B}+\overline{B}+\overline{C}=\overline{A}+\overline{B}+\overline{C}$$

答案：A

91. 解　$F=A\overline{B}+\overline{A}B$为异或关系。

由输入量A、B和输出的波形分析可见：$\begin{cases}\text{当输入A与B相异时，输出F为1。}\\ \text{当输入A与B相同时，输出F为0。}\end{cases}$

答案：A

92. 解　BCD码是用二进制表示的十进制数，当用四位二进制数表示十进制的10时，可以写为“0001 0000”。

答案：A

93. 解　本题采用全波整流电路，结合二极管连接方式分析。在输出信号u_o中保留u_i信号小于0的部分。

则输出直流电压U_o与输入交流有效值U_i的关系为：

$$U_o=-0.9U_i$$

本题$U_i=\frac{10}{\sqrt{2}}$V，代入上式得$U_o=-0.9\times\frac{10}{\sqrt{2}}=-6.36$V。

答案：D

94. 解　将电路“A”端接入−2.5V的信号电压，“B”端接地，则构成如解图a）所示的反相比例运算电路。输出电压与输入的信号电压关系为：

$$u_o = -\frac{R_2}{R_1}u_i$$

可知：

$$\frac{R_2}{R_1} = -\frac{u_o}{u_i} = 4$$

当“A”端接地，“B”端接信号电压，就构成解图b）的同相比例电路，则输出u_o与输入电压u_i的关系为：

$$u_o = \left(1+\frac{R_2}{R_1}\right)u_i = -12.5\text{V}$$

考虑到运算放大器输出电压在−11~11V之间，可以确定放大器已经工作在负饱和状态，输出电压为负的极限值−11V。

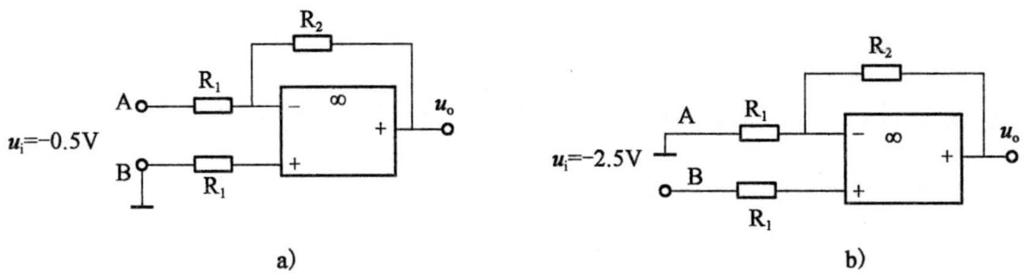

题94解图

答案：C

95. 解　左侧电路为与门：$F_1 = A\cdot 0 = 0$，右侧电路为或非门：$F_2 = \overline{B+0} = \overline{B}$。

答案：A

96. 解　本题为J-K触发器（脉冲下降沿触发）和与门构成的时序逻辑电路。其中J触发信号为$J = Q\cdot A$。（注：为波形分析方便，作者补充了J端的辅助波形，图中阴影表示该信号未知。）

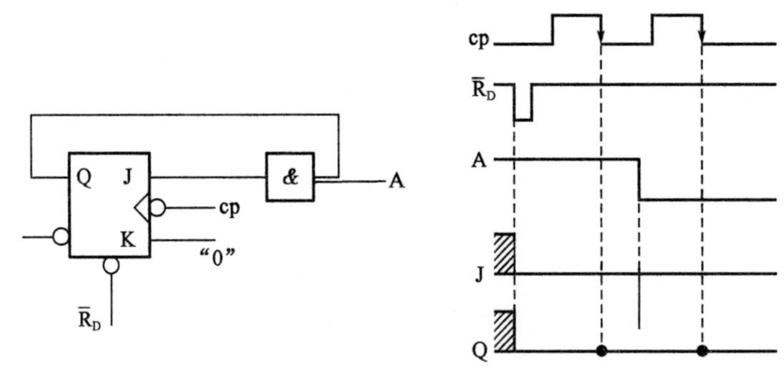

题96解图

答案：A

97. 解　计算机发展的人性化的一个重要方面是“使用傻瓜化”。计算机要成为大众的工具，首先必须做到“使用傻瓜化”。要让计算机能听懂、能说话、能识字、能写文、能看图像、能现实场景等。

答案：B

98. 解 计算机内的存储器是由一个个存储单元组成的，每一个存储单元的容量为 8 位二进制信息，称一个字节。

答案： B

99. 解 操作系统是一个庞大的管理控制程序。通常，它是由进程与处理器调度、作业管理、存储管理、设备管理、文件管理五大功能组成。它包括了选项 A、B、C 所述的功能，不是仅能实现管理和使用好各种软件资源。

答案： D

100. 解 支撑软件是指支援其他软件的编写制作和维护的软件，主要包括环境数据库、各种接口软件和工具软件，是计算机系统内的一个组成部分。

答案： A

101. 解 进程与处理器调度负责把 CPU 的运行时间合理地分配给各个程序，以使处理器的软硬件资源得以充分的利用。

答案： C

102. 解 影响计算机图像质量的主要参数有分辨率、颜色深度、图像文件的尺寸和文件保存格式等。

答案： D

103. 解 计算机操作系统中的设备管理的主要功能是负责分配、回收外部设备，并控制设备的运行，是人与外部设备之间的接口。

答案： C

104. 解 数字签名机制提供了一种鉴别方法，以解决伪造、抵赖、冒充和篡改等安全问题。接收方能够鉴别发送方所宣称的身份，发送方事后不能否认他曾经发送过数据这一事实。数字签名技术是没有权限管理的。

答案： A

105. 解 计算机网络是用通信线路和通信设备将分布在不同地点的具有独立功能的多个计算机系统互相连接起来，在功能完善的网络软件的支持下实现彼此之间的数据通信和资源共享的系统。

答案： D

106. 解 局域网是指在一个较小地理范围内的各种计算机网络设备互连在一起的通信网络，可以包含一个或多个子网，通常其作用范围是一座楼房、一个学校或一个单位，地理范围一般不超过几公里。城域网的地理范围一般是一座城市。广域网实际上是一种可以跨越长距离，且可以将两个或多个局域网或主机连接在一起的网络。网际网实际上是多个不同的网络通过网络互联设备互联而成的大型网络。

答案： A

107. 解 首先计算年实际利率：$i=\left(1+\frac{8\%}{4}\right)^4-1=8.243\%$

根据一次支付现值公式：

$$P=\frac{F}{(1+i)^n}=\frac{300}{(1+8.24\%)^3}=236.55\text{ 万元}$$

或季利率$i=8\%/4=2\%$，三年共 12 个季度，按一次支付现值公式计算：

$$P=\frac{F}{(1+i)^n}=\frac{300}{(1+2\%)^{12}}=236.55\text{ 万元}$$

答案： B

108. 解 建设项目评价中的总投资包括建设投资、建设期利息和流动资金之和。建设投资由工程费用（建筑工程费、设备购置费、安装工程费）、工程建设其他费用和预备费（基本预备费和涨价预备费）组成。

答案： C

109. 解 该公司借款偿还方式为等额本金法。

每年应偿还的本金：$2400/6=400$万元

前 3 年已经偿还本金：$400\times3=1200$万元

尚未还款本金：$2400-1200=1200$万元

第 4 年应还利息$I_4=1200\times8\%=96$万元，本息和$A_4=400+96=496$万元

或按等额本金法公式计算：

$$A_t=\frac{I_c}{n}+I_c\left(1-\frac{t-1}{n}\right)i=\frac{2400}{6}+2400\times\left(1-\frac{4-1}{6}\right)\times8\%=496\text{ 万元}$$

答案： C

110. 解 动态投资回收期T^*是指在给定的基准收益率（基准折现率）i_c的条件下，用项目的净收益回收总投资所需要的时间。动态投资回收期的表达式为：

$$\sum_{t=0}^{T^*}(\mathrm{CI}-\mathrm{CO})_t(1+i_c)^{-t}=0$$

式中，i_c为基准收益率。

内部收益率 IRR 是使一个项目在整个计算期内各年净现金流量的现值累计为零时的利率，表达式为：

$$\sum_{t=0}^{n}(\mathrm{CI}-\mathrm{CO})_t(1+\mathrm{IRR})^{-t}=0$$

式中，n为项目计算期。如果项目的动态投资回收期T正好等于计算期n，则该项目的内部收益率 IRR 等于基准收益率i_c。

答案： D

111. 解　直接进口原材料的影子价格（到厂价）=到岸价（CIF）×影子汇率+进口费用

$$= 150 \times 6.5 + 240 = 1215\text{元人民币}/\text{t}$$

答案：C

112. 解　对于寿命期相等的互斥项目，应依据增量内部收益率指标选优。如果增量内部收益率 ΔIRR 大于基准收益率i_c，应选择投资额大的方案；如果增量内部收益率 ΔIRR 小于基准收益率i_c，则应选择投资额小的方案。

答案：B

113. 解　改扩建项目财务分析要进行项目层次和企业层次两个层次的分析。项目层次应进行盈利能力分析、清偿能力分析和财务生存能力分析，应遵循"有无对比"的原则。

答案：D

114. 解　价值系数=功能评价系数/成本系数，本题各方案价值系数：

甲方案：$0.85/0.92 = 0.924$

乙方案：$0.6/0.7 = 0.857$

丙方案：$0.94/0.88 = 1.068$

丁方案：$0.67/0.82 = 0.817$

其中，丙方案价值系数 1.068，与 1 相差 6.8%，说明功能与成本基本一致，为四个方案中的最优方案。

答案：C

115. 解　见《中华人民共和国建筑法》第二十四条，可知选项 A、B、D 正确，又第二十二条规定：发包单位应当将建筑工程发包给具有资质证书的承包单位。

答案：C

116. 解　《中华人民共和国安全生产法》第四十三条规定，生产经营单位进行爆破、吊装、动火、临时用电以及国务院应急管理部门会同国务院有关部门规定的其他危险作业，应当安排专门人员进行现场安全管理，确保操作规程的遵守和安全措施的落实。

答案：C

117. 解　其招标文件要包括拟签订的合同条款，而不是签订时间。

《中华人民共和国招标投标法》第十九条规定，招标人应当根据招标项目的特点和需要编制招标文件。招标文件应当包括招标项目的技术要求、对投标人资格审查的标准、投标报价要求和评标标准等所有实质性要求和条件以及拟签订合同的主要条款。

答案：C

118. 解　《中华人民共和国民法典》第四百八十七条规定，受要约人在承诺期限内发出承诺，按照通常情形能够及时到达要约人，但是因其他原因致使承诺到达要约人时超过承诺期限的，除要约人及时通知受要约人因承诺超过期限不接受该承诺外，该承诺有效。

按此条规定，选项 D 是可以的。

答案：D

119. 解　应由环保部门验收，不是建设行政主管部门验收，见《中华人民共和国环境保护法》。

《中华人民共和国环境保护法》第十条规定，国务院环境保护主管部门，对全国环境保护工作实施统一监督管理；县级以上地方人民政府环境保护主管部门，对本行政区域环境保护工作实施统一监督管理。

县级以上人民政府有关部门和军队环境保护部门，依照有关法律的规定对资源保护和污染防治等环境保护工作实施监督管理。

第四十一条规定，建设项目中防治污染的设施，应当与主体工程同时设计、同时施工、同时投产使用。防治污染的设施应当符合经批准的环境影响评价文件的要求，不得擅自拆除或者闲置。

（旧版《中华人民共和国环境保护法》第二十六条规定，建设项目中防治污染的措施，必须与主体工程同时设计、同时施工、同时投产使用。防治污染的设施必须经原审批环境影响报告书的环境保护行政主管部门验收合格后，该建设项目方可投入生产或者使用。）

答案：D

120. 解　《中华人民共和国建筑法》第三十二条规定，建筑工程监理应当依照法律、行政法规及有关的技术标准、设计文件和建筑工程承包合同，对承包单位在施工质量、建设工期和建设资金使用等方面，代表建设单位实施监督。

答案：D

2017年度全国勘察设计注册工程师

执业资格考试试卷

基础考试

（上）

二〇一七年九月

应考人员注意事项

1. 本试卷科目代码为“1”，考生务必将此代码填涂在答题卡“科目代码”相应的栏目内，否则，无法评分。

2. 书写用笔：**黑色或蓝色钢笔、签字笔或圆珠笔**；

   填涂答题卡用笔：**黑色 2B 铅笔**。

3. 必须用书写用笔将工作单位、姓名、准考证号填写在答题卡和试卷相应的栏目内。

4. 本试卷由 120 题组成，每题 1 分，满分 120 分，本试卷全部为单项选择题，每小题的四个备选项中只有一个正确答案，错选、多选、不选均不得分。

5. 考生作答时，必须按**题号在答题卡上**将相应试题所选选项对应的**字母用 2B 铅笔涂黑**。

6. 在答题卡上书写与题意无关的语言，或在答题卡上作标记的，均按违纪试卷处理。

7. 考试结束时，由监考人员当面将试卷、答题卡一并收回。

8. 草稿纸由各地统一配发，考后收回。

单项选择题（共 120 题，每题 1 分。每题的备选项中只有一个最符合题意。）

1. 要使得函数$f(x)=\begin{cases}\frac{x\ln x}{1-x}, & x>0\\ a, & x=1\end{cases}$在$(0,+\infty)$上连续，则常数$a$等于：

A. 0

B. 1

C. -1

D. 2

2. 函数$y=\sin\frac{1}{x}$是定义域内的：

A. 有界函数

B. 无界函数

C. 单调函数

D. 周期函数

3. 设$\boldsymbol{\alpha}$、$\boldsymbol{\beta}$均为非零向量，则下面结论正确的是：

A. $\boldsymbol{\alpha}\times\boldsymbol{\beta}=\mathbf{0}$是$\boldsymbol{\alpha}$与$\boldsymbol{\beta}$垂直的充要条件

B. $\boldsymbol{\alpha}\cdot\boldsymbol{\beta}=\mathbf{0}$是$\boldsymbol{\alpha}$与$\boldsymbol{\beta}$平行的充要条件

C. $\boldsymbol{\alpha}\times\boldsymbol{\beta}=\mathbf{0}$是$\boldsymbol{\alpha}$与$\boldsymbol{\beta}$平行的充要条件

D. 若$\boldsymbol{\alpha}=\lambda\boldsymbol{\beta}$（$\lambda$是常数），则$\boldsymbol{\alpha}\cdot\boldsymbol{\beta}=\mathbf{0}$

4. 微分方程$y'-y=0$满足$y(0)=2$的特解是：

A. $y=2e^{-x}$

B. $y=2e^{x}$

C. $y=e^{x}+1$

D. $y=e^{-x}+1$

5. 设函数$f(x)=\int_x^2\sqrt{5+t^2}\mathrm{d}t$，$f'(1)$等于：

A. $2-\sqrt{6}$

B. $2+\sqrt{6}$

C. $\sqrt{6}$

D. $-\sqrt{6}$

6. 若$y=g(x)$由方程$e^y+xy=e$确定，则$y'(0)$等于：

A. $-\frac{y}{e^y}$

B. $-\frac{y}{x+e^y}$

C. 0

D. $-\frac{1}{e}$

7. $\int f(x)\mathrm{d}x=\ln x+C$，则$\int\cos x\,f(\cos x)\mathrm{d}x$等于：

A. $\cos x+C$

B. $x+C$

C. $\sin x+C$

D. $\ln\cos x+C$

8. 函数$f(x,y)$在点$P_0(x_0,y_0)$处有一阶偏导数是函数在该点连续的：

A. 必要条件　　B. 充分条件

C. 充分必要条件　　D. 既非充分又非必要

9. 过点$(-1,-2,3)$且平行于z轴的直线的对称方程是：

A. $\begin{cases}x=1\\y=-2\\z=-3t\end{cases}$

B. $\frac{x-1}{0}=\frac{y+2}{0}=\frac{z-3}{1}$

C. $z=3$

D. $\frac{x+1}{0}=\frac{y+2}{0}=\frac{z-3}{1}$

10. 定积分$\int_1^2\frac{1-\frac{1}{x}}{x^2}\mathrm{d}x$等于：

A. 0　　B. $-\frac{1}{8}$

C. $\frac{1}{8}$　　D. 2

11. 函数$f(x)=\sin\left(x+\frac{\pi}{2}+\pi\right)$在区间$[-\pi,\pi]$上的最小值点$x_0$等于：

A. $-\pi$　　B. 0

C. $\frac{\pi}{2}$　　D. π

12. 设L是椭圆$\begin{cases}x=a\cos\theta\\y=b\sin\theta\end{cases}$$(a>0，b>0)$的上半椭圆周，沿顺时针方向，则曲线积分$\int_L y^2\mathrm{d}x$等于：

A. $\frac{5}{3}ab^2$　　B. $\frac{4}{3}ab^2$

C. $\frac{2}{3}ab^2$　　D. $\frac{1}{3}ab^2$

13. 级数$\sum\limits_{n=1}^{\infty}\frac{(-1)^n}{a_n}(a_n>0)$满足下列什么条件时收敛：

A. $\lim\limits_{n\to\infty}a_n=\infty$　　B. $\lim\limits_{n\to\infty}\frac{1}{a_n}=0$

C. $\sum\limits_{n=1}^{\infty}a_n$发散　　D. a_n单调递增且$\lim\limits_{n\to\infty}a_n=+\infty$

14. 曲线$f(x)=xe^{-x}$的拐点是：

A. $(2,2e^{-2})$

B. $(-2,-2e^{2})$

C. $(-1,e)$

D. $(1,e^{-1})$

15. 微分方程$y''+y'+y=e^{x}$的特解是：

A. $y=e^{x}$

B. $y=\frac{1}{2}e^{x}$

C. $y=\frac{1}{3}e^{x}$

D. $y=\frac{1}{4}e^{x}$

16. 若圆域D：$x^2+y^2\leqslant 1$，则二重积分$\iint\limits_D \frac{\mathrm{d}x\mathrm{d}y}{1+x^2+y^2}$等于：

A. $\frac{\pi}{2}$

B. π

C. $2\pi\ln 2$

D. $\pi\ln 2$

17. 幂级数$\sum\limits_{n=1}^{\infty}\frac{x^n}{n!}$的和函数$S(x)$等于：

A. e^{x}

B. $e^{x}+1$

C. $e^{x}-1$

D. $\cos x$

18. 设$z=y\varphi\left(\frac{x}{y}\right)$，其中$\varphi(u)$具有二阶连续导数，则$\frac{\partial^2 z}{\partial x\partial y}$等于：

A. $\frac{1}{y}\varphi''\left(\frac{x}{y}\right)$

B. $-\frac{x}{y^2}\varphi''\left(\frac{x}{y}\right)$

C. 1

D. $\varphi''\left(\frac{x}{y}\right)-\frac{x}{y}\varphi'\left(\frac{x}{y}\right)$

19. 矩阵$\boldsymbol{A}=\begin{bmatrix}0&0&-2\\0&3&0\\1&0&0\end{bmatrix}$的逆矩阵是$\boldsymbol{A}^{-1}$是：

A. $\begin{bmatrix}-\frac{1}{2}&0&0\\0&\frac{1}{3}&0\\0&0&1\end{bmatrix}$

B. $\begin{bmatrix}0&0&-\frac{1}{2}\\0&\frac{1}{3}&0\\1&0&0\end{bmatrix}$

C. $\begin{bmatrix}0&0&1\\0&\frac{1}{3}&0\\-\frac{1}{2}&0&0\end{bmatrix}$

D. $\begin{bmatrix}0&0&6\\0&2&0\\3&0&0\end{bmatrix}$

20. 设$\boldsymbol{A}$为$m \times n$矩阵，则齐次线性方程组$\boldsymbol{Ax} = \boldsymbol{0}$有非零解的充分必要条件是：

A. 矩阵$\boldsymbol{A}$的任意两个列向量线性相关

B. 矩阵$\boldsymbol{A}$的任意两个列向量线性无关

C. 矩阵$\boldsymbol{A}$的任一列向量是其余列向量的线性组合

D. 矩阵$\boldsymbol{A}$必有一个列向量是其余列向量的线性组合

21. 设$\lambda_1 = 6$，$\lambda_2 = \lambda_3 = 3$为三阶实对称矩阵$\boldsymbol{A}$的特征值，属于$\lambda_2 = \lambda_3 = 3$的特征向量为$\xi_2 = (-1,0,1)^{\mathrm{T}}$，$\xi_3 = (1,2,1)^{\mathrm{T}}$，则属于$\lambda_1 = 6$的特征向量是：

A. $(1,-1,1)^{\mathrm{T}}$　　B. $(1,1,1)^{\mathrm{T}}$

C. $(0,2,2)^{\mathrm{T}}$　　D. $(2,2,0)^{\mathrm{T}}$

22. 有A、B、C三个事件，下列选项中与事件A互斥的事件是：

A. $\overline{B \cup C}$　　B. $\overline{A \cup B \cup C}$

C. $\overline{A}B + A\overline{C}$　　D. $A(B + C)$

23. 设二维随机变量(X,Y)的概率密度为$f(x,y) = \begin{cases} e^{-2ax+by}, & x > 0,\ y > 0 \\ 0, & \text{其他} \end{cases}$，则常数$a$，$b$应满足的条件是：

A. $ab = -\frac{1}{2}$，且$a > 0$，$b < 0$　　B. $ab = \frac{1}{2}$，且$a > 0$，$b > 0$

C. $ab = -\frac{1}{2}$，$a < 0$，$b > 0$　　D. $ab = \frac{1}{2}$，且$a < 0$，$b < 0$

24. 设$\hat{\theta}$是参数θ的一个无偏估计量，又方差$D(\hat{\theta}) > 0$，下列结论中正确的是：

A. $\hat{\theta}^2$是θ^2的无偏估计量

B. $\hat{\theta}^2$不是θ^2的无偏估计量

C. 不能确定$\hat{\theta}^2$是不是θ^2的无偏估计量

D. $\hat{\theta}^2$不是θ^2的估计量

25. 有两种理想气体，第一种的压强为p_1，体积为V_1，温度为T_1，总质量为M_1，摩尔质量为μ_1；第二种的压强为p_2，体积为V_2，温度为T_2，总质量为M_2，摩尔质量为μ_2。当$V_1 = V_2$，$T_1 = T_2$，$M_1 = M_2$时，则$\frac{\mu_1}{\mu_2}$：

A. $\frac{\mu_1}{\mu_2} = \sqrt{\frac{p_1}{p_2}}$

B. $\frac{\mu_1}{\mu_2} = \frac{p_1}{p_2}$

C. $\frac{\mu_1}{\mu_2} = \sqrt{\frac{p_2}{p_1}}$

D. $\frac{\mu_1}{\mu_2} = \frac{p_2}{p_1}$

26. 在恒定不变的压强下，气体分子的平均碰撞频率$\overline{Z}$与温度T的关系是：

A. $\overline{Z}$与T无关

B. $\overline{Z}$与$\sqrt{T}$无关

C. $\overline{Z}$与$\sqrt{T}$成反比

D. $\overline{Z}$与$\sqrt{T}$成正比

27. 一定量的理想气体对外做了 500J 的功，如果过程是绝热的，则气体内能的增量为：

A. 0J

B. 500J

C. −500J

D. 250J

28. 热力学第二定律的开尔文表述和克劳修斯表述中，下述正确的是：

A. 开尔文表述指出了功热转换的过程是不可逆的

B. 开尔文表述指出了热量由高温物体传到低温物体的过程是不可逆的

C. 克劳修斯表述指出通过摩擦而做功变成热的过程是不可逆的

D. 克劳修斯表述指出气体的自由膨胀过程是不可逆的

29. 已知平面简谐波的方程为$y = A\cos(Bt - Cx)$，式中A、B、C为正常数，此波的波长和波速分别为：

A. $\frac{B}{C}$，$\frac{2\pi}{C}$

B. $\frac{2\pi}{C}$，$\frac{B}{C}$

C. $\frac{\pi}{C}$，$\frac{2B}{C}$

D. $\frac{2\pi}{C}$，$\frac{C}{B}$

30. 对平面简谐波而言，波长λ反映：

A. 波在时间上的周期性　　B. 波在空间上的周期性

C. 波中质元振动位移的周期性　　D. 波中质元振动速度的周期性

31. 在波的传播方向上，有相距为 3m 的两质元，两者的相位差为$\frac{\pi}{6}$，若波的周期为 4s，则此波的波长和波速分别为：

A. 36m 和6m/s　　B. 36m 和9m/s

C. 12m 和6m/s　　D. 12m 和9m/s

32. 在双缝干涉实验中，入射光的波长为λ，用透明玻璃纸遮住双缝中的一条缝（靠近屏的一侧），若玻璃纸中光程比相同厚度的空气的光程大2.5λ，则屏上原来的明纹处：

A. 仍为明条纹　　B. 变为暗条纹

C. 既非明条纹也非暗条纹　　D. 无法确定是明纹还是暗纹

33. 一束自然光通过两块叠放在一起的偏振片，若两偏振片的偏振化方向间夹角由α_1转到α_2，则前后透射光强度之比为：

A. $\frac{\cos^2\alpha_2}{\cos^2\alpha_1}$　　B. $\frac{\cos\alpha_2}{\cos\alpha_1}$

C. $\frac{\cos^2\alpha_1}{\cos^2\alpha_2}$　　D. $\frac{\cos\alpha_1}{\cos\alpha_2}$

34. 若用衍射光栅准确测定一单色可见光的波长，在下列各种光栅常数的光栅中，选用哪一种最好：

A. 1.0×10^{-1}mm　　B. 5.0×10^{-1}mm

C. 1.0×10^{-2}mm　　D. 1.0×10^{-3}mm

35. 在双缝干涉实验中，光的波长 600nm，双缝间距 2mm，双缝与屏的间距为 300cm，则屏上形成的干涉图样的相邻明条纹间距为：

A. 0.45mm　　B. 0.9mm

C. 9mm　　D. 4.5mm

36. 一束自然光从空气投射到玻璃板表面上，当折射角为30°时，反射光为完全偏振光，则此玻璃的折射率为：

A. 2　　B. 3　　C. $\sqrt{2}$　　D. $\sqrt{3}$

37. 某原子序数为 15 的元素，其基态原子的核外电子分布中，未成对电子数是：

A. 0　　B. 1　　C. 2　　D. 3

38. 下列晶体中熔点最高的是：

A. NaCl　　B. 冰

C. SiC　　D. Cu

39. 将$0.1\mathrm{mol}\cdot\mathrm{L}^{-1}$的HOAc溶液冲稀一倍，下列叙述正确的是：

A. HOAc的电离度增大　　B. 溶液中有关离子浓度增大

C. HOAc的电离常数增大　　D. 溶液的 pH 值降低

40. 已知$K_\mathrm{b}(\mathrm{NH_3\cdot H_2O}) = 1.8\times10^{-5}$，将$0.2\mathrm{mol}\cdot\mathrm{L}^{-1}$的$\mathrm{NH_3\cdot H_2O}$溶液和$0.2\mathrm{mol}\cdot\mathrm{L}^{-1}$的 HCl 溶液等体积混合，其混合溶液的pH值为：

A. 5.12　　B. 8.87　　C. 1.63　　D. 9.73

41. 反应$\mathrm{A(S)+B(g)} \rightleftharpoons \mathrm{C(g)}$的 $\Delta H<0$，欲增大其平衡常数，可采取的措施是：

A. 增大 B 的分压　　B. 降低反应温度

C. 使用催化剂　　D. 减小 C 的分压

42. 两个电极组成原电池，下列叙述正确的是：

A. 作正极的电极的$E_{(+)}$值必须大于零

B. 作负极的电极的$E_{(-)}$值必须小于零

C. 必须是$E^{\ominus}_{(+)} > E^{\ominus}_{(-)}$

D. 电极电势E值大的是正极，E值小的是负极

43. 金属钠在氯气中燃烧生成氯化钠晶体，其反应的熵变是：

A. 增大　　B. 减少

C. 不变　　D. 无法判断

44. 某液体烃与溴水发生加成反应生成 2，3-二溴-2-甲基丁烷，该液体烃是：

A. 2-丁烯　　B. 2-甲基-1-丁烷

C. 3-甲基-1-丁烷　　D. 2-甲基-2-丁烯

45. 下列物质中与乙醇互为同系物的是：

A. $CH_2=CHCH_2OH$

B. 甘油

C. $C_6H_5-CH_2OH$

D. $CH_3CH_2CH_2CH_2OH$

46. 下列有机物不属于烃的衍生物的是：

A. $CH_2=CHCl$　　B. $CH_2=CH_2$

C. $CH_3CH_2NO_2$　　D. CCl_4

47. 结构如图所示，杆DE的点H由水平闸拉住，其上的销钉C置于杆AB的光滑直槽中，各杆自重均不计，已知$F_P=10\text{kN}$。销钉C处约束力的作用线与x轴正向所成的夹角为：

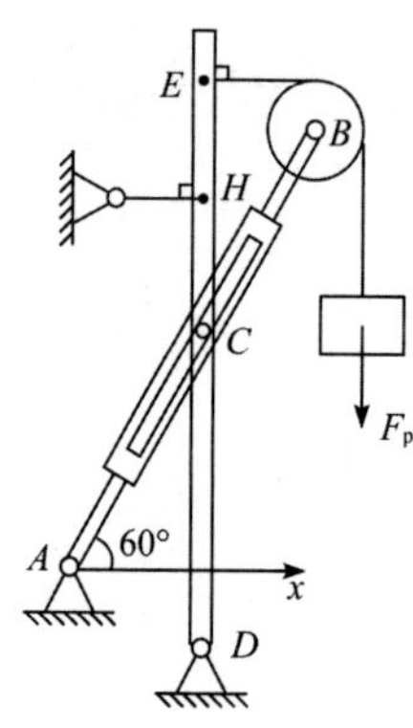

A. 0°　　B. 90°

C. 60°　　D. 150°

48. 力$\boldsymbol{F}_1$、$\boldsymbol{F}_2$、$\boldsymbol{F}_3$、$\boldsymbol{F}_4$分别作用在刚体上同一平面内的A、B、C、D四点，各力矢首尾相连形成一矩形如图所示。该力系的简化结果为：

A. 平衡

B. 一合力

C. 一合力偶

D. 一力和一力偶

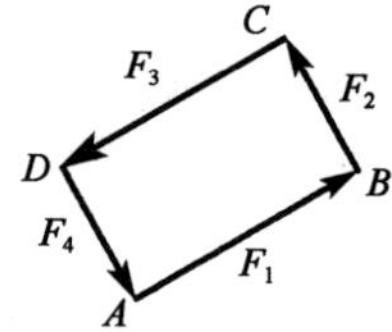

49. 均质圆柱体重力为$\boldsymbol{P}$，直径为D，置于两光滑的斜面上。设有图示方向力$\boldsymbol{F}$作用，当圆柱不移动时，接触面 2 处的约束力F_{N2}的大小为：

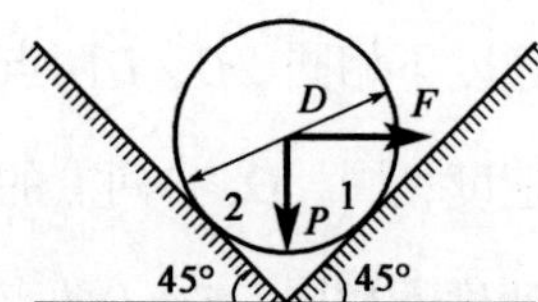

A. $F_{\mathrm{N2}}=\frac{\sqrt{2}}{2}(P-F)$

B. $F_{\mathrm{N2}}=\frac{\sqrt{2}}{2}F$

C. $F_{\mathrm{N2}}=\frac{\sqrt{2}}{2}P$

D. $F_{\mathrm{N2}}=\frac{\sqrt{2}}{2}(P+F)$

50. 如图所示，杆AB的A端置于光滑水平面上，AB与水平面夹角为30°，杆的重力大小为P, B处有摩擦，则杆AB平衡时，B处的摩擦力与x方向的夹角为：

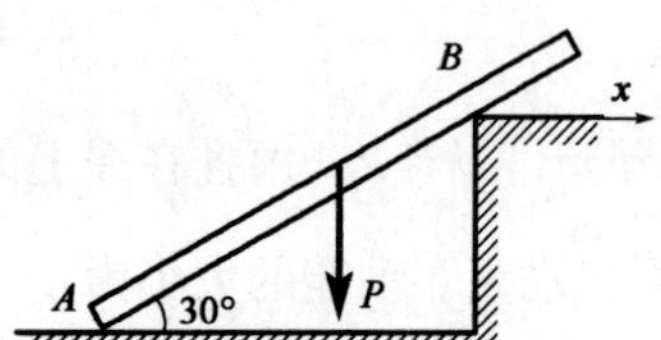

A. 90°

B. 30°

C. 60°

D. 45°

51. 点沿直线运动，其速度$v=20t+5$，已知：当$t=0$时，$x=5\mathrm{m}$，则点的运动方程为：

A. $x=10t^2+5t+5$　　B. $x=20t+5$

C. $x=10t^2+5t$　　D. $x=20t^2+5t+5$

52. 杆$OA=l$，绕固定轴O转动，某瞬时杆端A点的加速度$\boldsymbol{a}$如图所示，则该瞬时杆OA的角速度及角加速度为：

A. 0，$\frac{a}{l}$

B. $\sqrt{\frac{a}{l}}$，$\frac{a}{l}$

C. $\sqrt{\frac{a}{l}}$，0

D. 0，$\sqrt{\frac{a}{l}}$

53. 如图所示，一绳缠绕在半径为r的鼓轮上，绳端系一重物M，重物M以速度$\boldsymbol{v}$和加速度$\boldsymbol{a}$向下运动，则绳上两点A、D和轮缘上两点B、C的加速度是：

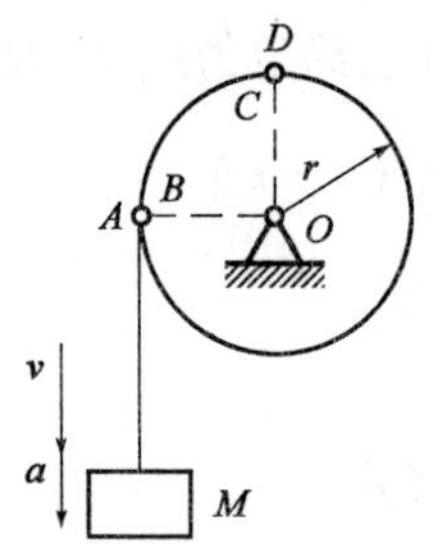

A. A、B两点的加速度相同，C、D两点的加速度相同

B. A、B两点的加速度不相同，C、D两点的加速度不相同

C. A、B两点的加速度相同，C、D两点的加速度不相同

D. A、B两点的加速度不相同，C、D两点的加速度相同

54. 汽车重力大小为$W = 2800\text{N}$，并以匀速$v = 10\text{m/s}$的行驶速度驶入刚性洼地底部，洼地底部的曲率半径$\rho = 5\text{m}$，取重力加速度$g = 10\text{m/s}^2$，则在此处地面给汽车约束力的大小为：

A. 5600N　　　　B. 2800N

C. 3360N　　　　D. 8400N

55. 图示均质圆轮，质量m，半径R，由挂在绳上的重力大小为W的物块使其绕O运动。设物块速度为$\boldsymbol{v}$，不计绳重，则系统动量、动能的大小为：

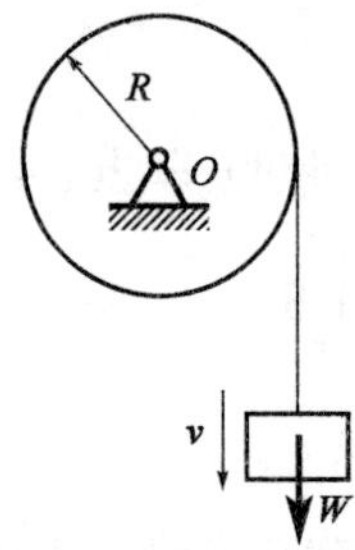

A. $\frac{W}{g} \cdot v$；$\frac{1}{2} \cdot \frac{v^2}{g}\left(\frac{1}{2}mg + W\right)$

B. mv；$\frac{1}{2} \cdot \frac{v^2}{g}\left(\frac{1}{2}mg + W\right)$

C. $\frac{W}{g} \cdot v + mv$；$\frac{1}{2} \cdot \frac{v^2}{g}\left(\frac{1}{2}mg - W\right)$

D. $\frac{W}{g} \cdot v - mv$；$\frac{W}{g} \cdot v + mv$

56. 边长为L的均质正方形平板，位于铅垂平面内并置于光滑水平面上，在微小扰动下，平板从图示位置开始倾倒，在倾倒过程中，其质心C的运动轨迹为：

A. 半径为$L/\sqrt{2}$的圆弧

B. 抛物线

C. 铅垂直线

D. 椭圆曲线

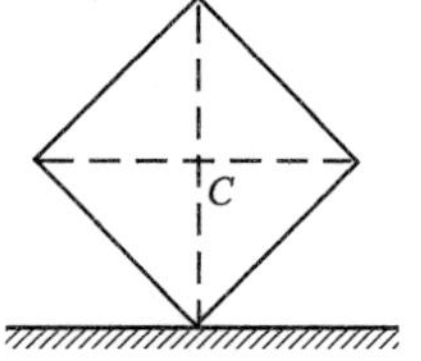

57. 如图所示，均质直杆OA的质量为m，长为l，以匀角速度ω绕O轴转动。此时将OA杆的惯性力系向O点简化，其惯性力主矢和惯性力主矩的大小分别为：

A. 0；0

B. $\frac{1}{2}ml\omega^2$；$\frac{1}{3}ml^2\omega^2$

C. $ml\omega^2$；$\frac{1}{2}ml^2\omega^2$

D. $\frac{1}{2}ml\omega^2$；0

58. 如图所示，重力大小为W的质点，由长为l的绳子连接，则单摆运动的固有频率为：

A. $\sqrt{\frac{g}{2l}}$

B. $\sqrt{\frac{W}{l}}$

C. $\sqrt{\frac{g}{l}}$

D. $\sqrt{\frac{2g}{l}}$

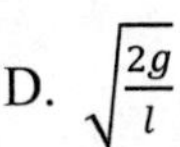

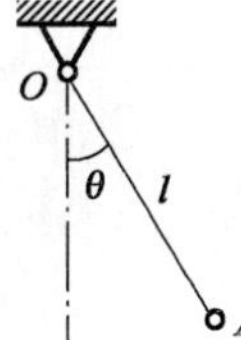

59. 已知拉杆横截面积$A = 100\text{mm}^2$，弹性模量$E = 200\text{GPa}$，横向变形系数$\mu = 0.3$，轴向拉力$F = 20\text{kN}$，则拉杆的横向应变ε'是：

A. $\varepsilon' = 0.3 \times 10^{-3}$

B. $\varepsilon' = -0.3 \times 10^{-3}$

C. $\varepsilon' = 10^{-3}$

D. $\varepsilon' = -10^{-3}$

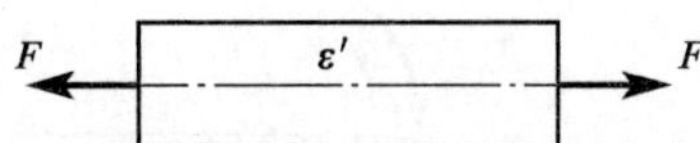

60. 图示两根相同的脆性材料等截面直杆，其中一根有沿横截面的微小裂纹。在承受图示拉伸荷载时，有微小裂纹的杆件的承载能力比没有裂纹杆件的承载能力明显降低，其主要原因是：

A. 横截面积小

B. 偏心拉伸

C. 应力集中

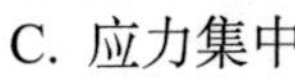

D. 稳定性差

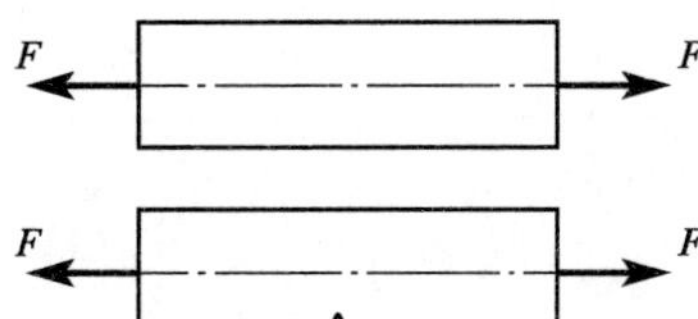

61. 已知图示杆件的许用拉应力$[\sigma]=120\text{MPa}$，许用剪应力$[\tau]=90\text{MPa}$，许用挤压应力$[\sigma_{bs}]=240\text{MPa}$，则杆件的许用拉力$[P]$等于：

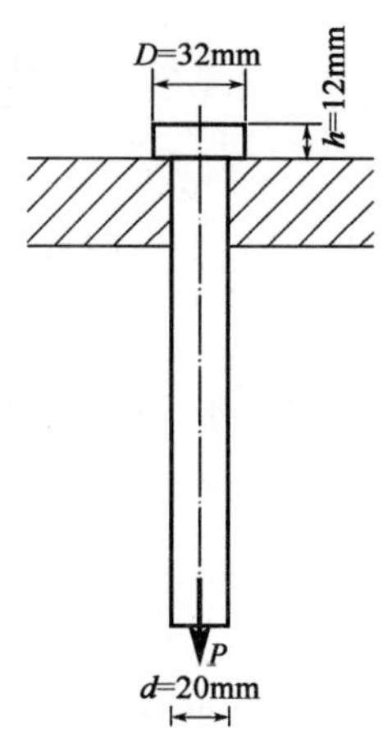

A. 18.8kN　　B. 67.86kN

C. 117.6kN　　D. 37.7kN

62. 如图所示，等截面传动轴，轴上安装 a、b、c 三个齿轮，其上的外力偶矩的大小和转向一定，但齿轮的位置可以调换。从受力的观点来看，齿轮 a 的位置应放置在下列选项中的何处？

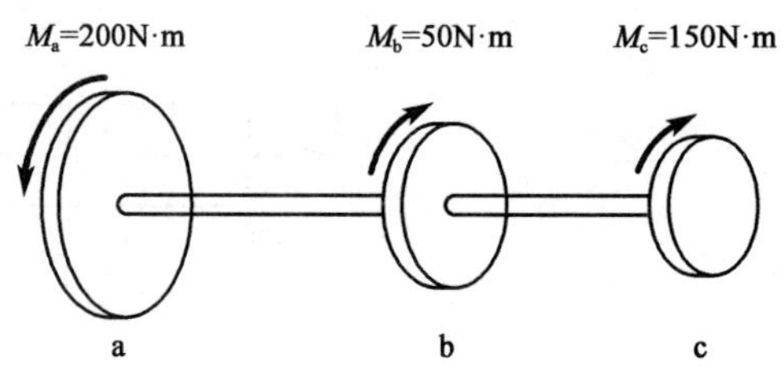

A. 任意处　　B. 轴的最左端

C. 轴的最右端　　D. 齿轮 b 与 c 之间

63. 梁AB的弯矩图如图所示，则梁上荷载F、m的值为：

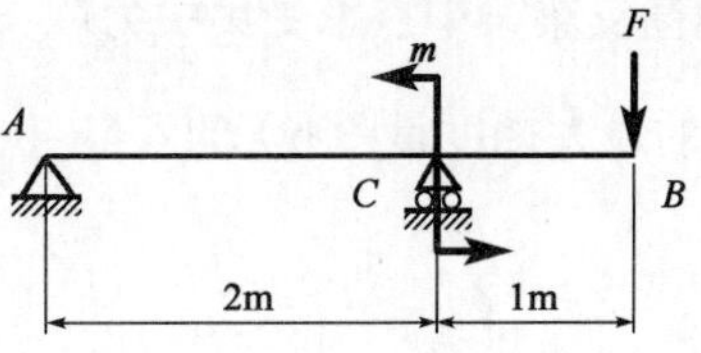

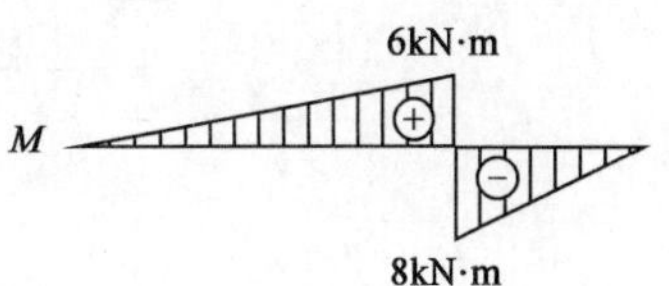

A. $F = 8\text{kN}$，$m = 14\text{kN} \cdot \text{m}$

B. $F = 8\text{kN}$，$m = 6\text{kN} \cdot \text{m}$

C. $F = 6\text{kN}$，$m = 8\text{kN} \cdot \text{m}$

D. $F = 6\text{kN}$，$m = 14\text{kN} \cdot \text{m}$

64. 悬臂梁AB由三根相同的矩形截面直杆胶合而成，材料的许用应力为$[\sigma]$，在力F的作用下，若胶合面完全开裂，接触面之间无摩擦力，假设开裂后三根杆的挠曲线相同，则开裂后的梁强度条件的承载能力是原来的：

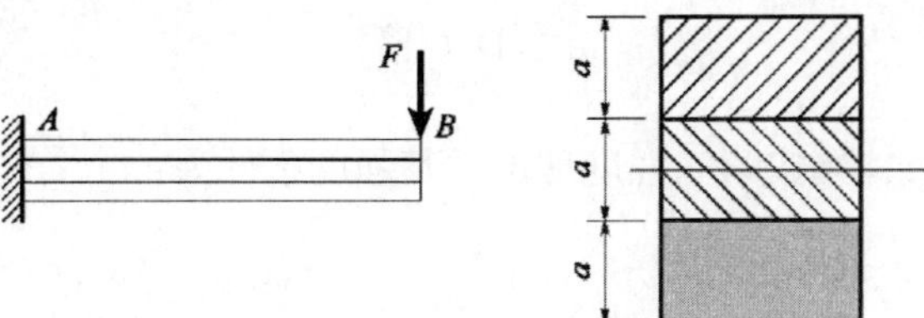

A. 1/9　　　　B. 1/3

C. 两者相同　　　　D. 3 倍

65. 梁的横截面为图示薄壁工字型，z轴为截面中性轴，设截面上的剪力竖直向下，则该截面上的最大弯曲切应力在：

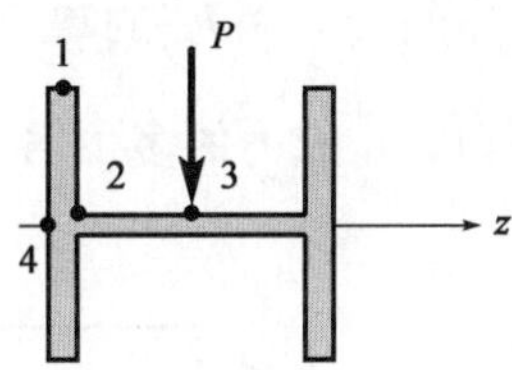

A. 翼缘的中性轴处 4 点

B. 腹板上缘延长线与翼缘相交处的 2 点

C. 左侧翼缘的上端 1 点

D. 腹板上边缘的 3 点

66. 图示悬臂梁自由端承受集中力偶m_g。若梁的长度减少一半，梁的最大挠度是原来的：

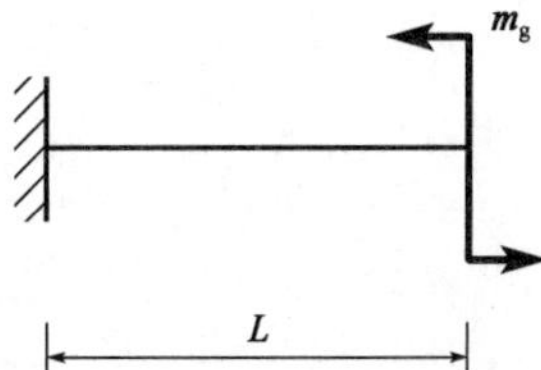

A. 1/2

B. 1/4

C. 1/8

D. 1/16

67. 矩形截面简支梁梁中点承受集中力F，若$h = 2b$，若分别采用图 a）、b）两种方式放置，图 a）梁的最大挠度是图 b）的：

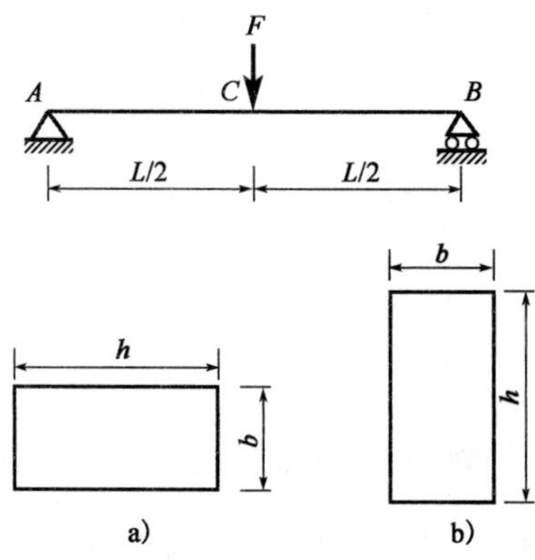

A. 1/2　　B. 2 倍

C. 4 倍　　D. 6 倍

68. 已知图示单元体上的$\sigma > \tau$，则按第三强度理论，其强度条件为：

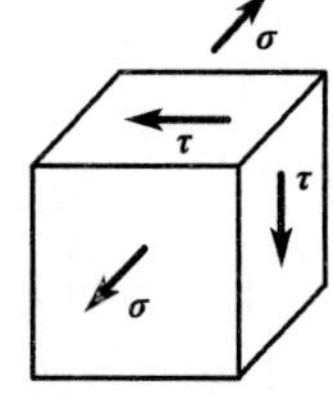

A. $\sigma - \tau \leqslant [\sigma]$

B. $\sigma + \tau \leqslant [\sigma]$

C. $\sqrt{\sigma^2 + 4\tau^2} \leqslant [\sigma]$

D. $\sqrt{\left(\frac{\sigma}{2}\right)^2 + \tau^2} \leqslant [\sigma]$

69. 图示矩形截面拉杆中间开一深为$\frac{h}{2}$的缺口，与不开缺口时的拉杆相比（不计应力集中影响），杆内最大正应力是不开口时正应力的多少倍?

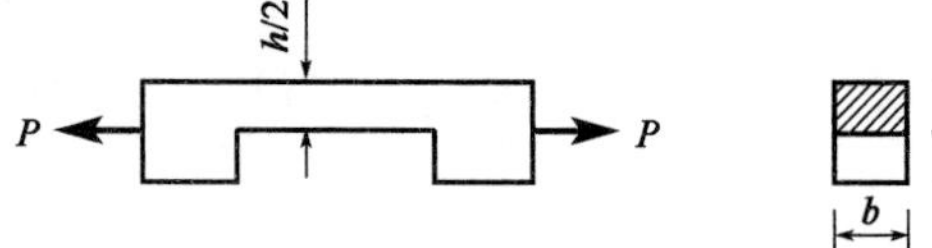

A. 2　　B. 4

C. 8　　D. 16

70. 一端固定另一端自由的细长（大柔度）压杆，长度为L（图 a），当杆的长度减少一半时（图 b），其临界载荷是原来的：

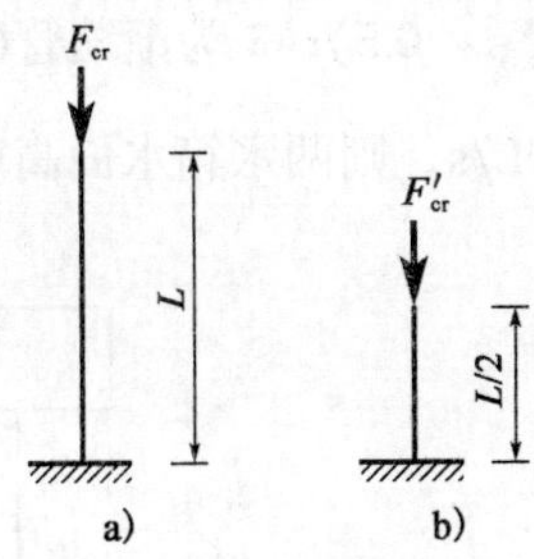

A. 4 倍

B. 3 倍

C. 2 倍

D. 1 倍

71. 水的运动黏性系数随温度的升高而：

A. 增大

B. 减小

C. 不变

D. 先减小然后增大

72. 密闭水箱如图所示，已知水深$h = 1\text{m}$，自由面上的压强$p_0 = 90\text{kN/m}^2$，当地大气压$p_a = 101\text{kN/m}^2$，则水箱底部A点的真空度为：

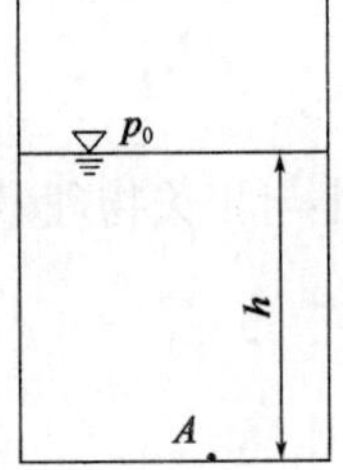

A. -1.2kN/m^2

B. 9.8kN/m^2

C. 1.2kN/m^2

D. -9.8kN/m^2

73. 关于流线，错误的说法是：

A. 流线不能相交

B. 流线可以是一条直线，也可以是光滑的曲线，但不可能是折线

C. 在恒定流中，流线与迹线重合

D. 流线表示不同时刻的流动趋势

74. 如图所示，两个水箱用两段不同直径的管道连接，1~3 管段长$l_1 = 10\text{m}$，直径$d_1 = 200\text{mm}$，$\lambda_1 = 0.019$；3~6 管段长$l_2 = 10\text{m}$，直径$d_2 = 100\text{mm}$，$\lambda_2 = 0.018$，管道中的局部管件：1 为入口($\xi_1 = 0.5$)；2 和 5 为90°弯头($\xi_2 = \xi_5 = 0.5$)；3 为渐缩管($\xi_3 = 0.024$)；4 为闸阀($\xi_4 = 0.5$)；6 为管道出口($\xi_6 = 1$)。若输送流量为40L/s，则两水箱水面高度差为：

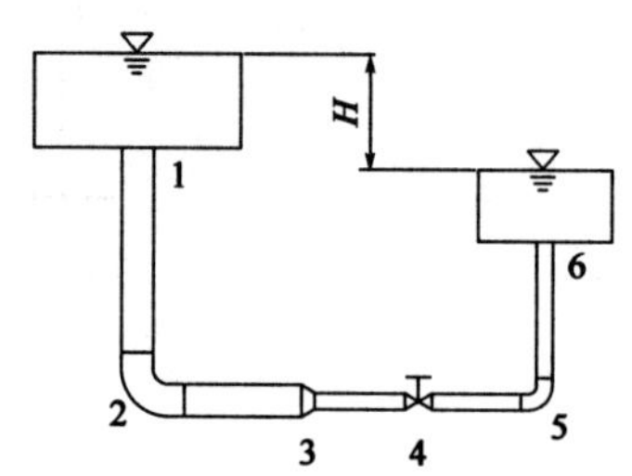

A. 3.501m

B. 4.312m

C. 5.204m

D. 6.123m

75. 在长管水力计算中：

A. 只有速度水头可忽略不计

B. 只有局部水头损失可忽略不计

C. 速度水头和局部水头损失均可忽略不计

D. 两断面的测压管水头差并不等于两断面间的沿程水头损失

76. 矩形排水沟，底宽 5m，水深 3m，则水力半径为：

A. 5m

B. 3m

C. 1.36m

D. 0.94m

77. 潜水完全井抽水量大小与相关物理量的关系是：

A. 与井半径成正比

B. 与井的影响半径成正比

C. 与含水层厚度成正比

D. 与土体渗透系数成正比

78. 合力F、密度ρ、长度L、速度v组合的无量纲数是：

A. $\frac{F}{\rho v L}$

B. $\frac{F}{\rho v^2 L}$

C. $\frac{F}{\rho v^2 L^2}$

D. $\frac{F}{\rho v L^2}$

79. 由图示长直导线上的电流产生的磁场：

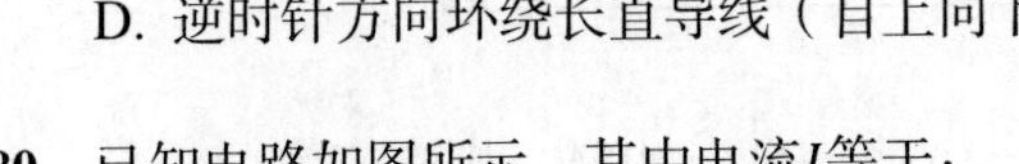

A. 方向与电流方向相同

B. 方向与电流方向相反

C. 顺时针方向环绕长直导线（自上向下俯视）

D. 逆时针方向环绕长直导线（自上向下俯视）

80. 已知电路如图所示，其中电流I等于：

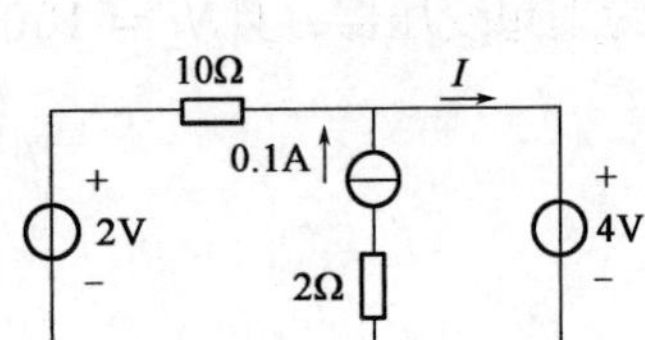

A. 0.1A

B. 0.2A

C. −0.1A

D. −0.2A

81. 已知电路如图所示，其中响应电流I在电流源单独作用时的分量为：

A. 因电阻R未知，故无法求出

B. 3A

C. 2A

D. −2A

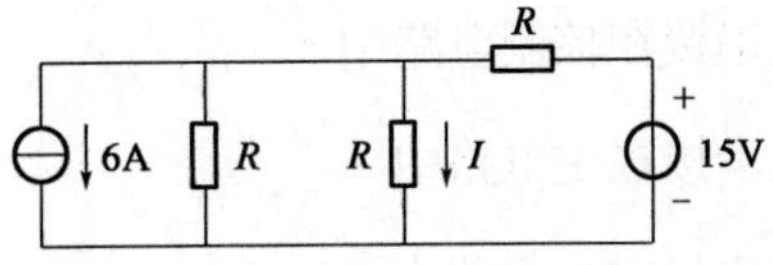

82. 用电压表测量图示电路$u(t)$和$i(t)$的结果是 10V 和 0.2A，设电流$i(t)$的初相位为$10°$，电压与电流呈反相关系，则如下关系成立的是：

A. $\dot{U} = 10\angle -10°\text{V}$

B. $\dot{U} = -10\angle -10°\text{V}$

C. $\dot{U} = 10\sqrt{2}\angle -170°\text{V}$

D. $\dot{U} = 10\angle -170°\text{V}$

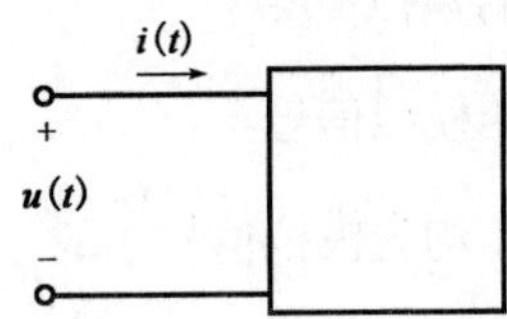

83. 测得某交流电路的端电压u和电流i分别为 110V 和 1A，两者的相位差为$30°$，则该电路的有功功率、无功功率和视在功率分别为：

A. 95.3W，55var，110V·A

B. 55W，95.3var，110V·A

C. 110W，110var，110V·A

D. 95.3W，55var，150.3V·A

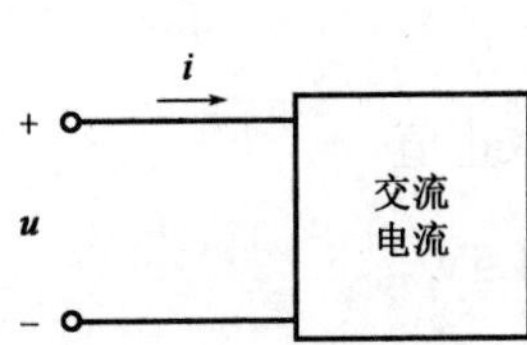

84. 已知电路如图所示，设开关在$t=0$时刻断开，那么：

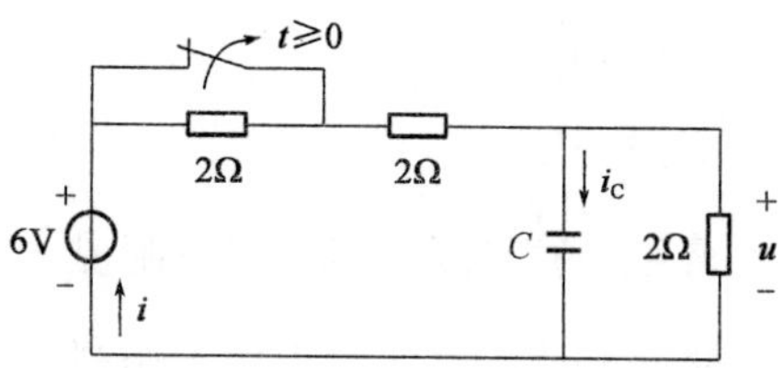

A. 电流i_C从 0 逐渐增长，再逐渐衰减为 0

B. 电压从 3V 逐渐衰减到 2V

C. 电压从 2V 逐渐增长到 3V

D. 时间常数$\tau=4C$

85. 图示变压器为理想变压器，且$N_1=100$匝，若希望$I_1=1$A时，$P_{R2}=40$W，则N_2应为：

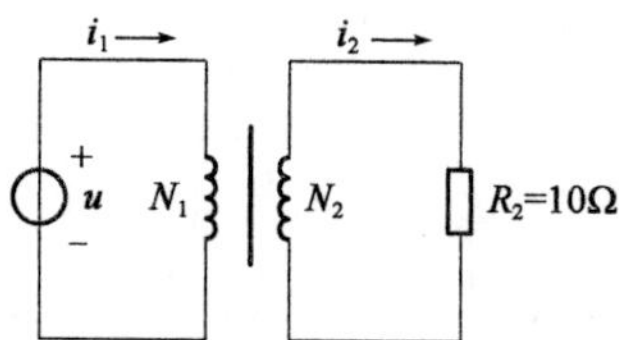

A. 50 匝

B. 200 匝

C. 25 匝

D. 400 匝

86. 为实现对电动机的过载保护，除了将热继电器的热元件串接在电动机的供电电路中外，还应将其：

A. 常开触点串接在控制电路中

B. 常闭触点串接在控制电路中

C. 常开触点串接在主电路中

D. 常闭触点串接在主电路中

87. 通过两种测量手段测得某管道中液体的压力和流量信号如图中曲线 1 和曲线 2 所示，由此可以说明：

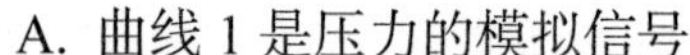

A. 曲线 1 是压力的模拟信号

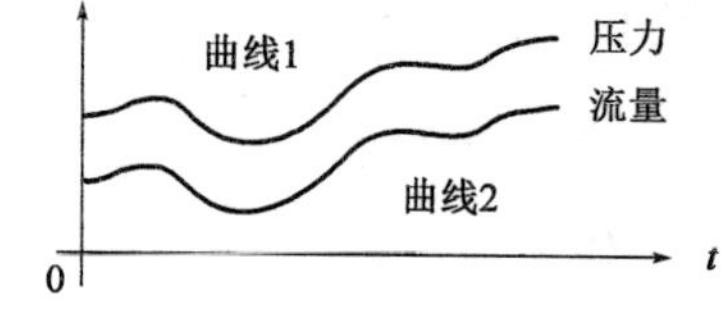

B. 曲线 2 是流量的模拟信号

C. 曲线 1 和曲线 2 均为模拟信号

D. 曲线 1 和曲线 2 均为连续信号

88. 设周期信号$u(t)$的幅值频谱如图所示，则该信号：

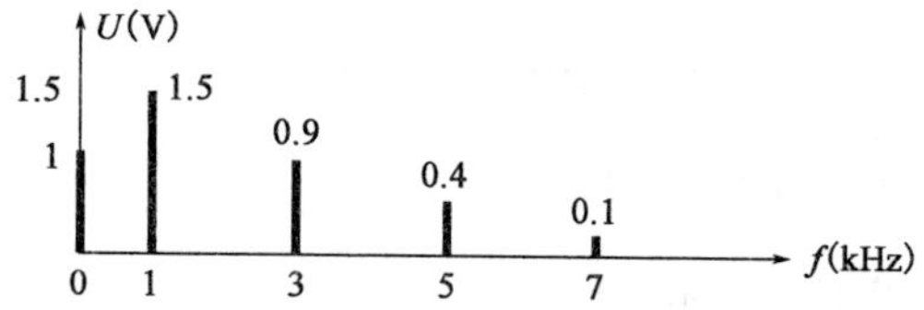

A. 是一个离散时间信号

B. 是一个连续时间信号

C. 在任意瞬间均取正值

D. 最大瞬时值为 1.5V

89. 设放大器的输入信号为$u_1(t)$，放大器的幅频特性如图所示，令$u_1(t)=\sqrt{2}u_1\sin 2\pi ft$，且$f>f_{\rm H}$，则：

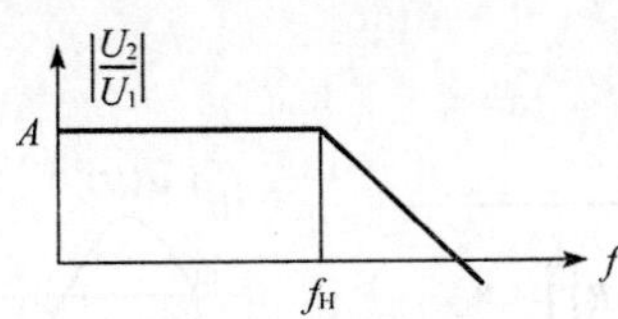

A. $u_2(t)$的出现频率失真

B. $u_2(t)$的有效值$U_2=AU_1$

C. $u_2(t)$的有效值$U_2<AU_1$

D. $u_2(t)$的有效值$U_2>AU_1$

90. 对逻辑表达式$\mathrm{AC+DC+\overline{AD}\cdot C}$的化简结果是：

A. C

B. A + D + C

C. AC + DC

D. $\overline{\rm A}+\overline{\rm C}$

91. 已知数字信号 A 和数字信号 B 的波形如图所示，则数字信号 F= $\overline{\rm A+B}$的波形为：

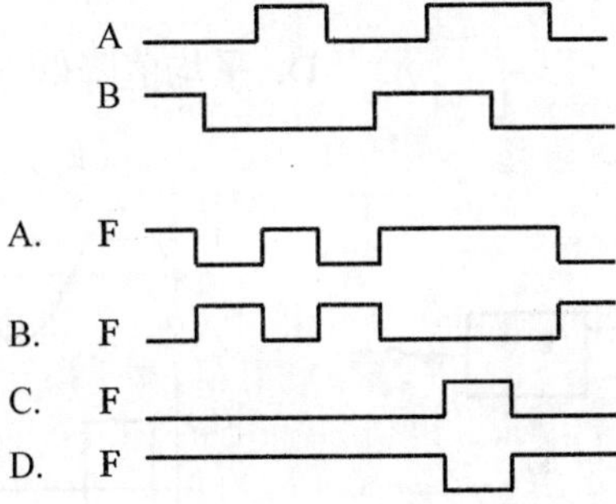

92. 十进制数字 88 的 BCD 码为：

A. 00010001

B. 10001000

C. 01100110

D. 01000100

93. 二极管应用电路如图 a）所示，电路的激励u_f如图 b）所示，设二极管为理想器件，则电路输出电压u_o的波形为：

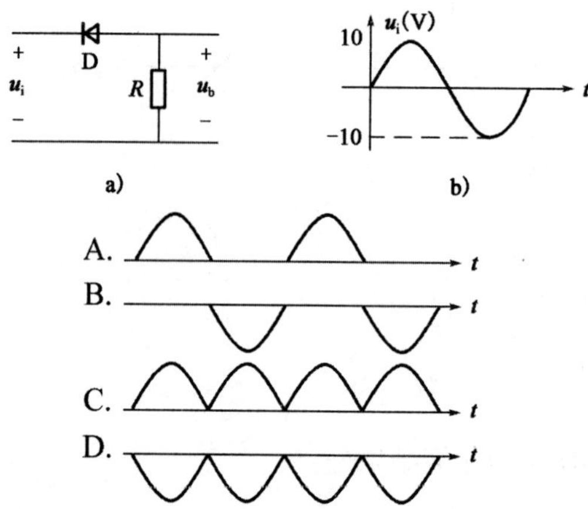

94. 图 a）所示的电路中，运算放大器输出电压的极限值为$\pm U_{oM}$，当输入电压$u_{i1}=1\text{V}$，$u_{i2}=2\sin at$时，输出电压波形如图 b）所示。如果将u_{i1}从 1V 调至 1.5V，将会使输出电压的：

A. 频率发生改变

B. 幅度发生改变

C. 平均值升高

D. 平均值降低

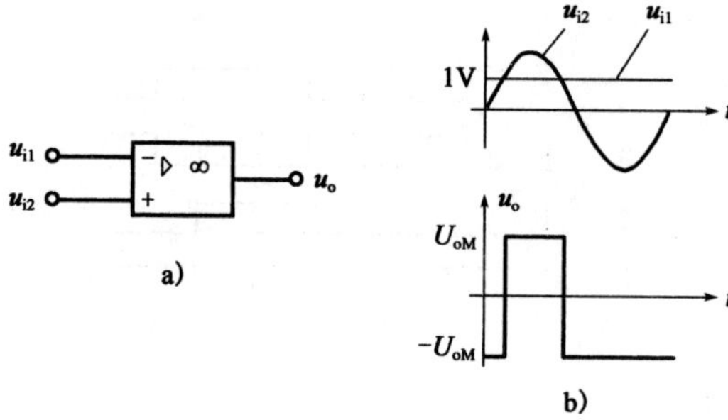

95. 图 a）所示的电路中，复位信号$\overline{R}_D$、信号 A 及时钟脉冲信号 cp 如图 b）所示，经分析可知，在第一个和第二个时钟脉冲的下降沿时刻，输出 Q 先后等于：

A. 0　0　　　　B. 0　1

C. 1　0　　　　D. 1　1

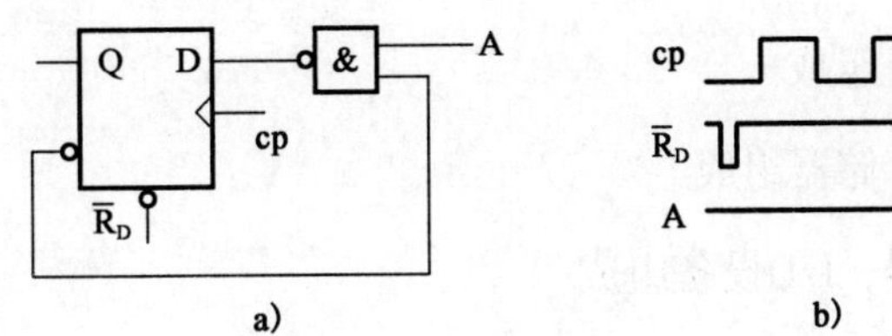

附：触发器的逻辑状态表为

D	Q_{n+1}
0	0
1	1

96. 图示时序逻辑电路是一个：

A. 左移寄存器

B. 右移寄存器

C. 异步三位二进制加法计数器

D. 同步六进制计数器

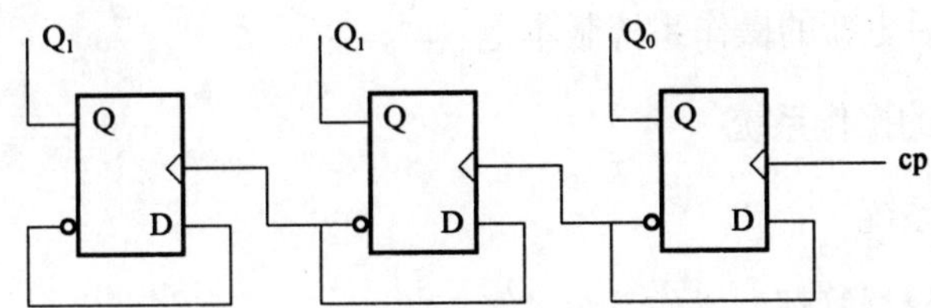

附：触发器的逻辑状态表为

D	Q_{n+1}
0	0
1	1

97. 计算机系统的内存存储器是：

A. 计算机软件系统的一个组成部分

B. 计算机硬件系统的一个组成部分

C. 隶属于外围设备的一个组成部分

D. 隶属于控制部件的一个组成部分

98. 根据冯·诺依曼结构原理，计算机的硬件由：

A. 运算器、存储器、打印机组成

B. 寄存器、存储器、硬盘存储器组成

C. 运算器、控制器、存储器、I/O设备组成

D. CPU、显示器、键盘组成

99. 微处理器与存储器以及外围设备之间的数据传送操作通过：

A. 显示器和键盘进行

B. 总线进行

C. 输入/输出设备进行

D. 控制命令进行

100. 操作系统的随机性指的是：

A. 操作系统的运行操作是多层次的

B. 操作系统与单个用户程序共享系统资源

C. 操作系统的运行是在一个随机的环境中进行的

D. 在计算机系统中同时存在多个操作系统，且同时进行操作

101. Windows 2000 以及以后更新的操作系统版本是：

A. 一种单用户单任务的操作系统

B. 一种多任务的操作系统

C. 一种不支持虚拟存储器管理的操作系统

D. 一种不适用于商业用户的营组系统

102. 十进制的数 256.625，用八进制表示则是：

A. 412.5

B. 326.5

C. 418.8

D. 400.5

103. 计算机的信息数量的单位常用 KB、MB、GB、TB 表示，它们中表示信息数量最大的一个是：

A. KB

B. MB

C. GB

D. TB

104. 下列选项中，不是计算机病毒特点的是：

A. 非授权执行性、复制传播性

B. 感染性、寄生性

C. 潜伏性、破坏性、依附性

D. 人机共患性、细菌传播性

105. 按计算机网络作用范围的大小，可将网络划分为：

A. X.25 网、ATM 网

B. 广域网、有线网、无线网

C. 局域网、城域网、广域网

D. 环形网、星形网、树形网、混合网

106. 下列选项中不属于局域网拓扑结构的是：

A. 星形　　　　B. 互联形

C. 环形　　　　D. 总线型

107. 某项目借款 2000 万元，借款期限 3 年，年利率为 6%，若每半年计复利一次，则实际年利率会高出名义利率多少：

A. 0.16%　　　　B. 0.25%

C. 0.09%　　　　D. 0.06%

108. 某建设项目的建设期为 2 年，第一年贷款额为 400 万元，第二年贷款额为 800 万元，贷款在年内均衡发生，贷款年利率为 6%，建设期内不支付利息，则建设期贷款利息为：

A. 12 万元　　　　B. 48.72 万

C. 60 万元　　　　D. 60.72 万元

109. 某公司发行普通股筹资 8000 万元，筹资费率为 3%，第一年股利率为 10%，以后每年增长 5%，所得税率为 25%，则普通股资金成本为：

A. 7.73%　　　　B. 10.31%

C. 11.48%　　　　D. 15.31%

110. 某投资项目原始投资额为 200 万元，使用寿命为 10 年，预计净残值为零，已知该项目第 10 年的经营净现金流量为 25 万元，回收营运资金 20 万元，则该项目第 10 年的净现金流量为：

A. 20 万元　　B. 25 万元

C. 45 万元　　D. 65 万元

111. 以下关于社会折现率的说法中，不正确的是：

A. 社会折现率可用作经济内部收益率的判别基准

B. 社会折现率可用作衡量资金时间经济价值

C. 社会折现率可用作不同年份之间资金价值转化的折现率

D. 社会折现率不能反映资金占用的机会成本

112. 某项目在进行敏感性分析时，得到以下结论：产品价格下降 10%，可使$\mathrm{NPV}=0$；经营成本上升 15%，$\mathrm{NPV}=0$；寿命期缩短 20%，$\mathrm{NPV}=0$；投资增加 25%，$\mathrm{NPV}=0$。则下列因素中，最敏感的是：

A. 产品价格　　B. 经营成本

C. 寿命期　　D. 投资

113. 现有两个寿命期相同的互斥投资方案 A 和 B，B 方案的投资额和净现值都大于 A 方案，A 方案的内部收益率为 14%，B 方案的内部收益率为 15%，差额的内部收益率为 13%，则使 A、B 两方案优劣相等时的基准收益率应为：

A. 13%　　B. 14%

C. 15%　　D. 13%至 15%之间

114. 某产品共有五项功能F_1、F_2、F_3、F_4、F_5，用强制确定法确定零件功能评价体系时，其功能得分分别为 3、5、4、1、2，则F_3的功能评价系数为：

A. 0.20　　B. 0.13　　C. 0.27　　D. 0.33

115. 根据《中华人民共和国建筑法》规定，施工企业可以将部分工程分包给其他具有相应资质的分包单位施工，下列情形中不违反有关承包的禁止性规定的是：

A. 建筑施工企业超越本企业资质等级许可的业务范围或者以任何形式用其他建筑施工企业的名义承揽工程

B. 承包单位将其承包的全部建筑工程转包给他人

C. 承包单位将其承包的全部建筑工程肢解以后以分包的名义分别转包给他人

D. 两个不同资质等级的承包单位联合共同承包

116. 根据《中华人民共和国安全生产法》规定，从业人员享有权利并承担义务，下列情形中属于从业人员履行义务的是：

A. 张某发现直接危及人身安全的紧急情况时禁止作业撤离现场

B. 李某发现事故隐患或者其他不安全因素，立即向现场安全生产管理人员或者本单位负责人报告

C. 王某对本单位安全生产工作中存在的问题提出批评、检举、控告

D. 赵某对本单位的安全生产工作提出建议

117. 某工程实行公开招标，招标文件规定，投标人提交投标文件截止时间为 3 月 22 日下午 5 点整。投标人 D 由于交通拥堵于 3 月 22 日下午 5 点 10 分送达投标文件，其后果是：

A. 投标保证金被没收　　B. 招标人拒收该投标文件

C. 投标人提交的投标文件有效　　D. 由评标委员会确定为废标

118. 在订立合同是显失公平的合同时，当事人可以请求人民法院撤销该合同，其行使撤销权的有效期限是：

A. 自知道或者应当知道撤销事由之日起五年内

B. 自撤销事由发生之日一年内

C. 自知道或者应当知道撤销事由之日起一年内

D. 自撤销事由发生之日五年内

119. 根据《建设工程质量管理条例》规定，下列有关建设工程质量保修的说法中，正确的是：

A. 建设工程的保修期，自工程移交之日起计算

B. 供冷系统在正常使用条件下，最低保修期限为 2 年

C. 供热系统在正常使用条件下，最低保修期限为 2 年采暖期

D. 建设工程承包单位向建设单位提交竣工结算资料时，应当出具质量保修书

120. 根据《建设工程安全生产管理条例》规定，建设单位确定建设工程安全作业环境及安全施工措施所需费用的时间是：

A. 编制工程概算时　　B. 编制设计预算时

C. 编制施工预算时　　D. 编制投资估算时

2017 年度全国勘察设计注册工程师执业资格考试基础考试（上）

试题解析及参考答案

1. 解　本题考查分段函数的连续性问题，重点考查在分界点处的连续性。

要求在分界点处函数的左右极限存在且相等并且等于该点的函数值：

$$\lim_{x\to1}\frac{x\ln x}{1-x}\overset{\frac{0}{0}}{=}\lim_{x\to1}\frac{(x\ln x)'}{(1-x)'}=\lim_{x\to1}\frac{1\cdot\ln x+x\cdot\dfrac{1}{x}}{-1}=-1$$

而$\lim\limits_{x\to1}\frac{x\ln x}{1-x}=f(1)=a\Rightarrow a=-1$

答案：C

2. 解　本题考查复合函数在定义域内的性质。

函数$\sin\frac{1}{x}$的定义域为$(-\infty,0)$，$(0,+\infty)$，它是由函数$y=\sin t$，$t=\frac{1}{t}$复合而成的，当t在$(-\infty,0)$，$(0,+\infty)$变化时，t在$(-\infty,+\infty)$内变化，函数$y=\sin t$的值域为$[-1,1]$，所以函数$y=\sin\frac{1}{x}$是有界函数。

答案：A

3. 解　本题考查空间向量的相关性质，注意"点乘"和"叉乘"对向量运算的几何意义。

选项 A、C 中，$|\boldsymbol{\alpha}\times\boldsymbol{\beta}|=|\boldsymbol{\alpha}|\cdot|\boldsymbol{\beta}|\cdot\sin(\boldsymbol{\alpha},\boldsymbol{\beta})$，若$\boldsymbol{\alpha}\times\boldsymbol{\beta}=\mathbf{0}$，且$\boldsymbol{\alpha},\boldsymbol{\beta}$非零，则有$\sin(\boldsymbol{\alpha},\boldsymbol{\beta})=0$，故$\boldsymbol{\alpha}/\!/\boldsymbol{\beta}$，选项 A 错误，C 正确。

选项 B 中，$\boldsymbol{\alpha}\cdot\boldsymbol{\beta}=|\boldsymbol{\alpha}|\cdot|\boldsymbol{\beta}|\cdot\cos(\boldsymbol{\alpha},\boldsymbol{\beta})$，若$\boldsymbol{\alpha}\cdot\boldsymbol{\beta}=0$，且$\boldsymbol{\alpha},\boldsymbol{\beta}$非零，则有$\cos(\boldsymbol{\alpha},\boldsymbol{\beta})=0$，故$\boldsymbol{\alpha}\perp\boldsymbol{\beta}$，选项 B 错误。

选项 D 中，若$\boldsymbol{\alpha}=\lambda\boldsymbol{\beta}$，则$\boldsymbol{\alpha}/\!/\boldsymbol{\beta}$，此时$\boldsymbol{\alpha}\cdot\boldsymbol{\beta}=\lambda\boldsymbol{\beta}\cdot\boldsymbol{\beta}=\lambda|\boldsymbol{\beta}||\boldsymbol{\beta}|\cos0°\neq0$，选项 D 错误。

答案：C

4. 解　本题考查一阶线性微分方程的特解形式，本题采用公式法和代入法均能得到结果。

方法 1：公式法，一阶线性微分方程的一般形式为：$y'+P(x)y=Q(x)$

其通解为$y=e^{-\int P(x)\mathrm{d}x}\left[\int Q(x)e^{\int P(x)\mathrm{d}x}\mathrm{d}x+C\right]$

本题中，$P(x)=-1$，$Q(x)=0$，有$y=e^{-\int-1\mathrm{d}x}(0+C)=Ce^x$

由$y(0)=2\Rightarrow Ce^0=2$，即$C=2$，故$y=2e^x$。

方法 2：利用可分离变量方程计算：$\frac{\mathrm{d}y}{\mathrm{d}x}=y\Longrightarrow\frac{\mathrm{d}y}{y}=\mathrm{d}x\Longrightarrow\int\frac{\mathrm{d}y}{y}=\int\mathrm{d}x\Longrightarrow\ln y=x+\ln c\Longrightarrow y=Ce^x$

由$y(0)=2\Rightarrow Ce^0=2$，即$C=2$，故$y=2e^x$。

方法 3：代入法，将选项 A 中$y=2e^{-x}$代入$y'-y=0$中，不满足方程。同理，选项 C、D 也不满足。

答案：B

5. 解　本题考查变限定积分求导的问题。

对于下限有变量的定积分求导，可先转化为上限有变量的定积分求导问题，注意交换上下限的位置之后，增加一个负号，再利用公式即可：

$$f(x)=\int_x^2\sqrt{5+t^2}\mathrm{d}t=-\int_2^x\sqrt{5+t^2}\mathrm{d}t$$

$$f'(x)=-\sqrt{5+x^2}$$

$$f'(1)=-\sqrt{6}$$

答案：D

6. 解　本题考查隐函数求导的问题。

方法 1：方程两边对x求导，注意y是x的函数：

$$e^y+x'y=e$$

$$(e^y)'+(xy)'=(e)'$$

$$e^y\cdot y'+(y+xy')=0$$

$$(e^y+x)y'=-y$$

解出$y'=\frac{-y}{x+e^y}$

当$x=0$时，有$e^y=e\Rightarrow y=1$，$y'(0)=-\frac{1}{e}$

方法 2：利用二元方程确定的隐函数导数的计算方法计算。

$$e^y+xy=e,\ e^y+xy-e=0$$

设$F(x,y)=e^y+xy-e$，$F'_y(x,y)=e^y+x$，$F'_x(x,y)=y$

所以
$$\frac{\mathrm{d}y}{\mathrm{d}x}=-\frac{F'_x(x,y)}{F'_y(x,y)}=-\frac{y}{e^y+x}$$

当$x=0$时，$y=1$，代入得$\left.\frac{\mathrm{d}y}{\mathrm{d}x}\right|_{x=0}=-\frac{1}{e}$

注：本题易错选 B 项，选 B 则是没有看清题意，题中所求是$y'(0)$而并非$y'(x)$。

答案：D

7. 解　本题考查不定积分的相关内容。

已知$\int f(x)\mathrm{d}x=\ln x+C$，可知$f(x)=\frac{1}{x}$

则$f(\cos x)=\frac{1}{\cos x}$，即$\int\cos x f(\cos x)\mathrm{d}x=\int\cos x\cdot\frac{1}{\cos x}\mathrm{d}x=x+C$

注：本题不适合采用凑微分的形式。

答案：B

8. 解　本题考查多元函数微分学的概念性问题，涉及多元函数偏导数与多元函数连续等概念，需记忆下图的关系式方可快速解答：

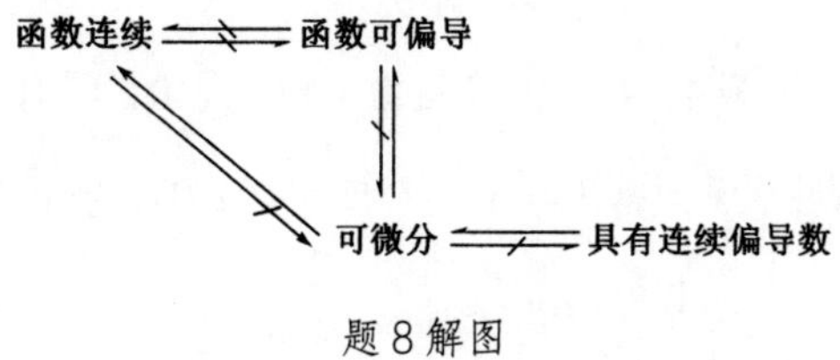

题 8 解图

$f(x,y)$在点$P_0(x_0,y_0)$有一阶偏导数，不能推出$f(x,y)$在$P_0(x_0,y_0)$连续。

同样，$f(x,y)$在$P_0(x_0,y_0)$连续，不能推出$f(x,y)$在$P_0(x_0,y_0)$有一阶偏导数。

可知，函数可偏导与函数连续之间的关系是不能相互导出的。

答案：D

9. 解 本题考查空间解析几何中对称直线方程的概念。

对称式直线方程的特点是连等号的存在，故而选项A和C可直接排除，且选项A和C并不是直线的表达式。由于所求直线平行于z轴，取z轴的方向向量为所求直线的方向向量。

$\vec{s}_z=\{0,0,1\}$，$M_0(-1,-2,3)$，利用点向式写出对称式方程：

$$\frac{x+1}{0}=\frac{y+2}{0}=\frac{z-3}{1}$$

答案：D

10. 解 本题考查定积分的计算。

对本题，观察分子中有$\frac{1}{x}$，而$\left(\frac{1}{x}\right)'=-\frac{1}{x^2}$，故适合采用凑微分解答：

原式$=\int_1^2-\left(1-\frac{1}{x}\right)\mathrm{d}\left(\frac{1}{x}\right)=\int_1^2\left(\frac{1}{x}-1\right)\mathrm{d}\left(\frac{1}{x}\right)=\int_1^2\frac{1}{x}\mathrm{d}\left(\frac{1}{x}\right)-\int_1^2 1\mathrm{d}\left(\frac{1}{x}\right)$

$=\frac{1}{2}\left(\frac{1}{x}\right)^2\Big|_1^2-\frac{1}{x}\Big|_1^2=\frac{1}{8}$

答案：C

11. 解 本题考查了三角函数的基本性质，以及最值的求法。

方法1：$f(x)=\sin(x+\frac{\pi}{2}+\pi)=-\cos x$

$x\in[-\pi,\pi]$

$f'(x)=\sin x$，$f'(x)=0$，即$\sin x=0$，可知$x=0$，$-\pi$，π为驻点

则$f(0)=-\cos 0=-1$，$f(-\pi)=-\cos(-\pi)=1$，$f(\pi)=-\cos\pi=1$

所以$x=0$，函数取得最小值，最小值点$x_0=0$

方法2：通过作图，可以看出在$[-\pi,\pi]$上的最小值点$x_0=0$。

答案：B

12. 解 本题考查参数方程形式的对坐标的曲线积分（也称第二类曲线积分），注意绕行方向为顺时针。

如解图所示，上半椭圆ABC是由参数方程$\begin{cases}x=a\cos\theta\\ y=b\sin\theta\end{cases}$ $(a>0,\ b>0)$画出的。本题积分路径L为沿上半椭圆顺时针方向，从C到B，再到A，θ变化范围由π变化到0，具体计算可由方程$x=a\cos\theta$得到。起点为$C(-a,0)$，把$-a$代入方程中的x，得$\theta=\pi$。终点为$A(a,0)$，把a代入方程中的x，得$\theta=0$，因此参数θ的变化为从$\theta=\pi$变化到$\theta=0$，即θ：$\pi\to 0$。

由$x = a\cos\theta$可知，$dx = -a\sin\theta d\theta$，因此原式有：

$$\int_L y^2\,dx = \int_\pi^0 (b\sin\theta)^2(-a\sin\theta)d\theta = \int_0^\pi ab^2\sin^3\theta d\theta = ab^2\int_0^\pi \sin^2\theta d(-\cos\theta)$$

$$= -ab^2\int_0^\pi (1-\cos^2\theta)d(\cos\theta) = \frac{4}{3}ab^2$$

注：对坐标的曲线积分应注意积分路径的方向，然后写出积分变量的上下限，本题若取逆时针为绕行方向，则θ的范围应从0到π。简单作图即可观察和验证。

答案：B

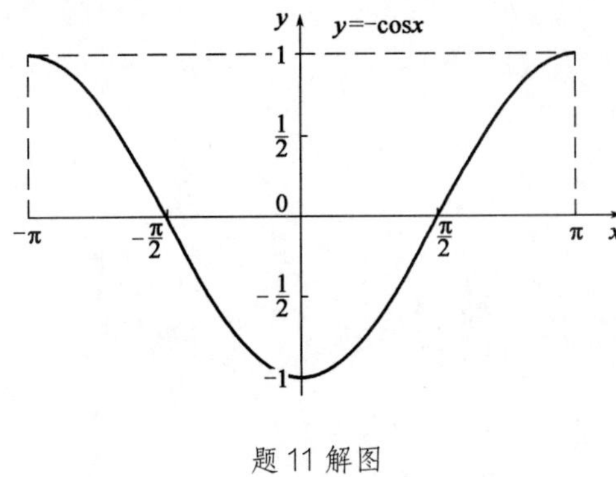

题11解图

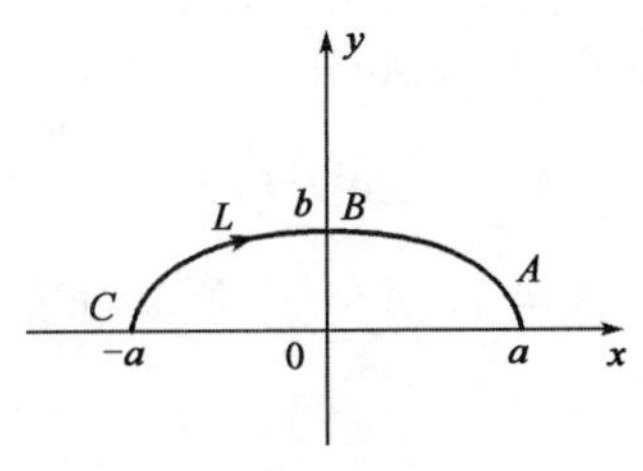

题12解图

13. 解　本题考查交错级数收敛的充分条件。

注意本题有$(-1)^n$，显然$\sum_{n=1}^{\infty}\frac{(-1)^n}{a_n}(a_n>0)$是一个交错级数。

交错级数收敛，即$\sum_{n=1}^{\infty}(-1)^n a_n$只要满足：①$a_n > a_{n+1}$，②$a_n \to 0(n\to\infty)$即可。

在选项D中，已知a_n单调递增，即$a_n < a_{n+1}$，所以$\frac{1}{a_n} > \frac{1}{a_{n+1}}$

又知$\lim\limits_{n\to\infty} a_n = +\infty$，所以$\lim\limits_{n\to\infty}\frac{1}{a_n} = 0$，故级数$\sum_{n=1}^{\infty}\frac{(-1)^n}{a_n}(a_n>0)$收敛

其他选项均不符合交错级数收敛的判别方法。

答案：D

14. 解　本题考查函数拐点的求法。

求解函数拐点即先求函数的二阶导数为0的点，因此有：

$$F'(x) = e^{-x} - xe^{-x}$$

$$F''(x) = xe^{-x} - 2e^{-x} = (x-2)e^{-x}$$

令$f''(x) = 0$，解出$x = 2$

当$x\in(-\infty,2)$时，$f''(x)<0$；当$x\in(2,+\infty)$时，$f''(x)>0$

所以拐点为$(2,2e^{-2})$

答案：A

15. 解　本题考查二阶常系数线性非齐次方程的特解问题。

严格说来本题有点超纲，大纲要求是求解二阶常系数线性齐次微分方程，对于非齐次方程并不做要求。因此本题可采用代入法求解，考虑到$e^x = (e^x)' = (e^x)''$，观察各选项，易知选项 C 符合要求。

具体解析过程如下：

$y'' + y' + y = e^x$对应的齐次方程为$y'' + y' + y = 0$

$r^2 + r + 1 = 0 \Rightarrow r_{1,2} = \frac{-1\pm\sqrt{3}i}{2}$

所以$\lambda = 1$不是特征方程的根

设二阶非齐次线性方程的特解$y^* = Ax^0e^x = Ae^x$

$(y^*)' = Ae^x$，$(y^*)'' = Ae^x$

代入，得$Ae^x + Ae^x + Ae^x = e^x$

$3Ae^x = e^x$，$3A = 1$，$A = \frac{1}{3}$，所以特解为$y^* = \frac{1}{3}e^x$

答案：C

16. 解　本题考查二重积分在极坐标下的运算。

注意到在二重积分的极坐标中有$x = r\cos\theta$，$y = r\sin\theta$，故$x^2 + y^2 = r^2$，因此对于圆域有$0 \leqslant r^2 \leqslant 1$，也即$r$：$0 \to 1$，整个圆域范围内有$\theta$：$0 \to 2\pi$，如解图所示，同时注意二重积分中面积元素$\mathrm{d}x\mathrm{d}y = r\mathrm{d}r\mathrm{d}\theta$，故：

$$\iint_D \frac{\mathrm{d}x\mathrm{d}y}{1+x^2+y^2} = \int_0^{2\pi}\mathrm{d}\theta\int_0^1 \frac{1}{1+r^2}r\mathrm{d}r \xrightarrow[\text{对}r\text{凑微分}]{\theta\text{和}r\text{无关直接积分，}} 2\pi\int_0^1 \frac{1}{2}\frac{1}{1+r^2}\mathrm{d}(1+r^2)$$

$$= \pi\ln(1+r^2)\Big|_0^1 = \pi\ln 2$$

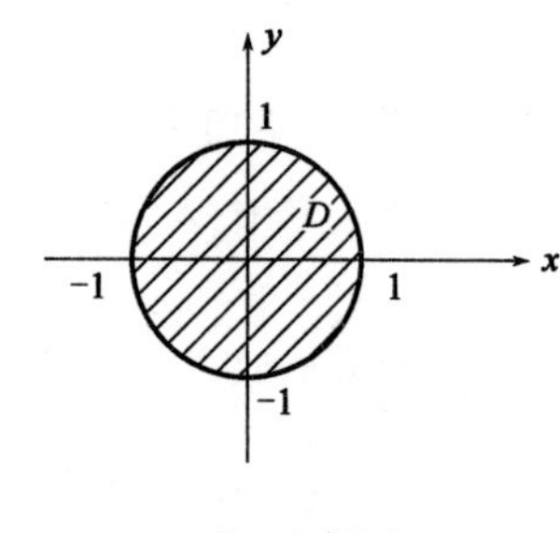

题 16 解图

答案：D

17. 解　本题考查幂级数的和函数的基本运算。

级数$\sum\limits_{n=1}^{\infty}\frac{x^n}{n!} = \frac{x}{1!} + \frac{x^2}{2!} + \frac{x^3}{3!} + \cdots + \frac{x^n}{n!} + \cdots$

已知$e^x = 1 + \frac{x}{1!} + \frac{x^2}{2!} + \cdots + \frac{x^n}{n!} + \cdots (-\infty, +\infty)$

所以级数$\sum\limits_{n=1}^{\infty}\frac{x^n}{n!}$ 的和函数$S(x) = e^x - 1$

注：考试中常见的幂级数展开式有：

$\frac{1}{1-x} = 1 + x + x^2 + \cdots + x^k + \cdots = \sum\limits_{k=0}^{\infty}x^k$，$|x| < 1$

$\frac{1}{1+x} = 1 - x + x^2 - \cdots + (-1)^k x^k + \cdots = \sum\limits_{k=0}^{\infty}(-1)^k x^k$，$|x| < 1$

$e^x = 1 + x + \frac{x^2}{2!} + \cdots + \frac{x^k}{k!} + \cdots = \sum\limits_{k=0}^{\infty}\frac{x^k}{k!}$，$(-\infty, +\infty)$

答案：C

18. 解 本题考查多元抽象函数偏导数的运算，及多元复合函数偏导数的计算方法。

$$z = y\varphi\left(\frac{x}{y}\right)$$

$$\frac{\partial z}{\partial x} = y \cdot \varphi'\left(\frac{x}{y}\right) \cdot \frac{1}{y} = \varphi'\left(\frac{x}{y}\right)$$

$$\frac{\partial^2 z}{\partial x \partial y} = \varphi''\left(\frac{x}{y}\right) \cdot \left(\frac{x}{y}\right)'_y = \varphi''\left(\frac{x}{y}\right) \cdot \left(\frac{x}{-y^2}\right)$$

注：复合函数的链式法则为$f'(g(x)) = f' \cdot g'$，读者应注意题目中同时含有抽象函数与具体函数的求导法则。

答案：B

19. 解 本题考查可逆矩阵的相关知识。

方法 1：利用初等行变换求解如下：

由$[\boldsymbol{A}|\boldsymbol{E}] \xrightarrow{\text{初等行变换}} [\boldsymbol{E}|\boldsymbol{A}^{-1}]$

得：$\left[\begin{array}{ccc|ccc} 0 & 0 & -2 & 1 & 0 & 0 \\ 0 & 3 & 0 & 0 & 1 & 0 \\ 1 & 0 & 0 & 0 & 0 & 1 \end{array}\right] \xrightarrow{r_1 \leftrightarrow r_3} \left[\begin{array}{ccc|ccc} 1 & 0 & 0 & 0 & 0 & 1 \\ 0 & 3 & 0 & 0 & 1 & 0 \\ 0 & 0 & -2 & 1 & 0 & 0 \end{array}\right] \xrightarrow[-\frac{1}{2}r_3]{\frac{1}{3}r_2} \left[\begin{array}{ccc|ccc} 1 & 0 & 0 & 0 & 0 & 1 \\ 0 & 1 & 0 & 0 & \frac{1}{3} & 0 \\ 0 & 0 & 1 & -\frac{1}{2} & 0 & 0 \end{array}\right]$

故$\boldsymbol{A}^{-1} = \begin{bmatrix} 0 & 0 & 1 \\ 0 & \frac{1}{3} & 0 \\ -\frac{1}{2} & 0 & 0 \end{bmatrix}$

方法 2：逐项代入法，与矩阵$\boldsymbol{A}$乘积等于$\boldsymbol{E}$，即为正确答案。验证选项 C，计算过程如下：

$$\begin{bmatrix} 0 & 0 & -2 \\ 0 & 3 & 0 \\ 1 & 0 & 0 \end{bmatrix} \begin{bmatrix} 0 & 0 & 1 \\ 0 & \frac{1}{3} & 0 \\ -\frac{1}{2} & 0 & 0 \end{bmatrix} = \begin{bmatrix} 1 & 0 & 0 \\ 0 & 1 & 0 \\ 0 & 0 & 1 \end{bmatrix}$$

方法 3：利用求逆矩阵公式：

$$\boldsymbol{A}^{-1} = \frac{\boldsymbol{A}^*}{|\boldsymbol{A}|} = \frac{1}{|\boldsymbol{A}|} \begin{bmatrix} A_{11} & A_{21} & A_{31} \\ A_{12} & A_{22} & A_{32} \\ A_{13} & A_{23} & A_{33} \end{bmatrix}$$

答案：C

20. 解 本题考查线性齐次方程组解的基本知识，矩阵的秩和矩阵列向量组的线性相关性。

方法 1：$\boldsymbol{A}x = 0$有非零解$\Leftrightarrow R(\boldsymbol{A}) < n \Leftrightarrow \boldsymbol{A}$的列向量组线性相关$\Leftrightarrow$至少有一个列向量是其余列向量的线性组合。

方法 2：举反例，$\boldsymbol{A} = \begin{bmatrix} 1 & 0 & 0 \\ 0 & 1 & 1 \\ 0 & 0 & 0 \end{bmatrix}$，齐次方程组$\boldsymbol{A}x = 0$就有无穷多解，因为$R(\boldsymbol{A}) = 2 < 3$，然而矩阵中第一列和第二列线性无关，选项 A 错。第二列和第三列线性相关，选项 B 错。第一列不是第二列、第三列的线性组合，选项 C 错。

答案：D

21. 解　本题考查实对称阵的特征值与特征向量的相关知识。

已知重要结论：实对称矩阵属于不同特征值的特征向量必然正交。

方法 1：设对应$\lambda_1=6$的特征向量$\xi_1=(x_1\quad x_2\quad x_3)^{\mathrm{T}}$，由于$\boldsymbol{A}$是实对称矩阵，故$\xi_1^{\mathrm{T}}\cdot\xi_2=0$，$\xi_1^{\mathrm{T}}\cdot\xi_3=0$，即

$$\begin{cases}(x_1\quad x_2\quad x_3)\begin{bmatrix}-1\\0\\1\end{bmatrix}=0\\(x_1\quad x_2\quad x_3)\begin{bmatrix}1\\2\\1\end{bmatrix}=0\end{cases}\Rightarrow\begin{cases}-x_1+x_3=0\\x_1+2x_2+x_3=0\end{cases}$$

$$\begin{bmatrix}-1&0&1\\1&2&1\end{bmatrix}\to\begin{bmatrix}1&0&-1\\1&2&1\end{bmatrix}\to\begin{bmatrix}1&0&-1\\0&2&2\end{bmatrix}\to\begin{bmatrix}1&0&-1\\0&1&1\end{bmatrix}$$

该同解方程组为$\begin{cases}x_1-x_3=0\\x_2+x_3=0\end{cases}\Rightarrow\begin{cases}x_1=x_3\\x_2=-x_3\end{cases}$

当$x_3=1$时，$x_1=1$，$x_2=-1$

方程组的基础解系$\xi=(1\quad -1\quad 1)^{\mathrm{T}}$，取$\xi_1=(1\quad -1\quad 1)^{\mathrm{T}}$

方法 2：采用代入法，对四个选项进行验证。

对于选项 A：$(1\quad -1\quad 1)\begin{bmatrix}-1\\0\\1\end{bmatrix}=0$，$(1\quad -1\quad 1)\begin{bmatrix}1\\2\\1\end{bmatrix}=0$，可知正确。

答案：A

22. 解　$A(\overline{B\cup C})=A\overline{B}\overline{C}$可能发生，选项 A 错。

$A(\overline{A\cup B\cup C})=A\overline{A}\,\overline{B}\,\overline{C}=\varnothing$，选项 B 对。

或见解图，图 a）$\overline{B\cup C}$（斜线区域）与A有交集，图 b）$\overline{A\cup B\cup C}$（斜线区域）与A无交集。

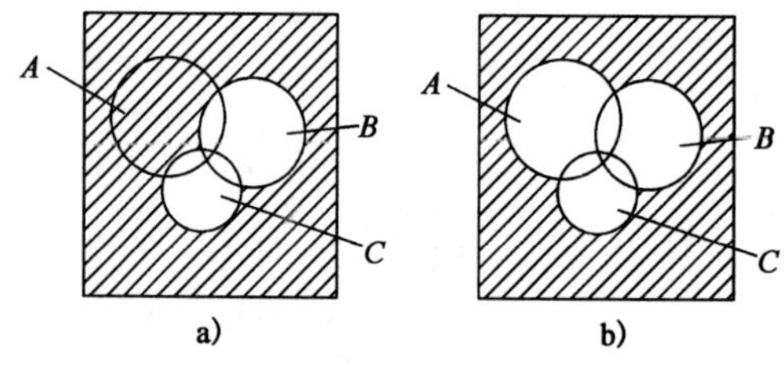

题 22 解图

答案：B

23. 解　本题考查概率密度的性质：$\int_{-\infty}^{+\infty}\int_{-\infty}^{+\infty}f(x,y)\mathrm{d}x\mathrm{d}y=1$

方法 1：

$$\int_0^{+\infty}\int_0^{+\infty}e^{-2ax+by}\,\mathrm{d}y\mathrm{d}x=\int_0^{+\infty}e^{-2ax}\,\mathrm{d}x\cdot\int_0^{+\infty}e^{by}\,\mathrm{d}y=1$$

当$a>0$时，$\int_0^{+\infty}e^{-2ax}\,\mathrm{d}x=\frac{-1}{2a}e^{-2ax}\Big|_0^{+\infty}=\frac{1}{2a}$

当$b<0$时，$\int_0^{+\infty}e^{by}\,\mathrm{d}y=\frac{1}{b}e^{by}\Big|_0^{+\infty}=\frac{-1}{b}$

$\frac{1}{2a}\cdot\frac{-1}{b}=1$，$ab=-\frac{1}{2}$

方法 2：

当$x>0$，$y>0$时，$f(x,y)=e^{-2ax+by}=2ae^{-2ax}\cdot(-b)e^{by}\cdot\frac{-1}{2ab}$

当$\frac{-1}{2ab}=1$，即$ab=-\frac{1}{2}$时，X与Y相互独立，且X服从参数$\lambda=2a(a>0)$的指数分布，Y服从参数$\lambda=-b(b<0)$的指数分布。

答案： A

24. 解 因为$\hat{\theta}$是θ的无偏估计量，即$E(\hat{\theta})=\theta$

所以$E\left[(\hat{\theta})^2\right]=D(\hat{\theta})+\left[E(\hat{\theta})\right]^2=D(\hat{\theta})+\theta^2$

又因为$D(\hat{\theta})>0$，所以$E\left[(\hat{\theta})^2\right]>\theta^2$，$(\hat{\theta})^2$不是$\theta^2$的无偏估计量

答案： B

25. 解 理想气体状态方程$pV=\frac{M}{\mu}RT$，因为$V_1=V_2$，$T_1=T_2$，$M_1=M_2$，所以$\frac{\mu_1}{\mu_2}=\frac{p_2}{p_1}$。

答案： D

26. 解 气体分子的平均碰撞频率：$\overline{Z}=\sqrt{2}n\pi d^2\overline{v}$，已知$\overline{v}=1.6\sqrt{\frac{RT}{M}}$，$p=nkT$，则：

$$\overline{Z}=\sqrt{2}n\pi d^2\overline{v}=\sqrt{2}\frac{p}{kT}\pi d^2\cdot 1.6\sqrt{\frac{RT}{M}}\propto\frac{1}{\sqrt{T}}$$

答案： C

27. 解 热力学第一定律 $Q=W+\Delta E$，绝热过程做功等于内能增量的负值，即$\Delta E=-W=-500\text{J}$。

答案： C

28. 解 此题考查对热力学第二定律与可逆过程概念的理解。开尔文表述的是关于热功转换过程中的不可逆性，克劳修斯表述则指出热传导过程中的不可逆性。

答案： A

29. 解 此题考查波动方程基本关系。

$$y=A\cos(Bt-Cx)=A\cos B\left(t-\frac{x}{B/C}\right)$$

$$u=\frac{B}{C}，\omega=B，T=\frac{2\pi}{\omega}=\frac{2\pi}{B}$$

$$\lambda=u\cdot T=\frac{B}{C}\cdot\frac{2\pi}{B}=\frac{2\pi}{C}$$

答案： B

30. 解 波长λ反映的是波在空间上的周期性。

答案： B

31. 解 由描述波动的基本物理量之间的关系得：

$$\frac{\lambda}{3}=\frac{2\pi}{\pi/6},\ \lambda=36,\ U=\frac{\lambda}{T}=\frac{36}{4}=9$$

答案：B

32. 解 光的干涉，光程差变化为半波长的奇数倍时，原明纹处变为暗条纹。

答案：B

33. 解 此题考查马吕斯定律。

$I=I_0\cos^2\alpha$，光强为I_0的自然光通过第一个偏振片，光强为入射光强的一半，通过第二个偏振片，光强为$I=\frac{I_0}{2}\cos^2\alpha$，则：

$$\frac{I_1}{I_2}=\frac{\frac{1}{2}I_0\cos^2\alpha_1}{\frac{1}{2}I_0\cos^2\alpha_2}=\frac{\cos^2\alpha_1}{\cos^2\alpha_2}$$

答案：C

34. 解 本题同 2010-36，由光栅公式$d\sin\theta=k\lambda$，对同级条纹，光栅常数小，衍射角大，分辨率高，选光栅常数小的。

答案：D

35. 解 由双缝干涉条纹间距公式计算：

$$\Delta x=\frac{D}{d}\lambda=\frac{3000}{2}\times 600\times 10^{-6}=0.9\text{mm}$$

答案：B

36. 解 由布儒斯特定律，折射角为$30°$时，入射角为$60°$，$\tan 60°=\frac{n_2}{n_1}=\sqrt{3}$。

答案：D

37. 解 原子序数为 15 的元素，原子核外有 15 个电子，基态原子的核外电子排布式为$1s^22s^22p^63s^23p^3$，根据洪特规则，$3p^3$中 3 个电子分占三个不同的轨道，并且自旋方向相同。所以原子序数为 15 的元素，其基态原子核外电子分布中，有 3 个未成对电子。

答案：D

38. 解 NaCl是离子晶体，冰是分子晶体，SiC是原子晶体，Cu是金属晶体。所以SiC的熔点最高。

答案：C

39. 解 根据稀释定律$\alpha=\sqrt{K_a/C}$，一元弱酸HOAc的浓度越小，解离度越大。所以HOAc浓度稀释一倍，解离度增大。

注：HOAc 一般写为 HAc，普通化学书中常用 HAc。

答案：A

40. 解 将$0.2\text{mol}\cdot\text{L}^{-1}$的$NH_3\cdot H_2O$与$0.2\text{mol}\cdot\text{L}^{-1}$的 HCl 溶液等体积混合生成$0.1\text{mol}\cdot\text{L}^{-1}$的$NH_4Cl$

溶液，NH_4Cl为强酸弱碱盐，可以水解，溶液$C_{H^+}=\sqrt{C\cdot K_W/K_b}=\sqrt{0.1\times\frac{10^{-14}}{1.8\times10^{-5}}}\approx7.5\times10^{-6}$，$pH=-\lg C_{H^+}=5.12$。

答案：A

41. 解 此反应为放热反应。平衡常数只是温度的函数，对于放热反应，平衡常数随着温度升高而减小。相反，对于吸热反应，平衡常数随着温度的升高而增大。

答案：B

42. 解 电对的电极电势越大，其氧化态的氧化能力越强，越易得电子发生还原反应，做正极；电对的电极电势越小，其还原态的还原能力越强，越易失电子发生氧化反应，做负极。

答案：D

43. 解 反应方程式为$2Na(s)+Cl_2(g)=2NaCl(s)$。气体分子数增加的反应，其熵值增大；气体分子数减小的反应，熵值减小。

答案：B

44. 解 加成反应生成 2，3 二溴-2-甲基丁烷，所以在 2，3 位碳碳间有双键，所以该烃为 2-甲基-2-丁烯。

答案：D

45. 解 同系物是指结构相似、分子组成相差若干个$-CH_2-$原子团的有机化合物。

答案：D

46. 解 烃类化合物是碳氢化合物的统称，是由碳与氢原子所构成的化合物，主要包含烷烃、环烷烃、烯烃、炔烃、芳香烃。烃分子中的氢原子被其他原子或者原子团所取代而生成的一系列化合物称为烃的衍生物。

答案：B

47. 解 销钉C处为光滑接触约束，约束力应垂直于AB光滑直槽，由于$\boldsymbol{F}_p$的作用，直槽的左上侧与销钉接触，故其约束力的作用线与x轴正向所成的夹角为$150°$。

答案：D

48. 解 根据力系简化结果分析，分力首尾相连组成自行封闭的力多边形，则简化后的主矢为零，而$\boldsymbol{F}_1$与$\boldsymbol{F}_3$、$\boldsymbol{F}_2$与$\boldsymbol{F}_4$分别组成逆时针转向的力偶，合成后为一合力偶。

答案：C

49. 解 以圆柱体为研究对象，沿 1、2 接触点的法线方向有约束力$\boldsymbol{F}_{N1}$和$\boldsymbol{F}_{N2}$，受力如解图所示。

对圆柱体列$\boldsymbol{F}_{N2}$方向的平衡方程：

$\sum F_2 = 0$，$F_{N2} - P\cos45° + F\sin45° = 0$，$F_{N2} = \frac{\sqrt{2}}{2}(P - F)$

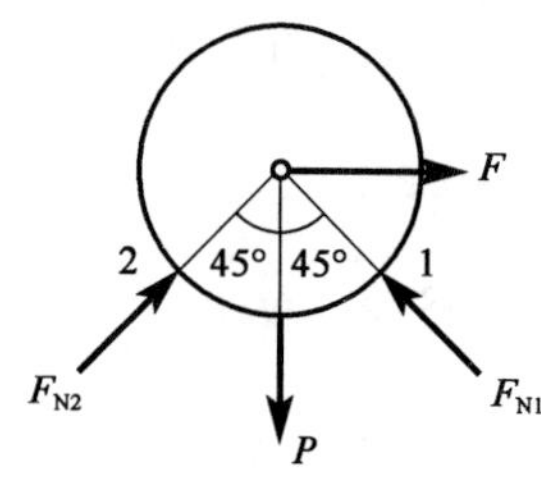

题 49 解图

答案：A

50. 解 在重力作用下，杆A端有向左侧滑动的趋势，故B处摩擦力应沿杆指向右上方向。

答案：B

51. 解 因为速度$v = \frac{dx}{dt}$，积一次分，即：$\int_5^x dx = \int_0^t (20t + 5)dt, x - 5 = 10t^2 + 5t$。

答案：A

52. 解 根据定轴转动刚体上一点加速度与转动角速度、角加速度的关系：$a_n = \omega^2 l$，$a_\tau = \alpha l$，而题中$a_n = a = \omega^2 l$，所以$\omega = \sqrt{\frac{a}{l}}$，$a_\tau = 0 = \alpha l$，所以$\alpha = 0$。

答案：C

53. 解 绳上A点的加速度大小为a（该点速度方向在下一瞬时无变化，故只有铅垂方向的加速度），而轮缘上各点的加速度大小为$\sqrt{a^2 + \left(\frac{v^2}{r}\right)^2}$，绳上$D$点随轮缘$C$点一起运动，所以两点加速度相同。

答案：D

54. 解 汽车运动到洼地底部时加速度的大小为$a = a_n = \frac{v^2}{\rho}$，其运动及受力如解图所示，按照牛顿第二定律，在铅垂方向有$ma = F_N - W$，F_N为地面给汽车的合约束，力$F_N = \frac{W}{g} \cdot \frac{v^2}{\rho} + W = \frac{2800}{10} \times \frac{10^2}{5} + 2800 = 8400\text{N}$。

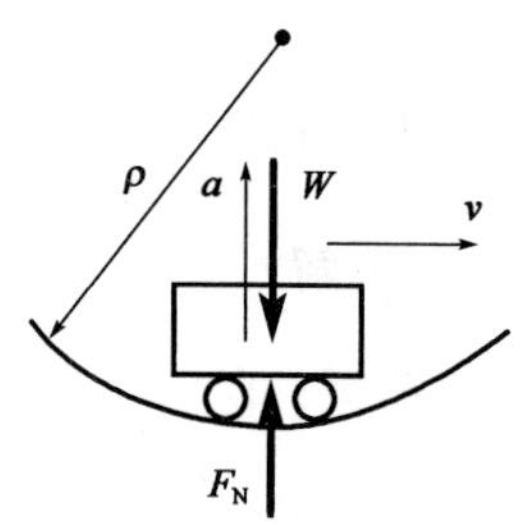

题 54 解图

答案：D

55. 解 根据动量的公式：$p = mv_C$，则圆轮质心速度为零，动量为零，故系统的动量只有物块的$\frac{W}{g} \cdot v$；又根据动能的公式：圆轮的动能为$\frac{1}{2} \cdot \frac{1}{2} mR^2\omega^2 = \frac{1}{4} mR^2 \left(\frac{v}{R}\right)^2 = \frac{1}{4} mv^2$，物块的动能为$\frac{1}{2} \cdot \frac{W}{g} v^2$，两者相加为$\frac{1}{2} \cdot \frac{v^2}{g}\left(\frac{1}{2} mg + W\right)$。

答案：A

56. 解 由于系统在水平方向受力为零，故在水平方向有质心守恒，即质心只沿铅垂方向运动。

答案：C

57. 解 根据定轴转动刚体惯性力系的简化结果分析，匀角速度转动（$\alpha = 0$）刚体的惯性力主矢和主矩的大小分别为：$F_I = ma_C = \frac{1}{2} ml\omega^2$，$M_{IO} = J_O \alpha = 0$。

答案：D

58. 解 单摆运动的固有频率公式：$\omega_n = \sqrt{\frac{g}{l}}$。

答案：C

59. 解

$$\varepsilon' = -\mu\varepsilon = -\mu\frac{\sigma}{E} = -\mu\frac{F_N}{AE} = -0.3 \times \frac{20 \times 10^3 \text{N}}{100\text{mm}^2 \times 200 \times 10^3 \text{MPa}} = -0.3 \times 10^{-3}$$

答案：B

60. 解 由于沿横截面有微小裂纹，使得横截面的形心有变化，杆件由原来的轴向拉伸变成了偏心拉伸，其应力$\sigma = \frac{F_N}{A} + \frac{M_z}{W_z}$明显变大，故有裂纹的杆件比没有裂纹杆件的承载能力明显降低。

答案：B

61. 解 由$\sigma = \frac{P}{\frac{1}{4}\pi d^2} \leqslant [\sigma]$，$\tau = \frac{P}{\pi dh} \leqslant [\tau]$，$\sigma_{bs} = \frac{P}{\frac{\pi}{4}(D^2 - d^2)} \leqslant [\sigma_{bs}]$分别求出$[P]$，然后取最小值即为杆件的许用拉力。

答案：D

62. 解 由于a轮上的外力偶矩M_a最大，当a轮放在两端时轴内将产生较大扭矩；只有当a轮放在中间时，轴内扭矩才较小。

答案：D

63. 解 由最大负弯矩为$8\text{kN} \cdot \text{m}$，可以反推：$M_{max} = F \times 1\text{m}$，故$F = 8\text{kN}$

再由支座C处（即外力偶矩M作用处）两侧的弯矩的突变值是$14\text{kN} \cdot \text{m}$，可知外力偶矩为$14\text{kN} \cdot \text{m}$。

答案：A

64. 解 开裂前，由整体梁的强度条件$\sigma_{max} = \frac{M}{W_z} \leqslant [\sigma]$，可知：

$$M \leqslant [\sigma]W_z = [\sigma]\frac{b(3a)^2}{6} = \frac{3}{2}ba^2[\sigma]$$

胶合面开裂后，每根梁承担总弯矩M_1的$\frac{1}{3}$，由单根梁的强度条件$\sigma_{1max} = \frac{M_1}{W_{z1}} = \frac{\frac{M_1}{3}}{W_{z1}} = \frac{M_1}{3W_{z1}} \leqslant [\sigma]$，可知：

$$M_1 \leqslant 3[\sigma]W_{z1} = 3[\sigma]\frac{ba^2}{6} = \frac{1}{2}ba^2[\sigma]$$

故开裂后每根梁的承载能力是原来的$\frac{1}{3}$。

答案：B

65. 解 矩形截面切应力的分布是一个抛物线形状，最大切应力在中性轴z上，图示梁的横截面可以看作是一个中性轴附近梁的宽度b突然变大的矩形截面。根据弯曲切应力的计算公式：

$$\tau = \frac{QS_z^*}{bI_z}$$

在b突然变大的情况下，中性轴附近的τ突然变小，切应力分布图沿y方向的分布如解图所示，所以最大切应力在 2 点。

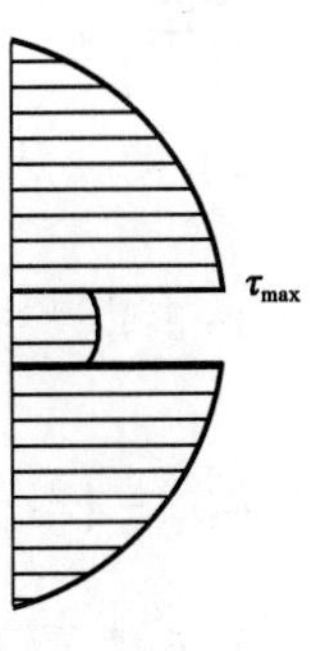

题 65 解图

答案：B

66. 解 由悬臂梁的最大挠度计算公式$f_{\max}=\frac{m_g L^2}{2EI}$，可知$f_{\max}$与$L^2$成正比，故有

$$f'_{\max}=\frac{m_g\left(\frac{L}{2}\right)^2}{2EI}=\frac{1}{4}f_{\max}$$

答案： B

67. 解 由跨中受集中力F作用的简支梁最大挠度的公式$f_c=\frac{Fl^3}{48EI}$，可知最大挠度与截面对中性轴的惯性矩成反比。

因为$I_a=\frac{b^3h}{12}=\frac{b^4}{6}$，$I_b=\frac{bh^3}{12}=\frac{2b^4}{3}$，所以$\frac{f_a}{f_b}=\frac{I_b}{I_a}=\frac{\frac{2}{3}b^4}{\frac{b^4}{6}}=4$

答案： C

68. 解 首先求出三个主应力：$\sigma_1=\sigma,\sigma_2=\tau,\sigma_3=-\tau$，再由第三强度理论得$\sigma_{r3}=\sigma_1-\sigma_3=\sigma+\tau\leqslant[\sigma]$。

答案： B

69. 解 开缺口的截面是偏心受拉，偏心距为$\frac{h}{4}$，由公式$\sigma_{\max}=\frac{P}{A}+\frac{P\cdot\frac{h}{4}}{W_z}$可求得结果。

答案： C

70. 解 由一端固定、另一端自由的细长压杆的临界力计算公式$F_{cr}=\frac{\pi^2EI}{(2L)^2}$，可知$F_{cr}$与$L^2$成反比，故有

$$F'_{cr}=\frac{\pi^2EI}{\left(2\cdot\frac{L}{2}\right)^2}=4\frac{\pi^2EI}{(2L)^2}=4F_{cr}$$

答案： A

71. 解 水的运动黏性系数随温度的升高而减小。

答案： B

72. 解 真空度$p_v=p_a-p'=101-(90+9.8)=1.2\text{kN/m}^2$

答案： C

73. 解 流线表示同一时刻的流动趋势。

答案： D

74. 解 对两水箱水面写能量方程可得：$H=h_w=h_{w_1}+h_{w_2}$

1~3 管段中的流速$v_1=\frac{Q}{\frac{\pi}{4}d_1^2}=\frac{0.04}{\frac{\pi}{4}\times0.2^2}=1.27\text{m/s}$

$h_{w_1}=\left(\lambda_1\frac{l_1}{d_1}+\sum\zeta_1\right)\frac{v_1^2}{2g}=\left(0.019\times\frac{10}{0.2}+0.5+0.5+0.024\right)\times\frac{1.27^2}{2\times9.8}=0.162\text{m}$

3~6 管段中的流速$v_2=\frac{Q}{\frac{\pi}{4}d_2^2}=\frac{0.04}{\frac{\pi}{4}\times0.1^2}=5.1\text{m/s}$

$h_{w_2}=\left(\lambda_2\frac{l_2}{d_2}+\sum\zeta_2\right)\frac{v_2^2}{2g}=\left(0.018\times\frac{10}{0.1}+0.5+0.05+1\right)\times\frac{5.1^2}{2\times9.8}=5.042\text{m}$

$H=h_{w_1}+h_{w_2}=0.162+5.042=5.204\text{m}$

答案：C

75. 解　在长管水力计算中，速度水头和局部损失均可忽略不计。

答案：C

76. 解　矩形排水管水力半径$R=\frac{A}{\chi}=\frac{5\times3}{5+2\times3}=1.36\text{m}$。

答案：C

77. 解　潜水完全井流量$Q=1.36k\frac{H^2-h^2}{\lg\frac{R}{r}}$，因此$Q$与土体渗透数$k$成正比。

答案：D

78. 解　无量纲量即量纲为 1 的量，$\dim\frac{F}{\rho v^2L^2}=\frac{\rho v^2L^2}{\rho v^2L^2}=1$

答案：C

79. 解　电流与磁场的方向可以根据右手螺旋定则确定，即让右手大拇指指向电流的方向，则四指的指向就是磁感线的环绕方向。

答案：D

80. 解　见解图，设 2V 电压源电流为I'，则：

$I=I'+0.1$

$10I'=2-4=-2\text{V}$

$I'=-0.2\text{A}$

$I=-0.2+0.1=-0.1\text{A}$

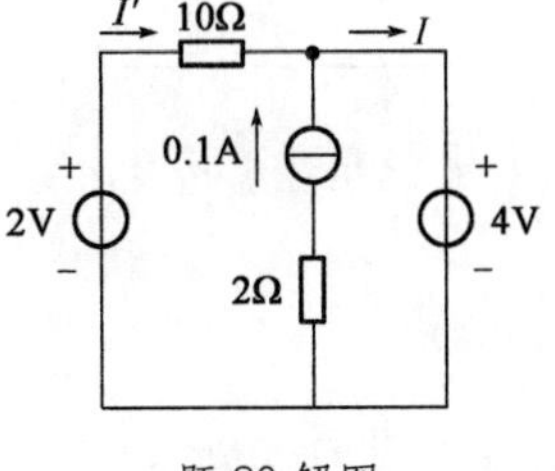

题 80 解图

答案：C

81. 解　电流源单独作用时，15V 的电压源做短路处理，则

$$I=\frac{1}{3}\times(-6)=-2\text{A}$$

答案：D

82. 解　画相量图分析（见解图），电压表和电流表读数为有效值。

答案：D

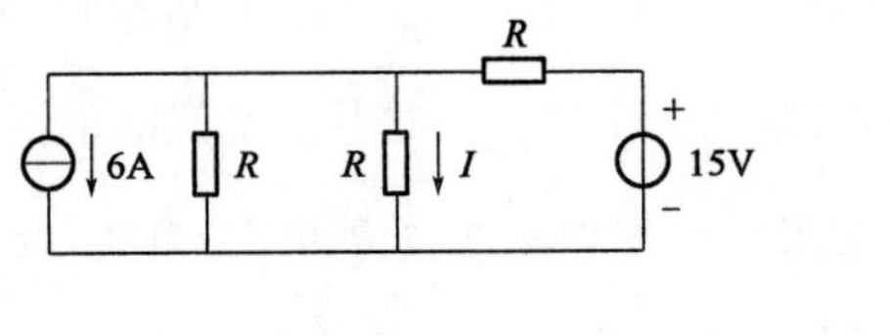

题 81 解图

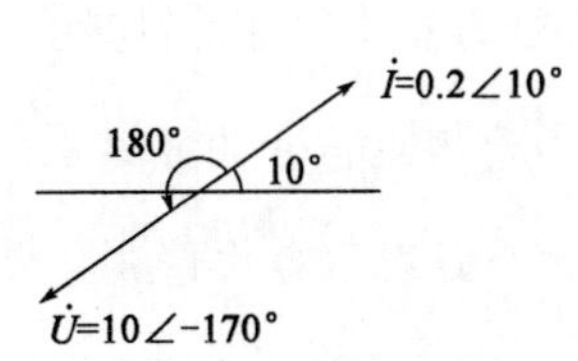

题 82 解图

83. 解

$P = UI\cos\varphi = 110 \times 1 \times \cos30° = 95.3\text{W}$

$Q = UI\sin\varphi = 110 \times 1 \times \sin30° = 55\text{W}$

$S = UI = 110 \times 1 = 110\text{V}\cdot\text{A}$

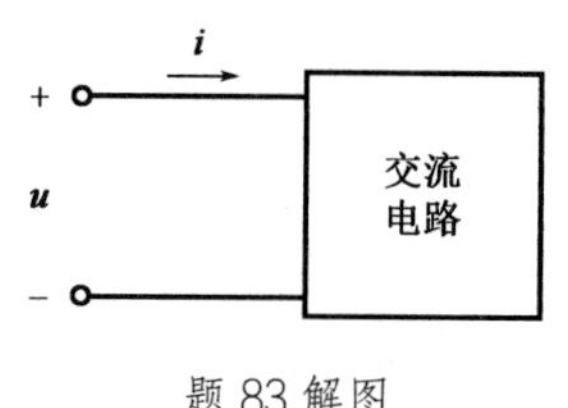

题 83 解图

答案：A

84. 解 在直流稳态电路中电容作开路处理。开关未动作前，$u = U_{\text{C}(0-)}$

电容为开路状态时，$U_{\text{C}(0-)} = \frac{1}{2} \times 6 = 3\text{V}$

电源充电进入新的稳态时，$U_{\text{C}(\infty)} = \frac{1}{3} \times 6 = 2\text{V}$

因此换路电容电压逐步衰减到 2V。电路的时间常数$\tau = RC$，本题中C值没给出，是不能确定τ的数值的。

答案：B

85. 解 如解图所示，根据理想变压器关系有

$$I_2 = \sqrt{\frac{P_2}{R_2}} = \sqrt{\frac{40}{10}} = 2\text{A}，K = \frac{I_2}{I_1} = 2，N_2 = \frac{N_1}{K} = \frac{100}{2} = 50 \text{ 匝}$$

题 84 解图

题 85 解图

答案：A

86. 解 实现对电动机的过载保护，除了将热继电器的热元件串联在电动机的主电路外，还应将热继电器的常闭触点串接在控制电路中。

当电机过载时，这个常闭触点断开，控制电路供电通路断开。

答案：B

87. 解 模拟信号与连续时间信号不同，模拟信号是幅值连续变化的连续时间信号。题中两条曲线均符合该性质。

答案：C

88. 解 周期信号的幅值频谱是离散且收敛的。这个周期信号一定是时间上的连续信号。

本题给出的图形是周期信号的频谱图。频谱图是非正弦信号中不同正弦信号分量的幅值按频率变化排列的图形，其大小是表示各次谐波分量的幅值，用正值表示。例如本题频谱图中出现的 1.5V 对应于 1kHz 的正弦信号分量的幅值，而不是这个周期信号的幅值。因此本题选项 C 或 D 都是错误的。

答案：B

89. 解　放大器的输入为正弦交流信号。但$u_1(t)$的频率过高，超出了上限频率f_H，放大倍数小于A，因此输出信号u_2的有效值$U_2 < AU_1$。

答案：C

90. 解　$AC + DC + \overline{AD} \cdot C = (A + D + \overline{AD}) \cdot C = (A + D + \overline{A} + \overline{D}) \cdot C = 1 \cdot C = C$

答案：A

91. 解　$\overline{A + B} = F$

F 是个或非关系，可以用"有 1 则 0"的口诀处理。

答案：B

92. 解　本题各选项均是用八位二进制 BCD 码表示的十进制数，即是以四位二进制表示一位十进制。十进制数字 88 的 BCD 码是 10001000。

答案：B

93. 解　图示为二极管的单相半波整流电路。

当$u_i > 0$时，二极管截止，输出电压$u_o = 0$；当$u_i < 0$时，二极管导通，输出电压u_o与输入电压u_i相等。

答案：B

94. 解　本题为用运算放大器构成的电压比较电路，波形分析如解图所示。阴影面积可以反映输出电压平均值的大小。

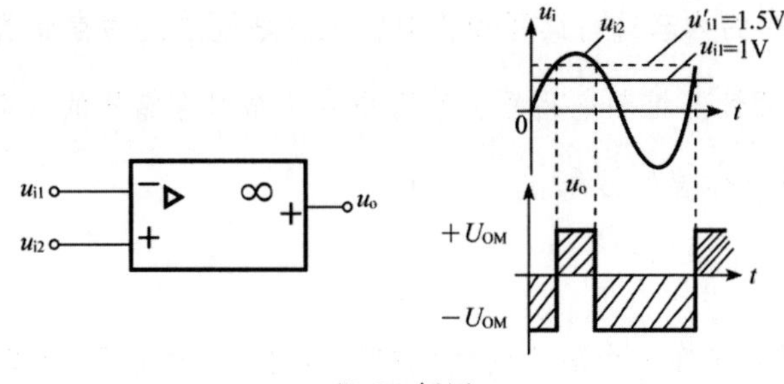

题 94 解图

当$u_{i1} < u_{i2}$时，$u_o = +U_{oM}$；当$u_{i1} > u_{i2}$时，$u_o = -U_{oM}$

当u_{i1}升高到 1.5V 时，u_o波形的正向面积减小，反向面积增加，电压平均值降低（如解图中虚线波形所示）。

答案：D

95. 解　题图为一个时序逻辑电路，由解图可以看出，第一个和第二个时钟的下降沿时刻，输出 Q

均等于 0。

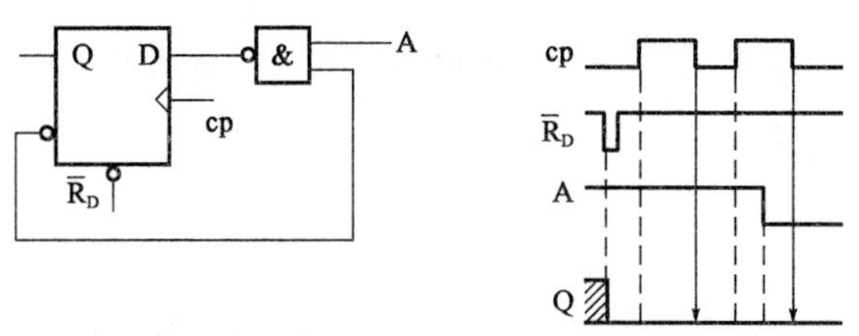

题 95 解图

答案：A

96. 解 图示为三位的异步二进制加法计数器，波形图分析如下。

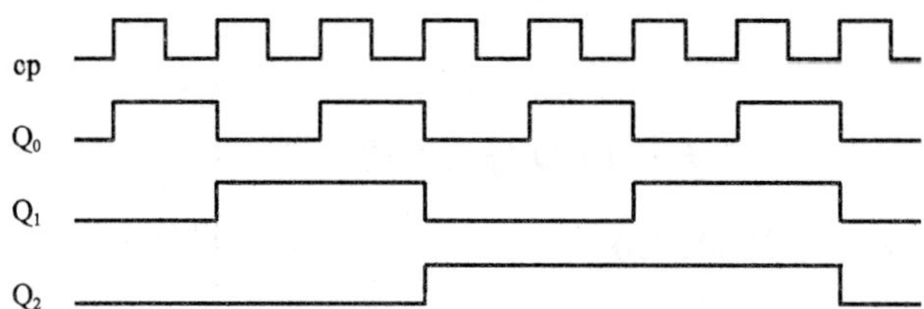

答案：C

97. 解 计算机硬件的组成包括输入/输出设备、存储器、运算器、控制器。内存储器是主机的一部分，属于计算机的硬件系统。

答案：B

98. 解 根据冯·诺依曼结构原理，计算机硬件是由运算器、控制器、存储器、I/O 设备组成。

答案：C

99. 解 当要对存储器中的内容进行读写操作时，来自地址总线的存储器地址经地址译码器译码之后，选中指定的存储单元，而读写控制电路根据读写命令实施对存储器的存取操作，数据总线则用来传送写入内存储器或从内存储器读出的信息。

答案：B

100. 解 操作系统的运行是在一个随机的环境中进行的，也就是说，人们不能对于所运行的程序的行为以及硬件设备的情况做任何的假定，一个设备可能在任何时候向微处理器发出中断请求。人们也无法知道运行着的程序会在什么时候做了些什么事情，也无法确切的知道操作系统正处于什么样的状态之中，这就是随机性的含义。

答案：C

101. 解 多任务操作系统是指可以同时运行多个应用程序。比如：在操作系统下，在打开网页的同时还可以打开 QQ 进行聊天，可以打开播放器看视频等。目前的操作系统都是多任务的操作系统。

答案：B

102. 解 先将十进制数转换为二进制数（100000000+0.101=100000000.101），而后三位二进制数对应于一位八进制数。

答案：D

103. 解 $1\text{KB} = 2^{10}\text{B} = 1024\text{B}$

$1\text{MB} = 2^{20}\text{B} = 1024\text{KB}$

$1\text{GB} = 2^{30}\text{B} = 1024\text{MB} = 1024 \times 1024\text{KB}$

$1\text{TB} = 2^{40}\text{B} = 1024\text{GB} = 1024 \times 1024\text{MB}$

答案：D

104. 解 计算机病毒特点包括非授权执行性、复制传染性、依附性、寄生性、潜伏性、破坏性、隐蔽性、可触发性。

答案：D

105. 解 通常人们按照作用范围的大小，将计算机网络分为三类：局域网、城域网和广域网。

答案：C

106. 解 常见的局域网拓扑结构分为星形网、环形网、总线网，以及它们的混合型。

答案：B

107. 解 年实际利率为：

$$i = \left(1 + \frac{r}{m}\right)^m - 1 = \left(1 + \frac{6\%}{2}\right)^2 - 1 = 6.09\%$$

年实际利率高出名义利率：$6.09\% - 6\% = 0.09\%$

答案：C

108. 解 第一年贷款利息：$400/2 \times 6\% = 12$万元

第二年贷款利息：$(400 + 800/2 + 12) \times 6\% = 48.72$ 万元

建设期贷款利息：$12 + 48.72 = 60.72$万元

答案：D

109. 解 由于股利必须在企业税后利润中支付，因而不能抵减所得税的缴纳。普通股资金成本为：

$$K_s = \frac{8000 \times 10\%}{8000 \times (1 - 3\%)} + 5\% = 15.31\%$$

答案：D

110. 解 回收营运资金为现金流入，故项目第 10 年的净现金流量为$25 + 20 = 45$万元。

答案：C

111. 解 社会折现率是用以衡量资金时间经济价值的重要参数，代表资金占用的机会成本，并且用作不同年份之间资金价值换算的折现率。

答案：D

112. 解 题目给出的影响因素中，产品价格变化较小就使得项目净现值为零，故该因素最敏感。

答案：A

113. 解 差额投资内部收益率是两个方案各年净现金流量差额的现值之和等于零时的折现率。差额内部收益率等于基准收益率时，两方案的净现值相等，即两方案的优劣相等。

答案：A

114. 解 F_3的功能系数为：$F_3 = \frac{4}{3+5+4+1+2} = 0.27$

答案：C

115. 解 《中华人民共和国建筑法》第二十七条规定，大型建筑工程或者结构复杂的建筑工程，可以由两个以上的承包单位联合共同承包。共同承包的各方对承包合同的履行承担连带责任。

两个以上不同资质等级的单位实行联合共同承包的，应当按照资质等级低的单位的业务许可范围承揽工程。

答案：D

116. 解 选项B属于义务，其他几条属于权利。

答案：B

117. 解 《中华人民共和国招标投标法》第二十八条规定，投标人应当在招标文件要求提交投标文件的截止时间前，将投标文件送达投标地点。招标人收到投标文件后，应当签收保存，不得开启。投标人少于三个的，招标人应当依照本法重新招标。 在招标文件要求提交投标文件的截止时间后送达的投标文件，招标人应当拒收。

答案：B

118. 解 《中华人民共和国民法典》第一百五十二条规定，有下列情形之一的，撤销权消灭：

（一）当事人自知道或者应当知道撤销事由之日起一年内、重大误解的当事人自知道或者应当知道撤销事由之日起九十日内没有行使撤销权；

……

答案：C

119. 解 《建筑工程质量管理条例》第三十九条规定，建设工程实行质量保修制度。建设工程承包单位在向建设单位提交工程竣工验收报告时，应当向建设单位出具质量保修书。质量保修书中应当明确建设工程的保修范围、保修期限和保修责任等。

建设工程的保修期，自竣工验收合格之日起计算，不是移交之日起计算，所以选项 A 错。供冷系统保修期是两个运行季，不是 2 年，所以选项 B 错。质量保修书是竣工验收时提交，不是结算时提交，所以选项 D 错。

答案：C

120. 解 《建设工程安全生产管理条例》第八条规定，建设单位在编制工程概算时，应当确定建设工程安全作业环境及安全施工措施所需费用。

答案：A

2018 年度全国勘察设计注册工程师

执业资格考试试卷

基础考试

（上）

二〇一八年十月

应考人员注意事项

1. 本试卷科目代码为“1”，考生务必将此代码填涂在答题卡“科目代码”相应的栏目内，否则，无法评分。

2. 书写用笔：**黑色或蓝色钢笔、签字笔或圆珠笔**；

   填涂答题卡用笔：**黑色 2B 铅笔**。

3. 必须用书写用笔将工作单位、姓名、准考证号填写在答题卡和试卷相应的栏目内。

4. 本试卷由 120 题组成，每题 1 分，满分 120 分，本试卷全部为单项选择题，每小题的四个备选项中只有一个正确答案，错选、多选、不选均不得分。

5. 考生作答时，必须按**题号在答题卡上**将相应试题所选选项对应的**字母用 2B 铅笔涂黑**。

6. 在答题卡上书写与题意无关的语言，或在答题卡上作标记的，均按违纪试卷处理。

7. 考试结束时，由监考人员当面将试卷、答题卡一并收回。

8. 草稿纸由各地统一配发，考后收回。

单项选择题（共 120 题，每题 1 分。每题的备选项中只有一个最符合题意。）

1. 下列等式中不成立的是：

A. $\lim\limits_{x\to 0}\frac{\sin x^2}{x^2}=1$

B. $\lim\limits_{x\to\infty}\frac{\sin x}{x}=1$

C. $\lim\limits_{x\to 0}\frac{\sin x}{x}=1$

D. $\lim\limits_{x\to\infty}x\sin\frac{1}{x}=1$

2. 设$f(x)$为偶函数，$g(x)$为奇函数，则下列函数中为奇函数的是：

A. $f[g(x)]$

B. $f[f(x)]$

C. $g[f(x)]$

D. $g[g(x)]$

3. 若$f'(x_0)$存在，则$\lim\limits_{x\to x_0}\frac{xf(x_0)-x_0f(x)}{x-x_0}=$：

A. $f'(x_0)$

B. $-x_0f'(x_0)$

C. $f(x_0)-x_0f'(x_0)$

D. $x_0f'(x_0)$

4. 已知$\varphi(x)$可导，则$\frac{\mathrm{d}}{\mathrm{d}x}\int_{\varphi(x^2)}^{\varphi(x)}e^{t^2}\,\mathrm{d}t$等于：

A. $\varphi'(x)e^{[\varphi(x)]^2}-2x\varphi'(x^2)e^{[\varphi(x^2)]^2}$

B. $e^{[\varphi(x)]^2}-e^{[\varphi(x^2)]^2}$

C. $\varphi'(x)e^{[\varphi(x)]^2}-\varphi'(x^2)e^{[\varphi(x^2)]^2}$

D. $\varphi'(x)e^{\varphi(x)}-2x\varphi'(x^2)e^{\varphi(x^2)}$

5. 若$\int f(x)\mathrm{d}x=F(x)+C$，则$\int xf(1-x^2)\mathrm{d}x$等于：

A. $F(1-x^2)+C$

B. $-\frac{1}{2}F(1-x^2)+C$

C. $\frac{1}{2}F(1-x^2)+C$

D. $-\frac{1}{2}F(x)+C$

6. 若$x=1$是函数$y=2x^2+ax+1$的驻点，则常数a等于：

A. 2

B. −2

C. 4

D. −4

7. 设向量$\boldsymbol{\alpha}$与向量$\boldsymbol{\beta}$的夹角$\theta=\frac{\pi}{3}$，$|\boldsymbol{\alpha}|=1$，$|\boldsymbol{\beta}|=2$，则$|\boldsymbol{\alpha}+\boldsymbol{\beta}|$等于：

A. $\sqrt{8}$

B. $\sqrt{7}$

C. $\sqrt{6}$

D. $\sqrt{5}$

8. 微分方程$y''=\sin x$的通解y等于：

A. $-\sin x+C_1+C_2$

B. $-\sin x+C_1x+C_2$

C. $-\cos x+C_1x+C_2$

D. $\sin x+C_1x+C_2$

9. 设函数$f(x)$，$g(x)$在$[a,b]$上均可导$(a<b)$，且恒正，若$f'(x)g(x)+f(x)g'(x)>0$，则当$x\in(a,b)$时，下列不等式中成立的是：

A. $\frac{f(x)}{g(x)}>\frac{f(a)}{g(b)}$

B. $\frac{f(x)}{g(x)}>\frac{f(b)}{g(b)}$

C. $f(x)g(x)>f(a)g(a)$

D. $f(x)g(x)>f(b)g(b)$

10. 由曲线$y=\ln x$，y轴与直线$y=\ln a$，$y=\ln b(b>a>0)$所围成的平面图形的面积等于：

A. $\ln b-\ln a$

B. $b-a$

C. e^b-e^a

D. e^b+e^a

11. 下列平面中，平行于且非重合于yOz坐标面的平面方程是：

A. $y+z+1=0$

B. $z+1=0$

C. $y+1=0$

D. $x+1=0$

12. 函数$f(x,y)$在点$P_0(x_0,y_0)$处的一阶偏导数存在是该函数在此点可微分的：

A. 必要条件

B. 充分条件

C. 充分必要条件

D. 既非充分条件也非必要条件

13. 下列级数中，发散的是：

A. $\sum\limits_{n=1}^{\infty}\frac{1}{n(n+1)}$

B. $\sum\limits_{n=1}^{\infty}\frac{1}{n^{3/2}}$

C. $\sum\limits_{n=1}^{\infty}\left(\frac{n}{2n+1}\right)^2$

D. $\sum\limits_{n=1}^{\infty}(-1)^n\frac{1}{\sqrt{n}}$

14. 在下列微分方程中，以函数$y=C_1e^{-x}+C_2e^{4x}$（C_1，C_2为任意常数）为通解的微分方程是：

A. $y''+3y'-4y=0$

B. $y''-3y'-4y=0$

C. $y''+3y'+4y=0$

D. $y''+y'-4y=0$

15. 设L是从点$A(0,1)$到点$B(1,0)$的直线段，则对弧长的曲线积分$\int_L \cos(x+y)\mathrm{d}s$等于：

A. $\cos 1$

B. $2\cos 1$

C. $\sqrt{2}\cos 1$

D. $\sqrt{2}\sin 1$

16. 若正方形区域D：$|x|\leqslant 1$，$|y|\leqslant 1$，则二重积分$\iint\limits_D (x^2+y^2)\mathrm{d}x\mathrm{d}y$等于：

A. 4

B. $\frac{8}{3}$

C. 2

D. $\frac{2}{3}$

17. 函数$f(x)=a^x(a>0，a\neq 1)$的麦克劳林展开式中的前三项是：

A. $1+x\ln a+\frac{x^2}{2}$

B. $1+x\ln a+\frac{\ln a}{2}x^2$

C. $1+x\ln a+\frac{(\ln a)^2}{2}x^2$

D. $1+\frac{x}{\ln a}+\frac{x^2}{2\ln a}$

18. 设函数$z=f(x^2y)$，其中$f(u)$具有二阶导数，则$\frac{\partial^2 z}{\partial x\partial y}$等于：

A. $f''(x^2y)$

B. $f'(x^2y)+x^2f''(x^2y)$

C. $2x[f'(x^2y)+xf''(x^2y)]$

D. $2x[f'(x^2y)+x^2yf''(x^2y)]$

19. 设$\boldsymbol{A}$、$\boldsymbol{B}$均为三阶矩阵，且行列式$|\boldsymbol{A}|=1$，$|\boldsymbol{B}|=-2$，$\boldsymbol{A}^{\mathrm{T}}$为$\boldsymbol{A}$的转置矩阵，则行列式$\left|-2\boldsymbol{A}^{\mathrm{T}}\boldsymbol{B}^{-1}\right|$等于：

A. -1

B. 1

C. -4

D. 4

20. 要使齐次线性方程组$\begin{cases}ax_1+x_2+x_3=0\\x_1+ax_2+x_3=0\\x_1+x_2+ax_3=0\end{cases}$，有非零解，则$a$应满足：

A. $-2<a<1$

B. $a=1$或$a=-2$

C. $a\neq -1$且$a\neq -2$

D. $a>1$

21. 矩阵$\boldsymbol{A}=\begin{bmatrix}1 & -1 & 0\\ -1 & 3 & 0\\ 0 & 0 & 0\end{bmatrix}$所对应的二次型的标准型是：

A. $f=y_1^2-3y_2^2$

B. $f=y_1^2-2y_2^2$

C. $f=y_1^2+2y_2^2$

D. $f=y_1^2-y_2^2$

22. 已知事件$\boldsymbol{A}$与$\boldsymbol{B}$相互独立，且$P(\overline{A})=0.4$，$P(\overline{B})=0.5$，则$P(A\cup B)$等于：

A. 0.6

B. 0.7

C. 0.8

D. 0.9

23. 设随机变量X的分布函数为$F(x)=\begin{cases}0 & x\leqslant 0\\ x^3 & 0<x\leqslant 1\\ 1 & x>1\end{cases}$，则数学期望$E(X)$等于：

A. $\int_0^1 3x^2\mathrm{d}x$

B. $\int_0^1 3x^3\mathrm{d}x$

C. $\int_0^1 \frac{x^4}{4}\mathrm{d}x+\int_1^{+\infty}x\mathrm{d}x$

D. $\int_0^{+\infty} 3x^3\mathrm{d}x$

24. 若二维随机变量(X,Y)的联合分布律为：

Y \ X	1	2	3
1	$\frac{1}{6}$	$\frac{1}{9}$	$\frac{1}{18}$
2	$\frac{1}{3}$	β	α

且X与Y相互独立，则α、β取值为：

A. $\alpha=\frac{1}{6}$，$\beta=\frac{1}{6}$

B. $\alpha=0$，$\beta=\frac{1}{3}$

C. $\alpha=\frac{2}{9}$，$\beta=\frac{1}{9}$

D. $\alpha=\frac{1}{9}$，$\beta=\frac{2}{9}$

25. 1mol 理想气体（刚性双原子分子），当温度为T时，每个分子的平均平动动能为：

A. $\frac{3}{2}RT$

B. $\frac{5}{2}RT$

C. $\frac{3}{2}kT$

D. $\frac{5}{2}kT$

26. 一密闭容器中盛有 1mol 氦气（视为理想气体），容器中分子无规则运动的平均自由程仅取决于：

A. 压强p

B. 体积V

C. 温度T

D. 平均碰撞频率$\overline{Z}$

27. “理想气体和单一恒温热源接触做等温膨胀时，吸收的热量全部用来对外界做功。”对此说法，有以下几种讨论，其中正确的是：

A. 不违反热力学第一定律，但违反热力学第二定律

B. 不违反热力学第二定律，但违反热力学第一定律

C. 不违反热力学第一定律，也不违反热力学第二定律

D. 违反热力学第一定律，也违反热力学第二定律

28. 一定量的理想气体，由一平衡态(p_1, V_1, T_1)变化到另一平衡态(p_2, V_2, T_2)，若$V_2 > V_1$，但$T_2 = T_1$，无论气体经历怎样的过程：

A. 气体对外做的功一定为正值　　　　B. 气体对外做的功一定为负值

C. 气体的内能一定增加　　　　D. 气体的内能保持不变

29. 一平面简谐波的波动方程为$y = 0.01\cos 10\pi(25t - x)$(SI)，则在$t = 0.1$s时刻，$x = 2$m处质元的振动位移是：

A. 0.01cm　　　　B. 0.01m

C. −0.01m　　　　D. 0.01mm

30. 一平面简谐波的波动方程为$y = 0.02\cos\pi(50t + 4x)$(SI)，此波的振幅和周期分别为：

A. 0.02m，0.04s　　　　B. 0.02m，0.02s

C. −0.02m，0.02s　　　　D. 0.02m，25s

31. 当机械波在媒质中传播，一媒质质元的最大形变量发生在：

A. 媒质质元离开其平衡位置的最大位移处

B. 媒质质元离开其平衡位置的$\frac{\sqrt{2}}{2}A$处（A为振幅）

C. 媒质质元离开其平衡位置的$\frac{A}{2}$处

D. 媒质质元在其平衡位置处

32. 双缝干涉实验中，若在两缝后（靠近屏一侧）各覆盖一块厚度均为d，但折射率分别为n_1和n_2（$n_2 > n_1$）的透明薄片，则从两缝发出的光在原来中央明纹初相遇时，光程差为：

A. $d(n_2 - n_1)$　　　　B. $2d(n_2 - n_1)$

C. $d(n_2 - 1)$　　　　D. $d(n_1 - 1)$

33. 在空气中做牛顿环实验，当平凸透镜垂直向上缓慢平移而远离平面镜时，可以观察到这些环状干涉条纹：

A. 向右平移　　B. 静止不动

C. 向外扩张　　D. 向中心收缩

34. 真空中波长为λ的单色光，在折射率为n的均匀透明媒质中，从A点沿某一路径传播到B点，路径的长度为l，A、B两点光振动的相位差为$\Delta\varphi$，则：

A. $l=\frac{3\lambda}{2}$，$\Delta\varphi=3\pi$　　B. $l=\frac{3\lambda}{2n}$，$\Delta\varphi=3n\pi$

C. $l=\frac{3\lambda}{2n}$，$\Delta\varphi=3\pi$　　D. $l=\frac{3n\lambda}{2}$，$\Delta\varphi=3n\pi$

35. 空气中用白光垂直照射一块折射率为1.50、厚度为0.4×10^{-6}m的薄玻璃片，在可见光范围内，光在反射中被加强的光波波长是（$1\text{m}=1\times10^{9}\text{nm}$）：

A. 480nm　　B. 600nm　　C. 2400nm　　D. 800nm

36. 有一玻璃劈尖，置于空气中，劈尖角$\theta=8\times10^{-5}$rad（弧度），用波长$\lambda=589$nm的单色光垂直照射此劈尖，测得相邻干涉条纹间距$l=2.4$mm，则此玻璃的折射率为：

A. 2.86　　B. 1.53　　C. 15.3　　D. 28.6

37. 某元素正二价离子（M^{2+}）的外层电子构型是$3s^23p^6$，该元素在元素周期表中的位置是：

A. 第三周期，第 VIII 族　　B. 第三周期，第 VIA 族

C. 第四周期，第 IIA 族　　D. 第四周期，第 VIII 族

38. 在Li^+、Na^+、K^+、Rb^+中，极化力最大的是：

A. Li^+　　B. Na^+　　C. K^+　　D. Rb^+

39. 浓度均为$0.1\text{mol}\cdot\text{L}^{-1}$的$NH_4Cl$、NaCl、NaOAc、$Na_3PO_4$溶液，其 pH 值从小到大顺序正确的是：

A. NH_4Cl，NaCl，NaOAc，Na_3PO_4　　B. Na_3PO_4，NaOAc，NaCl，NH_4Cl

C. NH_4Cl，NaCl，Na_3PO_4，NaOAc　　D. NaOAc，Na_3PO_4，NaCl，NH_4Cl

40. 某温度下，在密闭容器中进行如下反应$2A(g)+B(g)\rightleftharpoons 2C(g)$，开始时，$p(A)=p(B)=300\text{kPa}$，$p(C)=0\text{kPa}$，平衡时，$p(C)=100\text{kPa}$，在此温度下反应的标准平衡常数$K^{\ominus}$是：

A. 0.1　　B. 0.4　　C. 0.001　　D. 0.002

41. 在酸性介质中，反应$MnO_4^- + SO_3^{2-} + H^+ \longrightarrow Mn^{2+} + SO_4^{2-}$，配平后，$H^+$的系数为：

A. 8　　B. 6　　C. 0　　D. 5

42. 已知：酸性介质中，$E^\ominus(ClO_4^-/Cl^-) = 1.39V$，$E^\ominus(ClO_3^-/Cl^-) = 1.45V$，$E^\ominus(HClO/Cl^-) = 1.49V$，$E^\ominus(Cl_2/Cl^-) = 1.36V$，以上各电对中氧化型物质氧化能力最强的是：

A. ClO_4^-　　B. ClO_3^-　　C. HClO　　D. Cl_2

43. 下列反应的热效应等于$CO_2(g)$的$\Delta_f H_m^\ominus$的是：

A. $C(金刚石) + O_2(g) \longrightarrow CO_2(g)$　　B. $CO(g) + \frac{1}{2}O_2(g) \longrightarrow CO_2(g)$

C. $C(石墨) + O_2(g) \longrightarrow CO_2(g)$　　D. $2C(石墨) + 2O_2(g) \longrightarrow 2CO_2(g)$

44. 下列物质在一定条件下不能发生银镜反应的是：

A. 甲醛　　B. 丁醛

C. 甲酸甲酯　　D. 乙酸乙酯

45. 下列物质一定不是天然高分子的是：

A. 蔗糖　　B. 蛋白质

C. 橡胶　　D. 纤维素

46. 某不饱和烃催化加氢反应后，得到$(CH_3)_2CHCH_2CH_3$，该不饱和烃是：

A. 1-戊炔　　B. 3-甲基-1-丁炔

C. 2-戊炔　　D. 1,2-戊二烯

47. 设力$\boldsymbol{F}$在x轴上的投影为F，则该力在与x轴共面的任一轴上的投影：

A. 一定不等于零　　B. 不一定等于零

C. 一定等于零　　D. 等于F

48. 在图示边长为a的正方形物块$OABC$上作用一平面力系，已知：$F_1 = F_2 = F_3 = 10N$，$a = 1m$，力偶的转向如图所示，力偶矩的大小为$M_1 = M_2 = 10N \cdot m$，则力系向O点简化的主矢、主矩为：

A. $F_R = 30N$（方向铅垂向上），$M_O = 10N \cdot m$(↶)

B. $F_R = 30N$（方向铅垂向上），$M_O = 10N \cdot m$(↷)

C. $F_R = 50N$（方向铅垂向上），$M_O = 30N \cdot m$(↶)

D. $F_R = 10N$（方向铅垂向上），$M_O = 10N \cdot m$(↷)

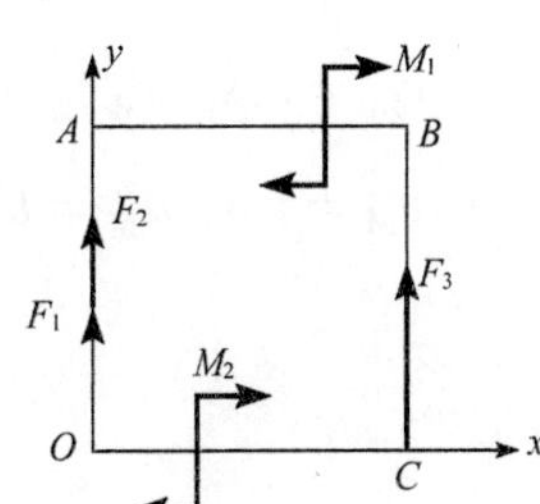

49. 在图示结构中，已知$AB = AC = 2r$，物重F_p，其余质量不计，则支座A的约束力为：

A. $F_A = 0$

B. $F_A = \frac{1}{2}F_p(\leftarrow)$

C. $F_A = \frac{1}{2} \cdot 3F_p(\rightarrow)$

D. $F_A = \frac{1}{2} \cdot 3F_p(\leftarrow)$

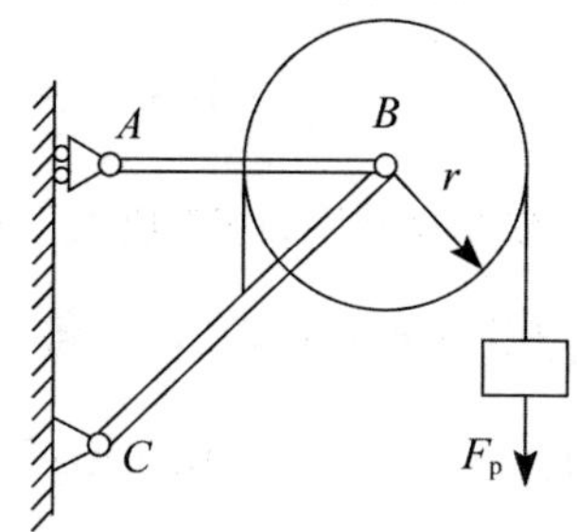

50. 图示平面结构，各杆自重不计，已知$q = 10\text{kN/m}$，$F_p = 20\text{kN}$，$F = 30\text{kN}$，$L_1 = 2\text{m}$，$L_2 = 5\text{m}$，B、C处为铰链连接，则BC杆的内力为：

A. $F_{BC} = -30\text{kN}$

B. $F_{BC} = 30\text{kN}$

C. $F_{BC} = 10\text{kN}$

D. $F_{BC} = 0$

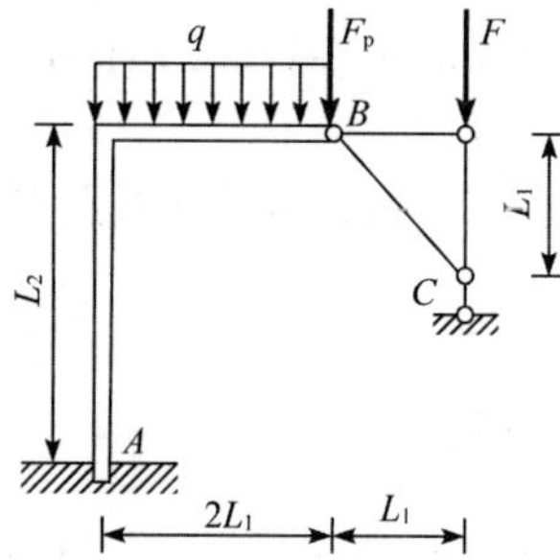

51. 点的运动由关系式$S = t^4 - 3t^3 + 2t^2 - 8$决定（$S$以 m 计，$t$以 s 计），则$t = 2\text{s}$时的速度和加速度为：

A. -4m/s，16m/s^2　　B. 4m/s，12m/s^2

C. 4m/s，16m/s^2　　D. 4m/s，-16m/s^2

52. 质点以匀速度 15m/s绕直径为 10m 的圆周运动，则其法向加速度为：

A. 22.5m/s^2　　B. 45m/s^2

C. 0　　D. 75m/s^2

53. 四连杆机构如图所示，已知曲柄O_1A长为r，且$O_1A = O_2B$，$O_1O_2 = AB = 2b$，角速度为ω，角加速度为α，则杆AB的中点M的速度、法向和切向加速度的大小分别为：

A. $v_M = b\omega$，$a_M^n = b\omega^2$，$a_M^t = b\alpha$

B. $v_M = b\omega$，$a_M^n = r\omega^2$，$a_M^t = r\alpha$

C. $v_M = r\omega$，$a_M^n = r\omega^2$，$a_M^t = r\alpha$

D. $v_M = r\omega$，$a_M^n = b\omega^2$，$a_M^t = b\alpha$

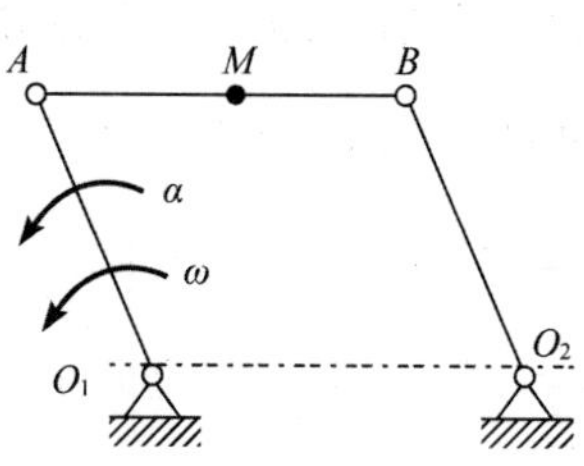

54. 质量为m的小物块在匀速转动的圆桌上，与转轴的距离为r，如图所示。设物块与圆桌之间的摩擦系数为μ，为使物块与桌面之间不产生相对滑动，则物块的最大速度为：

A. $\sqrt{\mu g}$

B. $2\sqrt{\mu gr}$

C. $\sqrt{\mu gr}$

D. $\sqrt{\mu r}$

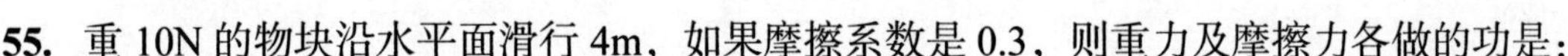

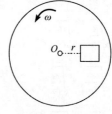

55. 重 10N 的物块沿水平面滑行 4m，如果摩擦系数是 0.3，则重力及摩擦力各做的功是：

A. 40N · m，40N · m　　　　B. 0，40N · m

C. 0，12N · m　　　　D. 40N · m，12N · m

56. 质量m_1与半径r均相同的三个均质滑轮，在绳端作用有力或挂有重物，如图所示。已知均质滑轮的质量为$m_1 = 2\text{kN} \cdot \text{s}^2/\text{m}$，重物的质量分别为$m_2 = 0.2\text{kN} \cdot \text{s}^2/\text{m}$，$m_3 = 0.1\text{kN} \cdot \text{s}^2/\text{m}$，重力加速度按$g = 10\text{m/s}^2$计算，则各轮转动的角加速度$\alpha$间的关系是：

A. $\alpha_1 = \alpha_3 > \alpha_2$　　　　B. $\alpha_1 < \alpha_2 < \alpha_3$

C. $\alpha_1 > \alpha_3 > \alpha_2$　　　　D. $\alpha_1 \neq \alpha_2 = \alpha_3$

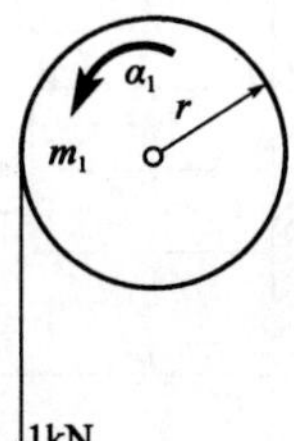

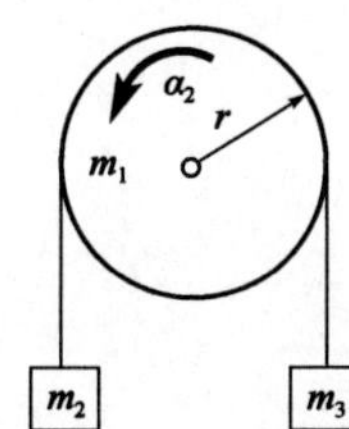

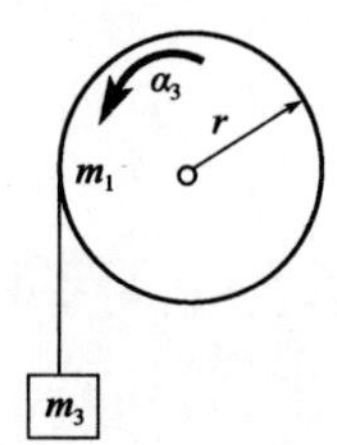

57. 均质细杆OA，质量为m，长l。在如图所示水平位置静止释放，释放瞬时轴承O施加于杆OA的附加动反力为：

A. $3mg\uparrow$

B. $3mg\downarrow$

C. $\frac{3}{4}mg\uparrow$

D. $\frac{3}{4}mg\downarrow$

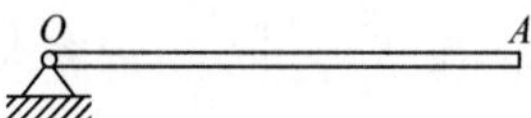

58. 图示两系统均做自由振动，其固有圆频率分别为：

A. $\sqrt{\frac{2k}{m}}$，$\sqrt{\frac{k}{2m}}$

B. $\sqrt{\frac{k}{m}}$，$\sqrt{\frac{m}{2k}}$

C. $\sqrt{\frac{k}{2m}}$，$\sqrt{\frac{k}{m}}$

D. $\sqrt{\frac{k}{m}}$，$\sqrt{\frac{k}{2m}}$

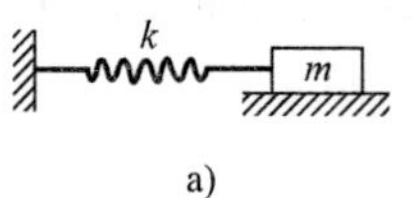

a)

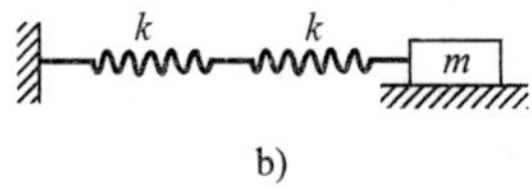

b)

59. 等截面杆，轴向受力如图所示，则杆的最大轴力是：

A. 8kN

B. 5kN

C. 3kN

D. 13kN

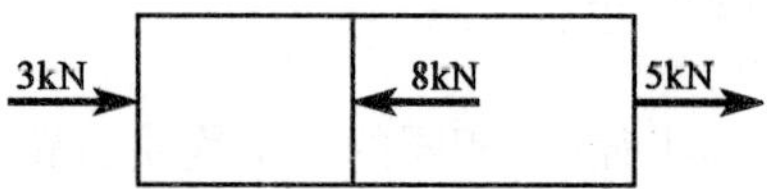

60. 变截面杆AC受力如图所示。已知材料弹性模量为E，杆BC段的截面积为A，杆AB段的截面积为$2A$，则杆C截面的轴向位移是：

A. $\frac{FL}{2EA}$

B. $\frac{FL}{EA}$

C. $\frac{2FL}{EA}$

D. $\frac{3FL}{EA}$

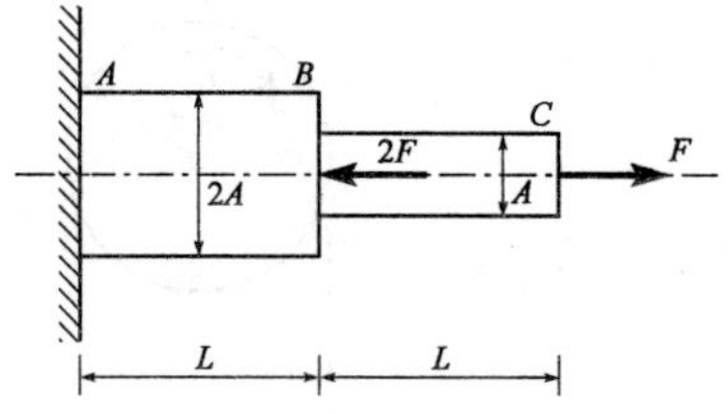

61. 直径d =0.5m 的圆截面立柱，固定在直径$D = 1$m的圆形混凝土基座上，圆柱的轴向压力$F =$ 1000kN，混凝土的许用应力$[\tau] = 1.5$MPa。假设地基对混凝土板的支反力均匀分布，为使混凝土基座不被立柱压穿，混凝土基座所需的最小厚度t应是：

A. 159mm

B. 212mm

C. 318mm

D. 424mm

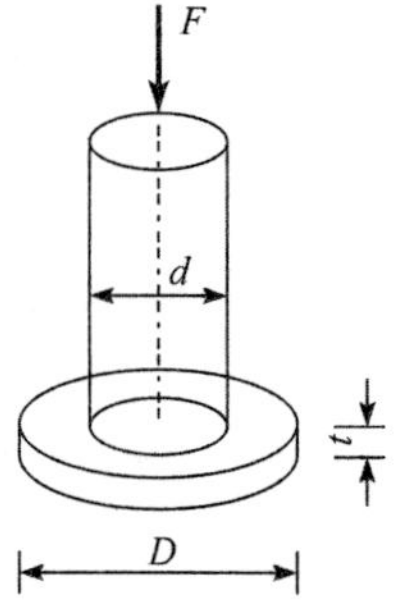

62. 实心圆轴受扭，若将轴的直径减小一半，则扭转角是原来的：

A. 2 倍　　　　B. 4 倍

C. 8 倍　　　　D. 16 倍

63. 图示截面对z轴的惯性矩I_z为：

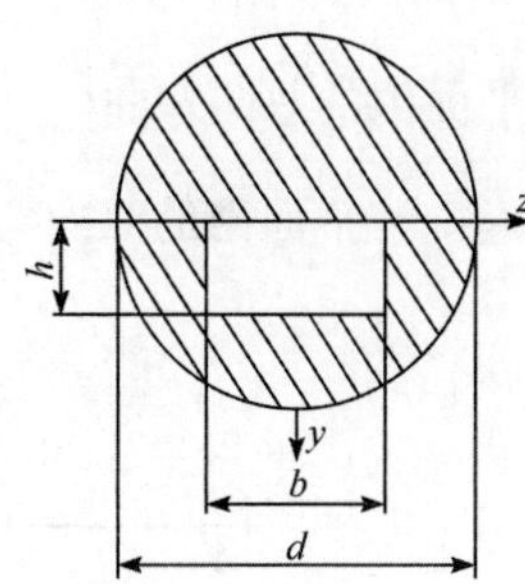

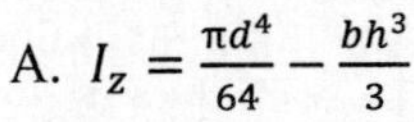

A. $I_z=\frac{\pi d^4}{64}-\frac{bh^3}{3}$

B. $I_z=\frac{\pi d^4}{64}-\frac{bh^3}{12}$

C. $I_z=\frac{\pi d^4}{32}-\frac{bh^3}{6}$

D. $I_z=\frac{\pi d^4}{64}-\frac{13bh^3}{12}$

64. 图示圆轴的抗扭截面系数为W_{T}，切变模量为G。扭转变形后，圆轴表面A点处截取的单元体互相垂直的相邻边线改变了γ角，如图所示。圆轴承受的扭矩T是：

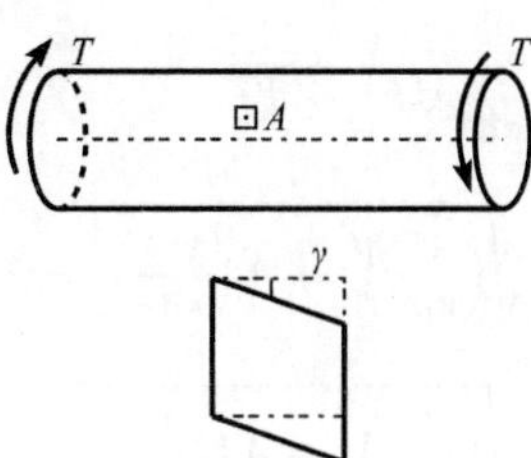

A. $T=G\gamma W_{\mathrm{T}}$

B. $T=\frac{G\gamma}{W_{\mathrm{T}}}$

C. $T=\frac{\gamma}{G}W_{\mathrm{T}}$

D. $T=\frac{W_{\mathrm{T}}}{G\gamma}$

65. 材料相同的两根矩形截面梁叠合在一起，接触面之间可以相对滑动且无摩擦力。设两根梁的自由端共同承担集中力偶m，弯曲后两根梁的挠曲线相同，则上面梁承担的力偶矩是：

A. $m/9$

B. $m/5$

C. $m/3$

D. $m/2$

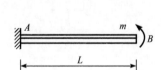

66. 图示等边角钢制成的悬臂梁AB，C点为截面形心，x为该梁轴线，y'、z'为形心主轴。集中力$\boldsymbol{F}$竖直向下，作用线过形心，则梁将发生以下哪种变化：

A. xy平面内的平面弯曲

B. 扭转和xy平面内的平面弯曲

C. xy'和xz'平面内的双向弯曲

D. 扭转及xy'和xz'平面内的双向弯曲

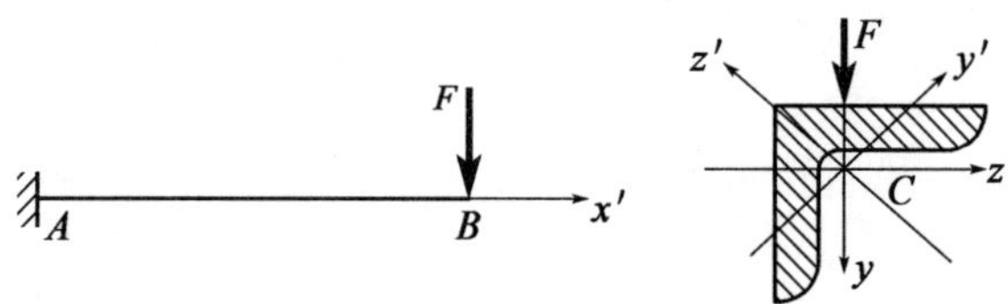

67. 图示直径为d的圆轴，承受轴向拉力$\boldsymbol{F}$和扭矩$\boldsymbol{T}$。按第三强度理论，截面危险的相当应力σ_{eq3}为：

A. $\sigma_{eq3}=\frac{32}{\pi d^3}\sqrt{F^2+T^2}$

B. $\sigma_{eq3}=\frac{16}{\pi d^3}\sqrt{F^2+T^2}$

C. $\sigma_{eq3}=\sqrt{\left(\frac{4F}{\pi d^2}\right)^2+4\left(\frac{16T}{\pi d^3}\right)^2}$

D. $\sigma_{eq3}=\sqrt{\left(\frac{4F}{\pi d^2}\right)^2+4\left(\frac{32T}{\pi d^3}\right)^2}$

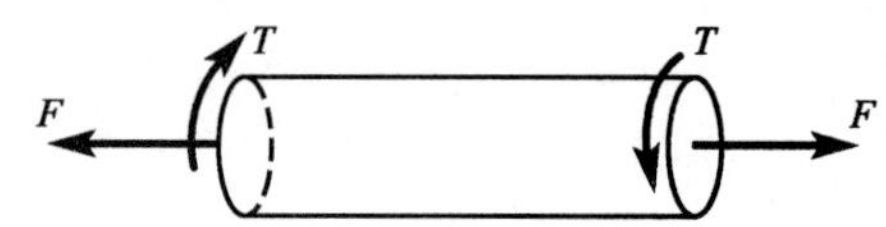

68. 在图示 4 种应力状态中，最大切应力τ_{max}大的应力状态是：

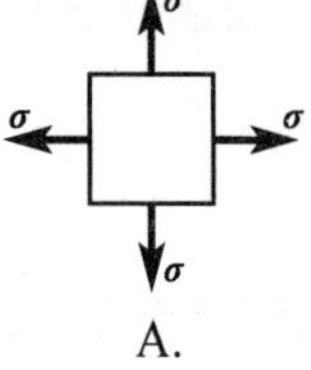

A.

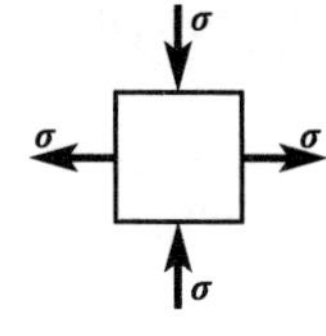

B.

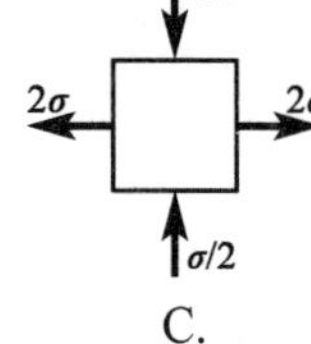

C.

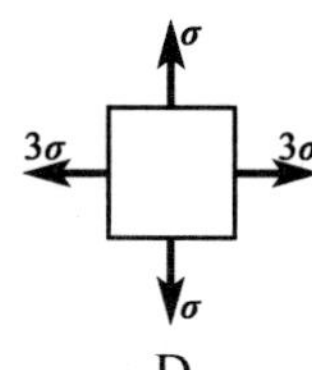

D.

69. 图示圆轴固定端最上缘A点单元体的应力状态是：

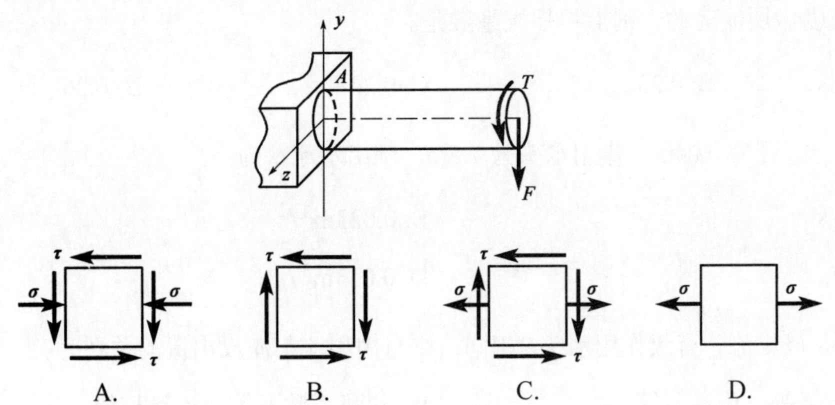

70. 图示三根压杆均为细长（大柔度）压杆，且弯曲刚度为EI。三根压杆的临界荷载F_{cr}的关系为：

A. $F_{cra} > F_{crb} > F_{crc}$　　B. $F_{crb} > F_{cra} > F_{crc}$

C. $F_{crc} > F_{cra} > F_{crb}$　　D. $F_{crb} > F_{crc} > F_{cra}$

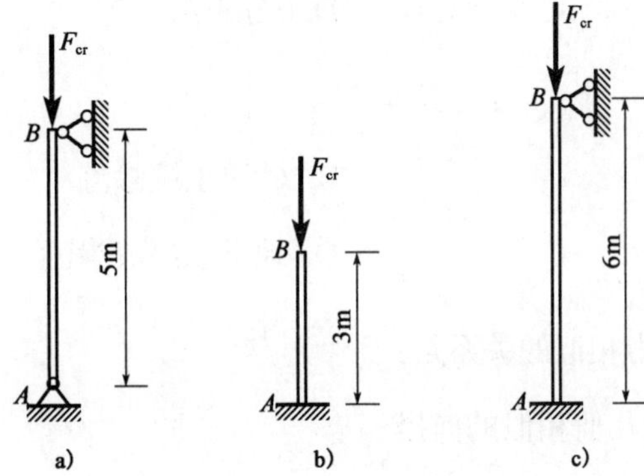

71. 压力表测出的压强是：

A. 绝对压强　　B. 真空压强

C. 相对压强　　D. 实际压强

72. 有一变截面压力管道，测得流量为 15L/s，其中一截面的直径为 100mm，另一截面处的流速为 20m/s，则此截面的直径为：

A. 29mm　　B. 31mm

C. 35mm　　D. 26mm

73. 一直径为 50mm 的圆管，运动黏滞系数$\nu = 0.18\text{cm}^2/\text{s}$、密度$\rho = 0.85\text{g/cm}^3$的油在管内以$v = 10\text{cm/s}$的速度做层流运动，则沿程损失系数是：

A. 0.18　　B. 0.23　　C. 0.20　　D. 0.26

74. 圆柱形管嘴，直径为 0.04m，作用水头为 7.5m，则出水流量为：

A. $0.008\text{m}^3/\text{s}$　　B. $0.023\text{m}^3/\text{s}$

C. $0.020\text{m}^3/\text{s}$　　D. $0.013\text{m}^3/\text{s}$

75. 同一系统的孔口出流，有效作用水头H相同，则自由出流与淹没出流的关系为：

A. 流量系数不等，流量不等　　B. 流量系数不等，流量相等

C. 流量系数相等，流量不等　　D. 流量系数相等，流量相等

76. 一梯形断面明渠，水力半径$R = 1\text{m}$，底坡$i = 0.0008$，粗糙系数$n = 0.02$，则输水流速度为：

A. 1m/s　　B. 1.4m/s

C. 2.2m/s　　D. 0.84m/s

77. 渗流达西定律适用于：

A. 地下水渗流　　B. 砂质土壤渗流

C. 均匀土壤层流渗流　　D. 地下水层流渗流

78. 几何相似、运动相似和动力相似的关系是：

A. 运动相似和动力相似是几何相似的前提

B. 运动相似是几何相似和动力相似的表象

C. 只有运动相似，才能几何相似

D. 只有动力相似，才能几何相似

79. 图示为环线半径为r的铁芯环路，绕有匝数为N的线圈，线圈中通有直流电流I，磁路上的磁场强度H处处均匀，则H值为：

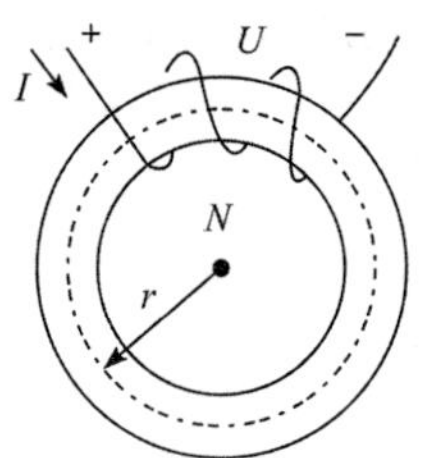

A. $\frac{NI}{r}$，顺时针方向

B. $\frac{NI}{2\pi r}$，顺时针方向

C. $\frac{NI}{r}$，逆时针方向

D. $\frac{NI}{2\pi r}$，逆时针方向

80. 图示电路中，电压$U =$

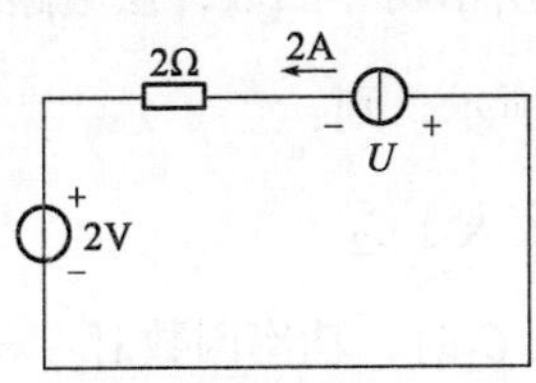

A. 0V

B. 4V

C. 6V

D. −6V

81. 对于图示电路，可以列写a、b、c、d 4个结点的KCL方程和①、②、③、④、⑤ 5个回路的KVL方程。为求出6个未知电流I_1~I_6，正确的求解模型应该是：

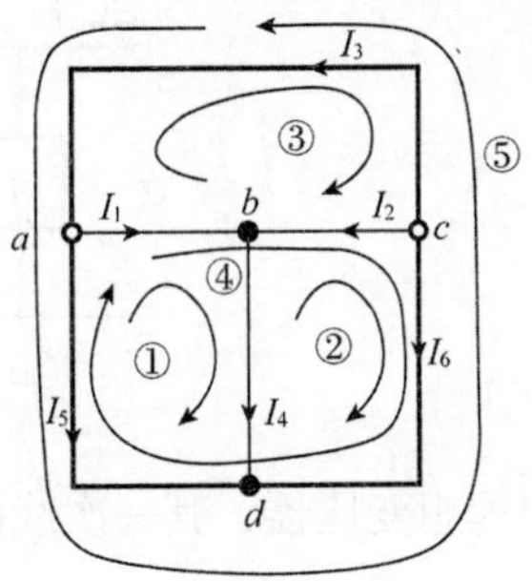

A. 任选3个KCL方程和3个KVL方程

B. 任选3个KCL方程和①、②、③ 3个回路的KVL方程

C. 任选3个KCL方程和①、②、④ 3个回路的KVL方程

D. 写出4个KCL方程和任意2个KVL方程

82. 已知交流电流$i(t)$的周期$T = 1\text{ms}$，有效值$I = 0.5\text{A}$，当$t = 0$时，$i = 0.5\sqrt{2}\text{A}$，则它的时间函数描述形式是：

A. $i(t) = 0.5\sqrt{2}\sin 1000t\ \text{A}$　　B. $i(t) = 0.5\sin 2000\pi t\ \text{A}$

C. $i(t) = 0.5\sqrt{2}\sin(2000\pi t + 90°)\ \text{A}$　　D. $i(t) = 0.5\sqrt{2}\sin(1000\pi t + 90°)\ \text{A}$

83. 图a）滤波器的幅频特性如图b）所示，当$u_i = u_{i1} = 10\sqrt{2}\sin 100t$ V时，输出$u_o = u_{o1}$，当$u_i = u_{i2} = 10\sqrt{2}\sin 10^4 t$ V时，输出$u_o = u_{o2}$，则可以算出：

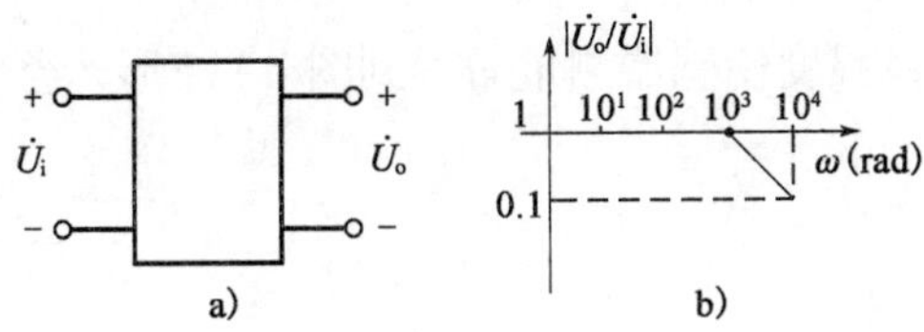

A. $U_{o1} = U_{o2} = 10\text{V}$

B. $U_{o1} = 10\text{V}$，U_{o2}不能确定，但小于10V

C. $U_{o1} < 10\text{V}$，$U_{o2} = 0$

D. $U_{o1} = 10\text{V}$，$U_{o2} = 1\text{V}$

84. 如图 a）所示功率因数补偿电路中，当$C = C_1$时得到相量图如图 b）所示，当$C = C_2$时得到相量图如图 c）所示，则：

A. C_1一定大于C_2

B. 当$C = C_1$时，功率因数$\lambda|_{C_1} = -0.866$；当$C = C_2$时，功率因数$\lambda|_{C_2} = 0.866$

C. 因为功率因数$\lambda|_{C_1} = \lambda|_{C_2}$，所以采用两种方案均可

D. 当$C = C_2$时，电路出现过补偿，不可取

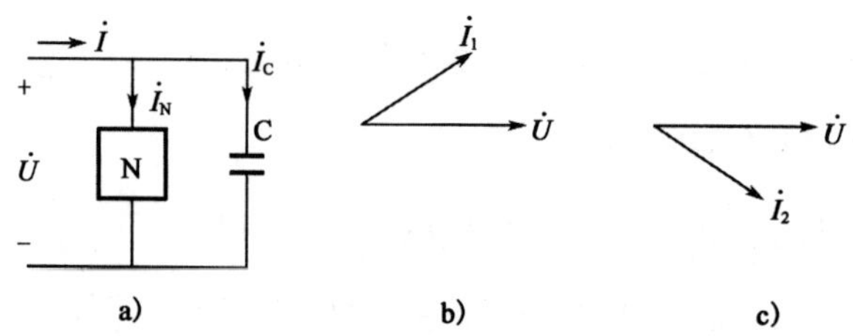

85. 某单相理想变压器，其一次线圈为 550 匝，有两个二次线圈。若希望一次电压为 100V 时，获得的二次电压分别为 10V 和 20V，则$N_{2|10V}$和$N_{2|20V}$应分别为：

A. 50 匝和 100 匝　　B. 100 匝和 50 匝

C. 55 匝和 110 匝　　D. 110 匝和 55 匝

86. 为实现对电动机的过载保护，除了将热继电器的常闭触点串接在电动机的控制电路中外，还应将其热元件：

A. 也串接在控制电路中　　B. 再并接在控制电路中

C. 串接在主电路中　　D. 并接在主电路中

87. 某温度信号如图 a）所示，经温度传感器测量后得到图 b）波形，经采样后得到图 c）波形，再经保持器得到图 d）波形，则：

A. 图 b）是图 a）的模拟信号

B. 图 a）是图 b）的模拟信号

C. 图 c）是图 b）的数字信号

D. 图 d）是图 a）的模拟信号

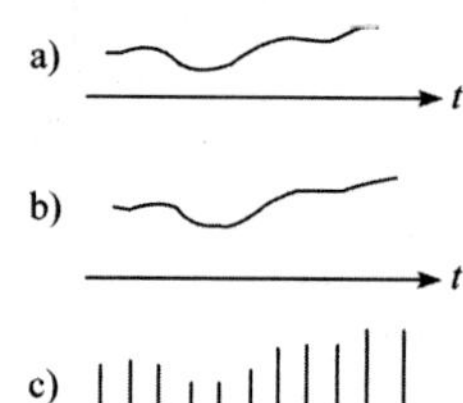

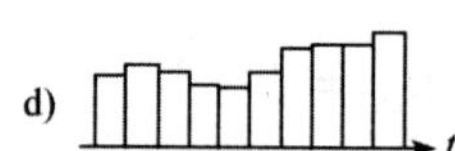

88. 若某周期信号的一次谐波分量为$5\sin 10^3 t\,\text{V}$，则它的三次谐波分量可表示为：

A. $U\sin 3\times 10^3 t$，$U > 5\text{V}$　　B. $U\sin 3\times 10^3 t$，$U < 5\text{V}$

C. $U\sin 10^6 t$，$U > 5\text{V}$　　D. $U\sin 10^6 t$，$U < 5\text{V}$

89. 设放大器的输入信号为$u_1(t)$，放大器的幅频特性如图所示，令$u_1(t)=\sqrt{2}U_1\sin 2\pi ft$，$u_2(t)=$

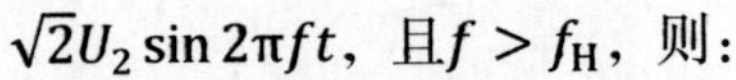

$\sqrt{2}U_2\sin 2\pi ft$，且$f > f_{\text{H}}$，则：

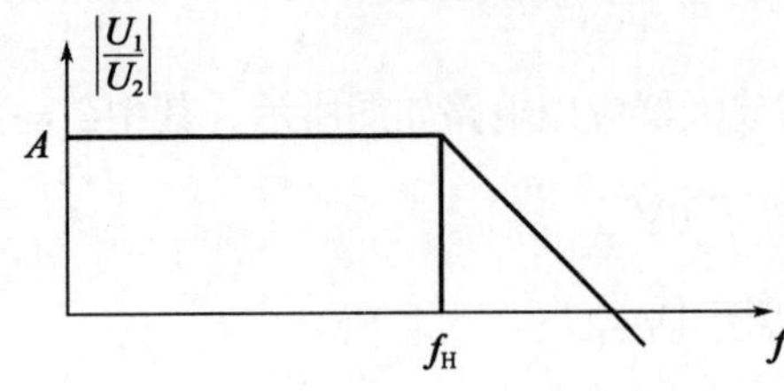

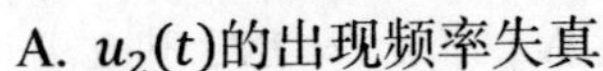

A. $u_2(t)$的出现频率失真

B. $u_2(t)$的有效值$U_2 = AU_1$

C. $u_2(t)$的有效值$U_2 < AU_1$

D. $u_2(t)$的有效值$U_2 > AU_1$

90. 对逻辑表达式$\overline{\text{AD}+\overline{\text{A}}\text{D}}$的化简结果是：

A. 0　　B. 1

C. $\overline{\text{A}}\text{D}+\text{A}\overline{\text{D}}$　　D. $\overline{\text{AD}}+\text{AD}$

91. 已知数字信号A和数字信号B的波形如图所示，则数字信号$\text{F}=\overline{\text{A}+\text{B}}$的波形为：

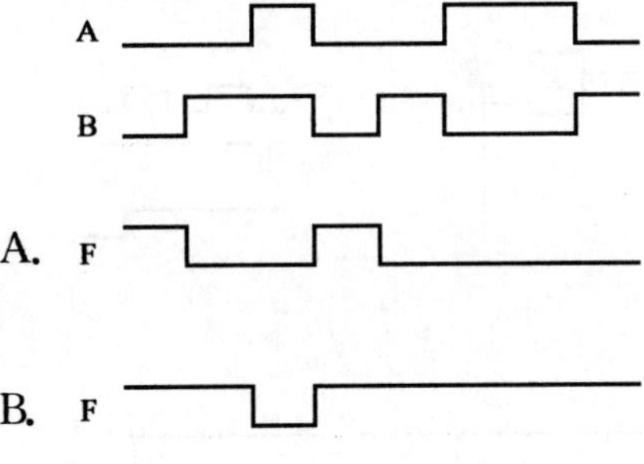

C. F

D. F

92. 十进制数字 16 的 BCD 码为：

A. 00010000　　B. 00010110

C. 00010100　　D. 00011110

93. 二极管应用电路如图所示，$U_A = 1V$，$U_B = 5V$，设二极管为理想器件，则输出电压U_F：

A. 等于 1V

B. 等于 5V

C. 等于 0V

D. 因R未知，无法确定

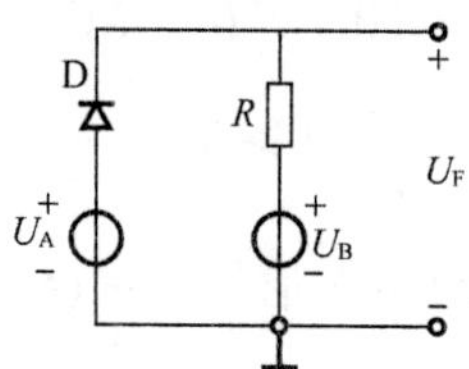

94. 运算放大器应用电路如图所示，其中$C = 1\mu F$，$R = 1M\Omega$，$U_{oM} = \pm 10V$，若$u_1 = 1V$，则u_o：

A. 等于 0V

B. 等于 1V

C. 等于 10V

D. $t < 10s$时，为$-t$；$t \geqslant 10s$后，为$-10V$

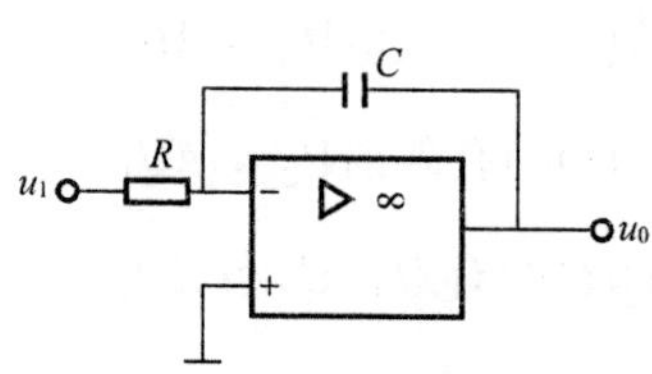

95. 图 a）所示电路中，复位信号$\overline{R}_D$、信号A及时钟脉冲信号cp如图 b）所示，经分析可知，在第一个和第二个时钟脉冲的下降沿时刻，输出Q先后等于：

A. 0　　0　　　　B. 0　　1

C. 1　　0　　　　D. 1　　1

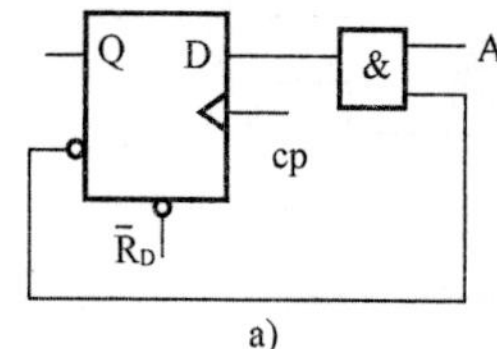

a)

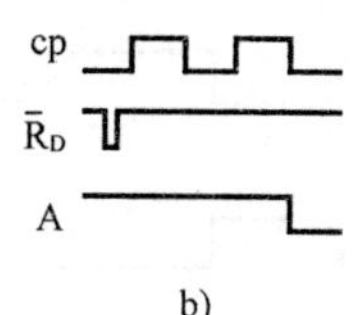

b)

附：触发器的逻辑状态表

D	Q_{n+1}
0	0
1	1

96. 图示电路的功能和寄存数据是：

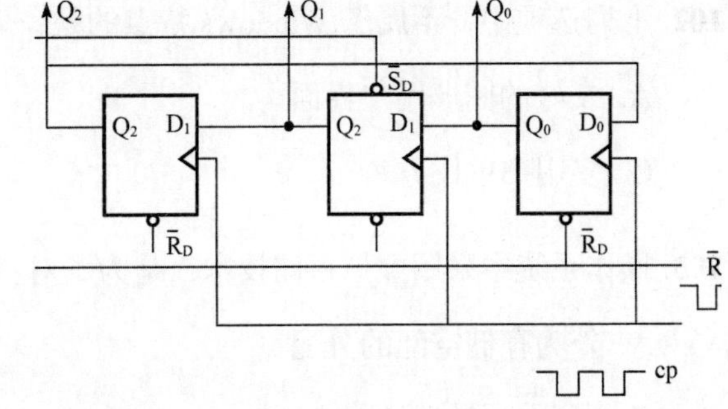

A. 左移的三位移位寄存器，寄存数据是 010

B. 右移的三位移位寄存器，寄存数据是 010

C. 左移的三位移位寄存器，寄存数据是 000

D. 右移的三位移位寄存器，寄存数据是 000

97. 计算机按用途可分为：

A. 专业计算机和通用计算机　　B. 专业计算机和数字计算机

C. 通用计算机和模拟计算机　　D. 数字计算机和现代计算机

98. 当前微机所配备的内存储器大多是：

A. 半导体存储器　　B. 磁介质存储器

C. 光线（纤）存储器　　D. 光电子存储器

99. 批处理操作系统的功能是将用户的一批作业有序地排列起来：

A. 在用户指令的指挥下、顺序地执行作业流

B. 计算机系统会自动地、顺序地执行作业流

C. 由专门的计算机程序员控制作业流的执行

D. 由微软提供的应用软件来控制作业流的执行

100. 杀毒软件应具有的功能是：

A. 消除病毒　　B. 预防病毒

C. 检查病毒　　D. 检查并消除病毒

101. 目前，微机系统中普遍使用的字符信息编码是：

A. BCD 编码　　B. ASCII 编码

C. EBCDIC 编码　　D. 汉字字型码

102. 下列选项中，不属于 Windows 特点的是：

A. 友好的图形用户界面　　B. 使用方便

C. 多用户单任务　　D. 系统稳定可靠

103. 操作系统中采用虚拟存储技术，是为了对：

A. 外为存储空间的分配　　B. 外存储器进行变换

C. 内存储器的保护　　D. 内存储器容量的扩充

104. 通过网络传送邮件、发布新闻消息和进行数据交换是计算机网络的：

A. 共享软件资源功能　　B. 共享硬件资源功能

C. 增强系统处理功能　　D. 数据通信功能

105. 下列有关因特网提供服务的叙述中，错误的一条是：

A. 文件传输服务、远程登录服务　　B. 信息搜索服务、WWW 服务

C. 信息搜索服务、电子邮件服务　　D. 网络自动连接、网络自动管理

106. 若按网络传输技术的不同，可将网络分为：

A. 广播式网络、点到点式网络

B. 双绞线网、同轴电缆网、光纤网、无线网

C. 基带网和宽带网

D. 电路交换类、报文交换类、分组交换类

107. 某企业准备 5 年后进行设备更新，到时所需资金估计为 600 万元，若存款利率为 5%，从现在开始每年年末均等额存款，则每年应存款：

[已知：$(A/F, 5\%, 5) = 0.18097$]

A. 78.65 万元　　B. 108.58 万元

C. 120 万元　　D. 165.77 万元

108. 某项目投资于邮电通信业，运营后的营业收入全部来源于对客户提供的电信服务，则在估计该项目现金流时不包括：

A. 企业所得税　　B. 增值税

C. 城市维护建设税　　D. 教育税附加

109. 某公司向银行借款 150 万元，期限为 5 年，年利率为 8%，每年年末等额还本付息一次（即等额本息法），到第五年末还完本息。则该公司第 2 年年末偿还的利息为：

[已知：$(A/P,8\%,5) = 0.2505$]

A. 9.954 万元　　　　B. 12 万元

C. 25.575 万元　　　　D. 37.575 万元

110. 以下关于项目内部收益率指标的说法正确的是：

A. 内部收益率属于静态评价指标

B. 项目内部收益率就是项目的基准收益率

C. 常规项目可能存在多个内部收益率

D. 计算内部收益率不必事先知道准确的基准收益率i_c

111. 影子价格是商品或生产要素的任何边际变化对国家的基本社会经济目标所做贡献的价值，因而影子价格是：

A. 目标价格　　　　B. 反映市场供求状况和资源稀缺程度的价格

C. 计划价格　　　　D. 理论价格

112. 在对项目进行盈亏平衡分析时，各方案的盈亏平衡点生产能力利用率有如下四种数据，则抗风险能力较强的是：

A. 30%　　　　B. 60%

C. 80%　　　　D. 90%

113. 甲、乙为两个互斥的投资方案。甲方案现时点的投资为 25 万元，此后从第一年年末开始，年运行成本为 4 万元，寿命期为 20 年，净残值为 8 万元；乙方案现时点的投资额为 12 万元，此后从第一年年末开始，年运行成本为 6 万元，寿命期也为 20 年，净残值 6 万元。若基准收益率为 20%，则甲、乙方案费用现值分别为：

[已知：$(P/A,20\%,20) = 4.8696$，$(P/F,20\%,20) = 0.02608$]

A. 50.80 万元，−41.06 万元　　　　B. 54.32 万元，41.06 万元

C. 44.27 万元，41.06 万元　　　　D. 50.80 万元，44.27 万元

114. 某产品的实际成本为 10000 元，它由多个零部件组成，其中一个零部件的实际成本为 880 元，功能评价系数为 0.140，则该零部件的价值指数为：

A. 0.628　　B. 0.880

C. 1.400　　D. 1.591

115. 某工程项目甲建设单位委托乙监理单位对丙施工总承包单位进行监理，有关监理单位的行为符合规定的是：

A. 在监理合同规定的范围内承揽监理业务

B. 按建设单位委托，客观公正地执行监理任务

C. 与施工单位建立隶属关系或者其他利害关系

D. 将工程监理业务转让给具有相应资质的其他监理单位

116. 某施工企业取得了安全生产许可证后，在从事建筑施工活动中，被发现已经不具备安全生产条件，则正确的处理方法是：

A. 由颁发安全生产许可证的机关暂扣或吊销安全生产许可证

B. 由国务院建设行政主管部门责令整改

C. 由国务院安全管理部门责令停业整顿

D. 吊销安全生产许可证，5 年内不得从事施工活动

117. 某工程项目进行公开招标，甲乙两个施工单位组成联合体投标该项目，下列做法中，不合法的是：

A. 双方商定以一个投标人的身份共同投标

B. 要求双方至少一方应当具备承担招标项目的相应能力

C. 按照资质等级较低的单位确定资质等级

D. 联合体各方协商签订共同投标协议

118. 某建设工程总承包合同约定，材料价格按照市场价履约，但具体价款没有明确约定，结算时应当依据的价格是：

A. 订立合同时履行地的市场价格　　B. 结算时买方所在地的市场价格

C. 订立合同时签约地的市场价格　　D. 结算工程所在地的市场价格

119. 某城市计划对本地城市建设进行全面规划，根据《中华人民共和国环境保护法》的规定，下列城乡建设行为不符合《中华人民共和国环境保护法》规定的是：

A. 加强在自然景观中修建人文景观

B. 有效保护植被、水域

C. 加强城市园林、绿地园林

D. 加强风景名胜区的建设

120. 根据《建设工程安全生产管理条例》规定，施工单位主要负责人应当承担的责任是：

A. 落实安全生产责任制度、安全生产规章制度和操作规程

B. 保证本单位安全生产条件所需资金的投入

C. 确保安全生产费用的有效使用

D. 根据工程的特点组织特定安全施工措施

2018 年度全国勘察设计注册工程师执业资格考试基础考试（上）
试题解析及参考答案

1. 解　本题考查基本极限公式以及无穷小量的性质。

选项 A 和 C 是基本极限公式，成立。

选项 B，$\lim\limits_{x\to\infty}\frac{\sin x}{x}=\lim\limits_{x\to\infty}\frac{1}{x}\sin x$，其中$\frac{1}{x}$是无穷小，$\sin x$是有界函数，无穷小乘以有界函数的值为无穷小量，也就是极限为 0，故选项 B 不成立。

选项 D，只要令$t=\frac{1}{x}$，则可化为选项 C 的结果。

答案：B

2. 解　本题考查奇偶函数的性质。当$f(-x)=-f(x)$时，$f(x)$为奇函数；当$f(-x)=f(x)$时，$f(x)$为偶函数。

方法 1：选项 D，设$H(x)=g[g(x)]$，则

$$H(-x)=g[g(-x)]\xlongequal[\text{奇函数}]{g(x)\text{为}}g[-g(x)]=-g[g(x)]=-H(x)$$

故$g[g(x)]$为奇函数。

方法 2：采用特殊值法，题中$f(x)$是偶函数，$g(x)$是奇函数，可设$f(x)=x^2$，$g(x)=x$，验证选项 A、B、C 均是偶函数，错误。

答案：D

3. 解　本题考查导数的定义，需要熟练拼凑相应的形式。

根据导数定义：$f'(x_0)=\lim\limits_{x\to x_0}\frac{f(x)-f(x_0)}{x-x_0}$，与题中所给形式类似，进行拼凑：

$$\lim_{x\to x_0}\frac{xf(x_0)-x_0f(x)}{(x-x_0)}$$
$$=\lim_{x\to x_0}\frac{xf(x_0)-x_0f(x)+x_0f(x_0)-x_0f(x_0)}{x-x_0}$$
$$=\lim_{x\to x_0}\left[\frac{-x_0f(x)+x_0f(x_0)}{x-x_0}+\frac{xf(x_0)-x_0f(x_0)}{x-x_0}\right]$$
$$=-x_0f'(x_0)+f(x_0)$$

答案：C

4. 解　本题考查变限定积分求导的计算方法。

变限定积分求导的方法如下：

$$\frac{\mathrm{d}\left(\int_{\psi(x)}^{\varphi(x)} f(t)\mathrm{d}t\right)}{\mathrm{d}x} = \frac{\mathrm{d}}{\mathrm{d}x}\left(\int_{\psi(x)}^{a} f(t)\mathrm{d}t + \int_{a}^{\varphi(x)} f(t)\mathrm{d}t\right) \quad (a\text{为常数})$$

$$= \frac{\mathrm{d}}{\mathrm{d}x}\left(-\int_{a}^{\psi(x)} f(t)\mathrm{d}t + \int_{a}^{\varphi(x)} f(t)\mathrm{d}t\right)$$

$$= -f(\psi(x))\psi'(x) + f(\varphi(x))\varphi'(x)$$

求导时，先把积分下限函数化为积分上限函数，再求导。

计算如下：

$$\frac{\mathrm{d}}{\mathrm{d}x}\int_{\varphi(x^2)}^{\varphi(x)} e^{t^2}\mathrm{d}t$$

$$= \frac{\mathrm{d}}{\mathrm{d}x}\left[\int_{\varphi(x^2)}^{a} e^{t^2}\mathrm{d}t + \int_{a}^{\varphi(x)} e^{t^2}\mathrm{d}t\right] \quad (a\text{为常数})$$

$$= \frac{\mathrm{d}}{\mathrm{d}x}\left[-\int_{a}^{\varphi(x^2)} e^{t^2}\mathrm{d}t + \int_{a}^{\varphi(x)} e^{t^2}\mathrm{d}t\right]$$

$$= -e^{[\varphi(x^2)]^2}\varphi'(x^2)\cdot 2x + e^{[\varphi(x)]^2}\cdot\varphi'(x)$$

$$= \varphi'(x)e^{[\varphi(x)]^2} - 2x\varphi'(x^2)e^{[\varphi(x^2)]^2}$$

答案：A

5. 解 本题考查不定积分的基本计算技巧：凑微分。

$$\int xf(1-x^2)\mathrm{d}x = -\frac{1}{2}\int f(1-x^2)\mathrm{d}(1-x^2) \xlongequal[\int f(x)\mathrm{d}x=F(x)+C]{\text{已知}} -\frac{1}{2}F(1-x^2)+C$$

答案：B

6. 解 本题考查一阶导数的应用。

驻点是函数的一阶导数为 0 的点，本题中函数明显是光滑连续的，所以对函数求导，有$y' = 4x + a$，将$x = 1$代入得到$y'(1) = 4 + a = 0$，解出$a = -4$。

答案：D

7. 解 本题考查向量代数的基本运算。

方法 1：$(\boldsymbol{\alpha}+\boldsymbol{\beta})\cdot(\boldsymbol{\alpha}+\boldsymbol{\beta}) = |\boldsymbol{\alpha}+\boldsymbol{\beta}|\cdot|\boldsymbol{\alpha}+\boldsymbol{\beta}|\cdot\cos 0 = |\boldsymbol{\alpha}+\boldsymbol{\beta}|^2$

所以，$|\boldsymbol{\alpha}+\boldsymbol{\beta}|^2 = (\boldsymbol{\alpha}+\boldsymbol{\beta})\cdot(\boldsymbol{\alpha}+\boldsymbol{\beta}) = \boldsymbol{\alpha}\cdot\boldsymbol{\alpha} + \boldsymbol{\beta}\cdot\boldsymbol{\alpha} + \boldsymbol{\alpha}\cdot\boldsymbol{\beta} + \boldsymbol{\beta}\cdot\boldsymbol{\beta} = \boldsymbol{\alpha}\cdot\boldsymbol{\alpha} + 2\boldsymbol{\alpha}\cdot\boldsymbol{\beta} + \boldsymbol{\beta}\cdot\boldsymbol{\beta}$

$$\xlongequal[\theta=\frac{\pi}{3}]{|\boldsymbol{\alpha}|=1,|\boldsymbol{\beta}|=2} 1\times 1\times\cos 0 + 2\times 1\times 2\times\cos\frac{\pi}{3} + 2\times 2\times\cos 0 = 7$$

所以，$|\boldsymbol{\alpha}+\boldsymbol{\beta}|^2 = 7$，则$|\boldsymbol{\alpha}+\boldsymbol{\beta}| = \sqrt{7}$

方法 2：可通过作图来辅助求解。

如解图所示，若设$\boldsymbol{\beta} = (2,0)$，由于$\boldsymbol{\alpha}$和$\boldsymbol{\beta}$的夹角为$\frac{\pi}{3}$，则

$\boldsymbol{\alpha} = \left(1\cdot\cos\frac{\pi}{3}, 1\cdot\sin\frac{\pi}{3}\right) = \left(\cos\frac{\pi}{3}, \sin\frac{\pi}{3}\right)$，$\boldsymbol{\beta} = (2,0)$

$\boldsymbol{\alpha}+\boldsymbol{\beta} = \left(2+\cos\frac{\pi}{3}, \sin\frac{\pi}{3}\right)$

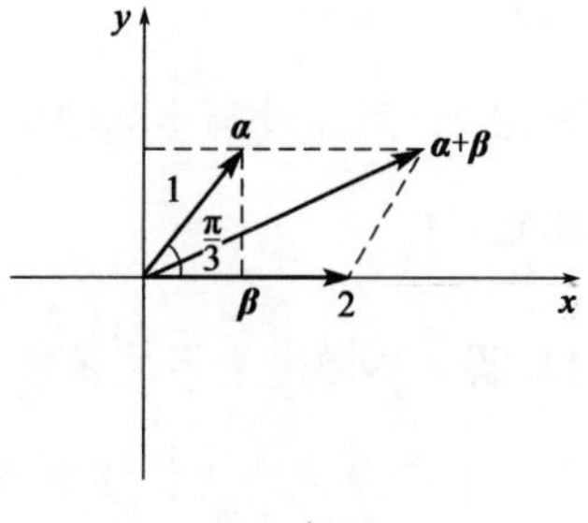

题 7 解图

$$|\boldsymbol{\alpha}+\boldsymbol{\beta}|=\sqrt{\left(2+\cos\frac{\pi}{3}\right)^2+\sin^2\frac{\pi}{3}}=\sqrt{4+2\times2\times\cos\frac{\pi}{3}+\cos^2\frac{\pi}{3}+\sin^2\frac{\pi}{3}}=\sqrt{7}$$

答案：B

8. 解 本题考查简单的二阶常微分方程求解，直接进行两次积分即可。

$y''=\sin x$，则$y'=\int\sin x\,\mathrm{d}x=-\cos x+C_1$

再次对x进行积分，有：$y=\int(-\cos x+C_1)\mathrm{d}x=-\sin x+C_1x+C_2$

答案：B

9. 解 本题考查导数的基本应用与计算。

已知$f(x)$，$g(x)$在$[a,\ b]$上均可导，且恒正，

设$H(x)=f(x)g(x)$，则$H'(x)=f'(x)g(x)+f(x)g'(x)$，

已知$f'(x)g(x)+f(x)g'(x)>0$，所以函数$H(x)=f(x)g(x)$在$x\in(a,\ b)$时单调增加，因此有$H(a)<H(x)<H(b)$，即$f(a)g(a)<f(x)g(x)<f(b)g(b)$。

答案：C

10. 解 本题考查定积分的基本几何应用。注意积分变量的选择，是选择x方便，还是选择y方便？

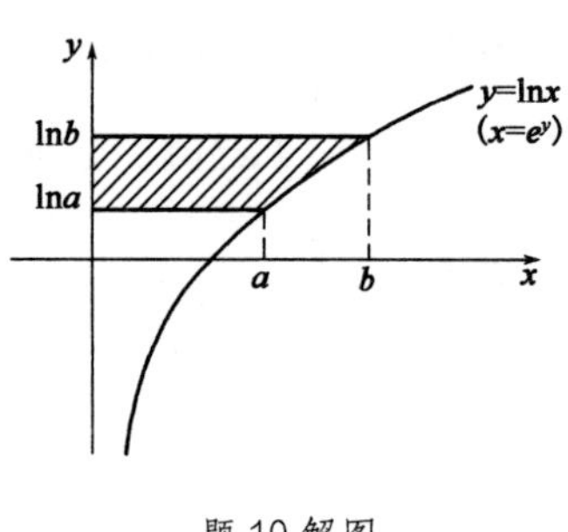

题 10 解图

如解图所示，本题所求图形面积即为阴影图形面积，此时选择积分变量y较方便。

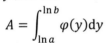

$$A=\int_{\ln a}^{\ln b}\varphi(y)\mathrm{d}y$$

因为$y=\ln x$，则$x=e^y$，故：

$$A=\int_{\ln a}^{\ln b}e^y\,\mathrm{d}y=e^y\Big|_{\ln a}^{\ln b}=e^{\ln b}-e^{\ln a}=b-a$$

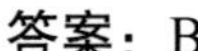

答案：B

11. 解 本题考查空间解析几何中平面的基本性质和运算。

方法 1：若某平面π平行于yOz坐标面，则平面π的法向量平行于x轴，可取$\boldsymbol{n}=(1,0,0)$，利用平面$Ax+By+Cz+D=0$所对应的法向量$\boldsymbol{n}=(A,B,C)$判定选项 D 中，平面方程$x+1=0$的法线向量为$\vec{n}=(1,0,0)$，正确。

方法 2：可通过画出选项 A、B、C 的图形来确定。

答案：D

12. 解 本题考查多元函数微分学的概念性问题，涉及多元函数偏导数与多元函数连续等概念，需记忆解图的关系式方可快速解答：

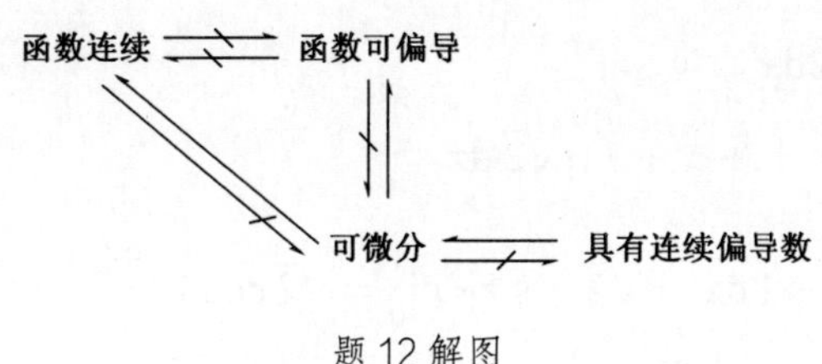

题 12 解图

可知，函数可微可推出一阶偏导数存在，而函数一阶偏导数存在推不出函数可微，故在此点一阶偏导数存在是函数在该点可微的必要条件。

答案：A

13. 解　本题考查级数中常数项级数的敛散性。

利用级数敛散性判定方法以及p级数的相关性判定。

选项 A，利用比较法的极限形式，选择级数$\sum\limits_{n=1}^{\infty}\frac{1}{n^2}$，$p>1$收敛。

而$\lim\limits_{n\to\infty}\frac{\frac{1}{n(n+1)}}{\frac{1}{n^2}}=\lim\limits_{n\to\infty}\frac{n^2}{n^2+n}=1$

所以级数收敛。

选项 B，可利用p级数的敛散性判断。

p级数$\sum\limits_{n=1}^{\infty}\frac{1}{n^p}$（$p>0$，实数），当$p>1$时，$p$级数收敛；当$p\leqslant1$时，$p$级数发散。

选项 B，$p=\frac{3}{2}>1$，故级数收敛。

选项 D，可利用交错级数的莱布尼茨定理判断。

设交错级数$\sum\limits_{n=1}^{\infty}(-1)^{n-1}a_n$，其中$a_n>0$，只要：①$a_n\geqslant a_{n+1}(n=1,2,\ldots)$，②$\lim\limits_{n\to\infty}a_n=0$，则$\sum\limits_{n=1}^{\infty}(-1)^{n-1}a_n$就收敛。

选项 D 中①$\frac{1}{\sqrt{n}}>\frac{1}{\sqrt{n+1}}(n=1,2,\ldots)$，②$\lim\limits_{n\to\infty}\frac{1}{\sqrt{n}}=0$，故级数收敛。

选项 C，对于级数$\sum\limits_{n=1}^{\infty}\left(\frac{n}{2n+1}\right)^2$，$\lim\limits_{n\to\infty}u_n=\lim\limits_{n\to\infty}\left(\frac{n}{2n+1}\right)^2=\left(\frac{1}{2}\right)^2=\frac{1}{4}\neq0$

级数收敛的必要条件是$\lim\limits_{n\to\infty}u_n=0$，而本选项$\lim\limits_{n\to\infty}u_n\neq0$，故级数发散。

答案：C

14. 解　本题考查二阶常系数微分方程解的基本结构。

已知函数$y=C_1e^{-x}+C_2e^{4x}$是某微分方程的通解，则该微分方程拥有的特征方程的解分别为$r_1=-1$，$r_2=+4$，则有$(r+1)(r-4)=0$，展开有$r^2-3r-4=0$，故对应的微分方程为$y''-3y'-4y=0$。

答案：B

15. 解　本题考查对弧长曲线积分（也称第一类曲线积分）的相关计算。

依据题意，作解图，知L方程为$y=-x+1$

L的参数方程为$\begin{cases}x=x\\y=-x+1\end{cases}(0\leqslant x\leqslant1)$

$$dS=\sqrt{1^2+(-1)^2}dx=\sqrt{2}dx$$

$$\int_L \cos(x+y)\,dS=\int_0^1 \cos[x+(-x+1)]\sqrt{2}\,dx$$

$$=\int_0^1 \sqrt{2}\cos 1\,dx=\sqrt{2}\cos 1\cdot x\Big|_0^1=\sqrt{2}\cos 1$$

题 15 解图

注：写出直线L的方程后，需判断x的取值范围（对弧长的曲线积分，积分变量应由小变大），从方程中看可知x：$0\to 1$，若考查对坐标的曲线积分（也称第二类曲线积分），则应特别注意路径行走方向，以便判断x的上下限。

答案：C

16. 解　本题考查直角坐标系下的二重积分计算问题。

根据题中所给正方形区域可作图，其中，D：$|x|\leqslant 1$，$|y|\leqslant 1$，即$-1\leqslant x\leqslant 1$，$-1\leqslant y\leqslant 1$。有

$$\iint_D (x^2+y^2)dxdy=\int_{-1}^1 dx\int_{-1}^1 (x^2+y^2)\,dy=\int_{-1}^1\left(x^2y+\frac{y^3}{3}\right)\Bigg|_{-1}^1 dx$$

$$=\int_{-1}^1\left(2x^2+\frac{2}{3}\right)dx=\left(\frac{2}{3}x^3+\frac{2}{3}x\right)\Bigg|_{-1}^1=\frac{8}{3}$$

或利用对称性，$D=4D_1$，则

$$\iint_D (x^2+y^2)dxdy \overset{\text{利用对称性}}{=\!=\!=} 4\iint_{D_1}(x^2+y^2)dxdy$$

$$=4\int_0^1 dx\int_0^1 (x^2+y^2)\,dy=4\int_0^1\left(x^2y+\frac{1}{3}y^3\right)\Bigg|_0^1 dx$$

$$=4\int_0^1\left(x^2+\frac{1}{3}\right)dx=4\times\left[\frac{1}{3}x^3+\frac{1}{3}x\right]_0^1$$

$$=4\times\left(\frac{1}{3}+\frac{1}{3}\right)=\frac{8}{3}$$

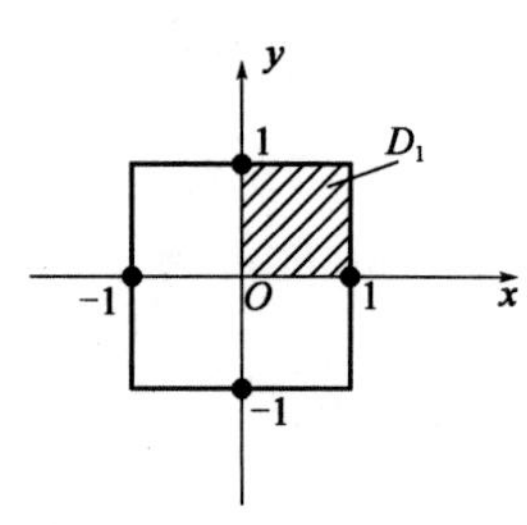

题 16 解图

答案：B

17. 解　本题考查麦克劳林展开式的基本概念。

麦克劳林展开式的一般形式为

$$f(x)=f(0)+f'(0)x+\frac{f''(0)}{2!}x^2+\cdots+\frac{f^n(0)}{n!}x^n+R_n(x)$$

其中$R_n(x)=\frac{f^{n+1}(\xi)}{(n+1)!}x^{n+1}$，这里$\xi$是介于0与$x$之间的某个值。

$f'(x)=a^x\ln a$，$f''(x)=a^x(\ln a)^2$，故$f'(0)=\ln a$，$f''(0)=(\ln a)^2$，$f(0)=1$

所以$f(x)$的麦克劳林展开式的前三项是：$1+x\ln a+\frac{(\ln a)^2}{2}x^2$

答案：C

18. 解　本题考查多元函数的混合偏导数求解。

函数$z=f(x^2y)$

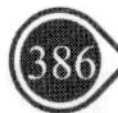

$$\frac{\partial z}{\partial x}=2xyf'(x^2y)$$

$$\frac{\partial^2 z}{\partial x\partial y}=2x[f'(x^2y)+yf''(x^2y)x^2]=2x[f'(x^2y)+x^2yf''(x^2y)]$$

答案： D

19. 解 本题考查矩阵和行列式的基本计算。

因为$\boldsymbol{A}$、$\boldsymbol{B}$均为三阶矩阵，则

$$\left|-2\boldsymbol{A}^{\mathrm{T}}\boldsymbol{B}^{-1}\right|=(-2)^3\left|\boldsymbol{A}^{\mathrm{T}}\boldsymbol{B}^{-1}\right|$$

$=-8\left|\boldsymbol{A}^{\mathrm{T}}\right|\cdot\left|\boldsymbol{B}^{-1}\right|=-8|\boldsymbol{A}|\cdot\frac{1}{|\boldsymbol{B}|}$（矩阵乘积的行列式性质）

$\left(\text{矩阵转置行列式性质，}|\boldsymbol{B}\boldsymbol{B}^{-1}|=|\boldsymbol{E}|\text{，}|\boldsymbol{B}|\cdot|\boldsymbol{B}^{-1}|=1\text{，}|\boldsymbol{B}^{-1}|=\frac{1}{|\boldsymbol{B}|}\right)$

$$=-8\times1\times\frac{1}{-2}=4$$

答案： D

20. 解 本题考查线性方程组$\boldsymbol{Ax}=\boldsymbol{0}$，有非零解的充要条件。

方程组$\begin{cases}ax_1+x_2+x_3=0\\x_1+ax_2+x_3=0\\x_1+x_2+ax_3=0\end{cases}$有非零解的充要条件是$\begin{vmatrix}a&1&1\\1&a&1\\1&1&a\end{vmatrix}=0$

$$\begin{vmatrix}a&1&1\\1&a&1\\1&1&a\end{vmatrix}\xlongequal{(-1)c_3+c_2}\begin{vmatrix}a&0&1\\1&a-1&1\\1&1-a&a\end{vmatrix}\xlongequal{(-a)c_3+c_1}\begin{vmatrix}0&0&1\\1-a&a-1&1\\1-a^2&1-a&a\end{vmatrix}$$

$$=\begin{vmatrix}1-a&a-1\\1-a^2&1-a\end{vmatrix}=(1-a)^2\begin{vmatrix}1&-1\\1+a&1\end{vmatrix}=(1-a)^2(2+a)=0$$

所以$a=1$或-2。

答案： B

21. 解 本题考查利用配方法求二次型的标准型，考查的知识点较偏。

方法 1： 由矩阵$\boldsymbol{A}$可写出二次型为$f(x_1,x_2,x_3)=x_1^2-2x_1x_2+3x_2^2$，利用配方法得到

$$f(x_1,x_2,x_3)=x_1^2-2x_1x_2+x_2^2+2x_2^2=(x_1-x_2)^2+2x_2^2$$

令$x_1-x_2=y_1$，$x_2=y_2$，可得$f=y_1^2+2y_2^2$

方法 2： 利用惯性定理，选项 A、B、D（正惯性指数为 1，负惯性指数为 1）可以互化，因此对单选题，一定是错的。不用计算可知，只能选 C。

答案： C

22. 解 因为A与B独立，所以$\overline{A}$与$\overline{B}$独立。

$$P(A\cup B)=1-P\left(\overline{A\cup B}\right)=1-P\left(\overline{AB}\right)=1-P\left(\overline{A}\right)P\left(\overline{B}\right)=1-0.4\times0.5=0.8$$

或者$P(A\cup B)=P(A)+P(B)-P(AB)$

由于A与B相互独立，则$P(AB)=P(A)P(B)$

而$P(A)=1-P(\overline{A})=0.6$，$P(B)=1-P(\overline{B})=0.5$

故$P(A\cup B)=0.6+0.5-0.6\times0.5=0.8$

答案：C

23. 解 数学期望$E(X)=\int_{-\infty}^{+\infty}xf(x)\,\mathrm{d}x$，由已知条件，知

$$f(x)=F'(x)=\begin{cases}3x^2，0<x<1\\0\quad，其他\end{cases}$$

则$E(X)=\int_0^1 x\cdot3x^2\mathrm{d}x=\int_0^1 3x^3\mathrm{d}x$

答案：B

24. 解 二维离散型随机变量X、Y相互独立的充要条件是$P_{ij}=P_{i\cdot}P_{\cdot j}$

还有分布律性质$\sum_i\sum_j P(X=i，Y=j)$=1

利用上述等式建立两个独立方程，解出α、β。

下面根据独立性推出一个公式：

因为$\frac{P(X=i，Y=1)}{P(X=i，Y=2)}=\frac{P(X=i)P(Y=1)}{P(X=i)P(Y=2)}=\frac{P(Y=1)}{P(Y=2)}\quad i=1,2,3,\cdots$

所以$\frac{P(X=1，Y=1)}{P(X=1，Y=2)}=\frac{P(X=2，Y=1)}{P(X=2，Y=2)}=\frac{P(X=3，Y=1)}{P(X=3，Y=2)}$

即$\frac{\frac{1}{6}}{\frac{1}{3}}=\frac{\frac{1}{9}}{\beta}=\frac{\frac{1}{18}}{\alpha}$

选项 D 对。

答案：D

25. 解 分子的平均平动动能公式$\overline{\omega}=\frac{3}{2}kT$，分子的平均动能公式$\overline{\varepsilon}=\frac{i}{2}kT$，刚性双原子分子自由度$i=5$，但此题问的是每个分子的平均平动动能而不是平均动能，故正确答案为 C。

答案：C

26. 解 分子无规则运动的平均自由程公式$\lambda=\frac{\overline{v}}{\overline{Z}}=\frac{1}{\sqrt{2}\pi d^2n}$，气体定了，$d$就定了，所以容器中分子无规则运动的平均自由程仅取决于n，即单位体积的分子数。此题给定 1mol 氦气，分子总数定了，故容器中分子无规则运动的平均自由程仅取决于体积V。

答案：B

27. 解 理想气体和单一恒温热源做等温膨胀时，吸收的热量全部用来对外界做功，既不违反热力学第一定律，也不违反热力学第二定律。因为等温膨胀是一个单一的热力学过程而非循环过程。

答案：C

28. 解 理想气体的功和热量是过程量。内能是状态量，是温度的单值函数。此题给出$T_2=T_1$，无

论气体经历怎样的过程，气体的内能保持不变。而因为不知气体变化过程，故无法判断功的正负。

答案：D

29. 解 将$t=0.1\text{s}$，$x=2\text{m}$代入方程，即

$$y=0.01\cos 10\pi(25t-x)=0.01\cos 10\pi(2.5-2)=-0.01$$

答案：C

30. 解 $A=0.02\text{m}$，$T=\frac{2\pi}{\omega}=\frac{2\pi}{50\pi}=\frac{1}{25}=0.04\text{s}$

答案：A

31. 解 机械波在媒质中传播，一媒质质元的最大形变量发生在平衡位置，此位置动能最大，势能也最大，总机械能亦最大。

答案：D

32. 解 上下缝各覆盖一块厚度为d的透明薄片，则从两缝发出的光在原来中央明纹初相遇时，光程差为

$$\delta=r-d+n_2d-(r-d+n_1d)=d(n_2-n_1)$$

答案：A

33. 解 牛顿环的环状干涉条纹为等厚干涉条纹，当平凸透镜垂直向上缓慢平移而远离平面镜时，原k级条纹向环中心移动，故这些环状干涉条纹向中心收缩。

答案：D

34. 解 $\Delta\varphi=\frac{2\pi}{\lambda}\delta=\frac{2\pi}{\lambda}nl=3\pi$，$l=\frac{3\lambda}{2n}$

答案：C

35. 解 反射光的光程差加强条件$\delta=2nd+\frac{\lambda}{2}=k\lambda$

可见光范围$\lambda(400\sim760\text{nm})$，取$\lambda=400\text{nm}$，$k=3.5$；取$\lambda=760\text{nm}$，$k=2.1$

k取整数，$k=3$，$\lambda=480\text{nm}$

答案：A

36. 解 玻璃劈尖相邻干涉条纹间距公式为：$l=\frac{\lambda}{2n\theta}$

此玻璃的折射率为：$n=\frac{\lambda}{2l\theta}=1.53$

答案：B

37. 解 当原子失去电子成为正离子时，一般是能量较高的最外层电子先失去，而且往往引起电子层数的减少。某元素正二价离子（M^{2+}）的外层电子构型是 $3s^23p^6$，所以该元素原子基态核外电子构型为 $1s^22s^22p^63s^23p^64s^2$。该元素基态核外电子最高主量子数为 4，为第四周期元素；价电子构型为 $4s^2$，为

s 区元素，IIA 族元素。

答案：C

38. 解 离子的极化力是指某离子使其他离子变形的能力。极化率（离子的变形性）是指某离子在电场作用下电子云变形的程度。每种离子都具有极化力与变形性，一般情况下，主要考虑正离子的极化力和负离子的变形性。极化力与离子半径有关，离子半径越小，极化力越强。

答案：A

39. 解 NH_4Cl 为强酸弱碱盐，水解显酸性；NaCl 不水解；NaOAc 和 Na_3PO_4 均为强碱弱酸盐，水解显碱性，因为$K_a(HAc) > K_a(H_3PO_4)$，所以 Na_3PO_4 的水解程度更大，碱性更强。

答案：A

40. 解 根据理想气体状态方程$pV = nRT$，得$n = \frac{pV}{RT}$。所以当温度和体积不变时，反应器中气体（反应物或生成物）的物质的量与气体分压成正比。根据$2A(g) + B(g) \rightleftharpoons 2C(g)$可知，生成物气体C的平衡分压为100kPa，则A要消耗100kPa，B要消耗50kPa，平衡时$p(A) = 200kPa$，$p(B) = 250kPa$。

$$K^{\Theta} = \frac{\left(\frac{p(C)}{p^{\Theta}}\right)^2}{\left(\frac{p(A)}{p^{\Theta}}\right)^2\left(\frac{p(B)}{p^{\Theta}}\right)} = \frac{\left(\frac{100}{100}\right)^2}{\left(\frac{200}{100}\right)^2\left(\frac{250}{100}\right)} = 0.1$$

答案：A

41. 解 根据氧化还原反应配平原则，还原剂失电子总数等于氧化剂得电子总数，配平后的方程式为：$2MnO_4{}^- + 5SO_3{}^{2-} + 6H^+ = 2Mn^{2+} + 5SO_4{}^{2-} + 3H_2O$。

答案：B

42. 解 电极电势的大小，可以判断氧化剂与还原剂的相对强弱。电极电势越大，表示电对中氧化态的氧化能力越强。所以题中氧化剂氧化能力最强的是 HClO。

答案：C

43. 解 标准状态时，由指定单质生成单位物质的量的纯物质 B 时反应的焓变（反应的热效应），称为物质 B 的标准摩尔生成焓，记作$\Delta_f H_m^{\Theta}$。指定单质通常指标准压力和该温度下最稳定的单质，如 C 的指定单质为石墨(s)。选项 A 中 C(金刚石)不是指定单质，选项 D 中不是生成单位物质的量的 $CO_2(g)$。

答案：C

44. 解 发生银镜反应的物质要含有醛基（–CHO），所以甲醛、乙醛、乙二醛等各种醛类、甲酸及其盐（如 HCOOH、HCOONa）、甲酸酯（如甲酸甲酯 $HCOOCH_3$、甲酸丙酯 $HCOOC_3H_7$ 等）和葡萄糖、麦芽糖等分子中含醛基的糖与银氨溶液在适当条件下可以发生银镜反应。

答案：D

45. 解 蛋白质、橡胶、纤维素都是天然高分子，蔗糖（$C_{12}H_{22}O_{11}$）不是。

答案： A

46. 解 1-戊炔、2-戊炔、1,2-戊二烯催化加氢后产物均为戊烷，3-甲基-1-丁炔催化加氢后产物为 2-甲基丁烷，结构式为$(CH_3)_2CHCH_2CH_3$。

答案： B

47. 解 根据力的投影公式，$F_x = F\cos\alpha$，故只有当$\alpha = 0°$时$F_x = F$，即力$\boldsymbol{F}$与x轴平行；而除力$\boldsymbol{F}$在与x轴垂直的y轴（$\boldsymbol{\alpha} = 90°$）上投影为 0 外，在其余与$x$轴共面轴上的投影均不为 0。

答案： B

48. 解 主矢$\boldsymbol{F}_{\mathrm{R}} = \boldsymbol{F}_1 + \boldsymbol{F}_2 + \boldsymbol{F}_3 = 30\boldsymbol{j}\mathrm{N}$为三力的矢量和；对$O$点的主矩为各力向$O$点取矩及外力偶矩的代数和，即$M_{\mathrm{O}} = F_3 a - M_1 - M_2 = -10\mathrm{N\cdot m}$（顺时针）。

答案： B

49. 解 取整体为研究对象，受力如解图所示。

列平衡方程：

$\sum m_{\mathrm{C}}(F) = 0$，$F_{\mathrm{A}}\cdot 2r - F_{\mathrm{p}}\cdot 3r = 0$，$F_{\mathrm{A}} = \frac{3}{2}F_{\mathrm{p}}$

答案： D

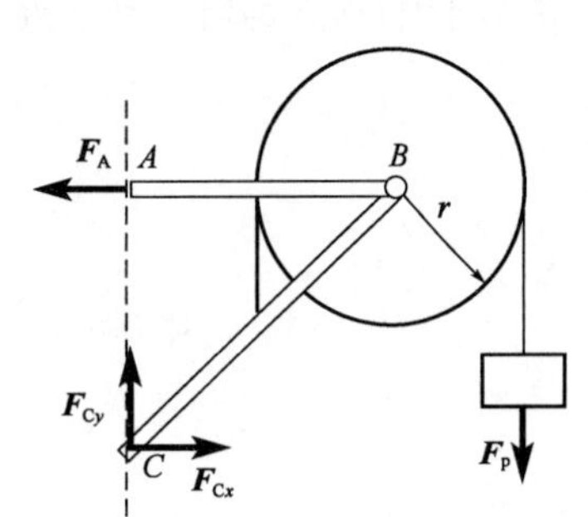

题 49 解图

50. 解 分析节点C的平衡，可知BC杆为零杆。

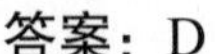

答案： D

51. 解 当$t = 2\mathrm{s}$时，点的速度$v = \frac{\mathrm{d}s}{\mathrm{d}t} = 4t^3 - 9t^2 + 4t = 4\mathrm{m/s}$

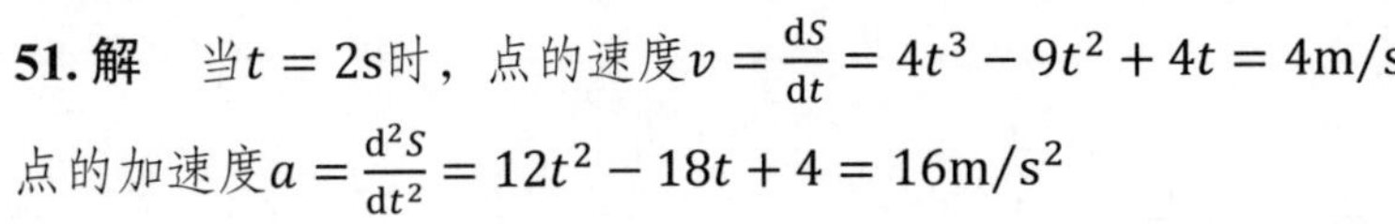

点的加速度$a = \frac{\mathrm{d}^2 s}{\mathrm{d}t^2} = 12t^2 - 18t + 4 = 16\mathrm{m/s^2}$

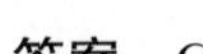

答案： C

52. 解 根据点做曲线运动时法向加速度的公式：$a_n = \frac{v^2}{\rho} = \frac{15^2}{5} = 45\mathrm{m/s^2}$。

答案： B

53. 解 因为点A、B两点的速度、加速度方向相同，大小相等，根据刚体做平行移动时的特性，可判断杆AB的运动形式为平行移动，因此，平行移动刚体上M点和A点有相同的速度和加速度，即：$v_{\mathrm{M}} = v_{\mathrm{A}} = r\omega$，$a_{\mathrm{M}}^n = a_{\mathrm{A}}^n = r\omega^2$，$a_{\mathrm{M}}^t = a_{\mathrm{A}}^t = r\alpha$。

答案： C

54. 解 物块与桌面之间最大的摩擦力$F = \mu mg$

根据牛顿第二定律$ma = F$，即$m\frac{v^2}{r} = F = \mu mg$，则得$v = \sqrt{\mu gr}$

答案： C

55. 解 重力与水平位移相垂直，故做功为零，摩擦力$F = 10 \times 0.3 = 3\text{N}$，所做之功$\text{W} = 3 \times 4 = 12\text{N} \cdot \text{m}$。

答案： C

56. 解 根据动量矩定理：

$J\alpha_1 = 1 \times r$（J为滑轮的转动惯量）

$J\alpha_2 + m_2 r^2 \alpha_2 + m_3 r^2 \alpha_2 = (m_2 g - m_3 g) r = 1 \times r$

$J\alpha_3 + m_3 r^2 \alpha_3 = m_3 g r = 1 \times r$

则$\alpha_1 = \frac{1 \times r}{J}$；$\alpha_2 = \frac{1 \times r}{J + m_2 r^2 + m_3 r^2}$；$\alpha_3 = \frac{1 \times r}{J + m_3 r^2}$

答案： C

57. 解 如解图所示，杆释放瞬时，其角速度为零，根据动量矩定理：$J_{\text{O}}\alpha = mg\frac{l}{2}$，$\frac{1}{3}ml^2\alpha = mg\frac{l}{2}$，$\alpha = \frac{3g}{2l}$；施加于杆$OA$上的附加动反力为$ma_{\text{C}} = m\frac{3g}{2l} \cdot \frac{l}{2} = \frac{3}{4}mg$，方向与质心加速度$a_{\text{C}}$方向相同。

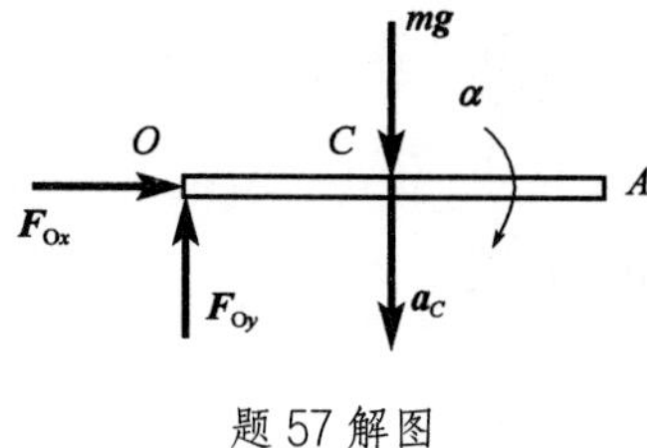

题 57 解图

答案： D

58. 解 根据单自由度质点直线振动固有频率公式，

a）系统：$\omega_{\text{a}} = \sqrt{\frac{k}{m}}$；

b）系统：等效的弹簧刚度为$\frac{k}{2}$，$\omega_{\text{b}} = \sqrt{\frac{k}{2m}}$。

答案： D

59. 解 用直接法求轴力，可得：左段杆的轴力是−3kN，右段杆的轴力是 5kN。所以杆的最大轴力是 5kN。

答案： B

60. 解 用直接法求轴力，可得：$N_{\text{AB}} = -F$，$N_{\text{BC}} = F$

杆C截面的位移是：

$$\delta_{\text{C}} = \Delta l_{\text{AB}} + \Delta l_{\text{BC}} = \frac{-F \cdot l}{E \cdot 2A} + \frac{Fl}{EA} = \frac{Fl}{2EA}$$

答案： A

61. 解 混凝土基座与圆截面立柱的交接面，即圆环形基座板的内圆柱面即为剪切面(如解图所示)：

$$A_Q = \pi dt$$

圆形混凝土基座上的均布压力（面荷载）为：

$$q = \frac{1000 \times 10^3\text{N}}{\frac{\pi}{4} \times 1000^2\text{mm}^2} = \frac{4}{\pi}\text{MPa}$$

作用在剪切面上的剪力为：

$$Q = q \cdot \frac{\pi}{4}(1000^2 - 500^2) = 750\text{kN}$$

由剪切强度条件：$\tau = \frac{Q}{A_Q} = \frac{Q}{\pi dt} \leqslant [\tau]$，可得：

$$t \geqslant \frac{Q}{\pi d[\tau]} = \frac{750 \times 10^3\text{N}}{\pi \times 500\text{mm} \times 1.5\text{MPa}} = 318.3\text{mm}$$

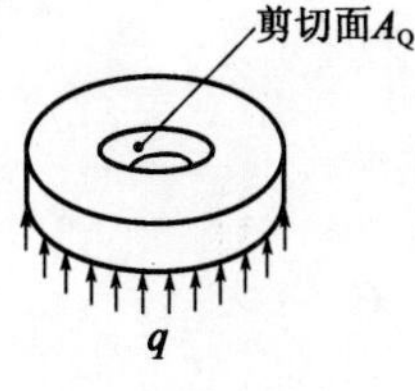

题 61 解图

答案：C

62. 解 设实心圆轴直径为d，则：

$$\phi = \frac{Tl}{GI_p} = \frac{Tl}{G\frac{\pi}{32}d^4} = 32\frac{Tl}{\pi d^4 G}$$

若实心圆轴直径减小为$d_1 = \frac{d}{2}$，则：

$$\phi_1 = \frac{Tl}{GI_{p1}} = \frac{Tl}{G\frac{\pi}{32}\left(\frac{d}{2}\right)^4} = 16\frac{32Tl}{\pi d^4 G} = 16\phi$$

答案：D

63. 解 图示截面对z轴的惯性矩等于圆形截面对z轴的惯性矩减去矩形对z轴的惯性矩。

$$I_z^{矩} = \frac{bh^3}{12} + \left(\frac{h}{2}\right)^2 \cdot bh = \frac{bh^3}{3}$$

$$I_z = I_z^{圆} - I_z^{矩} = \frac{\pi d^4}{64} - \frac{bh^3}{3}$$

答案：A

64. 解 圆轴表面A点的剪应力$\tau = \frac{T}{W_T}$

根据胡克定律$\tau = G\gamma$，因此$T = \tau W_T = G\gamma W_T$

答案：A

65. 解 上下梁的挠曲线曲率相同，故有

$$\rho = \frac{M_1}{EI_1} = \frac{M_2}{EI_2}$$

所以$\frac{M_1}{M_2} = \frac{I_1}{I_2} = \frac{\frac{ba^3}{12}}{\frac{b(2a)^3}{12}} = \frac{1}{8}$，即$M_2 = 8M_1$

又有$M_1 + M_2 = m$，因此$M_1 = \frac{m}{9}$

答案：A

66. 解 图示截面的弯曲中心是两个狭长矩形边的中线交点，形心主轴是y'和z'，因为外力$\boldsymbol{F}$作用线

没有通过弯曲中心，故有扭转，还有沿两个形心主轴y'、z'方向的双向弯曲。

答案：D

67. 解 本题是拉扭组合变形，轴向拉伸产生的正应力$\sigma=\frac{F}{A}=\frac{4F}{\pi d^2}$

扭转产生的剪应力$\tau=\frac{T}{W_T}=\frac{16T}{\pi d^3}$

$$\sigma_{eq3}=\sqrt{\sigma^2+4\tau^2}=\sqrt{\left(\frac{4F}{\pi d^2}\right)^2+4\left(\frac{16T}{\pi d^3}\right)^2}$$

答案：C

68. 解 A 图：$\sigma_1=\sigma$，$\sigma_2=\sigma$，$\sigma_3=0$；$\tau_{max}=\frac{\sigma-0}{2}=\frac{\sigma}{2}$

B 图：$\sigma_1=\sigma$，$\sigma_2=0$，$\sigma_3=-\sigma$；$\tau_{max}=\frac{\sigma-(-\sigma)}{2}=\sigma$

C 图：$\sigma_1=2\sigma$，$\sigma_2=0$，$\sigma_3=-\frac{\sigma}{2}$；$\tau_{max}=\frac{2\sigma-\left(-\frac{\sigma}{2}\right)}{2}=\frac{5}{4}\sigma$

D 图：$\sigma_1=3\sigma$，$\sigma_2=\sigma$，$\sigma_3=0$；$\tau_{max}=\frac{3\sigma-0}{2}=\frac{3}{2}\sigma$

答案：D

69. 解 图示圆轴是弯扭组合变形，力F作用下产生的弯矩在固定端最上缘A点引起拉伸正应力σ，外力偶T在A点引起扭转切应力τ，故A点单元体的应力状态是选项 C。

答案：C

70. 解 A 图：$\mu l=1\times5=5$

B 图：$\mu l=2\times3=6$

C 图：$\mu l=0.7\times6=4.2$

根据压杆的临界荷载公式$F_{cr}=\frac{\pi^2EI}{(\mu l)^2}$

可知：μl越大，临界荷载越小；μl越小，临界荷载越大。

所以F_{crc}最大，而F_{crb}最小。

答案：C

71. 解 压力表测出的是相对压强。

答案：C

72. 解 设第一截面的流速为$v_1=\frac{Q}{\frac{\pi}{4}d_1^2}=\frac{0.015\text{m}^3/\text{s}}{\frac{\pi}{4}0.1^2\text{m}^2}=1.91\text{m/s}$

另一截面流速$v_2=20\text{m/s}$，待求直径为d_2，由连续方程可得：

$$d_2=\sqrt{\frac{v_1}{v_2}d_1^2}=\sqrt{\frac{1.91}{20}\times0.1^2}=0.031\text{m}=31\text{mm}$$

答案：B

73. 解　层流沿程损失系数$\lambda=\frac{64}{\mathrm{Re}}$，而雷诺数 $\mathrm{Re}=\frac{vd}{\nu}$

代入题设数据，得：$\mathrm{Re}=\frac{10\times5}{0.18}=278$

沿程损失系数$\lambda=\frac{64}{278}=0.23$

答案：B

74. 解　圆柱形管嘴出水流量$Q=\mu A\sqrt{2gH_0}$

代入题设数据，得：$Q=0.82\times\frac{\pi}{4}(0.04)^2\sqrt{2\times9.8\times7.5}=0.0125\mathrm{m^3/s}\approx0.013\mathrm{m^3/s}$

答案：D

75. 解　在题设条件下，则自由出流孔口与淹没出流孔口的关系应为流量系数相等、流量相等。

答案：D

76. 解　由明渠均匀流谢才公式，知流速$v=C\sqrt{Ri}$，$C=\frac{1}{n}R^{\frac{1}{6}}$

代入题设数据，得：$C=\frac{1}{0.02}\times1^{\frac{1}{6}}=50\sqrt{\mathrm{m}}/\mathrm{s}$

流速$v=50\sqrt{1\times0.0008}=1.41\mathrm{m/s}$

答案：B

77. 解　达西渗流定律适用于均匀土壤层流渗流。

答案：C

78. 解　运动相似是几何相似和动力相似的表象。

答案：B

79. 解　根据恒定磁路的安培环路定律：$\sum HL=\sum NI$

得：$H=\frac{NI}{L}=\frac{NI}{2\pi\gamma}$

磁场方向按右手螺旋关系判断为顺时针方向。

答案：B

80. 解　$U=-2\times2-2=-6\mathrm{V}$

答案：D

81. 解　该电路具有 6 条支路，为求出 6 个独立的支路电流，所列方程数应该与支路数相等，即要列出 6 阶方程。

正确的列写方法是：

KCL 独立节点方程=节点数$-1=4-1=3$

KVL 独立回路方程（网孔数）$=$支路数$-$独立节点数$=6-3=3$

“网孔”为内部不含支路的回路。

答案：B

82. 解　$i(t) = I_m \sin(\omega t + \psi_i)$ A

$t = 0$时，$i(t) = I_m \sin\psi_i = 0.5\sqrt{2}$A

$$\begin{cases} \sin\psi_i = 1, \ \psi_i = 90° \\ I_m = 0.5\sqrt{2}\text{A} \\ \omega = 2\pi f = 2\pi \dfrac{1}{T} = 2000\pi \end{cases}$$

$i(t) = 0.5\sqrt{2}\sin(2000\pi t + 90°)$ A

答案：C

83. 解　图 b）给出了滤波器的幅频特性曲线。U_{i1}与U_{i2}的频率不同，它们的放大倍数是不一样的。从特性曲线查出：

$U_{o1}/U_{i1} = 1 \Rightarrow U_{o1} = U_{i1} = 10\text{V} \Rightarrow U_{o2}/U_{i2} = 0.1 \Rightarrow U_{o2} = 0.1 \times U_{i2} = 1\text{V}$

答案：D

84. 解　画相量图分析，如解图所示。

$\dot{I}_2 = \dot{I}_N + \dot{I}_{C2}$，$\dot{I}_1 = \dot{I}_N + \dot{I}_{C1}$

$|\dot{I}_{C1}| > |\dot{I}_{C2}|$

$$I_C = \frac{U}{X_C} = \frac{U}{\dfrac{1}{\omega C}} = U\omega C \propto C$$

题 84 解图

有$I_{C1} > I_{C2}$，所以$C_1 > C_2$

并且功率因数$\lambda|_{C_1} = -0.866$时电路出现过补偿，呈容性性质，一般不采用。

当$C = C_2$时，电路中总电流$\dot{I}_2$落后于电压$\dot{U}$，为感性性质，不为过补偿。

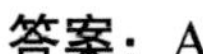

答案：A

85. 解　如解图所示，由题意可知：

$N_1 = 550$匝

当$U_1 = 100$V时，$U_{21} = 10$V，$U_{22} = 20$V

$\frac{N_1}{N_{2|10V}} = \frac{U_1}{U_{21}}$，$N_{2|10V} = N_1 \cdot \frac{U_{21}}{U_1} = 550 \times \frac{10}{100} = 55$匝

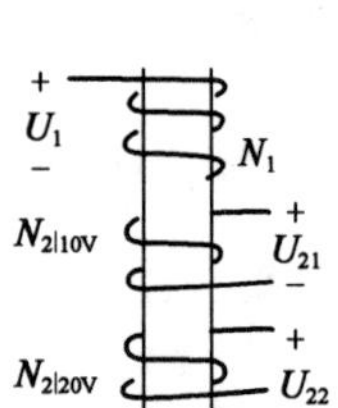

题 85 解图

$\frac{N_1}{N_{2|20V}} = \frac{U_1}{U_{22}}$，$N_{2|20V} = N_1 \cdot \frac{U_{22}}{U_1} = 550 \times \frac{20}{100} = 110$匝

答案：C

86. 解　为实现对电动机的过载保护，热继电器的热元件串联在电动机的主电路中，测量电动机的主电流，同时将热继电器的常闭触点接在控制电路中，一旦电动机过载，则常闭触点断开，切断电机的供电电路。

答案：C

87. 解 "模拟"是指把某一个量用与它相对应的连续的物理量（电压）来表示；图 d）不是模拟信号，图 c）是采样信号，而非数字信号。对本题的分析可见，图 b）是图 a）的模拟信号。

答案：A

88. 解 周期信号频谱是离散的频谱，信号的幅度随谐波次数的增高而减小。针对本题情况，可知该周期信号的一次谐波分量为：

$u_1 = U_{1m}\sin\omega_1 t = 5\sin 10^3 t$

$U_{1m} = 5\text{V}$，$\omega_1 = 10^3$

$u_3 = U_{3m}\sin 3\omega t$

$\omega_3 = 3\omega_1 = 3\times 10^3$

$U_{3m} < U_{1m}$

答案：B

89. 解 放大器的输入为正弦交流信号，但$u_1(t)$的频率过高，超出了上限频率f_H，放大倍数小于A，因此输出信号u_2的有效值$U_2 < AU_1$。

答案：C

90. 解 根据逻辑电路的反演关系，对公式变化可知结果

$$\overline{(\mathrm{AD}+\overline{\mathrm{A}}\overline{\mathrm{D}})} = \overline{\mathrm{AD}}\cdot\overline{(\overline{\mathrm{A}}\overline{\mathrm{D}})} = (\overline{\mathrm{A}}+\overline{\mathrm{D}})\cdot(\mathrm{A}+\mathrm{D}) = \overline{\mathrm{A}}\mathrm{D}+\mathrm{A}\overline{\mathrm{D}}$$

答案：C

91. 解 本题输入信号A、B与输出信号F为或非逻辑关系，$\mathrm{F}=\overline{\mathrm{A}+\mathrm{B}}$（输入有 1 输出则 0），对齐相位画输出波形如解图所示。

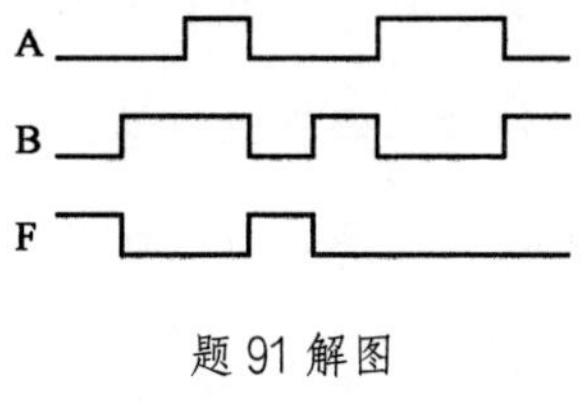

题 91 解图

结果与选项 A 的图形一致。

答案：A

92. 解 BCD 码是用二进制数表示十进制数。有两种常用形式，压缩 BCD 码，用 4 位二进制数表示 1 位十进制数；非压缩 BCD 码，用 8 位二进制数表示 1 位十进制数，本题的 BCD 码形式属于第一种。

选项 B，0001 表示十进制的 1，0110 表示十进制的 6，即$(16)_{\mathrm{BCD}}=(0001\ 0110)_{\mathrm{B}}$，正确。

答案：B

93. 解 设二极管 D 截止，可以判断：

$U_{D阳} = 1\text{V}$，$U_{D阴} = 5\text{V}$

D 为反向偏置状态，可见假设成立，$U_F = U_B = 5\text{V}$

答案：B

94. 解 该电路为运算放大器的积分运算电路。

$u_o = -\frac{1}{RC}\int u_i \mathrm{d}t$

当$u_i = 1\text{V}$时，$u_o = -\frac{1}{RC}t$

如解图所示，当$t < 10\text{s}$时，

运算放大器工作在线性状态，$u_o = -t$

当$t \geqslant 10\text{s}$后，电路出现反向饱和，$u_o = -10\text{V}$

题 94 解图

答案：D

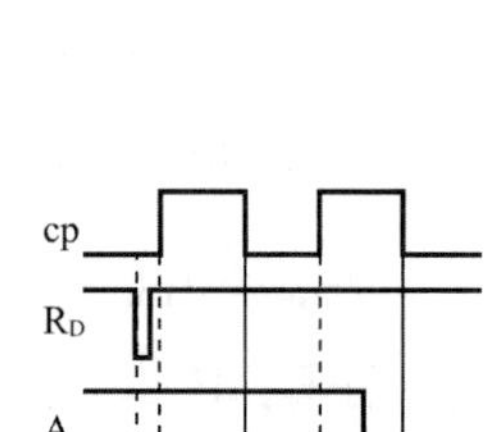

95. 解 输出 Q 与输入信号 A 的关系：$Q_{n+1} = D = A \cdot \overline{Q}_n$

输入信号 Q 在时钟脉冲的上升沿触发。

如解图所示，可知 cp 脉冲的两个下降沿时刻 Q 的状态分别是 1 0。

题 95 解图

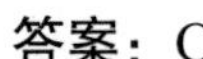

答案：C

96. 解 由题图可见该电路由 3 个 D 触发器组成，$Q_{n+1} = D$。在时钟脉冲的作用下，存储数据依次向左循环移位。

当$\overline{R}_D = 0$时，系统初始化：$Q_2 = 0$，$Q_1 = 1$，$Q_0 = 0$。

即存储数据是“010”。

答案：A

97. 解 计算机按用途可分为专业计算机和通用计算机。专业计算机是为解决某种特殊问题而设计的计算机，针对具体问题能显示出有效、快速和经济的特性，但它的适应性较差，不适用于其他方面的应用。在导弹和火箭上使用的计算机很大部分就是专业计算机。通用计算机适应性很强，应用范围很广，如应用于科学计算、数据处理和实时控制等领域。

答案：A

98. 解 当前计算机的内存储器多数是半导体存储器。半导体存储器从使用功能上分，有随机存储器（Random Access Memory，简称 RAM，又称读写存储器），只读存储器（Read Only Memory，简称 ROM）。

答案：A

99. 解 批处理操作系统是指将用户的一批作业有序地排列在一起，形成一个庞大的作业流。计算

机指令系统会自动地顺序执行作业流，以节省人工操作时间和提高计算机的使用效率。

答案： B

100. 解 杀毒软件能防止计算机病毒的入侵，及时有效地提醒用户当前计算机的安全状况，可以对计算机内的所有文件进行检查，发现病毒时可清除病毒，有效地保护计算机内的数据安全。

答案： D

101. 解 ASCII 码是"美国信息交换标准代码"的简称，是目前国际上最为流行的字符信息编码方案。在这种编码中每个字符用 7 个二进制位表示。这样，从 0000000 到 1111111 可以给出 128 种编码，可以用来表示 128 个不同的字符，其中包括 10 个数字、大小写字母各 26 个、算术运算符、标点符号及专用符号等。

答案： B

102. 解 Windows 特点的是使用方便、系统稳定可靠、有友好的用户界面、更高的可移动性，笔记本用户可以随时访问信息等。

答案： C

103. 解 虚拟存储技术实际上是在一个较小的物理内存储器空间上，来运行一个较大的用户程序。它利用大容量的外存储器来扩充内存储器的容量，产生一个比内存空间大得多、逻辑上的虚拟存储空间。

答案： D

104. 解 通信和数据传输是计算机网络主要功能之一，用来在计算机系统之间传送各种信息。利用该功能，地理位置分散的生产单位和业务部门可通过计算机网络连接在一起进行集中控制和管理。也可以通过计算机网络传送电子邮件，发布新闻消息和进行电子数据交换，极大地方便了用户，提高了工作效率。

答案： D

105. 解 因特网提供的服务有电子邮件服务、远程登录服务、文件传输服务、WWW 服务、信息搜索服务。

答案： D

106. 解 按采用的传输介质不同，可将网络分为双绞线网、同轴电缆网、光纤网、无线网；按网络传输技术不同，可将网络分为广播式网络和点到点式网络；按线路上所传输信号的不同，又可将网络分为基带网和宽带网两种。

答案： A

107. 解 根据等额支付偿债基金公式（已知F，求A）：

$$A=F\left[\frac{i}{(1+i)^n-1}\right]=F(A/F,i,n)=600\times(A/F,5\%,5)=600\times0.18097=108.58\text{ 万元}$$

答案：B

108. 解 从企业角度进行投资项目现金流量分析时，可不考虑增值税，因为增值税是价外税，不进入企业成本也不进入销售收入。执行新的《中华人民共和国增值税暂行条例》以后，为了体现固定资产进项税抵扣导致企业应纳增值税的降低进而致使净现金流量增加的作用，应在现金流入中增加销项税额，同时在现金流出中增加进项税额以及应纳增值税。

答案：B

109. 解 注意题目问的是第 2 年年末偿还的利息（不包括本金）。

等额本息法每年还款的本利和相等，根据等额支付资金回收公式（已知P求A），每年年末还本付息金额为：

$$A=P\left[\frac{i(1+i)^n}{(1+i)^n-1}\right]=P(A/P,8\%,5)=150\times0.2505=37.575\text{ 万元}$$

则第 1 年末偿还利息为$150\times8\%=12$万元，偿还本金为$37.575-12=25.575$万元

第 1 年已经偿还本金25.575万元，尚未偿还本金为$150-25.575=124.425$万元

第 2 年年末应偿还利息为$(150-25.575)\times8\%=9.954$万元

答案：A

110. 解 内部收益率是指项目在计算期内各年净现金流量现值累计等于零时的收益率，属于动态评价指标。计算内部收益率不需要事先给定基准收益率i_c，计算出内部收益率后，再与项目的基准收益率i_c比较，以判定项目财务上的可行性。

常规项目投资方案是指除了建设期初或投产期初的净现金流量为负值外，以后年份的净现金流量均为正值，计算期内净现金流量由负到正只变化一次，这类项目只要累计净现金流量大于零，内部收益率就有唯一解，即项目的内部收益率。

答案：D

111. 解 影子价格是能够反映资源真实价值和市场供求关系的价格。

答案：B

112. 解 生产能力利用率的盈亏平衡点指标数值越低，说明较低的生产能力利用率即可达到盈亏平衡，也即说明企业经营抗风险能力较强。

答案：A

113. 解 由于残值可以回收，并没有真正形成费用消耗，故应从费用中将残值减掉。

由甲方案的现金流量图可知：

甲方案的费用现值：

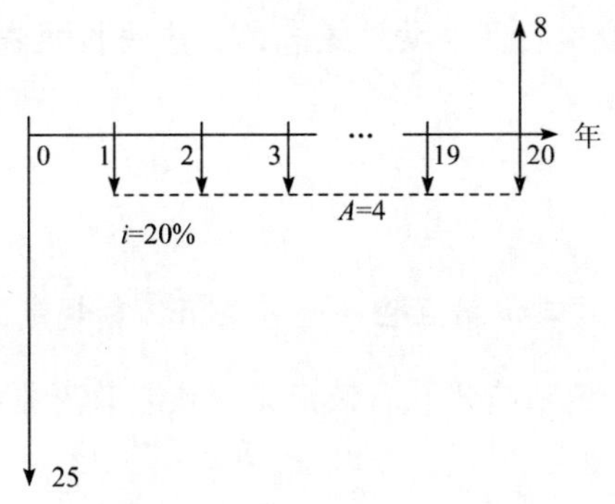

题 113 解　甲方案现金流量图

$P = 4(P/A, 20\%, 20) + 25 - 8(P/F, 20\%, 20)$

$\quad = 4 \times 4.8696 + 25 - 8 \times 0.02608 = 44.27$ 万元

同理可计算乙方案的费用现值：

$P = 6(P/A, 20\%, 20) + 12 - 6(P/F, 20\%, 20)$

$\quad = 6 \times 4.8696 + 12 - 6 \times 0.02608 = 41.06$ 万元

答案：C

114. 解　该零件的成本系数$C = 880 \div 10000 = 0.088$

该零部件的价值指数为$0.140 \div 0.088 = 1.591$

答案：D

115. 解　《中华人民共和国建筑法》第三十四条规定，工程监理单位应当根据建设单位的委托，客观、公正地执行监理任务。

选项 C 和 D 明显错误。选项 A 也是错误的，因为监理单位承揽监理业务的范围是根据其单位资质决定的，而不是和甲方签订的合同所决定的。

答案：B

116. 解　《中华人民共和国安全法》第六十三条规定，负有安全生产监督管理职责的部门依照有关法律、法规的规定，对涉及安全生产的事项需要审查批准（包括批准、核准、许可、注册、认证、颁发证照等，下同）或者验收的，必须严格依照有关法律、法规和国家标准或者行业标准规定的安全生产条件和程序进行审查；不符合有关法律、法规和国家标准或者行业标准规定的安全生产条件的，不得批准或者验收通过。对未依法取得批准或者验收合格的单位擅自从事有关活动的，负责行政审批的部门发现或者接到举报后应当立即予以取缔，并依法予以处理。对已经依法取得批准的单位，负责行政审批的部门发现其不再具备安全生产条件的，应当撤销原批准。

答案：A

117. 解　《中华人民共和国建筑法》第二十七条规定，大型建筑工程或者结构复杂的建筑工程，可以由两个以上的承包单位联合共同承包。共同承包的各方对承包合同的履行承担连带责任。

两个以上不同资质等级的单位实行联合共同承包的，应当按照资质等级低的单位的业务许可范围承揽工程。

答案：B

118. 解 《中华人民共和国民法典》第五百一十一条第二款规定，价款或者报酬不明确的，按照订立合同时履行地的市场价格履行；依法应当执行政府定价或者政府指导价的，依照规定履行。

答案：A

119. 解 《中华人民共和国环境保护法》第三十五条规定，城乡建设应当结合当地自然环境的特点，保护植被、水域和自然景观，加强城市园林、绿地和风景名胜区的建设与管理。

答案：A

120. 解 根据《建筑工程安全生产管理条例》第二十一条规定，施工单位主要负责人依法对本单位的安全生产工作全面负责。施工单位应当建立健全安全生产责任制度和安全生产教育培训制度，制定安全生产规章制度和操作规程，保证本单位安全生产条件所需资金的投入，对所承担的建设工程进行定期和专项安全检查，并做好安全检查记录。故选项B对。

主要负责人的职责是“建立”安全生产责任制，不是“落实”，所以选项A错。

答案：B

2019年度全国勘察设计注册工程师

执业资格考试试卷

基础考试

（上）

二〇一九年十月

应考人员注意事项

1. 本试卷科目代码为“1”，考生务必将此代码填涂在答题卡“科目代码”相应的栏目内，否则，无法评分。

2. 书写用笔：**黑色或蓝色钢笔、签字笔或圆珠笔**；

   填涂答题卡用笔：**黑色 2B 铅笔**。

3. 必须用书写用笔将工作单位、姓名、准考证号填写在答题卡和试卷相应的栏目内。

4. 本试卷由 120 题组成，每题 1 分，满分 120 分，本试卷全部为单项选择题，每小题的四个备选项中只有一个正确答案，错选、多选、不选均不得分。

5. 考生作答时，必须按**题号在答题卡上**将相应试题所选选项对应的**字母用 2B 铅笔涂黑**。

6. 在答题卡上书写与题意无关的语言，或在答题卡上作标记的，均按违纪试卷处理。

7. 考试结束时，由监考人员当面将试卷、答题卡一并收回。

8. 草稿纸由各地统一配发，考后收回。

单项选择题（共 120 题，每题 1 分。每题的备选项中只有一个最符合题意。）

1. 极限$\lim\limits_{x\to0}\frac{3+e^{\frac{1}{x}}}{1-e^{\frac{2}{x}}}$等于：

A. 3　　B. -1

C. 0　　D. 不存在

2. 函数$f(x)$在点$x=x_0$处连续是$f(x)$在点$x=x_0$处可微的：

A. 充分条件　　B. 充要条件

C. 必要条件　　D. 无关条件

3. x趋于 0 时，$\sqrt{1-x^2}-\sqrt{1+x^2}$与$x^k$是同阶无穷小，则常数$k$等于：

A. 3　　B. 2

C. 1　　D. 1/2

4. 设$y=\ln(\sin x)$，则二阶导数y''等于：

A. $\frac{\cos x}{\sin^2 x}$　　B. $\frac{1}{\cos^2 x}$　　C. $\frac{1}{\sin^2 x}$　　D. $-\frac{1}{\sin^2 x}$

5. 若函数$f(x)$在$[a,b]$上连续，在(a,b)内可导，且$f(a)=f(b)$，则在(a,b)内满足$f'(x_0)=0$的点x_0：

A. 必存在且只有一个　　B. 至少存在一个

C. 不一定存在　　D. 不存在

6. 设$f(x)$在$(-\infty,+\infty)$内连续，其导数$f'(x)$的图形如图所示，则$f(x)$有：

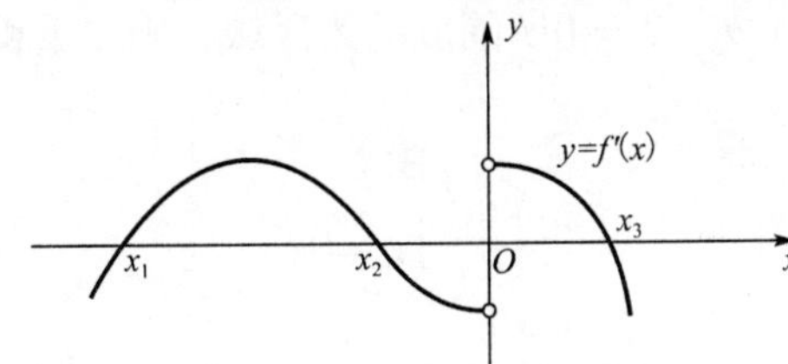

A. 一个极小值点和两个极大值点

B. 两个极小值点和两个极大值点

C. 两个极小值点和一个极大值点

D. 一个极小值点和三个极大值点

7. 不定积分$\int\frac{x}{\sin^2(x^2+1)}\mathrm{d}x$等于：

A. $-\frac{1}{2}\cot(x^2+1)+C$

B. $\frac{1}{\sin(x^2+1)}+C$

C. $-\frac{1}{2}\tan(x^2+1)+C$

D. $-\frac{1}{2}\cot x+C$

8. 广义积分$\int_{-2}^{2}\frac{1}{(1+x)^2}\mathrm{d}x$的值为：

A. $\frac{4}{3}$

B. $-\frac{4}{3}$

C. $\frac{2}{3}$

D. 发散

9. 已知向量$\boldsymbol{\alpha}=(2,1,-1)$，若向量$\boldsymbol{\beta}$与$\boldsymbol{\alpha}$平行，且$\boldsymbol{\alpha}\cdot\boldsymbol{\beta}=3$，则$\boldsymbol{\beta}$为：

A. $(2,1,-1)$

B. $\left(\frac{3}{2},\frac{3}{4},-\frac{3}{4}\right)$

C. $\left(1,\frac{1}{2},-\frac{1}{2}\right)$

D. $\left(1,-\frac{1}{2},\frac{1}{2}\right)$

10. 过点$(2,0,-1)$且垂直于xOy坐标面的直线方程是：

A. $\frac{x-2}{1}=\frac{y}{0}=\frac{z+1}{0}$

B. $\frac{x-2}{0}=\frac{y}{1}=\frac{z+1}{0}$

C. $\frac{x-2}{0}=\frac{y}{0}=\frac{z+1}{1}$

D. $\begin{cases}x=2\\z=-1\end{cases}$

11. 微分方程$y\ln x\,\mathrm{d}x-x\ln y\,\mathrm{d}y=0$满足条件$y(1)=1$的特解是：

A. $\ln^2x+\ln^2y=1$

B. $\ln^2x-\ln^2y=1$

C. $\ln^2x+\ln^2y=0$

D. $\ln^2x-\ln^2y=0$

12. 若D是由x轴、y轴及直线$2x+y-2=0$所围成的闭区域，则二重积分$\iint\limits_D\mathrm{d}x\mathrm{d}y$的值等于：

A. 1

B. 2

C. $\frac{1}{2}$

D. -1

13. 函数$y=C_1C_2e^{-x}$（C_1、C_2是任意常数）是微分方程$y''-2y'-3y=0$的：

A. 通解

B. 特解

C. 不是解

D. 既不是通解又不是特解，而是解

14. 设圆周曲线L：$x^2+y^2=1$取逆时针方向，则对坐标的曲线积分$\int_L \frac{y\mathrm{d}x-x\mathrm{d}y}{x^2+y^2}$等于：

A. 2π

B. -2π

C. π

D. 0

15. 对于函数$f(x,y)=xy$，原点$(0,0)$：

A. 不是驻点

B. 是驻点但非极值点

C. 是驻点且为极小值点

D. 是驻点且为极大值点

16. 关于级数$\sum\limits_{n=1}^{\infty}(-1)^{n-1}\frac{1}{n^p}$收敛性的正确结论是：

A. $0<p\leqslant 1$时发散

B. $p>1$时条件收敛

C. $0<p\leqslant 1$时绝对收敛

D. $0<p\leqslant 1$时条件收敛

17. 设函数$z=\left(\frac{y}{x}\right)^x$，则全微分$\mathrm{d}z\Big|_{\substack{x=1\\y=2}}=$

A. $\ln 2\,\mathrm{d}x+\frac{1}{2}\mathrm{d}y$

B. $(\ln 2+1)\mathrm{d}x+\frac{1}{2}\mathrm{d}y$

C. $2\left[(\ln 2-1)\mathrm{d}x+\frac{1}{2}\mathrm{d}y\right]$

D. $\frac{1}{2}\ln 2\,\mathrm{d}x+2\mathrm{d}y$

18. 幂级数$\sum\limits_{n=1}^{\infty}(-1)^{n-1}\frac{x^{2n-1}}{2n-1}$的收敛域是：

A. $[-1,1]$

B. $(-1,1]$

C. $[-1,1)$

D. $(-1,1)$

19. 若n阶方阵$\boldsymbol{A}$满足$|\boldsymbol{A}|=b(b\neq 0，n\geqslant 2)$，而$\boldsymbol{A}^*$是$\boldsymbol{A}$的伴随矩阵，则行列式$|\boldsymbol{A}^*|$等于：

A. b^n

B. b^{n-1}

C. b^{n-2}

D. b^{n-3}

20. 已知二阶实对称矩阵$\boldsymbol{A}$的一个特征值为 1，而$\boldsymbol{A}$的对应特征值 1 的特征向量为$\begin{bmatrix} 1 \\ -1 \end{bmatrix}$，若$|\boldsymbol{A}| = -1$，则$\boldsymbol{A}$的另一个特征值及其对应的特征向量是：

A. $\begin{cases} \lambda = 1 \\ x = (1,1)^{\mathrm{T}} \end{cases}$

B. $\begin{cases} \lambda = -1 \\ x = (1,1)^{\mathrm{T}} \end{cases}$

C. $\begin{cases} \lambda = -1 \\ x = (-1,1)^{\mathrm{T}} \end{cases}$

D. $\begin{cases} \lambda = -1 \\ x = (1,-1)^{\mathrm{T}} \end{cases}$

21. 设二次型$f(x_1,x_2,x_3) = x_1^2 + tx_2^2 + 3x_3^2 + 2x_1x_2$，要使其秩为 2，则参数$t$的值等于：

A. 3

B. 2

C. 1

D. 0

22. 设A、B为两个事件，且$P(A) = \frac{1}{3}$，$P(B) = \frac{1}{4}$，$P(B|A) = \frac{1}{6}$，则$P(A|B)$等于：

A. $\frac{1}{9}$

B. $\frac{2}{9}$

C. $\frac{1}{3}$

D. $\frac{4}{9}$

23. 设随机向量(X,Y)的联合分布律为

X \ Y	-1	0
1	1/4	1/4
2	1/6	a

则a的值等于：

A. $\frac{1}{3}$

B. $\frac{2}{3}$

C. $\frac{1}{4}$

D. $\frac{3}{4}$

24. 设总体X服从均匀分布$U(1,\theta)$，$\overline{X} = \frac{1}{n}\sum_{i=1}^{n}\mathrm{X}_i$，则$\theta$的矩估计为：

A. $\overline{X}$

B. $2\overline{X}$

C. $2\overline{X}-1$

D. $2\overline{X}+1$

25. 关于温度的意义，有下列几种说法：

（1）气体的温度是分子平均平动动能的量度；

（2）气体的温度是大量气体分子热运动的集体表现，具有统计意义；

（3）温度的高低反映物质内部分子运动剧烈程度的不同；

（4）从微观上看，气体的温度表示每个气体分子的冷热程度。

这些说法中正确的是：

A.（1）、（2）、（4）

B.（1）、（2）、（3）

C.（2）、（3）、（4）

D.（1）、（3）、（4）

26. 设$\bar{v}$代表气体分子运动的平均速率，v_{p}代表气体分子运动的最概然速率，$(\bar{v}^2)^{\frac{1}{2}}$代表气体分子运动的方均根速率，处于平衡状态下的理想气体，三种速率关系正确的是：

A. $(\bar{v}^2)^{\frac{1}{2}}=\bar{v}=v_{\mathrm{p}}$

B. $\bar{v}=v_p<(\bar{v}^2)^{\frac{1}{2}}$

C. $v_{\mathrm{p}}<\bar{v}<(\bar{v}^2)^{\frac{1}{2}}$

D. $v_{\mathrm{p}}>\bar{v}<(\bar{v}^2)^{\frac{1}{2}}$

27. 理想气体向真空做绝热膨胀：

A. 膨胀后，温度不变，压强减小

B. 膨胀后，温度降低，压强减小

C. 膨胀后，温度升高，加强减小

D. 膨胀后，温度不变，压强不变

28. 两个卡诺热机的循环曲线如图所示，一个工作在温度为T_1与T_3的两个热源之间，另一个工作在温度为T_1与T_3的两个热源之间，已知这两个循环曲线所包围的面积相等，由此可知：

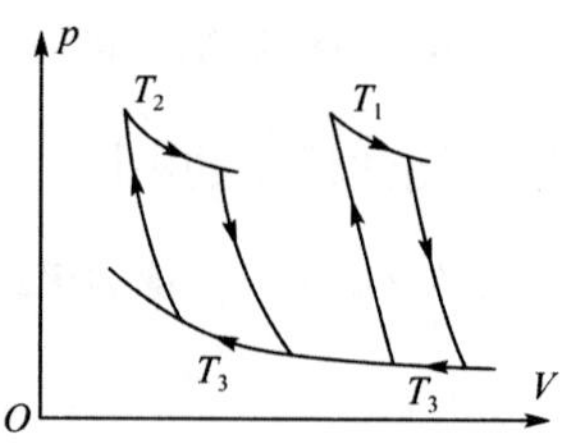

A. 两个热机的效率一定相等

B. 两个热机从高温热源所吸收的热量一定相等

C. 两个热机向低温热源所放出的热量一定相等

D. 两个热机吸收的热量与放出的热量（绝对值）的差值一定相等

29. 刚性双原子分子理想气体的定压摩尔热容量C_{p}与其定体摩尔热容量C_{V}之比，$C_{\mathrm{p}}/C_{\mathrm{V}}$等于：

A. $\frac{5}{3}$　　B. $\frac{3}{5}$

C. $\frac{7}{5}$　　D. $\frac{5}{7}$

30. 一横波沿绳子传播时，波的表达式为$y = 0.05\cos(4\pi x - 10\pi t)\,(\mathrm{SI})$，则：

A. 波长为0.5m

B. 波速为5m/s

C. 波速为25m/s

D. 频率为2Hz

31. 火车疾驰而来时，人们听到的汽笛音调，与火车远离而去时人们听到的汽笛音调相比较，音调：

A. 由高变低

B. 由低变高

C. 不变

D. 是变高还是变低不能确定

32. 在波的传播过程中，若保持其他条件不变，仅使振幅增加一倍，则波的强度增加到：

A. 1 倍　　B. 2 倍

C. 3 倍　　D. 4 倍

33. 两列相干波，其表达式为$y_1 = A\cos 2\pi\left(\upsilon t - \frac{x}{\lambda}\right)$和$y_2 = A\cos 2\pi\left(\upsilon t + \frac{x}{\lambda}\right)$，在叠加后形成的驻波中，波腹处质元振幅为：

A. A　　B. $-A$

C. $2A$　　D. $-2A$

34. 在玻璃（折射率$n_1 = 1.60$）表面镀一层 MgF_2（折射率$n_2 = 1.38$）薄膜作为增透膜，为了使波长为 500nm（$1\text{nm} = 10^{-9}\text{m}$）的光从空气（$n_1 = 1.00$）正入射时尽可能少反射，$MgF_2$ 薄膜的最小厚度应为：

A. 78.1nm　　B. 90.6nm

C. 125nm　　D. 181nm

35. 在单缝衍射实验中，若单缝处波面恰好被分成奇数个半波带，在相邻半波带上，任何两个对应点所发出的光在明条纹处的光程差为：

A. λ　　B. 2λ

C. $\lambda/2$　　D. $\lambda/4$

36. 在双缝干涉实验中，用单色自然光，在屏上形成干涉条纹。若在两缝后放一个偏振片，则：

A. 干涉条纹的间距不变，但明纹的亮度加强

B. 干涉条纹的间距不变，但明纹的亮度减弱

C. 干涉条纹的间距变窄，但明纹的亮度减弱

D. 无干涉条纹

37. 下列元素中第一电离能最小的是：

A. H　　B. Li

C. Na　　D. K

38. $H_2C=HC-CH=CH_2$ 分子中所含化学键共有：

A. 4 个σ键，2 个π键　　B. 9 个σ键，2 个π键

C. 7 个σ键，4 个π键　　D. 5 个σ键，4 个π键

39. 在 NaCl，$MgCl_2$，$AlCl_3$，$SiCl_4$ 四种物质的晶体中，离子极化作用最强的是：

A. NaCl　　B. $MgCl_2$

C. $AlCl_3$　　D. $SiCl_4$

40. $pH = 2$溶液中的$c(OH^-)$是$pH = 4$溶液中$c(OH^-)$的：

A. 2倍　　B. 1/2

C. 1/100　　D. 100倍

41. 某反应在 298K 及标准状态下不能自发进行，当温度升高到一定值时，反应能自发进行，下列符合此条件的是：

A. $\Delta_r H_m^\Theta > 0$，$\Delta_r S_m^\Theta > 0$　　B. $\Delta_r H_m^\Theta < 0$，$\Delta_r S_m^\Theta < 0$

C. $\Delta_r H_m^\Theta < 0$，$\Delta_r S_m^\Theta > 0$　　D. $\Delta_r H_m^\Theta > 0$，$\Delta_r S_m^\Theta < 0$

42. 下列物质水溶液$pH > 7$的是：

A. NaCl　　B. Na_2CO_3

C. $Al_2(SO_4)_3$　　D. $(NH_4)_2SO_4$

43. 已知$E^\Theta(Fe^{3+}/Fe^{2+}) = 0.77V$，$E^\Theta(MnO_4{}^-/Mn^{2+}) = 1.51V$，当同时提高两电对酸度时，两电对电极电势数值的变化下列正确的是：

A. $E^\Theta(Fe^{3+}/Fe^{2+})$变小，$E^\Theta(MnO_4{}^-/Mn^{2+})$变大

B. $E^\Theta(Fe^{3+}/Fe^{2+})$变大，$E^\Theta(MnO_4{}^-/Mn^{2+})$变大

C. $E^\Theta(Fe^{3+}/Fe^{2+})$不变，$E^\Theta(MnO_4{}^-/Mn^{2+})$变大

D. $E^\Theta(Fe^{3+}/Fe^{2+})$不变，$E^\Theta(MnO_4{}^-/Mn^{2+})$不变

44. 分子式为 C_5H_{12} 的各种异构体中，所含甲基数和它的一氯代物的数目与下列情况相符的是：

A. 2 个甲基，能生成 4 种一氯代物

B. 3 个甲基，能生成 5 种一氯代物

C. 3 个甲基，能生成 4 种一氯代物

D. 4 个甲基，能生成 4 种一氯代物

45. 在下列有机物中，经催化加氢反应后不能生成 2-甲基戊烷的是：

A. $CH_2=\underset{\underset{\displaystyle CH_3}{|}}{C}CH_2CH_2CH_3$

B. $(CH_3)_2CHCH_2CH=CH_2$

C. $CH_3\underset{\underset{\displaystyle CH_3}{|}}{C}=CHCH_2CH_3$

D. $CH_3CH_2\underset{\underset{\displaystyle CH_3}{|}}{CH}CH=CH_2$

46. 以下是分子式为 $C_5H_{12}O$ 的有机物，其中能被氧化为含相同碳原子数的醛的化合物是：

① $\underset{\underset{\displaystyle OH}{|}}{CH_2}CH_2CH_2CH_2CH_3$

② $CH_3\underset{\underset{\displaystyle OH}{|}}{CH}CH_2CH_2CH_3$

③ $CH_3CH_2\underset{\underset{\displaystyle OH}{|}}{CH}CH_2CH_3$

④ $CH_3\underset{\underset{\displaystyle OH}{|}}{CH}CH_2CH_3$

A. ①②

B. ③④

C. ①④

D. 只有①

47. 图示三角刚架中，若将作用于构件$\boldsymbol{BC}$上的力F沿其作用线移至构件$\boldsymbol{AC}$上，则$\boldsymbol{A}$、$\boldsymbol{B}$、$\boldsymbol{C}$处约束力的大小：

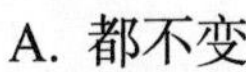
A. 都不变

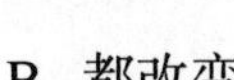
B. 都改变

C. 只有C处改变

D. 只有C处不改变

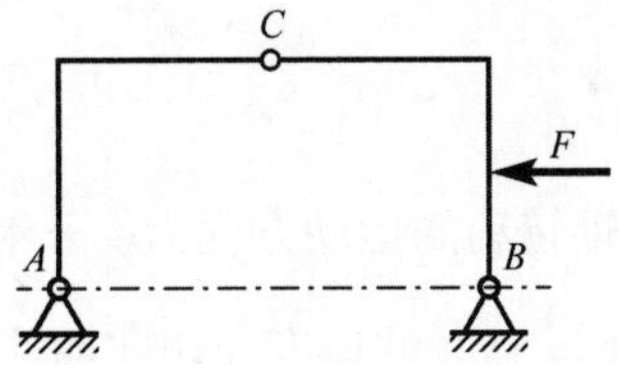

48. 平面力系如图所示，已知：$F_1 = 160\text{N}$，$M = 4\text{N}\cdot\text{m}$，则力系向$\boldsymbol{A}$点简化后的主矩大小应为：

A. $M_\text{A} = 4\text{N}\cdot\text{m}$

B. $M_\text{A} = 1.2\text{N}\cdot\text{m}$

C. $M_\text{A} = 1.6\text{N}\cdot\text{m}$

D. $M_\text{A} = 0.8\text{N}\cdot\text{m}$

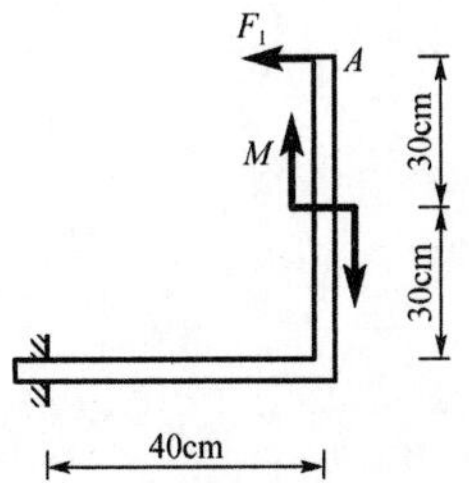

49. 图示承重装置，$\boldsymbol{B}$、$\boldsymbol{C}$、$\boldsymbol{D}$、$\boldsymbol{E}$处均为光滑铰链连接，各杆和滑轮的重量略去不计，已知：a，r，F_{p}。则固定端$\boldsymbol{A}$的约束力偶为：

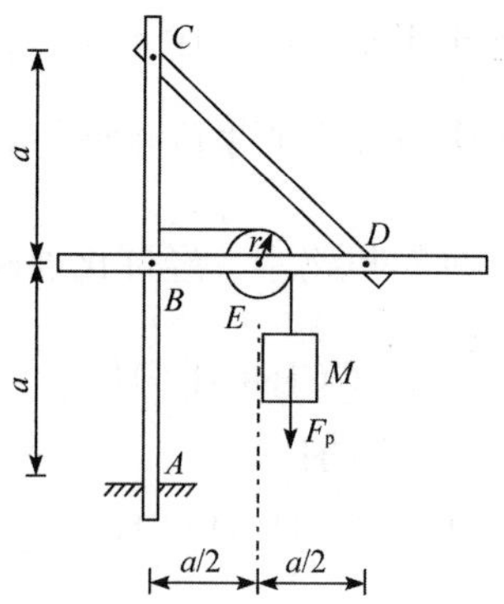

A. $M_{\mathrm{A}}=F_{\mathrm{p}}\times\left(\frac{a}{2}+r\right)$（顺时针）

B. $M_{\mathrm{A}}=F_{\mathrm{p}}\times\left(\frac{a}{2}+r\right)$（逆时针）

C. $M_{\mathrm{A}}=F_{\mathrm{p}}r$（逆时针）

D. $M_{\mathrm{A}}=\frac{a}{2}F_{\mathrm{p}}$（顺时针）

50. 判断图示桁架结构中，内力为零的杆数是：

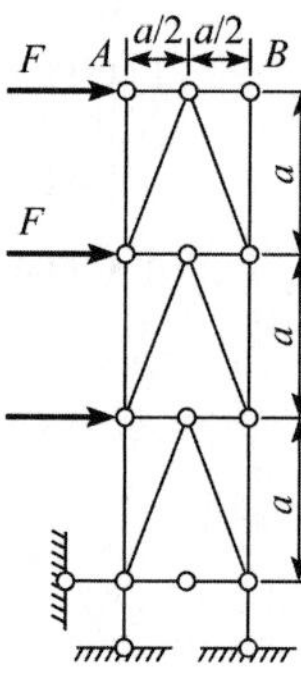

A. 3

B. 4

C. 5

D. 6

51. 汽车匀加速运动，在 10s 内，速度由 0 增加到$5\mathrm{m/s}$。则汽车在此时间内行驶的距离为：

A. 25m　　B. 50m

C. 75m　　D. 100m

52. 物体作定轴转动的运动方程为$\boldsymbol{\varphi}=4\boldsymbol{t}-3\boldsymbol{t}^2$（$\boldsymbol{\varphi}$以rad计，$\boldsymbol{t}$以s计），则此物体内转动半径$\boldsymbol{r}=0.5\mathrm{m}$的一点在$\boldsymbol{t}=1\mathrm{s}$时的速度和切向加速度的大小分别为：

A. $-2\mathrm{m/s}$，$-20\mathrm{m/s^2}$

B. $-1\mathrm{m/s}$，$-3\mathrm{m/s^2}$

C. $-2\mathrm{m/s}$，$-8.54\mathrm{m/s^2}$

D. 0，$-20.2\mathrm{m/s^2}$

53. 如图所示机构中，曲柄$OA = r$，以常角速度ω转动。则滑动构件BC的速度、加速度的表达式分别为：

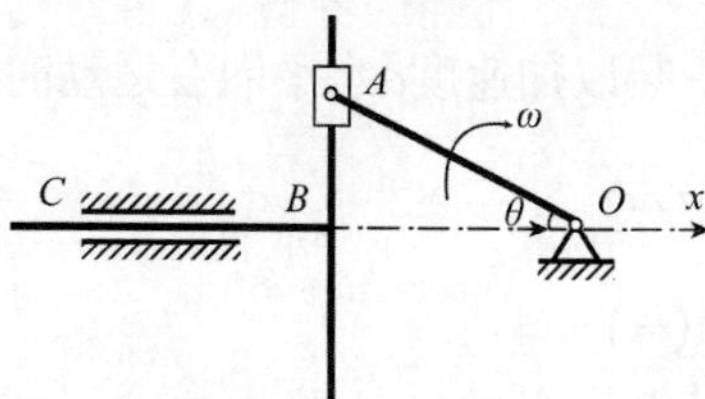

A. $r\omega\sin\omega t$，$r\omega\cos\omega t$

B. $r\omega\cos\omega t$，$r\omega^2\sin\omega t$

C. $r\sin\omega t$，$r\omega\cos\omega t$

D. $r\omega\sin\omega t$，$r\omega^2\cos\omega t$

54. 重力为$\boldsymbol{W}$的货物由电梯载运下降，当电梯加速下降、匀速下降及减速下降时，货物对地板的压力分别为$\boldsymbol{F}_1$、$\boldsymbol{F}_2$、$\boldsymbol{F}_3$，则它们之间的关系正确的是：

A. $F_1 = F_2 = F_3$　　B. $F_1 > F_2 > F_3$

C. $F_1 < F_2 < F_3$　　D. $F_1 < F_2 > F_3$

55. 均质圆盘的质量为m，半径为R，在铅垂平面内绕O轴转动，图示瞬时角速度为ω，则其对O轴的动量矩大小为：

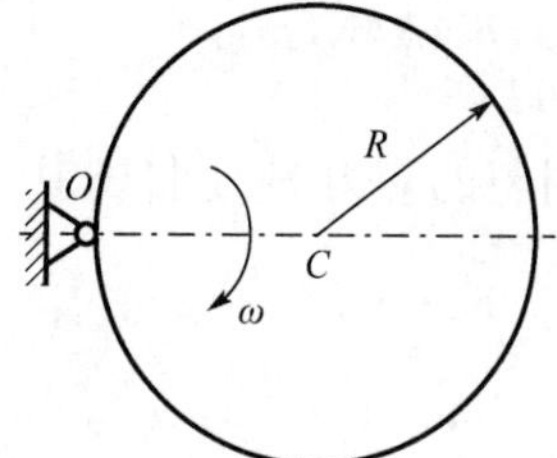

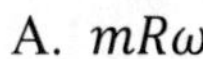

A. $mR\omega$

B. $\frac{1}{2}mR\omega$

C. $\frac{1}{2}mR^2\omega$

D. $\frac{3}{2}mR^2\omega$

56. 均质圆柱体半径为R，质量为m，绕关于对纸面垂直的固定水平轴自由转动，初瞬时静止$\theta = 0°$，如图所示，则圆柱体在任意位置θ时的角速度为：

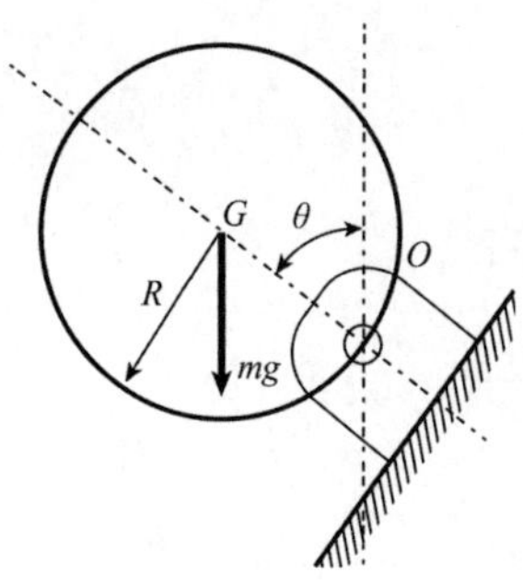

A. $\sqrt{\frac{4g(1-\sin\theta)}{3R}}$

B. $\sqrt{\frac{4g(1-\cos\theta)}{3R}}$

C. $\sqrt{\frac{2g(1-\cos\theta)}{3R}}$

D. $\sqrt{\frac{g(1-\cos\theta)}{2R}}$

57. 质量为m的物体 A，置于水平成θ角的倾面 B 上，如图所示，A 与 B 间的摩擦系数为f，当保持 A 与 B 一起以加速度a水平向右运动时，则物块 A 的惯性力是：

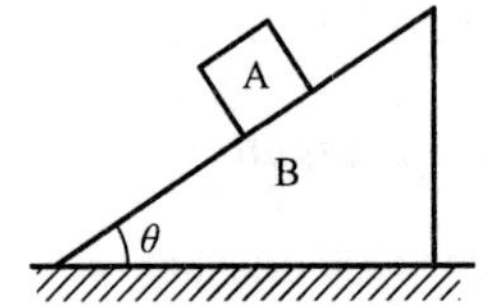

A. $ma(\leftarrow)$

B. $ma(\rightarrow)$

C. $ma(\nearrow)$

D. $ma(\swarrow)$

58. 一无阻尼弹簧—质量系统受简谐激振力作用，当激振频率$\omega_1 = 6\text{rad/s}$时，系统发生共振，给质量块增加 1kg 的质量后重新试验，测得共振频率$\omega_2 = 5.86\text{rad/s}$。则原系统的质量及弹簧刚度系数是：

A. 19.69kg，623.55N/m

B. 20.69kg，623.55N/m

C. 21.69kg，744.84N/m

D. 20.69kg，744.84N/m

59. 图示四种材料的应力-应变曲线中，强度最大的材料是：

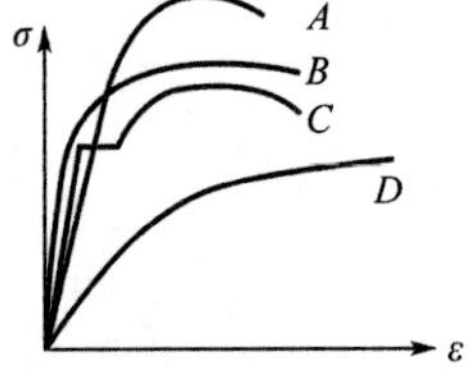

A. A 

B. B

C. C

D. D

60. 图示等截面直杆，杆的横截面面积为A，材料的弹性模量为E，在图示轴向荷载作用下杆的总伸长度为：

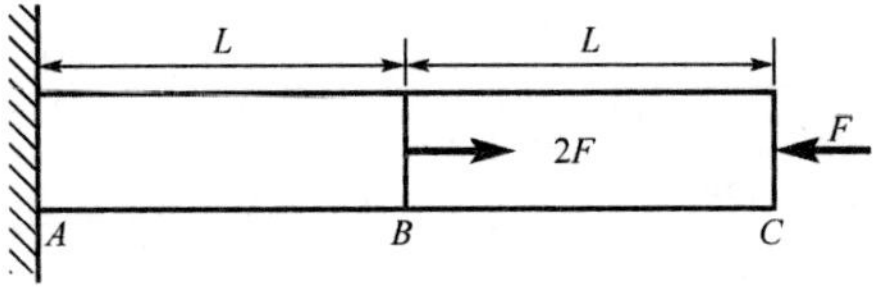

A. $\Delta L = 0$

B. $\Delta L = \frac{FL}{4EA}$

C. $\Delta L = \frac{FL}{2EA}$

D. $\Delta L = \frac{FL}{EA}$

61. 两根木杆用图示结构连接，尺寸如图所示，在轴向外力F作用下，可能引起连接结构发生剪切破坏的名义切应力是：

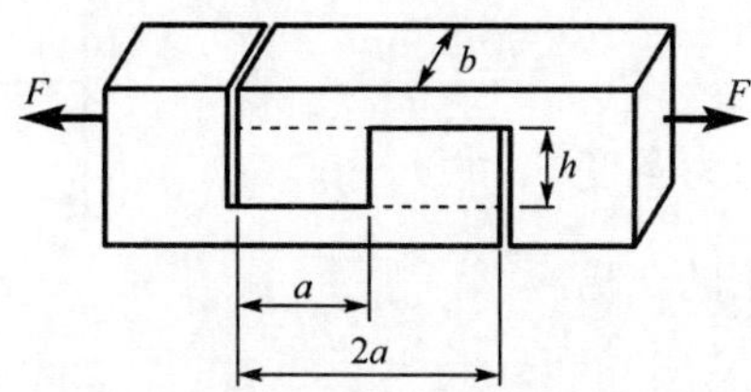

A. $\tau=\frac{F}{ab}$　　B. $\tau=\frac{F}{ah}$

C. $\tau=\frac{F}{bh}$　　D. $\tau=\frac{F}{2ab}$

62. 扭转切应力公式$\tau_{\rho}=\rho\frac{T}{I_{\mathrm{p}}}$适用的杆件是：

A. 矩形截面杆　　B. 任意实心截面杆

C. 弹塑性变形的圆截面杆　　D. 线弹性变形的圆截面杆

63. 已知实心圆轴按强度条件可承担的最大扭矩为T，若改变该轴的直径，使其横截面积增加 1 倍，则可承担的最大扭矩为：

A. $\sqrt{2}T$　　B. $2T$

C. $2\sqrt{2}T$　　D. $4T$

64. 在下列关于平面图形几何性质的说法中，错误的是：

A. 对称轴必定通过圆形形心

B. 两个对称轴的交点必为圆形形心

C. 图形关于对称轴的静矩为零

D. 使静矩为零的轴必为对称轴

65. 悬臂梁的载荷情况如图所示，若有集中力偶m在梁上移动，则梁的内力变化情况是：

A. 剪力图、弯矩图均不变

B. 剪力图、弯矩图均改变

C. 剪力图不变，弯矩图改变

D. 剪力图改变，弯矩图不变

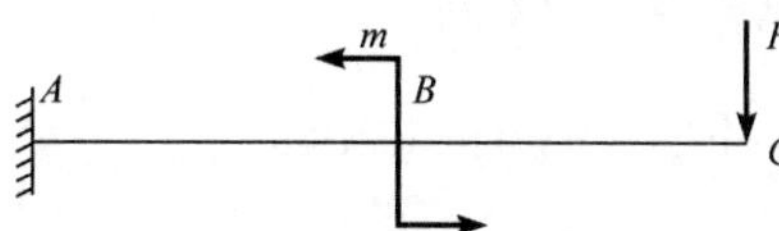

66. 图示悬臂梁，若梁的长度增加 1 倍，则梁的最大正应力和最大切应力与原来相比：

A. 均不变

B. 均为原来的 2 倍

C. 正应力为原来的 2 倍，剪应力不变

D. 正应力不变，剪应力为原来的 2 倍

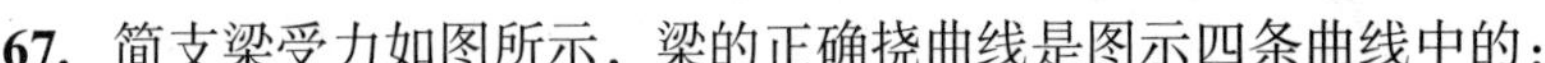

67. 简支梁受力如图所示，梁的正确挠曲线是图示四条曲线中的：

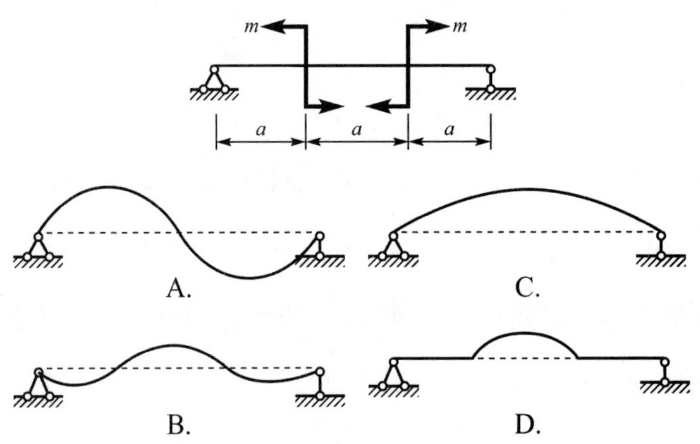

68. 两单元体分别如图 a）、b）所示。关于其主应力和主方向，下列论述正确的是：

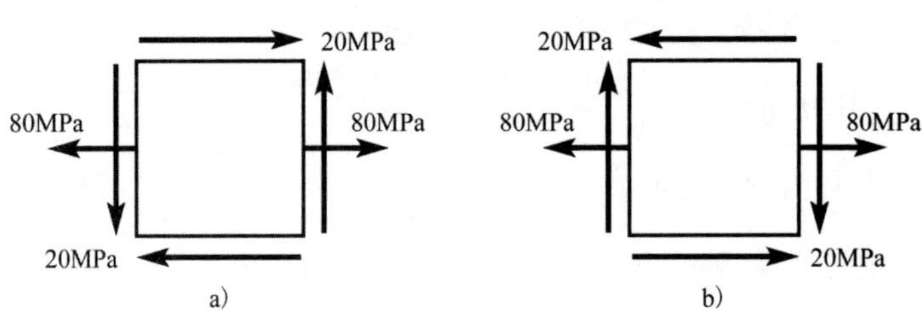

A. 主应力大小和方向均相同

B. 主应力大小相同，但方向不同

C. 主应力大小和方向均不同

D. 主应力大小不同，但方向均相同

69. 图示圆轴截面面积为A，抗弯截面系数为W，若同时受到扭矩T、弯矩M和轴向内力F_N的作用，按第三强度理论，下面的强度条件表达式中正确的是：

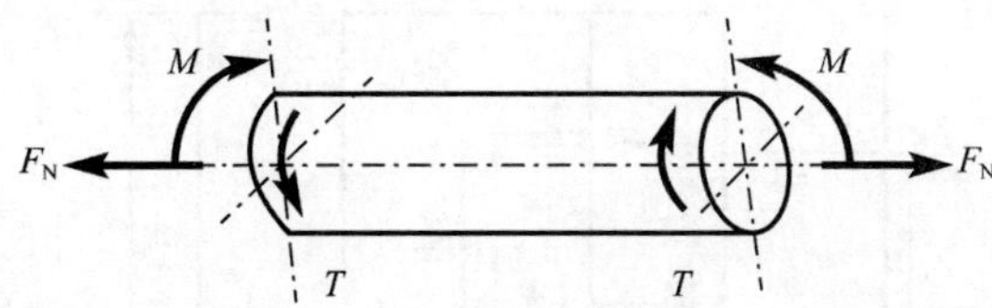

A. $\frac{F_N}{A}+\frac{1}{W}\sqrt{M^2+T^2}\leqslant[\sigma]$

B. $\sqrt{\left(\frac{F_N}{A}\right)^2+\left(\frac{M}{W}\right)^2+\left(\frac{T}{2W}\right)^2}\leqslant[\sigma]$

C. $\sqrt{\left(\frac{F_N}{A}+\frac{M}{W}\right)^2+\left(\frac{T}{W}\right)^2}\leqslant[\sigma]$

D. $\sqrt{\left(\frac{F_N}{A}+\frac{M}{W}\right)^2+4\left(\frac{T}{W}\right)^2}\leqslant[\sigma]$

70. 图示四根细长（大柔度）压杆，弯曲刚度为EI。其中具有最大临界荷载F_{cr}的压杆是：

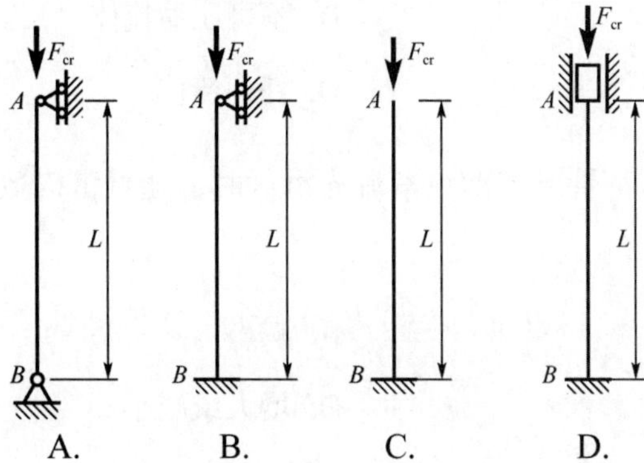

71. 连续介质假设意味着是：

A. 流体分子相互紧连

B. 流体的物理量是连续函数

C. 流体分子间有间隙

D. 流体不可压缩

72. 盛水容器形状如图所示，已知$h_1 = 0.9\text{m}$，$h_2 = 0.4\text{m}$，$h_3 = 1.1\text{m}$，$h_4 = 0.75\text{m}$，$h_5 = 1.33\text{m}$，则下列各点的相对压强正确的是：

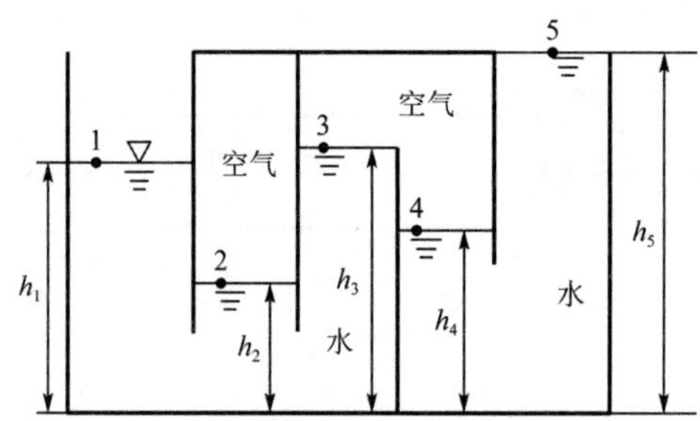

A. $p_1 = 0$，$p_2 = 4.90\text{kPa}$，$p_3 = -1.96\text{kPa}$，$p_4 = -1.96\text{kPa}$，$p_5 = -7.64\text{kPa}$

B. $p_1 = -4.90\text{kPa}$，$p_2 = 0$，$p_3 = -6.86\text{kPa}$，$p_4 = -6.86\text{kPa}$，$p_5 = -19.4\text{kPa}$

C. $p_1 = 1.96\text{kPa}$，$p_2 = 6.86\text{kPa}$，$p_3 = 0$，$p_4 = 0$，$p_5 = -5.68\text{kPa}$

D. $p_1 = 7.64\text{kPa}$，$p_2 = 12.54\text{kPa}$，$p_3 = 5.68\text{kPa}$，$p_4 = 5.68\text{kPa}$，$p_5 = 0$

73. 流体的连续性方程$v_1A_1 = v_2A_2$适用于：

A. 可压缩流体

B. 不可压缩流体

C. 理想流体

D. 任何流体

74. 尼古拉兹实验曲线中，当某管路流动在紊流光滑区时，随着雷诺数 Re 的增大，其沿程损失系数λ将：

A. 增大

B. 减小

C. 不变

D. 增大或减小

75. 正常工作条件下的薄壁小孔口d_1与圆柱形外管嘴d_2相等，作用水头H相等，则孔口与管嘴的流量关系正确的是：

A. $Q_1 > Q_2$

B. $Q_1 < Q_2$

C. $Q_1 = Q_2$

D. 条件不足无法确定

76. 半圆形明渠，半径$r_0 = 4\text{m}$，水力半径为：

A. 4m

B. 3m

C. 2m

D. 1m

77. 有一完全井，半径$r_0 = 0.3\text{m}$，含水层厚度$H = 15\text{m}$，抽水稳定后，井水深度$h = 10\text{m}$，影响半径$R = 375\text{m}$，已知井的抽水量是$0.0276\text{m}^3/\text{s}$，则土壤的渗透系数$k$为：

A. 0.0005m/s　　B. 0.0015m/s

C. 0.0010m/s　　D. 0.00025m/s

78. L为长度量纲，T为时间量纲，则沿程损失系数λ的量纲为：

A. L　　B. L/T

C. L^2/T　　D. 无量纲

79. 图示铁芯线圈通以直流电流I，并在铁芯中产生磁通Φ，线圈的电阻为R，那么线圈两端的电压为：

A. $U = IR$

B. $U = N\frac{d\Phi}{dt}$

C. $U = -N\frac{d\Phi}{dt}$

D. $U = 0$

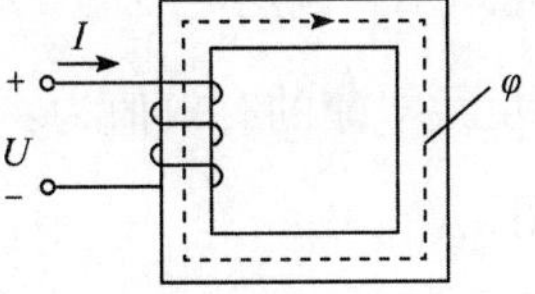

80. 图示电路，如下关系成立的是：

A. $R = \frac{u}{i}$

B. $u = i(R + L)$

C. $i = L\frac{du}{dt}$

D. $u_L = L\frac{di}{dt}$

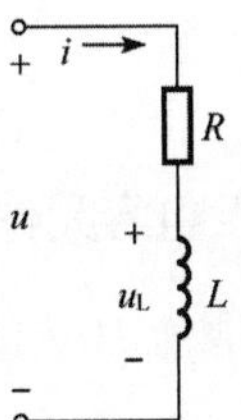

81. 图示电路，电流I_s为：

A. −0.8A

B. 0.8A

C. 0.6A

D. −0.6A

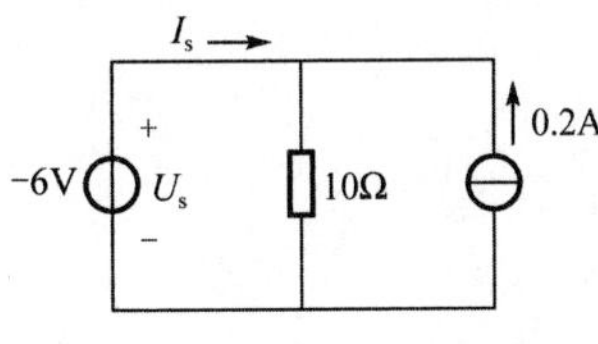

82. 图示电流$i(t)$和电压$u(t)$的相量分别为：

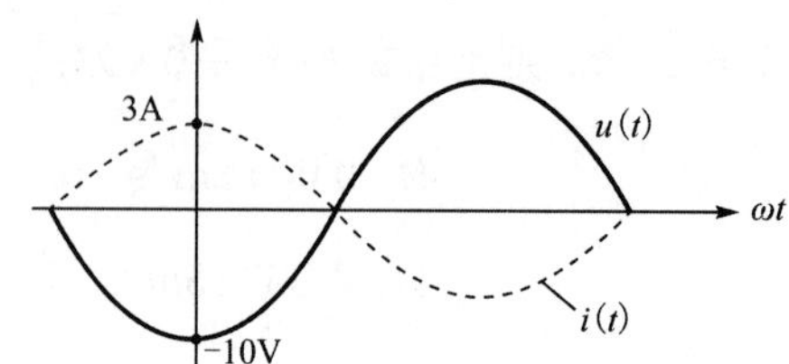

A. $\dot{I}=j2.12\text{A}$，$\dot{U}=-j7.07\text{V}$

B. $\dot{I}=2.12\angle 90°\text{A}$，$\dot{U}=-7.07\angle-90°\text{V}$

C. $\dot{I}=j3\text{A}$，$\dot{U}=-j10\text{V}$

D. $\dot{I}=3\text{A}$，$\dot{U}_{\text{m}}=-10\text{V}$

83. 额定容量为20kV·A、额定电压为 220V 的某交流电源，有功功率为 8kW、功率因数为 0.6 的感性负载供电后，负载电流的有效值为：

A. $\frac{20\times10^3}{220}=90.9\text{A}$

B. $\frac{8\times10^3}{0.6\times220}=60.6\text{A}$

C. $\frac{8\times10^3}{220}=36.36\text{A}$

D. $\frac{20\times10^3}{0.6\times220}=151.5\text{A}$

84. 图示电路中，电感及电容元件上没有初始储能，开关 S 在$t=0$时刻闭合，那么，在开关闭合瞬间$(t=0)$，电路中取值为 10V 的电压是：

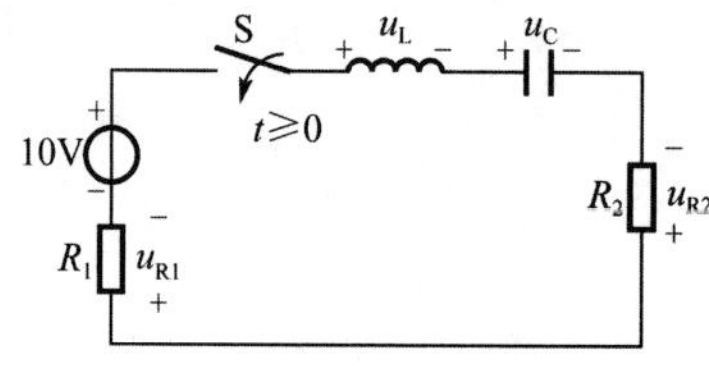

A. u_{L}

B. u_{C}

C. $u_{\text{R1}}+U_{\text{R2}}$

D. u_{R2}

85. 设图示变压器为理想器件，且$u_s = 90\sqrt{2}\sin\omega t$ V，开关 S 闭合时，信号源的内阻R_1与信号源右侧电路的等效电阻相等，那么，开关 S 断开后，电压u_1：

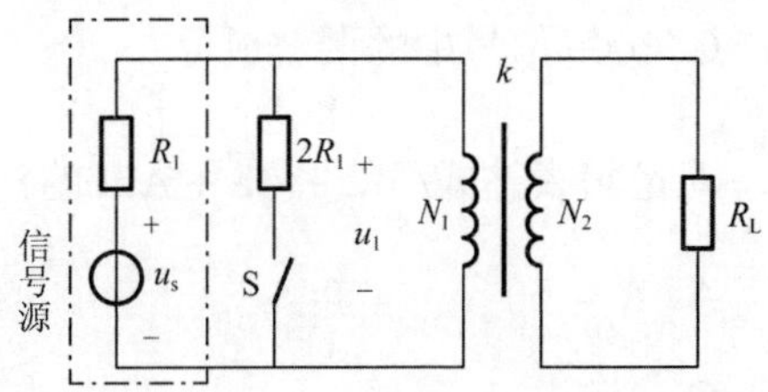

A. 因变压器的匝数比k、电阻R_L和R_1未知而无法确定

B. $u_1 = 45\sqrt{2}\sin\omega t$ V

C. $u_1 = 60\sqrt{2}\sin\omega t$ V

D. $u_1 = 30\sqrt{2}\sin\omega t$ V

86. 三相异步电动机在满载启动时，为了不引起电网电压的过大波动，则应该采用的异步电动机类型和启动方案是：

A. 鼠笼式电动机和 Y-△降压启动

B. 鼠笼式电动机和自耦调压器降压启动

C. 绕线式电动机和转子绕组串电阻启动

D. 绕线式电动机和 Y-△降压启动

87. 在模拟信号、采样信号和采样保持信号这几种信号中，属于连续时间信号的是：

A. 模拟信号与采样保持信号　　B. 模拟信号和采样信号

C. 采样信号与采样保持信号　　D. 采样信号

88. 模拟信号$u_1(t)$和$u_2(t)$的幅值频谱分别如图 a）和图 b）所示，则在时域中：

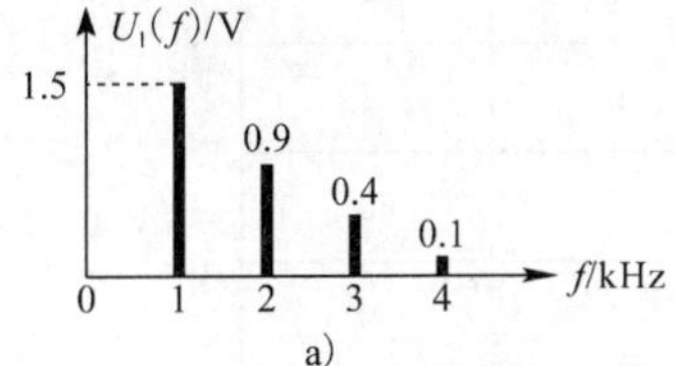

a)

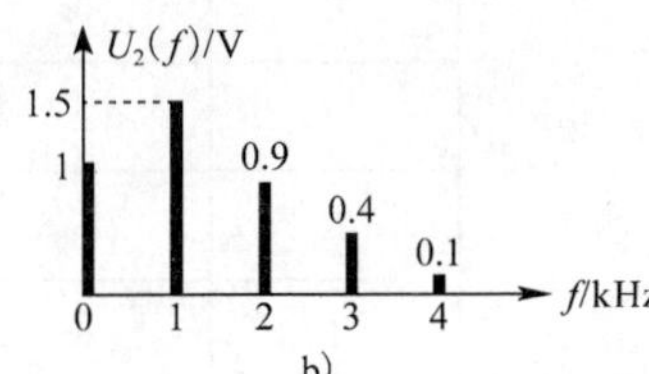

b)

A. $u_1(t)$和$u_2(t)$是同一个函数

B. $u_1(t)$和$u_2(t)$都是离散时间函数

C. $u_1(t)$和$u_2(t)$都是周期性连续时间函数

D. $u_1(t)$是非周期性时间函数，$u_2(t)$是周期性时间函数

89. 放大器在信号处理系统中的作用是：

A. 从信号中提取有用信息　　　　B. 消除信号中的干扰信号

C. 分解信号中的谐波成分　　　　D. 增强信号的幅值以便后续处理

90. 对逻辑表达式$ABC + A\overline{B} + AB\overline{C}$的化简结果是：

A. A　　　　B. $A\overline{B}$

C. AB　　　　D. $AB\overline{C}$

91. 已知数字信号A和数字信号B的波形如图所示，则数字信号$F = \overline{A + B}$的波形为：

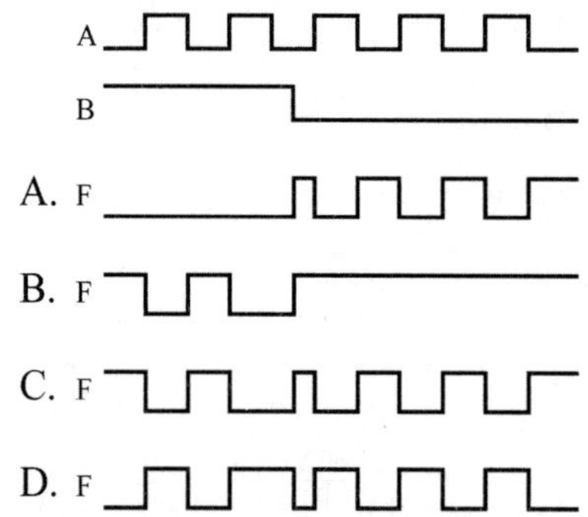

92. 逻辑函数$F = f(A, B, C)$的真值表如下所示，由此可知：

A	B	C	F
0	0	0	0
0	0	1	1
0	1	0	1
0	1	1	0
1	0	0	0
1	0	1	0
1	1	0	0
1	1	1	0

A. $F = \overline{AB}C + B\overline{C}$

B. $F = \overline{AB}C + \overline{A}B\overline{C}$

C. $F = \overline{ABC} + \overline{A}BC$

D. $F = A\overline{BC} + ABC$

93. 二极管应用电路如图所示，图中，$u_{\mathrm{A}}=1\mathrm{V}$，$u_{\mathrm{B}}=5\mathrm{V}$，$R=1\mathrm{k}\Omega$，设二极管均为理想器件，则电流 $i_{\mathrm{R}}=$

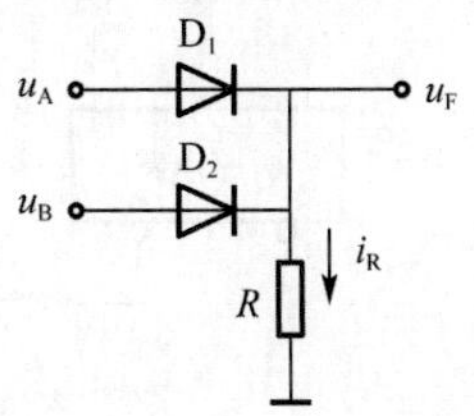

A. 5mA

B. 1mA

C. 6mA

D. 0mA

94. 图示电路中，能够完成加法运算的电路：

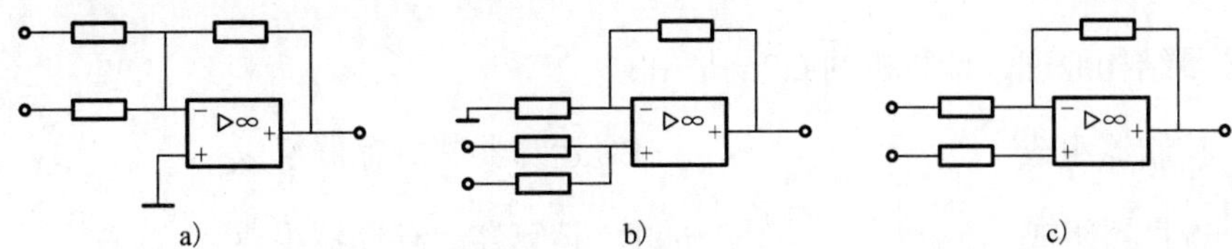

A. 是图 a）和图 b） B. 仅是图 a）

C. 仅是图 b） D. 是图 c）

95. 图 a）示电路中，复位信号及时钟脉冲信号如图 b）所示，经分析可知，在t_1时刻，输出$\mathrm{Q_{JK}}$和$\mathrm{Q_D}$分别等于：

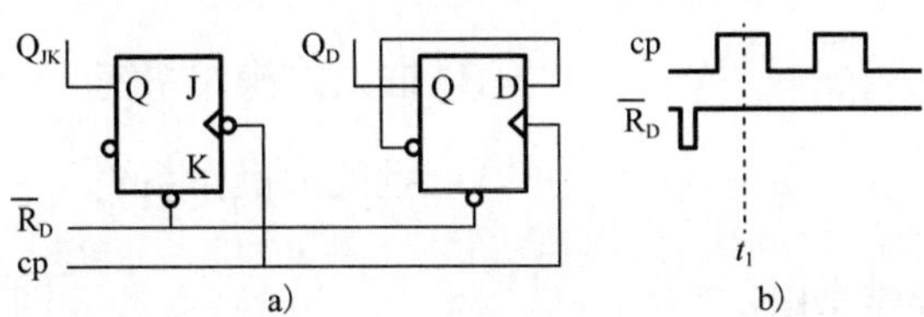

A. 0 0 B. 0 1

C. 1 0 D. 1 1

附：D 触发器的逻辑状态表为

D	Q_{n+1}
0	0
1	1

JK 触发器的逻辑状态表为

J	K	Q_{n+1}
0	0	Q_n
0	1	0
1	0	1
1	1	$\overline{\mathrm{Q}}_n$

96. 图 a）示时序逻辑电路的工作波形如图 b）所示，由此可知，图 a）电路是一个：

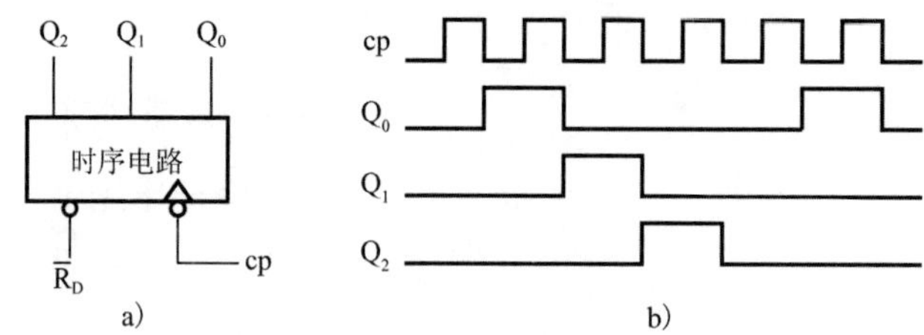

A. 右移寄存器　　B. 三进制计数器

C. 四进制计数器　　D. 五进制计数器

97. 根据冯·诺依曼结构原理，计算机的 CPU 是由：

A. 运算器、控制器组成　　B. 运算器、寄存器组成

C. 控制器、寄存器组成　　D. 运算器、存储器组成

98. 在计算机内，为有条不紊地进行信息传输操作，要用总线将硬件系统中的各个部件：

A. 连接起来　　B. 串接起来

C. 集合起来　　D. 耦合起来

99. 若干台计算机相互协作完成同一任务的操作系统属于：

A. 分时操作系统　　B. 嵌入式操作系统

C. 分布式操作系统　　D. 批处理操作系统

100. 计算机可以直接执行的程序是用：

A. 自然语言编制的程序　　B. 汇编语言编制的程序

C. 机器语言编制的程序　　D. 高级语言编制的程序

101. 汉字的国标码是用两个字节码表示的，为与 ASCII 码区别，是将两个字节的最高位：

A. 都置成 0　　B. 都置成 1

C. 分别置成 1 和 0　　D. 分别置成 0 和 1

102. 下列所列的四条存储容量单位之间换算表达式中，正确的一条是：

A. 1GB = 1024B　　B. 1GB = 1024KB

C. 1GB = 1024MB　　D. 1GB = 1024TB

103. 下列四条关于防范计算机病毒的方法中，并非有效的一条是：

A. 不使用来历不明的软件　　B. 安装防病毒软件

C. 定期对系统进行病毒检测　　D. 计算机使用完后锁起来

104. 下面四条描述操作系统与其他软件明显不同的特征中，正确的一条是：

A. 并发性、共享性、随机性　　B. 共享性、随机性、动态性

C. 静态性、共享性、同步性　　D. 动态性、并发性、异步性

105. 构成信息化社会的主要技术支柱有三个，它们是：

A. 计算机技术、通信技术和网络技术

B. 数据库技术、计算机技术和数字技术

C. 可视技术、大规模集成技术、网络技术

D. 动画技术、网络技术、通信技术

106. 为有效防范网络中的冒充、非法访问等威胁，应采用的网络安全技术是：

A. 数据加密技术　　B. 防火墙技术

C. 身份验证与鉴别技术　　D. 访问控制与目录管理技术

107. 某项目向银行借款，按半年复利计息，年实际利率为8.6%，则年名义利率为：

A. 8%　　B. 8.16%

C. 8.24%　　D. 8.42%

108. 对于国家鼓励发展的缴纳增值税的经营性项目，可以获得增值税的优惠。在财务评价中，先征后返的增值税应记作项目的：

A. 补贴收入　　B. 营业收入

C. 经营成本　　D. 营业外收入

109. 下列筹资方式中，属于项目资本金的筹集方式的是：

A. 银行贷款　　B. 政府投资

C. 融资租赁　　D. 发行债券

110. 某建设项目预计第三年息税前利润为 200 万元，折旧与摊销为 30 万元，所得税为 20 万元，项目生产期第三年应还本付息金额为 100 万元。则该年偿债备付率为：

A. 1.5 万元　　B. 1.9 万元

C. 2.1 万元　　D. 2.5 万元

111. 在进行融资前项目投资现金流量分析时，现金流量应包括：

A. 资产处置收益分配　　B. 流动资金

C. 借款本金偿还　　D. 借款利息偿还

112. 某拟建生产企业设计年产 6 万t化工原料，年固定成本为 1000 万元，单位可变成本、销售税金和单位产品增值税之和为800 万元/t，单位产品售价为1000 元/t。销售收入和成本费用均采用含税价格表示。以生产能力利用率表示的盈亏平衡点为：

A. 9.25%　　B. 21%　　C. 66.7%　　D. 83.3%

113. 某项目有甲、乙两个建设方案，投资分别为 500 万元和 1000 万元，项目期均为 10 年，甲项目年收益为 140 万元，乙项目年收益为 250 万元。假设基准收益率为10%，则两项目的差额净现值为：[已知：$(P/A, 10\%, 10) = 6.1446$]

A. 175.9 万元　　B. 360.24 万元

C. 536.14 万元　　D. 896.38 万元

114. 某项目打算采用甲工艺进行施工，但经广泛的市场调研和技术论证后，决定用乙工艺代替甲工艺，并达到了同样的施工质量，且成本下降15%。根据价值工程原理，该项目提高价值的途径是：

A. 功能不变，成本降低

B. 功能提高，成本降低

C. 功能和成本均下降，但成本降低幅度更大

D. 功能提高，成本不变

115. 某投资亿元的建设工程，建设工期 3 年，建设单位申请领取施工许可证，经审查该申请不符合法定条件的是：

A. 已取得该建设工程规划许可证

B. 已依法确定施工单位

C. 到位资金达到投资额的30%

D. 该建设工程设计已经发包由某设计单位完成

116. 根据《中华人民共和国安全生产法》，组织制定并实施本单位的生产安全事故应急救援预案的责任人是：

A. 项目负责人　　B. 安全生产管理人员

C. 单位主要负责人　　D. 主管安全的负责人

117. 根据《中华人民共和国招标投标法》，下列工程建设项目，项目的勘察、设计、施工、监理以及与工程建设有关的重要设备、材料等的采购，按照国家有关规定可不进行招标的是：

A. 大型基础设施、公用事业等关系社会公共利益、公众安全的项目

B. 全部或者部分使用国有资金投资或者国家融资的项目

C. 使用国际组织或者外国政府贷款、援助基金的项目

D. 利用扶贫资金实行以工代赈、需要使用农民工的项目

118. 订立合同需要经过要约和承诺两个阶段，下列关于要约的说法，错误的是：

A. 要约是希望和他人订立合同的意思表示

B. 要约内容应当具体明确

C. 要约是吸引他人向自己提出订立合同的意思表示

D. 经受要约人承诺，要约人即受该意思表示约束

119. 根据《中华人民共和国行政许可法》，行政机关对申请人提出的行政许可申请，应当根据不同情况分别作出处理。下列行政机关的处理，符合规定的是：

A. 申请事项依法不需要取得行政许可的，应当即时告知申请人向有关行政机关申请

B. 申请事项依法不属于本行政机关职权范围内的，应当即时告知申请人不需申请

C. 申请材料存在可以当场更正的错误的，应当告知申请人 3 日内补正

D. 申请材料不齐全，应当当场或者在 5 日内一次告知申请人需要补正的全部内容

120. 根据《建设工程质量管理条例》，下列有关建设单位的质量责任和义务的说法，正确的是：

A. 建设工程发包单位不得暗示承包方以低价竞标

B. 建设单位在办理工程质量监督手续前，应当领取施工许可证

C. 建设单位可以明示或者暗示设计单位违反工程建设强制性标准

D. 建设单位提供的与建设工程有关的原始资料必须真实、准确、齐全

2019年度全国勘察设计注册工程师执业资格考试基础考试（上）

试题解析及参考答案

1. 解　本题考查函数极限的求法以及洛必达法则的应用。

当自变量$x \to 0$时，只有当$x \to 0^+$及$x \to 0^-$时，函数左右极限各自存在并且相等时，函数极限才存在。即当$\lim\limits_{x \to 0^+} f(x) = \lim\limits_{x \to 0^-} f(x) = A$时，$\lim\limits_{x \to 0} f(x) = A$，否则函数极限不存在。

应用洛必达法则：

$$\lim_{x \to 0^+} \frac{3+e^{\frac{1}{x}}}{1-e^{\frac{2}{x}}} \xlongequal[\text{当}x \to 0^+\text{时，}y \to +\infty]{\text{设}y=\frac{1}{x}} \lim_{y \to +\infty} \frac{3+e^y}{1-e^{2y}} \xlongequal{\frac{\infty}{\infty}} \lim_{y \to +\infty} \frac{e^y}{-2e^{2y}} = \lim_{y \to +\infty} \frac{1}{-2e^y} = 0$$

$$\lim_{x \to 0^-} \frac{3+e^{\frac{1}{x}}}{1-e^{\frac{2}{x}}} \xlongequal[\text{当}x \to 0^-\text{时，}y \to -\infty]{\text{设}y=\frac{1}{x}} \lim_{y \to -\infty} \frac{3+e^y}{1-e^{2y}} \xlongequal[e^y \to 0]{y \to -\infty} \frac{3}{1} = 3$$

因$\lim\limits_{x \to 0^+} f(x) \neq \lim\limits_{x \to 0^-} f(x)$，所以$\lim\limits_{x \to 0} f(x)$不存在。

答案：D

2. 解　本题考查函数可微、可导与函数连续之间的关系。

对于一元函数而言，函数可导和函数可微等价。函数可导必连续，函数连续不一定可导（例如$y = |x|$在$x = 0$处连续，但不可导）。因而，$f(x)$在点$x = x_0$处连续为函数在该点处可微的必要条件。

答案：C

3. 解　利用同阶无穷小定义计算。

求极限$\lim\limits_{x \to 0} \frac{\sqrt{1-x^2}-\sqrt{1+x^2}}{x^k}$，只要当极限值为常数$C$，且$C \neq 0$时，即为同阶无穷小。

$$\lim_{x \to 0} \frac{\sqrt{1-x^2}-\sqrt{1+x^2}}{x^k} \xlongequal{\text{分子有理化}} \lim_{x \to 0} \frac{\left(\sqrt{1-x^2}-\sqrt{1+x^2}\right)\left(\sqrt{1-x^2}+\sqrt{1+x^2}\right)}{x^k\left(\sqrt{1-x^2}+\sqrt{1+x^2}\right)}$$

$$= \lim_{x \to 0} \frac{-2x^2}{x^k\left(\sqrt{1-x^2}+\sqrt{1+x^2}\right)} \xlongequal{\text{只有}k=2\text{时，极限值才满足为常数}C\text{，且}C \neq 0}$$

$$\lim_{x \to 0} \frac{-2x^2}{x^2\left(\sqrt{1-x^2}+\sqrt{1+x^2}\right)} = -1$$

答案：B

4. 解　本题为求复合函数的二阶导数，可利用复合函数求导公式计算。

设$y = \ln u$，$u = \sin x$，先对中间变量求导，再乘以中间变量u对自变量x的导数（注意正确使用导数公式）。

$$y' = \frac{1}{\sin x} \cdot \cos x = \cot x\,,\ y'' = (\cot x)' = -\frac{1}{\sin^2 x}$$

答案：D

5. 解 本题考查罗尔中值定理。

由罗尔中值定理可知，函数满足：①在闭区间连续；②在开区间可导；③两端函数值相等，则在开区间内至少存在一点ξ，使得$f'(\xi)=0$。本题满足罗尔中值定理的条件，因而结论 B 成立。

答案： B

6. 解 $x=0$处导数不存在。x_1和O点两侧导函数符号由负变为正，函数在该点取得极小值，故x_1和O点是函数的极小值点；x_2和x_3点两侧导函数符号由正变为负，函数在该点取得极大值，故x_2和x_3点是函数的极大值点。

答案： B

7. 解 本题可用第一类换元积分方法计算，也可用凑微分方法计算。

方法 1： 设$x^2+1=t$，则有$2x\mathrm{d}x=\mathrm{d}t$，即$x\mathrm{d}x=\frac{1}{2}\mathrm{d}t$

$$\int\frac{x}{\sin^2(x^2+1)}\mathrm{d}x=\int\frac{1}{\sin^2 t}\frac{1}{2}\mathrm{d}t=\frac{1}{2}\int\csc^2 t\mathrm{d}t=-\frac{1}{2}\cot t+C=-\frac{1}{2}\cot(x^2+1)+C$$

方法 2：

$$\int\frac{x}{\sin^2(x^2+1)}\mathrm{d}x=\frac{1}{2}\int\frac{1}{\sin^2(x^2+1)}\mathrm{d}(x^2+1)=-\frac{1}{2}\cot(x^2+1)+C$$

答案： A

8. 解 当$x=-1$时，$\lim\limits_{x\to-1}\frac{1}{(1+x)^2}=+\infty$，所以$x=-1$为函数的无穷不连续点。

本题为被积函数有无穷不连续点的广义积分。按照这类广义积分的计算方法，把广义积分在无穷不连续点$x=-1$处分成两部分，只有当每一部分都收敛时，广义积分才收敛，否则广义积分发散。

即：

$$\int_{-2}^{2}\frac{1}{(1+x)^2}\mathrm{d}x=\int_{-2}^{-1}\frac{1}{(1+x)^2}\mathrm{d}x+\int_{-1}^{2}\frac{1}{(1+x)^2}\mathrm{d}x$$

计算第一部分：

$$\int_{-2}^{-1}\frac{1}{(1+x)^2}\mathrm{d}x=\int_{-2}^{-1}\frac{1}{(1+x)^2}\mathrm{d}(x+1)=-\frac{1}{1+x}\Big|_{-2}^{-1}=\lim_{x\to1^-}\left(-\frac{1}{1+x}\right)-\left(-\frac{1}{-1}\right)=\infty,$$

发散

所以，广义积分发散。

答案： D

9. 解 利用两向量平行的知识以及两向量数量积的运算法则计算。

已知$\boldsymbol{\beta}/\!/\boldsymbol{\alpha}$，则有$\beta=\lambda\boldsymbol{\alpha}$（$\lambda$为任意非零常数）

所以$\boldsymbol{\alpha}\cdot\boldsymbol{\beta}=\boldsymbol{\alpha}\cdot\lambda\boldsymbol{\alpha}=\lambda(\boldsymbol{\alpha}\cdot\boldsymbol{\alpha})=\lambda[2\times2+1\times1+(-1)\times(-1)]=6\lambda$

已知$\boldsymbol{\alpha}\cdot\boldsymbol{\beta}=3$，即$6\lambda=3$，$\lambda=\frac{1}{2}$

所以$\boldsymbol{\beta}=\frac{1}{2}\boldsymbol{\alpha}=\left(1,\frac{1}{2},-\frac{1}{2}\right)$

答案：C

10. 解　因直线垂直于xOy平面，因而直线的方向向量只要选与z轴平行的向量即可，取所求直线的方向向量$\vec{s}=(0,0,1)$，如解图所示，再按照直线的点向式方程的写法写出直线方程：

$$\frac{x-2}{0}=\frac{y-0}{0}=\frac{z+1}{1}$$

题 10 解图

答案：C

11. 解　通过分析可知，本题为一阶可分离变量方程，分离变量后两边积分求出方程的通解，再代入初始条件求出方程的特解。

$$y\ln x\mathrm{d}x-x\ln y\mathrm{d}y=0\Rightarrow y\ln x\mathrm{d}x=x\ln y\mathrm{d}y\Rightarrow\frac{\ln x}{x}\mathrm{d}x=\frac{\ln y}{y}\mathrm{d}y$$

$$\Rightarrow\int\frac{\ln x}{x}\mathrm{d}x=\int\frac{\ln y}{y}\mathrm{d}y\Rightarrow\int\ln x\mathrm{d}(\ln x)=\int\ln y\mathrm{d}(\ln y)$$

$$\Rightarrow\frac{1}{2}\ln^2 x=\frac{1}{2}\ln^2 y+C_1\Rightarrow\ln^2 x-\ln^2 y=C_2\qquad(\text{其中，}C_2=2C_1)$$

代入初始条件$y(x=1)=1$，得$C_2=0$

所以方程的特解：$\ln^2 x-\ln^2 y=0$

答案：D

12. 解　画出积分区域D的图形，如解图所示。

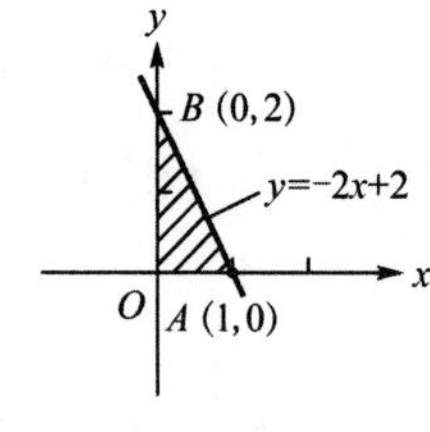

题 12 解图

方法 1：因被积函数$f(x,y)=1$，所以积分$\iint\limits_D\mathrm{d}x\mathrm{d}y$的值即为这三条直线所围成的区域面积，所以$\iint\limits_D\mathrm{d}x\mathrm{d}y=\frac{1}{2}\times1\times2=1$。

方法 2：把二重积分转化为二次积分，可先对y积分再对x积分，也可先对x积分再对y积分。本题先对y积分后再对x积分：

$$D:\begin{cases}0\leqslant x\leqslant1\\0\leqslant y\leqslant-2x+2\end{cases}$$

$$\iint\limits_D\mathrm{d}x\mathrm{d}y=\int_0^1\mathrm{d}x\int_0^{-2x+2}\mathrm{d}y=\int_0^1 y\Big|_0^{-2x+2}\mathrm{d}x$$

$$=\int_0^1(-2x+2)\mathrm{d}x=(-x^2+2x)\Big|_0^1=-1+2=1$$

答案：A

13. 解　$y=C_1C_2e^{-x}$，因C_1、C_2是任意常数，可设$C=C_1\cdot C_2$（C仍为任意常数），即$y=Ce^{-x}$，则有$y'=-Ce^{-x}$，$y''=Ce^{-x}$。

代入得$Ce^{-x}-2(-Ce^{-x})-3Ce^{-x}=0$，可知$y=Ce^{-x}$为方程的解。

因$y=Ce^{-x}$仅含一个独立的任意常数，可知$y=Ce^{-x}$既不是方程的通解，也不是方程的特解，只是方程的解。

答案：D

14. 解　本题考查对坐标的曲线积分的计算方法。

应注意，对坐标的曲线积分与曲线的积分路径、方向有关，积分变量的变化区间应从起点所对应的参数积到终点所对应的参数。

L：$x^2+y^2=1$

参数方程可表示为$\begin{cases}x=\cos\theta\\y=\sin\theta\end{cases}$　$(\theta\text{：}0\to2\pi)$，则

$$\int_L\frac{y\mathrm{d}x-x\mathrm{d}y}{x^2+y^2}=\int_0^{2\pi}\frac{\sin\theta(-\sin\theta)-\cos\theta\cos\theta}{\cos^2\theta+\sin^2\theta}\mathrm{d}\theta=\int_0^{2\pi}(-1)\mathrm{d}\theta=-\theta\Big|_0^{2\pi}=-2\pi$$

答案：B

15. 解　本题函数为二元函数，先求出二元函数的驻点，再利用二元函数取得极值的充分条件判定。

$f(x,y)=xy$

求得偏导数$\begin{cases}f_x(x,y)=y\\f_y(x,y)=x\end{cases}$，则$\begin{cases}f_x(0,0)=0\\f_y(0,0)=0\end{cases}$，故点$(0,0)$为二元函数的驻点。

求得二阶导数$f''_{xx}(x,y)=0$，$f''_{xy}(x,y)=1$，$f''_{yy}(x,y)=0$

则有$A=f''_{xx}(0,0)=0$，$B=f''_{xy}(0,0)=1$，$C=f''_{yy}(0,0)=0$

$AC-B^2=-1<0$，所以在驻点$(0,0)$处取不到极值。

点$(0,0)$是驻点，但非极值点。

答案：B

16. 解　本题考查级数条件收敛、绝对收敛的有关概念，以及级数收敛与发散的基本判定方法。

将级数$\sum\limits_{n=1}^{\infty}(-1)^{n-1}\frac{1}{n^p}$各项取绝对值，得$p$级数$\sum\limits_{n=1}^{\infty}\frac{1}{n^p}$。

当$p>1$时，原级数$\sum\limits_{n=1}^{\infty}(-1)^{n-1}\frac{1}{n^p}$绝对收敛；当$0<p\leqslant1$时，级数$\sum\limits_{n=1}^{\infty}\frac{1}{n^p}$发散。所以，选项B、C均不成立。

再判定原级数$\sum\limits_{n=1}^{\infty}(-1)^{n-1}\frac{1}{n^p}$在$0<p\leqslant1$时的敛散性。

级数$\sum\limits_{n=1}^{\infty}(-1)^{n-1}\frac{1}{n^p}$为交错级数，记$u_n=\frac{1}{n^p}$。

当$p>0$时，$n^p<(n+1)^p$，则$\frac{1}{n^p}>\frac{1}{(n+1)^p}$，$u_n>u_{n+1}$，又$\lim\limits_{n\to\infty}u_n=0$，所以级数$\sum\limits_{n=1}^{\infty}(-1)^{n-1}\frac{1}{n^p}$在$0<p\leqslant1$时条件收敛。

答案：D

17. 解　利用二元函数求全微分公式$\mathrm{d}z=\frac{\partial z}{\partial x}\mathrm{d}x+\frac{\partial z}{\partial y}\mathrm{d}y$计算，然后代入$x=1$，$y=2$求出$\mathrm{d}z\Big|_{\substack{x=1\\y=2}}$的值。

（1）计算$\frac{\partial z}{\partial x}$:

$z=\left(\frac{y}{x}\right)^x$，两边取对数，得$\ln z=x\ln\left(\frac{y}{x}\right)$，两边对$x$求导，得：

$$\frac{1}{z}z_x=\ln\frac{y}{x}+x\frac{x}{y}\left(-\frac{y}{x^2}\right)=\ln\frac{y}{x}-1$$

进而得：$z_x=z\left(\ln\frac{y}{x}-1\right)=\left(\frac{y}{x}\right)^x\left(\ln\frac{y}{x}-1\right)$

（2）计算$\frac{\partial z}{\partial y}$：

$$\frac{\partial z}{\partial y}=x\left(\frac{y}{x}\right)^{x-1}\frac{1}{x}=\left(\frac{y}{x}\right)^{x-1}$$

$$\mathrm{d}z=\frac{\partial z}{\partial x}\mathrm{d}x+\frac{\partial z}{\partial y}\mathrm{d}y=\left(\frac{y}{x}\right)^x\left(\ln\frac{y}{x}-1\right)\mathrm{d}x+\left(\frac{y}{x}\right)^{x-1}\mathrm{d}y$$

$$\mathrm{d}z\bigg|_{\substack{x=1\\y=2}}=2(\ln 2-1)\mathrm{d}x+\mathrm{d}y=2\left[(\ln 2-1)\mathrm{d}x+\frac{1}{2}\mathrm{d}y\right]$$

答案：C

18. 解　幂级数只含奇数次幂项，求出级数的收敛半径，再判断端点的敛散性。

方法 1：

$$\lim_{n\to\infty}\left|\frac{u_{n+1}(x)}{u_n(x)}\right|=\lim_{n\to\infty}\left|\frac{\frac{x^{2n+1}}{2n+1}}{\frac{x^{2n-1}}{2n-1}}\right|=\lim_{n\to\infty}\left|\frac{2n-1}{2n+1}x^2\right|=x^2$$

当$x^2<1$，即$-1<x<1$时，级数收敛；当$x^2>1$，即$x>1$或$x<-1$时，级数发散：

判断端点的敛散性。

当$x=1$时，$\sum\limits_{n=1}^{\infty}(-1)^{n-1}\frac{x^{2n-1}}{2n-1}\Rightarrow\sum\limits_{n=1}^{\infty}(-1)^{n-1}\frac{1}{2n-1}$，为交错级数，同时满足$u_n>u_{n+1}$和$\lim\limits_{n\to\infty}u_n=0$，级数收敛。

当$x=-1$时，$\sum\limits_{n=1}^{\infty}(-1)^{n-1}\frac{x^{2n-1}}{2n-1}\Rightarrow\sum\limits_{n=1}^{\infty}(-1)^{n}\frac{1}{2n-1}$，为交错级数，同时满足$u_n>u_{n+1}$和$\lim\limits_{n\to\infty}u_n=0$，级数收敛。

综上，级数$\sum\limits_{n=1}^{\infty}(-1)^{n-1}\frac{x^{2n-1}}{2n-1}$的收敛域为$[-1,1]$。

方法 2：四个选项已给出，仅在端点处不同，直接判断端点$x=1$、$x=-1$的敛散性即可。

答案：A

19. 解　利用公式$|\boldsymbol{A}^*|=|\boldsymbol{A}|^{n-1}$判断。代入$|\boldsymbol{A}|=b$，得$|\boldsymbol{A}^*|=b^{n-1}$。

答案：B

20. 解　利用公式$|\boldsymbol{A}|=\lambda_1\lambda_2\cdots\lambda_n$，当$\boldsymbol{A}$为二阶方阵时，$|\boldsymbol{A}|=\lambda_1\lambda_2$

则有$\lambda_2=\frac{|\boldsymbol{A}|}{\lambda_1}=\frac{-1}{1}=-1$

由“实对称矩阵对应不同特征值的特征向量正交”判断：

$$\begin{pmatrix}1\\1\end{pmatrix}^{\mathrm{T}}\begin{pmatrix}1\\-1\end{pmatrix}=(1,\ 1)\begin{pmatrix}1\\-1\end{pmatrix}=0$$

所以$\begin{pmatrix}1\\1\end{pmatrix}$与$\begin{pmatrix}1\\-1\end{pmatrix}$正交

答案：B

21. 解　二次型f的秩就是对应矩阵$\boldsymbol{A}$的秩。

二次型对应矩阵为$\boldsymbol{A}=\begin{bmatrix}1&1&0\\1&t&0\\0&0&3\end{bmatrix}$，$R(\boldsymbol{A})=2$，则有$|\boldsymbol{A}|=0$，即$3(t-1)=0$，可以得出$t=1$。

答案：C

22. 解

$$P(A|B)=\frac{P(AB)}{P(B)}=\frac{P(A)P(B|A)}{P(B)}=\frac{\frac{1}{3}\times\frac{1}{6}}{\frac{1}{4}}=\frac{2}{9}$$

答案：B

23. 解　由联合分布律的性质：$\sum\limits_{i}\sum\limits_{j}p_{ij}=1$，得$\frac{1}{4}+\frac{1}{4}+\frac{1}{6}+a=1$，则$a=\frac{1}{3}$。

答案：A

24. 解　因为$X\sim U(1,\theta)$，所以$E(X)=\frac{1+\theta}{2}$，则$\theta=2E(X)-1$，用$\overline{X}$代替$E(X)$，得θ的矩估计$\hat{\theta}=2\overline{X}-1$。

答案：C

25. 解　温度的统计意义告诉我们：气体的温度是分子平均平动动能的量度，气体的温度是大量气体分子热运动的集体体现，具有统计意义，温度的高低反映物质内部分子运动剧烈程度的不同，正是因为它的统计意义，单独说某个分子的温度是没有意义的。

答案：B

26. 解　气体分子运动的三种速率：

$v_{\mathrm{p}}=\sqrt{\frac{2kT}{m}}\approx1.41\sqrt{\frac{RT}{M}}$

$\bar{v}=\sqrt{\frac{8kT}{\pi m}}\approx1.60\sqrt{\frac{RT}{M}}$，$\sqrt{\overline{v^2}}=\sqrt{\frac{3kT}{m}}\approx1.73\sqrt{\frac{RT}{M}}$

答案：C

27. 解　理想气体向真空作绝热膨胀，注意“真空”和“绝热”。由热力学第一定律$Q=\Delta E+W$，理想气体向真空作绝热膨胀不做功，不吸热，故内能变化为零，温度不变，但膨胀致体积增大，单位体积分子数n减少，根据$p=nkT$，故压强减小。

答案：A

28. 解　此题考查卡诺循环。

卡诺循环的热机效率为：$\eta=1-\frac{T_2}{T_1}$

T_1与T_2不同，所以效率不同。

两个循环曲线所包围的面积相等，净功相等，$W = Q_1 - Q_2$，即两个热机吸收的热量与放出的热量（绝对值）的差值一定相等。

答案： D

29. 解 此题考查理想气体分子的摩尔热容。

$$C_V = \frac{i}{2}R,\ C_p = C_V + R = \frac{i+2}{2}R$$

刚性双原子分子理想气体$i = 5$，故$\frac{C_p}{C_V} = \frac{7}{5}$

答案： C

30. 解 将波动方程化为标准式：$y = 0.05\cos(4\pi x - 10\pi t) = 0.05\cos 10\pi\left(t - \frac{x}{2.5}\right)$

$$u = 2.5\text{m/s},\ \omega = 2\pi\nu = 10\pi,\ \nu = 5\text{Hz},\ \lambda = \frac{u}{\nu} = \frac{2.5}{5} = 0.5\text{m}$$

答案： A

31. 解 此题考查声波的多普勒效应。

题目讨论的是火车疾驰而来时的过程与火车远离而去时人们听到的汽笛音调比较。

火车疾驰而来时音调（即频率）：$\nu'_{来} = \frac{u}{u - v_s}\nu$

火车远离而去时的音调：$\nu'_{去} = \frac{u}{u + v_s}\nu$

式中，u为声速，v_s为火车相对地的速度，ν为火车发出汽笛声的原频率。

相比，人们听到的汽笛音调应是由高变低的。

答案： A

32. 解 此题考查波的强度公式：$I = \frac{1}{2}\rho u A^2 \omega^2$

保持其他条件不变，仅使振幅A增加 1 倍，则波的强度增加到原来的 4 倍。

答案： D

33. 解 两列振幅相同的相干波，在同一直线上沿相反方向传播，叠加的结果即为驻波。

叠加后形成的驻波的波动方程为：$y = y_1 + y_2 = \left(2A\cos 2\pi\frac{x}{\lambda}\right)\cos 2\pi\nu t$

驻波的振幅是随位置变化的，$A' = 2A\cos 2\pi\frac{x}{\lambda}$，波腹处有最大振幅$2A$。

答案： C

34. 解 此题考查光的干涉。

薄膜上下两束反射光的光程差：$\delta = 2n_2 e$

增透膜要求反射光相消：$\delta = 2n_2 e = (2k+1)\frac{\lambda}{2}$

$k = 0$时，膜有最小厚度，$e = \frac{\lambda}{4n_2} = \frac{500}{4 \times 1.38} = 90.6\text{nm}$

答案： B

35. 解 此题考查光的衍射。

单缝衍射明纹条件光程差为半波长的奇数倍，相邻两个半波带对应点的光程差为半个波长。

答案： C

36. 解 此题考查光的干涉与偏振。

双缝干涉条纹间距$\Delta x = \frac{D}{d}\lambda$，加偏振片不改变波长，故干涉条纹的间距不变，而自然光通过偏振片光强衰减为原来的一半，故明纹的亮度减弱。

答案： B

37. 解 第一电离能是基态的气态原子失去一个电子形成+1 价气态离子所需要的最低能量。变化规律：同一周期从左到右，主族元素的有效核电荷数依次增加，原子半径依次减小，电离能依次增大；同一主族元素从上到下原子半径依次增大，电离能依次减小。

答案： D

38. 解 共价键的类型分σ键和π键。共价单键均为σ键；共价双键中含 1 个σ键，1 个π键；共价三键中含 1 个σ键，2 个π键。

丁二烯分子中，碳氢间均为共价单键，碳碳间含 1 个碳碳单键，2 个碳碳双键。结构式为：

$$\begin{array}{c} \mathrm{H} \quad\quad\quad\quad\quad\quad\quad \mathrm{H} \\ \diagdown\quad\quad\quad\quad\quad\diagup \\ \mathrm{C{=}C{-}C{=}C} \\ \diagup\quad\ |\quad\ \ |\quad\diagdown \\ \mathrm{H}\quad\ \mathrm{H}\quad \mathrm{H}\quad \mathrm{H} \end{array}$$

答案： B

39. 解 正负离子相互极化的强弱取决于离子的极化力和变形性，正负离子均具有极化力和变形性。正负离子相互极化的强弱一般主要考虑正离子的极化力和负离子的变形性。正离子的电荷数越多，极化力越大，半径越小，极化力越大。四种化合物中 $SiCl_4$ 是分子晶体。NaCl、$MgCl_2$、$AlCl_3$ 中的阴离子相同，都为 Cl^-，阳离子分别为 Na^+、Mg^{2+}、Al^{3+}，离子半径逐渐减小，离子电荷逐渐增大，极化力逐渐增强，对 Cl^-的极化作用逐渐增强，所以离子极化作用最强的是 $AlCl_3$。

答案： C

40. 解 根据 $\mathrm{pH} = -\lg C_{\mathrm{H}^+}$，$K_{\mathrm{W}} = C_{\mathrm{H}^+} \times C_{\mathrm{OH}^-}$

$\mathrm{pH} = 2$时，$C_{\mathrm{H}^+} = 10^{-2}\mathrm{mol \cdot L^{-1}}$，$C_{\mathrm{OH}^-} = 10^{-12}\mathrm{mol \cdot L^{-1}}$

$\mathrm{pH} = 4$时，$C_{\mathrm{H}^+} = 10^{-4}\mathrm{mol \cdot L^{-1}}$，$C_{\mathrm{OH}^-} = 10^{-10}\mathrm{mol \cdot L^{-1}}$

答案： C

41. 解 吉布斯函数变$\Delta G < 0$时化学反应能自发进行。根据吉布斯等温方程，当$\Delta_{\mathrm{r}}H_{\mathrm{m}}^{\ominus} > 0, \Delta_{\mathrm{r}}S_{\mathrm{m}}^{\ominus} > 0$时，反应低温不能自发进行，高温能自发进行。

答案： A

42. 解 根据盐类的水解理论，NaCl 为强酸强碱盐，不水解，溶液显中性；Na_2CO_3 为强碱弱酸盐，水解，溶液显碱性；硫酸铝和硫酸铵均为强酸弱碱盐，水解，溶液显酸性。

答案： B

43. 解 电对对应的半反应中无H^+参与时，酸度大小对电对的电极电势无影响；电对对应的半反应中有H^+参与时，酸度大小对电对的电极电势有影响，影响结果由能斯特方程决定。

电对Fe^{3+}/Fe^{2+}对应的半反应为$Fe^{3+} + e^- = Fe^{2+}$，没有H^+参与，酸度大小对电对的电极电势无影响；电对$MnO_4{}^-/Mn^{2+}$对应的半反应为$MnO_4{}^- + 8H^+ + 7e^- = Mn^{2+} + 4H_2O$，有$H^+$参与，根据能斯特方程，$H^+$浓度增大，电对的电极电势增大。

答案： C

44. 解 C_5H_{12} 有三个异构体，每种异构体中，有几种类型氢原子，就有几种一氯代物。

异构体 $H_3C-CH_2-CH_2-CH_2-CH_3$ 中，有 2 个甲基，3 种一氯代物；

异构体 $H_3C-\underset{\displaystyle CH_3}{\underset{|}{CH}}-CH_2-CH_3$ 中，有 3 个甲基，4 种一氯代物；

异构体 $H_3C-\overset{\displaystyle CH_3}{\overset{|}{\underset{\displaystyle CH_3}{\underset{|}{C}}}}-CH_3$ 中，有 4 个甲基，1 种一氯代物。

答案： C

45. 解 选项 A、B、C 催化加氢均生成 2-甲基戊烷，选项 D 催化加氢生成 3-甲基戊烷。

答案： D

46. 解 与端基碳原子相连的羟基氧化为醛，不与端基碳原子相连的羟基氧化为酮。

答案： C

47. 解 若力F作用于构件BC上，则AC为二力构件，满足二力平衡条件，BC满足三力平衡条件，受力图如解图 a）所示。

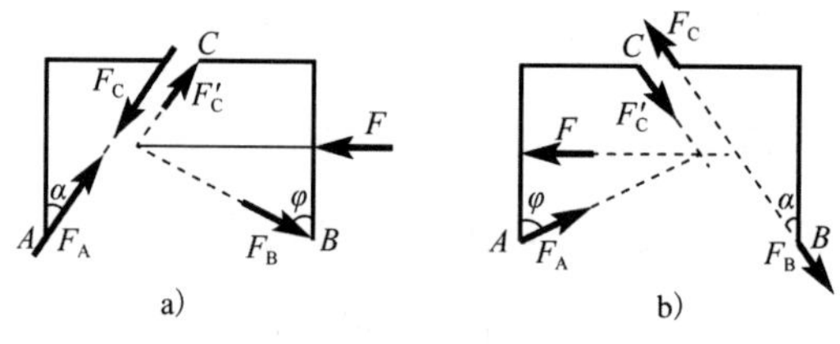

题 47 解图

对BC列平衡方程：

$$\sum F_x = 0,\ F - F_B \sin\varphi - F'_C \sin\alpha = 0$$

$$\sum F_y = 0,\ F'_C \cos\alpha - F_B \cos\varphi = 0$$

解得：$F_C' = \frac{F}{\sin\alpha + \cos\alpha\tan\varphi} = F_A$，$F_B = \frac{F}{\tan\alpha\cos\varphi + \sin\varphi}$

若力$\boldsymbol{F}$移至构件AC上，则BC为二力构件，而AC满足三力平衡条件，受力图如解图 b）所示。

对AC列平衡方程：

$$\sum F_x = 0,\ F - F_A\sin\varphi - F_C'\sin\alpha = 0$$

$$\sum F_y = 0,\ F_A\cos\varphi - F_C'\cos\alpha = 0$$

解得：$F_C' = \frac{F}{\sin\alpha + \cos\alpha\tan\varphi} = F_B$，$F_A = \frac{F}{\tan\alpha\cos\varphi + \sin\varphi}$

由此可见，两种情况下，只有C处约束力的大小没有改变，而A、B处约束力的大小都发生了改变。

答案： D

48. 解 由图可知力$\boldsymbol{F}_1$过A点，故向A点简化的附加力偶为 0，因此主动力系向A点简化的主矩即为$M_A = M = 4\text{N}\cdot\text{m}$。

答案： A

49. 解 对系统整体列平衡方程：

$$\sum M_A(F) = 0,\ M_A - F_p\left(\frac{a}{2} + r\right) = 0$$

得：$M_A = F_p\left(\frac{a}{2} + r\right)$（逆时针）

答案： B

50. 解 分析节点A的平衡，可知铅垂杆为零杆，再分析节点B的平衡，节点连接的两根杆均为零杆，故内力为零的杆数是 3。

答案： A

51. 解 当$t = 10\text{s}$时，$v_t = v_0 + at = 10a = 5\text{m/s}$，故汽车的加速度$a = 0.5\text{m/s}^2$。则有：

$$S = \frac{1}{2}at^2 = \frac{1}{2}\times 0.5\times 10^2 = 25\text{m}$$

答案： A

52. 解 物体的角速度及角加速度分别为：$\omega = \dot{\varphi} = 4 - 6t\text{rad/s}$，$\alpha = \ddot{\varphi} = -6\text{rad/s}^2$，则$t = 1\text{s}$时物体内转动半径$r = 0.5\text{m}$点的速度为：$v = \omega r = -1\text{m/s}$，切向加速度为：$a_\tau = \alpha r = -3\text{m/s}^2$。

答案： B

53. 解 构件BC是平行移动刚体，根据其运动特性，构件上各点有相同的速度和加速度，用其上一点B的运动即可描述整个构件的运动，点B的运动方程为：

$$x_B = -r\cos\theta = -r\cos\omega t$$

则其速度的表达式为$v_{BC} = \dot{x}_B = r\omega\sin\omega t$，加速度的表达式为$\alpha_{BC} = \ddot{x}_B = r\omega^2\cos\omega t$

答案： D

54. 解 质点运动微分方程：$\boldsymbol{ma} = \boldsymbol{F}$

当电梯加速下降、匀速下降及减速下降时，加速度分别向下、零、向上，代入质点运动微分方程，分别有：

$$ma = W - F_1，0 = W - F_2，ma = F_3 - W$$

所以：$F_1 = W - ma$，$F_2 = W$，$F_3 = W + ma$

故$F_1 < F_2 < F_3$

答案：C

55. 解 定轴转动刚体动量矩的公式：$L_O = J_O\omega$

其中，$J_O = \frac{1}{2}mR^2 + mR^2$

因此，动量矩$L_O = \frac{3}{2}mR^2\omega$

答案：D

56. 解 动能定理：$T_2 - T_1 = W_{12}$

其中：$T_1 = 0$，$T_2 = \frac{1}{2}J_O\omega^2$

将$W_{12} = mg(R - R\cos\theta)$代入动能定理：$\frac{1}{2}\left(\frac{1}{2}mR^2 + mR^2\right)\omega^2 - 0 = mg(R - R\cos\theta)$

解得：$\omega = \sqrt{\frac{4g(1-\cos\theta)}{3R}}$

答案：B

57. 解 惯性力的定义为：$\boldsymbol{F}_{\mathrm{I}} = -m\boldsymbol{a}$

惯性力主矢的方向总是与其加速度方向相反。

答案：A

58. 解 当激振频率与系统的固有频率相等时，系统发生共振，即：

$\omega_0 = \sqrt{\frac{k}{m}} = \omega_1 = 6\text{rad/s}$；$\sqrt{\frac{k}{1+m}} = \omega_2 = 5.86\text{rad/s}$

联立求解可得：$m = 20.68\text{kg}$，$k = 744.53\text{N/m}$

答案：D

59. 解 由图可知，曲线A的强度失效应力最大，故 A 材料强度最高。

答案：A

60. 解 根据截面法可知，AB段轴力$F_{\mathrm{AB}} = F$，BC段轴力$F_{\mathrm{BC}} = -F$

则$\Delta L = \Delta L_{\mathrm{AB}} + \Delta L_{\mathrm{BC}} = \frac{Fl}{EA} + \frac{-Fl}{EA} = 0$

答案：A

61. 解 取一根木杆进行受力分析，可知剪力是F，剪切面是ab，故名义切应力$\tau = \frac{F}{ab}$。

答案：A

62. 解　此公式只适用于线弹性变形的圆截面（含空心圆截面）杆，选项 A、B、C 都不适用。

答案：D

63. 解　由强度条件$\tau_{max}=\frac{T}{W_p}\leqslant[\tau]$，可知直径为$d$的圆轴可承担的最大扭矩为$T\leqslant[\tau]W_p=[\tau]\frac{\pi d^3}{16}$

若改变该轴直径为d_1，使$A_1=\frac{\pi d_1^2}{4}=2A=2\frac{\pi d^2}{4}$

则有$d_1^2=2d^2$，即$d_1=\sqrt{2}d$

故其可承担的最大扭矩为：$T_1=[\tau]\frac{\pi d_1^3}{16}=2\sqrt{2}[\tau]\frac{\pi d^3}{16}=2\sqrt{2}T$

答案：C

64. 解　在有关静矩的性质中可知，若平面图形对某轴的静矩为零，则此轴必过形心；反之，若某轴过形心，则平面图形对此轴的静矩为零。对称轴必须过形心，但过形心的轴不一定是对称轴。例如，平面图形的反对称轴也是过形心的。所以选项 D 错误。

答案：D

65. 解　集中力偶m在梁上移动，对剪力图没有影响，但是受集中力偶作用的位置弯矩图会发生突变，故力偶m位置的变化会引起弯矩图的改变。

答案：C

66. 解　若梁的长度增加一倍，最大剪力F没有变化，而最大弯矩则增大一倍，由Fl变为 $2Fl$，而最大正应力$\sigma_{max}=\frac{M_{max}}{I_z}y_{max}$变为原来的 2 倍，最大剪应力$\tau_{max}=\frac{3F}{2A}$没有变化。

答案：C

67. 解　简支梁受一对自相平衡的力偶作用，不产生支座反力，左边第一段和右边第一段弯矩为零（无弯曲，是直线），中间一段为负弯矩（挠曲线向上弯曲）。

答案：D

68. 解　图 a）、图 b）两单元体中$\sigma_y=0$，用解析法公式：

$$\left.\begin{matrix}\sigma_1\\\sigma_3\end{matrix}\right\}=\frac{\sigma}{2}\pm\sqrt{\left(\frac{\sigma}{2}\right)^2+\tau^2}=\frac{80}{2}\pm\sqrt{\left(\frac{80}{2}\right)^2+20^2}=\begin{matrix}84.72\\-4.72\end{matrix}\text{MPa}$$

则σ_1=84.72MPa，σ_2=0，σ_3= −4.72MPa，两单元体主应力大小相同。

两单元体主应力的方向可以用观察法判断。

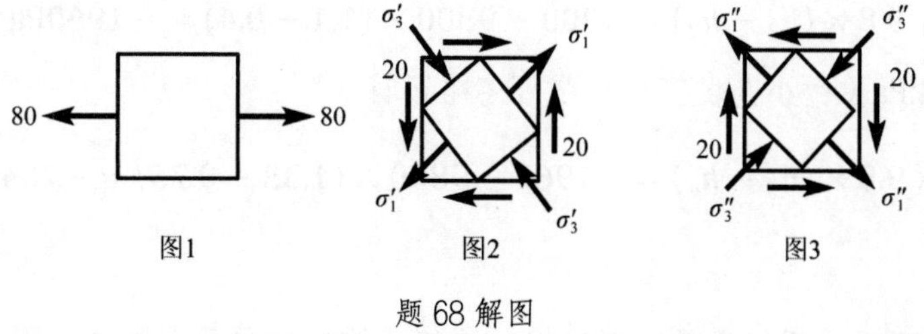

题 68 解图

题图 a）主应力的方向可以看成是图 1 和图 2 两个单元体主应力方向的叠加，显然主应力σ_1的方向在第一象限。

题图 b）主应力的方向可以看成是图 1 和图 3 两个单元体主应力方向的叠加，显然主应力σ_1的方向在第四象限。

所以两单元体主应力的方向不同。

答案： B

69. 解 轴力F_N产生的拉应力$\sigma' = \frac{F_N}{A}$，弯矩产生的最大拉应力$\sigma'' = \frac{M}{W}$，故$\sigma = \sigma' + \sigma'' = \frac{F_N}{A} + \frac{M}{W}$

扭矩T作用下产生的最大切应力$\tau = \frac{T}{W_p} = \frac{T}{2W}$，所以危险截面的应力状态如解图所示。

而$\begin{matrix}\sigma_1 \\ \sigma_3\end{matrix} = \frac{\sigma}{2} \pm \sqrt{\left(\frac{\sigma}{2}\right)^2 + \tau^2}$

所以，$\sigma_{r3} = \sigma_1 - \sigma_3 = 2\sqrt{\left(\frac{\sigma}{2}\right)^2 + \tau^2} = \sqrt{\sigma^2 + 4\tau^2}$

$$= \sqrt{\left(\frac{F_N}{A} + \frac{M}{W}\right)^2 + 4\left(\frac{T}{2W}\right)^2} = \sqrt{\left(\frac{F_N}{A} + \frac{M}{W}\right)^2 + \left(\frac{T}{W}\right)^2}$$

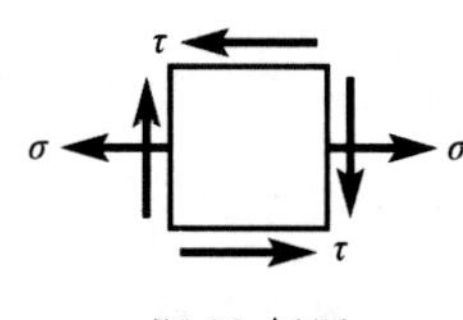

题 69 解图

答案： C

70. 解 图（A）为两端铰支压杆，其长度系数$\mu = 1$。

图（B）为一端固定、一端铰支压杆，其长度系数$\mu = 0.7$。

图（C）为一端固定、一端自由压杆，其长度系数$\mu = 2$。

图（D）为两端固定压杆，其长度系数$\mu = 0.5$。

根据临界荷载公式：$F_{cr} = \frac{\pi^2 EI}{(\mu l)^2}$，可知$F_{cr}$与$\mu$成反比，故图（D）的临界荷载最大。

答案： D

71. 解 根据连续介质假设可知，流体的物理量是连续函数。

答案： B

72. 解 盛水容器的左侧上方为敞口的自由液面，故液面上点 1 的相对压强$p_1 = 0$，而选项 B、C、D 点 1 的相对压强p_1均不等于零，故此三个选项均错误，因此可知正确答案为 A。

现根据等压面原理和静压强计算公式，求出其余各点的相对压强如下：

$p_2 = 1000 \times 9.8 \times (h_1 - h_2) = 9800 \times (0.9 - 0.4) = 4900\text{Pa} = 4.90\text{kPa}$

$p_3 = p_2 - 1000 \times 9.8 \times (h_3 - h_2) = 4900 - 9800 \times (1.1 - 0.4) = -1960\text{Pa} = -1.96\text{kPa}$

$p_4 = p_3 = -1.96\text{kPa}$（微小高度空气压强可忽略不计）

$p_5 = p_4 - 1000 \times 9.8 \times (h_5 - h_4) = -1960 - 9800 \times (1.33 - 0.75) = -7644\text{Pa} = -7.64\text{kPa}$

答案： A

73. 解 流体连续方程是根据质量守恒原理和连续介质假设推导而得的，在此条件下，同一流路上任意两断面的质量流量需相等，即$\rho_1 v_1 A_1 = \rho_2 v_2 A_2$。对不可压缩流体，密度$\rho$为不变的常数，即$\rho_1 = \rho_2$，故连续方程简化为：$v_1 A_1 = v_2 A_2$。

答案：B

74. 解 由尼古拉兹实验曲线图可知，在紊流光滑区，随着雷诺数 Re 的增大，沿程损失系数将减小。

答案：B

75. 解 薄壁小孔口流量公式：$Q_1 = \mu_1 A_1 \sqrt{2gH_{01}}$

圆柱形外管嘴流量公式：$Q_2 = \mu_2 A_2 \sqrt{2gH_{02}}$

按题设条件：$d_1 = d_2$，即可得$A_1 = A_2$

另有题设条件：$H_{01} = H_{02}$

由于小孔口流量系数$\mu_1 = 0.60 \sim 0.62$，圆柱形外管嘴流量系数$\mu_2 = 0.82$，即$\mu_1 < \mu_2$

综上，则有$Q_1 < Q_2$

答案：B

76. 解 水力半径R等于过流面积除以湿周，即$R = \frac{\pi r_0^2}{2\pi r_0}$

代入题设数据，可得水力半径$R = \frac{\pi \times 4^2}{2 \times \pi \times 4} = 2\text{m}$

答案：C

77. 解 普通完全井流量公式：$Q = 1.366 \frac{k(H^2 - h^2)}{\lg \frac{R}{r_0}}$

代入题设数据：$0.0276 = 1.366 \frac{k(15^2 - 10^2)}{\lg \frac{3.75}{0.3}}$

解得：$k = 0.0005\text{m/s}$

答案：A

78. 解 由沿程水头损失公式：$h_\text{f} = \lambda \frac{L}{d} \cdot \frac{v^2}{2g}$，可解出沿程损失系数$\lambda = \frac{2gdh_\text{f}}{Lv^2}$，写成量纲表达式$\dim\left(\frac{2gdh_\text{f}}{Lv^2}\right) = \frac{\text{LT}^{-2}\text{LL}}{\text{LL}^2\text{T}^{-2}} = 1$，即$\dim(\lambda) = 1$。故沿程损失系数$\lambda$为无量纲数。

答案：D

79. 解 线圈中通入直流电流I，磁路中磁通Φ为常量，根据电磁感应定律：

$$e = -N\frac{\text{d}\Phi}{\text{d}t} = 0$$

本题中电压—电流关系仅受线圈的电阻R影响，所以$U = IR$。

答案：A

80. 解 本题为交流电源，电流受电阻和电感的影响。

电压-电流关系为：

$$u = u_\text{R} + u_\text{L} = iR + L\frac{\text{d}i}{\text{d}t}$$

即$u_L = L\frac{\mathrm{d}i}{\mathrm{d}t}$

答案：D

81. 解 图示电路分析如下：

$I_s = I_R - 0.2 = \frac{U_s}{R} - 0.2 = \frac{-6}{10} - 0.2 = -0.8\text{A}$

根据直流电路的欧姆定律和节点电流关系分析即可。

题 81 解图

答案：A

82. 解 从电压电流的波形可以分析：

最大值： $I_m = 3\text{A}$ $U_m = 10\text{V}$

有效值： $I = \frac{I_m}{\sqrt{2}} = 2.12\text{A}$ $U = \frac{U_m}{\sqrt{2}} = 7.07\text{V}$

初相位： $\varphi_i = +90°$ $\varphi_u = -90°$

$\dot{U}$、$\dot{I}$的复数形式为：

$\dot{U} = 7.07\angle-90° = -j7.07\text{V}$ $\dot{U}_m = -j10\text{V}$

$\dot{I} = 2.12\angle 90° = j2.12\text{A}$ $\dot{I}_m = j3\text{A}$

答案：A

83. 解 交流电路中电压、电流与有功功率的基本关系为：

$$P = UI\cos\varphi \quad (\cos\varphi\text{是功率因数})$$

可知，$I = \frac{P}{U\cos\varphi} = \frac{8000}{220\times0.6} = 60.6\text{A}$

答案：B

84. 解 在开关 S 闭合时刻：

$$U_{C(0+)} = 0\text{V},\ I_{L(0+)} = 0\text{A}$$

则 $$U_{R_1(0+)} = U_{R_2(0+)} = 0\text{V}$$

根据电路的回路电压关系：$\sum U_{(0+)} = -10 + U_{L(0+)} + U_{C(0+)} + U_{R_1(0+)} + U_{R_2(0+)} = 0$

代入数值，得$U_{L(0+)} = 10\text{V}$

答案：A

85. 解 图示电路可以等效为解图，其中，$R_L' = K_2 R_L$。

在 S 闭合时，$2R_1 // R_L' = R_1$，可知$R_L' = 2R_1$

如果开关 S 打开，则$u_1 = \frac{R_L'}{R_1 + R_L'}u_s = \frac{2}{3}u_s = 60\sqrt{2}\sin\omega t\,\text{V}$

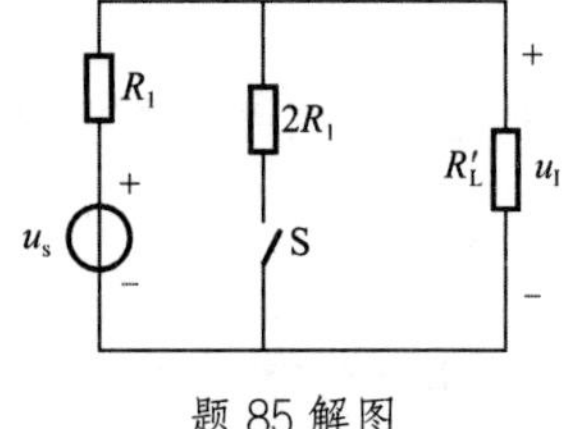

题 85 解图

答案：C

86. 解 三相异步电动机满载启动时必须保证电动机的启动力矩大于电动机的额定力矩。四个选项中，A、B、D 均属于降压启动，电压降低的同时必会导致启动力矩降低。所以应该采用转子绕组串电阻的方案，只有绕线式电动机的转子才能串电阻。

答案：C

87. 解 采样信号是离散时间信号（有些时间点没有定义），而模拟信号和采样保持信号才是时间上的连续信号。

答案：A

88. 解 周期信号的频谱是离散的，各谐波信号的幅值随频率的升高而减小。

信号$u_1(t)$和$u_2(t)$的幅值频谱均符合以上特征。所不同的是图 b）所示信号含有直流分量，而图 a）所示信号不包括直流分量。

答案：C

89. 解 放大器是对信号的幅值（电压或电流）进行放大，以不失真为条件，目的是便于后续处理。

答案：D

90. 解 逻辑函数化简：

$$F = ABC + A\overline{B} + AB\overline{C} = AB(C + \overline{C}) + A\overline{B} = AB + A\overline{B} = A(B + \overline{B}) = A$$

答案：A

91. 解 $F = \overline{A + B}$

（F函数与A、B信号为或非关系，可以用口诀“A、B”有 1，“F”则 0 处理）

即如解图所示。

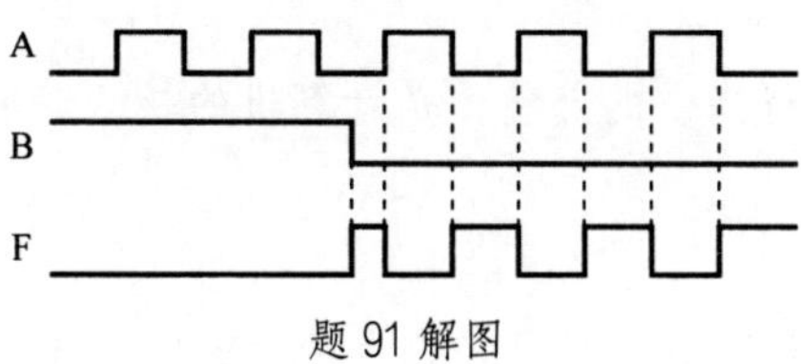

题 91 解图

答案：A

92. 解 从真值表到逻辑表达式的方法：首先在真值表中$F = 1$的项用“或”组合；然后每个$F = 1$的项对应一个输入组合的“与”逻辑，其中输入变量值为 1 的写原变量，取值为 0 的写反变量；最后将输出函数 F“合成”或的逻辑表达式。

根据真值表可以写出逻辑表达式为：$F = \overline{A}BC + \overline{A}B\overline{C}$

答案：B

93. 解 因为二极管 D_2 的阳极电位为 5V，而二极管 D_1 的阳极电位为 1V，可见二极管 D_2 是优先导通的。之后 u_F 电位箝位为 5V，二极管 D_1 可靠截止。i_R 电流通道如解图虚线所示。

$$i_R = \frac{u_B}{R} = \frac{5}{1000} = 5\text{mA}$$

答案： A

题 93 解图

94. 解 图 a）是反向加法运算电路，图 b）是同向加法运算电路，图 c）是减法运算电路。

答案： A

95. 解 当清零信号 $\overline{R}_D=0$ 时，两个触发器同时为零。D触发器在时钟脉冲 cp 的前沿触发，JK 触发器在时钟脉冲 cp 的后沿触发。如解图所示，在 t_1 时刻，$Q_D = 1$，$Q_{JK} = 0$。

答案： B

96. 解 从解图分析可知为四进制计数器（4 个时钟周期完成一次循环）。

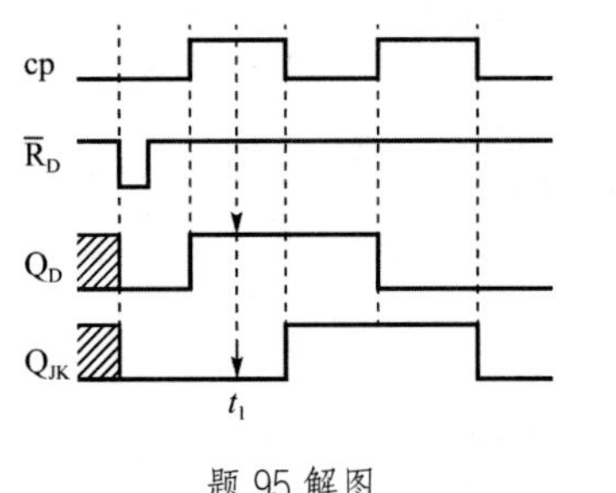

题 95 解图

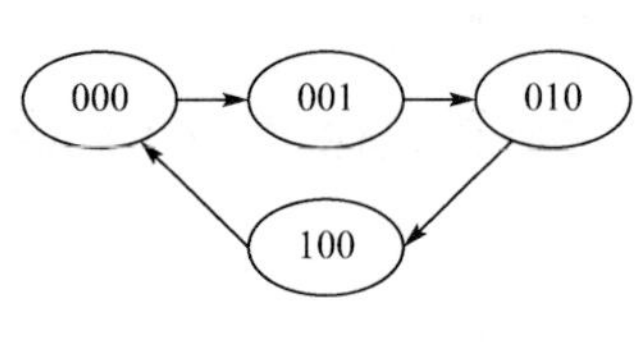

题 96 解图

答案： C

97. 解 CPU 是分析指令和执行指令的部件，是计算机的核心。它主要是由运算器和控制器组成。

答案： A

98. 解 总线就是一组公共信息传输线路，它能为多个部件服务，可分时地发送与接收各部件的信息。总线的工作方式通常是由发送信息的部件分时地将信息发往总线，再由总线将这些信息同时发往各个接收信息的部件。从总线的结构可以看出，所有设备和部件均可通过总线交换信息，因此要用总线将计算机硬件系统中的各个部件连接起来。

答案： A

99. 解 按照操作系统提供的服务，大致可以把操作系统分为以下几类：简单操作系统、分时操作系统、实时操作系统、网络操作系统、分布式操作系统和智能操作系统。简单操作系统的主要功能是操作命令的执行，文件服务，支持高级程序设计语言编译程序和控制外部设备等。分时系统支持位于不同终端的多个用户同时使用一台计算机，彼此独立互不干扰，用户感到好像一台计算机为他所用。实时操作系统的主要特点是资源的分配和调度，首先要考虑实时性，然后才是效率，此外，还应有较强的容错能力。网络操作系统是与网络的硬件相结合来完成网络的通信任务。分布式操作系统能使系统中若干台计算机相互协作完成一个共同的任务，这使得各台计算机组成一个完整的，功能强大的计算机系统。智能操作系统大多数应用在手机上。

答案： A

100. 解 计算机可直接执行的是机器语言编制的程序，它采用二进制编码形式，是由 CPU 可以识别的一组由 0、1 序列构成的指令码。其他三种语言都需要编码、编译器。

答案： C

101. 解 ASCII 码最高位都置成 0，它是“美国信息交换标准代码”的简称，是目前国际上最为流行的字符信息编码方案。在这种编码方案中每个字符用 7 个二进制位表示。对于两个字节的国标码将两个字节的最高位都置成 1，而后由软件或硬件来对字节最高位做出判断，以区分 ASCII 码与国标码。

答案： B

102. 解 GB 是 giga byte 的缩写，其中 G 表示 1024M，B 表示字节，相当于 10 的 9 次方，用二进制表示，则相当于 2 的 30 次方，即$2^{30} \approx 1024 \times 1024\mathrm{K}$。

答案： C

103. 解 国家计算机病毒应急处理中心与计算机病毒防治产品检测中心制定了防治病毒策略：①建立病毒防治的规章制度，严格管理；②建立病毒防治和应急体系；③进行计算机安全教育，提高安全防范意识；④对系统进行风险评估；⑤选择经过公安部认证的病毒防治产品；⑥正确配置使用病毒防治产品；⑦正确配置系统，减少病毒侵害事件；⑧定期检查敏感文件；⑨适时进行安全评估，调整各种病毒防治策略；⑩建立病毒事故分析制度；⑪确保恢复，减少损失。

答案： D

104. 解 操作系统作为一种系统软件，存在着与其他软件明显不同的特征分别是并发性、共享性和随机性。并发性是指在计算机中同时存在有多个程序，从宏观上看，这些程序是同时向前进行操作的。共享性是指操作系统程序与多个用户程序共用系统中的各种资源。随机性是指操作系统的运行是在一个随机的环境中进行的。

答案： A

105. 解 21 世纪是一个以网络为核心技术的信息化时代，其典型特征就是数字化、网络化和信息化。构成信息化社会的主要技术支柱有三个，那就是计算机技术、通信技术和网络技术。

答案： A

106. 解 防火墙技术是建立在现代通信网络技术和信息安全技术基础上的应用型安全技术，可控制和监测网络之间的数据，管理进出网络的访问行为，封堵某些禁止行为，记录通过防火墙的信息内容和活动以及对网络攻击进行监测和报警。

答案：B

107. 解 根据题意，按半年复利计息，则一年计息周期数$m=2$，年实际利率i =8.6%，由名义利率r求年实际利率i的公式为：

$$i=\left(1+\frac{r}{m}\right)^{m}-1$$

则$8.6\%=\left(1+\frac{r}{2}\right)^{2}-1$，解得名义利率$r=8.42\%$。

答案：D

108. 解 根据建设项目经济评价方法的有关规定，在建设项目财务评价中，对于先征后返的增值税、按销量或工作量等依据国家规定的补助定额计算并按期给予的定额补贴，以及属于财政扶持而给予的其他形式的补贴等，应按相关规定合理估算，记作补贴收入。

答案：A

109. 解 建设项目按融资的性质分为权益融资和债务融资，权益融资形成项目的资本金，债务融资形成项目的债务资金。资本金的筹集方式包括股东投资、发行股票、政府投资等，债务资金的筹集方式包括各种贷款和债券、出口信贷、融资租赁等。

答案：B

110. 解 偿债备付率$=\frac{\text{用于计算还本付息的资金}}{\text{应还本付息金额}}$

式中，用于计算还本付息的资金=息税前利润+折旧和摊销−所得税

本题的偿债备付率为：偿债备付率$=\frac{200+30-20}{100}$ =2.1 万元

答案：C

111. 解 融资前项目投资的现金流量包括现金流入和现金流出，其中现金流入包括营业收入、补贴收入、回收固定资产余值、回收流动资金等，现金流出包括建设投资、流动资金、经营成本和税金等。资产处置分配属于投资各方现金流量中的项目，借款本金偿还和借款利息偿还属于资本金现金流量分析中现金流量的项目。

答案：B

112. 解 以产量表示的盈亏平衡产量为：

$$\text{BEP}_{\text{产量}}=\frac{\text{年固定总成本}}{\text{单位产品销售价格}-\text{单位产品可变成本}-\text{单位产品销售税金及附加}-\text{单位产品增值税}}$$

$$=\frac{1000}{1000-800}=5\ \text{万 t}$$

以生产能力利用率表示的盈亏平衡点为：

$$BEP_{\text{生产能力利用率}} = \frac{\text{盈亏平衡产量}}{\text{设计生产能力}} = \frac{5}{6} \times 100\% = 83.3\%$$

答案：D

113. 解 两项目的差额现金流量：

差额投资$_{\text{乙-甲}} = 1000 - 500 = 500$万元，差额年收益$_{\text{乙-甲}} = 250 - 140 = 110$万元

所以两项目的差额净现值为：

差额净现值$_{\text{乙-甲}} = -500 + 110(P/A, 10\%, 10) = -500 + 110 \times 6.1446 = 175.9$万元

答案：A

114. 解 根据价值工程原理，价值= 功能/成本，该项目提高价值的途径是功能不变，成本降低。

答案：A

115. 解 2011 年修订的《中华人民共和国建筑法》第八条规定：

申请领取施工许可证，应当具备下列条件：

（一）已经办理该建筑工程用地批准手续；

（二）在城市规划区的建筑工程，已经取得规划许可证；

（三）需要拆迁的，其拆迁进度符合施工要求；

（四）已经确定建筑施工企业；

（五）有满足施工需要的施工图纸及技术资料；

（六）有保证工程质量和安全的具体措施；

（七）建设资金已经落实；

（八）法律、行政法规规定的其他条件。

所以选项 A、B 都是对的。

另外，按照 2014 年执行的《建筑工程施工许可管理办法》第（八）条的规定：建设资金已经落实。建设工期不足一年的，到位资金原则上不得少于工程合同价的 50%，建设工期超过一年的，到位资金原则上不得少于工程合同价的 30%。按照上条规定，选项 C 也是对的。

只有选项 D 与《建筑工程施工许可管理办法》第（五）条文字表述不太一致，原条文（五）有满足施工需要的技术资料，施工图设计文件已按规定审查合格。选项 D 中没有说明施工图审查合格的论述，所以只能选 D。

但是，提醒考生注意：

2019 年 4 月 23 日十三届人大常务委员会第十次会议上对原《中华人民共和国建筑法》第八条做了较大修改，修改后的条文是：

第八条 申请领取施工许可证，应当具备下列条件：

（一）已经办理该建筑工程用地批准手续；

（二）依法应当办理建设工程规划许可证的，已经取得规划许可证；

（三）需要拆迁的，其拆迁进度符合施工要求；

（四）已经确定建筑施工企业；

（五）有满足施工需要的资金安排、施工图纸及技术资料；

（六）有保证工程质量和安全的具体措施。

据此《建筑工程施工许可管理办法》也已做了相应修改。

答案：D

116.解 《中华人民共和国安全生产法》第二十一条规定，生产经营单位的主要负责人对本单位安全生产工作负有下列职责：

（一）建立健全并落实本单位全员安全生产责任制，加强安全生产标准化建设；

（二）组织制定并实施本单位安全生产规章制度和操作规程；

（三）组织制定并实施本单位安全生产教育和培训计划；

（四）保证本单位安全生产投入的有效实施；

（五）组织建立并落实安全风险分级管控和隐患排查治理双重预防工作机制，督促、检查本单位的安全生产工作，及时消除生产安全事故隐患；

（六）组织制定并实施本单位的生产安全事故应急救援预案；

（七）及时、如实报告生产安全事故。

答案：C

117.解 《中华人民共和国招标投标法》第三条规定：

在中华人民共和国境内进行下列工程建设项目包括项目的勘察、设计、施工、监理以及与工程建设有关的重要设备、材料等的采购，必须进行招标：

（一）大型基础设施、公用事业等关系社会公共利益、公众安全的项目；

（二）全部或者部分使用国有资金投资或者国家融资的项目；

（三）使用国际组织或者外国政府贷款、援助资金的项目。

选项D不在上述法律条文必须进行招标的规定中。

答案：D

118.解 《中华人民共和国民法典》第四百七十二条规定：

要约是希望和他人订立合同的意思表示，该意思表示应当符合下列规定：

（一）内容具体确定；

（二）表明经受要约人承诺，要约人即受该意思表示约束。

选项 C 不符合上述条文规定。

答案： C

119. 解 《中华人民共和国行政许可法》（2019 年修订）第三十二条规定，行政机关对申请人提出的行政许可申请，应当根据下列情况分别作出处理：

（一）申请事项依法不需要取得行政许可的，应当即时告知申请人不受理；

（二）申请事项依法不属于本行政机关职权范围的，应当即时作出不予受理的决定，并告知申请人向有关行政机关申请；

（三）申请材料存在可以当场更正的错误的，应当允许申请人当场更正；

（四）申请材料不齐全或者不符合法定形式的，应当当场或者在五日内一次告知申请人需要补正的全部内容，逾期不告知的，自收到申请材料之日起即为受理；

（五）申请事项属于本行政机关职权范围，申请材料齐全、符合法定形式，或者申请人按照本行政机关的要求提交全部补正申请材料的，应当受理行政许可申请。

行政机关受理或者不予受理行政许可申请，应当出具加盖本行政机关专用印章和注明日期的书面凭证。

选项 A 和 B 都与法规条文不符，两条内容是互相抄错了。

选项 C 明显不符合规定，正确的做法是当场改正。

选项 D 正确。

答案： D

120. 解 《工程质量管理条例》第九条规定，建设单位必须向有关的勘察、设计、施工、工程监理等单位提供与建设工程有关的原始资料。原始资料必须真实、准确、齐全。

所以选项 D 正确。

选项 C 明显错误。

选项 B 也不对，工程质量监督手续应当在领取施工许可证之前办理。

选项 A 的说法不符合原文第十条：建设工程发包单位不得迫使承包方以低于成本的价格竞标。“低价”和“低于成本价”有本质上的不同。

答案： D

2020年度全国勘察设计注册工程师

执业资格考试试卷

基础考试

（上）

二〇二〇年十月

应考人员注意事项

1. 本试卷科目代码为“1”，考生务必将此代码填涂在答题卡“科目代码”相应的栏目内，否则，无法评分。
2. 书写用笔：**黑色或蓝色钢笔、签字笔或圆珠笔**；
   填涂答题卡用笔：**黑色 2B 铅笔**。
3. 必须用书写用笔将工作单位、姓名、准考证号填写在答题卡和试卷相应的栏目内。
4. 本试卷由 120 题组成，每题 1 分，满分 120 分，本试卷全部为单项选择题，每小题的四个备选项中只有一个正确答案，错选、多选、不选均不得分。
5. 考生作答时，必须按**题号在答题卡上**将相应试题所选选项对应的**字母用 2B 铅笔涂黑**。
6. 在答题卡上书写与题意无关的语言，或在答题卡上作标记的，均按违纪试卷处理。
7. 考试结束时，由监考人员当面将试卷、答题卡一并收回。
8. 草稿纸由各地统一配发，考后收回。

单项选择题（共 120 题，每题 1 分。每题的备选项中只有一个最符合题意。）

1. 当$x \to +\infty$时，下列函数为无穷大量的是：

A. $\frac{1}{2+x}$

B. $x\cos x$

C. $e^{3x}-1$

D. $1-\arctan x$

2. 设函数$y=f(x)$满足$\lim\limits_{x \to x_0} f'(x)=\infty$，且曲线$y=f(x)$在$x=x_0$处有切线，则此切线：

A. 与ox轴平行

B. 与oy轴平行

C. 与直线$y=-x$平行

D. 与直线$y=x$平行

3. 设可微函数$y=y(x)$由方程$\sin y+e^x-xy^2=0$所确定，则微分$\mathrm{d}y$等于：

A. $\frac{-y^2+e^x}{\cos y-2xy}\mathrm{d}x$

B. $\frac{y^2+e^x}{\cos y-2xy}\mathrm{d}x$

C. $\frac{y^2+e^x}{\cos y+2xy}\mathrm{d}x$

D. $\frac{y^2-e^x}{\cos y-2xy}\mathrm{d}x$

4. 设$f(x)$的二阶导数存在，$y=f(e^x)$，则$\frac{\mathrm{d}^2y}{\mathrm{d}x^2}$等于：

A. $f''(e^x)e^x$

B. $[f''(e^x)+f'(e^x)]e^x$

C. $f''(e^x)e^{2x}+f'(e^x)e^x$

D. $f''(e^x)e^x+f'(e^x)e^{2x}$

5. 下列函数在区间$[-1,1]$上满足罗尔定理条件的是：

A. $f(x)=\sqrt[3]{x^2}$

B. $f(x)=\sin x^2$

C. $f(x)=|x|$

D. $f(x)=\frac{1}{x}$

6. 曲线$f(x)=x^4+4x^3+x+1$在区间$(-\infty,+\infty)$上的拐点个数是：

A. 0

B. 1

C. 2

D. 3

7. 已知函数$f(x)$的一个原函数是$1+\sin x$，则不定积分$\int xf'(x)\mathrm{d}x$等于：

A. $(1+\sin x)(x-1)+C$

B. $x\cos x-(1+\sin x)+C$

C. $-x\cos x+(1+\sin x)+C$

D. $1+\sin x+C$

8. 由曲线$y=x^3$，直线$x=1$和ox轴所围成的平面图形绕ox轴旋转一周所形成的旋转的体积是：

A. $\frac{\pi}{7}$　　B. 7π

C. $\frac{\pi}{6}$　　D. 6π

9. 设向量$\boldsymbol{\alpha}=(5,1,8)$，$\boldsymbol{\beta}=(3,2,7)$，若$\lambda\boldsymbol{\alpha}+\boldsymbol{\beta}$与$oz$轴垂直，则常数$\lambda$等于：

A. $\frac{7}{8}$　　B. $-\frac{7}{8}$

C. $\frac{8}{7}$　　D. $-\frac{8}{7}$

10. 过点$M_1(0,-1,2)$和$M_2(1,0,1)$且平行于z轴的平面方程是：

A. $x-y=0$　　B. $\frac{x}{1}=\frac{y+1}{-1}=\frac{z-2}{0}$

C. $x+y-1=0$　　D. $x-y-1=0$

11. 过点(1,2)且切线斜率为$2x$的曲线$y=f(x)$应满足的关系式是：

A. $y'=2x$　　B. $y''=2x$

C. $y'=2x$，$y(1)=2$　　D. $y''=2x$，$y(1)=2$

12. 设D是由直线$y=x$和圆$x^2+(y-1)^2=1$所围成且在直线$y=x$下方的平面区域，则二重积分$\iint\limits_{D} x\mathrm{d}x\mathrm{d}y$等于：

A. $\int_0^{\frac{\pi}{2}}\cos\theta\mathrm{d}\theta\int_0^{2\cos\theta}\rho^2\mathrm{d}\rho$　　B. $\int_0^{\frac{\pi}{2}}\sin\theta\mathrm{d}\theta\int_0^{2\sin\theta}\rho^2\mathrm{d}\rho$

C. $\int_0^{\frac{\pi}{4}}\sin\theta\mathrm{d}\theta\int_0^{2\sin\theta}\rho^2\mathrm{d}\rho$　　D. $\int_0^{\frac{\pi}{4}}\cos\theta\mathrm{d}\theta\int_0^{2\sin\theta}\rho^2\mathrm{d}\rho$

13. 已知y_0是微分方程$y''+py'+qy=0$的解，y_1是微分方程$y''+py'+qy=f(x)[f(x)\neq 0]$的解，则下列函数中的微分方程$y''+py'+qy=f(x)$的解是：

A. $y=y_0+C_1y_1$（C_1是任意常数）

B. $y=C_1y_1+C_2y_0$（C_1、C_2是任意常数）

C. $y=y_0+y_1$

D. $y=2y_1+3y_0$

14. 设$z=\frac{1}{x}e^{xy}$，则全微分$dz\big|_{(1,-1)}$等于：

A. $e^{-1}(dx+dy)$　　B. $e^{-1}(-2dx+dy)$

C. $e^{-1}(dx-dy)$　　D. $e^{-1}(dx+2dy)$

15. 设L为从原点$O(0,0)$到点$A(1,2)$的有向直线段，则对坐标的曲线积分$\int_L -ydx+xdy$等于：

A. 0　　B. 1

C. 2　　D. 3

16. 下列级数发散的是：

A. $\sum\limits_{n=1}^{\infty}\frac{n^2}{3n^4+1}$　　B. $\sum\limits_{n=1}^{\infty}\frac{1}{\sqrt[3]{n(n-1)}}$

C. $\sum\limits_{n=1}^{\infty}\frac{(-1)^n}{\sqrt{n}}$　　D. $\sum\limits_{n=1}^{\infty}\frac{5}{3^n}$

17. 设函数$z=f^2(xy)$，其中$f(u)$具有二阶导数，则$\frac{\partial^2 z}{\partial x^2}$等于：

A. $2y^3f'(xy)f''(xy)$

B. $2y^2[f'(xy)+f''(xy)]$

C. $2y\{[f'(xy)]^2+f''(xy)\}$

D. $2y^2\{[f'(xy)]^2+f(xy)f''(xy)\}$

18. 若幂级数$\sum\limits_{n=1}^{\infty}a_n(x+2)^n$在$x=0$处收敛，在$x=-4$处发散，则幂级数$\sum\limits_{n=1}^{\infty}a_n(x-1)^n$的收敛域是：

A. $(-1,3)$　　B. $[-1,3)$

C. $(-1,3]$　　D. $[-1,3]$

19. 设$\boldsymbol{A}$为n阶方阵，$\boldsymbol{B}$是只对调$\boldsymbol{A}$的一、二列所得的矩阵，若$|\boldsymbol{A}|\neq|\boldsymbol{B}|$，则下面结论中一定成立的是：

A. $|\boldsymbol{A}|$可能为 0　　B. $|\boldsymbol{A}|\neq 0$

C. $|\boldsymbol{A}+\boldsymbol{B}|\neq \boldsymbol{0}$　　D. $|\boldsymbol{A}-\boldsymbol{B}|\neq \boldsymbol{0}$

20. 设$\boldsymbol{A}=\begin{bmatrix}1 & x & 1\\ x & 1 & y\\ 1 & y & 1\end{bmatrix}$，$\boldsymbol{B}=\begin{bmatrix}0 & 0 & 0\\ 0 & 1 & 0\\ 0 & 0 & 2\end{bmatrix}$，且$\boldsymbol{A}$与$\boldsymbol{B}$相似，则下列结论中成立的是：

A. $x=y=0$　　B. $x=0$，$y=1$

C. $x=1$，$y=0$　　D. $x=y=1$

21. 若向量组$\boldsymbol{\alpha}_1=(a,1,1)^{\mathrm{T}}$，$\boldsymbol{\alpha}_2=(1,a,-1)^{\mathrm{T}}$，$\boldsymbol{\alpha}_3=(1,-1,a)^{\mathrm{T}}$线性相关，则$a$的取值为：

A. $a=1$或$a=-2$　　B. $a=-1$或$a=2$

C. $a>2$　　D. $a>-1$

22. 设A、B是两事件，$P(A)=\frac{1}{4}$，$P(B|\mathrm{A})=\frac{1}{3}$，$P(A|\mathrm{B})=\frac{1}{2}$，则$P(A\cup B)$等于：

A. $\frac{3}{4}$　　B. $\frac{3}{5}$

C. $\frac{1}{2}$　　D. $\frac{1}{3}$

23. 设随机变量X与Y相互独立，方差$D(X)=1$，$D(Y)=3$，则方差$D(2X-Y)$等于：

A. 7　　B. -1

C. 1　　D. 4

24. 设随机变量X与Y相互独立，且$X\sim N(\mu_1,\sigma_1^2)$，$Y\sim N(\mu_2,\sigma_2^2)$，则$Z=X+Y$服从的分布是：

A. $N(\mu_1,\sigma_1^2+\sigma_2^2)$　　B. $N(\mu_1+\mu_2,\sigma_1\sigma_2)$

C. $N(\mu_1+\mu_2,\sigma_1^2\sigma_2^2)$　　D. $N(\mu_1+\mu_2,\sigma_1^2+\sigma_2^2)$

25. 某理想气体分子在温度T_1时的方均根速率等于温度T_2时的最概然速率，则两温度之比$\frac{T_2}{T_1}$等于：

A. $\frac{3}{2}$　　B. $\frac{2}{3}$

C. $\sqrt{\frac{3}{2}}$　　D. $\sqrt{\frac{2}{3}}$

26. 一定量的理想气体经等压膨胀后，气体的：

A. 温度下降，做正功　　B. 温度下降，做负功

C. 温度升高，做正功　　D. 温度升高，做负功

27. 一定量的理想气体从初态经一热力学过程达到末态，如初、末态均处于同一温度线上，则此过程中的内能变化 ΔE 和气体做功 W 为：

A. $\Delta E = 0$，W 可正可负　　B. $\Delta E = 0$，W 一定为正

C. $\Delta E = 0$，W 一定为负　　D. $\Delta E > 0$，W 一定为正

28. 具有相同温度的氧气和氢气的分子平均速率之比 $\frac{\bar{v}_{O_2}}{\bar{v}_{H_2}}$ 为：

A. 1　　B. $\frac{1}{2}$

C. $\frac{1}{3}$　　D. $\frac{1}{4}$

29. 一卡诺热机，低温热源的温度为 27℃，热机效率为 40%，其高温热源温度为：

A. 500K　　B. 45℃

C. 400K　　D. 500℃

30. 一平面简谐波，波动方程为 $y = 0.02\sin(\pi t + x)$ (SI)，波动方程的余弦形式为：

A. $y = 0.02\cos\left(\pi t + x + \frac{\pi}{2}\right)$ (SI)

B. $y = 0.02\cos\left(\pi t + x - \frac{\pi}{2}\right)$ (SI)

C. $y = 0.02\cos(\pi t + x + \pi)$ (SI)

D. $y = 0.02\cos\left(\pi t + x \div \frac{\pi}{4}\right)$ (SI)

31. 一简谐波的频率 $\nu = 2000\text{Hz}$，波长 $\lambda = 0.20\text{m}$，则该波的周期和波速为：

A. $\frac{1}{2000}$s，400m/s　　B. $\frac{1}{2000}$s，40m/s

C. 2000s，400m/s　　D. $\frac{1}{2000}$s，20m/s

32. 两列相干波，其表达式分别为 $y_1 = 2A\cos 2\pi\left(\nu t - \frac{x}{2}\right)$ 和 $y_2 = A\cos 2\pi\left(\nu t + \frac{x}{2}\right)$，在叠加后形成的合成波中，波中质元的振幅范围是：

A. $A \sim 0$　　B. $3A \sim 0$

C. $3A \sim -A$　　D. $3A \sim A$

33. 图示为一平面简谐机械波在t时刻的波形曲线，若此时A点处媒质质元的弹性势能在减小，则：

A. A点处质元的振动动能在减小

B. A点处质元的振动动能在增加

C. B点处质元的振动动能在增加

D. B点处质元在正向平衡位置处运动

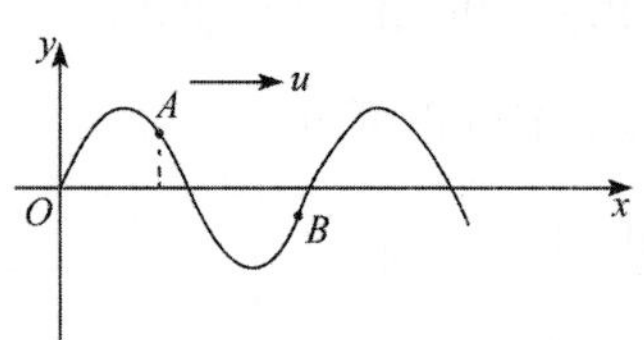

34. 在双缝干涉实验中，设缝是水平的，若双缝所在的平板稍微向上平移，其他条件不变，则屏上的干涉条纹：

A. 向下平移，且间距不变　　B. 向上平移，且间距不变

C. 不移动，但间距改变　　D. 向上平移，且间距改变

35. 在空气中有一肥皂膜，厚度为0.32μm（$1\mu m = 10^{-6}m$），折射率$n = 1.33$，若用白光垂直照射，通过反射，此膜呈现的颜色大体是：

A. 紫光（430nm）　　B. 蓝光（470nm）

C. 绿光（566nm）　　D. 红光（730nm）

36. 三个偏振片 P_1、P_2与 P_3堆叠在一起，P_1和 P_3的偏振化方向相互垂直，P_2和 P_1的偏振化方向间的夹角为 30°，强度为I_0的自然光垂直入射于偏振片 P_1，并依次通过偏振片 P_1、P_2与 P_3，则通过三个偏振片后的光强为：

A. $I = I_0/4$　　B. $I = I_0/8$

C. $I = 3I_0/32$　　D. $I = 3I_0/8$

37. 主量子数$n = 3$的原子轨道最多可容纳的电子总数是：

A. 10　　B. 8　　C. 18　　D. 32

38. 下列物质中，同种分子间不存在氢键的是：

A. HI　　B. HF

C. NH_3　　D. C_2H_5OH

39. 已知铁的相对原子质量是 56，测得 100mL 某溶液中含有 112mg 铁，则溶液中铁的浓度为：

A. $2mol \cdot L^{-1}$　　B. $0.2mol \cdot L^{-1}$

C. $0.02mol \cdot L^{-1}$　　D. $0.002mol \cdot L^{-1}$

40. 已知$K^{\ominus}(HOAc)=1.8\times10^{-5}$，$0.1mol\cdot L^{-1}NaOAc$溶液的pH值为：

A. 2.87　　B. 11.13

C. 5.13　　D. 8.88

41. 在298K，100kPa下，反应$2H_2(g)+O_2(g) = 2H_2O(l)$的$\Delta_r H_m^{\ominus}=-572kJ\cdot mol^{-1}$，则$H_2O(l)$的$\Delta_f H_m^{\ominus}$是：

A. $572kJ\cdot mol^{-1}$　　B. $-572kJ\cdot mol^{-1}$

C. $286kJ\cdot mol^{-1}$　　D. $-286kJ\cdot mol^{-1}$

42. 已知298K时，反应$N_2O_4(g) \rightleftharpoons 2NO_2(g)$的$K^{\ominus}=0.1132$，在298K时，如$p(N_2O_4)=p(NO_2)=100kPa$，则上述反应进行的方向是：

A. 反应向正向进行　　B. 反应向逆向进行

C. 反应达平衡状态　　D. 无法判断

43. 有原电池$(-)Zn \mid ZnSO_4(C_1) \parallel CuSO_4(C_2) \mid Cu(+)$，如提高$ZnSO_4$浓度$C_1$的数值，则原电池电动势：

A. 变大　　B. 变小

C. 不变　　D. 无法判断

44. 结构简式为$(CH_3)_2CHCH(CH_3)CH_2CH_3$的有机物的正确命名是：

A. 2-甲基-3-乙基戊烷　　B. 2，3-二甲基戊烷

C. 3，4-二甲基戊烷　　D. 1，2-二甲基戊烷

45. 化合物对羟基苯甲酸乙酯，其结构式为 HO—⟨苯环⟩—$COOC_2H_5$，它是一种常用的化妆品防霉剂。

下列叙述正确的是：

A. 它属于醇类化合物

B. 它既属于醇类化合物，又属于酯类化合物

C. 它属于醚类化合物

D. 它属于酚类化合物，同时还属于酯类化合物

46. 某高聚物分子的一部分为：$-CH_2-\underset{|\atop COOCH_3}{CH}-CH_2-\underset{|\atop COOCH_3}{CH}-CH_2-\underset{|\atop COOCH_3}{CH}-$ 在下列叙述中，正确的是：

A. 它是缩聚反应的产物

B. 它的链节为 $-\overset{CH_3}{\underset{H}{C}}-\overset{H}{\underset{COOCH_3}{C}}$

C. 它的单体为 $CH_2=CHCOOCH_3$ 和 $CH_2=CH_2$

D. 它的单体为 $CH_2=CHCOOCH_3$

47. 结构如图所示，杆DE的点H由水平绳拉住，其上的销钉C置于杆AB的光滑直槽中，各杆自重均不计。则销钉C处约束力的作用线与x轴正向所成的夹角为：

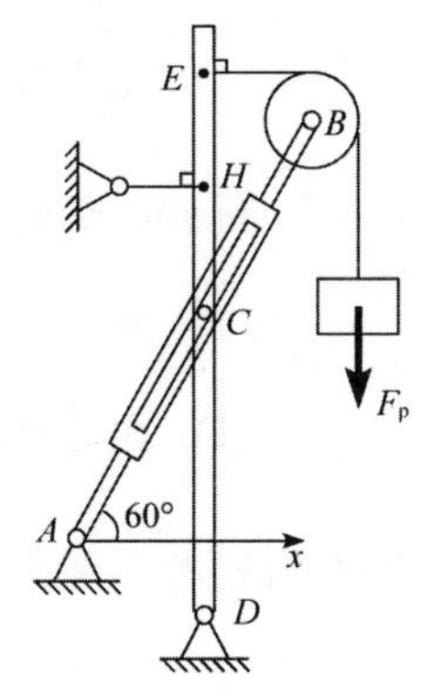

A. 0°　　B. 90°　　C. 60°　　D. 150°

48. 直角构件受力$F=150$N，力偶$M=\frac{1}{2}Fa$作用，如图所示，$a=50$cm，$\theta=30°$，则该力系对B点的合力矩为：

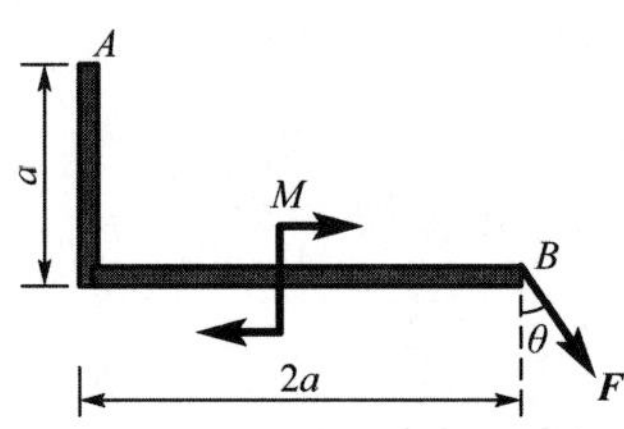

A. $M_B=3750\text{N}\cdot\text{cm}$（顺时针）　　B. $M_B=3750\text{N}\cdot\text{cm}$（逆时针）

C. $M_B=12990\text{N}\cdot\text{cm}$（逆时针）　　D. $M_B=12990\text{N}\cdot\text{cm}$（顺时针）

49. 图示多跨梁由AC和CD铰接而成，自重不计。已知$q=10\text{kN/m}$，$M=40\text{kN}\cdot\text{m}$，$F=2\text{kN}$作用在$AB$中点，且$\theta=45°$，$L=2\text{m}$。则支座$D$的约束力为：

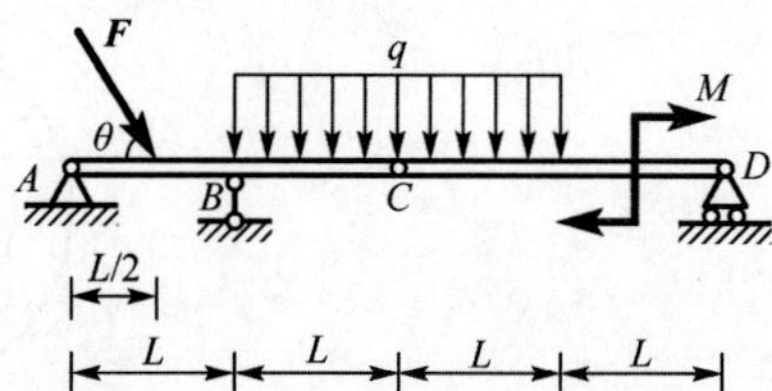

A. $F_\text{D}=10\text{kN}$（铅垂向上）

B. $F_\text{D}=15\text{kN}$（铅垂向上）

C. $F_\text{D}=40.7\text{kN}$（铅垂向上）

D. $F_\text{D}=14.3\text{ kN}$（铅垂向下）

50. 图示物块重力$F_\text{p}=100\text{N}$处于静止状态，接触面处的摩擦角$\varphi_\text{m}=45°$，在水平力$F=100\text{N}$的作用下，物块将：

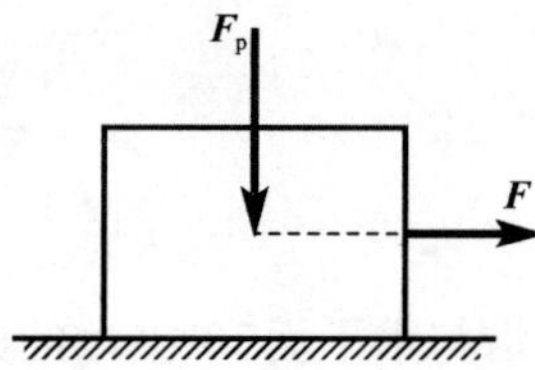

A. 向右加速滑动

B. 向右减速滑动

C. 向左加速滑动

D. 处于临界平衡状态

51. 已知动点的运动方程为$x=t^2$，$y=2t^4$，则其轨迹方程为：

A. $x=t^2-t$

B. $y=2t$

C. $y-2x^2=0$

D. $y+2x^2=0$

52. 一炮弹以初速度v_0和仰角α射出。对于图示直角坐标的运动方程为$x=v_0\cos\alpha t$，$y=v_0\sin\alpha t-\frac{1}{2}gt^2$，则当$t=0$时，炮弹的速度大小为：

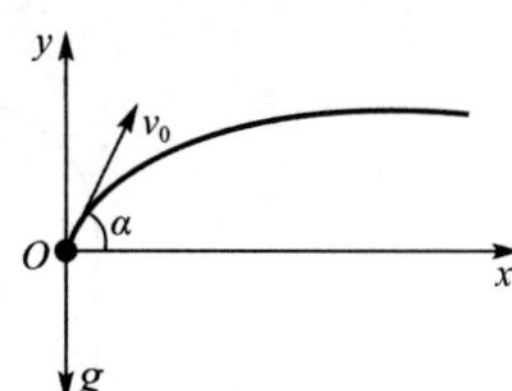

A. $v_0\cos\alpha$

B. $v_0\sin\alpha$

C. v_0

D. 0

53. 滑轮半径$\boldsymbol{r}=50\text{mm}$，安装在发动机上旋转，其皮带的运动速度为$20\text{m/s}$，加速度为$6\text{m/s}^2$。扇叶半径$\boldsymbol{R}=75\text{mm}$，如图所示。则扇叶最高点$B$的速度和切向加速度分别为：

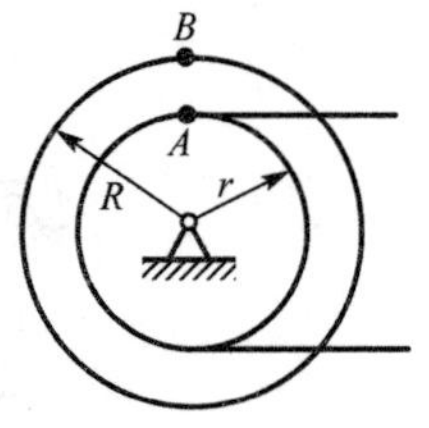

A. 30m/s，9m/s^2

B. 60m/s，9m/s^2

C. 30m/s，6m/s^2

D. 60m/s，18m/s^2

54. 质量为m的小球，放在倾角为α的光滑面上，并用平行于斜面的软绳将小球固定在图示位置，如斜面与小球均以加速度$\boldsymbol{a}$向左运动，则小球受到斜面的约束力N应为：

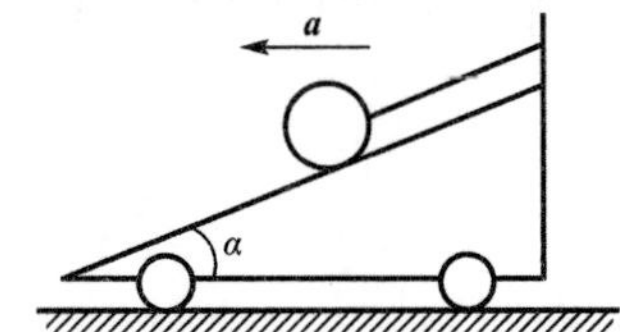

A. $N=mg\cos\alpha-ma\sin\alpha$

B. $N=mg\cos\alpha+ma\sin\alpha$

C. $N=mg\cos\alpha$

D. $N=ma\sin\alpha$

55. 图示质量$m=5\text{kg}$的物体受力拉动，沿与水平面$30°$夹角的光滑斜平面上移动 6m，其拉动物体的力为 70N，且与斜面平行，则所有力做功之和是：

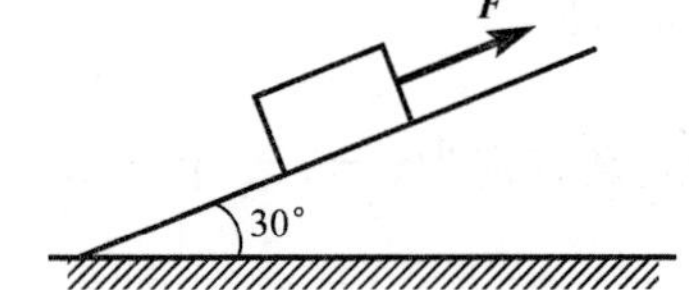

A. $420\text{N}\cdot\text{m}$

B. $-147\text{N}\cdot\text{m}$

C. $273\text{N}\cdot\text{m}$

D. $567\text{N}\cdot\text{m}$

56. 在两个半径及质量均相同的均质滑轮A及B上，各绕以不计质量的绳，如图所示。轮B绳末端挂一重力为$\boldsymbol{P}$的重物，轮A绳末端作用一铅垂向下的力为$\boldsymbol{P}$，则此两轮绕以不计质量的绳中拉力大小的关系为：

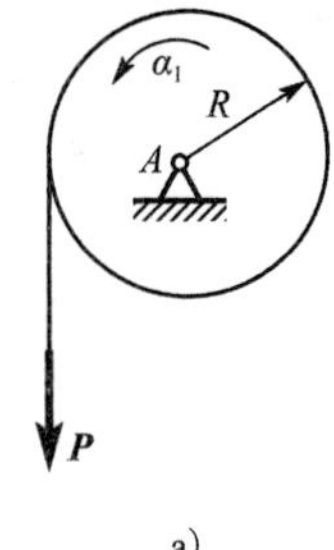

a)

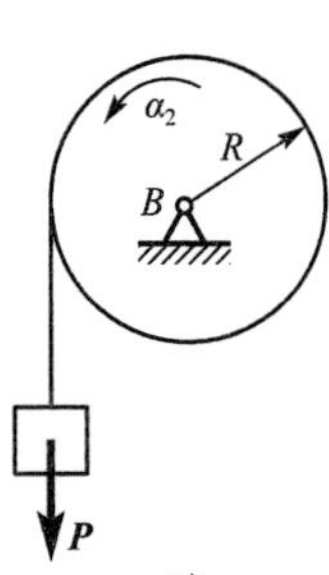

b)

A. $F_A<F_B$

B. $F_A>F_B$

C. $F_A=F_B$

D. 无法判断

57. 物块A的质量为 8kg，静止放在无摩擦的水平面上。另一质量为 4kg 的物块B被绳系住，如图所示，滑轮无摩擦。若物块A的加速度$a = 3.3\text{m/s}^2$，则物块B的惯性力是：

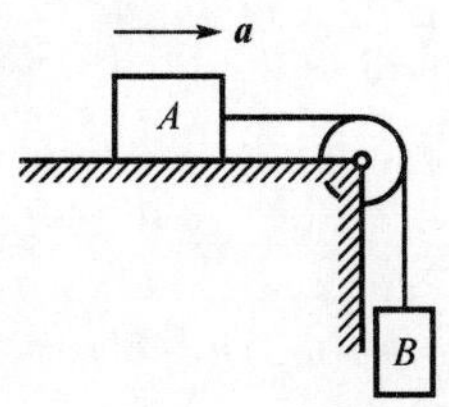

A. 13.2N（铅垂向上）

B. 13.2N（铅垂向下）

C. 26.4N（铅垂向上）

D. 26.4N（铅垂向下）

58. 如图所示系统中，$k_1 = 2 \times 10^5\text{N/m}$，$k_2 = 1 \times 10^5\text{N/m}$。激振力$F = 200\sin 50t$，当系统发生共振时，质量$m$是：

A. 80kg

B. 40kg

C. 120kg

D. 100kg

59. 在低碳钢拉伸试验中，冷作硬化现象发生在：

A. 弹性阶段

B. 屈服阶段

C. 强化阶段

D. 局部变形阶段

60. 图示等截面直杆，拉压刚度为EA，杆的总伸长量为：

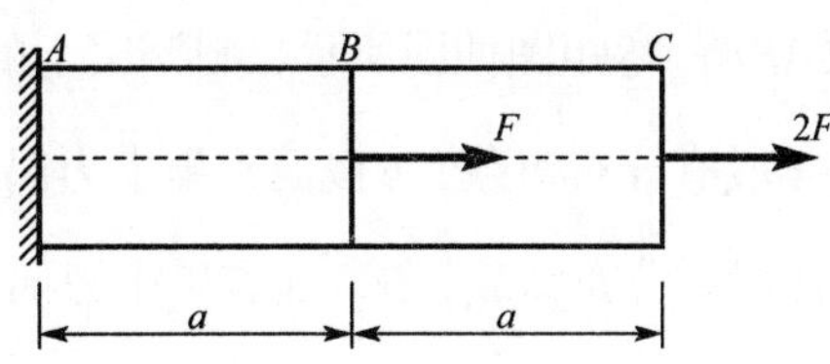

A. $\frac{2Fa}{EA}$

B. $\frac{3Fa}{EA}$

C. $\frac{4Fa}{EA}$

D. $\frac{5Fa}{EA}$

61. 如图所示，钢板用钢轴连接在铰支座上，下端受轴向拉力F，已知钢板和钢轴的许用挤压应力均为$[\sigma_{bs}]$，则钢轴的合理直径d是：

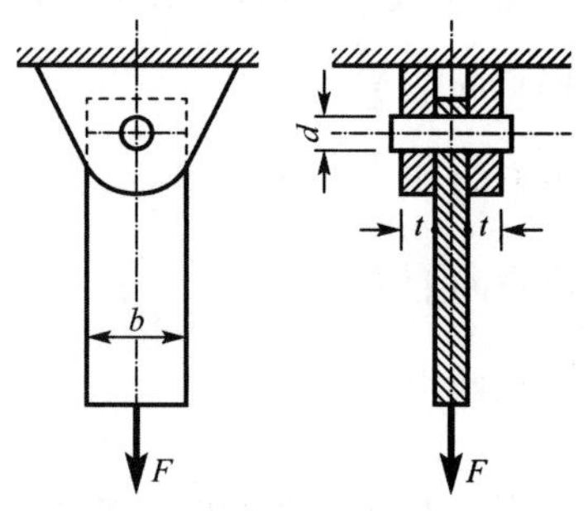

A. $d \geqslant \frac{F}{t[\sigma_{bs}]}$

B. $d \geqslant \frac{F}{b[\sigma_{bs}]}$

C. $d \geqslant \frac{F}{2t[\sigma_{bs}]}$

D. $d \geqslant \frac{F}{2b[\sigma_{bs}]}$

62. 如图所示，空心圆轴的外径为D，内径为d，其极惯性矩I_p是：

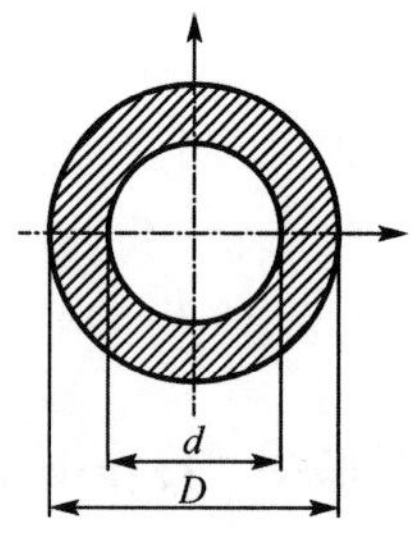

A. $I_p = \frac{\pi}{16}(D^3 - d^3)$

B. $I_p = \frac{\pi}{32}(D^3 - d^3)$

C. $I_p = \frac{\pi}{16}(D^4 - d^4)$

D. $I_p = \frac{\pi}{32}(D^4 - d^4)$

63. 在平面图形的几何性质中，数值可正、可负、也可为零的是：

A. 静矩和惯性矩

B. 静矩和惯性积

C. 极惯性矩和惯性矩

D. 惯性矩和惯性积

64. 若梁ABC的弯矩图如图所示，则该梁上的荷载为：

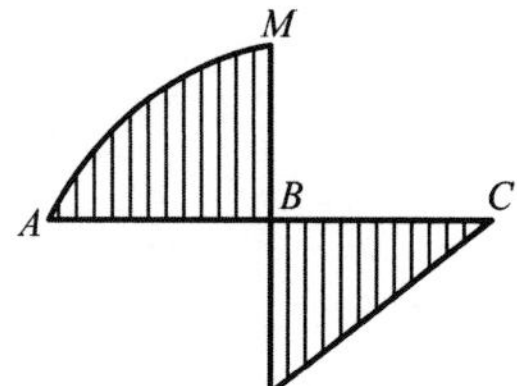

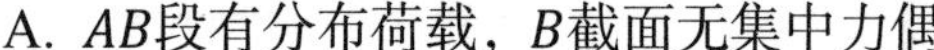

A. AB段有分布荷载，B截面无集中力偶

B. AB段有分布荷载，B截面有集中力偶

C. AB段无分布荷载，B截面无集中力偶

D. AB段无分布荷载，B截面有集中力偶

65. 承受竖直向下荷载的等截面悬臂梁，结构分别采用整块材料、两块材料并列、三块材料并列和两块材料叠合（未黏结）四种方案，对应横截面如图所示。在这四种横截面中，发生最大弯曲正应力的截面是：

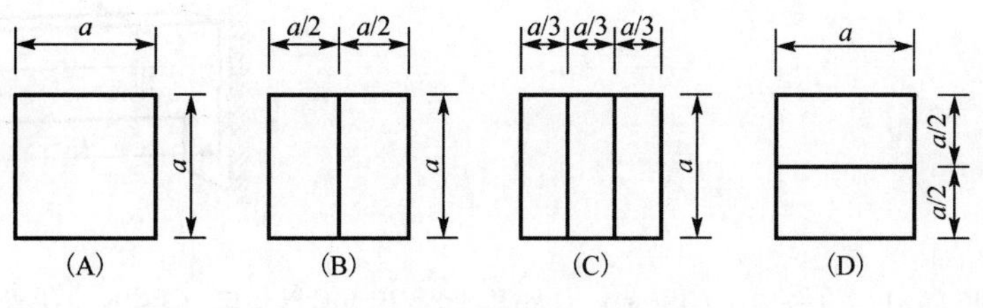

A. 图 A　　B. 图 B　　C. 图 C　　D. 图 D

66. 图示ACB用积分法求变形时，确定积分常数的条件是：（式中V为梁的挠度，θ为梁横截面的转角，ΔL为杆DB的伸长变形）

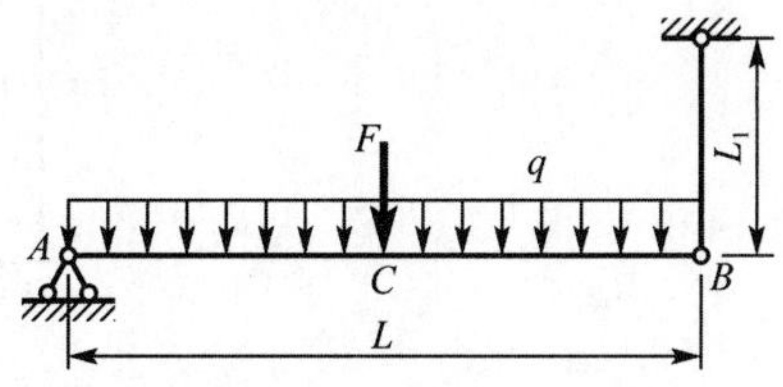

A. $V_{\mathrm{A}}=0$，$V_{\mathrm{B}}=0$，$V_{\mathrm{C}左}=V_{\mathrm{C}右}$，$\theta_{\mathrm{C}}=0$

B. $V_{\mathrm{A}}=0$，$V_{\mathrm{B}}=\Delta L$，$V_{\mathrm{C}左}=V_{\mathrm{C}右}$，$\theta_{\mathrm{C}}=0$

C. $V_{\mathrm{A}}=0$，$V_{\mathrm{B}}=\Delta L$，$V_{\mathrm{C}左}=V_{\mathrm{C}右}$，$\theta_{\mathrm{C}左}=\theta_{\mathrm{C}右}$

D. $V_{\mathrm{A}}=0$，$V_{\mathrm{B}}=\Delta L$，$V_{\mathrm{C}}=0$，$\theta_{\mathrm{C}左}=\theta_{\mathrm{C}右}$

67. 分析受力物体内一点处的应力状态，如可以找到一个平面，在该平面上有最大切应力，则该平面上的正应力：

A. 是主应力　　B. 一定为零

C. 一定不为零　　D. 不属于前三种情况

68. 在下面四个表达式中，第一强度理论的强度表达式是：

A. $\sigma_1 \leqslant [\sigma]$

B. $\sigma_1-\nu(\sigma_2+\sigma_3) \leqslant [\sigma]$

C. $\sigma_1-\sigma_3 \leqslant [\sigma]$

D. $\sqrt{\frac{1}{2}[(\sigma_1-\sigma_2)^2+(\sigma_2-\sigma_3)^2+(\sigma_3-\sigma_1)^2]} \leqslant [\sigma]$

69. 如图所示，正方形截面悬臂梁AB，在自由端B截面形心作用有轴向力F，若将轴向力F平移到B截面下缘中点，则梁的最大正应力是原来的：

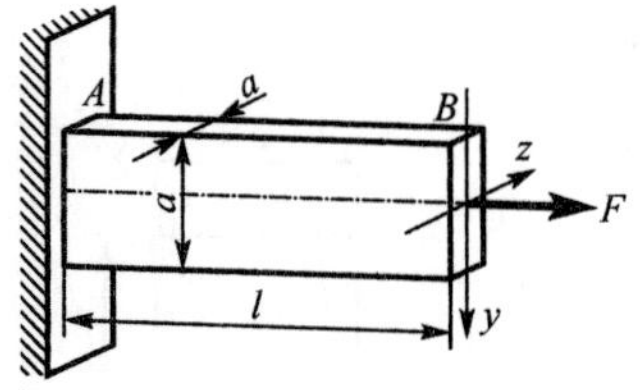

A. 1 倍

B. 2 倍

C. 3 倍

D. 4 倍

70. 图示矩形截面细长压杆，$h = 2b$（图 a），如果将宽度b改为h后（图 b，仍为细长压杆），临界力F_{cr}是原来的：

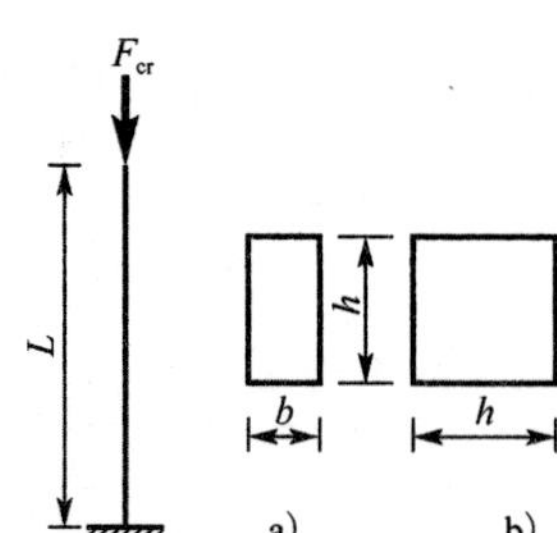

A. 16 倍

B. 8 倍

C. 4 倍

D. 2 倍

71. 静止流体能否承受切应力？

A. 不能承受

B. 可以承受

C. 能承受很小的

D. 具有黏性可以承受

72. 水从铅直圆管向下流出，如图所示，已知$d_1 = 10\text{cm}$，管口处水流速度$v_1 = 1.8\text{m/s}$，试求管口下方$h = 2\text{m}$处的水流速度v_2和直径d_2：

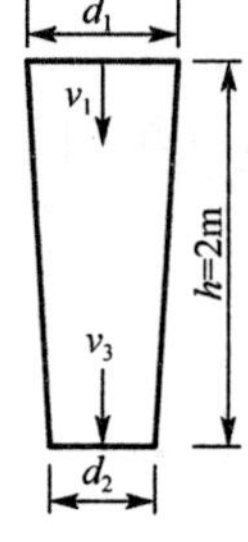

A. $v_2 = 6.5\text{m/s}$，$d_2 = 5.2\text{cm}$

B. $v_2 = 3.25\text{m/s}$，$d_2 = 5.2\text{cm}$

C. $v_2 = 6.5\text{m/s}$，$d_2 = 5.2\text{cm}$

D. $v_2 = 3.25\text{m/s}$，$d_2 = 5.2\text{cm}$

73. 利用动量定理计算流体对固体壁面的作用力时，进、出口截面上的压强应为：

A. 绝对压强

B. 相对压强

C. 大气压

D. 真空度

74. 一直径为 50mm 的圆管，运动黏性系数$\nu = 0.18\text{cm}^2/\text{s}$、密度$\rho = 0.85\text{g/cm}^3$的油在管内以$v = 5\text{cm/s}$的速度作层流运动，则沿程损失系数是：

A. 0.09　　B. 0.461

C. 0.1　　D. 0.13

75. 并联长管 1、2，两管的直径相同，沿程阻力系数相同，长度$L_2 = 3L_1$，通过的流量为：

A. $Q_1 = Q_2$　　B. $Q_1 = 1.5Q_2$

C. $Q_1 = 1.73Q_2$　　D. $Q_1 = 3Q_2$

76. 明渠均匀流只能发生在：

A. 平坡棱柱形渠道　　B. 顺坡棱柱形渠道

C. 逆坡棱柱形渠道　　D. 不能确定

77. 均匀砂质土填装在容器中，已知水力坡度$J = 0.5$，渗透系数$k = 0.005\text{cm/s}$，则渗流速度为：

A. 0.0025cm/s　　B. 0.0001cm/s

C. 0.001cm/s　　D. 0.015cm/s

78. 进行水力模型试验，要实现有压管流的相似，应选用的相似准则是：

A. 雷诺准则　　B. 弗劳德准则

C. 欧拉准则　　D. 马赫数

79. 在图示变压器中，左侧线圈中通以直流电流I，铁芯中产生磁通Φ。此时，右侧线圈端口上的电压u_2是：

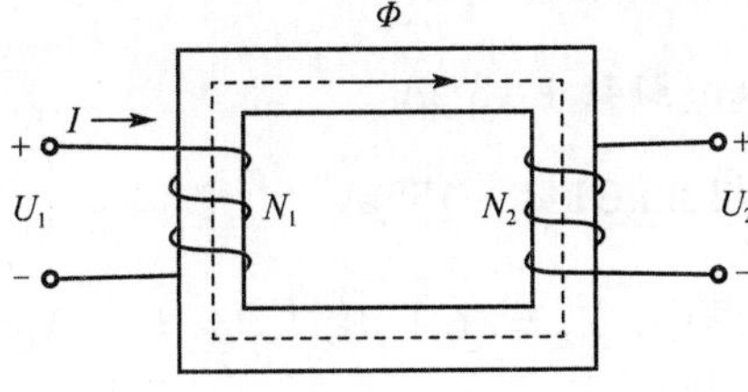

A. 0

B. $\frac{N_2}{N_1}\frac{\mathrm{d}\Phi}{\mathrm{d}t}$

C. $N_1\frac{\mathrm{d}\Phi}{\mathrm{d}t}$

D. $\frac{N_1}{N_2}\frac{\mathrm{d}\Phi}{\mathrm{d}t}$

80. 将一个直流电源通过电阻R接在电感线圈两端，如图所示。如果$U = 10\text{V}$，$I = 1\text{A}$，那么，将直流电源换成交流电源后，该电路的等效模型为：

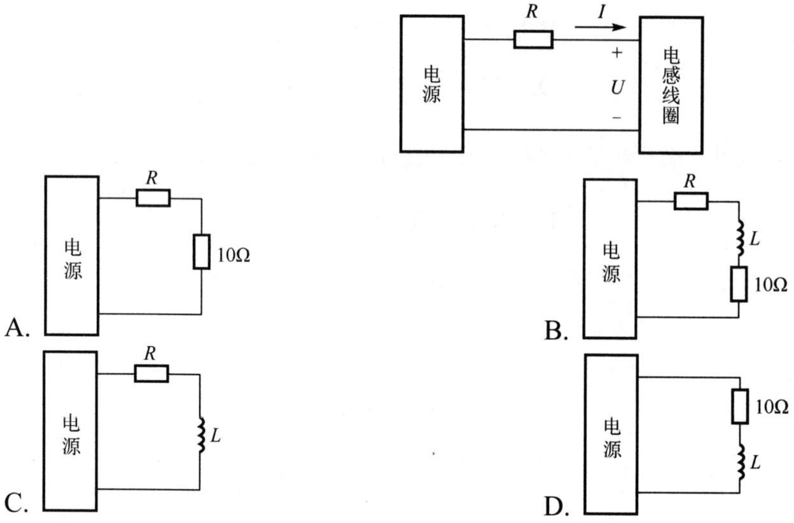

81. 图示电路中，a- b端左侧网络的等效电阻为：

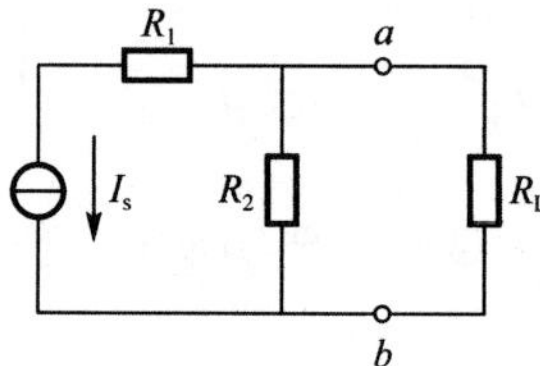

A. $R_1 + R_2$

B. $R_1 /\!/ R_2$

C. $R_1 + R_2 /\!/ R_L$

D. R_2

82. 在阻抗$Z = 10\angle 45°\Omega$两端加入交流电压$u(t) = 220\sqrt{2}\sin(314t + 30°)\text{V}$后，电流$i(t)$为：

A. $22\sin(314t + 75°)\text{A}$

B. $22\sqrt{2}\sin(314t + 15°)\text{A}$

C. $22\sin(314t + 15°)\text{A}$

D. $22\sqrt{2}\sin(314t - 15°)\text{A}$

83. 图示电路中，$Z_1 = (6 + j8)\Omega$，$Z_2 = -jX_\text{C}\Omega$，为使I取得最大值，X_C的数值为：

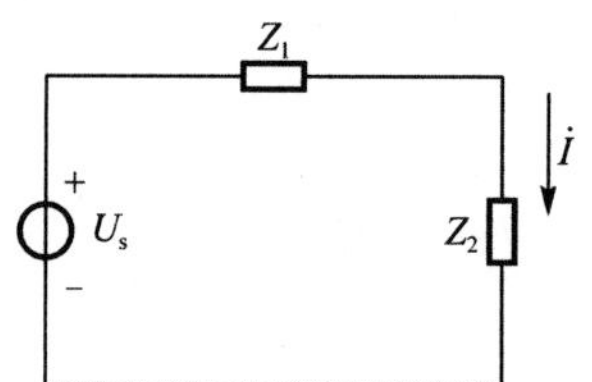

A. 6

B. 8

C. −8

D. 0

84. 三相电路如图所示，设电灯 D 的额定电压为三相电源的相电压，用电设备 M 的外壳线a及电灯 D 另一端线b应分别接到：

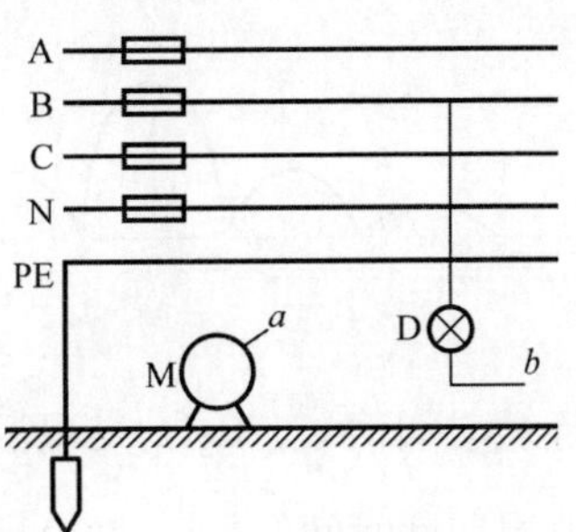

A. PE 线和 PE 线

B. N 线和 N 线

C. PE 线和 N 线

D. N 线和 PE 线

85. 设三相交流异步电动机的空载功率因数为λ_1，20%额定负载时的功率因数为λ_2，满载时功率因数为λ_3，那么以下关系成立的是：

A. $\lambda_1 > \lambda_2 > \lambda_3$

B. $\lambda_3 > \lambda_2 > \lambda_1$

C. $\lambda_2 > \lambda_1 > \lambda_3$

D. $\lambda_3 > \lambda_1 > \lambda_2$

86. 能够实现用电设备连续工作的控制电路为：

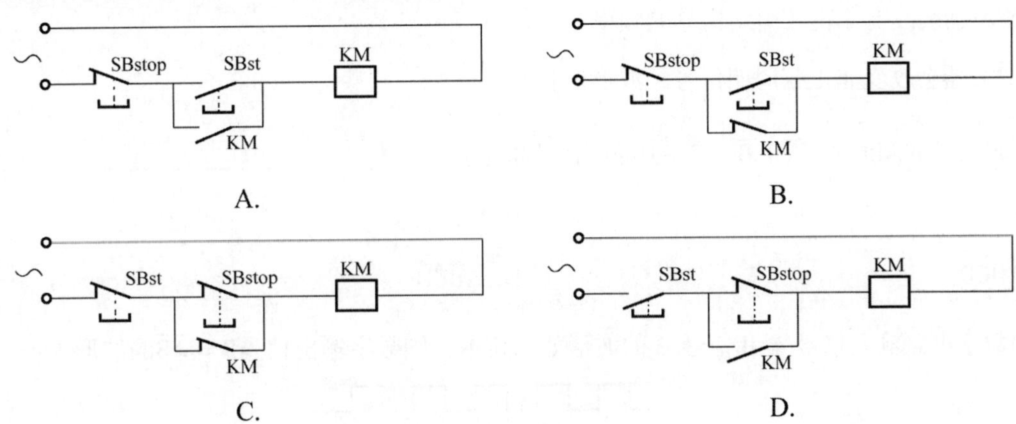

87. 下述四个信号中，不能用来表示信息代码“10101”的图是：

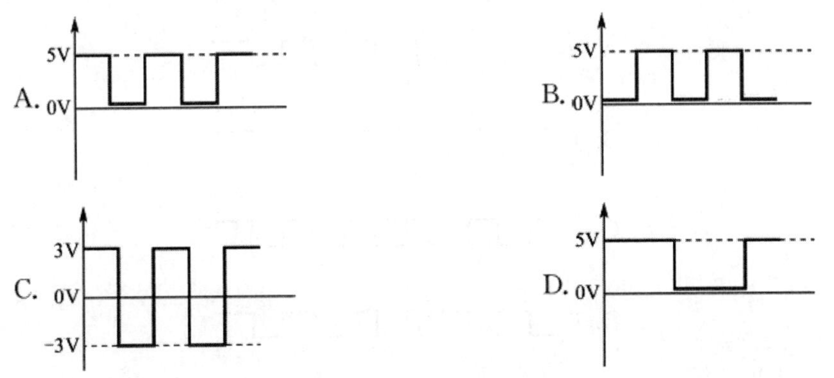

88. 模拟信号$u_1(t)$和$u_2(t)$的幅值频谱分别如图 a）和图 b）所示，则：

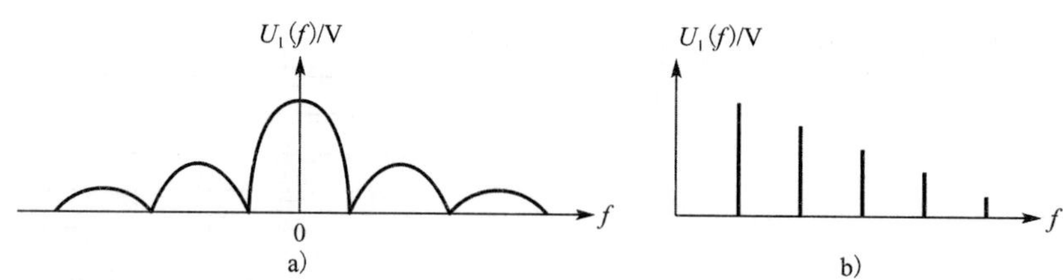

A. $u_1(t)$是连续时间信号，$u_2(t)$是离散时间信号

B. $u_1(t)$是非周期性时间信号，$u_2(t)$是周期性时间信号

C. $u_1(t)$和$u_2(t)$都是非周期时间信号

D. $u_1(t)$和$u_2(t)$都是周期时间信号

89. 以下几种说法中正确的是：

A. 滤波器会改变正弦波信号的频率

B. 滤波器会改变正弦波信号的波形形状

C. 滤波器会改变非正弦周期信号的频率

D. 滤波器会改变非正弦周期信号的波形形状

90. 对逻辑表达式$\mathrm{ABCD}+\overline{\mathrm{A}}+\overline{\mathrm{B}}+\overline{\mathrm{C}}+\overline{\mathrm{D}}$的简化结果是：

A. 0 B. 1

C. ABCD D. $\overline{\mathrm{A}}\overline{\mathrm{B}}\overline{\mathrm{C}}\overline{\mathrm{D}}$

91. 已知数字电路输入信号 A 和信号 B 的波形如图所示，则数字输出信号$\mathrm{F}=\overline{\mathrm{AB}}$的波形为：

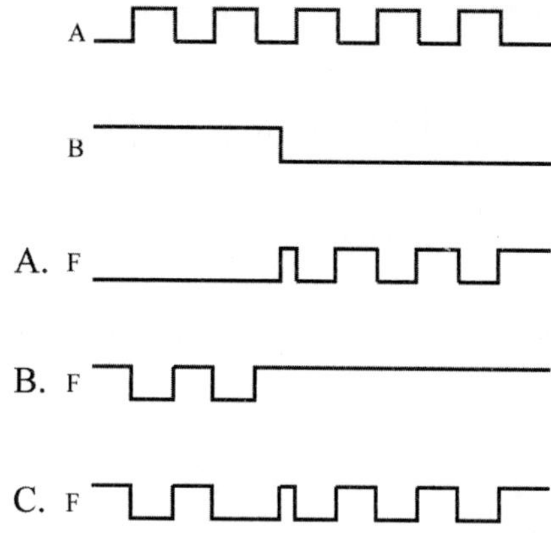

92. 逻辑函数$F = f(A,B,C)$的真值表如下，由此可知：

A	B	C	F
0	0	0	0
0	0	1	0
0	1	0	0
0	1	1	1
1	0	0	0
1	0	1	0
1	1	0	1
1	1	1	1

A. $F = BC + AB + \overline{A}\overline{B}C + B\overline{C}$

B. $F = \overline{A}\overline{B}\overline{C} + AB\overline{C} + AC + ABC$

C. $F = AB + BC + AC$

D. $F = \overline{A}BC + AB\overline{C} + ABC$

93. 晶体三极管放大电路如图所示，在并入电容C_E后，下列不变的量是：

A. 输入电阻和输出电阻

B. 静态工作点和电压放大倍数

C. 静态工作点和输出电阻

D. 输入电阻和电压放大倍数

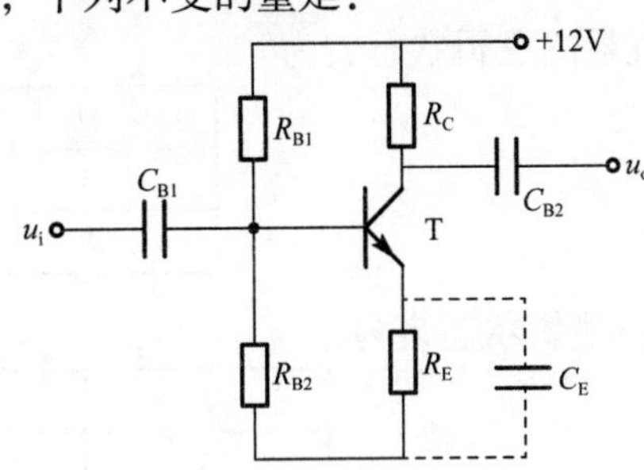

94. 图示电路中，运算放大器输出电压的极限值$\pm U_{oM}$，输入电压$u_i = U_m \sin \omega t$，现将信号电压u_i从电路的“A”端送入，电路的“B”端接地，得到输出电压u_{o1}。而将信号电压u_i从电路的“B”端输入，电路的“A”接地，得到输出电压u_{o2}。则以下正确的是：

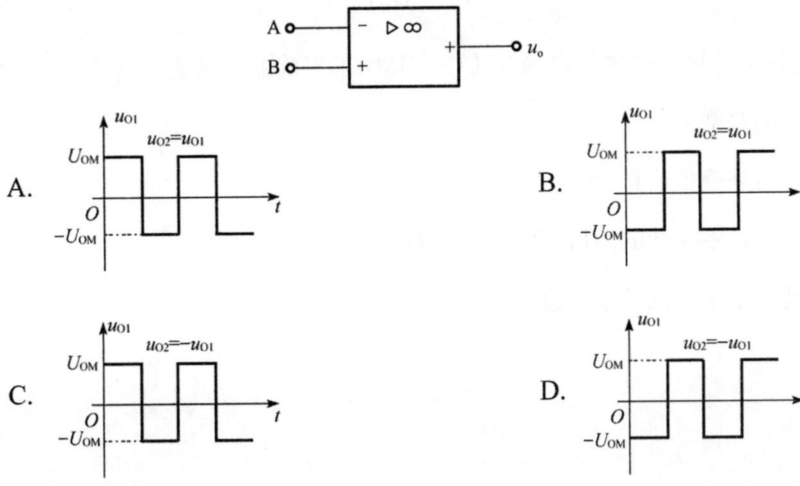

95. 图示逻辑门电路的输出F_1和F_2分别为：

A. A 和 1

B. 0 和 B

C. A 和 B

D. $\overline{A}$和 1

96. 图 a）示电路，加入复位信号及时钟脉冲信号如图 b）所示，经分析可知，在t_1时刻，输出 Q_{JK} 和 Q_D 分别等于：

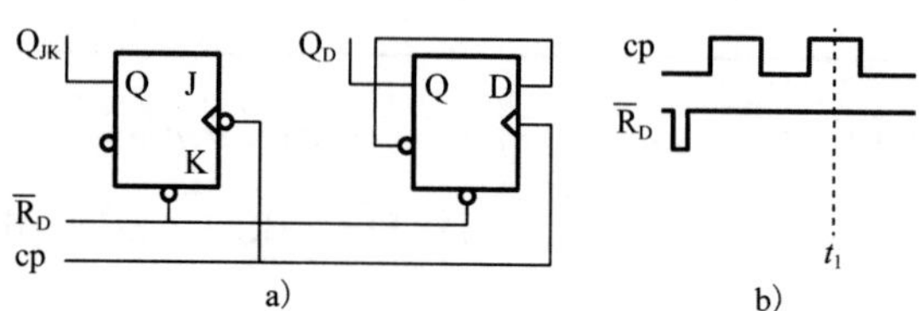

附：D 触发器的逻辑状态表为

D	Q_{n+1}
0	0
1	1

JK 触发器的逻辑状态表为

J	K	Q_{n+1}
0	0	Q_n
0	1	0
1	0	1
1	1	$\overline{Q}_n$

A. 0　0

B. 0　1

C. 1　0

D. 1　1

97. 下面四条有关数字计算机处理信息的描述中，其中不正确的一条是：

A. 计算机处理的是数字信息

B. 计算机处理的是模拟信息

C. 计算机处理的是不连续的离散（0 或 1）信息

D. 计算机处理的是断续的数字信息

98. 程序计数器（PC）的功能是：

A. 对指令进行译码　　B. 统计每秒钟执行指令的数目

C. 存放下一条指令的地址　　D. 存放正在执行的指令地址

99. 计算机的软件系统是由：

A. 高级语言程序、低级语言程序构成

B. 系统软件、支撑软件、应用软件构成

C. 操作系统、专用软件构成

D. 应用软件和数据库管理系统构成

100. 允许多个用户以交互方式使用计算机的操作系统是：

A. 批处理单道系统　　B. 分时操作系统

C. 实时操作系统　　D. 批处理多道系统

101. 在计算机内，ASSCII 码是为：

A. 数字而设置的一种编码方案

B. 汉字而设置的一种编码方案

C. 英文字母而设置的一种编码方案

D. 常用字符而设置的一种编码方案

102. 在微机系统内，为存储器中的每一个：

A. 字节分配一个地址　　B. 字分配每一个地址

C. 双字分配一个地址　　D. 四字分配一个地址

103. 保护信息机密性的手段有两种，一是信息隐藏，二是数据加密。下面四条表述中，有错误的一条是：

A. 数据加密的基本方法是编码，通过编码将明文变换为密文

B. 信息隐藏是使非法者难以找到秘密信息而采用“隐藏”的手段

C. 信息隐藏与数据加密所采用的技术手段不同

D. 信息隐藏与数字加密所采用的技术手段是一样的

104. 下面四条有关线程的表述中，其中错误的一条是：

A. 线程有时也称为轻量级进程

B. 有些进程只包含一个线程

C. 线程是所有操作系统分配 CPU 时间的基本单位

D. 把进程再仔细分成线程的目的是为更好地实现并发处理和共享资源

105. 计算机与信息化社会的关系是：

A. 没有信息化社会就不会有计算机

B. 没有计算机在数值上的快速计算，就没有信息化社会

C. 没有计算机及其与通信、网络等的综合利用，就没有信息化社会

D. 没有网络电话就没有信息化社会

106. 域名服务器的作用是：

A. 为连入 Internet 网的主机分配域名

B. 为连入 Internet 网的主机分配 IP 地址

C. 为连入 Internet 网的一个主机域名寻找所对应的 IP 地址

D. 将主机的 IP 地址转换为域名

107. 某人预计 5 年后需要一笔 50 万元的资金，现市场上正发售期限为 5 年的电力债券，年利率为 5.06%，按年复利计息，5 年末一次还本付息，若想 5 年后拿到 50 万元的本利和，他现在应该购买电力债券：

A. 30.52 万元　　　　B. 38.18 万元

C. 39.06 万元　　　　D. 44.19 万元

108. 以下关于项目总投资中流动资金的说法正确的是：

A. 是指工程建设其他费用和预备费之和

B. 是指投产后形成的流动资产和流动负债之和

C. 是指投产后形成的流动资产和流动负债的差额

D. 是指投产后形成的流动资产占用的资金

109. 下列筹资方式中，属于项目债务资金的筹集方式是：

A. 优先股　　B. 政府投资

C. 融资租赁　　D. 可转换债券

110. 某建设项目预计生产期第三年息税前利润为 200 万元，折旧与摊销为 50 万元，所得税为 25 万元，计入总成本费用的应付利息为 100 万元，则该年的利息备付率为：

A. 1.25　　B. 2

C. 2.25　　D. 2.5

111. 某项目方案各年的净现金流量见表（单位：万元），其静态投资回收期为：

年份	0	1	2	3	4	5
净现金流量	−100	−50	40	60	60	60

A. 2.17 年　　B. 3.17 年

C. 3.83 年　　D. 4 年

112. 某项目的产出物为可外贸货物，其离岸价格为 100 美元，影子汇率为 6 元人民币/美元，出口费用为每件 100 元人民币，则该货物的影子价格为：

A. 500 元人民币　　B. 600 元人民币

C. 700 元人民币　　D. 800 元人民币

113. 某项目有甲、乙两个建设方案，投资分别为 500 万元和 1000 万元，项目期均为 10 年，甲项目年收益为 140 万元，乙项目年收益为 250 万元。假设基准收益率为 8%。已知$(P/A, 8\%, 10) = 6.7101$，则下列关于该项目方案选择的说法中正确的是：

A. 甲方案的净现值大于乙方案，故应选择甲方案

B. 乙方案的净现值大于甲方案，故应选择乙方案

C. 甲方案的内部收益率大于乙方案，故应选择甲方案

D. 乙方案的内部收益率大于甲方案，故应选择乙方案

114. 用强制确定法（FD 法）选择价值工程的对象时，得出某部件的价值系数为 1.02，则下列说法正确的是：

A. 该部件的功能重要性与成本比重相当，因此应将该部件作为价值工程对象

B. 该部件的功能重要性与成本比重相当，因此不应将该部件作为价值工程对象

C. 该部件功能重要性较小，而所占成本较高，因此应将该部件作为价值工程对象

D. 该部件功能过高或成本过低，因此应将该部件作为价值工程对象

115. 某在建的建筑工程因故中止施工，建设单位的下列做法符合《中华人民共和国建筑法》的是：

A. 自中止施工之日起一个月内向发证机关报告

B. 自中止施工之日起半年内报发证机关核验施工许可证

C. 自中止施工之日起三个月内向发证机关申请延长施工许可证的有效期

D. 自中止施工之日起满一年，向发证机关重新申请施工许可证

116. 依据《中华人民共和国安全生产法》，企业应当对职工进行安全生产教育和培训，某施工总承包单位对职工进行安全生产培训，其培训的内容不包括：

A. 安全生产知识　　B. 安全生产规章制度

C. 安全生产管理能力　　D. 本岗位安全操作技能

117. 下列说法符合《中华人民共和国招标投标法》规定的是：

A. 招标人自行招标，应当具有编制招标文件和组织评标的能力

B. 招标人必须自行办理招标事宜

C. 招标人委托招标代理机构办理招标事宜，应当向有关行政监督部门备案

D. 有关行政监督部门有权强制招标人委托招标代理机构办理招标事宜

118. 甲乙双方于 4 月 1 日约定采用数据电文的方式订立合同，但双方没有指定特定系统，乙方于 4 月 8 日下午收到甲方以电子邮件方式发出的要约，于 4 月 9 日上午又收到甲方发出同样内容的传真，甲方于 4 月 9 日下午给乙方打电话通知对方，邀约已经发出，请对方尽快做出承诺，则该要约生效的时间是：

A. 4 月 8 日下午　　B. 4 月 9 日上午

C. 4 月 9 日下午　　D. 4 月 1 日

119. 根据《中华人民共和国行政许可法》规定，行政许可采取统一办理或者联合办理的，办理的时间不得超过：

A. 10 日　　B. 15 日

C. 30 日　　D. 45 日

120. 依据《建设工程质量管理条例》，建设单位收到施工单位提交的建设工程竣工验收报告申请后，应当组织有关单位进行竣工验收，参加验收的单位可以不包括：

A. 施工单位　　B. 工程监理单位

C. 材料供应单位　　D. 设计单位

2020年度全国勘察设计注册工程师执业资格考试基础考试（上）
试题解析及参考答案

1. 解　本题考查当$x \to +\infty$时，无穷大量的概念。

选项A，$\lim\limits_{x \to +\infty} \frac{1}{2+x} = 0$；

选项B，$\lim\limits_{x \to +\infty} x\cos x$计算结果在$-\infty$到$+\infty$间连续变化，不符合当$x \to +\infty$函数值趋向于无穷大，且函数值越来越大的定义；

选项D，当$x \to +\infty$时，$\lim\limits_{x \to +\infty}(1 - \arctan x) = 1 - \frac{\pi}{2}$。

故选项A、B、D均不成立。

选项C，$\lim\limits_{x \to +\infty}(e^{3x} - 1) = +\infty$。

答案：C

2. 解　本题考查函数$y = f(x)$在x_0点导数的几何意义。

已知曲线$y = f(x)$在$x = x_0$处有切线，函数$y = f(x)$在$x = x_0$点导数的几何意义表示曲线$y = f(x)$在$(x_0, f(x_0))$点切线斜率，方向和x轴正向夹角的正切即斜率$k = \tan\alpha$，只有当$\alpha \to \frac{\pi}{2}$时，才有$\lim\limits_{x \to x_0} f'(x) = \lim\limits_{\alpha \to \frac{\pi}{2}} \tan\alpha = \infty$，因而在该点的切线与$oy$轴平行。

选项A、C、D均不成立。

答案：B

3. 解　本题考查隐函数求导方法。可利用一元隐函数求导方法或二元隐函数求导方法或微分运算法则计算，但一般利用二元隐函数求导方法计算更简单。

方法1：用二元隐函数方法计算。

设$F(x,y) = \sin y + e^x - xy^2$，$F'_x = e^x - y^2$，$F'_y = \cos y - 2xy$，故

$$\frac{\mathrm{d}y}{\mathrm{d}x} = -\frac{F_x}{F_y} = -\frac{e^x - y^2}{\cos y - 2xy} = \frac{y^2 - e^x}{\cos y - 2xy}$$

$$\mathrm{d}y = \frac{y^2 - e^x}{\cos y - 2xy}\mathrm{d}x$$

方法2：用一元隐函数方法计算。

已知$\sin y + e^x - xy^2 = 0$，方程两边对x求导，得$\cos y\frac{\mathrm{d}y}{\mathrm{d}x} + e^x - \left(y^2 + 2xy\frac{\mathrm{d}y}{\mathrm{d}x}\right) = 0$，

整理$(\cos y - 2xy)\frac{\mathrm{d}y}{\mathrm{d}x} = y^2 - e^x$，$\frac{\mathrm{d}y}{\mathrm{d}x} = \frac{y^2 - e^x}{\cos y - 2xy}$，故$\mathrm{d}y = \frac{y^2 - e^x}{\cos y - 2xy}\mathrm{d}x$

方法3：用微分运算法则计算。

已知$\sin y + e^x - xy^2 = 0$，方程两边求微分，得$\cos y\,\mathrm{d}y + e^x\mathrm{d}x - (y^2\mathrm{d}x + 2xy\mathrm{d}y) = 0$，

整理$(\cos y - 2xy)\mathrm{d}y = (y^2 - e^x)\mathrm{d}x$，故$\mathrm{d}y = \frac{y^2 - e^x}{\cos y - 2xy}\mathrm{d}x$

选项A、B、C均不成立。

答案：D

4. 解 本题考查一元抽象复合函数高阶导数的计算，计算中注意函数的复合层次，特别是求二阶导时更应注意。

$y = f(e^x)$，$\frac{dy}{dx} = f'(e^x) \cdot e^x = e^x \cdot f'(e^x)$

$\frac{d^2y}{dx^2} = e^x \cdot f'(e^x) + e^x \cdot f''(e^x) \cdot e^x = e^x \cdot f'(e^x) + e^{2x} \cdot f''(e^x)$

选项A、B、D均不成立。

答案：C

5. 解 本题考查罗尔定理所满足的条件。首先要掌握定理的条件：①函数在闭区间连续；②函数在开区间可导；③函数在区间两端的函数值相等。三条均成立才行。

选项A，$\left(x^{\frac{2}{3}}\right)' = \frac{2}{3}x^{-\frac{1}{3}} = \frac{2}{3}\frac{1}{\sqrt[3]{x}}$，在$x = 0$处不可导，因而在$(-1,1)$可导不满足。

选项C，$f(x) = |x| = \begin{cases} x & x \geqslant 0 \\ -x & x < 0 \end{cases}$，函数在$x = 0$左导数为$-1$，在$x = 0$右导数为1，因而在$x = 0$处不可导，在$(-1,1)$可导不满足。

选项D，$f(x) = \frac{1}{x}$，函数在$x = 0$处间断，因而在$[-1,1]$连续不成立。

选项A、C、D均不成立。

选项B，$f(x) = \sin x^2$在$[-1,1]$上连续，$f'(x) = 2x \cdot \cos x^2$在$(-1,1)$可导，且$f(-1) = f(1) = \sin 1$，三条均满足。

答案：B

6. 解 本题考查曲线$f(x)$求拐点的计算方法。

$f(x) = x^4 + 4x^3 + x + 1$的定义域为$(-\infty, +\infty)$，

$f'(x) = 4x^3 + 12x^2 + 1$，$f''(x) = 12x^2 + 24x = 12x(x + 2)$

令$f''(x) = 0$，即$12x(x + 2) = 0$，得到$x = 0$，$x = -2$

$x = -2$，$x = 0$，分定义域为$(-\infty, -2)$，$(-2,0)$，$(0, +\infty)$，

检验$x = -2$点，在区间$(-\infty, -2)$，$(-2,0)$上二阶导的符号：

当在$(-\infty, -2)$时，$f''(x) > 0$，凹；当在$(-2,0)$时，$f''(x) < 0$，凸。

所以$x = -2$为拐点的横坐标。

检验$x = 0$点，在区间$(-2,0)$，$(0, +\infty)$上二阶导的符号：

当在$(-2,0)$时，$f''(x) < 0$，凸；当在$(0, +\infty)$时，$f''(x) > 0$，凹。

所以$x = 0$为拐点的横坐标。

综上，函数有两个拐点。

答案：C

7. 解　本题考查函数原函数的概念及不定积分的计算方法。

已知函数$f(x)$的一个原函数是$1+\sin x$，即$f(x)=(1+\sin x)'=cos\,x$，$f'(x)=-\sin x$。

方法 1：

$$\int xf'(x)\mathrm{d}x=\int x(-\sin x)\mathrm{d}x=\int x\mathrm{d}\cos x=x\cos x-\int\cos x\mathrm{d}x=x\cos x-\sin x+c$$
$$=x\cos x-\sin x-1+C=x\cos x-(1+\sin x)+C\quad(\text{其中}C=1+c)$$

方法 2：

$\int xf'(x)\mathrm{d}x=\int x\mathrm{d}f(x)=xf(x)-\int f(x)\mathrm{d}x$，因为函数$f(x)$的一个原函数是$1+\sin x$，所以$f(x)=(1+\sin x)'=\cos x$且$\int f(x)\mathrm{d}x=1+\sin x+C_1$，则原式$=x\cos x-(1+\sin x)+C$（其中$C=-C_1$）。

答案：B

8. 解　本题考查平面图形绕x轴旋转一周所得到的旋转体体积算法，如解图所示。

$x\in[0,1]$

$[x,x+\mathrm{d}x]$：$\mathrm{d}V=\pi f^2(x)\mathrm{d}x=\pi x^6\mathrm{d}x$

$$V=\int_0^1\pi\cdot x^6\mathrm{d}x=\pi\cdot\frac{1}{7}x^7\Big|_0^1=\frac{\pi}{7}$$

答案：A

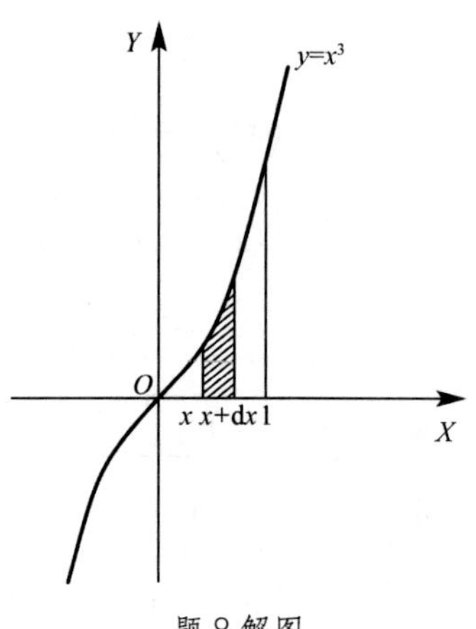

题 8 解图

9. 解　本题考查两向量的加法，向量与数量的乘法和运算，以及两向量垂直与坐标运算的关系。

已知$\boldsymbol{\alpha}=(5,1,8)$，$\boldsymbol{\beta}=(3,2,7)$

$\lambda\boldsymbol{\alpha}+\boldsymbol{\beta}=\lambda(5,1,8)+(3,2,7)=(5\lambda+3,\lambda+2,8\lambda+7)$

设oz轴的单位正向量为$\boldsymbol{\tau}=(0,0,1)$

已知$\lambda\boldsymbol{\alpha}+\boldsymbol{\beta}$与$oz$轴垂直，由两向量数量积的运算：

$\boldsymbol{a}\cdot\boldsymbol{b}=a_xb_x+a_yb_y+a_zb_z$，$\boldsymbol{a}\perp b$，则$\boldsymbol{a}\cdot\boldsymbol{b}=0$，即$a_xb_x+a_yb_y+a_zb_z=0$

所以$(\lambda\boldsymbol{\alpha}+\boldsymbol{\beta})\cdot\boldsymbol{\tau}=0$，$0+0+8\lambda+7=0$，$\lambda=-\frac{7}{8}$

答案：B

10. 解　本题考查直线与平面平行时，直线的方向向量和平面法向量间的关系，求出平面的法向量及所求平面方程。

（1）求平面的法向量

设oz轴的方向向量$\vec{r}=(0,0,1)$，$\overline{M_1M_2}=(1,1,-1)$，则

$$\overrightarrow{M_1M_2} \times \vec{r} = \begin{vmatrix} \vec{i} & \vec{j} & \vec{k} \\ 1 & 1 & -1 \\ 0 & 0 & 1 \end{vmatrix} = \vec{i} - \vec{j}$$

所求平面的法向量$\vec{n}_{平面} = \vec{i} - \vec{j} = (1,-1,0)$

（2）写出所求平面的方程

已知$M_1(0,-1,2)$，$\vec{n}_{平面} = (1,-1,0)$，则

$1 \cdot (x-0) - 1 \cdot (y+1) + 0 \cdot (z-2) = 0$，即$x - y - 1 = 0$

答案：D

题10解图

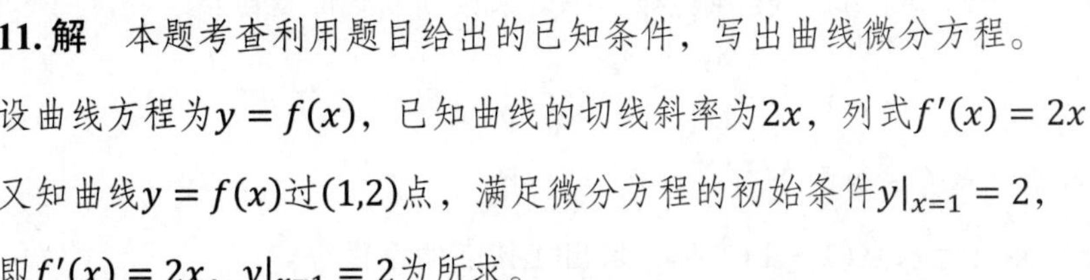

11. 解　本题考查利用题目给出的已知条件，写出曲线微分方程。

设曲线方程为$y = f(x)$，已知曲线的切线斜率为$2x$，列式$f'(x) = 2x$，

又知曲线$y = f(x)$过$(1,2)$点，满足微分方程的初始条件$y|_{x=1} = 2$，

即$f'(x) = 2x$，$y|_{x=1} = 2$为所求。

答案：C

12. 解　平面区域D是直线$y = x$和圆$x^2 + (y-1)^2 = 1$所围成的在直线$y = x$下方的图形。如解图所示。

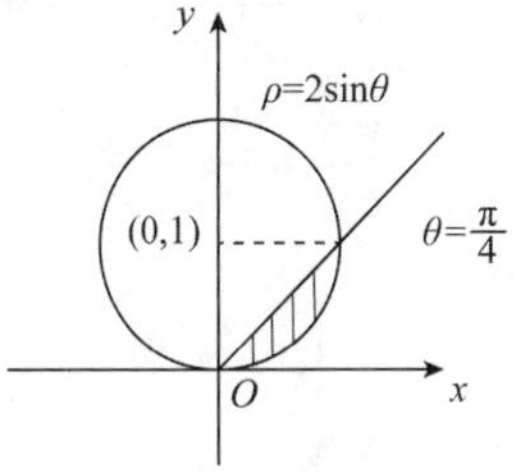

题12解图

利用直角坐标系和极坐标的关系：$\begin{cases} x = \rho\cos\theta \\ y = \rho\sin\theta \end{cases}$

得到圆的极坐标系下的方程为：由$x^2 + (y-1)^2 = 1$，整理得$x^2 + y^2 = 2y$

则$\rho^2 = 2\rho\sin\theta$，即$\rho = 2\sin\theta$

直线$y = x$的极坐标系下的方程为：$\theta = \frac{\pi}{4}$

所以积分区域D在极坐标系下为：$\begin{cases} 0 \leqslant \theta \leqslant \frac{\pi}{4} \\ 0 \leqslant \rho \leqslant 2\sin\theta \end{cases}$

被积函数x代换成$\rho\cos\theta$，极坐标系下面积元素为$\rho \mathrm{d}\rho \mathrm{d}\theta$，则

$$\iint\limits_D x \mathrm{d}x\mathrm{d}y = \int_0^{\frac{\pi}{4}} \mathrm{d}\theta \int_0^{2\sin\theta} \rho \cdot \cos\theta \cdot \rho \mathrm{d}\rho = \int_0^{\frac{\pi}{4}} \cos\theta \mathrm{d}\theta \int_0^{2\sin\theta} \rho^2 \mathrm{d}\rho$$

答案：D

13. 解　本题考查微分方程解的结构。可将选项代入微分方程，满足微分方程的才是解。

已知y_1是微分方程$y'' + py' + qy = f(x)(f(x) \neq 0)$的解，即将$y_1$代入后，满足微分方程$y_1'' + py_1' + qy_1 = f(x)$，但对任意常数$C_1(C_1 \neq 1)$，$C_1y_1$得到的解均不满足微分方程，验证如下：

设$y = C_1y_1(C_1 \neq 1)$，求导$y' = C_1y_1'$，$y'' = C_1y_1''$，$y = C_1y_1$代入方程得：

$$C_1y_1'' + pC_1y_1' + qC_1y_1 = C_1(y_1'' + py_1' + qy_1) = C_1f(x) \neq f(x)$$

所以C_1y_1不是微分方程的解。

因而在选项 A、B、D 中，含有常数$C_1(C_1\neq1)$乘y_1的形式，即C_1y_1这样的解均不满足方程解的条件，所以选项 A、B、D 均不成立。

可验证选项 C 成立。已知：

$y=y_0+y_1$，$y'=y_0'+y_1'$，$y''=y_0''+y_1''$，代入方程，得：

$$(y_0''+y_1'')+p(y_0'+y_1')+q(y_0+y_1)=y_0''+py_0'+qy_0+y_1''+py_1'+qy_1$$
$$=0+f(x)=f(x)$$

注意：本题只是验证选项中哪一个解是微分方程的解，不是求微分方程的通解。

答案：C

14. 解　本题考查二元函数在一点的全微分的计算方法。

先求出二元函数的全微分，然后代入点$(1,-1)$坐标，求出在该点的全微分。

$$\mathrm{z}=\frac{1}{x}e^{xy},\ \frac{\partial z}{\partial x}=\left(-\frac{1}{x^2}\right)e^{xy}+\frac{1}{x}e^{xy}\cdot y=-\frac{1}{x^2}e^{xy}+\frac{y}{x}e^{xy}=e^{xy}\left(-\frac{1}{x^2}+\frac{y}{x}\right)$$

$$\frac{\partial z}{\partial y}=\frac{1}{x}e^{xy}\cdot x=e^{xy},\ \mathrm{d}z=\left(-\frac{1}{x^2}+\frac{y}{x}\right)e^{xy}\mathrm{d}x+e^{xy}\mathrm{d}y$$

$$\mathrm{d}z|_{(1,-1)}=-2e^{-1}\mathrm{d}x+e^{-1}\mathrm{d}y=e^{-1}(-2\mathrm{d}x+\mathrm{d}y)$$

答案：B

15. 解　本题考查坐标曲线积分的计算方法。

已知$O(0,0)$，$A(1,2)$，过两点的直线L的方程为$y=2x$，见解图。

直线L的参数方程$\begin{cases}y=2x\\x=x\end{cases}$，

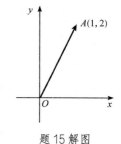

L的起点$x=0$，终点$x=1$，x：$0\rightarrow1$，

$$\int_L -y\mathrm{d}x+x\mathrm{d}y=\int_0^1 -2x\mathrm{d}x+x\cdot2\mathrm{d}x=\int_0^1 0\mathrm{d}x=0$$

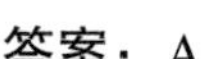

题 15 解图

答案：A

16. 解　本题考查正项级数、交错级数敛散性的判定。

选项 A，$\sum\limits_{n=1}^{\infty}\frac{n^2}{3n^4+1}$，因为$\frac{n^2}{3n^4+1}<\frac{n^2}{3n^4}=\frac{1}{3n^2}$，

级数$\sum\limits_{n=1}^{\infty}\frac{1}{n^2}$，$P=2>1$，级数收敛，$\sum\limits_{n=1}^{\infty}\frac{1}{3n^2}$收敛，

利用正项级数的比较判别法，$\sum\limits_{n=1}^{\infty}\frac{n^2}{3n^4+1}$收敛。

选项 B，$\sum\limits_{n=2}^{\infty}\frac{1}{\sqrt[3]{n(n-1)}}$，因为$n(n-1)<n^2$，$\sqrt[3]{n(n-1)}<\sqrt[3]{n^2}$，$\frac{1}{\sqrt[3]{n(n-1)}}>\frac{1}{\sqrt[3]{n^2}}=\frac{1}{n^{\frac{2}{3}}}$，级数$\sum\limits_{n=2}^{\infty}\frac{1}{n^{\frac{2}{3}}}$，$P<1$，级数发散，利用正项级数的比较判别法，$\sum\limits_{n=2}^{\infty}\frac{1}{\sqrt[3]{n(n-1)}}$发散。

选项C，$\sum\limits_{n=1}^{\infty}\frac{(-1)^n}{\sqrt{n}}$，级数为交错级数，利用莱布尼兹定理判定：

（1）因为$n<(n+1)$，$\sqrt{n}<\sqrt{n+1}$，$\frac{1}{\sqrt{n}}>\frac{1}{\sqrt{n+1}}$，$u_n>u_{n+1}$，

（2）一般项$\lim\limits_{n\to\infty}\frac{1}{\sqrt{n}}=0$，所以交错级数收敛。

选项D，$\sum\limits_{n=1}^{\infty}\frac{5}{3^n}=5\sum\limits_{n=1}^{\infty}\frac{1}{3^n}$，级数为等比级数，公比$q=\frac{1}{3}$，$|q|<1$，级数收敛。

答案：B

17. 解 本题为抽象函数的二元复合函数，利用复合函数的导数算法计算，注意函数复合的层次。

$$z=f^2(xy)，\frac{\partial z}{\partial x}=2f(xy)\cdot f'(xy)\cdot y=2y\cdot f(xy)\cdot f'(xy)，$$

$$\begin{aligned}\frac{\partial^2 z}{\partial x^2}&=2y[f'(xy)\cdot y\cdot f'(xy)+f(xy)\cdot f''(xy)\cdot y]\\&=2y^2\{[f'(xy)]^2+f(xy)\cdot f''(xy)\}\end{aligned}$$

答案：D

18. 解 本题考查幂级数$\sum\limits_{n=1}^{\infty}a_nx^n$收敛的阿贝尔定理。

已知幂级数$\sum\limits_{n=1}^{\infty}a_n(x+2)^n$在$x=0$处收敛，把$x=0$代入级数，得到$\sum\limits_{n=1}^{\infty}a_n2^n$，收敛。又已知$\sum\limits_{n=1}^{\infty}a_n(x+2)^n$在$x=-4$处发散，把$x=-4$代入级数，得到$\sum\limits_{n=1}^{\infty}a_n(-2)^n$，发散。得到对应的幂级数$\sum\limits_{n=1}^{\infty}a_nx^n$，在$x=2$点收敛，在$x=-2$点发散，由阿贝尔定理可知$\sum\limits_{n=1}^{\infty}a_nx^n$的收敛域为$(-2,2]$，所以$\sum\limits_{n=1}^{\infty}a_n(x-1)^n$的收敛域为$-2<x-1\leqslant 2$，即$-1<x\leqslant 3$。

答案：C

19. 解 由行列式性质可得$|\boldsymbol{A}|=-|\boldsymbol{B}|$，又因$|\boldsymbol{A}|\neq|\boldsymbol{B}|$，所以$|\boldsymbol{A}|\neq-|\boldsymbol{A}|$，$2|\boldsymbol{A}|\neq 0$，$|\boldsymbol{A}|\neq 0$。

答案：B

20. 解 因为$\boldsymbol{A}$与$\boldsymbol{B}$相似，所以$|\boldsymbol{A}|=|\boldsymbol{B}|=0$，且$R(\boldsymbol{A})=R(\boldsymbol{B})=2$。

方法1：

当$x=y=0$时，$|A|=\begin{vmatrix}1&0&1\\0&1&0\\1&0&1\end{vmatrix}=0$，$A=\begin{bmatrix}1&0&1\\0&1&0\\1&0&1\end{bmatrix}\xrightarrow{-r_1+r_3}\begin{bmatrix}1&0&1\\0&1&0\\0&0&0\end{bmatrix}$

$R(\boldsymbol{A})=R(\boldsymbol{B})=2$

方法2：

$$|\boldsymbol{A}|=\begin{vmatrix}1&x&1\\x&1&y\\1&y&1\end{vmatrix}\xrightarrow[-r_1+r_3]{-xr_1+r_2}\begin{vmatrix}1&x&1\\0&1-x^2&y-x\\0&y-x&0\end{vmatrix}=-(y-x)^2$$

令$|\boldsymbol{A}|=0$，得$x=y$

当$x=y=0$时，$|\boldsymbol{A}|=|\boldsymbol{B}|=0$，$R(\boldsymbol{A})=R(\boldsymbol{B})=2$；

当$x=y=1$时，$|\boldsymbol{A}|=|\boldsymbol{B}|=0$，但$R(\boldsymbol{A})=1\neq R(\boldsymbol{B})$。

答案：A

21. 解 因为$\boldsymbol{\alpha}_1,\boldsymbol{\alpha}_2,\boldsymbol{\alpha}_3$线性相关的充要条件是行列式$|\alpha_1,\alpha_2,\alpha_3|=0$，即

$$|\alpha_1,\alpha_2,\alpha_3|=\begin{vmatrix}a&1&1\\1&a&-1\\1&-1&a\end{vmatrix}\xrightarrow[-r_3+r_2]{-ar_3+r_1}\begin{vmatrix}0&1+a&1-a^2\\0&a+1&-1-a\\1&-1&a\end{vmatrix}=\begin{vmatrix}1+a&1-a^2\\1+a&-1-a\end{vmatrix}$$

$$=(1+a)^2\begin{vmatrix}1&1-a\\1&-1\end{vmatrix}=(1+a)^2(a-2)=0$$

解得$a=-1$或$a=2$。

答案：B

22. 解 $P(A\cup B)=P(A)+P(B)-P(AB)$

$P(AB)=P(A)P(B|A)=\dfrac{1}{4}\times\dfrac{1}{3}=\dfrac{1}{12}$

$P(B)P(A|B)=P(AB)$，$\frac{1}{2}P(B)=\frac{1}{12}$，$P(B)=\frac{1}{6}$

$P(A\cup B)=\dfrac{1}{4}+\dfrac{1}{6}-\dfrac{1}{12}=\dfrac{1}{3}$

答案：D

23. 解 利用方差性质得$D(2X-Y)=D(2X)+D(Y)=4D(X)+D(Y)=7$。

答案：A

24. 解 $E(Z)=E(X)+E(Y)=\mu_1+\mu_2$；

$D(Z)=D(X)+D(Y)={\sigma_1}^2+\sigma_2^2$。

答案：D

25. 解 气体分子运动的最概然速率：$v_{\mathrm{p}}=\sqrt{\frac{2RT}{M}}$

方均根速率：$\sqrt{\bar{v}^2}=\sqrt{\frac{3RT}{M}}$

由$\sqrt{\frac{3RT_1}{M}}=\sqrt{\frac{2RT_2}{M}}$，可得到$\frac{T_2}{T_1}=\frac{3}{2}$

答案：A

26. 解 一定量的理想气体经等压膨胀（注意等压和膨胀），由热力学第一定律$Q=\Delta E+W$，体积单向膨胀做正功，内能增加，温度升高。

答案：C

27. 解 理想气体的内能是温度的单值函数，内能差仅取决于温差，此题所示热力学过程初、末态均处于同一温度线上，温度不变，故内能变化$\Delta E=0$，但功是过程量，题目并未描述过程如何进行，故无法判定功的正负。

答案：A

28. 解 气体分子运动的平均速率：$\bar{v}=\sqrt{\frac{8RT}{\pi M}}$，氧气的摩尔质量$M_{O_2}=32\text{g}$，氢气的摩尔质量$M_{H_2}=$

2g，故相同温度的氧气和氢气的分子平均速率之比$\frac{\bar{v}_{O_2}}{\bar{v}_{H_2}}=\sqrt{\frac{M_{H_2}}{M_{O_2}}}=\sqrt{\frac{2}{32}}=\frac{1}{4}$。

答案：D

29. 解　卡诺循环的热机效率$\eta=1-\frac{T_2}{T_1}=1-\frac{273+27}{T_1}=40\%$，$T_1=500\text{K}$。

此题注意开尔文温度与摄氏温度的变换。

答案：A

30. 解　由三角函数公式，将波动方程化为余弦形式：

$$y=0.02\sin(\pi t+x)=0.02\cos\left(\pi t+x-\frac{\pi}{2}\right)$$

答案：B

31. 解　此题考查波的物理量之间的基本关系。

$$T=\frac{1}{\nu}=\frac{1}{2000}\text{s},\ u=\frac{\lambda}{T}=\lambda\cdot\nu=400\text{m/s}$$

答案：A

32. 解　两列振幅不相同的相干波，在同一直线上沿相反方向传播，叠加的合成波振幅为：

$$A^2=A_1^2+A_2^2+2A_1A_2\cos\Delta\varphi$$

当$\cos\Delta\varphi=1$时，合振幅最大，$A'=A_1+A_2=3A$；

当$\cos\Delta\varphi=-1$时，合振幅最小，$A'=|A_1-A_2|=A$。

此题注意振幅没有负值，要取绝对值。

答案：D

33. 解　此题考查波的能量特征。波动的动能与势能是同相的，同时达到最大最小。若此时A点处媒质质元的弹性势能在减小，则其振动动能也在减小。此时B点正向负最大位移处运动，振动动能在减小。

答案：A

34. 解　由双缝干涉相邻明纹（暗纹）的间距公式：$\Delta x=\frac{\text{D}}{\text{a}}\lambda$，若双缝所在的平板稍微向上平移，中央明纹与其他条纹整体向上稍作平移，其他条件不变，则屏上的干涉条纹间距不变。

答案：B

35. 解　此题考查光的干涉。薄膜上下两束反射光的光程差：$\delta=2ne+\frac{\lambda}{2}$

反射光加强：$\delta=2\text{ne}+\frac{\lambda}{2}=\text{k}\lambda$，$\lambda=\frac{2ne}{k-\frac{1}{2}}=\frac{4ne}{2k-1}$

$$k=2\text{时},\ \lambda=\frac{4ne}{2k-1}=\frac{4\times1.33\times0.32\times10^3}{3}=567\text{nm}$$

答案：C

36. 解　自然光I_0穿过第一个偏振片后成为偏振光，光强减半，为$I_1=\frac{1}{2}I_0$。

第一个偏振片与第二个偏振片夹角为30°，第二个偏振片与第三个偏振片夹角为60°，穿过第二个偏

振片后的光强用马吕斯定律计算：$I_2=\frac{1}{2}I_0\cos^2 30°$

穿过第三个偏振片后的光强为：$I_3=\frac{1}{2}I_0\cos^2 30°\cos^2 60°=\frac{3}{32}I_0$

答案：C

37. 解 主量子数为n的电子层中原子轨道数为n^2，最多可容纳的电子总数为$2n^2$。主量子数$n=3$，原子轨道最多可容纳的电子总数为$2\times3^2=18$。

答案：C

38. 解 当分子中的氢原子与电负性大、半径小、有孤对电子的原子（如N、O、F）形成共价键后，还能吸引另一个电负性较大原子（如N、O、F）中的孤对电子而形成氢键。所以分子中存在N—H、O—H、F—H共价键时会形成氢键。

答案：A

39. 解 112mg铁的物质的量$n=\frac{\frac{112}{1000}}{56}=0.002\text{mol}$

溶液中铁的浓度$C=\frac{n}{V}=\frac{0.002}{\frac{100}{1000}}=0.02\text{mol}\cdot\text{L}^{-1}$

答案：C

40. 解 NaOAc为强碱弱酸盐，可以水解，水解常数$K_h=\frac{K_w}{K_a}$

$0.1\text{mol}\cdot\text{L}^{-1}$NaOAc溶液：

$$C_{OH^-}=\sqrt{C\cdot K_h}=\sqrt{C\cdot\frac{K_w}{K_a}}=\sqrt{0.1\times\frac{1\times10^{-14}}{1.8\times10^{-5}}}\approx7.5\times10^{-6}\text{mol}\cdot\text{L}^{-1}$$

$$C_{H^+}=\frac{K_w}{C_{OH^-}}=\frac{1\times10^{-14}}{7.5\times10^{-6}}\approx1.3\times10^{-9}\text{mol}\cdot\text{L}^{-1},\text{pH}=-\lg C_{H^+}\approx8.88$$

答案：D

41. 解 由物质的标准摩尔生成焓$\Delta_f H_m^{\ominus}$和反应的标准摩尔反应焓变$\Delta_r H_m^{\ominus}$的定义可知，$H_2O(l)$的标准摩尔生成焓$\Delta_f H_m^{\ominus}$为反应$H_2(g)+\frac{1}{2}O_2(g)=H_2O(l)$的标准摩尔反应焓变$\Delta_r H_m^{\ominus}$。反应$2H_2(g)+O_2(g)=2H_2O(l)$的标准摩尔反应焓变是反应$H_2(g)+\frac{1}{2}O_2(g)=H_2O(l)$的标准摩尔反应焓变的2倍，即$H_2(g)+\frac{1}{2}O_2(g)=H_2O(l)$的$\Delta_f H_m^{\ominus}=\frac{1}{2}\times(-572)=-286\text{kJ}\cdot\text{mol}^{-1}$。

答案：D

42. 解 $p(N_2O_4)=p(NO_2)=100\text{kPa}$时，$N_2O_4(g)\rightleftharpoons 2NO_2(g)$的反应熵$Q=\frac{\left[\frac{p(NO_2)}{p^{\ominus}}\right]^2}{\frac{p(N_2O_4)}{p^{\ominus}}}=1>K^{\ominus}=0.1132$，根据反应熵判据，反应逆向进行。

答案：B

43. 解 原电池电动势$E=\varphi_{正}-\varphi_{负}$，负极对应电对$Zn^{2+}/Zn$的能斯特方程式为$\varphi_{Zn^{2+}/Zn}=\varphi^{\ominus}_{Zn^{2+}/Zn}+\frac{0.059}{2}\lg C_{Zn^{2+}}$，ZnSO₄浓度增加，$C_{Zn^{2+}}$增加，$\varphi_{Zn^{2+}/Zn}$增加，原电池电动势变小。

答案： B

44. 解 $(CH_3)_2CHCH(CH_3)CH_2CH_3$的结构式为 $H_3C-\underset{}{\overset{CH_3}{\overset{|}{CH}}}-\overset{CH_3}{\overset{|}{CH}}-CH_2-CH_3$，根据有机化合物命名规则，该有机物命名为2，3-二甲基戊烷。

答案： B

45. 解 对羟基苯甲酸乙酯含有 HO—⟨苯环⟩ 部分，为酚类化合物；含有$-COOC_2H_5$部分，为酯类化合物。

答案： D

46. 解 该高聚物的重复单元为 $-CH_2-\underset{COOCH_3}{\underset{|}{CH}}-$，是由单体 $CH_2=CHCOOCH_3$ 通过加聚反应形成的。

答案： D

47. 解 销钉C处为光滑接触约束，约束力应垂直于AB光滑直槽，由于F_p的作用，直槽的左上侧与锁钉接触，故其约束力的作用线与x轴正向所成的夹角为150°。

答案： D（此题2017年考过）

48. 解 由图可知力$\boldsymbol{F}$过B点，故对B点的力矩为0，因此该力系对B点的合力矩为：

$$M_B = M = \frac{1}{2}Fa = \frac{1}{2} \times 150 \times 50 = 3750\text{N} \cdot \text{cm}(\text{顺时针})$$

答案： A

49. 解 以CD为研究对象，其受力如解图所示。

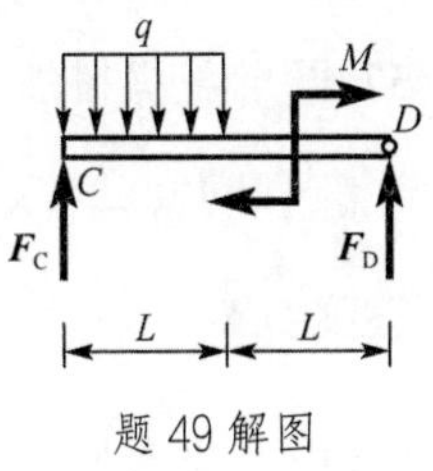

题49解图

列平衡方程：$\sum M_C(F) = 0$，$2L \cdot F_D - M - q \cdot L \cdot \frac{L}{2} = 0$

代入数值得：$F_D = 15\text{kN}$（铅垂向上）

答案： B

50. 解 由于主动力$\boldsymbol{F}_p$、$\boldsymbol{F}$大小均为100N，故其二力合力作用线与接触面法线方向的夹角为45°，与摩擦角相等，根据自锁条件的判断，物块处于临界平衡状态。

答案： D

51. 解 消去运动方程中的参数t，将$t^2 = x$代入y中，有$y = 2x^2$，故$y - 2x^2 = 0$为动点的轨迹方程。

答案： C

52. 解 速度的大小为运动方程对时间的一阶导数，即：

$$v_x = \frac{\mathrm{d}x}{\mathrm{d}t} = v_0 \cos\alpha, v_y = \frac{\mathrm{d}y}{\mathrm{d}t} = v_0 \sin\alpha - gt$$

则当$t=0$时，炮弹的速度大小为：$v=\sqrt{v_x^2+v_y^2}=v_0$

答案：C

53. 解 滑轮上A点的速度和切向加速度与皮带相应的速度和加速度相同，根据定轴转动刚体上速度、切向加速度的线性分布规律，可得B点的速度$v_{\mathrm{B}}=20R/r=30\mathrm{m/s}$，切向加速度$a_{\mathrm{Bt}}=6R/r=9\mathrm{m/s^2}$。

答案：A

54. 解 小球的运动及受力分析如解图所示。根据质点运动微分方程$\boldsymbol{F}=m\boldsymbol{a}$，将方程沿着$N$方向投影有：

$$ma\sin\alpha=N-mg\cos\alpha$$

解得：

$$N=mg\cos\alpha+ma\sin\alpha$$

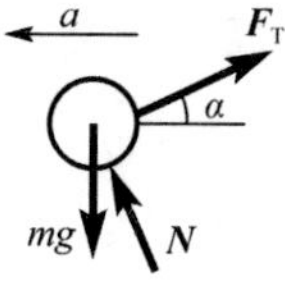

题 54 解图

答案：B

55. 解 物体受主动力$\boldsymbol{F}$、重力$m\boldsymbol{g}$及斜面的约束力$\boldsymbol{F}_{\mathrm{N}}$作用，做功分别为：

$W(\boldsymbol{F})=70\times6=420\mathrm{N\cdot m}$，$W(m\boldsymbol{g})=-5\times9.8\times6\sin30°=-147\mathrm{N\cdot m}$，$W(\boldsymbol{F}_{\mathrm{N}})=0$

故所有力做功之和为：$\boldsymbol{W}=420-147=273\mathrm{N\cdot m}$

答案：C

56. 解 根据动量矩定理，两轮分别有：$J\alpha_1=F_{\mathrm{A}}R$，$J\alpha_2=F_{\mathrm{B}}R$，对于轮$A$有$J\alpha_1=PR$，对于图 b）系统有$\left(J+\frac{P}{g}R^2\right)\alpha_2=PR$，所以$\alpha_1>\alpha_2$，故有$F_{\mathrm{A}}>F_{\mathrm{B}}$。

答案：B

57. 解 根据惯性力的定义：$\boldsymbol{F}_{\mathrm{I}}=-m\boldsymbol{a}$，物块$B$的加速度与物块$A$的加速度大小相同，且向下，故物块$B$的惯性力$F_{\mathrm{BI}}=4\times3.3=13.2\mathrm{N}$，方向与其加速度方向相反，即铅垂向上。

答案：A

58. 解 当激振力频率与系统的固有频率相等时，系统发生共振，即

$$\omega_0=\sqrt{\frac{k}{m}}=\omega=50\ \mathrm{rad/s}$$

系统的等效弹簧刚度$k=k_1+k_2=3\times10^5\mathrm{N/m}$

代入上式可得：$m=120\mathrm{kg}$

答案：C

59. 解 由低碳钢拉伸时σ-ε曲线（如解图所示）可知：在加载到强化阶段后卸载，再加载时，屈服点C'明显提高，断裂前变形明显减少，所以“冷作硬化”现象发生在强化阶段。

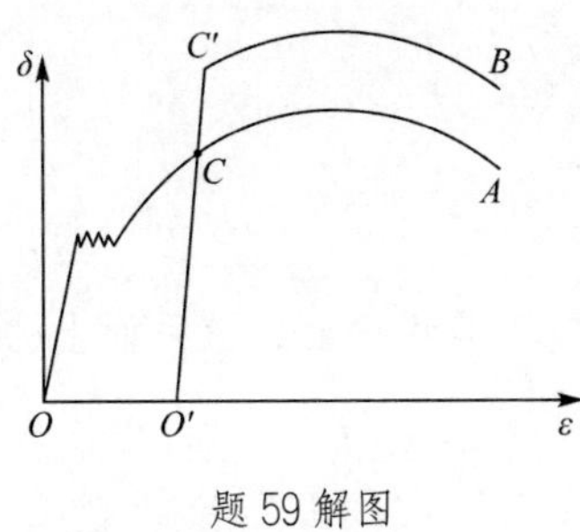

题 59 解图

答案：C

60. 解 AB段轴力是 $3F$，$\Delta l_{AB}=\frac{3Fa}{EA}$；$BC$段轴力是 $2F$，$\Delta l_{BC}=\frac{2Fa}{EA}$

杆的总伸长$\Delta l=\Delta l_{AB}+\Delta l_{BC}=\frac{3Fa}{EA}+\frac{2Fa}{EA}=\frac{5Fa}{EA}$

答案：D

61. 解 钢板和钢轴的计算挤压面积是dt，由钢轴的挤压强度条件$\sigma_{bs}=\frac{F}{dt}\leqslant[\sigma_{bs}]$，得$d\geqslant\frac{F}{t[\sigma_{bs}]}$。

答案：A

62. 解 根据极惯性矩I_p的定义：$I_p=\int_A\rho^2\,dA$，可知极惯性矩是一个定积分，具有可加性，所以$I_p=\frac{\pi}{32}D^4-\frac{\pi}{32}d^4=\frac{\pi}{32}(D^4-d^4)$。

答案：D

63. 解 根据定义，惯性矩$I_y=\int_A z^2\,dA$、$I_z=\int_A y^2\,dA$和极惯性矩$I_p=\int_A\rho^2\,dA$的值恒为正，而静矩$S_y=\int_A z\,dA$、$S_z=\int_A y\,dA$和惯性积$I_{yz}=\int_A yz\,dA$的数值可正、可负，也可为零。

答案：B

64. 解 由"零、平、斜，平、斜、抛"的微分规律，可知AB段有分布荷载；B截面有弯矩的突变，故B处有集中力偶。

答案：B

65. 解 A 图看整体：$\sigma_{max}=\frac{M}{W_z}=\frac{M}{\frac{a^3}{6}}=\frac{6M}{a^3}$

B 图看一根梁：$\sigma_{max}=\frac{M}{W_z}=\frac{0.5M}{0.5a^3/6}=\frac{M}{\frac{a^3}{6}}=\frac{6M}{a^3}$

C 图看一根梁：$\sigma_{max}=\frac{M}{W_z}=\frac{\frac{1}{3}M}{\frac{1}{3}a^3/6}=\frac{M}{\frac{a^3}{6}}=\frac{6M}{a^3}$

D 图看一根梁：$\sigma_{max}=\frac{M}{W_z}=\frac{0.5M}{a\times(0.5a)^2/6}=\frac{2M}{\frac{a^3}{6}}=\frac{12M}{a^3}$

答案：D

66. 解 A处为固定铰链支座，挠度总是等于 0，即$V_A=0$

B处挠度等于BD杆的变形量，即$V_B=\Delta L$

C处有集中力F作用，挠度方程和转角方程将发生转折，但是满足连续光滑的要求，即

$V_{C左} = V_{C右}$，$\theta_{C左} = \theta_{C右}$。

答案：C

67. 解 最大切应力所在截面，一定不是主平面，该平面上的正应力也一定不是主应力，也不一定为零，故只能选 D。

答案：D

68. 解 根据第一强度理论（最大拉应力理论）可知：$\sigma_{eq1} = \sigma_1$，所以只能选 A。

答案：A

69. 解 移动前杆是轴向受拉：$\sigma_{max} = \frac{F}{A} = \frac{F}{a^2}$

移动后杆是偏心受拉，属于拉伸与弯曲的组合受力与变形：

$$\sigma_{max} = \frac{F}{A} + \frac{0.5aF}{a^3/6} = \frac{F}{a^2} + \frac{3F}{a^2} = \frac{4F}{a^2}$$

答案：D

70. 解 压杆总是在惯性矩最小的方向失稳，

对图 a）：$I_a = \frac{hb^3}{12}$；对图 b）：$I_b = \frac{h^4}{12}$。则：

$$F_{cr}^{a} = \frac{\pi^2 EI_a}{(\mu L)^2} = \frac{\pi^2 E\frac{hb^3}{12}}{(2L)^2} = \frac{\pi^2 E\frac{2b \times b^3}{12}}{(2L)^2} = \frac{\pi^2 Eb^4}{24L^2}$$

$$F_{cr}^{b} = \frac{\pi^2 EI_b}{(\mu L)^2} = \frac{\pi^2 E\frac{2b \times (2b)^3}{12}}{(2L)^2} = \frac{\pi^2 Eb^4}{3L^2} = 8F_{cr}^{a}$$

故临界力是原来的 8 倍。

答案：B

71. 解 由流体的物理性质知，流体在静止时不能承受切应力，在微小切力作用下，就会发生显著的变形而流动。

答案：A

72. 解 由于题设条件中未给出计算水头损失的数据，现按不计水头损失的能量方程解析此题。

设基准面 0-0 与断面 2 重合，对断面 1-1 及断面 2-2 写能量方程：

$$Z_1 + \frac{v_1^2}{2g} = Z_2 + \frac{v_2^2}{2g}$$

代入数据 $2 + \frac{1.8^2}{2g} = \frac{v_2^2}{2g}$，解得 $v_2 = 6.50\text{m/s}$

又由连续方程 $v_1 A_1 = v_2 A_2$，可得 $1.8\text{m/s} \times \frac{\pi}{4} 0.1^2 = 6.50\text{m/s} \times \frac{\pi}{4} d_2^2$

解得 $d_2 = 5.2\text{cm}$

答案：A

73. 解 利用动量定理计算流体对固体壁的作用力时，进出口断面上的压强应为相对压强。

答案：B

74. 解 有压圆管层流运动的沿程损失系数$\lambda=\frac{64}{\mathrm{Re}}$

而雷诺数 Re= $\frac{vd}{\nu}=\frac{5\times5}{0.18}$ =138.89，$\lambda=\frac{64}{138.89}$ =0.461

答案：B

75. 解 并联长管路的水头损失相等，即$S_1Q_1^2=S_2Q_2^2$

式中管路阻抗$S_1=\frac{8\lambda\frac{L_1}{d_1}}{g\pi^2d_1^4}$，$S_2=\frac{8\lambda\frac{3L_1}{d_2}}{g\pi^2d_2^4}$

又因$d_1=d_2$，所以得：$\frac{Q_1}{Q_2}=\sqrt{\frac{S_2}{S_1}}=\sqrt{\frac{3L_1}{L_1}}=1.732$，$Q_1=1.732Q_2$

答案：C

76. 解 明渠均匀流只能发生在顺坡棱柱形渠道。

答案：B

77. 解 均匀砂质土壤适用达西渗透定律：$u=kJ$

代入题设数据，则渗流速度$u=0.005\times0.5=0.0025\mathrm{cm/s}$

答案：A

78. 解 压力管流的模型试验应选择雷诺准则。

答案：A

79. 解 直流电源作用下，电压U_1、电流I均为恒定值，产生恒定磁通Φ。根据电磁感应定律，线圈N_2中不会产生感应电动势，所以$U_2=0$。

答案：A

80. 解 通常电感线圈的等效电路是 R-L 串联电路。当线圈通入直流电时，电感线圈的感应电压为0，可以计算线圈电阻为$R'=\frac{U}{I}=\frac{10}{1}=10\Omega$。在交流电源作用下线圈的感应电压不为 0，要考虑线圈中感应电压的影响必须将电感线圈等效为 R-L 串联电路。因此，该电路的等效模型为：10Ω 电阻与电感 L 串联后再与传输线电阻 R 串联。

答案：B

81. 解 求等效电阻时应去除电源作用（电压源短路，电流源断路），将电流源断开后a-b端左侧网络的等效电阻为R_2。

答案：D

82. 解 首先根据给定电压函数$u(t)$写出电压的相量$\dot{U}$，利用交流电路的欧姆定律计算电流相量：

$$\dot{I}=\frac{\dot{U}}{Z}=\frac{220\angle30°}{10\angle45°}=22\angle-15°$$

最后写出电流$i(t)$的函数表达式为$22\sqrt{2}\sin(314t-15°)$A。

答案：D

83. 解 根据电路可以分析，总阻抗$Z=Z_1+Z_2=6+j8-jX_{\mathrm{C}}$，当$X_{\mathrm{C}}=8$时，$Z$有最小值，电流$I$有最大值（电路出现谐振，呈现电阻性质）。

答案：B

84. 解 用电设备 M 的外壳线a应接到保护地线 PE 上，电灯 D 的接线b应接到电源中性点 N 上，说明如下：

（1）三相四线制：包括相线 A、B、C 和保护零线 PEN（图示的 N 线）。PEN 线上有工作电流通过，PEN 线在进入用电建筑物处要做重复接地；我国民用建筑的配电方式采用该系统。

（2）三相五线制：包括相线 A、B、C，零线 N 和保护接地线 PE。N 线有工作电流通过，PE 线平时无电流（仅在出现对地漏电或短路时有故障电流）。

零线和地线的根本差别在于一个构成工作回路，一个起保护作用（叫作保护接地），一个回电网，一个回大地，在电子电路中这两个概念要区别开，工程中也要求这两根线分开接。

答案：C

85. 解 三相交流异步电动机的空载功率因数较小，为 0.2～0.3，随着负载的增加功率因数增加，当电机达到满载时功率因数最大，可以达到 0.9 以上。

答案：B

86. 解 控制电路图中所有控制元件均是未工作的状态，同一电器用同一符号注明。要保持电气设备连续工作必须有自锁环节（常开触点）。

图 B 的自锁环节使用了 KM 接触器的常闭触点，图 C 和图 D 中的停止按钮 SBstop 两端不能并入 KM 接触器的常闭触点或常开触点，因此图 B、C、D 都是错误的。

图 A 的电路符合设备连续工作的要求：按启动按钮 SBst（动合）后，接触器 KM 线圈通电，KM 常开触点闭合（实现自锁）；按停止按钮 SBstop（动断）后，接触器 KM 线圈断电，用电设备停止工作。可见四个选项中图 A 符合电气设备连续工作的要求。

答案：A

87. 解 表示信息的数字代码是二进制。通常用电压的高电位表示“1”，低电位表示“0”，或者反之。四个选项中的前三项都可以用来表示二进制代码“10101”，选项 D 的电位不符合“高-低-高-低-高”的规律，则不能用来表示数码“10101”。

答案：D

88. 解 根据信号的幅值频谱关系，周期信号的频谱是离散的，而非周期信号的频谱是连续的。图 a）是非周期性时间信号的频谱，图 b）是周期性时间信号的频谱。

答案： B

89. 解 滤波器是频率筛选器，通常根据信号的频率不同进行处理。它不会改变正弦波信号的形状，而是通过正弦波信号的频率来识别，保留有用信号，滤除干扰信号。而非正弦周期信号可以分解为多个不同频率正弦波信号的合成，它的频率特性是收敛的。对非正弦周期信号滤波时要保留基波和低频部分的信号，滤除高频部分的信号。这样做虽然不会改变原信号的频率，但是滤除高频分量以后会影响非正弦周期信号波形的形状。

答案： D

90. 解 根据逻辑函数的摩根定理对原式进行分析：

$$\mathrm{ABCD}+\overline{\mathrm{A}}+\overline{\mathrm{B}}+\overline{\mathrm{C}}+\overline{\mathrm{D}}=\mathrm{ABCD}+\overline{\overline{\overline{\mathrm{A}}+\overline{\mathrm{B}}+\overline{\mathrm{C}}+\overline{\mathrm{D}}}}=\mathrm{ABCD}+\overline{\mathrm{ABCD}}=1$$

答案： B

91. 解 $\mathrm{F}=\overline{\mathrm{AB}}$为与非门，分析波形可以用口诀：“A、B”有 0，“F”为 1；“A、B”全 1，“F”为 0，波形见解图。

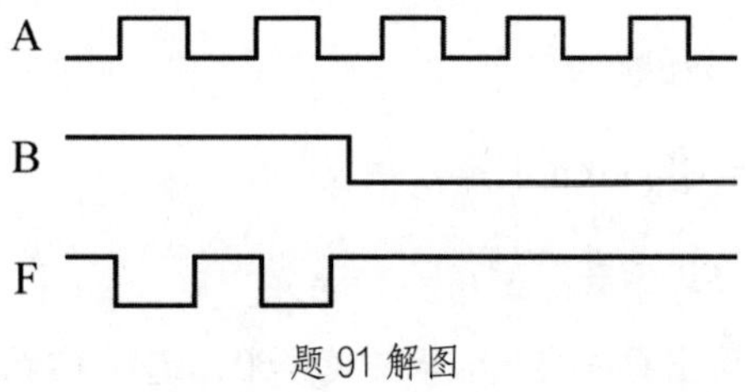

题 91 解图

答案： B

92. 解 根据真值表写出逻辑表达式的方法是：找出真值表输出信号 F=1 对应的输入变量取值组合，每组输入变量取值为一个乘积项（与），输入变量值为 1 的写原变量，输入变量值为 0 的写反变量。最后将这些变量相加（或），即可得到输出函数 F 的逻辑表达式。

根据该给定的真值表可以写出：$\mathrm{F}=\overline{\mathrm{A}}\mathrm{BC}+\mathrm{AB}\overline{\mathrm{C}}+\mathrm{ABC}$。

答案： D

93. 解 电压放大器的耦合电容有隔直通交的作用，因此电容C_E接入以后不会改变放大器的静态工作点。对于交变信号，接入电容C_E以后电阻R_E被短路，根据放大器的交流通道来分析放大器的动态参数，输入电阻R_i、输出电阻R_o、电压放大倍数A_u分别为：

$$R_i=R_{\mathrm{B1}}//\ R_{\mathrm{B2}}//\ [r_{\mathrm{be}}+(1+\beta)R_\mathrm{E}]$$

$$R_\mathrm{o}=R_\mathrm{C}$$

$$A_u = \frac{-\beta R_L'}{\gamma_{be} + (1+\beta)R_E}(R_L' = R_C /\!/ R_L)$$

可见，输出电阻R_o与R_E无关。

所以，并入电容C_E后不变的量是静态工作点和输出电阻R_o。

答案：C

94. 解 本电路属于运算放大器非线性应用，是一个电压比较电路。A 点是反相输入端，B 点是同相输入端。当 B 点电位高于 A 点电位时，输出电压有正的最大值U_{oM}。当 B 点电位低于 A 点电位时，输出电压有负的最大值$-U_{oM}$。

解图 a）、b）表示输出端u_{o1}和u_{o2}的波形正确关系。

选项 D 的u_{o1}波形分析正确，并且$u_{o1}= -u_{o2}$，符合题意。

答案：D

95. 解 利用逻辑函数分析如下：$F_1=\overline{A \cdot 1} = \overline{A}$；$F_2$=B+1=1。

答案：D

96. 解 两个电路分别为 JK 触发器和 D 触发器，逻辑状态表给定，它们有同一触发脉冲和清零信号作用。但要注意到两个触发器的触发时间不同，JK 触发器为下降沿触发，D 触发器为上升沿触发。

结合逻辑表分析输出脉冲波形如解图所示。

JK 触发器：J=K=1，$Q_{JK}^{n+1} = \overline{Q}_{JK}^{n}$，cp 下降沿触发。

D 触发器：$Q_D^{n+1} = D = \overline{Q}_D^{n}$，cp 上升沿触发。

对应的t_1时刻两个触发器的输出分别是 Q_{JK}=1，Q_D=0，选项 C 正确。

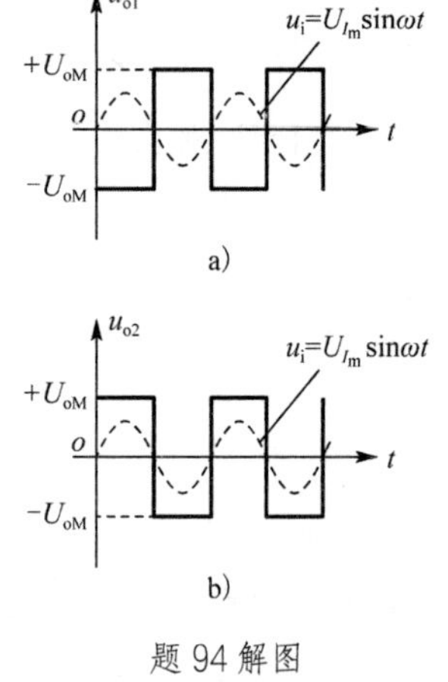

题 94 解图

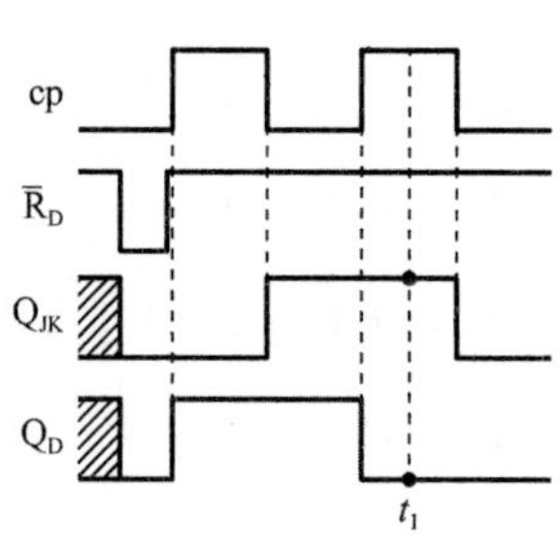

题 96 解图

答案：C

97. 解 计算机数字信号只有 0（低电平）和 1（高电平），是一系列高（电源电压的幅度）和低（0V）的方波序列，幅度是不变的，时间（周期）是可变的，也就是说处理的是断续的数字信息，数字信号是离散信号。

答案：B

98. 解 程序计数器（PC）又称指令地址计数器，计算机通常是按顺序逐条执行指令的，就是靠程序计数器来实现。每当执行完一条指令，PC 就自动加 1，即形成下一条指令地址。

答案：C

99. 解 计算机的软件系统是由系统软件、支撑软件和应用软件构成。系统软件是负责管理、控制和维护计算机软、硬件资源的一种软件，它为应用软件提供了一个运行平台。支撑软件是支持其他软件的编写制作和维护的软件。应用软件是特定应用领域专用的软件。

答案：B

100. 解 允许多个用户以交互方式使用计算机的操作系统是分时操作系统。分时操作系统是使一台计算机同时为几个、几十个甚至几百个用户服务的一种操作系统。它将系统处理机时间与内存空间按一定的时间间隔，轮流地切换给各终端用户的。

答案：B

101. 解 ASSCII 码是“美国信息交换标准代码”的简称，是目前国际上最为流行的字符信息编码方案。在这种编码中每个字符用 7 个二进制位表示，从 0000000 到 1111111 可以给出 128 种编码，用来表示 128 个不同的常用字符。

答案：D

102. 解 计算机系统内的存储器是由一个个存储单元组成的，而每一个存储单元的容量为 8 位二进制信息，称为一个字节。为了对存储器进行有效的管理，给每个单元都编上一个号，也就是给存储器中的每一个字节都分配一个地址码，俗称给存储器地址“编址”。

答案：A

103. 解 给数据加密，是隐蔽信息的可读性，将可读的信息数据转换为不可读的信息数据，称为密文。把信息隐藏起来，即隐藏信息的存在性，将信息隐藏在一个容量更大的信息载体之中，形成隐秘载体。信息隐藏和数据加密的方法是不一样的。

答案：D

104. 解 线程有时也称为轻量级进程，是被系统独立调度和 CPU 的基本运行单位。有些进程只包含一个线程，也可包含多个线程。线程的优点之一就是资源共享。

答案：C

105. 解 信息化社会是以计算机信息处理技术和传输手段的广泛应用为基础和标志的新技术革命，

影响和改造社会生活方式与管理方式。信息化社会指在经济生活全面信息化的进程中，人类社会生活的其他领域也逐步利用先进的信息技术建立起各种信息网络，信息技术在生产、科研教育、医疗保健、企业和政府管理以及家庭中的广泛应用对经济和社会发展产生了巨大而深刻的影响，从根本上改变了人们的生活方式、行为方式和价值观念。计算机则是实现信息社会的必备工具之一，两者相互影响、相互制约、相互推动、相互促进，是密不可分的关系。

答案： C

106. 解 如果要寻找一个主机名所对应的 IP 地址，则需要借助域名服务器来完成。当 Internet 应用程序收到一个主机域名时，它向本地域名服务器查询该主机域名对应的 IP 地址。如果在本地域名服务器中找不到该主机域名对应的 IP 地址，则本地域名服务器向其他域名服务器发出请求，要求其他域名服务器协助查找，并将找到的 IP 地址返回给发出请求的应用程序。

答案： C

107. 解 根据一次支付现值公式（已知F求P）：

$$P=\frac{F}{(1+i)^n}=\frac{50}{(1+5.06\%)^5}=39.06\text{ 万元}$$

答案： C

108. 解 项目总投资中的流动资金是指运营期内长期占用并周转使用的营运资金。估算流动资金的方法有扩大指标法或分项详细估算法。采用分项详细估算法估算时，流动资金是流动资产与流动负债的差额。

答案： C

109. 解 资本金（权益资金）的筹措方式有股东直接投资、发行股票、政府投资等，债务资金的筹措方式有商业银行贷款、政策性银行贷款、外国政府贷款、国际金融组织贷款、出口信贷、银团贷款、企业债券、国际债券和融资租赁等。

优先股股票和可转换债券属于准股本资金，是一种既具有资本金性质又具有债务资金性质的资金。

答案： C

110. 解 利息备付率=息税前利润/应付利息

式中，息税前利润=利润总额+利息支出

本题已经给出息税前利润，因此该年的利息备付率为：

利息备付率=息税前利润/应付利息=200/100=2

答案： B

111. 解 计算各年的累计净现金流量见解表。

题 111 解表

年份	0	1	2	3	4	5
净现金流量	−100	−50	40	60	60	60
累计净现金流量	−100	−150	−110	−50	10	70

静态投资回收期=累计净现金流量开始出现正值的年份数$-1+\dfrac{\text{上年累计净现金流量的绝对值}}{\text{当年净现金流量}}$

$$=4-1+|-50|\div 60=3.83\text{ 年}$$

答案：C

112. 解 该货物的影子价格为：

直接出口产出物的影子价格（出厂价）= 离岸价（FOB）× 影子汇率 − 出口费用

$$=100\times 6-100=500\text{元人民币}$$

答案：A

113. 解 甲方案的净现值为：$NPV_{甲}=-500+140\times 6.7101=439.414$万元

乙方案的净现值为：$NPV_{乙}=-1000+250\times 6.7101=677.525$万元

$NPV_{乙}>NPV_{甲}$，故应选择乙方案

互斥方案比较不应直接用方案的内部收益率比较，可采用净现值差额投资内部收益率进行比较。

答案：B

114. 解 用强制确定法选择价值工程的对象时，计算结果存在以下三种情况：

①价值系数小于 1 较多，表明该零件相对不重要且费用偏高，应作为价值分析的对象；

②价值系数大于 1 较多，即功能系数大于成本系数，表明该零件较重要而成本偏低，是否需要提高费用视具体情况而定；

③价值系数接近或等于 1，表明该零件重要性与成本适应，较为合理。

本题该部件的价值系数为 1.02，接近 1，说明该部件功能重要性与成本比重相当，不应将该部件作为价值工程对象。

答案：B

115. 解 《中华人民共和国建筑法》第十条规定，在建的建筑工程因故中止施工的，建设单位应当自中止施工之日起一个月内，向发证机关报告，并按照规定做好建筑工程的维护管理工作。

答案：A

116. 解 《中华人民共和国安全生产法》第二十八条规定，生产经营单位应当对从业人员进行安全生产教育和培训，保证从业人员具备必要的安全生产知识，熟悉有关的安全生产规章制度和安全操作规程，掌握本岗位的安全操作技能，了解事故应急处理措施，知悉自身在安全生产方面的权利和义务。

答案：C

117. 解 《中华人民共和国招标投标法》第十二条规定，招标人有权自行选择招标代理机构，委托其办理招标事宜。任何单位和个人不得以任何方式为招标人指定招标代理机构。招标人具有编制招标文件和组织评标能力的，可以自行办理招标事宜。任何单位和个人不得强制其委托招标代理机构办理招标事宜。依法必须进行招标的项目，招标人自行办理招标事宜的，应当向有关行政监督部门备案。

从上述条文可以看出选项A正确，选项B错误，因为招标人可以委托代理机构办理招标事宜。选项C错误，招标人自行招标时才需要备案，不是委托代理人才需要备案。选项D明显不符合第十二条的规定。

答案：A

118. 解 《中华人民共和国民法典》第一百三十七条规定，以对话方式作出的意思表示，相对人知道其内容时生效。以非对话方式作出的意思表示，到达相对人时生效。以非对话方式作出的采用数据电文形式的意思表示，相对人指定特定系统接收数据电文的，该数据电文进入该特定系统时生效；未指定特定系统的，相对人知道或者应当知道该数据电文进入其系统时生效。当事人对采用数据电文形式的意思表示的生效时间另有约定的，按照其约定。

答案：A

119. 解 依照《中华人民共和国行政许可法》第四十二条的规定，依照本法第二十六条的规定，行政许可采取统一办理或者联合办理、集中办理的，办理的时间不得超过四十五日；四十五日内不能办结的，经本级人民政府负责人批准，可以延长十五日，并应当将延长期限的理由告知申请人。

答案：D

120. 解 《建设工程质量管理条例》第十六条规定，建设单位收到建设工程竣工报告后，应当组织设计、施工、工程监理等有关单位进行竣工验收。

答案：C

2021年度全国勘察设计注册工程师

执业资格考试试卷

基础考试

（上）

二〇二一年十月

应考人员注意事项

1. 本试卷科目代码为“1”，考生务必将此代码填涂在答题卡“科目代码”相应的栏目内，否则，无法评分。

2. 书写用笔：**黑色或蓝色钢笔、签字笔或圆珠笔**；

   填涂答题卡用笔：**黑色 2B 铅笔**。

3. 必须用书写用笔将工作单位、姓名、准考证号填写在答题卡和试卷相应的栏目内。

4. 本试卷由 120 题组成，每题 1 分，满分 120 分，本试卷全部为单项选择题，每小题的四个备选项中只有一个正确答案，错选、多选、不选均不得分。

5. 考生作答时，必须按**题号在答题卡上**将相应试题所选选项对应的**字母用 2B 铅笔涂黑**。

6. 在答题卡上书写与题意无关的语言，或在答题卡上作标记的，均按违纪试卷处理。

7. 考试结束时，由监考人员当面将试卷、答题卡一并收回。

8. 草稿纸由各地统一配发，考后收回。

单项选择题（共 120 题，每题 1 分。每题的备选项中只有一个最符合题意。）

1. 下列结论正确的是：

A. $\lim\limits_{x\to 0} e^{\frac{1}{x}}$存在

B. $\lim\limits_{x\to 0^-} e^{\frac{1}{x}}$存在

C. $\lim\limits_{x\to 0^+} e^{\frac{1}{x}}$存在

D. $\lim\limits_{x\to 0^+} e^{\frac{1}{x}}$存在，$\lim\limits_{x\to 0^-} e^{\frac{1}{x}}$不存在，从而$\lim\limits_{x\to 0} e^{\frac{1}{x}}$不存在

2. 当$x\to 0$时，与x^2为同阶无穷小的是：

A. $1-\cos 2x$　　B. $x^2\sin x$

C. $\sqrt{1+x}-1$　　D. $1-\cos x^2$

3. 设$f(x)$在$x=0$的某个邻域有定义，$f(0)=0$，且$\lim\limits_{x\to 0}\frac{f(x)}{x}=1$，则在$x=0$处：

A. 不连续　　B. 连续但不可导

C. 可导且导数为 1　　D. 可导且导数为 0

4. 若$f\left(\frac{1}{x}\right)=\frac{x}{1+x}$，则$f'(x)$等于：

A. $\frac{1}{x+1}$　　B. $-\frac{1}{x+1}$

C. $-\frac{1}{(x+1)^2}$　　D. $\frac{1}{(x+1)^2}$

5. 方程$x^3+x-1=0$：

A. 无实根　　B. 只有一个实根

C. 有两个实根　　D. 有三个实根

6. 若函数$f(x)$在$x=x_0$处取得极值，则下列结论成立的是：

A. $f'(x_0)=0$　　B. $f'(x_0)$不存在

C. $f'(x_0)=0$或$f'(x_0)$不存在　　D. $f''(x_0)=0$

7. 若$\int f(x)\,\mathrm{d}x=\int \mathrm{d}g(x)$，则下列各式中正确的是：

A. $f(x)=g(x)$　　B. $f(x)=g'(x)$

C. $f'(x)=g(x)$　　D. $f'(x)=g'(x)$

8. 定积分$\int_{-1}^{1}(x^3+|x|)e^{x^2}\mathrm{d}x$的值等于：

A. 0　　　　B. e

C. $e-1$　　　　D. 不存在

9. 曲面$x^2+y^2+z^2=a^2$与$x^2+y^2=2az\ (a>0)$的交线是：

A. 双曲线　　　　B. 抛物线

C. 圆　　　　D. 不存在

10. 设有直线L:$\begin{cases}x+3y+2z+1=0\\2x-y-10z+3=0\end{cases}$及平面$\pi$: $4x-2y+z-2=0$，则直线L：

A. 平行π　　　　B. 垂直于π

C. 在π上　　　　D. 与π斜交

11. 已知函数$f(x)$在$(-\infty,+\infty)$内连续，并满足$f(x)=\int_0^x f(t)\mathrm{d}t$，则$f(x)$为：

A. e^x　　　　B. $-e^x$

C. 0　　　　D. e^{-x}

12. 在下列函数中，为微分方程$y''-y'-2y=6e^x$的特解的是：

A. $y=3e^{-x}$　　　　B. $y=-3e^{-x}$

C. $y=3e^x$　　　　D. $y=-3e^x$

13. 设函数$f(x,y)=\begin{cases}\frac{1}{xy}\sin(x^2y) & xy\neq 0\\ 0 & xy=0\end{cases}$，则$f_x'(0,1)$等于：

A. 0　　　　B. 1

C. 2　　　　D. −1

14. 设函数$f(u)$连续，而区域D: $x^2+y^2\leqslant 1$，且$x\geqslant 0$,则二重积分$\iint\limits_D f\left(\sqrt{x^2+y^2}\right)\mathrm{d}x\mathrm{d}y$等于：

A. $\pi\int_0^1 f(r)\,\mathrm{d}r$　　　　B. $\pi\int_0^1 rf(r)\,\mathrm{d}r$

C. $\frac{\pi}{2}\int_0^1 f(r)\,\mathrm{d}r$　　　　D. $\frac{\pi}{2}\int_0^1 rf(r)\,\mathrm{d}r$

15. 设L是圆$x^2+y^2=-2x$，取逆时针方向，则对坐标的曲线积分$\int_L (x-y)\mathrm{d}x+(x+y)\mathrm{d}y$等于：

A. -4π

B. -2π

C. 0

D. 2π

16. 设函数$z=x^y$，则$\frac{\partial^2 z}{\partial x \partial y}$等于：

A. $x^y(1+\ln x)$

B. $x^y(1+y\ln x)$

C. $x^{y-1}(1+y\ln x)$

D. $x^y(1-x\ln x)$

17. 下列级数中，收敛的级数是：

A. $\sum\limits_{n=1}^{\infty}\frac{8^n}{7^n}$

B. $\sum\limits_{n=1}^{\infty} n\sin\frac{1}{n}$

C. $\sum\limits_{n=1}^{\infty}\frac{1}{\sqrt{n}}$

D. $\sum\limits_{n=1}^{\infty}(-1)^{n-1}\frac{1}{\sqrt{n}}$

18. 级数$\sum\limits_{n=1}^{\infty} n\left(\frac{1}{2}\right)^{n-1}$的和是：

A. 1

B. 2

C. 3

D. 4

19. 若矩阵$\boldsymbol{A}=\begin{bmatrix}1&0&0\\0&-1&-1\\0&0&1\end{bmatrix}$，$\boldsymbol{I}=\begin{bmatrix}1&0&0\\0&1&0\\0&0&1\end{bmatrix}$，则矩阵$(\boldsymbol{A}-2\boldsymbol{I})^{-1}(\boldsymbol{A}^2-4\boldsymbol{I})$为：

A. $\begin{bmatrix}3&0&0\\0&1&-1\\0&0&3\end{bmatrix}$

B. $\begin{bmatrix}3&0&0\\0&1&0\\0&0&3\end{bmatrix}$

C. $\begin{bmatrix}3&0&0\\0&1&1\\0&0&3\end{bmatrix}$

D. $\begin{bmatrix}2&0&0\\0&-2&-2\\0&0&2\end{bmatrix}$

20. 已知矩阵$\boldsymbol{A}=\begin{bmatrix}0&0&1\\x&1&y\\1&0&0\end{bmatrix}$有三个线性无关的特征向量，则下列关系式正确的是：

A. $x+y=0$

B. $x+y\neq 0$

C. $x+y=1$

D. $x=y=1$

21. 设n维向量组α_1，α_2，α_3是线性方程组$\boldsymbol{A}x=\boldsymbol{0}$的一个基础解系，则下列向量组也是$\boldsymbol{A}x=\boldsymbol{0}$的基础解系的是：

A. α_1，$\alpha_2-\alpha_3$

B. $\alpha_1+\alpha_2$，$\alpha_2+\alpha_3$，$\alpha_3+\alpha_1$

C. $\alpha_1+\alpha_2$，$\alpha_2+\alpha_3$，$\alpha_1-\alpha_3$

D. α_1，$\alpha_1+\alpha_2$，$\alpha_2+\alpha_3$，$\alpha_1+\alpha_2+\alpha_3$

22. 袋子里有 5 个白球，3 个黄球，4 个黑球，从中随机抽取 1 只，已知它不是黑球，则它是黄球的概率是：

A. $\frac{1}{8}$　　B. $\frac{3}{8}$

C. $\frac{5}{8}$　　D. $\frac{7}{8}$

23. 设X服从泊松分布$P(3)$，则X的方差与数学期望之比$\frac{D(X)}{E(X)}$等于：

A. 3　　B. $\frac{1}{3}$

C. 1　　D. 9

24. 设$X_1,X_2,\cdots,X_n$是来自总体$X\sim N(\mu,\sigma^2)$的样本，$\overline{X}$是$X_1,X_2,\cdots,X_n$的样本均值，则$\sum\limits_{i=1}^{n}\frac{(X_i-\overline{X})^2}{\sigma^2}$服从的分布是：

A. $F(n)$　　B. $t(n)$

C. $\chi^2(n)$　　D. $\chi^2(n-1)$

25. 在标准状态下，即压强$p_0=1\text{atm}$，温度$T=273.15\text{K}$，一摩尔任何理想气体的体积均为：

A. 22.4L　　B. 2.24L

C. 224L　　D. 0.224L

26. 理想气体经过等温膨胀过程，其平均自由程$\overline{\lambda}$和平均碰撞次数$\overline{Z}$的变化是：

A. $\overline{\lambda}$变大，$\overline{Z}$变大　　B. $\overline{\lambda}$变大，$\overline{Z}$变小

C. $\overline{\lambda}$变小，$\overline{Z}$变大　　D. $\overline{\lambda}$变小，$\overline{Z}$变小

27. 在一热力学过程中，系统内能的减少量全部成为传给外界的热量，此过程一定是：

A. 等体升温过程　　B. 等体降温过程

C. 等压膨胀过程　　D. 等压压缩过程

28. 理想气体卡诺循环过程的两条绝热线下的面积大小（图中阴影部分）分别为S_1和S_2，则二者的大小关系是：

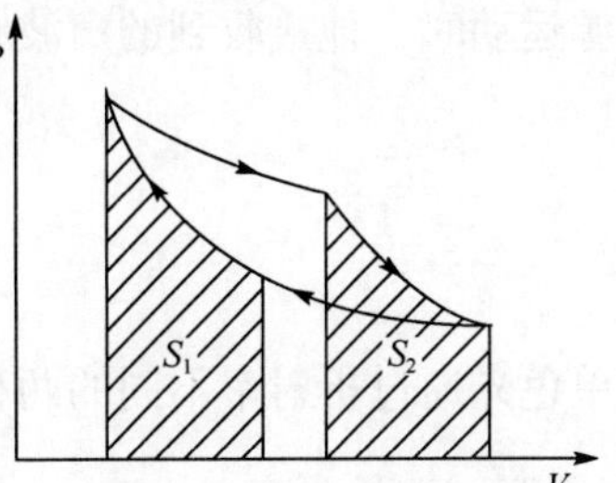

A. $S_1 > S_2$

B. $S_1 = S_2$

C. $S_1 < S_2$

D. 无法确定

29. 一热机在一次循环中吸热1.68×10^2J，向冷源放热1.26×10^2J，该热机效率为：

A. 25%　　　　B. 40%

C. 60%　　　　D. 75%

30. 若一平面简谐波的波动方程为$y = A\cos(Bt - Cx)$，式中A、B、C为正值恒量，则：

A. 波速为C　　　　B. 周期为$\frac{1}{B}$

C. 波长为$\frac{2\pi}{C}$　　　　D. 角频率为$\frac{2\pi}{B}$

31. 图示为一平面简谐机械波在t时刻的波形曲线，若此时A点处媒质质元的振动动能在增大，则：

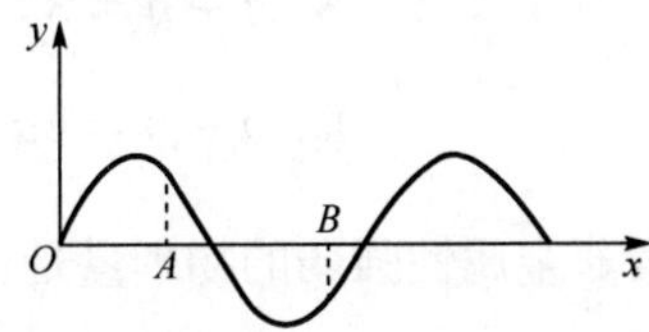

A. A点处质元的弹性势能在减小

B. 波沿x轴负方向传播

C. B点处质元振动动能在减小

D. 各点的波的能量密度都不随时间变化

32. 两个相同的喇叭接在同一播音器上，它们是相干波源，二者到P点的距离之差为$\lambda/2$（λ是声波波长），则P点处为：

A. 波的相干加强点　　　　B. 波的相干减弱点

C. 合振幅随时间变化的点　　　　D. 合振幅无法确定的点

33. 一声波波源相对媒质不动，发出的声波频率是v_0。设以观察者的运动速度为波速的 1/2，当观察者远离波源运动时，他接收到的声波频率是：

A. v_0　　B. $2v_0$

C. $v_0/2$　　D. $3v_0/2$

34. 当一束单色光通过折射率不同的两种媒质时，光的：

A. 频率不变，波长不变　　B. 频率不变，波长改变

C. 频率改变，波长不变　　D. 频率改变，波长改变

35. 在单缝衍射中，若单缝处的波面恰好被分成偶数个半波带，在相邻半波带上任何两个对应点所发出的光，在暗条纹处的相位差为：

A. π　　B. 2π

C. $\frac{\pi}{2}$　　D. $\frac{3\pi}{2}$

36. 一束平行单色光垂直入射在光栅上，当光栅常数$(a+b)$为下列哪种情况时（a代表每条缝的宽度），$k=3$、6、9等级次的主极大均不出现？

A. $a+b=2a$　　B. $a+b=3a$

C. $a+b=4a$　　D. $a+b=6a$

37. 既能衡量元素金属性又能衡量元素非金属性强弱的物理量是：

A. 电负性　　B. 电离能

C. 电子亲和能　　D. 极化力

38. 下列各组物质中，两种分子之间存在的分子间力只含有色散力的是：

A. 氢气和氦气　　B. 二氧化碳和二氧化硫气体

C. 氢气和溴化氢气体　　D. 一氧化碳和氧气

39. 在$BaSO_4$饱和溶液中，加入Na_2SO_4，溶液中$c(Ba^{2+})$的变化是：

A. 增大　　B. 减小

C. 不变　　D. 不能确定

40. 已知$K^{\ominus}(NH_3 \cdot H_2O) = 1.8 \times 10^{-5}$，浓度均为$0.1mol \cdot L^{-1}$的$NH_3 \cdot H_2O$和$NH_4Cl$混合溶液的 pH 值为：

A. 4.74

B. 9.26

C. 5.74

D. 8.26

41. 已知HCl(g)的$\Delta_f H_m^{\ominus} = -92kJ \cdot mol^{-1}$，则反应$H_2(g) + Cl_2(g) == 2HCl(g)$的$\Delta_r H_m^{\ominus}$是：

A. $92kJ \cdot mol^{-1}$

B. $-92kJ \cdot mol^{-1}$

C. $-184kJ \cdot mol^{-1}$

D. $46kJ \cdot mol^{-}$

42. 反应$A(s) + B(g) \rightleftharpoons 2C(g)$在体系中达到平衡，如果保持温度不变，升高体系的总压（减小体积），平衡向左移动，则$K^{\ominus}$的变化是：

A. 增大

B. 减小

C. 不变

D. 无法判断

43. 已知 $E^{\ominus}(Fe^{3+}/Fe^{2+}) = 0.771V$，$E^{\ominus}(Fe^{2+}/Fe) = -0.44V$，$K_{sp}^{\ominus}(Fe(OH)_3) = 2.79 \times 10^{-39}$，$K_{sp}^{\ominus}(Fe(OH)_2) = 4.87 \times 10^{-17}$，有如下原电池$(-)Fe \mid Fe^{2+}(1.0mol \cdot L^{-1}) \parallel Fe^{3+}(1.0mol \cdot L^{-1})$，$Fe^{2+}(1.0mol \cdot L^{-1}) \mid Pt(+)$，如向两个半电池中均加入 NaOH，最终均使$c(OH^-) = 1.0mol \cdot L^{-1}$，则原电池电动势变化是：

A. 变大

B. 变小

C. 不变

D. 无法判断

44. 下列各组化合物中能用溴水区别的是：

A. 1-己烯和己烷

B. 1-己烯和 1-己炔

C. 2-己烯和 1-己烯

D. 己烷和苯

45. 尼泊金丁酯是国家允许使用的食品防腐剂，它是对羟基苯甲酸与醇形成的酯类化合物。尼泊金丁酯的结构简式为：

A. （邻羟基苯基）$-\overset{O}{\overset{\|}{C}}CH_2CH_2CH_2CH_3$（苯环邻位为 OH）

B. $CH_3CH_2CH_2CH_2O-$（苯环）$-\overset{O}{\overset{\|}{C}}-OH$

C. $HO-$（苯环）$-\overset{O}{\overset{\|}{C}}-OCH_2CH_2CH_2CH_3$

D. $H_3CH_2CH_2C\overset{O}{\overset{\|}{C}}-O-$（苯环）$-OH$

46. 某高分子化合物的结构为：

$$\cdots-CH_2-\underset{Cl}{\underset{|}{CH}}-CH_2-\underset{Cl}{\underset{|}{CH}}-CH_2-\underset{Cl}{\underset{|}{CH}}-\cdots$$

在下列叙述中，不正确的是：

A. 它为线型高分子化合物

B. 合成该高分子化合物的反应为缩聚反应

C. 链节为 $-\underset{H}{\underset{|}{\overset{H}{\overset{|}{C}}}}-\underset{Cl}{\underset{|}{\overset{H}{\overset{|}{C}}}}-$

D. 它的单体为 $CH_2=CHCl$

47. 三角形板ABC受平面力系作用如图所示。欲求未知力$\boldsymbol{F}_{NA}$、$\boldsymbol{F}_{NB}$和$\boldsymbol{F}_{NC}$，独立的平衡方程组是：

A. $\sum M_C(\boldsymbol{F})=0$，$\sum M_D(\boldsymbol{F})=0$，$\sum M_B(\boldsymbol{F})=0$

B. $\sum F_y=0$，$\sum M_A(\boldsymbol{F})=0$，$\sum M_B(\boldsymbol{F})=0$

C. $\sum F_x=0$，$\sum M_A(\boldsymbol{F})=0$，$\sum M_B(\boldsymbol{F})=0$

D. $\sum F_x=0$，$\sum M_A(\boldsymbol{F})=0$，$\sum M_C(\boldsymbol{F})=0$

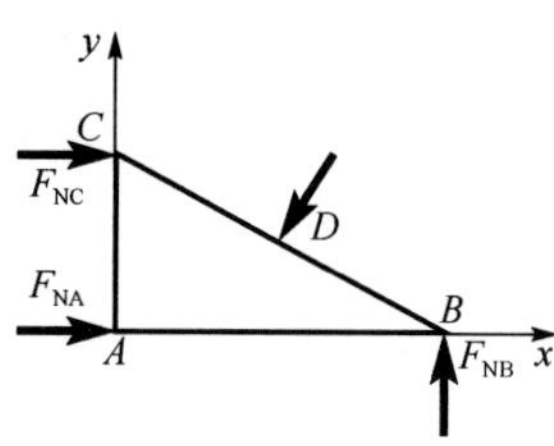

48. 图示等边三角板ABC，边长为a，沿其边缘作用大小均为F的力$\boldsymbol{F}_1$、$\boldsymbol{F}_2$、$\boldsymbol{F}_3$，方向如图所示，则此力系可简化为：

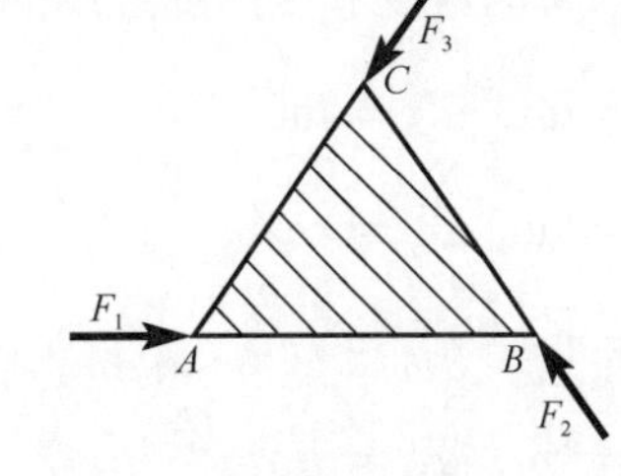

A. 平衡

B. 一力和一力偶

C. 一合力偶

D. 一合力

49. 三杆AB、AC及DEH用铰链连接如图所示。已知：$AD = BD = 0.5\text{m}$，E端受一力偶作用，其矩$M = 1\text{kN}\cdot\text{m}$。则支座$C$的约束力为：

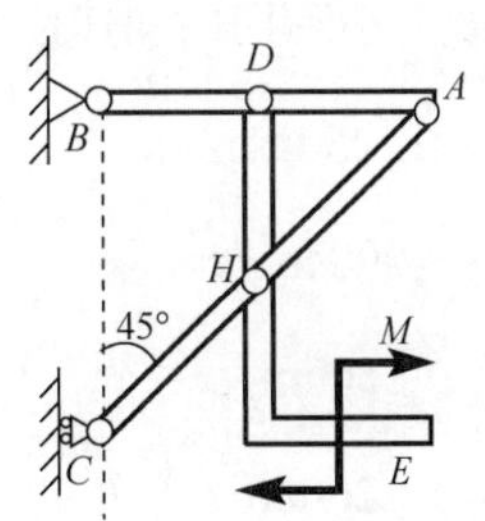

A. $F_{\text{C}} = 0$

B. $F_{\text{C}} = 2\text{kN}$（水平向右）

C. $F_{\text{C}} = 2\text{kN}$（水平向左）

D. $F_{\text{C}} = 1\text{kN}$（水平向右）

50. 图示桁架结构中，DH杆的内力大小为：

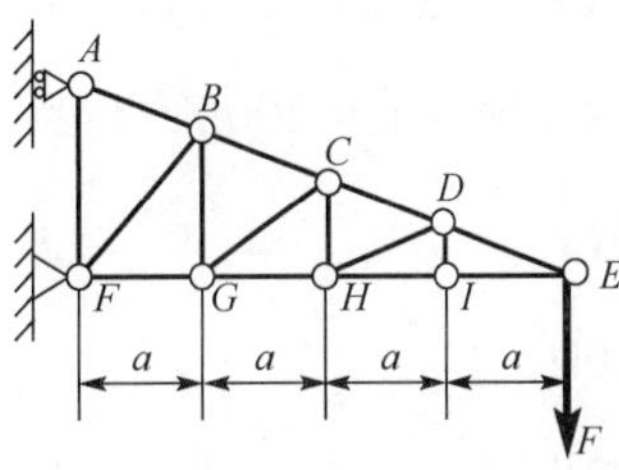

A. F

B. $-F$

C. $0.5F$

D. 0

51. 某点按$x = t^3 - 12t + 2$的规律沿直线轨迹运动（其中t以 s 计，x以 m 计），则$t = 3\text{s}$时点经过的路程为：

A. 23m

B. 21m

C. −7m

D. −14m

52. 四连杆机构如图所示。已知曲柄O_1A长为r，AM长为l，角速度为ω、角加速度为ε。则固连在AB杆上的物块M的速度和法向加速度的大小为：

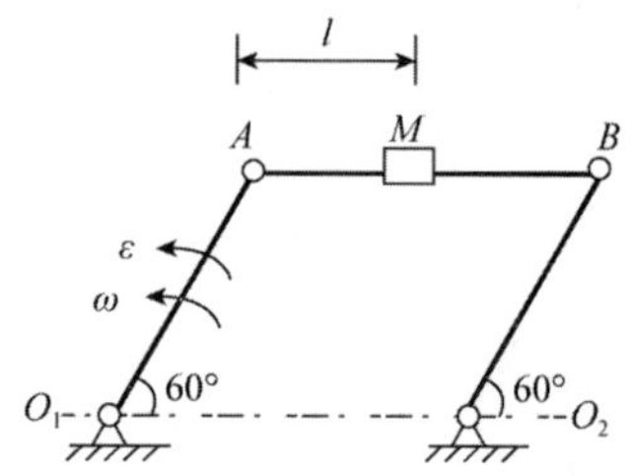

A. $v_M = l\omega$，$a_M^n = l\omega^2$

B. $v_M = l\omega$，$a_M^n = r\omega^2$

C. $v_M = r\omega$，$a_M^n = r\omega^2$

D. $v_M = r\omega$，$a_M^n = l\omega^2$

53. 直角刚杆OAB在图示瞬时角速度$\omega = 2\text{rad/s}$，角加速度$\varepsilon = 5\text{rad/s}^2$，若$OA$ =40cm，AB =30cm，则B点的速度大小和切向加速度的大小为：

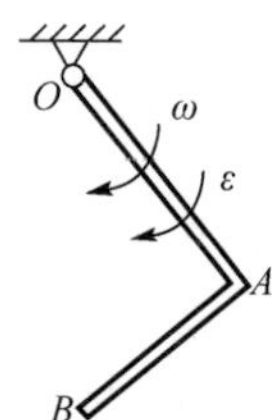

A. 100cm/s；250cm/s^2

B. 80cm/s；200cm/s^2

C. 60cm/s；150cm/s^2

D. 100cm/s；200cm/s^2

54. 设物块A为质点，其重力大小$W = 10\text{N}$，静止在一个可绕y轴转动的平面上，如图所示。绳长$l = 2\text{m}$，取重力加速度$g = 10\text{m/s}^2$。当平面与物块以常角速度 2rad/s转动时，则绳中的张力是：

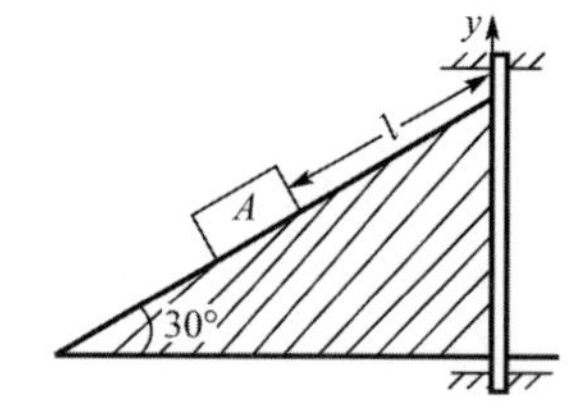

A. 11N

B. 8.66N

C. 5.00N

D. 9.51N

55. 图示均质细杆OA的质量为m，长为l，绕定轴Oz以匀角速度ω转动。设杆与Oz轴的夹角为α，则当杆运动到Oyz平面内的瞬时，细杆OA的动量大小为：

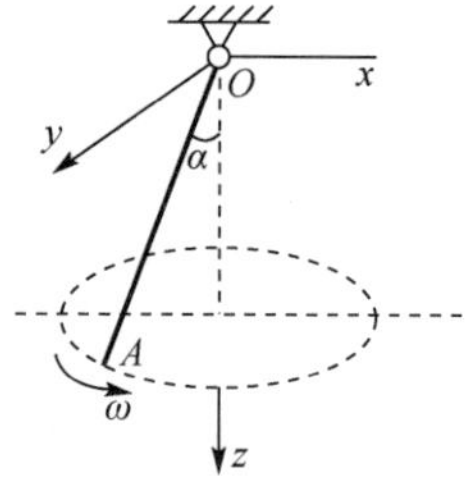

A. $\frac{1}{2}ml\omega$

B. $\frac{1}{2}ml\omega\sin\alpha$

C. $ml\omega\sin\alpha$

D. $\frac{1}{2}ml\omega\cos\alpha$

56. 均质细杆OA，质量为m，长为l。在如图所示水平位置静止释放，当运动到铅直位置时，OA杆的角速度大小为：

A. 0

B. $\sqrt{\frac{3g}{l}}$

C. $\sqrt{\frac{3g}{2l}}$

D. $\sqrt{\frac{g}{3l}}$

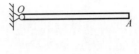

57. 质量为m，半径为R的均质圆轮，绕垂直于图面的水平轴O转动，在力偶M的作用下，其常角速度为ω，在图示瞬时，轮心C在最低位置，此时轴承O施加于轮的附加动反力为：

A. $mR\omega/2$(铅垂向上)

B. $mR\omega/2$(铅垂向下)

C. $mR\omega^2/2$(铅垂向上)

D. $mR\omega^2$(铅垂向上)

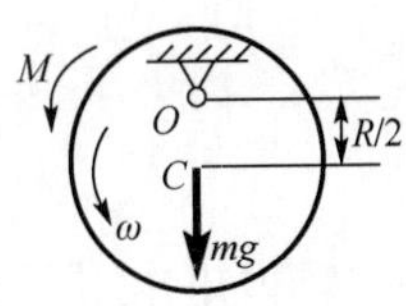

58. 如图所示系统中，四个弹簧均未受力，已知$m = 50\text{kg}$，$k_1 = 9800\text{N/m}$，$k_2 = k_3 = 4900\text{N/m}$，$k_4 = 19600\text{N/m}$。则此系统的固有圆频率为：

A. 19.8rad/s

B. 22.1rad/s

C. 14.1rad/s

D. 9.9rad/s

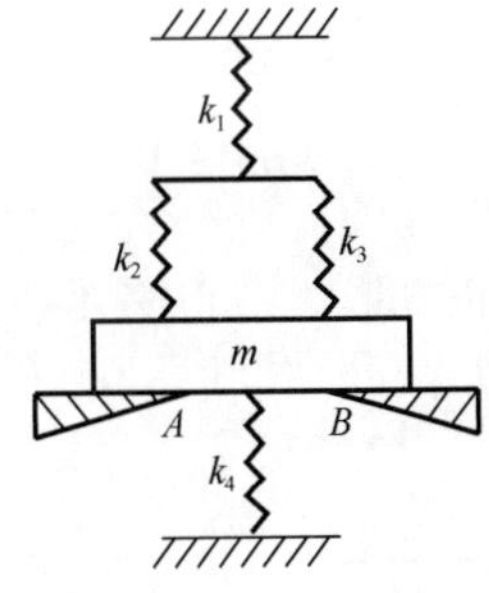

59. 关于铸铁力学性能有以下两个结论：①抗剪能力比抗拉能力差；②压缩强度比拉伸强度高。关于以上结论下列说法正确的是：

A. ①正确，②不正确

B. ②正确，①不正确

C. ①、②都正确

D. ①、②都不正确

60. 等截面直杆DCB，拉压刚度为EA，在B端轴向集中力F作用下，杆中间C截面的轴向位移为：

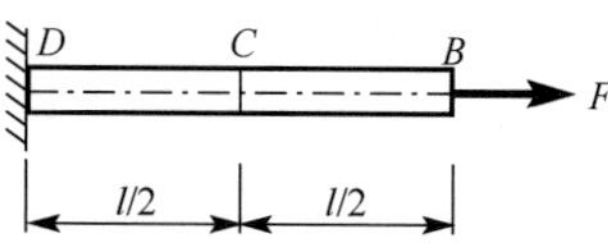

A. $\frac{2Fl}{EA}$

B. $\frac{Fl}{EA}$

C. $\frac{Fl}{2EA}$

D. $\frac{Fl}{4EA}$

61. 图示矩形截面连杆，端部与基础通过铰链轴连接，连杆受拉力F作用，已知铰链轴的许用挤压应力为$[\sigma_{bs}]$，则轴的合理直径d是：

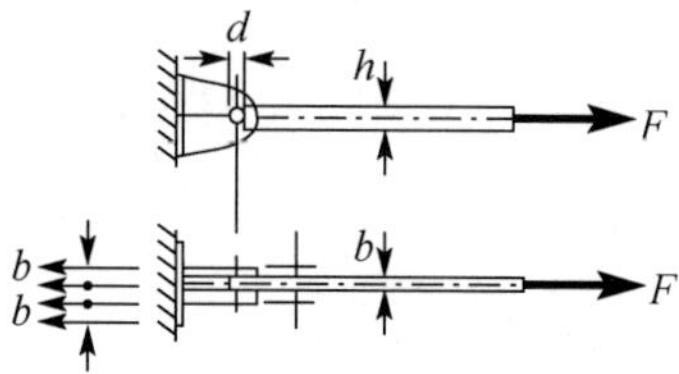

A. $d \geqslant \frac{F}{b[\sigma_{bs}]}$

B. $d \geqslant \frac{F}{h[\sigma_{bs}]}$

C. $d \geqslant \frac{F}{2b[\sigma_{bs}]}$

D. $d \geqslant \frac{F}{2h[\sigma_{bs}]}$

62. 图示圆轴在扭转力矩作用下发生扭转变形，该轴A、B、C三个截面相对于D截面的扭转角间满足：

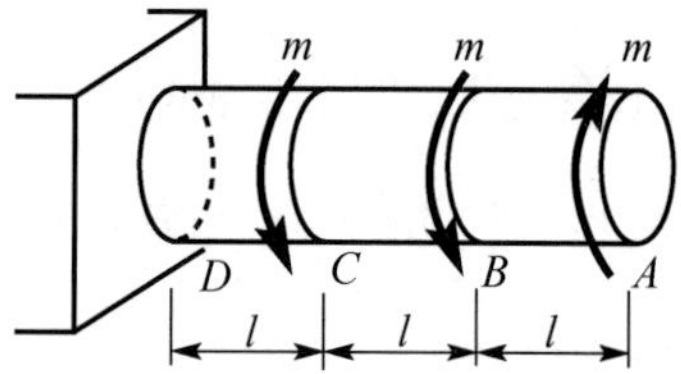

A. $\varphi_{DA} = \varphi_{DB} = \varphi_{DC}$

B. $\varphi_{DA} = 0$，$\varphi_{DB} = \varphi_{DC}$

C. $\varphi_{DA} = \varphi_{DB} = 2\varphi_{DC}$

D. $\varphi_{DA} = 2\varphi_{DC}$，$\varphi_{DB} = 0$

63. 边长为a的正方形，中心挖去一个直径为d的圆后，截面对z轴的抗弯截面系数是：

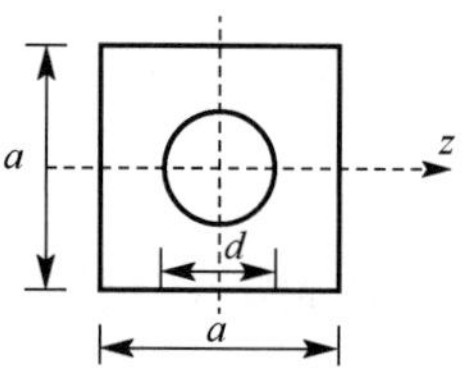

A. $W_z = \frac{a^4}{12} - \frac{\pi d^4}{64}$

B. $W_z = \frac{a^3}{6} - \frac{\pi d^3}{32}$

C. $W_z = \frac{a^3}{6} - \frac{\pi d^4}{32a}$

D. $W_z = \frac{a^3}{6} - \frac{\pi d^4}{16a}$

64. 如图所示，对称结构梁在反对称荷载作用下，梁中间C截面的弯曲内力是：

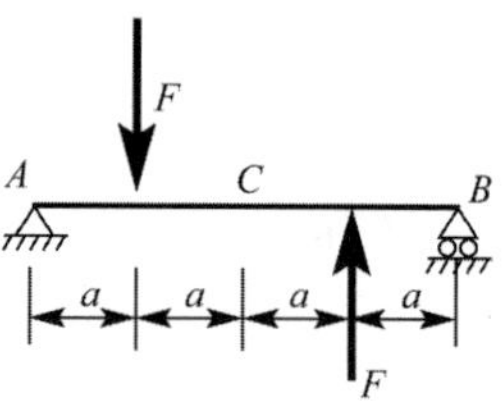

A. 剪力、弯矩均不为零

B. 剪力为零，弯矩不为零

C. 剪力不为零，弯矩为零

D. 剪力、弯矩均为零

65. 悬臂梁ABC的荷载如图所示，若集中力偶m在梁上移动，则梁的内力变化情况是：

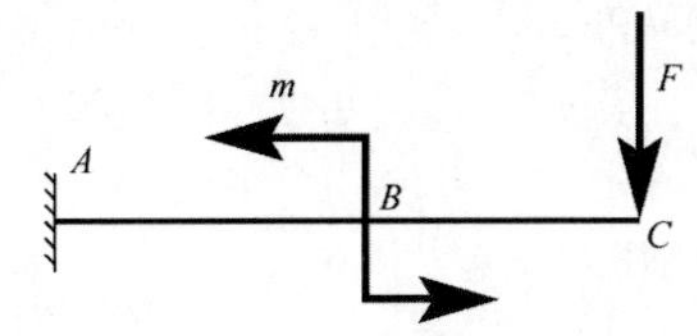

A. 剪力图、弯矩图均不变

B. 剪力图、弯矩图均改变

C. 剪力图不变，弯矩图改变

D. 剪力图改变，弯矩图不变

66. 图示梁的正确挠曲线大致形状是：

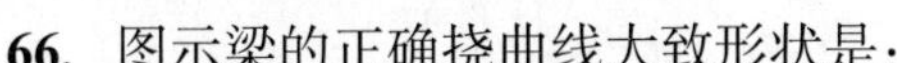

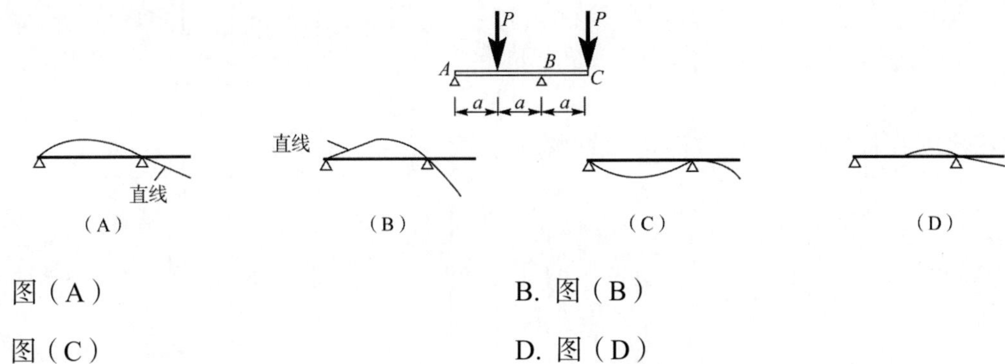

A. 图（A）　　　　B. 图（B）

C. 图（C）　　　　D. 图（D）

67. 等截面轴向拉伸杆件上1、2、3三点的单元体如图所示，以上三点应力状态的关系是：

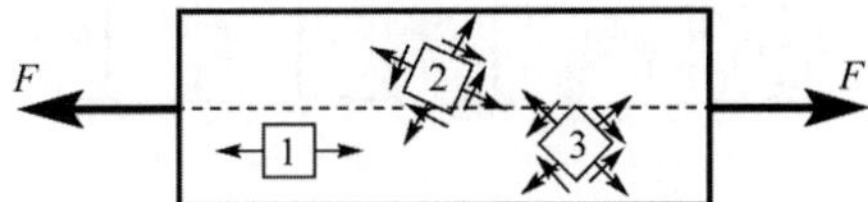

A. 仅1、2点相同

B. 仅2、3点相同

C. 各点均相同

D. 各点均不相同

68. 下面四个强度条件表达式中，对应最大拉应力强度理论的表达式是：

A. $\sigma_1 \leqslant [\sigma]$

B. $\sigma_1 - v(\sigma_2 + \sigma_3) \leqslant [\sigma]$

C. $\sigma_1 - \sigma_3 \leqslant [\sigma]$

D. $\sqrt{\frac{1}{2}[(\sigma_1 - \sigma_2)^2 + (\sigma_2 - \sigma_3)^2 + (\sigma_3 - \sigma_1)^2]} \leqslant [\sigma]$

69. 图示正方形截面杆，上端一个角点作用偏心轴向压力F，该杆的最大压应力是：

A. 100MPa

B. 150MPa

C. 175MPa

D. 25MPa

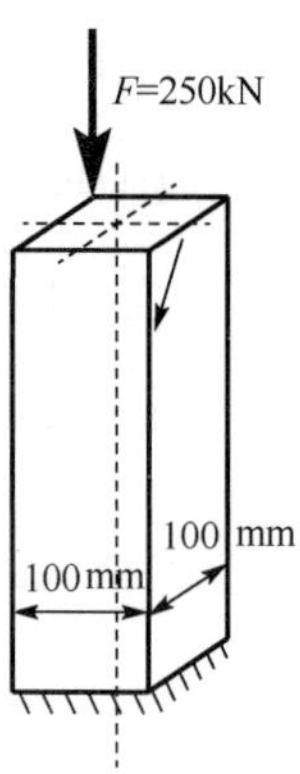

70. 图示四根细长压杆的抗弯刚度EI相同，临界荷载最大的是：

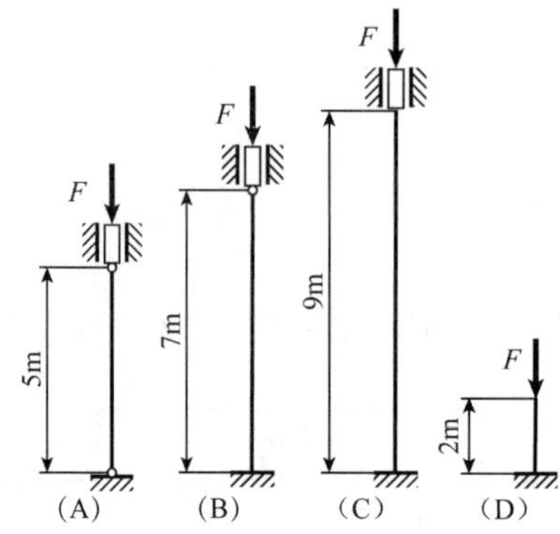

A. 图（A）

B. 图（B）

C. 图（C）

D. 图（D）

71. 用一块平板挡水，其挡水面积为A，形心斜向淹深为h，平板的水平倾角为θ，该平板受到的静水压力为：

A. $\rho ghA\sin\theta$

B. $\rho ghA\cos\theta$

C. $\rho ghA\tan\theta$

D. ρghA

72. 流体的黏性与下列哪个因素无关？

A. 分子之间的内聚力

B. 分子之间的动量交换

C. 温度

D. 速度梯度

73. 二维不可压缩流场的速度(单位m/s)为：$v_x = 5x^3$，$v_y = -15x^2y$，试求点$x = 1\text{m}$，$y = 2\text{m}$上的速度：

A. $v = 30.41\text{m/s}$，夹角$\tan\theta = 6$

B. $v = 25\text{m/s}$，夹角$\tan\theta = 2$

C. $v = 30.41\text{m/s}$，夹角$\tan\theta = -6$

D. $v = -25\text{m/s}$，夹角$\tan\theta = -2$

74. 圆管有压流动中，判断层流与湍流状态的临界雷诺数为：

A. 2000~2320　　B. 300~400

C. 1200~1300　　D. 50000~51000

75. A、B 为并联管路 1、2、3 的两连接节点，则 A、B 两点之间的水头损失为：

A. $h_{\text{fAB}} = h_{\text{f1}} + h_{\text{f2}} + h_{\text{f3}}$

B. $h_{\text{fAB}} = h_{\text{f1}} + h_{\text{f2}}$

C. $h_{\text{fAB}} = h_{\text{f2}} + h_{\text{f3}}$

D. $h_{\text{fAB}} = h_{\text{f1}} = h_{\text{f2}} = h_{\text{f3}}$

76. 可能产生明渠均匀流的渠道是：

A. 平坡棱柱形渠道

B. 正坡棱柱形渠道

C. 正坡非棱柱形渠道

D. 逆坡棱柱形渠道

77. 工程上常见的地下水运动属于：

A. 有压渐变渗流　　B. 无压渐变渗流

C. 有压急变渗流　　D. 无压急变渗流

78. 新设计汽车的迎风面积为 1.5m^2，最大行驶速度为 108km/h，拟在风洞中进行模型试验。已知风洞试验段的最大风速为 45m/s，则模型的迎风面积为：

A. 0.67m^2　　B. 2.25m^2

C. 3.6m^2　　D. 1m^2

79. 运动的电荷在穿越磁场时会受到力的作用，这种力称为：

A. 库仑力　　B. 洛伦兹力

C. 电场力　　D. 安培力

80. 图示电路中，电压U_{ab}为：

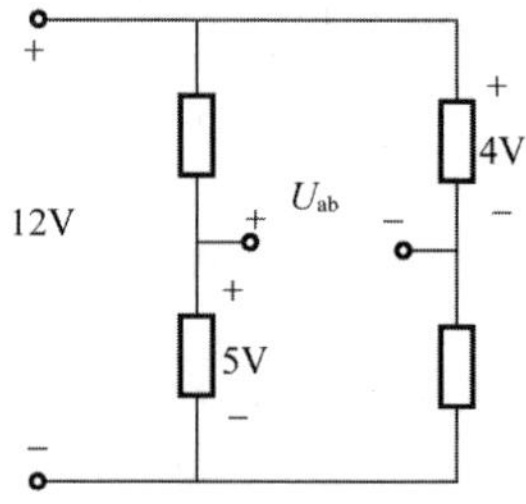

A. 5V

B. −4V

C. 3V

D. −3V

81. 图示电路中，电压源单独作用时，电压$U = U' = 20V$；则电流源单独作用时，电压$U = U''$为：

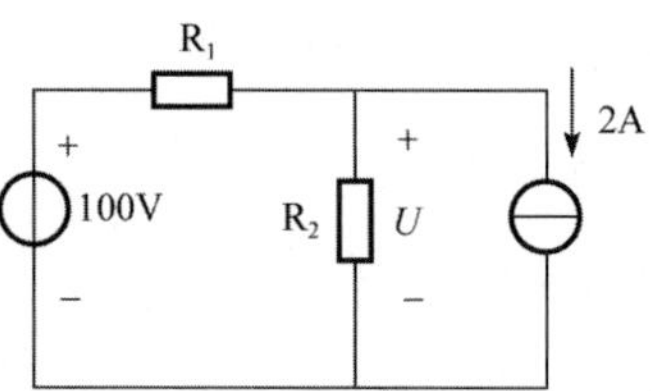

A. $2R_1$

B. $-2R_1$

C. $0.4R_1$

D. $-0.4R_1$

82. 图示电路中，若$\omega L = \frac{1}{\omega C} = R$，则：

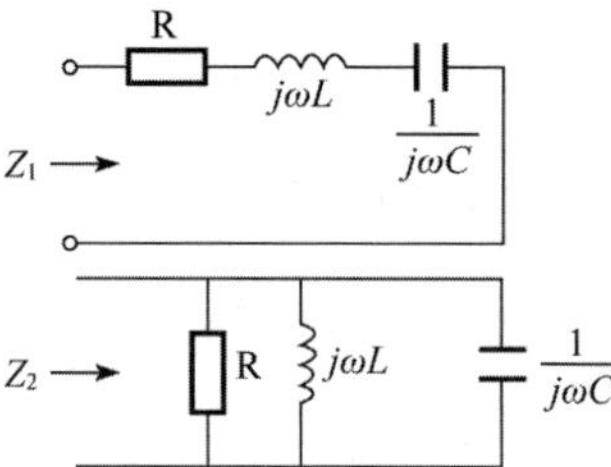

A. $Z_1 = 3R$，$Z_2 = \frac{1}{3}R$

B. $Z_1 = R$，$Z_2 = 3R$

C. $Z_1 = 3R$，$Z_2 = R$

D. $Z_1 = Z_2 = R$

83. 某RL串联电路在$u = U_m \sin \omega t$的激励下，等效复阻抗$Z = 100 + j100\,\Omega$，那么，如果$u = U_m \sin 2\omega t$，电路的功率因数λ为：

A. 0.707　　B. −0.707

C. 0.894　　D. 0.447

84. 图示电路中，电感及电容元件上没有初始储能，开关 S 在$t=0$时刻闭合，那么，在开关闭合后瞬间，电路中的电流i_{R}、i_{L}、i_{C}分别为：

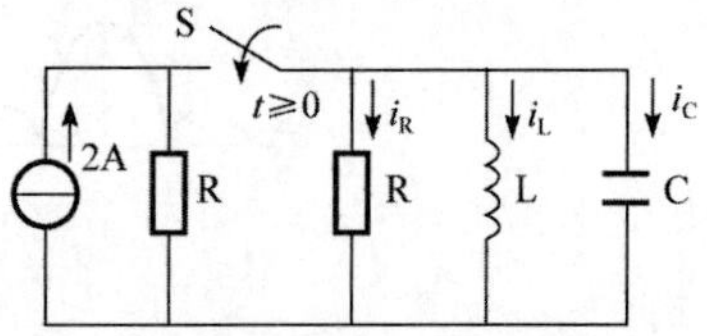

A. 1A，1A，0A

B. 0A，2A，0A

C. 0A，0A，2A

D. 2A，0A，0A

85. 设图示变压器为理想器件，且u为正弦电压，$R_{\mathrm{L1}}=R_{\mathrm{L2}}$，$u_1$和$u_2$的有效值为$U_1$和$U_2$，开关 S 闭合后，电路中的：

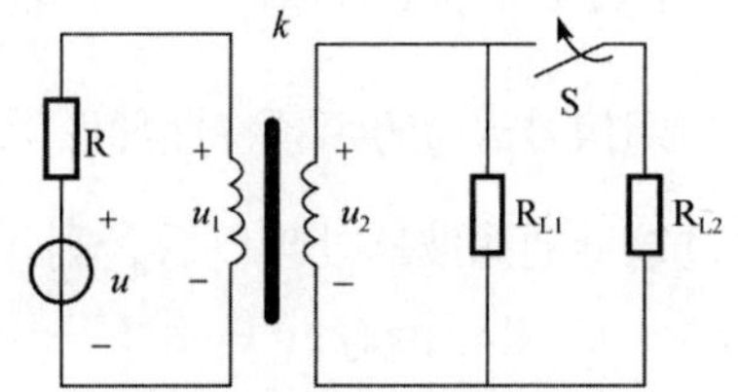

A. U_1不变，U_2也不变

B. U_1变小，U_2也变小

C. U_1变小，U_2不变

D. U_1不变，U_2变小

86. 改变三相异步电动机旋转方向的方法是：

A. 改变三相电源的大小

B. 改变三相异步电动机的定子绕组上电流的相序

C. 对三相异步电动机的定子绕组接法进行 Y-△转换

D. 改变三相异步电动机转子绕组上电流的方向

87. 就数字信号而言，下列说法正确的是：

A. 数字信号是一种离散时间信号

B. 数字信号只能以用来表示数字

C. 数字信号是一种代码信号

D. 数字信号直接表示对象的原始信息

88. 模拟信号$u_1(t)$和$u_2(t)$的幅值频谱分别如图（a）和图（b）所示，则：

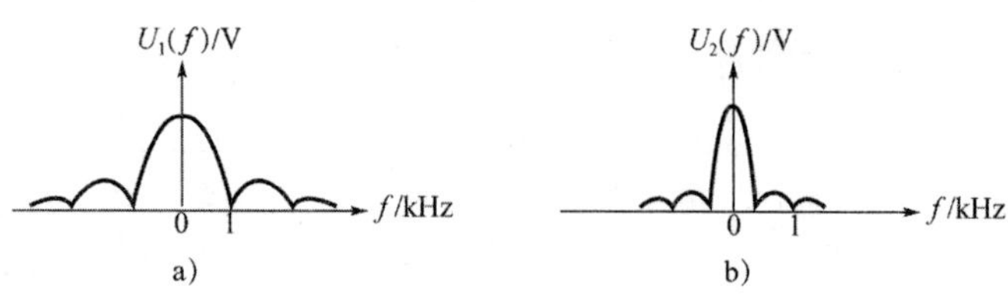

A. $u_1(t)$和$u_2(t)$都是非周期性时间信号

B. $u_1(t)$和$u_2(t)$都是周期性时间信号

C. $u_1(t)$是周期性时间信号，$u_2(t)$是非周期性时间信号

D. $u_1(t)$是非周期性时间信号，$u_2(t)$是周期性时间信号

89. 某周期信号$u(t)$的幅频特性如图（a）所示，某低通滤波器的幅频特性如图（b）所示，当将信号$u(t)$通过该低通滤波器处理以后，则：

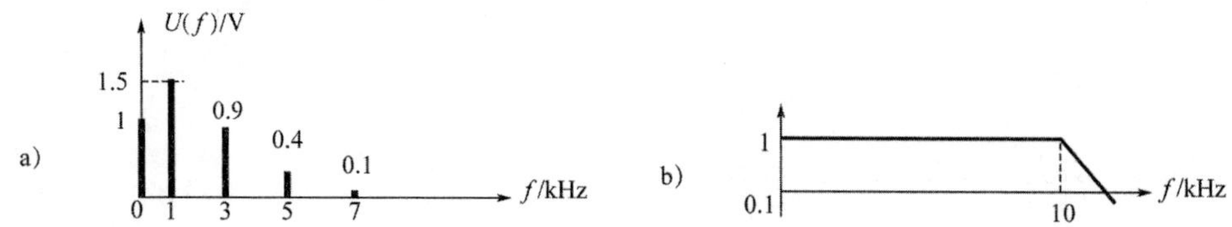

A. 信号的谐波结构改变，波形改变

B. 信号的谐波结构改变，波形不变

C. 信号的谐波结构不变，波形不变

D. 信号的谐波结构不变，波形改变

90. 对逻辑表达式$\mathrm{ABC}+\overline{\mathrm{A}}\mathrm{D}+\overline{\mathrm{B}}\mathrm{D}+\overline{\mathrm{C}}\mathrm{D}$的化简结果是：

A. D　　　　B. $\overline{\mathrm{D}}$

C. ABCD　　　　D. ABC + D

91. 已知数字信号 A 和数字信号 B 的波形如图所示，则数字信号$\mathrm{F}=\overline{\mathrm{A}}\mathrm{B}+\mathrm{A}\overline{\mathrm{B}}$的波形为：

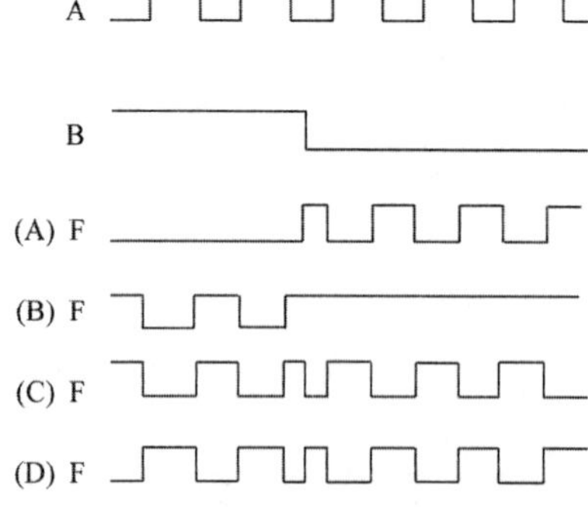

A. 图(A)　　　　B. 图(B)

C. 图(C)　　　　D. 图(D)

92. 逻辑函数$F = f(A, B, C)$的真值表如下所示，由此可知：

A	B	C	F
0	0	0	0
0	0	1	0
0	1	0	0
0	1	1	0
1	0	0	1
1	0	1	0
1	1	0	0
1	1	1	1

A. $F = A\overline{B}C + AB\overline{C}$

B. $F = \overline{A}\overline{B}C + \overline{A}B\overline{C}$

C. $F = \overline{A}\overline{B}\overline{C} + \overline{A}BC$

D. $F = A\overline{B}\overline{C} + ABC$

93. 二极管应用电路如图 a）所示，电路的激励u_i如图 b）所示，设二极管为理想器件，则电路的输出电压u_o的平均值U_o为：

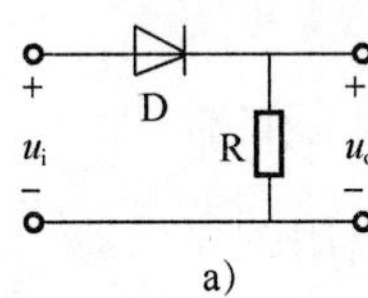

a)

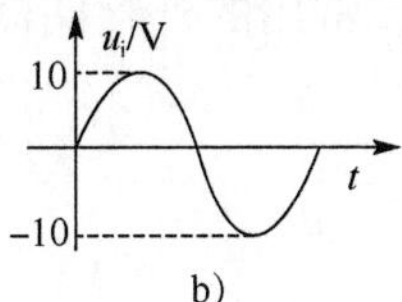

b)

A. 0V

B. 7.07V

C. 3.18V

D. 4.5V

94. 图示电路中，运算放大器输出电压的极限值为$\pm U_{oM}$，当输入电压$u_{i1} = 1V$，$u_{i2} = 2\sin\omega t$时，输出电压u_o的波形为：

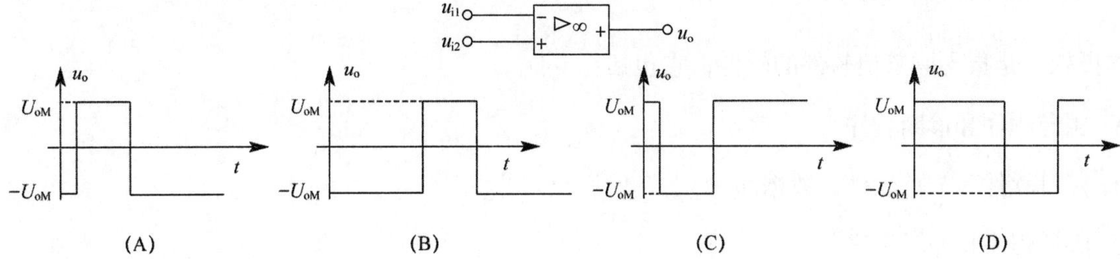

A. 图(A)

B. 图(B)

C. 图(C)

D. 图(D)

95. 图示逻辑门的输出F_1和F_2分别为：

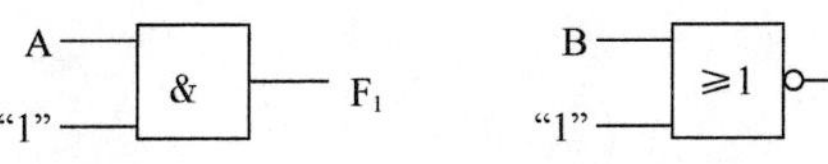

A. A和 1

B. 1 和$\overline{B}$

C. A和 0

D. 1 和B

96. 图示时序逻辑电路是一个：

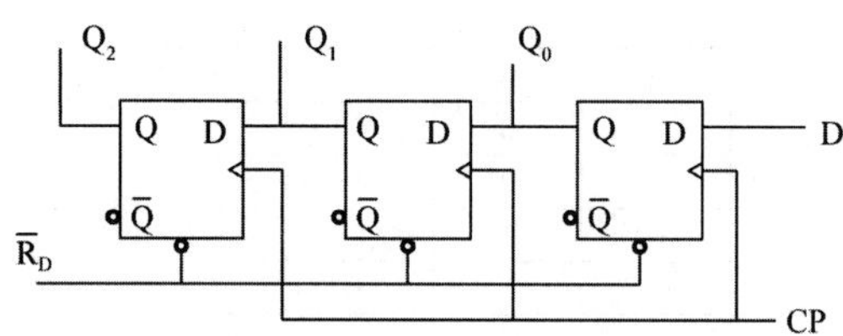

A. 三位二进制同步计数器　　　　B. 三位循环移位寄存器

C. 三位左移寄存器　　　　D. 三位右移寄存器

97. 按照目前的计算机的分类方法，现在使用的 PC 机是属于：

A. 专用、中小型计算机　　　　B. 大型计算机

C. 微型、通用计算机　　　　D. 单片机计算机

98. 目前，微机系统内主要的、常用的外存储器是：

A. 硬盘存储器　　　　B. 软盘存储器

C. 输入用的键盘　　　　D. 输出用的显示器

99. 根据软件的功能和特点，计算机软件一般可分为两大类，它们应该是：

A. 系统软件和非系统软件

B. 应用软件和非应用软件

C. 系统软件和应用软件

D. 系统软件和管理软件

100. 支撑软件是指支撑其他软件的软件，它包括：

A. 服务程序和诊断程序

B. 接口软件、工具软件、数据库

C. 服务程序和编辑程序

D. 诊断程序和编辑程序

101. 下面所列的四条中，不属于信息主要特征的一条是：

A. 信息的战略地位性、信息的不可表示性

B. 信息的可识别性、信息的可变性

C. 信息的可流动性、信息的可处理性

D. 信息的可再生性、信息的有效性和无效性

102. 从多媒体的角度上来看，图像分辨率：

A. 是指显示器屏幕上的最大显示区域

B. 是计算机多媒体系统的参数

C. 是指显示卡支持的最大分辨率

D. 是图像水平和垂直方向像素点的乘积

103. 以下关于计算机病毒的四条描述中，不正确的一条是：

A. 计算机病毒是人为编制的程序

B. 计算机病毒只有通过磁盘传播

C. 计算机病毒通过修改程序嵌入自身代码进行传播

D. 计算机病毒只要满足某种条件就能起破坏作用

104. 操作系统的存储管理功能不包括：

A. 分段存储管理　　B. 分页存储管理

C. 虚拟存储管理　　D. 分时存储管理

105. 网络协议主要组成的三要素是：

A. 资源共享、数据通信和增强系统处理功能

B. 硬件共享、软件共享和提高可靠性

C. 语法、语义和同步（定时）

D. 电路交换、报文交换和分组交换

106. 若按照数据交换方法的不同，可将网络分为：

A. 广播式网络、点到点式网络

B. 双绞线网、同轴电缆网、光纤网、无线网

C. 基带网和宽带网

D. 电路交换、报文交换、分组交换

107. 某企业向银行贷款 1000 万元，年复利率为 8%，期限为 5 年，每年末等额偿还贷款本金和利息。则每年应偿还：

[已知（P/A,8%,5）=3.9927]

A. 220.63 万元　　B. 250.46 万元

C. 289.64 万元　　D. 296.87 万元

108. 在项目评价中，建设期利息应列入总投资，并形成：

A. 固定资产原值　　B. 流动资产

C. 无形资产　　D. 长期待摊费用

109. 作为一种融资方式，优先股具有某些优先权利，包括：

A. 先于普通股行使表决权

B. 企业清算时，享有先于债权人的剩余财产的优先分配权

C. 享受先于债权人的分红权利

D. 先于普通股分配股利

110. 某建设项目各年的利息备付率均小于 1，其含义为：

A. 该项目利息偿付的保障程度高

B. 当年资金来源不足以偿付当期债务，需要通过短期借款偿付已到期债务

C. 可用于还本付息的资金保障程度较高

D. 表示付息能力保障程度不足

111. 某建设项目第一年年初投资 1000 万元，此后从第一年年末开始，每年年末将有 200 万元的净收益，方案的运营期为 10 年。寿命期结束时的净残值为零，基准收益率为 12%，则该项目的净年值约为：

[已知（P/A,12%,10）=5.6502]

A. 12.34 万元　　B. 23.02 万元

C. 36.04 万元　　D. 64.60 万元

112. 进行线性盈亏平衡分析有若干假设条件，其中包括：

A. 只生产单一产品

B. 单位可变成本随生产量的增加而成比例降低

C. 单价随销售量的增加而成比例降低

D. 销售收入是销售量的线性函数

113. 有甲、乙两个独立的投资项目，有关数据见表（项目结束时均无残值）。基准折现率为10%。以下关于项目可行性的说法中正确的是：

[已知（P/A,10%,10）=6.1446]

项目	投资（万元）	每年净收益（万元）	寿命期（年）
甲	300	52	10
乙	200	30	10

A. 应只选择甲项目　　B. 应只选择乙项目

C. 甲项目与乙项目均可行　　D. 甲、乙项目均不可行

114. 在价值工程的一般工作程序中，分析阶段要做的工作包括：

A. 制订工作计划　　B. 功能评价

C. 方案创新　　D. 方案评价

115. 依据《中华人民共和国建筑法》，依法取得相应执业资格证书的专业技术人员，其从事建筑活动的合法范围是：

A. 执业资格证书许可的范围内

B. 企业营业执照许可的范围内

C. 建筑工程合同的范围内

D. 企业资质证书许可的范围内

116. 根据《中华人民共和国安全生产法》的规定，下列有关重大危险源管理的说法正确的是：

A. 生产经营单位对重大危险源应当登记建档，并制定应急预案

B. 生产经营单位对重大危险源应当经常性检测评估处置

C. 安全生产监督管理部门应当针对该企业的具体情况制定应急预案

D. 生产经营单位应当提醒从业人员和相关人员注意安全

117. 根据《中华人民共和国招标投标法》的规定，依法必须进行招标的项目，招标公告应当载明的事项不包括：

A. 招标人的名称和地址　　B. 招标项目的性质

C. 招标项目的实施地点和时间　　D. 投标报价要求

118. 某水泥有限责任公司，向若干建筑施工单位发出邀约，以每吨 400 元的价格销售水泥，一周内承诺有效，其后收到若干建筑施工单位的回复，下列回复中属于承诺有效的是：

A. 甲施工单位同意 400 元/吨购买 200 吨

B. 乙施工单位回复不购买该公司的水泥

C. 丙施工单位要求按照 380 元/吨购买 200 吨

D. 丁施工单位一周后同意 400 元/吨购买 100 吨

119. 根据《中华人民共和国节约能源法》的规定，节约能源所采取的措施正确的是：

A. 可以采取技术上可行、经济上合理以及环境和社会可以承受的措施

B. 采取技术上先进、经济上保证以及环境和安全可以承受的措施

C. 采取技术上可行、经济上合理以及人身和健康可以承受的措施

D. 采取技术上先进、经济上合理以及功能和环境可以保证的措施

120. 工程施工单位完成了楼板钢筋绑扎工作，在浇筑混凝土前，需要进行隐蔽质量验收。根据《建筑工程质量管理条例》规定，施工单位在进行工程隐蔽前应当通知的单位是：

A. 建设单位和监理单位

B. 建设单位和建设工程质量监督机构

C. 监理单位和设计单位

D. 设计单位和建设工程质量监督机构

2021 年度全国勘察设计注册工程师执业资格考试基础考试（上）

试题解析及参考答案

1. 解 本题考查指数函数的极限 $\lim\limits_{x\to+\infty} e^x=+\infty$，$\lim\limits_{x\to-\infty} e^x=0$，需熟悉函数 $y=e^x$的图像（见解图）。

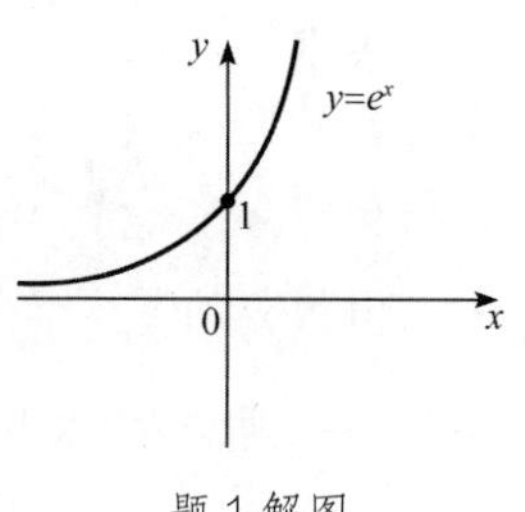

题 1 解图

因为 $\lim\limits_{x\to0^-}\frac{1}{x}=-\infty$，故 $\lim\limits_{x\to0^-}e^{\frac{1}{x}}=0$，所以选项 B 正确。

而 $\lim\limits_{x\to0^+}\frac{1}{x}=+\infty$，则 $\lim\limits_{x\to0^+}e^{\frac{1}{x}}=+\infty$，可知选项 A、C、D 错误。

答案：B

2. 解 本题考查等价无穷小和同阶无穷小的概念。

当$x\to0$时，$1-\cos 2x\sim\frac{1}{2}(2x)^2=2x^2$，所以$\lim\limits_{x\to0}\frac{1-\cos 2x}{x^2}=2$，选项 A 正确。

当$x\to0$时，$\sin x\sim x$，$\lim\limits_{x\to0}\frac{x^2\sin x}{x^3}=1$，所以当$x\to0$时，$x^2\sin x$与$x^3$为同阶无穷小，选项 B 错误。

当$x\to0$时，$\sqrt{1+x}-1\sim\frac{1}{2}x$，$\lim\limits_{x\to0}\frac{\sqrt{1+x}-1}{x}=\frac{1}{2}$，所以当$x\to0$时，$\sqrt{1+x}-1$与$x$为同阶无穷小，选项 C 错误。

当$x\to0$时，$1-\cos x^2\sim\frac{1}{2}x^4$，所以当$x\to0$时，$1-\cos x^2$与$x^4$为同阶无穷小，选项 D 错误。

答案：A

3. 解 本题考查导数的定义及一元函数可导与连续的关系。

由题意$f(0)=0$，且$\lim\limits_{x\to0}\frac{f(x)}{x}=1$，得$\lim\limits_{x\to0}\frac{f(x)}{x}=\lim\limits_{x\to0}\frac{f(x)-f(0)}{x-0}=f'(0)=1$，知选项 C 正确，选项 B、D 错误。而由可导必连续，知选项 A 错误。

答案：C

4. 解 本题考查通过变量代换求函数表达式以及求导公式。

先进行倒代换，设$t=\frac{1}{x}$，则$x=\frac{1}{t}$，代入得$f(t)=\frac{\frac{1}{t}}{1+\frac{1}{t}}=\frac{1}{t+1}$

即$f(x)=\frac{1}{1+x}$，则$f'(x)=-\frac{1}{(1+x)^2}$

答案：C

5. 解 本题考查连续函数零点定理及导数的应用。

设$f(x)=x^3+x-1$，则$f'(x)=3x^2+1>0$，$x\in(-\infty,+\infty)$，知$f(x)$单调递增。

又采用特殊值法，有$f(0)=-1<0$，$f(1)=1>0$，$f(x)$连续，根据零点定理，知$f(x)$在$(0,1)$上存在零点，且由单调性，知$f(x)$在$x\in(-\infty,+\infty)$内仅有唯一零点，即方程$x^3+x-1=0$只有一个实根。

答案：B

6. 解 本题考查极值的概念和极值存在的必要条件。

函数$f(x)$在点$x=x_0$处可导，则$f'(x_0)=0$是$f(x)$在$x=x_0$取得极值的必要条件。同时，导数不存

在的点也可能是极值点，例如$y=|x|$在$x=0$点取得极小值，但$f'(0)$不存在，见解图。即可导函数的极值点一定是驻点，反之不然。极值点只能是驻点或不可导点。

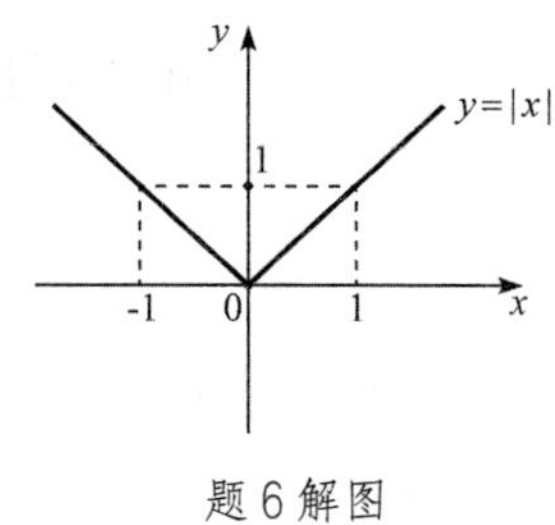

题 6 解图

答案：C

7. 解 本题考查不定积分和微分的基本性质。

由微分的基本运算$\mathrm{d}g(x)=g'(x)\mathrm{d}x$，得：$\int f(x)\mathrm{d}x=\int \mathrm{d}g(x)=\int g'(x)\mathrm{d}x$

等式两端对x求导，得：$f(x)=g'(x)$

答案：B

8. 解 本题考查定积分的基本运算及奇偶函数在对称区间积分的性质。

$\int_{-1}^{1}(x^3+|x|)e^{x^2}\mathrm{d}x=\int_{-1}^{1}x^3e^{x^2}\mathrm{d}x+\int_{-1}^{1}|x|e^{x^2}\mathrm{d}x$，由于$x^3$是奇函数，$e^{x^2}$是偶函数，故$x^3e^{x^2}$是奇函数，奇函数在对称区间的定积分为 0，有$\int_{-1}^{1}x^3e^{x^2}\mathrm{d}x=0$，故有$\int_{-1}^{1}(x^3+|x|)e^{x^2}\mathrm{d}x=\int_{-1}^{1}|x|e^{x^2}\mathrm{d}x$。

由于$|x|$是偶函数，e^{x^2}是偶函数，故$|x|e^{x^2}$是偶函数，偶函数在对称区间的定积分为 2 倍半区间积分，有$\int_{-1}^{1}|x|e^{x^2}\mathrm{d}x=2\int_{0}^{1}|x|e^{x^2}\mathrm{d}x$。

$x\geqslant 0$，去掉绝对值符号，有

$$2\int_0^1 xe^{x^2}\mathrm{d}x=\int_0^1 e^{x^2}\mathrm{d}x^2=e^{x^2}\Big|_0^1=e-1$$

答案：C

9. 解 本题考查曲面交线的求法，空间曲线可看作两个空间曲面的交线。

两曲面交线为$\begin{cases}x^2+y^2+z^2=a^2\\x^2+y^2=2az\end{cases}$，两式相减，整理可得$z^2+2az-a^2=0$，解得$z=(\sqrt{2}-1)a$，$z=-(\sqrt{2}+1)a$（舍去），由此可知，两曲面的交线位于$z=(\sqrt{2}-1)a$这个平行于$xoy$面的平面上，再将$z=(\sqrt{2}-1)a$代入两个曲面方程中的任意一个，可得两曲面交线$\begin{cases}x^2+y^2=2(\sqrt{2}-1)a^2\\z=(\sqrt{2}-1)a\end{cases}$，由此可知选项 C 正确。

答案：C

10. 解 本题考查空间直线与平面之间的关系。

平面$F(x,y,z)=x+3y+2z+1=0$的法向量为$\vec{n}_1=(1,3,2)$；

同理，平面$G(x,y,z)=2x-y-10z+3=0$的法向量为$\vec{n}_2=(2,-1,-10)$。

故由直线L的方向向量$\vec{s}=\vec{n}_1\times\vec{n}_2=\begin{vmatrix}\vec{i}&\vec{j}&\vec{k}\\1&3&2\\2&-1&-10\end{vmatrix}=-28\vec{i}+14\vec{j}-7\vec{k}$，平面$\pi$的法向量$\vec{n}_3=(4,-2,1)$，可知$\vec{s}=-7\vec{n}_3$，即直线$L$的方向向量与平面$\pi$的法向量平行，亦即垂直于$\pi$。

答案：B

11. 解 本题考查积分上限函数的导数及一阶微分方程的求解。

对方程$f(x)=\int_0^x f(t)\mathrm{d}t$两边求导，得$f'(x)=f(x)$，这是一个变量可分离的一阶微分方程，可写成$\frac{\mathrm{d}f(x)}{f(x)}=\mathrm{d}x$，两边积分$\int\frac{\mathrm{d}f(x)}{f(x)}=\int\mathrm{d}x$，可得$\ln|f(x)|=x+C_1\Rightarrow f(x)=Ce^x$，这里$C=\pm e^{C_1}$。代入初始条件$f(0)=0$，得$C=0$。所以$f(x)=0$。

注：本题可以直接观察$f(0)=\int_0^0 f(t)\mathrm{d}t=0$，只有选项 C 满足。

答案：C

12. 解 本题考查二阶常系数线性非齐次微分方程的特解。

方法 1：将四个函数代入微分方程直接验证，可得选项 D 正确。

方法 2：二阶常系数非齐次微分方程所对应的齐次方程的特征方程为$r^2-r-2=0$，特征根$r_1=-1$，$r_2=2$，由右端项$f(x)=6e^x$，可知$\lambda=1$不是对应齐次方程的特征根，所以非齐次方程的特解形式为$y=Ae^x$，A为待定常数。

代入微分方程，得$y''-y'-2y=(Ae^x)''-(Ae^x)'-2Ae^x=-2Ae^x=6e^x$，有$A=-3$，所以$y=-3e^x$是微分方程的特解。

答案：D

13. 解 本题考查多元函数在分段点的偏导数计算。

由偏导数的定义知：

$$f_x'(0,1)=\lim_{\Delta x\to 0}\frac{f(0+\Delta x,1)-f(0,1)}{\Delta x}=\lim_{\Delta x\to 0}\frac{\frac{1}{\Delta x}\sin(\Delta x)^2-0}{\Delta x}=\lim_{\Delta x\to 0}\frac{\sin(\Delta x)^2}{(\Delta x)^2}=1$$

答案：B

14. 解 本题考查直角坐标系下的二重积分化为极坐标系下的二次积分的方法。

直角坐标与极坐标的关系：$\begin{cases}x=r\cos\theta\\y=r\sin\theta\end{cases}$，由$x^2+y^2\leqslant 1$，得$0\leqslant r\leqslant 1$，且由$x\geqslant 0$，可得$-\frac{\pi}{2}\leqslant\theta\leqslant\frac{\pi}{2}$，故极坐标系下的积分区域$D$:$\begin{cases}-\frac{\pi}{2}\leqslant\theta\leqslant\frac{\pi}{2}\\0\leqslant r\leqslant 1\end{cases}$，如解图所示。

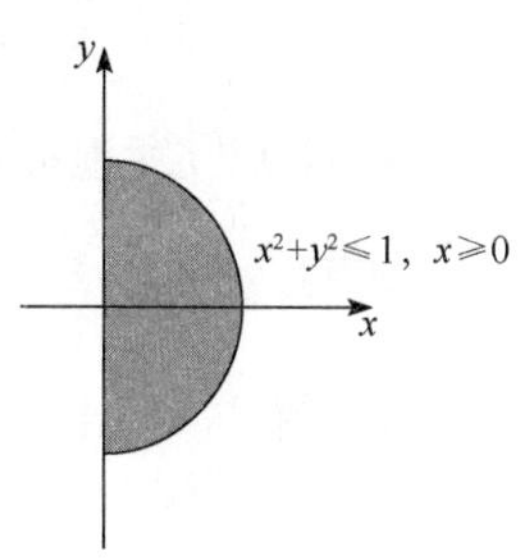

题 14 解图

极坐标系的面积元素$\mathrm{d}x\mathrm{d}y=r\mathrm{d}r\mathrm{d}\theta$，则：

$$\iint_D f\left(\sqrt{x^2+y^2}\right)\mathrm{d}x\mathrm{d}y=\int_{-\frac{\pi}{2}}^{\frac{\pi}{2}}\mathrm{d}\theta\int_0^1 f(r)r\mathrm{d}r=\pi\int_0^1 rf(r)\,\mathrm{d}r$$

答案：B

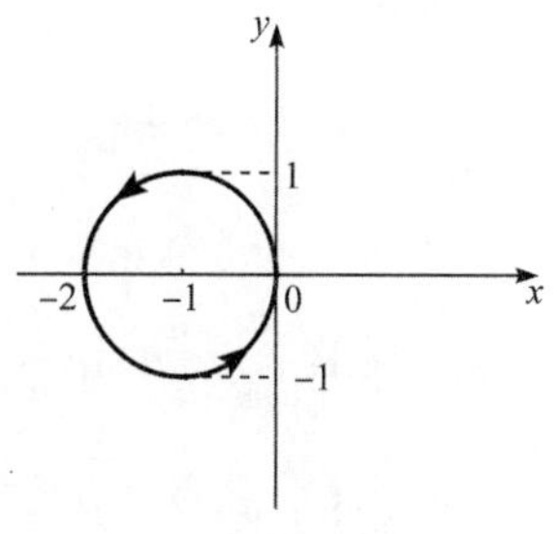

题 15 解图

15. 解 本题考查第二类曲线积分的计算。应注意，同时采用不同参数方程计算，化为定积分的形式不同，尤其应注意积分的上下限。

方法 1：按照对坐标的曲线积分计算，把圆L: $x^2+y^2=-2x$化为参数方程。

由$x^2+y^2=-2x$，得$(x+1)^2+y^2=1$，如解图所示。

令$x+1=\cos\theta$，$y=\sin\theta$，有：

$$\mathrm{d}x=\mathrm{d}\cos\theta=-\sin\theta\mathrm{d}\theta$$
$$\mathrm{d}y=\mathrm{d}\sin\theta=\cos\theta\mathrm{d}\theta$$

θ从 0 取到2π，则：

$$\int_L(x-y)\mathrm{d}x+(x+y)\,\mathrm{d}y=\int_0^{2\pi}(-1+\cos\theta-\sin\theta)(-\sin\theta)+(-1+\cos\theta+\sin\theta)\cos\theta\,\mathrm{d}\theta$$
$$=\int_0^{2\pi}(\sin\theta-\cos\theta+1)\mathrm{d}\theta=2\pi$$

方法 2：圆L：$x^2+y^2=-2x$,化为极坐标系下的方程为$r=-2\cos\theta$，由直角坐标和极坐标的关系，可得圆的参数方程为$\begin{cases}x=-2\cos^2\theta\\y=-2\cos\theta\sin\theta\end{cases}$ $\left(\theta从\frac{\pi}{2}取到\frac{3\pi}{2}\right)$，所以：

$$\int_L(x-y)\mathrm{d}x+(x+y)\mathrm{d}y$$
$$=\int_{\frac{\pi}{2}}^{\frac{3\pi}{2}}[(-2\cos^2\theta+2\cos\theta\sin\theta)(4\cos\theta\sin\theta)+(-2\cos^2\theta-2\cos\theta\sin\theta)(-2\cos^2\theta+2\sin^2\theta)]\mathrm{d}\theta$$
$$=\int_{\frac{\pi}{2}}^{\frac{3\pi}{2}}(-4\cos^3\theta\sin\theta+4\cos^2\theta\sin^2\theta+4\cos^4\theta-4\cos\theta\sin^3\theta)\mathrm{d}\theta$$
$$=\int_{\frac{\pi}{2}}^{\frac{3\pi}{2}}(4\cos^2\theta-4\cos\theta\sin\theta)\mathrm{d}\theta=\int_{\frac{\pi}{2}}^{\frac{3\pi}{2}}2\,(1+\cos 2\,\theta-\sin 2\theta)\mathrm{d}\theta$$
$$=2\pi+\sin 2\theta\Bigg|_{\frac{\pi}{2}}^{\frac{3\pi}{2}}+\cos 2\theta\Bigg|_{\frac{\pi}{2}}^{\frac{3\pi}{2}}=2\pi$$

方法 3：（不在大纲考试范围内）利用格林公式：

$$\int_L(x-y)\mathrm{d}x+(x+y)\mathrm{d}y=\iint_D 2\,\mathrm{d}x\mathrm{d}y=2\pi$$

这里D是L所围成的圆的内部区域：$x^2+y^2\leqslant-2x$。

答案：D

16. 解　本题考查多元函数偏导数计算。

$$\frac{\partial z}{\partial x}=yx^{y-1},\ \frac{\partial^2 z}{\partial x\partial y}=x^{y-1}+yx^{y-1}\ln x=x^{y-1}(1+y\ln x)$$

答案：C

17. 解　本题考查级数收敛的必要条件，等比级数和p级数的敛散性以及交错级数敛散性的判断。

选项 A，级数是公比$q=\frac{8}{7}>1$的等比级数，故该级数发散。

选项 B，$\lim\limits_{n\to\infty}n\sin\frac{1}{n}=\lim\limits_{n\to\infty}\frac{\sin\frac{1}{n}}{\frac{1}{n}}=1\neq0$，由级数收敛的必要条件知，该级数发散。

选项 C，级数是p级数，$p=\frac{1}{2}<1$，p级数的性质为：$p>1$时级数收敛，$p\leqslant1$时级数发散，本选项的$p=\frac{1}{2}<1$，故该级数发散。

选项 D，交错级数$\sum\limits_{n=1}^{\infty}(-1)^{n-1}\frac{1}{\sqrt{n}}$，满足条件：①$\lim\limits_{n\to\infty}u_n=\lim\limits_{n\to\infty}\frac{1}{\sqrt{n}}=0$，②$u_n=\frac{1}{\sqrt{n}}>u_{n+1}=\frac{1}{\sqrt{n+1}}$，由莱布尼兹定理知，该级数收敛。

注：交错级数的莱布尼兹判别法为历年考查的重点，应熟练掌握它的判断依据。

答案： D

18. 解 本题考查无穷级数求和。

方法 1： 考虑级数$\sum\limits_{n=1}^{\infty}nx^{n-1}$，收敛区间$(-1,1)$，则

$$S(x)=\sum_{n=1}^{\infty}nx^{n-1}=\sum_{n=1}^{\infty}(x^n)'=\left(\sum_{n=1}^{\infty}x^n\right)'=\left(\frac{x}{1-x}\right)'=\frac{1}{(1-x)^2}$$

故$\sum\limits_{n=1}^{\infty}n\left(\frac{1}{2}\right)^{n-1}=S\left(\frac{1}{2}\right)=4$

方法 2： 设级数的前n项部分为

$$S_n=1+2\times\frac{1}{2}+3\times\frac{1}{2^2}+4\times\frac{1}{2^3}+\cdots+(n-1)\times\frac{1}{2^{n-2}}+n\times\frac{1}{2^{n-1}} \quad ①$$

则

$$\frac{1}{2}S_n=\frac{1}{2}+2\times\frac{1}{2^2}+3\times\frac{1}{2^3}+\cdots+(n-1)\times\frac{1}{2^{n-1}}+n\times\frac{1}{2^n} \quad ②$$

式①−式②，得：

$$\frac{1}{2}S_n=1+\frac{1}{2}+\frac{1}{2^2}+\frac{1}{2^3}+\cdots\frac{1}{2^{n-1}}-n\frac{1}{2^n}=\frac{1\times\left[1-\left(\frac{1}{2}\right)^n\right]}{1-\frac{1}{2}}-n\frac{1}{2^n}\xrightarrow{n\to\infty\text{时，有}\left(\frac{1}{2}\right)^n\to0,\ n\frac{1}{2^n}\to0}2$$

解得：$S=\lim\limits_{n\to\infty}S_n=4$

注：方法 2 主要利用了等比数列求和公式：$S_n=a_1+a_1q+a_1q^2+\cdots+a_1q^{n-1}=\frac{a_1(1-q^n)}{1-q}$以及基本的极限结果：$\lim\limits_{n\to\infty}n\frac{1}{2^n}=0$。本题还可以列举有限项的求和来估算，例如$S_4=1+2\times\frac{1}{2}+3\times\frac{1}{2^2}+4\times\frac{1}{2^3}=3.25>3$，$\{S_n\}$单调递增，所以$S>3$，故选项 A、B、C 均错误，只有选项 D 正确。

答案： D

19. 解 本题考查矩阵的基本变换与计算。

方法 1： $\boldsymbol{A}-2\boldsymbol{I}=\begin{bmatrix}-1&0&0\\0&-3&-1\\0&0&-1\end{bmatrix}$

$$(\boldsymbol{A}-2\boldsymbol{I}|\boldsymbol{I})=\left[\begin{array}{ccc|ccc}-1&0&0&1&0&0\\0&-3&-1&0&1&0\\0&0&-1&0&0&1\end{array}\right]\xrightarrow{-r_1}\left[\begin{array}{ccc|ccc}1&0&0&-1&0&0\\0&-3&-1&0&1&0\\0&0&-1&0&0&1\end{array}\right]$$

$$\xrightarrow{(-1)r_3+r_2}\left[\begin{array}{ccc|ccc}1&0&0&-1&0&0\\0&-3&0&0&1&-1\\0&0&-1&0&0&1\end{array}\right]\xrightarrow{-\frac{1}{3}r_2}\left[\begin{array}{ccc|ccc}1&0&0&-1&0&0\\0&1&0&0&-\frac{1}{3}&\frac{1}{3}\\0&0&-1&0&0&1\end{array}\right]$$

$$\xrightarrow{-r_3}\left[\begin{array}{ccc|ccc}1&0&0&-1&0&0\\0&1&0&0&-\frac{1}{3}&\frac{1}{3}\\0&0&1&0&0&-1\end{array}\right]，可得(\boldsymbol{A}-2\boldsymbol{I})^{-1}=\begin{bmatrix}-1&0&0\\0&-\frac{1}{3}&\frac{1}{3}\\0&0&-1\end{bmatrix}$$

$$\boldsymbol{A}^2-4\boldsymbol{I}=\begin{bmatrix}1&0&0\\0&-1&-1\\0&0&1\end{bmatrix}\cdot\begin{bmatrix}1&0&0\\0&-1&-1\\0&0&1\end{bmatrix}-\begin{bmatrix}4&0&0\\0&4&0\\0&0&4\end{bmatrix}=\begin{bmatrix}-3&0&0\\0&-3&0\\0&0&-3\end{bmatrix}$$

$$(\boldsymbol{A}-2\boldsymbol{I})^{-1}(\boldsymbol{A}^2-4\boldsymbol{I})=\begin{bmatrix}-1 & 0 & 0\\ 0 & -\frac{1}{3} & \frac{1}{3}\\ 0 & 0 & -1\end{bmatrix}\begin{bmatrix}-3 & 0 & 0\\ 0 & -3 & 0\\ 0 & 0 & -3\end{bmatrix}=\begin{bmatrix}3 & 0 & 0\\ 0 & 1 & -1\\ 0 & 0 & 3\end{bmatrix}$$

方法 2：本题按方法 1 直接计算逆矩阵会很麻烦，可考虑进行变换化简，有：

$$(\boldsymbol{A}-2\boldsymbol{I})^{-1}(\boldsymbol{A}^2-4\boldsymbol{I})=(\boldsymbol{A}-2\boldsymbol{I})^{-1}(\boldsymbol{A}-2\boldsymbol{I})(\boldsymbol{A}+2\boldsymbol{I})=\boldsymbol{A}+2\boldsymbol{I}=\begin{bmatrix}3 & 0 & 0\\ 0 & 1 & -1\\ 0 & 0 & 3\end{bmatrix}$$

答案：A

20. 解　本题考查特征值和特征向量的基本概念与性质。

求矩阵$\boldsymbol{A}$的特征值

$$|\boldsymbol{A}-\lambda\boldsymbol{I}|=\begin{vmatrix}-\lambda & 0 & 1\\ x & 1-\lambda & y\\ 1 & 0 & -\lambda\end{vmatrix}=-\lambda\begin{vmatrix}1-\lambda & y\\ 0 & -\lambda\end{vmatrix}-0+1\begin{vmatrix}x & 1-\lambda\\ 1 & 0\end{vmatrix}$$

$$=\lambda^2(1-\lambda)-(1-\lambda)=-(1+\lambda)(1-\lambda)^2=0$$

解得：$\lambda_1=\lambda_2=1$，$\lambda_3=-1$。

因为属于不同特征值的特征向量必定线性无关，故只需讨论$\lambda_1=\lambda_2=1$时的特征向量，有：

$$\boldsymbol{A}-\boldsymbol{I}=\begin{bmatrix}-1 & 0 & 1\\ x & 0 & y\\ 1 & 0 & -1\end{bmatrix}\xrightarrow{r_1+r_3}\begin{bmatrix}1 & 0 & -1\\ x & 0 & y\\ 0 & 0 & 0\end{bmatrix}\xrightarrow{-xr_1+r_2}\begin{bmatrix}1 & 0 & -1\\ 0 & 0 & x+y\\ 0 & 0 & 0\end{bmatrix}$$的秩为 1，可得$x+y=0$。

答案：A

21. 解　本题考查基础解系的基本性质。

$\boldsymbol{A}x=\boldsymbol{0}$的基础解系是所有解向量的最大线性无关组。根据已知条件，α_1，α_2，α_3是线性方程组$\boldsymbol{A}x=\boldsymbol{0}$的一个基础解系，故$\alpha_1$，$\alpha_2$，$\alpha_3$线性无关，$\boldsymbol{A}x=\boldsymbol{0}$有三个线性无关的解向量，而选项 A、D 分别有两个和四个解向量，故错误。

由已知n维向量组α_1，α_2，α_3线性无关，易知向量组$\alpha_1+\alpha_2$，$\alpha_2+\alpha_3$，$\alpha_3+\alpha_1$线性无关，且每个向量$\alpha_1+\alpha_2$，$\alpha_2+\alpha_3$，$\alpha_3+\alpha_1$均为线性方程组$\boldsymbol{A}x=\boldsymbol{0}$的解，选项 B 正确。

选项 C 中，因$\alpha_1-\alpha_3=(\alpha_1+\alpha_2)-(\alpha_2+\alpha_3)$，所以向量组线性相关，不满足基础解系的定义，故错误。

答案：B

22. 解　本题考查古典概型的概率计算。

已知不是黑球，缩减样本空间，只需考虑 5 个白球、3 个黄球，则随机抽取黄球的概率是：

$$P=\frac{3}{5+3}=\frac{3}{8}$$

答案：B

23. 解　本题考查常见分布的期望和方差的概念。

已知X服从泊松分布：$X\sim P(\lambda)$，有$\lambda=3$，$E(X)=\lambda$，$D(X)=\lambda$，故$\frac{D(X)}{E(X)}=\frac{3}{3}=1$。

注：应掌握常见随机变量的期望和方差的基本公式。

答案：C

24. 解 本题考查样本方差和常用统计抽样分布的基本概念。

样本方差$S^2=\frac{1}{n-1}\sum_{i=1}^{n}\left(X_i-\overline{X}\right)^2$，因为总体$X\sim N(\mu,\sigma^2)$，有以下结论：

$\overline{X}$与S^2相互独立，且有$\frac{(n-1)S^2}{\sigma^2}\sim\chi^2(n-1)$，则$\sum_{i=1}^{n}\frac{\left(X_i-\overline{X}\right)^2}{\sigma^2}=\frac{(n-1)S^2}{\sigma^2}\sim\chi^2(n-1)$。

注：若将样本均值$\overline{X}$改为正态分布的均值μ，则有$\sum_{i=1}^{n}\frac{(X_i-\mu)^2}{\sigma^2}\sim\chi^2(n)$。

答案：D

25. 解 由理想气体状态方程$pV=\frac{m}{M}RT$，可以得到理想气体的标准体积（摩尔体积），即在标准状态下（压强$p_0=1\text{atm}$，温度$T=273.15\text{K}$），一摩尔任何理想气体的体积均为22.4L。

答案：A

26. 解 $\overline{\lambda}=\frac{\overline{v}}{\overline{Z}}=\frac{kT}{\sqrt{2}\pi d^2p}$，$\overline{v}=1.6\sqrt{\frac{RT}{M}}$

等温膨胀过程温度不变，压强降低，$\overline{\lambda}$变大，而温度不变，$\overline{v}$不变，故$\overline{Z}$变小。

答案：B

27. 解 由热力学第一定律$Q=\Delta E+W$，知做功为零（$W=0$）的过程为等体过程；内能减少，温度降低为等体降温过程。

答案：B

28. 解 卡诺正循环由两个准静态等温过程和两个准静态绝热过程组成。

由热力学第一定律$Q=\Delta E+W$，绝热过程$Q=0$，两个绝热过程高低温热源温度相同，温差相等，内能差相同。一个过程为绝热膨胀，另一个过程为绝热压缩，$W_2=-W_1$，一个内能增大，一个内能减小，$\Delta E_2=-\Delta E_1$。热力学的功等于曲线下的面积，故$S_1=S_2$。

答案：B

29. 解 热机效率：$\eta=1-\frac{Q_2}{Q_1}=1-\frac{1.26\times10^2}{1.68\times10^2}=25\%$

答案：A

30. 解 此题考查波动方程的基本关系。

$$y=A\cos(Bt-Cx)=A\cos B\left(t-\frac{x}{B/C}\right)$$

$$u=\frac{B}{C}，\omega=B，T=\frac{2\pi}{\omega}=\frac{2\pi}{B}$$

$$\lambda=u\cdot T=\frac{B}{C}\cdot\frac{2\pi}{B}=\frac{2\pi}{C}$$

答案：C

31. 解 由波动的能量特征得知：质点波动的动能与势能是同相的，动能与势能同时达到最大、最小。题目给出A点处媒质质元的振动动能在增大，则A点处媒质质元的振动势能也在增大，故选项 A 不正确；同样，由于A点处媒质质元的振动动能在增大，由此判定A点向平衡位置运动，波沿x负向传播，故选项 B 正确；此时B点向上运动，振动动能在增加，故选项 C 不正确；波的能量密度是随时间做周期性变化的，$w=\frac{\Delta W}{\Delta V}=\rho\omega^2A^2\sin^2\left[\omega\left(t-\frac{x}{u}\right)\right]$，故选项 D 不正确。

答案：B

32. 解 由波动的干涉特征得知：同一播音器初相位差为零。

$$\Delta\varphi=\alpha_2-\alpha_1-\frac{2\pi(r_2-\mathrm{r}_1)}{\lambda}=-\frac{2\pi\frac{\lambda}{2}}{\lambda}=\pi$$

相位差为π的奇数倍，为干涉相消点。

答案：B

33. 解 本题考查声波的多普勒效应公式。注意波源不动，$v_\mathrm{S}=0$，观察者远离波源运动，v_0前取负号。设波速为u，则：

$$v'=\frac{u-v_0}{u}v_0=\frac{u-\frac{1}{2}u}{u}v_0=\frac{1}{2}v_0$$

答案：C

34. 解 一束单色光通过折射率不同的两种媒质时，光的频率不变，波速改变，波长$\lambda=uT=\frac{u}{v}$。

答案：B

35. 解 在单缝衍射中，若单缝处的波面恰好被分成偶数个半波带，屏上出现暗条纹。相邻半波带上任何两个对应点所发出的光，在暗条纹处的光程差为$\frac{\lambda}{2}$，相位差为π。

答案：A

36. 解 光栅衍射是单缝衍射和多缝干涉的和效果。当多缝干涉明纹与单缝衍射暗纹方向相同时，将出现缺级现象。

单缝衍射暗纹条件：$a\sin\phi=k\lambda$

光栅衍射明纹条件：$(a+b)\sin\phi=k'\lambda$

$$\frac{a\sin\phi}{(a+b)\sin\phi}=\frac{k\lambda}{k'\lambda}=\frac{1}{3},\frac{2}{6},\frac{3}{9},\cdots$$

故$a+b=3a$

答案：B

37. 解 电离能可以衡量元素金属性的强弱，电子亲和能可以衡量元素非金属性的强弱，元素电负性可较全面地反映元素的金属性和非金属性强弱，离子极化力是指某离子使其他离子变形的能力。

答案：A

38. 解 分子间力包括色散力、诱导力、取向力。非极性分子和非极性分子之间只存在色散力，非极性分子和极性分子之间存在色散力和诱导力，极性分子和极性分子之间存在色散力、诱导力和取向力。题中，氢气、氦气、氧气、二氧化碳是非极性分子，二氧化硫、溴化氢和一氧化碳是极性分子。

答案： A

39. 解 在 $BaSO_4$ 饱和溶液中，存在 $BaSO_4 \rightleftharpoons Ba^{2+}+SO_4^{2-}$ 平衡，加入 Na_2SO_4，溶液中 SO_4^{2-} 浓度增加，平衡向左移动，Ba^{2+} 的浓度减小。

答案： B

40. 解 根据缓冲溶液pH值的计算公式：

$$\mathrm{pH} = 14 - \mathrm{p}K_\mathrm{b} + \lg\frac{c_{碱}}{c_{盐}} = 14 + \lg 1.8 \times 10^{-5} + \lg\frac{0.1}{0.1} = 14 - 4.74 - 0 = 9.26$$

答案： B

41. 解 由物质的标准摩尔生成焓 $\Delta_\mathrm{f}H_\mathrm{m}^\Theta$ 和反应的标准摩尔反应焓变 $\Delta_\mathrm{r}H_\mathrm{m}^\Theta$ 定义可知，$\mathrm{HCl(g)}$ 的 $\Delta_\mathrm{f}H_\mathrm{m}^\Theta$ 为反应 $\frac{1}{2}\mathrm{H_2(g)} + \frac{1}{2}\mathrm{Cl_2(g)} == \mathrm{HCl(g)}$ 的 $\Delta_\mathrm{r}H_\mathrm{m}^\Theta$。反应 $\mathrm{H_2(g)} + \mathrm{Cl_2(g)} == 2\mathrm{HCl(g)}$ 的 $\Delta_\mathrm{r}H_\mathrm{m}^\Theta$ 是反应 $\frac{1}{2}\mathrm{H_2(g)} + \frac{1}{2}\mathrm{Cl_2(g)} == \mathrm{HCl(g)}$ 的 $\Delta_\mathrm{r}H_\mathrm{m}^\Theta$ 的2倍，即 $\mathrm{H_2(g)} + \mathrm{Cl_2(g)} == 2\mathrm{HCl(g)}$ 的 $\Delta_\mathrm{r}H_\mathrm{m}^\Theta = 2 \times (-92) = -184\mathrm{kJ \cdot mol^{-1}}$。

答案： C

42. 解 对于指定反应，平衡常数 K^Θ 的值只是温度的函数，与参与平衡的物质的量、浓度、压强等无关。

答案： C

43. 解 原电池 $(-)\mathrm{Fe} \mid \mathrm{Fe}^2 + (1.0\mathrm{mol \cdot L^{-1}}) \parallel \mathrm{Fe}^3 + (1.0\mathrm{mol \cdot L^{-1}}), \mathrm{Fe}^2 + (1.0\mathrm{mol \cdot L^{-1}}) \mid \mathrm{Pt}(+)$ 的电动势

$$E^\Theta = E^\Theta(\mathrm{Fe^{3+}/Fe^{2+}}) - E^\Theta(\mathrm{Fe^{2+}/Fe}) = 0.771 - (-0.44) = 1.211\mathrm{V}$$

两个半电池中均加入 NaOH 后，$\mathrm{Fe^{3+}}$、$\mathrm{Fe^{2+}}$ 的浓度：

$$c_{\mathrm{Fe^{3+}}} = \frac{K_\mathrm{sp}^\Theta(\mathrm{Fe(OH)_3})}{(c_{\mathrm{OH^-}})^3} = \frac{2.79 \times 10^{-39}}{1.0^3} = 2.79 \times 10^{-39}\,\mathrm{mol \cdot L^{-1}}$$

$$c_{\mathrm{Fe^{2+}}} = \frac{K_\mathrm{sp}^\Theta(\mathrm{Fe(OH)_2})}{(c_{\mathrm{OH^-}})^2} = \frac{4.87 \times 10^{-17}}{1.0^2} = 4.87 \times 10^{-17}\mathrm{mol \cdot L^{-1}}$$

根据能斯特方程式，正极电极电势：

$$E(\mathrm{Fe^{3+}/Fe^{2+}}) = E^\Theta(\mathrm{Fe^{3+}/Fe^{2+}}) + \frac{0.0592}{1}\lg\frac{c_{\mathrm{Fe^{3+}}}}{c_{\mathrm{Fe^{2+}}}} = 0.771 + 0.0592 \times \lg\frac{2.79 \times 10^{-39}}{4.87 \times 10^{-17}} = -0.546\mathrm{V}$$

负极电极电势：

$$E(\mathrm{Fe^{2+}/Fe}) = E^\Theta(\mathrm{Fe^{2+}/Fe}) + \frac{0.0592}{2}\lg c_{\mathrm{Fe^{2+}}} = 0.44 + \frac{0.0592}{2}\lg 4.87 \times 10^{-17} = -0.0428\mathrm{V}$$

则电动势 $E = E(\mathrm{Fe^{3+}/Fe^{2+}}) - E(\mathrm{Fe^{2+}/Fe}) = -0.503\mathrm{V}$

答案：B

44. 解 烯烃和炔烃都可以与溴水反应使溴水褪色，烷烃和苯不与溴水反应。选项 A 中 1-己烯可以使溴水褪色，而己烷不能使溴水褪色。

答案：A

45. 解 尼泊金丁酯是由对羟基苯甲酸的羧基与丁醇的羟基发生酯化反应生成的。

答案：C

46. 解 该高分子化合物由单体 $CH_2{=}CHCl$ 通过加聚反应形成的。

答案：D

47. 解 根据平面任意力系独立平衡方程组的条件，三个平衡方程中，选项 A 不满足三个矩心不共线的三矩式要求，选项 B、D 不满足两矩心连线不垂直于投影轴的二矩式要求。

答案：C

48. 解 三个力合成后可形成自行封闭的三角形，说明此力系主矢为零；将三力对A点取矩，$\boldsymbol{F}_1$、$\boldsymbol{F}_3$对A点的力矩为零，$\boldsymbol{F}_2$ 对A点的力矩不为零，说明力系的主矩不为零。根据力系简化结果的分析，主矢为零，主矩不为零，力系可简化为一合力偶。

答案：C

49. 解 以整体为研究对象，其受力如解图所示。

列平衡方程：$\sum M_B = 0$，$F_C \cdot 1 - M = 0$

代入数值得：F_C =1kN（水平向右）

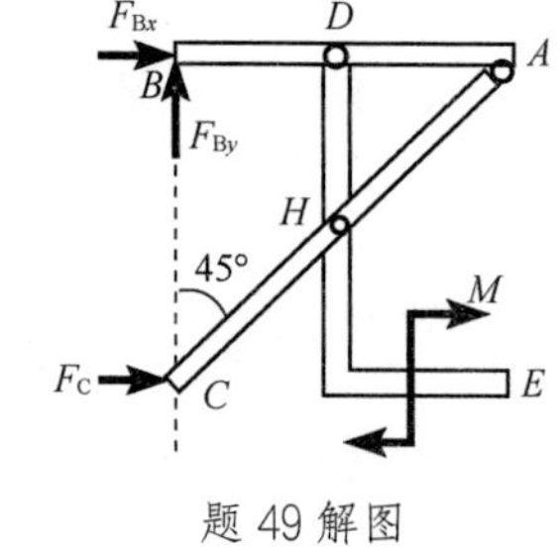

题 49 解图

答案：D

50. 解 根据零杆的判断方法，凡是三杆铰接的节点上，有两根杆在同一直线上，那么第三根不在这条直线上的杆必为零杆。先分析节点I，知DI杆为零杆，再分析节点D，此时D节点实际铰接的是CD、DE和DH三杆，由此可判断DH杆内力为零。

答案：D

51. 解 $t = 0$时，$x = 2$m，点在运动过程中其速度$v = \frac{dx}{dt} = 3t^2 - 12$。即当$0 < t < 2$s时，点的运动方向是$x$轴的负方向；当$t = 2$s时，点的速度为零，此时$x = -14$m；当$t > 2$s时，点的运动方向是$x$轴的正方向；当$t = 3$s时，$x = -7$m。所以点经过的路程是：$2 + 14 + 7 = 23$m。

答案：A

52. 解 四连杆机构在运动过程中，O_1A、O_2B杆为定轴转动刚体，AB杆为平行移动刚体。根据平行移动刚体的运动特性，其上各点有相同的速度和加速度，所以有：

$$v_A = r\omega = v_M，a_A^n = r\omega^2 = a_M^n$$

答案：C

53. 解　定轴转动刚体上一点的速度、加速度与转动角速度、角加速度的关系为：

$$v_B = OB \cdot \omega = 50 \times 2 = 100\text{cm/s}，a_B^t = OB \cdot \alpha = 50 \times 5 = 250\text{cm/s}^2$$

答案：A

54. 解　物块围绕y轴做匀速圆周运动，其加速度为指向y轴的法向加速度a_n，其运动及受力分析如解图所示。

根据质点运动微分方程$m\boldsymbol{a} = \boldsymbol{F}$，将方程沿着斜面方向投影有：

$$\frac{W}{g} a_n \cos 30^\circ = F_T - W \sin 30^\circ$$

将$a_n = \omega^2 l \cos 30^\circ$代入，解得：$F_T = 6 + 5 = 11\text{N}$

题 54 解图

答案：A

55. 解　根据刚体动量的定义：$p = mv_c = \frac{1}{2} ml\omega \sin \alpha$（其中$v_C = \frac{1}{2} l\omega \sin \alpha$）

答案：B

56. 解　根据动能定理，$T_2 - T_1 = W_{12}$。杆初始水平位置和运动到铅直位置时的动能分别为：$T_1 = 0$，$T_2 = \frac{1}{2} \cdot \frac{1}{3} ml^2\omega^2$，运动过程中重力所做之功为：$W_{12} = mg\frac{1}{2}l$，代入动能定理，可得：$\frac{1}{6} ml^2\omega^2 - 0 = \frac{l}{2} mg$，则$\omega = \sqrt{\frac{3g}{l}}$。

答案：B

57. 解　施加于轮的附加动反力$m\boldsymbol{a}_c$是由惯性力引起的约束力，大小与惯性力大小相同，其中$a_c = \frac{1}{2} R\omega^2$，方向与惯性力方向相反。

答案：C

58. 解　根据系统固有圆频率公式：$\omega_0 = \sqrt{\frac{k}{m}}$。系统中$k_2$和$k_3$并联，等效弹簧刚度$k_{23} = k_2 + k_3$；$k_1$和$k_{23}$串联，所以$\frac{1}{k_{123}} = \frac{1}{k_1} + \frac{1}{k_2 + k_3}$；$k_4$和$k_{123}$并联，故系统总的等效弹簧刚度为$k = k_4 + (\frac{1}{k_1} + \frac{1}{k_2 + k_3})^{-1} = 19600 + 4900 = 24500\text{N/m}$，代入固有圆频率的公式，可得：$\omega_0 = 22.1\text{rad/s}$。

答案：B

59. 解　铸铁的力学性能中抗拉能力最差，在扭转试验中沿45°最大拉应力的截面破坏就是明证，故①不正确；而铸铁的压缩强度比拉伸强度高得多，所以②正确。

答案：B

60. 解　由于左端D固定没有位移，所以C截面的轴向位移就等于CD段的伸长量$\Delta l_{CD} = \frac{F \cdot \frac{l}{2}}{EA}$。

答案：C

61. 解 此题挤压力是F，计算挤压面积是db，根据挤压强度条件：$\frac{P_{bs}}{A_{bs}}=\frac{F}{db}\leqslant[\sigma_{bs}]$，可得：$d\geqslant\frac{F}{b[\sigma_{bs}]}$。

答案： A

62. 解 根据该轴的外力和反力可得其扭矩图如解图所示：

故$\varphi_{DA}=\varphi_{DC}+\varphi_{CB}+\varphi_{BA}=\frac{ml}{GI_p}+0-\frac{ml}{GI_p}=0$

$\varphi_{DB}=\varphi_{DC}+\varphi_{CB}=\varphi_{DC}+0$

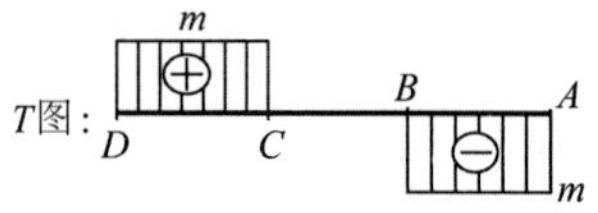

题 62 解图

答案： B

63. 解 $I_z=\frac{a^4}{12}-\frac{\pi d^4}{64}$，$W_z=\frac{I_z}{a/2}=\frac{a^3}{6}-\frac{\pi d^4}{32a}$

答案： C

64. 解 对称结构梁在反对称荷载作用下，其弯矩图是反对称的，其剪力图是对称的。在对称轴C截面上，弯矩为零，剪力不为零，是$-\frac{F}{2}$。

答案： C

65. 解 根据"突变规律"可知，在集中力偶作用的截面上，左右两侧的弯矩将产生突变，所以若集中力偶m在梁上移动，则梁的弯矩图将改变，而剪力图不变。

答案： C

66. 解 梁的挠曲线形状由荷载和支座的位置来决定。由图中荷载向下的方向可以判定：只有图(C)是正确的。

答案： C

67. 解 等截面轴向拉伸杆件中只能产生单向拉伸的应力状态，在各个方向的截面上应力可以不同，但是主应力状态都归结为单向应力状态。

答案： C

68. 解 最大拉应力理论就是第一强度理论，其相当应力就是σ_1，故选 A。

答案： A

69. 解 把作用在角点的偏心压力F，经过两次平移，平移到杆的轴线方向，形成一轴向压缩和两个平面弯曲的组合变形，其最大压应力的绝对值为：

$$\begin{aligned}|\sigma_{max}^-|&=\frac{F}{a^2}+\frac{M_z}{W_z}+\frac{M_y}{W_y}\\&=\frac{250\times10^3\text{N}}{100^2\text{mm}^2}+\frac{250\times10^3\times50\text{N}\cdot\text{mm}}{\frac{1}{6}\times100^3\text{mm}^3}+\frac{250\times10^3\text{N}\times50\text{mm}}{\frac{1}{6}\times100^3\text{mm}^3}\\&=25+75+75=175\text{MPa}\end{aligned}$$

答案： C

70. 解 由临界荷载的公式$F_{cr}=\frac{\pi^2EI}{(\mu l)^2}$可知，当抗弯刚度相同时，$\mu l$越小，临界荷载越大。

图（A）是两端铰支：$\mu l = 1 \times 5 = 5$

图（B）是一端铰支、一端固定：$\mu l = 0.7 \times 7 = 4.9$

图（C）是两端固定：$\mu l = 0.5 \times 9 = 4.5$

图（D）是一端固定、一端自由：$\mu l = 2 \times 2 = 4$

所以图（D）的μl最小，临界荷载最大。

答案：D

71. 解　平板形心处的压强为$p_c = \rho g h_c$，而平板形心处垂直水深$h_c = h\sin\theta$，因此，平板受到的静水压力$P = p_c A = \rho g h_c A = \rho g h A \sin\theta$。

答案：A

72. 解　流体的黏性是指流体在运动状态下具有抵抗剪切变形并在内部产生切应力的性质。流体的黏性来源于流体分子之间的内聚力和相邻流动层之间的动量交换，黏性的大小与温度有关。根据牛顿内摩擦定律，切应力与速度梯度的n次方成正比，而牛顿流体的切应力与速度梯度成正比，流体的动力黏性系数是单位速度梯度所需的切应力。

答案：B

73. 解　根据已知条件，$v_x = 5 \times 1^3 = 5\text{m/s}$，$v_y = -15 \times 1^2 \times 2 = 30\text{m/s}$，从而，$v = \sqrt{v_x^2 + v_y^2} = \sqrt{5^2 + (-30)^2} = 30.41\text{m/s}$，如解图所示。

$$\tan\theta = \frac{v_y}{v_x} = \frac{-15x^2 y}{5x^3} = \frac{-3y}{x} = \frac{-3 \times 2}{1} = -6$$

答案：C

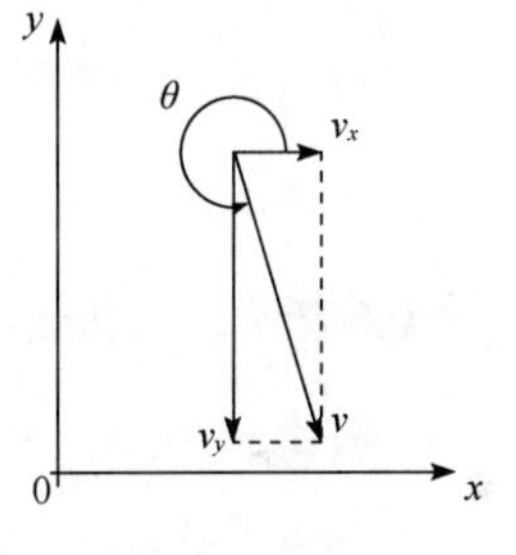

题 73 解图

74. 解　圆管有压流动中，若用水力直径表征层流与紊流的临界雷诺数Re，则Re =2000~2320；若用水力半径表征临界雷诺数Re，则Re =500~580。

答案：A

75. 解　对于并联管路，A、B两节点之间的水头损失等于各支路的水头损失，流量等于各支路的流量之和：$h_{fAB} = h_{f1} = h_{f2} = h_{f3}$，$Q_{AB} = Q_1 + Q_2 + Q_3$

对于串联管路，$h_{fAB} = h_{f1} + h_{f2} + h_{f3}$，$Q_{AB} = Q_1 = Q_2 = Q_3$

无论是并联管路，还是串联管路，总的功率损失均为：

$$N_{AB} = N_1 + N_2 + N_3 = \rho g Q_1 h_{f1} + \rho g Q_2 h_{f2} + \rho g Q_3 h_{f3}$$

答案：D

76. 解　明渠均匀流动的形成条件是：流动恒定，流量沿程不变；渠道是长直棱柱形顺坡（正坡）渠道；渠道表面粗糙系数沿程不变；渠道沿程流动无局部干扰。

答案：B

77. 解 工程上常见的地下水运动，大多是在底宽很大的不透水层基底上的重力流动，流线簇近乎于平行的直线，属于无压恒定渐变渗流。

答案： B

78. 解 模型在风洞中用空气进行试验，则黏滞阻力为其主要作用力，应按雷诺准则进行模型设计，即

$$(\mathrm{Re})_{\mathrm{p}} = (\mathrm{Re})_{\mathrm{m}} \quad 或 \quad \frac{\lambda_{\mathrm{v}}\lambda_{\mathrm{L}}}{\lambda_{\nu}} = 1$$

因为模型与原型都是使用空气，假定空气温度也相同，则可以认为运动黏度$\nu_{\mathrm{p}} = \nu_{\mathrm{m}}$

所以，$\lambda_{\nu} = 1$，$\lambda_{\mathrm{v}}\lambda_{\mathrm{L}} = 1$

已知汽车原型最大速度$v_{\mathrm{p}} = 108\mathrm{km/h} = 30\mathrm{m/s}$，模型最大风速$v_{\mathrm{m}} = 45\mathrm{m/s}$

于是，线性比尺为$\lambda_{\mathrm{L}} = \frac{1}{\lambda_{\mathrm{v}}} = \frac{1}{v_{\mathrm{p}}/v_{\mathrm{m}}} = \frac{v_{\mathrm{m}}}{v_{\mathrm{p}}} = \frac{45}{30} = 1.5$

面积比尺为$\lambda_{\mathrm{A}} = \lambda_{\mathrm{L}}^2 = 1.5^2 = 2.25$

已知汽车迎风面积$A_{\mathrm{p}} = 1.5\mathrm{m}^2$，$\lambda_{\mathrm{A}} = A_{\mathrm{p}}/A_{\mathrm{m}}$，可求得模型的迎风面积为：

$$A_{\mathrm{m}} = \frac{A_{\mathrm{p}}}{\lambda_{\mathrm{A}}} = \frac{1.5}{2.25} = 0.667\mathrm{m}^2$$

由上述计算可知，线性比尺大于1，模型的迎风面积应小于原型汽车的迎风面积，所以选项B和C可以被排除。若选择选项D，模型面积过小，原型与模型的面积比尺及线性比尺均增大，则速度比尺减小，所需的风洞风速会过大，超过风洞所能提供的最大风速，因此，可使得模型的迎风面积略大于计算值0.667m^2，选择选项A较为合理。

答案： A

79. 解 洛伦兹力是运动电荷在磁场中所受的力。这个力既适用于宏观电荷，也适用于微观电荷粒子。电流元在磁场中所受安培力就是其中运动电荷所受洛伦兹力的宏观表现。

库仑力指在真空中两个静止的点电荷之间的作用力。

电场力是指电荷之间的相互作用，只要有电荷存在就会有电场力。

安培力是通电导线在磁场中受到的作用力。

答案： B

80. 解 首先假设12V电压源的负极为参考点位点，计算a、b点位：

$U_{\mathrm{a}} = 5\mathrm{V}$，$U_{\mathrm{b}} = 12 - 4 = 8\mathrm{V}$，故$U_{\mathrm{ab}} = U_{\mathrm{a}} - U_{\mathrm{b}} = -3\mathrm{V}$

答案： D

81. 解 当电压源单独作用时，电流源断路，电阻R_2与R_1串联分压，R_2与R_1的数值关系为：

$$\frac{U'}{100} = \frac{R_2}{R_1 + R_2} = \frac{20}{100} = \frac{1}{4+1}；\ R_2 = R_1/4$$

电流源单独作用时，电压源短路，电阻R_2压电压U''为：

$$U'' = -2\frac{R_1 \cdot R_2}{R_1 + R_2} = -0.4R_1$$

答案：D

82. 解 $Z_1 = R + j\omega L + \frac{1}{j\omega C} = R + j\left(\omega L - \frac{1}{\omega C}\right) = R$

$$\frac{1}{Z_2} = \frac{1}{R} + \frac{1}{j\omega L} + \frac{1}{\frac{1}{j\omega C}} = \frac{1}{R}$$

$Z_1 = Z_2 = R$

答案：D

83. 解 已知$Z = R + j\omega L = 100 + j100\Omega$

当$u = U_{\mathrm{m}}\sin 2\omega t$，频率增加时$\omega' = 2\omega$

感抗随之增加：$Z' = R + j\omega'$，$L = 100 + j200\Omega$

功率因数：$\lambda = \frac{R}{|Z'|} = \frac{100}{\sqrt{100^2+200^2}} = 0.447$

答案：D

84. 解 由于电感及电容元件上没有初始储能，可以确定$t = 0_-$时：

$$I_{\mathrm{L}(0-)} = 0\mathrm{A}，U_{\mathrm{C}(0-)} = 0\mathrm{V}$$

$t = 0_+$时，利用储能元件的换路定则，可知

$$I_{\mathrm{L}(0+)} = I_{\mathrm{L}(0-)} = 0\mathrm{A}，U_{\mathrm{C}(0+)} = U_{\mathrm{C}(0-)} = 0\mathrm{V}$$

两条电阻通道电压为零、电流为零。

$$I_{\mathrm{R}(0+)} = 0\mathrm{A}，I_{\mathrm{C}(0+)} = 2 - I_{\mathrm{R}(0+)} - I_{\mathrm{R}(0+)} - I_{\mathrm{L}(0+)} = 2\mathrm{A}$$

答案：C

85. 解 当 S 分开时，变压器负载电阻$R_{\mathrm{L(S\,分)}} = R_{\mathrm{L1}}$

原边等效负载电阻$R'_{\mathrm{L(S\,分)}} = k^2 R_{\mathrm{L(S\,分)}} = k^2 R_{\mathrm{L1}}$

当 S 闭合以后，变压器负载电阻$R_{\mathrm{L(S\,合)}} = R_{\mathrm{L1}} /\!/ R_{\mathrm{L2}} < R_{\mathrm{L1}}$

原边等效负载电阻$R'_{\mathrm{L(S\,合)}} < R'_{\mathrm{L(S\,分)}}$减小，变压器原边电压$U_1{}'$减小，$U_2 = U_1/k$，所以$U_2$随之变小。

答案：B

86. 解 三相异步电动机的转动方向与定子绕组电流产生的旋转磁场的方向一致，那么改变三相电源的相序就可以改变电动机旋转磁场的方向。改变电源的大小、对定子绕组接法进行Y-△转换以及改变转子绕组上电流的方向都不会变化三相异步电动机的转动方向。

答案：B

87. 解 数字信号是一种代码信号，不是时间信号，也不仅用来表示数字的大小。数字信号幅度的取值是离散的，被限制在有限个数值之内，不能直接表示对象的原始信息。

答案：C

88. 解 周期信号频谱是离散频谱，其幅度频谱的幅值随着谐波次数的增高而减小；而非周期信号的频谱是连续频谱。图 a）和图 b）所示$u_1(t)$和$u_2(t)$的幅值频谱均是连续频谱，所以$u_1(t)$和$u_2(t)$都是非周期性时间信号。

答案：A

89. 解 从周期信号$u(t)$的幅频特性图 a）可见，其频率范围均在低通滤波器图 b）的通频段以内，这个区间放大倍数相同，各个频率分量得到同样的放大，则该信号通过这个低通滤波以后，其结构和波形的形状不会变化。

答案：C

90. 解 $\mathrm{ABC}+\overline{\mathrm{A}}\mathrm{D}+\overline{\mathrm{B}}\mathrm{D}+\overline{\mathrm{C}}\mathrm{D}=\mathrm{ABC}+(\overline{\mathrm{A}}+\overline{\mathrm{B}}+\overline{\mathrm{C}})\mathrm{D}=\mathrm{ABC}+\overline{\mathrm{ABC}}\mathrm{D}=\mathrm{ABC}+\mathrm{D}$

这里利用了逻辑代数的反演定理和部分吸收关系，即：$\mathrm{A}+\overline{\mathrm{A}}\mathrm{B}=\mathrm{A}+\mathrm{B}$

答案：D

91. 解 数字信号$\mathrm{F}=\overline{\mathrm{A}}\mathrm{B}+\mathrm{A}\overline{\mathrm{B}}$为异或门关系，信号 A、B 相同为 0，相异为 1，分析波形如解图所示，结果与选项 C 一致。

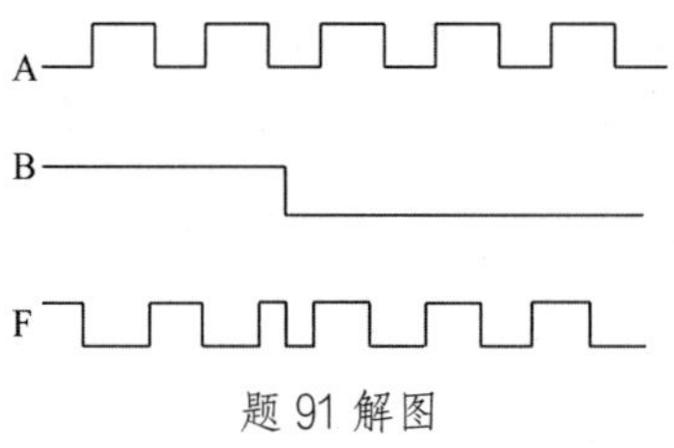

题 91 解图

答案：C

92. 解 本题是利用函数的最小项关系表达。从真值表写出逻辑表达式主要有三个步骤：首先，写出真值表中对应$\mathrm{F}=1$的输入变量A、B、C组合；然后，将输入量写成与逻辑关系（输入变量取值为 1 的写原变量，取值为 0 的写反变量）；最后将函数F用或逻辑表达：$\mathrm{F}=\mathrm{A}\overline{\mathrm{B}}\overline{\mathrm{C}}+\mathrm{ABC}$。

答案：D

93. 解 该电路是二极管半波整流电路。

当$u_\mathrm{i}>0$时，二极管导通，$u_\mathrm{o}=u_\mathrm{i}$；

当$u_\mathrm{i}<0$时，二极管 D 截止，$u_\mathrm{o}=0\mathrm{V}$。

输出电压U_o的平均值可用下面公式计算：

$$U_\mathrm{o}=0.45U_\mathrm{i}=0.45\frac{10}{\sqrt{2}}=3.18\mathrm{V}$$

答案：C

94. 解 该电路为运算放大器构成的电压比较电路，分析过程如解图所示。

当$u_{i1} > u_{i2}$时，$u_o = -U_{oM}$；

当$u_{i1} < u_{i2}$时，$u_o = +U_{oM}$。

结果与选项 A 一致。

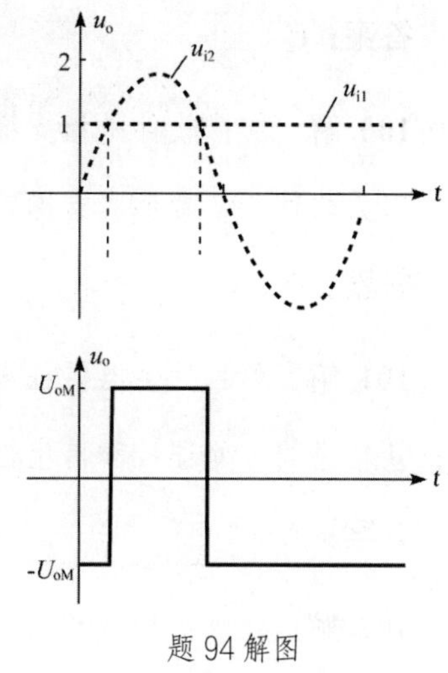

题 94 解图

答案：A

95. 解 写出输出端的逻辑关系式为：

与门　$F_1 = A \cdot 1 = A$

或非门　$F_2 = \overline{B+1} = \overline{1} = 0$

答案：C

96. 解 数据由 D 端输入，各触发器的Q端输出数据。在时钟脉冲cp的作用下，根据触发器的关系$Q_{n+1} = D_n$分析。

假设：清零后Q_2、Q_1、Q_0均为零状态，右侧 D 端待输入数据为D_2、D_1、D_0，在时钟脉冲cp作用下，各输出端Q的关系列解表说明，可见数据输出顺序向左移动，因此该电路是三位左移寄存器。

题 96 解表

cp	Q_2	Q_1	Q_0
0	0	0	0
1	0	0	D_2
2	0	D_2	D_1
3	D_2	D_1	D_0

答案：C

97. 解 个人计算机（Personal Computer），简称PC，指在大小、性能以及价位等多个方面适合于个人使用，并由最终用户直接操控的计算机的统称。它由硬件系统和软件系统组成，是一种能独立运行，完成特定功能的设备。台式机、笔记本电脑、平板电脑等均属于个人计算机的范畴。

答案：C

98. 解 微机常用的外存储器通常是磁性介质或光盘，像硬盘、软盘、光盘和 U 盘等，能长期保存信息，并且不依赖于电来保存信息，但是由机械部件带动，速度与 CPU 相比就显得慢的多。在老式微机中使用软盘。

答案：A

99. 解 通常是将软件分为系统软件和应用软件两大类。系统软件是生成、准备和执行其他程序所需要的一组程序。应用软件是专业人员为各种应用目的而编制的程序。

答案：C

100. 解 支撑软件是指支撑其他软件的编写制作和维护的软件。主要包括环境数据库、各种接口软件和工具软件。三者形成支撑软件的整体，协同支撑其他软件的编制。

答案：B

101. 解 信息的主要特征表现为：①信息的可识别性；②信息的可变性；③信息的流动性和可存储性；④信息的可处理性和再生性；⑤信息的有效性和无效性；⑥信息的属性和使用性。

答案：A

102. 解 点阵中行数和列数的乘积称为图像的分辨率。例如，若一个图像的点阵总共有480行，每行640个点，则该图像的分辨率为640×480=307200个像素。

答案：D

103. 解 计算机病毒是指编制或者在计算机程序中插入的破坏计算机功能和破坏计算机中的数据，影响计算机使用并且能够自我复制的一组计算机指令或者程序代码，只要满足某种条件即可起到破坏作用，严重威胁着计算机信息系统的安全。

答案：B

104. 解 计算机操作系统的存储管理功能主要有：①分段存储管理；②分页存储管理；③分段分页存储管理；④虚拟存储管理。

答案：D

105. 解 网络协议主要由语法、语义和同步（定时）三个要素组成。语法是数据与控制信息的结构或格式。语义是定义数据格式中每一个字段的含义。同步是收发双方或多方在收发时间和速度上的严格匹配，即事件实现顺序的详细说明。

答案：C

106. 解 按照数据交换的功能将网络分类，常用的交换方法有电路交换、报文交换和分组交换。电路交换方式是在用户开始通信前，先申请建立一条从发送端到接收端的物理信道，并且在双方通信期间始终占用该信道。报文交换是一种数字化交换方式。分组交换也采用报文传输，但它不是以不定长的报文做传输的基本单位，而是将一个长的报文划分为许多定长的报文分组，以分组作为传输的基本单位。

答案：D

107. 解 根据等额支付资金回收公式（已知P求A）：

$$A = P\left[\frac{i(1+i)^n}{(1+i)^n-1}\right] = 1000\times\left[\frac{8\%(1+8\%)^5}{(1+8\%)^5-1}\right] = 1000\times 0.25046 = 250.46\text{ 万元}$$

或根据题目给出的已知条件$(P/A,8\%,5) = 3.9927$计算：

$1000=A(P/A,8\%,5)=3.9927A$

$A=1000/3.9927=250.46$万元

答案：B

108. 解 建设投资中各分项分别形成固定资产原值、无形资产原值和其他资产原值。按现行规定，建设期利息应计入固定资产原值。

答案：A

109. 解 优先股的股份持有人优先于普通股股东分配公司利润和剩余财产，但参与公司决策管理等权利受到限制。公司清算时，剩余财产先分给债权人，再分给优先股股东，最后分给普通股股东。

答案：D

110. 解 利息备付率从付息资金来源的充裕性角度反映企业偿付债务利息的能力,表示企业使用息税前利润偿付利息的保证倍率。利息备付率高,说明利息支付的保证度大,偿债风险小。正常情况下，利息备付率应当大于1，利息备付率小于1表示企业的付息能力保障程度不足。另一个偿债能力指标是偿债备付率，表示企业可用于还本付息的资金偿还借款本息的保证倍率，正常情况应大于1；小于1表示企业当年资金来源不足以偿还当期债务，需要通过短期借款偿付已到期债务。

答案：D

111. 解 注意题干问的是该项目的净年值。等额资金回收系数与等额资金现值系数互为倒数：

等额资金回收系数：$(A/P,i,n)=\frac{i(1+i)^n}{(1+i)^n-1}$

等额资金现值系数：$(P/A,i,n)=\frac{(1+i)^n-1}{i(1+i)^n}$

所以$(A/P,i,n)=\frac{1}{(P/A,i,n)}$

方法 1：该项目的净年值$\text{NAV}=-1000(A/P,12\%,10)+200$

$$=-1000/(P/A,12\%,10)+200$$

$$=-1000/5.6502+200=23.02\text{ 万元}$$

方法 2：该项目的净现值$\text{NPV}=-1000+200\times(P/A,12\%,10)$

$$=-1000+200\times5.6502=130.04\text{ 万元}$$

该项目的净年值为：$\text{NAV}=\text{NPV}(A/P,12\%,10)=\text{NPV}/(P/A,12\%,10)$

$$=130.04/5.6502=23.02\text{ 万元}$$

答案：B

112. 解 线性盈亏平衡分析的基本假设有：①产量等于销量；②在一定范围内产量变化，单位可变成本不变，总生产成本是产量的线性函数；③在一定范围内产量变化，销售单价不变，销售收入是销售量的线性函数；④仅生产单一产品或生产的多种产品可换算成单一产品计算。

答案：D

113. 解 独立的投资方案是否可行，取决于方案自身的经济性。可根据净现值判定项目的可行性。

甲项目的净现值：

$\mathrm{NPV}_{甲} = -300 + 52(P/A, 10\%, 10) = -300 + 52 \times 6.1446 = 19.52$ 万元

$\mathrm{NPV}_{甲} > 0$，故甲方案可行。

乙项目的净现值：

$\mathrm{NPV}_{乙} = -200 + 30(P/A, 10\%, 10) = -200 + 30 \times 6.1446 = -15.66$ 万元

$\mathrm{NPV}_{乙} < 0$，故乙方案不可行。

答案：A

114. 解 价值工程的一般工作程序包括准备阶段、功能分析阶段、创新阶段和实施阶段。功能分析阶段包括的工作有收集整理信息资料、功能系统分析、功能评价。

答案：B

115. 解 《中华人民共和国注册建筑师条例》第二十一条规定，注册建筑师执行业务，应当加入建筑设计单位。建筑设计单位的资质等级及其业务范围，由国务院建设行政主管部门规定。

《注册结构工程师执业资格制度暂行规定》第十九条规定，注册结构工程师执行业务，应当加入一个勘察设计单位。第二十条规定，注册结构工程师执行业务，由勘察设计单位统一接受委托并统一收费。所以注册建筑师、注册工程师均不能以个人名义承接建筑设计业务，必须加入一个设计单位，以单位名义承接任务，因此必须按照该设计单位的资质证书许可的业务范围承接任务。

答案：D

116. 解 《中华人民共和国安全生产法》第四十条规定，生产经营单位对重大危险源应当登记建档，进行定期检测、评估、监控，并制定应急预案，告知从业人员和相关人员在紧急情况下应当采取的应急措施。

答案：A

117. 解 《中华人民共和国招标投标法》第十六条规定，招标人采用公开招标方式的，应当发布招标公告。依法必须进行招标的项目的招标公告，应当通过国家指定的报刊、信息网络或者其他媒介发布。招标公告应当载明招标人的名称和地址，招标项目的性质、数量、实施地点和时间以及获取招标文件的办法等事项。

答案：D

118. 解 选项 B 乙施工单位不买，选项 C 丙施工单位不同意价格，选项 D 丁施工单位回复过期，承诺均为无效，只有选项 A 甲施工单位的回复属承诺有效。

答案：A

119. 解 《中华人民共和国节约能源法》第三条规定，本法所称节约能源（以下简称节能），是指加强用能管理，采取技术上可行、经济上合理以及环境和社会可以承受的措施，从能源生产到消费的各个环节，降低消耗、减少损失和污染物排放、制止浪费，有效、合理地利用能源。

答案：A

120. 解 《建筑工程质量管理条例》第三十条规定，施工单位必须建立、健全施工质量的检验制度，严格工序管理，做好隐蔽工程的质量检查和记录。隐蔽工程在隐蔽前，施工单位应当通知建设单位和建设工程质量监督机构。

答案：B

2022 年度全国勘察设计注册工程师

执业资格考试试卷

基础考试

（上）

二〇二二年十一月

应考人员注意事项

1. 本试卷科目代码为“1”，考生务必将此代码填涂在答题卡“科目代码”相应的栏目内，否则，无法评分。

2. 书写用笔：**黑色或蓝色钢笔、签字笔或圆珠笔**；

   填涂答题卡用笔：**黑色 2B 铅笔**。

3. 必须用书写用笔将工作单位、姓名、准考证号填写在答题卡和试卷相应的栏目内。

4. 本试卷由 120 题组成，每题 1 分，满分 120 分，本试卷全部为单项选择题，每小题的四个备选项中只有一个正确答案，错选、多选、不选均不得分。

5. 考生作答时，必须按**题号在答题卡上**将相应试题所选选项对应的**字母用 2B 铅笔涂黑**。

6. 在答题卡上书写与题意无关的语言，或在答题卡上作标记的，均按违纪试卷处理。

7. 考试结束时，由监考人员当面将试卷、答题卡一并收回。

8. 草稿纸由各地统一配发，考后收回。

单项选择题（共 120 题，每题 1 分。每题的备选项中，只有一个最符合题意。）

1. 下列极限中，正确的是：

A. $\lim\limits_{x\to 0} 2^{\frac{1}{x}}=\infty$

B. $\lim\limits_{x\to 0} 2^{\frac{1}{x}}=0$

C. $\lim\limits_{x\to 0} \sin\frac{1}{x}=0$

D. $\lim\limits_{x\to \infty} \frac{\sin x}{x}=0$

2. 若当$x\to\infty$时，$\frac{x^2+1}{x+1}-ax-b$为无穷大量，则常数a、b应为：

A. $a=1$，$b=1$

B. $a=1$，$b=0$

C. $a=0$，$b=1$

D. $a\neq 1$，b为任意常数

3. 抛物线$y=x^2$上点$\left(-\frac{1}{2},\frac{1}{4}\right)$处的切线是：

A. 垂直于ox轴

B. 平行于ox轴

C. 与ox轴正向夹角为$\frac{3\pi}{4}$

D. 与ox轴正向夹角为$\frac{\pi}{4}$

4. 设$y=\ln(1+x^2)$，则二阶导数y''等于：

A. $\frac{1}{(1+x^2)^2}$

B. $\frac{2(1-x^2)}{(1+x^2)^2}$

C. $\frac{x}{1+x^2}$

D. $\frac{1-x}{1+x^2}$

5. 在区间[1,2]上满足拉格朗日定理条件的函数是：

A. $y=\ln x$

B. $y=\frac{1}{\ln x}$

C. $y=\ln(\ln x)$

D. $y=\ln(2-x)$

6. 设函数$f(x)=\frac{x^2-2x-2}{x+1}$，则$f(0)=-2$是$f(x)$的：

A. 极大值，但不是最大值

B. 最大值

C. 极小值，但不是最小值

D. 最小值

7. 设$f(x)$、$g(x)$可微，并且满足$f'(x)=g'(x)$，则下列各式中正确的是：

A. $f(x)=g(x)$

B. $\int f(x)\mathrm{d}x=\int g(x)\mathrm{d}x$

C. $\left(\int f(x)\mathrm{d}x\right)'=\left(\int g(x)\mathrm{d}x\right)'$

D. $\int f'(x)\mathrm{d}x=\int g'(x)\mathrm{d}x$

8. 定积分$\int_0^1 \frac{x^3}{\sqrt{1+x^2}}\mathrm{d}x$的值等于：

A. $\frac{1}{3}(\sqrt{2}-2)$ B. $\frac{1}{3}(2-\sqrt{2})$

C. $\frac{1}{3}(1-2\sqrt{2})$ D. $\frac{1}{\sqrt{2}}-1$

9. 设向量的模$|\boldsymbol{\alpha}|=\sqrt{2}$，$|\boldsymbol{\beta}|=2\sqrt{2}$，$|\boldsymbol{\alpha}\times\boldsymbol{\beta}|=2\sqrt{3}$，则$\boldsymbol{\alpha}\cdot\boldsymbol{\beta}$等于：

A. 8 或-8 B. 6 或-6

C. 4 或-4 D. 2 或-2

10. 设平面方程为$Ax+Cz+D=0$，其中A、C、D是均不为零的常数，则该平面：

A. 经过ox轴 B. 不经过ox轴，但平行于ox轴

C. 经过oy轴 D. 不经过oy轴，但平行于oy轴

11. 函数$z=f(x,y)$在点(x_0,y_0)处连续是它在该点偏导数存在的：

A. 必要而非充分条件 B. 充分而非必要条件

C. 充分必要条件 D. 既非充分又非必要条件

12. 设D为圆域：$x^2+y^2\leqslant 1$，则二重积分$\iint\limits_D x\mathrm{d}x\mathrm{d}y$等于：

A. $2\int_0^{\pi}\mathrm{d}\theta\int_0^1 r^2\sin\theta\mathrm{d}r$ B. $\int_0^{2\pi}\mathrm{d}\theta\int_0^1 r^2\cos\theta\mathrm{d}r$

C. $4\int_0^{\frac{\pi}{2}}\mathrm{d}\theta\int_0^1 r\cos\theta\mathrm{d}r$ D. $4\int_0^{\frac{\pi}{4}}\mathrm{d}\theta\int_0^1 r^3\cos\theta\mathrm{d}r$

13. 微分方程$y'=2x$的一条积分曲线与直线$y=2x-1$相切，则微分方程的解是：

A. $y=x^2+2$ B. $y=x^2-1$

C. $y=x^2$ D. $y=x^2+1$

14. 下列级数中，条件收敛的级数是：

A. $\sum\limits_{n=2}^{\infty}(-1)^n\frac{1}{\ln n}$ B. $\sum\limits_{n=1}^{\infty}(-1)^n\frac{1}{n^{\frac{3}{2}}}$

C. $\sum\limits_{n=1}^{\infty}(-1)^n\frac{n}{n+2}$ D. $\sum\limits_{n=1}^{\infty}\frac{\sin\left(\frac{4n\pi}{3}\right)}{n^3}$

15. 在下列函数中，为微分方程$y'' - 2y' + 2y = 0$的特解的是：

A. $y = e^{-x}\cos x$　　　　B. $y = e^{-x}\sin x$

C. $y = e^{x}\sin x$　　　　D. $y = e^{x}\cos(2x)$

16. 设L是从点$A(a,0)$到点$B(0,a)$的有向直线段($a > 0$)，则曲线积分$\int_L x\mathrm{d}y$等于：

A. a^2　　　　B. $-a^2$

C. $\frac{a^2}{2}$　　　　D. $-\frac{a^2}{2}$

17. 若幂级数$\sum\limits_{n=1}^{\infty} a_n x^n$的收敛半径为 3，则幂级数$\sum\limits_{n=1}^{\infty} na_n(x-1)^{n+1}$的收敛区间是：

A. $(-3,3)$　　　　B. $(-2,4)$

C. $(-1,5)$　　　　D. $(0,6)$

18. 设$z = \frac{1}{x}f(xy)$，其中$f(u)$具有连续的二阶导数，则$\frac{\partial^2 z}{\partial x \partial y}$等于：

A. $xf'(xy) + yf''(xy)$　　　　B. $\frac{1}{x}f'(xy) + f''(xy)$

C. $xf''(xy)$　　　　D. $yf''(xy)$

19. 设$\boldsymbol{A}$，$\boldsymbol{B}$，$\boldsymbol{C}$为同阶可逆矩阵，则矩阵方程$\boldsymbol{ABXC} = \boldsymbol{D}$的解$\boldsymbol{X}$为：

A. $\boldsymbol{A}^{-1}\boldsymbol{B}^{-1}\boldsymbol{D}\boldsymbol{C}^{-1}$　　　　B. $\boldsymbol{B}^{-1}\boldsymbol{A}^{-1}\boldsymbol{D}\boldsymbol{C}^{-1}$

C. $\boldsymbol{C}^{-1}\boldsymbol{D}\boldsymbol{A}^{-1}\boldsymbol{B}^{-1}$　　　　D. $\boldsymbol{C}^{-1}\boldsymbol{D}\boldsymbol{B}^{-1}\boldsymbol{A}^{-1}$

20. 设$r(\boldsymbol{A})$表示矩阵$\boldsymbol{A}$的秩，n元齐次线性方程组$\boldsymbol{AX} = \boldsymbol{0}$有非零解时，它的每一个基础解系中所含解向量的个数都等于：

A. $r(\boldsymbol{A})$　　　　B. $r(\boldsymbol{A}) - n$

C. $n - r(\boldsymbol{A})$　　　　D. $r(\boldsymbol{A}) + n$

21. 若对称矩阵$\boldsymbol{A}$与矩阵$\boldsymbol{B} = \begin{pmatrix} 1 & 0 & 0 \\ 0 & 0 & 2 \\ 0 & 2 & 0 \end{pmatrix}$合同，则二次型$f(x_1, x_2, x_3) = \boldsymbol{x}^{\mathrm{T}}\boldsymbol{Ax}$的标准型是：

A. $f = y_1^2 + 2y_2^2 - 2y_3^2$

B. $f = 2y_1^2 - 2y_2^2 - y_3^2$

C. $f = y_1^2 - y_2^2 - 2y_3^2$

D. $f = -y_1^2 + y_2^2 - 2y_3^2$

22. 设A、B为两个事件，且$P(A)=\frac{1}{2}$，$P(B\mid A)=\frac{1}{10}$，$P(B\mid \overline{A})=\frac{1}{20}$，则概率$P(B)$等于：

A. $\frac{1}{40}$ B. $\frac{3}{40}$

C. $\frac{7}{40}$ D. $\frac{9}{40}$

23. 设随机变量X与Y相互独立，且$E(X)=E(Y)=0$，$D(X)=D(Y)=1$，则数学期望$E(X+Y)^2$的值等于：

A. 4 B. 3

C. 2 D. 1

24. 设G是由抛物线$y=x^2$与直线$y=x$所围的平面区域，而随机变量(X,Y)服从G上的均匀分布，则(X,Y)的联合密度$f(x,y)$是：

A. $f(x,y)=\begin{cases}6 & (x,y)\in G\\ 0 & 其他\end{cases}$ B. $f(x,y)=\begin{cases}\frac{1}{6} & (x,y)\in G\\ 0 & 其他\end{cases}$

C. $f(x,y)=\begin{cases}4 & (x,y)\in G\\ 0 & 其他\end{cases}$ D. $f(x,y)=\begin{cases}\frac{1}{4} & (x,y)\in G\\ 0 & 其他\end{cases}$

25. 在热学中经常用 L 作为体积的单位，而：

A. $1\text{L}=10^{-1}\text{m}^3$ B. $1\text{L}=10^{-2}\text{m}^3$

C. $1\text{L}=10^{-3}\text{m}^3$ D. $1\text{L}=10^{-4}\text{m}^3$

26. 两容器内分别盛有氢气和氦气，若它们的温度和质量分别相等，则：

A. 两种气体分子的平均平动动能相等

B. 两种气体分子的平均动能相等

C. 两种气体分子的平均速率相等

D. 两种气体的内能相等

27. 对于室温下的双原子分子理想气体，在等压膨胀的情况下，系统对外做功W与吸收热量Q之比W/Q等于：

A. 2/3 B. 1/2

C. 2/5 D. 2/7

28. 设高温热源的热力学温度是低温热源热力学温度的n倍，则理想气体在一次卡诺循环中，传给低温热源的热量是从高温热源吸收热量的多少倍？

A. n　　　　B. $n-1$

C. $1/n$　　　　D. $(n+1)/n$

29. 相同质量的氢气与氧气分别装在两个容积相同的封闭容器内，环境温度相同，则氢气与氧气的压强之比为：

A. 1/16　　　　B. 16/1

C. 1/8　　　　D. 8/1

30. 一平面简谐波的表达式为$y=-0.05\sin\pi(t-2x)$(SI)，则该波的频率ν(Hz)、波速u(m/s)及波线上各点振动的振幅A(m)依次为：

A. 1/2，1/2，-0.05

B. 1/2，1，-0.05

C. 1/2，1/2，0.05

D. 2，2，0.05

31. 横波以波速u沿x轴负方向传播。t时刻波形曲线如图所示，则该时刻：

A. A点振动速度大于0

B. B点静止

C. C点向下运动

D. D点振动速度小于0

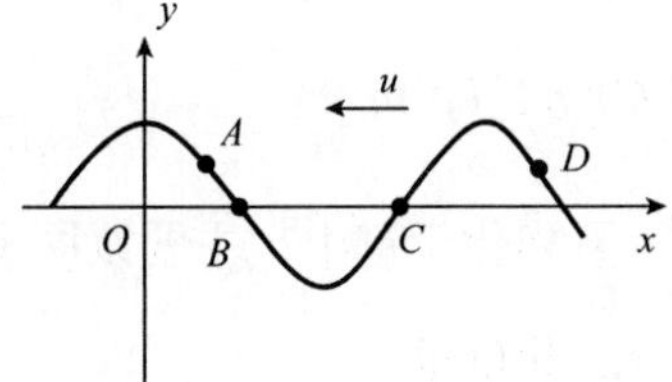

32. 常温下空气中的声速为：

A. 340m/s　　　　B. 680m/s

C. 1020m/s　　　　D. 1360m/s

33. 简谐波在传播过程中，一质元通过平衡位置时，若动能为ΔE_k，其总机械能等于：

A. ΔE_k　　　　B. $2\Delta E_k$

C. $3\Delta E_k$　　　　D. $4\Delta E_k$

34. 两块平板玻璃构成空气劈尖，左边为棱边，用单色平行光垂直入射。若上面的平板玻璃慢慢地向上平移，则干涉条纹：

A. 向棱边方向平移，条纹间隔变小

B. 向远离棱边方向平移，条纹间隔变大

C. 向棱边方向平移，条纹间隔不变

D. 向远离棱边方向平移，条纹间隔变小

35. 在单缝衍射中，对于第二级暗条纹，每个半波带的面积为S_2，对于第三级暗条纹，每个半波带的面积S_3等于：

A. $\frac{2}{3}S_2$　　B. $\frac{3}{2}S_2$

C. S_2　　D. $\frac{1}{2}S_2$

36. 使一光强为I_0的平面偏振光先后通过两个偏振片P_1和P_2，P_1和P_2的偏振化方向与原入射光光矢量振动方向的夹角分别是α和 90°，则通过这两个偏振片后的光强是：

A. $\frac{1}{2}I_0(\cos\alpha)^2$　　B. 0

C. $\frac{1}{4}I_0(\sin 2\alpha)^2$　　D. $\frac{1}{4}I_0(\sin\alpha)^2$

37. 多电子原子在无外场作用下，描述原子轨道能量高低的量子数是：

A. n　　B. n，l

C. n，l，m　　D. n，l，m，m_s

38. 下列化学键中，主要以原子轨道重叠成键的是：

A. 共价键　　B. 离子键

C. 金属键　　D. 氢键

39. 向$NH_3 \cdot H_2O$溶液中加入下列少许固体，使$NH_3 \cdot H_2O$解离度减小的是：

A. $NaNO_3$　　B. $NaCl$

C. $NaOH$　　D. Na_2SO_4

40. 化学反应：$Zn(s) + O_2(g) \longrightarrow ZnO(s)$，其熵变$\Delta_r S_m^\Theta$为：

A. 大于零　　B. 小于零

C. 等于零　　D. 无法确定

41. 反应$A(g) + B(g) \rightleftharpoons 2C(g)$达平衡后，如果升高总压，则平衡移动的方向是：

A. 向右　　B. 向左

C. 不移动　　D. 无法判断

42. 已知$K^\Theta(HOAc) = 1.8 \times 10^{-5}$，$K^\Theta(HCN) = 6.2 \times 10^{-10}$，下列电对中，标准电极电势最小的是：

A. $E^\Theta_{H^+/H_2}$　　B. $E^\Theta_{H_2O/H_2}$

C. E^Θ_{HOAc/H_2}　　D. E^Θ_{HCN/H_2}

43. $KMnO_4$中 Mn 的氧化数是：

A. +4　　B. +5

C. +6　　D. +7

44. 下列有机物中只有 2 种一氯代物的是：

A. 丙烷　　B. 异戊烷

C. 新戊烷　　D. 2，3-二甲基戊烷

45. 下列各反应中属于加成反应的是：

A. $CH_2 = CH_2 + 3O_2 \xrightarrow{加热} 2CO_2 + 2H_2O$

B. $C_6H_6 + Br_2 \longrightarrow C_6H_5Br + HBr$

C. $CH_2 = CH_2 + Br_2 \longrightarrow BrCH_2 - CH_2Br$

D. $CH_3 - CH_3 + 2Cl_2 \xrightarrow{催化剂} ClCH_2 + CH_2Cl + 2HCl$

46. 某卤代烷烃$C_5H_{11}Cl$发生消除反应时，可以得到 2 种烯烃，该卤代烷的结构简式可能为：

A. $CH_3—CH(CH_2Cl)—CH_2CH_3$　　B. $CH_3CH_2CH_2CH(Cl)CH_3$

C. $CH_3CH_2CH(Cl)CH_2CH_3$　　D. $CH_3CH_2CH_2CH_2CH_2Cl$

47. 图示构架中，G、B、C、D处为光滑铰链，杆及滑轮自重不计。已知悬挂物体重F_{p}，且$AB = AC$。则B处约束力的作用线与x轴正向所成的夹角为：

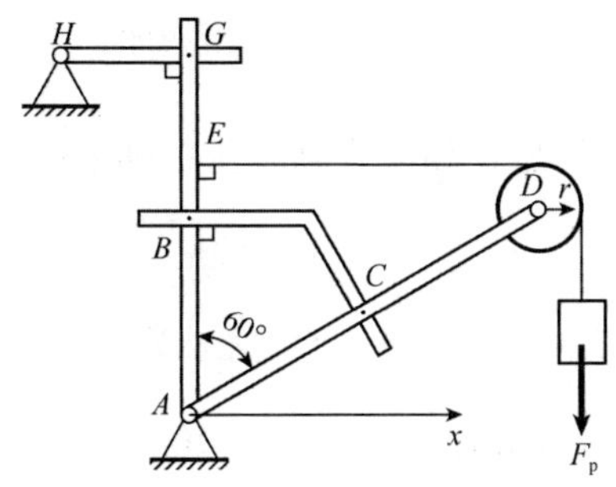

A. 0°

B. 90°

C. 60°

D. 150°

48. 图示平面力系中，已知$F = 100\mathrm{N}$，$q = 5\mathrm{N/m}$，$R = 5\mathrm{cm}$，$OA = AB = 10\mathrm{cm}$，$BC = 5\mathrm{cm}$（$BI \perp IC$且$BI = IC$）。则该力系对I点的合力矩为：

A. $M_{\mathrm{I}} = 1000\mathrm{N \cdot cm}$（顺时针）

B. $M_{\mathrm{I}} = 1000\mathrm{N \cdot cm}$（逆时针）

C. $M_{\mathrm{I}} = 500\mathrm{N \cdot cm}$（逆时针）

D. $M_{\mathrm{I}} = 500\mathrm{N \cdot cm}$（顺时针）

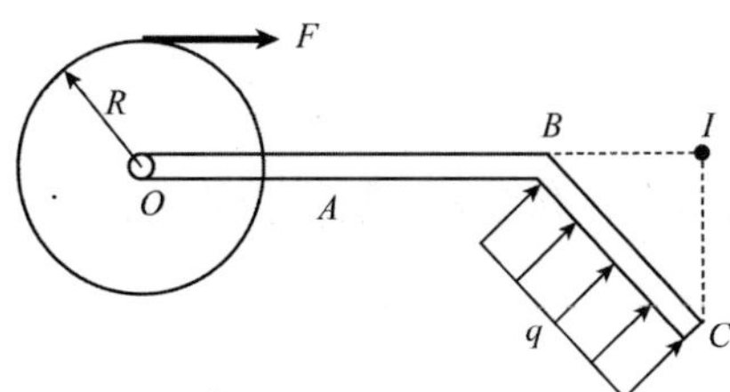

49. 三铰拱上作用有大小相等、转向相反的二力偶，其力偶矩大小为M，如图所示。略去自重，则支座A的约束力大小为：

A. $F_{\mathrm{A}x} = 0$；$F_{\mathrm{A}y} = \frac{M}{2a}$

B. $F_{\mathrm{A}x} = \frac{M}{2a}$；$F_{\mathrm{A}y} = 0$

C. $F_{\mathrm{A}x} = \frac{M}{a}$；$F_{\mathrm{A}y} = 0$

D. $F_{\mathrm{A}x} = \frac{M}{2a}$；$F_{\mathrm{A}y} = M$

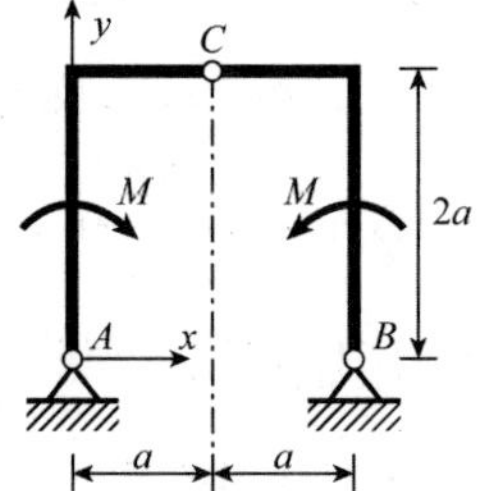

50. 如图所示，重$W = 60\text{kN}$的物块自由地放在倾角为$\alpha = 30°$的斜面上。已知摩擦角$\varphi_{\text{m}} < \alpha$，则物块受到摩擦力的大小是：

A. $60\tan\varphi_{\text{m}}\cos\alpha$

B. $60\sin\alpha$

C. $60\cos\alpha$

D. $60\tan\varphi_{\text{m}}\sin\alpha$

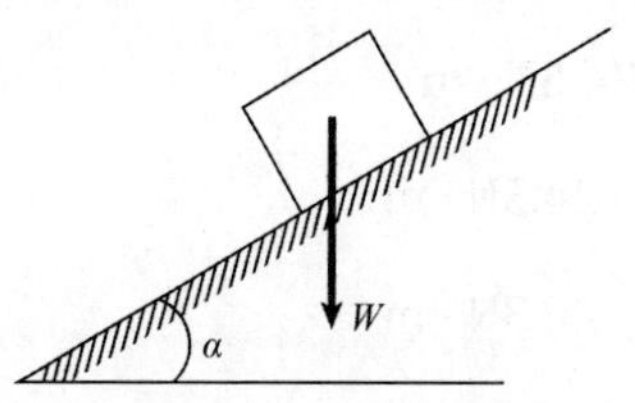

51. 点沿直线运动，其速度$v = t^2 - 20$。则$t = 2\text{s}$时，点的速度和加速度分别为：

A. -16m/s，4m/s^2　　B. -20m/s，4m/s^2

C. 4m/s，-4m/s^2　　D. -16m/s，2m/s^2

52. 点沿圆周轨迹以 80m/s 的常速度运动，其法向加速度是 120m/s^2，则此圆周轨迹的半径为：

A. 0.67m　　B. 53.3m

C. 1.50m　　D. 0.02m

53. 直角刚杆OAB可绕固定轴O在图示平面内转动，已知$OA = 40\text{cm}$，$AB = 30\text{cm}$，$\omega = 2\text{rad/s}$，$\varepsilon = 1\text{rad/s}^2$。则在图示瞬时，$B$点的加速度在$x$方向的投影及在$y$方向的投影分别为：

A. -50cm/s^2；200cm/s^2

B. 50cm/s^2；200cm/s^2

C. 40cm/s^2；-200cm/s^2

D. 50cm/s^2；-200cm/s^2

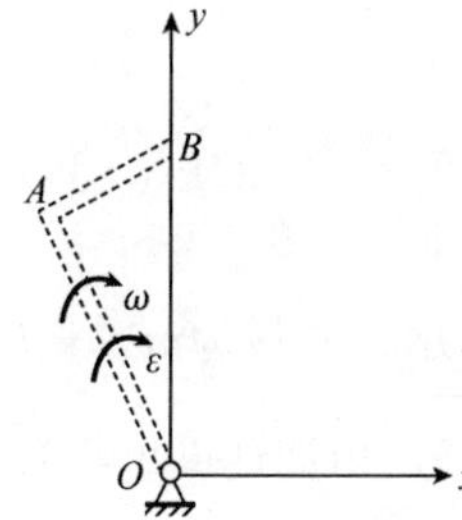

54. 在均匀的静止液体中，质量为m的物体M从液面处无初速下沉，假设液体阻力$F_{\text{R}} = -\mu v$，其中μ为阻尼系数，v为物体的速度，该物体所能达到的最大速度为：

A. $v_{极限} = mg\mu$　　B. $v_{极限} = \frac{mg}{\mu}$

C. $v_{极限} = \frac{g}{\mu}$　　D. $v_{极限} = g\mu$

55. 弹簧原长$l_0 = 10\text{cm}$。弹簧常量$k = 4.9\text{kN/m}$，一端固定在O点，此点在半径为$R = 10\text{cm}$的圆周上，已知$AC \perp BC$，OA为直径，如图所示。当弹簧的另一端由B点沿圆弧运动至A点时，弹性力做功是：

A. $24.5\text{N} \cdot \text{m}$

B. $-24.5\text{N} \cdot \text{m}$

C. $-20.3\text{N} \cdot \text{m}$

D. $20.3\text{N} \cdot \text{m}$

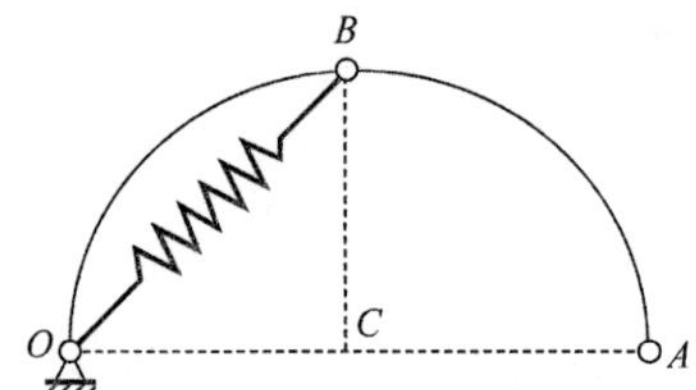

56. 如图所示，圆环的半径为R，对转轴的转动惯量为I，在圆环中的A点放一质量为m的小球，此时圆环以角速度ω绕铅直轴AC自由转动，设由于微小的干扰，小球离开A点，忽略一切摩擦，则当小球达到C点时，圆环的角速度是：

A. $\frac{mR^2\omega}{I+mR^2}$

B. $\frac{I\omega}{I+mR^2}$

C. ω

D. $\frac{2I\omega}{I+mR^2}$

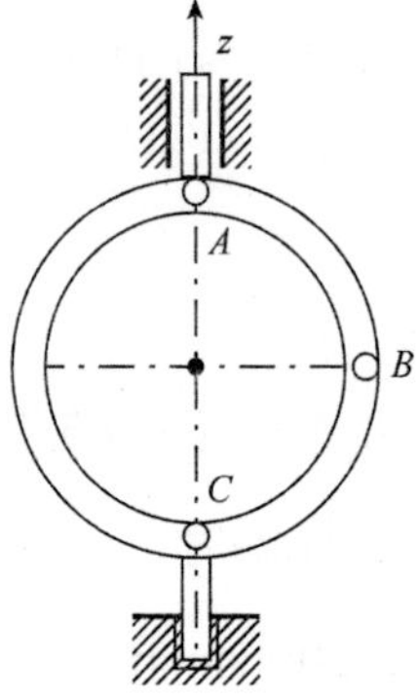

57. 均质细杆OA，质量为m，长l。在如图所示的水平位置静止释放，当运动到铅直位置时，其角速度为$\omega = \sqrt{\frac{3g}{l}}$，角加速度$\varepsilon = 0$，则轴承$O$施加于杆$OA$的附加动反力为：

A. $\frac{3}{2}mg(\uparrow)$

B. $6mg(\downarrow)$

C. $6mg(\uparrow)$

D. $\frac{3}{2}mg(\downarrow)$

58. 将一刚度系数为k、长为L的弹簧截成等长（均为$\frac{L}{2}$）的两段，则截断后每根弹簧的刚度系数均为：

A. k B. $2k$

C. $\frac{k}{2}$ D. $\frac{1}{2k}$

59. 关于铸铁试件在拉伸和压缩试验中的破坏现象，下面说法正确的是：

A. 拉伸和压缩断口均垂直于轴线

B. 拉伸断口垂直于轴线，压缩断口与轴线大约成 45°角

C. 拉伸和压缩断口均与轴线大约成 45°角

D. 拉伸断口与轴线大约成 45°角，压缩断口垂直于轴线

60. 图示等截面直杆，在杆的B截面作用有轴向力F。已知杆的拉伸刚度为EA，则直杆自由端C的轴向位移为：

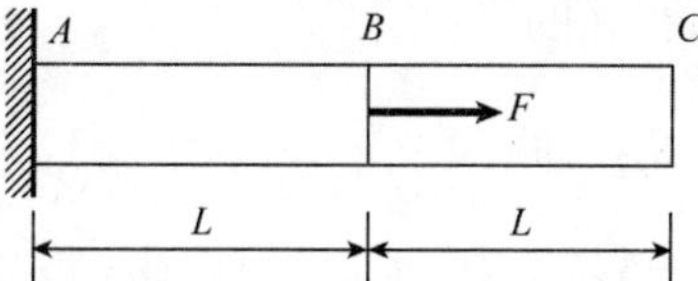

A. 0

B. $\frac{2FL}{EA}$

C. $\frac{FL}{EA}$

D. $\frac{FL}{2EA}$

61. 如图所示，钢板用销轴连接在铰支座上，下端受轴向拉力F，已知钢板和销轴的许用挤应力均为$[\sigma_{bs}]$，则销轴的合理直径d是：

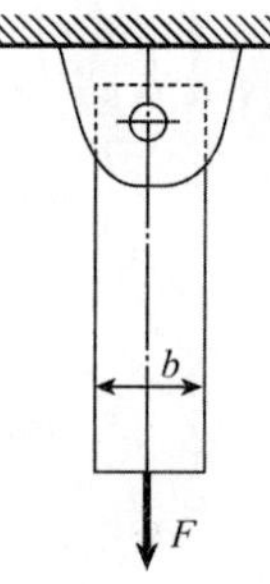

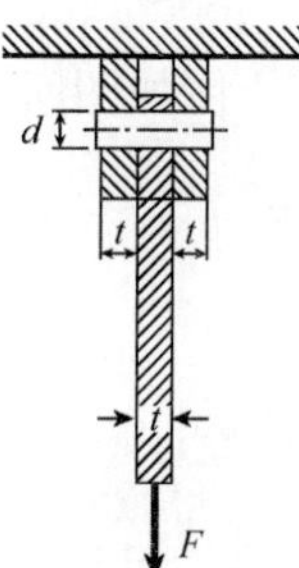

A. $d \geqslant \frac{F}{t[\sigma_{bs}]}$

B. $d \geqslant \frac{F}{2t[\sigma_{bs}]}$

C. $d \geqslant \frac{F}{b[\sigma_{bs}]}$

D. $d \geqslant \frac{F}{2b[\sigma_{bs}]}$

62. 如图所示，等截面圆轴上装有 4 个皮带轮，每个轮传递力偶矩，为提高承载力，方案最合理的是：

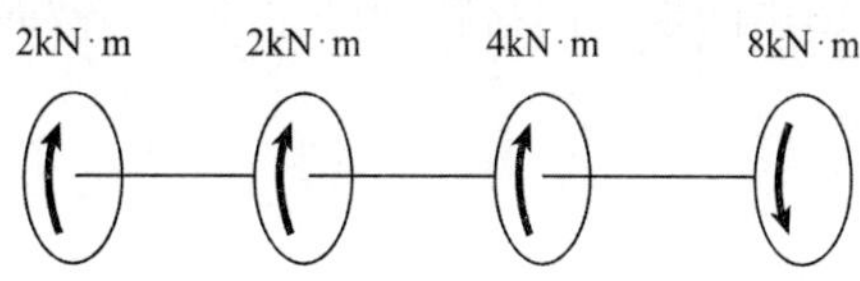

A. 1 与 3 对调

B. 2 与 3 对调

C. 2 与 4 对调

D. 3 与 4 对调

63. 受扭圆轴横截面上扭矩为T，在下面圆轴横截面切应力分布中，正确的是：

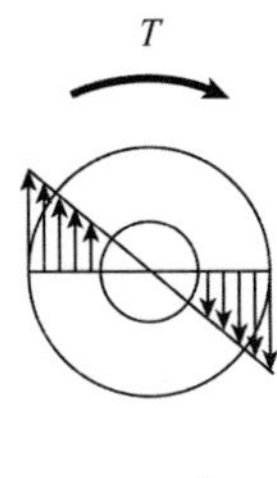

A.

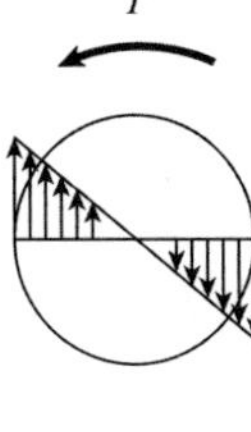

B.

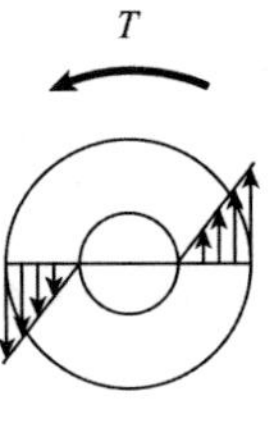

C.

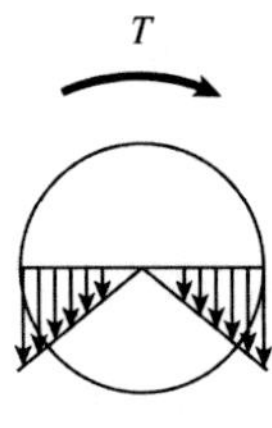

D.

64. 槽型截面，z轴通过截面形心C，将截面划分为 2 部分，分别用 1 和 2 表示，静矩分别为S_{z1}和S_{z2}，两者关系正确的是：

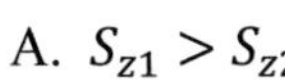
A. $S_{z1} > S_{z2}$

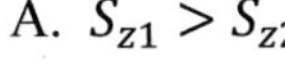
B. $S_{z1} = -S_{z1}$

C. $S_{z1} < S_{z2}$

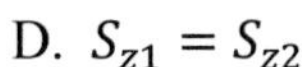
D. $S_{z1} = S_{z2}$

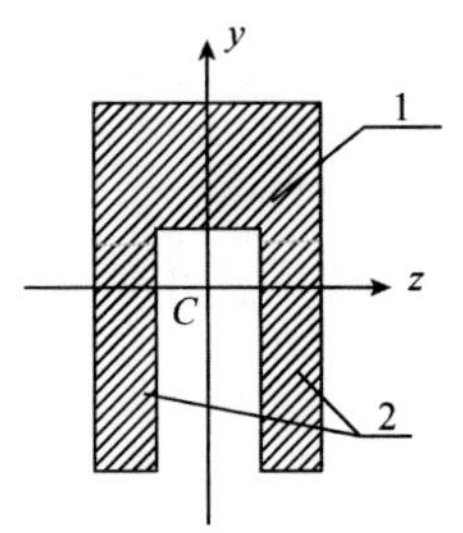

65. 梁的弯矩图如图所示，则梁的最大剪力是：

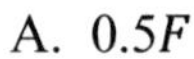
A. $0.5F$

B. F

C. $1.5F$

D. $2F$

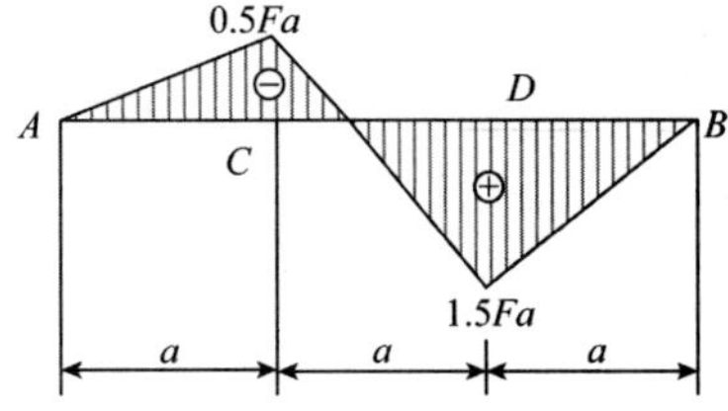

66. 悬臂梁AB由两根相同材料和尺寸的矩形截面杆胶合而成，则胶合面的切应力应为：

A. $\frac{F}{2ab}$

B. $\frac{F}{3ab}$

C. $\frac{3F}{4ab}$

D. $\frac{3F}{2ab}$

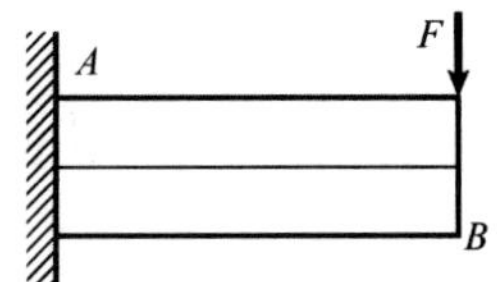

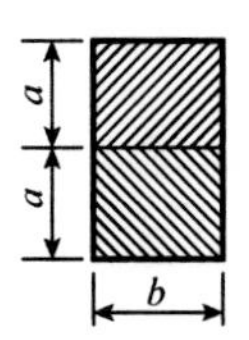

67. 圆截面简支梁直径为d，梁中点承受集中力F，则梁的最大弯曲正应力是：

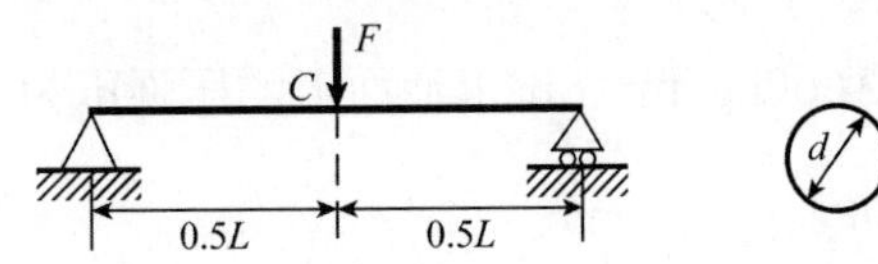

A. $\sigma_{\max}=\frac{8FL}{\pi d^3}$

B. $\sigma_{\max}=\frac{16FL}{\pi d^3}$

C. $\sigma_{\max}=\frac{32FL}{\pi d^3}$

D. $\sigma_{\max}=\frac{64FL}{\pi d^3}$

68. 材料相同的两矩形截面梁如图所示，其中，图（b）中的梁由两根高 0.5h、宽b的矩形截面梁叠合而成，叠合面间无摩擦，则下列结论正确的是：

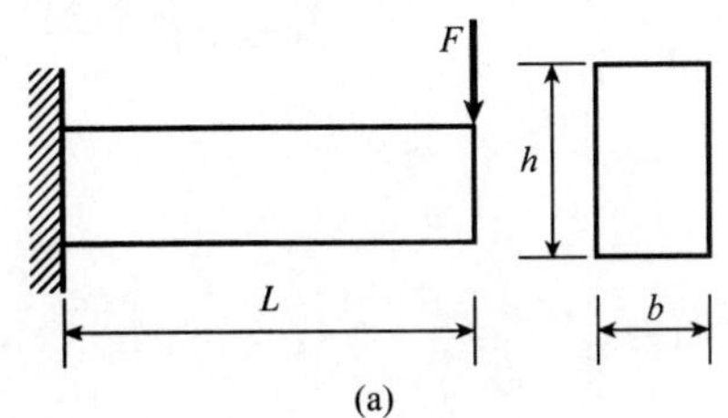

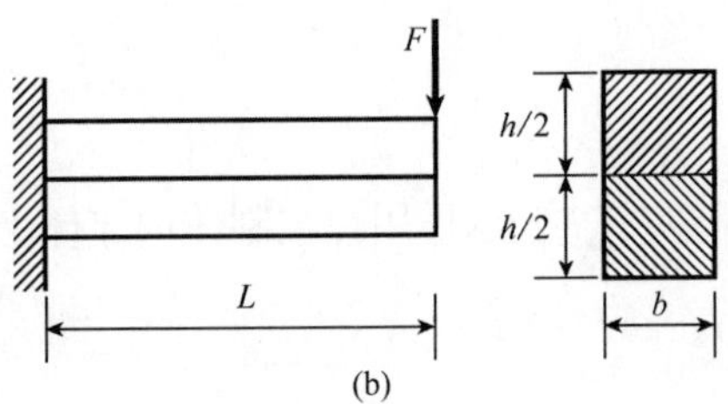

A. 两梁的强度和刚度均不相同

B. 两梁的强度和刚度均相同

C. 两梁的强度相同，刚度不同

D. 两梁的强度不同，刚度相同

69. 下图单元体处于平面应力状态，则图示应力平面内应力圆半径最小的是：

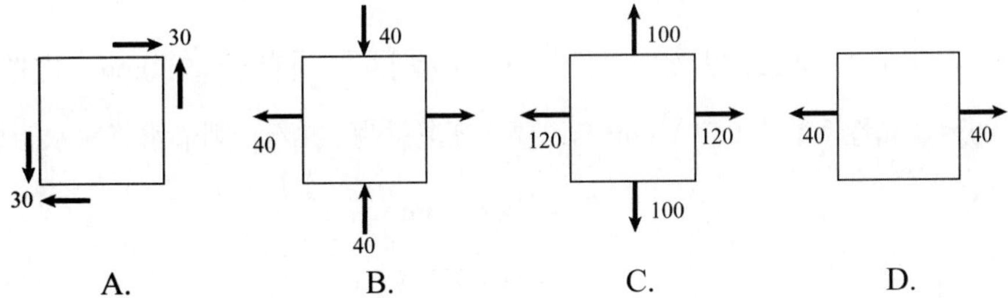

70. 一端固定、一端自由的细长压杆如图（a）所示，为提高其稳定性，在自由端增加一个活动铰链如图（b）所示，则图（b）压杆临界力是图（a）压杆临界力的：

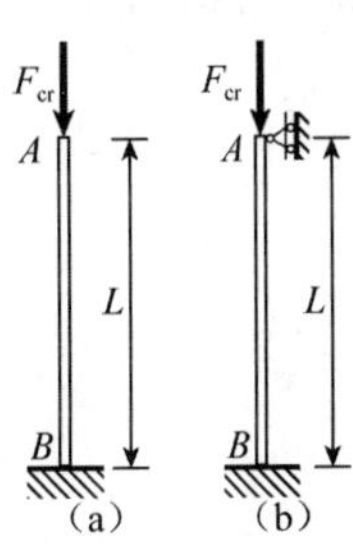

A. 2 倍

B. $\frac{2}{0.7}$倍

C. $\left(\frac{2}{0.7}\right)^2$倍

D. $\left(\frac{0.7}{2}\right)^2$倍

71. 如图所示，一密闭容器内盛有油和水，油层厚$h_1 = 40\text{cm}$，油的密度$\rho_a = 850\text{kg/m}^3$，盛有水银的U形测压管的左侧液面距水面的深度$h_2 = 60\text{cm}$，水银柱右侧高度低于油面$h = 50\text{cm}$，水银的密度$\rho_{Hg} = 13600\text{kg/m}^3$，试求油面上的压强$p_e$为：

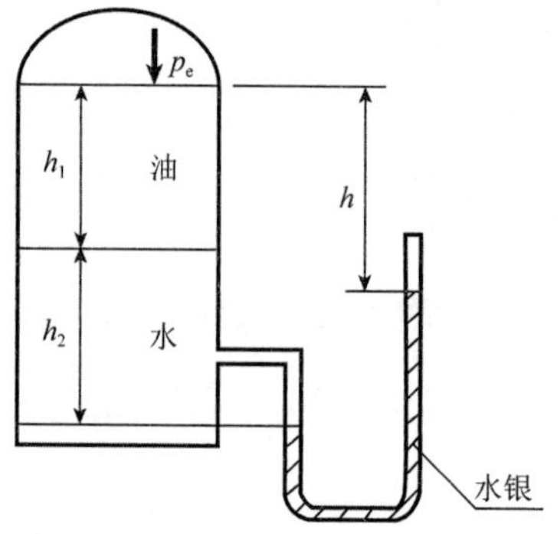

A. 13600Pa

B. 63308Pa

C. 66640Pa

D. 57428Pa

72. 动量方程中，$\sum\vec{F}$表示作用在控制体内流体上的力是：

A. 总质力　　　　B. 总表面力

C. 合外力　　　　D. 总压力

73. 在圆管中，黏性流体的流动是层流状态还是紊流状态，判定依据是：

A. 流体黏性大小　　　　B. 流速大小

C. 流量大小　　　　D. 流动雷诺数的大小

74. 给水管某处的水压是2943kPa，从该处引出一根水平输水管，直径$d = 250\text{mm}$，当量粗糙高度$k_s = 0.4\text{mm}$，水的运动黏性系数为$0.0131\text{cm}^2/\text{s}$，要保证流量为50L/s，则输水管输水距离为：

A. 6150m　　　　B. 6250m

C. 6350m　　　　D. 6450m

75. 如图所示大体积水箱供水，且水位恒定，水箱顶部压力表读数为19600Pa，水深$H = 2\text{m}$，水平管道长$l = 50\text{m}$，直径$d = 100\text{mm}$，沿程损失系数0.02，忽略局部损失，则管道通过的流量是：

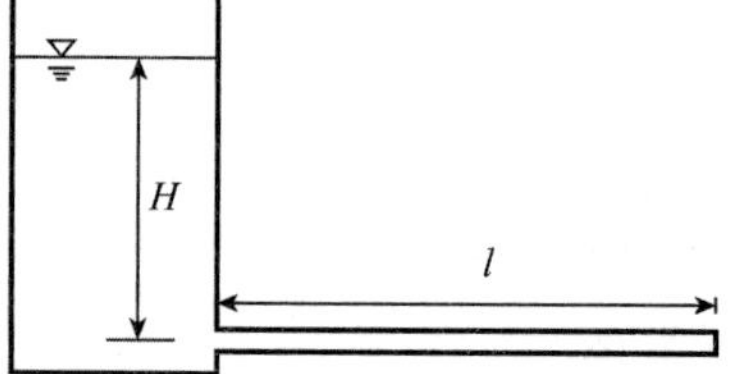

A. 83.8L/s

B. 20.95L/s

C. 10.48L/s

D. 41.9L/s

76. 两条明渠过水断面面积相等，断面形状分别为：（1）方形，边长为a；（2）矩形，底边宽为 $0.5a$，水深为 $2a$。两者的底坡与粗糙系数相同，则两者的均匀流流量关系是：

A. $Q_1 > Q_2$　　　　B. $Q_1 = Q_2$

C. $Q_1 < Q_2$　　　　D. 不能确定

77. 均匀砂质土填装在容器中，设渗透系数为 0.01cm/s，则渗流流速为：

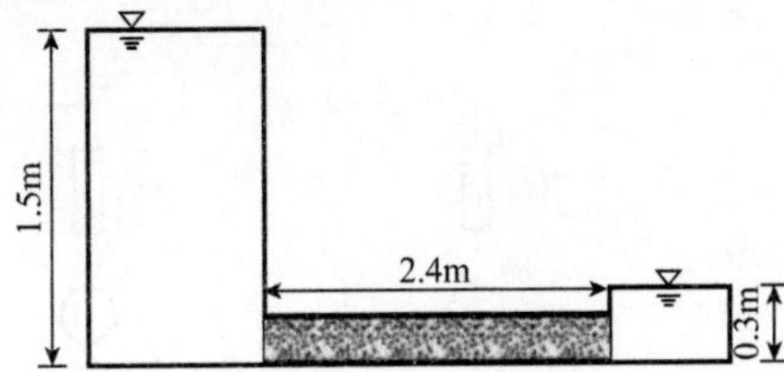

A. 0.003cm/s

B. 0.004cm/s

C. 0.005cm/s

D. 0.01cm/s

78. 弗劳德数的物理意义是：

A. 压力与黏性力之比　　　　B. 惯性力与黏性力之比

C. 重力与惯性力之比　　　　D. 重力与黏性力之比

79. 图示变压器，在左侧线圈中通以交流电流，并在铁芯中产生磁通Φ，此时右侧线圈端口上的电压u_2为：

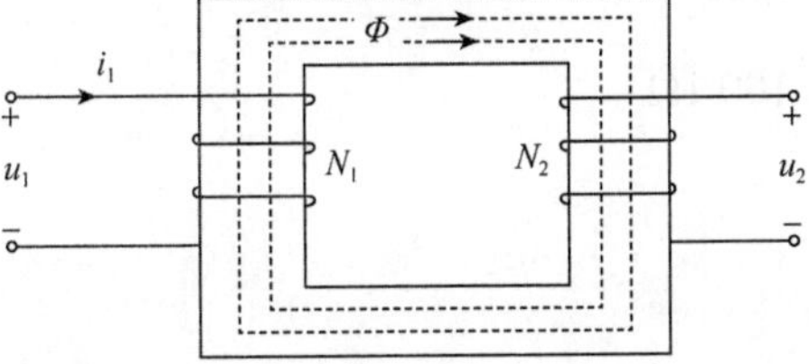

A. 0

B. $N_2\frac{\mathrm{d}\Phi}{\mathrm{d}t}$

C. $N_1\frac{\mathrm{d}\Phi}{\mathrm{d}t}$

D. $(N_1 + N_2)\frac{\mathrm{d}\Phi}{\mathrm{d}t}$

80. 图示电流源$I_s = 0.2\mathrm{A}$，则电流源发出的功率为：

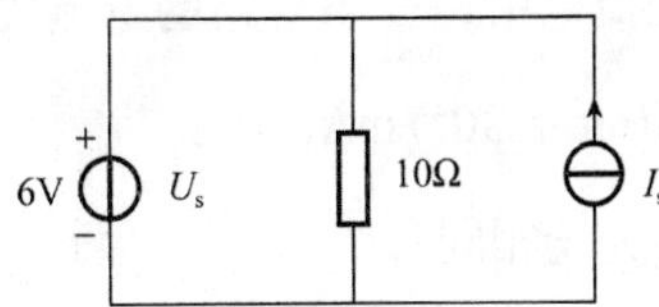

A. 0.4W

B. 4W

C. 1.2W

D. −1.2W

81. 图示电路的等效电路为：

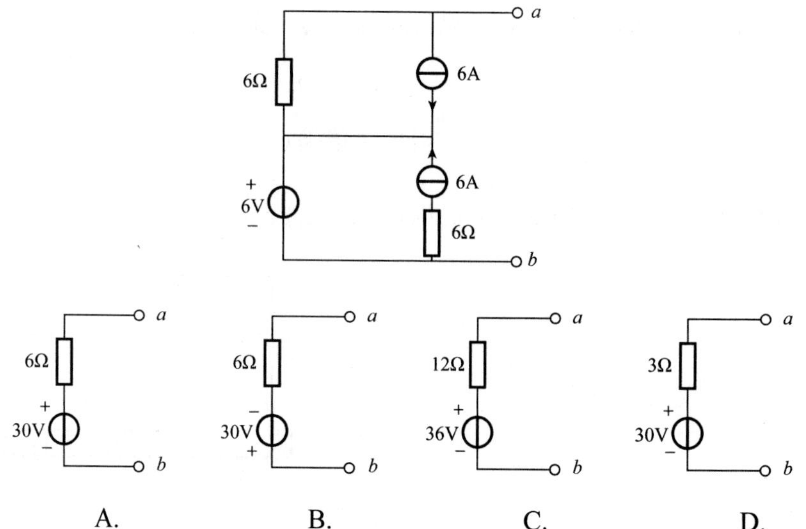

82. RLC 串联电路中，$u = 100\sin(314t + 10°)\,\mathrm{V}$，$R = 100\Omega$，$L = 1\mathrm{H}$，$C = 10\mu\mathrm{F}$，则总阻抗模为：

A. 111Ω

B. 732Ω

C. 96Ω

D. 100.1Ω

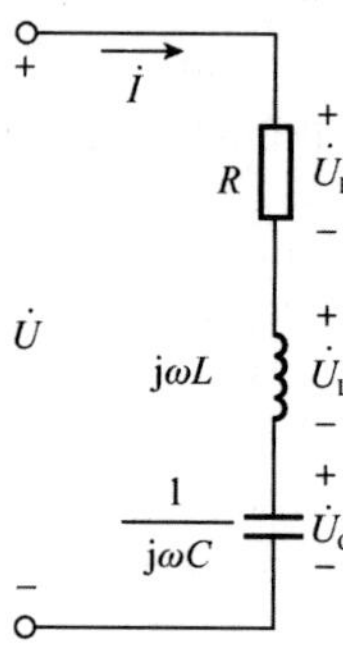

83. 某正弦交流电中，三条支路的电流为$\dot{I}_1 = 100\angle-30°\mathrm{mA}$，$i_2(t) = 100\sin(\omega t - 30°)\,\mathrm{mA}$，$i_3(t) = -100\sin(\omega t + 30°)\,\mathrm{mA}$，则：

A. i_1与i_2完全相同

B. i_3与i_1反相

C. $\dot{I}_2 = \frac{100}{\sqrt{2}}\angle\omega t - 30°\mathrm{mA}$，$\dot{I}_3 = 100\angle180°\mathrm{mA}$

D. $i_1(t) = 100\sqrt{2}\sin(\omega t - 30°)\mathrm{mA}$，$\dot{I}_2 = \frac{100}{\sqrt{2}}\angle-30°\mathrm{mA}$，$\dot{I}_3 = \frac{100}{\sqrt{2}}\angle-150°\mathrm{mA}$

84. 图示电路中，$u = 220\sqrt{2}\sin(314t + 30°)$ V，$u_{\mathrm{B}} = 180\sqrt{2}\sin(314t - 20°)$ V，则该电路的功率因数 λ为：

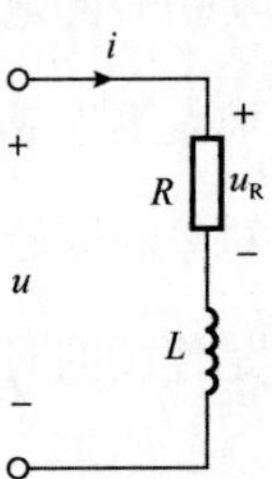

A. $\cos 10°$

B. $\cos 30°$

C. $\cos 50°$

D. $\cos(-10°)$

85. 在下列三相两极异步电机的调速方式中，哪种方式可能使转速高于额定转速？

A. 调转差率　　　　B. 调压调速

C. 改变磁极对数　　　　D. 调频调速

86. 设计电路，要求$\mathrm{KM_1}$控制电机 1 启动，$\mathrm{KM_2}$控制电机 2 启动，电机 2 必须在电机 1 启动后才能启动，且需要独立断开电机 2。下列电路图正确的是：

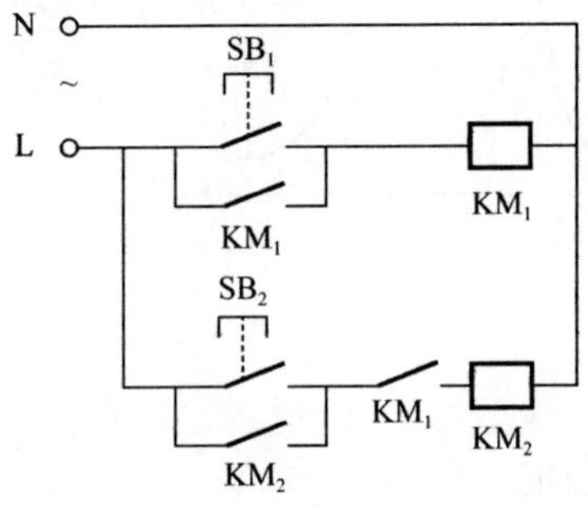

A.

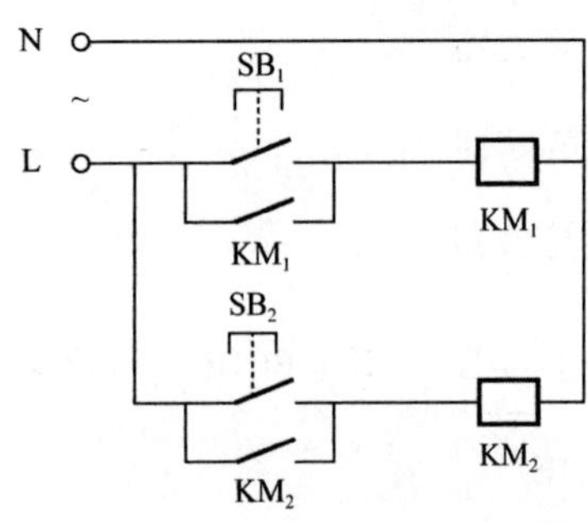

B.

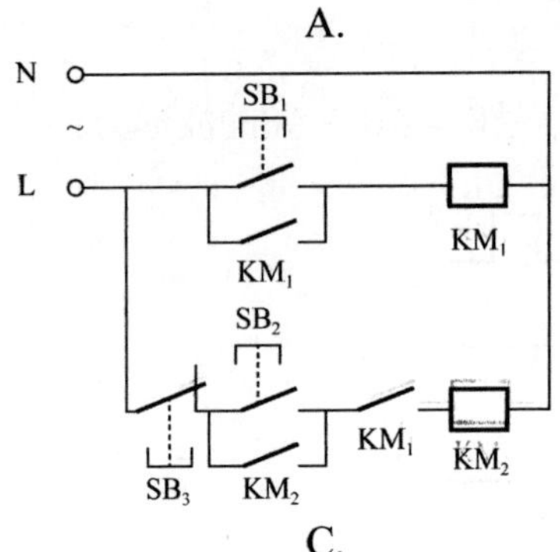

C.

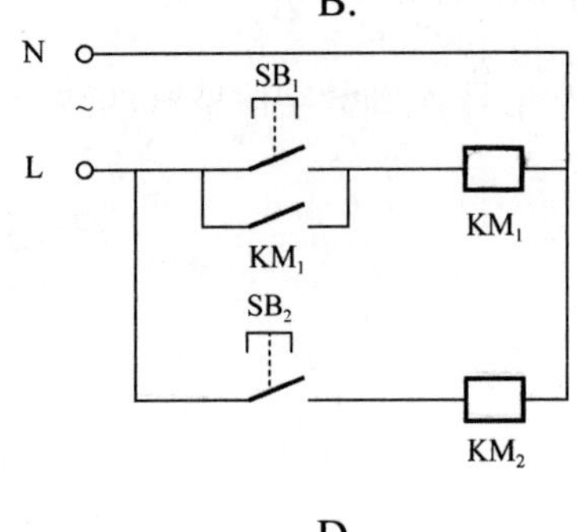

D.

87. 关于模拟信号，下列描述错误的是：

A. 模拟信号是真实信号的电信号表示

B. 模拟信号是一种人工生成的代码信号

C. 模拟信号蕴含对象的原始信号

D. 模拟信号通常是连续的时间信号

88. 模拟信号可用时域、频域描述为：

A. 时域形式在实数域描述，频域形式在复数域描述

B. 时域形式在复数域描述，频域形式在实数域描述

C. 时域形式在实数域描述，频域形式在实数域描述

D. 时域形式在复数域描述，频域形式在复数域描述

89. 信号处理器幅频特性如图所示，其为：

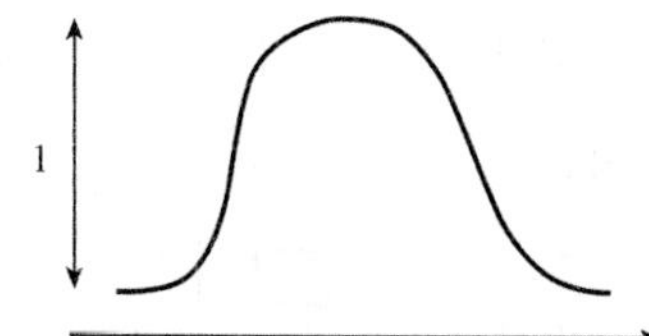

A. 带通滤波器

B. 信号放大器

C. 高通滤波器

D. 低通滤波器

90. 逻辑表达式$AB + \overline{A}C + BCDE$，可化简为：

A. $A + DE$　　B. $AB + BCDE$

C. $AB + \overline{A}C + BC$　　D. $AB + \overline{A}C$

91. 已知数字信号 A 和数字信号 B 的波形如图所示，则数字信号$F = \overline{A}B + A\overline{B}$的波形为：

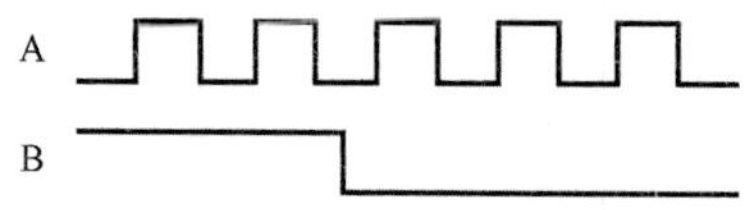

A. F

B. F

C. F

D. F

92. 逻辑函数$F = f(A,B,C)$的真值见表，由此可知：

A	B	C	F
0	0	0	0
0	0	1	0
0	1	0	0
0	1	1	0
1	0	0	1
1	0	1	0
1	1	0	0
1	1	1	1

A. $F = A\overline{B}C + AB\overline{C}$　　B. $F = \overline{AB}C + \overline{A}B\overline{C}$

C. $F = \overline{ABC} + \overline{A}BC$　　D. $F = A\overline{B}\,\overline{C} + ABC$

93. 二极管应用电路如图所示，设二极管为理想器件，输入正半轴时对应导通的二极管为：

A. D1 和 D3

B. D2 和 D4

C. D1 和 D4

D. D2 和 D3

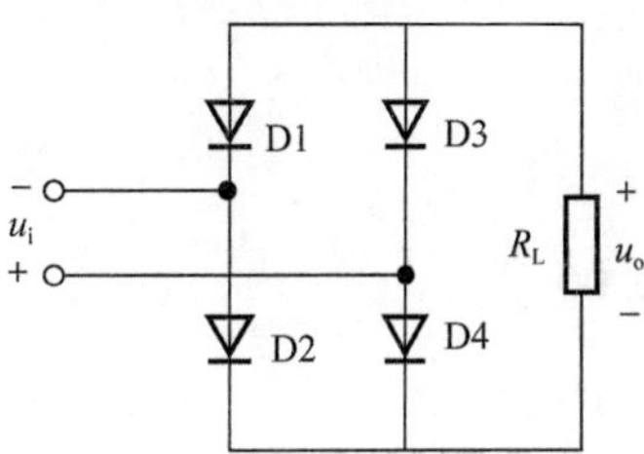

94. 图示电路中，运算放大器输出电压的极限值为$\pm U_{oM}$，当输入电压$u_{i1} = 1V$，$u_{i2} = 2\sin\omega t$时，输出电压波形为：

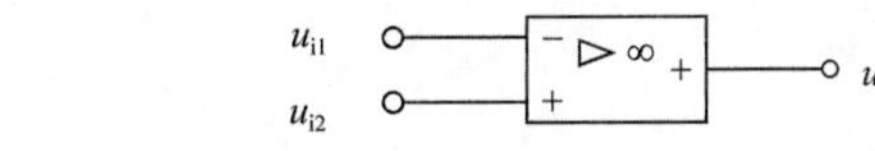

A.

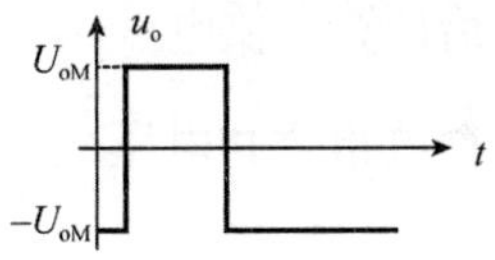

B.

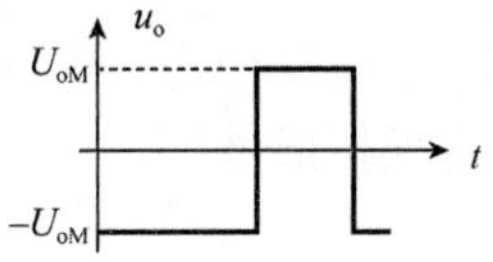

C.

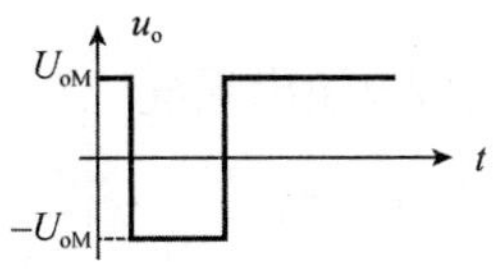

D.

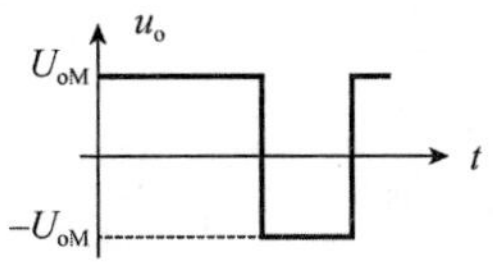

95. 图示F_1、F_2输出：

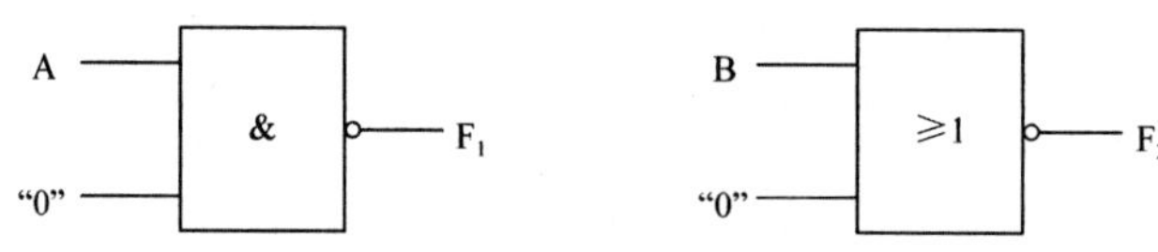

A. 00　　　　B. $1\overline{B}$

C. AB　　　　D. 10

96. 如图 a）所示，复位信号$\overline{R}_D$，置位信号$\overline{S}_D$及时钟脉冲信号 CP 如图 b）所示，经分析，t_1、t_2时刻输出 Q 先后等于：

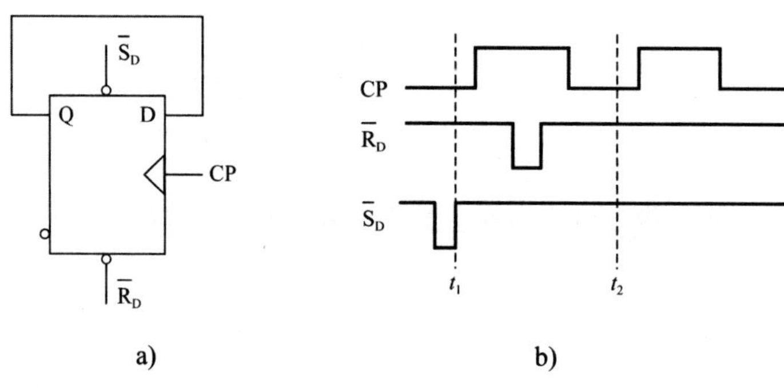

a)　　　　b)

A. 00　　　　B. 01

C. 10　　　　D. 11

97. 计算机的新体系结构思想，是在一个芯片上集成：

A. 多个控制器　　　　B. 多个微处理器

C. 高速缓冲存储器　　　　D. 多个存储器

98. 存储器的主要功能为：

A. 存放程序和数据　　　　B. 给计算机供电

C. 存放电压、电流等模拟信号　　　　D. 存放指令和电压

99. 计算机系统中，为人机交互提供硬件环境的是：

A. 键盘、显示屏　　　　B. 输入/输出系统

C. 键盘、鼠标、显示屏　　　　D. 微处理器

100. 下列有关操作系统的描述，错误的是：

A. 具有文件处理的功能
B. 使计算机系统用起来更方便
C. 具有对计算机资源管理的功能
D. 具有处理硬件故障的功能

101. 在计算机内，汉字也是用二进制数字编码表示，一个汉字的国标码是用：

A. 两个七位二进制数码表示的
B. 两个八位二进制数码表示的
C. 三个八位二进制数码表示的
D. 四个八位二进制数码表示的

102. 表示计算机信息数量比较大的单位要用 PB、EB、ZB、YB 等表示。其中，数量级最小单位是：

A. YB
B. ZB
C. PB
D. EB

103. 在下列存储介质中，存放的程序不会再次感染上病毒的是：

A. 软盘中的程序
B. 硬盘中的程序
C. U 盘中的程序
D. 只读光盘中的程序

104. 操作系统中的文件管理，是对计算机系统中的：

A. 永久程序文件的管理
B. 记录数据文件的管理
C. 用户临时文件的管理
D. 系统软件资源的管理

105. 计算机网络环境下的硬件资源共享可以：

A. 使信息的传送操作更具有方向性

B. 通过网络访问公用网络软件

C. 使用户节省投资，便于集中管理和均衡负担负荷，提高资源的利用率

D. 独立地、平等地访问计算机的操作系统

106. 广域网与局域网有着完全不同的运行环境，在广域网中：

A. 用户自己掌握所有设备和网络的宽带，可以任意使用、维护、升级

B. 可跨越短距离，多个局域网和主机连接在一起的网络

C. 用户无法拥有广域连接所需要的技术设备和通信设施，只能由第三方提供

D. 100MBit/s 的速度是很平常的

107. 某项目从银行贷款 2000 万元，期限为 3 年，按年复利计息，到期需还本付息 2700 万元，已知 $(F/P,9\%,3)=1.295$，$(F/P,10\%,3)=1.331$，$(F/P,11\%,3)=1.368$，则银行贷款利率应：

A. 小于 9% B. 9%～10%之间

C. 10%～11%之间 D. 大于 11%

108. 某建设项目的建设期为两年，第一年贷款额为 1000 万元，第二年贷款额为 2000 万元，贷款的实际利率为 4%，则建设期利息应为：

A. 100.8 万元 B. 120 万元

C. 161.6 万元 D. 210 万元

109. 相对于债务融资方式，普通股融资方式的特点为：

A. 融资风险较高

B. 资金成本较低

C. 增发普通股会增加新股东，使原有股东的控制权降低

D. 普通股的股息和红利有抵税的作用

110. 某建设项目各年的偿债备付率小于 1，其含义是：

A. 该项目利息偿还的保障程度高

B. 该资金来源不足以偿付当期债务，需要通过短期借款偿付已到期债务

C. 用于还本付息的保障程度较高

D. 表示付息能力保障程度不足

111. 一公司年初投资 1000 万元，此后从第一年年末开始，每年都有相等的净收益，方案的运营期为 10 年，寿命期结束时的净残值为 50 万元。若基准收益率为 12%，问每年的净收益至少为：

[已知：$(P/A,12\%,10)=5.650$，$(P/F,12\%,10)=0.322$]

A. 168.14 万元 B. 174.14 万元

C. 176.99 万元 D. 185.84 万元

112. 一外贸商品，到岸价格为 100 美元，影子汇率为 6 元/美元，进口费用为 100 美元，求影子价格为：

A. 500 元　　B. 600 元

C. 700 元　　D. 1200 元

113. 某企业对四个分工厂进行技术改造，每个分厂都提出了三个备选的技改方案，各分厂之间是独立的，而各分厂内部的技术方案是互斥的，则该企业面临的技改方案比选类型是：

A. 互斥型　　B. 独立型

C. 层混型　　D. 矩阵型

114. 在价值工程的一般工作程序中，创新阶段要做的工作包括：

A. 制定工作计划　　B. 功能评价

C. 功能系统分析　　D. 方案评价

115. 《中华人民共和国建筑法》中，建筑单位正确的做法是：

A. 将设计和施工分别外包给相应部门

B. 将桩基工程和施工工程分别外包给相应部门

C. 将建筑的基础、主体、装饰分别外包给相应部门

D. 将建筑除主体外的部分外包给相应部门

116. 某施工单位承接了某项工程的施工任务，下列施工单位的现场安全管理行为中，错误的是：

A. 向从业人员告知作业场所和工作岗位存在的危险因素、防范措施以及事故应急措施

B. 安排质量检验员兼任安全管理员

C. 安排用于配备安全防护用品、进行安全生产培训的经费

D. 依法参加工伤社会保险，为从业人员缴纳保险费

117. 某必须进行招标的建设工程项目，若招标人于 2018 年 3 月 6 日发售招标文件，则招标文件要求投标人提交投标文件的截止日期最早的是：

A. 3 月 13 日　　B. 3 月 21 日

C. 3 月 26 日　　D. 3 月 31 日

118. 某供货单位要求施工单位以数据电文形式购买水泥的承诺，施工单位根据要求按时发出承诺后，双方当事人签订确认书，则该合同成立的时间是：

A. 双方签订确认书时间

B. 施工单位的承诺邮件进入供货单位系统的时间

C. 施工单位发电子邮件的时间

D. 供货单位查收电子邮件色时间

119. 根据《中华人民共和国节约能源法》的规定，下列行为中不违反禁止性规定的是：

A. 使用国家明令淘汰的用能设备

B. 冒用能源效率标识

C. 企业制定严于国家标准的企业节能标准

D. 销售应当标注而未标注能源效率标识的产品

120. 在建设工程施工过程中，属于专业监理工程师签认的是：

A. 样板工程专项施工方案

B. 建筑材料、构配件和设备进场验收

C. 拨付工程款

D. 竣工验收

2022 年度全国勘察设计注册工程师执业资格考试基础考试（上）

试题解析及参考答案

1. 解 本题考查函数极限的基本运算。

由于$\lim\limits_{x\to0^+}\frac{1}{x}=+\infty$，$\lim\limits_{x\to0^-}\frac{1}{x}=-\infty$，所以$\lim\limits_{x\to0^+}2^{\frac{1}{x}}=+\infty$, $\lim\limits_{x\to0^-}2^{\frac{1}{x}}=0$，可得$\lim\limits_{x\to0}2^{\frac{1}{x}}$不存在，故选项 A 和 B 错误。

当$x\to0$时，有$\frac{1}{x}\to\infty$，则$\sin\frac{1}{x}$的值在$[-1,1]$震荡，极限不存在，故选项 C 错误。

当$x\to\infty$时，即$\lim\limits_{x\to\infty}\frac{1}{x}=0$，又$\sin x$为有界函数，即$|\sin x|\leqslant1$，根据无穷小和有界函数的乘积为无穷小，可得$\lim\limits_{x\to\infty}\frac{\sin x}{x}=0$，选项 D 正确。

答案： D

2. 解 本题考查函数极限的基本运算。

$$\begin{aligned}\lim_{x\to\infty}\frac{x^2+1}{x+1}-ax-b&=\lim_{x\to\infty}\frac{x^2+1-(ax+b)(x+1)}{x+1}\\&=\lim_{x\to\infty}\frac{(1-a)x^2-(a+b)x+1-b}{x+1}\xrightarrow{\text{分子分母同时除以变量}x}\\&\lim_{x\to\infty}\frac{(1-a)x-(a+b)+\frac{1-b}{x}}{1+\frac{1}{x}}=\infty\end{aligned}$$

由于$\lim\limits_{x\to\infty}\frac{1}{x}=0$，若使得$\lim\limits_{x\to\infty}\frac{(1-a)x-(a+b)+\frac{1-b}{x}}{1+\frac{1}{x}}=\infty$，则仅需要$x$的系数不得为零，故可得$a\neq1$，b 为任意常数。

答案： D

3. 解 本题考查函数的导数及导数的几何意义。

根据导数的几何意义，$y'(-\frac{1}{2})$为抛物线$y=x^2$上点$(-\frac{1}{2},\frac{1}{4})$处切线的斜率，即$\tan\alpha=y'\left(-\frac{1}{2}\right)=2x|_{x=-\frac{1}{2}}=-1$，其中$\alpha$为切线与$ox$轴正向夹角，所以切线与$ox$轴正向夹角为$\frac{3\pi}{4}$。

答案： C

4. 解 本题考查函数的求导法则。

$y'=\frac{2x}{1+x^2}$，则$y''=\left(\frac{2x}{1+x^2}\right)'=\frac{2(1+x^2)-2x\cdot2x}{(1+x^2)^2}=\frac{2(1-x^2)}{(1+x^2)^2}$。

答案： B

5. 解 本题考查拉格朗日中值定理所满足的条件。

拉格朗日中值定理所满足的条件是$f(x)$在闭区间$[a,b]$连续，在开区间(a,b)可导。

选项 A：$y=\ln x$在区间$[1,2]$连续，$y'=\frac{1}{x}$在开区间$(1,2)$存在，即$y=\ln x$在开区间$(1,2)$可导。

选项 B：$y=\frac{1}{\ln x}$在$x=1$处，不存在，不满足右连续的条件。

选项 C：$y=\ln(\ln x)$在$x=1$处，不存在，不满足右连续的条件。

选项 D：$y=\ln(2-x)$在$x=2$处，不存在，不满足左连续的条件。

答案： A

6. 解 本题考查极值的计算。

函数$f(x)=\frac{x^2-2x-2}{x+1}$的定义域为$(-\infty,-1)\cup(-1,+\infty)$

$f'(x)=\frac{(2x-2)(x+1)-(x^2-2x-2)}{(x+1)^2}=\frac{x(x+2)}{(x+1)^2}$，令$f'(x)=0$，得驻点$x=-2,x=0$。列解表：

题 6 解表

x	$(-\infty,-2)$	-2	$(-2,-1)$	-1	$(-1,0)$	0	$(0,+\infty)$
$f'(x)$	+	0	−	不存在	−	0	+
$f(x)$	单调递增	极大值$f(-2)=-6$	单调递减	无定义	单调递减	极小值$f(0)=-2$	单调递增

由于$\lim\limits_{x\to-\infty}f(x)=-\infty$; $\lim\limits_{x\to+\infty}f(x)=+\infty$,故$f(0)=-2$是$f(x)$的极小值,但不是最小值,选项 C 正确。

除了上述列表，本题还可以计算如下：

$$f''(x)=\frac{(2x+2)(x+1)^2-(x^2+2x)(2x+2)}{(x+1)^4}=\frac{2}{(x+1)^3}$$

$f''(0)>0$，为极小值点；

$f(-2)=-6$，小于$f(0)$，故不是最小值。

答案： C

7. 解 本题考查不定积分的概念。

由已知$f'(x)=g'(x)$，等式两边积分可得$\int f'(x)\mathrm{d}x=\int g'(x)\mathrm{d}x$，选项 D 正确。

积分后得到$f(x)=g(x)+C$，其中C为任意常数，即导函数相等，原函数不一定相等，两者之间相差一个常数，故可知选项 A、B、C 错误。

答案： D

8. 解 本题考查定积分的计算方法。

方法 1： $\int_0^1\frac{x^3}{\sqrt{1+x^2}}\mathrm{d}x=\frac{1}{2}\int_0^1\frac{x^2}{\sqrt{1+x^2}}\mathrm{d}x^2$

令$u=1+x^2$，$\mathrm{d}u=2x\mathrm{d}x$。当$x=0$时，$u=1$；当$x=1$时，$u=2$。则

$$\frac{1}{2}\int_0^1\frac{x^2}{\sqrt{1+x^2}}\mathrm{d}x^2=\frac{1}{2}\int_1^2\left(\sqrt{u}-\frac{1}{\sqrt{u}}\right)\mathrm{d}u=\frac{1}{2}\left(\frac{2}{3}u^{\frac{3}{2}}-2\sqrt{u}\right)\Big|_1^2=\frac{1}{3}(2-\sqrt{2})$$

方法 2：

$$\begin{aligned}\int_0^1\frac{x^3}{\sqrt{1+x^2}}\mathrm{d}x&=\frac{1}{2}\int_0^1\frac{x^2}{\sqrt{1+x^2}}\mathrm{d}(1+x^2)=\frac{1}{2}\int_0^1\frac{(1+x^2)-1}{\sqrt{1+x^2}}\mathrm{d}(1+x^2)\\&=\frac{1}{2}\left[\int_0^1\sqrt{1+x^2}\mathrm{d}(1+x^2)-\int_0^1\frac{1}{\sqrt{1+x^2}}\mathrm{d}(1+x^2)\right]\\&=\frac{1}{2}\left[\frac{1}{3}(1+x^2)^{\frac{3}{2}}\right]\Big|_0^1-(1+x^2)^{\frac{1}{2}}\Big|_0^1=\frac{1}{3}(2-\sqrt{2})\end{aligned}$$

方法 3： 令$x=\tan t$，$\mathrm{d}x=\sec^2t\mathrm{d}t$。

当$x=0$时，$t=0$；当$x=1$时，$t=\frac{\pi}{4}$。

$$\int_0^1 \frac{x^3}{\sqrt{1+x^2}}\mathrm{d}x = \int_0^{\frac{\pi}{4}} \frac{\tan^3 t}{\sec t}\sec^2 t\mathrm{d}t = \int_0^{\frac{\pi}{4}} \frac{\sin^3 t}{\cos^4 t}\mathrm{d}t = -\int_0^{\frac{\pi}{4}} \frac{\sin^2 t}{\cos^4 t}\mathrm{d}\cos t = -\int_0^{\frac{\pi}{4}} \frac{1-\cos^2 t}{\cos^4 t}\mathrm{d}\cos t$$

$$= -\int_0^{\frac{\pi}{4}} \left(\frac{1}{\cos^4 t} - \frac{1}{\cos^2 t}\right)\mathrm{d}\cos t = \left(\frac{1}{3}\cos^{-3} t - \cos^{-1} t\right)\Big|_0^{\frac{\pi}{4}} = \frac{1}{3}(2-\sqrt{2})$$

答案：B

9. 解 本题考查向量代数的基本运算。

由 $|\boldsymbol{\alpha}\times\boldsymbol{\beta}| = |\boldsymbol{\alpha}||\boldsymbol{\beta}|\sin(\widehat{\boldsymbol{\alpha},\boldsymbol{\beta}}) = 4\sin(\widehat{\boldsymbol{\alpha},\boldsymbol{\beta}}) = 2\sqrt{3}$，得 $\sin(\widehat{\boldsymbol{\alpha},\boldsymbol{\beta}}) = \frac{\sqrt{3}}{2}$，所以 $(\widehat{\boldsymbol{\alpha},\boldsymbol{\beta}}) = \frac{\pi}{3}$ 或 $\frac{2\pi}{3}$，$\cos(\widehat{\boldsymbol{\alpha},\boldsymbol{\beta}}) = \pm\frac{1}{2}$，故 $\boldsymbol{\alpha}\cdot\boldsymbol{\beta} = |\boldsymbol{\alpha}||\boldsymbol{\beta}|\cos(\widehat{\boldsymbol{\alpha},\boldsymbol{\beta}}) = 2$ 或 -2。

答案：D

10. 解 本题考查平面与坐标轴位置关系的判定方法。

平面方程为 $Ax+Cz+D=0$ 的法向量 $\boldsymbol{n}=\{A,0,C\}$，oy 轴的方向向量 $\boldsymbol{j}=\{0,1,0\}$，$\boldsymbol{n}\cdot\boldsymbol{j}=0$，所以平面平行于 oy 轴；又因 D 不为零，oy 轴上的原点 $(0,0,0)$ 不满足平面方程，即该平面不经过原点，所以平面不经过 oy 轴。

答案：D

11. 解 本题考查多元函数微分学的基本性质。

见解图，函数 $z=f(x,y)$ 在点 (x_0,y_0) 处连续不能推得该点偏导数存在；反之，函数 $z=f(x,y)$ 在点 (x_0,y_0) 偏导数存在，也不能推得函数在点 (x_0,y_0) 一定连续。也即，二元函数在点 (x_0,y_0) 处连续是它在该点偏导数存在的既非充分又非必要条件。

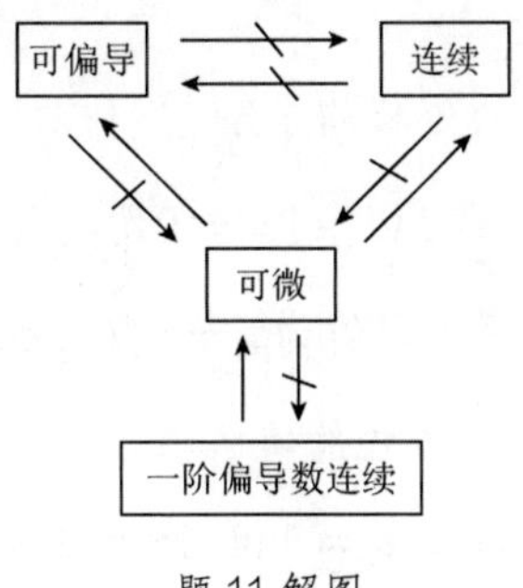

题 11 解图

答案：D

12. 解 本题考查二重积分的直角坐标与极坐标之间的变换。

根据直角坐标系和极坐标的关系（见解图）：$\begin{cases}x=r\cos\theta\\y=r\sin\theta\end{cases}$，圆域 D：$x^2+y^2\leqslant 1$ 化为极坐标系为：$0\leqslant r\leqslant 1$，$0\leqslant\theta\leqslant 2\pi$，极坐标系下面积元素 $\mathrm{d}\sigma = r\mathrm{d}r\mathrm{d}\theta$，则二重积分 $\iint\limits_D x\mathrm{d}x\mathrm{d}y = \int_0^{2\pi}\mathrm{d}\theta\int_0^1 r^2\cos\theta\mathrm{d}r$。

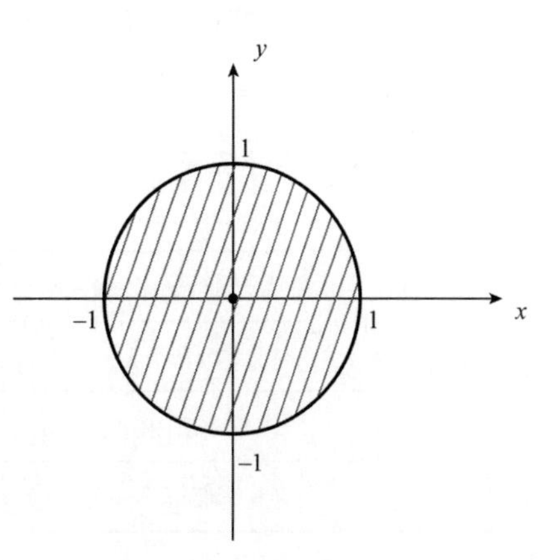

题 12 解图

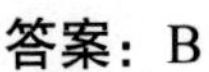

答案：B

13. 解 本题考查导数的几何意义与微分方程求解。

微分方程$y' = 2x$直接积分可得通解$y = x^2 + C$，其中C是任意常数。

由于曲线与直线$y = 2x - 1$相切，则曲线与直线在切点处切线斜率相等。

已知直线$y = 2x - 1$的斜率为 2，设切点为(x_0, y_0)，则$y'(x_0) = 2x_0 = 2$，得$x_0 = 1$，代入切线方程得$y_0 = 1$。

将切点(1,1)代入通解，得$C = 0$。

即微分方程的解是$y = x^2$。

答案： C

14. 解 本题考查常数项级数的敛散性。

选项 A：$\sum\limits_{n=2}^{\infty}(-1)^n\frac{1}{\ln n}$为交错级数，满足莱布尼兹定理的条件：$u_{n+1} = \frac{1}{\ln(n+1)} < u_n = \frac{1}{\ln n}$，且$\lim\limits_{n\to\infty} u_n = 0$，所以级数收敛；另正项级数一般项$\left|(-1)^n\frac{1}{\ln n}\right| = \frac{1}{\ln n} \geqslant \frac{1}{n}$，调和级数$\sum\limits_{n=1}^{\infty}\frac{1}{n}$发散，根据正项级数比较判别法，$\sum\limits_{n=2}^{\infty}\frac{1}{\ln n}$发散。所以$\sum\limits_{n=2}^{\infty}(-1)^n\frac{1}{\ln n}$条件收敛，选项 A 正确。

选项 B：由于$\sum\limits_{n=1}^{\infty}\frac{1}{n^{\frac{3}{2}}}$为$p = \frac{3}{2} > 1$的$p$-级数，故$\sum\limits_{n=1}^{\infty}(-1)^n\frac{1}{n^{\frac{3}{2}}}$绝对收敛。

选项 C：级数$\sum\limits_{n=1}^{\infty}(-1)^n\frac{n}{n+2}$的一般项$\lim\limits_{n\to\infty}(-1)^n\frac{n}{n+2} \neq 0$，根据收敛级数的必要条件可知，该级数发散。

选项 D：因为$\left|\sin\left(\frac{4n\pi}{3}\right)\right| \leqslant 1$，有$\left|\frac{\sin\left(\frac{4n\pi}{3}\right)}{n^3}\right| < \frac{1}{n^3}$，为$p = 3 > 1$的$p$-级数，级数收敛，所以$\sum\limits_{n=1}^{\infty}\frac{\sin\left(\frac{4n\pi}{3}\right)}{n^3}$绝对收敛。

答案： A

15. 解 本题考查二阶常系数线性齐次方程的求解。

方法 1：二阶常系数齐次微分方程$y'' - 2y' + 2y = 0$的特征方程为：$r^2 - 2r + 2 = 0$，特征方程有一对共轭的虚根$r_{1,2} = 1 \pm i$，对应微分方程的通解为$y = e^x(C_1\cos x + C_2\sin x)$，其中$C_1$，$C_2$为任意常数。当$C_1 = 0$，$C_2 = 1$时，$y = e^x\sin x$，是微分方程的特解。

方法 2：也可以将四个选项代入微分方程验证，如将选项 A 代入微分方程化简，有：

$$(e^{-x}\cos x)'' - 2(e^{-x}\cos x)' + 2(e^{-x}\cos x) = 4e^{-x}(\sin x + \cos x) \neq 0$$

故选项 A 错误；同理，将选项 B、C、D 分别代入微分方程并化简，可知选项 C 正确。

注：方法 2 的计算量较大，考试过程中不提倡使用。方法 1 的各种情况总结见解表。

题 15 解表

特征方程$\lambda^2 + p\lambda + q = 0$的根	微分方程$y'' + py' + qy = 0$的通解
不相等的两个实根$r_1 \neq r_2$	$y = C_1e^{r_1x} + C_2e^{r_2x}$
相等的两个实根$r_1 = r_2$	$y = (C_1 + C_2x)e^{r_1x}$
一对共轭复根$r_{1,2} = \alpha \pm \beta i(\beta > 0)$	$y = e^{\alpha x}(C_1\cos\beta x + C_2\sin\beta x)$

答案： C

16. 解 本题考查对坐标曲线积分的计算。

见解图，有向直线段L：$y=-x+a$，x从a到 0，则

$$\int_L x\mathrm{d}y=-\int_a^0 x\,\mathrm{d}x=-\frac{x^2}{2}\Big|_a^0=\frac{a^2}{2}$$

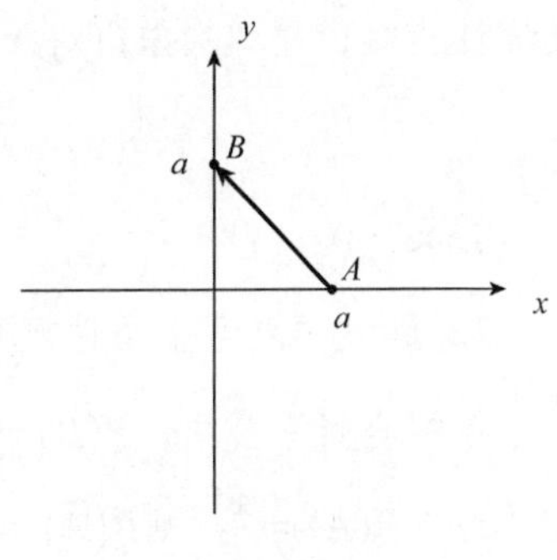

题 16 解图

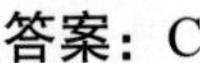
答案：C

17. 解 本题考查幂级数的收敛区间。

因为$\sum\limits_{n=1}^{\infty}a_n x^n$的收敛半径为 3，有$\lim\limits_{n\to\infty}\left|\frac{a_{n+1}}{a_n}\right|=\frac{1}{3}$，

而$\lim\limits_{n\to\infty}\left|\frac{(n+1)a_{n+1}}{na_n}\right|=\frac{1}{3}$，故$\sum\limits_{n=1}^{\infty}na_n(x-1)^{n+1}$的收敛半径也为 3。

有$-3<x-1<3$，即收敛区间为$-2<x<4$。

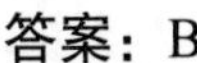
答案：B

18. 解 本题考查多元函数二阶偏导数的计算方法。

已知二元函数$z=\frac{1}{x}f(xy)$，则

$$\frac{\partial z}{\partial x}=-\frac{1}{x^2}f(xy)+\frac{1}{x}f'(xy)\cdot y$$

$$\frac{\partial^2 z}{\partial x\partial y}=-\frac{1}{x^2}f'(xy)\cdot x+\frac{1}{x}[f''(xy)\cdot xy+f'(xy)]+y=yf''(xy)$$

答案：D

19. 解 本题考查逆矩阵的性质。

$\boldsymbol{ABXC}=\boldsymbol{D}$，两端同时右乘$\boldsymbol{C}^{-1}$，有$\boldsymbol{ABX}=\boldsymbol{DC}^{-1}$，

两端同时左乘$\boldsymbol{A}^{-1}$，有$\boldsymbol{BX}=\boldsymbol{A}^{-1}\boldsymbol{DC}^{-1}$，

两端同时左乘$\boldsymbol{B}^{-1}$，有$\boldsymbol{X}=\boldsymbol{B}^{-1}\boldsymbol{A}^{-1}\boldsymbol{DC}^{-1}$。

注：矩阵乘法不满足交换律，左乘与右乘需严格对应。

答案：B

20. 解 本题考查线性方程组基础解系的性质。

n元齐次线性方程组$\boldsymbol{AX}=\boldsymbol{0}$有非零解的充要条件为$r(\boldsymbol{A})<n$，此时存在基础解系，且基础解系含$n-r(\boldsymbol{A})$个解向量。

答案：C

21. 解 本题考查二次型标准型的表示方法。

矩阵$\boldsymbol{B}$的特征方程为$|\lambda\boldsymbol{E}-\boldsymbol{B}|=\begin{vmatrix}\lambda-1 & 0 & 0\\ 0 & \lambda & -2\\ 0 & -2 & \lambda\end{vmatrix}=(\lambda-1)(\lambda^2-4)=0$，特征值分别为：$\lambda_1=1$，$\lambda_2=2$，$\lambda_3=-2$

合同矩阵的判别方法：实对阵矩阵的$\boldsymbol{A}$和$\boldsymbol{B}$合同的充分必要条件是$\boldsymbol{A}$和$\boldsymbol{B}$的特征值中正、负特征值的个数相等。

已知，矩阵$\boldsymbol{B}$对应的二次型的正惯性指数和负惯性指数分别为 2 和 1，由于合同矩阵具有相同的正、

负惯性指数，故二次型$f(x_1,x_2,x_3)=\boldsymbol{x}^{\mathrm{T}}\boldsymbol{A}\boldsymbol{x}$的标准型是：

$$f=y_1^2+2y_2^2-2y_3^2$$

答案：A

22. 解 本题考查条件概率、全概率的性质与计算方法。

依据全概率公式，$P(B)=P(A)\cdot P(B\mid A)+P(\overline{A})P(B\mid\overline{A})$

已知$P(A)=\frac{1}{2}$，则$P(\overline{A})=1-P(A)=\frac{1}{2}$；又$P(B\mid A)=\frac{1}{10}$，$P(B\mid\overline{A})=\frac{1}{20}$

故$P(B)=P(A)\cdot P(B\mid A)+P(\overline{A})P(B\mid\overline{A})=\frac{1}{2}\times\frac{1}{10}+\frac{1}{2}\times\frac{1}{20}=\frac{3}{40}$。

或者按以下思路，一步一步推导：

由$P(A)=\frac{1}{2}$，则$P(\overline{A})=1-P(A)=\frac{1}{2}$

又$P(B\mid A)=\frac{P(AB)}{P(A)}=\frac{1}{10}$，有$P(AB)=P(A)P(B\mid A)=\frac{1}{2}\times\frac{1}{10}=\frac{1}{20}$

又由$P(B\mid\overline{A})=\frac{P(\overline{A}B)}{P(\overline{A})}=\frac{P(B)-P(AB)}{P(\overline{A})}=\frac{1}{20}$，有$P(B)-P(AB)=P(B\mid\overline{A})P(\overline{A})=\frac{1}{40}$

故$P(B)=\frac{3}{40}$。

答案：B

23. 解 本题考查随机变量的数学期望与方差的性质。

$E(X+Y)^2=E(X^2+2XY+Y^2)=E(X^2)+2E(XY)+E(Y^2)$，由于$E(X^2)=D(X)+[E(X)]^2=1+0=1$，$E(Y^2)=D(Y)+[E(Y)]^2=1+0=1$，且又因为随机变量$X$与$Y$相互独立，则$E(XY)=E(X)\cdot E(Y)=0$，所以$E(X+Y)^2=2$。

或者由方差的计算公式$D(X+Y)=E(X+Y)^2-[E(X+Y)]^2$，已知随机变量$X$与$Y$相互独立，则：

$E(X+Y)^2=D(X+Y)+[E(X+Y)]^2=D(X)+D(Y)+[E(X)+E(Y)]^2=1+1+0=2$。

答案：C

24. 解 本题考查二维随机变量均匀分布的定义。

随机变量(X,Y)服从G上的均匀分布，则有联合密度函数：

$$f(x,y)=\begin{cases}\frac{1}{S_{\mathrm{G}}} & (x,y)\in G\\ 0 & \text{其他}\end{cases}$$

S_{G}为$y=x^2$与$y=x$所围的平面区域的面积，见解图。

$$S_{\mathrm{G}}=\int_0^1(x-x^2)\mathrm{d}x=\left(\frac{1}{2}x^2-\frac{1}{3}x^3\right)\Big|_0^1=\frac{1}{6}$$

所以，$f(x,y)=\begin{cases}6 & (x,y)\in G\\ 0 & \text{其他}\end{cases}$

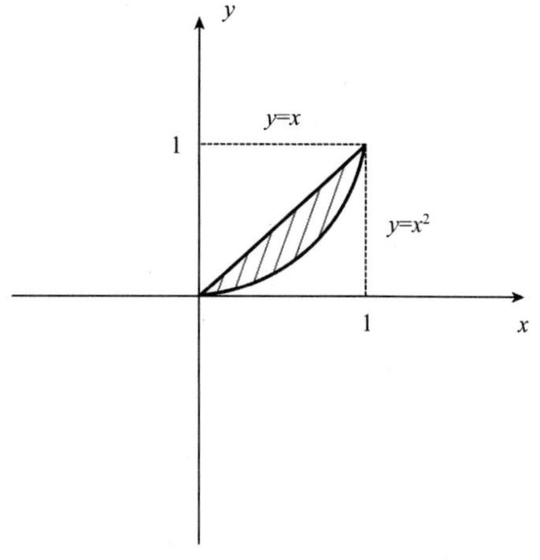

题24解图

答案：A

25. 解 $1\mathrm{m}^3=10^3\mathrm{L}$。

答案：C

26. 解 由于$\omega=\frac{3}{2}kT$，可知温度是分子平均平动动能的量度，所以当温度相等时，两种气体分子的平均平动动能相等。而两种气体分子的自由度不同，质量与摩尔质量不同，故选项B、C、D不正确。

答案： A

27. 解 双原子分子理想气体的自由度$i=5$，等压膨胀的情况下对外做功为：

$$W=P(V_2-V_1)=\frac{m}{M}R(T_2-T_1)$$

吸收热量为：$Q=\frac{m}{M}C_{\mathrm{p}}\Delta T=\frac{m}{M}\frac{7}{2}R(T_2-T_1)$

可以得到$W/Q=2/7$。

答案： D

28. 解 卡诺循环热机效率为：

$$\eta=1-\frac{Q_2}{Q_1}=1-\frac{T_2}{T_1}=1-\frac{T_2}{nT_2}=1-\frac{1}{n}$$

则$Q_2=\frac{1}{n}Q_1$，其中Q_1、Q_2分别为从高温热源吸收的热量和传给低温热源的热量。

答案： C

29. 解 相同质量的氢气与氧气分别装在两个容积相同的封闭容器内，环境温度相同，摩尔质量不同，摩尔数不等，由理想气体状态方程可得：

$$\frac{P_{\mathrm{H_2}}V}{P_{\mathrm{O_2}}V}=\frac{\frac{m}{M_{\mathrm{H_2}}}T}{\frac{m}{M_{\mathrm{O_2}}}T}=\frac{32}{2}=16$$

答案： B

30. 解 波动方程的标准表达式为：

$$y=A\cos\left[\omega\left(t-\frac{x}{u}\right)+\varphi_0\right]$$

将平面简谐波的表达式改为标准的余弦表达式：

$$y=-0.05\sin\pi(t-2x)=0.05\cos\pi\left(t-\frac{x}{\frac{1}{2}}\right)$$

则有$A=0.05$，$u=\frac{1}{2}$

$\omega=\pi$，$T=\frac{2\pi}{\omega}=2$，$\nu=\frac{1}{T}=\frac{1}{2}$。

答案： C

31. 解 横波以波速u沿x轴负方向传播，见解图。A点振动速度小于零，B点向下运动，C点向上运动，D点向下运动且振动速度小于0，故选项D正确。

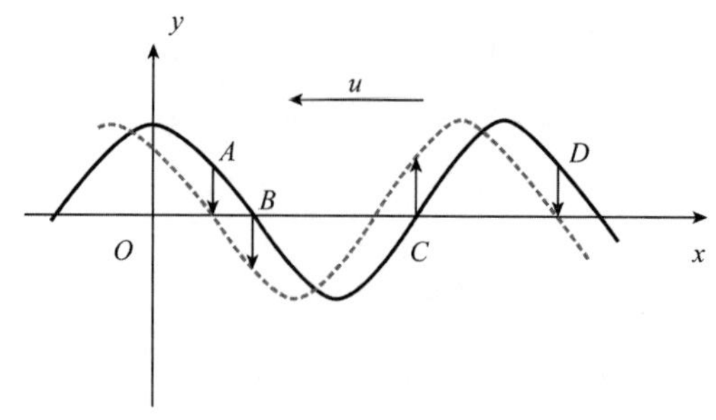

题 31 解图

答案：D

32. 解　本题考查声波常识，常温下空气中的声速为 340m/s。

答案：A

33. 解　本题考查波动的能量特征，由于动能与势能是同相位的，同时达到最大或最小，所以总机械能为动能（势能）的 2 倍。

答案：B

34. 解　等厚干涉，$a=\frac{\lambda}{2n\theta}$，夹角不变，条纹间隔不变。

答案：C

35. 解　由菲涅尔半波带法，在单缝衍射中，缝宽b一定，由暗条纹条件，$b\sin\varphi=2k\cdot\frac{\lambda}{2}$，对于第二级暗条纹，每个半波带面积为$S_2$，它有 4 个半波带，对于第三级暗条纹，每个半波带面积为S_3，第三级暗纹对应 6 个半波带，$4S_2=6S_3$，所以$S_3=\frac{2}{3}S_2$。

答案：A

36. 解　代入公式，可得

$$I=I_0\cos^2\alpha\cos^2\left(\frac{\pi}{2}-\alpha\right)=I_0\cos^2\alpha\sin^2\alpha=\frac{1}{4}I_0(\sin 2\alpha)^2$$

答案：C

37. 解　多电子原子在无外场作用下，原子轨道能量高低取决于主量子数n和角量子数l。

答案：B

38. 解　共价键的本质是原子轨道的重叠，离子键由正负离子间的静电作用成键，金属键由金属正离子靠自由电子的胶合作用成键。氢键是强极性键（A-H）上的氢核与电负性很大、含孤电子对并带有部分负电荷的原子之间的静电引力。

答案：A

39. 解　$NH_3\cdot H_2O$溶液中存在如下解离平衡：$NH_3\cdot H_2O \rightleftharpoons {NH_4}^+ + OH^-$，加入一些固体 NaOH 后，溶液中的$OH^-$浓度增加，平衡逆向移动，氨的解离度减小。

答案：C

40. 解　气体分子数增加的反应，其熵变$\Delta_r S_m^\ominus$大于零；气体分子数减少的反应，其熵变$\Delta_r S_m^\ominus$小于零。

答案：B

41. 解 对有气体参加的反应，改变总压强（各气体反应物和生成物分压之和）时，如果反应前后气体分子数相等，则平衡不移动。

答案：C

42. 解 当温度为 298K，离子浓度为 1mol/L，气体的分压为 100kPa 时，固体为纯固体，液体为纯液体，此状态称为标准状态。标准状态时的电极电势称为标准电极电势。标准氢电极的电极电势$E^{\Theta}_{H^+/H_2}=0$，1mol/L的H_2O，HOAc 和 HCN 的氢离子浓度分别为：

$C_{H^+}(H_2O)=1\times10^{-7}mol/L$；

$C_{H^+}(HOAc)=\sqrt{K_a\cdot C}=\sqrt{1.8\times10^{-5}}=4.2\times10^{-3}mol/L$；

$C_{H^+}(HCN)=\sqrt{K_a\cdot C}=\sqrt{6.2\times10^{-10}}=2.5\times10^{-5}mol/L$。

$E^{\Theta}_{H_2O/H_2}$等于$C_{H^+}=1\times10^{-7}mol\cdot L^{-1}$时的$E_{H^+/H_2}$；

E^{Θ}_{HOAc/H_2}等于$C_{H^+}=4.2\times10^{-3}mol\cdot L^{-1}$时的$E_{H^+/H_2}$；

E^{Θ}_{HCN/H_2}等于$C_{H^+}=2.5\times10^{-5}mol\cdot L^{-1}$时的$E_{H^+/H_2}$。

根据电极电势的能斯特方程：

$$E_{H^+/H_2}=E^{\Theta}_{H^+/H_2}+\frac{0.059}{n}\lg\frac{C^2_{H^+}}{p_{H_2}}$$

可知 1mol/L H_2O的氢离子浓度最小，电极电势最小。

答案：B

43. 解 $KMnO_4$中，K 的氧化数为+1，O 的氧化数为−2，所以 Mn 的氧化数为+7。

答案：D

44. 解 丙烷有 2 种类型的氢原子，有 2 种一氯代物；异戊烷有 4 种类型的氢原子，有 4 种一氯代物；新戊烷有 1 种类型的氢原子，有 1 种一氯代物；2，3-二甲基戊烷有 6 种类型的氢原子，有 6 种一氯代物。

答案：A

45. 解 选项 A 是氧化反应，选项 B 是取代反应，选项 C 是加成反应，选项 D 是取代反应。

答案：C

46. 解 选项 A、C、D 消除反应只能得到 1 种烯烃，选项 B 消除反应只能得到 2 种烯烃。

答案：B

47. 解 因为杆BC为二力构件，B、C处的约束力应沿BC连线且等值反向（见解图），而$\triangle ABC$为等边三角形，故B处约束力的作用线与x轴正向所成的夹角为 150°。

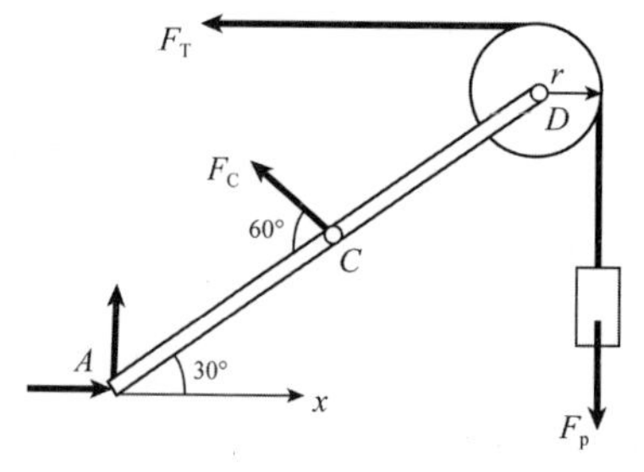

题 47 解图

答案：D

48. 解 由于q的合力作用线通过I点，其对该点的力矩为零，故系统对I点的合力矩为：

$$M_I = FR = 500\text{N} \cdot \text{cm}（顺时针）$$

答案：D

49. 解 由于物体系统所受主动力为平衡力系，故A、B处的约束力也应自成平衡力系，即满足二力平衡原理，A、B、C处的约束力均为水平方向（见解图），考虑AC的平衡，采用力偶的平衡方程：

$\sum m = 0 \quad F_A \cdot 2a - M = 0$，$F_A = F_{Ax} = \frac{M}{2a}$；且$F_{Ay} = 0$。

（注：此题同 2010 年第 49 题）

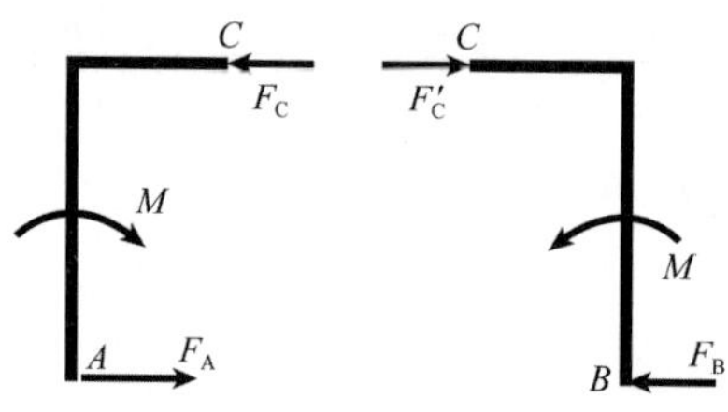

题 49 解图

答案：B

50. 解 因为摩擦角$\varphi_m < \alpha$，所以物块会向下滑动，物块所受摩擦力应为最大摩擦力，即正压力$W\cos\alpha$乘以摩擦因数$f = \tan\varphi_m$。

答案：A

51. 解 $t = 2\text{s}$时，速度$v = 2^2 - 20 = -16\text{m/s}$；加速度$a = \frac{dv}{dt} = 2t = 4\text{m/s}^2$。

答案：A

52. 解 根据法向加速度公式$a_n = \frac{v^2}{\rho}$，曲率半径即为圆周轨迹的半径，则有

$$\rho = R = \frac{v^2}{a_n} = \frac{80^2}{120} = 53.3\text{m}$$

答案：B

53. 解 定轴转动刚体上一点加速度与转动角速度、角加速度的关系为：

$a_B^t = OB \cdot \varepsilon = 50 \times 1 = 50\text{cm/s}^2$（垂直于$OB$连线，水平向右）

$a_B^n = OB \cdot \omega^2 = 50 \times 2^2 = 200\text{cm/s}^2$（由$B$指向$O$）

答案：D

54. 解 物体的加速度为零时，速度达到最大值，此时阻力与重力相等，即

由$\mu v_{极限} = mg$，得到 $$v_{极限} = \frac{mg}{\mu}$$

答案：B

55. 解 根据弹性力做功的定义可得：

$$W_{BA} = \frac{k}{2}\left[\left(\sqrt{2}R - l_0\right)^2 - (2R - l_0)^2\right]$$
$$= \frac{4900}{2} \times 0.1^2 \times \left[\left(\sqrt{2} - 1\right)^2 - 1^2\right] = -20.3\text{N} \cdot \text{m}$$

答案：C

56. 解 系统在转动中对转动轴z的动量矩守恒，设ω_t为小球达到C点时圆环的角速度，由于小球在A点与在C点对z轴的转动惯量均为零，即$I\omega = I\omega_t$，则$\omega_t = \omega$。

答案：C

57. 解 如解图所示，杆释放至铅垂位置时，其角加速度为零，质心加速度只有指向转动轴O的法向加速度，根据达朗贝尔原理，施加其上的惯性力$F_I = ma_C = m\omega^2 \cdot \frac{l}{2} = \frac{3}{2}mg$，方向向下；而施加于杆$OA$的附加动反力大小与惯性力相同，方向与其相反。

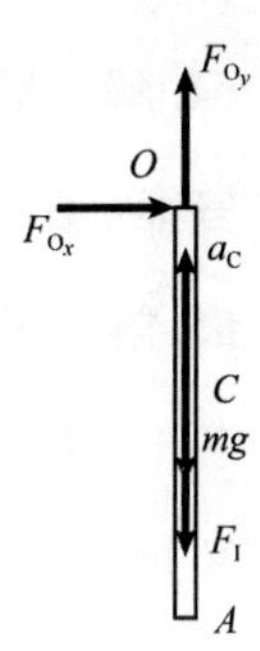

题 57 解图

答案：A

58. 解 截断前的弹簧相当于截断后两个弹簧串联而成，若设截断后的两个弹簧的刚度均为k_1，则有$\frac{1}{k} = \frac{1}{k_1} + \frac{1}{k_1}$，所以$k_1 = 2k$。

答案：B

59. 解 铸铁是脆性材料，抗拉强度最差，抗剪强度次之，而抗压强度最好。所以在拉伸试验中，铸铁试件在最大拉应力所在的垂直于轴线的横截面上发生破坏；在压缩试验中，铸铁试件在最大切应力所在的与轴线大约成45°角的截面上发生破坏。

答案：B

60. 解 AB段轴力为F，伸长量为$\frac{FL}{EA}$，BC段轴力为 0，伸长量也为 0，则直杆自由端C的轴向位移即为AB段的伸长量：$\frac{FL}{EA}$。

答案：C

61. 解 钢板和销轴的实际承压接触面为圆柱面，名义挤压面面积取为实际承压接触面在垂直挤压力F方向的投影面积，即dt，根据挤压强度条件$\sigma_{bs} = \frac{F}{dt} \leqslant [\sigma_{bs}]$，则直径需要满足$d \geqslant \frac{F}{t[\sigma_{bs}]}$。

答案：A

62. 解 3 和 4 对调最合理，最大扭矩4kN · m最小，如解图所示。如果 1 和 3 对调，或者是 2 和 3 对调，则最大扭矩都是8kN · m；如果 2 和 4 对调，则最大扭矩是6kN · m。所以选项 D 正确。

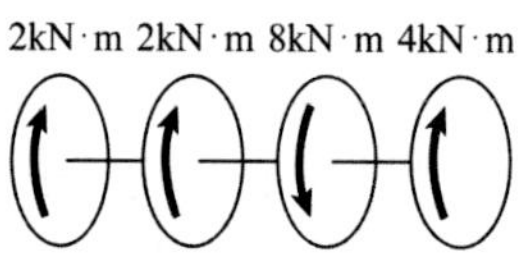

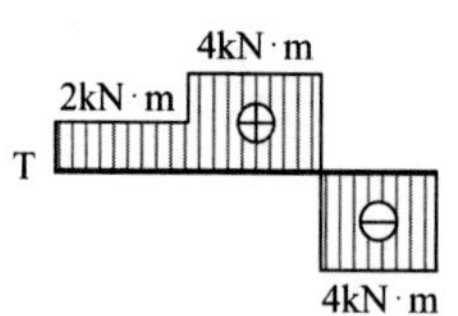

题 62 解图

答案：D

63. 解　在图示圆轴和空心圆轴横截面和空心圆截面切应力分布图中，只有选项 A 是正确的。其他选项，有的方向不对，有的分布规律不对。

答案：A

64. 解　根据截面图形静矩的性质，如果z轴过形心，则有$S_z = 0$，即：$S_{z1} + S_{z2} = 0$，所以$S_{z1} = -S_{z2}$。

答案：B

65. 解　根据梁的弯矩图可以推断其受力图如解图 1 所示。

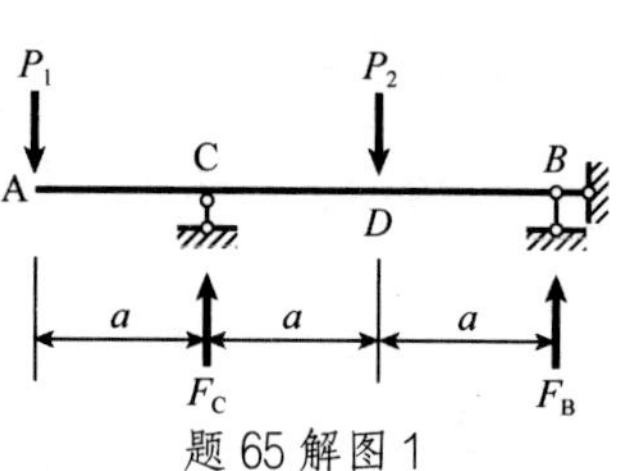

题 65 解图 1

其中：$P_1 a = 0.5Fa$，$F_B a = 1.5Fa$

可知：$P_1 = 0.5F$，$F_B = 1.5F$

用直接法可求得$M_D = F_C a - 2P_1 a = 1.5Fa$

可知：$F_C = 2.5F$

由$\sum Y = 0$，$P_1 + P_2 = F_C + F_B$

可知：$P_2 = 3.5F$

由受力图可以画出剪力图，如解图 2 所示。可见最大剪力是$2F$。

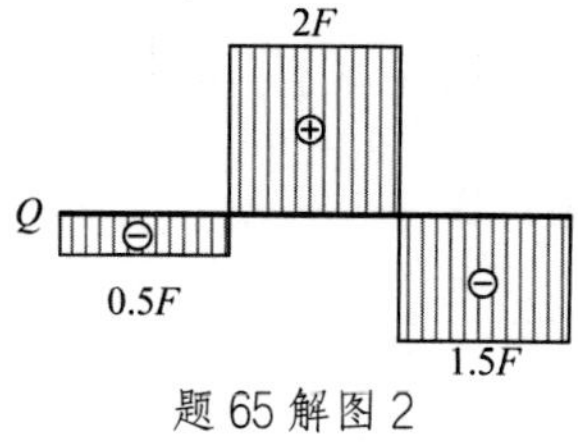

题 65 解图 2

答案：D

66. 解　两根矩形截面杆胶合在一起成为一个整体梁，最大切应力发生在中性轴（胶合面）上，最大切应力为：

$$\tau_{\max} = \frac{3Q}{2A} = \frac{3F}{4ab}$$

答案：C

67. 解　受集中力作用的简支梁最大弯矩$M_{\max} = FL/4$，圆截面的抗弯截面系数$W_z = \pi d^3/32$，所以梁的最大弯曲正应力为：

$$\sigma_{\max} = \frac{M_{\max}}{W_z} = \frac{8FL}{\pi d^3}$$

答案：A

68. 解 对于图(a)梁，可知：

$$M_{\max}^{\mathrm{a}}=FL,W_z^{\mathrm{a}}=\frac{bh^2}{6},\sigma_{\max}^{\mathrm{a}}=\frac{M_{\max}^{\mathrm{a}}}{W_z^{\mathrm{a}}}=\frac{6FL}{bh^2}$$

对于图(b)的叠合梁，仅考查其中一根梁，可知：

$$M_{\max}^{\mathrm{b}}=\frac{FL}{2},W_z^{\mathrm{b}}=\frac{bh^2}{24},\sigma_{\max}^{\mathrm{b}}=\frac{M_{\max}^{\mathrm{b}}}{W_z^{\mathrm{b}}}=\frac{12FL}{bh^2}$$

可见，图(a)梁的强度更大。

对于图(a)梁，可知：$\Delta a=FL^3/(3EI_z^{\mathrm{a}})$，其中$I_z^{\mathrm{a}}=bh^3/12$；

对于图(b)的叠合梁，仅考查其中一根梁，可知：$\Delta b=0.5FL^3/(3EI_z^{\mathrm{b}})$，其中$I_z^{\mathrm{b}}=b\left(\frac{h}{2}\right)^2/12=I_z^{\mathrm{a}}/8$，则$\Delta b=4FL^3/(3EI_z^{\mathrm{a}})$。

可见，图(a)梁的刚度更大。

因此，两梁的强度和刚度均不相同。

答案： A

69. 解 按照“点面对应、先找基准”的方法，可以分别画出4个图对应的应力圆（见解图）。图中横坐标是正应力σ，纵坐标是切应力τ。

应力圆的半径大小等于最大切应力$\tau_{\max}=(\sigma_{\max}-\sigma_{\min})/2$，由此可算得：

$\tau_{\mathrm{A}}=\frac{30-(-30)}{2}=30\mathrm{MPa}$，$\tau_{\mathrm{B}}=\frac{40-(-40)}{2}=40\mathrm{MPa}$，$\tau_{\mathrm{C}}=\frac{120-100}{2}=10\mathrm{MPa}$，$\tau_{\mathrm{D}}=\frac{40-0}{2}=20\mathrm{MPa}$

可见，选项C单元体应力平面内应力圆的半径最小。

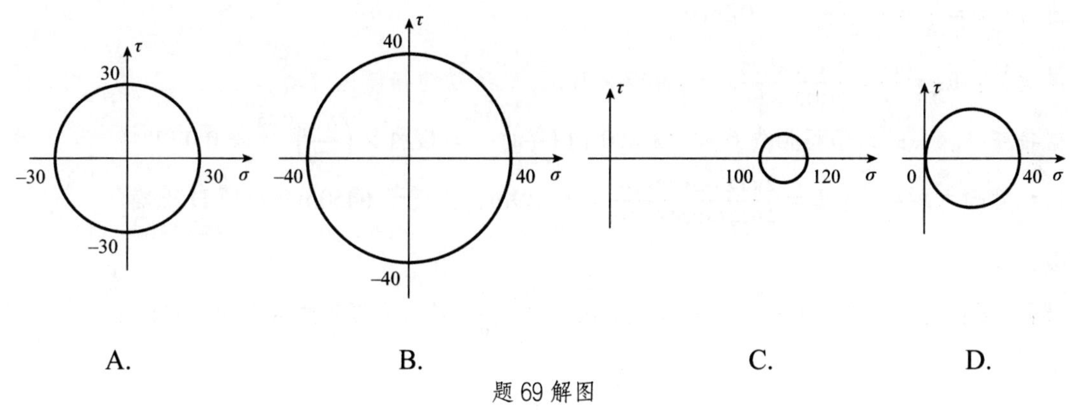

题69解图

答案： C

70. 解 根据压杆临界力计算公式：

$$F_{\mathrm{cr}}^{\mathrm{a}}=\frac{\pi^2EI}{(2L)^2},F_{\mathrm{cr}}^{\mathrm{b}}=\frac{\pi^2EI}{(0.7L)^2}$$

则$\frac{F_{\mathrm{cr}}^{\mathrm{b}}}{F_{\mathrm{cr}}^{\mathrm{a}}}=\left(\frac{2}{0.7}\right)^2$

答案： C

71. 解 绘出等压面A-B（见解图），则有$p_{\mathrm{A}}=p_{\mathrm{B}}$，存在：

$$p_{\mathrm{A}}=p_{\mathrm{e}}+\rho_1gh_1+\rho_2gh_2=p_{\mathrm{B}}=\rho_{\mathrm{Hg}}g(h_1+h_2-h)$$

则$p_e = \rho_{Hg}g(h_1 + h_2 - h) - (\rho_1 gh_1 + \rho_2 gh_2)$

$$= 13600 \times 9.8 \times (0.4 + 0.6 - 0.5) - (850 \times 0.4 \times 9.8 + 1000 \times 0.6 \times 9.8) = 57428\text{Pa}$$

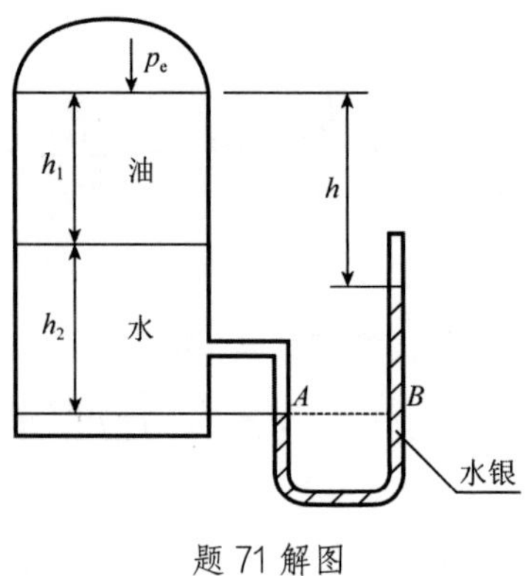

题 71 解图

答案：D

72. 解　根据动量定理，作用在控制体内流体上的力是所有外力的总和，即合外力。

答案：C

73. 解　判定圆管内流体运动状态的准则数是雷诺数。

答案：D

74. 解　给水处水压用来克服沿程损失。根据达西公式：

$$H = \lambda \frac{L}{d}\frac{v^2}{2g}，\Delta p = \rho g\lambda \frac{L}{d}\frac{v^2}{2g} = \lambda \frac{L}{d}\frac{\rho v^2}{2}，L = \frac{2d\Delta p}{\lambda \rho v^2}$$

流速为：$v = \frac{Q}{A} = \frac{50\times 10^{-3}}{\frac{\pi}{4}\times 0.25^2} = 1.02\text{m/s}$

雷诺数为：$\text{Re} = \frac{vd}{\nu} = \frac{1.02\times 0.25}{0.0131\times 10^{-4}} = 1.947 \times 10^5$，则流动为粗糙区流动。

根据希弗林松公式，沿程损失系数为$\lambda = 0.11\left(\frac{k_s}{d}\right)^{0.25} = 0.11 \times \left(\frac{0.4}{250}\right)^{0.25} = 0.022$。

则输水管输水距离为：$L = \frac{2\times 0.25\times 2943\times 10^3}{0.022\times 1000\times 1.02^2} = 6429\text{m}$，接近于 6450m，选项 D 正确。

答案：D

75. 解　根据达西公式，水平管道沿程损失$h_f = \lambda \frac{L}{d}\frac{v^2}{2g}$，以水平管轴线为基准，对液面和管道出口列伯努利方程，可得：

$$\frac{p_e}{\rho g} + H = h_f + \frac{v^2}{2g} = \lambda \frac{l}{d}\frac{v^2}{2g} + \frac{v^2}{2g}$$

则流速为：

$$v = \sqrt{2g\frac{\frac{p_e}{\rho g} + H}{\lambda \frac{l}{d} + 1}} = \sqrt{2 \times 9.8 \times \frac{\frac{19600}{1000 \times 9.8} + 2}{0.02 \times \frac{50}{0.1} + 1}} = 2.67\text{m/s}$$

流量为：$Q = \frac{\pi}{4}d^2 v = \frac{\pi}{4} \times 0.1^2 \times 2.67 \times 10^3 = 20.96\text{L/s}$，与选项 B 最接近。

答案：B

76. 解　明渠均匀流的流量$Q = AC\sqrt{RJ}$，谢才系数$C = \frac{1}{n}R^{1/6}$，则$Q = Av = A\frac{1}{n}R^{2/3}\sqrt{J}$。

方形断面：$A=a^2$，$R=\frac{a^2}{3a}=a/3$，则

$$Q_1=a^2\left(\frac{a}{3}\right)^{2/3}\frac{1}{n}\sqrt{J}=\frac{1}{3^{2/3}}a^{8/3}\frac{1}{n}\sqrt{J}$$

矩形断面：$A=a^2$，$R=\frac{a^2}{0.5a+2\times 2a}=a/4.5$，则

$$Q_2=a^2\left(\frac{a}{4.5}\right)^{2/3}\frac{1}{n}\sqrt{J}=\frac{1}{4.5^{2/3}}a^{8/3}\frac{1}{n}\sqrt{J}$$

显然：$Q_1>Q_2$。

答案：A

77. 解 渗流断面平均流速$v=kJ=0.01\times\frac{1.5-0.3}{2.4}=0.005\text{cm/s}$。

答案：C

78. 解 弗劳德数表征的是重力与惯性力之比，是重力流动的相似准则数。

答案：C

79. 解 根据楞次定律，线圈的感应电压与通过本线圈的磁通变化率、本线圈的匝数成正比。即右侧线圈的电压为：$u_2=N_2\frac{\mathrm{d}\Phi}{\mathrm{d}t}$。

答案：B

80. 解 电流源的电压与电压源的电压相等，且与电流源电流是非关联关系。则此电流源发出的功率为：$P=U_\mathrm{s}I_\mathrm{s}=6\times 0.2=1.2\text{W}$。

答案：C

81. 解 如解图所示，根据等效原理，①与6V的电压源并联的元件都失效，相当于6V的电压源，将电流源与电阻的并联等效为电压源与电阻的串联；②将两个串联的电压源等效为一个电压源。

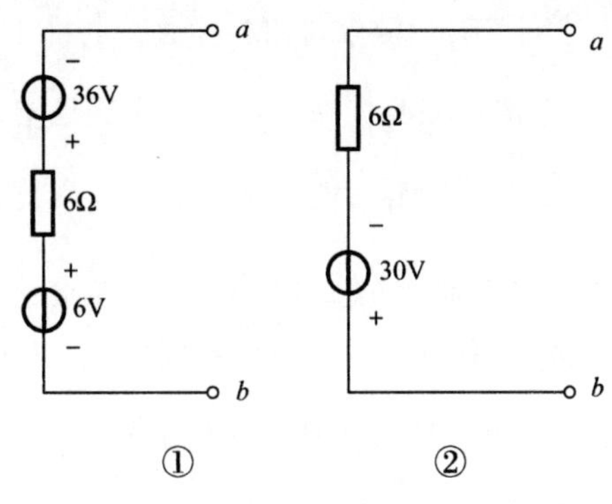

题81解图

答案：B

82. 解 根据电源电压可知，激励的角频率$\omega=314\text{rad/s}$。三个阻抗串联，等效阻抗为：

$$Z=R+\mathrm{j}\omega L+\frac{1}{\mathrm{j}\omega C}=100+\mathrm{j}314\times 1-\mathrm{j}\frac{1}{314\times 10\times 10^{-6}}=100-\mathrm{j}4.47(\Omega)$$

等效阻抗的模为：$|Z|=\sqrt{100^2+(-4.47)^2}=100.10\Omega$。

答案：D

83. 解 相量是将正弦量的有效值作为模、初相位作为角度的复数。根据相量与正弦量的关系，三条支路电流的时域表达式（正弦形式）为：

$i_1(t)=100\sqrt{2}\sin(\omega t-30°)\text{mA}$，$i_2(t)=100\sin(\omega t-30°)\text{mA}$，$i_3(t)=100\sin(\omega t-150°)\text{mA}$

三条支路电流的相量形式为：

$$\dot{I}_1=100\angle-30°\text{mA}，\dot{I}_2=\frac{100}{\sqrt{2}}\angle-30°\text{mA}，\dot{I}_3=\frac{100}{\sqrt{2}}\angle-150°\text{mA}$$

答案：D

84. 解 功率因数角φ是电压初相角与电流初相角的差，在此处为：$\varphi=30°-(-20°)=50°$；功率因数是功率因数角的余弦值，在此处为：$\cos\varphi=\cos 50°$。

答案：C

85. 解 选项 A，调整转差率可以实现对电动机运行期间（转矩不变）调速的目的，但因为是通过改变转子绕组的电阻来实现的，所以仅适用于绕线式异步电动机，且转速只能低于额定转速。

选项 B，电动机的工作电压不允许超过额定电压，因此只能采用降低电枢供电电压的方式来调速，转速只能低于额定转速。

选项 C，电机转速为：$n=60f(1-s)/p$。欲提高转速，则需减少极对数p，但题目已经告知为两极（$p=1$）电动机，极对数p已为最小值，不可再减。

选项 D，电机转速为：$n=60f(1-s)/p$，若改变电动机供电频率，则可以实现三相异步电动机转速的增大、减小并且连续调节，需要专用的变频器（一种电力电子设备，可以实现频率的连续调节）。

答案：D

86. 解 选项 A，根据电路图，按下SB_1，接触器KM_1接通，电机 1 启动；另外，在接触器KM_2接通后，电机 2 也启动；若KM_1未接通，则即使KM_2接通，电机 2 也无法启动。因此，可以实现电机 2 在电机 1 启动后才能启动。当KM_1接通时，断开KM_2，电机 2 也断开。因此，该设计满足启动顺序要求，但不满足单独断开电机 2 的要求。

选项 B，根据电路图，KM_1、KM_2完全独立，分别控制电机 1、电机 2，不满足设计要求。

选项 C，根据电路图，按下SB_1，接触器KM_1接通，电机 1 启动；另外，在接触器KM_2接通后，电机 2 也启动；若KM_1未接通，即使KM_2接通，电机 2 也无法启动。因此，可以实现电机 2 在电机 1 启动后才能启动。当KM_1接通时，断开KM_2，电机 2 也断开。并且，按钮SB_3可以独立控制断开电机 2。因此，满足启动顺序和单独断开电机 2 的要求。

选项 D，不满足启动顺序要求。

答案：C

87. 解 人工生成的代码信号是数字信号。

答案：B

88. 解 时域形式在实数域描述，频域形式在复数域描述。

答案：A

89. 解 横轴为频率f，纵轴为增益。高通滤波器的幅频特性应为：频率高时增益也高，图像应右高左低；低通滤波器的幅频特性应为：频率低时增益高，图像应左高右低；信号放大器理论上增益与频率无关，图像基本平直。这种局部增益（中间某一段）高于其他段，就是带通滤波器的典型特征。

答案：A

90. 解 $AB+\overline{A}C+BCDE=AB+\overline{A}C+(A+\overline{A})BCDE=(AB+ABCDE)+(\overline{A}C+\overline{A}BCDE)=AB+\overline{A}C$

答案：D

91. 解 信号$F=\overline{A}B+A\overline{B}$为异或关系：当输入A与B相异时，输出F为“1”；当输入A与B相同时，输出F为“0”。

答案：C

92. 解 函数F的表达式就是把所有输出为“1”的情况对应的关系用“+”写出来。由真值表可知：信号$F=A\overline{B}\,\overline{C}+ABC$。

答案：D

93. 解 根据二极管的单向导电性，当输入为正时，导通的二极管为D4和D1。

答案：C

94. 解 根据电路图，当运算放大器的输入$u_{i1}>u_{i2}$时，开环输出为$-U_{oM}$；当$u_{i1}<u_{i2}$时，开环输出为$+U_{oM}$。

答案：A

95. 解 F_1为与非门输出，表达式为：$F_1=\overline{A0}=1$；F_2为或非门输出，表达式为：$F_2=\overline{B+0}=\overline{B}$。

答案：B

96. 解 触发器D的逻辑功能是：输出端Q的状态随输入端D的状态而变化，但总比输入端状态的变化晚一步，表达式为：$Q_{n+1}=D_n$。由解图可知：t_1时刻输出$Q=1$，t_2时刻输出$Q=0$。

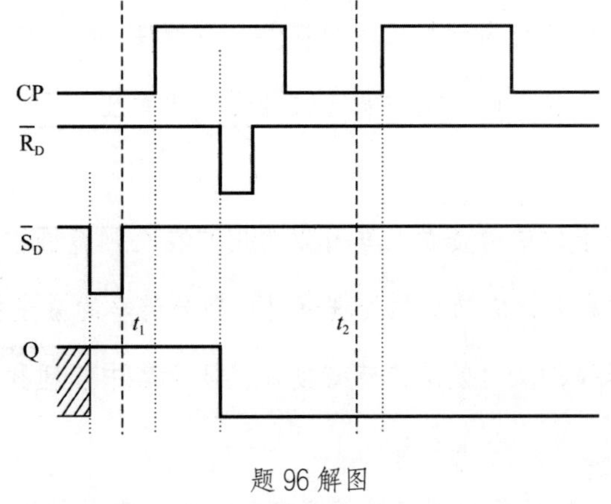

题96解图

答案： C

97. 解 计算机新的体系结构思想是在单芯片上集成多个微处理器，把主存储器和微处理器做成片上系统（System On Chip），以存储器为中心设计系统等，这是今后的发展方向。

答案： B

98. 解 存储器的主要功能是存放程序和数据。程序是计算机操作的依据，数据是计算机操作的对象。为了实现自动计算，各种信息必须先存放在计算机内的某个地方，这个地方就是计算机内的存储器。

答案： A

99. 解 输入/输出（Input/Output, I/O）设备实现了外部世界与计算机之间的信息交流，提供了人机交互的硬件环境。由于I/O设备通常设置在主机外部，所以也称为外部设备或外围设备。

答案： B

100. 解 操作系统主要有两个作用。一是资源管理，操作系统要对系统中的各种资源实施管理，其中包括对硬件及软件资源的管理。二是为用户提供友好的界面，计算机系统主要是为用户服务的，即使用户对计算机的硬件系统或软件系统的技术问题不精通，也可以方便地使用计算机。但操作系统不具有处理硬件故障的功能。

答案： D

101. 解 国标码是二字节码，用两个七位二进制数编码表示一个汉字，目前国标码收录6763个汉字，其中一级汉字（最常用汉字）3755个，二级汉字3008个，另外还包括682个西文字符、图符。

答案： A

102. 解 $1\text{PB} = 2^{50}$字节 $= 1024\text{TB}$; $1\text{EB} = 2^{60}$字节 $= 1024\text{PB}$; $1\text{ZB} = 2^{70}$字节 $= 1024\text{EB}$; $1\text{YB} = 2^{80}$字节 $= 1024\text{ZB}$。

答案： C

103. 解 只读光盘只能从盘中读出信息，不能再写入信息，因此存放的程序不会再次感染上病毒。

答案： D

104. 解 文件管理的主要任务是向计算机用户提供一种简便、统一的管理和使用文件的界面，提供对文件的操作命令，实现按名存取文件，是对系统软件资源的管理。

答案： D

105. 解 计算机网络环境下的硬件资源共享可以为用户在全网范围内提供处理资源、存储资源、输入输出资源等的昂贵设备，如具有特殊功能的处理部件、高分辨率的激光打印机、大型绘图仪、巨型计算机以及大容量的外部存储器等，从而使用户节省投资，便于集中管理和均衡分担负荷。

答案： C

106. 解 在局域网中，所有的设备和网络的带宽都是由用户自己掌握，可以任意使用、维护和升级。

而在广域网中，用户无法拥有建立广域连接所需要的所有技术设备和通信设施，只能由第三方通信服务商（电信部门）提供。

答案：C

107. 解 计算原贷款金额2000万元与相应复利系数的乘积，将计算结果与到期本利和2700万元比较并判断。

利率为9%、10%和11%时的还本付息金额分别为：

$2000 \times 1.295 = 2590$万元；$2000 \times 1.331 = 2662$万元；$2000 \times 1.368 = 2736$万元

2662万元＜2700万元＜2736万元，故银行利率应在10%～11%之间。

答案：C

108. 解 注意题目中给出贷款的实际利率为4%，年实际利率是一年利息额与本金之比。故各年利息及建设期利息为：

第一年利息：$1000 \times 4\% = 40$万元；第二年利息：$(1000 + 40 + 2000) \times 4\% = 121.6$万元，建设期利息$= 40 + 121.6 = 161.6$万元。

答案：C

109. 解 普通股融资方式的主要特点有：融资风险小，普通股票没有固定的到期日，不用支付固定的利息，不存在不能还本付息的风险；股票融资可以增加企业信誉和信用程度；资本成本较高，投资者投资普通股风险较高，相应地要求有较高的投资报酬率；普通股股利从税后利润中支付，不具有抵税作用，普通股的发行费用也较高；股票融资时间跨度长；容易分散控制权，当企业发行新股时，增加新股东，会导致公司控制权的分散；新股东分享公司未发行新股前积累的盈余，会降低普通股的净收益。

答案：C

110. 解 偿债备付率是指在借款偿还期内，各年可用于还本付息的资金与当期应还本付息金额之比。该指标从还本付息资金来源的充裕性角度，反映偿付债务本息的保障程度和支付能力。利息备付率小于1，说明当年可用于还本付息（包括本金和利息）的资金保障程度不足，当年的资金来源不足以偿付当期债务，需要通过短期借款偿付已到期债务。

答案：B

111. 解 根据资金等值计算公式可列出方程：

$$1000 = A(P/A, 12\%, 10) + 50(P/F, 12\%, 10)1000 = 5.65A + 50 \times 0.322$$

求得$A = 174.14$万元。

答案：B

112. 解 直接进口投入物的影子价格（出厂价）= 到岸价（CIF）× 影子汇率 + 进口费用

$= 100 \times 6 + 100 \times 6 = 1200$元

注意：本题中进口费用的单位为美元，因此计算影子价格时，应将进口费用换算为人民币。

答案：D

113. 解 层混型方案是指项目群中有两个层次，高层次是一组独立型方案，每个独立型方案又由若干个互斥型方案组成。本题方案类型属于层混型方案。

答案：C

114. 解 价值工程的一般工作程序包括准备阶段、功能分析阶段、创新阶段和实施阶段。其中，创新阶段的工作步骤包括方案创新、方案评价和提案编写。

答案：D

115. 解 《中华人民共和国建筑法》第二十八条规定，禁止承包单位将其承包的全部建筑工程转包给他人，禁止承包单位将其承包的全部建筑工程肢解以后以分包的名义分别转包给他人。第二十九条规定，建筑工程总承包单位可以将承包工程中的部分工程发包给具有相应资质条件的分包单位；但是，除总承包合同中约定的分包外，必须经建设单位认可。施工总承包的，建筑工程主体结构的施工必须由总承包单位自行完成。

答案：D

116. 解 《中华人民共和国安全生产法》第四十四条规定，生产经营单位应当教育和督促从业人员严格执行本单位的安全生产规章制度和安全操作规程；并向从业人员如实告知作业场所和工作岗位存在的危险因素、防范措施以及事故应急措施。第二十四条规定，矿山、金属冶炼、建筑施工、运输单位和危险物品的生产、经营、储存、装卸单位，应当设置安全生产管理机构或者配备专职安全生产管理人员。第四十七条规定，生产经营单位应当安排用于配备劳动防护用品、进行安全生产培训的经费。第五十一条规定，生产经营单位必须依法参加工伤保险，为从业人员缴纳保险费。

说明：此题已过时。可参加2014年版《中华人民共和国安全生产法》。

答案：B

117. 解 《中华人民共和国招标投标法》第二十四条规定，招标人应当确定投标人编制投标文件所需要的合理时间；但是，依法必须进行招标的项目，自招标文件开始发出之日起至投标人提交投标文件截止之日止，最短不得少于二十日。

答案：C

118. 解 《中华人民共和国民法典》第四百九十一条第2款规定，当事人一方通过互联网等信息网络发布的商品或者服务信息符合要约条件的，对方选择该商品或者服务并提交订单成功时合同成立，但是当事人另有约定的除外。

答案：B

119. 解 《中华人民共和国节约能源法》第十三条第3款规定，国家鼓励企业制定严于国家标准、行业标准的企业节能标准。第十三条第4款规定，省、自治区、直辖市制定严于强制性国家标准、行业标准的地方节能标准，由省、自治区、直辖市人民政府报经国务院批准；本法另有规定的除外。第十七条规定，禁止使用国家明令淘汰的用能设备、生产工艺。第十九条第2款规定，禁止销售应当标注而未标注能源效率标识的产品。第十九条第3款规定，禁止伪造、冒用能源效率标识。

答案：C

120. 解 《建设工程监理规范》第3.2.3条第5款规定，专业监理工程师应履行下列职责：检查进场的工程材料、构配件、设备的质量（选项B）。《建设工程监理规范》第3.2.1条规定，选项C拨付工程款和选项D竣工验收是总监理工程师的职责。选项A样板工程专项施工方案不需监理工程师签字。

答案：B

附录一

全国勘察设计注册工程师执业资格考试
公共基础考试大纲

I.工程科学基础

一、数学

1.1　空间解析几何

向量的线性运算；向量的数量积、向量积及混合积；两向量垂直、平行的条件；直线方程；平面方程；平面与平面、直线与直线、平面与直线之间的位置关系；点到平面、直线的距离；球面、母线平行于坐标轴的柱面、旋转轴为坐标轴的旋转曲面的方程；常用的二次曲面方程；空间曲线在坐标面上的投影曲线方程。

1.2　微分学

函数的有界性、单调性、周期性和奇偶性；数列极限与函数极限的定义及其性质；无穷小和无穷大的概念及其关系；无穷小的性质及无穷小的比较极限的四则运算；函数连续的概念；函数间断点及其类型；导数与微分的概念；导数的几何意义和物理意义；平面曲线的切线和法线；导数和微分的四则运算；高阶导数；微分中值定理；洛必达法则；函数的切线及法平面和切平面及法线；函数单调性的判别；函数的极值；函数曲线的凹凸性、拐点；偏导数与全微分的概念；二阶偏导数；多元函数的极值和条件极值；多元函数的最大、最小值及其简单应用。

1.3　积分学

原函数与不定积分的概念；不定积分的基本性质；基本积分公式；定积分的基本概念和性质（包括定积分中值定理）；积分上限的函数及其导数；牛顿-莱布尼兹公式；不定积分和定积分的换元积分法与分部积分法；有理函数、三角函数的有理式和简单无理函数的积分；广义积分；二重积分与三重积分的概念、性质、计算和应用；两类曲线积分的概念、性质和计算；求平面图形的面积、平面曲线的弧长和旋转体的体积。

1.4　无穷级数

数项级数的敛散性概念；收敛级数的和；级数的基本性质与级数收敛的必要条件；几何级数与p级数及其收敛性；正项级数敛散性的判别法；任意项级数的绝对收敛与条件收敛；幂级数及其收敛半径、收敛区间和收敛域；幂级数的和函数；函数的泰勒级数展开；函数的傅里叶系数与傅里叶级数。

1.5　常微分方程

常微分方程的基本概念；变量可分离的微分方程；齐次微分方程；一阶线性微分方程；全微分方程；可降阶的高阶微分方程；线性微分方程解的性质及解的结构定理；二阶常系数齐次线性微分方程。

1.6　线性代数

行列式的性质及计算；行列式按行展开定理的应用；矩阵的运算；逆矩阵的概念、性质及求法；矩阵的初等变换和初等矩阵；矩阵的秩；等价矩阵的概念和性质；向量的线性表示；向量组的线性相关和线性无关；线性方程组有解的判定；线性方程组求解；矩阵的特征值和特征向量的概念与性质；相似矩阵的概念和性质；矩阵的相似对角化；二次型及其矩阵表示；合同矩阵的概念和性质；二次型的秩；惯性定理；二次型及其矩阵的正定性。

1.7　概率与数理统计

随机事件与样本空间；事件的关系与运算；概率的基本性质；古典型概率；条件概率；概率的基本公式；事件的独立性；独立重复试验；随机变量；随机变量的分布函数；离散型随机变量的概率分布；连续型随机变量的概率密度；常见随机变量的分布；随机变量的数学期望、方差、标准差及其性质；随机变量函数的数学期望；矩、协方差、相关系数及其性质；总体；个体；简单随机样本；统计量；样本均值；样本方差和样本矩；χ^2分布；t分布；F分布；点估计的概念；估计量与估计值；矩估计法；最大似然估计法；估计量的评选标准；区间估计的概念；单个正态总体的均值和方差的区间估计；两个正态总体的均值差和方差比的区间估计；显著性检验；单个正态总体的均值和方差的假设检验。

二、物理学

2.1　热学

气体状态参量；平衡态；理想气体状态方程；理想气体的压强和温度的统计解释；自由度；能量按自由度均分原理；理想气体内能；平均碰撞频率和平均自由程；麦克斯韦速率分布律；方均根速率；平均速率；最概然速率；功；热量；内能；热力学第一定律及其对理想气体等值过程的应用；绝热过程；气体的摩尔热容量；循环过程；卡诺循环；热机效率；净功；制冷系数；热力学第二定律及其统计意义；可逆过程和不可逆过程。

2.2　波动学

机械波的产生和传播；一维简谐波表达式；描述波的特征量；波面，波前，波线；波的能量、能流、能流密度；波的衍射；波的干涉；驻波；自由端反射与固定端反射；声波；声强级；多普勒效应。

2.3　光学

相干光的获得；杨氏双缝干涉；光程和光程差；薄膜干涉；光疏介质；光密介质；迈克尔逊干涉仪；惠更斯-菲涅尔原理；单缝衍射；光学仪器分辨本领；衍射光栅与光谱分析；X射线衍射；布拉格公式；自然光和偏振光；布儒斯特定律；马吕斯定律；双折射现象。

三、化学

3.1　物质的结构和物质状态

原子结构的近代概念；原子轨道和电子云；原子核外电子分布；原子和离子的电子结构；原子结构和元素周期律；元素周期表；周期族；元素性质及氧化物及其酸碱性。离子键的特征；共价键的特征和类型；杂化轨道与分子空间构型；分子结构式；键的极性和分子的极性；分子间力与氢键；晶体与非晶体；晶体类型与物质性质。

3.2　溶液

溶液的浓度；非电解质稀溶液通性；渗透压；弱电解质溶液的解离平衡；分压定律；解离常数；同离子效应；缓冲溶液；水的离子积及溶液的 pH 值；盐类的水解及溶液的酸碱性；溶度积常数；溶度积规则。

3.3　化学反应速率及化学平衡

反应热与热化学方程式；化学反应速率；温度和反应物浓度对反应速率的影响；活化能的物理意义；催化剂；化学反应方向的判断；化学平衡的特征；化学平衡移动原理。

3.4　氧化还原反应与电化学

氧化还原的概念；氧化剂与还原剂；氧化还原电对；氧化还原反应方程式的配平；原电池的组成和符号；电极反应与电池反应；标准电极电势；电极电势的影响因素及应用；金属腐蚀与防护。

3.5　有机化学

有机物特点、分类及命名；官能团及分子构造式；同分异构；有机物的重要反应：加成、取代、消除、氧化、催化加氢、聚合反应、加聚与缩聚；基本有机物的结构、基本性质及用途：烷烃、烯烃、炔烃、芳烃、卤代烃、醇、苯酚、醛和酮、羧酸、酯；合成材料：高分子化合物、塑料、合成橡胶、合成纤维、工程塑料。

四、理论力学

4.1　静力学

平衡；刚体；力；约束及约束力；受力图；力矩；力偶及力偶矩；力系的等效和简化；力的平移定理；平面力系的简化；主矢；主矩；平面力系的平衡条件和平衡方程式；物体系统（含平面静定桁架）的平衡；摩擦力；摩擦定律；摩擦角；摩擦自锁。

4.2　运动学

点的运动方程；轨迹；速度；加速度；切向加速度和法向加速度；平动和绕定轴转动；角速度；角加速度；刚体内任一点的速度和加速度。

4.3　动力学

牛顿定律；质点的直线振动；自由振动微分方程；固有频率；周期；振幅；衰减振动；阻尼对自由振动振幅的影响——振幅衰减曲线；受迫振动；受迫振动频率；幅频特性；共振；动力学普遍定理；动量；质心；动量定理及质心运动定理；动量及质心运动守恒；动量矩；动量矩定理；动量矩守恒；刚体定轴转动微分方程；转动惯量；回转半径；平行轴定理；功；动能；势能；动能定理及机械能守恒；达朗贝尔原理；惯性力；刚体作平动和绕定轴转动（转轴垂直于刚体的对称面）时惯性力系的简化；动静法。

五、材料力学

5.1　材料在拉伸、压缩时的力学性能

低碳钢、铸铁拉伸、压缩试验的应力-应变曲线；力学性能指标。

5.2　拉伸和压缩

轴力和轴力图；杆件横截面和斜截面上的应力；强度条件；虎克定律；变形计算。

5.3　剪切和挤压

剪切和挤压的实用计算；剪切面；挤压面；剪切强度；挤压强度。

5.4　扭转

扭矩和扭矩图；圆轴扭转切应力；切应力互等定理；剪切虎克定律；圆轴扭转的强度条件；扭转角计算及刚度条件。

5.5　截面几何性质

静矩和形心；惯性矩和惯性积；平行轴公式；形心主轴及形心主惯性矩概念。

5.6　弯曲

梁的内力方程；剪力图和弯矩图；分布荷载、剪力、弯矩之间的微分关系；正应力强度条件；切应力强度条件；梁的合理截面；弯曲中心概念；求梁变形的积分法、叠加法。

5.7　应力状态

平面应力状态分析的解析法和应力圆法；主应力和最大切应力；广义虎克定律；四个常用的强度理论。

5.8　组合变形

拉/压-弯组合、弯-扭组合情况下杆件的强度校核；斜弯曲。

5.9　压杆稳定

压杆的临界荷载；欧拉公式；柔度；临界应力总图；压杆的稳定校核。

六、流体力学

6.1　流体的主要物性与流体静力学

流体的压缩性与膨胀性；流体的黏性与牛顿内摩擦定律；流体静压强及其特性；重力作用下静水压强的分布规律；作用于平面的液体总压力的计算。

6.2 流体动力学基础

以流场为对象描述流动的概念；流体运动的总流分析；恒定总流连续性方程、能量方程和动量方程的运用。

6.3 流动阻力和能量损失

沿程阻力损失和局部阻力损失；实际流体的两种流态——层流和紊流；圆管中层流运动；紊流运动的特征；减小阻力的措施。

6.4 孔口管嘴管道流动

孔口自由出流、孔口淹没出流；管嘴出流；有压管道恒定流；管道的串联和并联。

6.5 明渠恒定流

明渠均匀水流特性；产生均匀流的条件；明渠恒定非均匀流的流动状态；明渠恒定均匀流的水力计算。

6.6 渗流、井和集水廊道

土壤的渗流特性；达西定律；井和集水廊道。

6.7 相似原理和量纲分析

力学相似原理；相似准数；量纲分析法。

II.现代技术基础

七、电气与信息

7.1 电磁学概念

电荷与电场；库仑定律；高斯定理；电流与磁场；安培环路定律；电磁感应定律；洛仑兹力。

7.2 电路知识

电路组成；电路的基本物理过程；理想电路元件及其约束关系；电路模型；欧姆定律；基尔霍夫定律；支路电流法；等效电源定理；叠加原理；正弦交流电的时间函数描述；阻抗；正弦交流电的相量描述；复数阻抗；交流电路稳态分析的相量法；交流电路功率；功率因数；三相配电电路及用电安全；电路暂态；R-C、R-L 电路暂态特性；电路频率特性；R-C、R-L 电路频率特性。

7.3 电动机与变压器

理想变压器；变压器的电压变换、电流变换和阻抗变换原理；三相异步电动机接线、启动、反转及调速方法；三相异步电动机运行特性；简单继电-接触控制电路。

7.4　信号与信息

信号；信息；信号的分类；模拟信号与信息；模拟信号描述方法；模拟信号的频谱；模拟信号增强；模拟信号滤波；模拟信号变换；数字信号与信息；数字信号的逻辑编码与逻辑演算；数字信号的数值编码与数值运算。

7.5　模拟电子技术

晶体二极管；极型晶体三极管；共射极放大电路；输入阻抗与输出阻抗；射极跟随器与阻抗变换；运算放大器；反相运算放大电路；同相运算放大电路；基于运算放大器的比较器电路；二极管单相半波整流电路；二极管单相桥式整流电路。

7.6　数字电子技术

与、或、非门的逻辑功能；简单组合逻辑电路；D 触发器；JK 触发器数字寄存器；脉冲计数器。

7.7　计算机系统

计算机系统组成；计算机的发展；计算机的分类；计算机系统特点；计算机硬件系统组成；CPU；存储器；输入/输出设备及控制系统；总线；数模/模数转换；计算机软件系统组成；系统软件；操作系统；操作系统定义；操作系统特征；操作系统功能；操作系统分类；支撑软件；应用软件；计算机程序设计语言。

7.8　信息表示

信息在计算机内的表示；二进制编码；数据单位；计算机内数值数据的表示；计算机内非数值数据的表示；信息及其主要特征。

7.9　常用操作系统

Windows 发展；进程和处理器管理；存储管理；文件管理；输入/输出管理；设备管理；网络服务。

7.10　计算机网络

计算机与计算机网络；网络概念；网络功能；网络组成；网络分类；局域网；广域网；因特网；网络管理；网络安全；Windows 系统中的网络应用；信息安全；信息保密。

III.工程管理基础

八、法律法规

8.1　中华人民共和国建筑法

总则；建筑许可；建筑工程发包与承包；建筑工程监理；建筑安全生产管理；建筑工程质量管理；法律责任。

8.2　中华人民共和国安全生产法

总则；生产经营单位的安全生产保障；从业人员的权利和义务；安全生产的监督管理；生产安全事故的应急救援与调查处理。

8.3　中华人民共和国招标投标法

总则；招标；投标；开标；评标和中标；法律责任。

8.4　中华人民共和国合同法

一般规定；合同的订立；合同的效力；合同的履行；合同的变更和转让；合同的权利义务终止；违约责任；其他规定。

8.5　中华人民共和国行政许可法

总则；行政许可的设定；行政许可的实施机关；行政许可的实施程序；行政许可的费用。

8.6　中华人民共和国节约能源法

总则；节能管理；合理使用与节约能源；节能技术进步；激励措施；法律责任。

8.7　中华人民共和国环境保护法

总则；环境监督管理；保护和改善环境；防治环境污染和其他公害；法律责任。

8.8　建设工程勘察设计管理条例

总则；资质资格管理；建设工程勘察设计发包与承包；建设工程勘察设计文件的编制与实施；监督管理。

8.9　建设工程质量管理条例

总则；建设单位的质量责任和义务；勘察设计单位的质量责任和义务；施工单位的质量责任和义务；工程监理单位的质量责任和义务；建设工程质量保修。

8.10　建设工程安全生产管理条例

总则；建设单位的安全责任；勘察设计工程监理及其他有关单位的安全责任；施工单位的安全责任；监督管理；生产安全事故的应急救援和调查处理。

九、工程经济

9.1　资金的时间价值

资金时间价值的概念；利息及计算；实际利率和名义利率；现金流量及现金流量图；资金等值计算的常用公式及应用；复利系数表的应用。

9.2　财务效益与费用估算

项目的分类；项目计算期；财务效益与费用；营业收入；补贴收入；建设投资；建设期利息；流动资金；总成本费用；经营成本；项目评价涉及的税费；总投资形成的资产。

9.3　资金来源与融资方案

资金筹措的主要方式；资金成本；债务偿还的主要方式。

9.4　财务分析

财务评价的内容；盈利能力分析（财务净现值、财务内部收益率、项目投资回收期、总投资收益率、项目资本金净利润率）；偿债能力分析（利息备付率、偿债备付率、资产负债率）；财务生存能力分析；财务分析报表（项目投资现金流量表、项目资本金现金流量表、利润与利润分配表、财务计划现金流量表）；基准收益率。

9.5　经济费用效益分析

经济费用和效益；社会折现率；影子价格；影子汇率；影子工资；经济净现值；经济内部收益率；经济效益费用比。

9.6　不确定性分析

盈亏平衡分析（盈亏平衡点、盈亏平衡分析图）；敏感性分析（敏感度系数、临界点、敏感性分析图）。

9.7　方案经济比选

方案比选的类型；方案经济比选的方法（效益比选法、费用比选法、最低价格法）；计算期不同的互斥方案的比选。

9.8　改扩建项目经济评价特点

改扩建项目经济评价特点。

9.9　价值工程

价值工程原理；实施步骤。

附录二

全国勘察设计注册工程师执业资格考试
公共基础试题配置说明

I.工程科学基础（共 78 题）

数学基础	24 题	理论力学基础	12 题
物理基础	12 题	材料力学基础	12 题
化学基础	10 题	流体力学基础	8 题

II.现代技术基础（共 28 题）

电气技术基础	12 题	计算机基础	10 题
信号与信息基础	6 题		

III.工程管理基础（共 14 题）

工程经济基础	8 题	法律法规	6 题

注：试卷题目数量合计 120 题，每题 1 分，满分为 120 分。考试时间为 4 小时。

2023 全国勘察设计注册工程师执业资格考试用书

Zhuce Gongyong Shebei Gongchengshi (Nuantong Kongtiao、Dongli) Zhiye Zige Kaoshi Jichu Kaoshi Shijuan

注册公用设备工程师（暖通空调、动力）执业资格考试
基础考试试卷

专业基础

注册工程师考试复习用书编委会 / 编

李洪欣　曹纬浚 / 主编

微信扫一扫

里面有数字资源的获取和使用方法哟

人民交通出版社股份有限公司

北 京

内 容 提 要

本书分两册，分别为公共基础 2009~2022 年考试真题和暖通空调、动力专业基础 2005~2022 年考试真题，每套真题后均附有参考答案和解析。本书还配有在线电子题库，部分真题有视频解析，可微信扫描公共基础封面二维码免费领取，有效期一年。

本书可供参加 2023 年注册公用设备工程师（暖通空调、动力）执业资格考试基础考试的考生复习使用。

图书在版编目(CIP)数据

2023 注册公用设备工程师(暖通空调、动力)执业资格考试基础考试试卷/李洪欣，曹纬浚主编.—北京：人民交通出版社股份有限公司，2023.4

2023 全国勘察设计注册工程师执业资格考试用书

ISBN 978-7-114-18454-3

Ⅰ.①2… Ⅱ.①李… ②曹… Ⅲ.①建筑工程—供热系统—资格考试—习题集②建筑工程—通风系统—资格考试—习题集③建筑工程—空气调节系统—资格考试—习题集 Ⅳ.①TU8-44

中国国家版本馆 CIP 数据核字(2023)第 000367 号

书　　名：**2023 注册公用设备工程师（暖通空调、动力）执业资格考试基础考试试卷**
著 作 者：李洪欣　曹纬浚
责任编辑：刘彩云
责任印制：张　凯
出版发行：人民交通出版社股份有限公司
地　　址：（100011）北京市朝阳区安定门外外馆斜街 3 号
网　　址：http://www.ccprcl.com.cn
销售电话：（010）59757973
总 经 销：人民交通出版社股份有限公司发行部
经　　销：各地新华书店
印　　刷：北京市密东印刷有限公司
开　　本：889×1194　1/16
印　　张：62.75
字　　数：1276 千
版　　次：2022 年 4 月　第 1 版
印　　次：2022 年 4 月　第 1 次印刷
书　　号：ISBN 978-7-114-18454-3
定　　价：178.00 元（含两册）

版权声明

目 录

（专业基础）

2005年度全国勘察设计注册公用设备工程师

（暖通空调、动力）执业资格考试试卷

基础考试
（下）

二〇〇五年九月

应考人员注意事项

1. 本试卷科目代码为“2”，考生务必将此代码填涂在答题卡“科目代码”相应的栏目内，否则，无法评分。

2. 书写用笔：**黑色或蓝色钢笔、签字笔或圆珠笔**；

   填涂答题卡用笔：**黑色 2B 铅笔**。

3. 必须用书写用笔将工作单位、姓名、准考证号填写在答题卡和试卷相应的栏目内。

4. 本试卷由 60 题组成，每题 2 分，满分 120 分，本试卷全部为单项选择题，每小题的四个备选项中只有一个正确答案，错选、多选、不选均不得分。

5. 考生作答时，必须按**题号在答题卡上**将相应试题所选选项对应的**字母用 2B 铅笔涂黑**。

6. 在答题卡上书写与题意无关的语言，或在答题卡上作标记的，均按违纪试卷处理。

7. 考试结束时，由监考人员当面将试卷、答题卡一并收回。

8. 草稿纸由各地统一配发，考后收回。

单项选择题（共 60 题，每题 2 分。每题的备选项中，只有一个最符合题意。）

1. 状态参数用来描述热力系统状态特性，此热力系统应满足：

A. 系统内部处于热平衡和力平衡　　B. 系统与外界处于热平衡

C. 系统与外界处于力平衡　　D. 不需要任何条件

2. 评价制冷循环优劣的经济性能指标用制冷系数，它可表示：

A. 耗净功/制冷量

B. 压缩机耗功/向环境放出的热量

C. 制冷量/耗净功

D. 向环境放出的热量/从冷藏室吸收的热量

3. 热电循环是指：

A. 既发电又供热的动力循环　　B. 靠消耗热来发电的循环

C. 靠电炉作为热源产生蒸汽的循环　　D. 蒸汽轮机装置循环

4. 湿空气是由：

A. 饱和蒸汽与干空气组合的混合物

B. 干空气与过热燃气组成的混合物

C. 干空气与水蒸气组成的混合物

D. 湿蒸气与过热蒸汽组成的混合物

5. 流体节流前后其焓保持不变，其温度将：

A. 减小　　B. 不变

C. 增大　　D. 不确定

6. 水在定压下被加热可从未饱和水变成过热蒸汽，此过程可分为三个阶段，其中包含的状态有：

A. 3 种　　B. 4 种

C. 5 种　　D. 6 种

7. 某电厂有三台锅炉合用一个烟囱，每台锅炉每秒钟产生烟气为$73m^3$（已折算为标准状态下的容积）。烟囱出口处的烟气温度为 100℃，压力近似等于1.0133×10^5Pa，烟气流速为 30m/s，烟囱的出口直径是：

A. 3.56m　　B. 1.76m

C. 1.66m　　D. 2.55m

8. 有一热泵用来冬季采暖和夏季降温。室内要求保持 20℃，室内外温度每相差 1℃，每小时通过房屋围护结构的热损失是 1200kJ，热泵按逆向卡诺循环工作，当冬季室外温度为 0℃时，带动该热泵所需的功率是：

A. 4.55kW　　B. 0.455kW

C. 5.55kW　　D. 6.42kW

9. 采用任何类型的压气机对气体进行压缩，所消耗的功都可用下述哪个公式计算？

A. $w_c = q - \Delta h$　　B. $w_c = \Delta h$

C. $w_c = q - \Delta u$　　D. $w_c = -\int v\mathrm{d}p$

10. 有一流体以 3m/s的速度通过 7.62cm 直径的管路进入动力机。进口处的焓为 2558.6kJ/kg，内能为 2326kJ/kg，压力为$p_1 = 689.48\text{kPa}$，而在动力机出口处的焓为 1395.6kJ/kg。若过程为绝热过程，忽略流体动能和重力位能的变化，该动力机所发出的功率是：

A. 4.65kW　　B. 46.5kW

C. 1163kW　　D. 233kW

11. 在一条蒸汽管道外敷设厚度相同的两层保温材料，其中材料 A 的导热系数小于材料 B 的导热系数。若不计导热系数随温度的变化，仅从减小传热量的角度考虑，哪种材料应敷在内层：

A. 材料 A　　B. 材料 B

C. 无所谓　　D. 不确定

12. 对于图中二维稳态导热问题，右边界是绝热的。如果采用有限差分法求解，当$\Delta x = \Delta y$时，则正确的边界节点方程是：

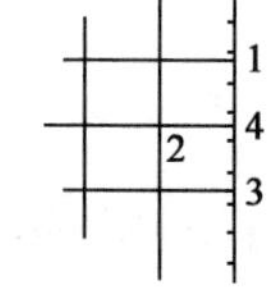

A. $t_1 + t_2 + t_3 - 3t_4 = 0$

B. $t_1 + 2t_2 + t_3 - 4t_4 = 0$

C. $t_1 + 2t_2 + t_3 - t_4 = 0$

D. $t_1 + t_2 + 2t_3 - 3t_4 = 0$

13. 如果室内外温差不变，则用以下材料砌成的厚度相同的四种外墙中，热阻最大的是：

A. 干燥的红砖　　B. 潮湿的红砖

C. 干燥的空心红砖　　D. 潮湿且水分冻结的红砖

14. 在温度边界条件和几何条件相同的情况下，湍流受迫对流传热系数要高于层流对流传热系数，其原因是：

A. 流速的提高增加了流体携带能量的速率

B. 湍流时产生了强烈的横向脉动

C. 流动阻力增加

D. 对流输送能量的增加和流体横向脉动的共同作用

15. 在流体外掠圆管的受迫对流传热时，如果边界层始终是层流的，则圆管表面上自前驻点开始到边界层脱体点之间，对流传热系数可能：

A. 不断减小　　B. 不断增大

C. 先增大后减少　　D. 先减小后增大

16. 以下关于饱和蒸汽在竖直壁面上膜状凝结传热的描述中正确的是：

A. 局部凝结传热系数h_z沿壁面方向x（从上到下）数值逐渐增加

B. 蒸汽中的不凝结气体会导致换热强度下降

C. 当液膜中的流动是湍流时，局部对流传热系数保持不变

D. 流体的黏度越高，对流传热系数越大

17. 以下关于实际物体发射和吸收特性的描述中正确的是：

A. 实际物体的发射率等于实际物体的吸收率

B. 实际物体的定向辐射强度符合兰贝特余弦定律

C. 实际物体的吸收率与其所接收的辐射源有关

D. 黑色的物体比白色的物体吸收率高

18. 冬季里在中央空调供暖的空房间内将一支温度计裸露在空气中，那么温度计的读数：

A. 高于空气的温度　　B. 低于空气的温度

C. 等于空气的温度　　D. 不确定

19. 表面温度为 50℃的管道穿过室内，为了减少管道向室内的散热，最有效的措施是：

A. 表面喷黑色的油漆　　B. 表面喷白色的油漆

C. 表面缠绕铝箱　　D. 表面外安装铝箔套筒

20. 某建筑外墙的面积为$12m^2$，室内空气与内墙表面的对流传热系数为$8W/(m^2 \cdot K)$，外表面与室外环境的复合传热系数为$23W/(m^2 \cdot K)$，墙壁的厚度为 0.48m，导热系数为$0.75W/(m \cdot K)$，总传热系数为：

A. $1.24W/(m^2 \cdot K)$　　B. $0.81W/(m^2 \cdot K)$

C. $2.48W/(m^2 \cdot K)$　　D. $0.162W/(m^2 \cdot K)$

21. 流体力学对理想流体运用了以下哪种力学模型，从而简化了流体的物质结构和物理性质：

A. 连续介质　　B. 无黏性，不可压缩

C. 连续介质，不可压缩　　D. 连续介质，无黏性，不可压缩

22. 流线的微分方程式为：

A. $\frac{dz}{v_x} = \frac{dx}{v_y} = \frac{dy}{v_z}$　　B. $\frac{dy}{v_x} = \frac{dx}{v_y} = \frac{dz}{v_z}$

C. $\frac{dx}{v_x} = \frac{dy}{v_y} = \frac{dz}{v_z}$　　D. $\frac{dy}{v_x} = \frac{dz}{v_y} = \frac{dx}{v_z}$

23. 圆管内均匀层流断面流速分布规律可以描述为：以管中心为轴的旋转抛物面，其最大流速为断面平均流速的：

A.1.5 倍　　B.2 倍　　C.3 倍　　D.4 倍

24. 在圆管直径和长度一定的输水管道中，当流体处于层流时，随着雷诺数的增大，沿程阻力系数和沿程水头损失都将发生变化，请问下面哪一种说法正确：

A. 沿程阻力系数减小，沿程水头损失增大

B. 沿程阻力系数增大，沿程水头损失减小

C. 沿程阻力系数减小，沿程水头损失减小

D. 沿程阻力系数不变，沿程水头损失增大

25. 实际流体运动存在两种形态：层流和紊流，下面哪一项可以用来判别流态：

A. 摩阻系数　　B. 雷诺数

C. 运动黏性　　D. 管壁粗糙度

26. 下列哪项措施通常不用于通风系统的减阻：

A. 改突扩为渐扩　　B. 增大弯管的曲率半径

C. 设置导流叶片　　D. 加入减阻添加剂

27. 如图所示送风系统采用调速风机，现$L_A = 1000m^3/h$，$L_B = 1500m^3/h$，为使$L_A = L_B = 1000m^3/h$，可采用下列哪种方法？

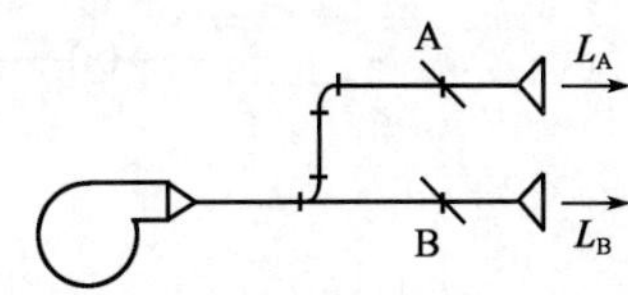

A. 关小 B 阀，调低风机转速

B. 关小 B 阀，调高风机转速

C. 开大 A 阀，调低风机转速

D. 选项 A 与 C 方法皆可用

28. 已知某一型号水泵叶轮外径$D_1 = 174mm$，转速$n = 2900r/min$时的扬程特性曲线Q-H与管网特性曲线Q-R的交点M（$Q_M = 27.3L/s$，$H_M = 33.8m$）如图所示。现实际需要的流量仅为24.6L/s，决定采用切割叶轮外径的办法来适应这种要求，试问叶轮外径应切掉：

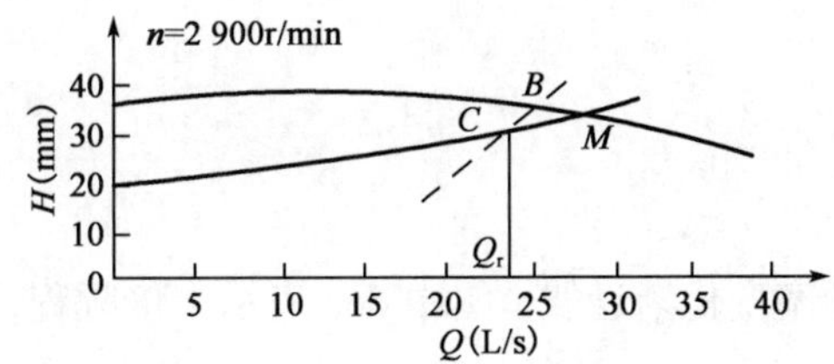

A. 9mm　　B. 18mm

C. 27mm　　D. 35mm

29. 以下哪些情况会造成泵的气蚀问题？

①泵的安装位置高出吸液面的高差太大

②泵安装地点的大气压较低

③泵输送的液体温度过高

A. ①②　　B. ①③

C. ③　　D. ①②③

30. 下列关于因次分析法的描述不正确的是：

A. 因次分析法就是相似理论

B. 因次是指物理量的性质和类别，又称为量纲

C. 完整的物理方程等式两边的每一项都具有相同性质的因次

D. 因次可分为基本因次和导出因次

31. 从自动控制原理的观点看，家用电冰箱工作时，房间的室温应为：

A. 给定量（或参考输入量）　　B. 输出量（或被控制量）

C. 反馈量　　D. 干扰量

32. 如图所示方框图的总的传递函数，$G(s)=C(s)/R(s)$应为：

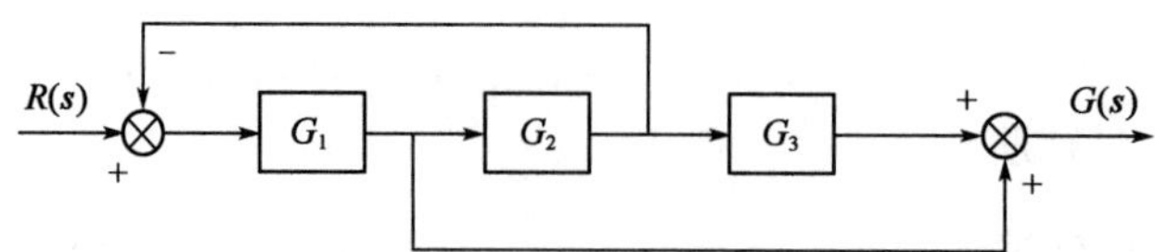

A. $G(s)=\frac{G_1(1+G_1G_2)}{1+G_2G_3}$　　B. $G(s)=\frac{G_1(1+G_2G_3)}{1+G_1G_2}$

C. $G(s)=\frac{G_1(1-G_1G_2)}{1+G_2G_3}$　　D. $G(s)=\frac{G_1(1-G_2G_3)}{1+G_1G_2}$

33. 某闭环系统的总传递函数为$G(s)=K/(2s^3+3s^2+K)$，根据劳斯稳定判据：

A. 不论K为何值，系统不稳定

B. 不论K为何值，系统均为稳定

C. $K>0$时，系统稳定

D. $K<0$时，系统稳定

34. 图为某环节的对数幅值随频率变化渐近线，图中 dec 表示十倍频程，在下列传递函数中哪个和图相符合：

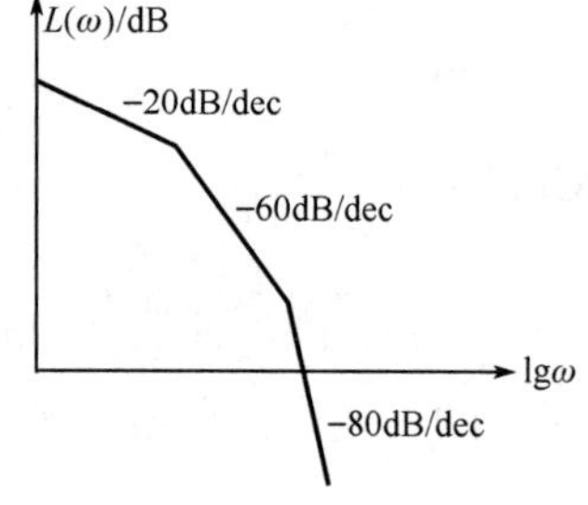

A. $G(jw)=\frac{K}{[(jw)^2+a(jw)+1][(jw)^2+b(jw)+1]}$

B. $G(jw)=\frac{K}{(jw+a)(jw+b)[(jw)^2+c(jw)+1]}$

C. $G(jw)=\frac{K}{[(jw)^4+b(jw)^3+c(jw)^2+1]}$

D. $G(jw)=\frac{K}{[(jw)^4+b(jw)^3+c(jw)^2+(jw)]}$

35. 某闭环系统总传递函数$G(s)=8/(s^2+Ks+9)$，为使其阶跃响应无超调，K值为：

A. 3.5　　B. 4.5

C. 5.5　　D. 6.5

36. 由环节$G(s)=K/[s(s^2+4s+200)]$组成的单位反馈系统（即负反馈传递函数为 1 的闭环系统）单位斜坡输入的稳态速度误差系数为：

A. $K/200$　　B. $1/K$

C. K　　D. 0

37. 如图所示闭环系统的根轨迹应为：

A. 整个负实轴

B. 整个虚轴

C. 在虚轴左面平行于虚轴的直线

D. 实轴的某一段

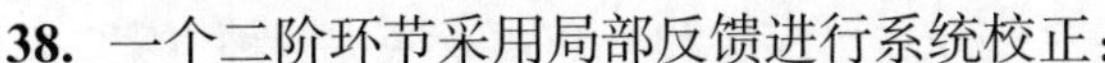

38. 一个二阶环节采用局部反馈进行系统校正：

A. 能增大频率响应的带宽　　B. 能增加瞬态响应的阻尼比

C. 能提高系统的稳态精度　　D. 能增加系统的无阻尼自然频率

39. 对于非线性控制系统的描述函数分析，请判断下列表述中哪个是错的：

A. 是等效线性化的一种

B. 只提供稳定性能的信息

C. 不适宜于含有高阶次线性环节的系统

D. 适宜于非线性元件的输出中高次谐波已被充分衰减，主要为一次谐波分量的系统

40. 热电偶是由 A、B 两种导体组成的闭合回路。其中 A 导体为正极，当回路的两个接点温度不相同时，将产生热电势，这个热电势的极性取决于：

A. A 导体的温差电势　　B. 温度较高的接点处的接触电势

C. B 导体的温差电势　　D. 温度较低的接点处的接触电势

41. 光学高温计是利用被测物体辐射的单色亮度与仪表内部灯丝的单色亮度相比较以检测被测物体的湿度。为了保证光学高温计较窄的工作波段，光路系统中所设置的器件是：

A. 物镜光栏　　B. 中性灰色吸收滤光片

C. 红色滤光片　　D. 聚焦物镜

42. 力平衡式压力变送器中，电磁反馈机构的作用是：

A. 克服环境温度变化对测量的影响

B. 进行零点迁移

C. 使位移敏感元件工作在小位移状态

D. 调整测量的量程

43. 使用节流式流量计，国家标准规定采用的取压方式是：

A. 角接取压和法兰取压　　B. 环室取压和直接钻孔取压

C. 角接取压和直接钻孔取压　　D. 法兰取压和环室取压

44. 在恒温式热线风速仪中，对探头上的敏感热线有：

A. 敏感元件的内阻和流过敏感元件的电流均不变

B. 敏感元件的内阻变化，流过敏感元件的电流不变

C. 敏感元件的内阻不变，流过敏感元件的电流变化

D. 敏感元件的内阻和流过敏感元件的电流均发生变化

45. 超声波水位测量系统有液介式单探头、液介式双探头、气介式单探头和气介式双探头四种方案，从声速校正和提高测量灵敏度的角度考虑，测量精度最高的为：

A. 气介式单探头　　B. 液介式单探头

C. 气介式双探头　　D. 液介式双探头

46. 不能在线连续地监测某种气流湿度变化的湿度测量仪表是：

A. 干湿球湿度计　　B. 光电露点湿度计

C. 氯化锂电阻湿度计　　D. 电解式湿度计

47. 在以下四种因素中，与系统误差的形成无关的是：

A. 测量工具和环境　　B. 测量的方法

C. 重复测量的次数　　D. 测量人员的情况

48. 现有一台测温仪表，其测温范围为 50~100℃，在正常情况下进行校验，获得了一组校验结果，其中最大绝对误差为±0.6℃，最小绝对误差为±0.2℃，则：

A. 该仪表的基本误差为 1.2%，精度等级为 0.5 级

B. 该仪表的基本误差为 1.2%，精度等级为 1.5 级

C. 该仪表的基本误差为 0.4%，精度等级为 0.5 级

D. 该仪表的基本误差为 1.6%，精度等级为 1.5 级

49. 下列哪项属于接触式密封：

A. 毡圈密封　　B. 油沟式密封

C. 迷宫式密封　　D. 甩油密封

50. 用标准齿条型刀具加工渐开线标准直齿轮，不发生根切的最少齿数是：

A. 14　　B. 17

C. 21　　D. 26

51. 起吊重物用的手动蜗杆传动，宜采用下列哪个蜗杆：

A. 单头、小导程角 B. 单头、大导程角

C. 多头、小导程角 D. 多头、大导程角

52. 在非液体摩擦滑动轴承中，限制压强p值主要是防止轴承：

A. 润滑油被挤出而发生过度磨损 B. 产生塑性变形

C. 出现过大的摩擦阻力 D. 过度发热而胶合

53. 有一 V 带传动，电机转速为 750r/min。带传动线速度为 20m/s。现需将从动轮（大带轮）转速提高 1 倍，最合理的改进方案为：

A. 选用 1500r/min电机

B. 将大轮直径缩至1/2

C. 小轮直径增至 2 倍

D. 小轮直径增大 25%，大轮直径缩至 62.5%

54. 有一螺母转动—螺杆移动的螺纹传动，已知螺纹头数为 3 且当螺母旋转一圈时，螺杆移动了 12m，则有：

A. 螺距为 12mm B. 导程为 36mm

C. 螺距为 4mm D. 导程为 4mm

55. 有一对心直动滚子从动件的偏心圆凸轮，偏心圆直径为 100mm，偏心距为 20mm，滚子半径为 10mm，则基圆直径为：

A. 60mm B. 80mm

C. 100mm D. 140mm

56. 当不考虑摩擦力时，下列何种情况出现时可能出现机构因死点存在而不能运动的情况：

A. 曲柄摇杆机构，曲柄主动 B. 曲柄摇杆机构，摇杆主动

C. 双曲柄机构 D. 选项 B 和 C

57. 在以下几种螺纹中，为承受单向荷载而专门设计的是：

A. 梯形螺纹 B. 锯齿形螺纹

C. 矩形螺纹 D. 三角形螺纹

58. 工程建设监理单位的工作内容，下列正确的是：

A. 代表业主对承包商进行监理

B. 对合同的双方进行监理

C. 代表一部分政府的职能

D. 只能对业主提交意见，由业主行使权力

59. 下列可以不进行招标的工程项目是：

A. 部分使用国有资金投资的项目

B. 涉及国际安全与机密的项目

C. 使用外国政府援助资金的项目

D. 大型公共事业项目

60. 根据《中华人民共和国建筑法》，符合建筑工程分包单位分包条件的是：

A. 总包单位授权的各类工程

B. 符合相应资质条件的工程

C. 符合相应资质条件的工程签订分包合同并经建设单位认可的工程

D. 符合选项 C 全部要求的主体结构工程

2005 年度全国勘察设计注册公用设备工程师（暖通空调、动力）执业资格考试基础考试（下）试题解析及参考答案

1. 解 本题主要考查状态参数以及平衡状态的基本概念。状态参数的一个重要特征是状态确定，则状态参数也确定，反之亦然。平衡状态的特点是具有确定的状态参数，而系统必须达到热平衡和力平衡时才称为平衡状态。

答案：A

2. 解 制冷系数$\varepsilon_1=\frac{q_2}{\omega_2}=\frac{\text{收获}}{\text{消耗}}$，在制冷系统中收获的是制冷机产生的制冷量，而消耗的是机械功。

答案：C

3. 解 热电循环是利用汽轮机中间抽气来供热。蒸汽动力循环，通过凝汽器冷却水带走而排放到大气中去的能量约占总能量的 50%以上。这部分热能数量很大，但温度不高难以利用。利用发电厂中做了一定数量功的蒸汽作供热热源，供房屋采暖和生活用热，可大大提高利用率，这种既发电又供热的动力循环称为热电循环。

答案：A

4. 解 湿空气是定组元、变成分的混合气体。湿空气成分组成为干空气+水蒸气。

答案：C

5. 解 绝热节流前后状态参数的变化：对理想气体，$h_1=h_2$，$T_1=T_2$，$p_1>p_2$，$V_1<V_2$，$s_2>s_1$；对于实际气体，节流后，焓值不变，压力下降，比体积增大，比熵增大，但其温度是可以变化的。若节流后温度升高，称为热效应。若节流后的温度不变，称为零效应。若节流后温度降低，则称为冷效应。因此流体节流前后期温度变化是不确定的。

答案：D

6. 解 从水的T-s图上可以看出水从未饱和水变成过热蒸汽的过程中经历五种状态：未饱和水状态、饱和水状态、湿饱和蒸汽状态、干饱和蒸汽状态和过热蒸汽状态。

答案：C

7. 解 3 台锅炉产生的标准状态下的烟气总体积流量为

$$q_{V0}=73\text{m}^3/\text{s}\times 3=219\text{m}^3/\text{s}$$

烟气可作为理想气体处理，根据不同状态下，烟囱内的烟气质量应相等，得出

$$\frac{pq_V}{T}=\frac{p_0q_{V0}}{T_0}$$

因$p=p_0$，所以

$$q_V=\frac{q_{V0}T}{T_0}=\frac{219\text{m}^3/\text{s}\times(273+100)\text{K}}{273\text{K}}=299.2\text{m}^3/\text{s}$$

烟囱出口截面积：

$$A = \frac{q_V}{c_f} = \frac{299.2\text{m}^3/\text{s}}{30\text{m/s}} = 9.97\text{m}^2$$

烟囱出口直径：

$$d = \sqrt{\frac{4A}{\pi}} = \sqrt{\frac{4 \times 9.97\text{m}^2}{3.14}} = 3.56\text{m}$$

答案：A

8. 解 带动该热泵所需要的最小功率应使房间满足热平衡的条件，即对应的最小制热量应等于房屋的散热损失，同时系统还需按照逆卡诺循环运行，以期有最高的制热系数。按照逆卡诺循环系统的制热系数：

$$\varepsilon = \frac{q}{\omega} = \frac{T_1}{T_1 - T_2} = \frac{273 + 20}{(273 + 20) - (273 - 0)} = 14.65$$

所需最小功率：

$$\omega = \frac{q}{\varepsilon} = \frac{1200 \times 20/3600}{14.65} = 0.455\text{kW}$$

答案：B

9. 解 选项B适用于绝热压缩，选项C适用于闭口系统的压缩过程，选项D适用于可逆压缩过程。

答案：A

10. 解 根据焓与内能的关系$h = u + p\gamma$，已知压力入口处内能、焓及压力可以求得进口处的比容：

$$\gamma = \frac{h - u}{p} = 0.337\text{m}^3/\text{kg}$$

进口处的质量流量：

$$m = \frac{V}{\gamma} = \frac{c\pi r^2}{\gamma} = 0.04\text{kg/s}$$

单位质量流体经过动力机所做的功：

$$w = h_1 - h_2 = 2558.6 - 1395.6 = 1163\text{kJ/kg}$$

则该动力机所发出的功：

$$W = mw = 1163 \times 0.04 = 46.5\text{kW}$$

答案：B

11. 解 对于圆筒形保温材料而言，内侧的温度变化率比较大，故将导热系数小的保温材料放于内侧，将充分发挥保温材料的保温作用。

答案：A

12. 解 根据第二类边界条件边界节点的节点方程，由于右边界是绝热的，则$q_w = 0$，整理方程可得$t_1 + 2t_2 + t_3 - 4t_4 = 0$。

答案：B

13. 解 多孔保温材料受湿度的影响很大。因为水分的渗入替代了相当一部分空气，而且更重要的是，当潮湿材料有温度梯度时，水和湿气顺热流方向迁移（即从高温区向低温区迁移），同时携带很多热量。例如，干砖的导热系数为0.35W/(m·K)，水的导热系数为0.6W/(m·K)，而湿砖的导热系数可达1.0W/(m·K)。空气为热的不良导体，导热系数λ非常小；多孔保温材料受湿度的影响很大，干燥的红砖肯定比潮湿的红砖热阻大，同时空心砖含一定的空气，保温性能得到提高。因此，现在为了建筑节能的需要，很多建筑结构都采用空心砖。

答案：C

14. 解 湍流传递动量的能力比层流的强。由于达到了湍流，流体发生横向脉动，增强换热能力。所以，湍流受迫对流传热系数要高于层流对流传热系数，这是由于对流输送能量的增加和流体横向脉动的共同作用。

答案：D

15. 解 当流体刚接触圆管表面时，层流边界层开始生成，圆管表面上自前驻点开始到边界层脱体点之间，边界层厚度在不断增大，对流传热系数则不断减小。

答案：A

16. 解 局部凝结传热系数h_z沿壁面方向x（从上到下）的数值：当液膜中的流动是层流时，h_z逐渐减小；当液膜中的流动是湍流时，h_z增加。流体的黏度越高，对流传热系数越小。由于气体的导热系数比液体的小，蒸汽中的不凝结气体增加了液膜的导热热阻，所以换热强度下降。

答案：B

17. 解 漫射灰表面的发射率等于该表面的吸收率；除了黑体以外，只有漫射表面才符合兰贝特余弦定律；黑色的物体在可见光波段内比白色的物体吸收率要高，对红外线吸收率基本相同。

答案：C

18. 解 温度计不仅与室内空气对流换热，还要与比室温低的内墙壁、外窗之间辐射换热。温度计损失热量，使得温度计的读数低于空气的温度。

答案：B

19. 解 管道表面温度比室内温度高，为了减少管道向室内的散热，必须对管道进行保温。根据遮热板原理，阻止热量损失，管道表面外安装铝箔套筒减少管道向室内的辐射换热，相比其他办法有效。

答案：D

20. 解 已知，$h_1 = 8\text{W}/(\text{m}^2\cdot\text{K})$，$h_2 = 23\text{W}/(\text{m}^2\cdot\text{K})$，$\lambda = 0.75\text{W}/(\text{m}\cdot\text{K})$，$\delta = 0.48\text{m}$，总传热系

数为：

$$K = \frac{1}{\frac{1}{h_1}+\frac{\delta}{\lambda}+\frac{1}{h_2}} = \frac{1}{\frac{1}{8}+\frac{0.48}{0.75}+\frac{1}{23}} = 1.24\text{W}/(\text{m}^2\cdot\text{K})$$

答案：A

21. 解 连续介质模型是可把流体视为没有间隙地充满它所占据的整个空间的一种连续介质，且其所有的物理量都是空间坐标和时间的连续函数的一种假设模型。无黏性、不可压缩也都是为了简化物理性质而构建的理想化模型。

答案：D

22. 解 此题可直接由流线的定义得出。

答案：C

23. 解 对于圆管中的层流运动，其平均流速等于最大流速的一半。

答案：B

24. 解 层流时，沿程阻力系数为$\lambda=\frac{64}{\text{Re}}$，所以沿程阻力系数减小。而$\text{Re}=\frac{vd}{\gamma}$，圆管直径不变，雷诺数变大，所以其流速是变大的。又知沿程水头损失为：

$$h_\text{f} = \lambda\frac{l}{d}\frac{v^2}{2g} = \frac{32\mu vl}{\gamma d^2}$$

所以，其中流速变大，其他参数不变，沿程水头损失是增大的。

答案：A

25. 解 雷诺数表示作用于流体微团的惯性力与黏性力之比，利用雷诺数可判别流体的流态是层流还是紊流。

答案：B

26. 解 备选项提到的措施都可以减阻，但加入添加剂可能引起气流污染。

答案：D

27. 解 该题中，A 管与 B 管并联，总阻抗：

$$\frac{1}{\sqrt{S}} = \frac{1}{\sqrt{S_\text{A}}}+\frac{1}{\sqrt{S_\text{B}}}$$

$$H = SQ^2$$

对于 A 方法，关小 B 阀，增大其阻抗，A 与 B 并联的总阻抗S变大，总流量变小，风机的压头提高，而 A 管阻抗不变，所以 A 流量会变大，此时应再调低风机转速。同理可分析，也可以开大 A 阀，总阻抗降低，调低风机转速。

答案：D

28. 解　离心泵的切割定律：

$$(H_1 : H_2)^2 = D_1 : D_2，Q_1 : Q_2 = D_1 : D_2$$

从而可以看出，叶轮的直径与扬程的平方成正比，与流量成正比。叶轮直径越大扬程就越大，流量也越大，因为水流出的速度取决于叶轮旋转时产生的离心力和切线上的线速度，直径越大，离心力和线速度就越大。

因　$$Q_1 : Q_2 = D_1 : D_2$$

即　$$27.3 : 24.6 = 174 : D_2$$

则　$$D_2 = 156.8\text{mm}$$

$$174 - 156.8 = 17.2\text{mm}$$

取切割 18mm，再验证管路参数，基本达到要求。

答案：B

29. 解　泵的安装位置高出吸液面的高差太大，泵安装地点的大气压较低，泵所输送的液体温度过高等都会使液体在泵内汽化。

答案：D

30. 解　因次分析法和相似理论都为科学地组织试验及整理试验数据提供了理论指导，但相似理论是说明自然界和工程中各相似现象相似原理的，在结构模型试验研究中，只有模型和原型保持相似，才能由模型试验结果推算出原型结构的相应结果。因次分析法则反映任何因次一致的物理方程都可以表示为一组无因次数群的零函数。

答案：A

31. 解　室温对冰箱的工作有一定干扰作用，属于干扰量。

答案：D

32. 解　根据梅逊公式求取。图中有 1 个回路，回路传递函数为$L_1 = -G_1G_2$，$\Delta = 1 - L_1 = 1 + G_1G_2$。图中有两条前向通路，$n = 2$，第 1 条前向通路的传递函数为$P_1 = G_1G_2G_3$，第 2 条前向通路的传递函数为$P_2 = G_1$，前向通路与回路均相互接触，故$\Delta_1 = 1$，$\Delta_2 = 1$。因此传递函数为：

$$\frac{C(s)}{R(s)} = \frac{P_1\Delta_1 + P_2\Delta_2}{\Delta} = \frac{G_1G_2G_3 + G_1}{1 + G_2G_3}$$

答案：B

33. 解　该系统的特征方程为：

$$2s^3 + 3s^2 + K$$

缺s项，因此根据系统稳定的必要条件可知系统不稳定。

答案：A

34. 解　如解图所示。

根据解析图可知该系统有一个比例环节K，一个积分环节$1/s$，转折频率a处有两个惯性环节$\frac{1}{\frac{1}{a}s+1}$，转折频率b处有一个惯性环节$\frac{1}{\frac{1}{b}s+1}$。因此可得传递函数为：

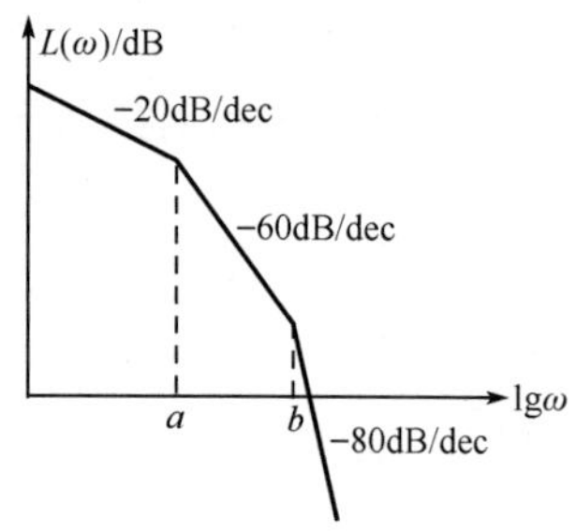

题 34 解图

$$G(s)=\frac{K}{s\left(\frac{1}{a}s+1\right)^2\left(\frac{1}{b}s+1\right)}$$

则频率特性为：

$$G(j\omega)=\frac{K}{j\omega\left(\frac{1}{a}j\omega+1\right)^2\left(\frac{1}{b}j\omega+1\right)}$$

答案：D

35. 解　系统的特性取决于系统的特征方程，该系统为二阶系统，在过阻尼临界阻尼时无超调。与二阶系统标准式$G(s)=\frac{\omega_n^2}{s^2+2\xi\omega_n s+\omega_n^2}$相对比，得$\omega_n=3$，$2\xi\omega_n=K$，则阻尼比$\xi\geqslant1$时系统无超调。当$\xi=1$时，$K=6$；当$\xi>1$时，$K>6$。

答案：D

36. 解　根据稳态速度误差系数的定义可得：

$$K_V=\lim_{s\to0}G(s)=\lim_{s\to0}\frac{K}{s(s^2+4s+200)}=\frac{K}{200}$$

答案：A

37. 解　根据图求得闭环系统的传递函数为：

$$\frac{C(s)}{R(s)}=\frac{K}{s^2+K}$$

根据闭环传递函数的分母等于零求得其闭环极点为$s_{1,2}=\pm j\sqrt{K}$，当K从零变到无穷大时，闭环极点的运动轨迹及根轨迹为整个虚轴。

答案：B

38. 解　二阶环节采用的局部反馈为测速反馈，测速反馈的特点为：

（1）降低系统的开环增益，从而加大系统在斜坡输入时的稳态误差，故选项 A 错误。

（2）不改变系统的自然振荡频率ω_n，但可增大系统的阻尼比，使系统阶跃响应的超调量下降，改善了系统的平稳性；调节时间缩短，提高了系统的快速性；不影响系统阶跃输入时的稳态误差。选项 B 正确，选项 C、D 错误。

答案：B

39. 解　描述函数法是一种不受阶次限制的非线性系统分析法。

答案：C

40. 解 本题考查温差电势和接触电势的含义。温差电势是指同一导体的两端因温度不同而产生的电势，不同的导体具有不同的电子密度，所以它们产生的电势也不相同。而接触电势顾名思义就是指两种不同的导体相接触时，因为它们的电子密度不同，所以产生一定的电子扩散，当它们达到一定的平衡后所形成的电势。接触电势的大小取决于两种不同导体的材料性质以及它们接触点的温度。接触电势的大小与接头处温度的高低和金属的种类有关。温差电势远比接触电势小，可以忽略。这样闭合回路中的总热电势可近似为接触电势。温度越高，两金属的自由电子密度相差越大，则接触电势越大。

答案：B

41. 解 目镜前放着红色滤光片只让一定波长的光线通过，以便于比较单色光的亮度。

答案：C

42. 解 力平衡式压力变送器的反馈动圈固定于副杠杆上，并处于一个永久磁钢的磁场中，因此在放大器输出电流的作用下，反馈动圈就对副杠杆产生一个电磁反馈力F_t。当测量力F_d与反馈力F_1对杠杆系统所形成的力矩达到平衡时，杠杆系统就停止偏转而回到接近于原来的位置上。这时，通过位移检测放大器输出一个稳定的电流值，此电流值即可反映被测差压的大小。整个力平衡测量系统，实质上是一个有差调节系统。在该变送器中，由于位移检测放大器的灵敏度很高，所以在测量过程中，弹性测量元件的位移变化量极小。

答案：C

43. 解 根据国家标准，节流式流量计的取压方式有两种，即角接取压和法兰取压，其中角接取压又分为环室取压和直接钻孔取压两种方式。选项 A 最符合题意。

答案：A

44. 解 本题主要考查恒温式热线风速仪的工作原理。恒温式热线风速仪的敏感热线的温度保持不变，风速敏感元件电流可调，在不同风速下使处于不同热平衡状态的风速敏感元件的工作温度基本维持不变，即阻值基本恒定，该敏感元件所消耗的功率为风速的函数。

答案：C

45. 解 超声波式水位计应用声波反射的原理来测量水位，分为水介式和气介式两类。声波在介质中以一定速度传播，当遇到不同密度的介质分界面时，声波立即发生反射。水介式是将换能器安装在河底，垂直向水面发射超声波；气介式是将换能器固定在空气中某一高处，向水面发射超声波。两种形式均不需建测井。水介式声速受水温、水压及水中浮悬粒子浓度影响，在测量过程中要对声波进行校正，才能达到测量精度。气介式要对气温影响进行校正，其优点是不受水中水草、泥沙等影响。

答案：D

46. 解 电解法是目前广泛应用的微量水分测量方法之一。电解湿度计的工作特点是气体连续通过电解池，其中的水汽被五氧化二磷全部吸收并电解。在一定的水分浓度和流速范围内，可以认为水分吸收的速度和电解的速度是相同的，也就是说，水分被连续地吸收同时连续地被电解，于是瞬时的电解电流可以看作是气体含水量瞬时值的体现。由于方法所要求的条件是通过电解池的气体中的水分必须全部被吸收，不言而喻，测量值要受气体流速的影响。因此，对于某一个电解池不但有一个额定的流速，而且在测量时还必须保持流速恒定，并对流速进行准确的测量。知道了气体的流速和电解电流，便可以计算水分的浓度。

答案：D

47. 解 系统误差主要是由于测量仪表本身不准确、测量方法不完善、测量环境的变化以及观测者本人的操作不当等造成的，与重复测量次数无关。

答案：C

48. 解 本题主要考查基本误差以及精度等级的定义。仪表的基本误差指仪表测量值中的最大示值绝对误差与仪表量程的比值。本题中最大绝对误差为 0.6℃，而仪表的量程为 50℃，因此该仪表基本误差为 1.2%。精度等级为仪表的基本误差去掉“%”的数值，因此该表的精度等级应为 1.5 级。

答案：B

49. 解 接触式密封分为毛毡圈密封、密封圈密封。

答案：A

50. 解 用范成法加工齿数较少的齿轮时，常会将轮齿根部的渐开线齿廓切去一部分，这种现象称为根切。对于标准齿轮，是用限制最少齿数的方法来避免根切的。用滚刀加工压力角为 20°的正常齿制标准直齿圆柱齿轮时，根据计算，可得出不发生根切的最少齿数为 17。

答案：B

51. 解 关键是蜗杆要有自锁功能，即蜗杆的螺旋升角要小于螺旋的当量摩擦角，这样当停止提升重物时，重物才不会掉下来。

答案：A

52. 解 限制轴承压强p，以保证润滑油不被过大的压力所挤出，因而轴承不致产生过度的磨损。

答案：A

53. 解 V 带的滑动率$\varepsilon = 0.01 \sim 0.02$，其值较小，在一般计算中可不予考虑。则有$n_1d_1 = n_2d_2$，带速$v = \pi n_1d_1/60 \times 1000$。现需将从动轮（大带轮）转速提高 1 倍，最合理的改进方案是将大轮直径缩至$1/2$，增加电动机转速和增大小轮直径都是不合适的。若选用 1500r/min电机，或者将小轮增至 2 倍带速至 40m/s，普通 V 带的带速v应在 5~25m/s的范围内，其中以 10~20m/s为宜；若$v > 25\text{m/s}$，则因带绕过带轮时离心力过大，使带与带轮之间的压紧力减小、摩擦力降低而使传动能力下降，而且离心力过大还将降低带的疲劳强度和寿命。

答案：B

54. 解　导程表示在同一条螺旋线上相邻两螺纹牙之间的轴向距离。螺母旋转一圈时，导程 = 螺杆移动距离/螺纹头数 = 12/3 = 4mm。

答案：D

55. 解　对心直动滚子从动件的偏心圆凸轮的基圆直径$= 2 \times (\text{偏心圆半径} - \text{偏心距} + \text{滚子半径})$

$$= 2 \times (100/2 - 20 + 10) = 80\text{mm}$$

答案：B

56. 解　曲柄摇杆机构中，如果曲柄是原动件，是不会出现卡死现象的。但如果相反，摇杆是主动件而曲柄是从动件，那么，当摇杆摆到使曲柄与连杆共线的极限位置时，摇杆通过连杆加于曲柄的驱动力正好通过曲柄的转动中心，则不能产生使曲柄转动的力矩。机构的这种位置称为死点位置。

答案：B

57. 解　锯齿形螺纹的牙形为不等腰梯形，工作面的牙形角为 3°，非工作面的牙形角为 30°。外螺纹的牙根有较大的圆角，以减少应力集中。内、外螺纹旋合后大径处无间隙，便于对中，传动效率高，而且牙根强度高，适用于承受单向荷载的螺旋传动。

答案：B

58. 解　《中华人民共和国建筑法》第三十二条规定：建筑工程监理应当依照法律、行政法规及有关的技术标准、设计文件和建筑工程承包合同，对承包单位在施工质量、建设工期和建设资金使用等方面，代表建设单位实施监督。

答案：A

59. 解　《中华人民共和国招标投标法》第三条规定：在中华人民共和国境内进行下列工程建设项目包括项目的勘察、设计、施工、监理以及与工程建设有关的重要设备、材料等的采购，必须进行招标：

（一）大型基础设施、公用事业等关系社会公共利益、公众安全的项目；

（二）全部或者部分使用国有资金投资或者国家融资的项目；

（三）使用国际组织或者外国政府贷款、援助资金的项目。

第六十六条规定：涉及国家安全、国家秘密、抢险救灾或者属于利用扶贫资金实行以工代赈、需要使用农民工等特殊情况，不适宜进行招标的项目，按照国家有关规定可以不进行招标。

答案：B

60. 解　《中华人民共和国建筑法》第二十九条规定：建筑工程总承包单位可以将承包工程中的部分工程发包给具有相应资质条件的分包单位；但是，除总承包合同中约定的分包外，必须经建设单位认可。施工总承包的，建筑工程主体结构的施工必须由总承包单位自行完成。

答案：C

2006年度全国勘察设计注册公用设备工程师

（暖通空调、动力）执业资格考试试卷

基础考试

（下）

二〇〇六年九月

应考人员注意事项

1. 本试卷科目代码为“2”，考生务必将此代码填涂在答题卡“科目代码”相应的栏目内，否则，无法评分。

2. 书写用笔：**黑色或蓝色钢笔、签字笔或圆珠笔**；

   填涂答题卡用笔：**黑色 2B 铅笔**。

3. 必须用书写用笔将工作单位、姓名、准考证号填写在答题卡和试卷相应的栏目内。

4. 本试卷由 60 题组成，每题 2 分，满分 120 分，本试卷全部为单项选择题，每小题的四个备选项中只有一个正确答案，错选、多选、不选均不得分。

5. 考生作答时，必须按**题号在答题卡上**将相应试题所选选项对应的**字母用 2B 铅笔涂黑**。

6. 在答题卡上书写与题意无关的语言，或在答题卡上作标记的，均按违纪试卷处理。

7. 考试结束时，由监考人员当面将试卷、答题卡一并收回。

8. 草稿纸由各地统一配发，考后收回。

单项选择题（共 60 题，每题 2 分。每题的备选项中，只有一个最符合题意。）

1. 热力学中常用的状态参数有：

A. 温度、大气压力、比热容、内能、焓、熵等

B. 温度、表压力、比容、内能、焓、熵、热量等

C. 温度、绝对压力、比容、内能、焓、熵等

D. 温度、绝对压力、比热容、内能、功等

2. 热泵与制冷机的工作原理相同，但是：

A. 它们工作的温度范围和要求的效果不同

B. 它们采用的工作物质和压缩机的形式不同

C. 它们消耗能量的方式不同

D. 它们吸收热量的多少不同

3. 理想气体流经喷管后会使：

A. 流速增加、压力增加、温度降低、比容减小

B. 流速增加、压力降低、温度降低、比容增大

C. 流速增加、压力降低、温度升高、比容增大

D. 流速增加、压力增加、温度升高、比容均大

4. 组成四冲程内燃机定压加热循环的四个过程是：

A. 绝热压缩、定压吸热、绝热膨胀、定压放热

B. 绝热压缩、定压吸热、绝热膨胀、定容放热

C. 定温压缩、定压吸热、绝热膨胀、定容放热

D. 绝热压缩、定压吸热、定温膨胀、定压放热

5. 湿饱和蒸汽是由饱和水和干饱和蒸汽组成的混合物，表示湿饱和蒸汽成分的是：

A. 干度　　B. 含湿量

C. 容积成分　　D. 绝对湿度

6. 一容积为2m^3的储气罐内盛有$t_1 = 20℃$、$p_1 = 500\text{kPa}$的空气［已知：$c_\text{p} = 1.005\text{kJ/(kg}\cdot\text{K)}$，$R = 0.287\text{kJ/(kg}\cdot\text{K)}$］。若使压力提高到$p_2 = 1\text{MPa}$，则空气的温度将升高到：

A. 313℃　　B. 40℃

C. 400℃　　D. 350℃

7. 图为一热力循环 1–2–3–1 的T-s图，该循环的热效率可表示为：

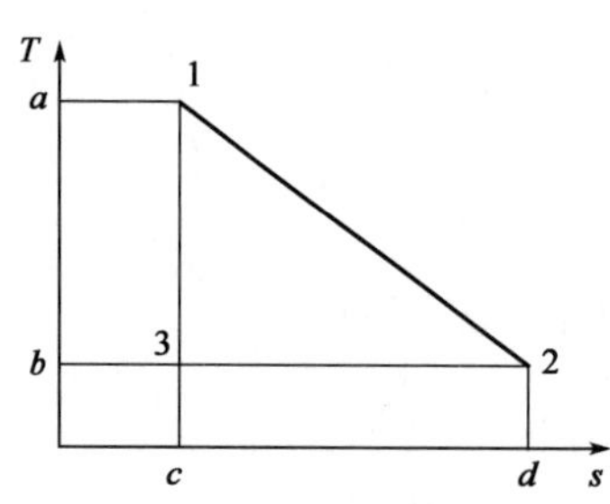

A. $1-2b/(a+b)$　　B. $1-2b/(a-b)$

C. $1-b/(a+b)$　　D. $1-2a/(a+b)$

8. 4m^3湿空气的质量是 4.55kg，其中干空气 4.47kg，此时湿空气的绝对湿度是：

A. 1.14kg/m^3　　B. 1.12kg/m^3

C. 0.02kg/m^3　　D. 0.03kg/m^3

9. 空气的初始容积$V_1 = 2\text{m}^3$，压强$p_1 = 0.2\text{MPa}$，温度$t_1 = 40℃$，经某一过程被压缩为$V_2 = 0.5\text{m}^3$，$p_2 = 1\text{MPa}$，该过程的多变指数是：

A. 0.8　　B. 1.16

C. 1.0　　D. −1.3

10. 某物质的内能只是温度的函数，且遵守关系式：$U = 12.5 + 0.125t$ kJ，此物质的温度由 100℃升高到 200℃。温度每变化 1℃所做的功$\delta W/\text{d}t = 0.46\text{kJ/℃}$，此过程中该物质与外界传递的热量是：

A. 57.5kJ　　B. 58.5kJ

C. 39.5kJ　　D. 59.5kJ

11. 如图所示，有一长圆柱，两端温度是t_0，其导热系数为λ，圆柱的外柱周围是完全绝热的，圆柱内部具有热流强度为q_v的均匀内热源。正确描述这圆柱内稳态温度分布的微分方程式是：

A. $\frac{\text{d}^2t}{\text{d}r^2} + q_\text{v} = 0$

B. $\frac{\text{d}^2t}{\text{d}x^2} + q_\text{v} = 0$

C. $\lambda\frac{\text{d}^2t}{\text{d}r^2} + q_\text{v} = 0$

D. $\lambda\frac{\text{d}^2t}{\text{d}x^2} + q_\text{v} = 0$

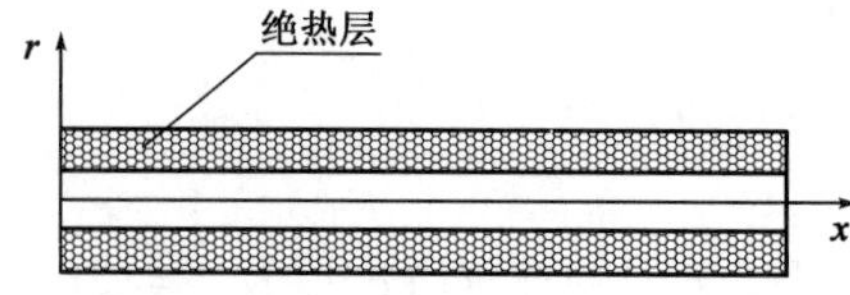

12. 在外径为 133mm 的蒸汽管道外敷设保温层，管道内是温度为 300℃的饱和水蒸气，按规定，保温材料的外层温度不得超过 50℃。若保温材料的导热系数为0.05W/(m·℃)，为把管道热损失控制在150W/m以下，保温层的厚度至少应为：

A. 92mm　　　　B. 46mm

C. 23mm　　　　D. 184mm

13. 对于图中的二维稳态导热问题，右边界是恒定热流边界条件，热流密度为q_{w}，若采用有限差分法求解，当$\Delta x=\Delta y$时，则在下面的边界节点方程式中正确的是：

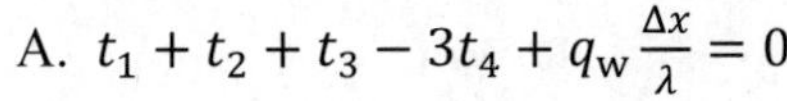

A. $t_1+t_2+t_3-3t_4+q_{\mathrm{w}}\frac{\Delta x}{\lambda}=0$

B. $t_1+2t_2+t_3-4t_4+2q_{\mathrm{w}}\frac{\Delta y}{\lambda}=0$

C. $t_1+t_2+t_3-3t_4+2q_{\mathrm{w}}\frac{\Delta x}{\lambda}=0$

D. $t_1+2t_2+t_3-4t_4+q_{\mathrm{w}}\frac{\Delta x}{\lambda}=0$

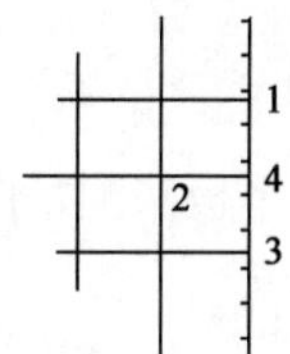

14. 用来描述流动边界层厚度与热边界层厚度之间关系的相似准则的是：

A. 雷诺数 Re　　　　B. 普朗特数 Pr

C. 努塞尔特数 Nu　　　　D. 格拉晓夫数 Gr

15. 水力粗糙管内的受迫对流传热系数与管壁的粗糙度密切相关，粗糙度的增加提高了流体的流动阻力，但：

A. 使对流传热系数减少　　　　B. 使对流传热系数增加

C. 对流传热系数保持不变　　　　D. 管内的温度分布保持不变

16. 饱和蒸汽分别在 A、B 两个等温垂直壁面上凝结，其中 A 的高度和宽度分别为H和$2H$，B 的高度和宽度分别为$2H$和H，两个壁面上的凝结传热量分别为Q_{A}和Q_{B}。如果液膜中的流动都是层流，则：

A. $Q_{\mathrm{A}}=Q_{\mathrm{B}}$　　　　B. $Q_{\mathrm{A}}>Q_{\mathrm{B}}$

C. $Q_{\mathrm{A}}<Q_{\mathrm{B}}$　　　　D. $Q_{\mathrm{A}}=Q_{\mathrm{B}}/2$

17. 根据普朗克定律，黑体的单色辐射力与波长之间的关系是一个单峰函数，其峰值所对应的波长：

A. 与温度无关　　　　B. 随温度升高而线性减小

C. 随温度升高而增大　　　　D. 与绝对温度成反比

18. 图中的正方形截面的长通道，下表面 1 对上表面 2 的角系数为：

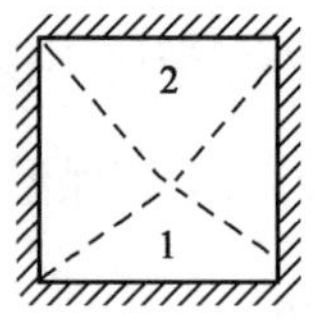

A. 1/3

B. 0.3

C. 0.707

D. 0.414

19. 一逆流套管式水一水换热器，冷水的进口温度为 25℃，出口温度为 55℃。热水进水温度是 70℃，热水的流量是冷水流量的 2 倍，且物性参数不随温度变化，与平均温差最接近的数据为：

A. 15℃　　B. 20℃　　C. 25℃　　D. 30℃

20. 如图采用平板法测量图中冷热面夹层中的液体的导热系数，为了减小测量误差，应该采用下列哪种布置方式：

A. 第一种　　B. 第二种

C. 第三种　　D. 第四种

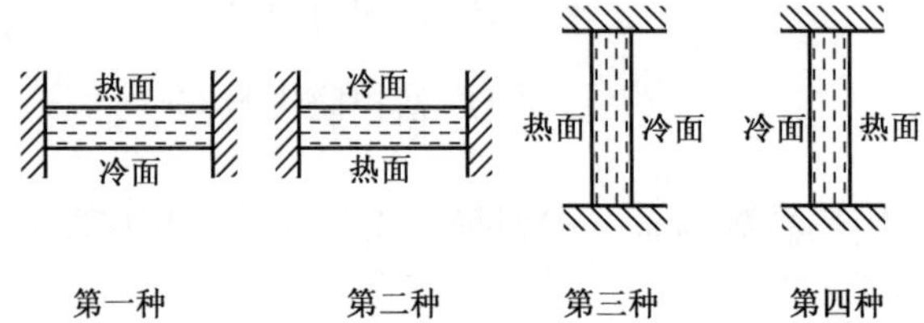

21. 关于势函数和流函数，下面说法错误的是：

A. 当流动为平面势流时，势函数和流函数均满足拉普拉斯方程

B. 当知道势函数或流函数时，就可以求出相应的速度分量

C. 流函数存在是满足可压缩流体平面流动的连续性方程

D. 流函数的等值线垂直于有势函数等值线组成的等势面

22. 重度为$10000\mathrm{N/m^3}$的理想流体在直管内从断面 1 流到断面 2，若断面 1 的压强$p_1 = 300\mathrm{kPa}$，则断面 2 的压强p_2等于：

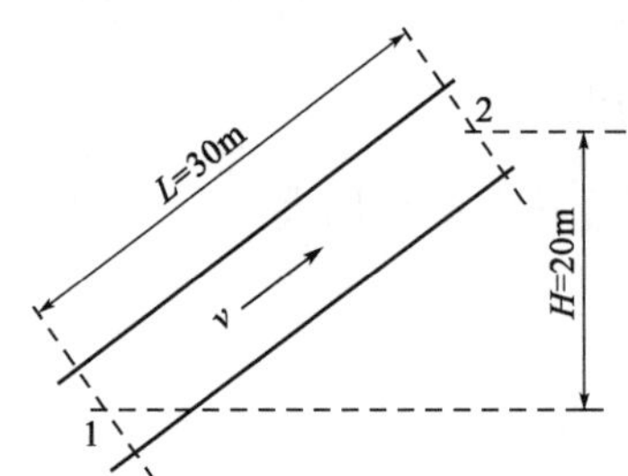

A. 100kPa

B. 150kPa

C. 200kPa

D. 250kPa

23. 关于管段的沿程阻力，下列描述错误的是：

A. 沿程阻力与沿程阻力系数成正比

B. 沿程阻力与管段长度成正比

C. 沿程阻力与管径成反比

D. 沿程阻力与管内平均流速成正比

24. 用如图所示的装置测量油的黏性系数。已知管段长度$l = 3.6\text{m}$，管径$d = 0.015\text{m}$，油的密度为$\rho = 850\text{kg/m}^3$，当流量保持为$Q = 3.5 \times 10^{-5}\text{m}^3/\text{s}$时，测量管液面高度$\Delta h = 27\text{mm}$，则管的动力黏性系数为：（提示：管内液态为层流）

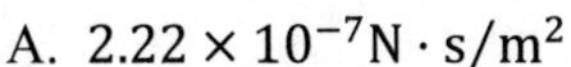

A. $2.22 \times 10^{-7}\text{N} \cdot \text{s/m}^2$

B. $2.22 \times 10^{-4}\text{N} \cdot \text{s/m}^2$

C. $2.61 \times 10^{-6}\text{N} \cdot \text{s/m}^2$

D. $2.22 \times 10^{-3}\text{N} \cdot \text{s/m}^2$

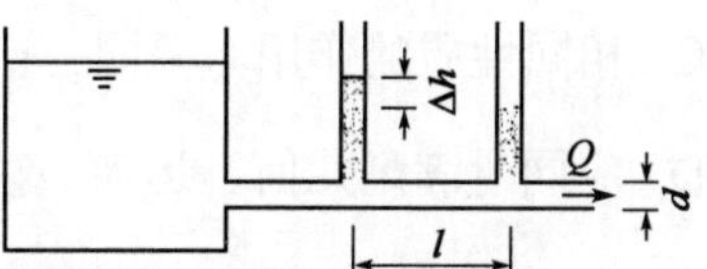

25. 如图所示常温送风圆形风管长 30m，阻力系数$\lambda = 0.025$，要求送风量为$3600\text{m}^3/\text{h}$，已知风机在该流量时可提供的全压为 200Pa，风机出口变径管阻力系数$\xi_1 = 0.8$，风管出口阻力系数$\xi_2 = 1.2$，合适的风管管径为：

A. 250mm

B. 280mm

C. 320mm

D. 360mm

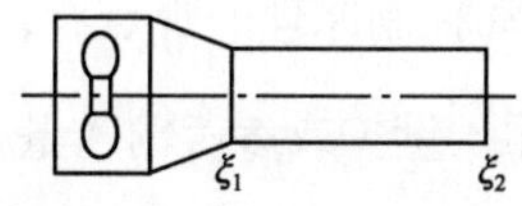

26. 直径为 250mm、长为 350m 的管道自水库取水排入大气中，管进入口和出口分别比水库顶部水面低 8m 和 14m，沿程阻力系数为 0.04，不计局部阻力损失，则排水量是：

A. $1.40\text{m}^3/\text{s}$

B. $0.109\text{m}^3/\text{s}$

C. $1.05\text{m}^3/\text{s}$

D. $0.56\text{m}^3/\text{s}$

8m
14m

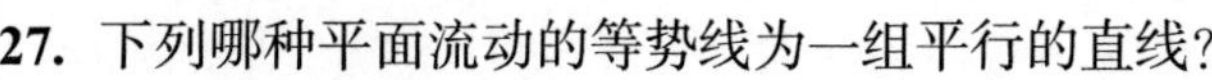

27. 下列哪种平面流动的等势线为一组平行的直线？

A. 汇流或源流　　B. 均匀直线流

C. 环流　　D. 转角流

28. 喷口或喷嘴射入无限广阔的空间，并且射流出口的雷诺数较大，则称为紊流自由射流，其主要特征为：

A. 射流主体段各断面轴向流速分布不具有明显的相似性

B. 射流起始段中保持原出口射流的核心区呈长方形

C. 射流各断面的动量守恒

D. 上述三项

29. 要保证两个流动问题的力学相似，下列描述错误的是：

A. 流动空间相应线段长度和夹角角度均成同一比例

B. 相应点的速度方向相同，大小成比例

C. 相同性质的作用力呈同一比例

D. 应同时满足几何、运动、动力相似

30. 前向叶型风机的特点为：

A. 总的扬程比较大，损失较大，效率较低

B. 总的扬程比较小，损失较大，效率较低

C. 总的扬程比较大，损失较小，效率较高

D. 总的扬程比较大，损失较大，效率较高

31. 从自动控制原理的观点看，电机组运行时频率控制系统的“标准 50Hz”应为：

A. 输入量（或参考输入量）　　B. 输出量（或被控制量）

C. 反馈量　　D. 干扰量

32. 图为一物理系统，上部弹簧刚度为k，f为运动的黏性阻力系数，阻力为$F=fv$，$F=f\frac{\mathrm{d}x}{\mathrm{d}t}$，则此系统的传递函数的拉氏变换表达式应为：

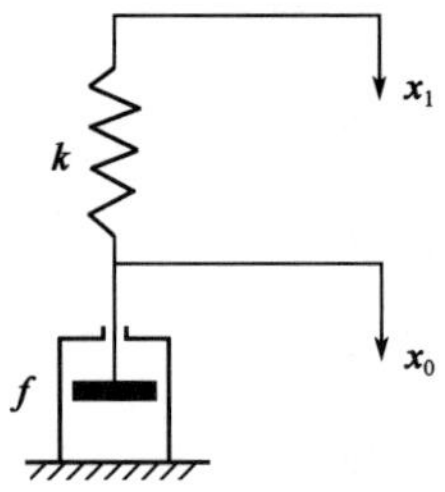

A. $\frac{x_0}{x_1}=\frac{1}{\frac{f}{k}s+1}$

B. $\frac{x_0}{x_1}=\frac{k}{fs+1}$

C. $\frac{x_0}{x_1}=\frac{1}{fs+k}$

D. $\frac{x_0}{x_1}=\frac{1}{(fs+1)k}$

33. 设某闭环系统的总传递函数为$G(s)=1/(s^2+2s+1)$，此系统为：

A. 欠阻尼二阶系统　　B. 过阻尼二阶系统

C. 临界阻尼二阶系统　　D. 等幅震荡二阶系统

34. 设一传递函数为$G(j\omega)=\frac{3}{1+j\omega}$，其对数幅值特性的增益穿越频率（即增益交接频率或增益为 0 分贝的频率）应为：

A. $\sqrt{6}$　　B.$\sqrt{8}$

C. $\sqrt{9}$　　D.$\sqrt{12}$

35. 二阶环节$G(s)=\frac{10}{s^2+3.6s+9}$的阻尼比应为：

A. $\xi=0.6$　　B. $\xi=1.2$

C. $\xi=1.8$　　D. $\xi=3.6$

36. $G(s)=\frac{2}{s(6s+1)(3s-2)}$的单位负反馈系统的单位斜坡输入的稳态误差应为：

A. 1　　B. 0.25

C. 0　　D. 2

37. 如图所示的闭环系统（其中$K>0.25$）的根轨迹应为：

A. 整个负实轴

B. 整个虚轴

C. 在虚轴左面平行于虚轴的直线

D. 在虚轴左面的一个圆

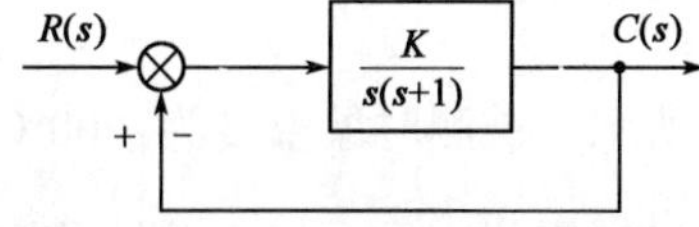

38. 增加控制系统的带宽和增加增益，减小稳态误差宜采用：

A. 相位超前的串联校正　　B. 相位滞后的串联校正

C. 局部速度反馈校正　　D. 滞后—超前校正

39. 如图所示，由构件的饱和引起的控制系统的非线性静态特性为：

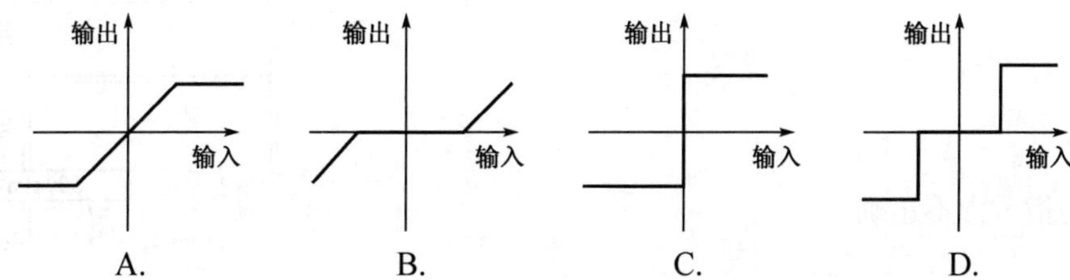

40. 误差产生的原因多种多样，但按误差的基本特性的特点，误差可分为：

A. 随机误差、系统误差和疏忽误差

B. 绝对误差、相对误差和引用误差

C. 动态误差和静态误差

D. 基本误差和附加误差

41. 仪表的精度等级是指仪表的：

A. 示值绝对误差平均值　　B. 示值相对误差平均值

C. 最大误差值　　D. 基本误差的最大允许值

42. 温度变送器常与各种热电偶或热电阻配合使用，将被测温度线性地转换为标准点信号，电动单元组合仪表 DDZ-III 的输出信号格式为：

A. 0~10mA.DC　　B. 4~20mA.DC

C. 0~10V.DC　　D. −5~5V.DC

43. 在以下四种常用的流量计中测量精度较高的是：

A. 节流式流量计　　B. 转子流量计

C. 容积式流量计　　D. 靶式流量计

44. 如图所示，被测对象温度为 600℃，用分度号为E的热电偶及补偿导线、铜导线连至显示仪表，未预置机械零位。显示仪表型号及接线均正确，显示仪表上显示温度约为：

A. 600℃

B. 560℃

C. 580℃

D. 620℃

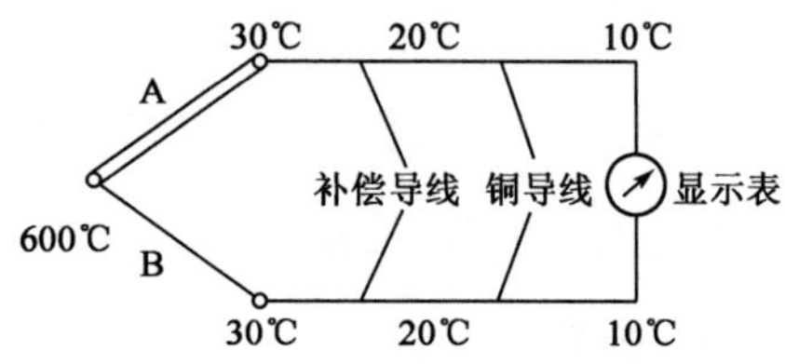

45. 图示系统中的一台压力表，指示值正确的为：

A. A 压力表

B. B 压力表

C. C 压力表

D. 所有表的指示皆不正确

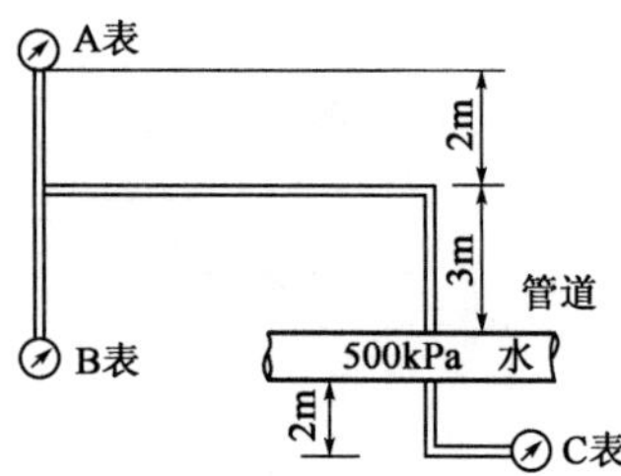

46. 如图所示取压口，正确的是：

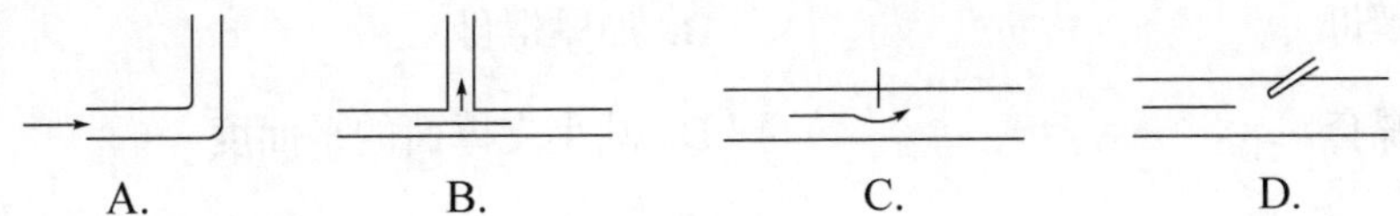

47. 下列关于干湿球湿度计的叙述，不正确的是：

A. 如果大气压力和风速保持不变，相对湿度越高，则干、湿球温差越小

B. 干湿球湿度计在低于冰点以下的温度使用时，其误差很大，约为 18%

C. 只要测出空气的干、湿球温度，就可以在i-d图中查出相对湿度

D. 湿球温度计在测定相对湿度时，受周围空气流动速度的影响，当空气流速低于 2.5m/s时，流速对测量的数值影响较小

48. 在标准状态下，用某节流装置测量湿气体中干气部分的体积流量，如果工作状态下的相对湿度比设计值增加了，这时仪表的指示值将：

A. 大于真实值　　B. 等于真实值

C. 小于真实值　　D. 无法确定

49. 高速过载齿轮传动，当润滑不良时，最可能发生的失效形式是：

A. 齿面胶合　　B. 齿面疲劳点蚀

C. 齿面破损　　D. 轮齿疲劳折断

50. 以下公式中，用下列哪一项来确定蜗杆传动比是错误的：

A. $i = z_2/z_3$　　B. $i = d_2/d_3$

C. $i = n_2/n_3$　　D. $i = w_1/w_2$

51. 下列不宜用来同时承受径向和轴向荷载的是：

A. 圆锥滚子轴承　　B. 角接触轴承

C. 深沟球轴承　　D. 圆柱滚子轴承

52. 含油轴承是采用下列哪一项制成的？

A. 合金钢　　B. 塑料　　C. 粉末冶金　　D. 橡胶

53. 当小带轮为主动轮时，以下方法对增加 V 型带传动能力作用不大的是：

A. 将 Y 带改为 A 带　　B. 提高轮槽加工精度

C. 增加小带轮直径　　D. 增加大带轮直径

54. 下列不能用于改善螺杆受力情况的是：

A. 采用悬置螺母　　B. 加厚螺母

C. 采用钢丝螺套　　D. 减小支撑面的平面度

55. 凸轮机构不适宜在以下哪种场合下工作？

A. 需实现特殊的运动轨迹　　B. 传力较大

C. 多轴承联动控制　　D. 需实现预定的运动规律

56. 若不考虑摩擦力，当压力角为下列哪一项时，平面四轮机构将出现死点？

A. $<90°$　　B. $>90°$

C. $=90°$　　D. $=0°$

57. 增大轴在剖面过度处圆角半径的主要作用是：

A. 使零件的轴向定位可靠　　B. 方便轴加工

C. 使零件的轴向固定可靠　　D. 减小应力集中

58. 施工单位两年内累计三项工程未按照符合节能设计标准要求的设计进行施工的：

A. 处工程合同价款 2%以上 4%以下的罚款

B. 可以给予警告，情节严重的，责令停业整顿

C. 处工程合同价款 2%以上 4%以下的罚款，并责令停业整顿

D. 责令停业整顿，降低资质等级或者吊销资质证书

59. 从事建筑活动的专业技术人员，应当：

A. 具有相应的专业技术职称

B. 经过专门的专业技术培训

C. 依法取得相应的执业资格证书

D. 经过职业教育和培训

60. 建筑工程的发包单位，在工程发包中：

A. 必须把工作的勘察、设计、施工、设备采购发包给一个工程总承包

B. 应当把工程勘察、设计、施工、设备采购逐一发包给不同单位

C. 可以把勘察、设计、施工、设备采购的一项或多项发给一个总承包单位

D. 不能把勘察、设计、施工、设备采购一并发包给一个总承包单位

2006年度全国勘察设计注册公用设备工程师（暖通空调、动力）执业资格考试基础考试（下）试题解析及参考答案

1. 解　本题主要考查热力学中常用的状态参数。在热力学中，常用的状态参数有绝对压力（p）、温度（T）、比容（γ）、内能（U）、焓（H）和熵（S）等6个。

答案： C

2. 解　本题主要考查热泵与制冷循环的知识。热泵与制冷机的工作原理相同，都是基于逆循环的热力学工作过程。它们的区别是：由于用途不同，所要求的工作温度范围和要求的效果不同。热泵用于冬季供暖，而制冷机用于夏季制冷。因此其温度范围和要求的效果不同。

答案： A

3. 解　本题主要考查理想气体在喷管中流动特性的知识。气体在喷管中的流动由于速度足够快，因此可以认为是绝热流动。由于喷管截面积的变化，气体在喷管中被加速，速度增加，动能增加，而动能增加量来自气体自身焓的减小，理想气体的焓是温度的单值函数，因此温度降低，同时压力降低，比容增大。

答案： B

4. 解　本题主要考查低速柴油机循环的组成。低速柴油机的特点是定压吸热，其组成过程为绝热压缩、定压吸热，绝热膨胀、定压放热。

答案： A

5. 解　在湿饱和蒸汽区中，湿蒸汽的成分用干度x表示：

$$x=\frac{\text{湿蒸汽中含干蒸汽的质量}}{\text{湿蒸汽的总质量}}$$

答案： A

6. 解　本题主要考查定容过程中的温度变化及理想气体状态方程的应用。本题中提供了大量的信息，但真正在计算中用到的是初始压力、初始温度和终止压力，利用理想气体状态方程可以计算出定容过程的终止温度是313℃。

答案： A

7. 解　本题主要考查动力循环热效率的概念以及在T-s图上的标示方法。动力循环热效率等于净功W与吸收热量q_1之比，其计算表达式以及在T-s图上的面积关系为：

$$\eta_t = \frac{w}{q_1} = \frac{q_1 - q_2}{q_1} = 1 - \frac{q_2}{q_1} = \frac{A_{1231}}{A_{12dc1}}$$

$$= \frac{(a-b)(d-c)}{2} \Big/ \left[\frac{(a-b)(d-c)}{2} + b(d-c)\right]$$

$$= \frac{a-b}{a+b} = 1 - \frac{2b}{a+b}$$

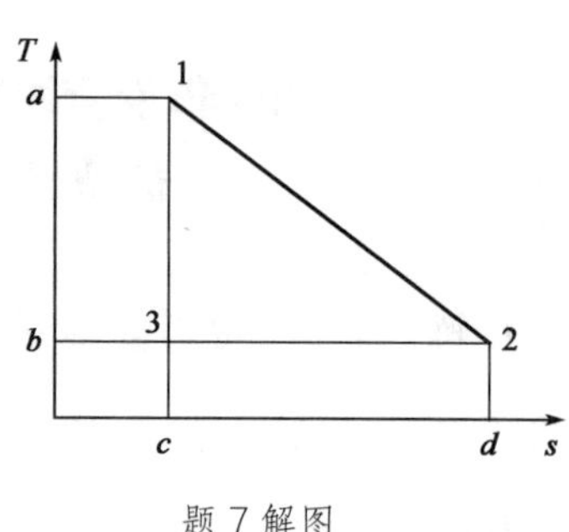

题 7 解图

答案：A

8. 解　本题主要考查湿空气的绝对湿度的概念。绝对湿度指每立方米湿空气所含水蒸气的质量。

答案：C

9. 解　本题考查多变过程中一些常用公式的应用。利用多变过程公式$p_1V_1^n = p_2V_2^n$，可以推导出$n = \frac{\ln(p_2/p_1)}{\ln(V_1/V_2)}$，代入压力和体积的数据后，可以求得多变指数$n = 1.16$。

答案：B

10. 解　本题主要考查热力学第一定律应用于控制质量时的表达式$\Delta U = Q - W$，以及式中各项正负号的规定。在该过程中内能的变化：

$$\Delta U = U_2 - U_1 = (12.5 + 0.125t_2) - (12.5 + 0.125t_1) = 0.125(t_2 - t_1) = 12.5\text{kJ}$$

过程中功的变化为：

$$W = W = \int_{t_1}^{t_2} 0.46\text{d}t = \int_{100}^{200} 0.46\text{d}t = 46\text{kJ}$$

$$Q = \Delta U + W = 12.5 + 46 = 58.5\text{kJ}$$

答案：B

11. 解　由于长圆柱两端温度相同，圆柱的外柱周围是完全绝热的，内热源是均匀的。所以，沿着长度方向（即x方向）温度不变。这一长圆柱内温度只沿着半径方向变化，可以看成是有内热源一维稳态导热问题。一维稳态有内热源导热方程为：

$$\lambda \frac{\text{d}^2 t}{\text{d}r^2} + q_v = 0$$

答案：C

12. 解　由$q_l = \frac{t_{w_1} - t_{w_2}}{\frac{1}{2\pi\lambda}\ln\frac{r_2+\delta}{r_1}} \leqslant 150$，可得$\delta \geqslant 45.76\text{mm}$。

答案：B

13. 解　根据第二类边界条件边界节点的节点方程：

$$t_4 = \frac{1}{4}\left(2t_2 + t_1 + t_3 + \frac{2\Delta x q_w}{\lambda}\right)$$

可得：

$$t_1 + 2t_2 + t_3 - 4t_4 + 2q_w\Delta y/\lambda = 0$$

答案：B

14. 解 雷诺准则$\mathrm{Re}=\frac{ul}{\nu}$，反映流体流动时惯性力与黏滞力的相对大小。格拉晓夫准则$\mathrm{Gr}=\frac{g\alpha\Delta tl^3}{\nu^2}$，反映浮升力与黏滞力的相对大小。流体自然对流状态是浮升力与黏滞力相互作用的结果。Gr 数增大，表明浮升力作用相对增大。在准则关联式中，Gr 数表示自然对流对换热的影响。努塞尔特准则$\mathrm{Nu}=\frac{hl}{\lambda}$（注意：$\lambda$为流体的导热系数）表征壁面法向流体无量纲过余温度梯度的大小，它反映了给定流场的换热能力与其导热能力的对比关系，它反映对流换热的强弱。这是一个在对流换热计算中必须要加以确定的准则。普朗特数 Pr 用来描述流动边界层厚度与热边界层厚度之间关系的相似准则：$\delta_\mathrm{t}/\delta=\mathrm{Pr}^{-1/3}$。

答案： B

15. 解 粗糙度的增加虽然提高了流体的流动阻力，但是，粗糙点扩大了换热面积，流体流过粗糙壁面能产生涡流，并且使得边界层变薄，减少热阻，增强换热，使得对流传热系数增加；管内的温度分布也发生变化。

答案： B

16. 解 A 和 B 的换热面积相同，换热温差相同；饱和蒸汽在垂直壁面上凝结，液膜的厚度在垂直壁面的竖直方向上是增加的，液膜是层流的表面换热系数随着高度（自上而下）是减小的，$h_\mathrm{B}<h_\mathrm{A}$，所以$Q_\mathrm{A}>Q_\mathrm{B}$。

答案： B

17. 解 对普朗克定律中的黑体光谱辐射力对应的波长求极限值，可得到维恩位移定律：黑体辐射的峰值波长与热力学温度的乘积为一常数。即：

$$\lambda_{\max}T=297.6\mu\mathrm{m}\cdot\mathrm{K}$$

从式中不难看出，其峰值所对应的波长与绝对温度成反比，与温度的关系是非线性的。

答案： D

18. 解

$$X_{1,2}=\frac{\text{交叉线段长度之和}-\text{不交叉线段长度之和}}{\text{表面}A_1\text{的端面长度的 2 倍}}=\frac{2\sqrt{2}a-2a}{2a}=0.414$$

答案： D

19. 解 冷水进出口温差为$t_2''-t_2'=55-25=30℃$；热水的流量是冷水流量的 2 倍，由于$M_1c_1(t_1'-t_1'')=M_2c_2(t_2''-t_2')$，所以热水进出口温差为冷水进出口温差的一半，为 15℃；则热水出口温度为 70−15=55℃。

$$\Delta t'=t_1'-t_2''=70-55=15℃，\ \Delta t''=t_1''-t_2'=55-25=30℃$$

$$\Delta t_\mathrm{m}=\frac{\Delta t'-\Delta t''}{\ln\frac{\Delta t'}{\Delta t''}}=21.6℃$$

答案：B

20. 解　由于第二种、第三种和第四种冷热面夹层中的液体容易形成自然对流，不能按纯导热问题对待，是导热和对流两种换热方式，单纯测量液体的导热系数误差比较大。第一种情况不形成自然对流，可以按纯导热问题对待，测量误差最小。

答案：A

21. 解　流函数存在是满足不可压缩流体平面流动的连续性方程。

答案：C

22. 解　列断面 1、2 的理想流体伯努利方程：

$$z_1+\frac{p_1}{\rho g}+\frac{v_1^2}{2g}=z_2+\frac{p_2}{\rho g}+\frac{v_2^2}{2g}$$

由$z_1=0$，$v_1=v_2$，得：

$$\frac{p_1}{\rho g}=z_2+\frac{p_2}{\rho g}$$

$$p_1=p_2-\rho gH=300-10\times 20=100\text{kPa}$$

答案：A

23. 解　由沿程水头损失计算公式：

$$h_{\text{f}}=\lambda\frac{l}{d}\cdot\frac{v^2}{2g}$$

可以得出沿程阻力与沿程阻力系数成正比，沿程阻力与管段长度成正比，沿程阻力与管径成反比，沿程阻力与管内平均流速不是正比关系。

答案：D

24. 解　由沿程水头损失公式和题意可得出：

$$\Delta h=\lambda\frac{l}{d}\frac{v^2}{2g}$$

其中流速$v=\frac{4Q}{\pi d^2}$，代入可得$\lambda=0.0562$，又因为是层流，有$\lambda=\frac{64}{\text{Re}}=\frac{64\mu}{\rho vd}$，得动力黏度系数$\mu=2.22\times 10^{-7}\text{N}\cdot\text{s/m}^2$。

答案：D

25. 解

$$P=\lambda\frac{l}{d}\frac{\rho v^2}{2}+\sum\zeta\frac{\rho v^2}{2}$$

其中：

$$v=\frac{4Q}{\pi d^2}$$

本题适合采用试算法。将选项中的各管径代入，可求得：

$$p_{250}=1122\text{Pa}，p_{280}=662\text{Pa}，p_{320}=357\text{Pa}，p_{360}=207\text{Pa}$$

答案：D

26. 解 列伯努利方程：

$$14=\frac{v^2}{2g}+\lambda\frac{l}{d}\frac{v^2}{2g}$$

则：

$$v=\sqrt{\frac{14\times 2g}{1+\lambda\frac{l}{d}}}=\sqrt{\frac{14\times 19.6}{1+0.04\times\frac{350}{0.25}}}=2.194\text{m/s}$$

$$Q=\frac{\pi d^2}{4}v=\sqrt{\frac{gd}{8\lambda l}}h_{\text{f}}=\frac{3.14\times 0.25^2}{4}\times 2.194=0.109\text{m}^3/\text{s}$$

答案：B

27. 解 均匀直线流等势线为一簇平行于y轴的直线，流线是一簇平行于x轴的直线。

设均匀流与x轴平行，速度为v_∞，则$v_x=v_\infty$，$v_y=0$。则$\varphi=v_\infty x$，$\psi=v_\infty y$。

令$\varphi=C$，$\psi=C$，得到等势线为一簇平行于y轴的直线，流线是一簇平行于x轴的直线，如取$\Delta\varphi=\Delta\psi$，则其流网为正方形网格。

答案：B

28. 解 对于自由射流，单位时间内射流各横截面沿x方向动量保持不变，等于喷管出口处的原始动量。同时，自由射流主体段各断面轴向流速分布具有明显的相似性，射流起始段中保持原出口射流的核心区呈锥形。

答案：C

29. 解 所谓力学相似，是指模型流动和原型流动在对应部位上的对应物理量都应该有一定的比例关系，具体说必须满足两个流动几何相似、运动相似、动力相似以及两个流动的边界条件和初始条件相似。几何相似指原型与模型之间保持几何形状和几何尺寸的相似，也就是原型和模型的对应边长保持一定的比例关系，对应角相等。几何相似是力学相似的前提。运动相似是指原型流动与模型流动的流线几何相似，而且对应点上的速度成比例，或者说，两个流动的速度场是几何相似的。运动相似通常是模型实验的目的。动力相似是指原型流动和模型流动中对应点上作用着同名的力，各同名力的方向相同且具有同一比例。动力相似是运动相似的保证。

选项A是错误的，流动空间相应线段长度成同一比例，夹角角度应相等。

答案：A

30. 解 前向式叶轮结构小，从能量转化和效率角度看，前向式叶轮流道扩散度大且压出时能头转化损失也大、效率低，但其压头却要高一些。

答案：A

31. 解 频率控制系统的被控制量为系统的实际频率，标准 50Hz 的频率为实际频率的期望值，即给定量。

答案： A

32. 解 已知该题中：

$$F = f\frac{\mathrm{d}x_0}{\mathrm{d}t}$$

弹簧的位移与作用力的关系为：

$$F = k(x_1 - x_0)$$

得系统的微分方程为：

$$f\frac{\mathrm{d}x_0}{\mathrm{d}t} = k(x_1 - x_0)$$

在零初始条件下，对上式两端同时进行拉氏变换得：

$$fsx_0(s) = k[x_1(s) - x_0(s)]$$

$$(fs + k)x_0(s) = kx_1(s)$$

传递函数为：

$$\frac{x_0(s)}{x_1(s)} = \frac{k}{fs + k} = \frac{1}{\frac{f}{k}s + 1}$$

答案： A

33. 解 $\xi = 1$，为临界阻尼系统。

答案： C

34. 解

$$20\lg|G(j\omega)| = 20\lg\frac{3}{\sqrt{1+\omega^2}} = 0$$

则由$\frac{3}{\sqrt{1+\omega^2}} = 1$，可求得$\omega^2 = 8$，则对数幅值特性的增益穿越频率$\omega = \sqrt{8}$。

答案： B

35. 解 $2\xi\omega_{\mathrm{n}} = 3.6$，$\omega_{\mathrm{n}} = 3$，$\xi = 0.6$。

答案： A

36. 解 代入稳态误差的公式，求极限。

答案： A

37. 解 根据图求得闭环系统的传递函数为$\frac{C(s)}{R(s)} = \frac{K}{s^2+s+K}$。根据闭环传递函数的分母等于零求得其闭环极点为$s_{1,2} = \frac{-1\pm j\sqrt{1-4K}}{2}$，当$K > 0.25$时，闭环极点为一对实部为$-0.5$、虚部从零变到无穷大的极点，其运动轨迹及根轨迹为：在虚轴左平面平行于虚轴的直线。

答案： C

38. 解 超前校正利用校正装置产生的超前角可以补偿相角滞后，用来提高系统的相位稳定裕量，改善系统的动态特性。滞后校正提高系统的相角裕度，主要用来改善系统的稳态性能。高精度、稳定性要求高的系统常采用串联滞后校正。为了增加控制系统的带宽和增加增益、减小稳态误差，宜采用滞后—超前校正。

答案：D

39. 解 饱和性引起的非静态特征图为图 A，图 B 为死区特性，图 C 为理想继电特性，图 D 为死区继电特性。

答案：A

40. 解 根据误差的基本特性，误差可分为系统误差、随机误差及疏忽误差，其中，系统误差指在相同条件下，对某个量进行多次测量时，误差的绝对值和符号或均保持恒定，或按照一定规律变化；过失误差指在测量过程中，完全由于人为过失而明显造成了歪曲测量结果的误差；随机误差指在对同一个量进行多次测量时，由于受到某些不可知随机因素的影响，测量误差时小时大、时正时负地变化，没有一定的规律，并且无法估计。

答案：A

41. 解 本题主要考查精度等级的概念。精度等级为仪表的基本误差去掉“%”的数值，因此其是基本误差的最大允许值。

答案：D

42. 解 变送器将传感器的输出信号转换成显示装置易于接收的信号，包括机械放大、电信号放大、电信号转换。电动单元组合仪表标准电压电流信号：

DDZII　　电流：0~10mA；电压 0~10V

DDZIII　　电流：4~20mA；电压 1~5V

DDZZS　　电流：4~20mA；电压 1~5V

答案：B

43. 解 容积式流量计，又称定排量流量计，简称 PD 流量计，在流量仪表中是精度最高的一类。它利用机械测量元件把流体连续不断地分割成单个已知的体积部分，根据测量时逐次重复地充满和排放该体积部分流体的次数来测量流体体积总量。

答案：C

44. 解 根据中间导体定律，任意两种匀质导体 A、B，分别与匀质材料 C 组成热电偶，若热电势分别为$E_{\mathrm{AC}}(T,T_0)$和$E_{\mathrm{CB}}(T,T_0)$，则导体 A、B 组成热电偶的热电势为$E_{\mathrm{AB}}(T,T_0)=E_{\mathrm{AC}}(T,T_0)+E_{\mathrm{CB}}(T,T_0)$，因为测温回路中有 E 型热电偶、补偿导线以及铜导线，而且接到显示仪表的铜导线与补偿导线间有 20℃温差。

答案：C

45. 解　本题主要考查压力表的安装和示值问题。A 表和 C 表与主管间均存在高度差，因此 A 表和 B 表均不能指示主管中的压力。B 表与主管高度相同，不存在由于液柱高度而存在的压力差，能正确指示主管压力。

答案：B

46. 解　本题主要考查取压口的选择问题。A 中取压口位于弯管处，形成的漩涡对测量结果造成较大影响；C 中取压口位于节流处，节流前后压力突变，对测量结果有较大影响；D 中取压口倾斜压力测量时受流体动压的影响。

答案：B

47. 解　焓湿图表只在风速为 2.5m/s、压力为标准大气压时才比较准确，其他状态下的湿度需要加以修正。

答案：D

48. 解　由于测量干气部分的体积流量，湿度增加了，则干气减少，同样的体积流量，仪表的指示将大于真实值。

答案：A

49. 解　在高速重载传动中，由于齿面啮合区的压力很大，润滑油膜因温度升高容易破裂，造成齿面金属直接接触，其接触区产生瞬时高温，致使两轮齿表面焊粘在一起，当两齿面相对运动时，较软的齿面金属被撕下，在轮齿工作表面形成与滑动方向一致的沟痕，这种现象称为齿面胶合。

答案：A

50. 解　传动比：

$$i=\frac{\omega_1}{\omega_2}=\frac{n_1}{n_2}=\frac{z_2}{z_1}\neq\frac{d_2}{d_1}$$

答案：B

51. 解　圆柱滚子轴承只能承受径向负荷。

答案：D

52. 解　用粉末冶金法（经制粉、成型、烧结等工艺）做成的轴承，具有多孔性组织，孔隙内可以储存润滑油，常称为含油轴承。

答案：C

53. 解　由于小带轮是主动轮，要想增加 V 带传动能力，可以增大摩擦系数（提高轮槽加工精度、将 Y 带改为 A 带）、增大小带轮包角α_1。

$$\alpha_1 = 180° - \frac{d_2 - d_1}{a} \times 57.3°$$

增加大带轮直径会导致α_1减小。

答案：D

54. 解 采用普通螺母时，轴向荷载在旋合螺纹各圈间的分布是不均匀的，从螺母支承面算起，第一圈受荷载最大，以后各圈递减，因此采用圈数过多的厚螺母并不能提高螺栓连接强度。

答案：B

55. 解 凸轮轮廓与从动件之间为点接触或线接触，易于磨损，所以不适合用于传力较大的机构。

答案：B

56. 解 曲柄摇杆机构中，如果摇杆是主动件而曲柄是从动件，那么，当摇杆摆到使曲柄与连杆共线的极限位置时，从动件的传动角为0°（即压力角为90°），摇杆通过连杆加于曲柄的驱动力正好通过曲柄的转动中心，则不能产生使曲柄转动的力矩。机构的这种位置称为死点位置。

答案：C

57. 解 进行结构设计时，应尽量减小应力集中，在阶梯轴的截面尺寸变化处应采用圆角过渡，且圆角半径不宜过小。

答案：D

58. 解 《民用建筑节能管理规定》第二十七条规定：对未按照节能设计进行施工的施工单位，责令改正；整改所发生的工程费用，由施工单位负责；可以给予警告，情节严重的，处工程合同价款2%以上4%以下的罚款；2年内，累计3项工程未按照符合节能标准要求的设计进行施工的，责令停业整顿，降低资质等级或者吊销资质证书。

答案：D

59. 解 《中华人民共和国建筑法》第十四条规定：从事建筑活动的专业技术人员，应当依法取得相应的执业资格证书，并在执业资格证书许可的范围内从事建筑活动。

答案：C

60. 解 《中华人民共和国建筑法》第二十四条规定：提倡对建筑工程实行总承包，禁止将建筑工程肢解发包。建筑工程的发包单位可以将建筑工程的勘察、设计、施工、设备采购一并发包给一个工程总承包单位，也可以将建筑工程勘察、设计、施工、设备采购的一项或者多项发包给一个工程总承包单位；但是，不得将应当由一个承包单位完成的建筑工程肢解成若干部分发包给几个承包单位。

答案：C

2007年度全国勘察设计注册公用设备工程师

（暖通空调、动力）执业资格考试试卷

基础考试

（下）

二〇〇七年九月

应考人员注意事项

1. 本试卷科目代码为“2”，考生务必将此代码填涂在答题卡“科目代码”相应的栏目内，否则，无法评分。

2. 书写用笔：**黑色或蓝色钢笔、签字笔或圆珠笔**；

   填涂答题卡用笔：**黑色 2B 铅笔**。

3. 必须用书写用笔将工作单位、姓名、准考证号填写在答题卡和试卷相应的栏目内。

4. 本试卷由 60 题组成，每题 2 分，满分 120 分，本试卷全部为单项选择题，每小题的四个备选项中只有一个正确答案，错选、多选、不选均不得分。

5. 考生作答时，必须按**题号在答题卡上**将相应试题所选选项对应的**字母用 2B 铅笔涂黑**。

6. 在答题卡上书写与题意无关的语言，或在答题卡上作标记的，均按违纪试卷处理。

7. 考试结束时，由监考人员当面将试卷、答题卡一并收回。

8. 草稿纸由各地统一配发，考后收回。

单项选择题（共 60 题，每题 2 分。每题的备选项中，只有一个最符合题意。）

1. 最基本的蒸汽动力循环朗肯循环，组成该循环的四个热力过程分别是：

A. 定温吸热、定熵膨胀、定温放热、定熵压缩

B. 定压吸热、定熵膨胀、定压放热、定熵压缩

C. 定压吸热、定温膨胀、定压放热、定温压缩

D. 定温吸热、定熵膨胀、定压发热、定熵压缩

2. 热能转换成机械能的唯一途径是通过工质的体积膨胀，此种功称为容积功，它可分为：

A. 膨胀功和压缩功　　B. 技术功和流动功

C. 轴功和流动功　　D. 膨胀功和流动功

3. 靠消耗功来实现制冷的循环有：

A. 蒸汽压缩式制冷，空气压缩式制冷

B. 吸收式制冷，空气压缩式制冷

C. 蒸汽压缩式制冷，吸收式制冷

D. 所有的制冷循环都是靠消耗功来实现的

4. 水蒸气的干度被定义为：

A. 饱和水的质量与湿蒸汽的质量之比

B. 干蒸汽的质量与湿蒸汽的质量之比

C. 干蒸汽的质量与饱和水的质量之比

D. 饱和水的质量与干蒸汽的质量之比

5. 压气机最理想的压缩过程是采用：

A. $n = k$的绝热压缩过程　　B. $n = 1$的定温压缩过程

C. $1 < n < k$的多变压缩过程　　D. $n > k$的多变压缩过程

6. 系统经一热力过程，放热 9kJ，对外做功 27kJ。为使其返回原状态，若对系统做功加热 6kJ，需对系统做功：

A. 42kJ　　B. 27kJ

C. 30kJ　　D. 12kJ

7. 在煤气表上读得煤气消耗量为668.5m^3，若煤气消耗期间煤气压力表的平均值为456.3Pa，温度平均值为17℃，当地大气压力为100.1kPa，标准状态下煤气消耗量为：

A. 642m^3　　B. 624m^3

C. 10649m^3　　D. 14550m^3

8. 湿空气的含湿量是指：

A. 1kg干空气中所含有的水蒸气质量

B. 1m^3干空气中所含有的水蒸气质量

C. 1kg湿空气中所含有的水蒸气质量

D. 1kg湿空气中所含有的干空气质量

9. 理想气体流经一渐缩形喷管若在入口截面上的参数为c_1、T_1、p_1，测出出口截面处的温度和压力分别为T_2、p_2，其流动速度c_2等于：

A. $\sqrt{c_1^2+2\frac{\kappa R}{\kappa-1}(T_1-T_2)}$　　B. $\sqrt{c_1+2\frac{\kappa R}{\kappa-1}(T_1-T_2)}$

C. $\sqrt{c_1^2-2\frac{\kappa R}{\kappa-1}(T_1-T_2)}$　　D. $\sqrt{c_1-2\frac{\kappa R}{\kappa-1}(T_1-T_2)}$

10. 1kg空气从压力3MPa和温度800K，进行一不可逆膨胀过程到终态，其终态压力为1.5MPa，温度为700K。若空气的气体常数为0.287kJ/(kg·K)，绝热指数为1.4，此过程中空气的熵变化量是：

A. 64.8kJ/(kg·K)　　B. 64.8J/(kg·K)

C. 52.37kJ/(kg·K)　　D. 102.3J/(kg·K)

11. 采用稳态平板法测量材料的导热系数时，依据的是无限大平板的一维稳态导热问题的解。已知测得材料两侧的温度分别是60℃和30℃，通过材料的热流量为1W。若被测材料的厚度为30mm，面积为0.02m^2，则该材料的导热系数为：

A. 5.0W/(m·K)　　B. 0.5W/(m·K)

C. 0.05W/(m·K)　　D. 1.0W/(m·K)

12. 对于无限大平壁的一维稳态导热，下列说法错误的是：

A. 平壁内任何平行于壁面的平面都是等温面

B. 在平壁中任何两个等温面之间温度都是线性变化的

C. 任何位置上的热流密度矢量垂直于等温面

D. 温度梯度的方向与热流密度的方向相反

13. 对于图中的二维稳态导热问题，右边界是恒定热流边界条件，热流密度为q_w，如果采用有限差分法求解，当$\Delta x = \Delta y$时，则下列边界节点方程式中，正确的是：

A. $t_1 + t_2 + t_3 - 3t_4 + q_w \Delta x/\lambda = 0$

B. $t_1 + 2t_2 + t_3 - 4t_4 + 2q_w \Delta y/\lambda = 0$

C. $t_1 + t_2 + t_3 - 3t_4 + 2q_w \Delta x/\lambda = 0$

D. $t_1 + 2t_2 + t_3 - 4t_4 + q_w \Delta x/\lambda = 0$

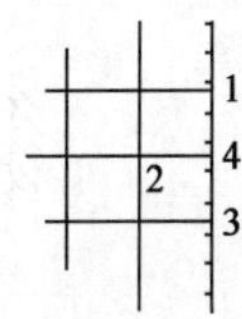

14. 能量和动量的传递都是和对流与扩散相关的，因此两者之间存在着某种类似。可以采用雷诺比拟来建立湍流受迫对流时能量传递与动量传递之间的关系，这种关系通常表示为：

A. 雷诺数 Re 与摩擦系数C_f的关系

B. 斯坦登数 St 与摩擦系数C_f的关系

C. 努赛尔数 Nu 与摩擦系数C_f的关系

D. 格拉晓夫数 Gr 与摩擦系数C_f的关系

15. 流体与壁面间的受迫对流传热系数与壁面的粗糙度密切相关，粗糙度的增加：

A. 使对流传热系数减少　　B. 使对流传热系数增加

C. 使雷诺数减小　　D. 不会改变管内的温度分布

16. 饱和蒸汽分别在形状、尺寸、温度都相同的A、B两个等温垂直壁面上凝结，其中A面上是珠状凝结，B面上是膜状凝结。若两个壁面上的凝结传热量分别为Q_A和Q_B，则：

A. $Q_A = Q_B$　　B. $Q_A > Q_B$

C. $Q_A < Q_B$　　D. $Q_A = Q_B/2$

17. 根据史提芬-波尔兹曼定律，面积为$2m^2$、温度为 300℃的黑体表面的辐射力为：

A. $11632 W/m^2$　　B. $6112 W/m^2$

C. $459 W/m^2$　　D. $918 W/m^2$

18. 计算灰体表面间的辐射传热时，通常需要计算某个表面的冷热量损失q，若已知黑体辐射力为E_b，有效辐射为J，投入辐射为G，正确的计算式是：

A. $q = E_b - G$

B. $q = E_b - J$

C. $q = J - G$

D. $q = E - G$

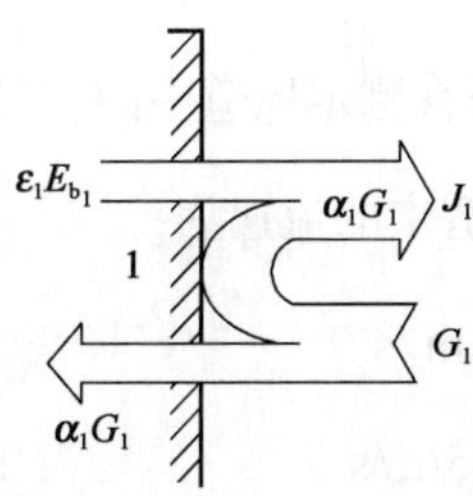

19. 如图所示，由冷、热两个表面构成的夹层中是流体且无内热源。如果端面绝热，则达到稳态时，传热量最少的放置方式是：

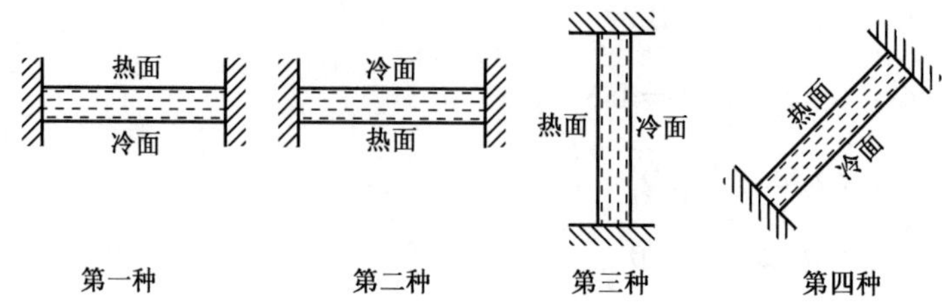

A. 第一种　　B. 第二种

C. 第三种　　D. 第四种

20. 一套管式水—水换热器，冷水的进口温度为25℃，热水进口温度为70℃，热水出口温度为55℃。若冷水的流量远远大于热水的流量，则与该换热器的对数平均温差最接近的数据为：

A. 15℃　　B. 25℃

C. 35℃　　D. 45℃

21. 流体是有旋还是无旋是根据下列哪项决定的？

A. 流体微团本身是否绕自身轴旋转

B. 流体微团的运动轨迹

C. 流体微团的旋转角速度大小

D. 上述三项

22. 容重为10000N/m^3的理想流体在直管内从断面1流到断面2，若断面1的压强$p_1 = 300\text{kPa}$，则断面2的压强p_2为：

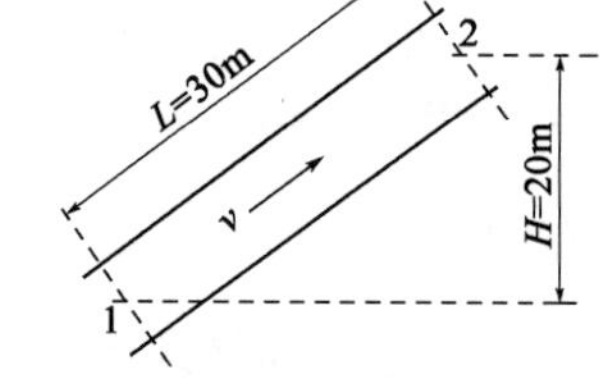

A. 100kPa

B. 150kPa

C. 200kPa

D. 250kPa

23. 用毕托管测定风道中的空气流速，已知测得的水柱$h_y = 3\text{cm}$。空气的重度$\gamma = 11.8\text{N/m}^3$，$\varphi$取值为1，风道中的流速为：

A. 22.1m/s　　B. 15.6m/s

C. 11.05m/s　　D. 7.05m/s

24. 在舒适性空调中，送风通常为贴附射流，贴附射流的贴附长度主要取决于：

A. 雷诺数　　B. 欧拉数

C. 阿基米德数　　D. 弗劳德数

25. 在环流中，以下做无旋流动的是：

A. 原点　　B. 除原点外的所有质点

C. 边界点　　D. 所有质点

26. 某单吸离心泵，$Q = 0.0735\text{m}^3/\text{s}$，$n = 1420\text{r/min}$；后因改为电机直接联动，$n$增大为$1450\text{r/min}$，这时泵的流量为：

A. $Q = 0.07405\text{m}^3/\text{s}$　　B. $Q = 0.0792\text{m}^3/\text{s}$

C. $Q = 0.0735\text{m}^3/\text{s}$　　D. $Q = 0.0751\text{m}^3/\text{s}$

27. 下面关于流函数的描述中，错误的是：

A. 平面流场可用流函数描述

B. 只有势流才存在流函数

C. 已知流函数或势函数之一，即可求另一函数

D. 等流函数值线即流线

28. 下列不是通风空调中进行模型实验的必要条件的是：

A. 原型和模型的各对应长度比例一定

B. 原型和模型的各对应速度比例一定

C. 原型和模型中起主导作用的同名作用力的相似准则数相等

D. 所有相似准则数相等

29. 如图水泵允许吸入真空高度为$H_\text{s} = 6\text{m}$，流量$Q = 150\text{m}^3/\text{h}$，吸水管管径为 150mm，当量总长度$L_\text{x}$为 80m，比摩阻$R_\text{m} = 0.05\text{mH}_2\text{O/m}$，则最大安装高度$H$等于：

A. 2.2m

B. 1.7m

C. 1.4m

D. 1.2m

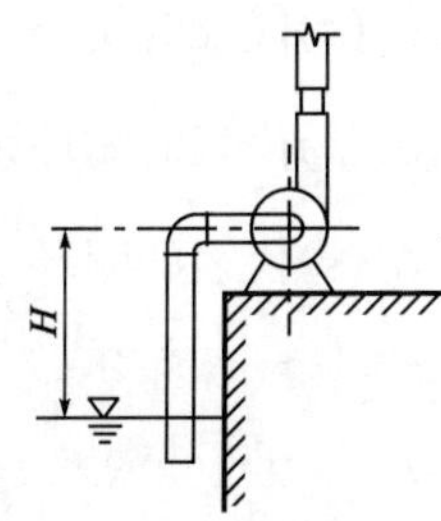

30. 在系统阻力经常发生波动的系统中应选用具有什么型Q-H性能曲线的风机？

A. 平坦型　　B. 驼峰型

C. 陡降型　　D. 上述均可

31. 从自动控制原理的管线看，下列为开环控制系统的是：

A. 家用空调机温度控制系统

B. 家用电热水器恒温系统控制

C. 家用电冰箱温度控制系统

D. 国内现有的无人操作交通红绿灯自动控制系统

32. 在如下指标中，不能用来评价控制系统时域性能的是：

A. 最大超调量　　B. 带宽

C. 稳态位置误差　　D. 调整时间

33. 用梅逊公式（或方块图简化）计算如图总的传递函数$G(s) = C(s)/R(s)$，结果应为：

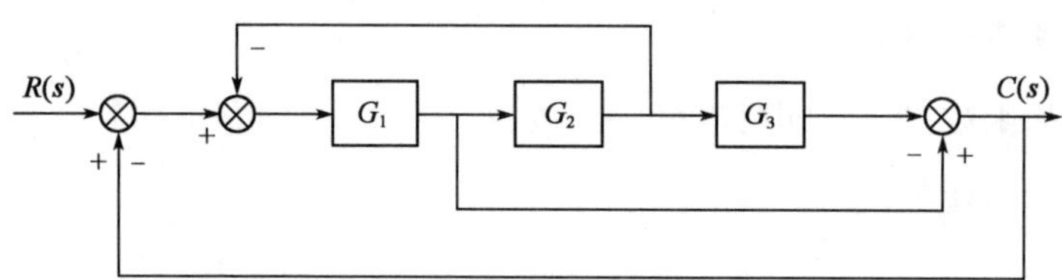

A. $G(s) = \frac{G_1+G_2G_3}{1+G_1+G_1G_2+G_1G_2G_3}$　　B. $G(s) = \frac{G_1+G_1G_2G_3}{1+G_2+G_1G_2+G_1G_2G_3}$

C. $G(s) = \frac{G_1+G_1G_2G_3}{1+G_1+G_1G_2+G_1G_2G_3}$　　D. $G(s) = \frac{G_1+G_1G_2}{1+G_1+G_1G_2+G_1G_2G_3}$

34. 传递函数$G_1(s)$、$G_2(s)$、$G_3(s)$、$G_4(s)$的增益分别为K_1、K_2、K_3、K_4，其余部分相同，且$K_1 < K_2 < K_3 < K_4$。由传递函数$G_2(s)$代表的单位反馈（反馈传递函数为1的负反馈）闭环系统的奈魁斯特曲线如图所示。请确定哪个传递函数代表的单位反馈闭环控制系统为稳定的系统：

A. 由$G_1(s)$代表的闭环系统

B. 由$G_2(s)$代表的闭环系统

C. 由$G_3(s)$代表的闭环系统

D. 由$G_4(s)$代表的闭环系统

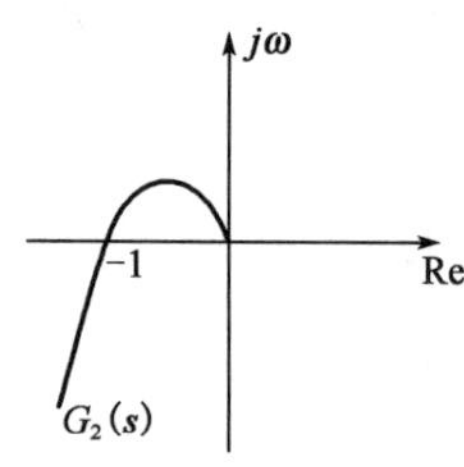

35. 根据开环传递函数的对数坐标图判断其闭环系统的稳定性：

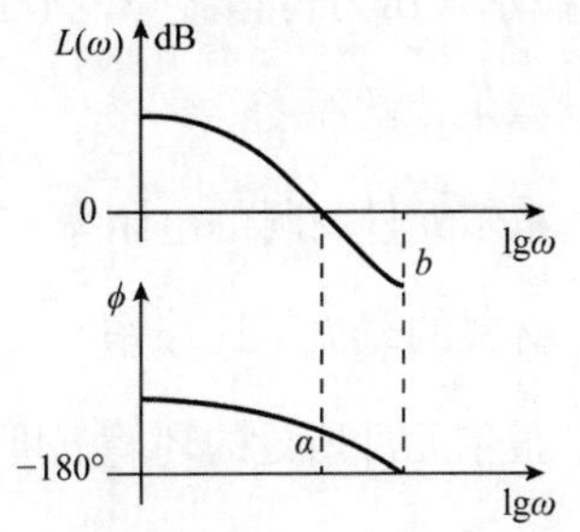

A. 系统稳定，增益裕量为a

B. 系统稳定，增益裕量为b

C. 系统不稳定，负增益裕量为a

D. 系统不稳定，负增益裕量为b

36. 某闭环系统的开环传递函数为$G(s)=\frac{5(1+2s)}{s^2(s^2+3s+5)}$，其加速度误差系数为：

A. 1　　B. 5　　C. 0　　D. ∞

37. 对于一阶环节$G(s)=\frac{K}{T_s+1}$，当阶跃输入时，为提高输出量的上升速率，应：

A. 增大T值　　B. 减小T值

C. 增大K值　　D. 减小K值

38. 某控制系统的稳态精度已充分满足要求，欲增大频率响应的带宽，应采用：

A. 相位超前的串联校正　　B. 相位迟后的串联校正

C. 局部速度反馈校正　　D. 前馈校正

39. 传递函数为$\frac{1}{s}$的z变换表达式为：

A. 1　　B. z

C. z^{-n}　　D. $\frac{z}{z-1}$

40. 温标是以数值表示的温度标尺，在温标中不依赖于物体物理性质的温标是：

A. 华氏温标　　B. 摄氏温标

C. 热力学温标　　D. IPTS-68 国际实用温标

41. 若要监测两个测点的温度差，需将两支热电偶：

A. 正向串联　　B. 反向串联

C. 正向并联　　D. 反向并联

42. 在节流式流量计的使用中，管流方面无需满足的条件是：

A. 流体应是连续流动并充满管道与节流件

B. 流体是牛顿流体，单相流且流经节流件时不发生相变

C. 流动是平稳的或随时间缓慢变化

D. 流体应低于最小雷诺数要求，即为层流状态

43. 在霍尔式压力传感器中，不影响霍尔系数大小的参数是：

A. 霍尔片的厚度

B. 霍尔元件材料的电阻率

C. 材料的载流子迁移率

D. 霍尔元件所处的环境温度

44. 基于被测参数的变化引起敏感元件的电阻变化，从而检测出被测参数值是一种常用的检测手段，以下测量仪器中不属于此种方法的是：

A. 应变式压力传感器　　B. 点接点水位计

C. 恒流式热线风速仪　　D. 涡街流量传感器

45. 在测量过程中，多次测量同一个量时，测量误差的绝对值和符号按某一确定规律变化的误差称为：

A. 偶然误差　　B. 系统误差

C. 疏忽误差　　D. 允许误差

46. 能用来测量蒸汽流量的流量计是：

A. 容积式流量计　　B. 涡轮流量计

C. 电磁流量计　　D. 转子流量计

47. 为了便于信号的远距离传输，差压变送器采用标准电流信号输出，以下接线图中正确的是：

A. 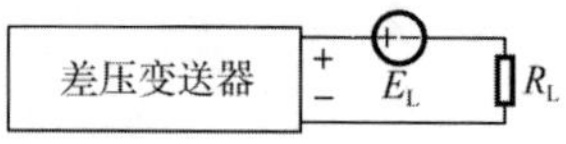 差压变送器 + − E_L R_L　　B. 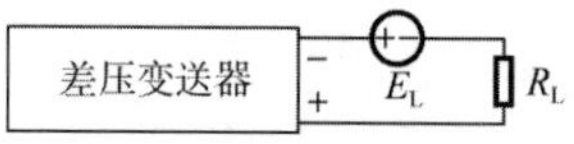 差压变送器 − + E_L R_L

C. 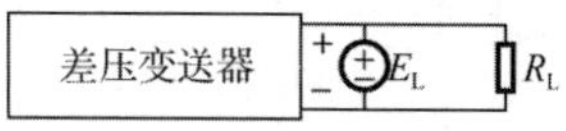 差压变送器 + − E_L R_L　　D. 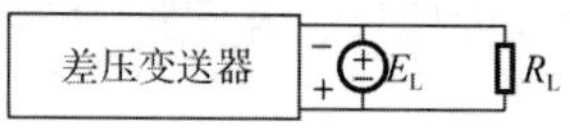 差压变送器 − + E_L R_L

48. 测量某管道内蒸汽压力，压力计位于取压点下方 6m 处，信号管路凝结水的平均温度为 60℃，水密度为 985.4kg/m^3，当压力表的指示值为 3.20MPa 时，管道内的实际表压最接近：

A. 3.14MPa　　B. 3.26MPa

C. 3.2MPa　　D. 无法确定

49. 软齿面齿轮传动设计中，选取大小齿轮的齿面硬度应使：

A. 大、小齿轮的齿面硬度相等

B. 大齿轮齿面硬度大于小齿轮的齿面硬度

C. 小齿轮齿面硬度大于大齿轮的齿面硬度

D. 大、小齿轮齿面硬度应不相等但谁大都可以

50. 一对渐开线标准直齿圆柱齿轮要正确啮合，则它们必须相等的是：

A. 模数　　B. 宽度

C. 齿数　　D. 直径

51. 跨距较大并承受较大径向荷载的起重机卷筒轴的轴承应选用：

A. 圆锥滚子轴承　　B. 调心滚子轴承

C. 调心球轴承　　D. 圆柱滚子轴承

52. 在下列各种机械设备中，只宜采用滑动轴承的是：

A. 小型减速器　　B. 中型减速器

C. 铁道机车车轴　　D. 大型水轮机主轴

53. 滚动轴承的额定寿命是指同一批轴承中百分之几的轴承所能达到的寿命：

A. 10%　　B. 50

C. 90%　　D. 99%

54. 如图所示的轮系，$Z_1 = 20$，$Z_2 = 40$，$Z_4 = 60$，$Z_5 = 30$，齿轮及蜗轮的模数均为 2mm，蜗杆的头数为 2，如轮 1 以图示方向旋转 1 周，则齿条将：

A. 向左运动 1.57mm

B. 向右运动 1.57mm

C. 向右运动 3.14mm

D. 向左运动 3.14mm

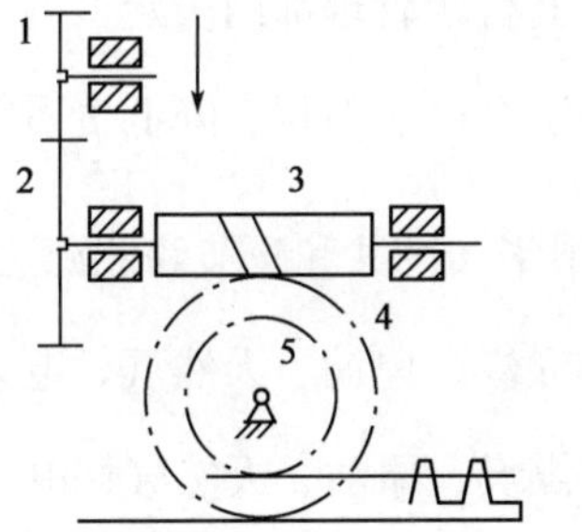

55. 尖底、滚子和平底从动件凸轮受力情况从优至劣排列的正确次序为：

A. 滚子、平底、尖底　　B. 尖底、滚子、平底

C. 平底、尖底、滚子　　D. 平底、滚子、尖底

56. 已知某平面铰链四杆机构各杆长度分别为 100、68、56、200，则通过转换机架，可能构成的机构形式为：

A. 曲柄摇杆机构　　B. 双摇杆机构

C. 双曲柄机构　　D. 以上选项均可

57. 平面机构具有确定运动的充分必要条件为：

A. 自由度大于零　　B. 主动构件数大于零

C. 主动构件数等于自由度　　D. 选项 A、C

58. 在城市规划区内的建筑工程，申领施工许可证时，下列条件中不必要的是：

A. 建筑工程用地批准手续

B. 建设工程规划许可证

C. 满足要求的施工图纸和技术资料

D. 商品房预售许可证

59. 对未按照节能标准和规范设计的设计单位的处罚是：

A. 责令停业整顿、降低资质等级和吊销资质证书的行政处罚由颁发资质证书的机关决定；其他行政处罚，由建设行政主管部门依照法定职权决定

B. 责令停业整顿，降低资质等级和吊销资质证书及其他行政处罚，均由建设行政主管部门依照法定职权决定

C. 责令停业整顿、降低资质等级和吊销资质证书的行政处罚由建设行政主管部门决定，罚款由工商行政管理部门决定

D. 责令停业整顿、降低资质等级和吊销资质证书及其他行政处罚，均由颁发资质证书的机关决定

60. 《中华人民共和国节约能源法》所称能源是指：

A. 煤炭、原油、天然气、电力

B. 煤炭、原油、天然气、电力、热力

C. 煤炭、原油、天然气、电力、焦炭、煤气、热力、成品油、液化石油气、生物质能和其他直接或者通过加工、转换而取得有用能的各种资源

D. 煤炭、原油、天然气、电力、焦炭、煤气、热力、成品油、液化石油气

2007 年度全国勘察设计注册公用设备工程师（暖通空调、动力）执业资格考试基础考试（下）试题解析及参考答案

1. 解　郎肯循环是最简单的蒸汽动力理想循环，郎肯循环可理想化为两个定压过程和两个定熵过程，即定压吸热、定熵膨胀、定压放热、定熵压缩。

答案：B

2. 解　本题主要考查容积功的定义。容积功的定义为“热力系统体积变化所完成的膨胀功或压缩功统称为体积变化功”。

答案：A

3. 解　吸收式制冷是利用某些具有特殊性质的工质对，通过一种物质对另一种物质的吸收和释放，产生物质的状态变化，从而伴随吸热和放热过程。吸收式制冷机可用电或煤油加热，无运动部件，不消耗机械功。

答案：A

4. 解　在湿饱和蒸汽区，湿蒸汽的成分用干度x表示：

$$x=\frac{\text{湿蒸汽中含干蒸汽的质量}}{\text{湿蒸汽的总质量}}$$

答案：B

5. 解　由不同压缩过程的p-V图可知，压缩机不同压缩过程中所消耗的功$W_{s\cdot t}<W_{s\cdot n}<W_{s\cdot s}$，故压缩机最理想的过程应采用定温过程。

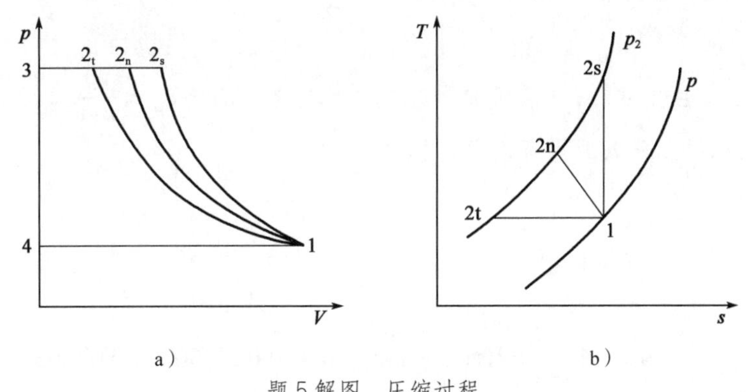

题 5 解图　压缩过程

答案：B

6. 解　因内能是状态参数，其变化与路径无关，其变化量：

$$\Delta U_{12}=U_2-U_1=-(U_1-U_2)=\Delta U_{21} \quad ①$$

闭口系能量方程：

$$Q = \Delta U + W$$

对应 12 和 21 两个过程有：

$$Q_{12} = \Delta U_{12} + W_{12} \rightarrow \Delta U_{12} = Q_{12} - W_{12} \quad ②$$

$$Q_{21} = \Delta U_{21} + W_{21} \rightarrow \Delta U_{21} = Q_{21} - W_{21} \quad ③$$

将式②、式③代入式①，有：

$$Q_{12} - W_{12} = -(Q_{21} - W_{21})$$

因此：

$$W_{21} = Q_{12} - W_{12} + Q_{21} = -9 - 27 + 6 = -30\text{kJ}$$

负号表明外界对系统做功。

答案： C

7. 解 本题属于综合性考题，考查内容包括各种压力的关系以及理想气体状态方程的应用。题中已知煤气在 17℃时的体积和压力，求解标准状态（273K，101.325kPa）下煤气的体积。根据理想气体状态方程$pV = nRT$即可求得，需要注意的是代入的压力均为绝对压力，温度为热力学温度。

答案： B

8. 解 湿空气的含湿量是在含有 1kg 干空气的湿空气中所混有的水蒸气质量。

答案： A

9. 解 当初速为c_1的流体经过渐缩喷管时，出口流动速度c_2的计算式为：

$$c_2 = \sqrt{c_1^2 + 2(h_1 - h_2)} = \sqrt{c_1^2 + 2c_{\mathrm{p}}(T_1 - T_2)} = \sqrt{c_1^2 + 2\frac{\kappa R}{\kappa - 1}(T_1 - T_2)}$$

答案： A

10. 解 本题属于复合型考题，主要考查理想气体比热容的计算$c_{\mathrm{p}} = \frac{\kappa R}{\kappa - 1}$，以及多变过程的熵产计算公式$\Delta S = c_{\mathrm{p}} \ln\frac{T_2}{T_1} - R\ln\frac{p_2}{p_1}$。代入数据可以求得答案。

答案： B

11. 解

$$\Phi = Aq = A\lambda(tw_1 - tw_2)/\delta = 0.02\lambda(60 - 30)/0.03$$

$$\lambda = 0.05\text{W}/(\text{m} \cdot \text{K})$$

答案： C

12. 解 当平壁的导热系数为常数时，在平壁中任何两个等温面之间的温度都是线性变化的。当平壁的导热系数随着温度变化时，任何两个等温面之间的温度都是非线性变化的。

答案： B

13. 解　根据第二类边界条件边界节点的节点方程：

$$t_4 = \frac{1}{4}\left(2t_2 + t_1 + t_3 + \frac{2\Delta x q_w}{\lambda}\right)$$

可得：

$$t_1 + 2t_2 + t_3 - 4t_4 + 2q_w\Delta y/\lambda = 0$$

答案：B

14. 解　湍流受迫对流时能量传递与动量传递之间的关系式：

$$\mathrm{St} = C_f/2$$

答案：B

15. 解　粗糙度的增加虽然提高了流体的流动阻力，但是，粗糙度扩大了换热面积，流体流过粗糙壁面能产生涡流，并且使得边界层变薄，减少热阻，增强换热，使得对流传热系数增加；管内的温度分布也发生变化。

答案：B

16. 解　由于珠状凝结的表面传热系数高于膜状凝结的，A 和 B 的换热面积相同，换热温差相同，所以，$Q_A > Q_B$。

答案：B

17. 解

$$E_b = 5.67 \times [273 + 300/100]^4 = 6112\text{W/m}^2$$

答案：B

18. 解　如图所示，从表面外部看，冷热量损失q为向外辐射的减去吸收的。向外辐射的为J，吸收的能量为G，所以$q = J - G$。

答案：C

19. 解　第一种情况形不成自然对流，是纯导热；其他三种都会形成自然对流，是导热和对流两种换热方式，比纯导热换热能力强，传热量增加。所以，第一种情况的传热量最少。

答案：A

20. 解　由于冷水的流量远远大于热水的流量，且

$$M_1c_1(t_1' - t_1'') = M_2c_2(t_2'' - t_2')$$

冷水温度基本不变。

$$\Delta t' = t_1' - t_2' = 70 - 25 = 45℃$$

$$\Delta t'' = t_1'' - t_2'' = 55 - 25 = 30℃$$

$$\Delta t_m = \frac{\Delta t' + \Delta t''}{2} = \frac{45 + 30}{2} = 37.5℃$$

答案：C

21. 解 任意流体质点的旋转角速度向量$\omega = 0$，这种流动称为无旋流动。

答案：A

22. 解 本题同 2006-22。列断面 1、2 的理想流体伯努利方程：

$$z_1 + \frac{p_1}{\rho g} + \frac{v_1^2}{2g} = z_2 + \frac{p_2}{\rho g} + \frac{v_2^2}{2g}$$

由$z_1 = 0$，$v_1 = v_2$，得：

$$\frac{p_1}{\rho g} = z_2 + \frac{p_2}{\rho g}$$

$$p_1 = p_2 - \rho g H = 300 - 10 \times 20 = 100\text{kPa}$$

答案：A

23. 解 毕托管是一种常用来测量气体或者液体流量的仪器。对两个测点列能量方程：

$$\frac{p_1}{\gamma} + 0 = \frac{p_2}{\gamma} + \frac{v_2^2}{2g}$$

可推出流速计算公式：

$$v = \varphi\sqrt{2g\frac{\gamma'}{\gamma}h_y} = \sqrt{2 \times 9.8 \times \frac{9800}{11.8} \times 0.03} = 22.1\text{m/s}$$

答案：A

24. 解 阿基米德数表征浮力与惯性力的比值，当送风口贴近顶棚，贴附长度与阿基米德数 Ar 有关，Ar 数为：

$$\text{Ar} = \frac{\delta d_0 A t_\text{s}}{v_0^2 T_\text{r}}$$

答案：C

25. 解 在环流中，原点为奇点，除原点外的所有质点的旋转角速度向量$\omega = 0$，均做无旋流动。

答案：B

26. 解 根据相似率，有$Q_1/Q_2 = n_1/n_2$，即流量与转速成正比。

答案：D

27. 解 不可压缩流体的平面流动，无论其是无旋流动还是有旋流动，以及流体有无黏性，均存在流函数。

答案：B

28. 解 为了使模型和原型流动完全相似，除需要几何相似外，各独立的相似准则数应同时满足。但实际上要同时满足所有准则数是很困难的，甚至是不可能的，一般只能达到近似相似，就是要保证对流动起重要作用的力相似，这就是模型律的选择问题。如水利工程中的明渠流以及江、河、溪流，都是以水位落差形式表现的重力来支配流动的，对于这些以重力起支配作用的流动，应该以弗劳德相似准数作为决定性相似准数。有不少流动需要求流动中的黏性力，或者求流动中的水力阻力或水头损失，如管道流动、流体机械中的流动、液压技术中的流动等，此时应当以满足雷诺相似准数为主，Re 就是决定性相似准数。

答案： D

29. 解 水泵吸入口流速：

$$v_{\mathrm{s}}=\frac{4Q}{\pi d^2}=2.35\mathrm{m/s}$$

系统流动阻力为：

$$h_1=0.05\times 80=4\mathrm{m}$$

$$H_{\mathrm{s}}=H_{\mathrm{g}}+\frac{v_{\mathrm{s}}^2}{2g}+h_1$$

得最大安装高度：

$$H_{\mathrm{g}}=1.7\mathrm{m}$$

答案： B

30. 解 这是因为系统阻力波动较大，而对于Q-H性能曲线为陡降型的风机，全压变化较大，而风量变化不大，从而保证系统风量的稳定。

答案： C

31. 解 对于闭环控制系统，控制装置与被控对象之间不但有顺向联系，而且有反向联系，即有被控量（输出量）对控制过程的影响。闭环控制系统不论造成偏差的扰动来自外部还是内部，控制作用总是使偏差趋于减小。家用空调机温度控制系统、家用电热水器恒温控制系统、家用电冰箱温度控制系统均为恒温控制，即期望温度与实际温度之间的差值很小，因此这三种系统均为闭环控制系统。而国内现有的无人操作交通红绿灯自动控制系统的控制根据时间进行，而不是根据交通流量进行控制，因此控制装置与被控对象之间只有顺向联系，为开环控制系统。

答案： D

32. 解 除了带宽，其他三个都可以评价控制系统的时域性能。

答案： B

33. 解 根据梅逊公式求取。图中有三个回路，回路传递函数为$L_1=-G_1G_2$，$L_2=-G_1G_2G_3$，$L_3=-G_1$，则$\Delta=1-(L_1+L_2+L_3)=1+G_1G_2+G_1G_2G_3+G_1$。图中有两条前向通路，$n=2$，第 1 条前向通路的传递函数为$P_1=G_1G_2G_3$，第 2 条前向通路的传递函数为$P_2=G_1$，前向通路与回路均相互接触，故$\Delta_1=1$，$\Delta_2=1$。因此传递函数为：

$$\frac{G(s)}{R(s)}=\frac{P_1\Delta_1+P_2\Delta_2}{\Delta}=\frac{G_1G_2G_3+G_1}{1+G_1+G_2G_3+G_1G_2G_3}$$

答案：C

34. 解 根据题意可知，$K_1<K_2<K_3<K_4$，$|G_1(j\omega)|<|G_2(j\omega)|<|G_3(j\omega)|<|G_4(j\omega)|$，因此幅值裕度$K_{g1}>K_{g2}=1>K_{g3}>K_{g4}$。因为对于最小相角系统，要使闭环系统稳定，要求相角裕度$\gamma>0$，幅值裕度$K_g>1$，则$G_1(s)$代表的系统稳定。

答案：A

35. 解 如解图所示。可知，$L(\omega_c)=20\lg A(\omega_c)=20\lg 1=0$，在数坐标图（伯德图）中，相角裕度表现为$L(\omega)=0\text{dB}$处的相角$\varphi(\omega_c)$与$-180°$水平线之间的角度差$\gamma$。对于题中所示的稳定系统，其对数幅值裕度$h>0\text{dB}$，相角裕度为正值，即$\gamma>0$。因此解析图中，幅值裕度（增益裕度）为$b>0$，相角裕度为$a>0$，该系统稳定。

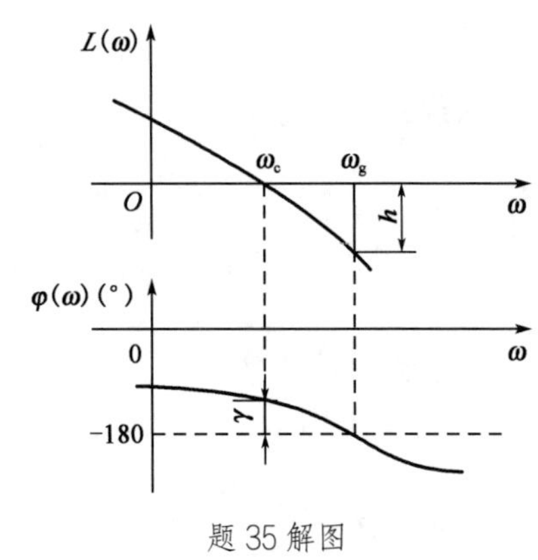

题 35 解图

答案：B

36. 解 由静态加速度误差系数公式求极限可得$K=1$。

答案：A

37. 解
$$G(s)=\frac{k}{Ts+1}$$

当单位阶跃输入时，$R(s)=\frac{1}{s}$，输出$C(s)=\frac{k}{1+Ts}\cdot\frac{1}{s}$，则输出的时域响应为：

$$C(t)=L^{-1}[C(s)]=L^{-1}\left(\frac{K}{1+Ts}\cdot\frac{1}{s}\right)=K\left(-e^{-\frac{1}{T}}\right)$$

瞬态分量衰减的快慢取决于$e^{\frac{1}{T}}$，T越小，衰减越快，快速性越好，上升速率越大。

答案：B

38. 解 超前校正拓宽了截止频率，增加了系统的带宽，从而提高了系统的快速性。

答案：A

39. 解 传递函数为$\frac{1}{s}$的z变换表达式为$\frac{z}{z-1}$。

答案：D

40. 解 本题主要考查温标的概念以及各温标的性质。热力学温标规定分子运动停止时的温度为绝对零度，它是与测量物质的任何物理性质无关的一种温标。

答案：C

41. 解 将两支同型号热电偶反向连接，如解图所示。

可测量两点之间的温差，它也要考虑参考端温度一致，则输入仪表电势：

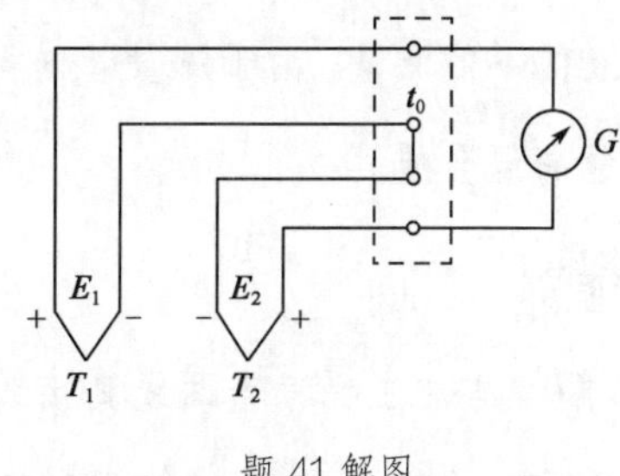

题 41 解图

$$\Delta E = E_{AB}(t_1, t_0) - E_{AB}(t_2, t_0)$$

$$= E_{AB}(t_1, t_2) + E_{AB}(t_2, t_0) - E_{AB}(t_2, t_0)$$

$$= E_{AB}(t_1, t_2)$$

答案：B

42. 解 使用标准节流装置时，流体的性质和状态必须满足下列条件：

①流体必须充满管道和节流装置，并连续地流经管道。

②流体必须是牛顿流体，即在物理上和热力学上是均匀的、单相的，或者可以认为是单相的，包括混合气体、溶液和分散性粒子小于 0.1m 的胶体。在气体中有不大于 2%（质量成分）均匀分散的固体微粒，或液体中有不大于 5%（体积成分）均匀分散的气泡，也可认为是单相流体，但其密度应取平均密度。

③流体流经节流件时不发生相交。

④流体流量不随时间变化或变化非常缓慢。

⑤流体在流经节流件以前，流束是平行于管道轴线的无旋流。

答案：D

43. 解 在磁场不太强时，霍尔电势差U_H与激励电流I和磁感应强度B的乘积成正比，与霍尔片的厚度δ成反比，即$U_H = R_H \cdot I \cdot B/\delta$，式中的$R_H$称为霍尔系数，它表示霍尔效应的强弱。另$R_H = \mu \cdot \rho$，即霍尔常数等于霍尔片材料的电阻率$\rho$与电子迁移率$\mu$的乘积。霍尔系数近似与载流子浓度成反比，所以半导体的霍尔系数要大于导体（金属）的霍尔系数；而半导体的载流子浓度与温度的关系较大（特别是在较低温度或者较高温度时变化更大），因此半导体的霍尔系数受到温度的影响也较大。

答案：A

44. 解 涡街流量计是由设计在流场中的旋涡发生体、检测探头及相关的电子线路等组成。当液体流经三角柱形旋涡发生体时，它的两侧就成了交替变化的两排旋涡，这种旋涡被称为卡门涡街，这些交替变化的旋涡就形成了一系列交替变化的负压力，该压力作用在检测探头上，便产生一系列交变电信号，经过前置放大器转换、整形、放大处理后，输出与旋涡同步成正比的脉冲频率信号。

答案：D

45. 解 系统误差的定义是：在相同条件下，对某个量进行多次测量时，误差的绝对值和符号或均保持恒定，或按照一定规律变化。

答案：B

46. 解 电磁流量计只能测量导电液体，因此对于气体、蒸汽以及含大量气泡的液体，或者电导率很低的液体不能测量。由于测量管内衬材料一般不宜在高温下工作，所以目前一般的电磁流量计还不能用于测量高温介质。

答案：C

47. 解 本题主要考查两线制接线方式。两线制变送器如图所示，其供电为 24V.DC，输出信号为 4~20mA.DC，负载电阻为 250Ω，24V 电源的负线电位最低，它就是信号公共线，对于智能变送器还可在 4~20mA.DC 信号上加载 HART 协议的 FSK 键控信号。

答案：A

48. 解 管道中的实际表压：

$$p = p_1 - \rho gh = 3.2 - 985.4 \times 9.8 \times 6 = 3.14\text{MPa}$$

答案：A

49. 解 经热处理后齿面硬度 HBS≤350 的齿轮称为软齿面齿轮，多用于中、低速机械。当大小齿轮都是软齿面时，考虑到小齿轮齿根较薄，弯曲强度较低，且受载次数较多，因此应使小齿轮齿面硬度比大齿轮高 20~50HBS。

答案：C

50. 解 一对渐开线齿轮的正确啮合条件是两齿轮模数和压力角分别相等。

答案：A

51. 解 调心滚子轴承主要承受径向荷载，其承载能力比相同尺寸的调心球轴承大 1 倍，常用于重型机械上。

答案：B

52. 解 在高速、高精度、重载、结构上要求剖分等场合下，滑动轴承就体现出它的优异性能。因而在汽轮机、离心式压缩机、内燃机、大型电机、大型水轮机中多采用滑动轴承。

答案：D

53. 解 基本额定寿命是指一批相同的轴承，在同样工作条件下，其中 10%的轴承产生疲劳点蚀时转过的总圈数，或在一定转速下总的工作小时数；即 90%的轴承所能达到的寿命。

答案：C

54. 解 根据一对外啮合齿轮的转动方向相反，蜗杆蜗轮的转向需满足：速度矢量之和必定与螺旋线垂直，可判断出轮 4 的转动方向为顺时针，轮 5 的转动方向与轮 4 相同，则齿条将向左运动。传动比的大小：

$$i_{14}=\frac{n_1}{n_4}=\frac{z_2z_4}{z_1z_3}=\frac{40\times 60}{20\times 2}=60$$

又因为$n_5=n_4$，所以轮 1 旋转 1 周时，轮 5 旋转了$1/60$周，齿条运动的距离为：

$$\frac{1}{60}\pi mz_5=\frac{1}{60}\times 3.14\times 2\times 30=3.14\text{mm}$$

答案：D

55. 解 尖底与凸轮是点接触，磨损快；滚子和凸轮轮廓之间为滚动摩擦，耐磨损；平底从动件的平底与凸轮轮廓表面接触，受力情况最优。

答案：D

56. 解 铰链四杆机构有曲柄的条件是：最短杆与最长杆长度之和小于或等于其余两杆长度之和（杆长条件）。如果铰链四杆机构不满足杆长条件，该机构不存在曲柄，则无论取哪个构件作机架都只能得到双摇杆机构。题中最短杆与最长杆长度之和为$56+200=256$，大于其余两杆长度之和为$100+68=168$，不满足杆长条件。

答案：B

57. 解 机构确定运动的条件是：机构原动件的数目等于机构自由度的数目，且自由度大于零。

答案：D

58. 解 《中华人民共和国建筑法》第八条规定：申请领取施工许可证，应当具备下列条件：（一）已经办理该建筑工程用地批准手续；（二）在城市规划区的建筑工程，已经取得规划许可证；（三）需要拆迁的，其拆迁进度符合施工要求；（四）已经确定建筑施工企业；（五）有满足施工需要的施工图纸及技术资料；（六）有保证工程质量和安全的具体措施；（七）建设资金已经落实；（八）法律、行政法规规定的其他条件。

答案：D

59. 解 《民用建筑节能管理规定》第二十八条规定：本规定的责令停业整顿、降低资质等级和吊销资质证书的行政处罚，由颁发资质证书的机关决定；其他行政处罚，由建设行政主管部门依照法定职权决定。

答案：A

60. 解 《中华人民共和国节约能源法》第二条规定：本法所称能源，是指煤炭、石油、天然气、生物质能和电力、热力以及其他直接或者通过加工、转换而取得有用能的各种资源。

答案：C

2008年度全国勘察设计注册公用设备工程师

（暖通空调、动力）执业资格考试试卷

基础考试

（下）

二〇〇八年九月

应考人员注意事项

1. 本试卷科目代码为“2”，考生务必将此代码填涂在答题卡“科目代码”相应的栏目内，否则，无法评分。

2. 书写用笔：**黑色或蓝色钢笔、签字笔或圆珠笔**；

   填涂答题卡用笔：**黑色 2B 铅笔**。

3. 必须用书写用笔将工作单位、姓名、准考证号填写在答题卡和试卷相应的栏目内。

4. 本试卷由 60 题组成，每题 2 分，满分 120 分，本试卷全部为单项选择题，每小题的四个备选项中只有一个正确答案，错选、多选、不选均不得分。

5. 考生作答时，必须按**题号在答题卡上**将相应试题所选选项对应的**字母用 2B 铅笔涂黑**。

6. 在答题卡上书写与题意无关的语言，或在答题卡上作标记的，均按违纪试卷处理。

7. 考试结束时，由监考人员当面将试卷、答题卡一并收回。

8. 草稿纸由各地统一配发，考后收回。

单项选择题（共 60 题，每题 2 分。每题的备选项中，只有一个最符合题意。）

1. 闭口热力系与开口热力系的区别在于：

A. 在界面上有无物质进出热力系

B. 在界面上与外界有无热量传递

C. 对外界是否做功

D. 在界面上有无功和热量的传递及转换

2. 制冷循环中的制冷量是指：

A. 制冷剂从冷藏室中吸收的热量

B. 制冷剂向环境放出的热量

C. 制冷剂从冷藏室中吸收的热量 − 制冷剂向环境放出的热量

D. 制冷剂从冷藏室中吸收的热量 + 制冷剂向环境放出的热量

3. 在内燃机循环计算中，m_{kg}气体放热力的计算式是：

A. $mC_{\mathrm{p}}(T_2-T_1)$

B. $mC_{\mathrm{v}}(T_2-T_1)$

C. $mC_{\mathrm{p}}(T_2+T_1)$

D. $mC_{\mathrm{v}}(T_1-T_2)$

4. 系统的总储存能包括内储存能和外储存能，其中外储存能是指：

A. 宏观动能 + 重力位能

B. 宏观动能 + 流动功

C. 宏观动能 + 容积功

D. 容积功 + 流动功

5. 水蒸气的干度为x，从水蒸气表中查得饱和水的焓为h'，湿饱和蒸汽的焓为h''，计算湿蒸气焓的表达式是：

A. $h=h'+x(h''-h')$

B. $h=x(h''-h')$

C. $h=h'-x(h''-h')$

D.$h=h''+x(h''-h')$

6. 湿空气的焓可用$h=1.01t+0.001d(2501+1.85t)$来计算，其中给定数字 1.85 是：

A. 干空气的定压平均质量比热容

B. 水蒸气的定容平均质量比热容

C. 干空气的定容平均质量比热容

D. 水蒸气的定压平均比热容

7. 理想气体的p-V-T关系式可表示成微分形式：

A. $\mathrm{d}p/p+\mathrm{d}V/V=\mathrm{d}T/T$

B. $\mathrm{d}p/p-\mathrm{d}V/V=\mathrm{d}T/T$

C. $\mathrm{d}V/V-\mathrm{d}p/p=\mathrm{d}T/T$

D. $\mathrm{d}T/T+\mathrm{d}V/V=\mathrm{d}p/p$

8. 某理想气体吸收 3349kJ 的热量而作定压变化。设定容比热容为0.741kJ/(kg · K)，气体常数为0.297kJ/(kg · K)，此过程中气体对外界做容积功：

A. 858kJ　　B. 900kJ

C. 245kJ　　D. 958kJ

9. 图为一热力循环 1—2—3—1 的T-s图，该循环中工质的吸热量是：

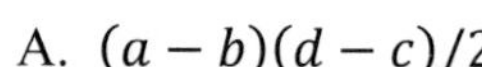
A. $(a-b)(d-c)/2$

B. $(a+b)(d-c)/2$

C. $(a-b)(d+c)/2$

D. $(a+b)(d+c)/2$

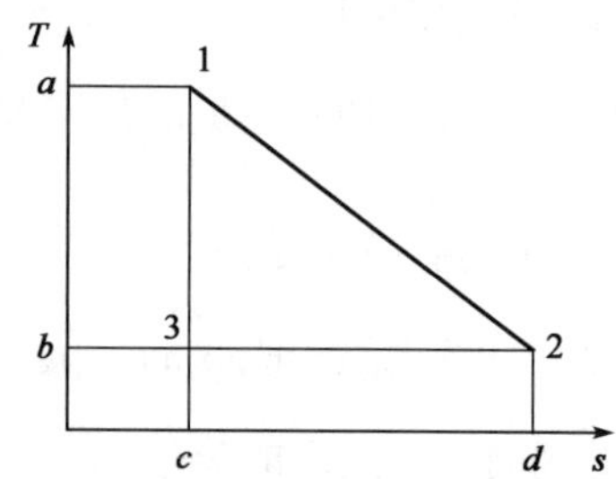

10. 空气以 150m/s的速度在管道内流动，用水银温度计测量空气的温度。若温度计上的读数为 70℃，空气的实际温度是：

A. 56℃　　B. 70℃　　C. 59℃　　D. 45℃

11. 一条架设在空气中的电缆外面包敷有绝缘层，因通电而发热。在稳态条件下，若剥掉电缆的绝缘层而保持其他条件不变，则电缆的温度会：

A. 升高　　B. 降低

C. 不变　　D. 不确定

12. 一建筑的外墙由 A、B 两层材料复合而成。内墙是材料 A，其导热系数为λ_A，壁厚为δ_A；外墙是材料 B，导热系数为λ_B，壁厚为δ_B。内墙空气温度为t_A，与墙面的对流传热系数为η_A；外墙空气温度为t_B，与墙面的对流传热系数为η_B。若已知两层材料交界面的温度为t_{AB}，则以下关于传热量计算的公式中，正确的是：

A. $q=\frac{t_B-t_A}{\frac{\delta_A}{\lambda_A}+\frac{\delta_B}{\lambda_B}}$　　B. $q=\frac{t_{AB}-t_B}{\frac{1}{\eta_A}+\frac{\delta_A}{\lambda_A}+\frac{\delta_B}{\lambda_B}+\frac{1}{\eta_B}}$

C. $q=\frac{t_{AB}-t_B}{\frac{\delta_B}{\lambda_B}+\frac{1}{\eta_B}}$　　D. $q=\frac{t_{AB}-t_B}{\frac{\delta_A}{\lambda_A}+\frac{\delta_B}{\lambda_B}+\frac{1}{\eta_B}}$

13. 对于一维非稳态导热的有限差分方程，如果对时间域采用显式格式进行计算，则对于内部节点而言，保证计算稳定性的判据为：

A. Fo≤1　　B. Fo≥1

C. Fo≤1/2　　D. Fo≥1/2

14. 空气与温度恒为t_w的竖直平壁进行自然对流传热，远离壁面的空气温度为t。描述这一问题的相似准则关系式包括以下三个相似准则：

A. 雷诺数 Re、普朗特数 Pr、努塞尔特数 Nu

B. 格拉晓夫数 Gr、雷诺数 Re、普朗特数 Pr

C. 普朗特数 Pr、努塞尔特数 Nu、格拉晓夫数 Gr

D. 雷诺数 Re、努塞尔特数 Nu、格拉晓失数 Gr

15. 由于二次流的影响，在相同的边界条件下，弯管内的受迫对流传热系数与直管时的对流传热系数有所不同。因此在用直管的对流传热准则关系式计算弯管情况下对流传热系数时都要在计算的结果上乘以一个修正系数，这个系数：

A. 始终大于 1

B. 始终小于 1

C. 对于气体大于 1，对于液体小于 1

D. 对于液体大于 1，对于气体小于 1

16. 根据努塞尔特对凝结传热时的分析解，局部对流传热系数h_x沿壁面方向x（从上到下）的变化规律为：

A. $h_x \propto x^2$

B. $h_x \propto x^{-1/4}$

C. $h_x \propto x^{1/4}$

D. $h_x \propto x^{-1/2}$

17. 实际物体的辐射力可以表示为：

A. $E = aE_b$

B. $E = E_b/a$

C. $E = \varepsilon E_b$

D. $E = E_b/\varepsilon$

18. 在关于气体辐射的论述中，错误的是：

A. 气体的辐射和吸收过程是在整个容积中完成的

B. 二氧化碳吸收辐射能量时，对波长有选择性

C. 气体的发射率与压力有关

D. 气体可以看成是灰体，因此其吸收率等于发射率

19. 一逆流套管式水—水换热器，冷水的出口温度为 55℃，热水进口温度为 70℃。若热水的流量与冷水的流量相等，换热面积和总传热系数分别为$2m^2$和$150W/(m^2 \cdot K)$，且物性参数不随温度变化，则与该换热器的传热量最接近的数据是：

A. 3500W　　　　B. 4500W

C. 5500W　　　　D. 6500W

20. 关于实际物体的单色吸收率和单色发射率的论述中，错误的是：

A. 热平衡条件下实际物体的单色吸收率等于其所处温度下的单色发射率

B. 单色吸收率等于物体所处温度下的单色发射率

C. 实际物体的单色吸收率与波长有关

D. 实际物体在各个方向上的发射率完全相同

21. 运动流体的压强：

A. 与空间位置有关，与方向无关　　　　B. 与空间位置无关，与方向有关

C. 与空间位置和方向都有关　　　　D. 与空间位置和方向都无关

22. $z+\frac{p}{\gamma}+\frac{v^2}{2g}=C$（常数）表示：

A. 不可压缩理想流体稳定流动的伯努利方程

B. 可压缩理想流体稳定流动的伯努利方程

C. 不可压缩理想流体不稳定流动的伯努利方程

D. 不可压缩黏性流体稳定流动的伯努利方程

23. 有一管径$d=25mm$的室内上水管，水温$t=10℃$。试求为使管道内保持层流状态的最大流速：（10℃时水的运动黏滞系数$\nu=1.31\times10^{-6}m^2/s$）

A. 0.0525m/s　　　　B. 0.1050m/s

C. 0.2100m/s　　　　D. 0.4200m/s

24. 下列哪项是流动相似不必满足的条件：

A. 几何相似　　　　B. 必须是同一种流体介质

C. 动力相似　　　　D. 初始条件和边界条件相似

25. 垂直于圆管轴线的截面上，流体速度的分布：

A. 层流时比紊流时更加均匀　　　　B. 紊流时比层流时更加均匀

C. 与流态没有关系　　　　D. 仅与圆道直径有关

26. 如图所示，过一组 35m 长的串联管道将水泄入环境中，管道前 15m 的直径为 50mm（沿程阻力系数为 0.019），然后管道直径变为 75mm（沿程阻力系数为 0.030），与水库连接的水道入口处局部阻力系数为 0.5，其余局部阻力不计。当要求保持排水量为$10m^3/h$时，则水库水面应比管道出口高：

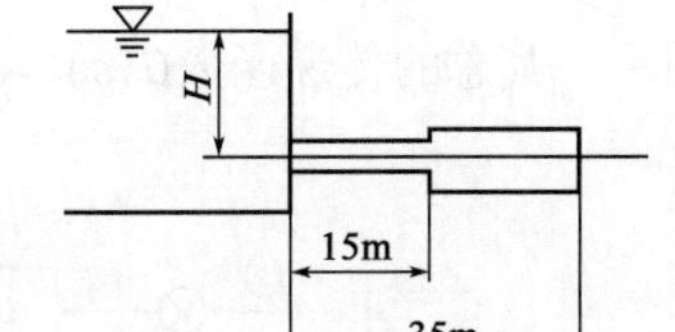

A. 0.814m

B. 0.794m

C. 0.348m

D. 1.470m

27. 常用的泵与风机实际能头曲线有三种类型：陡降型、缓降型与驼峰型。陡降型的泵与风机宜用于下列哪种情况？

A. 流量变化小，能头变化大　　B. 流量变化大，能头变化小

C. 流量变化小，能头变化小　　D. 流量变化大，能头变化大

28. 喷口或喷嘴射入无限广阔的空间，并且射流出口的雷诺数较大，则成为紊流自由射流，其主要特征为：

A. 射流主体段各断面轴向流速分布不具有明显的相似性

B. 射流起始段中保持原出口射流的核心区呈长方形

C. 射流各断面的动量守恒

D. 上述三项

29. 音速是弱扰动在介质中的传播速度，也就是下列哪项的微小变化以波的形式在介质中的传播速度？

A. 压力　　B. 速度

C. 密度　　D. 上述三项

30. 当采用两台相同型号的水泵并联运行时，下列结论错误的是：

A. 并联运行时总流量等于每台水泵单独运行时的流量之和

B. 并联运行时总扬程大于每台水泵单独运行时的扬程

C. 并联运行时总流量等于每台水泵联合运行时的流量之和

D. 并联运行比较适合管路阻力特性曲线平坦的系统

31. 从自动控制原理的观点看，家用空调机的温度传感器应为：

A. 输入元件　　B. 反馈元件

C. 比较元件　　D. 执行元件

32. 根据图示，其总的传递函数$G(s)=C(s)/R(s)$为：

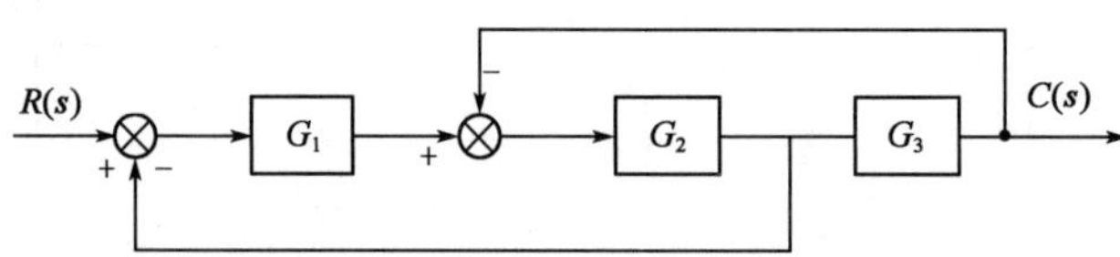

A. $G(s)=\frac{C(s)}{R(s)}=\frac{G_1G_2G_3}{1+G_1G_2-G_2G_3}$　　B. $G(s)=\frac{C(s)}{R(s)}=\frac{G_1G_2G_3}{1-G_1G_2+G_2G_3}$

C. $G(s)=\frac{C(s)}{R(s)}=\frac{G_1G_2G_3}{1-G_1G_2-G_1G_3}$　　D. $G(s)=\frac{C(s)}{R(s)}=\frac{G_1G_2G_3}{1+G_1G_2+G_2G_3}$

33. 某闭环系统的总传递函数为$G(s)=\frac{1}{2s^3+3s^2+s+K}$，根据劳斯稳定判据判断下列论述正确的是：

A. 不论K为何值，系统均不稳定　　B. 当$K=0$时，系统稳定

C. 当$K=1$时，系统稳定　　D. 当$K=2$时，系统稳定

34. 图为某环节的对数幅值随频率的变化渐近线，图中 dec 表示十倍频程。在下列传递函数中可能与图相符合的是：

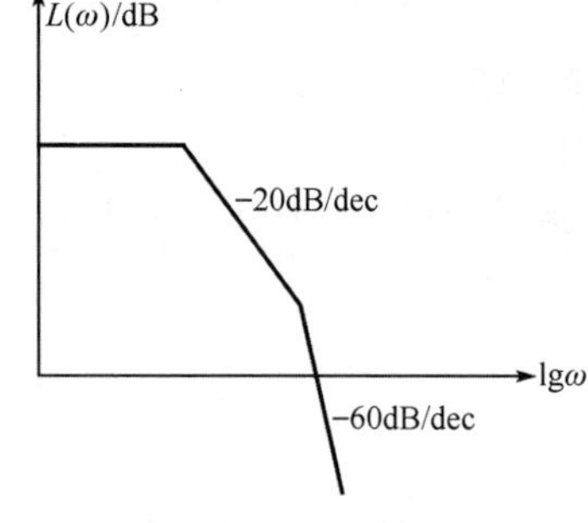

A. $G(j\omega)=\frac{K}{(j\omega)^3+b(j\omega)^2+c(j\omega)+1}$

B. $G(j\omega)=\frac{K}{j\omega[(j\omega)^2+b(j\omega)+1]}$

C. $\frac{K}{(j\omega+a)(j\omega+b)(j\omega+c)}$

D. $\frac{K}{j\omega(j\omega+a)(j\omega+b)}$

35. 某闭环系统的总传递函数为$G(s)=\frac{10}{s^2+As+16}$，选用合适的$A$值，使其瞬态响应能最快达到稳定，则：

A. $A=2$　　B. $A=5$

C. $A=10$　　D. $A=12$

36. 设单位反馈（即负反馈传递函数为 1 的闭环系统）的开环传递函数为$G(s)=\frac{10}{s(0.1s+1)(2s+1)}$，在参考输入为$r(t)=2t$时系统的稳态误差为：

A. 10　　B. 0.1

C. 0.2　　D. 2

37. 如图所示闭环系统的根轨迹应为：

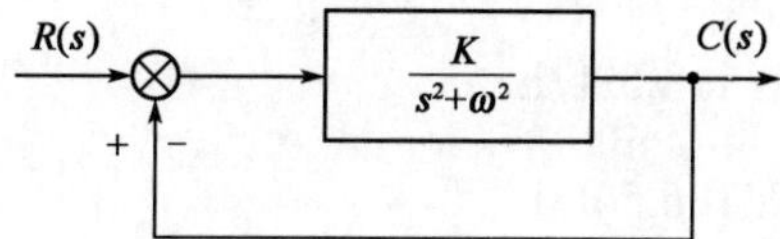

A. 整个负实轴

B. 实轴的两段

C. 在虚轴左面平行于虚轴的直线

D. 虚轴的两段共轭虚根线

38. 对增加控制系统的带宽和增加增益、减小稳态误差宜采用：

A. 相位超前的串联校正　　B. 相位迟后的串联校正

C. 局部速度反馈校正　　D. 前馈校正

39. 对于一个位置控制系统，下列对非线性现象的描述错误的是：

A. 死区

B. 和力成比例关系的固体间摩擦（库仑摩擦）

C. 和运动速度成比例的黏性摩擦

D. 和运动速度平方成比例的空气阻力

40. 能够将被测热工信号转换为标准电流信号输出的装置是：

A. 敏感元件　　B. 传感器

C. 变送器　　D. 显示与记录仪器

41. 介质的被测温度范围 0~600℃，还原性工作气氛，可选用的热电偶为：

A. S 型热电偶　　B. B 型热电偶

C. K 型热电偶　　D. J 型热电偶

42. 电容式差压变送器采用差动电容结构，32kHz 的高频振荡器提供流过两个电容的工作电流，通过反馈改变振荡器振荡幅值的是：

A. 流过C_1的电流I_1　　B. 流过C_2的电流I_2

C. 电流I_1与I_2之和　　D. 电流I_1与I_2之差

43. 在以下四种测量气流速度的装置中，动态响应速度最高的是：

A. 恒温式热线风速仪　　B. 恒流式热线风速仪

C. 皮托管　　D. 机械式风速计

44. 用标准节流装置测量某蒸汽管道内的蒸汽流量。若介质的实际温度由 420℃下降到 400℃，实际压力由设计值$35kgf/cm^2$下降到$30kgf/cm^2$，当流量计显示值为 100t/h时，实际流量为：

（420℃、$35kgf/cm^2$时水蒸气密度为$11.20kg/m^3$，400℃、$30kgf/cm^2$时水蒸气密度为$9.867kg/m^3$）

A. 113.59t/h　　B. 88.1t/h

C. 106.54t/h　　D. 93.86t/h

45. 水位测量系统如图所示，为了提高测量精度，需对差压变送器实施零点迁移：

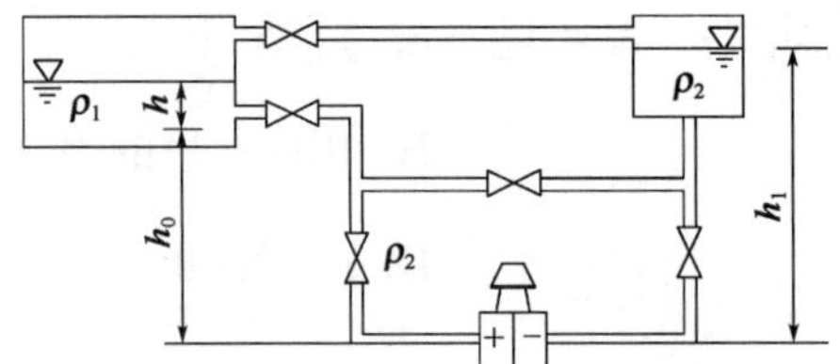

A. 对变送器实施正迁移且迁移量为$gh_1\rho_2 - gh_0\rho_1$

B. 对变送器实施负迁移且迁移量为$gh_1\rho_2 - gh_0\rho_2$

C. 对变送器实施正迁移且迁移量为$gh_1\rho_2 - gh\rho_1$

D. 对变送器实施负迁移且迁移量为$gh_1\rho_2 - gh\rho_2$

46. 湿度是指在一定温度及压力条件下混合气体中水蒸气的含量，对某混合气体，以下四个说法中错误的是：

A. 百分比含量高则湿度大　　B. 露点温度高则湿度大

C. 水蒸气分压高则湿度大　　D. 水蒸气饱和度高则湿度大

47. 工程测量中，常以最大剩余误差σ_i的绝对值是否小于3σ（σ为标准方差）作为判定存在疏忽误差的依据。按此估计方法，所取的置信概率为：

A. 0.683　　B. 0.954

C. 0.997　　D. 0.999

48. 有关氯化锂电阻湿度变送器的说法中，下列不正确的是：

A. 随着空气相对湿度的增加，氯化锂的吸湿量也随之增加，导致它的电阻减小

B. 测量范围为 5%~95%RH

C. 受环境气体的影响较大

D. 使用时间长了会老化，但变送器的互换性好

49. 机械零件的工作安全系数是：

A. 零件材料的极限应力比许用应力

B. 零件材料的极限应力比零件的工作应力

C. 零件的工作应力比许用应力

D. 零件的工作应力比零件的极限应力

50. 斜齿圆柱轮的标准模数和压力角是指以下哪种模数和压力角：

A. 端面　　B. 法面

C. 轴面　　D. 任意截面

51. 开式齿轮传动的主要失效形式一般是：

A. 齿面胶合　　B. 齿面疲劳点蚀

C. 齿面磨损　　D. 轮齿塑性变形

52. 代号为 N1024 的轴承，其内径是：毫米。

A. 24　　B. 40

C. 120　　D. 1024

53. 在非液体摩擦滑动轴承中，限制pV值的主要目的是防止轴承：

A. 润滑油被挤出　　B. 产生塑性变形

C. 磨粒磨损　　D. 过度发热而胶合

54. 下面几种联轴器中，不能补偿两轴间轴线误差的联轴器是：

A. 夹壳联轴器　　B. 轮胎联轴器

C. 齿形联轴器　　D. 弹性柱销联轴器

55. 齿轮轮系传动不可能提供以下哪种作用？

A. 做较远距离的传动　　B. 过载保护

C. 实现变速与换向　　D. 获得大传动比

56. 以下各种皮带传动类型中，传动能力最小的为：

A. 圆形带　　B. 同步带

C. 平带　　D. V 型带

57. 在以下几种螺纹中，为承受单向荷载而专门设计的是：

A. 梯形螺纹　　B. 锯齿形螺纹

C. 矩形螺纹　　D. 三角形螺纹

58. 下列哪一个部门应负责采取措施，拉制和处理施工现场对环境可能造成的污染和危害？

A. 建设单位　　B. 城监部门

C. 主管部门　　D. 施工企业

59. 重点用能单位应当设立能源管理岗位，能源管理人员应在以下人员中聘任，并向县级以上人民政府管理节能工作的部门和有关部门备案：

A. 具有节能专业知识、实际经验及岗位证书的人员

B. 具有节能专业知识、实际经验的工程技术人员

C. 具有节能专业知识、实际经验以及工程师以上技术职称的人员

D. 具有节能专业知识、实际经验的高级工程师

60. 工程建设监理单位的工作内容，下列说法正确的是：

A. 代表业主对承包方进行监理

B. 对合同的双方进行监理

C. 代表一部分政府职能

D. 只能对业主提交意见，由业主行使权力

2008 年度全国勘察设计注册公用设备工程师（暖通空调、动力）执业资格考试基础考试（下）试题解析及参考答案

1. 解 本题主要考查热力学系统的基本概念。按系统与外界有无物质交换，系统可分为闭口系统和开口系统。闭口系统，系统内外无物质交换；开口系统，系统内外有物质交换。

答案：A

2. 解 制冷量是指空调进行制冷运行时，单位时间内从密闭空间、房间或区域内去除的热量总和。

答案：A

3. 解 在内燃机循环中气体的放热过程为定容过程，因此计算放热量时应采用定容比热。

答案：D

4. 解 根据热力学能的分类，外部储存能包括宏观动能E_{k}和重力位能E_{p}两种。

答案：A

5. 解 如果有 1kg 湿蒸汽，干度为x，即有$x$kg饱和蒸汽，$(2-x)$kg饱和水。则湿蒸汽的一些参数计算公式如下：

$$h = xh'' + (1-x)h'$$

$$V = xV'' + (1-x)V'$$

$$s = xs'' + (1-x)s'$$

答案：A

6. 解 湿空气的焓值以 0℃的干空气和水为基准点，1kg 干空气的焓$0.001d$kg，水蒸气的焓总和即$h = h_{\mathrm{a}} + 0.001dh_{\mathrm{v}}$，其中水蒸气的焓值为$h_{\mathrm{v}} = 2501 + 1.85t$，式中 2501 是 0℃时饱和水的汽化潜热，1.85 为常温下水蒸气的平均比定压热容[kJ/(kg·K)]。

答案：D

7. 解 本题主要考查理想气体状态方程式的微分推动过程。在一定状态下，p、V、T三个变量中只有两个是独立的，也就是当压力和温度确定之后，体系的体积也随着确定下来，即$V = f(p,T)$，其微分为“全微分”，即

$$\mathrm{d}V = \left(\frac{\partial V}{\partial p}\right)_{\mathrm{T}} \mathrm{d}p + \left(\frac{\partial V}{\partial T}\right)_{\mathrm{p}} \mathrm{d}T$$

理想气体状态方程式的实验基础是三个实验定律：①波义耳（Boyle）定律；②查理士-盖·吕萨克（Charles-Gay-Lussac）定律；③阿伏伽德罗（Avogadro）定律。自以上三个实验定律可得出上式中有关的偏微系数。

由波义耳定律可得：

$$\left(\frac{\partial V}{\partial p}\right)_{\mathrm{T}} = -\frac{V}{p}$$

由查理士-盖·吕萨克定律可得：

$$\left(\frac{\partial V}{\partial T}\right)_{\mathrm{p}} = \frac{V}{T}$$

由阿佛伽德罗定律可得：

$$\left(\frac{\partial V}{\partial n}\right)_{\mathrm{p,T}} = \frac{V}{n}$$

因此$V = f(p,T)$的全微分可表示为：

$$\mathrm{d}V = -\frac{V}{p}\mathrm{d}p + \frac{V}{T}\mathrm{d}T\text{或}\frac{\mathrm{d}V}{V} = -\frac{\mathrm{d}p}{p} + \frac{\mathrm{d}T}{T}$$

上述两边不定积分的结果为：

$$\ln V = -\ln p + \ln T + \ln R_{\mathrm{g}}$$

式中积分常数$\ln R$为一与气体性质无关的常数，而R_{g}称为“摩尔气体常量”。上式移项并除去对数符号，可得：

$$pV = R_{\mathrm{g}}T$$

答案：A

8. 解 本题主要考查理想气体定容比容与定压比容的换算公式$c_{\mathrm{p}} - c_{\mathrm{v}} = R$和定压过程容积功计算式$w = p(V_2 - V_1) = R(T_2 - T_1)$，以及定压过程内能变化公式$\Delta H = mc_{\mathrm{p}}(T_2 - T_1)$。

已知气体的定容比热，由公式$c_{\mathrm{p}} - c_{\mathrm{v}} = R$可以求得定压比热$c_{\mathrm{p}}$为1.038kJ/(kg·K)，由公式$\Delta H = mc_{\mathrm{p}}(T_2 - T_1) = 3349\mathrm{kJ}$，可以计算出温度变化$m(T_2 - T_1) = 3226.4\mathrm{kg\cdot K}$，则此过程对外界做的容积功为$W = mR(T_2 - T_1) = 958\mathrm{kJ}$。

答案：D

9. 解 本题主要考查动力循环吸热量在T-s图上的标示方法。动力循环吸热量$q_{吸热}$为循环过程的净热量$q_{净热}$与循环过程的放热量$q_{放热}$之和，在T-s图上即为$12dc1$所包含的面积，$q_{净热} = \frac{(a-b)(d-c)}{2}$，$q_{放热} = b(d-c)$，则$q_{吸热} = q_{净热} + q_{放热} = \frac{(a+b)(d-c)}{2}$。

答案：B

10. 解 工质在绝热流动中，因遇着障碍物或某种原因而受阻，使速度降低直至变为零，这种过程称为绝热滞止。水银温度计在管道中测得的温度是流体的滞止温度。而对于理想气体滞止参数的计算公式为：

$$\left.\begin{aligned} h_0 &= h_1 + \frac{c_1^2}{2} \\ T_0 &= T_1 + \frac{c_1^2}{2c_{\mathrm{p}}} \end{aligned}\right\}$$

因此空气的实际温度是：

$$T_1 = T_0 - \frac{c_1^2}{2c_\text{p}} = 70 - \frac{150 \times 150}{2 \times 1001} = 59℃$$

答案：C

11. 解　剥掉电缆的绝缘层，电缆表面温度比空气的温度高，有温差就有传热，电缆就会向空气散热，温度会降低。

答案：B

12. 解　热流密度可以表示为

$$q = \frac{t_\text{A} - t_\text{B}}{\frac{1}{\eta_\text{A}} + \frac{\delta_\text{A}}{\lambda_\text{A}} + \frac{\delta_\text{B}}{\lambda_\text{B}} + \frac{1}{\eta_\text{B}}}$$

或者

$$q = \frac{t_\text{AB} - t_\text{B}}{\frac{\delta_\text{B}}{\lambda_\text{B}} + \frac{1}{\eta_\text{B}}}$$

或者

$$q = \frac{t_\text{A} - t_\text{AB}}{\frac{\delta_\text{A}}{\lambda_\text{A}} + \frac{1}{\eta_\text{A}}}$$

答案：C

13. 解　对非稳态导热的显式格式，其数值解的稳定性要受到稳定性条件的限制。对于内部节点的稳定性条件是：$\text{Fo} \leqslant \frac{1}{2}$；对于第三类边界条件的稳定性条件是：$\text{Fo} \leqslant \frac{1}{2\text{Bi}+2}$。

答案：C

14. 解　自然对流传热的相似准则关系式为：

$$\text{Nu} = f(\text{Gr}, \text{Pr})$$

答案：C

15. 解　在弯曲的通道中流动产生的离心力，将在流场中形成二次环流，此二次环流与主流垂直，它增加了对边界层的扰动，有利于换热。而且管的弯曲半径越小，二次环流的影响越大。

答案：A

16. 解　凝结传热的分析解：

$$h = 0.943 \left[\frac{\rho_l^2 \cdot g \cdot r \cdot \lambda^3}{\mu_l \cdot x \cdot (t_\text{s} - t_\text{w})} \right]^{\frac{1}{4}}$$

答案：B

17. 解　实际物体的辐射力等于该物体的发射率乘上同温度黑体的辐射力。

答案：C

18. 解　气体辐射具有明显的选择性，因此不能看成灰体，其吸收率不等于发生率。

答案：D

19. 解　由于热水的流量与冷水的流量相等，则热水进出口温差与冷水的进出口温差相等，可用冷热水的进口温差作为对数平均温差，$Q = kF \cdot \Delta t = 2 \times 150 \times (70 - 55) = 4500\text{W}$。

答案：B

20. 解　如解图所示，实际物体在各个方向上的发射率是变化的。对于非导体，定向角在0°~60°范围内，发射率为常数；大于60°时，发射率数值减小很快。对于导电体，定向角在0°~80°范围内，发射率为常数；大于80°时，发射率数值减小很快。对于选项A，基尔霍夫定律描述：热平衡条件下实际物体的单色吸收率等于其所处温度下的单色发射率。另外，单色吸收率等于物体所处温度下的单色发射率。实际物体的单色吸收率与波长有关。

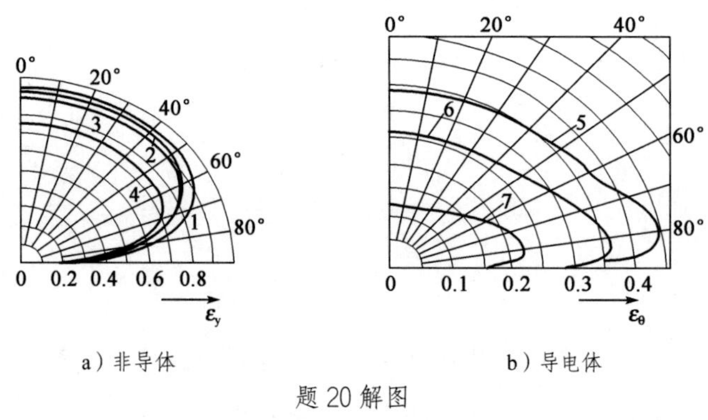

a）非导体　　b）导电体

题20解图

1-融冰；2-玻璃；3-黏土；4-氧化亚铜；5-铋；6-铝青铜；7-铁（钝化）

答案：D

21. 解　静止流体压强与空间位置有关，与方向无关；运动流体中因存在切向应力，故与空间位置和方向都有关。

答案：C

22. 解　这是不可压缩理想流体稳定流动的元流伯努利方程表达式。

答案：A

23. 解　对圆管而言，临界雷诺数Re=2000，即：

$$\text{Re} = \frac{ud}{\nu} = 2000$$

$$u = 2000 \times 1.31 \times 10^{-6}/0.025 = 0.105\text{m/s}$$

答案：B

24. 解　流动相似是指组成模型的每个要素必须与原型的对应要素相似，包括几何要素和物理要素，而不必是同一种流体介质。

答案：B

25. 解 紊流时由于流体质点相互掺混，使流速分布趋于均匀。垂直于圆管轴线的截面上，层流流体速度为抛物线分布，而紊流为对数分布。

答案：B

26. 解

$$v_1=\frac{4Q}{\pi d_1^2}=\frac{4\times 10/3600}{3.14\times 0.05^2}=1.415\text{m/s}$$

$$v_2=\frac{4Q}{\pi d_2^2}=\frac{4\times 10/3600}{3.14\times 0.075^2}=0.629\text{m/s}$$

$$H=\frac{v_2^2}{2g}+\left(\zeta_1+\lambda_1\frac{l_1}{d_1}\right)\frac{v_1^2}{2g}+\lambda_2\frac{l_2}{d_2}\frac{v_2^2}{2g}$$

$$=\left(0.5+0.019\times\frac{15}{0.05}\right)\times\frac{1.415^2}{19.6}+\left(1+0.03\times\frac{20}{0.075}\right)\times\frac{0.629^2}{19.6}$$

$$=0.814\text{m}$$

答案：A

27. 解 从风机特征曲线图上可以看出，陡降型的泵与风机当流量变化时，能头会剧烈变化，因此适用于选项A的情况。

答案：A

28. 解 该题与2006-28题相同。对于自由射流，单位时间内射流各横截面沿x方向动量保持不变，等于喷管出口处的原始动量。同时，自由射流主体段各断面轴向流速分布具有明显的相似性，射流起始段中保持原出口射流的核心区呈锥形。

答案：C

29. 解 由音速的定义可知，某处产生一个微弱的局部压力扰动，这个压力扰动将以波面的形式在流体内传播，其传播速度称为音速。

答案：A

30. 解 联合运行时水泵的工作点相比独立运行时，系统总流量变大，管路阻抗不变，所以所需能头也变大。能头的增大造成泵的流量比单台独立运行时小。即并联运行时总流量大于单台水泵独立运行时的流量，但小于每台水泵单独运行时的流量之和。

答案：A

31. 解 温度传感器为测量元件，将实际温度测出与参考温度进行比较，构成反馈通道，因此为反馈元件。

答案：B

32. 解　根据梅逊公式求取。题图中有2个回路，回路传递函数为：

$$L_1 = +G_1G_2,\ L_2 = -G_2G_3$$

则
$$\Delta = 1 - (L_1 + L_2 + L_3) = 1 - G_1G_2 + G_1G_2G_3$$

图中有两条前向通路，$n = 1$，第1条前向通路的传递函数为$P_1 = G_1G_2G_3$，第2条前向通路的传递函数为$P_2 = G_1$，前向通路与回路均相互接触，故$\Delta_1 = 1$。因此传递函数为：

$$\frac{C(s)}{R(s)} = \frac{P_1\Delta_1}{\Delta} = \frac{G_1G_2G_3}{1 - G_1G_2 + G_2G_3}$$

答案：B

33. 解　$0 < K < 3/2$时，系统稳定。可取$K = 1$。

答案：C

34. 解　如解图所示。

由图可得，该系统有一个比例环节K，随着频率的增大，转折频率a处有两个惯性环节$\frac{1}{\frac{1}{a}s+1}$，转折频率b处有一个惯性环节$\frac{1}{\frac{1}{b}s+1}$。因此可得传递函数为：

$$G(s) = \frac{K}{\left(\frac{1}{b}s+1\right)^2\left(\frac{1}{a}s+1\right)}$$

则频率特性为：

$$G(j\omega) = \frac{K}{\left(\frac{1}{b}j\omega+1\right)^2\left(\frac{1}{a}j\omega+1\right)}$$

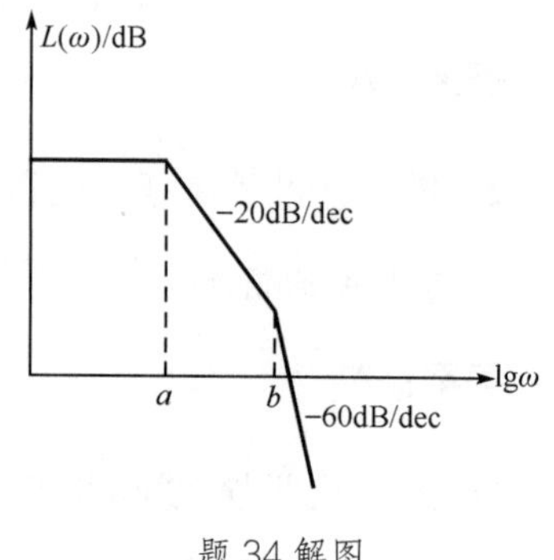

题34解图

答案：A

35. 解　与标准二阶系统相比可得，$\omega_n = 4$，$2\xi\omega_n = A$，最快达到稳定的二阶系统即过渡过程时间对端的为欠阻尼系统。因此$\xi = A/8 < 1$，只有$A = 2$和$A = 5$满足该要求，调节时间$t_s = \frac{3}{\xi\omega_n} = \frac{6}{A}$越小，越快达到稳定，则$A = 5$。

答案：B

36. 解　根据斜坡输入信号作用时稳态误差的定义可知$e_{ss} = \frac{2}{K_v}$，本题中：

$$K_v = \lim_{s\to 0} s\,G(s) = \lim_{s\to 0}\frac{10}{s(0.1s+1)(2s+1)} = 10$$

则
$$e_{ss} = \frac{2}{K_v} = 0.2$$

答案：C

37. 解　闭环传递函数为$\frac{K}{s+K}$，闭环极点$s \approx -K$；当K从零变化到无穷大时，根轨迹为整个负实轴。

答案：A

38. 解 超前校正利用了超前网络校正装置相角超前、幅值增加的特性，校正后可以使系统的截止频率ω_c变宽、相角裕度γ增大，从而有效改善系统的快速性和平稳性。在系统稳定性满足的情况下，要求系统的响应快、超调小，可采用串联超前校正。

答案：A

39. 解 非线性现象有死区、饱和、继电、摩擦和间隙等。摩擦非线性，黏性摩擦力与滑动表面的相对速度成线性正比关系。

答案：D

40. 解 传感器就是对各种非电物理量，如压力、温度、湿度、物质成分等敏感的敏感元件。它是实现测量按一定规律转换成便于处理和传输的另一物理量（一般多为电量）的元件。

答案：B

41. 解 本题主要考查常用热电偶的测温范围。其中J（铁—康铜）型热电偶具有价格便宜的优点，既可用于氧化性气氛（使用温度上限为750℃），也可用于还原性气氛（使用温度上限为950℃）。

答案：D

42. 解 电容式差压变送器是没有杠杆机构的变送器。它采用差动电容作为检测元件，整个变送器无机械传动、调整装置，并且测量部分采用全封闭焊接的固体化结构。因此，仪表结构简单，性能稳定、可靠，且具有较高的精度。电容式传感器是通过在膜片的旁边，固定一个与该膜片平行的极板，使膜片与极板构成一个平行板电容器。当膜片受压产生位移时，极板与膜片间的距离发生改变，从而改变电容器的电容值，通过测量电容的变化即可间接获得被测压力的大小。变送器主要由检测部分和信号转换及放大处理部分组成。检测部分由检测膜片和两侧固定弧形板组成，检测膜片在压差的作用下可轴向移动，形成可移动电容极板，并和固定弧形板组成两个可变电容器C_1和C_2。检测前，高、低压室压力平衡，$P_1 = P_2$；按结构要求，组成两可变电容的固定弧形极板和检测膜片对称，极间距相等，$C_1 = C_2$。当被测压力P_1和P_2分别由导入管进入高、低压室时，由于$P_1 > P_2$，隔离膜片中心将发生位移，压迫电解质使高压侧容积变小。当电解质为不可压缩体时，其容积变化量将引起检测膜片中心向低压侧位移，此位移量和隔离膜片中心位移量相等。根据电工学，当组成电容的两极板极间距发生变化时，其电容量也将发生变化，即从$C_1 = C_2$变为$C_1 \neq C_2$。未发生位移时，$I_1 = I_2 = 0$，$i_1 + i_2 = i_c$；发生位移后，由于相对极间距发生变化，各极板上的积聚电荷量也发生变化，形成电荷位移，此时反映出$I_1 \neq I_2$，两者之间将产生电流差，若检测出其值大小以及和压差的关系，即可求取压力。电流差和可动极板（检测膜片）中心位移成正比，由于此位移和被测压差成正比，所以电流差与被测压差以及流量均成正比。

答案：D

43. 解 毕托管是利用安装在流体运动方向上的两根直管产生的压差来测量液体或气体的流速和

流量的检出元件，它是流量测量仪表中最简单的一种。最简单的毕托管有一根端部带有小孔的金属细管称为导压管，正对流束方向测出流体的总压力（即静压力和动压力之和）；另在金属细管前面附近的主管道壁上再引出一根导压管，测得静压力。差压计与两导压管相连，测出的压差即为动压力。根据伯努利定理，动压力与流速的平方成正比。因此用毕托管可测出流体的流速。在结构上进行改进后即成为组合式毕托管，即毕托—静压管。它是一根弯成直角的双层管。外套管与内套管之间封口，在外套管的周围有若干小孔。测量时，将此套管插入被测管道中间。内套管的管口正对流束方向，外套管周围小孔的孔口恰与流束方向垂直，这时测出内外套管的压差即可计算出流体在该点的流速。

答案：C

44. 解　对于节流式流量计，实际流量与计算流量间计算公式为：

$$q_{\mathrm{ms}} = \sqrt{\rho_{\mathrm{s}}/\rho_{\mathrm{k}}}q_{\mathrm{mk}}$$

代入数据计算可得。

答案：D

45. 解　为了防止密闭容器内的液体或气体进入差压变送器的取压室，造成测量管线的堵塞或腐蚀，在差压变送器的正、负压室与取压点之间分别装有隔离罐，并填充隔离液，本题中充注的液体密度为ρ_2。在实际工作中$\rho_2 >> \rho_1$，所以，在最高液位时，负压室的压力也远大于正压室的压力，使仪表输出仍小于实际液面所对应的仪表输出。这样就破坏了变送器输出与液位之间的正常关系。为了使仪表输出和实际液面相对应，就必须把负压室引压管线中h_1与h_0之间这段液柱产生的静压力$\rho_2 g(h_1 - h_0)$消除掉，要想消除这个静压力，就要调校差压变送器,也就是对差压变送器进行负迁移，$\rho_2 g(h_1 - h_0)$这个静压力叫做迁移量，故选B。

答案：B

46. 解　本题主要考查湿度的表示方法。空气有吸收水分的特征，湿度的概念是空气中含有水蒸气的多少。它有三种表示方法：①绝对湿度，它表示每立方米空气中所含的水蒸气的量，单位是千克/立方米；②含湿量，它表示每千克干空气所含有的水蒸气的量，单位是千克/(千克·干空气)；③相对湿度，表示空气中的绝对湿度与同温度下的饱和绝对湿度的比值，得数是一个百分比。本题中的百分比含量是水蒸气在混合空气中的质量百分比，并不是相对湿度。

答案：A

47. 解　测量结果表达式$x = \overline{x} \pm 3\sigma$，$\overline{x}$的置信度为99.7%。

答案：C

48. 解　氯化锂电阻湿度计利用氯化锂吸湿量随着空气相对湿度的变化，从而引起电阻变化的原理制成。氯化锂是一种在大气中不分解、不挥发、不变质的稳定的离子型无机盐类，其变送器受环境气体影响较小。

答案： C

49. 解 由许用应力$\sigma \leqslant [\sigma]=\frac{\sigma_{\lim}}{S}=\frac{\sigma_s}{S}$，可知工作安全系数是零件材料的极限应力比许用应力。

答案： A

50. 答案： B

51. 解 齿面磨损主要发生在开式传动中。

答案： C

52. 解 右起第一、二位数字表示内径尺寸。表示方法见解表。

轴承内径尺寸代号 题 52 解表

代号表示	00	01	02	03	内径/5的商	公称内径/内径
内径尺寸（mm）	10	12	15	17	20~480（5的倍数）	22、28、32及500以上

答案： C

53. 解 pV值简略地表征轴承的发热因素，为了保证轴承运转时不产生过多的热量，以控制温升，防止黏着胶合，要限制pV的值。

答案： D

54. 解 固定式刚性联轴器不能补偿两轴的相对位移，齿形联轴器属于固定式刚性联轴器。

答案： C

55. 解 齿轮系能够实现距离较远的两个轴之间的传动，获得较大的传动比，实现运动的变速与变向，实现运动的合成分解等。

答案： B

56. 解 带紧套在两个带轮上，借助带与带轮接触面间的压力所产生的摩擦力来传递运动和动力。同样条件下，圆形带与带轮接触面上的摩擦力最小，因此传动能力最小。

答案： A

57. 解 锯齿形螺纹的牙形为不等腰梯形，工作面的牙形角为 3°，非工作面的牙形角为 30°。外螺纹的牙根有较大的圆角，以减少应力集中。内、外螺纹旋合后大径处无间隙，便于对中，传动效率高，而且牙根强度高，适用于承受单向荷载的螺旋传动。

答案： B

58. 解 《中华人民共和国建筑法》第四十一条规定：建筑施工企业应当遵守有关环境保护和安全生产的法律、法规的规定。采取控制和处理施工现场的各种粉尘、废气、废水、固体废物以及噪声、振动对环境的污染和危害的措施。

答案：D

59. 解　《中华人民共和国节约能源法》第五十五条规定：重点用能单位应当设立能源管理岗位，在具有节能专业知识、实际经验以及中级以上技术职称的人员中聘任能源管理负责人，并报管理节能工作的部门和有关部门备案。

答案：C

60. 解　《中华人民共和国建筑法》第三十二条规定：建筑工程监理应当依照法律、行政法规及有关的技术标准、设计文件和建筑工程承包合同，对承包单位在施工质量、建设工期和建设资金使用等方面，代表建设单位实施监督。

答案：A

2009年度全国勘察设计注册公用设备工程师

（暖通空调、动力）执业资格考试试卷

基础考试

（下）

二〇〇九年九月

应考人员注意事项

1. 本试卷科目代码为“2”，考生务必将此代码填涂在答题卡“科目代码”相应的栏目内，否则，无法评分。
2. 书写用笔：**黑色或蓝色钢笔、签字笔或圆珠笔**；
   填涂答题卡用笔：**黑色 2B 铅笔**。
3. 必须用书写用笔将工作单位、姓名、准考证号填写在答题卡和试卷相应的栏目内。
4. 本试卷由 60 题组成，每题 2 分，满分 120 分，本试卷全部为单项选择题，每小题的四个备选项中只有一个正确答案，错选、多选、不选均不得分。
5. 考生作答时，必须按**题号在答题卡上**将相应试题所选选项对应的**字母用 2B 铅笔涂黑**。
6. 在答题卡上书写与题意无关的语言，或在答题卡上作标记的，均按违纪试卷处理。
7. 考试结束时，由监考人员当面将试卷、答题卡一并收回。
8. 草稿纸由各地统一配发，考后收回。

单项选择题（共 60 题，每题 2 分。每题的备选项中，只有一个最符合题意。）

1. 表压力、大气压力、真空度和绝对压力中只有：

A. 大气压力是状态参数　　B. 表压力是状态参数

C. 绝对压力是状态参数　　D. 真空度是状态参数

2. 理论上认为，水在工业锅炉内的吸热过程是：

A. 定容过程　　B. 定压过程

C. 多变过程　　D. 定温过程

3. 评价热机的经济性能指标是循环热效率，它可写作：

A. (循环中工质吸热量 − 循环中工质放热量)/循环中工质吸热量

B. (循环中工质吸热量 − 循环中工质放热量)/循环中转换为功的热量

C. 循环中转换为功的热量/循环中工质吸热量

D. 循环中转换为功的热量/循环中工质放热量

4. 某电厂有三台锅炉合用一个烟囱，每台锅炉每秒钟产生烟气 73m^3（已折算到标准状态下的容积）。烟囱出口处的烟气温度为 100℃，压力近似等于1.0133×10^5Pa，烟气流速为 30m/s，则烟囱的出口直径是：

A. 3.56m　　B. 1.76m

C. 1.66m　　D. 2.55m

5. 气体在某一过程中放出热量 100kJ，对外界做功 50kJ，其内能变化量是：

A. −150kJ　　B. 150kJ

C. 50kJ　　D. −50kJ

6. 湿空气的焓可用$h=1.01t+0.001d(2501+1.85t)$来计算，其中温度$t$是指：

A. 湿球温度　　B. 干球温度

C. 露点温度　　D. 任意给定的温度

7. 压力为9.807×10^5Pa、温度为 30℃的空气，流经阀门时产生绝热节流作用，使压力降为6.865×10^5Pa，此时的温度为：

A. 10℃　　B. 30℃

C. 27℃　　D. 78℃

8. 标准立方米的氧气，在温度$t_1 = 45°C$和压力$p_1 = 103.2kPa$下盛于一个具有可移动活塞的圆筒中，先在定压下对氧气加热，热力过程为 1—2，然后在定容下冷却到初温 45℃，过程为 2—3。已知终态压力$p_3 = 58.8kPa$。若氧气的气体常数$R = 259.8J/(kg \cdot K)$，在这两个过程中氧气与外界交换热量为：

A. 56.56kJ　　B. 24.2kJ

C. 26.68kJ　　D. 46.52kJ

9. 图为卡诺制冷循环的T-s图，从图中可知，表示制冷量的是：

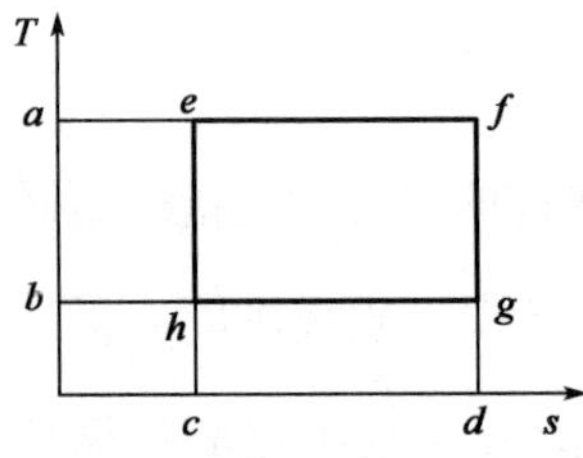

A. 面积$efghe$

B. 面积$hgdch$

C. 面积$cfghe$ + 面积 $hgdch$

D. 面积$aehba$ + 面积$efghe$

10. 冬天用一热泵向室内供热，使室内温度保持在 20℃。已知房屋的散热损失是 120000kJ/h，室外环境温度为−10℃，则带动该热泵所需的最小功率是：

A. 8.24kW　　B. 3.41kW

C. 3.14kW　　D. 10.67kW

11. 在外径为 133mm 的蒸汽管道外覆盖保温层，管道内是温度为 300℃的饱和水蒸气。按规定，保温材料的外层的温度不得超过 50℃。若保温材料的导热系数为$0.05W/(m \cdot ℃)$，保温层厚度为 46mm，则每米管道的热损失应为：

A. 250W　　B. 150W

C. 50W　　D. 350W

12. 将初始温度为t_0的小铜球放入温度t_∞的水槽中，如果用集总参数法来分析，则在经过的时间等于时间常数$\tau_r = \rho cV/(hA)$时，铜球的温度应为：

A. $0.368t_\infty + 0.632t_0$　　B. $0.618t_\infty + 0.382t_0$

C. $0.5t_\infty + 0.5t_0$　　D. $0.632t_\infty + 0.368t_0$

13. 一固体壁面与流体相接触，内部的温度变化遵循热传导方程，其边界条件为：

A. $-\lambda\left(\frac{\partial t}{\partial n}\right)_w = h(t_w - t_f)$　　B. $\lambda\left(\frac{\partial t}{\partial n}\right)_w = h(t_w - t_f)$

C. $-\lambda\left(\frac{\partial t}{\partial n}\right)_w = h(t_f - t_w)$　　D. $\lambda\left(\frac{\partial t}{\partial n}\right)_w = h(t_f - t_w)$

14. 温度为t_∞的空气以流速u_∞掠过温度恒为t_w平壁时的层流受迫对流传热问题，在一定条件下可以用边界层换热积分方程求解。用这种方法得到的对流传热准则关系式表明，局部对流传热系数h_x沿流动方向x的变化规律为：

A. $h_x \propto x^{\frac{1}{2}}$　　B. $h_x \propto x^{\frac{1}{5}}$

C. $h_x \propto x^{\frac{1}{3}}$　　D. $h_x \propto x^{-\frac{1}{2}}$

15. 为了强化蒸汽在竖直壁面上的凝结传热，应采取以下哪个措施？

A. 在蒸汽中掺入少量的油　　B. 在蒸汽中注入少量的氮气

C. 设法增加液膜的厚度　　D. 设法形成珠状凝结

16. 下列关于实际物体的吸热率与发射率之间关系的论述，错误的是：

A. 热平衡条件下实际物体的吸收率等于其所处温度下的发射率

B. 物体的单色吸收率等于其所处温度下的单色发射率

C. 实际物体的吸收率等于它的发射率

D. 实际物体在各个方向上的发射率有所不同

17. 因二氧化碳等气体造成的温室效应会使地球表面温度升高而引起自然灾害。二氧化碳等气体产生温室效应的原因是：

A. 吸收光谱是不连续的　　B. 发射光谱是不连续的

C. 对红外辐射的透射率低　　D. 对红外辐射的透射率高

18. 两个平行的无限大灰体表面 1 和 2，温度分别为T_1和T_2，发射率均为 0.8。若在中间平行插入一块极薄的、发射率为 0.4 的金属板，则表面 1 和 2 之间的换热量变为原来的：

A. 50%　　B. 27%　　C. 18%　　D. 9%

19. 某建筑外墙的面积为12m^2，室内气体与内墙表面的对流传热系数为$8\text{W}/(\text{m}^2\cdot\text{K})$，外表面与室外环境的复合传热系数为$23\text{W}/(\text{m}^2\cdot\text{K})$，墙壁的厚度为 0.48m，导热系数为$0.75\text{W}/(\text{m}\cdot\text{K})$，则总传热系数为：

A. $1.24\text{W}/(\text{m}^2\cdot\text{K})$　　B. $0.81\text{W}/(\text{m}^2\cdot\text{K})$

C. $2.48\text{W}/(\text{m}^2\cdot\text{K})$　　D. $0.162\text{W}/(\text{m}^2\cdot\text{K})$

20. 为了强化电加热器表面与水的传热，以下不正确的措施是：

A. 提高水的流速　　B. 提高加热器表面的发射率

C. 提高表面的粗糙度　　D. 使加热器表面产生震动

21. 根据流体运动参数是否随时间变化可以分为稳定流动和非稳定流动，下面说法正确的是：

A. 流体非稳定流动时，只有流体的速度随时间而变化

B. 流体稳定流动时，任何情况下沿程压力均不变

C. 流体稳定流动时，流速一定很小

D. 流体稳定流动时，各流通断面的平均流速不一定相同

22. 试建立图中 1-1 断面和 2-2 断面之间的能量方程：

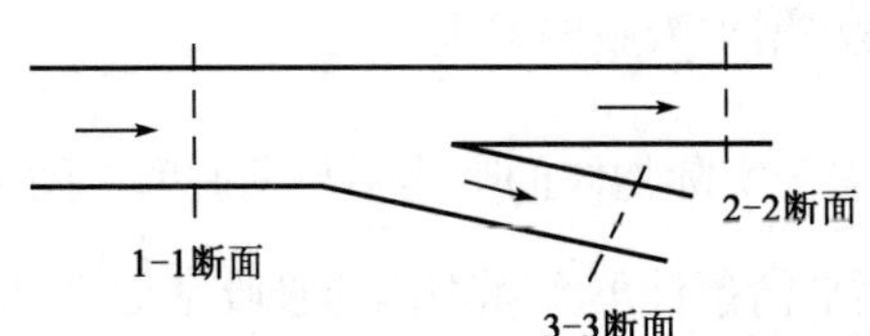

A. $z_1+\frac{p_1}{\gamma}+\frac{\alpha_1 v_1^2}{2g}=z_2+\frac{p_2}{\gamma}+\frac{\alpha_2 v_2^2}{2g}$

B. $\frac{p_1}{\gamma}+\frac{\alpha_1 v_1^2}{2g}=\frac{p_2}{\gamma}+\frac{\alpha_2 v_2^2}{2g}+h_{l1\text{-}2}$

C. $z_1+\frac{\alpha_1 v_1^2}{2g}=z_2+\frac{\alpha_2 v_2^2}{2g}+h_{l1\text{-}2}$

D. $z_1+\frac{p_1}{\gamma}+\frac{\alpha_1 v_1^2}{2g}=z_2+\frac{p_2}{\gamma}+\frac{\alpha_2 v_2^2}{2g}+h_{l1\text{-}2}$

23. 温度为 50℃、直径为 0.2m 的水平圆柱与 20℃的空气之间进行自然对流传热，若空气的运动黏度取 $16.96\times10^{-6}\mathrm{m^2/s}$，则格拉晓夫数为：

A. 26.6×10^{6}

B. 26.6×10^{7}

C. 23.6×10^{7}

D. 23.6×10^{6}

24. 以下哪项措施不能有效减小管道中流体的流动阻力？

A. 改进流体的外部边界

B. 提高流速

C. 减小对流体的扰动

D. 在流体内投加极少量的添加剂改善流体运动的内部结构

25. 在并联管路中，总的阻抗与各支管阻抗之间的关系为：

A. 总阻抗的倒数等于各支管阻抗平方根倒数之和

B. 总阻抗的倒数等于各支管阻抗立方根倒数之和

C. 总阻抗的倒数等于各支管阻抗倒数之和

D. 总阻抗等于各支管阻抗之和

26. 如图所示，两水池的水位相差 8m，用一组管道连接，管道BC段长为 2000m，直径为 500mm。CD段和CE段长均为 2000m，直径均为 250mm。B点与E点在同一水平线上，D点与B点相差 7m。设管道沿程阻力系数为 0.035，不计局部阻力损失。则两水池间的总流量为：

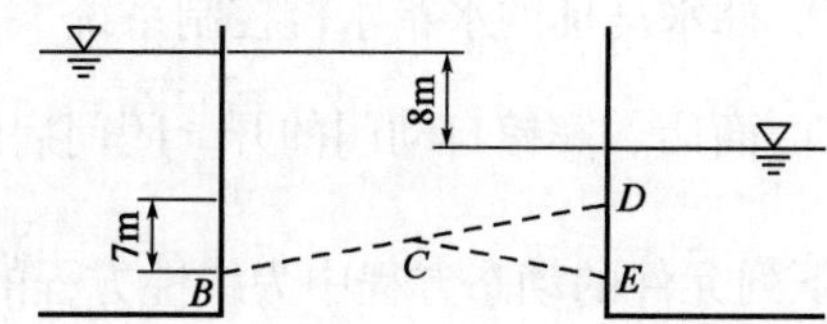

A. $0.0693\text{m}^3/\text{s}$

B. $0.0504\text{m}^3/\text{s}$

C. $0.0648\text{m}^3/\text{s}$

D. 以上三项均错

27. 存在一无旋流动$u_x=\frac{-y}{x^2+y^2}$，$u_y=\frac{x}{x^2+y^2}$，$u_z=0$，其势函数为：

A. $\varphi(x,y)=\text{arccot}\frac{y}{x}$　　B. $\varphi(x,y)=\arctan\frac{y}{x}$

C. $\varphi(x,y)=\arctan\frac{x}{y}$　　D. $\varphi(x,y)=\text{arccot}\frac{x}{y}$

28. 前向叶型风机的特点为：

A. 总的扬程比较大，损失较大，效率较低

B. 总的扬程比较小，损失较大，效率较低

C. 总的扬程比较大，损失较小，效率较高

D. 总的扬程比较大，损失较大，效率较高

29. 下面不属于产生“气蚀”的原因的是：

A. 泵的安装位置高出吸液面的高程太大

B. 泵所输送的液体具有腐蚀性

C. 泵的安装地点大气压较低

D. 泵所输送的液体温度过高

30. 关于气流与断面的关系，下列说法错误的是：

A. 在超音流速中，流速随断面面积的增加而增加

B. 一股纯收缩的亚音速气流不可能达到超音速流动

C. 只有先收缩到临界流之后再逐渐扩大的气流才能达到超音流速

D. 所有亚音速气流通过拉伐尔（Laval）喷管都能达到超音速

31. 从自动控制原理的观点看，下列为闭环控制系统的是：

A. 普通热水加热式暖气设备的温度调节

B. 遥控电视机的定时开机（或关机）控制系统

C. 抽水马桶的水箱水位控制系统

D. 商店、宾馆自动门的开、闭门启闭系统

32. 下列元件的动态方程中为线性方程的是：

A. $7\frac{d^3y}{dt^3}+5\frac{d^2y}{dt^2}+6\left(\frac{dy}{dt}\right)^2+9y=0$

B. $7\frac{d^3y}{dt^3}+5\frac{d^2y}{dt^2}+3\sin y=0$

C. $\frac{d^2y}{dt^2}+y\frac{dy}{dt}+y=156-t$

D. $3\frac{d^3y}{dt^3}+2\frac{d^2y}{dt^2}+2y=ot^2+\sin t$

33. 如图所示控制系统为：

A. 欠阻尼二阶系统

B. 过阻尼二阶系统

C. 临界阻尼二阶系统

D. 等幅振荡二阶系统

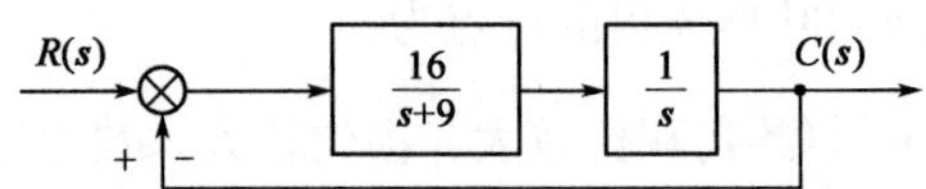

34. 根据图中环路传递函数的对数频率特性曲线，判断其闭环系统的稳定性：

A. 系统稳定，增益裕量为a

B. 系统稳定，增益裕量为b

C. 系统不稳定，负增益裕量为a

D. 系统不稳定，负增益裕量为b

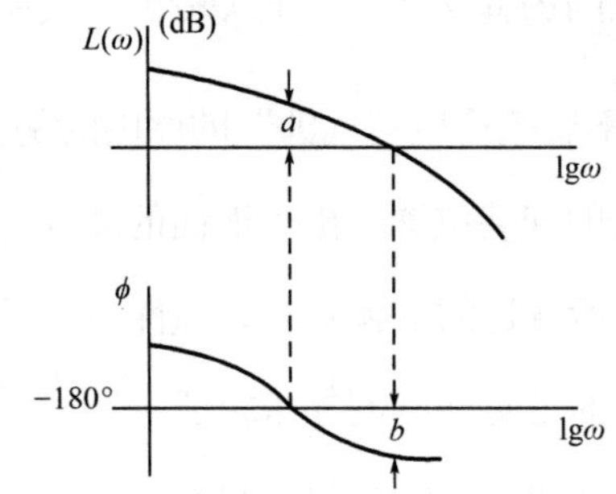

35. 如图所示系统，虚线所示的反馈通道为速度反馈。那么与原闭环系统，即无速度反馈的系统相比：

A. 阻尼系数增加

B. 无阻尼频率增加

C. 阻尼及无阻尼自然频率增加

D. 阻尼及无阻尼自然频率基本不变

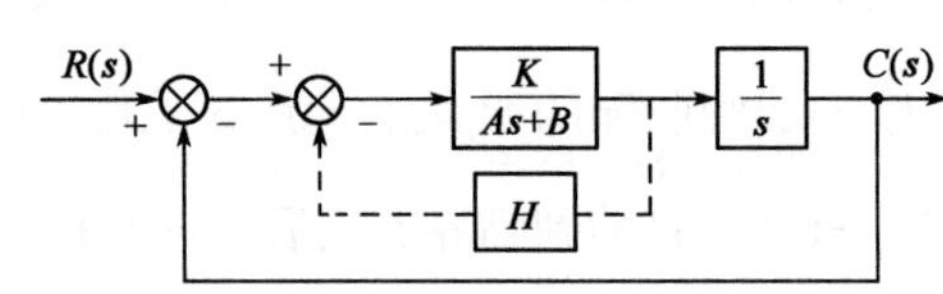

36. 比例环节的奈奎斯特曲线占据复平面中：

A. 整个负虚轴

B. 整个正虚轴

C. 实轴上的某一段

D. 实轴上的某一点

37. 图示为某闭环系统的信号流图，其中$K > 0$，它的根轨迹为：

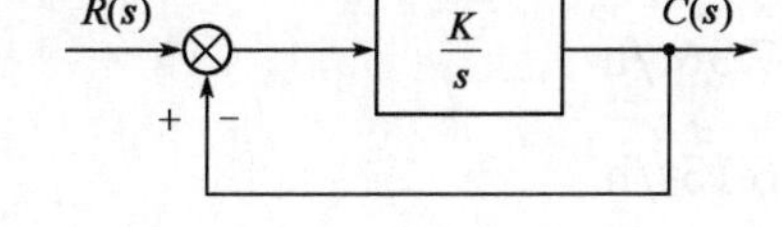

A. 整个负实轴

B. 整个虚轴

C. 虚轴左面平行于虚轴的直线

D. 虚轴左面的一个圆

38. 如需减小控制系统的稳态误差，应采用：

A. 相位超前的串联校正　　B. 相位迟后的串联校正

C. 迟后—超前控制　　D. 局部反馈校正

39. 由元件的死区引起的控制系统的非线性静态特性为：

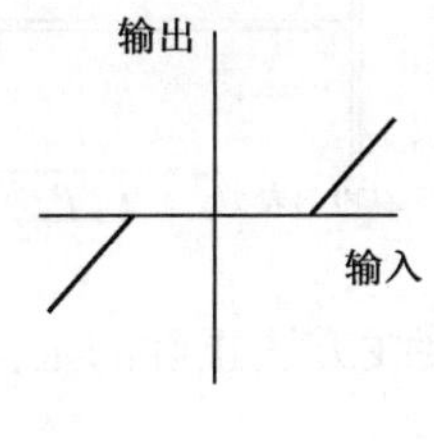

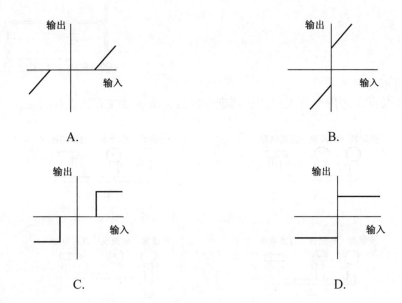

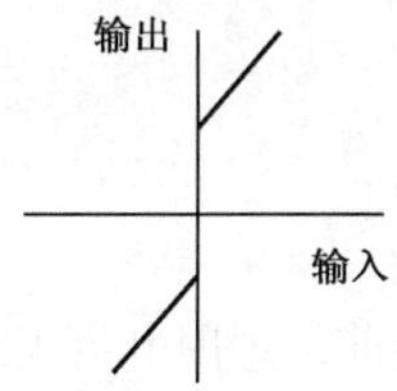

B.

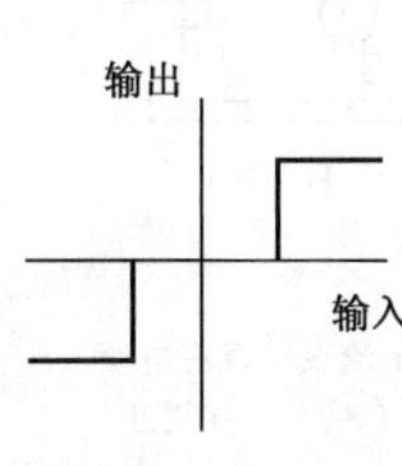

C.

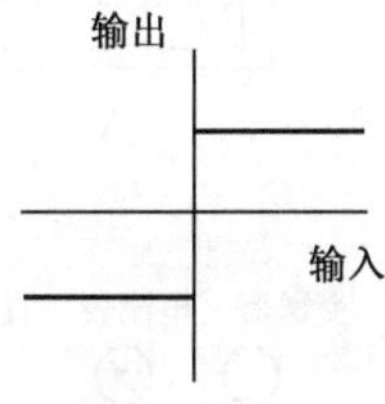

D.

40. 精密度表示在同一条件下对同一被测量进行多次测量时：

A. 测量值重复一致的程度，反映随机误差的大小

B. 测量值重复一致的程度，反映系统误差的大小

C. 测量值偏离真值的程度，反映随机误差的大小

D. 测量值偏离真值的程度，反映系统误差的大小

41. 有一测温系统，传感器基本误差为$\sigma_1 = \pm 0.4℃$，变送器基本误差为$\sigma_2 = \pm 0.4℃$，显示记录基本误差为$\sigma_3 = \pm 0.6℃$，系统工作环境与磁干扰等引起的附加误差为$\sigma_4 = \pm 0.6℃$，这一测温系统的误差是：

A. $\sigma = \pm 1.02℃$　　B. $\sigma = \pm 0.5℃$

C. $\sigma = \pm 0.6℃$　　D. $\sigma = \pm 1.41℃$

42. 某节流装置在设计时，介质的密度为500kg/m³，而在实际使用时，介质的密度为460kg/m³。如果设计时，差压变送器输出100kPa时对应的流量为50t/h，则在实际使用时，对应的流量为：

A. 47.96t/h　　　　B. 52.04t/h

C. 46.15t/h　　　　D. 54.16t/h

43. 摄氏温标和热力学温标之间的关系为：

A. $t = T - 273.16$　　　　B. $t = T + 273.16$

C. $t = T - 273.15$　　　　D. $t = T + 273.15$

44. 若用图示压力测量系统测量水管中的压力，则系统中表 A 的指示值应为：

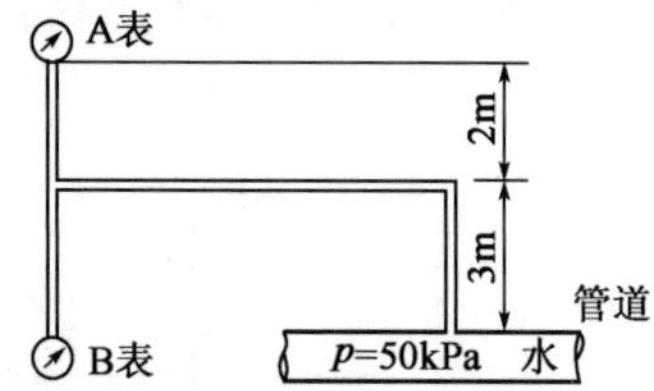

A. 50kPa

B. 0kPa

C. 0.965kPa

D. 50.965kPa

45. 在变送器使用安装前，想用电流表对变送器进行校验，图示接线方法正确的是：

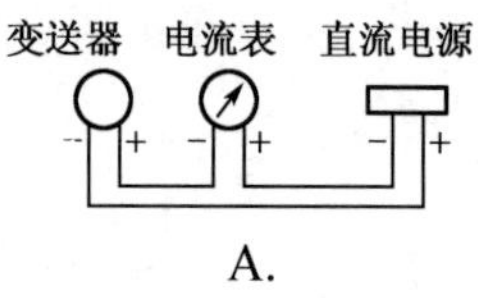

A.

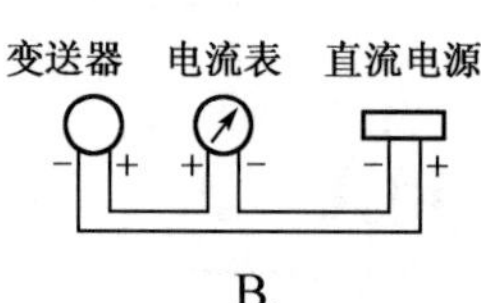

B.

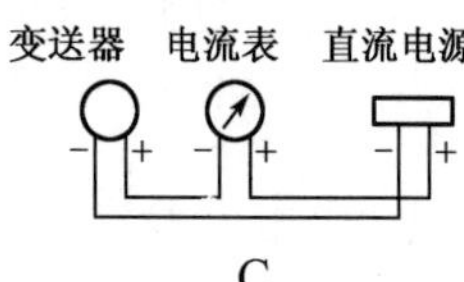

C.

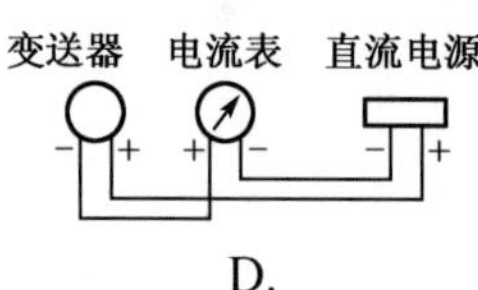

D.

46. 某涡轮流量计和涡街流量计均用常温下的水进行过标定，当用它们来测量液氨的体积流量时：

A. 均需进行黏度和密度的修正

B. 涡轮流量计需进行黏度和密度修正，涡街流量计不需要

C. 涡街流量计需进行黏度和密度修正，涡轮流量计不需要

D. 均不需进行黏度和密度的修正

47. 影响干湿球湿度计测量精度的主要因素不包括：

A. 环境气体成分的影响

B. 大气压力和风速的影响

C. 温度计本身精度的影响

D. 湿球温度计湿球润湿用水及湿球元件处的热交换方式

48. 下列关于电阻温度计的叙述，不恰当的是：

A. 与电阻温度计相比，热电偶温度计能测更高的温度

B. 与热电偶温度计相比，热电阻温度计在温度检测时的时间延迟大些

C. 因为电阻体的电阻丝是用较粗的线做成的，所以有较强的耐震性能

D. 电阻温度计的工作原理是利用金属或半导体的电阻随温度变化的特性

49. 在进行疲劳强度计算时，其极限应力应是材料的：

A. 屈服极限　　B. 强度极限

C. 疲劳极限　　D. 弹性极限

50. 一对平行轴外啮合斜齿圆柱齿轮，正确啮合时两齿轮的：

A. 螺旋角大小相等且方向相反　　B. 螺旋角大小相等且方向相同

C. 螺旋角大小不等且方向相同　　D. 螺旋角大小不等且方向不同

51. 一蜗杆传动装置，已知蜗杆齿数和蜗轮齿数分别为$z_1 = 1$，$z_2 = 40$，蜗杆直径系数$q = 10$，模数$m = 4\text{mm}$，则该蜗杆传动装置的中心距a和传动比i分别是：

A. $a = 100\text{mm}$，$i = 40$　　B. $a = 100\text{mm}$，$i = 10$

C. $a = 82\text{mm}$，$i = 40$　　D. $a = 82\text{mm}$，$i = 10$

52. 当温度升高时，润滑油的黏度：

A. 升高　　B. 降低

C. 不变　　D. 不一定

53. 下列只能承受径向荷载的滚动轴承是：

A. 滚针轴承　　B. 圆锥滚子轴承

C. 角接触轴承　　D. 深沟球轴承

54. 直接影响螺纹传动自锁性能的螺纹参数是：

A. 螺距　　B. 导程

C. 螺纹外径　　D. 螺纹升角

55. 皮带传动常用在高速级，主要是为了：

A. 减小带传动结构尺寸　　B. 更好地发挥缓冲、吸震作用

C. 更好地提供保护作用　　D. 以上选项均正确

56. 图示轮系中，$z_1=20$，$z_2=30$，$z_3=80$，设图示箭头方向为正（齿轮 1 的转向），则传动比i_{1H}的值为：

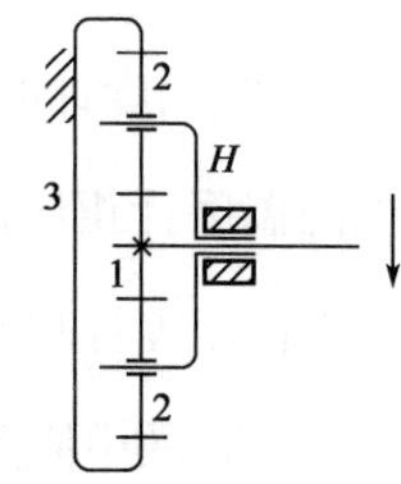

A. 5

B. 3

C. −5

D. −3

57. 为了增加碳素实心轴的刚度，采用以下哪种措施是无效的？

A. 将材料改为合金钢　　B. 截面积不变改用空心轴结构

C. 适当缩短轴的跨距　　D. 增加轴的直径

58. 工程建设监理单位的工作内容，下列正确的是：

A. 代表业主对承包商进行监理

B. 对合同的双方进行监理

C. 代表一部分政府的职能

D. 只能对业主提交意见，由业主行使权力

59. 对本辖区的环境保护工作实施统一监督管理的主管部门是：

A. 县级以上人民政府的土地、矿产、林业、农业、水利行政主管部门

B. 军队环境保护部门和各级公安、交通、铁道、民航主管部门

C. 县级以上地方人民政府环境保护行政主管部门

D. 海洋行政主管部门、港务监督、渔政渔港监督

60. 《民用建筑节能管理规定》是依据下列哪些法律制定的？

A. 《中华人民共和国节约能源法》《中华人民共和国建筑法》《建筑工程质量管理条例》《中华人民共和国环境保护法》

B. 《中华人民共和国宪法》《中华人民共和国环境保护法》《中华人民共和国节约能源法》《中华人民共和国建筑法》

C. 《中华人民共和国节约能源法》《中华人民共和国建筑法》《建筑工程质量管理条例》

D. 《中华人民共和国节约能源法》《中华人民共和国建筑法》《中华人民共和国环境保护法》

2009年度全国勘察设计注册公用设备工程师（暖通空调、动力）执业资格考试基础考试（下）试题解析及参考答案

1. 解 本题主要考查热力学中常用的状态参数的概念。只有绝对压力才是真实的压力，因此，只有绝对压力才是系统的状态参数而表压和真空度均匀相对压力，相同压力是绝对压力与外界大气压力的差。

答案： C

2. 解 水在工业蒸汽锅炉中被定压加热变为过热水蒸气。

答案： B

3. 解 循环热效率的表达式为：

$$\eta_t = \frac{w_0}{q_1} = \frac{q_1 - q_2}{q_1}$$

式中：q_1——循环中工质吸热量；

q_2——循环中工质放热量。

答案： A

4. 解 3台锅炉产生的标准状态下的烟气总体积流量为

$$q_{V0} = 73\text{m}^3/\text{s} \times 3 = 219\text{m}^3/\text{s}$$

烟气可作为理想气体处理，根据不同状态下，烟囱内的烟气质量应相等，得出

$$\frac{pq_V}{T} = \frac{p_0 q_{V0}}{T_0}$$

因$p = p_0$，所以

$$q_V = \frac{q_{V0}T}{T_0} = \frac{219\text{m}^3/\text{s} \times (273+100)\text{K}}{273\text{K}} = 299.2\text{m}^3/\text{s}$$

烟囱出口截面积：

$$A = \frac{q_V}{c_f} = \frac{299.2\text{m}^3/\text{s}}{30\text{m/s}} = 9.97\text{m}^2$$

烟囱出口直径：

$$d = \sqrt{\frac{4A}{\pi}} = \sqrt{\frac{4 \times 9.97\text{m}^2}{3.14}} = 3.56\text{m}$$

答案： A

5. 解 热力学第一定律应用于控制质量时，其表达式为$\Delta u = q - w$，式中，q、w符号规定为：工质吸热为正，放热为负，工质对外做功为正，外界对工质做功为负；Δu的符号为：系统的热力学能增加为正，反之为负。按照上述规定气体能量变化$\Delta u = -100 - 50 = -150\text{kJ}$。

答案： A

6. 解 湿空气的焓包括干空气的焓值以及水蒸气的焓值两部分。式中的t为湿空气的干球温度。

答案：B

7. 解　绝热节流前后温度的变化是：对理想气体，温度不变；对于实际气体，其温度可能升高、可能降低也可能保持不变。本题中的空气可以近似认为是理想气体，因此绝热节流后温度保持不变，为30℃。

答案：B

8. 解　这两个过程包括定压加热和定容冷却两个过程，两个过程中氧气与外界净交换热量为两个过程中氧气与外界交换热量之和，即$Q = Q_1 + Q_2$，0.3 标准立方米的氧气的质量：

$$m = \frac{p_0 V_0}{R T_0}$$

2—2 定压过程中的吸热量：

$$Q_1 = m c_{\mathrm{p}} \Delta t = \frac{p_0 V_0}{R T_0} \times \frac{7}{2} R (T_2 - T_1)$$

2—3 定容过程中的吸热量：

$$Q_2 = m c_{\mathrm{v}} \Delta t = \frac{p_0 V_0}{R T_0} \times \frac{5}{2} R (T_3 - T_2)$$

由于 2—2 过程为定压过程，因此$p_1 = p_2 = 103.2\mathrm{kPa}$，2—3 过程为定容过程，已知状态点 3 的压力和温度，可以求得状态点 2 的温度T_2：

$$T_2 = \frac{p_2}{p_3} T_3 = \frac{103.2}{58.8} \times (273 + 45) = 558.1\mathrm{K}$$

$$Q = Q_1 + Q_2 = \frac{p_0 V_0}{R T_0} \times \frac{7}{2} R (T_2 - T_1) + \frac{p_0 V_0}{R T_0} \times \frac{5}{2} R (T_3 - T_2) = 26.68\mathrm{kJ}$$

答案：C

9. 解　本题考查卡诺制冷循环的T-s图，易知：面积$efghe$为功，面积$hgdch$为从冷源吸热，面积$efdce$为向高温放热。

答案：B

10. 解　带动该热泵所需要的最小功率应使房间满足热平衡的条件，即对应的最小制热量应等于房屋的散热损失，同时系统还需按照逆卡诺循环运行以期有最高的制热系数。按照逆卡诺循环系统的制热系数：

$$\varepsilon = \frac{q}{\omega} = \frac{T_1}{T_1 - T_2} = \frac{273 + 20}{(273 + 20) - (273 - 10)} = 9.77$$

所需最小功率：

$$\omega = \frac{q}{\varepsilon} = \frac{\frac{120000}{3600}}{9.77} = 3.41\mathrm{kW}$$

答案：B

11. 解　$d_1 = 133\mathrm{mm}, d_2 = 133 + 46 \times 2 = 225\mathrm{mm}, t_{\mathrm{w1}} = 300℃, t_{\mathrm{w2}} = 50℃, \lambda = 0.05\mathrm{W/(m \cdot ℃)}$，

每米管道的热损失为：

$$q_l = \frac{\Phi}{l} = \frac{t_{w_1} - t_{w_2}}{\frac{1}{2\pi\lambda}\ln\frac{d_2}{d_1}} = \frac{300-50}{\frac{1}{2\times3.14\times0.05}\ln\frac{225}{133}} = 150\text{W/m}$$

答案：B

12. 解

$$\frac{t-t_\infty}{t_0-t_\infty} = e^{-\frac{hA}{\rho Vc}\tau}$$

而

$$\tau = \tau r = \frac{\rho Vc}{hA}$$

$$\frac{t-t_\infty}{t_0-t_\infty} = e^{-\frac{hA}{\rho Vc}\tau} = e^{-1} = 0.368$$

则$t = 0.632t_\infty + 0.368t_0$

答案：D

13. 解 本题为第三类边界条件，边界周围流体温度和边界面与流体之间的表面传热系数为：

$$-\lambda\left(\frac{\partial t}{\partial n}\right)_{\mathrm{w}} = h(t_{\mathrm{w}} - t_{\mathrm{f}})$$

答案：A

14. 解 $h_{\mathrm{x}} = 0.332\frac{\lambda}{x}\mathrm{Re}_{\mathrm{x}}^{\frac{1}{2}}\cdot\mathrm{Pr}^{\frac{1}{3}}$，$\mathrm{Re}_{\mathrm{x}} = \frac{u_\infty x}{\nu}$，所以$h_{\mathrm{x}} \propto x^{-\frac{1}{2}}$。

答案：D

15. 解 由于在其他条件相同时，珠状凝结的表面传热系数大于膜状凝结的传热系数。油和氮气的导热系数比水的小，选项 A、B、C 都是削弱了蒸汽在竖直壁面上的凝结传热。

答案：D

16. 解 在热平衡条件下，实际物体的吸收率等于其所处温度下的发射率；物体的单色吸收率等于其所处温度下的单色发射率；实际物体在各个方向上的发射率有所不同。

答案：C

17. 解 地球周围的大气层对地面有保温作用，大气层能让大部分太阳辐射透过到地面，而地面辐射中 95%以上的能量分布在红外线部分，它们被大气层中二氧化碳等气体吸收。对于气体，可认为气体对热射线几乎没有反射能力，即$\rho = 0$，则有$\alpha + \tau = 1$，吸收率大，则透射率低，减少了地面对太空的辐射，即不同波段辐射能量的透射特性导致大气层的温室效应。所以，二氧化碳等气体产生温室效应的原因是对红外辐射的透射率低。

答案：C

18. 解 两平行大平壁中间有一块遮热板时的辐射换热网络如解图所示。原来表面 1 和 2 之间的单位面积换热量为：

$$q_{1,2}=\frac{\sigma_b(T_1^4-T_2^4)}{2\frac{1}{\varepsilon_1}-1}=\frac{\sigma_b(T_1^4-T_2^4)}{2\times\frac{1}{0.8}-1}$$

加入遮热板后表面1和2之间的单位面积换热量为：

$$q'_{1,2}=\frac{\sigma_b(T_1^4-T_2^4)}{2\frac{1}{\varepsilon_1}+2\frac{1}{\varepsilon_2}-1}=\frac{\sigma_b(T_1^4-T_2^4)}{2\times\frac{1}{0.8}+2\times\frac{1}{0.4}-2}$$

则

$$\frac{q'_{1,2}}{q_{1,2}}=0.27$$

题18解图

答案： B

19. 解 已知$h_1=8\mathrm{W/(m^2\cdot K)}$，$h_2=23\mathrm{W/(m^2\cdot K)}$，$\lambda=0.75\mathrm{W/(m\cdot K)}$，$\delta=0.48\mathrm{m}$，总传热系数为：

$$K=\frac{1}{\frac{1}{h_1}+\frac{\delta}{\lambda}+\frac{1}{h_2}}=\frac{1}{\frac{1}{8}+\frac{0.48}{0.75}+\frac{1}{23}}=1.24\mathrm{W/(m^2\cdot K)}$$

答案： A

20. 解 电加热器表面与水的传热主要是对流换热方式，提高表面传热系数和增加换热面积来强化传热。提高水的流速、提高表面的粗糙度、使加热器表面产生震动都是提高表面传热系数的措施。

答案： B

21. 解 流场中每一空间点上的流动参数都不随时间变化，这种流动就称为恒定流动，也就是稳定流动，此时，对于同一点，参数不变，但沿程参数则可能发生变化，并且此时流速不一定小；流体非稳定流动时，不仅流体的速度随时间而变化，流体其他参数也可能随时间而变化；流体稳定流动时，根据连续性方程，其各流通断面的质量流量相同，但平均流速不一定相同。

答案： D

22. 解 根据伯努利方程，只有选项D最全面，其他选项都是特殊条件下才成立。

答案： D

23. 解 本题考查的是格拉晓夫准则，即$\mathrm{Gr}=\frac{g\alpha\Delta t l^3}{\nu^2}$，反映浮升力与黏滞力的相对大小；自然对流换热现象相似，则Gr必定相等。α是体积变化系数，对于理想气体即等于绝对温度的倒数，l是特征尺度，所以有：

$$\alpha=\frac{1}{273+\frac{50+20}{2}}=0.00325$$

$$\mathrm{Gr}=\frac{g\alpha\Delta tl^3}{\nu^2}=\frac{30g\alpha0.2^3}{16.96^2}\times10^{12}=26.5\times10^6$$

答案：A

24. 解 提高流速会增加流体的流动阻力。

答案：B

25. 解 对于并联环路，有：

$$\frac{1}{\sqrt{S}}=\frac{1}{\sqrt{S_1}}+\frac{1}{\sqrt{S_2}}+\frac{1}{\sqrt{S_3}}$$

答案：A

26. 解 本题实为CD段与CE段并联，再与BC段串联。

$$S_{\mathrm{H}}=\frac{8\left(\lambda\dfrac{l}{d}+\sum\xi\right)}{g\pi^2d^4}$$

由于此处局部损失不计，所以有：

$$S_{\mathrm{BC}}=\frac{8\lambda\dfrac{l}{d_1}}{g\pi^2d_1^4}=186，S_{\mathrm{CD}}=S_{\mathrm{CE}}=\frac{8\lambda\dfrac{l}{d_2}}{g\pi^2d_2^4}=5935$$

CD段与CE段并联的总阻抗为S_{C}：

$$\frac{1}{\sqrt{S_{\mathrm{C}}}}=\frac{1}{\sqrt{S_{\mathrm{CD}}}}+\frac{1}{\sqrt{S_{\mathrm{CE}}}}=\frac{2}{\sqrt{S_{\mathrm{CD}}}}$$

所以：$S_{\mathrm{C}}=S_{\mathrm{CD}}/4=1484$

$H=8\mathrm{m}$，$H=(S_{\mathrm{BC}}+S_{\mathrm{C}})Q^2$，得：$Q=0.0692\mathrm{m^3/s}$

答案：A

27. 解 由势函数与速度的关系：

$$\mathrm{d}\varphi=\frac{\partial\varphi}{\partial x}\mathrm{d}x+\frac{\partial\varphi}{\partial y}\mathrm{d}y=u_x\mathrm{d}x+u_y\mathrm{d}y$$

代入已知量有：

$$\mathrm{d}\varphi=\frac{-y}{x^2+y^2}\mathrm{d}x+\frac{x}{x^2+y^2}\mathrm{d}y=\frac{1}{x^2+y^2}(-y\mathrm{d}x+x\mathrm{d}y)=\frac{1}{1+\left(\dfrac{y}{x}\right)^2}\left(\frac{-y}{x^2}\mathrm{d}x+\frac{1}{x}\mathrm{d}y\right)$$

整理得：

$$\mathrm{d}\varphi=\frac{1}{1+\left(\dfrac{y}{x}\right)^2}\left[y\mathrm{d}\left(\frac{1}{x}\right)+\frac{1}{x}\mathrm{d}y\right]=\frac{1}{1+\left(\dfrac{y}{x}\right)^2}\mathrm{d}\left(\frac{y}{x}\right)$$

积分得$\varphi=\arctan\frac{y}{x}+c$，差一个常数不影响流场性质，故$\varphi(x,y)=\arctan\frac{y}{x}$。

答案：B

28. 解 本题与2006-30题相同。前向式叶轮结构小，从能量转化和效率角度看，前向式叶轮流道扩散度大，且压出室能头转化损失也大，效率低，但其压头却要高一些。

答案：A

29. 解 泵的安装位置高出吸液面的高差太大，泵安装地点的大气压较低，泵所输送的液体温度过高等都会使液体在泵内汽化。

答案：B

30. 解 亚音速气流通过拉伐尔（Laval）喷管，在其最小断面音速后进入扩展段，才能达到超音速。

答案：D

31. 解 马桶的水箱水位控制系统中有反馈环节，为闭式系统。

答案：C

32. 解 线性控制系统的特点是可以应用叠加原理，当系统存在几个输入信号时，系统的输出信号等于各个输入信号分别作用于系统时系统输入信号之和。线性控制系统可作用如下线性方程描述：

$$a_0(t)\frac{\mathrm{d}^n c(t)}{\mathrm{d}t^n}+a_1(t)\frac{\mathrm{d}^{n-1}c(t)}{\mathrm{d}t^{n-1}}+\cdots+a_{n-1}(t)\frac{\mathrm{d}c(t)}{\mathrm{d}t}+a_n(t)c(t)$$

$$=b_0(t)\frac{\mathrm{d}^m r(t)}{\mathrm{d}t^m}+b_2(t)\frac{\mathrm{d}^{m-1}r(t)}{\mathrm{d}t^{m-1}}+\cdots+b_{m-1}(t)\frac{\mathrm{d}r(t)}{\mathrm{d}t}+b_{\mathrm{m}}(t)r(t)$$

式中：$r(t)$——系统的输入量；

$c(t)$——系统的输入量；

$a_1(t)$——系数，$i=0,1,\dots,n$；

$b_1(t)$——系数，$j=0,1,\dots,m$。

其中，输出量$c(t)$及其各阶导数都是一次的，且各系数与输入量无关。非线性控制系统不能应用叠加原理，如方程中含有变量及其导数的高次幂或乘积项。本题中只有选项C为线性定常系统。

答案：C

33. 解 图的闭环传递函数为：

$$\frac{C(s)}{R(s)}=\frac{16}{s^2+9s+16}=\frac{\omega_{\mathrm{n}}^2}{s^2+2\xi\omega_{\mathrm{n}}+\omega_{\mathrm{n}}^2}$$

可求得$\omega_{\mathrm{n}}=4$，$\xi=\frac{9}{8}=1.125>1$。因此该系统为过阻尼二阶系统。

答案：B

34. 解 如解图 a）所示的不稳定系统，其相角裕度为负值，即$\gamma<0$，其幅值裕度$0<K_{\mathrm{g}}<1(h<0\mathrm{dB})$。因此，解图 b）中，幅值裕度（增益裕度）为$a<0$，相角裕度为$b<0$，该系统不稳定。

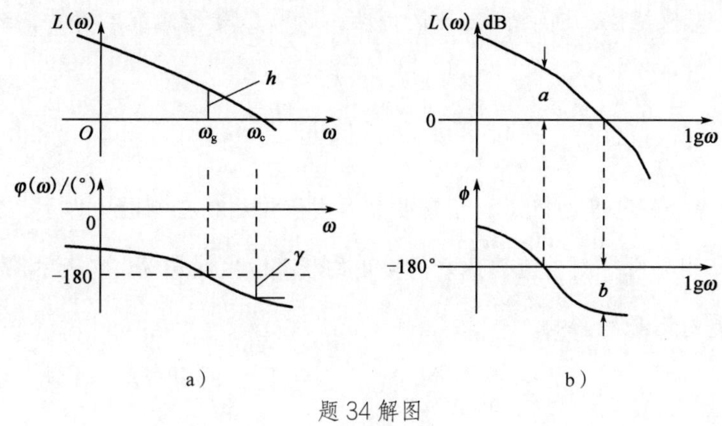

题 34 解图

答案：C

35. 解 原系统的闭环传递函数为：

$$\frac{C(s)}{R(s)} = \frac{K}{As^2 + Bs + K} = \frac{K/A}{s^2 + \left(\frac{B}{A}\right)s + \frac{K}{A}} \qquad ①$$

与标准二阶系统的闭环传递函数相比，可得：

$$\omega_{\mathrm{n}} = \sqrt{\frac{K}{A}},\ \xi = \frac{B}{2\sqrt{AK}}$$

加了速度反馈后系统的闭环传递函数为：

$$\frac{C'(s)}{R'(s)} = \frac{K}{As^2 + (B + KH)s + K} = \frac{\frac{K}{A}}{s^2 + \left(\frac{B + KH}{A}\right)s + \frac{K}{A}} \qquad ②$$

根据式②可知：

$$\omega_{\mathrm{n}} = \sqrt{\frac{K}{A}},\ \xi = \frac{B + KH}{2\sqrt{AK}}$$

则可得$\xi = \frac{B+KH}{2\sqrt{AK}} > \xi = \frac{B}{2\sqrt{AK}}$，系统阻尼比增加了。

答案：A

36. 解 由比例环节的频率特性为$G(j\omega) = k$，当频率ω由零到无穷大变化时，频率特性不变，因此奈奎斯特曲线为实轴上的某一点。

答案：D

37. 解 本题与 2008-37 题相同。闭环传递函数为$\frac{K}{s+K}$，闭环极点$s \approx -K$，当K从零变到无穷大时，根轨迹为整个负实轴。

答案：A

38. 解 滞后校正装置的作用为低通滤波、能抑制噪声、改善稳态性能。

答案：D

39. 解　选项 A 是摩擦特性，选项 B 是死区特性，选项 C 是理想继电特性，选项 D 是带死区的继电特性。

答案：B

40. 解　本题主要考查精密度的概念。精密度表示同一被测量在相同条件下，使用同一仪表、由同一操作者进行多次重复测量所得测量值彼此之间接近的程度，也就是说，它表示测量重复性的好坏。精密度反映的是随机误差对测量的影响。

答案：A

41. 解　根据公式，可以求得这一测温系统的误差为±1.41℃。

答案：D

42. 解　对于节流式流量计实际流量与计算流量间计算公式为：

$$q_{\mathrm{ms}}=\sqrt{\frac{\rho_{\mathrm{s}}}{\rho_{\mathrm{k}}}}q_{\mathrm{mk}}$$

代入数据计算可得。

答案：A

43. 解　本题主要考查摄氏温度与热力学温度之间的关系。摄氏温度的分度值与开氏温度的分度值相同，即温度间隔 1K 等于 1℃，在标准大气压下冰的溶化温度为 273.15K，可得出答案。

答案：C

44. 解　本题主要考查管道压力组成。从图中可以看出表 B 的压力即为主干管中的水压，为 50kPa，而表 B 的压力为 A 点的压力与 A、B 间水柱形成的水压之和。故表 A 的指示值为 0.965kPa。

答案：C

45. 解　变送器与电流表首尾正负串联到电路中。

答案：D

46. 解　涡轮流量计原理是流体流经传感器壳体，由于叶轮的叶片与流向有一定的角度，流体的冲力使叶片具有转动力矩，克服摩擦力矩和流体阻力之后叶片旋转，在力矩平衡后转速稳定。在一定的条件下，转速与流速成正比。由于叶片有导磁性，它处于信号检测器（由永久磁钢和线圈组成）的磁场中，旋转的叶片切割磁力线，周期性地改变着线圈的磁通量，从而使线圈两端感应出电脉冲信号。此信号经过放大器的放大整形，形成有一定幅度的连续的矩形脉冲波，可远传至显示仪表，显示出流体的瞬时流量和累计量。因此流体的黏度和密度对测量值影响很大，黏度和密度改变时需要进行修正。涡街流量计原理是应用流体震荡原理来测量流量的，流体在管道中经过涡街流量变送器时，在三角柱的旋涡发生体后上下交替产生正比于流速的两列旋涡，旋涡的释放频率与流过旋涡发生体的流体平均速度及旋涡发生体特征宽度有关，流体黏度和密度改变时不需要修正。

答案：B

47. 解　干湿球湿度计的干球温度探头直接露在空气中，湿球温度探头用湿纱布包裹着，其测温原理就是，在一定风速下，湿球外边湿纱布的水分蒸发带走湿球温度计探头上的热量，使其温度低于环境空气的温度；而干球温度计测量出来的就是环境空气的实际温度，此时，湿球与干球之间的温度差与环境的相对温度有一个相应的关系，但该关系是非线性的，用公式表达起来相当复杂。这两者之间的关系会受许多因素的影响，如：风速，温度计本身的精度，大气压力，干湿球湿度计的球泡表面积大小，纱布材质等。但其精度与环境气体成分并没有关系。

答案：A

48. 解　为了提高热电阻的耐震性能需要进行铠装，并不能因为电阻丝的粗细而影响耐震性能。

答案：C

49. 解　进行疲劳强度计算时，其极限应力应是材料的疲劳极限。

答案：C

50. 解　外啮合传动两轮的螺旋线旋向相反，$\beta_1 = -\beta_2$。

答案：A

51. 解　中心距：

$$a = \frac{m(q + z_2)}{2} = \frac{4 \times (10 + 40)}{2} = 100\text{mm}$$

传动比：

$$i = \frac{z_2}{z_1} = \frac{40}{1} = 40$$

答案：A

52. 解　润滑油的黏度随温度的升高而降低。

答案：B

53. 解　滚针轴承只能承受径向荷载，不能承受轴向荷载。

答案：A

54. 解　矩形螺纹的自锁条件是$\lambda \leqslant \rho$，即螺纹升角≤摩擦角。

答案：D

55. 解　带传动的优点有：①适用于中心距较大的传动；②带具有弹性，可缓冲和吸震；③传动平稳，噪声小；④过载时带与带轮间会出现打滑，可防止其他零件损坏，起安全保护作用；⑤减小带传动结构尺寸，结构简单，制造容易，维护方便，成本低。因此，皮带传动常用在高速级。

答案：D

56. 解 由内啮合齿轮的转向相同、外啮合齿轮的转向相反，可知轮3与轮1的转向相反，则

$$i_{13}^{\mathrm{H}}=\frac{n_1-n_{\mathrm{H}}}{n_3-n_{\mathrm{H}}}=-\frac{z_3z_2z_2}{z_1z_2z_2}=-4$$

又$n_3=0$，可得$i_{1\mathrm{H}}=\frac{n_1}{n_{\mathrm{H}}}=5$。

答案：A

57. 答案：B

58. 解 《中华人民共和国建筑法》第三十二条规定：建筑工程监理应当依照法律、行政法规及有关的技术标准、设计文件和建筑工程承包合同，对承包单位在施工质量、建设工期和建设资金使用等方面，代表建设单位实施监督。

答案：A

59. 解 《中华人民共和国环境保护法》第十条规定：国务院环境保护主管部门，对全国环境保护工作实施统一监督管理；县级以上地方人民政府环境保护主管部门，对本行政区域环境保护工作实施统一监督管理。

县级以上人民政府有关部门和军队环境保护部门，依照有关法律的规定对资源保护和污染防治等环境保护工作实施监督管理。

答案：C

60. 解 《民用建筑节能管理规定》第一条规定：为了加强民用建筑节能管理，提高能源利用效率，改善室内热环境质量，根据《中华人民共和国节约能源法》《中华人民共和国建筑法》《建设工程质量管理条例》，制定本规定。

答案：C

2010年度全国勘察设计注册公用设备工程师

（暖通空调、动力）执业资格考试试卷

基础考试

（下）

二〇一〇年九月

应考人员注意事项

1. 本试卷科目代码为“2”，考生务必将此代码填涂在答题卡“科目代码”相应的栏目内，否则，无法评分。

2. 书写用笔：**黑色或蓝色钢笔、签字笔或圆珠笔**；

   填涂答题卡用笔：**黑色 2B 铅笔**。

3. 必须用书写用笔将工作单位、姓名、准考证号填写在答题卡和试卷相应的栏目内。

4. 本试卷由 60 题组成，每题 2 分，满分 120 分，本试卷全部为单项选择题，每小题的四个备选项中只有一个正确答案，错选、多选、不选均不得分。

5. 考生作答时，必须按**题号在答题卡上**将相应试题所选选项对应的**字母用 2B 铅笔涂黑**。

6. 在答题卡上书写与题意无关的语言，或在答题卡上作标记的，均按违纪试卷处理。

7. 考试结束时，由监考人员当面将试卷、答题卡一并收回。

8. 草稿纸由各地统一配发，考后收回。

单项选择题（共 60 题，每题 2 分。每题的备选项中，只有一个最符合题意。）

1. 热力学系统的平衡状态是指：

A. 系统内部作用力的合力为零，内部均匀一致

B. 所有广义作用力的合力为零

C. 无任何不平衡势差，系统参数到处均匀一致且不随时间变化

D. 边界上有作用力，系统内部参数均匀一致，且保持不变

2. 完成一个热力过程后满足下述哪个条件时，过程可逆？

A. 沿原路径逆向进行，系统和环境都恢复初态而不留下任何影响

B. 沿原路径逆向进行，中间可以存在温差和压差，系统和环境都恢复初态

C. 只要过程反向进行，系统和环境都恢复初态而不留下任何影响

D. 任意方向进行过程，系统和环境都恢复初态而不留下任何影响

3. 内能是储存于系统物质内部的能量，有多种形式，下列不属于内能的是：

A. 分子热运动能　　B. 在重力场中的高度势能

C. 分子相互作用势能　　D. 原子核内部原子能

4. 已知氧气的表压为 0.15MPa，环境压力 0.1MPa，温度 123℃，钢瓶体积 0.3m^3，则计算该钢瓶质量的计算式$m=\frac{0.15\times10^6\times0.3}{123\times8314}$中有：

A. 一处错误　　B. 两处错误

C. 三处错误　　D. 无错误

5. 理想气体初态$V_1=1.5\text{m}^3$，$p_1=0.2\text{MPa}$，终态$V_2=0.5\text{m}^3$，$p_2=1.0\text{MPa}$，则多变指数为：

A. 1.46　　B. 1.35

C. 1.25　　D. 1.10

6. 根据卡诺循环得出热效率$N_{\text{tc}}=1-\frac{T_2}{T_1}$，下列结果中不能由卡诺循环得出的是：

A. 热效率N_{tc}小于 1　　B. 单一热源下做功为 0

C. 热效率N_{tc}与工质无关　　D. 热源温差大则做功多

7. 饱和湿空气的露点温度t_d、湿球温度t_w及干球温度t之间的关系为：

A. $t_d < t_w < t$　　B. $t_d = t_w = t$

C. $t_d = t_w < t$　　D. $t_d > t_w > t$

8. 气体和蒸汽在管内稳态流动中面积f与c关系式$df/f = (Ma^2 - 1)dc/c$，该式适用的条件是：

A. 一维理想气体，可逆K为常数　　B. 一维绝热理想气体，常物流

C. 一维可逆绝热理想气体，比热为常数　　D. 一维可逆绝热实际气体

9. 朗肯循环提高效率现实中不容易实现的是：

A. 提高蒸汽进气温度　　B. 提高蒸汽吸气压力

C. 降低凝气温度　　D. 减少散热

10. 蒸汽制冷循环中，若要提高制冷系数，则可采用下列哪项措施？

A. 提高冷凝温度　　B. 提高过冷度

C. 降低蒸发温度　　D. 增大压缩机功率

11. 下列物质的导热系数，排列正确的是：

A. 铝 < 钢铁 < 混凝土 < 木材　　B. 木材 < 钢铁 < 铝 < 混凝土

C. 木材 < 钢铁 < 混凝土 < 铝　　D. 木材 < 混凝土 < 钢铁 < 铝

12. 单层圆柱体内径一维径向稳态导热过程中无内热源，物性参数为常数，则下列说法正确的是：

A. Φ导热量为常数　　B. Φ为半径的函数

C. q_l（热流量）为常数　　D. q_l只是l的函数

13. 一小铜球，直径 12mm，导热系数$26\text{W}/(\text{m}\cdot\text{K})$，密度为$8600\text{kg}/\text{m}^3$，比热容 343，对流传热系数初温度为 15℃，放入 75℃的热空气中，小球温度到 70℃需要的时间为：

A. 915s　　B. 305s

C. 102s　　D. 50s

14. 下列有限差分导热离散方式说法不正确的是：

A. 边界节点用级数展开　　B. 边界节点用热守衡方式

C. 中心节点用级数展开　　D. 中心节点用热守衡方式

15. 采用对流换热边界层微分方程组、积分方程组或雷诺类比法求解对流换热过程中，下列说法正确的是：

A. 微分方程组的解是精确解

B. 积分方程组的解是精确解

C. 雷诺类比的解是精确解

D. 以上三种均为近似值

16. 在充分发展的管内单项流体受迫层流流动中，如果取同样管径及物性参数，则常壁温$T_{\mathrm{w}}=c$和常热流$q=c$下换热导数关系可以为：

A. $h_{\mathrm{q}}=c<h_{\mathrm{c}}w=c$

B. $h_{\mathrm{q}}=c=h_{\mathrm{t}}w=c$

C. $h_{\mathrm{q}}=c>h_{\mathrm{w}}=c$

D. 不确定

17. 为了强化蒸汽在竖直壁面上的凝结传热，应采取以下哪个措施？

A. 在蒸汽中掺入少量的油

B. 设法形成珠状凝结

C. 设法增加液膜的厚度

D. 在蒸汽中注入少量的氮气

18. 辐射换热过程中能量属性及转换与导热和对流换热过程不同，下列说法错误的是：

A. 温度大于绝对温度的物体都会有热辐射

B. 不依赖物体表面接触进行能量传递

C. 辐射换热过程伴随能量两次转换

D. 物体热辐射过程与温度无关

19. 如图所示，1 为正三角形，2 为半径为R的圆形，则 2 的自辐射角系数为：

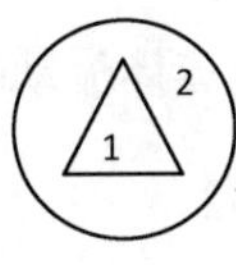

A. 1.0

B. 0.52

C. 0.48

D. 0.05

20. 套管式换热器，顺流换热，两侧为水—水单项流体换热，一侧水温进水 65℃，出水 45℃，流量为 1.25kg/s，另一侧入口为 15℃，流量为 2.5kg/s，则换热器对数平均温差为：

A. 35℃

B. 33℃

C. 31℃

D. 25℃

21. 某虹吸管路，$d = 200\text{mm}$，A 端浸入水池中，B 端在水池液面上部。两池液面差为$H_2 = 1.2\text{m}$，管弯曲部位（轴线 1 到上液面距离为$H_1 = 0.5\text{m}$），试确定 2 处是否能产生负压，出现虹吸现象？$v_2 = ?$

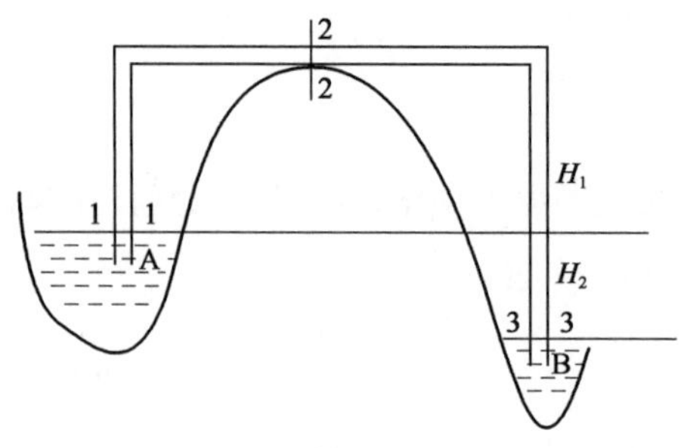

A. 不能　　B. 能，2.85m/s

C. 能，6.85m/s　　D. 能，4.85m/s

22. 轴流风机的吸入管，由装在管壁下的 U 形测压管（内装水）测得压差高度为Δh（见图），水的密度为ρ，空气密度ρ_a，则风机的进风量为：

A. $u_2 = \sqrt{\frac{2\Delta h}{\rho_a}}$

B. $u_2 = \sqrt{\frac{2\Delta h}{\rho}}$

C. $u_2 = \sqrt{\frac{2\rho\Delta h}{\rho_a}}$

D. $u_2 = \sqrt{\frac{2\rho_a\Delta h}{\rho}}$

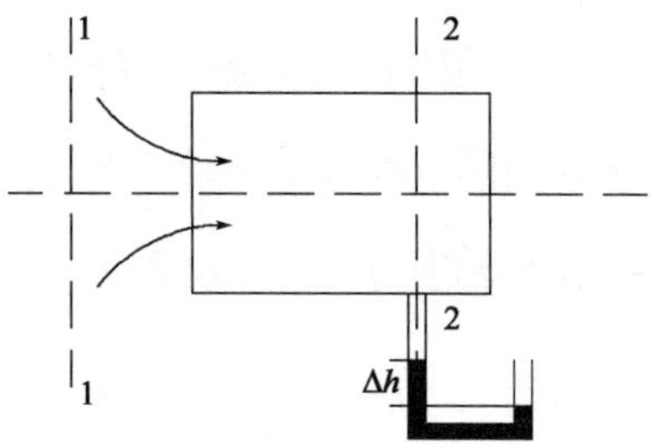

23. 圆管内流体流动的雷诺数为 1000，则该管的沿程阻力系数等于：

A. 0.032　　B. 0.064

C. 0.128　　D. 0.256

24. 流体的压力p、速度v、密度ρ正确的无量纲数组合是：

A. $\frac{p}{\rho v^2}$　　B. $\frac{p\rho}{v^2}$

C. $\frac{\rho}{p v^2}$　　D. $\frac{p}{\rho v}$

25. 圆管均匀流中，与圆管的切应力成正比的是：

A. 圆管的直径　　B. 圆管的长度

C. 圆管的表面积　　D. 圆管的圆周率

26. 已知 10℃时水的运动黏滞系数为$1.31\times10^{-6}m^2/s$，管径$d=50mm$的水管，在水温$t=10℃$时，管内保持层流的最大流速为：

A. 0.105m/s　　　　B. 0.0524m/s

C. 0.21m/s　　　　D. 0.115m/s

27. 某两层楼的供暖立管，管段1/2 的直径均为 20mm，$\sum\xi$均为 20，$\lambda=0.02$，$L_1=20m$，$L_2=10m$，干管流量$Q=1.5\times10^{-3}m^3/s$，则Q_1、Q_2分别为：

A. $0.857\times10^{-3}m^3/s$、$0.643\times10^{-3}m^3/s$

B. $0.643\times10^{-3}m^3/s$、$0.857\times10^{-3}m^3/s$

C. $0.804\times10^{-3}m^3/s$、$0.696\times10^{-3}m^3/s$

D. $0.696\times10^{-3}m^3/s$、$0.804\times10^{-3}m^3/s$

28. 已知平面无旋流动的速度势为$\varphi=2xy$，则流函数为：

A. $\Psi=x^2-y^2+C$　　　　B. $\Psi=\frac{1}{2}(x^2-y^2)+C$

C. $\Psi=y^2-x^2+C$　　　　D. $\Psi=\frac{1}{2}(y^2-x^2)+C$

29. 喷气式发动机尾喷管出口处，燃气流的温度为 873K，流速为 560m/s，蒸汽的等熵指数$K=1.33$，气体常数$R=287.4J/(kg\cdot K)$，则出口燃气流的马赫数为：

A. 0.97　　　　B. 1.03

C. 0.94　　　　D. 1.06

30. 某管道通过风量$500m^3/h$，系统阻力损失为 300Pa。用此系统送入正压$p=150Pa$的密封舱内，风量$Q=750m^3/h$，则系统阻力为：

A. 800Pa　　　　B. 825Pa

C. 850Pa　　　　D. 875Pa

31. 对增加控制系统的带宽和增加增益，减小稳态误差宜采用：

A. 相位超前的串联校正　　　　B. 相位滞后的串联校正

C. 局部速度反馈校正　　　　D. 滞后—超前校正

32. 某闭环系统的总传递函数为$G(s)=8/(s^2+Ks+9)$，为使其阶跃响应无超调，K值为：

A. 3.5　　　　B. 4.5

C. 5.5　　　　D. 6.5

33. 以温度为对象的恒温系统数学模型为$T\frac{\mathrm{d}g_{\mathrm{i}}}{\mathrm{d}t}+\theta_{\mathrm{i}}=K(\theta_{\mathrm{c}}+\theta_{\mathrm{f}})$，其中$\theta_{\mathrm{c}}$为系统给定，$\theta_{\mathrm{f}}$为干扰，则：

A. T为放大系数，K为调节系数

B. T为时间系数，K为调节系数

C. T为时间系数，K为放大系数

D. T为调节系数，K为放大系数

34. 下列描述系统的微分方程中，$r(t)$为输入变量，$c(t)$为输出变量，方程中为非线性时变系统的是：

A. $8\frac{\mathrm{d}^2c(t)}{\mathrm{d}t^2}+4\frac{\mathrm{d}c(t)}{\mathrm{d}t}+2c(t)=r(t)$

B. $t\frac{\mathrm{d}c(t)}{\mathrm{d}t}+2c(t)=r(t)+8\frac{\mathrm{d}r(t)}{\mathrm{d}t}$

C. $4\frac{\mathrm{d}c(t)}{\mathrm{d}t}+b(t)\sqrt{c(t)}=kr(t)$

D. $8\frac{\mathrm{d}^2c(t)}{\mathrm{d}t^2}+4c(t)=2r(t)$

35. 一阶系统传递函数$G(s)=\frac{K}{1+Ts}$，单位阶跃输入，要增大输出上升率，应：

A. 同时增大K、T

B. 同时减小K、T

C. 增大T

D. 增大K

36. 二阶系统传递函数$G(s)=\frac{1}{s^2+2s+1}$的频率特性函数为：

A. $\frac{1}{\omega^2+2\omega+1}$

B. $\frac{1}{-\omega^2+2j\omega+1}$

C. $-\frac{1}{\omega^2+2\omega+1}$

D. $\frac{1}{\omega^2-2\omega+1}$

37. 系统稳定性表现为：

A. 系统时域响应的收敛性，是系统固有的特性

B. 系统在扰动撤销后，可以依靠外界作用恢复

C. 系统具有阻止扰动作用的能力

D. 处于平衡状态的系统，在受到扰动后部偏离原来平衡状态

38. 关于单位反馈控制系统中的稳态误差，下列表述不正确的是：

A. 稳态误差是系统调节过程中其输出信号与输入信号之间的误差

B. 稳态误差在实际中可以测量，具有一定物理意义

C. 稳态误差由系统开环传递函数和输入信号决定

D. 系统的结构和参数不同，输入信号的形式和大小差异，都会引起稳态误差的变化

39. 采用串联超前校正时，通常可使校正后系统的截止频率：

A. 减小　　B. 不变

C. 增大　　D. 可能增大，也可能减小

40. 精密度反映了下列哪种误差的影响？

A. 随机误差　　B. 系统误差

C. 过失误差　　D. 随机误差和系统误差

41. 为减少接触式电动测温传感器的动态误差，下列所采取的措施中正确的是：

A. 增设保护套管

B. 减小传感器体积，减少热容量

C. 减小传感器与被测介质的接触面积

D. 选用比热大的保护套管

42. 下列关于干湿球温度的叙述，错误的是：

A. 干湿球温差越大，相对湿度越大

B. 干湿球温差越大，相对湿度越小

C. 在冰点以上使用时，误差较小，低于冰点使用时，误差增大

D. 电动干湿球温度计可远距离传送信号

43. 已知如图所示的两容器，中间用阀门连接，若关小阀门，那么管道流量变化是：

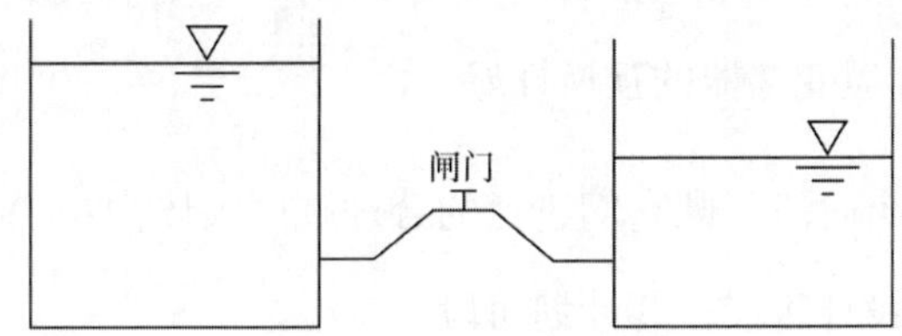

A. 不变　　B. 增大

C. 减小　　D. 不确定

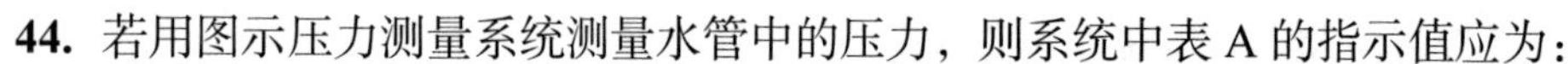

44. 若用图示压力测量系统测量水管中的压力，则系统中表 A 的指示值应为：

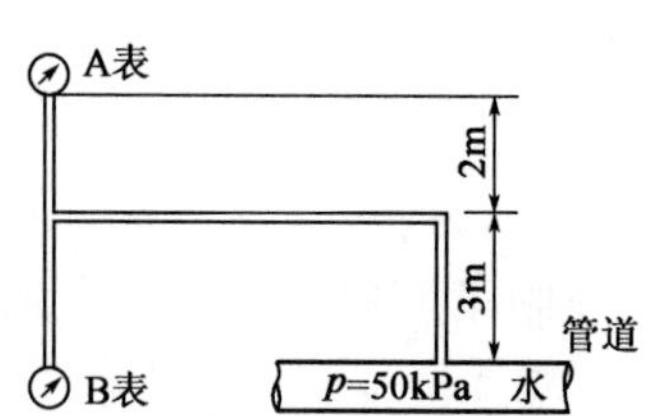

A. 50kPa

B. 0kPa

C. 0.965kPa

D. 50.965kPa

45. 流体流过节流孔板时，管道近壁面的流体静压在孔板的哪个区域达到最大：

A. 进口处　　B. 进口前一定距离处

C. 出口处　　D. 出口后一定距离处

46. 如图所示取压口，正确的是：

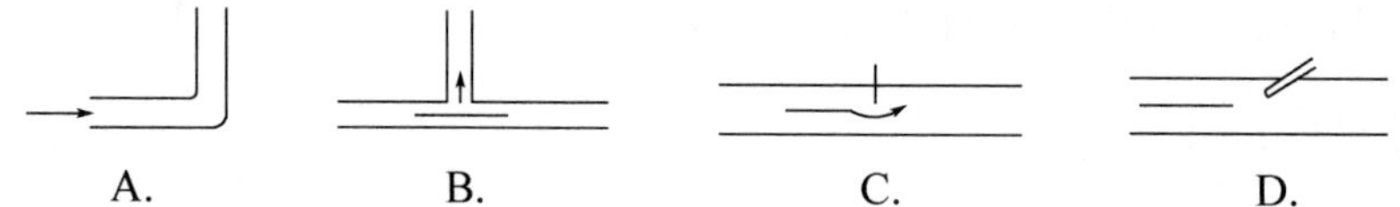

47. 用来测量传导热流的热流计是：

A. 电阻式　　B. 辐射式　　C. 蒸汽式　　D. 热水式

48. 有关氯化锂电阻湿度变送器的说法中，错误的是：

A. 随着空气相对湿度的增加，氯化锂的吸湿量也随之增加，导致它的电阻减小

B. 测量范围为 5%~95%RH

C. 受环境气体的影响较大

D. 使用时间长了会老化，但变送器的互换性好

49. 设计一台机器包含以下几个阶段，则它们进行的合理顺序大体为：

①技术设计阶段；②方案设计阶段；③计划阶段

A. ①-③-②　　B. ②-①-③　　C. ②-③-①　　D. ③-②-①

50. 图示平面机构具有确定运动时的原动件数为：

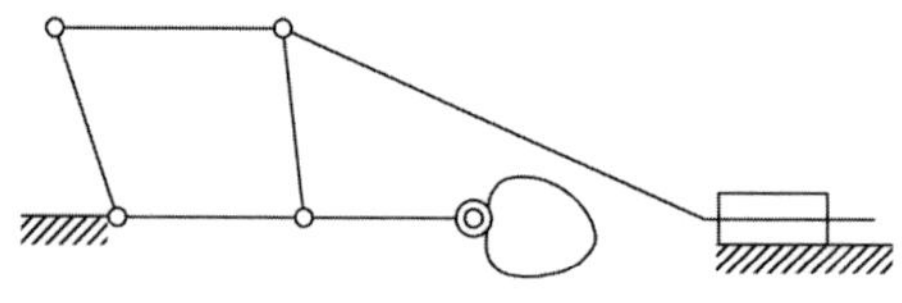

A. 1　　B. 2

C. 3　　D. 不确定

51. 下列铰链四杆机构中能实现急回运动的是：

A. 双摇杆机构　　B. 曲柄摇杆机构

C. 双曲柄机构　　D. 对心曲柄滑块机构

52. 在滚子从动件凸轮机构中，对于外凸的凸轮理论轮廓曲线，为保证作出凸轮的实际轮廓曲线不会出现变尖或交叉现象，必须满足：

A. 滚子半径大于理论轮廓曲线最小曲率半径

B. 滚子半径等于理论轮廓曲线最小曲率半径

C. 滚子半径小于理论轮廓曲线最小曲率半径

D. 无论滚子半径为多大

53. 在螺杆连接设计中，被连接件为铸铁时，往往在螺栓孔处制作沉头座或凸台，其目的是：

A. 便于装配

B. 便于安装防松装置

C. 避免螺栓受拉力过大

D. 避免螺栓附加受弯曲应力作用

54. V 带传动工作时产生弹性滑动的原因是：

A. 带与带轮之间的摩擦系数太小

B. 带轮的包角太小

C. 紧边拉力与松边拉力不相等及带的弹性变形

D. 带轮的转速有波动

55. 当一对渐开线齿轮制成后，两轮的实际安装中心距比理论计算略有增大，而角速度比仍保持不变，其原因是：

A. 压力角不变　　B. 啮合角不变

C. 节圆半径不变　　D. 基圆半径不变

56. 轴承在机械中的作用是：

A. 连接不同的零件

B. 在空间支承转动的零件

C. 支承转动的零件并向它传递扭矩

D. 保证机械中各零件工作的同步

57. 一批相同型号的滚动轴承在正常使用条件下，当达到基本额定寿命时，仍正常工作的轴承约有：

A. 10%　　B. 90%

C. 100%　　D. 50%

58. 《公共建筑节能设计标准》(GB 50189—2005)规定节能建筑与未采取节能措施相比，总能耗应减少：

A. 30%　　B. 40%

C. 50%　　D. 65%

59. 根据《中华人民共和国建筑法》，符合建筑工程分包单位分包条件的是：

A. 总包单位授权的各类工程

B. 符合相应资质条件的工程

C. 符合相应资质条件的工程签订分包合同并经建设单位认可的工程

D. 符合 C 条全部要求的主体结构工程

60. 《锅炉房设计规范》（GB 50041—2008）不适用于：

A. 余热锅炉　　B. 区域锅炉房

C. 工业锅炉　　D. 民用锅炉

2010 年度全国勘察设计注册公用设备工程师（暖通空调、动力）执业资格考试基础考试（下）试题解析及参考答案

1. 解 本题主要考查平衡状态的概念及实现条件。平衡状态是指在没有外界影响（重力场除外）的条件下，系统的宏观性质不随时间变化的状态。实现平衡的充要条件是系统内部及系统与外界之间不存在各种不平衡势差（力差、温差、化学势差）。因此热力系统的平衡状态应该是无任何不平衡势差，系统参数导出均匀一致而且是稳态的状态。

答案： C

2. 解 可逆过程的定义：如果系统完成某一热力过程后，再沿原来路径逆向进行时，能使系统和外界都返回原来状态而不留下任何变化，则这一过程称为可逆过程。

答案： A

3. 解 本题主要考查内能的定义。储存于系统内部的能量称为内能，与系统内工质的内部粒子的微观运动和粒子的空间位置有关，是分子热运动能、分子相互作用势能和原子核内部原子能等能量的总和。重力场的高度势能是外部能。

答案： B

4. 解 本题主要考查理想气体状态方程$pV = mR_gT$的应用。公式中的压力和温度分别为绝对压力和热力学温度，R_g应为氧气的气体常数而不是通用气体常数，故计算式中有三处错误。

答案： C

5. 解 本题主要考查多变过程多变指数计算公式$n = \frac{\ln(p_2/p_1)}{\ln(V_1/V_2)}$。将相应数据代入公式后可以求得$n = 1.46$。

答案： A

6. 解 已知卡诺循环的热效率小于 1；单一热源下即$T_2 = T_1$，热效率为 0，热机不能实现；热效率只与冷热源温度有关，与工质无关。

答案： D

7. 解 露点温度指空气在水汽含量和气压都不改变的条件下，冷却到饱和时的温度；湿球温度是定焓冷却至饱和湿空气时的温度，故饱和湿空气的三种温度值是相同的。

答案： B

8. 解 该关系式的适用条件为：定熵，可逆，比热为定值。

答案： C

9. 解 最简单的蒸汽动力循环由水泵、锅炉、汽轮机和冷凝器四个主要装置组成。水在水泵中被压

缩升压；然后进入锅炉被加热汽化，直至成为过热蒸汽后，进入汽轮机膨胀做功，做功后的低压蒸汽进入冷凝器被冷却凝结成水。再回到水泵中，完成一个循环。可以通过如下措施提高朗肯循环的效率：①提高过热器出口蒸汽压力与温度；②降低排汽压力；③减少排烟、散热损失；④提高锅炉、汽轮机内效率（改进设计）。乏汽的凝气温度受自然环境影响，因此在现实操作中不可能将乏汽的凝气温度降低到自然环境温度以下。

答案：C

10. 解 蒸汽制冷循环中，提高冷凝温度和降低蒸发温度都会减小制冷系数；过冷度增大，制冷系数增加；至于增大压缩机功率，与制冷系数无关。

答案：B

11. 解 根据物质导热系数的机理，以及解图所示，各种物质导热系数一般为$\lambda_{金} > \lambda_{液} > \lambda_{气}$；金属导热系数一般为12~418W/(m·℃)，液体导热系数一般为0.1~1.0W/(m·℃)，气体导热系数为0.006~0.6W/(m·℃)。

可知金属的导热系数要大于混凝土和木材；而钢铁和铝两种金属比较，铝的导热系数更大一些。

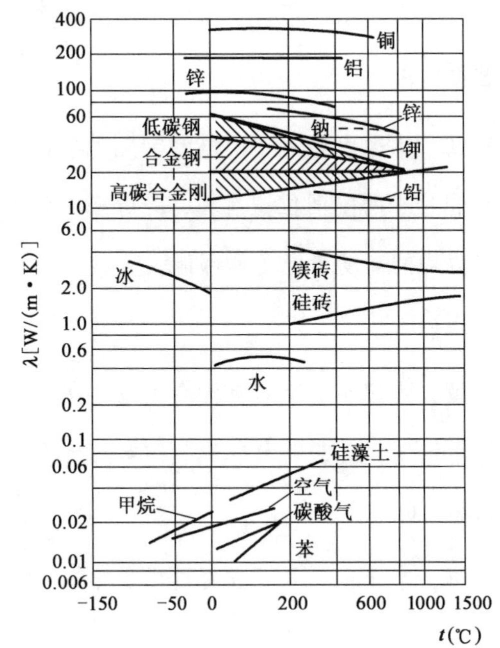

题 11 解图

答案：D

12. 解 单位管长的热流量为：

$$q_1 = \frac{t_{w1} - t_{w2}}{\frac{1}{2\pi\lambda}\ln\frac{r_2}{r_1}}$$

而导热量$\Phi = 2\pi\lambda l q_1$为圆柱体高l的函数。

答案：C

13. 解 $B_i = 48 \times 0.006/26 = 0.011 < 0.1$，由集总参数法：

$$\frac{\theta}{\theta_0} = \frac{t - t_f}{t_0 - t_f} = \frac{70 - 75}{15 - 75} = 0.0833, \quad \frac{\theta}{\theta_0} = e^{-\frac{hA}{\rho Vc}\tau}$$

$$\tau = -\frac{\rho c V}{hA}\ln\frac{\theta}{\theta_0} = -\frac{8600 \times 343 \times 0.006}{48 \times 3} \times \ln 0.0833 = 305\text{s}$$

答案：B

14. 解 边界节点用热守衡方式，中心节点可以用级数展开，也可以用热守衡方式。

答案：A

15. 解 积分方程组的求解要先假设速度和温度的分布，因此是近似解；雷诺类比的解是由比拟理论求得的，也是近似解。

答案：A

16. 解 对于常物性流体，无论是常热流或者常壁温边界条件下，在热充分发展段的表面传热系数都保持不变。即$-\left(\frac{\partial t}{\partial r}\right)_{r=R}/(t_{\mathrm{w,x}}-t_{\mathrm{f,x}})=\frac{h_{\mathrm{x}}}{\lambda}=$常数。但是，两者的表面传热系数由于条件不足，无法确定。

答案：D

17. 解 由于在其他条件相同时，珠状凝结的表面传热系数定大于膜状凝结的传热系数。油和氮气的导热系数比水的小，选项A、C、D都是削弱了蒸汽在竖直壁面上的凝结传热。

答案：B

18. 解 物体热辐射过程与热力学温度的四次方成正比。

答案：D

19. 解 $X_{1,1}+X_{1,2}=1$，由于表面1为非凹的，所以$X_{1,1}=0$，则$X_{1,2}=1$

由$A_1X_{1,2}=A_2X_{2,1}$，知

$$X_{2,1}=\frac{A_1}{A_2}=\frac{3R}{2\pi R}=0.48$$

另由$X_{2,1}+X_{2,2}=1$，可得：$X_{2,2}=1-X_{2,1}=1-0.48=0.52$

答案：B

20. 解 由$M_1c_1(t_1'-t_1'')=M_2c_2(t_2''-t_2')$，可得：

$$1.25\times(65-45)=2.5\times(t_2''-15)$$

则：$t_2''=25℃$

$$\Delta t'=t_1'-t_2'=65-15=50℃，\Delta t''=t_1''-t_2''=45-25=20℃$$

$$\Delta t_{\mathrm{m}}=\frac{\Delta t'-\Delta t''}{\ln\frac{\Delta t'}{\Delta t''}}=33℃$$

答案：B

21. 解 取1-1断面和2-2断面列伯努利方程：

$$z_2+\frac{p_2}{\rho g}=0$$

所以2处能产生负压。假如是理想流体不计流动损失，则$v=\sqrt{2gH_2}=4.85\mathrm{m/s}$，而实际流体都有阻力，流速肯定比理想时小，所以只能选B。

答案：B

22. 解 取1-1断面与2-2断面列伯努利方程：

$$z_1+\frac{p_1}{\rho_{\mathrm{a}}g}+\frac{v_1^2}{2g}=z_2+\frac{p_2}{\rho_{\mathrm{a}}g}+\frac{v_2^2}{2g}$$

其中，$z_1=z_2$，$p_1=v_1=0$，$p_2=-\rho g\Delta h$

将其代入伯努利方程，可得：

$$v_2=\sqrt{\frac{2g\rho\Delta h}{\rho_{\mathrm{a}}}}$$

答案： C

23. 解 对于圆管层流，其雷诺数为 1000，小于临界雷诺数，所以其流体为层流。而对于圆管层流，沿程阻力系数为：

$$\lambda=\frac{64}{\mathrm{Re}}=\frac{64}{1000}=0.064$$

答案： B

24. 解 该题可以通过代入单位运算得到答案，也可以直接由$p=\xi\frac{\rho v^2}{2}$得出，等式两边具有同样的量纲。

答案： A

25. 解 圆管均匀流的过流断面上，切应力可表示为：

$$\tau_0=\gamma\frac{r_0}{2}J$$

其大小与半径成正比，肯定也与直径成正比。

答案： A

26. 解

$$\mathrm{Re}=\frac{ud}{\nu}=2000$$

$$v=2000\times1.31\times10^{-6}/0.05=0.0524\mathrm{m/s}$$

答案： B

27. 解 由于两管路并联，所以有$S_1Q_1=S_2Q_2$。

$$S_1=\frac{8\left(\lambda\frac{l_1}{d}+\sum\zeta\right)}{\pi^2d^4g},\ \frac{Q_1}{Q_2}=\sqrt{\frac{S_2}{S_1}}=\sqrt{\frac{\lambda\frac{l_2}{d}+\sum\zeta}{\lambda\frac{l_1}{d}+\sum\zeta}}=0.866$$

且$Q_1+Q_2=Q=0.0015$，联立即可求解。

答案： D

28. 解 由势函数、流函数的关系可知：

$$u_x=\frac{\partial\phi}{\partial x}=2y=\frac{\partial\psi}{\partial y},\ u_y=\frac{\partial\phi}{\partial y}=2x=-\frac{\partial\psi}{\partial x}$$

代入流函数全微分定义式：

$$\mathrm{d}\psi=\frac{\partial\psi}{\partial x}\mathrm{d}x+\frac{\partial\psi}{\partial y}\mathrm{d}y=-2x\mathrm{d}x+2y\mathrm{d}y$$

得

$$\psi = y^2 - x^2 + C$$

答案：C

29. 解

$$c = \sqrt{k\frac{p}{\rho}} = \sqrt{kRT} = \sqrt{1.33 \times 287.4 \times 873} = 577.7\text{m/s}$$

$$\text{Ma} = \frac{u}{c} = \frac{560}{577.7} = 0.97$$

答案：A

30. 解 前后管道系统阻抗不变，且$H = SQ^2$，则：

$$\frac{H_2}{H_1} = \frac{Q_2^2}{Q_1^2}, \ H_2 = \left(\frac{750}{500}\right)^2 \times 300 = 675\text{Pa}$$

同时还要送到150Pa的密封舱内，所以总阻力还要克服此压力，则系统总阻力为$675 + 150 = 825\text{Pa}$。

答案：B

31. 解 超前校正利用校正装置产生的超前角可以补偿相角滞后，用来提高系统的相位稳定裕量，改善系统的动态特性。滞后校正提高系统的相角裕度，主要用来改善系统的稳态性能。高精度、稳定性要求高的系统常采用串联滞后校正。为了增加控制系统的带宽和增加增益、减小稳态误差，宜采用滞后-超前校正。

答案：D

32. 解 阶跃响应无超调，系统为过阻尼或临界阻尼状态，则：

$$2\xi\omega_{\text{n}} = K, \ \xi = \frac{K}{6} \geqslant 1, \ K \geqslant 6$$

答案：D

33. 解

$$T_1\frac{\text{d}\theta_{\text{i}}}{\text{d}t} + \theta_{\text{i}} = K_1(\theta_{\text{c}} + \theta_{\text{f}})$$

式中：T_1——恒室温的时间系数；

K_1——恒室温的放大系数。

答案：C

34. 解 若线性微分方程的系数是时间的函数，则这种系统称为时变系统，这种系统的响应曲线不仅取决于输入信号的形状和系统的特性，而且和输入信号施加的时刻有关。当公式中的各项系数有随时间变化的项时为时变系统。非线性控制系统不能应用叠加原理，如方程中含有变量及其导数的高次幂或乘积项。本题选项A方程是线性常微分方程，系统是线性定常系统；选项B方程中，只有输出一阶导数的系数是时间函数t，系统是线性时变系统；选项 C 方程中，有输出变量$c(t)$的开平方项，有系数是时间函数$b(t)$，系统是非线性时变系统。选项 D 方程为线性定常方程，系统是线性定常系统。

答案：C

35. 解 根据题可知，输出的时域响应应为：

$$c(T)=L^{-1}[C(s)]=L^{-1}\left(\frac{K}{1+Ts}\cdot\frac{1}{s}\right)=K\left(1-e^{-\frac{1}{\tau}}\right)$$

输出上升率取决于上升速率和稳态值。当时间趋于无穷大时，输出的稳态值$c(\infty)=K$；T越小，上升速率越大。因此稳态值越小，上升速率越大，则输出的上升率越大。因此，同时减小K和T可增大输出上升率。

答案：B

36. 解 频率特性和传递函数的关系$G(j\omega)=G(s)|_{s=jw}$，因此频率特性为：

$$G(j\omega)=\frac{1}{(j\omega)^2+2(j\omega)+1}=\frac{1}{-\omega^2+2j\omega+1}$$

答案：B

37. 解 系统的稳定性表现为系统时域响应的收敛性，是系统在扰动撤销后自身的一种恢复能力，是系统的固有特性。

答案：A

38. 解 给定信号（输入信号）为$u(t)$，主反馈信息（输出信号的测量值）为$b(t)$，定义其差值$e(t)$为误差信号，即$e(t)=u(t)-b(t)$。稳态误差e_{ss}，即$e_{ss}=\lim\limits_{t\to\infty}[u(t)-b(t)]$。稳态误差是系统进入稳态后其输出信号与输入信号之间的误差。A 项错误。

稳态误差在实际系统是可以测量的，因而具有一定的物理意义。B 项正确。

有两个因素决定稳态误差，即系统的开环传递函数$G(s)$和输入信号$U(s)$。C 项正确。

系统的结构和参数的不同，输入信号的形式和大小的差异，都会引起系统稳态误差的变化。D 项正确。

答案：A

39. 解 校正后可使系统的截止频率变宽，相角裕度增大，从而改善系统动态性能。

答案：C

40. 解 本题考查基本概念。精密度反映随机误差对测量值的影响程度，准确度反映系统误差对测量值的影响程度，精确度反映系统误差和随机误差对测量值的影响程度。

答案：A

41. 解 为了减少温度传感器的动态误差，需要提高温度传感器的灵敏性，这就要求温度传感器要有较小的热容量和较小的体积。

答案： B

42. 解 干湿球温度计的测量原理是：如果空气中水蒸气量没饱和，湿球的表面便不断地蒸发水汽，并吸取汽化热，因此湿球所表示的温度都比干球所示要低。空气越干燥（即湿度越低），蒸发越快，不断地吸取汽化热，使湿球所示的温度降低，而与干球间的差增大。相反，当空气中的水蒸气量呈饱和状态时，水便不再蒸发，也不吸取汽化热，湿球和干球所示的温度就会相等。因此，干湿球温差越大，说明空气越没有达到饱和状态，即相对湿度越小。

答案： A

43. 解 由于阀门开度变小，两容器间压力差减小，流体流动驱动力减小，故流量变小。

答案： C

44. 解 本题主要考查管道压力组成。从图中可以看出，表 B 的压力即为主干管中的水压，为 50kPa，而表 B 的压力为 A 点的压力与 A、B 间水柱形成的水压之和。故表 A 的指示值为 0.965kPa。

答案： C

45. 解 流体由于存在惯性，在惯性的作用下，在孔板后会出现收缩现象。

答案： B

46. 解 本题主要考查取压口的选择问题。图 A 取压口位于弯管处，形成的漩涡对测量结果造成较大影响；图 C 取压口位于节流处，节流前后压力突变，对测量结果有较大影响；图 D 取压口倾斜压力测量时受流体动压的影响。

答案： B

47. 解 热流计分为测量传导热流的热阻式热流计和测量辐射热流的非接触式辐射热流计。

答案： A

48. 解 氯化锂电阻湿度计利用氯化锂吸湿量随着空气相对湿度的变化，从而引起电阻变化的原理制成。氯化锂是一种在大气中不分解、不挥发、不变质的稳定的离子型无机盐类，其变送器受环境气体影响较小。

答案： C

49. 解 机械设计的一般程序是：①计划阶段；②方案设计阶段；③技术设计阶段；④试制、试用与改进阶段。

答案： D

50. 解 机构中有 7 个活动构件，$n=7$；8 个转动副，1 个移动副，则低副数为 9，高副数为 1，则自由度$F=3n-(2p_{\mathrm{L}}+p_{\mathrm{H}})=3\times7-(2\times9+1)=2$。

答案： B

51. 解 曲柄摇杆机构中，摇杆反行程时的平均摆动速度大于正行程时的平均摆动速度，这就是所谓的急回特性。

答案： B

52. 解 为了使凸轮轮廓在任何位置既不变尖也不相交，滚子半径必须小于理论轮廓外凸部分的最小曲率半径。

答案： C

53. 解 为避免在铸件或锻件等未加工表面上安装螺栓所产生的弯曲应力，可采用凸台或沉孔等结构，经加工以后可获得平整的支撑面。

答案： D

54. 解 由于紧边拉力和松边拉力不相等，带会产生弹性变形，这种弹性变形会使带在带轮上产生滑动，由于材料的弹性变形而产生的滑动称为弹性滑动。

答案： C

55. 解 角速度之比$\frac{\omega_1}{\omega_2}=\frac{d_2}{d_1}$，由于加工、装配误差，两轮的实际安装中心距会比理论计算略有增大。

答案： D

56. 解 轴承是用来支承轴及轴上零件、保持轴的旋转精度和减少转轴与支承之间的摩擦和磨损的部件。

答案： B

57. 解 基本额定寿命是指一批相同的轴承，在同样工作条件下，其中10%的轴承产生疲劳点蚀时转过的总圈数，或在一定转速下总的工作小时数，则仍正常工作的轴承约有90%。

答案： B

58. 解 《公共建筑节能设计标准》第1.0.3条规定：按本标准进行的建筑节能设计，在保证相同的室内环境参数条件下，与未采取节能措施时相比，全年采暖、通风、空气调节和照明的总能耗应减少50%。

答案： C

59. 解 《中华人民共和国建筑法》第二十九条规定：建筑工程总承包单位可以将承包工程中的部分工程发包给具有相应资质条件的分包单位；但是，除总承包合同中约定的分包外，必须经建设单位认可。施工总承包的，建筑工程主体结构的施工必须由总承包单位自行完成。

答案： C

60. 解 《锅炉房设计规范》（GB 50041—2008）第 1.0.3 条规定：本规范不适用于余热锅炉、垃圾焚烧锅炉和其他特殊类型锅炉的锅炉房和城市热力网设计。

答案：A

2011年度全国勘察设计注册公用设备工程师

（暖通空调、动力）执业资格考试试卷

基础考试

（下）

二〇一一年九月

应考人员注意事项

1. 本试卷科目代码为“2”，考生务必将此代码填涂在答题卡“科目代码”相应的栏目内，否则，无法评分。

2. 书写用笔：**黑色或蓝色钢笔、签字笔或圆珠笔**；

   填涂答题卡用笔：**黑色2B铅笔**。

3. 必须用书写用笔将工作单位、姓名、准考证号填写在答题卡和试卷相应的栏目内。

4. 本试卷由60题组成，每题2分，满分120分，本试卷全部为单项选择题，每小题的四个备选项中只有一个正确答案，错选、多选、不选均不得分。

5. 考生作答时，必须按**题号在答题卡上**将相应试题所选选项对应的**字母用2B铅笔涂黑**。

6. 在答题卡上书写与题意无关的语言，或在答题卡上作标记的，均按违纪试卷处理。

7. 考试结束时，由监考人员当面将试卷、答题卡一并收回。

8. 草稿纸由各地统一配发，考后收回。

单项选择题（共 60 题，每题 2 分。每题的备选项中，只有一个最符合题意。）

1. 大气压力为B，系统中工质真空压力读数为p_1时，系统的真实压力p为：

A. p_1

B. $B+p_1$

C. $B-p_1$

D. p_1-B

2. 准静态是一种热力参数和作用力都有变化的过程，具有下列哪项特性？

A. 内部和边界是一起快速变化

B. 边界上已经达到平衡

C. 内部状态参数随时处于均匀

D. 内部参数变化远快于外部作用力变化

3. 热力学第一定律是关于热能与其他形式的能量相互转换的定律，适用于：

A. 一切工质和一切热力过程

B. 量子级微观粒子的运动过程

C. 工质的可逆或准静态过程

D. 热机循环的一切过程

4. z压缩因子法是依据理想气体计算参数修正后得出实际气体近似参数，下列说法错误的是：

A. $z=f(p,T)$

B. z是状态的参数，可能大于 1 或小于 1

C. z表明实际气体偏离理想气体的程度

D. z是同样压力下实际气体体积与理想气体体积的比值

5. 把空气作为理想气体，其中 O_2 的质量分数为 21%，N_2 的质量分数为 78%，其他气体质量分数为 1%，则其定压比热容c_p为：

A. 707J/(kg · K)

B. 910J/(kg · K)

C. 1010J/(kg · K)

D. 1023J/(kg · K)

6. 空气进行可逆绝热压缩，压缩比为 6.5，初始温度为 27℃，则终了时气体温度可达：

A. 512K

B. 430K

C. 168℃

D. 46℃

7. 卡诺循环由两个等温过程和两个绝热过程组成，过程的条件是：

A. 绝热过程必须可逆，而等温过程可以任意

B. 所有过程均是可逆的

C. 所有过程均可以是不可逆的

D. 等温过程必须可逆，而绝热过程可以任意

8. 确定水蒸气两相区域焓熵等热力参数需要给定参数：

A. x

B. p和T

C. p和V

D. p和x

9. 理想气体绝热节流过程中节流热效应为：

A. 零

B. 热效应

C. 冷效应

D. 热效应和冷效应均可能有

10. 对于空气压缩式制冷理想循环，由两个可逆定压过程和两个可逆绝热过程组成，则提高该循环制冷系数的有效措施是：

A. 增加压缩机功率

B. 增大压缩比p_2/p_1

C. 增加膨胀机功率

D. 提高冷却器和吸热换热器的传热能力

11. 下列说法中正确的是：

A. 空气热导率随温度升高而增大

B. 空气热导率随温度升高而下降

C. 空气热导率随温度升高保持不变

D. 空气热导率随温度升高可能增大也可能减小

12. 圆柱壁面双层保温材料敷设过程中，为了减少保温材料用量或减少散热量，应该采取的措施是：

A. 导热率较大的材料在内层

B. 导热率较小的材料在内层

C. 根据外部散热条件确定

D. 材料的不同布置对散热量影响不明显

13. 在双层平壁无内热源常物性一维稳态导热计算过程中，如果已知平壁的热导率分别是δ_1、λ_1、δ_2、λ_2，如果双层壁内，外侧温度分别为t_1和t_2，则计算双层壁交界面上温度t_{in}错误的关系式是：

A. $\frac{t_1-t_{in}}{\frac{\delta_1}{\lambda_1}}=\frac{t_{in}-t_2}{\frac{\delta_2}{\lambda_2}}$

B. $\frac{t_1-t_2}{\frac{\delta_1}{\lambda_1}+\frac{\delta_2}{\lambda_2}}=\frac{t_1-t_{in}}{\frac{\delta_1}{\lambda_1}}$

C. $\frac{t_1-t_2}{\frac{\delta_1}{\lambda_1}+\frac{\delta_2}{\lambda_2}}=\frac{t_{in}-t_2}{\frac{\delta_2}{\lambda_2}}$

D. $\frac{t_1-t_{in}}{\frac{\delta_2}{\lambda_2}}=\frac{t_{in}-t_2}{\frac{\delta_2}{\lambda_1}}$

14. 常物性无内热源一维非稳态导热过程第三类边界条件下微分得到离散方程，进行计算时要达到收敛需满足：

A. $Bi<\frac{1}{2}$

B. $Fo\leqslant1$

C. $Fo\leqslant\frac{1}{2Bi+2}$

D. $Fo\leqslant\frac{1}{2Bi}$

15. 管内受迫定型流动换热过程中，速度分布保持不变，流体温度及传热具有下列何种特性?

A. 温度分布达到定型

B. 表面对流换热系数趋于定值

C. 温度梯度达到定值

D. 换热量也达到最大

16. 暖气片对室内空气的加热是通过下列何种方式实现的?

A. 导热

B. 辐射换热

C. 对流换热

D. 复杂的复合换热过程

17. 表面进行膜状凝结换热的过程，影响凝结换热作用最小的因素为：

A. 蒸汽的压力

B. 蒸汽的流速

C. 蒸汽的过热度

D. 蒸汽中的不凝性气体

18. 固体表面进行辐射换热时，表面吸收率α、透射率τ和反射率ρ之间，存在$\alpha+\tau+\rho=1$，在理想或特殊条件下表面分别称之为黑体、透明体或者是白体，下列描述错误的是：

A. 投射到表面的辐射能量全部反射时，$\rho=1$，称之为白体

B. 投射到表面的辐射能量全部可以穿透时，透射率$\tau=1$

C. 红外线辐射和可见光辐射全部被吸收，表面呈现黑色，$\alpha=1$，称之为黑体

D. 投射辐射中，波长在 0.1~100μm 的辐射能量能全部吸收时，称之为黑体

19. 角系数$X_{\mathrm{I,j}}$表示表面发射出的辐射能中直接落到另一个表面上，其中不适用的是：

A. 漫灰表面　　B. 黑体表面

C. 辐射时各向均匀表面　　D. 定向辐射和定向反射表面

20. 管套式换热器中进行换热时，如果两侧为水—水单相流体换热，一侧水温由 55℃降到 35℃，流量为 0.6kg/s；另一侧水入口温度 15℃，流量为 1.2kg/s。则换热器分别作顺流或逆流时的平均对流温差比Δt_{m}(逆流)/Δt_{m}(顺流)为：

A. 1.35　　B. 1.25　　C. 1.14　　D. 1.0

21. 对于某一管段中的不可压缩流体的流动，取三个管径不同的断面，其管径分别为$A_1 = 150\mathrm{mm}$、$A_2 = 100\mathrm{mm}$、$A_3 = 200\mathrm{mm}$，则三个断面A_1、A_2、A_3对应的流速比为：

A. 16：36：9　　B. 9：25：16

C. 9：36：16　　D. 16：25：9

22. 直径为 1m 的给水管在直径为 10cm 的水管中进行模型试验，现测得模型流量为$0.2\mathrm{m}^3/s$，则原型给水管实际流量为：

A. $8\mathrm{m}^3/s$　　B. $6\mathrm{m}^3/s$

C. $4\mathrm{m}^3/s$　　D. $2\mathrm{m}^3/s$

23. 管道长度不变，管中流动为紊流光滑区，$\lambda = \frac{0.3164}{\mathrm{Re}^{0.25}}$，允许的水头损失不变，当直径变为原来的 1.5 倍时，若不计局部损失，流量将变为原来的：

A. 2.25 倍　　B. 3.01 倍

C. 3.88 倍　　D. 5.82 倍

24. 图中水箱深H，底部有一长为L，直径为d的测管，管道进口为流线型，进口水头损失可不计，管道的沿程阻力系数λ设为常数，H、d、λ给定，若要保证通过的流量Q随管长L的加大而减小，则要满足条件：

A. $H = \frac{d}{\lambda}$

B. $H < \frac{d}{\lambda}$

C. $H > \frac{d}{\lambda}$

D. $H \neq \frac{d}{\lambda}$

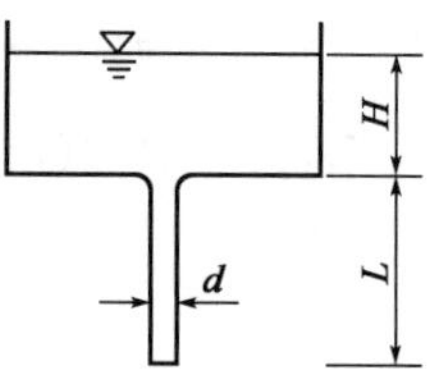

25. 图中自密闭容器经两段管道输水，已知压力表读数$p_{\mathrm{M}} = 0.1\mathrm{MPa}$，水头$H = 3\mathrm{m}$，$l_1 = 10\mathrm{m}$，$d_1 = 200\mathrm{mm}$，$l_2 = 15\mathrm{m}$，$d_2 = 100\mathrm{mm}$，沿程阻力系数$\lambda_1 = \lambda_2 = 0.02$，则流量$Q$为：

A. 54L/s

B. 60L/s

C. 62L/s

D. 58L/s

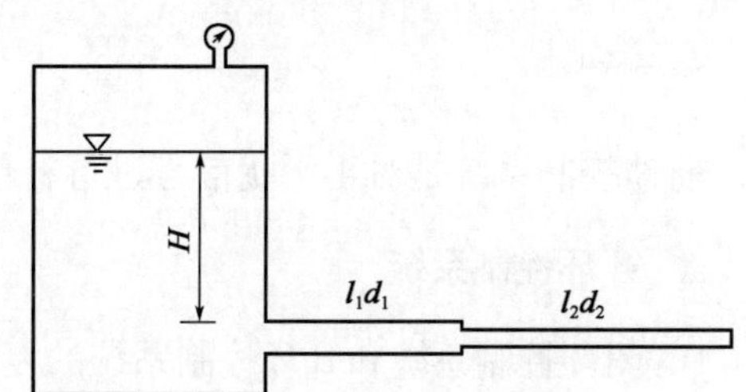

26. 并联管网的各并联管段：

A. 水头损失相等　　B. 水力坡度相等

C. 总能量损失相等　　D. 通过的流量相等

27. 已知某流速场$u_x = -ax$，$u_y = ay$，$u_z = 0$，则该流速场的流函数为：

A. $\Psi = 2axy$　　B. $\Psi = -2axy$

C. $\Psi = -\frac{1}{2}a(x^2 + y^2)$　　D. $\Psi = \frac{1}{2}a(x^2 + y^2)$

28. 某流速场的势函数$\psi = 5x^2y^2 - y^3$，则其旋转角速度：

A. $\omega_z = 0$　　B. $\omega_z = -10xy$

C. $\omega_z = 10xy$　　D. $\omega_z = y$

29. 对于喷管气体流动，在马赫数$\mathrm{Ma} > 1$的情况下，气体速度随断面的增大变化情况为：

A. 加快　　B. 减慢

C. 不变　　D. 先加快后减慢

30. 某水泵，在转速$n = 1500\mathrm{r/min}$时，其流量$Q = 0.08\mathrm{m^3/s}$，扬程$H = 20\mathrm{m}$，功率$N = 25\mathrm{kW}$，采用变速调节，调整后的转速$n' = 2000\mathrm{r/min}$，设水的密度不变，则其调整后的流量Q'、扬程H'、功率N'分别是：

A. $0.107\mathrm{m^3/s}$，35.6m，59.3kW　　B. $0.107\mathrm{m^3/s}$，26.7m，44.4kW

C. $0.107\mathrm{m^3/s}$，26.7m，59.3kW　　D. $0.142\mathrm{m^3/s}$，20m，44.4kW

31. 自动控制系统的正常工作受到很多条件的影响，保证自动控制系统正常工作的先决条件是：

A. 反馈性　　B. 调节性

C. 稳定性　　D. 快速性

32. 前馈控制系统是对于干扰信号进行补偿的系统，是：

A. 开环控制系统

B. 闭环控制系统和开环控制系统的复合

C. 能消除不可测量的扰动系统

D. 能抑制不可测量的扰动系统

33. 关于系统的传递函数，正确的描述是：

A. 输入量的形式和系统结构均是复变量s的函数

B. 输入量与输出量之间的关系与系统自身结构无关

C. 系统固有的参数，反映非零初始条件下的动态特征

D. 取决于系统的固有参数和系统结构，是单位冲激下的系统输出的拉氏变换

34. 被控对象的时间常数反映对象在阶跃信号激励下被控变量变化的快慢速度，即惯性的大小；时间常数大，则：

A. 惯性大，被控变量变换速度慢，控制较平稳

B. 惯性大，被控变量变换速度快，控制较困难

C. 惯性小，被控变量变换速度快，控制较平稳

D. 惯性小，被控变量变换速度慢，控制较困难

35. 关于自动控制系统相角裕度和幅值裕度的描述，正确的是：

A. 相角裕度和幅值裕度是系统开环传递函数的频率指标，与闭环系统的动态性能密切相关

B. 对于最小相角系统，要使系统稳定，要求相角裕度大于 1，幅值裕度大于 0

C. 为保证系统具有一定的相对稳定性，相角裕度和幅值裕度越小越好

D. 稳定裕度与相角裕度无关，与幅值裕度有关

36. 关于二阶系统的设计，下列做法正确的是：

A. 调整典型二阶系统的两个特征参数阻尼系数ξ和无阻尼自然频率ω_n就可以完成最佳设计

B. 比例—微分控制盒测速反馈控制是最有效的设计方法

C. 增大阻尼系数ξ和增大无阻尼自然频率ω_n

D. 将阻尼系数ξ和无阻尼自然频率ω_n分别计算

37. 系统的稳定性与其传递函数的特征方程根的关系为：

A. 各特征根实部均为负时，系统具有稳定性

B. 各特征根至少有一个存在正实部时，系统具有稳定性

C. 各特征根至少有一个存在零实部时，系统具有稳定性

D. 各特征根全部具有正实部时，系统具有稳定性

38. 对于单位阶跃输入，下列表述不正确的是：

A. 只有 0 型系统具有稳态误差，其大小与系统的开环增益成反比

B. 只有 0 型系统具有稳态误差，其大小与系统的开环增益成正比

C. I型系统位置误差系数为无穷大时，稳态误差为 0

D. II型及以上系统与 I 型系统一样

39. 关于超前校正装置，下列描述错误的是：

A. 超前校正装置利用装置的相位超前特性来增加系统的相角稳定裕度

B. 超前校正装置利用校正装置频率特性曲线的正斜率段来增加系统的穿越频率

C. 超前校正装置利用相角超前，幅值增加的特性，使系统的截止频率变窄、相角裕度减小，从而有效改善系统的动态性能

D. 在满足系统稳定性条件的情况下，采用串联超前校正可使系统响应快、超调小

40. 某合格测温仪表的精度等级为 0.5 级，测量中最大示值的绝对误差为 1℃，测量范围的下限为负值，且下限的绝对值为测量范围的 10%，则该测温仪表的测量下限值是：

A. −5℃　　　　B. −10℃

C. −15℃　　　　D. −20℃

41. 某铜电阻在20℃的阻值$R_{20}=16.35\Omega$，其电阻温度系数$\alpha=4.25\times10^{-3}℃^{-1}$，则该电阻在100℃时的阻值$R_{100}$为：

A. 3.27Ω　　B. 16.69Ω

C. 21.47Ω　　D. 81.75Ω

42. 下列不属于光电式露点湿度计测量范围的气体是：

A. 高压气体　　B. 低温气体

C. 低湿气体　　D. 含烟尘、油脂的气体

43. 下列关于电容式压力传感器的叙述，错误的是：

A. 压力的变化改变极板间的相对位置，由此引起相应电容量的变化反映了被测压力的变化

B. 为保证近似线性的工作特性，测量时必须限制动极板的位移量

C. 灵敏度高，动态响应好

D. 电容的变化与压力引起的动极板位移之间是线性关系

44. 热线风速仪的测量原理是：

A. 动压法　　B. 霍尔效应

C. 热效率法　　D. 激光多普勒效应

45. 流体流过节流孔板时，流束在孔板的哪个区域收缩到最小？

A. 进口处　　B. 进口前一定距离

C. 出口处　　D. 出口后一定距离

46. 可用于消除线性变化的累进系统误差的方法是：

A. 对称观测法　　B. 半周期偶数观测法

C. 对置法　　D. 交换法

47. 以下关于热阻式热流计的叙述，错误的是：

A. 热流测头尽量薄

B. 热阻尽量小

C. 被测物体热阻应比测头热阻小得多

D. 被测物体热阻应比测头热阻大得多

48. 测量列的极限误差是其标准误差的：

A. 1 倍　　B. 2 倍

C. 3 倍　　D. 4 倍

49. 在弯曲变应力作用下零件的设计准则是：

A. 刚度准则　　B. 强度准则

C. 抗磨损准则　　D. 振动稳定性准则

50. 平面机构具有确定运动的充分必要条件为：

A. 自由度大于零

B. 原动件数大于零

C. 原动件数大于自由度数

D. 原动件数等于自由度数且大于零

51. 在铰链四杆机构中，若最短杆与最长杆长度之和小于其他两杆长度之和，为了得到双摇杆机构，应：

A. 以最短杆为机架　　B. 以最短杆的相邻杆为机架

C. 以最短杆的对面杆为机架　　D. 以最长杆为机架

52. 凸轮机构中，极易磨损的从动件是：

A. 尖顶从动件　　B. 滚子从动件

C. 平底从动件　　D. 球面底从动件

53. 已知：某松螺栓连接，所受最大荷载$F_Q = 15000N$，荷载很少变动，螺栓材料的许用应力$[\sigma] = 140MPa$，则该螺栓的最小直径d_1为：

A. 13.32mm　　B. 10mm

C. 11.68mm　　D. 16mm

54. V 带传动中，最大有效拉力与下列什么因素无关？

A. V 带的初拉力　　B. 小带轮上的包角

C. 小带轮的直径　　D. 带与带轮之间的摩擦因数

55. 有四个渐开线直齿圆柱齿轮，其参数分别为：齿轮 1 的$m_1 = 2.5\text{mm}$，$\alpha_1 = 15''$；齿轮 2 的$m_2 = 2.5\text{mm}$，$\alpha_2 = 20''$；齿轮 3 的$m_3 = 2\text{mm}$，$\alpha_3 = 15''$；齿轮 4 的$m_4 = 2.5\text{mm}$，$\alpha_4 = 20''$。则能够正确啮合的一对齿轮是：

A. 齿轮 1 和齿轮 2　　B. 齿轮 1 和齿轮 3

C. 齿轮 1 和齿轮 4　　D. 齿轮 2 和齿轮 4

56. 装在轴上的零件，下列各组方法中，能够实现轴向定位的是：

A. 套筒，普通平键，弹性挡圈　　B. 轴肩，紧定螺钉，轴端挡圈

C. 套筒，花键，轴肩　　D. 导向平键，螺母，过盈配合

57. 下列滚动轴承中，通常需成对使用的轴承型号是：

A. N307　　B. 6207

C. 30207　　D. 51307

58. 对建筑进行绿色建筑运行评价的时间为：

A. 设计完成之后

B. 施工完成之后

C. 通过竣工验收并投入使用一年后

D. 通过竣工验收并投入使用三年后

59. 下列不符合监理行为准则的是：

A. 在其资质等级许可范围内承担监理业务

B. 若因本单位监理人员不足可以转让部分监理业务

C. 根据建设单位的委托，客观、公正地执行监理任务

D. 不得与施工承包商及材料设备供应商有利害关系

60. 燃气调压装置可以设在：

A. 露天场地　　B. 地下室内

C. 地上主体建筑内　　D. 地下独立建筑内

2011 年度全国勘察设计注册公用设备工程师（暖通空调、动力）执业资格考试基础考试（下）试题解析及参考答案

1. 解 本题主要考查大气压力、真空度以及系统真实压力的关系。系统的真实压力p称为绝对压力，为相对压力与大气压力的代数和。系统中工质用仪表测得的压力称为相对压力。用真空表测得的压力表示系统中工质的真实压力小于大气压x，也即$p_1 < B$；用压力表测得的压力表示系统中工质的真实压力大于大气压力，也即$p_1 > B$。故本题系统的真实压力$p = B - p_1$。

答案：C

2. 解 本题主要考查准静态过程的特点。准静态过程是在系统与外界的压力差、温差无限小的条件下，系统变化足够缓慢，系统经历一系列无限接近于平衡态的过程。热力学意义上的“缓慢”，是指由不平衡到平衡的弛豫时间远小于过程进行所用的时间，因此内部状态参数均匀，没有势差。

答案：C

3. 解 热力学第一定律是能量守恒定律在热现象中的应用。能量守恒定律适用于任何工质和过程。

答案：A

4. 解 本题主要考查压缩因子的概念。压缩因子是在给定状态下（相同压力和温度），实际气体的质量体积和理想气体的质量体积的比值。

答案：D

5. 解 空气视为双原子理想气体，定压比热容可用定值比热容$c_{\rm p} = 7R_{\rm g}/2$近似来求，空气的气体常数取$R_{\rm g} = 0.287{\rm kJ/(kg \cdot K)}$；或用混合气体的方法求，$c_{\rm p} = \sum g_i c_{{\rm p}i}$，$O_2$与$N_2$均为双原子理想气体，定压比热容可用定值比热容$c_{\rm p} = 7R_{\rm g}/2$来求，而$R_{{\rm g}i} = 8314/M_i$，已知质量分数$g_{O_2} = 21\%$、$g_{N_2} = 78\%$，相对分子质量$M_{O_2} = 32$、$M_{N_2} = 28$，将数值代入即得空气的定压比热容值。

答案：C

6. 解 本题主要考查定熵过程中的状态参数变化公式的应用。由多变过程公式得：

$$\frac{T_2}{T_1} = \left(\frac{V_2}{V_1}\right)^{\kappa-1} = \left(\frac{p_2}{p_1}\right)^{\frac{\kappa-1}{\kappa}} = 6.5^{\frac{1.4-1}{1.4}} = 1.707$$

$$T_2 = 1.707T_1 = 1.707 \times (27 + 273) = 512{\rm K}$$

答案：A

7. 解 由卡诺循环的定义可知，卡诺循环由两个可逆定温过程、两个可逆绝热过程组成，因此过程的条件应是所有过程均是可逆的。

答案：B

8. 解 在水蒸气的两相区除p或T外，其他参数与两相比例有关，即在已知p或$T(h', V', s', h'', V'', s'')$

和干度x的情况下，可以确定h、V、s等状态参数。

答案：D

9. 解 绝热节流前后温度的变化是：对理想气体，温度不变；对于实际气体，其温度可能升高、可能降低也可能保持不变。本题中是理想气体，因此绝热节流后温度保持不变，节流效应为0。

答案：A

10. 解 根据制冷循环的特点，循环中两个可逆定压过程和两个可逆绝热过程，分别为可逆定压冷凝、可逆定压蒸发、可逆绝热压缩、可逆绝热膨胀，通过提高冷却器和吸热换热器的传热能力，能够降低传热温差，从而减小冷凝温度和蒸发温度间的传热温差，以提高循环的制冷系数。

答案：D

11. 解 气体导热系数在通常压力范围内变化不大，因而一般把导热系数仅仅视为温度的函数，由解图可知，空气的热导率随温度升高而增大。

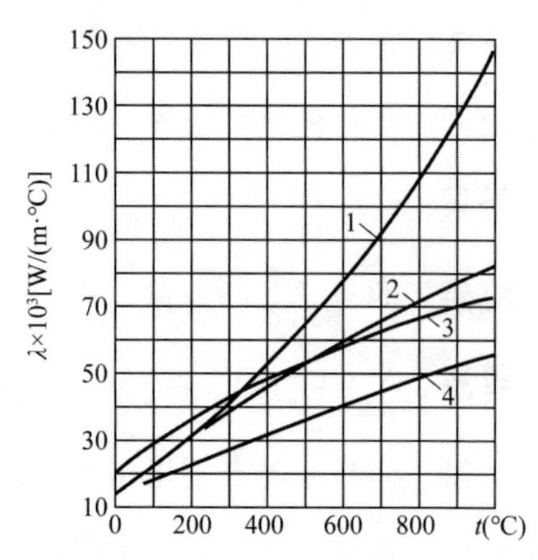

题11解图

1-水蒸气；2-二氧化碳；3-空气；4-氢

答案：A

12. 解 圆柱壁面内侧温度变化率较大，将导热率较小的材料在内层，以减少散热量。

答案：B

13. 解 由于是一维稳态导热，则热流密度是常数：

$$q=\frac{\lambda(t_1-t_2)}{\delta}=\frac{\lambda}{\delta}\Delta t$$

答案：D

14. 解 如解图所示，用热平衡法建立常物性无内热源一维非稳态导热第三类边界条件下边界节点由热平衡法的显式差分格式的离散方程为

$$A\lambda\frac{t_2^k-t_1^k}{\Delta x}+Ah\left(t_{\mathrm{f}}^k-t_1^k\right)=A\frac{\Delta x}{2}\rho c\frac{t_1^{k+1}-t_1^k}{\Delta\tau}$$

$$t_1^{k+1}=2\mathrm{Fo}\left(t_2^k+\mathrm{Bi}t_{\mathrm{f}}^k\right)+(1-2\mathrm{Bi}\cdot\mathrm{Fo}-2\mathrm{Fo})t_1^k$$

由此可知显式差分格式的稳定性条件$1-2\mathrm{Bi}\cdot\mathrm{Fo}-2\mathrm{Fo}\geqslant0$，则$\mathrm{Fo}\leqslant\frac{1}{2\mathrm{Bi}+2}$。

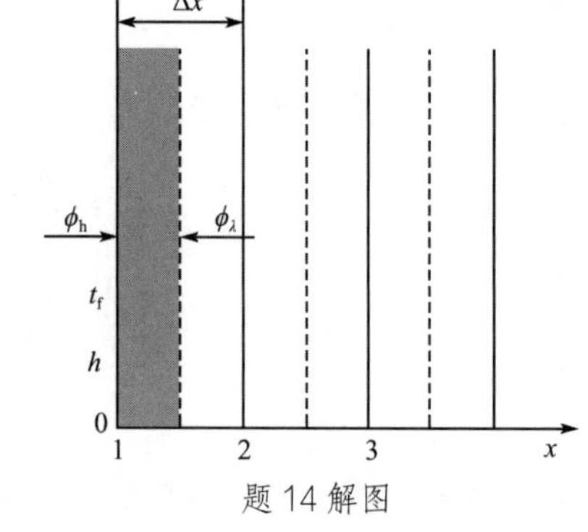

题14解图

答案：C

15. 解 管内受迫流动达到充分发展段时，无量纲温度$(t_{\mathrm{w}}-t)/(t_{\mathrm{w}}-t_{\mathrm{f}})$和表面对流换热系数趋于定值。

答案：B

16. 解 暖气片对室内空气的加热是既有对流换热，又有辐射换热的复杂的复合换热。

答案：D

17. 解 蒸汽的流速如果过大，增强凝结换热；蒸汽中的不凝性气体使凝结换热减弱。

答案：A

18. 解 投射到表面的辐射能量全部吸收时，$\alpha = 1$，称之为黑体，指的是全波段。投射到表面的辐射能量全部反射时，$\rho = 1$，称之为白体。投射到表面的辐射能量全部可以穿透时，透射率$\tau = 1$。可见光辐射全部被吸收，表面呈现黑色。

答案：C

19. 解 这里的辐射能是指向半球空间的辐射，不是某个方向上的。

答案：D

20. 解 由

$$M_1c_1(t_1' - t_1'') = M_2c_2(t_2'' - t_2')$$

可得：

$$0.6 \times (55 - 25) = 1.2 \times (t_2'' - 15)，t_2'' = 25℃$$

$$\Delta t_{\text{m 顺}} = \frac{\Delta t' - \Delta t''}{\ln\frac{\Delta t'}{\Delta t''}} = \frac{30}{\ln 4}；\ \Delta t_{\text{m 逆}} = \frac{\Delta t' - \Delta t''}{\ln\frac{\Delta t'}{\Delta t''}} = \frac{10}{\ln 1.5}$$

$$\Delta t_{\text{m 逆}}/\Delta t_{\text{m 顺}} \approx 1.14$$

答案：C

21. 解 根据连续性方程，断面流速与断面积成反比，因此与断面直径的平方成反比。A_1、A_2、A_3三个断面直径之比为3∶2∶4；则断面积之比为9∶4∶16，因此A_1、A_2、A_3对应的流速比为16∶36∶9。

答案：A

22. 解 此题首先考查的是模型律的选择问题。在该题中，是给水管道，此时应当以满足雷诺相似准数为主，Re就是决定性相似准数，即$(\mathrm{Re})_\mathrm{n} = (\mathrm{Re})_\mathrm{m}$

$$\frac{v_\mathrm{n}d_\mathrm{n}}{\nu_\mathrm{n}} = \frac{v_\mathrm{m}d_\mathrm{m}}{\nu_\mathrm{m}}$$

现在$d_\mathrm{n} = 1$，$d_\mathrm{m} = 0.1$，水的黏度不变，所以：

$$v_\mathrm{m} = \frac{4Q_\mathrm{m}}{\pi d_\mathrm{m}^2} = \frac{4 \times 0.2}{\pi \times 0.01} = \frac{80}{\pi}$$

$$v_\mathrm{n} = \frac{v_\mathrm{m}d_\mathrm{m}}{d_\mathrm{n}} = 0.1v_\mathrm{m} = \frac{8}{\pi}$$

$$Q_\mathrm{n} = \frac{\pi d_\mathrm{n}^2}{4}v_\mathrm{n} = \frac{\pi}{4} \times \frac{8}{\pi} = 2\mathrm{m^3/s}$$

答案：D

23. 解 将已知条件$\lambda = \frac{0.3164}{\mathrm{Re}^{0.25}}$代入$h_\mathrm{f} = \lambda\frac{l}{d}\frac{v^2}{2g}$，且$\mathrm{Re} = \frac{vd}{\nu}$，则：

$$\frac{v_1^{1.75}}{v_2^{1.75}}=\frac{d_1^{1.25}}{d_2^{1.25}}$$

$$\frac{Q_2}{Q_1}=\frac{v_2d_2^2}{v_1d_1^2}=\sqrt[1.75]{\frac{d_2^{1.25}}{d_1^{1.25}}}\cdot\frac{d_2^2}{d_1^2}$$

答案： B

24. 解 取液面、管道出口断面列伯努利方程，有：

$$H+L=\frac{v^2}{2g}+\lambda\frac{L}{d}\frac{v^2}{2g}$$

$$Q=Av=\frac{\pi d^2}{4}v=\frac{\pi d^2}{4}\sqrt{\frac{2g(H+L)}{1+\lambda\frac{L}{d}}}$$

若流量随管长的加大而减小，则有$\frac{dQ}{dL}<0$，解得$1-H\frac{\lambda}{d}<0$，则$H>\frac{d}{\lambda}$。

答案： C

25. 解 取液面和出口断面列伯努利方程，有：

$$H+\frac{p_M}{\rho g}=\frac{v^2}{2g}+\left(\lambda_1\frac{l_1}{d_1}+\xi_{进}\right)\frac{v_1^2}{2g}+\left(\lambda_2\frac{l_2}{d_2}+\xi_{突缩}\right)\frac{v_2^2}{2g}$$

其中，$\xi_{进}=0.5$，$\xi_{进}=0.5\left(1-\frac{A_2}{A_1}\right)$，解得$v_2=7.61\text{m/s}$，则：

$$Q=\frac{\pi d_2^2}{4}v_2=59.7\text{L/s}$$

答案： B

26. 解 并联环路水头损失相等。选项C总能量损失严格地讲还应包括流体传热造成的热量损失。

答案： A

27. 解 $\mathrm{d}\psi=u_x\mathrm{d}y-u_y\mathrm{d}x=-ax\mathrm{d}y-ay\mathrm{d}x=-a(x\mathrm{d}y+y\mathrm{d}x)=-a\mathrm{d}(xy)$

所以得：$\psi=-axy$

此类题目也可采用排除法，因为其流函数满足：

$$u_x=-\frac{\partial\psi}{\partial y}；\ u_y=-\frac{\partial\psi}{\partial x}$$

将各项代入求偏导，也可快速得出答案。

答案： B

28. 解 由 $u_x=\frac{\partial\varphi}{\partial x}=10xy^2$，$u_y=\frac{\partial\varphi}{\partial y}=10x^2y-3y^2$

则 $\omega_z=\frac{1}{2}\left(\frac{\partial u_y}{\partial x}-\frac{\partial u_x}{\partial y}\right)=\frac{1}{2}(20xy-20xy)=0$

答案： A

29. 解 $\text{Ma}>1$，$u>c$，为超声速流动，$\mathrm{d}v$与$\mathrm{d}A$符号相同，说明速度随断面的增大而加快，随断

面的减小而减慢。

答案：A

30. 解 根据相似率，流量、扬程、功率分别与转速为1次方、2次方、3次方关系。

答案：A

31. 解 稳定性是保持控制系统能够正常工作的先决条件。

答案：C

32. 解 有扰动补偿开环控制称为按扰动补偿的控制方式——前馈控制系统。如果扰动能测量出来，则可以采用按干扰补偿的控制方式。由于扰动信号经测量元件、控制器至被控对象是单向传递的，所以属于开环控制。对于不可测扰动及各元件内部参数变化给被控制量造成的影响，系统无抑制作用。

答案：A

33. 解 传递函数是描述系统（或元部件）动态特性的一种数学表达式，它只是取决于系统（或元部件）的结构和参数，而与系统（或元部件）的输入量和输出量的形式和大小无关。传递函数是复变量$s(s=\sigma+j\omega)$的有理真分式函数，它具有复变函数的所有性质，其分子多项式的系数均为实数，都是由系统的物理参数决定的。并且传递函数只反映系统的动态特性，而不反应系统物理性能上的差异。对于物理性质截然不同的系数，只要动态特性相同（如相似系统），它们的传递函数就具有相同的形式。

答案：D

34. 解 时间常数T是反映响应变化快慢或响应滞后的重要参数。用T表示的响应滞后称阻容滞后（容量滞后）。T越大，被控对象惯性越大，被控参数变化越慢，控制较平稳。

答案：A

35. 解 稳定裕度，指稳定系统的稳定程度，即相对稳定性，用相角（位）裕度和幅值裕度来表示。相角裕度和幅值裕度是系统开环频率指标，它与闭环系统的动态性能密切相关。对于最小相角系统，要使闭环系统稳定，要求相角裕度$\gamma>0$，幅值裕度$K_g>1(h>0\mathrm{dB})$。

答案：A

36. 解 在改善二阶系统性能的方法中，比例–微分控制和测速反馈控制是两种常用方法。

答案：B

37. 解 本题考查稳定性与特征方程根的关系。系统的特征根全部具有负实部时，系统具有稳定性，当特征根中有一个或一个以上正实部根时，系统部稳定；若特征根中具有一个或一个以上零实部根而其他的特征根均具有负实部时，系统处于稳定和不稳定的临界状态，为临界稳定。

答案：A

38. 解　单位阶跃函数输入时的稳态误差为$e_{ss}=1/(1+K_p)$，位置误差系统系数$K_p=\lim_{s\to 0}G(s)$，则：

0型系统：$\nu=0$，$K_p=K$，$e_{ss}=1/(1+K_p)$，有稳态误差，其大小与系统的开环增益成反比。

I型系统及I型以上系统：$V=1,2,\cdots$，$K_p=\infty$，$e_{ss}=0$。位置误差系数均为无穷大，稳态误差均为零。

答案：B

39. 解　本题考查超前校正装置的定义及特性。

答案：C

40. 解　本题考查精度等级和绝对误差的概念。

答案：D

41. 解　热电阻是用金属导体或半导体材料制成的感温元件，物体的电阻一般随温度而变化，通常用电阻温度系数α来描述这一特征，它的定义是在某一温度间隔内，温度变化1℃时的电阻相对变化量。

铜热电阻的特征方程是：

$$R_t=R_0(1+\alpha t)$$

式中，R_0表示0℃时的电阻值，R_{100}表示100℃时的电阻值。

所以有：$R_{20}=R_0(1+20\alpha)$，$R_{100}=R_0(1+100\alpha)$

$$\frac{R_{100}}{R_{20}}=\frac{1+100\alpha}{1+20\alpha}=\frac{1.425}{1.085}=1.313$$

已知$R_{20}=16.35\Omega$，解得$R_{100}=21.47\Omega$

答案：C

42. 解　光电式露点湿度计是使用光电原理直接测量气体露点温度的一种电测法湿度计。其测量准确度高，可靠性强，使用范围广，尤其适用于低温状态。影响其测量精度的主要因素包括高度光洁的露点镜，高精度的光学与热电制冷调节系统和采样气体需要洁净。

答案：D

43. 解　只有当$\Delta d/d \ll 0$时，电容的变化量与位移增量才成近似线性关系。

答案：D

44. 解　热线风速仪是利用加热的金属丝（热线）的热量损失速率和气流流速之间的关系来求得气流速度的一种仪器，因此其测量原理基于热效率法。

答案：C

45. 解　当水经过节流孔板缩口时，流束会变细或收缩。流束的最小横断面出现在实际缩口的下游，称为缩流断面，在缩流断面处，流速是最大的。

答案：D

46. 解 消除线性变化的系统误差可采用对称观测法。

答案：A

47. 解 由于热流传感器是热流计最为关键的一次敏感器件，因此其测量精度将直接关系到热流计的测量精度。其中热流传感器与被测物粘贴的紧密程度，对热流的稳定时间有着非常大的影响。粘贴越紧密，稳定越快，测量偏差越小；反之，测量偏差越大。其次，热流传感器厚度越薄越好。另外，热流传感器边长越长越好，最优值为20~30mm。

答案：D

48. 解 在有限次测量中，认为不出现大于3σ的误差，故把3σ定义为极限误差$\Delta_{\max}$。

答案：C

49. 解 强度准则就是指零件的应力不得超过允许的限度，即$\sigma \leqslant [\sigma]$。式中，$[\sigma]$为许用应力。

答案：B

50. 解 机构确定运动的条件是：机构原动件的数目等于机构自由度的数目，且自由度大于零。

答案：D

51. 解 最短杆与最长杆长度之和小于其他两杆长度之和，满足了铰链四杆机构有曲柄的条件，此时，若以最短杆的对边为机架，则可获得双摇杆机构。

答案：C

52. 解 尖顶与凸轮是点接触，最易磨损。

答案：A

53. 解 松螺栓连接的强度条件为：

$$\sigma = \frac{F_{\mathrm{Q}}}{\pi d_1^2/4} \leqslant [\sigma]$$

代入数据计算得$d_1 = 11.68\mathrm{mm}$。

答案：C

54. 解 传动时，带紧边和松边的拉力差称为带传动的有效拉力，也就是带所传递的圆周力F：

$$F = F_1 - F_2 = F_1\left(1 - \frac{1}{e^{f\alpha}}\right)$$

答案：C

55. 解 一对渐开线齿轮的正确啮合条件是两齿轮模数和压力角分别相等。

答案：D

56. 解 轴上零件的轴向固定，常用轴肩、定位套筒、紧定螺钉和轴端挡圈等形式。

答案：B

57. 解 右起第五位表示轴承类型，可知 30207 为圆锥滚子轴承，通常需成对使用，对称安装。

答案：C

58. 解 《绿色建筑评价标准》（GB/T 50378—2014）第 3.1.2 条规定：绿色建筑的评价分为设计评价和运行评价。设计评价应在建筑工程施工图设计文件审查通过后进行，运行评价应在建筑通过竣工验收并投入使用一年后进行。

答案：C

59. 解 《工程建设监理规定》第十九条规定：监理单位不得转让监理业务。

答案：B

60. 解 《城镇燃气设计规范》（GB 50028—2006）规定：自然条件和周围环境许可时，宜设置在露天；设置在地上单独的建筑物内时，应符合该规范第 6.6.12 条的要求；当受到地上条件限制，且调压装置进口压力不大于 0.4MPa 时，可设置在地下单独的建筑物内或地下单独的箱体内，并应分别符合本规范第 6.6.14 条和第 6.6.5 条的要求。

答案：A

2012 年度全国勘察设计注册公用设备工程师

（暖通空调、动力）执业资格考试试卷

基础考试

（下）

二〇一二年九月

应考人员注意事项

1. 本试卷科目代码为“2”，考生务必将此代码填涂在答题卡“科目代码”相应的栏目内，否则，无法评分。
2. 书写用笔：**黑色或蓝色钢笔、签字笔或圆珠笔**；

   填涂答题卡用笔：**黑色 2B 铅笔**。
3. 必须用书写用笔将工作单位、姓名、准考证号填写在答题卡和试卷相应的栏目内。
4. 本试卷由 60 题组成，每题 2 分，满分 120 分，本试卷全部为单项选择题，每小题的四个备选项中只有一个正确答案，错选、多选、不选均不得分。
5. 考生作答时，必须按**题号在答题卡上**将相应试题所选选项对应的**字母用 2B 铅笔涂黑**。
6. 在答题卡上书写与题意无关的语言，或在答题卡上作标记的，均按违纪试卷处理。
7. 考试结束时，由监考人员当面将试卷、答题卡一并收回。
8. 草稿纸由各地统一配发，考后收回。

单项选择题（共 60 题，每题 2 分。每题的备选项中，只有一个最符合题意。）

1. 状态参数是描述系统工质状态的宏观物理量，下列参数组中全部是状态参数的是：

A. p，V，T，pu^2，pgz

B. Q，W，T，V，p

C. T，H，U，S，p

D. z，p，V，T，H

2. 对于热泵循环，输入功W，可以在高温环境放出热量Q_1，在低温环境得到热量Q_2，下列关系中不可能存在的是：

A. $Q_2 = W$

B. $Q_1 > W > Q_2$

C. $Q_1 > Q_2 > W$

D. $Q_2 > Q_1 > W$

3. 多股流体绝热混合，计算流体出口参数时，下列哪个过程应该考虑流速的影响？

A. 超音速流动

B. 不可压缩低速流动

C. 各股流体速度不大，温度不同

D. 流动过程可简化为可逆过程

4. 如果将常温常压下的甲烷气体作为理想气体，其定值比热容比$k = \frac{c_p}{c_v}$为：

A. 1.33

B. 1.40

C. 1.50

D. 1.67

5. 压气机压缩制气过程有三种典型过程，即等温过程、绝热过程和多边过程，在同样初始条件和达到同样压缩比的条件下，三者耗功量之间的正确关系为：

A. $W_{等温} = W_{多变} = W_{绝热}$

B. $W_{等温} > W_{多变} > W_{绝热}$

C. $W_{等温} < W_{多变} < W_{绝热}$

D. 不确定

6. 进行逆卡诺循环时，制冷系数或供热系数均可以大于 1，即制冷量Q_2或供热量Q_1都可以大于输入功W，下列说法正确的是：

A. 功中含有较多的热量

B. 功的能量品味比热量高

C. 热量或冷量可以由其温度换算

D. 当温差为零时可以得到无限多的热量或冷量

7. 夏季皮肤感觉潮湿时可能因为空气中：

A. 空气压力大

B. 空气压力高

C. 空气湿度大

D. 空气温度高

8. 某喷管内空气初始流速20m/s和温度115℃，出口温度为85℃，空气定压比热容$c_p = 1004.5\text{J}/(\text{kg}\cdot\text{K})$，则出口流速为：

A. 238m/s　　B. 242m/s

C. 246m/s　　D. 252m/s

9. 将蒸汽动力循环与热能利用进行联合工作组成热电联合循环，系统可以实现：

A. 热功效率$\eta_{\max} = 1$　　B. 热能利用率$K_{\max} = 1$

C. $\eta_{\max} + K_{\max} = 1$　　D. 热能利用率K不变

10. 某溴化锂吸收式制冷循环过程中，制冷剂和吸收剂分别是：

A. 水为制冷剂，溴化锂溶液为吸收剂

B. 溴化锂为制冷剂，水为吸收剂

C. 溴化锂为制冷剂，溴化锂溶液为吸收剂

D. 溴化锂溶液为制冷剂和吸收剂

11. 下列导热过程傅里叶定律的表述中，错误的是：

A. 热流密度q与传热面积成正比

B. 导热量Q与温度梯度成正比

C. 热流密度q与传热面积无关

D. 导热量Q与导热距离成反比

12. 外径为25mm和内径为20mm的蒸汽管道进行保温计算时，如果保温材料热导率为0.12W/(m·K)，外部表面总散热系数为12W/(m·K)，则热绝缘临界直径为：

A. 25mm　　B. 20mm

C. 12.5mm　　D. 10mm

13. 采用集总参数法计算物体非稳态导热过程时，下列用以分析和计算物体的特征长度的方法中，错误的是：

A. 对于无限长柱体，$L = R/2$；对于圆球体，$L = R/3$，R为半径

B. 对于无限大平板，$L = \delta$，δ为平板厚度的一半

C. 对于不规则物体$L = V$(体积)$/F$(散热面积)

D. 对于普通圆柱体$L = R$，R为半径

14. 常物性无内热源二维稳态导热过程，在均匀网格步长下，$\Delta x=\Delta y$，如图所示的拐角节点 1 处于第三类边界条件时，其差分格式为：

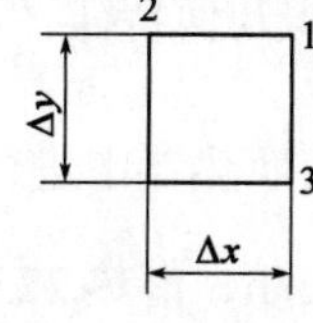

A. $t_1=\frac{1}{3}(t_2+t_3+t_f)$

B. $t_1=\frac{1}{2}(t_2+t_3)+\frac{h}{\lambda}t_f$

C. $t_1=\frac{1}{2}(t_2+t_3)+\frac{h\Delta x}{\lambda}t_f$

D. $2\left(1+\frac{h\Delta x}{\lambda}\right)t_1=t_2+t_3+2\frac{h\Delta x}{\lambda}t_f$

15. 流体外掠平板形成边界层，下列关于边界层厚度及流动状态的表述中，不正确的是：

A. 边界层内可以依次层流和湍流

B. 随着板长度增加，边界层厚度趋于定值

C. 边界层厚度与来流速度及板面粗糙度有关

D. 当流动长度较大时，边界层内可以出现湍流

16. 根据单相流体管内受迫流动换热特性，下列入口段的表面传热系数与充分发展段的表面传热系数的关系中，正确的是：

A. $h_{入口}>h_{充分发展}$

B. $h_{入口}<h_{充分发展}$

C. $\overline{h}_{入口}>\overline{h}_{充分发展}$

D. 不确定

17. 在沸腾换热过程中，产生的气泡不断脱离表面，形成强烈的对流换热，其中产生的气泡所需条件的正确说法是：

A. 只要满足$R_{\min}\geqslant\frac{2\sigma T_s}{\gamma\rho_v(t_w-t_s)}$

B. 只要满足$p_v-p_s>2\frac{\sigma}{\gamma}$

C. 只要满足壁面温度$t_w\gg$流体饱和温度t_s

D. 壁面与流体有过热度及壁面处有汽化核心

18. 太阳能集热器或太阳灶的表面常做成黑颜色的主要原因是：

A. 黑色表面的辐射率较大，$\varepsilon=1$

B. 太阳能中的最大辐射率处于可见光波长范围

C. 黑色表面可以最大极限吸收红外线辐射能

D. 黑色表面有利于辐射换热

19. 气体辐射换热过程中，一般忽略不计的因素是：

A. 辐射换热波段　　B. 气体成分

C. 容积几何特征　　D. 气体分子的散射和衍射

20. 套管式换热器中进行饱和水蒸气凝结为饱和水，加热循环水过程。蒸汽的饱和温度 115℃，流量 1800kg/h，潜热 2230kJ/kg；水入口温度 45℃，出口温度 65℃，设传热系数为$125\mathrm{W/(m^2\cdot K)}$，则该换热器所需的换热面积为：

A. $150\mathrm{m}^2$　　B. $125\mathrm{m}^2$

C. $100\mathrm{m}^2$　　D. $75\mathrm{m}^2$

21. 管路由不同管径的两管前后相连接组成，大管的直径$d_\mathrm{A}=0.6\mathrm{m}$，小管的直径$d_\mathrm{B}=0.3\mathrm{m}$。水在管中流动时，$A$点的压强$p_\mathrm{A}=80\mathrm{N/m^2}$，$B$点的压强$p_\mathrm{B}=50\mathrm{N/m^2}$，$A$点的流速$v_\mathrm{A}=1\mathrm{m/s}$，图中$B$点比$A$点高 1m，水在管中的流动方向和水流经两断面的水头损失为：

A. A流向B，0.76m

B. A流向B，1.76m

C. B流向A，0.76m

D. B流向A，1.76m

22. 某溢水堰模型设计比例为 1∶36。在模型上测得流速为 1m/s，则实际流速为：

A. 6m/s　　B. 5m/s

C. 4m/s　　D. 3.6m/s

23. 变直径圆管，前段直径$d_1=30\mathrm{mm}$，雷诺数为 3000，后段直径变为$d_2=60\mathrm{mm}$，则后段圆管的雷诺数为：

A. 1000　　B. 1500

C. 2000　　D. 3000

24. 如图所示的虹吸管，C 点前的管长$l = 15\text{m}$，管径$d = 200\text{mm}$，流速为$v = 2\text{m/s}$，进口阻力系数为$\xi_1 = 1.0$，转弯的阻力系数$\xi_2 = 0.2$，沿程阻力系数$\lambda = 0.025$，管顶C点的允许真空度$h_{\text{v}} = 7\text{m}$，则最大允许安装高度为：

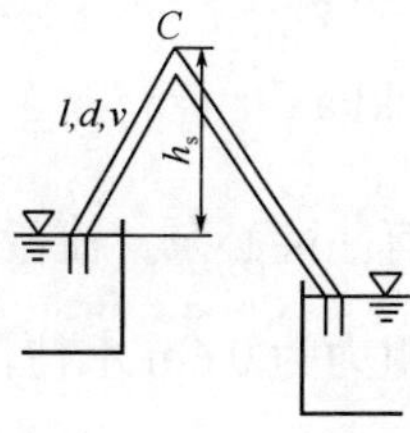

A. 6.13m

B. 6.17m

C. 6.34m

D. 6.56m

25. 如图所示，某设备的冷却水从河中取出，已知河水水面与管道系统出水口的高差$Z = 4\text{m}$，管道直径$d = 200\text{mm}$，管长$L = 200\text{m}$，沿程阻力系数$\lambda = 0.02$，局部阻力系数$\sum\xi = 50$，流量要求$Q = 200\text{m}^3/\text{h}$，则水泵应提供的总扬程为：

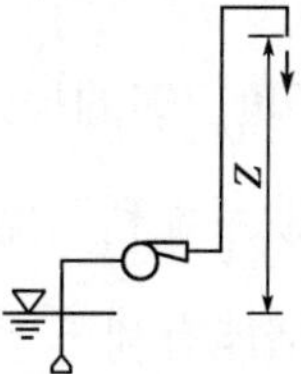

A. 4m

B. 11.18m

C. 15.18m

D. 24.18m

26. 在速度为$v = 2\text{m/s}$的水平直线流中，在x轴下方 5 个单位处放一强度为 3 的汇流，则此流动的流函数为：

A. $\psi = 2y - \frac{3}{2\pi}\arctan\frac{y+5}{x}$ B. $\psi = 2y + \frac{3}{2\pi}\arctan\frac{y+5}{x}$

C. $\psi = 2x - \frac{3}{2\pi}\arctan\frac{y-5}{x}$ D. $\psi = 2x + \frac{3}{2\pi}\arctan\frac{y-5}{x}$

27. 下列说法错误的是：

A. 平面无旋流动既存在流函数，也存在势函数

B. 环流是圆周流动，不属于无旋流动

C. 无论是源流还是汇流均不存在旋转角速度

D. 均匀直线流动中，流速为常数

28. 在有摩阻绝热气流流动中，滞止压强p_0的沿程变化情况为：

A. 增大 B. 降低

C. 不变 D. 不定

29. 空气从压气罐口通过一拉伐尔喷管（缩放喷管）输出，已知喷管出口压强$p = 14\text{kPa}$，马赫数$\text{Ma} = 2.8$，压气罐中温度$t_0 = 20\text{℃}$，空气的比热$k = 1.4$，则压气罐的压强为：

A. 180kPa　　B. 280kPa

C. 380kPa　　D. 480kPa

30. 已知有一离心泵，流量$Q = 0.88\text{m}^3/\text{s}$，吸入管径$D = 0.6$，泵的允许吸入真空度$[H_\text{s}] = 3.5\text{m}$，吸入管的阻力为 0.6m 水柱，水面为大气压，则水泵的最大安装高度为：

A. 2.01m　　B. 2.41m

C. 2.81m　　D. 3.21m

31. 描述实际控制系统中某物理环节的输入与输出关系时，采用的是：

A. 输入与输出信号　　B. 输入与输出信息

C. 输入与输出函数　　D. 传递函数

32. 下列关于负反馈的描述中，错误的是：

A. 负反馈系统利用偏差进行输出状态的调节

B. 负反馈能有利于生产设备或工艺过程的稳定运行

C. 闭环控制系统是含负反馈组成的控制系统

D. 开环控制系统不存在负反馈，但存在正反馈

33. 一阶控制系统$T\frac{\text{d}L}{\text{d}t} + L = K_{\text{qi}}$在阶跃$A$作用下，$L$的变化规律为：

A. $L(t) = KA\left(1 - e^{\frac{t}{\tau}}\right)$　　B. $L(t) = KA\left(1 + e^{\frac{t}{\tau}}\right)$

C. $L(t) = KA\left(1 - e^{-\frac{t}{\tau}}\right)$　　D. $L(t) = KA\left(1 + e^{-\frac{t}{\tau}}\right)$

34. 关于串联和并联环节的等效传递函数，下列说法正确的是：

A. 串联环节的等效传递函数为各环节传递函数的乘积，并联环节的等效传递函数为各环节传递函数的代数和

B. 串联环节的等效传递函数为各环节传递函数的代数和，并联环节的等效传递函数为各环节传递函数的乘积

C. 串联环节的等效传递函数为各环节传递函数的乘积，并联环节的等效传递函数为各环节传递函数的相除

D. 串联环节的等效传递函数为各环节传递函数的乘积，并联环节的等效传递函数为各环节传递函数的相加

35. 设二阶系统的传递函数为$\frac{2}{s^2+4s+2}$，则此系统为：

A. 欠阻尼　　B. 过阻尼

C. 临界阻尼　　D. 无阻尼

36. 系统频率特性和传递函数的关系为：

A. 两者完全是一样的

B. 传递函数的复变量s用$j\omega$代替后，就是相应的频率特性

C. 频率特性可以用图形表示，传递函数不能用图形表示

D. 频率特性与传递函数没有关系

37. 关于自动控制系统的稳定判据的作用，下列表述错误的是：

A. 可以用来判断系统的稳定性

B. 可以用来分析系统参数变化对稳定性的影响

C. 检验稳定裕度

D. 不能判断系统的相对稳定值

38. 设系统的开环传递函数为$G(s)$，反馈环节传递函数为$H(s)$，则该系统的静态位置误差系数、静态速度误差系数、静态加速度误差系数正确的表达方式是：

A. $\lim\limits_{s\to 0} G(s)H(s)$、$\lim\limits_{s\to 0} sG(s)H(s)$、$\lim\limits_{s\to 0} s^2G(s)H(s)$

B. $\lim\limits_{s\to \infty} G(s)H(s)$、$\lim\limits_{s\to \infty} sG(s)H(s)$、$\lim\limits_{s\to \infty} s^2G(s)H(s)$

C. $\lim\limits_{s\to 0} s^2G(s)H(s)$、$\lim\limits_{s\to 0} sG(s)H(s)$、$\lim\limits_{s\to 0} G(s)H(s)$

D. $\lim\limits_{s\to \infty} s^2G(s)H(s)$、$\lim\limits_{s\to \infty} sG(s)H(s)$、$\lim\limits_{s\to \infty} G(s)H(s)$

39. 下列说法中，错误的是：

A. 滞后校正装置的作用是低通滤波，能抑制高频噪声，改善稳态性能

B. PD 控制器是一种滞后校正装置，PI 控制器是一种超前校正装置

C. PID 控制器是一种滞后—超前校正装置

D. 采用串联滞后校正，可实现系统的高精度、高稳定性

40. 某压力表测量范围为 1~10MPa，精度等级为 0.5 级，其标尺按最小分格为仪表允许误差刻度，则可分为：

A. 240 格　　B. 220 格

C. 200 格　　D. 180 格

41. 如图所示，用热电偶测量金属壁面温度有两种方案 a）和 b），当热电偶具有相同的参考端温度t_0时，问在壁温相等的两种情况下，仪表的示值是否一样？若一样，是采用了哪个定律？

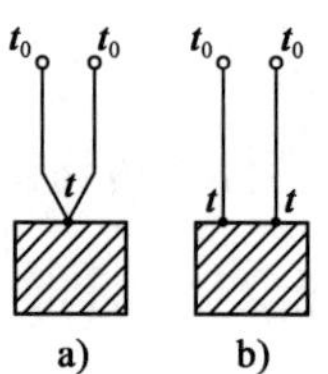

A. 一样，中间导体定律

B. 一样，中间温度定律

C. 不一样

D. 无法判断

42. 氯化锂电阻湿度计使用组合传感器，是为了：

A. 提高测量精度　　B. 提高测量灵敏度

C. 增加测量范围　　D. 提高测量稳定性

43. 下列弹性膜片中，不能用作弹性式压力表弹性元件的是：

A. 弹簧管　　B. 波纹管

C. 金属膜片　　D. 塑料膜片

44. 某直径为 400mm 的圆形管道，采用中间矩形法布置测点测量其管道内的温度分布情况，若将管道截面四等分，则最外侧的测点距离管道壁面为：

A. 374.2mm　　B. 367.6mm

C. 25.8mm　　D. 32.4mm

45. 流体流过管径为D的节流孔板时，流速在哪个区域达到最大？

A. 进口断面处　　B. 进口断面前$\frac{D}{2}$处

C. 出口断面处　　D. 出口断面后$\frac{D}{2}$处

46. 以下关于压差式液位计的叙述，正确的是：

A. 利用了动压差原理

B. 液位高度与液柱静压力成正比

C. 液位高度与液柱静压力成反比

D. 不受液体密度的影响

47. 以下关于热阻式热流计的叙述，错误的是：

A. 传感器有平板式和可挠式

B. 可测量固体传导热流

C. 可与热电偶配合使用测量导热系数

D. 传感器将热流密度转为电流信号输出

48. 下列属于引起系统误差的因素是：

A. 仪表内部存在摩擦和间隙等不规则变化

B. 仪表指针零点偏移

C. 测量过程中外界环境条件的无规则变化

D. 测量时不定的读数误差

49. 在机械零件的强度条件式中，常用到的"计算荷载"一般为：

A. 小于名义荷载

B. 大于静荷载而小于动荷载

C. 接近于名义荷载

D. 大于名义荷载而接近于实际荷载

50. 有m个构件所组成的复合铰链包含的转动副个数为：

A. 1　　B. $m-1$

C. m　　D. $m+1$

51. 已知某平面铰链四杆机构各杆长度分别为 110、70、55、210，则通过转换机架，可能构成的机构形式为：

A. 曲柄摇杆机构　　B. 双摇杆机构

C. 双曲柄机构　　D. 选项 A、C 均可

52. 不宜采用凸轮机构的工作场合是：

A. 需实现特殊的运动轨迹　　B. 需实现预定的运动规律

C. 传力较大　　D. 多轴联动控制

53. 普通螺纹连接的强度计算，主要是计算：

A. 螺杆螺纹部分的拉伸强度　　B. 螺纹根部的弯曲强度

C. 螺纹工作表面的挤压强度　　D. 螺纹的剪切强度

54. V 带传动工作时，传递的圆周力为F_t，初始拉力为F_0，则下列紧边拉力F_1和松边拉力F_2的计算公式中正确的是：

A. $F_1 = F_0 + F_t$，$F_2 = F_0 - F_t$　　B. $F_1 = F_0 - F_t$，$F_2 = F_0 + F_t$

C. $F_1 = F_0 + F_t/2$，$F_2 = F_0 + F_t/2$　　D. $F_1 = F_0 - F_t/2$，$F_2 = F_0 + F_t/2$

55. 对于具有良好润滑、防尘的闭式软齿面齿轮传动，工作时最有可能出现的破坏形式是：

A. 齿轮折断　　B. 齿面疲劳点蚀

C. 磨料性磨损　　D. 齿面胶合

56. 增大轴肩过渡处的圆角半径，其主要优点是：

A. 使轴上零件的轴向定位比较可靠

B. 降低轴应力集中的影响

C. 使轴的加工方便

D. 使轴上零件安装方便

57. 代号为 6318 的滚动轴承，其内径尺寸d是：

A. 90mm　　B. 40mm

C. 18mm　　D. 8mm

58. 绿色建筑评价指标体系一共有：

A. 三类指标组成　　B. 六类指标组成

C. 五类指标组成　　D. 七类指标组成

59. 建筑设计单位对设计文件所涉及的设备、材料，除有特殊需求的外：

A. 不得指定生产商或供应商

B. 按建设方意愿可以指定生产商或供应商

C. 经建设方、监理方的同意可以指定生产商或供应商

D. 可以按建设方要求的品牌进行设计

60. 城镇燃气管道的设计压力等级一共分为：

A. 4 级　　B. 5 级

C. 6 级　　D. 7 级

2012 年度全国勘察设计注册公用设备工程师（暖通空调、动力）执业资格考试基础考试（下）试题解析及参考答案

1. 解 强度性参数：温度T，压力p；广延性参数：系统的体积V，热力学能U，焓H，熵S。

答案： C

2. 解 热泵循环中，$Q_1 = W_0 + Q_2$。

答案： D

3. 解 流体混合求参数，是采用能量平衡方程求解，即对于稳定绝热流动，流入控制体的能量−流出控制体的能量= 0。流体的能量包含内部储能和外部储能，其中外部储能为机械能，是动能和势能之和。当流体流速不大、位置变化不大时，可忽略外部储能，但当流体流速很大时，不能忽略动能。流体的混合，是典型的不可逆过程，任何时候都不能简化为可逆过程。

答案： A

4. 解 甲烷CH_4是多原子分子，对于多原子分子，$c_p = 9R_g/2$，$c_v = 7R_g/2$，因此$c_p/c_v = 1.29$。

答案： A

5. 解 同样的初终状态，等温压缩功耗最小，绝热压缩功耗最高。实际的压气机也利用这一结论采用多级压缩、间级冷却的措施降低压缩功耗。

答案： C

6. 解 B 项功的能量品位比热量高，说法是正确的，但是不是逆卡诺循环能效比大于 1 的原因；在逆卡诺循环中，当用于制冷时，C_{OP}为：

$$C_{OP} = Q_2/(Q_1 - Q_2) = T_2/(T_1 - T_2)$$

用于采暖，热力系数：

$$\varepsilon = Q_1/(Q_1 - Q_2) = T_1/(T_1 - T_2)$$

因此，当温差为零，能效比将趋于无穷。

答案： D

7. 解 夏季皮肤感到潮湿，皮肤上的水分散不出去，因为空气湿度大。

答案： C

8. 解 结合单位质量流体绝热流动能量方程和理想气体的比焓和温度的关系，写出：

$$c_p T_1 + \frac{c_{f,1}^2}{2} = c_p T_2 + \frac{c_{f,2}^2}{2}$$

因此：$c_{f,2} = \sqrt{c_{f,1}^2 + 2c_p(T_1 - T_2)} = 246.31\text{m/s}$

答案：C

9. 解　热电联产的目的是提高系统的能源综合利用率。与采用单独的朗肯循环相比，热电联产的汽轮机背压提高，发电量减小，热功效率是有所下降的，但是排热量用于采暖，因此能源综合利用率有所提高。

答案：C

10. 解　溴化锂吸收式制冷循环，水为制冷剂，溴化锂溶液是吸收剂；氨水吸收式制冷循环，氨为制冷剂，水为吸收剂。

答案：A

11. 解　傅里叶提出了著名的导热基本定律——傅里叶定律，指出了导热热流密度矢量与温度梯度之间的关系：

$$q=-\lambda \mathrm{grad}\, t=-\lambda\frac{\partial t}{\partial n}n$$

导热量与热流密度之间的关系为：$Q=qA$，可见，热流密度与面积无关。

答案：A

12. 解　热绝缘临界直径：

$$d_{\mathrm{c}}=\frac{2\lambda_{\mathrm{ins}}}{h_2}=\frac{2\times 0.12}{12}=20\mathrm{mm}$$

但是，蒸汽管道的外径为25mm，所以，$d_{\mathrm{c}}=25\mathrm{mm}$。

答案：A

13. 解　采用集总参数法计算物体非稳态导热过程时，计算式为$\theta=\theta_0\exp(-\mathrm{Bi_V Fo_V})$，此公式的$\mathrm{Bi_V}$和$\mathrm{Fo_V}$中的特征长度$L$的确定：对于无限大平板，$L=\delta$，$\delta$为平板厚度的一半；对于无限长圆柱体，$L=R/2$；对于圆球体，$L=R/3$，$R$为半径；对于不规则的物体，$L=V$(体积)$/F$(散热面积)。

答案：D

14. 解　解图所示拐角节点1所代表的微元体为四分之一网格，由热平衡关系式：

$$\lambda\frac{t_2-t_1}{\Delta x}\cdot\frac{\Delta y}{2}+\lambda\frac{t_3-t_1}{\Delta y}\cdot\frac{\Delta x}{2}+\frac{\Delta x}{2}h(t_{\mathrm{f}}-t_1)+\frac{\Delta y}{2}h(t_{\mathrm{f}}-t_1)=0$$

整理后可得：

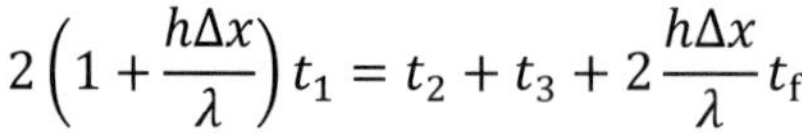

$$2\left(1+\frac{h\Delta x}{\lambda}\right)t_1=t_2+t_3+2\frac{h\Delta x}{\lambda}t_{\mathrm{f}}$$

题 14 解图

答案：D

15. 解　如解图所示，随着板长度增加，边界层厚度增大，边界层内可以依次层流和湍流。边界层厚度与来流速度及板面积粗糙度有关，当流动长度较大时，边界层内可以出现湍流。

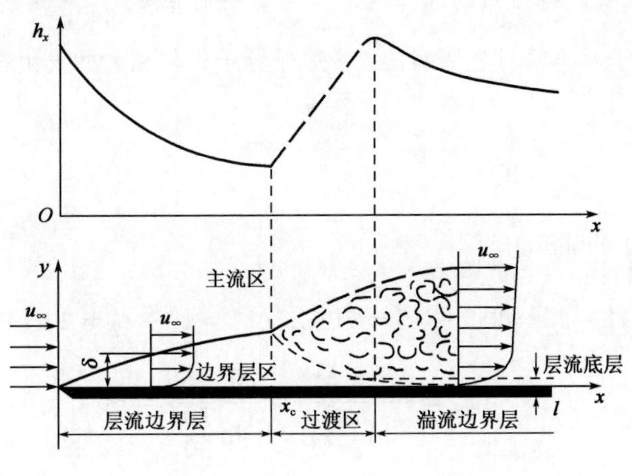

题 15 解图

答案：B

16. 解　如解图所示，不管是层流和湍流，入口段的平均表面传热系数大于充分发展段的平均表面传热系数（图中的虚线）。对于局部表面传热系数，层流时入口段的局部表面传热系数大于充分发展段的局部表面传热系数，湍流时入口段的局部表面传热系数可能等于、可能大于、可能小于充分发展段的局部表面传热系数（图中的实线）。

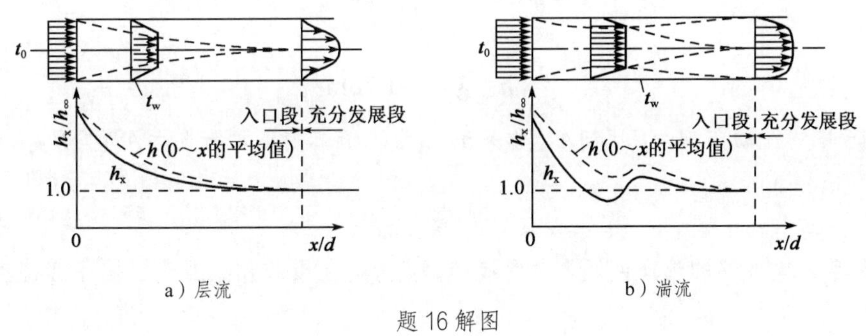

题 16 解图

答案：C

17. 解　加热表面上要产生气泡，液体必须过热，而且必须达到一定的过热度。选项 D 只说明了有过热度，没说过热度达到一定值。当过热度较小时，对流换热为自然对流，没有气泡。

答案：A

18. 解　黑色表面的辐射率不等于 1，只有黑体的辐射率等于 1。黑色表面对可见光范围内的吸收比接近于 1，而对于红外线范围吸收比接近于 0。太阳能中的最大辐射率处于可见光波长范围，这意味着该表面从太阳辐射中吸收较多的能量，而自身的辐射热损失又极小。所以，太阳能集热器或太阳灶的表面常做成黑颜色。

答案：B

19. 解 气体辐射对波长具有强烈的选择性，只在某些光带内具有辐射和吸收特性，单原子分子和具有对称结构的双原子分子对热辐射是透明的，多原子分子气体辐射的发射率与$P \cdot s$（压力与平均射线行程乘积）有关。

答案： C

20. 解 水蒸气为流体 1，水为流体 2。

$$\Delta t' = t_1' - t_2'' = 115 - 45 = 70℃；\ \Delta t'' = t_1'' - t_2' = 115 - 65 = 50℃$$

$$\Delta t_{\mathrm{m}} = \frac{\Delta t' - \Delta t''}{\ln \frac{\Delta t'}{\Delta t''}} = \frac{70 - 50}{\ln \frac{70}{50}} = 60℃$$

$$Q = G \cdot r = 1800 \times 2230/3.6 = 1115\mathrm{kW}$$

$$A = \frac{Q}{K \Delta t_{\mathrm{m}}} = \frac{1115000}{125 \times 60} = 148.7\mathrm{m}^2$$

答案： A

21. 解 本题考查的是三大方程的灵活应用。首先应用连续性方程，有$F_{\mathrm{A}} v_{\mathrm{A}} = F_{\mathrm{B}} v_{\mathrm{B}}$，所以，$v_{\mathrm{B}} = 4\mathrm{m/s}$，再列伯努利方程：

$$z_{\mathrm{A}} + \frac{p_{\mathrm{A}}}{\rho g} + \frac{v_{\mathrm{A}}^2}{2g} = z_{\mathrm{B}} + \frac{p_{\mathrm{B}}}{\rho g} + \frac{v_{\mathrm{B}}^2}{2g} + h_{\mathrm{A-B}}$$

代入得：

$$h_{\mathrm{A-B}} = -1.76\mathrm{m}$$

这说明水在管中的流动方向为B流向A，如果$h_{\mathrm{A-B}}$为正值，则流动方向为A流向B。

答案： D

22. 解 该题考查模型律的选择问题。在堰流中，重力起主要作用，因此应按弗劳德准则设计模型。因此有：

$$\frac{v_{\mathrm{p}}}{\sqrt{g l_{\mathrm{p}}}} = \frac{v_{\mathrm{m}}}{\sqrt{g l_{\mathrm{m}}}}$$

所以：

$$\frac{v_{\mathrm{p}}}{v_{\mathrm{m}}} = \frac{\sqrt{g l_{\mathrm{p}}}}{\sqrt{g l_{\mathrm{m}}}} = \sqrt{36} = 6$$

答案： A

23. 解 由连续性方程$A_1 v_1 = A_2 v_2$，可得：

$$v_2 = \frac{v_1}{4\mathrm{Re}_2} = \frac{v_2 d_2}{\nu} = \frac{v_1 d_1}{2\nu} = \frac{\mathrm{Re}_1}{2} = 1500$$

答案： B

24. 解 取上游液面和C点断面列伯努利方程，有：

$$0 = h_s + \frac{p_C}{\rho g} + \frac{v^2}{2g} + \lambda\frac{l}{d}\frac{v^2}{2g} + (\xi_1 + \xi_2)\frac{v^2}{2g}$$

C点的真空度：

$$\frac{p_C}{\rho g} = -7$$

$$h_s = 7 - \left(1 + \lambda\frac{l}{d} + \xi_1 + \xi_2\right)\frac{v^2}{2g} = 6.17\text{m}$$

答案：B

25. 解 泵的扬程用来克服流动阻力和位置水头。

$$Q = 200/3600 = 0.056\text{m}^3/\text{s}$$

$$H = Z + SQ^2 = Z + \frac{8Q^2\left(\lambda\frac{l}{d} + \sum\xi\right)}{\pi^2 d^4 g} = 15.18\text{m}$$

答案：C

26. 解 这是势流叠加，水平直线流沿x轴方向，其流函数$\varphi_1 = 2y$；汇点在(0,5)的点汇，其流函数$\varphi_2 = -\frac{3}{2\pi}\arctan\frac{y+5}{x}$，叠加后的流函数$\varphi = \varphi_1 + \varphi_2$。

答案：A

27. 解 环流是无旋流动。是否属于无旋流动，不是看流体质点的运动轨迹是否是圆周流动，而是看质点是否绕自身轴旋转，角速度是否为零。

答案：B

28. 解 在有摩阻的绝热气流中，各断面上滞止温度不变，即总能量不变，但因摩阻消耗一部分机械能转化为热能，故滞止压强p_0沿程降低。

答案：B

29. 解 压力罐的压强可看作滞止压强p_0，由滞止压强与断面压强的绝热过程关系式：

$$\frac{p_0}{p} = \left(1 + \frac{k-1}{2}\text{Ma}^2\right)^{\frac{k}{k-1}}$$

可得压气罐压强$p_0 = 380\text{kPa}$。

答案：C

30. 解 本题与2007-29题类似。

$$v_s = \frac{4Q}{\pi D^2} = 3.11\text{m/s}，h_1 = 0.6\text{m}，H_s = H_g + \frac{v_s^2}{2g} + h_1$$

得

$$H_g = 2.41\text{m}$$

答案：B

31. 解 自动控制关心的是环节的输出和输入的关系——传递函数。一个传递函数只能表示一个输入对输出的关系。

答案：D

32. 解 A 项正确，反馈控制是采用负反馈并利用偏差进行控制的过程。

B 项正确，“闭环”这个术语的含义，就是应用负反馈作用来减小系统的误差，从而使得生产设备或工艺过程稳定地运行。

C 项正确，由于引入了被反馈量的反馈信息，整个控制过程为闭合的，因此负反馈控制也称为闭环控制。凡是系统输出信号对控制作用有直接影响的系统，都称为闭环系统。

D 项错误，闭环控制系统将检测出来的输出量送回到系统的输入端，并与输入信号比较产生偏差信号的过程称为反馈。这个送回到输入端的信号称为反馈信号。若反馈信号与输入信号相减，使产生的偏差越来越小，则称为负反馈；反之，则称为正反馈。

答案：D

33. 解 输入q_{i}为阶跃作用，$t<0$时，$q_{\mathrm{i}}=0$；$t\geqslant 0$时，$q_{\mathrm{i}}=A$。对题中微分方程求解，得：

$$L(t)=KA\left(1-e^{-\frac{t}{T}}\right)$$

答案：C

34. 解 环节串联后的总传递函数等于各个串联环节传递函数的乘积，并联后的总传递函数等于各个并联环节传递函数的代数和。

答案：A

35. 解 $\frac{C(s)}{R(s)}=\frac{2}{s^2+4s+2}$，与标准式对比可知$\omega_{\mathrm{n}}=\sqrt{2}$，$\xi=\sqrt{2}>1$，为过阻尼。

答案：B

36. 解 频率特性和传递函数的关系$G(j\omega)=G(s)\big|_{s=j\omega}$，即传递函数的复变量$s$用$j\omega$代替后，就相应变为频率特性。频率特性也是描述线性控制系统的数学模型形式之一。

答案：B

37. 解 稳定判据应用于：①判别系统的稳定性；②分析系统参数变化对稳定性的影响；③检验稳定裕度。

答案：D

38. 解 静态位置误差系数$K_{\mathrm{p}}=\lim\limits_{s\to 0}G(s)H(s)$，静态速度误差系数$K_{\mathrm{v}}=\lim\limits_{s\to 0}sG(s)H(s)$，静态加速度误差系数$K_{\mathrm{a}}=\lim\limits_{s\to 0}s^2G(s)H(s)$。

答案：A

39. 解 PD 控制器是一种超前校正装置，PI 控制器是一种滞后校正装置。滞后校正装置的作用：

低通滤波，能抑制噪声，改善稳态性能。采用滞后校正装置进行串联校正时，主要是利用其高频幅值衰减特性，以降低系统的截止频率，提高系统的相角裕度，改善系统的平稳性。高精度、稳定性要求高的系统常采用串联滞后校正，如恒温控制。PID 兼有 PI 和 PD 的优点，是一种滞后超前校正装置。

答案：B

40. 解　本题考查仪表最大允许误差公式$|\Delta x|_{\max} = l_{\mathrm{m}} \cdot s/100$。

答案：C

41. 解　中间导体定律：在热电偶回路中，插入第 3 种、第 4 种……材料，只要材料两端的温度相同，对原热电偶的热电势没有影响。

答案：A

42. 解　一定浓度的氯化锂测湿传感器的测湿范围较窄，一般在 20%左右，使用几种不同浓度的氯化锂涂层组合在一起，便可增加测量范围。

答案：C

43. 解　弹簧管、波纹管、金属膜片在不同的弹性式压力表中都可以用作感压元件。

答案：D

44. 解　由于流体的黏性作用，管道截面上各点的速度或压力的分布是不均匀的，为了测出管道截面上的流体的平均速度，通常将管道横截面分成若干个面积相等的部分，用毕托管测量每一部分中某一特征点的流体速度，并近似地认为，在每一部分中所有各点的速度都是相同的，且等于特征点的数值，然后按这些特征点的流速计算各相等部分面积上通过的流量，通过整个管道截面的流量即为这些部分面积流量之和，因此需要布置测点。对于矩形管道，通常将管道截面划分成若干个面积相等的小矩形，小矩形每边长度为 200mm 左右，在小矩形的中心布置测定，即为特征点的位置。对于圆形管道，可采用中间矩形法、对数—线性法来布置测点。

答案：A

45. 解　流体由于存在惯性，在惯性的作用下，在孔板后会出现收缩现象。

答案：D

46. 解　通过流体静力学知识，写出以下关系式：

$$\rho g h = \Delta p$$

则

$$h = \Delta p/(\rho g)$$

答案：B

47. 解　热阻式热流计分为三类：①直接测量热流密度；②作为其他测量仪器的测量元件，如作为热导率测定仪、热量计等；③作为监控仪器的检测元件。可以直接测量固体的传导热流，输出的热电势与流过的热流密度成正比。

答案：A

48. 解　零点偏移有可能是由于环境条件的变化造成的，因此选项B、C属于随机误差。

答案：A

49. 解　计算荷载为载荷系数K与名义荷载的乘积，K大于1。

答案：D

50. 解　两个以上构件在同一轴线上用转动副连接便形成复合铰链。m个构件连接构成的复合铰链具有$(m-1)$个转动副。

答案：B

51. 解　如果铰链四杆机构中的最短杆与最长杆长度之和大于其余两杆长度之和，则该机构中不可能存在曲柄，无论取哪个构件作为机架，都只能得到双摇杆机构。

答案：B

52. 解　凸轮轮廓与从动件之间为点接触或线接触，易于磨损，所以通常用于传力不大的控制机构。

答案：C

53. 解　螺栓连接中的单个螺栓受力分为轴向荷载（受拉螺栓）和横向荷载（受剪螺栓）两种。受拉力作用的是普通螺栓连接，受剪切作用的是铰制孔用螺栓连接。

答案：A

54. 解　设环形带的总长不变，则在紧边拉力的增加量F_1-F_0应等于在松边拉力的减少量F_0-F_2，则$F_0=(F_1+F_2)/2$。带紧边和松边的拉力差应等于带与带轮接触面上产生的摩擦力的总和，称为带传动的有效拉力，也就是带所传递的圆周力F_t，即$F_t=F_1-F_2$。

答案：C

55. 解　具有良好润滑、防尘的闭式齿轮传动只可能发生齿轮折断和齿面疲劳点蚀。但是软齿面材料塑性比较大，可以有效缓解冲击力，折断的可能性不大。

答案：B

56. 解　在零件截面发生变化处会产生应力集中现象，从而削弱材料的强度。因此，进行结构设计时，应尽量减小应力集中。在阶梯轴的截面尺寸变化处应采用圆角过渡，且圆角半径不宜过小。

答案：B

57. 解　除了00、01、02、03内径代号的轴承内径是15mm，22、28、32内径代号是28mm，其余

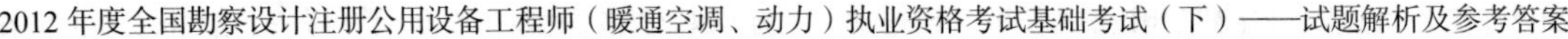

的轴承内径=内径代号×5。

答案：A

58. 解　《绿色建筑评价标准》（GB/T 50378—2014）第 3.2.1 条规定：绿色建筑评价指标体系由节地与室外环境、节能与能源利用、节水与水资源利用、节材与材料资源利用、室内环境质量、施工管理、运营管理 7 类指标组成。每类指标均包括控制项和评分项。评价指标体系还统一设置加分项。

答案：D

59. 解　《中华人民共和国建筑法》第五十七条规定：建筑设计单位对设计文件选用的建筑材料、建筑构配件和设备，不得指定生产厂、供应商。

答案：A

60. 解　《城镇燃气设计规范》（GB 50028—2006）第 6.1.6 条规定：城镇燃气管道的设计压力(p)分为 7 级，即高压(A、B)、次高压(A、B)、中压(A、B)、低压管道。

答案：D

2013年度全国勘察设计注册公用设备工程师

（暖通空调、动力）执业资格考试试卷

基础考试

（下）

二〇一三年九月

应考人员注意事项

1. 本试卷科目代码为“2”，考生务必将此代码填涂在答题卡“科目代码”相应的栏目内，否则，无法评分。

2. 书写用笔：**黑色或蓝色钢笔、签字笔或圆珠笔**；

   填涂答题卡用笔：**黑色 2B 铅笔**。

3. 必须用书写用笔将工作单位、姓名、准考证号填写在答题卡和试卷相应的栏目内。

4. 本试卷由 60 题组成，每题 2 分，满分 120 分，本试卷全部为单项选择题，每小题的四个备选项中只有一个正确答案，错选、多选、不选均不得分。

5. 考生作答时，必须按**题号在答题卡上**将相应试题所选选项对应的**字母用 2B 铅笔涂黑**。

6. 在答题卡上书写与题意无关的语言，或在答题卡上作标记的，均按违纪试卷处理。

7. 考试结束时，由监考人员当面将试卷、答题卡一并收回。

8. 草稿纸由各地统一配发，考后收回。

单项选择题（共 60 题，每题 2 分。每题的备选项中，只有一个最符合题意。）

1. 当系统在边界上有能量和质量交换，但总体无质量变化时，该系统可能是：

A. 闭口系统　　B. 开口系统

C. 稳态系统　　D. 稳定系统

2. 与准静态相比，可逆过程进行时，系统一定要满足的条件是：

A. 系统随时到处均匀一致

B. 只要过程中无功耗散

C. 边界上和内部都不存在任何力差或不均匀性

D. 边界上无作用力差，过程进行缓慢

3. 热力学第一定律单个入口和单个出口系统表达式$\delta_q = \mathrm{d}h - V\mathrm{d}p$使用的条件为：

A. 稳定流动，微元，可逆过程

B. 稳定流动，微元，准静态过程

C. 理想气体，微元，可逆过程

D. 不计动能和势能，微元，可逆过程

4. 钢瓶内理想气体的计算公式$\frac{pV_1}{T_1} = \frac{pV_2}{T_2}$适用的范围是：

A. 准静态过程

B. 可逆过程

C. 绝热过程

D. 任意过程后的两个平衡态之间

5. 在压缩机多级压缩中间冷却中，以理想气体计时，实现耗功最小的最佳压比配置条件是：

A. 各级产气量相等　　B. 各级等温压缩功相等

C. 各级压差相等　　D. 各级压比相等

6. 某闭口系统吸热 100kJ，膨胀做功 30kJ，同时由摩擦而耗功 15kJ 为系统内吸收，则该系统的内能变化为：

A. 85kJ　　B. 70kJ

C. 55kJ　　D. 45kJ

7. 熵是状态函数，因此只要初终状态确定，则熵变化也确定。下列说法中错误的是：

A. 工质的循环过程$\oint ds = 0$

B. 孤立系统的熵变ΔS是状态参数

C. 完成循环后，环境的熵变不一定为零

D. 同样初终态，可逆或不可逆，工质的熵变相同

8. 湿空气是干空气和水蒸气组成的混合气体，工程应用中水蒸气：

A. 是理想气体

B. 是实际气体，必须按水蒸气图表计算

C. 是实际气体，近似作为理想气体

D. 有时作为理想气体，有时作为实际气体

9. 过热水蒸气在喷管内流动，其临界压力比β的数值为：

A. 0.48　　B. 0.50

C. 0.52　　D. 0.55

10. 热泵和制冷循环均为逆循环，都需要外部输入一定的作用力或功，实现热能从低温物体传到高温物体，它们之间的区别在于：

A. 换热器设备不同

B. 热泵向服务区域供热，制冷机从服务区域取热

C. 循环所用的压缩机不同

D. 热泵只考虑供热量，制冷机只考虑制冷量，运行温度区间是相同的

11. 纯金属的热导率一般随着温度的升高而：

A. 不变　　B. 上升

C. 下降　　D. 先上升然后下降

12. 一维大平壁内稳态无内热源导热过程中，当平壁厚度一定时，不正确的说法是：

A. 平壁内温度梯度处处相等

B. 材料导热率大，则壁面两侧温差小

C. 导热率与温度梯度的积为常数

D. 热流量为常数

13. 非稳态导热过程中物体的 Bi 数用于描述物体的：

A. 内部的导热传递速度或能力

B. 边界上的散热速度或能力

C. 内部导热能力与边界对流换热能力比值关系

D. 内部导热热阻与边界对流换热热阻比值关系

14. 对于稳态、非稳态、显格式或隐格式离散方程组的求解，下列说法中正确的是：

A. 显格式离散方程组求解永远是发散的

B. 隐格式离散方程组求解是收敛的

C. 时间采用隐格式、空间采用显格式是收敛的

D. 稳态条件下的各种差分格式都是收敛的

15. 在对流换热过程中，两个现象相似的条件是：

A. 满足同一准则关联式及单值性条件

B. 速度与温度分布相似，且单值性条件相同

C. 只要满足几何相似、速度与温度分布相似及同类现象

D. 同类现象的换热过程，同名准则对应相等，单值性条件相似

16. 在单相流体管内受迫流动充分发展段中，边界条件对换热有较大影响。下列说法错误的是：

A. 常壁温下，流体温度沿管长按对数规律变化

B. 常热流下，沿管长流体与壁面温度差保持为常数

C. 常热流下，壁面温度沿管长非线性变化

D. 常热流下，沿管长流体温度线性变化

17. 在垂直封闭夹层内进行自然对流换热时，正确的表述是：

A. 当壁面间距与高度比值处于某范围时，冷热壁面自然对流可以形成环流

B. 夹层间距较大时，两侧壁面的边界层总是会相互干扰或结合

C. 当夹层的温差和间距较大，且$Gr_\delta > 2000$时，可以按纯导热过程计算

D. 在夹层间距和高度的比值较大时，可以按无限大壁面自然对流换热计算

18. 维恩位移定律$\lambda_{max}T = 2897.6\mu m \cdot K$的正确含义是：

A. E达到最大时，最大波长与温度的乘积保持常数

B. E达到最大时，波长与温度的乘积保持常数

C. $E_{b\lambda}$达到最大时，波长与温度的乘积保持常数

D. $E_{b\lambda}$达到最大时，最大波长与温度的乘积保持常数

19. 两块温度分别为 500K 和 300K 的灰体平板，中间插入一块灰体遮热板，设板的发射率均为 0.85，则最终遮热板的温度为：

A. 467K　　B. 433K

C. 400K　　D. 350K

20. 物体与外界进行辐射换热计算时，环境温度一般是指：

A. 空间辐射和四周物体辐射相当的温度

B. 周围空气与建筑物和场地温度平均值

C. 周围建筑物和场地的温度

D. 周围空气的平均温度

21. 用水银比压计测量管中的水流，测得过流断面流速$v = 2m/s$，如图所示，则A点比压计的度数Δh为：

A. 16mm

B. 20mm

C. 26mm

D. 30mm

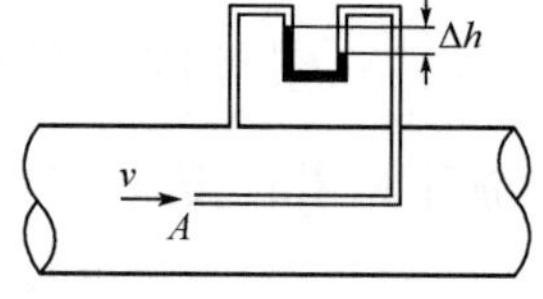

22. 某水中航船波阻力模型试验，已知波阻力是由重力形成的水面波浪产生，原型船速 4m/s，长度比尺$\lambda_1 = 10$。试验仍在水中进行，为了测定航船的波阻力，模型的速度为：

A. 4.156m/s　　B. 3.025m/s

C. 2.456m/s　　D. 1.265m/s

23. 设圆管的直径$d = 1cm$，管长为$l = 4m$，水的流量为$Q = 10/s$，沿程阻力系数为$\lambda = 0.0348$，沿程水头损失为：

A. 2.01cm　　B. 2.85cm

C. 1.52cm　　D. 1.15cm

24. 某通风管道系统，通风机的总压头$p = 980\text{Pa}$，风量$Q = 4/s$，现需要将该系统的风量提高 10%，则该系统通风应具有的总压头为：

A. 980Pa　　　　B. 1078Pa

C. 1185.8Pa　　　　D. 1434.8Pa

25. 两强度都为Q的两个源流分别位于y轴原点两侧，距离原点距离为m，则流函数为：

A. $\psi = \frac{Q}{2\pi}\arctan\frac{y-m}{x} - \frac{Q}{2\pi}\arctan\frac{y+m}{x}$

B. $\psi = \frac{Q}{2\pi}\arctan\frac{y-m}{x} + \frac{Q}{2\pi}\arctan\frac{y+m}{x}$

C. $\psi = \frac{Q}{2\pi}\arctan\frac{y}{x-m} - \frac{Q}{2\pi}\arctan\frac{y}{x+m}$

D. $\psi = \frac{Q}{2\pi}\arctan\frac{y}{x-m} + \frac{Q}{2\pi}\arctan\frac{y}{x+m}$

26. 已知 10℃时水的运动黏滞系数$v = 1.31 \times 10^{-6}\text{m}^2/s$，管径$d = 50\text{mm}$的水管，在水温$t = 10℃$时，管内要保持层流的最大流速是：

A. 0.105m/s　　　　B. 0.0525m/s

C. 0.21m/s　　　　D. 0.115m/s

27. 空气的绝热指数$k = 1.4$，气体常数$R = 287\text{J}/(\text{kg} \cdot \text{K})$，则空气绝热流动时（无摩擦损失），两个断面流速$v_1$、$v_2$与绝对温度$T_1$、$T_2$的关系为：

A. $v_2 = \sqrt{2009(T_1 - T_2)}$　　　　B. $v_2 = \sqrt{2009(T_1 - T_2) + v_1^2}$

C. $v_2 = \sqrt{2009(T_1 + T_2)}$　　　　D. $v_2 = \sqrt{1900(T_1 - T_2) + v_1^2}$

28. 在等熵流动中，若气体流速沿程增大，则气体温度T将沿程：

A. 增大　　　　B. 降低

C. 不变　　　　D. 不定

29. 下列关于离心式泵与风机的基本方程——欧拉方程，描述正确的是：

A. 流体获得的理论扬程与流体种类有关，流体密度越大，泵扬程越小

B. 流体获得的理论扬程与流体种类有关，流体密度越大，泵扬程越大

C. 流体获得的理论扬程与流体种类没有关系

D. 流体获得的理论扬程与流体种类有关，但关系不确定

30. 在同一开式管路中，单独使用第一台水泵，其流量$Q = 30\text{m}^3/\text{h}$，扬程$H = 30.8\text{m}$；单独使用第二台水泵时，其流量$Q = 40\text{m}^3/\text{h}$，扬程$H = 39.2\text{m}$；如单独使用第三台泵，测得其扬程$H = 50.0\text{m}$，则其流量为：

A. $45\text{m}^3/\text{h}$　　B. $47\text{m}^3/\text{h}$

C. $50\text{m}^3/\text{h}$　　D. $52\text{m}^3/\text{h}$

31. 下列描述中，错误的是：

A. 反馈系统也称为闭环系统

B. 反馈系统的调节或控制过程是基于偏差的调节或控制的过程

C. 反馈控制原理就是按偏差控制原理

D. 反馈控制中偏差信号一定是输入信号与输出信号之差

32. 下列不属于自动控制系统的组成部分的是：

A. 被控对象　　B. 测量变送器

C. 执行器　　D. 微调器

33. 一阶被控对象的特性参数主要有：

A. 放大系数和时间常数　　B. 比例系数和变化速度

C. 静态参数和衰减速度　　D. 动态参数和容量参数

34. 设积分环节和理想微分环节的微分方程分别为$c'(t) = r(t)$和$c(t) = r'$，则其传递函数分别为：

A. $G(s) = s$和$G(s) = s$　　B. $G(s) = 1/s$和$G(s) = 1/s$

C. $G(s) = s$和$G(s) = 1/s$　　D. $G(s) = 1/s$和$G(s) = s$

35. 设二阶系统的传递函数$G(s) = \frac{9.0}{s^2+3.6s+9.0}$，其阻尼系数$\xi$和无阻尼自然频率$\omega$分别为：

A. $\xi = 0.6$，$\omega = 3.0$　　B. $\xi = 0.4$，$\omega = 9.0$

C. $\xi = 1.2$，$\omega = 3.0$　　D. $\xi = 9.0$，$\omega = 3.6$

36. 一阶系统的单位阶跃响应的动态过程为：

A. 直线上升　　B. 振荡衰减，最后趋于终值

C. 直线下降　　D. 按指数规律趋于终值

37. 三阶稳定系统的特征方程为$3s^3 + 2s^2 + s + a_3 = 0$，则取值范围为：

A. 大于 0　　B. 大于 0，小于2/3

C. 大于2/3　　D. 不受限制

38. O 型系统、I型系统、II型系统对应的静态位置误差系数分别为：

A. K，∞，∞

B. ∞，K，0

C. ∞，∞，K

D. 0，∞，∞

39. 能够增加自动系统的带宽，提高系统的快速性的校正是：

A. 前馈校正

B. 预校正

C. 串联超前校正

D. 串联滞后校正

40. 精密度反映了下列哪种误差的影响?

A. 随机误差

B. 系统误差

C. 过失误差

D. 随机误差和系统误差

41. 使用全色辐射温度计时的注意事项，以下叙述错误的是：

A. 不宜测量反射光很强的物体

B. 温度计与被测物体之间距离不可太远

C. 被测物体与温度计之间距离和被测物体直径之比有一定限制

D. 不需要考虑传感器的冷端温度补偿

42. 关于氯化锂露点湿度计的使用，下列正确的是：

A. 受被测气体温度的影响

B. 可远距离测量与调节

C. 不受空气流速波动的影响

D. 不受加热电源电压波动的影响

43. 弹簧管压力表量程偏大时应：

A. 逆时针转动机芯

B. 顺时针转动机芯

C. 将示值调整螺钉向外移

D. 将示值调整螺钉向内移

44. 用L型动压管测量烟道的烟气流速，动压管校正系数为0.87，烟气静压为−1248Pa，温度为200℃，气体常数为295.8J/(kg·K)。烟道截面上8个测点的动压读数（Pa）分别为121.6，138.3，146.7，158.1，159.6，173.4，191.5，204.4，烟气平均流速为：

A. 21.1m/s

B. 12.7m/s

C. 12.0m/s

D. 18.4m/s

45. 流体流过节流孔板时，管道近壁面的流体静压在孔板的哪个区域达到最大：

A. 进口处

B. 进口前一定距离处

C. 出口处

D. 出口后一定距离处

46. 以下关于超声波液位计的叙述，错误的是：

A. 超声波液位计由超声波转换能器和测量电路组成

B. 超声波转换能器利用了压电晶体的压电效应

C. 超声波转换能器利用了压电晶体的逆压电效应

D. 超声波液位计测量液位时，必须与被测液体相接触

47. 以下关于热阻式热流计传感器的叙述，错误的是：

A. 传感器的热流量与其输出的电势成正比

B. 传感器的热流量与其输出的电势成反比

C. 传感器系数的大小反映了传感器的灵敏度

D. 对于给定的传感器，其传感器系数不是一个常数

48. 测量的极限误差是其标准误差的：

A. 1 倍　　B. 2 倍

C. 3 倍　　D. 4 倍

49. 零件受到的变应力是由下列哪项产生的？

A. 静荷载　　B. 变荷载

C. 静荷载或变荷载　　D. 载荷系数

50. 在轮系的下列功用中，必须依靠行星轮系实现的功用是：

A. 实现变速传动　　B. 实现大的传动比

C. 实现分离传动　　D. 实现运动的合成和分离

51. 在铰链四杆机构中，当最短杆和最长杆的长度之和大于其他两杆长度之和时，只能获得：

A. 双曲柄机构　　B. 双摇杆机构

C. 曲柄摇杆机构　　D. 选项 A、C 均可

52. 对于中速轻载的移动从动件凸轮机构，从动件的运动规律一般采用：

A. 等速运动规律　　B. 等加速等减速运动规律

C. 正弦加速度运动规律　　D. 高次多项式运动规律

53. 下列措施对提高螺栓连接强度无效的是：

A. 采用悬置螺母　　B. 采用加厚螺母

C. 采用钢丝螺套　　D. 减少支撑面的不平度

54. V 带传动中，带轮轮槽角应小于 V 带两侧面的夹角是考虑：

A. 使 V 带在轮槽内楔紧

B. V 带工作后磨损

C. V 带沿带轮弯曲变形后，两侧面间夹角变小

D. 改善 V 带轮受力状况

55. 图示某主动斜齿轮受力简图中正确的是：

A.
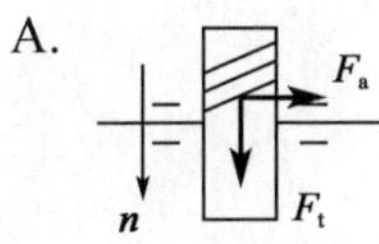

B.
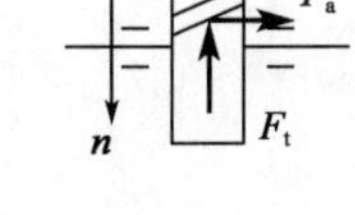

C.
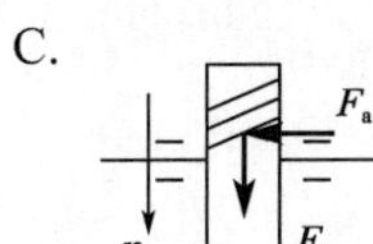

D.
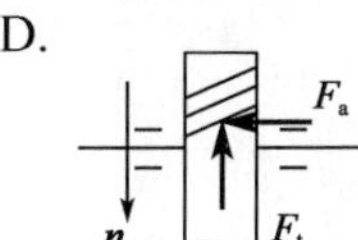

56. 转轴的弯曲应力性质为：

A. 对称循环变应力　　B. 脉动循环变应力

C. 对称循环静应力　　D. 静应力

57. 相对于滚动轴承来说，下列不是滑动轴承优点的是：

A. 径向尺寸小

B. 有在腐蚀的环境中工作的能力

C. 对轴的材料和热处理要求不高

D. 能做成剖分的结构

58. 按照目前的国际公约，蒸汽压缩式制冷系统所选用的制冷剂应：

A. 采用自然工质

B. 采用对臭氧层破坏能力为零的工质

C. 采用对臭氧层破坏能力及温室效应低的工质

D. 采用对臭氧层无破坏能力及无温室效应的工质

59. 下列可以不进行招标的工程项目是：

A. 部分使用国有资金投资的项目

B. 涉及国际安全与机密的项目

C. 使用外国政府援助资金的项目

D. 大型公共事业项目

60. 在地下室敷设燃气管道时，下列措施错误的是：

A. 采用非燃烧实体墙与变配电室隔开

B. 设有固定的防爆照明设备

C. 设有平时通风与事故通风兼用的机械通风系统

D. 建筑净高不小于 2.2m

2013 年度全国勘察设计注册公用设备工程师（暖通空调、动力）执业资格考试基础考试（下）试题解析及参考答案

1. 解　本题考查基本概念。没有物质穿过边界的系统为闭口系统，即与外界只有能量交换；有物质流穿过边界的系统称为开口系统，即既有质量交换又有能量交换，故该系统可能为开口系统。

答案：B

2. 解　选项 A、C、D 均是准静态过程的条件，准静态过程与可逆过程的区别是：可逆过程要求系统与外界随时保持力平衡和热平衡，并且不存在任何耗散效应，在过程中没有任何能量的不可逆损失；准静态过程的条件仅限于系统内部的力平衡和热平衡。

答案：B

3. 解　焓是工质流经开口系统中的能量总和，在闭口系统中焓没有实际意义。题中公式采用的是小写h，而且没有与时间有关的量，因此是稳定流动。δq适用于准静态过程，而$V\mathrm{d}p$适用于可逆过程。

答案：A

4. 解　状态方程式$F(p,V,t)$对理想气体具有最简单的形式——克拉贝龙方程，随着分子运动理论的发展得出：$pV=RT$（理想气体的状态方程），该方程与气体的过程无关。

答案：D

5. 解　压缩机多级压缩中，级间压力不同，所需的总轴功也不同，最有利的级间压力应使所需的总轴功最小。总轴功为：

$$W_{\mathrm{S}}=\frac{n}{n-1}p_1v_1\left[2-\left(\frac{p_2}{p_1}\right)^{\frac{n-1}{n}}-\left(\frac{p_3}{p_2}\right)^{\frac{n-1}{n}}\right]$$

令$\frac{\mathrm{d}W_{\mathrm{S}}}{\mathrm{d}p_2}=0$，得$\frac{p_2}{p_1}=\frac{p_3}{p_2}$。

答案：D

6. 解　热力学第一定律的闭口系统能量方程：$\Delta U=Q-W=100+15-30=85\mathrm{kJ}$

答案：A

7. 解　熵是系统的状态参数，只取决于状态特性，熵变ΔS是系统的某一过程中熵增量或熵减量，而非状态参数。对于孤立系统而言，熵只能增加或不变，不能减少。

答案：B

8. 解　水蒸气是由液态水经汽化而来的一种气体，它离液态较近，不能把它当作理想气体处理，它的性质比一般的实际气体还要复杂。工程应用水蒸气时要严格按照水蒸气的热力性质图表来计算。

答案：B

9. 解　水蒸气的定熵流动是比较复杂的。为简化计算，假定水蒸气的定熵过程也符合$pV^k=$常数的关系。对于过热蒸汽，取$k=1.3$，$\beta=0.546$；对于干饱和蒸汽，取$k=1.135$，$\beta=0.577$。

答案： D

10. 解　本题考查基本概念。通俗来讲，热泵供热（向服务区供热），制冷供冷（向服务区取热）。

答案： B

11. 解　如解图所示，大多数纯金属的热导率一般随着温度的升高而下降。

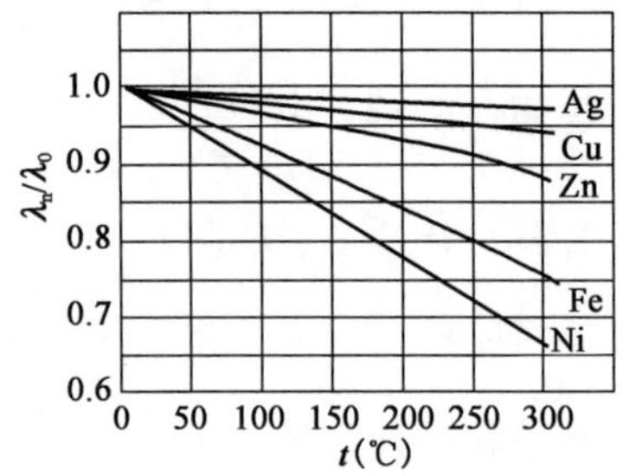

题 11 解图

答案： C

12. 解　一维大平壁内稳态无内热源导热微分方程式：

$$\frac{\mathrm{d}}{\mathrm{d}x}\left(\lambda\frac{\mathrm{d}t}{\mathrm{d}x}\right)=0$$

所以，热流密度$q=-\lambda\frac{\partial t}{\partial x}=\text{const}$，导热率与温度梯度的积为常数。当平壁厚度一定时，材料导热率大，则壁面两侧温差小。当材料导热率为常数时，平壁内温度梯度处处相等；当材料导热率随温度变化时，平壁内温度梯度处处并不相等。

答案： D

13. 解

$$\mathrm{Bi}=\frac{h\delta}{\lambda}=\frac{\frac{\delta}{\lambda}}{\frac{1}{h}}$$

式中：$\frac{\delta}{\lambda}$——内部导热热阻；

$\frac{1}{h}$——边界对流换热热阻。

答案： D

14. 解　对于显格式离散方程组求解，只要满足稳定性条件，则是收敛的。隐格式是无条件稳定的。稳态条件下的中心差分格式有可能是发散的。

答案： B

15. 解　两个现象相似的条件是：同类现象的换热过程，同名准则对应相等，单值性条件相似。单值性条件包括几何条件、物理条件、边界条件和时间条件。两个现象必须是同类现象，假如一个是自然对流，一个是沸腾换热，不属于同类现象。

答案： D

16. 解　如解图所示，解图 a）为常热流下，解图 b）为常壁温下。常壁温下，流体温度沿管长按对数规律变化。常热流下，沿管长流体与壁面温度差保持为常数，沿管长流体温度线性变化。

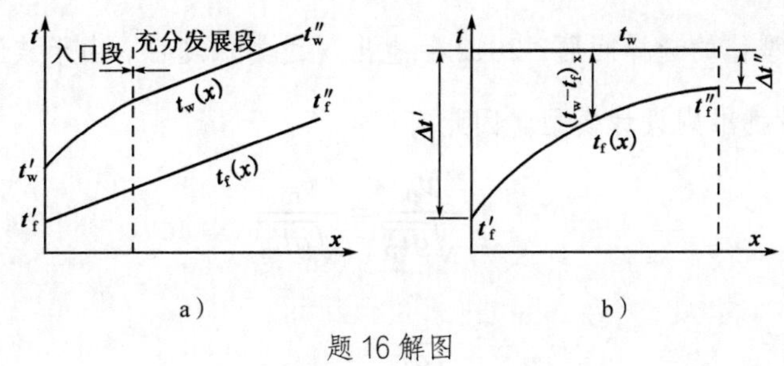

题16解图

答案：C

17. 解 在夹层间距和高度的比值较小时，冷热壁面自然对流边界层能相互结合，出现行程较短的环流；在夹层间距和高度的比值较大时，两侧壁面的边界层不会相互干扰，可以按无限大壁面自然对流换热计算；当$Gr_\delta \leqslant 2000$时，可以认为夹层内没有流动发生，可以按纯导热过程计算。

答案：D

18. 解 维恩位移定律：黑体辐射的峰值波长与热力学温度的乘积为一常数。黑体的光谱辐射$E_{b\lambda}$达到最大时，最大波长与温度的乘积保持常数。

答案：D

19. 解 在两块平板中间插入一块发射率相同的遮热板，表面的辐射换热量将减少到原来的1/2。所以：

$$\frac{\sigma_b(T_1^4-T^4)}{2\frac{1}{\varepsilon}-1}=\frac{1}{2}\times\frac{\sigma_b(T_1^4-T_2^4)}{2\times\frac{1}{\varepsilon}-1}$$

$$\frac{\sigma_b(500^4-T^4)}{2\frac{1}{\varepsilon}-1}=\frac{1}{2}\times\frac{\sigma_b(500^4-300^4)}{2\times\frac{1}{\varepsilon}-1}$$

可得$T=433\text{K}$。

答案：B

20. 解 环境温度涉及建筑外围物体、土建、植被以及天空的状况，一般取平均值，并且情况复杂。在某些情况下，环境温度和空气温度相等。

答案：B

21. 解 两支管中，流体中测管管孔口正对液流来流方向，液体在管内上升的高度是该处的总水头$z+\frac{p}{\rho g}+\frac{v^2}{2g}$；而另一根管开口方向与液流方向垂直，液体在管内上升的高度是该处的测压管水头$z+\frac{p}{\rho g}$，两管液面的高差就是该处的流速水头$\frac{v^2}{2g}$。

$$\Delta h=\frac{v^2}{2g}=\frac{2}{9.8}=0.204\text{m 水柱}=15.02\text{mm 汞柱}$$

答案：A

22. 解　该题考查模型律的选择问题，2012 年也出现过类似题目。由于波阻力由重力形成，重力起主要作用，因此应按弗劳德准则设计模型。因此有：

$$\frac{v_{\mathrm{p}}}{\sqrt{gl_{\mathrm{p}}}}=\frac{v_{\mathrm{m}}}{\sqrt{gl_{\mathrm{m}}}}$$

所以：

$$\frac{v_{\mathrm{p}}}{v_{\mathrm{m}}}=\frac{\sqrt{gl_{\mathrm{p}}}}{\sqrt{gl_{\mathrm{m}}}}=\sqrt{10}=3.16$$

$$v_{\mathrm{m}}=\frac{v_{\mathrm{p}}}{3.16}=1.265$$

答案：D

23. 解　可直接代入沿程阻力计算公式：

$$h_l=SQ^2=\frac{8Q^2\lambda l}{\pi^2d^5g}=1.15\mathrm{cm}$$

答案：D

24. 解　系统风量改变前后，系统的阻抗是不变的。

$$h_2=SQ_2^2=S(1.1Q_1)^2=1.21SQ_1^2=1.21h_1=1185.8\mathrm{Pa}$$

答案：C

25. 解　源流是无黏性不可压缩位势流中一种理想化的基本流子。本题是势流叠加。一般的，一个强度为Q、坐标在(x_0,y_0)的点源的流函数为$\psi=\frac{Q}{2\pi}\arctan\frac{y-y_0}{x-x_0}$。两个坐标在$(0,m)$，$(0,-m)$等强点源的流函数为

$$\psi=\psi_1+\psi_2=\frac{Q}{2\pi}\arctan\frac{y-m}{x}+\frac{Q}{2\pi}\arctan\frac{y+m}{x}$$

答案：B

26. 解　此题与 2010-26 题类似，只是条件稍做改变。

$$\mathrm{Re}=\frac{vd}{\nu}=2000$$

$$v=2000\times1.31\times10^{-6}/0.05=0.0524\mathrm{m/s}$$

答案：B

27. 解　由等熵过程能量方程：

$$\frac{kRT}{k-1}+\frac{v^2}{2}=C$$

所以有：

$$\frac{2kRT_1}{k-1}+v_1^2=\frac{2kRT_2}{k-1}+v_2^2$$

$$v_2=\sqrt{\frac{2kR}{k-1}(T_1-T_2)+v_1^2}=\sqrt{2009(T_1-T_2)+v_1^2}$$

答案：B

28. 解 由等熵过程能量方程：

$$\frac{kRT}{k-1}+\frac{v^2}{2}=C$$

可以看出，流速变大，气体温度T将降低。

答案：B

29. 解 根据离心式泵与风机的欧拉方程：

$$H_{\mathrm{T}\infty}=\frac{1}{g}(u_2v_{2\infty}-u_1v_{1\infty})$$

可以看出，流体所获得的理论扬程$H_{\mathrm{T}\infty}$仅与流体在叶片进、出口处的运动速度有关，而与流动过程无关，也与被输送的流体种类无关。

答案：C

30. 解 根据管路特性曲线$H=H_0+SQ^2$，先利用所给条件计算得：

$$30.8=H_0+S\cdot 900$$
$$39.2=H_0+S\cdot 1600$$

联立求解，得$H_0=20$，$S=0.012$，再用$H=50$计算出$Q=50\mathrm{m}^3/\mathrm{h}$。

答案：C

31. 解 偏差信号是指参考输入与主反馈信号之差。

答案：D

32. 解 被控对象、测量变送器和执行器都是自动控制系统的组成部分。

答案：D

33. 解 描述一阶被控对象的特性参数主要有时间常数T和放大系数K。

答案：A

34. 答案：D

35. 解 与标准式对比可知：$\omega=3.0$，$\xi=0.6$。

答案：A

36. 解 一阶系统的单位阶跃响应的动态过程为指数规律，且最终趋于终值。

答案：D

37. 解 可根据劳斯稳定判据，特征方程所有系数都为正，且$a_1a_2-a_0a_3>0$，可知选项B正确。

答案：B

38. 解 可根据O型系统、I型系统、II型系统在不同参考输入下的稳态误差表查得，静态位置误差系数分别为K，∞，∞。

答案：A

39. 解 串联超前校正可使系统截止频率增大，从而使闭环系统带宽也增大，使响应速度加快。

答案：C

40. 解 本题考查基本概念。精密度反映随机误差对测量值的影响程度，准确度反映系统误差对测量值的影响程度，精确度反映系统误差和随机误差对测量值的影响程度。

答案：A

41. 解 全色辐射温度计的测量对象一般为灰体，或者创造条件使被测对象具有黑体的性质；被测物体与温度计之间的距离和被测物体直径之比也有一定限制。此外，还需要考虑传感器的冷端温度自动补偿措施，如为了补偿因热电偶冷端温度变化而引起的仪表示值误差。

答案：D

42. 解 氯化锂露点湿度计的优点：①能直接指示露点温度；②能连续指示，远距离测量和调节；③不受环境气体温度的影响；④适用范围广，原件可再生。

缺点：①受环境气体流速的影响和加热电源电压波动的影响；②受有害的工业气体的影响。

答案：B

43. 答案：D

44. 解 根据温度、静压及气体常数可得气体密度ρ。

由流速公式：

$$v = K_{\mathrm{p}}\sqrt{\frac{2(p_0 - p)}{\rho}}$$

可求得烟气平均流速。

答案：D

45. 解 流体由于存在惯性，在惯性的作用下，在孔板后会出现收缩现象。

答案：B

46. 解 使用超声波液位计进行测量时，将超声波换能器置于容器的底部或者液体的上空（不一定与液体直接接触）。

答案：D

47. 解 热阻式热流计的测量原理是傅里叶定律，热流测头输出的热电势与流过测头的热流密度成正比。

答案：B

48. 解 在有限次测量中，认为不出现大于3σ的误差，故把3σ定义为极限误差$\Delta_{\max}$。

答案：C

49. 解 静应力只能在静荷载作用下产生；变应力可能由变荷载产生，也可能由静荷载产生。

答案：C

50. 解 机械中采用具有两个自由度的差动行星轮系来实现运动的合成和分解，这是行星轮系独特的功用。

答案：D

51. 解 如果铰链四杆机构中的最短杆与最长杆长度之和大于其余两杆长度之和，则该机构中不可能存在曲柄，无论取哪个构件作为机架，都只能得到双摇杆机构。

答案：B

52. 解 从动件在推程或回程的前半段做等加速运动，后半段做等减速运动，通常加速度和减速度绝对值相等。特点：速度曲线连续，不会产生刚性冲击；因加速度曲线在运动的起始、中间和终止位置有突变，会产生柔性冲击。 适用场合：中速轻载。

答案：B

53. 解 采用普通螺母时，轴向荷载在旋合螺纹各圈间的分布是不均匀的，从螺母支承面算起，第一圈受荷载最大，以后各圈递减，因此采用圈数过多的厚螺母并不能提高螺栓连接强度。

答案：B

54. 解 带绕过带轮弯曲时，会产生横向变形，使其夹角变小。为使带轮轮槽工作面和V带两侧面接触良好，带轮轮槽角应小于V带两侧面的夹角。

答案：C

55. 解 圆周力的方向，在主动轮上与转动方向相反；轴向力的方向取决于齿轮的回转方向和轮齿的螺旋方向，可按“主动轮左、右手螺旋定则”来判断。主动轮为左（右）旋时，左（右）手按转动方向握轴，以四指弯曲方向表示主动轴的回转方向，伸直大拇指，其指向即为主动轮上轴向力的方向。

答案：D

56. 解 转轴弯曲应力的循环特性为$r=-1$，即对称循环变应力。

答案：A

57. 解　滚动轴承与滑动轴承相比，不需要用有色金属，对轴的材料和热处理要求不高。

答案：C

58. 解　见《蒙特利尔议定书》。根据目前的制冷剂发展水平和替代进程，还很难做到采用对臭氧层无破坏能力及无温室效应的工质。

答案：C

59. 解　《中华人民共和国招标投标法》第三条规定：在中华人民共和国境内进行下列工程建设项目包括项目的勘察、设计、施工、监理以及与工程建设有关的重要设备、材料等的采购，必须进行招标：

（一）大型基础设施、公用事业等关系社会公共利益、公众安全的项目；

（二）全部或者部分使用国有资金投资或者国家融资的项目；

（三）使用国际组织或者外国政府贷款、援助资金的项目。

第六十六条规定：涉及国家安全、国家秘密、抢险救灾或者属于利用扶贫资金实行以工代赈、需要使用农民工等特殊情况，不适宜进行招标的项目，按照国家有关规定可以不进行招标。

答案：B

60. 解　《城镇燃气设计规范》（GB 50028—2006）第 10.2.21 条规定：地下室、半地下室、设备层和地上密闭房间敷设燃气管道时，应符合下列要求：

1. 净高不宜小于 2.2m。

2. 应有良好的通风设施。房间换气次数不得小于3 次/h；并应有独立的事故机械通风设施，其换气次数不应小于6 次/h。

3. 应有固定的防爆照明设备。

4. 应采用非燃烧体实体墙与电话间、变配电室、修理间、储藏室、卧室、休息室隔开。

答案：C

2014 年度全国勘察设计注册公用设备工程师

（暖通空调、动力）执业资格考试试卷

基础考试

（下）

二〇一四年九月

应考人员注意事项

1. 本试卷科目代码为“2”，考生务必将此代码填涂在答题卡“科目代码”相应的栏目内，否则，无法评分。
2. 书写用笔：**黑色或蓝色钢笔、签字笔或圆珠笔**；

   填涂答题卡用笔：**黑色 2B 铅笔**。
3. 必须用书写用笔将工作单位、姓名、准考证号填写在答题卡和试卷相应的栏目内。
4. 本试卷由 60 题组成，每题 2 分，满分 120 分，本试卷全部为单项选择题，每小题的四个备选项中只有一个正确答案，错选、多选、不选均不得分。
5. 考生作答时，必须按**题号在答题卡上**将相应试题所选选项对应的**字母用 2B 铅笔涂黑**。
6. 在答题卡上书写与题意无关的语言，或在答题卡上作标记的，均按违纪试卷处理。
7. 考试结束时，由监考人员当面将试卷、答题卡一并收回。
8. 草稿纸由各地统一配发，考后收回。

单项选择题（共 60 题，每题 2 分。每题的备选项中，只有一个最符合题意。）

1. 如果由工质和环境组成的系统，只在系统内发生热量和质量交换关系，而与外界没有任何其他关系或影响，该系统称为：

A. 孤立系统　　B. 开口系统

C. 刚体系统　　D. 闭口系统

2. 下列压力的常用国际单位表达中错误的是：

A. N/m^2　　B. kPa

C. MPa　　D. bar

3. 由热力学第一定律，开口系统能量方程为$\delta q = dh - \delta w$，闭口系统能量方程为$\delta q = du - \delta w$，经过循环后，可得出相同结果形式$\oint \delta q = \oint \delta w$，正确的解释是：

A. 两系统热力过程相同

B. 同样热量下可以做相同数量的功

C. 结果形式相同但内涵不同

D. 除去q和w，其余参数含义相同

4. 实际气体分子间有作用力且分子有体积，因此同样温度和体积下，若压力不太高，分别采用理想气体状态方程式计算得到的压力$p_{理}$和实际气体状态方程式计算得到的压力$p_{实}$之间关系为：

A. $p_{实} \approx p_{理}$　　B. $p_{实} > p_{理}$

C. $p_{实} < p_{理}$　　D. 不确定

5. 某热力过程中，氮气初态为$v_1 = 1.2\text{m}^3/\text{kg}$和$p_1 = 0.1\text{MPa}$，终态为$v_2 = 0.4\text{m}^3/\text{kg}$和$p_2 = 0.6\text{MPa}$，该过程的多变比热容$c_n$为：

A. $271\text{J}/(\text{kg}\cdot\text{K})$　　B. $297\text{J}/(\text{kg}\cdot\text{K})$

C. $445\text{J}/(\text{kg}\cdot\text{K})$　　D. $742\text{J}/(\text{kg}\cdot\text{K})$

6. 进行逆卡诺循环制热时，其供热系数ε_c'将随着冷热源温差的减小而：

A. 减小　　B. 增大

C. 不变　　D. 不确定

7. 确定湿空气的热力状态需要的独立参数为：

A. 1 个　　B. 2 个

C. 3 个　　D. 4 个

8. 对于喷管内理想气体的一维定熵流动，流速c、压力p、比焓h及比体积v的变化，正确的是：

A. $\mathrm{d}c>0$，$\mathrm{d}p>0$，$\mathrm{d}h<0$，$\mathrm{d}v>0$

B. $\mathrm{d}c>0$，$\mathrm{d}p<0$，$\mathrm{d}h<0$，$\mathrm{d}v<0$

C. $\mathrm{d}c>0$，$\mathrm{d}p<0$，$\mathrm{d}h>0$，$\mathrm{d}v>0$

D. $\mathrm{d}c>0$，$\mathrm{d}p<0$，$\mathrm{d}h<0$，$\mathrm{d}v>0$

9. 组成蒸汽朗肯动力循环基本过程的是：

A. 等温加热，绝热膨胀，定温凝结，定熵压缩

B. 等温加热，绝热膨胀，定温凝结，绝热压缩

C. 定压加热，绝热膨胀，定温膨胀，定温压缩

D. 定压加热，绝热膨胀，定压凝结，定熵压缩

10. 关于孤立系统熵增原理，下述说法中错误的是：

A. 孤立系统中进行过程$\mathrm{d}S_{\mathrm{iso}}\geqslant 0$

B. 自发过程一定是不可逆过程

C. 孤立系统中所有过程一定都是不可逆过程

D. 当S达到最大值$S_{\max}$时系统达到平衡

11. 当天气由潮湿变为干燥时，建筑材料的热导率可能会出现：

A. 木材、砖及混凝土的热导率均有明显增大

B. 木材的热导率下降，砖及混凝土的热导率不变

C. 木材、砖及混凝土的热导率一般变化不大

D. 木材、砖及混凝土的热导率均会下降

12. 外径为 50mm 和内径为 40mm 的过热高压高温蒸汽管道在保温过程中，如果保温材料导热系数为 $0.05\mathrm{W/(m\cdot K)}$，外部表面总散热系数为$5\mathrm{W/(m^2\cdot K)}$，此时：

A. 可以采用该保温材料　　B. 降低外部表面总散热系数

C. 换选导热系数较小的保温材料　　D. 减小蒸汽管道外径

13. 在非稳态导热过程中，根据温度的变化特性可以分为三个不同的阶段，下列说法错误的是：

A. 在$0.2 < \mathrm{Fo} < \infty$的时间区域内，过余温度随时间线性变化

B. $\mathrm{Fo} < 0.2$的时间区域内，温度变化受初始条件影响最大

C. 最初的瞬态过程是无规则的，无法用非稳态导热微分方程描述

D. 如果变化过程中物体的 Bi 数很小，则可以将物体温度当作空间分布均匀计算

14. 常物性无内热源二维稳态导热过程，在均匀网格步长下，如图所示的平壁面节点处于第二类边界条件时，其差分格式为：

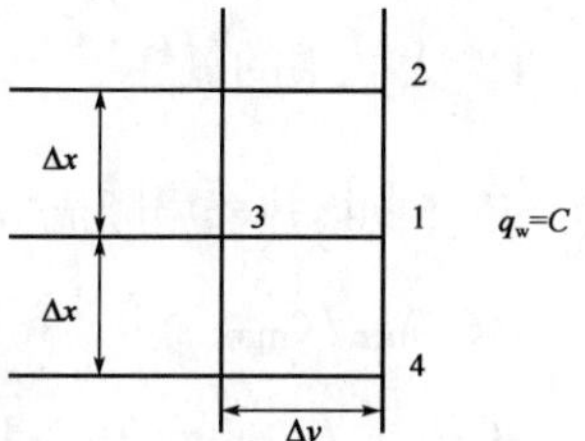

A. $t_1 = \frac{1}{3}(t_2 + t_3 + t_4) + \frac{\Delta x}{\lambda} q_{\mathrm{w}}$

B. $t_1 = \frac{1}{2}\left(t_2 + t_3 + t_4 + \frac{\Delta x}{\lambda} q_{\mathrm{w}}\right)$

C. $t_1 = \frac{1}{4}\left(t_2 + t_3 + t_4 + \frac{\Delta x}{\lambda} q_{\mathrm{w}}\right)$

D. $t_1 = \frac{1}{4}(t_2 + t_3 + t_4) + \frac{\Delta x}{\lambda} q_{\mathrm{w}}$

15. 下列换热工况中，可能相似的是：

A. 两圆管内单相受迫对流换热，分别为加热和冷却过程

B. 两块平壁面上自然对流换热，分别处于冬季和夏季工况

C. 两圆管内单相受迫对流换热，流体分别为水和导热油

D. 两块平壁面上自然对流换热，竖放平壁分别处于空气对流和水蒸气凝结

16. 确定同时存在自然对流和受迫对流的混合换热准则关系的是：

A. $\mathrm{Nu} = f(\mathrm{Gr}, \mathrm{Pr})$　　B. $\mathrm{Nu} = f(\mathrm{Re}, \mathrm{Pr})$

C. $\mathrm{Nu} = f(\mathrm{Gr}, \mathrm{Re}, \mathrm{Pr})$　　D. $\mathrm{Nu} = f(\mathrm{Fo}, \mathrm{Gr}, \mathrm{Re})$

17. 小管径水平管束外表面蒸汽凝结过程中，上下层管束之间的凝结表面传热系数h的关系为：

A. $h_{\text{下排}} > h_{\text{上排}}$　　B. $h_{\text{下排}} < h_{\text{上排}}$

C. $h_{\text{下排}} = h_{\text{上排}}$　　D. 不确定

18. 在秋末冬初季节，晴朗天气晚上草木表面常常会结霜，其原因可能是：

A. 夜间水蒸气分压下降达到结霜温度

B. 草木表面因夜间降温及对流换热形成结霜

C. 表面导热引起草木表面的凝结水结成冰霜

D. 草木表面凝结水与天空辐射换热达到冰点

19. 大气层能够阻止地面绝大部分热辐射进入外空间，由此产生温室效应，其主要原因是：

A. 大气中的二氧化碳等多原子气体　　B. 大气中的氮气

C. 大气中的氧气　　D. 大气中的灰尘

20. 套管式换热器中顺流或逆流布置下ε-NTU关系不同，下述说法错误的是：

A. $c_{\min}/c_{\max} > 0$，相同 NTU 下，$\varepsilon_{顺} < \varepsilon_{逆}$

B. $c_{\min}/c_{\max} = 0$，NTU$\rightarrow\infty$，$\varepsilon_{顺} \rightarrow 1$，$\varepsilon_{逆} \rightarrow 1$

C. $c_{\min}/c_{\max} = 1$，NTU$\rightarrow\infty$，$\varepsilon_{顺} \rightarrow 0.5$，$\varepsilon_{逆} \rightarrow 1$

D. $c_{\min}/c_{\max} > 0$，NTU 增大，$\varepsilon_{顺}$和$\varepsilon_{逆}$都趋于同一个定值

21. 如图所示，用水银压差计+文丘里管测量管道内水流量，已知管道的直径$d_1 = 200\text{mm}$，文丘里管道喉管直径$d_2 = 100\text{mm}$，文丘里管的流量系数$\mu = 0.95$。已知测出的管内流量$Q = 0.025\text{m}^3/\text{s}$，那么两断面的压强差$\Delta h$为（水银的密度为$13600\text{kg/m}^3$）：

d_1　d_2　Δh

A. 24.7mm

B. 35.6mm

C. 42.7mm

D. 50.6mm

22. 下列说法正确的是：

A. 分析流体运动时，拉格朗日法比欧拉法在做数学分析时更为简便

B. 拉格朗日法着眼于流体中各个质点的流动情况，而欧拉法着眼于流体经过空间各固定点时的运动情况

C. 流线是拉格朗日法对流动的描述，迹线是欧拉法对流动的描述

D. 拉格朗日法和欧拉法在研究流体运动时，有本质的区别

23. 直径为 1m 的给水管在直径为 10cm 的水管中进行模型试验，现测得模型的流量为$0.2\mathrm{m^3/h}$，若测得模型单位长度的水管压力损失为 146Pa，则原型给水管中单位长度的水管压力损失为：

A. 1.46Pa　　B. 2.92Pa

C. 4.38Pa　　D. 6.84Pa

24. 下列对于雷诺模型律和弗劳德模型律的说法，正确的是：

A. 闸流一般采用雷诺模型律，桥墩扰流一般采用弗劳德模型律

B. 有压管道一般采用雷诺模型律，紊流淹没射流一般采用弗劳德模型律

C. 有压管道一般采用雷诺模型律，闸流一般采用弗劳德模型律

D. 闸流一般采用雷诺模型律，紊流淹没射流一般采用弗劳德模型律

25. 流体在圆管内做层流运动，其管道轴心速度为$2.4\mathrm{m/s}$，圆管半径为 250mm，管内通过的流量为：

A. $2.83\mathrm{m^3/h}$　　B. $2.76\mathrm{m^3/h}$

C. $0.236\mathrm{m^3/h}$　　D. $0.283\mathrm{m^3/h}$

26. 如图所示，应用细管式黏度计测定油的黏度。已知细管直径$d = 6\mathrm{mm}$，测量段长$l = 2\mathrm{m}$，实测油的流量$Q = 77\mathrm{cm^3/s}$，流态为层流，水银压差计读值$h = 30\mathrm{cm}$，水银的密度$\rho_{\mathrm{HG}} = 13600\mathrm{kg/m^3}$，油的密度$\rho = 901\mathrm{kg/m^3}$。油的运动黏度$\nu$为：

A. $8.57 \times 10^{-4}\mathrm{m^2/s}$

B. $8.57 \times 10^{-5}\mathrm{m^2/s}$

C. $8.57 \times 10^{-6}\mathrm{m^2/s}$

D. $8.57 \times 10^{-7}\mathrm{m^2/s}$

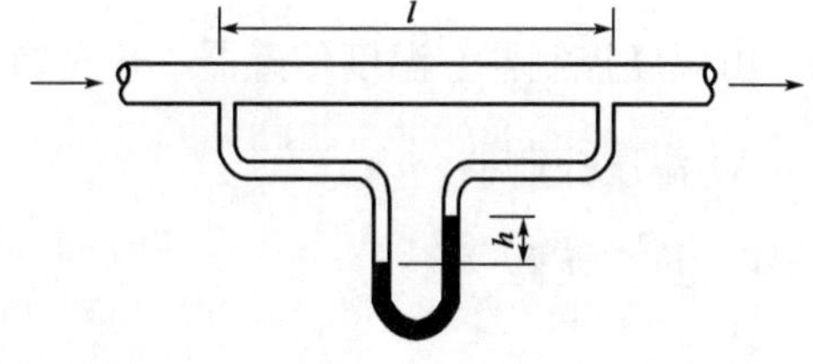

27. 如图所示，若增加一并联管道（如虚线所示，忽略增加三通所造成的局部阻力），则会出现：

A. Q_1增大，Q_2减小

B. Q_1增大，Q_2增大

C. Q_1减小，Q_2减小

D. Q_1减小，Q_2增大

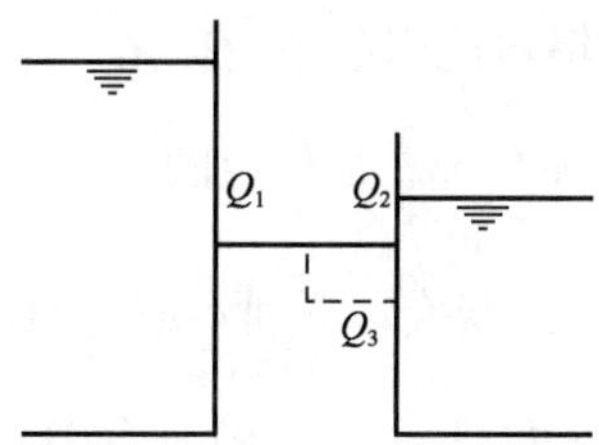

28. 气体射流中，圆射流从$d=0.2\text{m}$管嘴流出，$Q_0=0.8\text{m}^3/s$，已知紊流系数$a=0.08$，则 0.05m 处射流流量Q为：

A. $1.212\text{m}^3/s$　　B. $1.432\text{m}^3/s$

C. $0.372\text{m}^3/s$　　D. $0.720\text{m}^3/s$

29. 在同一流动气流中，当地音速c与滞止音速c_0的关系为：

A. c永远大于c_0　　B. c永远小于c_0

C. c永远等于c_0　　D. c与c_0关系不确定

30. 某水泵的性能曲线如图所示，则工作点应选在曲线的：

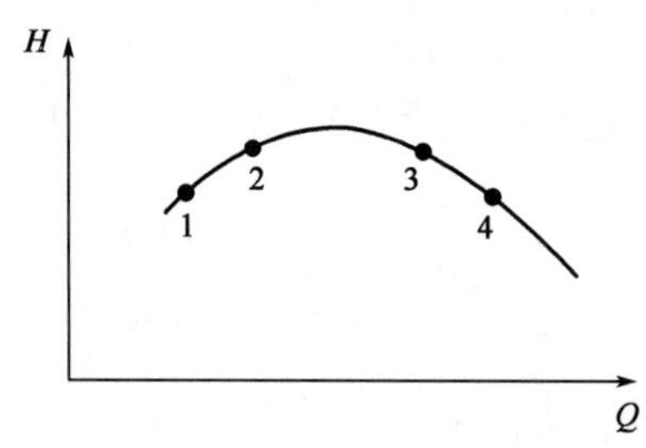

A. 1-2 区域　　B. 1-2-3 区域

C. 3-4 区域　　D. 1-2-3-4 区域

31. 由温度控制器、温度传感器、热交换器、流量计等组成的控制系统，其中被控对象是：

A. 温度控制器　　B. 温度传感器

C. 热交换器　　D. 流量计

32. 下列概念中错误的是：

A. 闭环控制系统精度通常比开环系统高

B. 开环系统不存在稳定性问题

C. 反馈可能引起系统振荡

D. 闭环系统总是稳定的

33. 对于拉氏变换，下列不成立的是：

A. $L\big(f'(t)\big)=s\cdot F(s)-f(0)$

B. 零初始条件下$L(\int f(t)\text{d}t)=\frac{1}{s}F(s)$

C. $L\big(e^{at}\cdot f(t)\big)=F(s-a)$

D. $\lim\limits_{s\to\infty}f(t)=\lim\limits_{s\to 0}F(s)$

34. 由开环传递函数$G(s)$和反馈传递函数$H(s)$组成的基本负反馈系统的传递函数为：

A. $\frac{G(s)}{1-G(s)H(s)}$　　B. $\frac{1}{1-G(s)H(s)}$

C. $\frac{G(s)}{1+G(s)H(s)}$　　D. $\frac{1}{1+G(s)H(s)}$

35. 设系统的传递函数为$\frac{4}{6s^2+10s+8}$，则该系统的：

A. 增益$K=\frac{2}{3}$，阻尼比$\xi=\frac{5\sqrt{3}}{12}$，无阻尼自然频率$\omega_{\mathrm{n}}=\frac{2}{\sqrt{3}}$

B. 增益$K=\frac{2}{3}$，阻尼比$\xi=\frac{5}{3}$，无阻尼自然频率$\omega_{\mathrm{n}}=\frac{4}{3}$

C. 增益$K=\frac{1}{2}$，阻尼比$\xi=\frac{3}{4}$，无阻尼自然频率$\omega_{\mathrm{n}}=\frac{5}{4}$

D. 增益$K=1$，阻尼比$\xi=\frac{3}{2}$，无阻尼自然频率$\omega_{\mathrm{n}}=\frac{5}{2}$

36. 二阶欠阻尼系统质量指标与系统参数之间，正确的表达为：

A. 衰减系数不变，最大偏差减小，衰减比增大

B. 衰减系数增大，最大偏差增大，衰减比减小，调节时间增大

C. 衰减系数减小，最大偏差增大，衰减比减小，调节时间增大

D. 衰减系数减小，最大偏差减小，衰减比减小，调节时间减小

37. 下列方程式系统的特征方程，系统不稳定的是：

A. $3s^2+4s+5=0$　　B. $3s^3+2s^2+s+0.5=0$

C. $9s^3+6s^2+1=0$　　D. $2s^2+s+|a_3|=0\quad(a_3\neq 0)$

38. 单位负反馈系统的开环传递函数为$G(s)=\frac{20}{s^2(s+4)}$，当参考输入为$u(t)=4+6t+3t^2$时，稳态加速度误差系数为：

A. $K_{\mathrm{a}}=0$　　B. $K_{\mathrm{a}}=\infty$

C. $K_{\mathrm{a}}=5$　　D. $K_{\mathrm{a}}=20$

39. 对于室温对象——空调房间，减少空调使用寿命的因素之一是：

A. 对象的滞后时间增大　　B. 对象的时间常数增大

C. 对象的传递系数增大　　D. 对象的调节周期增大

40. 在完全相同的条件下所进行的一系列重复测量称为：

A. 静态测量　　B. 动态测量

C. 等精度测量　　D. 非等精度测量

41. 某分度号为 K 的热电偶测温回路，其热电势$E(t,t_0)=17.513\text{mV}$，参考端温度$t_0=25℃$，则测量端温度t为：

［已知：$E(25,0)=1.000$，$E(403,0)=16.513$，$E(426,0)=17.513$，$E(450,0)=18.513$］

A. 426℃　　B. 450℃

C. 403℃　　D. 420℃

42. 下列不属于毛发式温度计特性的是：

A. 可作为电动湿度传感器　　B. 结构简单

C. 灵敏度低　　D. 价格便宜

43. 当压力变送器的安装位置高于取样点的位置时，压力变送器的零点应进行：

A. 正迁移　　B. 负迁移

C. 不迁移　　D. 不确定

44. 三管型测速仪上的二测方向管的斜角，可以外斜也可以内斜，在相同条件下，外斜的测压管比内斜的灵敏度：

A. 高　　B. 低

C. 相等　　D. 无法确定

45. 某饱和蒸汽管道的内径为 250mm，蒸汽密度为4.8kg/m^3，节流孔板孔径为 150mm，流量系数为 0.67，则孔板前后压差为 40kPa 时的流量为：

A. 7.3kg/h　　B. 20.4kg/h

C. 26400kg/h　　D. 73332kg/h

46. 利用浮力法测量液位的液位计是：

A. 压差式液位计　　B. 浮筒液位计

C. 电容式液位计　　D. 压力表式液位计

47. 以下关于热水热量计的叙述，错误的是：

A. 用来测量热水输送的热量

B. 由流量传感器、温度传感器、积分仪组成

C. 使用光学辐射温度计测量热水温度

D. 使用超声流量计测量热水流量

48. 在测量结果中，有 1 项独立随机误差Δ_1，2 个已定系统误差E_1和E_2，2 个未定系统误差e_1和e_2，则测量结果的综合误差为：

A. $(E_1+E_2)\pm\left[(e_1+e_2)+\sqrt{\Delta_1^2}\right]$

B. $(e_1+e_2)\pm\left[(E_1+E_2)+\sqrt{\Delta_1^2}\right]$

C. $(e_1+e_2)\pm\left[(E_1+E_2)+\sqrt{\Delta_1}\right]$

D. $(E_1+E_2)\pm\left[(e_1+e_2)+\sqrt{\Delta_1}\right]$

49. 对于塑性材料制成的机械零件，进行静强度计算时，其极限应力为：

A. σ_b　　B. σ_s

C. σ_0　　D. σ_{-1}

50. 图示轮系，辊筒 5 与蜗轮 4 相固连，各轮齿数：$z_1=20$，$z_2=40$，$z_3=60$，蜗杆 3 的头数为 2，当手柄H以图示方向旋转 1 周时，则辊筒的转向及转数为：

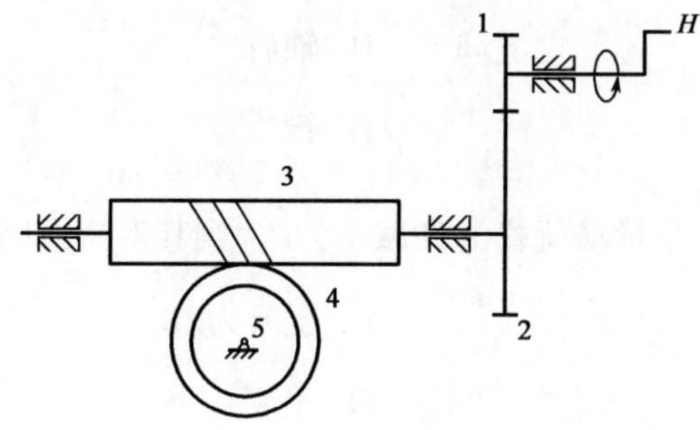

A. 顺时针，1/30周　　B. 逆时针，1/30周

C. 顺时针，1/60周　　D. 逆时针，1/60周

51. 下列铰链四杆机构中，能实现急回运动的是：

A. 双摇杆机构　　B. 曲柄摇杆机构

C. 双曲柄机构　　D. 对心曲柄滑块机构

52. 设计凸轮机构时，当凸轮角速度ω_1、从动件运动规律已知时，则有：

A. 基圆半径r_0越大，凸轮机构压力角α就越大

B. 基圆半径r_0越小，凸轮机构压力角α就越大

C. 基圆半径r_0越大，凸轮机构压力角α不变

D. 基圆半径r_0越小，凸轮机构压力角α就越小

53. 在受轴向工作荷载的螺栓连接中，F_{Q0}为预紧力，F_Q为工作荷载，$F_{Q'}$为残余预紧力，$F_{Q\sum}$为螺栓实际承受的总拉伸荷载。则$F_{Q\sum}$于：

A. $F_{Q\sum}=F_Q$

B. $F_{Q\sum}=F_Q+F_{Q'}$

C. $F_{Q\sum}=F_Q+F_{Q0}$

D. $F_{Q\sum}=F_{Q0}$

54. V 带传动中，小带轮的直径不能取得过小，其主要目的是：

A. 增大 V 带传动的包角

B. 减小 V 带的运动速度

C. 增大 V 带的有效拉力

D. 减小 V 带中的弯曲应力

55. 下列因素中与蜗杆传动的失效形式关系不大的是：

A. 蜗杆传动副的材料

B. 蜗杆传动的荷载方向

C. 蜗杆传动的滑动速度

D. 蜗杆传动的散热条件

56. 下列方法中可用于轴和轮毂周向定位的是：

A. 轴用弹性挡圈

B. 轴肩

C. 螺母

D. 键

57. 转速一定的角接触球轴承，当量动荷载由$2P$减小为P，则其寿命由L会：

A. 下降为$0.2L$

B. 上升为$2L$

C. 上升为$8L$

D. 不变

58. 暖通空调工程所使用的主要原材料与设备的进场质量验收应：

A. 由工程承包商负责和形成相应质量记录

B. 由工程承包商与投资方共同负责和形成相应质量记录

C. 由供货商、工程承包商与工程监理共同负责和形成相应质量记录

D. 由监理工程师或建设单位相关责任人确认，并应形成相应的书面记录

59. 下列行为中不符合评标人员行为准则的是：

A. 不私下接触投标人

B. 客观、公正地提出个人的评审意见

C. 评标前不打听投标的情况

D. 对投标人的疑问可以在评标结束后向其解释评标的有关情况

60. 下列有关氢气站的采暖通风措施不符合《氢气站设计规范》（GB 50177—2005）的是：

A. 严禁明火采暖

B. 采暖系统使用铸铁散热器

C. 事故通风系统与氢气检漏装置联锁

D. 平时自然通风换气次数不小于 3次/h

2014 年度全国勘察设计注册公用设备工程师（暖通空调、动力）执业资格考试基础考试（下）试题解析及参考答案

1. 解　孤立系是与外界既无能量交换又无物质交换的系统。

答案：A

2. 解　压力的基本国际单位为 Pa，即$\mathrm{N/m^2}$。bar 是工程中经常用到的压力单位，但不是国际单位。

答案：D

3. 解　表达式$\delta q = \mathrm{d}h - \delta w$中$\delta w$为技术功，而$\delta q = \mathrm{d}u - \delta w$中$\delta w$为膨胀功，因此经过循环后两式虽得出了相同的结果$\oint q = \oint w$，但是对于两者其内涵是不同的。

答案：C

4. 解　若考虑存在分子间作用力，气体对容器壁面所施加的压力要比理想气体的小；而存在分子体积，会使分子可自由活动的空间减小，气体体积减小压力相应稍有增大，因此综合考虑得出$p_{实} \approx p_{理}$。

答案：A

5. 解　多变指数$n = \frac{\ln(p_2/p_1)}{\ln(v_1/v_2)} = \frac{\ln(0.6/0.1)}{\ln(1.2/0.4)} = 1.631$

双原子气体的$k = 1.4$，氮气的$c_\mathrm{v} = 742\mathrm{J/(kg \cdot K)}$

多变比热容$c_\mathrm{n} = \frac{n-k}{n-1} c_\mathrm{v} = \frac{1.631-1.4}{1.631-1} \times 742 = 271\mathrm{J/(kg \cdot K)}$

答案：A

6. 解　热泵供热系数$\varepsilon_\mathrm{c}' = 1 + \varepsilon_\mathrm{c}$，式中$\varepsilon_\mathrm{c} = \frac{T_0}{T_\mathrm{k} - T_0}$，为逆卡诺循环制冷系数，当冷热源温差$T_\mathrm{k} - T_0$减小时，逆卡诺循环制冷系数$\varepsilon_\mathrm{c}$增大，故热泵供热系数$\varepsilon_\mathrm{c}'$增大。

答案：B

7. 解　根据相律公式$r = k - f + 2$，其中r为需要的独立参数，k为组元数，f为相数。湿空气是由干空气与水蒸气组合而成的二元单相混合工质，因此$k = 2$，$f = 1$，则$r = 3$。因此，要确定湿空气的热力状态需要的独立参数为 3 个。

答案：C

8. 解　气体流经喷管时，速度逐渐升高即$\mathrm{d}c > 0$；实现压力能向速度能的转变，根据$c\mathrm{d}c = -v\mathrm{d}p$可知$\mathrm{d}c > 0$时$\mathrm{d}p < 0$；由$T\mathrm{d}s = \mathrm{d}h - v\mathrm{d}p$，对于喷管内的等熵过程有$\mathrm{d}h = v\mathrm{d}p$，可知$\mathrm{d}p < 0$时有$\mathrm{d}h < 0$；根据过程方程$pv^k = C$，可知压力降低时比容增大，即$\mathrm{d}v > 0$。

答案：D

9. 解　朗肯循环可理想化为两个定压过程和两个定熵过程。水在蒸汽锅炉中定压加热变为过热水蒸气，过热水蒸气在汽轮机内定熵膨胀，湿蒸汽在凝汽器内定压（也定温）冷却凝结放热，凝结水在水

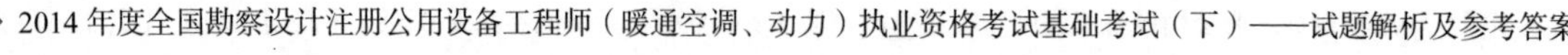

泵中的定熵压缩。

答案：D

10. 解 根据孤立系统熵增原理有$dS_{iso} \geqslant 0$。当$dS_{iso} > 0$时，系统内部进行的为不可逆过程；当$dS_{iso} = 0$时，系统内部进行的为可逆过程。

答案：C

11. 解 像木材、砖、混凝土等多孔介质材料，潮湿情况下细孔中会有大量的液态水出现，而干燥以后细孔中则完全是空气，液态的热导率大于气态的热导率，因此整体的热导率会下降。

答案：D

12. 解 临界热绝缘直径$d_c = \frac{2\lambda_{ins}}{h} = \frac{2\times0.05}{5} = 0.02\text{m} < 40\text{mm}$，因此本保温材料在外保温可以增加保温效果。本题考查临界热绝缘直径的概念，选项 B 会使临界热绝缘直径变大，选项 C 会使临界热绝缘直径变小但无太大意义，选项 D 与本题考查内容基本无关，是干扰项。

答案：A

13. 解 非稳态的三个阶段中，初始阶段和正规状态阶段是以$\text{Fo} = 0.2$为界限。小于 0.2 的为初始阶段，这个阶段内受初始条件影响较大，而且各个部分的变化规律不相同，因此选项 B 正确。在正规状态阶段，过余温度的对数值随时间按线性规律变化，因此选项 A 不正确。当 Bi 较小时，意味着物体的导热热阻接近为零，因此物体内的温度趋近于一致，这也是集总参数法的解题思想，所以选项 D 正确。非稳态的导热微分方程在描述非稳态问题时并未有条件限制，即便是最初阶段也是可以描述的，所以选项 C 错误。本题出现两个错误选项，编者认为标准答案应该是选项 C，因为这个选项的错误较为明显，选项 A 也不对，但有可能是出题人的疏漏造成的。

答案：C

14. 解 节点 1 为边界节点，其节点方程为：

$$\frac{1}{2}\Delta x\lambda\frac{t_2 - t_1}{\Delta y} + \frac{1}{2}\Delta x\lambda\frac{t_4 - t_1}{\Delta y} + \Delta y\lambda\frac{t_3 - t_1}{\Delta x} + \Delta y q_w = 0$$

$$t_1 = \frac{1}{4}(t_2 + t_3 + t_4) + \frac{\Delta x}{\lambda}q_w$$

答案：D

15. 解 相似判定的三要素为：要保证同类现象，单值性条件相同，同名的准则相等。选项 A、B 不满足同类现象，选项 D 不满足同名的准则相等.

答案：C

16. 解 自然对流受 Gr 和 Pr 影响，强迫对流受 Pr 和 Re 影响，所以选 C。选项 A 是自然对流准则关系式，选项 B 是受迫对流准则关系式。

答案：C

17. 解　上一层管子的凝液流到下一层管子上，使得下一层管面的膜层增厚，所以下一层的h比上一层的小。

答案：B

18. 解　大气层外宇宙空间的温度接近绝对零度，是个理想冷源，在8~13μm的波段内，大气中所含二氧化碳和水蒸气的吸收比很小，穿透比较大，地面物体通过这个窗口向宇宙空间辐射散热，达到一定冷却效果。这种情况是由于晴朗天气下，草木表面与太空直接辐射换热使得草木表面的温度达到了冰点。

答案：D

19. 解　大气中的温室气体有二氧化碳、氯氟烃、甲烷等，并以二氧化碳为主。

答案：A

20. 解　如解图所示，选项A、B、C是正确的。而根据选项C的结果可以判定选项D是错误的。

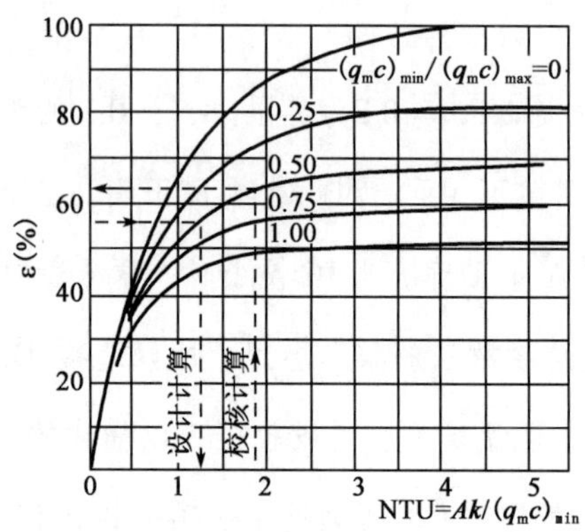

a）顺流换热器ε-NTU关系图

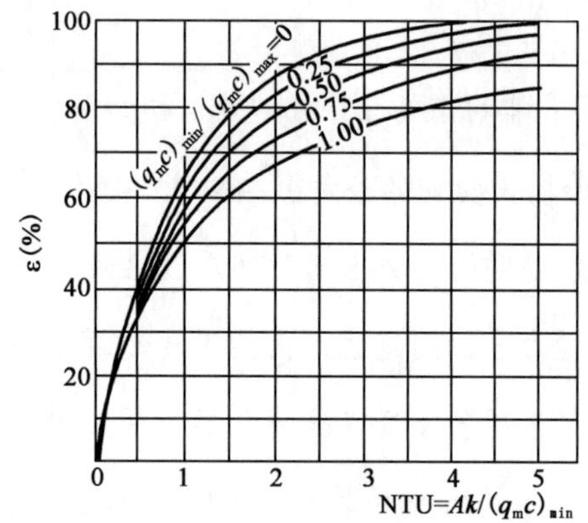

b）逆流换热器ε-NTU关系图

题20解图

答案：D

21. 解

$$v_1=\frac{Q}{A_1}=\frac{4Q}{\pi d_1^2}=0.795\text{m/s}$$

$$v_2=\frac{Q}{A_2}=\frac{4Q}{\pi d_2^2}=3.183\text{m/s}$$

列伯努利方程：

$$z_1+\frac{p_1}{\rho g}+\frac{v_1^2}{2g}=z_2+\frac{p_2}{\rho g}+\frac{v_2^2}{2g}$$

得

$$\frac{p_1-p_2}{\rho g}=\frac{v_2^2-v_1^2}{2g}$$

$$\frac{\left(\rho_{Hg}-\rho_{水}\right)\Delta h}{\rho_{水}}=\frac{v_2^2-v_1^2}{2g}$$

故

$$\Delta h=42.7\text{mm}$$

答案：C

22. 解　这两种方法都是对流体运动的描述，只是着眼点不同，因此不能说有本质的区别。拉格朗日法是把流体的运动，看作无数个质点运动的总和，以部分质点作为观察对象加以描述，将这些质点的运动汇总起来，就得到整个流动。拉格朗日法也称为迹线法。欧拉法是以流动的空间作为观察对象，观察不同时刻各空间点上流体质点的运动参数，将各个时刻的情况汇总起来，就描述了整个流动。欧拉法也称为流线法。

答案：B

23. 解　此题模拟的为有压管流，因此，应选择雷诺准则来设计模型。则

$$\frac{u_{\mathrm{n}}d_{\mathrm{n}}}{\nu}=\frac{u_{\mathrm{m}}d_{\mathrm{m}}}{\nu}$$

所以有$u_{\mathrm{n}}d_{\mathrm{n}}=u_{\mathrm{m}}d_{\mathrm{m}}$

因$d_{\mathrm{n}}/d_{\mathrm{m}}=10$，所以$u_{\mathrm{n}}/u_{\mathrm{m}}=1/10$

流动相似，欧拉数相等，因此，$\frac{p_{\mathrm{n}}}{\rho_{\mathrm{n}}v_{\mathrm{n}}^2}=\frac{p_{\mathrm{m}}}{\rho_{\mathrm{m}}v_{\mathrm{m}}^2}$，可以导出

$$\frac{p_{\mathrm{n}}}{p_{\mathrm{m}}}=\frac{\rho_{\mathrm{n}}}{\rho_{\mathrm{m}}}\frac{v_{\mathrm{n}}^2}{v_{\mathrm{m}}^2}=1\times\left(\frac{1}{10}\right)^2=\frac{1}{100}$$

所以$p_{\mathrm{n}}=\frac{1}{100}p_{\mathrm{m}}=1.46\mathrm{Pa}$

答案：A

24. 解　此题首先考查的是模型律的选择问题。为了使模型和原型流动完全相似，除需要几何相似外，各独立的相似准则数应同时满足。但实际上要同时满足所有准则数是很困难的，甚至是不可能的，一般只能达到近似相似，就是要保证对流动起重要作用的力相似，这就是模型律的选择问题。如水利工程中的明渠流以及江、河、溪流，都是以水位落差形式表现的重力来支配流动的，对于这些以重力起支配作用的流动，应该以弗劳德相似准数作为决定性相似准数。有不少流动需要求流动中的黏性力，或者求流动中的水力阻力或水头损失，如管道流动、流体机械中的流动、液压技术中的流动等，此时应当以满足雷诺相似准数为主，Re 数就是决定性相似准数。本题选项中，闸流是在重力作用下的流动，应按弗劳德准则设计模型。

答案：C

25. 解　对于圆管层流，断面平均速度为管道轴心最大速度的一半，即

$$v=\frac{1}{2}u_{\max}=1.2\mathrm{m/s}$$

则流量$Q=vA=1.2\times\pi\times0.25^2=0.236\mathrm{m^3/s}$

答案：C

26. 解　列伯努利方程：

$$z_1+\frac{p_1}{\rho g}+\frac{v_1^2}{2g}=z_2+\frac{p_2}{\rho g}+\frac{v_2^2}{2g}+\lambda\frac{l}{d}\frac{v^2}{2g}$$

得

$$\frac{p_1-p_2}{\rho g}=\lambda\frac{l}{d}\frac{v^2}{2g}$$

$$\frac{\left(\rho_{\text{Hg}}-\rho_{\text{油}}\right)\Delta h}{\rho_{\text{油}}}=\lambda\frac{l}{d}\frac{v^2}{2g}$$

由

$$v=\frac{4Q}{\pi d^2}=\frac{4\times 77\times 10^{-6}}{\pi\times(6\times 10^{-3})^2}=2.72\text{m/s}$$

得

$$\lambda=0.0336$$

已知流态为层流，则有

$$\lambda=\frac{64}{\text{Re}}=0.0336$$

得

$$\text{Re}=1903.7$$

此时雷诺数 Re 小于 2300，流态确实为层流。

$$\nu=\frac{ud}{\text{Re}}=\frac{2.72\times 6\times 10^{-3}}{1903.7}=8.57\times 10^{-6}\text{m}^2/\text{s}$$

从此题可看出，已经不是单纯地考伯努利方程，而是与流态、阻力损失计算联合应用求解。这是近几年考题出现的新特征，综合应用也对考生把握知识的能力提出了更高的要求。

答案：C

27. 解　该题考查的是管段阻抗及管段串并联。

增加并联管段后，变为两管段并联后再与前面管段串联。并联后总阻抗小于任一管路阻抗，阻抗变小，再与前面管段串联后，总阻抗变小，总流量增大；Q_1增大，S_1不变，h_1增大，则h_2变小，S_2不变，则Q_2减小。

答案：A

28. 解　此题为圆射流问题，可分为起始段和主体段，起始段的核心长度为：

$$S_{\text{n}}=0.672\frac{r_0}{a}=0.672\times\frac{0.1}{0.08}=0.84$$

所以 0.05m 处仍处于起始段，对于起始段，则有：

$$\frac{Q}{Q_0}=1+0.76\frac{as}{r_0}+1.32\left(\frac{as}{r_0}\right)^2=1+0.76\frac{0.08\times 0.05}{0.1}+1.32\left(\frac{0.08\times 0.05}{0.1}\right)^2$$

可得$Q=0.826\text{m}^3/s$，与选项 D 最为接近。

答案：D

29. 解　由于当地气流速度v的存在，同一气流中当地音速永远小于滞止音速。

答案：B

30. 解 工作点应选稳定工作点。泵性能曲线有驼峰时，工作点应取在下降段。因为管网曲线可能与之有两个交点，如图所示。

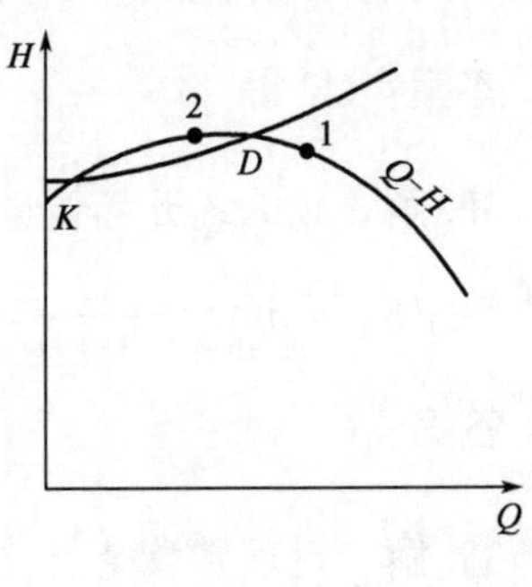

题 30 解图

两个交点，分别为D点和K点。当$Q > Q_k$时，随着Q增加，H增加，压头大于需要，流速加大，流量继续增大，直到D点；当$Q < Q_k$时，随着Q减小，H减小，压头小于需要，流速减小，流量继续减小，直到$Q = 0$点，甚至发生回流。一旦离开K点，便难于再返回，故称K点为非稳定工作点。

答案：C

31. 解 被控对象为被控制的机器、设备或生产过程中的全部或一部分。题中所给控制系统中热交换器为被控对象，温度为被控制量，给定量（希望的温度）在温度控制器中设定，水流量是干扰量。

答案：C

32. 解 闭环控制系统的优点是具有自动修正输出量偏差的能力、抗干扰性能好、控制精度高；缺点是结构复杂，如设计不好系统有可能不稳定。

答案：D

33. 解 由终值定理$\lim\limits_{s\to\infty} f(t) = \lim\limits_{s\to 0} s \cdot F(s)$可知，题中选项 D 表达式不正确。

答案：D

34. 解 反馈连接后的等效传递传递函数为$\phi(s) = \frac{G(s)}{1\pm G(s)H(s)}$，而对于负反馈有$\phi(s) = \frac{G(s)}{1+G(s)H(s)}$。

答案：C

35. 解

$$\frac{4}{6s^2+10s+8} = \frac{\frac{2}{3}}{s^2+\frac{5}{3}s+\frac{4}{3}}$$

故增益为$K = \frac{2}{3}$，与标准二阶系统特征方程相比，$s^2 + \frac{5}{3}s + \frac{4}{3} = s_2 + 2\xi\omega_n s + \omega_n^2$，得

$$\omega_n = \frac{2}{\sqrt{3}}，\xi = \frac{5\sqrt{3}}{12}$$

答案：A

36. 解 衰减系数即阻尼比。当ξ减小时，超调量$\sigma_p(\%) = e^{-\pi\xi/\sqrt{1-\xi^2}} \times 100\%$增大，即最大偏差增大，衰减比$n = e^{2\pi\xi/\sqrt{1-\xi^2}}$减小，调节时间$t_s \approx \frac{3}{\xi\omega_n}$增大。

答案：C

37. 解 由劳斯判据判定$a_0s^3 + a_1s^2 + a_2 = 0$稳定的条件为$a_0$、$a_1$、$a_3$均大于 0，故选项 A、D 均稳定。由劳斯判据判定$a_0s^3 + a_1s^2 + a_2s + a_3 = 0$稳定的条件为$a_0$、$a_1$、$a_2$、$a_3$均大于 0，且$a_1a_2 > a_0a_3$，

选项B经验证符合上述条件，而选项C不符合，故选项C不稳定。

答案：C

38. 解 设系统开环传递函数为$G_k(s)=G(s)H(s)$，则稳态加速度误差系数为$K_a=\lim_{s\to 0}s^2G(s)H(s)$，故本题中$K_a=\lim_{s\to 0}s^2\frac{20}{s^2(s+4)}=5$。

答案：C

39. 解 时间常数是指被控对象在阶跃作用下被控变量以最大速度变化到新稳态值所需要的时间，反映了被控对象在阶跃扰动下达到新稳态值的快慢。因此本题中时间常数越大，空调工作时间越长。

答案：B

40. 解 等精度测量的定义为在保持测量条件不变的情况下对同一被测量对象进行多次测量的过程。

答案：C

41. 解 两个节点处有两个接触电动势E_{AB}和$E_{AB}(T_0)$，又因为$T>T_0$，在导体A和B中还各有一个温差电动势。所以闭合回路总电动势$E_{AB}(T,T_0)$应为接触电动势与温差电动势的代数和。

答案：B

42. 解 毛发湿度计的特点是结构简单、价格低廉，但精度不高（一般为0.05RH），还存在着滞后现象。

答案：A

43. 解 差压变送器测量液位时，如果差压变送器的正、负压室与容器的取压点处在同一水平面上，就不需要迁移。而在实际应用中，出于对设备安装位置和便于维护等方面的考虑，变送器不一定都能与取压点在同一水平面上；又如被测介质是强腐蚀性或重黏度的液体，不能直接把介质引入变送器，必须安装隔离液罐，用隔离液来传递压力信号，以防变送器被腐蚀。这时就要考虑介质和隔离液的液柱对变送器测量值的影响。当变送器的安装位置往往与最低液位不在同一水平面上时，为了能够正确指示液位的高度，差压变送器必须做一些技术处理，即迁移。迁移分为无迁移、负迁移和正迁移。所谓变送器的"迁移"，是将变送器在量程不变的情况下，将测量范围移动。通常将测量起点移到参考点"0"以下的，称为负迁移；将测量起点移到参考点"0"以上的，称为正迁移。以一台30kPa量程的差压变送器为例，无迁移量时测量范围为0~30kPa，正迁移100%时测量范围为30~60kPa，负迁移100%时测量范围为−30~0kPa，负迁移50%时测量范围为−15~+15kPa。

答案：B

44. 解 两侧方向管的斜角要尽可能相等，斜角可以外斜或内斜。相同条件下外斜的测压管比内斜的测压管灵敏度高。

答案：A

45. 解 $q_{\mathrm{m}}=0.67\times3.14\times\left(\frac{0.15}{2}\right)^2\times\sqrt{2\times4.8\times40000}\times3600=26399.5\mathrm{kg/h}$

答案：C

46. 解 浮筒液位计的原理是，浸在液体中的浮筒受到向下的重力、向上的浮力和弹簧弹力的复合作用。当这三个力达到平衡时，浮筒就静止在某一位置。当液位发生变化时，浮筒所受浮力相应改变，平衡状态被打破，从而引起弹力变化即弹簧的伸缩，以达到新的平衡。弹簧的伸缩使其与刚性连接的磁钢产生位移。这样，通过指示器内磁感应元件和传动装置使其指示出液位。

答案：B

47. 解 热量计是测量热能生产和热能消耗系统中热流量用的仪表。热量计分为热水热量计、蒸汽热量计、过热蒸汽热量计和饱和蒸汽热量计。热水热量计是测量热水锅炉产热或热网供热用的热流量。根据热力学原理，热流量等于水流量与供水、回水焓差的乘积，而焓差又可用平均比热与其温度差的乘积代替，所以在管道上装一个流量变送器和两个热电阻，将所测得的流量和温度信号送到热量计中，经电子线路放大和运算即可直接显示热水的瞬时热流量，如经计时运算则可同时显示一段时间内的累计热流量。

答案：C

48. 解 设在测量结果中，有个独立的随机误差，用极限误差表示为$l_1,l_2,\cdots,l_m$，合成的极限误差为$l=\sqrt{\sum_{i=1}^{k}l_i^2}$

设在测量结果中，有m个确定的系统误差，其值分别为$\varepsilon_1,\varepsilon_2,\cdots,\varepsilon_m$，合成误差为$\varepsilon=\sqrt{\sum_{j=1}^{m}\varepsilon_j}$

设在测量结果中，还有q个不确定的系统误差，其不确定度为$e=\pm\sum_{p=1}^{q}e_p$

则测量结果的综合误差为$\Delta=\varepsilon\pm(e+l)$

答案：A

49. 解 对于塑性材料，按不发生塑性变形的条件进行计算，应取材料的屈服极限σ_{s}作为极限应力。

答案：B

50. 解 辊筒与蜗轮转向及转数相同，根据定轴轮系传动比计算公式：

$$i_{14}=\frac{n_1}{n_4}=\frac{z_2z_4}{z_1z_3}=\frac{40\times60}{20\times2}=60,\ n_5=n_4=\frac{1}{60}n_1=\frac{1}{60}$$

根据右手法则来判定辊筒5（即蜗轮4）的转向，由于齿轮1为逆时针转，按照传动路线，可确定出辊筒的转动方向为顺时针。

答案：C

51. 解 机构的急回特性用极位夹角θ来表征，只要机构的θ角度不为 0，就存在急回运动，可以知道对于双摇杆机构、双曲柄机构、对心曲柄滑块机构的极位夹角θ均为 0。

答案： B

52. 解 凸轮机构的压力角计算公式为：

$$\tan\alpha = \frac{\frac{\mathrm{d}s}{\mathrm{d}\varphi} \mp e}{s + \sqrt{r_0^2 - e^2}}$$

当凸轮角速度、从动件运动规律已知时，压力角α与基圆半径r_0之间为反比关系，即基圆半径越小，凸轮压力角就越大。

答案： B

53. 解 于受轴向工作荷载的紧螺栓连接，螺栓所受的总拉伸荷载应等于工作荷载与残余预紧力之和，即$F_{Q\Sigma} = F_Q + F_{Q'}$。

答案： B

54. 解 弯曲应力与带轮的直径成反比，小带轮的直径若取得过小，会产生过大的弯曲应力，从而导致带的寿命降低。

答案： D

55. 解 蜗杆传动的主要失效形式有胶合、点蚀和磨损等。显然，材料、相对滑动速度和散热，与这些失效形式有着直接关系，而载荷方向与失效形式关系不大。

答案： B

56. 解 键是用来对零件进行周向定位的，而轴用弹性挡圈、轴肩和螺母则是用来对零件进行轴向固定的。

答案： D

57. 解 根据球轴承的基本额定寿命公式$L = \left(\frac{C}{P}\right)^3$，寿命$L$与$P^3$成反比，可知其寿命将上升为$8L$。

答案： C

58. 解 《通风与空调工程施工质量验收规范》（GB 50243—2016）第 3.0.3 条规定：通风与空调工程所使用的主要原材料、成品、半成品和设备的材质、规格及性能应符合设计文件和国家现行标准的规定，不得采用国家明令禁止使用或淘汰的材料与设备。

主要原材料、成品、半成品和设备的进场验收应符合下列规定：

1 进场质量验收应经监理工程师或建设单位相关责任人确认，并应形成相应的书面记录。

2 进口材料与设备应提供有效的商检合格证明、中文质量证明等文件。

答案： D

59. 解 《中华人民共和国招标投标法》第四十四条规定：评标委员会成员应当客观、公正地履行职务，遵守职业道德，对所提出的评审意见承担个人责任。

评标委员会成员不得私下接触投标人，不得收受投标人的财物或者其他好处。

评标委员会成员和参与评标的有关工作人员不得透露对投标文件的评审和比较、中标候选人的推荐情况以及与评标有关的其他情况。

答案：D

60. 解 《氢气站设计规范》（GB 50177—2005）有以下规定：

8.0.6 有爆炸危险房间内，应设氢气检漏报警装置，并应与相应的事故排风机联锁。当空气中氢气浓度达到 0.4%（体积比）时，事故排风机应能自动开启。

11.0.1 氢气站、供氢站严禁使用明火取暖。当设集中采暖时，应采用易于消除灰尘的散热器。因铸铁散热器不易消除灰尘，因此不宜用于氢气站采暖。

11.0.5 有爆炸危险房间的自然通风换气次数，每小时不得少于 3 次；事故排风装置换气次数每小时不得少于 12 次，并与氢气检漏装置联锁。

答案：B

2016 年度全国勘察设计注册公用设备工程师

（暖通空调、动力）执业资格考试试卷

基础考试

（下）

二〇一六年九月

应考人员注意事项

1. 本试卷科目代码为“2”，考生务必将此代码填涂在答题卡“科目代码”相应的栏目内，否则，无法评分。
2. 书写用笔：**黑色或蓝色钢笔、签字笔或圆珠笔**；

   填涂答题卡用笔：**黑色 2B 铅笔**。
3. 必须用书写用笔将工作单位、姓名、准考证号填写在答题卡和试卷相应的栏目内。
4. 本试卷由 60 题组成，每题 2 分，满分 120 分，本试卷全部为单项选择题，每小题的四个备选项中只有一个正确答案，错选、多选、不选均不得分。
5. 考生作答时，必须按**题号在答题卡上**将相应试题所选选项对应的**字母用 2B 铅笔涂黑**。
6. 在答题卡上书写与题意无关的语言，或在答题卡上作标记的，均按违纪试卷处理。
7. 考试结束时，由监考人员当面将试卷、答题卡一并收回。
8. 草稿纸由各地统一配发，考后收回。

单项选择题（共 60 题，每题 2 分。每题的备选项中，只有一个最符合题意。）

1. 广延参数是具有可加性的参数，通常具有的性质是：

A. 广义位移　　B. 宏观作用力

C. 系统内部特征参数　　D. 系统外部作用力

2. 准静态过程中，系统的势差或力差：

A. 不可以存在　　B. 到处可以存在

C. 只在边界上可以存在　　D. 只在系统内部可以存在

3. 技术功$\delta w_1 = \delta w_s + de_p + de_k = -v dp$适用条件为：

A. 闭口系统可逆过程

B. 稳态稳流开口系统可逆过程

C. 非稳态稳流开口系统可逆过程

D. 动能和势能为零时的闭口系统

4. 理想气体混合物中，O_2的质量分数为 26%，N_2的质量分数为 74%，则该混合气体的折合气体常数R_g等于：

A. 297J/(kg · K)　　B. 287J/(kg · K)

C. 267J/(kg · K)　　D. 260J/(kg · K)

5. 高压比压缩制气过程中，当已经实现等温压缩过程后，还需要多级压缩的原因是：

A. 确保平稳和安全

B. 减小功耗，提高效率

C. 减小轴功，减小余隙影响

D. 提高容积效率，增大产气量

6. 某设备进行了做功 30kJ 热力循环，其中 600K 的热源放热 60kJ，300K 的环境吸热 40kJ，则循环过程为：

A. 可逆过程　　B. 不可逆过程

C. 不可能过程　　D. 一般实际过程

7. 水蒸气在定压发生过程中，当温度超过临界点后，由液体转化为蒸气的过程：

A. 不存在　　B. 瞬间完成

C. 存在　　D. 需要其他参数确定过程

8. 气体和蒸汽在管道内的一维稳态绝热流动时连续性方程可以表示为：

A. $\mathrm{d}p/p + k\mathrm{d}v/v = 0$　　B. $\mathrm{d}c/c + \mathrm{d}f/f - \mathrm{d}\rho/\rho = 0$

C. $\mathrm{d}p/p + \mathrm{d}v/v - \mathrm{d}T/T = 0$　　D. $\mathrm{d}c/c + \mathrm{d}f/f - \mathrm{d}v/v = 0$

9. 对于四冲程汽油机的内燃机循环，提高其循环热效率常用的方法是：

A. 增加喷入的燃油量　　B. 提高压缩比

C. 降低排气压力　　D. 增加压缩频率

10. 蒸汽压缩式制冷循环的基本热力过程可以由如下哪一过程组成？

A. 等熵压缩，定压冷却，定熵膨胀，等温吸热

B. 等熵压缩，定压冷却，定熵膨胀，定压吸热

C. 绝热压缩，等温冷却，节流膨胀，等温吸热

D. 绝热压缩，定压冷却，节流膨胀，定压吸热

11. 导热过程的傅里叶定律对于下列哪种材料中不适用？

A. 钢铁生铁块　　B. 树木原材料

C. 煅烧前的干泥砖　　D. 锻打后的金属

12. 金属表面之间的接触热阻，可以通过一定的技术方法减小。下列方法中不正确的措施是：

A. 抽真空或灌注氮气　　B. 清除表面污垢并涂导热剂

C. 加压力挤压，增加接触　　D. 表面进行磨光和清洗

13. 当固体导热过程 Bi 数趋于无限大时，描述该物体导热性质的正确说法是：

A. 物体温度可以近似等于流体温度

B. 物体内部导热能力远大于物体换热能力

C. 物体内部温度变化速度相对较快

D. 边界壁面温度等于流体温度

14. 常见导热数值计算中较多使用的差分格式是：

A. 边界点采用热量守恒法求离散方程

B. 非稳态时，时间和空间坐标均采用隐格式差分格式

C. 非稳态时均采用中心差分格式

D. 非稳态时，空间坐标采用向前或向后差分格式，时间坐标采用中心差分格式

15. 下列说法错误的是：

A. Nu 表征流体对流换热与传导换热的关系

B. Gr 表征自然对流浮生力与黏滞力的关系

C. Re 表征流体流动惯性力与重力的关系

D. Pr 表征动量扩散与热量扩散的关系

16. 在雷诺类比中，用于表示阻力和对流换热的关系的准则数是：

A. Re　　B. Pr

C. Gr　　D. St

17. 当管内进行单项受迫湍流换热，流体被加热，采用$\mathrm{Nu}=0.023\mathrm{Re}^{0.8}\mathrm{Pr}^{0.4}$进行计算，则换热系数$h$与Re、Pr 和各参数（管径$d$、导热率$\lambda$、黏度$\mu$、流速$u$及比热容$c_\mathrm{p}$）间的关系正确表述为：

A. u增大，则h增大　　B. Re 增大，则h减小

C. λ或ρ或c_p增大，则h不变　　D. d增大，则h增大

18. 室外散热器，为了增加辐射散热，可以将表面涂深色油漆，其中原理是：

A. 增加表面导热系数

B. 增加表面辐射率，减少吸收率

C. 增加表面吸收率，减少表面辐射率

D. 增加表面吸收率，增加表面辐射率

19. 混合气体发射率ε_g或吸收率α_g具有复杂的特性，下列说法错误的是：

A. 不同成分气体辐射可以相互吸收或重合

B. 发射率和吸收率可以直接取各成分数值之和

C. 某些成分之间辐射和吸收互不相干

D. 不同成分气体吸收可以相互重合或干扰

20. 建筑物与空气和环境进行对流和辐射复合换热，室内建筑表面温度t_w、室内流体温度t_f和室外环境温度t_{am}之间可能出现多种关系，下列关系式中正确的是：

A. 冬天有暖气的室内，$t_f > t_{am} > t_w$

B. 夏天有空调的室内，$t_w > t_f \approx t_{am}$

C. 冬天长时间未开暖气的人居室内，$t_f \approx t_w > t_{am}$

D. 夏天太阳刚落山时，$t_w > t_{am} > t_f$

21. 图中相互间可以列总流伯努利方程的断面是：

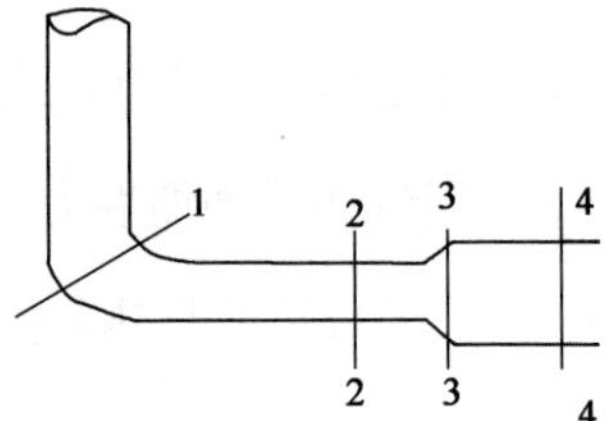

A. 1-1 和 3-3

B. 1-1 和 4-4

C. 2-2 和 3-3

D. 2-2 和 4-4

22. 在 1：6 的模型中进行温差空气射流实验，原型中风速为50m/s，温差为 12℃，模型中风速为25m/s，周围空气为 20℃，则模型的中心温度为：

A. 16℃　　　　B. 18℃

C. 20℃　　　　D. 22℃

23. 孔口出流的流量Q与孔口面积A、流体压强p、流体密度ρ等有关，用量纲分析方法确定Q的函数表达式为：

A. $Q = KA\sqrt{\frac{p}{\rho}}$　　　　B. $Q = KA^2\sqrt{\frac{p}{\rho}}$

C. $Q = KA^2\sqrt{p\rho}$　　　　D. $Q = KA\sqrt{p\rho}$

24. 圆管和正方形管道的断面面积、长度、黏度系数、相对粗糙度都相等，且流量相等，当管道为层流时，正方形与圆形两种形状管道的沿程损失之比为：

A. 1.27　　　　B. 1.13

C. 1.61　　　　D. 1.44

25. 煤气的$\nu = 26.3 \times 10^{-6}\mathrm{m^2/s}$，一户内煤气管用具前交管管径$d = 20\mathrm{mm}$。煤气流量$Q = 2\mathrm{m^3/h}$，则流态为：

A. 紊流　　　　B. 层流

C. 层流向紊流过渡　　　　D. 紊流向层流过渡

26. 两管道 1、2 并联，沿程阻力系数、长度均相等，不考虑局部损失，管道流量$Q_1 = 2Q_2$，则两管的管径关系为：

A. $d_1 = d_2$　　B. $d_1 = 1.32d_2$

C. $d_1 = 2d_2$　　D. $d_1 = 5.66d_2$

27. 下列说法正确的是：

A. 平面无旋流动只存在势函数

B. 环流是圆周流动，不属于无旋流动

C. 无论是源流还是汇流，均存在旋转角速度

D. 均匀直线流动中，流速为常数

28. 某工程对一风口进行实验，测得圆断面射流轴心速度$v_0 = 32\text{m/s}$，$Q_0 = 0.28\text{m}^3/\text{s}$，在某断面处质量平均流速$v_2 = 4\text{m/s}$，则$Q$为：

A. $0.035\text{m}^3/\text{s}$　　B. $2.24\text{m}^3/\text{s}$

C. $22.4\text{m}^3/\text{s}$　　D. $3.54\text{m}^3/\text{s}$

29. 超声速气流进入截面积渐缩的喷管，其出口流速比进口流速：

A. 大　　B. 小

C. 相等　　D. 无关

30. 两台风机单独在同一管路工作时其流量分别为q_1、q_2，其他条件不变，若两台风机并联运行，则总量Q为：

A. $Q = q_1 + q_2$　　B. $Q < q_1 + q_2$

C. $Q > q_1 + q_2$　　D. 不能确定

31. 按控制系统的动态特征，可将系统分类为：

A. 欠阻尼系统和过阻尼系统

B. 开环控制系统和闭环控制系统

C. 单回路控制系统和多回路控制系统

D. 正反馈控制系统和负反馈控制系统

32. 下列有关自动控制的描述正确的是：

A. 反馈控制的实质是按被控对象输出要求进行控制的过程

B. 只要引入反馈控制，就一定可以实现稳定的控制

C. 稳定的闭环控制系统总是使偏差趋于减小

D. 自动化装置包括变送器、传感器、调节器、执行器和被控对象

33. 关于线性定常系统的传递函数，表述错误的是：

A. 零初始条件下，系统输出量的拉氏变换与输入量拉氏变换之比

B. 只取决于系统的固有参数和系统结构，与输入量的大小无关

C. 系统的结构参数一样，但输入、输出的物理量不同，则代表的物理意义不同

D. 可作为系统的动态数学模型

34. 滞后环节的微分方程和传递函数$G(s)$分别为：

A. $C(t)=r(t-\tau)$和$G(s)=e^{-\tau s}$

B. $C(t)=r(re^{\tau})$和$G(s)=e^{-ks}$

C. $C(t)=e^{-\tau s}$和$G(s)=s-\tau$

D. $C(t)=r(t-\tau)$和$G(s)=e^{s-\tau}$

35. 闭环$\Phi(s)=\frac{4.0}{s^2+6.0s+4.0}$，则$\xi$、$W_n$等于：

A. $\xi=1.5$，$W_n=1.0$

B. $\xi=2.0$，$W_n=1.5$

C. $\xi=1.5$，$W_n=2.0$

D. $\xi=4.0$，$W_n=1.5$

36. 设计二阶系统的阻尼比为 1.5，则此二阶系统的阶跃响应为：

A. 单调增加

B. 衰减振荡

C. 等幅振荡

D. 单调衰减

37. 关于线性系统稳定判断条件的描述，以下错误的是：

A. 衰减比大于 1 时，系统稳定

B. 闭环系统稳定的充分必要条件是系统的特征根均具有负实部

C. 闭环系统稳定的必要条件是系统特征方程的各项系数均存在，且同号

D. 系统的阶数高，则稳定性好

38. 设单位负反馈系统的开环传递函数为$G(s)=\frac{10(1+5s)}{s(s^2+s+5)}$时，系统的稳态速度误差系数为：

A. $K_v=2$

B. $K_v=\infty$

C. $K_v=5$

D. $K_v=10$

39. 滞后校正装置能抑制高频噪声，改善稳态性能，采用串联滞后校正时：

A. 可使校正后系统的截止频率减小

B. 可使校正后系统的截止频率增大

C. 可使校正后系统的相角裕度降低

D. 可使校正后系统的平稳性降低

40. 关于系统动态特性的叙述，错误的是：

A. 它是指被测量物理量和测量系统处于稳定状态时，系统的输出量与输入量之间的函数关系

B. 零阶系统是其基本类型

C. 动态数学模型由系统本身的物理结构所决定

D. 采用系数线性微分方程作为数学模型

41. 用铜和康铜分别与铂相配对构成热电偶，热电势$E_{铜-铂}(100,0)=0.75\text{mV}$，$E_{康铜-铂}(100,0)=-0.35\text{mV}$，则$E_{铜-康铜}(100,0)$等于：

A. 1.1　　　　B. −1.1

C. 0.4　　　　D. −0.4

42. 下列关于金属氧化物陶瓷湿度计的叙述，错误的是：

A. 工作范围宽　　　　B. 稳定性好

C. 电路处理需加入线性化处理单元　　　　D. 无需温补偿

43. 下列因素中，对电感式压力传感器测量精度没有影响的是：

A. 环境的温度　　　　B. 环境的湿度

C. 电源电压的波动　　　　D. 线圈的电气参数

44. 热线风速仪可分为恒温工作方式和恒流工作方式，下列叙述错误的是：

A. 恒流工作方式是指恒定加热电流

B. 恒温工作方式是指恒定环境温度

C. 恒温工作方式是指恒定热线温度

D. 恒温工作方式和恒流热线电阻的工作方式相同

45. 差压式流量计中节流装置输出的压差与被测流量的关系是：

A. 压差与流量成正比　　　　B. 压差与流量成反比

C. 压差与流量成线性　　　　D. 压差与流量的平方成正比

46. 利用压力法测量液位的液位计是：

A. 差压式液位计　　B. 液位计

C. 电容式　　D. 超声波式

47. 反映测量系统误差和随机误差的是：

A. 精密度　　B. 准确度

C. 精确度　　D. 正确度

48. 下列不属于系统误差来源的是：

A. 由于测量设备、试验装置不完善或安装调整及使用不当而引起的误差

B. 由于外界环境因素而引起的误差

C. 由于测量方法不正确或支撑测量方法的理论不完善而引起的误差

D. 由于受到大量微小随机因素影响引起的误差

49. 设计一台机器，包含以下几个阶段：a. 技术设计阶段；b. 方案设计阶段；c. 计划阶段。则它们进行的正确顺序是：

A. a-c-b　　B. b-a-c

C. c-b-a　　D. b-c-a

50. 行星轮系的转化轮系传动比$i_{AB}^{H}=\frac{n_A-n_H}{n_B-n_H}$若为负值，则以下结论正确的是：

A. 构件 A 与构件 B 转向一定相同

B. 构件 A 与构件 B 转向一定相反

C. 构件 A 与构件 B 转向不一定相反

D. 以上均不正确

51. 在平面四杆机构中，如存在急回运动特性，则其行程速比系数为：

A. $K<1$　　B. $K=1$

C. $K>1$　　D. $K=0$

52. 凸轮机构中，极易磨损的从动件是：

A. 球面底从动件　　B. 尖顶从动件

C. 滚子从动件　　D. 平底从动件

53. 在螺母不转动的调节机械中采用螺距为 2mm 的双线螺纹，为使轴向位移达到 20mm，调节螺杆应当旋转：

A. 20 转　　B. 10 转

C. 5 转　　D. 2.5 转

54. V 带传动采用张紧轮张紧时，张紧轮应安装在：

A. 紧边内侧靠近大带轮　　B. 松边内侧靠近大带轮

C. 紧边内侧靠近小带轮　　D. 松边内侧靠近小带轮

55. 某传动装置如图所示，由蜗杆传动Z_1、Z_2，圆锥齿轮传动Z_3、Z_4，斜齿轮传动Z_5、Z_6组成。蜗杆为主动件，右旋，要求轴I和轴II上的轴向力分别能相互抵消一部分，则斜齿轮的螺旋方向和圆周力方向为：

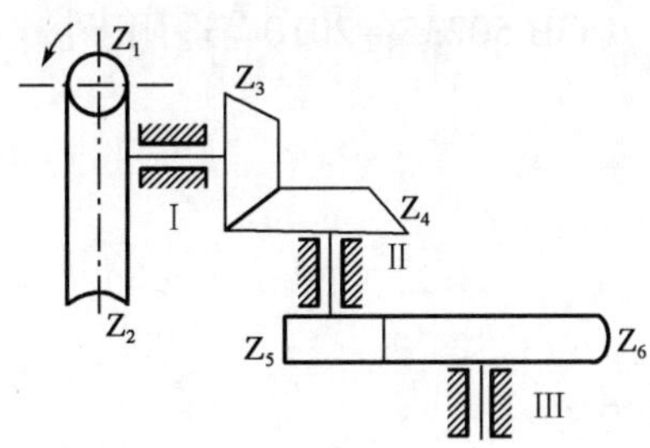

A. 右旋，垂直纸面向里　　B. 右旋，垂直纸面向外

C. 左旋，垂直纸面向里　　D. 左旋，垂直纸面向外

56. 为了使套筒、圆螺母、轴端挡圈能紧靠轴上回转零件轮毂的端面起轴向固定作用，轴头长度L与零件轮毂宽度B之间的关系是：

A. L比B稍长　　B. L与B相等

C. L比B稍短　　D. L与B无关

57. 若荷载平稳，转速较高，同时需承受较大的径向力和轴向力，宜选择：

A. 深沟球轴承　　B. 角接触球轴承

C. 调心滚子轴承　　D. 圆锥滚子轴承

58. 施工单位对施工图纸进行深化：

A. 要有设计资质，征得设计单位同意

B. 要有设计能力，征得设计单位同意

C. 要有设计资质和质量管理体系，征得设计单位同意

D. 要有设计资质和质量管理体系，征得设计单位书面同意并签字

59. 下列不符合合同签订基本原则的是：

A. 合同签订双方在法律上是平等的

B. 当事人根据自愿原则签订合同，但应遵从主管部门要求

C. 所签订合同不损害第三方利益

D. 合同履行应遵循诚实信用原则

60. 《工业金属管道工程施工规范》（GB 50235—2010）适用于：

A. 核能装置专用管道

B. 矿井专用管道

C. 长输管道

D. 设计压力不大于 42MPa 常压管道

2016年度全国勘察设计注册公用设备工程师（暖通空调、动力）执业资格考试基础考试（下）试题解析及参考答案

1. 解 在热力过程中，广延性参数的变化起着类似力学中位移的作用，称为广义位移。如传递热量必然引起系统熵的变化，系统对外做膨胀功必然引起系统体积的增加。

答案：A

2. 解 准静态过程是无限趋近于平衡态的过程，平衡态是系统内部和外部都不存在不平衡势差的状态，而准静态则是这些不平衡势差无限小的状态。

答案：B

3. 解 技术功$-v\mathrm{d}p$的适用条件是可逆过程，而前半部分则由稳定流动能量方程推导所得。

答案：B

4. 解 由题设条件知气体的平均分子量为$M=28.94$，混合气体的折合气体常数：

$$R_\mathrm{g}=R/M=8.314/28.94=287\mathrm{J/(kg\cdot K)}$$

答案：B

5. 解 压缩级数越多，越接近等温过程，压缩越省功，而在压缩机等温压缩过程后还需要多级压缩，则是为了提高容积效率：压缩机压比越小则容积效率越高。

答案：D

6. 解 取高温热源、低温热源和热机工质一起作为孤立系统，高温热源的熵变为$-60/600$，低温热源的熵变为$40/300$，热机工质经历一循环熵变为0（因为熵为状态参数，环积分为0），则三者相加后孤立系统的熵变大于0，故为不可逆过程。

答案：B

7. 解 水蒸气汽化过程超过临界点后是瞬间完成的。

答案：B

8. 解 对连续性方程$cf/v=G$两边求导，即为$\mathrm{d}c/c+\mathrm{d}f/f-\mathrm{d}v/v=0$。

答案：D

9. 解 由内燃机热效率$\eta_\mathrm{t}=1-(\varepsilon^{k-1})^{-1}$，知提高压比可提高效率。

答案：B

10. 解 蒸汽压缩制冷循环包括绝热压缩、等压冷却、等焓节流和等压蒸发。

答案：D

11. 解 导热过程的傅里叶定律适用于各向同性材料，如选项A、C、D。而树木原材料沿不同方向的导热系数不同，树木原材料沿纤维方向导热系数的数值比垂直纤维方向的数值高1倍，这种材料是各向异性材料。

答案：B

12. 解 接触热阻是由于固体表面不是理想平整的，所以两固体直接接触的界面容易出现点接触，或者只是部分的而不是完全和平整的面接触，给导热过程带来额外的热阻。减小接触热阻，可以通过清除表面污垢并涂导热剂，加压力挤压，增加接触，表面进行磨光和清洗等措施实现。而选项A抽真空或灌注氮气，会增大接触热阻。

答案：A

13. 解 当固体导热过程Bi数趋于无限大时，这意味着表面传热系数趋于无限大，即对流换热的热阻趋于零，这时物体的表面温度几乎从冷却过程一开始便立即降低到流体的温度。

答案：D

14. 解 热量守恒法表示导入任一节点的导热量的代数和为零，它适用的范围比较广，对于导热系数是温度的函数或者是内热源分布不均匀的情况容易列差分方程，所以热量守恒法在导热数值计算中较多采用。

答案：A

15. 解 Re表征流体流动惯性力与黏滞力的关系。

答案：C

16. 解 Re表征流体流动惯性力与黏滞力的关系，Gr表征自然对流浮生力与黏滞力的关系，Pr表征动量扩散与热量扩散的关系，St表示阻力和对流换热关系的准则数。

答案：D

17. 解 由于$\mathrm{Nu}=hl/\lambda$，$\mathrm{Re}=ul/v$，$\mathrm{Pr}=v/a$

将$\mathrm{Nu}=0.023\mathrm{Re}^{0.8}\mathrm{Pr}^{0.4}$展开

$$h=f\left(u^{0.8},\lambda^{0.6},c_{\mathrm{p}}{}^{0.4},\rho^{0.8},d^{-0.2}\right)$$

所以h与管径成反比，与u、Re、λ或ρ或c_{p}成正比。

答案：A

18. 解 由基尔霍夫定律可知，对于漫灰表面的发射率等于该表面同温度的吸收率。室外散热器表面涂深色油漆，增加表面辐射率，同时也增加表面吸收率。

答案：D

19. 解 由于不同成分气体辐射可以相互吸收或结合，这样就使混合气体的辐射能量比单种气体分别辐射的能量总和要少一些，所以混合气体的发射率和吸收率除取各分数值之和外，还要减去吸光带有部分重叠的修正值。

答案：B

20. 解 热量传递的动力是存在温差，并且是从高温到低温。冬天有暖气，则热量从室内到室外传递，$t_f > t_w > t_{am}$；夏天有空调，则热量从室外到室内传递，$t_{am} > t_w > t_f$；冬天长时间未开暖气的人居室内，室内流体温度和室内建筑表面温度相差不大，$t_f \approx t_w > t_{am}$；夏天太阳刚落山时，$t_{am} > t_w > t_f$。

答案：C

21. 解 列总流伯努利方程的断面必须是均匀流断面或缓变流断面，两断面之间可以是急变流。1-1 断面是转弯的急变流，3-3 断面是扩大的急变流。

答案：D

22. 解 此题考查的是模型律的选择问题。在设计模型实验时，要同时满足所有准则数是很困难的，甚至是不可能的，一般只能达到近似相似，就是要保证对流动起重要作用的力相似即可。

本题为温差空气射流问题，此时应当以满足格拉晓夫准则相似准数为主，Ar 就是决定性相似准数，即$(\mathrm{Ar})_n = (\mathrm{Ar})_m$。

阿基米德数表征浮力与惯性力的比值，当送风口贴近顶棚，贴附长度与阿基米德数 Ar 有关，Ar 数为：

$$\mathrm{Ar} = \frac{gd_0\Delta T_0}{v_0^2 T_e}$$

因此$\left(\frac{gd_0\Delta T_0}{v_0^2 T_e}\right)_n = \left(\frac{gd_0\Delta T_0}{v_0^2 T_e}\right)_m$

因为原型没有给出周围空气温度，认为与模型相同为 20℃，则：

$$\frac{6d_{0m} \times 12}{50^2 T_e} = \frac{d_{0m}\Delta T_{0m}}{25^2 T_e} \Rightarrow \Delta T_{0m} = 18℃$$

答案：B

23. 解 根据瑞利法，有$Q = KA^{c_1}p^{c_2}\rho^{c_3}$

有方程式的量纲和谐原理表明$\mathrm{L^3T^{-1}} = (\mathrm{L^2})^{c_1}(\mathrm{ML^{-1}T^{-2}})^{c_2}(\mathrm{ML^{-3}})^{c_3}$

于是，对长度 L、时间 T 和质量 M 分别有

L：$3 = 2c_1 - c_2 - 3c_3$

T：$-1 = -2c_2$

M：$0 = c_2 + c_3$

联立以上三式，解得$c_1 = 1$，$c_2 = 1/2$，$c_3 = -1/2$

故$Q = KAp^{\frac{1}{2}}\rho^{-\frac{1}{2}} = KA\sqrt{\frac{p}{\rho}}$

答案：A

24. 解　对于矩形，当量直径$d_e = 4R = 4 \times \frac{ab}{2(a+b)} = \frac{2ab}{a+b}$

而对于正方形，则$d_e = \frac{2ab}{a+b} = a$

同时，由于断面面积相等，所以$a^2 = \pi\left(\frac{d}{2}\right)^2$，得$d_e = \frac{\sqrt{\pi}}{2}d$

圆管和正方形管道的断面面积相等，且流量相等，则流速v相等。

$\mathrm{Re} = \frac{vd_e}{\nu_{黏度}}$，层流时$\lambda = \frac{64}{\mathrm{Re}}$

$h_f = \lambda \frac{l}{d}\frac{v^2}{2g}$

所以，正方形与圆形两种形状管道的沿程损失之比为$\left(\frac{d}{d_e}\right)^2 = \frac{4}{\pi} = 1.27$

答案：A

25. 解　根据 Re 判别其流态。

$$\mathrm{Re} = \frac{ud}{\nu} = \frac{4Q}{\pi d\nu} = \frac{4 \times 2 \times 10^6}{3600 \times 3.14 \times 0.02 \times 26.3} = 1344 < \mathrm{Re_c} = 2300$$

所以其流态为层流。

答案：B

26. 解　此题考查的是串、并联管路的阻力特性，此类题在以往考试中也多次出现过。对于并联管路 1 和 2，有$S_1Q_1^2 = S_2Q_2^2$，又因为$Q_1 = 2Q_2$，得$S_2 = 4S_1$，又因为$S = \frac{8\lambda L}{g\pi^2 d^5}$，得$d_1^5 = 4d_2^5$，$d_1 = 1.32d_2$。

答案：B

27. 解　平面无旋流动既存在流函数，也存在势函数；环流是无旋流动，是否属于无旋流动，不是看流体质点的运动轨迹是否是圆周流动，而是看质点是否绕自身轴旋转，角速度是否为零。无论是源流还是汇流，均不存在旋转角速度。

答案：D

28. 解　根据断面质量平均流速的定义，$v_0Q_0 = v_2Q$，得$Q = 32 \times 0.28/4 = 2.24\mathrm{m^3/s}$。

答案：B

29. 解　由$\frac{\mathrm{d}v}{v} = \frac{1}{\mathrm{Ma}^2 - 1}\frac{\mathrm{d}A}{A}$知，对于超声速气流，$\mathrm{Ma} > 1$，$\mathrm{d}v$与$\mathrm{d}A$符号相同，说明速度随断面的增大而加快，随断面的减小而减慢。当进入渐缩的喷管，断面不断减小，所以流速将变小。

答案：B

30. 解　并联运行时总流量小于每台水泵单独运行时的流量之和。

答案：B

31. 解　闭环控制系统有动态调整的过程，开环控制系统无动态调整。

答案：B

32. 解 闭环控制系统实质是一种负反馈系统，可以减小系统偏差。

答案： C

33. 解 选项 A 正确，为线性定常系统的定义，传递函数反映系统的固有特性，只与系统的结构和参数有关，与输入信号和初始条件无关。只有当初始条件为零时，才能表征系统的动态特征。

传递函数只取决于系统的结构和参数，与输入量的大小和形式无关。选项 B 正确。

传递函数虽然结构参数一样，但输入、输出的物理量不同，则代表的物理意义不同。选项 C 正确。

传递函数中各项系数值和微分方程中各项系数对应相等，这表明传递函数可以作为系统的动态数学模型。选项 D 正确。

答案： 无

34. 解 参见典型环节的传递函数及方块图，滞后环节的微分方程为$C(t)=r(t-\tau)$，传递函数为$G(s)=e^{-\tau s}$。

答案： A

35. 解 代入二阶系统传递函数公式，${W_n}^2=4$，$2\xi W_n=6$，可得$\xi=1.5$，$W_n=2.0$。

答案： C

36. 解 二阶系统的阻尼比大于 1 时，系统处于过阻尼状态，有两个不相等的负实根，系统时间相应无振荡，单调上升。

答案： A

37. 解 闭环系统稳定的充要条件是特征方程的所有根均为负实根或其实部为负的根，系统的稳定性不取决于系统的阶数，而取决于特征方程根的性质。

答案： D

38. 解 代入稳态速度误差公式$K_v=\lim\limits_{s\to 0}sG(s)H(s)$，可得$K_v=2$。

答案： A

39. 解 串联滞后校正能使校正后的截止频率减小，从而提高系统的抗高频干扰性能。

答案： A

40. 解 系统动态特性是指检测系统在被测量随时间变化的条件下输入输出关系。

答案： B

41. 解 $E_{铜-康铜}(100,0)=E_{铜-铂}(100,0)-E_{康铜-铂}=0.75-(-0.35)=1.1\text{mV}$。

答案： A

42. 解 金属氧化物陶瓷湿度计测量电路如解图所示，故选 D。

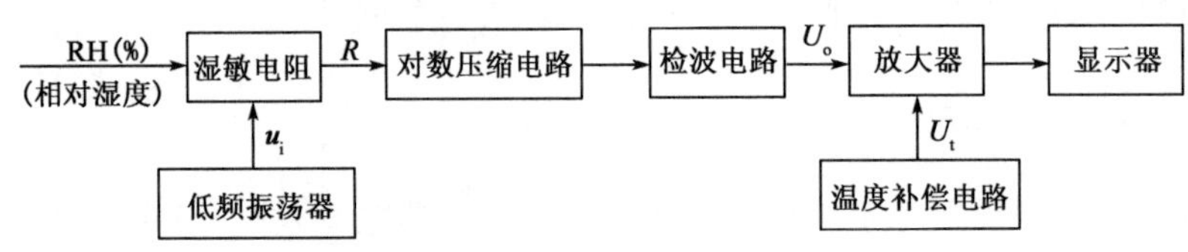

题 42 解图

答案：D

43. 解 电感式压力传感器是将压力的变化量转换为对应的电感变化量输入给放大器和记录器，常见的有气隙式和差动变压器式两种结构形式。气隙式的工作原理是被测压力作用在膜片上使之产生位移，引起差动电感线圈的磁路磁阻发生变化，这时膜片距磁心的气隙一边增加，另一边减少，电感量则一边减少，另一边增加，由此构成电感差动变化，通过电感组成的电桥输出一个与被测压力相对应的交流电压，具有体积小、结构简单等优点，适宜在有振动或冲击的环境中使用。差动变压器式的工作原理是被测压力作用在弹簧管上，使之产生与压力成正比的位移，同时带动连接在弹簧管末端的铁心移动，使差动变压器的两个对称的和反向串接的次级绕组失去平衡，输出一个与被测压力成正比的电压，也可以输出标准电流信号与电动单元组合仪表联用构成自动控制系统。

答案：B

44. 解 热线风速仪有两种工作模式：恒流式，亦称定电流法，即加热金属丝的电流保持不变，气体带走一部分热量后金属丝的温度就降低，流速愈大温度降低得就愈多，温度变化时，热线电阻改变，两端电压变化，因而测得金属丝的温度则可得知流速的大小；恒温式，亦称定电阻法（即定温度法），改变加热的电流使气体带走的热量得以补充，而使金属丝的温度保持不变（也称金属丝的电阻值不变），如保持 150℃，这时流速愈大则所需加热的电流也愈大，根据所需施加的电流（加热电流值）则可得知流速的大小。恒温式比恒流式的应用更广泛。

答案：B

45. 解 差压式（也称节流式）流量计是基于流体流动的节流原理，利用流体流经节流装置时产生的压力差而实现流量测量的。通常是由能将被测流量转换成压差信号的节流装置和能将此压差转换成对应的流量值显示出来的差压计以及显示仪表所组成。流量基本方程式是阐明流量与压差之间定量关系的基本流量公式。它是根据流体力学中的伯努利方程和流体连续性方程式推导而得的。

$$Q = \alpha\varepsilon F_0\sqrt{\frac{2}{\rho_1}\Delta\rho} \quad ; \; M = \alpha\varepsilon F_0\sqrt{2\rho_1\Delta\rho}$$

可以看出：要知道流量与压差的确切关系，关键在于α的取值。流量与压差$\Delta\rho$的平方根成正比。

答案：D

46. 解 差压式液位计是通过测量容器两个不同点处的压力差来计算容器内物体液位(差压)的仪表。

答案：A

47. 解 计量的精确度亦称准确度，系指被测量的测得值之间的一致程度以及与其“真值”的接近程度，即是精密度和正确度的综合概念。从测量误差的角度来说，精确度（准确度）是测得值的随机误差和系统误差的综合反映。

答案：C

48. 解 系统误差来源包括仪器误差、理论误差、操作误差、试剂误差等。

答案：D

49. 解 机械设计的一般顺序是首先市场调研，进行产品计划，然后明确设计要求和任务，提出设计方案，进行方案设计，最后进入具体技术设计阶段。

答案：C

50. 解 对于行星轮系传动比的计算，是利用了相对运动转化原理，将其转化为一个假想的“定轴轮系”进行传动比计算，因此正负号并不表示真实的转动方向。

答案：C

51. 解 行程速比系数K描述了机构的急回特性。$K = 1$，表示无急回特性；$K > 1$，表示有急回特性，K越大，急回特性越显著。

答案：C

52. 解 凸轮机构中，尖顶从动件与凸轮是点接触，磨损较快。

答案：B

53. 解 螺纹导程(S)与螺距(P)之间的关系为$S = n \times P$，式中n为螺纹线数，在这里$n = 2$，因此螺纹导程$S = 2 \times 2 = 4\text{mm}$，即螺杆转动一周沿轴向移动距离为4mm，若移动20mm，则应转动5周。

答案：C

54. 解 V带传动采用张紧轮时，张紧轮一般放在松边内侧，使带只受到单向弯曲，并靠近大带轮，以保证小带轮有较大包角。

答案：B

55. 解 首先，由主动蜗杆Z_1逆时针转动开始，根据传动轮系中各齿轮转向的规定，逐级确定各齿轮的转动方向，可知斜齿轮Z_6转动方向向左。其次，由于锥齿轮产生在II轴的轴向力竖直向下，为了部分平衡轴向力，所以斜齿轮Z_5应产生竖直向上的轴向力。根据斜齿轮Z_5的转动方向以及轴向力应使斜齿轮工作面受压，可以判断出斜齿轮Z_5为右旋，斜齿轮Z_6则为左旋。斜齿轮Z_6为从动轮，圆周力方向应与其转动方向相同，即垂直纸面向里。因此，正确答案为C。

答案：C

56. 解 使安装轴段的长度(L)稍短于零件轮毂宽度(B)，能够保证套筒、圆螺母等定位零件与回转零件的端面保持接触，进而可靠固定。

答案：C

57. 解 圆锥滚子轴承具有极限转速较高，能同时承受较大的径向荷载和轴向荷载的特点。

答案：D

58. 解 施工图深化设计也是设计，就要求施工单位必须有设计资质。如施工单位无设计资质，是不具有图纸深化设计资格的。另外，设计单位对整个工程设计总负责，深化设计必须征得原设计单位同意，符合原设计原则和设计要求，征得原设计单位书面同意并签字。

答案：D

59. 解 根据《中华人民共和国民法典》，当事人依法享有自愿订立合同的权利，任何单位和个人不得非法干预。所以"应遵从主管部门要求"错误。

答案：B

60. 解 在此规范总则中，有如下描述：

1.0.2 本规范适用于设计压力不大于 42MPa，设计温度不超过材料允许使用温度的工业金属管道的施工。

1.0.3 本规范不适用于下列工业金属管道的施工：

1. 石油、天然气、地热等勘探和采掘装置的管道；
2. 长输管道；
3. 核能装置的专用管道；
4. 海上设施和矿井的管道；
5. 采暖通风与空气调节的管道及非圆形截面的管道。

答案：D

2017年度全国勘察设计注册公用设备工程师
（暖通空调、动力）执业资格考试试卷

基础考试
（下）

二〇一七年九月

应考人员注意事项

1. 本试卷科目代码为“2”，考生务必将此代码填涂在答题卡“科目代码”相应的栏目内，否则，无法评分。
2. 书写用笔：**黑色或蓝色钢笔、签字笔或圆珠笔**；
   填涂答题卡用笔：**黑色 2B 铅笔**。
3. 必须用书写用笔将工作单位、姓名、准考证号填写在答题卡和试卷相应的栏目内。
4. 本试卷由 60 题组成，每题 2 分，满分 120 分，本试卷全部为单项选择题，每小题的四个备选项中只有一个正确答案，错选、多选、不选均不得分。
5. 考生作答时，必须按**题号在答题卡上**将相应试题所选选项对应的**字母用 2B 铅笔涂黑**。
6. 在答题卡上书写与题意无关的语言，或在答题卡上作标记的，均按违纪试卷处理。
7. 考试结束时，由监考人员当面将试卷、答题卡一并收回。
8. 草稿纸由各地统一配发，考后收回。

单项选择题（共 60 题，每题 2 分。每题的备选项中，只有一个最符合题意。）

1. 对于简单可压缩热力系统，确定该系统平衡状态的独立变量数为：

A. 1 个　　B. 2 个

C. 3 个　　D. 4 个

2. 绝热系统是指系统边界任何位置，传热量Q、做功W及质量流量m满足：

A. 热量$Q = 0$，$W = 0$，$m = 0$

B. 热量$Q = 0$，$W \neq 0$，$m \neq 0$

C. 分位置上$\mathrm{d}Q \neq 0$，但边界线$Q = 0$

D. 部分位置上$\mathrm{d}Q = 0$和$Q = 0$，$W \neq 0$，$m \neq 0$或$= 0$

3. 系统的储存能E的表达式：

A. $E = U + pV$　　B. $E = U + pV + E_{\mathrm{k}} + E_{\mathrm{p}}$

C. $E = U + E_{\mathrm{k}} + E_{\mathrm{p}}$　　D. $E = U + H + E_{\mathrm{k}} + E_{\mathrm{p}}$

4. 在不太高压力下，实际气体状态的范德瓦尔斯方程与理想气体状态方程之间的差别是：

A. 分子运动空间减小，压力下降　　B. 分子运动空间减小，压力增大

C. 分子运动空间增大，压力下降　　D. 都不变

5. 在压缩机多级压缩中间冷却中，设计最佳（压）缩比配置的目的是实现：

A. 温升最小　　B. 耗功最少

C. 容积效率最高　　D. 压缩级数最少

6. 某热泵循环中，热机由温度为 15℃冷源吸热 10 万 kJ，向室内提供温度 55℃的热水 50 万 kJ，则该循环过程为：

A. 不可逆过程　　B. 不可能过程

C. 可逆过程　　D. 不确定

7. 压气机和动力机的第一定律能量方程式都可写为$W_1 = h_1 - h_2$，其过程及含义为：

A. 过程和含义均相同　　B. 过程相同、含义不相同

C. 过程不相同、含义相同　　D. 过程和含义均不相同

8. 理想气体绝热节流过程中的焓和熵变化为：

A. $H_1=H_2$，$S_1=S_2$，$c_2>c_1$

B. $H_1=H_2$，$S_2>S_1$，$c_2=c_1$

C. $H_2<H_1$，$S_2<S_1$，$c_2<c_1$

D. $H_2>H_1$，$S_2>S_1$，$c_2\approx c_1$

9. 采用热力学第二定律分析蒸汽朗肯动力循环时，可知其中做功能力损失最大的过程是 ：

A. 定压加热过程　　B. 蒸汽凝结过程

C. 绝热膨胀过程　　D. 绝热压缩过程

10. 两股湿空气混合，其流量为$m_{a1}=2\text{kg/s}$、$m_{a2}=1\text{kg/s}$，含湿量分别为$d_1=12\text{g/kg(a)}$和$d_2=21\text{g/kg(a)}$，混合后的含湿量为：

A. 18g/kg(a)　　B. 16g/kg(a)

C. 15g/kg(a)　　D. 13g/kg(a)

11. 求解导热微分方程需要给出单值性条件，下列不属于单值性条件的是：

A. 边界上对流换热时空气的相对湿度及压力

B. 几何尺寸及物性系数

C. 物体中的初始温度分布及内热源

D. 边界上的温度梯度分布

12. 普通金属导线，直径 1mm 左右，当外面敷设绝缘保护层后，导线中的散热量：

A. 减少　　B. 不变

C. 增大　　D. 不确定

13. 根据常热流密度边界条件下半无限大物体的非稳态导热分析解，渗透厚度δ与导热时间τ的关系可以表示为：

（其中α为热扩散系数，c为常数）

A. $\delta(\tau)=\alpha\tau$　　B. $\delta(\tau)=c\tau$

C. $\delta(\tau)=\alpha\sqrt{\tau}$　　D. $\delta(\tau)=c\sqrt{\tau}$

14. 在导热数值计算过程进行区域划分及确定节点后，下列对节点的叙述错误的是：

A. 温度值只在节点上有意义

B. 节点间温度可以由相邻节点温度平均得出

C. 节点代表的区域大小可以调节

D. 节点离散方程组的解代表了原有控制方程的解

15. 采用相似理论进行两个对流换热过程相似性判别时，下列错误的是：

A. 现象判别　　B. 单值性条件判别

C. 同种准则判别　　D. 流体种类判别

16. 夏季工作室内维持 20℃时，一般穿单衣比较舒服，而在冬季工作室内 20℃时，必须穿较多的衣服才能暖和，主要原因是：

A. 空气相对湿度不同　　B. 房内空调功率不同

C. 壁面温度不同　　D. 人的皮肤感觉不同

17. 在水平夹层中的自然对流换热，根据热面处于上或下的位置分别进行计算，下列处理方法中正确的是：

A. 热面在上，冷热面间的自然对流总是可以按导热计算

B. 热面在下，气体的$\mathrm{Gr}_{\delta} < 1700$时，夹层间对流换热按纯导热计算

C. 当$\mathrm{Gr}_{\delta} > 5000$，形成强烈紊流后，流动的传热表现均匀，此时可以按导热计算

D. 其中的对流换热可以用换热准则$\mathrm{Nu} = C\mathrm{Re}^{n}\mathrm{Pr}^{m}$计算

18. 根据维恩位移定律可以推知，室内环境温度下可见波段的辐射力最大值：

A. 某些波长下可以达到　　B. 都可以达到

C. 不可能达到　　D. 不确定

19. 物体的辐射力与吸收率间的关系可以由基尔霍夫定律给出，并由实验证实，下列无条件成立的是：

A. $\varepsilon_{T} = a_{T}$　　B. $\varepsilon_{\theta,T} = a_{\theta,T}$

C. $\varepsilon_{\lambda,T} = a_{\lambda,T}$　　D. $\varepsilon_{\lambda,\theta,T} = a_{\lambda,\theta,T}$

20. 削弱表面辐射传热的最有效方法是：

A. 表面抛光或镀银，使反射率增大

B. 表面涂油漆，使热阻增大

C. 使表面形状粗糙

D. 表面设置对流抑制部件，减少对流换热

21. 下列说法错误的是：

A. 流速的大小可以由流线的疏密程度来反映

B. 流线只能是一条光滑的曲线或直线

C. 只有在恒定流中才能用迹线代替流线

D. 流线在任何情况下都不能相交

22. 体积弹性模量K、速度v、密度ρ的无量纲数是：

A. $\frac{\rho v^2}{K}$　　B. $\frac{\rho v}{K}$

C. $\frac{\rho v}{K^2}$　　D. $\frac{\rho v^2}{K^2}$

23. 输油管直径为 150mm，流量为$16.3\mathrm{m}^3/\mathrm{h}$，油的运动黏滞系数为$0.2\mathrm{cm}^2/s$，则 1000m 管道的沿程损失为：

A. 0.074m　　B. 0.74m

C. 7.4m　　D. 74m

24. 管道长度不变，管中流动为层流，允许的水头损失不变，当直径变为原来的 3 倍时，若不计局部损失，流量将变为原来的：

A. 3 倍　　B. 9 倍

C. 27 倍　　D. 81 倍

25. 两直径相同的并联管道 1、2，不计局部损失，沿程阻力系数相同，$l_1 = 2l_2$，通过的流量为：

A. $Q_1 = 0.71Q_2$　　B. $Q_1 = Q_2$

C. $Q_1 = 2Q_2$　　D. $Q_1 = 4Q_2$

26. 两管道串联，管长相同，阻力系数相同且为常数，两者的直径比为 1∶2，不计局部损失，则其水头损失比为：

A. $h_{\mathrm{f1}} = 0.25h_{\mathrm{f2}}$　　B. $h_{\mathrm{f1}} = 0.5h_{\mathrm{f2}}$

C. $h_{\mathrm{f1}} = 4h_{\mathrm{f2}}$　　D. $h_{\mathrm{f1}} = 32h_{\mathrm{f2}}$

27. 下列有关射流的说法，错误的是：

A. 射流极角的大小与喷口断面的形状和紊流强度有关

B. 自由射流单位时间内射流各断面上的动量是相等的

C. 旋转射流和一般射流比较，扩散角大，射程短

D. 有限空间射流内部的压强随射程的变化保持不变

28. 平面不可压缩流体速度势函数$\phi = ax(x^2 - 3y^2)$，$a < 0$，通过连接$A(0,0)$和$B(1,1)$两点的直线段的流体流量为：

A. $2a$　　　　B. $-2a$

C. $4a$　　　　D. $-4a$

29. 空气中的音波传播可看作是：

A. 等温过程　　　　B. 定压过程

C. 定容过程　　　　D. 等熵过程

30. 已知某离心水泵，其流量$Q = 0.25\text{m}^3/s$，在 1 个标准大气压下，水温 20℃（对应气化压头为 0.24m）时，允许吸入真空度$[H_\text{S}] = 4\text{m}$，泵进口直径$D = 320\text{mm}$，从吸入口进入到泵入口水头损失$\sum h_1 = 1.0\text{m}$，当地大气压强水头$H_\text{A} = 9.4\text{m}$，水温 40℃，所对应的气化压头$H_\text{p} = 0.75\text{m}$，则该泵的最大安装高度$[H_\text{g}]$为：

A. 1.07m　　　　B. 2.07m

C. 3.07m　　　　D. 4.07m

31. 自动控制系统必要的组成环节有：

A. 被控对象，调节器，比较器，反馈回路，测量变送器

B. 被控对象，调节器，运算器，反馈控制回路，测量变送器

C. 被控对象，执行器，中继器，测量变送器

D. 被控对象，执行器，调节器，比较器，测量变送器

32. 反馈控制的实质是：

A. 基于偏差的控制　　　　B. 基于被控量状态的控制

C. 实现负反馈的过程　　　　D. 按控制量控制的过程

33. 传递函数$G(s)=\frac{50.59(0.01s-1.0)(0.1s-2.0)(s-9.8)}{(s-101.0)(0.1s-6.0)}$：

A. 零点分别是$s_1=1.0$，$s_2=2.0$，$s_3=9.8$

B. 零点分别是$s_1=100.0$，$s_2=20.0$，$s_3=9.8$

C. 极点分别是$s_1=101.0$，$s_2=6.0$

D. 零点分别是$s_1=101.0$，$s_2=60.0$

34. $\cos(\omega t)$的拉氏变换为：

A. $\frac{1}{s^2-\omega^2}$

B. $\frac{1}{s^2+\omega^2}$

C. $\frac{s}{s^2-\omega^2}$

D. $\frac{s}{s^2+\omega^2}$

35. 二阶系统的暂态性能指标中，下列描述错误的是：

A. 阻尼比是二阶系统的重要参数，其值的大小可以间接判断一个二阶系统的暂态品质

B. 一般情况下，系统在临界阻尼情况下工作

C. 调节时间与系统阻尼比和自然振荡频率的乘积成反比

D. 二阶工程最佳阻尼比为 0.707

36. 在 PID 控制中，若要获得良好的控制质量，应该适当选择的参数为：

A. 比例度，微分时间常数

B. 比例度，积分时间常数

C. 比例度，微分时间常数，积分时间常数

D. 微分时间常数，积分时间常数

37. 对于传递函数$\varphi(s)=\frac{K}{s^3+2s^2+3s+K}$的闭环系统，其稳定时范围为：

A. 大于 0

B. 大于 0，小于 6

C. 大于 4

D. 不等于 0

38. 若单位负反馈系统的开环传递函数$G(s)=\frac{10(1+5s)}{s(s+5)(2s+1)}$，则该系统为：

A. O 型系统

B. I型系统

C. II型系统

D. 高阶型系统

39. 关于继电器调节系统，下列描述错误的是：

A. 继电器调节系统是非线性系统，会出现自振荡

B. 提高自振荡频率，可使被调节量的振幅较小

C. 采用校正装置，可以限制自振荡频率

D. 继电器调节系统输入量不变的情况下，不出现自振荡频率

40. 下列关于传感器的叙述，错误的是：

A. 它是测量系统直接与被测对象发生联系的部分

B. 其输入与输出之间应该有稳定的递增函数关系

C. 应该只对被测量的变化敏感，而对其他一切输入的变化信号不敏感

D. 在测量过程中，应该不干扰或尽量少干扰被测介质的状态

41. 以下关于单色辐射温度计的叙述，错误的是：

A. 不宜测量反射光很强的物体

B. 温度计与被测物体之间的距离不宜太远

C. 不能测量不发光的透明火焰

D. 测到的亮度温度总是高于物体的实际温度

42. 下列关于湿度计的叙述，错误的是：

A. 电容湿度传感器通过电化学方法在金属铝表面形成一层氧化膜，进而在膜上沉积一层薄金属

B. 电阻式湿度传感器使用高分子固体电解质材料制作感湿膜

C. 金属氧化物陶瓷传感器由金属氧化物多孔性陶瓷烧结而成

D. 陶瓷湿度传感器的电阻值与湿度是线性关系

43. 下列关于电感式压力传感器的叙述，错误的是：

A. 应用了电磁感应原理

B. 适合测量高频脉动压力

C. 灵敏度高

D. 结构简单

44. 下列关于机械风速仪的叙述，错误的是：

A. 原理是置于流体中的叶轮的旋转角速度与流体速度成正比

B. 有翼式和杯式两种

C. 叶轮的旋转平面和气流方向的偏转角度与测量精度无关

D. 可测量相对湿度较大的气流速度

45. 下列关于标准节流装置的叙述，错误的是：

A. 适合测量临界流　　B. 流体充满圆管并连续流动

C. 流动稳定且流量不随时间变化　　D. 流体必须是牛顿流体

46. 以下关于电容式液位计的叙述，错误的是：

A. 电容量的变化越大，液位越高

B. 电容量的变化越大，液位越低

C. 被测介质与空气的介电常数之差越大，仪表灵敏度越高

D. 可以测量非导电性液体的液位

47. 测量次数很多时，比较合适的处理过失误差的方法是：

A. 拉依达准则　　B. 示值修正法

C. 格拉布斯准则　　D. 参数校正法

48. 下列误差中属于系统误差的是：

A. 测温系统突发故障造成的误差

B. 电子电位差计滑线电阻的磨损造成的误差

C. 仪表内部存在摩擦和间隙等不规则变化造成的误差

D. 读数错误造成的误差

49. 在弯曲变应力作用下零件的设计准则是：

A. 强度准则　　B. 刚度准则

C. 寿命准则　　D. 振动稳定性准则

50. 图示平面机构中，机构自由度数为：

A. 0

B. 1

C. 2

D. 3

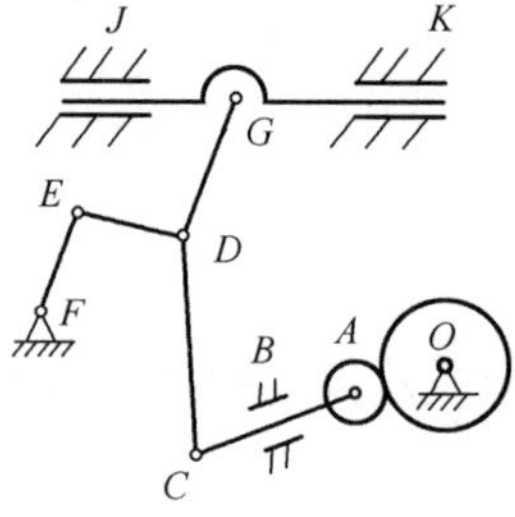

51. 在铰链四杆机构中，当最短杆与最长杆长度之和大于其他两杆长度之和时，该机构为：

A. 曲柄摇杆机构

B. 双曲柄机构

C. 可能是双曲柄机构，也可能是曲柄摇杆机构

D. 双摇杆机构

52. 在滚子从动件凸轮机构中，对于外凸的凸轮理论轮廓曲线，为完整做出凸轮的实际轮廓曲线，不会出现变尖或交叉现象，必须满足：

A. 滚子半径小于理论轮廓曲线最小曲率半径

B. 滚子半径等于理论轮廓曲线最小曲率半径

C. 滚子半径大于理论轮廓曲线最小曲率半径

D. 滚子半径不等于理论轮廓曲线最小曲率半径

53. 某铝镁合金制造的壳体（较厚）与盖板的连接，需要经常拆装，宜采用：

A. 普通螺栓连接　　B. 螺钉连接

C. 双头螺柱连接　　D. 紧定螺钉连接

54. 带传送的设计准则是保证带在要求的工作期限内不发生：

A. 过度磨损　　B. 打滑和疲劳破坏

C. 弹性滑动　　D. 磨损和打滑

55. 对于具有良好润滑、防尘的闭式硬齿轮传动，正常工作时，最有可能出现的失效形式是：

A. 轮齿折断　　B. 齿面疲劳点蚀

C. 磨料磨损　　D. 齿面胶合

56. 轴的直径计算公式$d \geqslant A_0\sqrt[3]{\frac{P}{n}}$中$P$的物理意义是：

A. P表示轴所受的扭矩，单位是N · m

B. P表示轴所受的弯矩，单位是N · m

C. P表示轴所传递的功率，单位是kW

D. P表示轴所受的径向荷载，单位是N

57. 在相同条件下运转的一组型号相同的轴承，达到其基本额定寿命L时，其中大约有多少轴承发生点蚀破坏：

A. 10%　　　　B. 90%

C. 100%　　　　D. 50%

58. 在我国现行大气排放标准体系中，对综合性排放标准与行业性排放标准采取：

A. 不交叉执行准则

B. 按照最严格标准执行原则

C. 以综合性标准为主原则

D. 以行业性标准为主原则

59. 下列不符合《中华人民共和国节约能源法》基本要求的是：

A. 建设主管部门不得批准不符合建筑节能标准的建设开工

B. 已建成不符合节能标准的建筑不得销售

C. 正在建设的不符合节能标准建筑应在施工过程中加以改进

D. 已建成不符合节能标准的建筑不得使用

60. 下列厂区压缩空气管道的敷设方式不符合《压缩空气站设计规范》（GB 50029—2014）的是：

A. 应根据气象、水文、地质、地形等条件确定

B. 应根据施工、运行、维修等因素确定

C. 寒冷地区室外架空敷设的压缩空气管道，应采取防冻措施

D. 工作温度大于 100℃的架空压缩空气管道，应有冷处理措施

2017 年度全国勘察设计注册公用设备工程师（暖通空调、动力）执业资格考试基础考试（下）试题解析及参考答案

1. 解　本题主要考查状态公理的应用。状态公理提供了确定热力系统平衡状态所需的独立参数数目的经验规则，即对于组成一定的物质系统，若存在着几种可逆功（系统进行可逆过程时和外界交换的功量）的作用，则决定该系统平衡态的独立状态参数有$n+1$个，其中“1”是考虑了系统与外界的热交换作用。简单可压缩系统只有一种功即容积功。

答案：B

2. 解　本题主要考查绝热系统的概念。绝热系统是指与外界不发生热量交换的系统，可以有功和物质的交换，也可以没有功和物质的交换。

答案：D

3. 解　本题主要考查储存能的概念。能量是物质运动的量度，运动有各种不同形式，相应的应有各种不同的能量，系统储存的能量称为储存能，它有内部储存能和外部储存能。

答案：C

4. 解　本题主要考查实际气体和范德瓦尔斯方程的概念。实际气体对理想气体的偏差，主要由于实际气体分子之间相互作用力与分子本身体积的影响。如在一定温度下，气体被压缩，分子间的评价距离缩短，分子间引力作用变大，气体容积就会在分子引力作用下进一步缩小，气体的实际容积要比按理想气体计算所得的值小；但当气体被压缩到一定程度，气体分子本身的体积不能忽略时，分子之间的斥力作用不断增强，把气体压缩到一定容积所需的压力就要大于按理想气体计算之值。

答案：A

5. 解　多级压缩用中间冷却器的目的是，对从低压级出来的压缩气体及时进行冷却，让其温度降低到被压缩前的温度，然后再进入高压汽缸，以少消耗压缩功。

答案：B

6. 解　本题主要考查逆卡诺循环的概念和在判断过程性质中的应用。由于相同高低温下的逆卡诺循环的效率高于该热泵循环的效率，因此本循环过程为不可逆过程。

答案：A

7. 解　压气机是一种耗功机械，而动力机是一种功的输出机械，但两种机械都遵循热力学第一定律。

答案：C

8. 解　本题主要考查绝热节流的定义和特点。可逆绝热节流过程是定熵过程。但是绝热节流过程是一种不可逆过程。

答案：B

9. 解 蒸汽在冷凝器中被冷凝为饱和水，是一典型不可逆过程。不可逆造成做功能力的损失。

答案：B

10. 解 两股湿空气混合前后湿量是守恒的，所以有：

$$d_c=\frac{m_{a1}d_1+m_{a2}d_2}{m_{a1}+m_{a2}}=\frac{2\times 12+1\times 21}{2+1}=15$$

答案：C

11. 解 单值性条件包含几何条件、物理条件、边界条件和时间条件。其中，边界条件有三类，第一类边界条件给出任何时刻物体边界上的温度值。第二类边界条件给出任何时刻物体边界上的热流密度值，根据傅里叶定律，第二类边界条件相当于已知任何时刻物体边界面法向的温度梯度值。第三类边界条件即对流换热边界条件，当物体壁面与流体相接触进行对流换热时，给出边界面周围流体温度t_f及边界面与流体之间的表面传热系数h。

所以，选项B、C、D都对，而选项A不属于单值性条件。

答案：A

12. 解 临界热绝缘直径$d_c=2\lambda_{ins}/h_2$，当管道外径$d_2<d_c$时，管道的传热量q_l随着d的增大，先增大后减小，如解图所示。由于金属导线的直径为1mm左右，数值比较小，并且导线外面敷设绝缘保护层比较薄，导线总的外径低于临界热绝缘直径，导线中的散热量是增大的，所以选C。

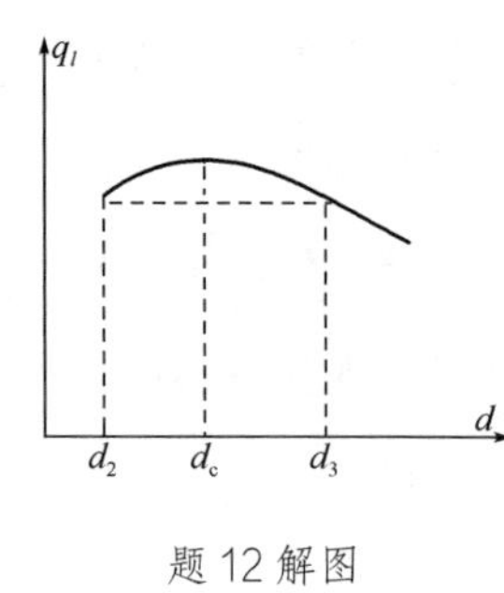

题12解图

答案：C

13. 解 在常热流密度边界条件下：$\delta(\tau)=\sqrt{12a\tau}=3.46\sqrt{a\tau}$，热扩散系数$a$是物质的物理性质，可以归到常数$c$中。所以选项D正确。

答案：D

14. 解 在导热数值计算过程进行区域划分及确定节点时，每个节点都可以看作以它为中心的微元体，节点的温度代表它所在微元体的平均温度。所以选项A叙述是正确的，而选项B叙述是错误的。

另外，网格分割得越细密，节点越多，说明节点代表的区域大小可以调节，选项C叙述是正确的。

节点离散方程组的解代表了原有控制方程的解，选项D叙述也是正确的。

答案：B

15. 解 判别现象相似的条件：同类现象，单值性条件相似，同名的已定准则相等。其中，单值性条件包含几何条件、物理条件、边界条件和时间条件。所以，选项D包含在选项B中。

答案：D

16. 解 夏季：在维持20℃的室内，人体通过与空气的对流换热失去热量，但同时又与外界和内墙面通过辐射换热得到热量，最终的总失热量减少。

冬季：在与夏季相似的条件下，一方面人体通过对流换热失去部分热量，另一方面又与外界和内墙通过辐射换热失去部分热量，最终的总失热量增加。

夏季和冬季失热量不同，主要原因是冬季墙内表面温度低于夏季的。所以，选项C正确。

答案：C

17. 解 热面在上，冷热面之间无流动发生，如无外界扰动，则自然对流可以按导热计算，选项A错误。

当$\mathrm{Gr}_\delta > 5000$，形成强烈紊流后，流动的传热表现均匀，此时按对流换热计算，不能按纯导热计算，选项C错误。

自然对流换热可以用换热准则$\mathrm{Nu} = C(\mathrm{Gr}_\delta \cdot \mathrm{Pr})^m \left(\frac{\delta}{H}\right)^n$计算，选项D错误。

热面在下，气体的$\mathrm{Gr}_\delta < 1700$时，夹层间对流换热按纯导热计算，选项B正确。

答案：B

18. 解 维恩位移定律给出了黑体的峰值波长$\lambda_{\max}$与绝对温度之间的函数关系：$\lambda_{\max} \cdot T = 2897.6\mu\mathrm{m} \cdot \mathrm{K}$。室内环境温度一般取 20℃，则$\lambda_{\max} = 9.89\mu\mathrm{m}$，而可见光段是$\lambda = 0.38 \sim 0.76\mu\mathrm{m}$，所以$\lambda_{\max} = 9.89\mu\mathrm{m}$不在可见光段，选项C正确。

答案：C

19. 解 （1）对漫-灰表面，辐射性质与方向、与波长均无关，则基尔霍夫定律表达为：$\varepsilon(T) = \alpha(T)$

（2）对于灰表面，由于辐射性质与波长无关，则基尔霍夫定律表达为：$\varepsilon_{\theta,T} = \alpha_{\theta,T}$

（3）对漫射表面，由于辐射性质与方向无关，则基尔霍夫定律表达为：$\varepsilon_{\lambda,T} = \alpha_{\lambda,T}$

（4）$\varepsilon_{\lambda,\theta,T} = \alpha_{\lambda,\theta,T}$（实际物体表面的单色定向发射率等于同温度下的单色定向吸收率）无条件成立，对物体表面性质、是否处于热平衡都不做要求。所以选项D正确。

答案：D

20. 解 使表面形状粗糙是增强对流传热的方法，选项C错误。

表面设置对流抑制部件，主要减少对流换热，不是削弱表面辐射传热的最有效方法，选项D错误。

表面涂油漆，表面热阻增大了，导热传热有所减少，但也不是削弱表面辐射传热的最有效方法，选项B错误。

相对而言，表面抛光或镀银，使反射率增大，是削弱表面辐射传热的最有效方法，所以，选项A正确。

答案：A

21. 解 在流场中每一点上都与速度矢量相切的曲线称为流线。流线是同一时刻不同流体质点所组成的曲线，它给出该时刻不同流体质点的速度方向。在运动流体的整个空间，可绘出一系列的流线，称为流线簇。流线簇的疏密程度反映了该时刻流场中速度的不同。当为非定常流时，流线的形状随时间改变；对于定常流，流线的形状和位置不随时间而变化。这两种具有不同内容的曲线在一般的非定常运动情形下是不重合的，只有在定常运动时，两者才形式上重合在一起。

一般情况下，流线不能相交，不能折转，只能是一条光滑曲线，否则在相交点有两个速度，但特殊情况，比如选项D，驻点处可以相交，所以是错误的。

答案： D

22. 解 体积模量是弹性模量的一种，它用来反映材料的宏观特性，是一个比较稳定的材料常数，单位为Pa。

$$1\text{Pa} = 1\text{N/m}^2 = 1(\text{kg}\cdot\text{m/s}^2)/\text{m}^2 = 1\text{kg/(m}\cdot\text{s}^2) = 1(\text{kg/m}^3)\cdot(\text{m/s})^2$$

分子分母应具有同样的量纲。

答案： A

23. 解 本题为经典题型，曾多次考过，主要考查阻力系数、沿程阻力的计算。首先需要判断其流态，才能计算流动阻力系数。由于紊流阻力系数计算较为复杂，所以基本都考查层流。

要判断流态，首先要计算流速：

$$u = \frac{4Q}{\pi d^2} = \frac{4 \times 16.3}{3600 \times 3.14 \times 0.15^2} = 0.256\text{m/s}$$

$$\text{Re} = \frac{ud}{\upsilon} = \frac{0.256 \times 0.15}{0.2 \times 10^{-4}} = 1923 < 2300$$

所以其流态为层流，则流体流动阻力系数$\lambda = \frac{64}{\text{Re}} = 0.0333$

$$h_\text{f} = \lambda \frac{l}{d}\frac{u^2}{2g} = \frac{0.0333 \times 1000 \times 0.256^2}{0.15 \times 2 \times 9.8} = 0.74\text{m}$$

答案： B

24. 解

$$h_\text{f} = \lambda \frac{l}{d}\frac{u^2}{2g} = \frac{64}{\text{Re}}\frac{l}{d}\frac{u^2}{2g} = \frac{64\upsilon}{\mu d}\frac{l}{d}\frac{u^2}{2g} = \frac{32\upsilon l u}{d^2 g} = \frac{32\upsilon l \times 4 \times Q}{d^4 g}$$

所以，$\frac{Q_2}{Q_1} = \left(\frac{d_2}{d_1}\right)^4 = 81$

答案： D

25. 解 因为管道1、2并联，所以有$S_1Q_1^2 = S_2Q_2^2$，其中$S = \frac{8\lambda l}{g\pi^2 d^5}$，又因为两管的直径相同，不计局部损失，沿程阻力系数相同，所以有$S_1 = 2S_2$，得$Q_1^2 = \frac{1}{2}Q_2^2$。

答案： A

26. 解 由于是串联，所以两管段流量相同。

$$h_{\mathrm{f}}=\lambda\frac{l}{d}\frac{u^2}{2g}=\frac{8\lambda lQ^2}{g\pi^2d^5}$$

又由于管长相同，阻力系数相同为常数，得$\frac{h_{\mathrm{f1}}}{h_{\mathrm{f2}}}=\left(\frac{d_2}{d_1}\right)^5$，所以得$h_{\mathrm{f1}}=32h_{\mathrm{f2}}$

答案： D

27. 解 有限空间射流由于受壁面、顶棚以及空间的限制，自由射流规律不再适用。射流内部压强是变化的，且随射程的增大，压强增大。具体可详见教程 14.5.4 节。

答案： D

28. 解 先由势函数ϕ求流函数ψ：

$$\mathrm{d}\psi=\frac{\mathrm{d}\psi}{\mathrm{d}x}\mathrm{d}x+\frac{\mathrm{d}\psi}{\mathrm{d}y}\mathrm{d}y=-\frac{\mathrm{d}\varphi}{\mathrm{d}y}\mathrm{d}x+\frac{\mathrm{d}\varphi}{\mathrm{d}x}\mathrm{d}y=6axy\mathrm{d}x+3a(x^2-y^2)\mathrm{d}y$$

$\psi=3ax^2y-ay^3$

流量等于两流线的流函数之差，故$Q=|\psi_{\mathrm{A}}-\psi_{\mathrm{B}}|=-2a$

答案： B

29. 解 对于气体，由于小扰动波的传播速度很快，与外界来不及进行热交换，且各项参数的变化量微小，传播过程是一个既绝热又没能量损失的等熵过程。

答案： D

30. 解 流速$v_{\mathrm{s}}=\frac{4Q}{\pi d^2}=\frac{4\times0.25}{\pi\times0.32^2}=3.11\mathrm{m/s}$

根据当地大气压和水温修正的允许吸入真空度$[H_{\mathrm{s}}']$为：

$$[H_{\mathrm{s}}']=[H_{\mathrm{s}}]-(10.33-9.4)+(0.24-0.75)=2.56\mathrm{m}$$

该泵的最大安装高度$[H_{\mathrm{g}}]$为：

$$[H_{\mathrm{g}}]=[H_{\mathrm{s}}']-\left(\frac{v_{\mathrm{s}}^2}{2g}+\sum h_{\mathrm{s}}\right)=2.56-\left(\frac{3.11^2}{19.6}+1\right)=1.07\mathrm{m}$$

答案： A

31. 解 自动控制系统的组成环节有被控对象、调节器、比较器、反馈回路、测量变送器。

答案： A

32. 解 闭环控制又称为反馈控制或按偏差控制，反馈控制的实质是基于偏差的控制。

答案： A

33. 解 分子多项式等于零时的根为传递函数的零点，分母多项式等于零时的根为传递函数的极点。即零点分别是$s_1=100.0$，$s_2=20.0$，$s_3=9.8$；极点分别是$s_1=101.0$，$s_2=60.0$。

答案： B

34. 解 余弦函数的拉式变换。

答案：D

35. 解 最佳阻尼比随允许误差范围的不同而不同。

答案：D

36. 解 PID 控制合适选择比例度有利于系统稳定。微分作用可减少超调量和缩短过渡过程时间，积分作用能消除静差。

答案：C

37. 解 根据劳斯判稳，劳斯阵列表中第一列系数均为正数，则系统稳定，即$K-6<0$，$K>0$。

答案：B

38. 解 系统的类型由开环传递函数中的积分环节的个数决定，对于$\upsilon=0$，1，2 的系统，分别称之为 0 型、Ⅰ型、Ⅱ型系统，因此选 B。

答案：B

39. 解 继电系统输入量不变的情况下，将呈现自振荡。

答案：D

40. 解 理想的敏感元件应满足的要求：输入与输出之间有稳定的单值函数，只对被测量的变化敏感，测量过程中不干扰或尽量少干扰被测介质的状态。

答案：B

41. 解 同一波长下，若实际物体与黑体（用于热辐射研究的，不依赖具体物性的假想标准物体）的光谱辐射强度相等，则此时黑体的温度被称为实际物体在该波长下的亮度温度。在相同的温度与波长下，实际物体的热辐射总比黑体辐射小，因此测到的亮度温度总是低于物体的实际温度。

答案：D

42. 解 湿敏电容一般是用高分子薄膜电容制成的，常用的高分子材料有聚苯乙烯、聚酰亚胺、酪酸醋酸纤维等。当环境湿度发生改变时，湿敏电容的介电常数发生变化，使其电容量也发生变化，其电容变化量与相对湿度成正比。

答案：A

43. 解 电感式压力传感器以电磁感应原理为基础，利用磁性材料和空气的磁导率不同，把弹性元件的位移量转换为电路中电感量的变化或互感量的变化，再通过线路转变为相应的电流或电压信号。电感式压力传感器的特点是灵敏度高、输出功率大、结构简单、工作可靠，但不适合测量高频脉动压力，且较笨重。精度一般为 0.5~1 级。

答案：B

44. 解 机械式风速仪利用流动气体的动压推动机械装置运转以测量空气流速的仪表。包括翼形和杯形风速仪。叶轮的旋转平面和气流方向的偏转角度将影响测量精度。

答案：C

45. 解 使用标准节流装置时，流体的性质和状态必须满足下列条件：

①流体必须充满管道和节流装置，并连续地流经管道。

②流体必须是牛顿流体，即在物理上和热力学上是均匀的、单相的，或者可以认为是单相的，包括混合气体，溶液和分散性粒子小于0.1m的胶体，在气体中有不大于2%（质量成分）均匀分散的固体微粒，或液体中有不大于5%（体积成分）均匀分散的气泡，也可认为是单相流体，但其密度应取平均密度。

③流体流经节流件时不发生相交。

④流体流量不随时间变化或变化非常缓慢。

⑤流体在流经节流件以前，流束是平行于管道轴线的无旋流。

标准节流装置不适用于动流和临界流的流量测量。

答案：A

46. 解 电容式液位计是采用测量电容的变化来测量液面高低的。它是一根金属棒插入盛液容器内，金属棒作为电容的一个极，容器壁作为电容的另一极。两电极间的介质即为液体及其上面的气体。由于液体的介电常数ε_1和液面上的介电常数ε_2不同，比如：$\varepsilon_1 > \varepsilon_2$，则当液位升高时，电容式液位计两电极间总的介电常数值随之加大因而电容量增大。反之，当液位下降，ε值减小，电容量也减小。所以，电容式液位计可通过两电极间的电容量的变化来测量液位的高低。

答案：B

47. 解 在整理试验数据时，往往会遇到这样的情况，即在一组试验数据里，发现少数几个偏差特别大的可疑数据，这类数据称为Outlier或Exceptional Data（坏值），它们往往是由于过失误差引起的。拉依达准则不能检验样本量较小（显著性水平为0.1时，n必须大于10）的情况，格拉布斯准则则可以检验较少的数据。

答案：A

48. 解 系统误差又称作规律误差。它是在一定的测量条件下，对同一个被测尺寸进行多次重复测量时，误差值的大小和符号（正值或负值）保持不变；或者在条件变化时，按一定规律变化的误差。前者称为定值系统误差，后者称为变值系统误差。系统误差有下列情况：误读、误算、视差、刻度误差、磨损误差、接触力误差、挠曲误差、余弦误差、阿贝误差、热变形误差等。

答案：B

49. 解 在变应力作用下，机械零件的损坏形式主要是疲劳断裂。疲劳断裂不同于一般静力断裂，它是损伤到一定程度后，即裂纹扩展到一定程度后，发生突然断裂。在零件设计时，应遵循的设计准则是寿命准则，在正常工作条件下，保证零件具有一定的应力循环次数（即使用寿命）。

答案：C

50. 解 该机构中J和K处，有一处为虚约束，D处为复合铰链（实际应为 2 个转动副），A处为局部自由度，计算机构自由度时应去掉。考虑到这些因素以后，分析该机构可知，活动构件数$n=7$，低副数目$P_{\mathrm{L}}=9$，高副数目$P_{\mathrm{H}}=1$，因此机构自由度$F=3\times7-2\times9-1=2$。

答案：C

51. 解 在铰链四杆机构中，曲柄的存在条件应满足两条：①最短杆与最长杆长度之和小于等于其他两杆长度之和；②连架杆和机架中必有一杆是最短杆。由题意可知，不满足曲柄存在条件，因此该铰链四杆机构中没有曲柄，应为双摇杆机构。

答案：D

52. 解 滚子半径的大小对凸轮实际轮廓有很大影响。若理论轮廓外凸部分的最小曲率半径用$\rho_{\min}$表示，滚子半径用r表示，则相应位置实际轮廓的曲率半径$\rho'=\rho_{\min}-r$，为保证实际轮廓不产生尖点或者自相交，应使$\rho'>0$。因此，要求滚子半径必须小于理论轮廓外凸部分的最小曲率半径。

答案：A

53. 解 双头螺柱多用于较厚的被连接件，而且允许多次装拆而不损坏被连接零件。普通螺栓连接应用较广，加工简单，成本低，一般多要求被连接件不是太厚。螺钉连接用于不宜经常装拆场合。紧定螺钉连接常用于固定两零件的相对位置。

答案：C

54. 解 带传动属于摩擦传动，带在带轮上打滑或者发生疲劳损坏（脱层、撕裂或拉断）时，将不能传递动力，因此，带传动设计准则是保证带在工作寿命范围内不发生打滑和疲劳破坏。

答案：B

55. 解 轮齿折断失效主要发生在润滑良好的闭式硬齿面齿轮传动场合。对于润滑良好的闭式软齿面齿轮传动，易发生齿面疲劳点蚀失效。在开式传动或者由于灰尘、硬屑粒等进入啮合齿面，易发生磨料磨损。在高速或者低速重载传动场合，由于齿面啮合区发生润滑失效，容易导致齿面胶合。

答案：A

56. 解 该公式为按照扭转强度对轴进行设计的计算公式。其中，P表示传递的功率，其单位为 kW。

答案： C

57. 解 根据轴承基本额定寿命L的定义可知，一组同一型号轴承在同一条件下运转，能达到或超过基本额定寿命L的可靠度为90%。也就是说，其余10%达不到额定寿命L，发生了疲劳点蚀失效。

答案： A

58. 解 在我国现有的国家大气污染物排放标准体系中，执行的是综合性排放标准与行业性排放标准不交叉执行的原则。同时，在《大气污染物综合排放标准》（GB 16297—1996）前言中也有相关阐述。

注：随着"十九大"报告中对环保的重视及相关政策的趋严，环保类法规应受到考生的重视。

答案： A

59. 解 《中华人民共和国节约能源法》第三十五条规定：不符合建筑节能标准的建筑工程，建设主管部门不得批准开工建设；已经开工建设的，应当责令停止施工、限期改正；已经建成的，不得销售或者使用。

答案： C

60. 解 《压缩空气站设计规范》（GB 50029—2014）第9.0.1条规定：压缩空气管道应满足用户对压缩空气流量、压力及净化等级的要求。

第9.0.2条规定：室外压缩空气管道的敷设方式应根据气象、水文、地质、地形等条件和施工、运行、维修等因素确定。

第9.0.10条规定：工作温度大于100℃的架空压缩空气管道，应有热补偿措施。当用户需要利用压缩空气的压缩热时，管道应进行保温。寒冷地区室外架空敷设的压缩空气管道，应采取防冻措施。

注：原题考查的是已作废的2003年版的内容，本书按现行2014年版对此题及解析做了改编，以便于考生了解现行规范的条文。

答案： D

2018年度全国勘察设计注册公用设备工程师

（暖通空调、动力）执业资格考试试卷

基础考试

（下）

二〇一八年十月

应考人员注意事项

1. 本试卷科目代码为“2”，考生务必将此代码填涂在答题卡“科目代码”相应的栏目内，否则，无法评分。

2. 书写用笔：**黑色或蓝色钢笔、签字笔或圆珠笔**；

   填涂答题卡用笔：**黑色 2B 铅笔**。

3. 必须用书写用笔将工作单位、姓名、准考证号填写在答题卡和试卷相应的栏目内。

4. 本试卷由 60 题组成，每题 2 分，满分 120 分，本试卷全部为单项选择题，每小题的四个备选项中只有一个正确答案，错选、多选、不选均不得分。

5. 考生作答时，必须按**题号在答题卡上**将相应试题所选选项对应的**字母用 2B 铅笔涂黑**。

6. 在答题卡上书写与题意无关的语言，或在答题卡上作标记的，均按违纪试卷处理。

7. 考试结束时，由监考人员当面将试卷、答题卡一并收回。

8. 草稿纸由各地统一配发，考后收回。

单项选择题（共 60 题，每题 2 分。每题的备选项中，只有一个最符合题意。）

1. 使用公式$Q=\Delta U+W$计算系统与外界交换热量和做功时，要求系统满足下列哪个过程？

A. 任何过程　　B. 可逆过程

C. 准静态过程　　D. 边界上无功耗散过程

2. 热力过程中的热量和功都是过程量，均具有的特性为：

A. 只要过程路线确定，不论是否可逆，Q和W均为定值

B. 只要初始位置确定，即可计算Q和W

C. 一般过程中，$Q=W$

D. 循环过程中，$\oint \delta Q=\oint \delta W$

3. 如果湿空气的总压力为 0.1MPa，水蒸气分压为 2.3kPa，则湿空气的含湿量约为：

A. 5g/kg(a)　　B. 10g/kg(a)

C. 15g/kg(a)　　D. 20g/kg(a)

4. 混合气体的分压力定律（道尔顿定律）表明，组成混合气体的各部分理想气体的参数满足下列哪项关系？

A. $p=p_1+p_2+\cdots+p_n$　　B. $V=V_1+V_2+\cdots+V_n$

C. $p_i=g_i\cdot\rho$　　D. $v_i=g_i\cdot V$

5. 活塞式压缩机留有余隙的主要目的是：

A. 减少压缩制气过程耗功　　B. 运行平稳和安全

C. 增加产气量　　D. 避免高温

6. 工质进行 1-2 过程，做功50kJ/kg和吸热15kJ/kg；如恢复初态时，吸热50kJ/kg，则做功：

A. 5kJ/kg　　B. 15kJ/kg

C. 30kJ/kg　　D. 45kJ/kg

7. 热力学第二定律的克劳修斯表述为：不可能把热从低温物体转移到高温物体而不产生其他变化。下述不正确的解释或理解是：

A. 只要有一点外加作用功，就可使热量不断地从低温物体传到高温物体

B. 要把热从低温物体传到高温物体，需要外部施加作用

C. 热从高温物体传到低温物体而不引起其他变化是可能的

D. 热量传递过程中的“其他变化”是指一切外部作用或影响或痕迹

8. 同样温度和总压力下，湿空气中脱除水蒸气时，其密度会：

A. 不变　　B. 减小

C. 增大　　D. 不定

9. 设空气进入喷管的初始压力为 1.2MPa，初始温度$T_1 = 350\text{K}$，背压为 0.1MPa，空气$R_g = 287\text{J/(kg}\cdot\text{K)}$，采用渐缩喷管时可以达到的最大流速为：

A. 343m/s　　B. 597m/s

C. 650m/s　　D. 725m/s

10. 氨水吸收式制冷循环中，用于制冷和吸收的分别是：

A. 水制冷、氨水制冷　　B. 水制冷、氨制冷

C. 氨制冷、水吸收　　D. 氨制冷、氨水制冷

11. 在稳态常物性无内热源的导热过程中，可以得出与导热率（导热系数）无关的温度分布通解，$t = ax + b$，其具有特性为：

A. 温度梯度与热导率成反比

B. 导热过程与材料传导性能无关

C. 热量计算也与热导率无关

D. 边界条件不受物理性质影响

12. 壁面添加肋片散热过程中，肋的高度未达到一定高度时，随着肋高度增加，散热量也增大。当肋高度超过某数值时，随着肋片高度增加，会出现：

A. 肋片平均温度趋于饱和，效率趋于定值

B. 肋片上及根部过余温度θ下降，效率下降

C. 稳态过程散热量保持不变

D. 肋效率η_f下降

13. 通过多种措施改善壁面及流体热力特性，可以增强泡态沸腾换热，下列措施中使用最少的措施是：

A. 表面粗糙处理

B. 采用螺纹表面

C. 加入其他相溶成分形成多组分溶液

D. 表面机械加工，形成微孔结构

14. 常物性有内热源（$q_c = C$，W/m^3）二维稳态导热过程，在均匀网格步长下，如图所示，其内节点差分方程可写为：

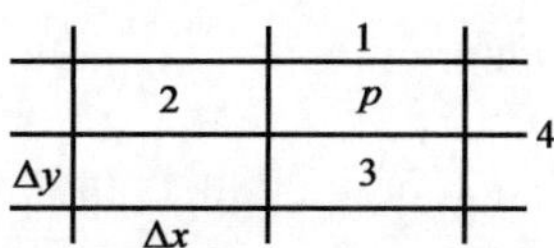

A. $t_p = \frac{1}{4}\left(t_1 + t_2 + t_3 + \frac{q_v}{\lambda}\right)$

B. $t_p = \frac{1}{4}(t_1 + t_2 + t_3 + t_4) + \frac{q_v \Delta x^2}{4\lambda}$

C. $t_p = \frac{1}{4}(t_1 + t_2 + t_3 + t_4) + q_v \Delta x^2$

D. $t_p = \frac{1}{4}(t_1 + t_2 + t_3 + t_4)$

15. 对流换热过程使用准则数及其关联式来描述换热过程参数间的关系和特性，下列说法不正确的是：

A. 自然对流换热采用 Nu、Gr 和 Pr 描述

B. 受迫对流换热采用 Nu、Re 和 Pr 描述

C. 湍流过程可以采用$S_t = Pr^{2/3}\,C_f/2$描述

D. 一般对流换热过程可以采用$Nu = f(Re, Gr, Pr, Fo, Bi)$描述

16. 单相流体外掠管束换热过程中，管束的排列、管径、排数以及雷诺数的大小均对表面传热系数（对流换热系数）有影响，下列说法不正确的是：

A. Re 增大，表面传热系数增大

B. 在较小的雷诺数下，叉排管束表面传热系数大于顺排管束

C. 管径和管距减小，表面传热系数增大

D. 后排管子的表面传热系数比前排高

17. 如果要增强蒸汽凝结换热，常见措施中较少采用的是：

A. 增加凝结面积　　B. 促使形成珠状凝结

C. 清除不凝结气体　　D. 改变凝结表面几何形状

18. 根据黑体单色辐射的普朗克定律，固体表面的辐射随波长的变化是连续的，因此，任何温度下都会辐射出所有波长的热辐射，这种说法：

A. 正确　　B. 不正确

C. 与表面是否透明有关　　D. 需要附加其他条件

19. 如图所示，二维表面（假设垂直于纸面为无限长）a对b辐射的角系数$X_{\mathrm{a,b}}$和c对的角系数之间的关系为：

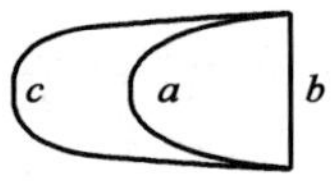

A. $X_{\mathrm{a,b}}=X_{\mathrm{c,b}}$

B. $X_{\mathrm{a,b}}<X_{\mathrm{c,b}}$

C. $X_{\mathrm{a,b}}>X_{\mathrm{c,b}}$

D. 不确定

20. 采用ε-NTU 法进行有相变的换热器计算，如 NTU 相同，则逆流和顺流换热效能ε：

A. 不相等

B. 相等

C. 不确定

D. 与无相变时相同

21. 如图所示的汇流叉管。已知流量$Q_1=1.5\mathrm{m}^3/\mathrm{s}$，$Q_2=2.6\mathrm{m}^3/\mathrm{s}$，过流断面 3-3 的面积$A_3=0.2\mathrm{m}^2$。则断面 3-3 的平均流速为：

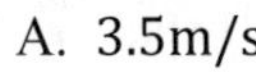

A. 3.5m/s

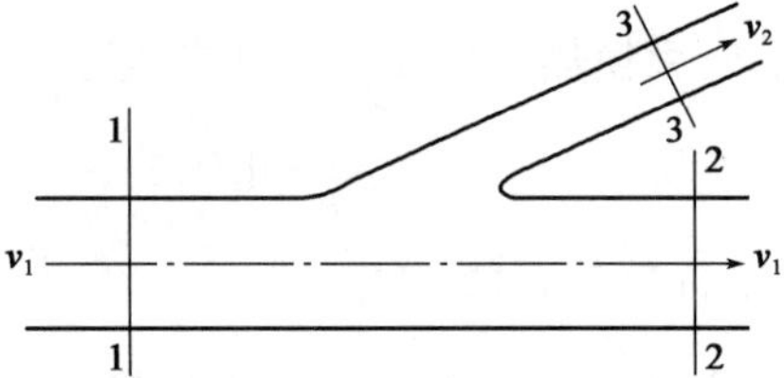

B. 4.5m/s

C. 5.5m/s

D. 6.5m/s

22. 某输油管层流模型试验，模型和原型采用同温度的同一种流体，模型与原型的几何比例为 1∶4，则模型有关的流量应为原型油管流量的：

A. 1/2

B. 1/4

C. 1/6

D. 1/8

23. 紊流阻力包括有：

A. 黏性切应力

B. 惯性切应力

C. 黏性切应力或惯性切应力

D. 黏性切应力和惯性切应力

24. 三条支管串联的管路，其总阻抗为S，三段支管的阻抗分别为S_1、S_2、S_3，则下面的关系式正确的是：

A. $S=S_1+S_2+S_3$

B. $\frac{1}{S}=\frac{1}{S_1}+\frac{1}{S_2}+\frac{1}{S_3}$

C. $\frac{1}{\sqrt{S}}=\frac{1}{\sqrt{S_1}+\sqrt{S_2}+\sqrt{S_3}}$

D. $\frac{1}{\sqrt{S}}=\frac{1}{\sqrt{S_1}}+\frac{1}{\sqrt{S_2}}+\frac{1}{\sqrt{S_3}}$

25. 某新建室内体育场由圆形风口送风，风口$d_0=0.5\text{m}$，距比赛区为 45m。要求比赛区质量平均风速不超过0.2m/s，则选取风口时，风口送风量不应超过（紊流系数$a=0.08$）：

A. $0.25\text{m}^3/\text{s}$ B. $0.5\text{m}^3/\text{s}$

C. $0.75\text{m}^3/\text{s}$ D. $1.25\text{m}^3/\text{s}$

26. 强度为Q的源流位于x轴的原点左侧，强度为Q的汇流位于x轴原点右侧，距原点的距离均为a，则流函数为：

A. $\Psi=\frac{Q}{2\pi}\arctan\frac{y}{x-a}+\frac{Q}{2\pi}\arctan\frac{y}{x+a}$

B. $\Psi=\frac{Q}{2\pi}\arctan\frac{y}{x+a}+\frac{Q}{2\pi}\arctan\frac{y}{x-a}$

C. $\Psi=\frac{Q}{2\pi}\arctan\frac{y-a}{x}+\frac{Q}{2\pi}\arctan\frac{y+a}{x}$

D. $\Psi=\frac{Q}{2\pi}\arctan\frac{y+a}{x}+\frac{Q}{2\pi}\arctan\frac{y-a}{x}$

27. 已知：空气的绝热指数$k=1.4$，气体常数$R=278\text{J}/(\text{kg}\cdot\text{K})$，则 15℃空气中的音速为：

A. 300m/s B. 310m/s

C. 340m/s D. 350m/s

28. 喷管中空气的速度为500m/s，温度为 300K，密度为2kg/m^3，若要进一步加速气流，则喷管面积需：

A. 缩小 B. 扩大

C. 不变 D. 不定

29. 某水泵往高处抽水，已知水泵的轴线标高为 122m，吸水面标高为 120m，上水池液面标高为 150m，入管段阻力为 0.9m，压出管段阻力为 1.81m，则所需泵的扬程为：

A. 30.12m B. 28.72m

C. 30.71m D. 32.71m

30. 当某管路系统风量为$400\text{m}^3/\text{h}$时，系统阻力为 200Pa；当使用该系统将空气送入有正压 100Pa 的密封舱时，其阻力为 500Pa，则此时流量为：

A. $534\text{m}^3/\text{h}$ B. $566\text{m}^3/\text{h}$

C. $583\text{m}^3/\text{h}$ D. $601\text{m}^3/\text{h}$

31. 自动控制系统的基本性能要求是：

A. 在稳定的前提下，动态调节时间短、快速性和平稳性好、稳态误差小

B. 系统的性能指标不要相互制约

C. 系统为线性系统，性能指标为恒定值

D. 系统动态响应快速性、准确性和动态稳定性都达到最优

32. 水温自动控制系统中，冷水在热交换器中由通入的蒸汽加热，从而得到一定温度的热水。系统中，除了对水温进行检测并形成反馈外，还增加了对冷水流量变化的测量，并配以适当的前馈控制，那么该系统能够应对的扰动量为：

A. 蒸汽流量的变化　　B. 蒸汽温度的变化

C. 热水温度的变化　　D. 冷水流量的变化

33. 惯性环节的微分方程为$Tc'(t)+c(t)=r(t)$，其中T为时间常数，则其传递函数$G(s)$为：

A. $1/(Ts+1)$　　B. $Ts+1$

C. $1/(T+\mathrm{s})$　　D. $T+\mathrm{s}$

34. 对自动控制系统中被控对象的放大系数，下列描述不正确的是：

A. 放大系数为被控对象输出量的增量的稳态值与输入量增量的比值

B. 放大系数既表征被控对象静态特性参数，也表征动态特性参数

C. 放大系数决定确定输入信号下的对稳定值的影响

D. 放大系数是被控对象的三大特征参数之一

35. PI 控制作用的两个参数及作用是：

A. 比例度和积分时间常数：比例作用是及时的、快速的，而积分作用是缓慢的、渐进的

B. 调节度和系统时间常数：调节作用是及时的、快速的，而系统时间作用是缓慢的、渐进的

C. 反馈量和时间常数：反馈量是及时的、快速的，而反馈时间作用是缓慢的、渐进的

D. 偏差量和滞后时间常数：偏差作用是及时的、快速的，而滞后作用是缓慢的、渐进的

36. 标准二阶系统的特征方程$S^2+2\xi\omega_{\mathrm{n}}s+\omega_{\mathrm{n}}^2=0$，则：

A. $\xi>1$是过阻尼状态

B. $\xi=0$和$\xi=1$是临界状态

C. $0<\xi<1$是欠阻尼状态

D. $\xi<0$是无阻尼状态

37. 闭环系统的传递函数为$G(s)=4s^3+3K^2s^2+K$，根据劳斯稳定判断：

A. 不论K取何值，系统均不稳定

B. 不论K取何值，系统均稳定

C. 只有K大于零，系统才稳定

D. 只有K小于零，系统才稳定

38. 减小闭环控制系统稳态误差的方法有：

A. 提高开环增益

B. 降低开环增益

C. 增加微分环节和降低开环增益

D. 减少微分环节和降低开环增益

39. 系统的时域性指标包括稳态性能指标和动态性能指标，下列说法正确的是：

A. 稳态性能指标为稳态误差，动态性能指标有相位裕度、幅值裕度

B. 稳态性能指标为稳态误差，动态性能指标有上升时间、峰值时间、调节时间和超调量

C. 稳态性能指标为平稳性，动态性能指标为快速性

D. 稳态性能指标为位置误差系数，动态性能指标有速度误差系数、加速误差系数

40. 下列不属于测量系统基本环节的是：

A. 传感器　　B. 传输通道

C. 变换器　　D. 平衡电桥

41. 制作热电阻的材料必须满足一定的技术要求，以下叙述错误的是：

A. 电阻值与温度之间有接近线性的关系

B. 较大的电阻温度

C. 较小的电阻率

D. 稳定的物理、化学性质

42. 下列湿度计中，无须进行温度补偿的是：

A. 氯化锂电阻湿度计

B. 氯化锂露点湿度计

C. NIO 陶瓷湿度计

D. TiO_2-V_2O_5 陶瓷湿度计

43. 需要与弹性元件结合使用的压力传感器是：

A. 电阻应变式压力传感器

B. 压电式压力传感器

C. 电容式压力传感器

D. 电感式压力传感器

44. 下列不依赖压力表测量的仪表是：

A. 机械式风速仪

B. L 型动压管

C. 圆柱形三孔测速仪

D. 三管型测速仪

45. 下列关于电磁流量计的叙述，错误的是：

A. 是一种测量导电性液体流量的表

B. 不能测量含有固体颗粒的液体

C. 应用法拉第电磁感应原理

D. 可以测量腐蚀性的液体

46. 以下液位测量仪表中，不受被测液体密度影响的是：

A. 浮筒式液位计

B. 压差式液位计

C. 电容式液位计

D. 超声波液位计

47. 在机械测量中，压力表零点漂移产生的误差属于：

A. 系统误差　　B. 随机误差

C. 仪器误差　　D. 人为误差

48. 误差与精密度之间的关系，下列表述正确的是：

A. 误差越大，精密度越高

B. 误差越大，精密度越低

C. 误差越大，精密度可能越高也可能越低

D. 误差与精密度没有关系

49. 对塑性材料制成的零件，进行静强度计算时，其极限应力应取为：

A. σ_s B. σ_1

C. σ_0 D. σ_b

50. 由m个构件所组成的复合铰链包含的转动副个数为：

A. $m-1$ B. m

C. $m+1$ D. 1

51. 在平面四杆机构中，如存在急回运动特性，则其行程速比系数：

A. $K=0$ B. $K>1$

C. $K=1$ D. $K<1$

52. 在滚子从动件凸轮机构中，对于外凸的凸轮理论轮廓曲线，为保证做出凸轮的实际轮廓曲线不会出现变尖或交叉现象，必须满足：

A. 滚子半径不等于理论轮廓曲线最小曲率半径

B. 滚子半径小于理论轮廓曲线最小曲率半径

C. 滚子半径等于理论轮廓曲线最小曲率半径

D. 滚子半径大于理论轮廓曲线最小曲率半径

53. 若要提高螺纹连接的自锁性能，可以：

A. 采用牙形角小的螺纹 B. 增大螺纹升角

C. 采用单头螺纹 D. 增大螺纹螺距

54. V 带传动采用张紧轮张紧时，张紧轮应布置在：

A. 紧边内侧靠近大带轮

B. 紧边外侧靠近大带轮

C. 松边内侧靠近大带轮

D. 松边外侧靠近大带轮

55. 在蜗杆传动中，比较理想的蜗杆与涡轮材料组合是：

A. 钢与青铜　　B. 钢与铸铁

C. 铜与钢　　D. 钢与钢

56. 转轴受到的弯曲应力性质为：

A. 静应力　　B. 脉动循环变应力

C. 对称循环变应力　　D. 非对称循环变应力

57. 下列滚动轴承中，通常需成对使用的轴承型号是：

A. N307　　B. 30207

C. 51307　　D. 6207

58. 地下水作为暖通空调系统的冷热源时，地下水使用过后：

A. 必须全部回灌

B. 必须全部回灌并不得造成污染

C. 视具体情况尽可能回灌

D. 若有难度，可以不回灌

59. 下列有关管理的叙述，错误的是：

A. 发包方将建设工程勘察设计业务发包给具备相应资质等级的单位

B. 未经注册勘察设计人员不得从事建设工程勘察设计工作

C. 注册执业人员只能受聘于一个建设工程勘察设计单位

D. 建设工程勘察设计单位不允许个人以本单位名义承揽建设工程勘察设计任务而不是不能从事建设工程勘察、设计活动

60. 下列在厂房和仓库内设置各类其他用途房间的限制中说法正确的是：

A. 甲乙类厂房内不宜设置休息室

B. 甲乙类厂房内严禁设置员工宿舍

C. 仓库内严禁设置员工宿舍

D. 办公室严禁设置在甲乙类仓库内，但可以贴邻建造

2018 年度全国勘察设计注册公用设备工程师（暖通空调、动力）执业资格考试基础考试（下）试题解析及参考答案

1. 解 热力学第一定律表达式$Q = \Delta U + W$适用于任何过程。

答案：A

2. 解 功和热量属于过程量，即与积分路径有关，走过的路线不一样，则Q和W取值也不一样。而经历一循环时，由于$\oint \mathrm{d}U = 0$及$\oint \mathrm{d}H = 0$，所以有$\oint \delta Q = \oint \delta W$。

答案：D

3. 解 $d = 0.622\frac{P_{\mathrm{w}}}{P - P_{\mathrm{w}}} = 0.622 \times \frac{2.3}{100 - 2.3} = 0.0146\mathrm{kg/kg} = 14.6\mathrm{g/kg}$

答案：C

4. 解 道尔顿分压定律表述为：混合气体的总压力等于各组分气体分压力之和，即选项 A 表达式正确。

答案：A

5. 解 活塞式压缩机留有余隙的主要目的，是保证压缩机的安全平稳运行，防止活塞撞击气缸底部。而留有余隙容积后会使得压缩机容积效率减小，实际输气量低于理论输气量。

答案：B

6. 解 由题意，吸热15kJ/kg，代入$Q_1 = \Delta U_1 + W_1$，有$\Delta U_1 = -35\mathrm{kJ/kg}$，系统恢复初态，则有$\Delta U_2 = -\Delta U_1 = 35\mathrm{kJ/kg}$，而$Q_2 = 50\mathrm{kJ/kg}$，代入$Q_2 = \Delta U_2 + W_2$，则有$W_2 = Q_2 - \Delta U_2 = 15\mathrm{kJ/kg}$。

答案：B

7. 解 热力学第二定律表述为：不可能把热从低温物体传到高温物体而不产生其他影响。而进行逆循环时，通过消耗机械功可以实现热从低温物体传到高温物体。此时所消耗的机械功可通过热力学第一定律求得，而不是选项 A 中所说的“一点外加作用功”。

答案：A

8. 解 水蒸气摩尔质量为 18，干空气平均摩尔质量为 29，湿空气中水蒸气被脱除后会使得其平均摩尔质量增大。根据$\rho = \frac{m}{V} = \frac{pM}{RT}$，可知摩尔质量$M$增大，则密度增大。

答案：C

9. 解 对于空气$k = 1.4$，临界压比为：

$$\varepsilon_{\mathrm{cr}} = \left(\frac{2}{k+1}\right)^{\frac{k}{k-1}} = \left(\frac{2}{1.4+1}\right)^{\frac{1.4}{1.4-1}} = 0.528$$

采用渐缩喷管时所能达到的最大流速为其临界流速，即压比为临界压比时的出口流速，为：

$$c_{f,cr}=\sqrt{2\frac{k}{k+1}R_gT_1}=\sqrt{2\times\frac{1.4}{1.4+1}\times287\times350}=342.33\mathrm{m/s}$$

题目虽然给出背压为0.1MPa，但很显然，若使喷嘴出口工质达到0.1MPa，则压比已经小于了临界压比0.521，这对于渐缩喷管是不能实现的。

答案： A

10. 解 氨水吸收式制冷中，氨做制冷剂，水做吸收剂。

答案： C

11. 解 由于$\mathrm{grad}\,\vec{t}=\frac{\partial t}{\partial n}\vec{n}$，$t=ax+b$，温度梯度与热导率无关，所以选项A错误。

$q=-\lambda\,\mathrm{grad}\,t=-\lambda\frac{\partial t}{\partial n}n$，导热过程除了与温度场有关，还与傅里叶定律有关，所以选项B、C错误。

根据边界条件受外界换热环境影响，与物理性质无关，知选项D正确。

答案： D

12. 解 当肋高度超过某数值时，散热量的增加逐渐减少，最后趋向一个定值，肋片效率随着高度的增加下降。平均温度逐渐减小，肋片效率逐渐下降，选项A错误；根部过余温度不变，选项B错误；$\Phi=\sqrt{hU\lambda A_L}\theta_0\mathrm{th}(mL)$，散热量不断增加，选项C错误。

答案： D

13. 解 改善沸腾主要为改变沸腾表面，以利于气泡的生成过程，选项A、B、D都属于这类措施。

答案： C

14. 解 建立热平衡关系式：

$$\lambda\frac{t_1-t_p}{\Delta x}\Delta x+\lambda\frac{t_2-t_p}{\Delta x}\Delta x+\lambda\frac{t_3-t_p}{\Delta x}\Delta x+\lambda\frac{t_4-t_p}{\Delta x}\Delta x+q_v\Delta x^2=0$$

$$t_p=\frac{1}{4}(t_1+t_2+t_3+t_4)+\frac{q_v\Delta x^2}{4\lambda}$$

答案： B

15. 解 选项A、B、C描述都正确。对流过程中涉及的准则关系式$Nu=f(\mathrm{Re},\mathrm{Pr},\mathrm{Gr})$，Bi和Fo是非稳态导热的准则数，所以选项D说法不准确。

答案： D

16. 解 管束换热的关联式：

$$\mathrm{Nu}=C\mathrm{Re}^n\mathrm{Pr}^m\left(\frac{\mathrm{Pr_f}}{\mathrm{Pr_w}}\right)^{0.25}\left(\frac{s_1}{s_2}\right)^p\varepsilon_z$$

Re增大，增大扰流，会增大h，选项A正确；一般叉排的扰动比顺排强，h也大，但是阻力相反，选项B正确；后排管子是第一排的1.3~1.7倍，因为后排受到前排尾流影响较大，选项D正确；选项C中，横向和纵向的管间距对h的影响是相反的，所以错误。

答案：C

17. 解 凝结表面的几何形状一般都是平面或者圆管表面，增强凝结可以改变表面光滑度而不是形状，选项 D 错误。选项 A、B、C 都是常见有效方法。

答案：D

18. 解 最简单的反证就是：不是所有温度下的物体都会发光。

答案：B

19. 解 $X_{b,a}A_b = X_{b,c}A_b$，利用互换率，$X_{a,b}A_a = X_{c,b}A_c$，$A_a < A_b$，$X_{a,b} > X_{c,b}$。

答案：C

20. 解 对于有相变的换热器，如蒸发器和冷凝器，发生相变的流体温度不变，所以不存在顺流还是逆流的问题，二者的换热效能ε相等。

答案：B

21. 解 由质量守恒方程知过流断面 3-3 的流量$Q_3 = Q_2 - Q_1$，则：

$$v_3 = \frac{Q_2 - Q_1}{A_3} = \frac{2.6 - 1.5}{0.2} = 5.5\text{m/s}$$

答案：C

22. 解 此题考查的仍然是模型律的选择问题。

该题，对于输油管层流实验，起主要作用的仍然是雷诺数，因此采用雷诺准则数相同，可得：

$$\frac{u_n}{u_m} = \frac{d_m}{d_n} = \frac{1}{4}$$

流量之比：

$$\frac{Q_m}{Q_n} = \frac{d_m^2 u_m}{d_n^2 u_n} = \frac{1}{16} \times 4 = \frac{1}{4}$$

答案：B

23. 解 层流各流层间互不掺混，只存在黏性引起的各流层间的滑动摩擦阻力；紊流时则有大小不等的涡体动荡于各流层间。除了黏性阻力，还存在由于质点掺混，互相碰撞所造成的惯性阻力。因此，紊流阻力比层流阻力大得多。

答案：D

24. 解 本题考查基本理论。对于串联管路，总阻抗$S = S_1 + S_2 + S_3$，而选项 D 则为并联管路的总阻抗。

答案：A

25. 解 本题是在大空间中的自由射流，其速度衰减规律为：

$$\frac{v_2}{v_0}=\frac{0.23}{\frac{as}{d_0}+0.147}$$

则风口平均流速：

$$u_0=\frac{0.2\times\left(\frac{0.08\times 45}{0.5}+0.147\right)}{0.23}=6.39\text{m/s}$$

从而求得风口送风量：$Q=\frac{\pi}{4}d_0^2u_0=0.785\times 0.5^2\times 6.39=1.25\text{m}^3/\text{s}$

答案：D

26. 解 源流为正，汇流为负，排除选项A、C；坐标平移规则：x轴左正右负，y轴下正上负，可锁定正确答案为B。

答案：B

27. 解 音速与气体绝热指数k和气体常数R有关，则

$$c=\sqrt{kRT}=\sqrt{1.4\times 287\times(15+273)}=340\text{m/s}$$

答案：C

28. 解 音速与气体的绝热指数k和气体常数R有关，对于空气$k=1.4$，$\text{R}=287\text{J/(kg}\cdot\text{K)}$，由$c=\sqrt{kRT}=\sqrt{1.4\times 287\times 300}=347.2\text{m/s}$，可得此处马赫数$\frac{\text{d}v}{v}=\frac{1}{\text{Ma}^2-1}\frac{\text{d}A}{A}$大于1。又由因马赫数大于1时，$\text{d}v$与$\text{d}A$符号相同，说明速度随断面的增大而加快，随断面的减小而减慢。因此要想进一步加速，则喷管面积需要扩大。

答案：B

29. 解 水泵扬程 = 高差 + 总阻力损失 $=150-120+0.9+1.81=32.71\text{m}$

答案：D

30. 解 由$\Delta p=SQ^2$，可得管路阻抗：$S=\frac{200}{400^2}$

又由题意可知：总阻力为500Pa，消耗在管路上的阻力损失为$500-100=400\text{Pa}$，则可得：

$$400=SQ^2\Rightarrow Q=\sqrt{\frac{400\times 400^2}{200}}=566\text{m}^3/\text{h}$$

答案：B

31. 解 基本性能要求是稳为先。

答案：A

32. 解 扰动量为冷水流量变化，可通过增加前馈测量来应对。

答案：D

33. 解 对方程两边应用微分定理进行拉普拉斯变换可得：

$$TsC(s)+C(s)=R(s)\Rightarrow G(s)=\frac{C(s)}{R(s)}=\frac{1}{Ts+1}$$

答案：A

34. 解 放大系数是静态特征参数，时间常数是动态特性参数。

答案：B

35. 解 PI 控制即比例积分控制，两个参数为比例度和积分时间常数。

答案：A

36. 解 参见控制系统的二阶瞬态响应相关内容，选项 A、C 均正确。

答案：A、C

37. 解 特征方程系数缺项，肯定不稳定。

答案：A

38. 解 根据稳态误差的公式，可知提高开环增益K，可以减小稳态误差。

答案：A

39. 解 稳态指标是衡量系统稳态精度的指标。动态指标通常为上升时间、峰值时间、调节时间、超调量等。

答案：B

40. 解 典型的测试系统，一般由输入装置、中间变换装置、输出装置三部分组成。

答案：D

41. 解 几乎所有金属与半导体均有随温度变化而其阻值变化的性质，作为测温元件必须满足下列条件：

（1）电阻温度系数α应大。多数金属热电阻随温度升高一度(K)其阻值约增加 0.35%~6%，而负温度系数的热敏电阻却减少 2%~8%。应指出α值并非常数，α值越大，热电阻灵敏度越高。α值与材料含杂质成分有关，与制造工艺（如拉伸时内应力大小）有关。

（2）复现性要好，复制性强，互换性好。

（3）电阻率大。这样同样的电阻值，体积可制得较小，因而热惯性也较小。

（4）价格便宜，工艺性好。

答案：C

42. 解 选项 A 氯化锂电阻受温度影响，使用中必须注意温度补偿。选项 B 氯化锂露点湿度计中的氯化锂溶液长期使用，露点指示有偏高的趋势，因此需要做温度补偿。选项 D 陶瓷湿度计采用的是湿敏电阻原理，需要温度补偿。

湿敏电阻传感器测量转换电路如解图所示。

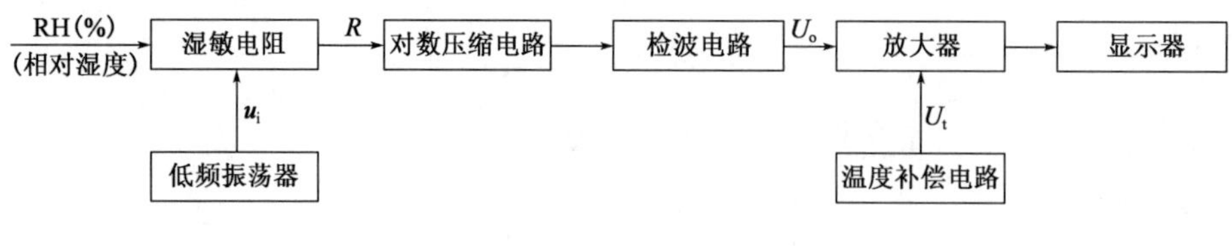

题 42 解图

答案：C

43. 解　利用半导体材料的体电阻做成粘贴式的应变片，作为测量中的变换元件，与弹性敏感元件一起组成粘贴型压阻式压力传感器，或叫电阻应变式压力传感器。

答案：A

44. 解　机械式风速仪，利用机械部件旋转来感应风速大小。

答案：A

45. 解　电磁流量计利用法拉第感应定律来检测流量。在电磁流量计内部有一个产生磁场的电磁线圈，以及用于捕获电动势（电压）的电极。正是由于这一点，电磁流量计才可以在管道内似乎什么也没有的情况下仍然可以测量流量。其优点包括不受液体的温度、压力、密度或黏度的影响，能够检测包含污染物（固体、气泡）的液体，没有压力损失，没有可动部件（提高可靠性）。

答案：B

46. 解　空气的介电常数接近 1，而液体的介电常数一般与空气的介电常数相差较大。电容式液位测量原理是基于介电常数的差别来进行测量的。电容式测量主要通过检测由于液面或者散料高度变化而导致的电容值变化来测量料位高度，不受液体密度影响。

答案：C

47. 解　系统误差，是指一种非随机性误差，如违反随机原则的偏向性误差，在抽样中由登记记录造成的误差等。它使总体特征值在样本中变得过高或过低。产生原因主要有：①所抽取的样本不符合研究任务；②不了解总体分布的性质选择了可能曲解总体分布的抽样程序；③有意识地选择最方便的和解决问题最有利的总体元素，但这些元素并不代表总体（例如只对先进企业进行抽样）。这类误差只要事先做好充分准备，是可以避免的。

答案：A

48. 解　精密度是表示测量的再现性，是保证准确度的先决条件，但是高的精密度不一定能保证高的准确度。好的精密度是保证获得良好准确度的先决条件，一般说来，测量精密度不好，就不可能有良好的准确度。反之，测量精密度好，准确度不一定好，这种情况表明测定中随机误差小，但系统误差较大。

答案：B

49. 解　本题同2014-49。对于塑性材料，静强度计算按不发生塑性变形的条件进行，应取材料的屈服极限σ_s作为极限应力。

答案：A

50. 解　复合铰链是由两个以上构件同时在一处用转动副连接构成，如3个构件构成的复合铰链，转动副个数实际为2个，依此类推，m个构件组成的复合铰链，则转动副个数应为$m-1$。

答案：A

51. 解　行程速比系数K可用来评价四杆机构的急回特性，$K=\frac{180^\circ+\theta}{180^\circ-\theta}$，其中$\theta$为极位夹角，四杆机构存在急回特性，其值大于0。由该式可以看出，K值应大于1。

答案：B

52. 解　滚子半径的大小对凸轮实际轮廓有很大影响。设理论轮廓外凸部分的最小曲率半径为$\rho_{\min}$，滚子半径为r，则相应位置实际轮廓曲率半径$\rho'=\rho_{\min}-r$，为保证实际轮廓曲线不产生尖点或者自相交，应使$\rho'>0$。因此，要求滚子半径必须小于理论轮廓外凸部分的最小曲率半径$\rho_{\min}$。

答案：B

53. 解　单线螺纹常用于连接，双线螺纹常用于传动。

说明：该题选项A、B、D均不对，排除之后，只剩选项C。但选项C也有问题，建议将“采用单头螺纹”修改“采用细牙螺纹”。

自锁性能与螺纹升角有关，对于公称直径相同的普通螺纹来讲，细牙螺纹的螺纹升角更小一些，因而自锁性能更好。

答案：C

54. 解　V带传动采用张紧轮时，张紧轮一般放在松边内侧，使带只受单向弯曲作用，并靠近大带轮，以保证小带轮有较大包角。

答案：C

55. 解　蜗杆传动中，蜗杆副的材料不仅要求有足够的强度，而且更重要的是要具有良好的减摩耐磨性能和抗胶合能力，因此，常采用青铜材料作为涡轮的齿圈，与钢制蜗杆相配。

答案：A

56. 解　转轴以一定速度进行转动，即使所受荷载大小和方向不变，依据应力循环特性的定义，其弯曲应力性质为对称循环变应力。

答案： C

57. 解　本题为 2011-57 原题。国家标准规定，滚动轴承的基本代号由五位构成，左起第一位为类型代号，用数字或字母表示。从该题提供的选项可知，30207 为圆锥滚子轴承，通常此型号轴承需成对使用，对称安装。

答案： B

58. 解　见《地源热泵系统工程技术规范》（GB 50366—2009）第 5.1.1 条规定：地下水换热系统应根据水文地质勘察资料进行设计。必须采取可靠回灌措施，确保置换冷量或热量后的地下水全部回灌到同一含水层，并不得对地下水资源造成浪费及污染。

答案： B

59. 解　《建设工程勘察设计管理条例》第九条规定：未经注册的建设工程勘察、设计人员，不得以注册执业人员的名义从事建设工程勘察、设计活动。

而不是不能从事建设工程勘察、设计活动。

答案： B

60. 解　见《建筑设计防火规范》（GB 50016—2014）（2018 年版）第 3.3.5 条及条文说明。

3.3.5　员工宿舍严禁设置在厂房内。

办公室、休息室等不应设置在甲、乙类厂房内，确需贴邻本厂房时，其耐火等级不应低于二级，并应采用耐火极限不低于 3.00h 的防爆墙与厂房分隔和设置独立的安全出口。

办公室、休息室设置在丙类厂房内时，应采用耐火极限不低于 2.50h 的防火隔墙和 1.00h 的楼板与其他部位分隔，并应至少设置 1 个独立的安全出口。如隔墙上需开设相互连通的门时，应采用乙级防火门。

【条文说明】　3.3.5 条为强制性标准条文。住宿与生产、储存、经营合用场所（俗称"三合一"建筑）在我国造成过多起重特大火灾，教训深刻。甲、乙类生产过程中发生的爆炸，冲击波有很大的摧毁力，用普通的砖墙很难抗御，即使原来墙体耐火极限很高，也会因墙体破坏失去防护作用。为保证人身安全，要求有爆炸危险的厂房内不应设置休息室、办公室等，确因条件限制需要设置时，应采用能够抵御相应爆炸作用的墙体分隔。

防爆墙为在墙体任意一侧受到爆炸冲击波作用并达到设计压力时，能够保持设计所要求的防护性能的实体墙体。防爆墙的通常做法有钢筋混凝土墙、砖墙配筋和夹砂钢木板。防爆墙的设计，应根据生产部位可能产生的爆炸超压值、地压面积大小、爆炸的概率，结合工艺和建筑中采取的其他防爆措施与建造成本等情况综合考虑进行。

在丙类厂房内设置用于管理、控制或调度生产的办公房间以及工人的中间临时休息室，要采用规定的耐火构件与生产部分隔开并设置不经过生产区域的疏散楼梯、出口门等安全出口直通厂房外，为方便沟通而设置的、与生产区域相通的门要采用乙级防火门。

答案：B

2019年度全国勘察设计注册公用设备工程师

（暖通空调、动力）执业资格考试试卷

基础考试

（下）

二〇一九年十月

应考人员注意事项

1. 本试卷科目代码为“2”，考生务必将此代码填涂在答题卡“科目代码”相应的栏目内，否则，无法评分。
2. 书写用笔：**黑色或蓝色钢笔、签字笔或圆珠笔**；
   填涂答题卡用笔：**黑色 2B 铅笔**。
3. 必须用书写用笔将工作单位、姓名、准考证号填写在答题卡和试卷相应的栏目内。
4. 本试卷由 60 题组成，每题 2 分，满分 120 分，本试卷全部为单项选择题，每小题的四个备选项中只有一个正确答案，错选、多选、不选均不得分。
5. 考生作答时，必须按**题号在答题卡上**将相应试题所选选项对应的**字母用 2B 铅笔涂黑**。
6. 在答题卡上书写与题意无关的语言，或在答题卡上作标记的，均按违纪试卷处理。
7. 考试结束时，由监考人员当面将试卷、答题卡一并收回。
8. 草稿纸由各地统一配发，考后收回。

单项选择题（共 60 题，每题 2 分。每题的备选项中，只有一个最符合题意。）

1. 确定简单可压缩理想气体平衡状态参数的方程，下列关系中不正确的是：

A. $p=f(v,T)$

B. $v=f(U,p)$

C. $T=f(p,S)$

D. $p=f(T,U)$

2. 在正向循环中，输入热能Q_1，经过热机转化产生功W，同时向环境释放热能Q_2，功能关系满足：

A. $W<Q_1$，$Q_2>0$

B. $W<Q_1$，$Q_2=0$

C. $W>Q_1$，$Q_2<0$

D. $W<Q_1$，四周维持恒定的一个温度数值

3. 开口系统能量方程式$\delta q=\mathrm{d}h+\delta w_{\mathrm{t}}$，下列$\delta w_{\mathrm{t}}$的等式中不正确的是：

A. $\delta w_{\mathrm{t}}=-v\mathrm{d}p$

B. $\delta w_{\mathrm{t}}=\delta w_{\mathrm{s}}-v\mathrm{d}p$

C. $\delta w_{\mathrm{t}}=\delta q-\mathrm{d}h$

D. $\delta w_{\mathrm{t}}=\delta w_{\mathrm{s}}+\mathrm{d}e_{\mathrm{p}}+\mathrm{d}e_{\mathrm{k}}$

4. 混合气体的分容积定律（阿密盖特定律）是指气体混合过程中：

A. 混合气体体积等于每一成分单独处于同样温度压力时的体积总和

B. 混合气体体积等于每一成分单独处于原先温度压力时的体积总和

C. 混合气体的分容积等于每一成分单独处于同样温度时的体积

D. 混合气体的分容积等于每一成分单独处于同样压力时的体积

5. 在一个刚体绝热系统中理想气体进行自由膨胀，其过程是：

A. 等压过程

B. 等温过程

C. 等熵过程

D. 多变过程

6. 某理想气体进行了一个复杂的不可逆热力过程，其初、终状态参数分别为p_1，v_1，T_1，p_2，v_2，T_2，则该过程的熵变是：

A. $\Delta S=c_{\mathrm{v}}\ln\frac{T_2}{T_1}+c_{\mathrm{p}}\ln\frac{v_2}{v_1}$

B. $\Delta S=mc_{\mathrm{p}}\ln\frac{T_2}{T_1}-mR\ln\frac{v_2}{v_1}$

C. $\Delta S=mc_{\mathrm{v}}\ln\frac{T_2}{T_1}+mR\ln\frac{v_2}{v_1}$

D. 需要已知具体热力过程求解

7. 水蒸气在定压发生过程中，当压力超过临界值，气液两相过程：

A. 不存在　　B. 一定存在

C. 可能存在　　D. 需要给定干度参数

8. 扩压管是用于使流动介质压力升高的流道，其基本特性为：

A. $\mathrm{d}p>0$，$\mathrm{d}h>0$，$\mathrm{d}T<0$

B. $\mathrm{d}p>0$，$\mathrm{d}h<0$，$\mathrm{d}v<0$

C. $\mathrm{d}p>0$，$\mathrm{d}c<0$，$\mathrm{d}T>0$

D. $\mathrm{d}p>0$，$\mathrm{d}c<0$，$\mathrm{d}h<0$

9. 采用能量守恒原理分析蒸汽朗肯动力循环时，可以发现其中热能损失最大的过程是：

A. 绝热压缩过程　　B. 定压加热过程

C. 绝热膨胀过程　　D. 蒸气凝结过程

10. 在绝热条件下向未饱和湿空气中喷淋水的过程具有特性：

A. $h_2=h_1$，$t_2=t_1$，$\varphi_2>\varphi_1$

B. $h_2=h_1$，$t_2<t_1$，$\varphi_2>\varphi_1$

C. $h_2>h_1$，$t_2=t_1$，$\varphi_2>\varphi_1$

D. $h_2>h_1$，$t_2<t_1$，$\varphi_2=\varphi_1$

11. 空气的热导率及黏度随温度升高而变化的关系为：

A. 热导率和黏度均上升

B. 热导率和黏度均下降

C. 热导率不定，黏度下降

D. 热导率不变，黏度下降

12. 某平壁厚为0.2m进行一维稳态导热过程中，热导率为12W/(m·K)，温度分布为：$t=150-3500x^3$，可以求得在平壁中心处中心位置$x=0.1\mathrm{m}$的内热源强度为：

A. $-25.2\mathrm{kW/m^3}$　　B. $-21\mathrm{kW/m^3}$

C. $2.1\mathrm{kW/m^3}$　　D. $25.2\mathrm{kW/m^3}$

13. 如图所示的二维复合固体中的R_{a1}、R_{a2}、R_{b1}、R_{b2}、R_{c1}和R_{c2}分别为其中导热热阻，下列关于块体的总导热热阻的表达式正确的是：

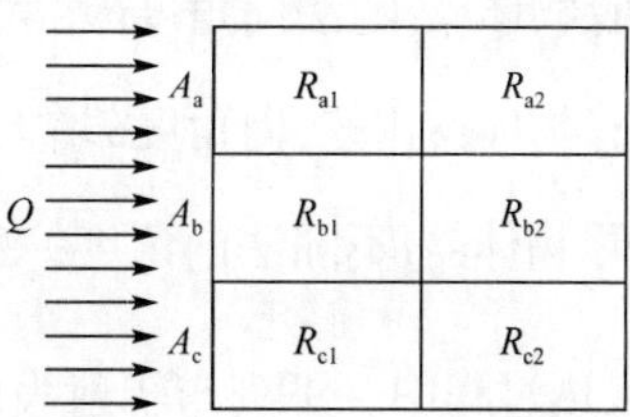

A. $R_{总} = R_{a1} + R_{a2} + R_{b1} + R_{b2} + R_{c1} + R_{c2}$

B. $\frac{1}{R_{总}} = \frac{1}{R_{a1}+R_{a2}} + \frac{1}{R_{b1}+R_{b2}} + \frac{1}{R_{c1}+R_{c2}}$

C. $\frac{1}{R_{总}} = \frac{1}{R_{a1}+R_{b1}+R_{c1}} + \frac{1}{R_{a2}+R_{b2}+R_{c2}}$

D. $R_{总} = \left(\frac{1}{R_{a1}} + \frac{1}{R_{b1}} + \frac{1}{R_{c1}}\right)^{-1} + \left(\frac{1}{R_{a2}} + \frac{1}{R_{b2}} + \frac{1}{R_{c2}}\right)^{-1}$

14. 由有限差分法可以推导得出，常物性无内热源一维非稳态导热表达式为：

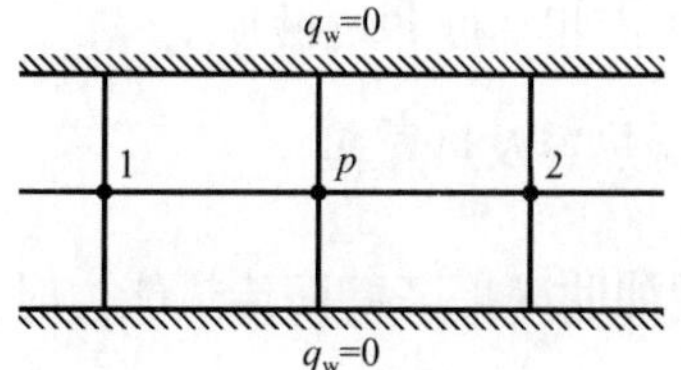

A. $t_p^{k+1} = t_p^k + \mathrm{Fo}\left(t_1^k + t_2^k - 2t_p^k\right)$

B. $t_p^{k+1} = t_p^k + \frac{1}{2}\left(t_1^k + t_2^k\right)$

C. $t_i^{k+1} = \mathrm{Fo}_\Delta\left(t_1^k + t_2^k\right) + 2\mathrm{Fo}_\Delta t_p^k$

D. $t_p^{k+1} = \mathrm{Fo}\left(t_1^k + t_2^k\right) - (1 - 2\mathrm{Fo})t_p^k$

15. 在对流传热过程中，随着流体黏度的增大，其对对流传热过程的影响的正确说法为：

A. 对传热和流动无影响

B. 雷诺数 Re 减小，努塞尔特数 Nu 保持不变

C. 层流时，表面阻力系数增大，对流传热系数下降

D. 普朗特数 Pr 增大，对流传热系数一定增大

16. 在内外直径分别为D和d的管道夹层通道内流动时，流动的当量水力直径为：

A. d　　　　B. $D - d$

C. $\frac{D+d}{2}$　　　　D. $\frac{D+d}{D-d}$

17. 竖壁无限空间自然对流传热，从层流到紊流，同一高度位置温度边界层δ_t与速度边界层δ相比，正确的是：

A. $\delta_t \leqslant \delta$　　　　B. $\delta_t \approx \delta$

C. $\delta_t > \delta$　　　　D. 不确定

18. 由兰贝特余弦定律可知，黑体表面的定向单色发射率是均匀相等的，而实际上：

A. 有些物体$\varepsilon_{\theta\lambda}$随法向角度$\theta$增大而减小

B. 所有物体$\varepsilon_{\theta\lambda}$随法向角度$\theta$增大而减小

C. 所有物体$\varepsilon_{\theta\lambda}$随法向角度$\theta$增大而增大

D. 实际物体$\varepsilon_{\theta\lambda}$不随法向角度$\theta$变化，只是$\varepsilon_{\theta\lambda} < 1$

19. 辐射传热过程中，下列与辐射表面热阻和空间热阻无关的是：

A. 表面材料种类及理化处理

B. 表面几何形状和相对位置

C. 表面粗糙度和机械加工

D. 比热容及热导率

20. 通过加肋来提高壁面传热能力时，一般需要对壁面两侧传热及肋片进行分析，一般考虑较少的因素是：

A. 壁面可能出现结垢的污垢热阻

B. 两侧表面传热系数大小比较

C. 肋片高度、间距、厚度及形状

D. 铜或铝壁面内的热传导特性

21. 设流场的表达式为$u_x = -x + t$，$u_y = x + t$，$u_z = 0$。当$t = 2$时，通过空间点(1,1,1)的迹线为：

A. $\begin{cases} x = t - 1 \\ y = 4e^{t-2} - t + 1 \\ z = 1 \end{cases}$

B. $\begin{cases} x = t + 1 \\ y = 4e^{t-2} - t - 1 \\ z = 1 \end{cases}$

C. $\begin{cases} x = t - 1 \\ y = 4e^{t-2} - t - 1 \\ z = 1 \end{cases}$

D. $\begin{cases} x = t + 1 \\ y = 4e^{t-2} + t - 1 \\ z = 1 \end{cases}$

22. 关于有压管流动阻力问题，若进行模型设计，应采用：

A. 雷诺准则

B. 弗劳德准则

C. 欧拉准则

D. 马赫准则

23. 一管径$d = 32\text{mm}$的水管，水温$t = 10℃$，此时水的运动黏滞系数$\nu = 1.31 \times 10^{-6}\text{m}^2/\text{s}$，若管中水的流速为$2\text{m/s}$，则管中水的流态为：

A. 层流　　B. 均匀流

C. 层流向紊流的过渡区　　D. 紊流

24. 三段长度相等的并联管道，管径比为1：2：3，三段管道的流动摩擦系数均相等，则三段管路的体积流量比为：

A. 1：2：3　　B. 1：1：1

B. 1：4：6　　D. 1：5.66：15.59

25. 如图所示，并联管道阀门K全开时，各管段流量为Q_1、Q_2、Q_3，现关小阀门K，其他条件不变，流量的变化为：

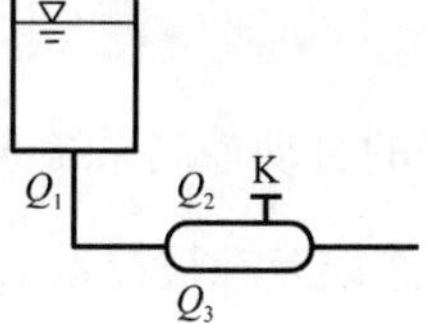

A. Q_1、Q_2、Q_3都减小

B. Q_1减小，Q_2减小，Q_3不变

C. Q_1减小，Q_2减小，Q_3增大

D. Q_1不变，Q_2减小，Q_3增大

26. 有一不可压缩流体平面流动的速度分布为$u_x = 4x$，$u_y = -4y$，则该平面流动：

A. 存在流函数，不存在势函数

B. 不存在流函数，存在势函数

C. 流函数和势函数都存在

D. 流函数和势函数都不存在

27. 速度势函数：

A. 满足拉普拉斯方程

B. 在可压缩流体流动中满足拉普拉斯方程

C. 在恒定流动中满足拉普拉斯方程

D. 在不可压缩流体无旋流动中满足拉普拉斯方程

28. 空气从压气罐口通过一拉伐尔喷管输出，已知喷管出口压强$p = 14\text{kN/m}^2$，马赫数$\text{Ma} = 2.8$，压气罐中温度$t_0 = 20℃$，则喷管出口的温度和速度为：

A. 114K，500m/s　　B. 114K，600m/s

C. 134K，700m/s　　D. 124K，800m/s

29. 在气体等熵流动中，气体焓i随气流速度v减小的变化情况为：

A. 沿程增大

B. 沿程减小

C. 沿程不变

D. 变化不定

30. 在同一开式管路中，单独使用第一台水泵，其流量$Q = 40\text{m}^3/\text{h}$，扬程$H = 31\text{m}$；单独使用第二台水泵，其流量$Q = 50\text{m}^3/\text{h}$，扬程$H = 40\text{m}$；单独使用第三台水泵，其流量$Q = 60\text{m}^3/\text{h}$，则其扬程为：

A. 49m

B. 50m

C. 51m

D. 52m

31. 下述描述中，不属于自动控制系统的基本性能要求的是：

A. 对自动控制系统最基本的要求是必须稳定

B. 要求控制系统被控量的稳态误差为零或在允许的范围之内（具体稳态误差要满足具体生产过程的要求）

C. 对于一个好的自动控制系统来说，一定要求稳态误差为零，才能保证自动控制系统稳定

D. 一般要求稳态误差在被控量额定值的 2%~5%

32. 下列选项中为开环控制系统的是：

A. 家用冰箱

B. 反馈系统

C. 交通指示红绿灯

D. 水箱液位控制系统

33. 二阶环节的微分方程为$T^2c''(t) + 2\xi Tc'(t) + c(t) = r(t)$，则其传递函数$G(s)$为：

A. $\frac{1}{T^2s^2+2\xi Ts+1}$

B. $T^2s^2 + 2\xi Ts + 1$

C. $\frac{1}{T^2+2\xi Ts+s^2}$

D. $T^2 + 2\xi Ts + s^2$

34. 自动控制系统结构图中，各环节之间的三种基本连接方式是：

A. 正反馈、负反馈和开环连接

B. 线性、非线性连接和高阶连接

C. 级联、叠加和闭环连接

D. 串联、并联和反馈连接

35. PID 调节器积分环节的作用是积分时间常数：

A. T_i越大，积分控制作用越小，输出振荡减弱，动态偏差加大，控制过程长

B. T_i越小，积分控制作用越小，输出振荡减弱，动态偏差加大，控制过程长

C. T_i越大，积分控制作用越大，输出振荡加剧，动态偏差减小，控制过程短

D. T_i越小，积分控制作用越小，输出振荡加剧，动态偏差减小，控制过程短

36. 若系统的传递函数$G(s)=\frac{K}{s(Ts+1)}$，则系统的幅频特性$A(\omega)$为：

A. $\frac{K}{\sqrt{1-(\omega T)^2}}$　　B. $\frac{K}{\sqrt{1+(\omega T)^2}}$

C. $\frac{T}{\sqrt{1-(\omega T)^2}}$　　D. $\frac{T}{\sqrt{1+(\omega T)^2}}$

37. 控制系统的对象调节性能指标中，衰减比n反映被调参数的振荡衰减程度，当n小于 1 时：

A. 系统可能稳定，也可能不稳定

B. 系统增幅振荡

C. 系统等幅振荡

D. 系统稳定

38. 设单位负反馈系统的开环传递函数$G(s)=\frac{10(1+5s)}{s^2+s+5}$，则系统的稳态位置误差系数为：

A. $K_{\mathrm{p}}=0$　　B. $K_{\mathrm{p}}=\infty$

C. $K_{\mathrm{p}}=10$　　D. $K_{\mathrm{p}}=2$

39. 关于校正装置，下列描述中不正确的是：

A. 超前校正利用了超前网络校正装置相角超前、幅值增加的特性

B. 滞后校正可以使系统的截止频率变宽、带宽变宽、相角裕度增大，从而有效改善系统的动态性能

C. 采用串联滞后校正装置，主要是利用其高频幅值衰减特性

D. 串联滞后校正降低系统的截止频率，带宽减小，快速性变差的解决方法是：提高系统的相角裕度，改善系统的平稳性

40. 某 0.5 级测量范围为 2~10MPa 的测压仪表，满量程时指针转角为 160°，则其灵敏度为：

A. 0.05°/MPa　　　　B. 20°/MPa

C. 0.0625°/MPa　　　　D. 16°/MPa

41. 以下关于比色辐射温度计的叙述，错误的是：

A. 应用了维恩偏移定律

B. 水蒸气对单色辐射强度比值的影响很大

C. 单通道比色高温计采用转动圆盘进行调制

D. 双通道比色高温计采用分光镜把辐射能分成不同波长的两路

42. 下列关于氯化锂电阻湿度计的叙述，错误的是：

A. 测量时受环境温度的影响

B. 传感器使用直流电桥测量电阻值

C. 为扩大测量范围，采用多片组合传感器

D. 传感器分梳状和柱状

43. 下列关于电阻应变式压力传感器的叙述，错误的是：

A. 通过粘贴在弹性元件上的应变片的阻值变化来反映被测压力值

B. 应变片的电阻不受温度影响

C. 有膜片式、筒式、组合式等结构

D. 通过不平衡电桥把阻值变化转换成电流或电压信号输出

44. 下列关于测速仪的叙述，错误的是：

A. L 形动压管不适用于测量沿气流方向急剧变化的速度

B. 圆柱形三孔测速仪可用于空间气流流速的测定

C. 三管型测速仪的特性和校准曲线与圆柱形三孔测速仪类似

D. 热线风速仪可用于动态测量

45. 下列流量计不属于容积式流量计的是：

A. 腰轮流量计　　　　B. 椭圆齿轮流量计

C. 涡轮流量计　　　　D. 活塞式流量计

46. 以下关于浮筒式液位计的叙述，错误的是：

A. 结构简单，使用方便

B. 电动浮筒式液位计可将信号远传

C. 液位越高，扭力管的扭角越大

D. 液位越高，扭力管的扭角越小

47. 测量次数小于10次时，处理过失误差的合适方法是：

A. 拉伊特准则　　B. 示值修正法

C. 格拉布斯准则　　D. 参数校正法

48. 下列误差中属于系统误差的是：

A. 仪表内部存在摩擦和间隙等不规则变化造成的误差

B. 量筒刻度读数错误造成的误差

C. 测压系统突发故障造成的误差

D. 测量电流的仪表指针零点偏移造成的误差

49. 零件受到的变应力是由下列哪项引起的？

A. 载荷系数　　B. 变荷载

C. 静荷载　　D. 静荷载或变荷载

50. 图示平面机构具有确定运动时的原动件数为：

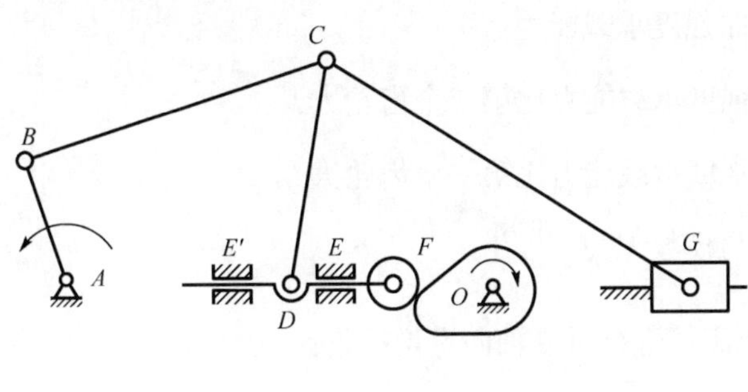

A. 0　　B. 1

C. 2　　D. 3

51. 在铰链四杆机构中，若最短杆与最长杆长度之和小于其他两杆长度之和，为了得到双摇杆机构，应取哪杆为机架？

A. 最短杆　　B. 最短杆的对面杆

C. 最短杆的相邻杆　　D. 最长杆

52. 不宜采用凸轮机构的工作场合是：

A. 需实现特殊运动轨迹的场合

B. 需实现预定运动规律的场合

C. 多轴联动控制的场合

D. 传力较大的场合

53. 在公称直径相同条件下比较三角形粗牙螺纹和细牙螺纹，下述结论中错误的是：

A. 细牙螺纹升角较小

B. 细牙螺纹自锁性能好

C. 细牙螺纹不容易滑扣

D. 细牙螺纹小径较大

54. V 带传动中，带轮轮槽角应小于 V 带两侧面的夹角是为了考虑：

A. 使 V 带在轮槽内楔紧

B. V 带沿带轮弯曲变形后，两侧面间夹角减小

C. V 带工作后磨损

D. 改善 V 带轮受力状况

55. 试比较两个具有相同材料、相同齿宽、相同齿数的齿轮，第一个齿轮的模数为 2mm，第二个齿轮的模数为 4mm，关于它们的弯曲强度承载能力，下列说法正确的是：

A. 它们具有相同的弯曲强度承载能力

B. 第一个齿轮的弯曲强度承载能力比第二个齿轮大

C. 第二个齿轮的弯曲强度承载能力比第一个齿轮大

D. 弯曲强度承载能力与模数无关

56. 下列方法中不能对轴上零件进行可靠轴向定位的是：

A. 采用轴肩结构　　B. 采用套筒定位

C. 采用螺母定位　　D. 采用键连接

57. 对于荷载不大、多支点的支承，宜选用：

A. 深沟球轴承　　B. 调心球轴承

C. 角接触球轴承　　D. 圆锥滚子轴承

58. 通过排气筒排放废气的控制指标为：

A. 最高允许排放浓度　　B. 最高允许排放速率

C. 上述两项都必须满足　　D. 上述两项任选一项

59. 下列说法中不符合《建设工程质量管理条例》的是：

A. 成片开发的住宅小区工程必须实行监理

B. 隐蔽工程在实施隐蔽前，施工单位必须通知建设单位及工程质量监督机构

C. 建设工程的保修期自竣工验收合格之日起算，具体期限可由建设单位与施工单位商定

D. 总承包单位对按合同分包的工程质量承担连带责任

60. 对车间内氧气管道的架设不符合《氧气站设计规范》（GB 50030—2013）的是：

A. 宜沿墙、柱或专设支架架空敷设

B. 不应穿过生活间、办公室

C. 不应穿过不使用氧气的房间

D. 进入用户车间的氧气主管应在适当位置设切断阀

2019年度全国勘察设计注册公用设备工程师（暖通空调、动力）执业资格考试基础考试（下）试题解析及参考答案

1. 解　本题考查理想气体状态点的确定。

在热力坐标图上，相互独立的两个变量即可确定状态点，对于理想气体$p=f(T,U)$中，T和U不是相互独立的，不能作为两个独立的变量。

答案：D

2. 解　本题考查热功转化过程的能量守恒。

根据能量守恒有$Q_1=W+Q_2$，且向环境释放热能$Q_2>0$，故$W<Q_1$。

答案：A

3. 解　本题考查技术功微元表达式、热力学第一定律及稳定流动能量方程的微元表达式。

根据技术功微元表达式有$\delta w_{\mathrm{t}}=-v\mathrm{d}p$，故选项A表达式正确；根据热力学第一定律微元表达式有$\delta q=\mathrm{d}h+\delta w_{\mathrm{t}}$，即$\delta w_{\mathrm{t}}=\delta q-\mathrm{d}h$，故选项C表达式正确；根据稳定流动能量方程有$q=\Delta h+\frac{1}{2}\Delta c^2+g\Delta z+w_{\mathrm{s}}$，其微元形式为$\delta q=\mathrm{d}h+\mathrm{d}e_{\mathrm{k}}+\mathrm{d}e_{\mathrm{p}}+\delta w_{\mathrm{s}}$，与$\delta q=\mathrm{d}h+\delta w_{\mathrm{t}}$联立可得$\delta w_{\mathrm{t}}=\delta w_{\mathrm{s}}+\mathrm{d}e_{\mathrm{p}}+\mathrm{d}e_{\mathrm{k}}$，故选项D表达式正确。

答案：B

4. 解　本题考查阿密盖特分容积定律。

根据阿密盖特分容积定律有$V=V_1+V_2+V_3+\cdots+V_n=\left(\sum\limits_{i=1}^{n}V_i\right)_{\mathrm{T,P}}$，混合气体的总容积$V$等于各组成气体容积之和，分容积指每一成分单独处于原先温度压力时的体积。

答案：B

5. 解　“自由”指膨胀时气体不受外界阻碍，所以气体不对环境做功，即$-W=0$。1843年，焦耳曾设计一套使气体向真空膨胀的仪器。焦耳发现，气体在膨胀前后温度没有变化，因而没有自环境吸入或放出热，即$Q=0$。根据热力学第一定律$Q=\Delta U-W$可知，气体在膨胀过程中$\Delta U=Q+W=0$。所以焦耳实验得出结论：在自由膨胀中，气体的内能不变。理想气体的内能是温度的单值函数，所以自由膨胀前后温度不变，但是自由膨胀过程中的情况还需考虑。

答案：B

6. 解　本题考查理想气体熵变计算公式。熵是状态参数，熵变只与初终状态参数有关而与具体路径无关，故选项D表述不正确。题干中熵变为大写字母表示，所求为所有工质的熵变而不是比熵变，故选项A表达式不正确。

根据热力学第一定律，$T\mathrm{d}s=\mathrm{d}u+p\mathrm{d}v\Rightarrow\mathrm{d}s=\frac{\mathrm{d}u}{T}+\frac{p}{T}\mathrm{d}v\Rightarrow\mathrm{d}s=c_{\mathrm{v}}\frac{\mathrm{d}T}{T}+R_{\mathrm{g}}\frac{\mathrm{d}v}{v}$

通过积分可得，比熵变为$\Delta s=\int_1^2 c_V\frac{dT}{T}+\int_1^2 R_g\frac{dv}{v}=c_V\ln\frac{T_2}{T_1}+R_g\ln\frac{v_2}{v_1}$，再乘以工质质量$m$，即可得到正确答案。

答案：C

7. 解　水蒸气汽化过程超过临界点后是瞬间完成的。

答案：A

8. 解　本题考查扩压管内流体物性变化趋势。

流体在扩压管中实现由速度能向压力能的转变，即$dc<0$，$dp>0$，同时根据等熵过程中压力和温度之间的关系式$\frac{T}{p^{\frac{k-1}{k}}}=C$可得，当$dp>0$时有$dT>0$。

答案：C

9. 解　本题考查蒸汽动力循环的能量损失分析。

蒸汽动力循环中，按第一定律分析发现，汽轮机排汽在凝汽器中凝结放热是循环热损失最大的过程。需要补充说明的是：按第二定律分析发现，在锅炉中定压加热是循环熵增最大的过程，即做功能力损失最大的过程。

答案：D

10. 解　本题考查空气的绝热（等焓）加湿过程分析。

绝热加湿过程中按能量守恒有$h_1+(d_2-d_1)h_w=h_2$，式中h_w为喷入水的焓值，而$(d_2-d_1)h_w\approx 0$，故$h_1\approx h_2$，因此绝热加湿看成是等焓过程，喷入的液态水蒸发吸收空气的湿热使得空气温度降低，在焓湿图上该过程沿着d增大、φ增大、t降低的方向进行。

答案：B

11. 解　工程计算采用的物质的热导率一般都由实验测定，空气的热物理性质见解表。

题 11 解表

t(℃)	$\lambda[\times 10^2 W/(m\cdot K)]$	$\nu(\times 10^6 m^2/s)$	$\mu[\times 10^6 (N\cdot s)/m^2]$
10	2.51	14.16	17.6
20	2.59	15.06	18.1
30	2.67	16.00	18.6
40	2.76	16.96	19.1
50	2.83	17.95	19.6

从解表可以看出，空气的热导率及黏度随温度升高均上升，所以选 A。

答案：A

12. 解　根据傅里叶定律$q_x=-\lambda\frac{dt}{dx}$，温度分布为$t=150-3500x^3$，不同$x$处的热流密度不相同，

所以平壁中存在内热源。

一维稳态有内热源导热过程的微分方程为$\frac{d^2t}{dx^2}+\frac{q_v}{\lambda}=0$，则可得$q_v=-\lambda\frac{d^2t}{dx^2}$

又已知其温度分布$t=150-3500x^3$，则可得

$$\frac{dt}{dx}=-3500\times3\times x^2,\ \frac{d^2t}{dx^2}=-3500\times3\times2x$$

所以

$$q_v=-\lambda\frac{d^2t}{dx^2}=12\times3500\times3\times2x=252000x$$

解得$x=0.1$m 的内热源强度为25200W/m^3，即25.2kW/m^3。

答案：D

13. 解 复合平壁的总导热热阻可以应用串、并联电路电阻的计算方法，由图可知，分 a、b、c 三次并联，所以选 B。

答案：B

14. 解 常物性无内热源一维非稳态导热的显式差分公式为：

$$t_i^{k+1}=\mathrm{Fo}\left(t_{i-1}^k+t_{i+1}^k\right)+(1-2\mathrm{Fo})t_i^k$$

整理后与选项 A 相同。

答案：A

15. 解 如解图所示为管内黏度变化对速度场的影响，加热液体时的表面传热系数高于冷却液体时的表面传热系数，而对于气体则刚好相反。所以，选项 A、B、D 错误，选项 C 正确。

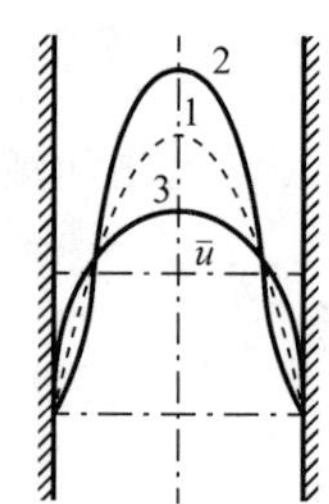

题 15 解图

1-等温流；2-冷却液或加热气体；3-加热液体或冷却气体

答案：C

16. 解 当量水力直径公式为$d_e=\frac{4f}{U}$，$f=\frac{(D^2-d^2)\pi}{4}$，$U=(D+d)\pi$，$d_e=D-d$

答案：B

17. 解 温度边界层δ_t与速度边界层δ不一定相等，取决于Pr数。

$\mathrm{Pr}>1$，$\delta_t<\delta$；$\mathrm{Pr}=1$，$\delta_t\approx\delta$；$\mathrm{Pr}<1$，$\delta_t>\delta$。

答案：D

18. 解 实际物体发射率如解图所示，非导体定向发射率当θ小于 60°时$\varepsilon_{\theta\lambda}$为常数；当$\theta$大于 60°时，$\varepsilon_{\theta\lambda}$随法向角度$\theta$增大而减小。

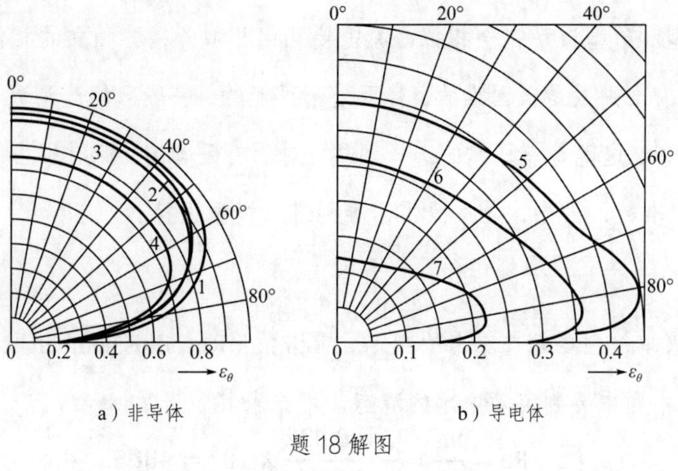

a）非导体　　　　b）导电体

题18解图

1-融冰；2-玻璃；3-黏土；4-氧化亚铜；5-铋；6-铝青铜；7-铁（钝化）

答案： A

19. 解　表面热阻为$\frac{1-\varepsilon_1}{\varepsilon_1 A}$，空间热阻为$\frac{1}{X_{1,2}A_1}$，发射率$\varepsilon_1$与物质的种类、表面状况等有关，角系数$X_{1,2}$与两表面的相对位置、几何形状等有关。

答案： D

20. 解　通过加肋来提高壁面传热能力时，一般需要对壁面两侧传热及肋片进行分析，一般考虑两侧表面传热系数大小，当两者相当时，两侧都加肋片，当一大一小时，加在小的一侧。同时要考虑壁面的结垢状况和肋片高度、间距、厚度及形状。

答案： D

21. 解　欧拉法用质点的空间坐标(x,y,z)与时间变量t来表达流场中的流体运动规律，(x,y,z)称为欧拉变数。其位置变量x，y，z是时间t的函数。因此，流场中各空间点的流速组成的速度场可以表示为：

$$\begin{cases} v_x = v_x(x,y,z,t) = v_x[x(t),y(t),z(t),t] \\ v_y = v_y(x,y,z,t) = v_y[x(t),y(t),z(t),t] \\ v_z = v_z(x,y,z,t) = v_z[x(t),y(t),z(t),t] \end{cases}$$

由于$v_x = \mathrm{d}x/\mathrm{d}t$，$v_y = \mathrm{d}y/\mathrm{d}t$，$v_z = \mathrm{d}z/\mathrm{d}t$，所以有

$$\frac{\mathrm{d}x}{v_x(x,y,z,t)} = \frac{\mathrm{d}y}{v_y(x,y,z,t)} = \frac{\mathrm{d}z}{v_z(x,y,z,t)} = \mathrm{d}t$$

此即为迹线微分方程。

对于本题，有$\frac{\mathrm{d}x}{\mathrm{d}t} = -x + t$；$\frac{\mathrm{d}y}{\mathrm{d}t} = x + t$；$\frac{\mathrm{d}z}{\mathrm{d}t} = 0$（$t$为变量）

积分后得$\begin{cases} x = C_1e^{-t} + t - 1 \\ y = C_2e^{t} - t - 1 \\ z = C_3 \end{cases}$

又因为$t = 2$时，$x = y = z = 1$，所以得$C_1 = 0$，$C_2 = 4e^{-2}$，$C_3 = 1$

代入后得迹线方程为$\begin{cases} x = t - 1 \\ y = 4e^{t-2} - t - 1 \\ z = 1 \end{cases}$

答案： C

22. 解 为了使模型和原型流动完全相似，除需要几何相似外，各独立的相似准则数应同时满足。但实际上要同时满足所有准则数是很困难的，甚至是不可能的，一般只能达到近似相似，就是要保证对流动起重要作用的力相似，这就是模型律的选择问题。对于有压管流，此时应当以满足雷诺相似准数为主，Re 就是决定性相似准数，因此，应按照雷诺准则进行模型设计。

答案：A

23. 解 本题较为简单，主要考查流态的判定。雷诺数（Reynolds number）是一种可用来表征流体流动情况的无量纲数，本题中要判定管中水的流态，可先求其雷诺数。

$$\mathrm{Re}=\frac{ud}{\nu}=\frac{2\times 0.032}{1.31}\times 10^6=48855$$

对于圆管流，雷诺数 Re>2300，其流态即为紊流。

答案：D

24. 解 因为并联，所以有$S_1Q_1^2=S_2Q_2^2=S_3Q_3^2$

又因为$S=\frac{8\lambda l}{g\pi^2d^5}$，$d_1:d_2:d_3=1:2:3$，则得$S_1:S_2:S_3=1:\frac{1}{2^5}:\frac{1}{3^5}$

$Q_1^2:Q_2^2:Q_3^2=1:2^5:3^5$，故$Q_1:Q_2:Q_3=1:2^{\frac{5}{2}}:3^{\frac{5}{2}}$

答案：D

25. 解 此题中有三个管段，其连接形式为管段 2 与管段 3 并联后，再与管段 1 串联。阀门 K 关小后，管段 2 的阻抗S_2变大，则管段 2 与管段 3 并联后总阻抗S_{23}也变大，再串联管段 1 后，总管路阻抗$S=S_1+S_{23}$也将变大，而系统总压水头h不变，所以总流量也等于Q_1，将减小。同时，$h=S_1Q_1^2$将减小，而$h_2=h-h_1$将增大，所以Q_3将增大。总流量Q_1减小，而Q_3增大，则Q_2只能减小。所以，选项 C 正确。

答案：C

26. 解 由不可压缩流体平面流动的连续性方程：

$$\frac{\partial u}{\partial x}+\frac{\partial v}{\partial y}=\frac{\partial}{\partial x}(4x)+\frac{\partial}{\partial y}(-4y)=0$$

可知，该流动满足连续性方程，流动是存在的，存在流函数。如果求出该流函数，则根据流函数的全微分方程：

$$\mathrm{d}\psi=\frac{\partial\psi}{\partial x}\mathrm{d}x+\frac{\partial\psi}{\partial y}\mathrm{d}y=-v\mathrm{d}x+u\mathrm{d}y=4y\mathrm{d}x+4x\mathrm{d}y$$

积分可得：$\psi=4xy+C$

再来看势函数，由于是平面流动，$\omega_x=\omega_y=0$

$$\omega_z=\frac{1}{2}\left(\frac{\partial v}{\partial x}-\frac{\partial u}{\partial y}\right)=\frac{1}{2}\left[\frac{\partial(-4y)}{\partial x}-\frac{\partial(4x)}{\partial y}\right]=0$$

所以，该流动为无旋流动，存在速度势函数。由速度势函数的全微分方程得：

$$\mathrm{d}\varphi=\frac{\partial\varphi}{\partial x}\mathrm{d}x+\frac{\partial\varphi}{\partial y}\mathrm{d}y=u\mathrm{d}x+v\mathrm{d}y=4x\mathrm{d}x-4y\mathrm{d}y$$

积分可得：$\varphi = 2(x^2 - y^2) + C$

所以，该不可压缩流体平面流动流函数和势函数都存在，选C。

答案：C

27. 解　无论是可压缩流体还是不可压缩流体，也无论是定常流动还是非定常流动，只要满足无旋流动条件，则必然存在速度势函数；当不可压缩流体做有势流动时，速度势函数满足拉普拉斯方程，这样求解无旋流动的问题就变成求解满足一定边界条件下的拉普拉斯方程的问题。但应当指出的是，速度势函数满足拉普拉斯方程的前提条件是不可压缩流体的无旋流动。

答案：D

28. 解　滞止参数与断面参数的关系为：

$$\frac{T_0}{T} = 1 + \frac{k-1}{2}\frac{v^2}{kRT} = 1 + \frac{k-1}{2}\frac{v^2}{c^2} = 1 + \frac{k-1}{2}\mathrm{Ma}^2$$

本题中，对于空气，$k = 1.4$，$R = 287\mathrm{J/(kg \cdot K)}$；马赫数$\mathrm{Ma} = 2.8$；$t_0 = 20℃$，则$T_0 = 293\mathrm{K}$。故

$$\frac{T_0}{T} = 1 + \frac{k-1}{2}\mathrm{Ma}^2 = 1 + \frac{1.4-1}{2}\mathrm{Ma}^2 = 2.568$$

解得：$T = 114\mathrm{K}$

又有$c = \sqrt{kRT} = \sqrt{1.4 \times 287 \times 114} = 214.6\mathrm{m/s}$

由$\mathrm{Ma} = \frac{u}{c}$，则$u = \mathrm{Ma} \times c = 2.8 \times 214.6 = 600.9\mathrm{m/s}$

答案：B

29. 解　在理想气流绝热（等熵）流动中，沿流任意断面上，单位质量气体所具有的内能、压能及动能三项之和为一常数，即绝热流动的全能方程为：$u + \frac{p}{\rho} + \frac{v^2}{2} =$ 常数

其中，热力学焓$i = u + \frac{p}{\rho}$，所以绝热流动全能方程也可以写为：$i + \frac{v^2}{2} =$ 常数

所以，气体焓i随气流速度v减小而沿程增大，因此选A。

答案：A

30. 解　对于该开式管路，其阻抗S为定值，单独使用第一台水泵时，有$H_1 = SQ_1^2 + \Delta h$；

单独使用第二台水泵时，有$H_2 = SQ_2^2 + \Delta h$

其中，Δh为该管路两端的垂直高差，则有$\begin{cases} S\left(\frac{40}{3600}\right)^2 + \Delta h = 31 \\ S\left(\frac{50}{3600}\right)^2 + \Delta h = 40 \end{cases}$

求解方程组得，$S = 360^2\mathrm{s^2/m^5}$，$\Delta h = 15\mathrm{m}$

单独使用第三台水泵时，$H_3 = SQ_3^2 + \Delta h = 360^2 \times \left(\frac{60}{3600}\right)^2 + 15 = 51\mathrm{m}$

答案：C

31. 解　自动控制系统的基本性能要求是稳定性、快速性、准确性，系统稳定不一定要求稳态误差为零。

答案：C

32. 解 交通指示红绿灯不涉及反馈控制，为开环系统。

答案：C

33. 解

$$G(s)=\frac{C(s)}{R(s)}=\frac{b_1s+b_0}{a_2s^2+a_1s+a_0}$$

其中$a_2=T^2$，$a_1=2\xi T$，$a_0=1$，$b_1=0$，$b_0=1$

代入上述公式可得

$$G(s)=\frac{1}{T^2s^2+2\xi Ts+1}$$

答案：A

34. 解 串联、并联和反馈连接是各环节之间的三种基本连接方式。

答案：D

35. 解 积分时间的大小表征积分控制作用的强弱，积分时间越小，控制作用越强，反之，控制作用越弱，控制过程越长。

答案：A

36. 解 令$s=j\omega$，则

$$A(\omega)=\left|\frac{K}{j\omega(Tj\omega+1)}\right|=\frac{K}{\sqrt{1+(\omega T)^2}}$$

答案：B

37. 解 衰减比是衡量稳定性的指标，若小于1，则振荡是扩散的，系统不稳定。

答案：B

38. 解 I、II型系统$K_p=\infty$。

答案：B

39. 解 滞后校正使系统的截止频率降低。

答案：B

40. 解 范围为2~10MPa，满量程时转角为160°，即8MPa变化160°，每20°变化1MPa，即20°/MPa。

答案：B

41. 解 水蒸气、CO等中间介质对单色辐射强度比值的影响较小。

答案：B

42. 解 氯化锂电阻湿度计是将被测空气的温度信号和露点温度信号输入双桥测量电路，是使用交

流电桥测量其电阻值，而不是使用直流电，以防止氯化锂溶液发生电解。

答案：B

43. 解 由于环境温度引起的电阻丝材料与测试材料的线膨胀系数不同，因此测试需要进行温度补偿；应变片的电阻受温度影响。

答案：B

44. 解 圆柱形三孔测速仪用于做平面流动的气流流速测量。

答案：B

45. 解 涡轮流量计是磁生电，流体驱动涡轮切割磁场产生感应电流信号，通过测量变送器输出信号频率求得体积流量。

答案：C

46. 解 当液位在零位时，扭力管受到浮筒质量产生的扭力矩作用（这时扭力矩最大），当液位上升时，浮筒受到液体的浮力增大，通过杠杆对扭力管产生的力矩减小，扭力管变形减小，在液位最高时，扭角最小。扭力管扭角的变化量与液位成正比关系，即液位越高，扭角越小。

答案：C

47. 解 拉伊特准则适用于测量次数较多（至少 10 次）的情况。当测量次数较少，而又要求较高时，应用格拉布斯准则或肖维纳准则或其他方法。

答案：C

48. 解 选项 A 为随机误差，选项 B 为粗大误差，选项 C 为随机误差，选项 D 为系统误差。

答案：D

49. 解 零件受到变荷载作用会产生变应力；有些情况下，受到静荷载作用也可能产生变应力，比如对于旋转的轴类零件，因此应综合考虑，选 D。

答案：D

50. 解 平面机构具有确定运动的条件是机构自由度等于原动件数目。对于本题平面机构，其自由度$F = 3 \times 7 - 2 \times 9 - 1 = 2$，因此该平面机构的原动件数目应为 2。

答案：C

51. 解 对于铰链四杆机构，若最短杆与最长杆长度之和小于其他两杆长度之和，则机构中有可能存在整转副。如果取最短杆的对边杆为机架，则机架上没有整转副，将只能得到双摇杆机构。

答案：B

52. 解 凸轮机构属于高副机构，凸轮轮廓与从动件之间为点接触或线接触，易磨损，所以常用于传力不大的场合。

答案：D（本题为2012年第52题原题）

53. 解 相同公称直径时，与三角形粗牙螺纹相比较，细牙螺纹具有螺纹升角小、自锁性能好、小径大、强度高等特点，缺点是不耐磨、容易滑扣。

答案：C

54. 解 V带两侧面的夹角均为40°，但在带轮上弯曲时，由于截面变形将使其夹角变小。为保证带仍能紧贴轮槽两侧，故将带轮轮槽角规定较小一些。

答案：B（本题为2013年第54题原题）

55. 解 通常相关材料、相同齿宽、相同齿数的两个齿轮，模数越大，其轮齿的齿根弯曲强度越大，因此第二个齿轮的弯曲承载能力更大。

答案：C

56. 解 轴上零件进行轴向定位的措施可以有轴肩、套筒、圆螺母等，轴上零件的周向定位与固定，通常采用键连接。

答案：D

57. 解 调心球轴承结构特点为双列球，外圈滚道是以轴承中心为中心的球面，能自动调心，适用于多支点支承。角接触球轴承通常成对使用，对称安装。

答案：B

58. 解 根据《大气污染物综合排放标准》（GB 16297—1996）的指标体系部分，该标准设置下列两项指标：

（1）通过排气筒排放的污染物最高允许排放浓度。

（2）通过排气筒排放的污染物，按排气筒高度规定的最高允许排放速率。

任何一个排气筒必须同时遵守上述两项指标，超过其中任何一项均为超标排放。

从标准中可以看出，最高允许排放浓度与最高允许排放速率必须同时满足，因此选C。

答案：C

59. 解 《建设工程质量管理条例》（2019年4月23日修订版）规定：

第十二条 下列建设工程必须实行监理：（一）国家重点建设工程；（二）大中型公用事业工程；（三）成片开发建设的住宅小区工程。

第二十七条 总承包单位依法将建设工程分包给其他单位的，分包单位应当按照分包合同的约定对其分包工程的质量向总承包单位负责，总承包单位与分包单位对分包工程的质量承担连带责任。

第三十条　隐蔽工程在隐蔽前，施工单位应当通知建设单位和建设工程质量监督机构。

第四十条　在正常使用条件下，建设工程的最低保修期限为：

（一）基础设施工程、房屋建筑的地基基础工程和主体结构工程，为设计文件规定的该工程的合理使用年限。

（二）屋面防水工程、有防水要求的卫生间、房间和外墙面的防渗漏，为 5 年。

（三）供热与供冷系统，为 2 个采暖期、供冷期。

（四）电气管线、给排水管道、设备安装和装修工程，为 2 年。

其他项目的保修期限由发包方与承包方约定。

建设工程的保修期，自竣工验收合格之日起计算。

答案：C

60. 解　根据《氧气站设计规范》（GB 50030—2013）第 11.0.4 条，车间内氧气管道的敷设应符合下列规定：

（1）氧气管道不得穿过生活间、办公室。

（2）车间内氧气管道宜沿墙、柱或专设的支架架空敷设。

（3）进入用户车间的氧气主管应在车间入口处装设切断阀。

（4）氧气管道不应穿过不使用氧气的房间。

因此，选项 D 不符合规范的规定。

答案：D

2020年度全国勘察设计注册公用设备工程师

（暖通空调、动力）执业资格考试试卷

基础考试

（下）

二〇二〇年十月

应考人员注意事项

1.本试卷科目代码为“2”，考生务必将此代码填涂在答题卡“科目代码”相应的栏目内，否则，无法评分。

2.书写用笔：**黑色或蓝色钢笔、签字笔或圆珠笔**；

填涂答题卡用笔：**黑色 2B 铅笔**。

3.必须用书写用笔将工作单位、姓名、准考证号填写在答题卡和试卷相应的栏目内。

4.本试卷由 60 题组成，每题 2 分，满分 120 分，本试卷全部为单项选择题，每小题的四个备选项中只有一个正确答案，错选、多选、不选均不得分。

5.考生作答时，必须按**题号在答题卡上**将相应试题所选选项对应的**字母用 2B 铅笔涂黑**。

6.在答题卡上书写与题意无关的语言，或在答题卡上作标记的，均按违纪试卷处理。

7.考试结束时，由监考人员当面将试卷、答题卡一并收回。

8.草稿纸由各地统一配发，考后收回。

单项选择题（共 60 题，每题 2 分。每题的备选项中，只有一个最符合题意。）

1. 强度参数是与系统质量和体积无关的参数，是一种：

A. 不引起系统变化的参数　　B. 均匀性参数

C. 广义作用力　　D. 具有可相加性参数

2. 准静态过程中，系统的势差或力差：

A. 不可以存在　　B. 到处可以存在

C. 只在边界上可以存在　　D. 只在系统内部可以存在

3. 热力学第一定律闭口系统表达式$\delta q = c_v \mathrm{d}t + p\mathrm{d}v$的适用条件为：

A. 任意工质任意过程　　B. 任意工质可逆过程

C. 理想气体准静态过程　　D. 理想气体的微元可逆过程

4. 如果将常温常压下的氧气作为理想气体，则其定值比热容为：

A. 260J/(kg · K)　　B. 650J/(kg · K)

C. 909J/(kg · K)　　D. 1169J/(kg · K)

5. 根据理想气体多变过程方程式=定值，当$n = 1.15$，降温时，可能的过程特性是：

A. 压缩、降压和放热　　B. 压缩、升压和吸热

C. 膨胀、放热和降压　　D. 膨胀、降压和吸热

6. 热力学第二定律的开尔文表述“不可能从单一热源取热使之完全变为功而不引起其他变化”，对其理解下列说法正确的是：

A. 如无外部作用或影响，单一热源下，则无法将热转化为功

B. 如无外部作用或影响，但有两个热源下，无论热从哪里取出都可以转化为功

C. 有外部作用或影响时，无论有无热源均可直接产生功

D. 只要初始有一点外部作用，一个热源下也可以源源不断地产生功

7. 有关两相状态的水蒸气焓，下列表达式正确的是：

A. $h_x = xr$

B. $h_x = h' + xh''$

C. $h'_x = h'' + x(h'' - h')$

D. $h_x = h' + x(h'' - h')$

8. 在喷管设计选用过程中，当初始入口流速为亚音速，并且$\beta > p_b/p_1$时，应该选用：

A. 渐扩喷管

B. 渐缩喷管

C. 渐缩渐扩喷管

D. 都可以

9. 朗肯蒸汽动力基本循环增加回热循环后，效率提高的原因是：

A. 提高了吸热压力

B. 增加了吸热总量

C. 提高了做功量

D. 提高了吸热平均温度

10. 可采用热能实现制冷循环的有：

A. 蒸汽压缩式

B. 吸收式和吸附式

C. 空气压缩式

D. 所有制冷循环均可用热能驱动

11. 根据导热过程傅里叶定律，当三维导热量的三个分量均为 1kW 时，总的导热量为：

A. 3kW

B. 1.732kW

C. 1kW

D. 不确定

12. 多层平壁一维导热中，当导热率为非定值时，平壁内的温度分布：

A. 直线

B. 连续的曲线

C. 间断折线

D. 不确定

13. 某长导线的直径为 2mm，比热容为385J/(kg · K)，热导率为110W/(m · K)，外部复合传热系数为24W/(m^2 · K)，则采用集总参数法计算温度时，其 Bi 数为：

A. 0.00088

B. 0.00044

C. 0.00022

D. 0.00011

14. 常物性无内热源一维非稳态导热过程中，内节点采用显格式差分得到离散方程需满足：

A. $\mathrm{Fo} > 1/2$　　B. $\Delta\tau \leqslant \frac{1}{2}\frac{\Delta x}{a}$

C. $\mathrm{Bi} < 0.1$　　D. $\mathrm{Fo} \leqslant 1$

15. 下列关于对流传热准则数的解释，错误的是：

A. Nu 数和 Bi 数定义式相同，物理含义也相同

B. Re 和 Gr 是对流换热过程不可缺少的准则数

C. Pr 数用于描述动量和热量传递相对关系

D. St 数表示来流始焓与参与换热的能量比值关系

16. 流体在间距为$2b$的大平板内流动，流动的当量水力直径为：

A. b　　B. $2b$

C. $3b$　　D. $4b$

17. 在受迫对流传热过程中，如果有冷热效应形成的自然对流，则分析计算中可以不计自然对流影响的判别条件是：

A. $\frac{\mathrm{Gr}}{\mathrm{Re}^2} < 0.1$　　B. $\frac{\mathrm{Gr}}{\mathrm{Re}^2} > 10$

C. $0.1 < \frac{\mathrm{Gr}}{\mathrm{Re}^2} < 10$　　D. $\frac{\mathrm{Gr}}{\mathrm{Re}^2} < 1800$

18. 根据热辐射的基本概念，工业上有实际意义的热辐射的波长范围为：

A. 可见光和红外线　　B. 0.2~3μm

C. 0.1~100μm　　D. 0~1000μm

19. 两个灰体大平板之间插入三块灰体遮热板，设各板的发射率相同，则插入三块板后辐射传热量将减少：

A. 25%　　B. 33%

C. 50%　　D. 75%

20. 金属壁面增强传热可以有多种方法，下述方法中对增强传热作用效果最差的是：

A. 改善流动或增强扰动　　B. 改变表面状况或扩展传热面

C. 选用热导率高的金属或减薄壁面　　D. 改变传热流体介质

21. 设流场的表达式为：$u_x=-x+t$，$u_y=y+t$，$u_z=0$。求$t=2$时，通过空间点(1,1,1)的流线为：

A. $(x-2)(y+2)=-3$，$z=1$

B. $(x-2)(y+2)=3$，$z=1$

C. $(x+2)(y+2)=-3$，$z=1$

D. $(x+2)(y+2)=3$，$z=1$

22. 某水中航船阻力模型试验，原型船速4m/s，长度比尺$\lambda_l=10$，水的运动黏度$\nu=10^{-6}\text{m/s}$，为了测定航船的摩擦阻力，由雷诺模型律，则模型的速度为：

A. 40m/s

B. 30m/s

C. 2.456m/s

D. 1.265m/s

23. 某屋顶消防水箱几何比尺$\lambda_l=100$的小模型，该模型的水 1min 可放空，若采用弗劳德模型律，则原型中消防水箱放空水的时间为：

A. 8min

B. 10min

C. 15min

D. 20min

24. 在管径$d=1\text{cm}$，管长$L=10\text{m}$的圆管中，冷冻机润滑油做层流运动，测得流量$Q=80\text{cm}^3/\text{s}$，阻力损失$h_\text{f}=60\text{m}$，则油的运动黏滞系数等于：

A. $0.91\text{cm}^2/\text{s}$

B. $1.82\text{cm}^2/\text{s}$

C. $3.64\text{cm}^2/\text{s}$

D. $7.28\text{cm}^2/\text{s}$

25. 紊流中的惯性切应力产生的原因是：

A. 分子间的动量交换

B. 脉动流速引起的动量交换

C. 时均流速引起的动量交换

D. 脉动压强引起的动量交换

26. 下列说法错误的是：

A. 流动处于阻力平方区的简单管道中，总阻力损失与管道体积流量平方成正比

B. 串联管道无中途合流或分流，则管段流量相等

C. 并联管道各支管水头损失和总机械能损失不一定相等

D. 相对于给定管道，管道阻抗一定是定值

27. 如图所示管道系统，流动处于阻力平方区，各段管道阻抗分别为S、$2S$，其总流量是：

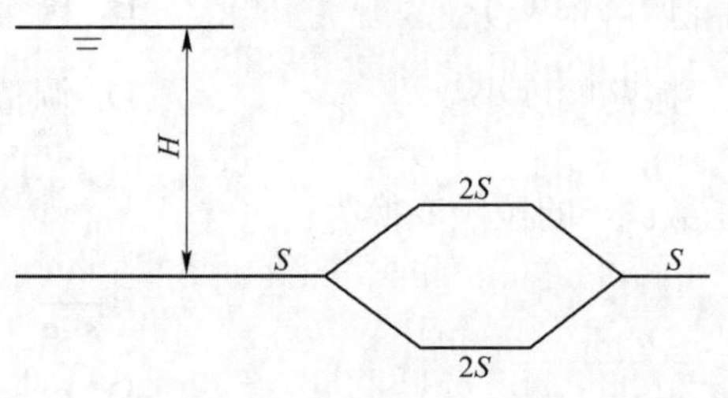

A. 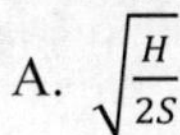 $\sqrt{\frac{H}{2S}}$

B. $\sqrt{\frac{2H}{5S}}$

C. $\sqrt{\frac{H}{4S}}$

D. $\sqrt{\frac{2H}{3S}}$

28. 文丘里管测速的基本方程是：

A. 连续性方程和伯努利方程　　B. 连续性方程和动量方程

C. 动量方程和伯努利方程　　D. 质量、动量和能量守恒三大方程

29. 某涡轮喷气发动机在设计状态下工作时，已知在尾喷管进口截面处的气流参数为：$p_1 = 2.05 \times 10^5 \text{N/m}^2$，$T_1 = 856\text{K}$，$v_1 = 288\text{m/s}$，$A_1 = 0.19\text{m}^2$。出口截面 2 处的气体参数为：$p_2 = 1.143 \times 10^5 \text{N/m}^2$，$T_2 = 766\text{K}$，$A_2 = 0.1538\text{m}^2$。已知$R = 287.4\text{J/(kg} \cdot \text{K)}$，则通过尾喷管的燃气质量流量和喷管出口流速分别为：

A. 40.1kg/s，524.1m/s　　B. 45.1kg/s，524.1m/s

C. 40.1kg/s，565.1m/s　　D. 45.1kg/s，565.1m/s

30. 有一台吸入口径为 500mm 的单吸单级泵，输送常温清水，其工作参数$Q = 0.8\text{m}^3/\text{s}$，允许吸入真空高度为 3.5m，吸入管段的阻力为 0.4m，则允许的几何安装高度为：

A. 2.61m　　B. 2.24m

C. 2.52m　　D. 2.37m

31. 控制系统可以是：

A. 控制器、被控对象、传感器、控制量和被控量

B. 反馈控制系统、随动控制系统、程序控制系统等

C. 信息系统、反馈系统

D. 发射系统、中继系统、接收系统

32. 为了满足生产过程的要求，控制系统的动态过程应满足：

A. 调整时间短、振荡幅度小　　B. 调整时间短、振荡幅度大

C. 调整时间长、振荡幅度小　　D. 调整时间长、振荡幅度大

33. 自然指数衰减函数e^{-at}的拉氏变换为：

A. $\frac{s}{a}$　　B.$\frac{1}{s-a}$

C. $\frac{1}{s+a}$　　D. as

34. 惯性系统的微分方程为$Ty'(t)+y(t)=r(t)$，其中T为时间常数，则此系统满足：

A. 零初始条件下，系统微分方程的拉氏变换为$TsY(s)+Y(s)=R(s)$

B. 当$y(t)$的一阶级导数初始值为零时，系统方程的拉氏变换为$TsY(s)+Y(s)=R(s)$

C. 当$r(t)=1$时，$y(t)=1-e^{-\frac{t}{T}}$

D. 当$r(t)=t$时，$y(t)=1-e^{-\frac{t}{T}}$

35. 自动控制系统中，PID 调节器的参数调节性能的影响是：

A. 比例度越大，调节器不够灵敏，被调参数变化缓慢，稳态误差就小

B. 积分时间很小时，可以减小偏差

C. 微分环节具有抑制振荡的效果，适当增加微分作用，可以提高系统的稳定性

D. 比例、积分、微分作用单独调节，可以获得更好的调节效果

36. 根据下列最小相位系统的稳定裕度，相对稳定性最好的是：

A. 相角裕度$y=0°$，幅值裕度$h=3.0$

B. 相角裕度$y=40°$，幅值裕度$h=3.0$

C. 相角裕度$y=0°$，幅值裕度$h=1.0$

D. 相角裕度$y=10°$，幅值裕度$h=1.0$

37. 二阶系统的特征方程为$a_0s^2 - a_1s - a_2 = 0$，系统稳定的必要条件是：

A. 各项系数符号必须相同

B. a_1，a_2符号相同，且与a_0的符号相反

C. 无法确定

D. a_1，a_2符号为正

38. 设系统的开环传递函数为$G(s)$，反馈环节传递函数为$H(s)$，则该系统的静态位置误差系数为：

A. $\lim_{s\to 0} G(s)H(s)$　　B. $\lim_{s\to 0} sG(s)H(s)$

C. $\lim_{s\to \infty} sG(s)H(s)$　　D. $\lim_{s\to \infty} G(s)H(s)$

39. 关于校正的概念，下列说法错误的是：

A. 校正环节或装置的加入可以使系统特性发生变化，以满足给定的各项性能指标

B. 校正可分为串联校正、反馈校正、前馈校正和干扰补偿四种

C. 校正装置与系统固有部分的结合方式，称为系统的校正方案

D. 校正装置只能单独使用，才能保证最佳校正效果

40. 按哪种方式来分类，测量方法可分为直接测量、间接测量和组合测量？

A. 误差产生的方式　　B. 测量结果产生的方式

C. 不同的测量条件　　D. 被测量在测量过程中的状态

41. 用两支分度号为E的热电偶测量A区和B区的温差，连接回路如图所示。当热电偶参考端温度$t_0 =$ 0℃时，仪表指示值为 100℃，问当参考端温度升到 35℃时，仪表的指示为：

A. 100℃

B. 135℃

C. 65℃

D. 35℃

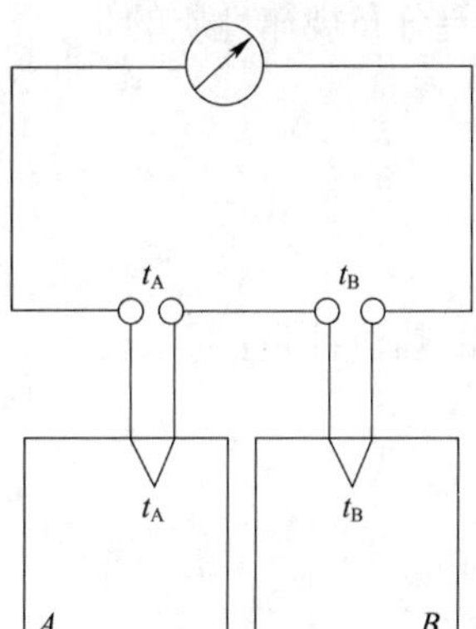

42. 以下关于电动干湿球温度计的叙述，错误的是：

A. 测量桥路是由两个平衡电桥组成的复合桥路

B. 通风机是为了维持恒定风速的气流，以提高精度

C. 使用电阻式温度计测量干湿球温度

D. 桥路的电压差反映了干湿球温差

43. 测量水平管道内的压力时，下列对压力仪表安装方式的描述，错误的是：

A. 测量气体时，取压孔应在管道的上半部

B. 测量液体时，取压孔最好在与管道水平中心面以下成 0~45°的夹角内

C. 测量气体时，取压孔应在管道的下半部

D. 测量蒸汽时，取压孔最好在与管道水平中心面以上成 0~45°的夹角内

44. 圆柱形三孔测速仪的两方向孔，相互之间的夹角为：

A. 45° B. 90°

C. 120° D. 180°

45. 以下关于转子流量计的叙述，错误的是：

A. 利用恒节流面积变压降来测量流量

B. 转子的重力等于浮力与流体压差力之和

C. 转子平衡位置越高，所测流量越大

D. 属于节流法测流量

46. 下列不属于随机误差分布规律性质的是：

A. 有界性 B. 双峰性

C. 对称性 D. 抵偿性

47. 用来测量辐射热流的热流计是：

A. 电阻式热流计 B. 辐射式热流计

C. 蒸汽式热流计 D. 热水式热流计

48. 测量某房间空气温度得到下列测定值数据(℃):22.42、22.39、22.32、22.43、22.40、22.41、22.38、22.35,采用格拉布斯准则判断其中是否含有过失误差的坏值?

[危险率$a = 5\%$。格拉布斯临界值$g_0(n, a)$:当$n = 7$时,$g_0 = 1.938$;当$n = 8$时,$g_0 = 2.032$;当$n = 9$时,$g_0 = 2.110$。]

A. 含有,坏值为 22.32　　B. 不含有

C. 含有,坏值为 22.43　　D. 无法判断

49. 零件受弯曲变应力的作用,正常工作条件下的主要失效形式是:

A. 疲劳断裂　　B. 塑性变形

C. 压溃　　D. 剪断

50. 图示平面机构中,机构自由度数为:

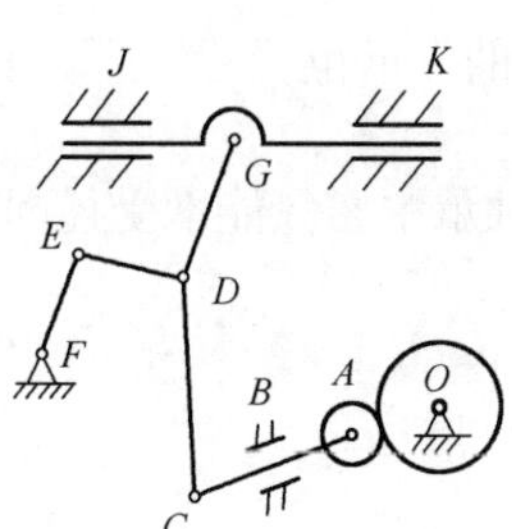

A. 1

B. 2

C. 3

D. 0

51. 在平面四杆机构中,如存在急回运动特性,则其行程速比系数:

A. $K > 1$　　B. $K = 1$

C. $K < 1$　　D. $K = 0$

52. 设计凸轮机构时,当凸轮角速度为ω_1、从动件运动规律已知时,则有:

A. 基圆半径γ_0越大,凸轮机构压力角α就越大

B. 基圆半径γ_0越小,凸轮机构压力角α就越大

C. 基圆半径γ_0越大,凸轮机构压力角α不变

D. 基圆半径γ_0越小,凸轮机构压力角α就越小

53. 在螺栓连接中,有时在一个螺栓上采用两个螺母,其目的是:

A. 提高连接强度　　B. 提高连接刚度

C. 防松　　D. 改善螺纹牙间的荷载分布

54. 在正常工作情况下，带传动的传动比会因传递功率的不同而变化。其原因是：

A. 打滑　　B. 弯曲应力

C. 离心应力　　D. 弹性滑动

55. 测得某标准直齿圆柱轮（正常齿制）齿顶圆直径等于 110mm，齿数为 20，则该齿轮的分度圆直径等于：

A. 110mm　　B. 100mm

C. 90mm　　D. 80mm

56. 下列不能有效改善轴刚度的措施是：

A. 改用高强度合金钢　　B. 改变轴的直径

C. 改变轴的支承位置　　D. 改变轴的结构

57. 下列滚动轴承中，只能承受径向荷载的轴承型号是：

A. N307　　B. 6207

C. 30207　　D. 51307

58. 按《民用建筑供暖通风与空气调节设计规范》（GB 50736—2012），在暖通空调系统施工图设计阶段必须进行：

A. 逐时冷、热负荷计算　　B. 热负荷逐时计算

C. 冷负荷计算　　D. 逐时冷负荷计算

59. 根据《中华人民共和国建筑法》，工程监理单位实施监理的依据是：

A. 工程建设方的要求，如工程建设方的要求

B. 法律、行政法规及有关的技术标准、设计文件和建筑工程承包合同

C. 设计单位的要求

D. 施建方的要求

60. 根据《锅炉房设计规范》（GB 50041—2020）锅炉房可以设置在：

A. 建筑物内人员密集场所的下一层

B. 公共浴室的贴邻位置

C. 地下车库疏散口旁

D. 独立建筑物内

2020年度全国勘察设计注册公用设备工程师（暖通空调、动力）执业资格考试基础考试（下）试题解析及参考答案

1. 解　强度性参数：如温度T、压力p等，系统中单元体的参数值与整个系统的参数值相同，与质量多少无关，没有可加性。当强度性参数不相等时，便会发生能量的传递，如在温差作用下发生热量传递，在力差作用下发生功的传递。可见，强度性参数在热力过程中起着推动力作用，称为广义力或势。因此选C。

答案：C

2. 解　准静态过程是无限趋近于平衡态的过程，平衡态是系统内部和外部都不存在不平衡势差的状态，而准静态则是这些不平衡势差无限小的状态。准静态过程中，系统的势差或力差可以到处存在。

答案：B

3. 解　对于闭口系统，热力学第一定律微元表达式为：$\delta q = \mathrm{d}u + \delta w$；

对于微元理想气体，热力学第一定律微元表达式为：$\mathrm{d}u = c_\mathrm{v}\mathrm{d}t$或$\mathrm{d}h = c_\mathrm{p}\mathrm{d}t$；

对于可逆过程，热力学第一定律微元表达式为：$\delta w = p\mathrm{d}v$或$\delta w_\mathrm{t} = -v\mathrm{d}p$。

则$\delta q = c_\mathrm{v}\mathrm{d}t + p\mathrm{d}v$的适用条件为理想气体的微元可逆过程。

答案：D

4. 解

$$c_\mathrm{p} = \frac{k}{k-1}R_\mathrm{g} = \frac{1.4}{1.4-1} \times \frac{8314}{32} = 909\mathrm{J/(kg \cdot K)}$$

答案：C

5. 解　由题可知该过程介于等温线和等熵线之间，即$1 < n < k$，降温时，ΔT为负值，而q为正值，气体吸热膨胀对外做功，比体积增大，故压力降低，如解图所示。因而，选项D为正确选项。

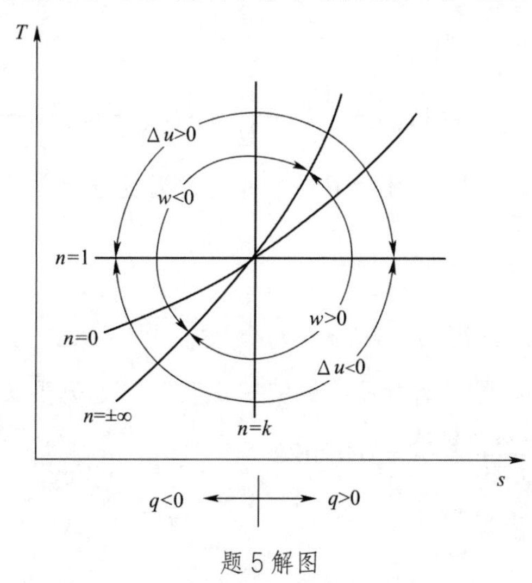

题5解图

答案：D

6. 解 不引起其他变化，包括对热机内部、外界环境及其他物体都不引起任何变化，这样单一热源是无法将热转化为功的，故选项 A 正确。选项 B，在无外部作用或影响时，热量必须从高温热源取出才能转化为功。选项 C，不符合热力学第一定律，没有热源时不会产生功。选项 D，"一点"外部作用是不可以"源源不断"地产生功的。

答案：A

7. 解 两相区水蒸气的焓$h_x = xh'' + (1-x)h' = h' + x(h'' - h')$

答案：D

8. 解 入口为亚音速流，满足条件的喷管类型为渐缩喷管或渐缩渐扩喷管。临界压力比$\beta = \frac{p_c}{p_1}$，若$\beta > \frac{p_b}{p_1}$，则背压$p_b < p_c$，喷管内的气体流速包括亚音速和超音速两部分，在超音速区域，气体比体积相对变化率大于流速相对变化率，故要求喷管截面逐渐扩大，在这种情况下，须选择渐缩渐扩喷管。

答案：C

9. 解 朗肯蒸汽动力基本循环增加回热循环后，以利用膨胀做了功的蒸汽预热锅炉给水，提高了锅炉给水温度，从而提高了平均吸热，而$\eta = 1 - \frac{T_c}{\overline{T}_h}$，$\overline{T}_h$增大则效率提高。

答案：D

10. 解 常见的热能驱动的制冷方式有吸收式制冷、吸附式制冷、喷射式制冷等。

答案：B

11. 解 三维物体的总导热量等于三个分量的和。

答案：A

12. 解 热导率随温度发生变化的关系式为：$\lambda = \lambda_0(1 + bt)$，其中$b \neq 0$

单层平壁的温度分布为：

$$\left(t + \frac{1}{b}\right)^2 = \left(t_{w1} + \frac{1}{b}\right)^2 - \left[\frac{2}{b} + (t_{w1} + t_{w2})\right]\frac{t_{w1} - t_{w2}}{\delta}x$$

可以看出温度分布是曲线。所以，对于多层平壁内的温度分布是连续的曲线。

答案：B

13. 解 $\mathrm{Bi} = \frac{hL}{\lambda}$

在《传热学》（第六版）74 页有定型尺寸的特别说明，对于无限长圆柱取半径为定型尺寸。

代入数据，即$\mathrm{Bi} = \frac{hL}{\lambda} = \frac{24 \times 2 \div 2 \times 10^{-3}}{110} = 0.00022$

答案：C

14. 解 内节点采用显格式差分时，控制数值解稳定性的条件是：$\mathrm{Fo} \leqslant \frac{1}{2}$，即$\frac{a\Delta\tau}{\Delta x^2} \leqslant \frac{1}{2}$，则$\Delta\tau < \frac{1}{2}\frac{\Delta x}{a}$。

答案：B

15. 解 $\mathrm{Nu}=\frac{hl}{\lambda}$，$\mathrm{Bi}=\frac{hL}{\lambda}$，定义式相同，但两者的物理含义不相同。Nu 数表示壁面法向无量纲过余温度梯度的大小，从而反映对流传热的强弱。Bi 数表示物体内部导热热阻和物体表面对流传热热阻的比值。

答案：A

16. 解 假设大平板的宽为L，并且$L \gg b$，当量水力直径$d_{\mathrm{e}}=\frac{4A}{f}=\frac{4\times2bL}{2L}=4b$。

答案：D

17. 解 自然对流和受迫对流并存的混合对流传热，当$\frac{\mathrm{Gr}}{\mathrm{Re}^2}<0.1$时，可以忽略自然对流的影响；当$0.1\leqslant\frac{\mathrm{Gr}}{\mathrm{Re}^2}<10$时，要考虑自然对流的影响；当$\frac{\mathrm{Gr}}{\mathrm{Re}^2}\geqslant10$时，则可视为纯自然对流。

答案：A

18. 解 通常把$\lambda=0.1\sim100\mu\mathrm{m}$范围的电磁波称为热射线，其中包括可见光、部分紫外线和红外线。

答案：C

19. 解 当加入n块发射率相同的遮热板时，传热量将减少到原来的$\frac{1}{n+1}$。所以，插入三块板后辐射传热量将减少：$1-\frac{1}{3+1}=75\%$。

答案：D

20. 解 传热量：$\Phi=KA\Delta t$，传热面积和传热系数越大，传热量也越大。

一般换热设备的传热面是金属薄壁，壁的导热热阻很小，常忽略不计。

$K=\frac{h_1h_2}{h_1+h_2}$，而$h=f\left(u^{0.8},\lambda^{0.6},c_{\mathrm{p}}^{0.4},\rho^{0.8},\mu^{-0.4},d^{-0.2}\right)$，流体的速度和密度对表面传热系数的影响较大。

答案：C

21. 解 由流线的定义，可以建立流线的微分方程。

$$\frac{\mathrm{d}x}{u_x}=\frac{\mathrm{d}y}{u_y}=\frac{\mathrm{d}z}{u_z}$$

可得

$$\begin{cases}\dfrac{\mathrm{d}x}{-x+t}=\dfrac{\mathrm{d}y}{y+t}\\ \mathrm{d}z=0\end{cases}$$

t可以认为是常数，两边积分后，得该流动的流线方程为：

$$\begin{cases}-\ln(x-t)=\ln(y+t)+c\\ z=c_2\end{cases}$$

进一步处理得：

$$\begin{cases}(x-t)(y+t)=C_1\\ z=C_2\end{cases}$$

又因为$t=2$时，$x=y=z=1$

得：$C_1=-3$，$C_2=1$

答案：A

22. 解　此题考查模型和原型流动的相似问题。在该题中，给出按雷诺相似准数，Re 就是决定性相似准数，即$\mathrm{Re_p}=\mathrm{Re_m}$

$$\frac{u_\mathrm{p}d_\mathrm{p}}{\nu}=\frac{u_\mathrm{m}d_\mathrm{m}}{\nu}$$

已知长度比尺$\lambda_l=\frac{d_\mathrm{p}}{d_\mathrm{m}}=10$，所以$u_\mathrm{m}=\frac{u_\mathrm{p}d_\mathrm{p}}{d_\mathrm{m}}=40\mathrm{m/s}$

答案：A

23. 解　由于在消防水箱放空过程中，重力在流动中起主要作用，两流动重力相似，弗劳德数相等，则

$$\frac{u_\mathrm{p}}{\sqrt{gl_\mathrm{p}}}=\frac{u_\mathrm{m}}{\sqrt{gl_\mathrm{m}}}$$

现已知$\lambda_l=\frac{l_\mathrm{p}}{l_\mathrm{m}}=100$，得$\frac{u_\mathrm{p}}{u_\mathrm{m}}=10$

又因为$Q=Aut$，式中Q为消防水箱体积，与比例尺是 3 次方关系；A为排空口面积，与比例尺是 2 次方关系。

$$\frac{Q_\mathrm{p}}{Q_\mathrm{m}}=\frac{A_\mathrm{p}u_\mathrm{p}t_\mathrm{p}}{A_\mathrm{m}u_\mathrm{m}t_\mathrm{m}}=100^3$$

又知$\frac{A_\mathrm{p}}{A_\mathrm{m}}=100^2$，所以得$\frac{t_\mathrm{p}}{t_\mathrm{m}}=10$

即原型中消防水箱放空水的时间为 10min。

答案：B

24. 解　$u=\frac{4Q}{\pi d^2}=\frac{4\times 80\times 10^{-6}}{\pi\times 10^{-4}}=1.02\mathrm{m/s}$

$h_\mathrm{f}=\lambda\frac{l}{d}\frac{u^2}{2g}=\lambda\frac{10}{0.01}\times\frac{1.02^2}{2g}=53.1\lambda=60\mathrm{m}$

得：$\lambda=1.13$

因为是层流，所以有$\lambda=\frac{64}{\mathrm{Re}}$，并由$\frac{ud}{\nu}=\mathrm{Re}=\frac{64}{\lambda}=56.64$

得：$\nu=\frac{ud}{56.64}=1.8\mathrm{cm^2/s}$

答案：B

25. 解　在紊流流动中，除了流层间的摩擦切应力外，由于脉动速度的存在，流体质点相互混掺碰撞引起相互间的动量交换，从而引起附加切应力，增加了阻力损失。本题考查紊流流动中附加切应力形成的原因，或者说是阻力损失增加的原因。这就要求了解脉动现象的特征表现和实质。

答案：B

26. 解　阻力平方区又称完全湍流区，在此区域内摩擦系数仅与相对粗糙度有关，而与雷诺数无关，

管道阻力与流速完全为平方关系，故称为阻力平方区。又因为是简单管道，管径与流量都不变，流量与流速成正比，所以总阻力损失与管道体积流量的平方成正比，选项A正确。

串联管路无中途分流和合流时，流量相同，阻力叠加，因此选项B也是正确的。

对于并联管道，各支管单位重量流体的水头损失均等于并联管道两端的总水头差；但并联各管道流量不一定相等，所以并联管道各支管水头损失和总机械能损失也不一定相等。因此，选项C正确。

给定管段的阻抗$S=\frac{8\left(\lambda\frac{l}{d}+\Sigma\zeta\right)}{g\pi^2d^4}$，管段一定，$l$，$d$，$\zeta$可视为定值，而$\lambda$取决于流态。只有当流动处于阻力平方区时，$\lambda$仅与管道的相对粗糙度有关，此时，$\lambda$才可视为常数。因此，只有流动处于阻力平方区时，给定管道阻抗才为定值，选项D错误。

答案：D

27. 解　该问题实际是简单管路的串、并联的总阻抗计算。本题中两2S管路并联后，再与两端的S管路串联。

假设两2S管路并联后的总阻抗为X，并联支路流量为Q_1，则有$2SQ_1^2=X(2Q)^2$，得$X=0.5S$，总管路阻抗则为$S+0.5S+S=2.5S$

由$H=2.5SQ^2$，得$Q=\sqrt{\frac{2H}{5S}}$

答案：B

28. 解　文丘里管是先收缩而后逐渐扩大的管道。测出其入口截面和最小截面处的压力差，用伯努利定理即可求出流量。设入口截面处和喉道处的平均速度、平均压力和截面面积分别为v_1、p_1、A_1和v_2、p_2、A_2，流体密度为ρ。应用伯努利定理和连续性方程并注意到平均运动的流线是等高的，可得出：

$$A_1v_1=A_1v_2=Q$$

$$\frac{v_1^2}{2}+\frac{p_1}{\rho}=\frac{v_2^2}{2}+\frac{p_2}{\rho}$$

从而可以求出流速。在此过程中，应用的是连续性方程和伯努利方程。

答案：A

29. 解　根据连续性方程，有$\rho_1v_1A_1=\rho_2v_2A_2$

气体状态方程$p=\rho RT$

$Q_{\mathrm{m}}=\rho vA=\frac{\rho}{RT}vA=45.1\mathrm{kg/s}$　（代入入口截面处参数）

由于$Q_{\mathrm{m1}}=Q_{\mathrm{m2}}$，得$\frac{p_1}{RT_1}v_1A_1=\frac{p_2}{RT_2}v_2A_2$

解得$v_2=565.1\mathrm{m/s}$

答案：D

30. 解　$v=\frac{4Q}{\pi d^2}=\frac{4\times0.8}{\pi\times0.25}=4.1\mathrm{m/s}$，$H_{\mathrm{s}}=H_{\mathrm{g}}+\frac{v^2}{2g}+h$

所以得：$H_g = H_s - \frac{v^2}{2g} - h = 3.5 - 0.85 - 0.4 = 2.25\text{m}$

答案：B

31. 解　参见自动控制系统的构成及控制系统的分类等相关内容。

答案：A

32. 解　控制系统调整时间短，振荡幅度小，系统越稳定。

答案：A

33. 解　$L = \int_0^\infty e^{-at}e^{-st}\text{d}t = \int_0^\infty e^{-(a+s)t}\,\text{d}t = \frac{1}{s+a}$

答案：C

34. 解　根据拉普拉斯变换的性质，$L[y'(t)] = sL[y(t)] - y(0)$，令 $L[y(t)] = Y(s)$，则方程变换为 $T[sY(s) - y(0)] + Y(s) = R(s)$，且惯性系统零初始条件下，$t = 0$时，$y(0) = 0$，则原方程化简为$TsY(s) + Y(s) = R(s)$。

答案：A

35. 解　比例度越大，系统调节速度加快，系统稳态误差减小。积分时间太小，系统可能不稳定，且振荡次数较多。微分环节的增加可以改善系统的动态特征，有助于系统的稳定性。

答案：C

36. 解　对于最小相位系统，系统稳定时幅值裕度大于1，相角裕度大于0，幅值裕度和相角裕度越大，系统越稳定。

答案：B

37. 解　系统稳定的充要条件是特征方程的各项系数的符号必须相同，可以同为正或同为负。

答案：B

38. 解　静态位置误差系数$K_p = \lim_{s\to 0} G(s)H(s)$，静态速度误差系数$K_v = \lim_{s\to 0} sG(s)H(s)$，静态加速度误差系数$K_a = \lim_{s\to 0} s^2G(s)H(s)$。

答案：A

39. 解　系统可以使用多种校正装置组合，以改善系统性能，使系统满足各种指标要求。

答案：D

40. 解　按测量手段和获得测量结果的方法的不同进行分类，主要有直接测量、间接测量和组合测量三种测量方法。

答案：B

41. 解　指示仪表为测量的温差，即测量区温度t_B 和参考区t_A的差。开始时，参考端温度为 0℃，即开始时测量温差$t_B - t_A = 100℃$，当参考端温度升到 35℃时，t_B保持不变，t_A升高 35℃，故此两区温差即仪表示数为$t_B - t_A = 65℃$。

答案：C

42. 解 电动干湿球温度计是由两个不平衡电桥连在一起组成的。

电动干湿球温度计工作原理如解图所示，左电桥输出的不平衡电压是干球温度t_m的函数，而右电桥输出的不平衡电压是湿球温度t_s的函数。左、右电桥输出的信号，通过补偿电阻R连接，R上的滑动点为D。双电桥平衡时，D点位置反映了左、右电桥的电压差，也即间接反映了干、湿球的温度差，从而D点位置反映了空气相对湿度值。

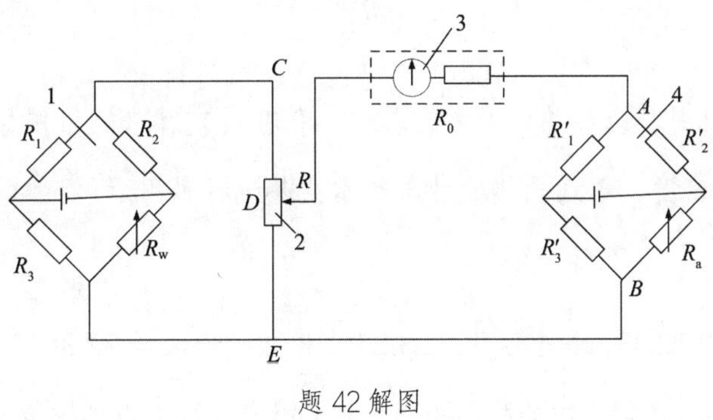

题 42 解图

答案：A

43. 解 在测量液体介质的水平管道上取压时，宜在水平及以下 45°间取压，可使导压管内不积存气体。在测量气体介质的水平管道上取压时，宜在水平及以上 45°间取压，可使导压管内不积存液体。测量蒸汽时，取压孔应位于工艺管道的两侧偏上的位置（选项 D 符合），可以保持测量管路内有稳定的冷凝液，并防止工艺管道底部的固体介质进入测量管路和仪表。

答案：C

44. 解 在探头的三个感压孔中，居中的一个为总压孔，两侧的孔用于探测气流方向，故也称方向孔。当两侧的方向孔感受到的压力相等时，则认为气流方向与总压孔的轴线重合。实际使用时，两个方向孔在同一平面内按 90°夹角布置，总压孔则布置在两个方向孔的角平分线上。测速管探头插入气流中，通过转动干管使得两个方向孔的压力相等，此时气流方向与总压孔的轴线平行。

答案：B

45. 解 流量计的本体由一个锥形管和一个位于锥形管内的可动转子（或称浮子）组成，垂直装在测量管道上。当流体在压力作用下自下而上流过锥形管时，转子在流体作用力和自身重量作用下将悬浮在一平衡位置。根据不同平衡位置可算得被测流体的流量。它是通过改变流体的流通面积来保持转子上下差压恒定的，故又称为变流通面积恒差压流量计，因此选项 A 错误。根据其原理，通过控制流通面积实现测量，因此也是根据节流原理来测量流体流量的，属于节流法，故选项 D 的说法正确。

答案： A

46. 解 随机误差的统计特性：

（1）有界性：在一定测量条件下，误差的绝对值一般不超出一定范围。

（2）单峰性：概率密度的峰值只出现在零误差附近。绝对值小的误差出现的概率密度大；反之，绝对值大的误差出现的概率密度小。

（3）对称性：符号相反但绝对值相等的随机误差出现的概率相等。

（4）抵偿性：在等精度测量条件下，当测量次数不断增加而趋于无穷时，全部随机误差的算术平均值趋于零。

答案： B

47. 解 电阻式热流计是根据导热的基本定律——傅里叶定律来测量传导热流的热流量，辐射式热流计可用于测量辐射热流密度，蒸汽式热流计与热水式热流计可用于测量对流导热热流量。

答案： B

48. 解 已知最大值为 22.43，最小值为 22.32，计算出平均值 = 22.3875，标准差 = 0.03694。与平均值相差最大的是最小值，相差绝对值为 0.0675，故最小值 22.32 为可疑值。

$|22.32-22.3875|\div 0.03694=1.827$，又当$n=8$时，$g_0=2.032$，$1.827<2.032$，因此没有异常值，不需要剔除。

答案： B

49. 解 零件受到变应力的作用，其主要的失效形式为疲劳断裂。这种失效形式不同于静应力断裂，与应力循环次数（即寿命）密切相关。

答案： A

50. 解 本题同 2017-50。平面机构的自由度$F=3\times n-2\times P_{\mathrm{L}}-P_{\mathrm{H}}$。其中，$n$为活动构件数目，$P_{\mathrm{L}}$为低副数目，$P_{\mathrm{H}}$为高副数目。在利用该公式计算图示机构的自由度时，需要注意区分复合铰链、虚约束、局部自由度等几个问题。由题图可知，D处为复合铰链，J和K有一处为虚约束，凸轮推杆端部滚子中心为局部自由度。因此，活动构件数$n=7$，低副数目$P_{\mathrm{L}}=9$，高副数目$P_{\mathrm{H}}=1$，该机构的自由度$F=3\times 7-2\times 9-1=2$。

答案： B

51. 解 本题同 2016-51、2018-51。机构的急回运动特性是用行程速度变化系数（即行程速比系数）K来描述的。若机构具有急回运动特性，则有$K>1$，且K值越大，机构的急回运动性质也越显著。

答案： A

52. 解　本题同 2014-52。对于凸轮机构，在其他条件不变的情况下，基圆半径γ_0越小，则压力角α越大。若基圆半径过小，则压力角有可能超过其许用值。

答案：B

53. 解　采用两个螺母（也称对顶螺母），主要是利用两螺母的对顶作用，使螺栓始终受到附加的拉力和摩擦力作用，从而防止螺栓连接产生松脱。

答案：C

54. 解　带传动的主要缺点是具有弹性滑动这一固有属性。由于弹性滑动，将导致带传动不能保持稳定不变的传动比。因此，对于要求准确传动比的场合，不适合采用带传动。

答案：D

55. 解　根据渐开线标准直齿轮结构参数公式，齿顶圆直径$d_a = d + 2h_a$。其中，d为分度圆直径，$d = m \cdot z$，m为模数，z为齿数；h_a为齿顶高，$h_a = h_a^* \cdot \mathrm{m}$，对于正常齿制，齿顶高系数$h_a^* = 1$。

因此，$20 \times m + 2 \times m = 110$，可得模数$m = 5\mathrm{mm}$。所以，齿轮分度圆直径$d = 5 \times 20 = 100\mathrm{mm}$。

答案：B

56. 解　本题与 2009-57 类似。轴的刚度与轴所用材料的弹性模量、轴的结构尺寸、结构形式及支承位置等均有关。然而，改用高强度合金钢，材料的弹性模量并没有变化，因此，无法有效改善轴刚度。

答案：A

57. 解　N307 为圆柱滚子轴承，只能承受较大的径向荷载，不能承受轴向荷载；6207 为深沟球轴承，主要承受径向荷载，同时也可承受一定量的轴向荷载；30207 为圆锥滚子轴承，能同时承受较大的径向荷载和轴向荷载；51307 为推力球轴承，只能承受轴向荷载。

答案：A

58. 解　参见《民用建筑供暖通风与空气调节设计规范》（GB 50736—2012）第 7.2.1 条：除在方案设计或初步设计阶段可使用热、冷负荷指标进行必要的估算外，施工图设计阶段应对空调区的冬季热负荷和夏季逐时冷负荷进行计算。

其中，对于冬季热负荷，是不需要逐时的，所以选项 A、B 都不对，相比之下，只能选 D。

答案：D

59. 解　依据《中华人民共和国建筑法》第三十二条，建筑工程监理应当依照法律、行政法规及有关的技术标准、设计文件和建筑工程承包合同，对承包单位在施工质量、建设工期和建设资金使用等方面，代表建设单位实施监督。

答案：B

60. 解　参见《锅炉房设计规范》（GB 50041—2020）：

4.1.2　锅炉房宜为独立的建筑物。

4.1.3　当锅炉房和其他建筑物相连或设置在其内部时，不应设置在人员密集场所和重要部门的上一层、下一层、贴邻位置以及主要通道、疏散口的两旁，并应设置在首层或地下室一层靠建筑物外墙部位。

答案：D

2021年度全国勘察设计注册公用设备工程师（暖通空调、动力）执业资格考试试卷

基础考试（下）

二〇二一年十月

应考人员注意事项

1. 本试卷科目代码为“2”，考生务必将此代码填涂在答题卡“科目代码”相应的栏目内，否则，无法评分。

2. 书写用笔：**黑色或蓝色钢笔、签字笔或圆珠笔**；

   填涂答题卡用笔：**黑色 2B 铅笔**。

3. 必须用书写用笔将工作单位、姓名、准考证号填写在答题卡和试卷相应的栏目内。

4. 本试卷由 60 题组成，每题 2 分，满分 120 分，本试卷全部为单项选择题，每小题的四个备选项中只有一个正确答案，错选、多选、不选均不得分。

5. 考生作答时，必须按**题号在答题卡上**将相应试题所选选项对应的**字母用 2B 铅笔涂黑**。

6. 在答题卡上书写与题意无关的语言，或在答题卡上作标记的，均按违纪试卷处理。

7. 考试结束时，由监考人员当面将试卷、答题卡一并收回。

8. 草稿纸由各地统一配发，考后收回。

单项选择题（共 60 题，每题 2 分。每题的备选项中只有一个最符合题意。）

1. 将热力学系统和与其发生关系的外界组成一个新系统，则该新系统是：

A. 闭口系统
B. 开口系统
C. 绝热系统
D. 孤立系统

2. 不可逆热力过程：

A. 不能出现在正循环中
B. 不能出现在逆循环中
C. 只能出现在逆循环中
D. 不能出现在可逆循环中

3. 根据理想气体状态方程$pV = nR_0T$，在压力、温度、容积相同的状态下，不同气体的摩尔数：

A. 分子量大的，摩尔数多

B. 分子量小的，摩尔数少

C. 相等

D. 不相等

4. 从压力、温度一定的输气总管向刚性、绝热的真空密闭容器充气，当容器内压力与总管压力相等时：

A. 容器中气体的温度比环境空气温度高

B. 容器中气体的温度比环境空气温度低

C. 容器中气体的温度与环境空气温度一样高

D. 不能确定容器中气体的温度与环境空气温度的相互高低关系

5. 卡诺循环的热效率仅取决于：

A. 热机工作的热源和冷源温度，与工质的性质有关

B. 热机工作的热源和冷源温度，与工质的性质无关

C. 热机工作时过程是否可逆，与工质的性质有关

D. 热机工作时过程是否可逆，与工质的性质无关

6. 热力系统经历了一个不可逆循环，则系统中工质熵的变化：

A. 减小
B. 增大
C. 不变
D. 前三者都有可能

7. 若 1kg 湿蒸汽的干度$x = 0.75$，则其中饱和水的质量为：

A. 1kg　　　　B. 0.25kg

C. 0.75kg　　　　D. 0.43kg

8. 在通风、空调工程中，通常情况下：

A. 只有空气中的干空气是理想气体

B. 只有空气中的水蒸气是理想气体

C. 空气中的水蒸气不是理想气体

D. 空气中的所有气体都是理想气体

9. 如图所示，湿蒸气经过绝热节流后，蒸气状态的变化情况为：

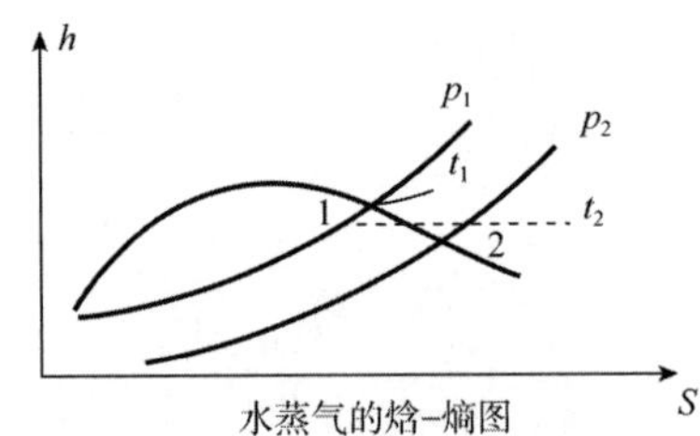

水蒸气的焓–熵图

A. $h_2 = h_1$、$t_2 = t_1$、$p_2 = p_1$、$s_2 = s_1$

B. $h_2 = h_1$、$t_2 < t_1$、$p_2 = p_1$、$s_2 = s_1$

C. $h_2 = h_1$、$t_2 < t_1$、$p_2 < p_1$、$s_2 < s_1$

D. $h_2 = h_1$、$t_2 < t_1$、$p_2 < p_1$、$s_2 > s_1$

10. 由蒸气压缩式制冷循环热力图可知，该循环的制冷量为：

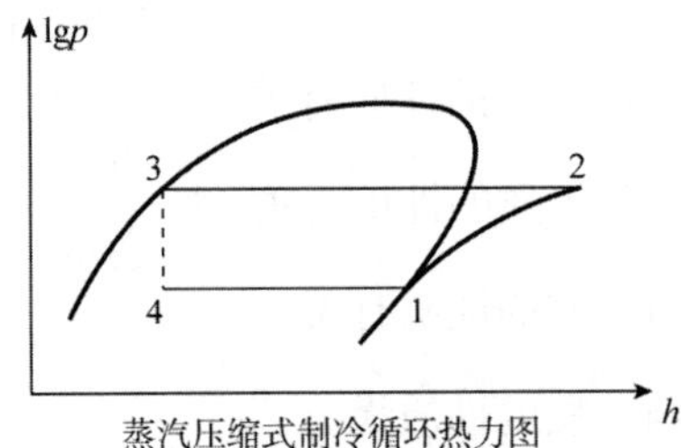

蒸汽压缩式制冷循环热力图

A. $q_0 = h_2 - h_1$　　　　B. $q_0 = h_2 - h_3$

C. $q_0 = h_3 - h_4 = 0$　　　　D. $q_0 = h_1 - h_4$

11. 对于非稳态温度场，表明该温度场：

A. 是空间坐标的函数

B. 是时间的函数

C. 是空间坐标和时间的函数

D. 可以用任意方式描述

12. 多层壁面导热过程中，其传热量的计算值$q_{计}$与实际值$q_{实}$的关系是：

A. $q_{计} > q_{实}$　　B. $q_{计} < q_{实}$

C. $q_{计} = q_{实}$　　D. $q_{计} \geqslant q_{实}$

13. 对需要保温的管道进行绝热设计，已知管道直径$D = 20\text{mm}$，对流传热系数（对流换热系数）在$3\sim5\text{W}/(\text{m}^2\cdot\text{K})$之间波动，从技术经济的角度选择，下列比较合适的材料是：

A. 岩棉，$\lambda = 0.035\text{W}/(\text{m}\cdot\text{K})$

B. 玻璃棉，$\lambda = 0.048\text{W}/(\text{m}\cdot\text{K})$

C. 珍珠岩瓦块，$\lambda = 0.078\text{W}/(\text{m}\cdot\text{K})$

D. 聚氨酯泡沫塑料，$\lambda = 0.028\text{W}/(\text{m}\cdot\text{K})$

14. 在求解对流传热问题时，常使用准则方程式，其获得方程式的方法是：

A. 分析法　　B. 实验法

C. 比拟法（代数法）　　D. 数值法

15. 在管内受迫流动中，当管径与流动条件相同时：

A. 短管h平均值大　　B. 长管h平均值大

C. h平均值一样大　　D. 不确定

16. 反映对流传热强度的准则数是：

A. Re　　B. Pr

C. Gr　　D. Nu

17. 下列辐射波段不属于热辐射范围的有：

A. X 射线　　B. 紫外线

C. 可见光　　D. 红外线

18. 下列表明有效辐射概念关系的是：

A. 辐射表面辐射力 + 对外来辐射的反射

B. 辐射表面辐射力 + 射向表面的外来辐射

C. 辐射表面热损失 + 对外来辐射的反射

D. 辐射表面辐射强度 + 对外来辐射的反射

19. 工厂车间内有一个$A = 1.2\text{m}^2$的辐射采暖板，已知板表面温度 97℃，$\varepsilon = 0.9$，如果环境温度设定为 17℃，则该板辐射传（换）热量为：

A. 1147.7W　　B. 794.0W

C. 714.6W　　D. 595.9W

20. 已知换热器逆流布置，冷流体进口水温 12℃、出口水温 55℃，热流体进口水温 86℃、出口水温 48℃，其平均温差为：

A. 40.49℃　　B. 33.4℃

C. 40.5℃　　D. 33.5℃

21. 若某流动的速度场在任意空间点都满足$\frac{\partial v}{\partial t} = 0$，则该流动的速度场是：

A. 恒定场　　B. 均匀场

C. 无旋流场　　D. 层流流场

22. 用毕托管测定风道中的空气流速，已知测得的水柱$h_\text{v} = 0.03\text{m}$。空气的重度$\gamma_{空气} = 11.8\text{N/m}^3$，水的重度$\gamma_{水} = 9807\text{N/m}^3$，经实验校正，毕托管的流速系数$\varphi = 1$。则风道中的空气流速为：

A. 7.05m/s　　B. 11.05m/s

C. 15.6m/s　　D. 22.1m/s

23. 用 M、T、L 表示动力黏度的量纲是：

A. $\text{M}^2\text{L}^{-1}\text{T}^{-1}$　　B. $\text{M}^{-2}\text{L}^1\text{T}^1$

C. $\text{M}^1\text{L}^{-1}\text{T}^{-1}$　　D. $\text{M}^1\text{L}^{-1}\text{L}^1$

24. 在管径$d = 0.01\text{m}$、管长$L = 5\text{m}$的光滑圆管中，冷冻机润滑油做层流运动，得流量$Q = 80\text{cm}^3/\text{s}$，沿程阻力损失为 30m，则润滑油的运动黏滞系数为：

A. $1.82 \times 10^{-6}\text{m}^2/\text{s}$　　B. $1.80 \times 10^{-4}\text{m}^2/\text{s}$

C. $5.1 \times 10^{-6}\text{m}^2/\text{s}$　　D. $1.13 \times 10^{-4}\text{m}^2/\text{s}$

25. 在圆管流中，紊流的断面流速分布符合：

A. 均匀规律　　B. 直线变化规律

C. 抛物线规律　　D. 对数曲线规律

26. 如图所示管路系统，1、2 为两根完全相同的长管道，只是安装高度不同，则两管内的流量关系为：

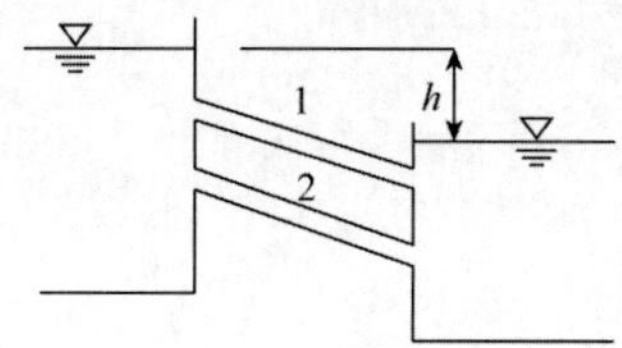

A. $Q_1 < Q_2$

B. $Q_1 > Q_2$

C. $Q_1 = Q_2$

D. 不确定

27. 平面势流的等流函数线与等势线：

A. 正交

B. 斜交

C. 平行

D. 重合

28. 旋转射流和一般射流相比较：

A. 扩散角大，射程短

B. 扩散角大，射程长

C. 扩散角小，射程短

D. 扩散角小，射程长

29. 有一气流在拉伐尔管中流动，在喷管出口处得到超音速气流。若进一步降低背压（喷管出口外的介质压力），则喷管的理想流量将：

A. 增大

B. 减小

C. 保持不变

D. 不确定

30. 若有一台单级水泵的进口直径$D = 600$mm，当地大气压力为标准大气压力，输送 20℃清水，其工作流量$Q = 0.8\text{m}^3/\text{s}$，允许真空高度$[H] = 3.5$m，吸水管水头损失$\sum h_{\text{s}} = 0.4$m，若水泵的轴线标高比吸水面（自由液面）高出 3m，该水泵是否会出现气蚀？若将该泵安装在海拔 1000m 的地区（当地大气压 9.2mH$_2$O），输送 40℃的清水（40℃时汽化压力为 0.75mH$_2$O，20℃时汽化压力为 0.24mH$_2$O），工作流量和吸水管水头损失不变，此时该泵的允许安装高度为：

A. 气蚀；1.051m

B. 不气蚀；1.86m

C. 气蚀；1.86m

D. 不气蚀；2.071m

31. 下列不属于评价系统性能优劣的指标是：

A. 稳定性

B. 快速性

C. 准确性

D. 时域性

32. 若二阶系统的阻尼比ξ保持不变，ω_n减少，则可以：

A. 减少上升时间和峰值时间

B. 减少上升时间和调整时间

C. 增加峰值时间和超调量

D. 增加峰值时间和调整时间

33. 以下指标中对于一阶系统瞬态响应有意义的是 ：

A. 最大超调量M_p　　B. 调整时间t_s

C. 峰值时间t_p　　D. 上升时间t_r

34. 若已知线性定常控制系统特征方程的一个根$s_1 = 2$，则：

A. 无论其他特征根为何值，系统都是不稳定的

B. 无论其他特征根为何值，系统都是稳定的

C. 其他特征根在满足一定条件时，系统是稳定的

D. 其他特征根未知，无法判断系统的稳定性

35. 设单位负反馈闭环系统，在给定单位阶跃信号和单位速度信号且无扰动作用时，其稳态误差分别为0和0.2，对单位加速度输入信号则无法跟踪，则该系统为：

A. 0型系统　　B. I型系统

C. II型系统　　D. III型系统

36. 设某控制系统的闭环传递函数为$\Phi(s) = \frac{K}{S^2+2\xi\omega_n+\omega_n^2}$，通过实验确定该系统为欠阻尼系统且其调整时间太长不能满足实际使用的要求，为减小系统的调整时间可以：

A. 减小K　　B. 增大K

C. 减小ω_n　　D. 增大ω_n

37. 某校正装置的传递函数为$G(s) = \frac{\tau s+1}{Ts+1}$，$\tau > 0$，$T > 0$，则以下说法正确的是：

A. 该校正装置是超前校正装置

B. 该校正装置是滞后校正装置

C. 当$T > \tau$时，该校正装置是超前校正装置

D. 当$T > \tau$时，该校正装置是滞后校正装置

38. 函数$F(s)=\frac{s+3}{s^2+3s+2}$，其拉普拉斯反变换为：

A. $2e^{t}-e^{2t}$ B. $2e^{t}+e^{2t}$

C. $2e^{-t}+e^{-2t}$ D. $2e^{-t}-e^{-2t}$

39. 若二阶系统具有两重实极点，则ξ为：

A. $\xi>1$ B. $\xi<-1$

C. $\xi=1$ D. $0<\xi<1$

40. 在下列仪表特性中，不属于动态特性的是：

A. 灵敏度 B. 线性度

C. 变差 D. 时间常数

41. 某铜电阻在20℃时的阻值$R_{20}=16.28\Omega$，其电阻温度系数$\alpha_0=4.25\times10^{-3}℃^{-1}$，则该电阻在80℃时的阻值为：

A. 21.38Ω B. 20.38Ω

C. 21.11Ω D. 20.11Ω

42. 下列不能用作电动湿度传感器的是：

A. 干湿球湿度计 B. 毛发式湿度计

C. 电容湿度计 D. 氯化锂电阻式湿度计

43. 管道上的压力表，有时加装环形圈，其作用是：

A. 便于压力表的检修

B. 增强支撑压力表的作用

C. 缓冲压力并保护压力表

D. 使压力表更加美观

44. 热线风速仪测量风速依据的传热方式为：

A. 导热 B. 对流

C. 辐射 D. 以上都有

45. 为保证节流装置取压稳定，节流件前的直管段（其直径为D）的长度至少应为：

A. $10D$ B. $15D$

C. $20D$ D. $30D$

46. 常见的测液位方法中不包括：

A. 超声波法测液位　　B. 压力法测液位

C. 热敏测液位　　D. 直读式测液位

47. 热流传感器在其他条件不变，其厚度增加时，下列叙述有误的是：

A. 热流传感器越易反映出小的稳态热流值

B. 热流传感器测量精度较高

C. 热流传感器反应时间将增加

D. 热流传感器热阻越大

48. 下列不适用于分析两组被测变量之间关系的是：

A. 经验公式法　　B. 最小二乘法

C. 回归分析　　D. 显著性检验

49. 具有“人为实物的组合体实体、组成它们的各部分具有确定的相对运动、能实现能量转换或物料输送”这三个特征的系统称为：

A. 机器　　B. 机械

C. 机构　　D. 装置

50. 当机构自由度数大于原动件数时，则机构将：

A. 不能运动

B. 能运动，且运动规律确定

C. 能运动，但运动规律不确定

D. 可能发生破坏

51. 在滚子从动件凸轮机构中，凸轮实际轮廓的曲率半径ρ等于凸轮理论轮廓的最小曲率半径$\rho_{\min}$与滚子半径r_T之差，为避免运动失真，后两个参数应匹配为：

A. $\rho_{\min} < r_T$　　B. $\rho_{\min} = r_T$

C. $\rho_{\min} > r_T$　　D. 不确定

52. 设计 V 带传动时需要限制小带轮直径，其主要目的是：

A. 保证足够的摩擦力　　B. 减小弹性滑动

C. 保证足够的张紧力　　D. 防止 V 带弯曲应力过大

53. 圆柱齿轮传动中，齿轮材料、齿宽和齿数都相同的情况下，当模数增大时，传动的齿根弯曲疲劳强度将：

A. 降低 B. 不变

C. 提高 D. 可能提高，也可能降低

54. 齿轮传动齿面接触疲劳强度的高低取决于：

A. 螺旋角 B. 中心距

C. 压力角 D. 模数

55. 在定轴轮系传动比计算时，使用惰轮的目的是：

A. 改变轮系的传动比 B. 调整轮系的传动效率

C. 改变首轮的回转方向 D. 改变末轮的回转方向

56. 轴的计算时，公式$\tau=\frac{9.55\times10^6P}{0.2d^3n}\leqslant[\tau]$可用于：

A. 固定心轴最小轴径计算

B. 转动心轴最大轴径计算

C. 转轴危险截面直径的校核计算

D. 转轴的最小轴径近似计算

57. 下列轴承中，极限转速最高的轴承是：

A. 推力球轴承 B. 深沟球轴承

C. 调心滚子轴承 D. 圆锥滚子轴承

58. 依据《中华人民共和国建筑法》，下列说法正确的是：

A. 承包人可以将其承包的全部建筑工程转包给第三人

B. 承包人经发包人同意，可以将其承包的部分工程交由相应资质的第三人完成

C. 承包人可以将其承包的全部建筑工程分解以后以分包的名义转包给第三方完成

D. 分包单位可以将其承包的工程再分包

59. 施工单位采购的施工机具及配件，应当在进入施工现场前进行查验，应当具有：

A. 使用许可证和产品合格证

B. 产品许可证

C. 生产许可证

D. 生产许可证和产品合格证

60. 注册公用设备工程师执行业务可同时受聘于勘察设计单位的个数是：

A. 1 个　　B. 2 个

C. 3 个　　D. 不受限制

2021年度全国勘察设计注册公用设备工程师（暖通空调、动力）执业资格考试基础考试（下）试题解析及参考答案

1. 解　没有物质穿过边界的热力学系统，称为闭口系统。有物质穿过边界的热力学系统，称为开口系统。系统与外界之间没有热量传递，称为绝热系统。系统与外界之间不发生任何能量传递和物质交换，称为孤立系统。把热力学系统和外界一起组成一个新的系统，那么原系统与外界的质能交换就变成了新系统的内部转换，不存在与外界进行能量传递和物质交换，因此新系统就是孤立系统。

答案：D

2. 解　我们把工质从某一状态过渡到另一状态所经历的全部状态变化称为热力过程。当系统进行正、反两个过程后，系统与外界均能完全恢复到初始状态，称为可逆过程；若不能恢复到初始状态，则称为不可逆过程。由可逆过程组成的循环，称为可逆循环；部分或全部由不可逆过程组成的循环，称为不可逆循环。正向循环和逆向循环都可以是不可逆过程，但是可逆过程中不能存在一点不可逆的因素，也就是说不能有耗散效应，所以不能出现在可逆循环中。

答案：D

3. 解　理想气体的状态方程$pV = nR_0T$。式中，p是指理想气体压强，V是指理想气体的体积，n表示气体的摩尔数，R_0为通用摩尔气体常数，$R_0 = 8.3145\mathrm{J/(mol \cdot K)}$，所以当理想气体的温度、压力、体积都相等时，摩尔数也相等。

答案：C

4. 解　刚性、绝热容器，指的是与外界没有热量与功量交换的容器且无法做体积功，根据等温管路流动特征，输气总管与外界环境可进行充分热交换，认为输气总管温度与环境温度相等。当输气总管向刚性、绝热容器输送气体时与外界没有热量的交换，该过程为绝热充气过程。由于对真空密闭容器充气是焓变内能的过程，设初始环境温度为T_0，容器中气体温度为T_1，所以送入的气体温度的初始温度也为T_0，根据公式计算$mh = mu$，$h = c_\mathrm{p}T_0$，$u = c_\mathrm{v}T_1$，$T_1 = T_0c_\mathrm{p}/c_\mathrm{v} = kT_0 = 1.4T_0$，$T_1$大于$T_0$，所以容器中气体的温度比环境空气温度高。

答案：A

5. 解　卡诺循环是由两个等温过程和两个绝热过程组成的。根据卡诺循环的热效率公式$\eta_\mathrm{c} = 1 - T_2/T_1$可知，影响卡诺循环热效率的因素只与高温热源温度$T_1$和低温热源温度$T_2$有关，而与工质的性质无关。

答案：B

6. 解　我们把工质从某一状态过渡到另一状态所经历的全部状态变化称为热力过程。工质从某一

状态出发，经历一系列状态变化，最后又恢复到初始状态的全部过程称为热力循环，简称循环。部分或全部由不可逆过程组成的循环称为不可逆循环。熵是状态参数，其大小只与初终状态的变化有关，与过程的性质及途径无关。当系统经历一个循环，无论是可逆还是不可逆，其工质的熵值都不变。

答案：C

7. 解 在水汽化过程中，饱和水与饱和蒸汽共存时，称为湿蒸汽。湿蒸汽中所含水分的质量百分比称为湿度，通常用φ表示；湿蒸汽中所含干蒸汽的质量百分比称为干度，通常用x表示。湿蒸汽干度和湿度是衡量蒸汽质量的重要指标，若 1kg 湿蒸汽的干度$x = 0.75$，则湿蒸汽中饱和水的含量$\varphi = 1 - x$，所以 1kg 湿蒸汽在中饱和水的质量为$1\text{kg} \times (1 - 0.75) = 0.25\text{kg}$。

答案：B

8. 解 理想气体是指忽略气体分子的自身体积，将分子看成是有质量的几何点（即质点），且分子间没有相互吸引和排斥作用，且分子之间及分子与器壁之间发生的碰撞是完全弹性的，不造成动能损失。在热力学中，常温常压下的干空气可视为理想气体，而通风、空调中所涉及的压力和温度都可以视为这个范畴，因此通风、空调中的干空气可以看作是理想气体。此外，湿空气中的水蒸气由于数量很少，而且处于过热状态，压力小，比容大，也可以看作理想气体。故在通风、空调工程中，空气中的所有气体都可以看作理想气体。

答案：D

9. 解 绝热节流是指高压流体在稳定流动中，遇到缩口或调节阀门等阻力元件时由于局部阻力产生，压力显著下降的过程，在此过程中，没有对外输出功，而且过程进行较快，流体与外界的热交换量忽略不计，根据稳定流动能量方程$\delta Q = \delta h + \delta W$，可知湿蒸汽绝热节流前后焓值不变（$h_2 = h_1$），由于节流时流体内部存在摩擦阻力损耗，所以它是一个不可逆过程，节流后的熵必定增大（$s_2 > s_1$）。由于两相区饱和温度和饱和压力是一一对应的，故饱和温度随压力的降低而降低，即$p_2 < p_1$，$t_2 < t_1$。

答案：D

10. 解 如图所示，1-2 过程表示压缩机绝热压缩过程，2-3 过程表示冷凝器中的定压冷却过程，3-4 过程表示膨胀阀中的绝热节流过程，4-1 过程表示蒸发器内的定压蒸发过程。在该循环中，冷凝器放热量$q_1 = h_2 - h_3$，蒸发器吸热量（即制冷量）$q_0 = h_1 - h_4 = h_1 - h_3$。

答案：D

11. 解 温度场分稳态和非稳态两种，稳态温度场温度不随时间变化，而非稳态温度场温度则随时间变化。对于非稳态导热问题，当物体忽略内部导热热阻时，实际的三维物体可以看成一个点，与空间坐标就没有关系了，即$t = f(\tau)$，所以选项 C 是不正确的。

答案：B

12. 解 多层平壁导热时，平壁与平壁直接接触的固体表面不是理想平整的，容易出现点接触，如解图所示，或者只是部分面接触，接触面有接触热阻的影响。当接触不密实时，导热过程的导热热阻增加了，那么计算导热量大于实际导热量。当接触密实时，为平整的面接触，没有接触热阻的存在，二者相等。

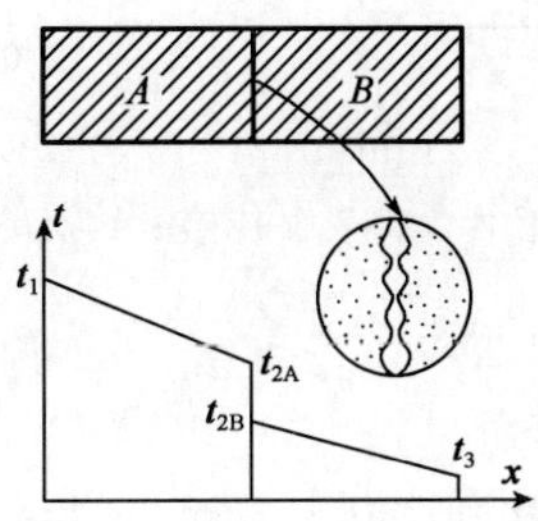

题 12 解图 接触热阻

答案：D

13. 解 如解图所示，临界热绝缘直径$d_x = d_{cr} = \frac{2\lambda_{ins}}{h_2}$小于管段外径时，加保温层一定能够起到保温的作用，即：$d_c < 20\text{mm}$。由于$h_2 = 3\sim 5\text{W}/(\text{m}^2 \cdot \text{K})$，保温材料的热导率$\lambda < 0.03\sim0.05\,\text{W}/(\text{m} \cdot \text{K})$，因此，$\lambda$必须小于最小的$0.03\,\text{W}/(\text{m} \cdot \text{K})$，故只有选项 D 满足题意。

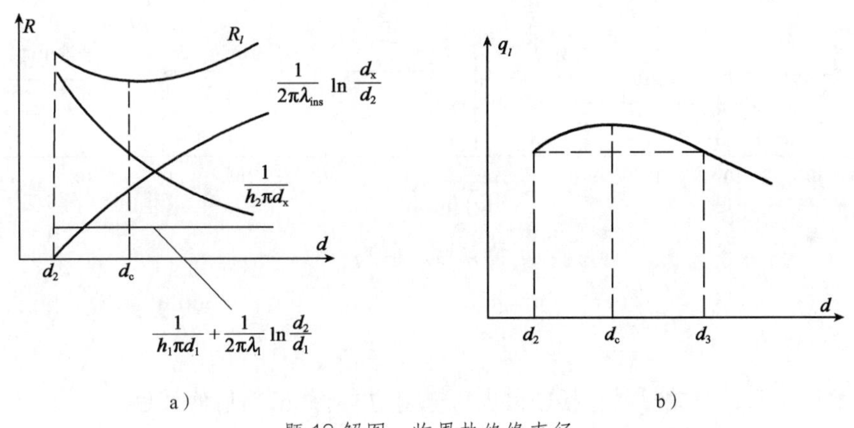

题 13 解图 临界热绝缘直径

答案：D

14. 解 分析法只适用于几种特别简单的传热问题，例如一维稳态导热和外掠平板层流传热，而大部分复杂的传热问题采用分析法无法求解。在传热学中，有时利用动量传递与热量传递进行比拟计算，但忽略了压力梯度和体积力，因而利用比拟法有一定的限制条件。数值法的准确性依赖于传热模型、边界条件以及数值计算过程的准确性，并且这些模型和计算结果得到部分典型实验的验证后，才能真实反映传热问题。所以，求解对流传热问题时，大多数采用实验法。

答案：B

15. 解 如解图所示，无论是层流还是紊流，流体刚接触管壁时的h值均比较大，所以短管强化换热。

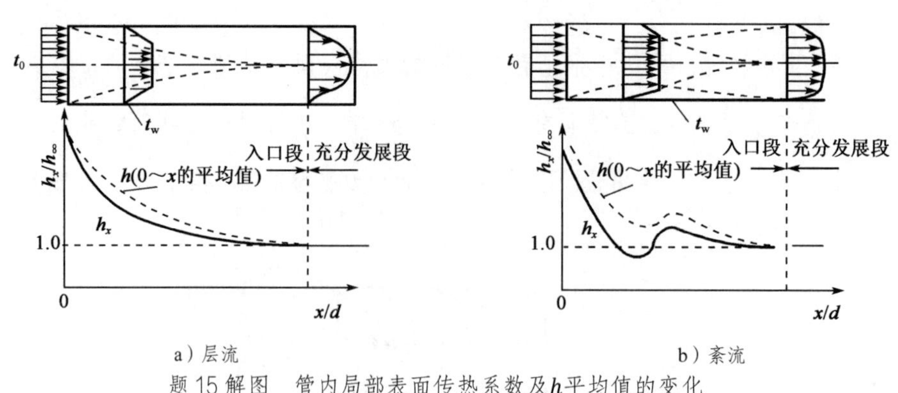

a）层流　　　　b）紊流

题 15 解图　管内局部表面传热系数及h平均值的变化

答案：A

16. 解　Re 准则数可反映流体流动时惯性力与黏滞力的相对大小，Pr 是流体的物性准则，Gr 可反映流体流动时浮升力与黏滞力的相对大小，Nu 是反映对流传热强度的准则数。

答案：D

17. 解　如解图所示，热射线包括的可见光、大部分的红外线和少部分的紫外线。而 X 射线不属于热辐射范围。

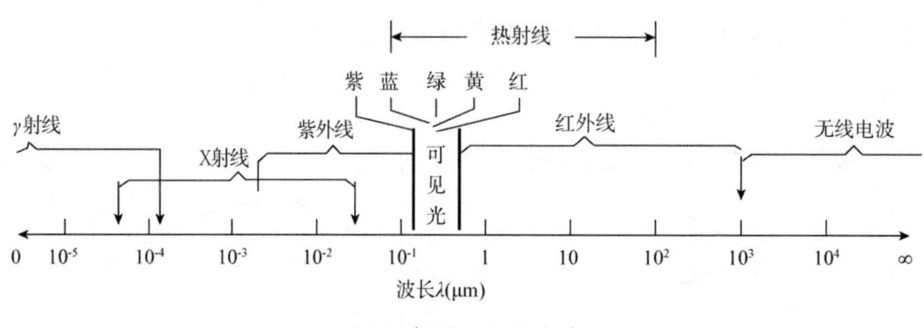

题 17 解图　电磁波谱

答案：A

18. 解　如解图所示，有效辐射包括辐射表面辐射力+对外来辐射的反射。

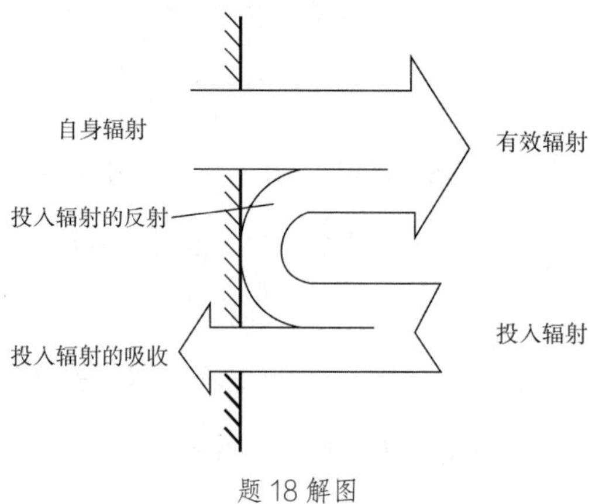

题 18 解图

答案：A

19. 解 由于车间的内表面面积比辐射采暖板的面积大得多，并且采暖板是平表面，$X_{1,2}=1$，由公式：

$$\Phi_{1,2}=\varepsilon\sigma_{\mathrm{b}}A(T_1^4-T_2^4)=0.9\times5.67\times10^{-8}\times1.2\times(370^4-290^4)=714.6\mathrm{W}$$

答案：C

20. 解 如解图所示。将数据代入公式，解答如下：

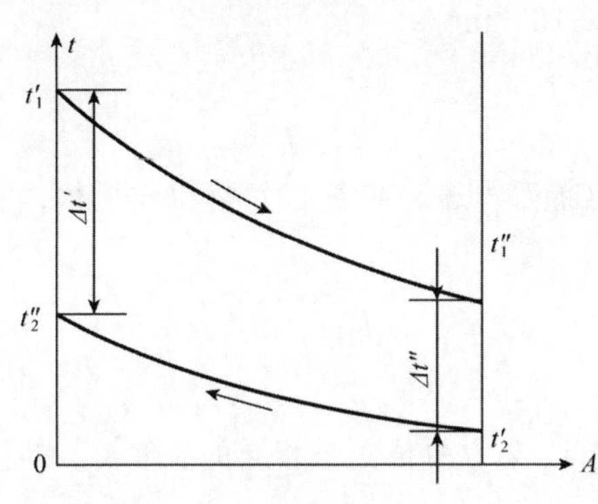

题 20 解图

$$\Delta t_{\mathrm{m}}=\frac{\Delta t'-\Delta t''}{\ln\frac{\Delta t'}{\Delta t''}}=\frac{(86-55)-(48-12)}{\ln\frac{86-55}{48-12}}=33.4℃$$

答案：B

21. 解 由$\frac{\partial v}{\partial t}=0$，即各点的速度不随时间$t$变化，知该流动为恒定流。

答案：A

22. 解 根据毕托管测风速原理，知

$$\frac{1}{2g}\gamma_{空气}v^2=\Delta P=(\gamma_{水}-\gamma_{空气})h_v=(9807-11.8)\times0.03$$

$$\frac{1}{2}\rho_{空气}v^2=\Delta P=(\gamma_{水}-\gamma_{空气})h_{\mathrm{v}}$$

从而求得空气流速：$v=22.1\mathrm{m/s}$

答案：D

23. 解 动力黏度υ，定义为应力与应变速率之比，其数值上等于面积为 $1\mathrm{m}^2$ 相距 1m 的两平板，以 1m/s的速度做相对运动时，因之间存在的流体互相作用所产生的内摩擦力。单位为$\mathrm{N\cdot s/m^2}$，即$\mathrm{Pa\cdot s}$。

又有力等于质量与加速度的乘积（$F=ma$），所以有：

$$\frac{\mathrm{N}}{\mathrm{m}^2}\cdot\mathrm{s}=\frac{\mathrm{kg}\cdot\frac{\mathrm{m}}{\mathrm{s}^2}}{\mathrm{m}^2}\cdot\mathrm{s}=\frac{\mathrm{kg}}{\mathrm{m}\cdot\mathrm{s}}$$

故动力黏度υ的量纲为$\mathrm{M/(L\cdot T)}$。

答案：C

24. 解 该题属于较为传统的计算题，主要考查层流阻力的计算。

首先由流量计算流速：

由沿程阻力 $$u=\frac{4Q}{\pi D^2}=\frac{4\times 0.8}{\pi}=1.02\text{m/s}$$

$$h_f=\lambda\frac{l}{d}\frac{u^2}{2g}=\lambda\frac{5}{0.01}\frac{1.02^2}{2g}=30\text{m}$$

求得$\lambda=1.13$

又因为是层流，所以有$\lambda=\frac{64}{\text{Re}}=\frac{64\nu}{ud}=\frac{64\nu}{1.02\times 0.01}=1.13$

解得：$\nu=0.000180=1.80\times 10^{-4}\text{m}^2/\text{s}$

答案：B

25. 解 在圆管流中，紊流的断面流速分布符合对数曲线规律，层流的断面流速分布符合抛物线规律。

答案：D

26. 解 依据公式$H=SQ$，由 1、2 为两根完全相同的长管道，知管路阻抗$S_1=S_2$，又由题图知 1、2 两管的作用水头也相同，故可得出$Q_1=Q_2$。

答案：C

27. 解 平面势流的等流函数线与等势线正交。流线方程：$\text{d}\psi=u_x\text{d}y-u_y\text{d}x$，等势线方程：$\text{d}\varphi=u_x\text{d}x-u_y\text{d}y$，两线斜率的乘积为−1。

答案：A

28. 解 旋转射流中，气流通过具有旋流作用的喷嘴外射运动。气流本身一面旋转，一面向周围介质中扩散前进。旋转是旋转射流基本特征，旋转使射流获得向四周扩散的离心力。与一般射流比较，其扩散角大，射程短，射流的紊动性强。

答案：A

29. 解 根据

$$\frac{\text{d}v}{v}=\frac{1}{\text{Ma}^2-1}\frac{\text{d}A}{A}$$

要使气流加速，当流速尚未达到当地声速时，喷管断面应逐渐收缩，直至流速达到当地声速时，断面收缩到最小值，这种喷管称为渐缩喷管。渐缩喷管出口处的流速最大只能达到当地声速。此时，对应有一极限出口压力P_2，此后，任由喷管出口外的介质压力P_b下降，喷管出口截面上的气流压力仍维持为P_2。

为了得到超音速气流，可使亚声速气流流经收缩管，并使其在最小断面上达到声速，然后再进入扩张管，满足气流的进一步膨胀增速，便可获得超音速气流，这种喷管称为拉伐尔管。此时，喷管喉部处的压力为临近压力，流速为当地音速A。从喷管的收缩段来看，喉部截面上的流量为前述按喉部截面积A_{min}所确定的最大流量。按连续性方程，缩放喷管所有截面上的流量应该都等于其喉部截面上的流量。

对于缩放喷管，尽管当背压P_b继续降低时，其出口截面上的气流速度会增大，但流量却不会增加，将始终等于上述最大流量值。

答案：C

30. 解 泵的安装位置高出吸水面的高差太大，即泵的几何安装高度H_g太大；泵安装地点的大气压较低（例如安装在高海拔地区）、泵所输送的液体温度过高等，都会造成水泵处水发生汽化，形成水击，造成气蚀。

本题中$v=\frac{4Q}{\pi D^2}=\frac{4\times 0.8}{0.36\pi}=2.83\text{m/s}$，则水泵吸入口处的真空高度：

$$H_s=H_g+\frac{v_s^2}{2g}+h_1=3+\frac{2.83^2}{2g}+0.4=3.81\text{m}$$

因此时水泵吸入口处的真空高度3.81m，大于允许真空高度$[H]=3.5\text{m}$，所以此时会发生气蚀。

但应当指出，离心泵的安装地点的大气压力和水温不同于标准工况时，如当地海拔300m以上或被抽水的水温超过20℃，则计算值要按下式进行修正。即按照不同海拔高程处的大气压力和高于20℃水温时的饱和蒸汽压力进行计算。但是，水温为20℃以下时，饱和蒸汽压力的变化可忽略不计。

所以，当安装工况改变后，允许真空高度$[H]$可按下式进行修正，其中，标准大气压为10.33mH$_2$O，水20℃时的汽化压力为0.24mH$_2$O。

$$[H]'=[H]-(10.33-h_a)-(h_v-0.24)=3.5-10.33+9.2-0.75+0.24=1.86\text{m}$$

所以，此时最大泵的允许安装高度为1.86m。

答案：C

31. 解 自动控制系统的基本要求是稳定性、快速性、准确性。无时域性，故选D。

答案：D

32. 解 参见二阶系统的时域分析。根据峰值时间公式$t_p=\frac{\pi}{\omega_n\sqrt{1-\xi^2}}$，在$\omega_n$减少时，峰值时间$t_p$增加，根据调整时间公式$t_s=\frac{3}{\xi\omega_n}$或$t_s=\frac{4}{\xi\omega_n}$，阻尼比$\xi$不变，$\omega_n$减小，则$t_s$增大。

答案：D

33. 解 参见一阶系统的时域分析。因为一阶系统为惯性环节，不涉及超调量和峰值时间，所以有意义的只是调整时间。

答案：B

34. 解 系统的特征根全部具有负实部时，系统具有稳定性；当特征根中有一个或一个以上正实部根时，系统不稳定；若特征根中具有一个或一个以上零实部根，而其他的特征根均具有负实部时，系统处于稳定和不稳定的临界状态，为临界稳定。

本题$s_1=2$，为正实部，所以此系统必为不稳定系统。

答案：A

35. 解 系统的类型由开环传递函数中的积分环节的个数v决定。对于$v=0$，1，2的系统，分别称之为O型、I型、II型系统。由于II型以上的系统实际上很难稳定，在控制系统中一般不会遇到。

根据题设条件，稳态误差为0和0.2，速度误差为常数，加速度误差为无穷，可得静态位置误差系数k_{p}=无穷，静态速度误差系数$k_{\mathrm{v}}=5$，静态加速度误差系数$k_{\mathrm{a}}=0$，知系统为I型系统。

答案：B

36. 解 调整时间公式$t_{\mathrm{s}}=\frac{3}{\xi\omega_{\mathrm{n}}}$或$t_{\mathrm{s}}=\frac{4}{\xi\omega_{\mathrm{n}}}$，可见，增大$\omega_{\mathrm{n}}$可以减小系统的调整时间$t_{\mathrm{s}}$。

答案：D

37. 解 超前校正网络传递函数与滞后校正网络传递函数的区别在于系数$a>1$，$b<1$。通过τ与T的比值即可判断系数的大小，因此，$\tau>T$是超前系统，则$\tau<T$是滞后系统。

答案：D

38. 解 将函数变换如下：

$$F(s)=\frac{s+3}{(s+1)(s+2)}=2\frac{1}{s+1}-\frac{1}{s+2}$$

根据拉普拉斯反变换的基本公式，$\frac{1}{s+1}$为e^{-t}，$\frac{1}{s+2}$为e^{-2t}，则$f(t)=2e^{-t}-e^{-2t}$。

答案：D

39. 解 参见二阶系统的单位阶跃响应。$\xi=1$时，系统有两个相等的负实根，闭环极点在根轨迹负实轴上。

答案：C

40. 解 仪表的动态特性是指当被测量发生变化时，仪表的显示值随时间变化的特性曲线。衡量仪表动态特性时，时间常数T越小，仪表惯性就越小，其动态特性就越好。

在稳定状态下，仪表的输出量（如显示值）与输入量之间的函数关系，称为仪表的静态特性。其性能指标有灵敏度、灵敏限、线性度、变差等。

答案：D

41. 解 热电阻是用金属导体或半导体材料制成的感温元件，物体的电阻一般随温度而变化，通常用电阻温度系数α来描述这一特征，它的定义是在某一温度间隔内，温度变化1℃时的电阻相对变化量。

铜热电阻的特征方程是：

$$R_{\mathrm{t}}=R_0(1+\alpha t)$$

式中，R_0表示0℃时的电阻值，R_{80}表示80℃时的电阻值。所以有：

$$R_{20}=R_0(1+20\alpha)，R_{80}=R_0(1+80\alpha)$$

$$\frac{R_{80}}{R_{20}}=\frac{1+80\alpha}{1+20\alpha}=\frac{1.34}{1.085}=1.235$$

已知$R_{20} = 16.28\Omega$，解得$R_{80} = 20.11\Omega$

答案：D

42. 解 选项A，干湿球温度计是根据干湿球温度差效应原理进行相对湿度测量，可用于测定气温、气湿。它由两支相同的普通温度计组成，一支用于测定气温，称干球温度计；另一支在球部用蒸馏水浸湿的纱布包住，纱布下端浸入蒸馏水中，称湿球温度计。根据干湿球法原理可生产出电动通风干湿球湿度计，采用铂电阻温度传感器代替水银温度计湿度计，上方装有微型风机，可以实现温度测量、湿度计算功能，所以干湿球温度计可以用作电动湿度传感器。

选项C，高分子电容式湿度传感器结构如解图所示，在高分子薄膜上的电极是很薄的金属微孔蒸发膜，水分子可通过两端的电极被高分子薄膜吸附或释放。随着这种水分子吸附和释放，高分子薄膜的介电系数将发生相应的变化。因为介电系数随空气中的相对湿度变化而变化，所以只要测定电容就可测得相对湿度。

选项D，氯化锂是一种在大气中不分解、不挥发，也不变质且具有稳定的离子型无机盐类。其吸湿量与空气的相对湿度成一定函数关系，随着空气相对湿度的变化，氯化锂吸湿量也随之变化。氯化锂溶液吸收水汽后，使导电的离子数增加，因此导致电阻的降低；反之，则使电阻增加。氯化锂电阻温度计的传感器就是根据这一原理工作的，所以可以用作电动湿度传感器。

选项B，毛发湿度计以毛发为湿度感应元件，利用其随空气相对湿度高低而改变其长度的特性，通过传动放大机构，带动记录笔尖在记录纸上作出相对湿度的记录曲线，采用的是钟筒式走纸机构，以发条为动力的钟机驱动，不能用作电动湿度传感器。

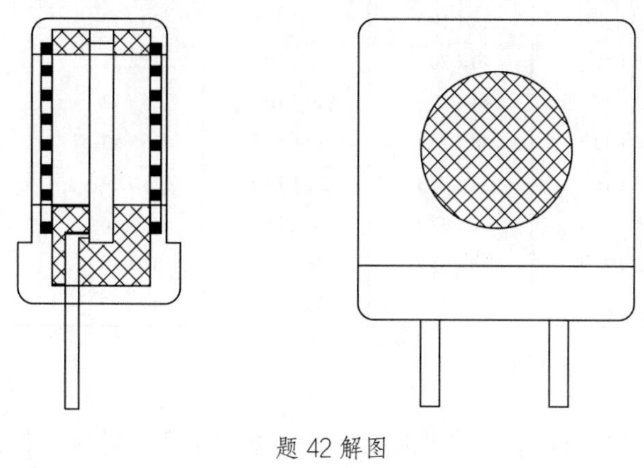

题42解图

答案：B

43. 解 环形圈即压力表弯（也可简称表弯），正式名字叫缓冲管。加装压力表弯的目的是保护表内部免受介质温度、介质腐蚀性的损害。通常，如果介质有一定的腐蚀性，则必须加装表弯；当介质的温度大于60℃时，也必须加装表弯。如压力表安装在洁净的生活饮用水系统中，则无须加装表弯。另外，表弯还有降低振动和冲击的作用，对温度较高的介质，也可起到一定散热作用，以保护压力表及降低压力表温度影响误差。

答案：C

44. 解 热线风速仪是利用加热的金属丝（热线）的热量损失速率和气流流速之间的关系来求得气流速度的一种仪器，其依据的传热方式主要为对流换热。

答案：B

45. 解 节流件与上下游阻力件之间的直管段L_1、L_2的长度见解表，表中所列数值为管道直径的倍数。根据题意，节流件前的直管段的长度L_1至少为$10D$。

题 45 解表

β	节流件上游侧局部阻力件形式和最小长度L_1						节流件下游侧最小直管段长度L_2（左面所有的局部阻力件形式）
	一个90°弯头或只有一个支管流动的三通	在同一平面内有多个90°弯头	空间弯头（在不同平面内有多个90°弯头）	异径管（大变小$2D \to D$，长度$\geqslant 3D$；小变大$0.5D \to D$，长度$\geqslant 1.5D$）	全开截止阀	全开闸阀	
1	2	3	4	5	6	7	8
0.20	10（6）	14（7）	34（17）	16（8）	18（9）	12（6）	4（2）
0.25	10（6）	14（7）	34（17）	16（8）	18（9）	12（6）	4（2）
0.30	10（6）	16（8）	34（17）	16（8）	18（9）	12（6）	5（2.5）
0.35	12（6）	16（8）	36（18）	16（8）	18（9）	12（6）	5（2.5）
0.40	14（7）	18（9）	36（18）	16（8）	20（10）	12（6）	6（3）
0.45	14（7）	18（9）	38（19）	18（9）	20（10）	12（6）	6（3）
0.50	14（7）	20（10）	40（20）	20（10）	22（11）	12（6）	6（3）
0.55	16（8）	22（11）	44（22）	20（10）	24（12）	14（7）	6（3）
0.60	18（9）	26（13）	48（24）	22（11）	26（13）	14（7）	7（3.5）
0.65	22（11）	32（16）	54（27）	24（12）	28（14）	16（8）	7（3.5）
0.70	28（14）	36（18）	62（31）	26（13）	32（16）	20（10）	7（3.5）
0.75	36（18）	42（21）	70（35）	28（14）	36（18）	24（12）	8（4）
0.80	46（23）	50（25）	80（40）	30（15）	44（22）	30（15）	8（4）

答案：A

46. 解 常见的测液位方法包括直读式测液位、压力法测液位、浮力法测液位、电容法测液位、超声波法测液位。不包括选项 C 的热敏测液位。

答案：C

47. 解 通过热流传感器的热流为$q=\frac{\lambda E}{c\delta}$，其中$\delta$为热流传感器的厚度，$\lambda$为热流传感器材料的导热系数，$\frac{\delta}{\lambda}$值大的为高热阻型、值小的为低热阻型。从式中可以看出，传感器厚度δ增加，传感器趋于高热阻型，在所测传热工况非常稳定的情况下，易于提高测量精度和用于小热流测量。同时，由于高热阻型传感器相较于低热阻型传感器热惰性增大，使得反应时间增加。

本题选项 B 未说明传热工况，表述不清晰。

答案：B

48. 解　经验公式法，可反映两个物理量x、y的内在关系。

最小二乘法，在等精度测量中，为了求未知量的最优概值，就要使各测量值的残差平方和为最小。

回归分析，是一种处理变量间相关关系的数量统计方法。

显著性检验，是事先对总体（随机变量）的参数或总体分布形式做出一个假设，然后利用样本信息来判断这个假设是否合理，即判断总体的真实情况与原假设是否有显著性差异，未涉及被测变量之间的关系。

答案：D

49. 解　机器由零件组成的执行机械运动的装置。用来完成所赋予的功能，如变换或传递能量、变换与传递运动和力，以及传递物料与信息，它的三个特征包括：①人为实物的组合体实体；②组成它们的各部分具有确定的相对运动；③能实现能量转换或物料输送。

机械是机器与机构的总称。

机构由两个或两个以上构件通过活动联接形成的构件系统，具有确定的相对运动。

装置是具有独立加工某种原料、生产中间产品和/或产品（商品）能力的实体。

答案：A

50. 解　当原动件数=自由度数，且自由度数大于零时，机构有确定的运动；

当原动件数>自由度数时，机构无法运动，机构损坏；

当原动件数<自由度数时，机构无确定的运动，即运动规律不确定。

答案：C

51. 解　为了使凸轮轮廓在任何位置既不变尖也不相交，避免运动失真，滚子半径r_T必须小于理论轮廓外凸部分的最小曲率半径ρ_{min}。

答案：C

52. 解　V 带轮基准直径越小，V 带绕过带轮时弯曲程度越大，则弯曲应力越大，将降低带的寿命，所以要限制小带轮直径。

答案：D

53. 解　根据圆柱齿轮传动的轮齿弯曲应力计算公式，当齿轮材料相同，齿宽、齿数不变，模数m越大，产生的弯曲应力就越小，抵抗弯曲变形的能力就越强。

答案：C

54. 解 一对齿轮在材料、传动比及齿宽一定时，齿轮的齿面接触疲劳强度与齿轮的分度圆直径d或中心距a大小有关，其值越大，接触疲劳强度越高。

模数m与齿根弯曲疲劳强度有关。

螺旋角和压力角与齿轮的传力特性有关。

答案：B

55. 解 惰轮是指在两个不互相接触的传动齿轮中间起传递作用的齿轮，同时跟这两个齿轮啮合，用来改变被动齿轮的转动方向，使之与主动齿轮相同。惰轮只是改变转向并不能改变传动比。

答案：D

56. 解 该公式适用于只承受转矩的传动轴的精确计算，也可用于既受弯矩又受扭矩作用的转轴的最小轴径近似计算。心轴只承受弯矩作用，故不能用该公式计算。

答案：D

57. 解 推力球轴承的套圈与滚动体可分离，单向推力球轴承只能承受单向轴向负荷，双向推力球轴承可以承受双向轴向负荷，但高速时，由于离心力大，轴承寿命较低，常用于轴向负荷大、转速不高场合。

深沟球轴承主要承受径向负荷，也可同时承受少量双向轴向负荷，工作时内外圈轴线允许偏斜。摩擦阻力小，极限转速高，结构简单，价格便宜，应用最广泛。但承受冲击荷载能力较差，适用于高速场合。高速时可代替推力球轴承。

调心滚子轴承主要承受径向负荷，其承载能力比调心球轴承约大 1 倍，也能承受少量的双向轴向负荷。外圈滚道为球面，具有调心性能，适用于多支点轴、弯曲刚度小的轴及难于精确对中的支承，常用于重型机械上。极限转速一般。

圆锥滚子轴承能承受较大的径向负荷和单向的轴向负荷，极限转速较低。内外圈可分离，轴承游隙可在安装时调整。通常成对使用，对称安装。适用于转速不太高、轴的刚性较好的场合。

答案：B

58. 解 根据《中华人民共和国建筑法》第二十八条，禁止承包单位将其承包的全部建筑工程转包给他人，禁止承包单位将其承包的全部建筑工程肢解以后以分包的名义分别转包给他人。

第二十九条，建筑工程总承包单位可以将承包工程中的部分工程发包给具有相应资质条件的分包单位；但是，除总承包合同中约定的分包外，必须经建设单位认可。施工总承包的，建筑工程主体结构的施工必须由总承包单位自行完成。

禁止总承包单位将工程分包给不具备相应资质条件的单位。禁止分包单位将其承包的工程再分包。

答案：B

59. 解 根据《建设工程安全生产管理条例》第三十四条，施工单位采购、租赁的安全防护用具、机械设备、施工机具及配件，应当具有生产（制造）许可证、产品合格证，并在进入施工现场前进行查验。由此可知，主要检查生产单位是否具备资格以及产品是否合格。

答案：D

60. 解 《注册公用设备工程师执业资格制度暂行规定》的第二十一条，注册公用设备工程师只能受聘于一个具有工程设计资质的单位。

答案：A

2022 年度全国勘察设计注册公用设备工程师

（暖通空调、动力）执业资格考试试卷

基础考试

（下）

二〇二二年十一月

应考人员注意事项

1. 本试卷科目代码为“2”，考生务必将此代码填涂在答题卡“科目代码”相应的栏目内，否则，无法评分。

2. 书写用笔：**黑色或蓝色钢笔、签字笔或圆珠笔**；

   填涂答题卡用笔：**黑色 2B 铅笔**。

3. 必须用书写用笔将工作单位、姓名、准考证号填写在答题卡和试卷相应的栏目内。

4. 本试卷由 60 题组成，每题 2 分，满分 120 分，本试卷全部为单项选择题，每小题的四个备选项中只有一个正确答案，错选、多选、不选均不得分。

5. 考生作答时，必须按**题号在答题卡上**将相应试题所选选项对应的**字母用 2B 铅笔涂黑**。

6. 在答题卡上书写与题意无关的语言，或在答题卡上作标记的，均按违纪试卷处理。

7. 考试结束时，由监考人员当面将试卷、答题卡一并收回。

8. 草稿纸由各地统一配发，考后收回。

单项选择题（共 60 题，每题 2 分。每题的备选项中只有一个最符合题意。）

1. 以下为热力学基本状态参数的是：

A. 比容　　B. 比热

C. 熵　　D. 焓、内能、压力

2. $dU = \delta W + \delta Q$闭口系统适用的热力过程为：

A. 一切过程　　B. 可逆过程

C. 绝热过程　　D. 准静态过程

3. 某一容器，质量为$m_1 = \frac{p_1V_1}{T_1}$，放掉一部分气体重新平衡后，$m_2 = \frac{p_2V_2}{T_2}$，则：

A. $\frac{p_1V_1}{T_1} = \frac{p_2V_2}{T_2}$　　B. $\frac{p_1v_1}{T_1} = \frac{p_2v_2}{T_2}$

C. $p_1 > p_2$　　D. $p_1 < p_2$

4. 无论过程是否可逆，闭口绝热系统膨胀功为：

A. 0　　B. pV

C. 初始、终态内能差　　D. $\int p\,dV$

5. 工质经历一不可逆过程，工质熵的变化为：

A. 0　　B. 减小

C. 不变　　D. 三者都可

6. 进行逆卡诺循环时，制冷系数或供热系数均可以大于 1，即制冷量Q_2或供热量Q_1都可以大于输入功率W，下列说法正确的是：

A. 功中含有较多的热量

B. 功的能量品位比热量高

C. 热量或冷量可以由其温度换算

D. 当温差为零时可以得到无限多的热量或冷量

7. 对于含湿量相同的未饱和空气，下列说法正确的是：

A. 温度越高，相对湿度越大　　B. 温度越低，相对湿度越小

C. 温度越高，绝对湿度越大　　D. 温度越高，饱和绝对湿度越大

8. 有关未饱和湿空气温度大小的比较，下列结论正确的是：

A. 湿球温度 ≈ 绝热饱和温度 > 干球温度 > 露点温度

B. 干球温度 > 湿球温度 ≈ 绝热饱和温度 > 露点温度

C. 露点温度 > 干球温度 > 湿球温度 ≈ 绝热饱和温度

D. 干球温度 > 露点温度 > 湿球温度 ≈ 绝热饱和温度

9. 气流在喷管中的当地音速指：

A. 喷管所处环境声音为当地空气中传播速度保持定值

B. 流体在喷管中流动状态下，声音传播速度保持定值

C. 流体在喷管中流动状态下，声音传播速度随流速增大而减小

D. 流体在喷管中流动状态下，声音传播速度随流速减小而减小

10. 吸收式制冷原理中，与压缩机原理一样的是：

A. 发生器　　B. 节流阀

C. 发生器、冷凝器　　D. 吸收器、发生器、减压阀、溶液泵

11. 对于稳态温度场，表明该温度场：

A. 是空间坐标的函数　　B. 是时间的函数

C. 是空间坐标及时间的函数　　D. 可以用任何方式描述

12. 在圆筒壁导热过程中，会产生临界热绝缘直径现象的边界条件是：

A. 第一类边界条件圆筒壁导热　　B. 第二类边界条件圆筒壁导热

C. 第三类边界条件圆筒壁导热　　D. 任何边界条件圆筒壁导热

13. 一维非稳态导热内部节点的数值解采用显式离散格式，那么求解的稳定性条件是：

A. Fo≤1　　B. Fo≤$\frac{1}{2}$

C. Fo≤$\frac{1}{4}$　　D. Fo = ∞

14. 自然对流换热中对表面传热系数h影响最大的相似准则数是：

A. Re　　B. Gr

C. Pr　　D. Fo

15. 在沸腾换热中，为获得高效安全换热过程，应使电加热的热流密度q：

A. 大于临界热流密度q_c　　B. 小于临界热流密度q_c

C. 等于临界热流密度q_c　　D. 大于或小于等于临界热流密度q_c都可以

16. 在受迫对流传热过程中，忽略自然对流影响的条件为：

A. Gr > Re　　B. $Gr/Re^2 \leqslant 0.1$

C. $Gr/Re^2 \geqslant 10$　　D. Gr > Pr

17. 实际物体发射率是一个：

A. 物性参数　　B. 过程参数

C. 表面特征参数　　D. 物理参数

18. 四个等边三角形围成一个三角锥，其任意表面对另一个表面的角系数$X_{i,j}$为：

A. 1　　B. $\frac{1}{2}$

C. $\frac{1}{3}$　　D. $\frac{1}{4}$

19. 已知固体表面处于空气环境中，那么表面与周围环境的传热过程是：

A. 对流传热　　B. 复合传热

C. 稳态传热　　D. 辐射传热

20. 加肋可以增加传热，增加传热最经济的措施是将肋片加在：

A. 表面传热系数h较小的一侧　　B. 表面传热系数h较大的一侧

C. 两侧都可以　　D. 两侧加不同形式的肋片

21. 关于流体，下列研究方法错误的是：

A. 描述流体运动的两种方法为拉格朗日法和欧拉法

B. 通过对流场中每个流体质点运动规律的了解去掌握整个流动状况的描述方法——欧拉法

C. 用控制体研究流体系统规律是由拉格朗日法转换到欧拉法

D. 流体质点间可以完全没有空隙

22. 水平放置渐缩管，如忽略水头损失，上游断面的压强p_1与下游断面的压强p_2的关系为：

A. $p_1 > p_2$　　B. $p_1 = p_2$

C. $p_1 < p_2$　　D. 不确定

23. 机翼长 0.6m，空气中速度 20m/s，现以弦长 0.15m 模型机翼在风洞中进行试验，测得机翼的阻力为 10N，假设试验空气与实际空气的密度和动力黏度系数分别相同，则实际机翼的阻力为：

A. 0.625N　　B. 10N

C. 640N　　D. 40N

24. 已知流体流动沿程阻力系数λ与边壁相对粗糙度和雷诺数 Re 相关，则判定该流体流动属于：

A. 层流　　B. 紊流光滑区

C. 紊流过渡区　　D. 紊流粗糙区

25. 当流体温度不变且处于紊流粗糙区时，随雷诺数 Re 增大，沿程阻力系数λ和沿程水头损失h_f将发生的变化为：

A. λ变大，h_f变大　　B. λ不变，h_f变小

C. λ变小，h_f变小　　D. λ不变，h_f变大

26. 局部能量损失产生的原因是：

A. 流体间黏性摩擦　　B. 流体微团随机脉动

C. 流体相互碰撞和旋涡　　D. 壁面凹凸不平

27. 设平面流场速度分布$\bar{u}=(3x^2-y^2)\vec{i}-4xy\vec{j}$，该流动势函数和流函数存在的情况分别为：

A. 不存在势函数，存在流函数　　B. 存在势函数，不存在流函数

C. 不存在势函数，也不存在流函数　　D. 存在势函数，存在流函数

28. 夏季向体育馆一侧过圆形风口送入冷风，冷射流在体育馆内：

A. 向上弯　　B. 向下弯

C. 水平左弯　　D. 水平右弯

29. 风机特性曲线如图所示，在1、2、3号管路中工作，发生喘振的是：

A. 1、2

B. 2、3

C. 1、3

D. 1

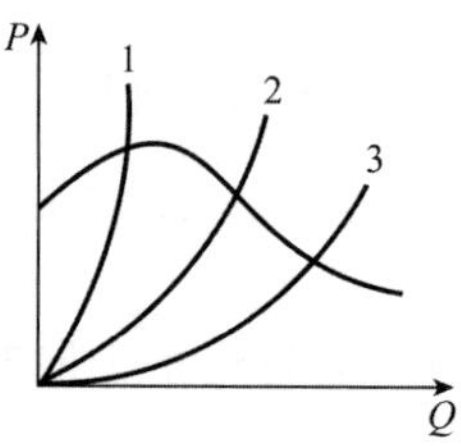

30. 如图所示管路系统，通过泵将左侧液池的液体输送到右侧液池，已知液体的密度为$\rho_1 = 985\text{kg/m}^3$，压强表$P_1$离地面的距离为 0.1m，测得数值为 142kPa，压强表P_2离地面的距离为 0.45m，测得数值为 1024kPa，若输送流量为$0.025\text{m}^3/\text{s}$，泵的效率为 0.8，则泵的轴功率为：

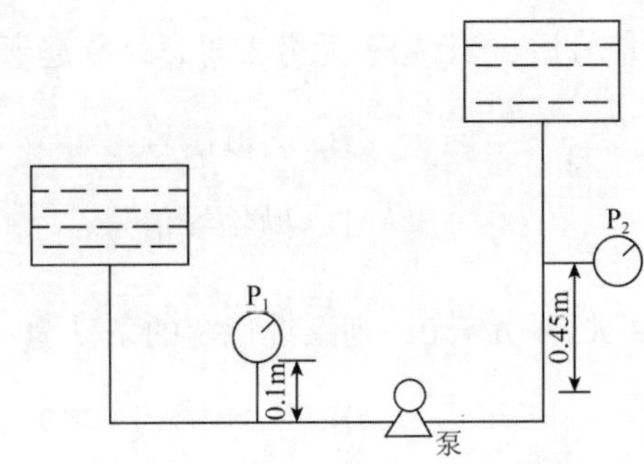

A. 26.7kW　　　　B. 27.7kW

C. 30.4kW　　　　D. 31.7kW

31. 输出量随输入量自动变化的系统属于：

A. 自动控制系统　　　　B. 调节系统

C. 随动系统　　　　D. 恒值系统

32. $r(t) = e^{at}$的拉氏变换为：

A. $\frac{1}{s+a}$　　　　B. $\frac{1}{s^2}+\frac{1}{s-a}$

C. $\frac{1}{s-a}$　　　　D. $s+\frac{1}{s-a}$

33. $\frac{49}{s^2+14s+49}$属于下列哪个系统？

A. 欠阻尼系统　　　　B. 临界阻尼系统

C. 过阻尼系统　　　　D. 无阻尼系统

34. 如图所示系统属于：

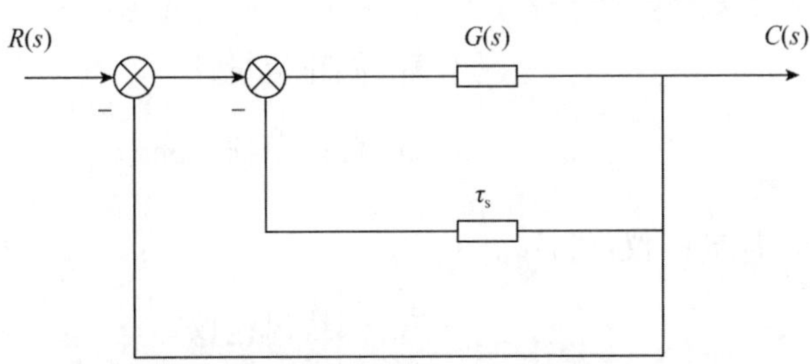

A. 超前并联　　　　B. 超前串联

C. 复核　　　　D. 速度反馈

35. $G(s)=\frac{K}{S^2(Ts+1)}$，在$2t^2$作用下的稳态误差为：

A. $5/K+4/K+2/K$　　B. $4/K$

C. $2/K$　　D. $5/K$

36. $G(s)=\frac{1}{Ts+1}$，在输入下列哪种信号后，当t趋于无穷大时，结果趋于 0?

A. 阶跃信号　　B. 斜坡信号

C. 脉冲信号　　D. 抛物线信号

37. 三阶系统特征方程为$4s^3+s^2+Ks+A=0$，则系统稳定的条件为：

A. $K>A$，$A>1$　　B. $K>4A$，$A>1$

C. $K>4A$，$A>0$　　D. $K>4$，$A>1$

38. 设系统的开环传递函数为$G(s)$，反馈环节传递函数为$H(s)$，则该系统的静态位置误差系数为：

A. $\lim\limits_{s\to 0}G(s)H(s)$　　B. $\lim\limits_{s\to 0}sG(s)H(s)$

C. $\lim\limits_{s\to\infty}sG(s)H(s)$　　D. $\lim\limits_{s\to\infty}G(s)H(s)$

39. 关于校正的概念，下列说法错误的是：

A. 校正环节或装置的加入可以使系统特性发生变化，以满足给定的各项性能指标

B. 校正可分为串联校正、反馈校正、前馈校正和干扰补偿四种

C. 校正装置与系统固有部分的结合方式，称为系统的校正方案

D. 校正装置只能单独使用，才能保证最佳校正效果

40. PT100 中 100 的含义是：

A. 100℃时的电阻　　B. 100℃时的电压

C. 0℃时的电阻　　D. 0℃时的电压

41. 需要借助压力计测量流量的流量计是：

A. 涡街流量计　　B. 涡轮流量计

C. 椭圆齿轮流量计　　D. 标准节流装置

42. 下列可以同时测量风速和风向的仪器为：

A. 机械风速仪　　B. 热线风速仪

C. 毕托管　　D. 圆柱形三孔测速仪

43. 为了保证测量的准确度，被测压力的最小值不低于满量程的：

A. 1/3　　B. 2/3

C. 3/4　　D. 1/2

44. 按照测量误差的性质，可以将其分为：

A. 随机误差、系统误差、粗大误差

B. 绝对误差、相对误差、引用误差

C. 随机误差、系统误差、引用误差

D. 绝对误差、相对误差、粗大误差

45. 下列措施中与消除系统误差无关的是：

A. 采用正确的测量方法和原理、依据

B. 测量仪器应定期检定、校准

C. 可尽量采用数字显示仪器代替指针式仪器

D. 剔除严重偏离的坏值

46. 湿球温度计的球部应：

A. 高于水面 20mm 以上

B. 高于水面 20mm 以上但低于水杯上沿 20mm 以上

C. 高于水面 20mm 以上但与水杯上沿平齐

D. 高于水杯上沿 20mm 以上

47. 压差变送器不存在的迁移是：

A. 正迁移

B. 负迁移

C. 无迁移

D. 动迁移

48. 热阻式热流计的测量原理为：

A. 导热

B. 对流

C. 辐射

D. 复合换热

49. 如图所示曲柄摇杆机构，γ角大，传动系数大；γ角小，传动系数小。γ角是由下列哪两个杆件组成？

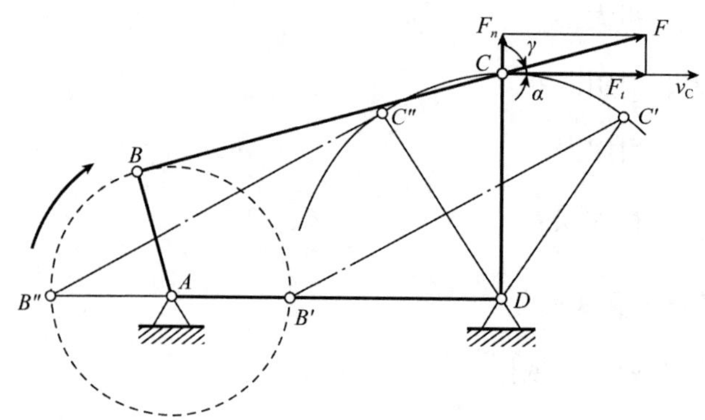

A. 曲柄和连杆　　B. 曲柄和机架

C. 连杆和机架　　D. 连杆和从动摇杆

50. 如图所示轮系中，H 为行星架，已知各齿轮的齿数关系，$Z_2 = 100Z_1$，$Z_{2'} = 99Z_3$，则齿轮 3 与行星架 H 的传动比为：

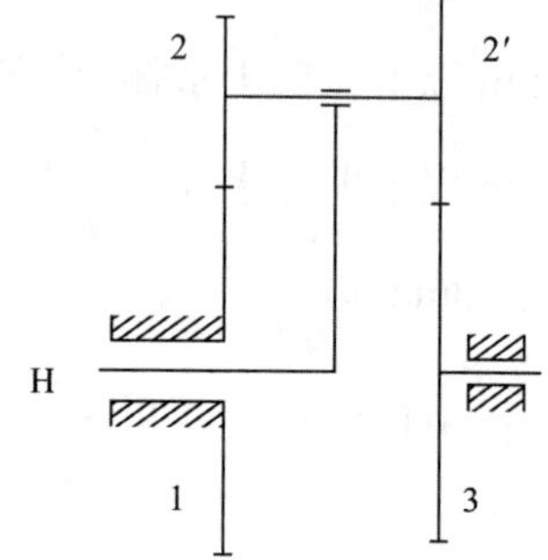

A. 100

B. 1/100

C. 1/99

D. 99

51. 与细牙螺纹相比，粗牙螺纹具有：

A. 自锁性好，强度高　　B. 自锁性好，强度低

C. 自锁性差，强度高　　D. 自锁性差，强度低

52. 凸轮设计时，从动件产生刚性碰撞的主要原因是：

A. 加速度无穷大　　B. 有突变

C. 速度不均匀　　D. 位移有突变

53. 应力幅的表达形式为：

A. $\sigma_{\max} + \sigma_{\min}$　　B. $\sigma_{\max} - \sigma_{\min}$

C. $(\sigma_{\max} - \sigma_{\min})/2$　　D. $(\sigma_{\max} + \sigma_{\min})/2$

54. 当其他条件不变的前提下，增加蜗杆的头数，关于传动效率的变化，以下说法正确的是：

A. 变大　　B. 变小

C. 不变　　D. 不确定

55. 平键的工作面是：

A. 上下两面　　B. 两侧面

C. 两端面　　D. 底面

56. 在良好的润滑条件下，正常荷载工作下滚动轴承的主要失效形式是：

A. 疲劳点蚀　　B. 塑性变形

C. 胶合和磨损　　D. 磨损和塑性变形

57. 带传动中，从动轮较主动轮转动慢的原因是：

A. 打滑　　B. 弹性滑动

C. 摩擦滑动　　D. 不能确定

58. 下列不涉及公共安全、公益项目的建筑是：

A. 集中供热（城镇基础设施之类的）　　B. 景观、人文建筑

C. 经济适用房　　D. 轻工业厂房

59. 设计费应该包含在下列哪项费用中？

A. 直接工程费　　B. 预备费

C. 工程建设其他费用　　D. 建筑安装工程费

60. 下列哪个不是设计师的行为准则？

A. 用心做设计　　B. 保守单位和个人的秘密

C. 对设计图纸负责并签字　　D. 可以同时注册两个单位

2022 年度全国勘察设计注册公用设备工程师（暖通空调、动力）执业资格考试基础考试（下）试题解析及参考答案

1. 解　热力学基本状态参数有三个：温度T，表示物体冷热程度的物理量；压力P，表示单位面积上承受的垂直作用力；比容v，表示单位质量物质所占体积。

答案： A

2. 解　闭口系统是指没有和外界发生物质交换的热力学系统，有时又称为控制质量系统。闭口系统的质量保持恒定，取系统时应把所研究的物质都包括在边界内。该公式适用于闭口系内所有工质（理想气体、实际气体）的任何过程（可逆或不可逆）。

答案： A

3. 解　放掉一部分气体，初、终态气体质量不再相等，即为$m_1 \neq m_2$，在理想气体中，气体的比容与压力、温度有密切的关系，当温度不变，压力提高时，气体的比容缩小；如果压力保持不变，只提高温度，则气体的体积膨胀，比容增大。它们之间的关系式为：$Pv = RT$，在同一气体中，R相同，故可得$R = \frac{p_1 v_1}{T_2} = \frac{p_2 v_2}{T_2}$，由于重新进入平衡后，容器体积发生了变化，所以不能判断前后阶段气体压力的大小。

答案： B

4. 解　根据闭口系统热力学第一定律

$$Q = \Delta U + W$$

绝热过程，有$Q = 0$，则

$$W = -\Delta U = -(U_2 - U_1) = U_1 - U_2$$

即初始、终态内能差。

答案： C

5. 解　熵s为工质的状态参数，一旦初、终态确定，即初、终态状况下的熵值确定，无论经历过程是否可逆，其变化均与过程无关，只与起止状态有关。

答案： D

6. 解　功的能量品位比热量高，这句话本身没有问题，但它不是逆卡诺循环能效比一定大于 1 的原因。

在逆卡诺循环中，当用于制冷时，COP为：

$$\mathrm{COP} = \frac{Q_2}{Q_1 - Q_2} = \frac{T_2}{T_1 - T_2}$$

当用于采暖时，热力系数为：

$$\varepsilon = \frac{Q_1}{Q_1 - Q_2} = \frac{T_1}{T_1 - T_2}$$

因此，当温差为零时，能效比将趋于无穷，即可以得到无限多的热量或冷量。

答案：D

7. 解 如解图所示，含湿量d相同，在等湿线上温度t越高，相对湿度φ越小，因此选项 A、B 错误。根据绝对湿度的定义$\rho_v = \frac{m_v}{V}$以及湿空气中水蒸气满足理想气体状态方程，$p_v V = m_v R_g T$，$\rho_v = \frac{p_v}{R_g T}$，可知，温度$t$越高，绝对湿度$p_v$越小，故选项 C 错误。

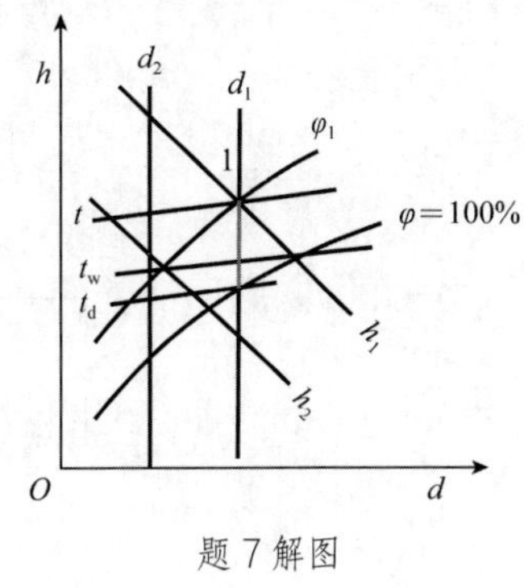

题 7 解图

饱和绝对湿度，随着温度t升高，等温线与相对湿度$\varphi = 100\%$交点对应的含湿量d也越高，因此选项 D 正确。

答案：D

8. 解 通过学习教程，可知：干球温度 > 湿球温度 > 露点温度。但对绝热饱和温度相对不熟，其实绝热饱和温度是空气的一个状态参数，即绝热增湿过程中空气降温的极限。当流动空气同循环水绝热接触时，只要空气的相对湿度小于 100%，水就会不断汽化。汽化需要吸收热量，使水温下降。空气通过对流传热将热量传给循环水，所以气体温度也会下降。在水经充分循环后，水温将维持恒定，由于它与空气充分接触，空气中水汽达到饱和，水和空气的温度也相同，空气与水之间在热量传递和质量传递两方面均达平衡。此平衡系统的温度，称为绝热饱和温度。绝热饱和温度的测定比较困难，而经验表明，便于测量的湿球温度与绝热饱和温度非常接近，因此通常都用湿球温度来代替绝热饱和温度，以至人们在说湿球温度时，实际上指的是绝热饱和温度，甚至已把湿球温度当作湿空气的状态参数来看待了。

答案：B

9. 解 流体中某状态（p，v，T）下的音速称为当地音速。

当地音速的计算式为：

$$a = \sqrt{kpv} = \sqrt{kRT}$$

式中，p、T、v分别为压力、温度和比容。

可见当地音速，不是一个常数，而是随气流状态参数（p，T，v）变化而变化，故选项 A、B 错误。

气体在喷管中的流动为定熵流动，近似看作定熵膨胀过程，随着流速的增加，温度降低，根据公式$a = \sqrt{kpv} = \sqrt{kRT}$，可知随着温度降低当地音速减小，故选项 C 正确，选项 D 错误。

答案：C

10. 解 吸收式制冷循环中没有压缩机，吸收器、发生器、减压阀、溶液泵相当于压缩机的作用，见解图。

吸收式制冷工作过程主要分为两个循环：制冷剂循环，发生器中产生的冷剂蒸汽在冷凝器中冷凝成冷剂液体，经 U 形管进入蒸发器，在低压下蒸发，吸收热量。这过程与蒸汽压缩式制冷循环在冷凝器、节流阀和蒸发器中所产生的过程完全相同；溶液循环，发生器中流出的浓溶液降压后进入吸收器，吸收由蒸发器产生的冷剂蒸气，形成稀溶液，用泵将稀溶液输送至发生器重新加热，形成浓溶液。这些过程的作用相当于蒸汽压缩式制冷循环中压缩机所起的作用。

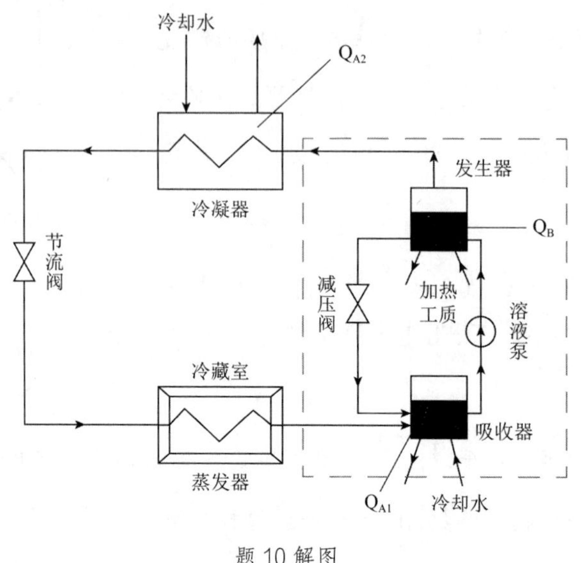

题 10 解图

答案：D

11. 解 温度场分稳态和非稳态两种，稳态温度场温度不随时间变化，是空间坐标的函数；而非稳态温度场温度随时间变化，一般是空间坐标和时间的函数。但是，对于非稳态导热问题，当物体忽略内部导热热阻时，实际的三维物体可以看成一个点，与空间坐标就没有关系，只是时间的函数。

答案：A

12. 解 研究临界热绝缘直径问题就是研究管道加了保温层后，总热阻R_l随着保温层外径d_x的增加而变化，如解图所示，R_l是先减小后增大，因而存在一个临界绝缘直径d_c使传热量q_l有一最大值，从公式可以看出，属于第三类边界条件的圆筒壁导热。

第三类边界条件下具有绝缘层的管道总热阻公式：

$$R_l = \frac{1}{h_1 \pi d_1} + \frac{1}{2\pi\lambda_1}\ln\frac{d_2}{d_1} + \frac{1}{2\pi\lambda_{\text{ins}}}\ln\frac{d_x}{d_2} + \frac{1}{h_2 \pi d_x}$$

a）　　　　b）

题 12 解图　临界热绝缘直径

答案：C

13. 解 非稳态导热的离散方程有显式离散格式和隐式离散格式两种，其中隐式离散格式是无条件成立的，而显式离散格式是需要稳定性条件的，见解表。

题 13 解表

节点位置	一维稳定性条件	二维稳定性条件
内部节点	$Fo\leqslant\frac{1}{2}$	$Fo\leqslant\frac{1}{4}$
边界节点	$Fo\leqslant\frac{1}{2Bi+2}$	$Fo\leqslant\frac{1}{2Bi+4}$

答案：B

14. 解 准则数 Re 反映了流体流动时惯性力与黏滞力的相对大小；Pr 是流体的物性准则；Gr 反映了流体流动时浮升力与黏滞力的相对大小，即自然对流流态对换热的影响；Fo 是傅里叶准则数，它是非稳态导热过程的无量纲时间。所以，综合比较可知，Gr 对h的影响最大。

答案：B

15. 解 如解图所示，由大空间沸腾曲线可以看出，沸腾温差Δt对沸腾状态的影响特别显著。随着沸腾温差Δt的增加，沸腾时的热流密度q很快由B点增加到C点，然后Δt再增加，q降低到D点后又增加到E点。假如不是控制的沸腾温差Δt，而是热流密度q，当q超过C点的热流密度q_c时，壁温将跃至E点所对应的温度，从而使容器因为瞬时过热而烧毁。电加热就是控制的热流密度q，故电加热设备的热流密度设计值q必须低于临界热流密度q_c。所以，选项 B 正确。

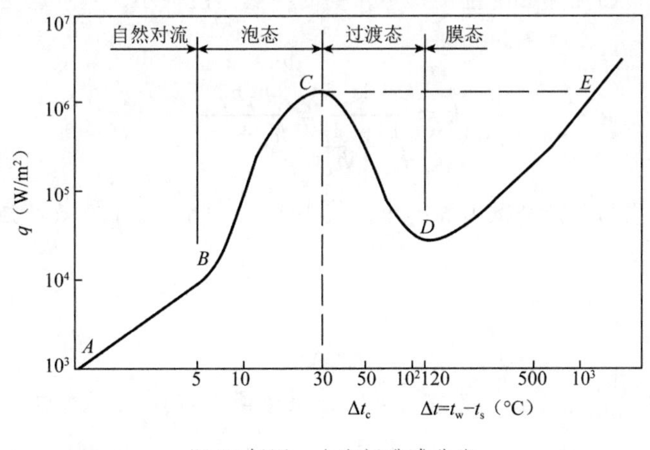

题 15 解图　大空间沸腾曲线

答案：B

16. 解 在受迫对流传热过程中，由于流体各部分温度的差异，将发生自然对流，形成自然与受迫并存的混合对流。判断是不是纯受迫对流，或者是混合对流，还是纯自然对流，可根据浮升力与惯性力的相当大小来确定。一般情况下可以认为：当$Gr/Re^2\leqslant0.1$时，可以忽略自然对流的影响，视为纯受迫对流；当$Gr/Re^2 > 0.1$时，不能忽略自然对流的影响，是自然与受迫并存的混合对流；当$Gr/Re^2 > 10$时，可以忽略受迫对流的影响，可视为纯自然对流。

答案： B

17. 解 把实际物体的辐射力与同温度黑体的辐射力之比称为该物体的发射率。实际物体发射率是物性参数，与物体的种类、表面特征、物体的温度等有关，其值由试验测得。

答案： A

18. 解 角系数的概念：表面发射出的辐射能中直接落到另一个表面上的百分数。由于是正三棱锥，四个表面是相同的平表面，一个面发射到另外三个面上的辐射能相等，并且平表面不能辐射到自身，即平表面对自身的角系数为零。假设四个表面分别为1、2、3和4，那么$X_{1,1} = 0$，$X_{1,2} = X_{1,3} = X_{1,4}$，根据角系数的完整性可知：$X_{1,1} + X_{1,2} + X_{1,3} + X_{1,4} = 1$，所以，$X_{1,2} = X_{1,3} = X_{1,4} = 1/3$，同理可知，任意表面对另一个表面的角系数$X_{i,j} = 1/3$。

答案： C

19. 解 由于固体表面处于空气环境中，壁面上除了对流传热外，还同时存在辐射传热，即对流与辐射并存的复合传热。

稳态传热是温度场不随时间变化的传热过程，而固体表面和空气环境的温度场可以是稳态的，也可以是非稳态的。所以，综合考虑，选项B正确。

答案： B

20. 解 一般换热设备的传热面是金属薄壁，壁的导热热阻很小，可以略去，在不计污垢热阻时，传热系数k可以写为：

$$k = \frac{1}{\dfrac{1}{h_1} + \dfrac{1}{h_2}} = \frac{h_1 h_2}{h_1 + h_2}$$

对k值影响最大的是表面传热系数h_1和h_2中的较小者。因此，为了有效增强传热，必须提高两侧表面传热系数中较小的一项。

答案： A

21. 解 描述流体运动就是要表达流体质点的流动参数，在不同空间位置上随时间连续变化的规律。在流体力学中，描述流体运动的方法有拉格朗日法和欧拉法。拉格朗日法从分析流体质点的运动着手，分析流动参数随时间的变化规律，然后综合所有被研究流体质点的运动情况，来获得整个流体运动的规律。因此，选项B描述的应为拉格朗日法，所以是错误的。欧拉法的着眼点是空间点，即着眼于流体经过流场中各空间点时的运动情况，而不关心这些运动特性是由哪些流体质点表现出来的。

分子之间存在空隙，但考虑宏观特性，在流动空间和时间上所采用的一切特征尺度和特征时间，都比分子距离和分子碰撞时间大得多。因此，可把流体视为没有间隙地充满它所占据的整个空间的一种连续介质。流体质点的形状可以任意划定，因而质点和质点之间可以完全没有空隙。所以，选项 D 的描述是正确的。

答案：B

22. 解 此题考查伯努利方程，比较简单。

忽略水头损失，在 1-1 和 2-2 过流断面列伯努利方程：

$$z_1+\frac{p_1}{\rho g}+\frac{v_1^2}{2g}=z_2+\frac{p_2}{\rho g}+\frac{v_2^2}{2g}$$

因为是水平放置，所以有$z_1=z_2$。

根据连续性方程，$A_1v_1=A_2v_2$，又由于是渐缩管，所以有$A_1>A_2$，得$v_1<v_2$，将之代入伯努利方程，即可得出$p_1>p_2$。

答案：A

23. 解 此题考查模型试验及模型率的选择问题。实际上，在一般模型试验（如风洞试验）条件下，很难保证这些相似准数全部相等，只能根据具体情况使主要相似准数相等或达到自准范围。例如涉及黏性或阻力的试验应使雷诺数相等，即$(\mathrm{Re})_\mathrm{p}=(\mathrm{Re})_\mathrm{m}$，从而有$\frac{v_\mathrm{p}l_\mathrm{p}}{\nu_\mathrm{p}}=\frac{v_\mathrm{m}l_\mathrm{m}}{\nu_\mathrm{m}}$。

又因试验空气和实际空气的动力黏度系数分别相同，所以有$v_\mathrm{p}l_\mathrm{p}=v_\mathrm{m}l_\mathrm{m}$

$$v_\mathrm{m}=v_\mathrm{p}\frac{l_\mathrm{p}}{l_\mathrm{m}}=20\times\frac{0.6}{0.15}=20\times4=80\mathrm{m/s}$$

又有欧拉数表征压力与惯性力的比值，两流动的欧拉数相等，压力相似。即$(\mathrm{Eu})_\mathrm{p}=(\mathrm{Eu})_\mathrm{m}$，从而有

$$\frac{p_\mathrm{p}}{\rho_\mathrm{p}v_\mathrm{p}^2}=\frac{p_\mathrm{m}}{\rho_\mathrm{m}v_\mathrm{m}^2}$$

又因试验空气和实际空气的动力黏度系数分别相同，所以有$\frac{p_\mathrm{p}}{v_\mathrm{p}^2}=\frac{p_\mathrm{m}}{v_\mathrm{m}^2}$，故：

$$p_\mathrm{p}=\frac{v_\mathrm{p}^2}{v_\mathrm{m}^2}p_\mathrm{m}=\left(\frac{20}{80}\right)^2\times10=0.625\mathrm{N}$$

答案：A

24. 解 尼古拉兹实验比较完整地反映沿程阻力系数λ的变化规律，可参见教程 14.3.6 节。对于紊流过渡区，$\lambda=f(\mathrm{Re},\Delta/d)$，只有紊流过渡区$\lambda$与边壁相对粗糙度和雷诺数 Re 相关。

答案：C

25. 解 沿程阻力系数λ，主要取决于雷诺数 Re 和壁面粗糙这两个因素。当处于紊流粗糙区时，$\lambda=f(\Delta/d)$，此时λ只与相对粗糙度有关，与雷诺数 Re 无关，因此雷诺数 Re 增大，沿程阻力系数λ不变。

另外，$\mathrm{Re}=\frac{ud}{\nu}$，由于流体温度不变，流体的运动黏度系数不变，结构参数l、d不变，所以随着雷诺数 Re 增大，流速变大，而沿程水头损失$h_\mathrm{f}=\lambda\frac{l}{d}\frac{v^2}{2g}$也会变大。

答案：D

26. 解 流体在流经各种局部障碍时，流动遭到破坏，引起流速分布的急剧变化，甚至会引起边界层的分离，产生旋涡，从而形成形状阻力和摩擦阻力，即局部阻力，由此产生局部水头损失，所以碰撞和旋涡是产生局部能量损失的主要原因。

答案：C

27. 解 由已知条件可知，$u_x = 3x^2 - y^2$，$u_y = -6xy$

$$\frac{\partial u}{\partial x} + \frac{\partial v}{\partial y} = \frac{\partial(3x^2 - y^2)}{\partial x} + \frac{\partial(-6xy)}{\partial y} = 6x - 6x = 0$$

可知该流动满足连续性方程，流动是存在的，存在流函数。

再来看势函数，由于是平面流动，$\omega_x = \omega_y = 0$

$$u_z = \frac{1}{2}\left(\frac{\partial v}{\partial x} - \frac{\partial u}{\partial y}\right) = \frac{1}{2}\left(\frac{\partial(-6xy)}{\partial x} - \frac{\partial(3x^2 - y^2)}{\partial y}\right) = \frac{1}{2}(-6x + 2y) = -2y \neq 0$$

所以，该流动不是无旋流动，不存在速度势函数。

答案：A

28. 解 温差射流或浓差射流由于密度与周围密度不同，所受重力与浮力不相平衡，将造成射流轴线的弯曲。热射流轴线向上翘，冷射流轴线往下弯。但从整个射流来看，射流的轴线仍可以认为是射流的对称曲线。

答案：B

29. 解 泵或风机的性能曲线和管路特性曲线相交于一点，该点即为泵在管路系统中的实际工作点。泵或风机的性能曲线的上升部分与管路特性曲线相交的点，称为泵或风机的不稳定工作点。若泵或风机的性能曲线是驼峰型的，则工作范围要始终保持在性能曲线的下降区段，这样就可以避免不稳定的工作。本题中只有 1 号管路与风机特征曲线的交叉点位于风机特征曲线的上升部分，因此选 D。

答案：D

30. 解 取水泵前后断面列伯努利方程，计算水泵扬程H：

$$H = \frac{p_2 - p_1}{\rho g} + \frac{v_2^2 - v_1^2}{2g} + (z_2 - z_1)$$

由于管径不变，$v_1 = v_2$，代入数据得：

$$H = \frac{(1024 - 142) \times 10^3}{\rho g} + (0.45 - 0.1) = 91.72\text{m}$$

则泵的轴功率为：

$$P_\text{e} = \frac{\rho g Q H}{1000\eta} = \frac{985 \times 9.8 \times 0.025 \times 91.72}{1000 \times 0.8} = 27.7\text{kW}$$

答案：B

31. 解 随动系统的输出是跟随输入信号变化而变化的。调节系统的输出是在一个恒定值附近波动。

答案：C

32. 解 见常用拉氏变换表，对前后两项进行拉氏变换得到$\frac{1}{s^2}+\frac{1}{s-a}$。

答案：B

33. 解 由公式可知$2\zeta\omega_n=14$，则$\zeta=1$，属于临界阻尼系统，而$0<\zeta<1$是欠阻尼系统，$\zeta>1$是过阻尼系统。

答案：B

34. 解 反馈环节τ_s为速度负反馈。

答案：D

35. 解 加速度误差系数$K_a=\lim\limits_{s\to 0}s^2G(s)=K$，稳态误差为$e_{ss}=\frac{4}{K_a}=\frac{4}{K}$。

答案：B

36. 解 单位脉冲信号$r(t)=\delta(t)$的拉氏变换为$R(s)=L[\delta(t)]=1$，输出$y(t)=L^{-1}\{G(s)\cdot R(s)\}=e^{-t/T}$，则当$t$趋于无穷大时，输出$e^{-t/T}$趋于0。

答案：C

37. 解 根据特征方程可知，$a_0=4$，$a_1=1$，$a_2=K$，$a_3=A$，$b_1=K-4A$，$c_1=A$，根据劳斯稳定判据，$A>0$，$K-4A>0$。

答案：C

38. 解 静态位置误差系数$K_p=\lim\limits_{s\to 0}G(s)H(s)$，静态速度误差系数$K_v=\lim\limits_{s\to 0}sG(s)H(s)$，静态加速度误差系数$K_a=\lim\limits_{s\to 0}s^2G(s)H(s)$。

答案：A

39. 解 系统可以使用多种校正装置组合，以改善系统性能，使系统满足各种指标要求。

答案：D

40. 解 Pt代表铂，Pt100温度传感器是以铂为材料制作的电阻。100表示0℃时的电阻是100Ω。

答案：C

41. 解 涡街流量计，通过测出旋涡的频率即可知体积流量。

涡轮流量计，利用涡轮的转速与流体的流速成正比，将涡轮的转速用磁电转换器，转换成电脉冲，并用二次仪表显示。仪表显示的数据，反映了流量的流速。

椭圆齿轮流量计，属于容积式流量计。

节流装置，是通过测量节流件前后的压力差来测量流量的。

答案：D

42. 解 圆柱形三孔测速仪的探头上有三个感压孔，中间一个孔用来测定流体的总压，两侧的孔用于探测气流方向，即可同时测量流速的大小和方向。机械风速仪、热线风速仪、毕托管都只能测量流速的大小。

答案：D

43. 解 为了保证测量的准确度，所测压力值不能太接近于仪表的下限值，一般被测压力的最小值不低于仪表满程的1/3为宜；在测量压力时，为了延长仪表的使用寿命，避免弹性元件受力过大而损坏，测量的最大压力不高于量程的2/3。

答案：A

44. 解 按照测量误差的性质，可以将其分为系统误差、随机误差和粗大误差。

系统误差：又称可测误差、恒定误差或偏倚，指测量值的总体均值与真值之间的差别，由测量过程中某些恒定因素造成，在一定条件下具有重现性，并不因增加测量的次数而减少系统误差，它的产生可以是方法、仪器、试剂、恒定的操作人员和恒定的环境所造成。

随机误差：又称偶然误差或不可测误差，由测定过程中各种随机因素的共同作用所造成，遵从正态分布规律。

粗大误差：由测量过程中犯了不应有的错误所造成，它明显地歪曲测量结果，因而一经发现必须及时改正。

按误差的表示方法，可将其分为绝对误差、相对误差、引用误差。

绝对误差：是指被测量的测量值与被测量的真值的差值。

相对误差：是指测量的绝对误差与被测量的真值之比。

引用误差：是指某示值误差与检测范围上限的比，它表明测量的绝对误差与检测仪表满量程的关系。

答案：A

45. 解 系统误差产生的原因是仪器结构的不良、周围环境的改变、测量方法的不完善、测量人员不良的读数习惯等。

粗大误差是一种显然与实际值不符的误差，故剔除严重偏离的坏值主要是针对粗大误差。

答案：D

46. 解 干湿球温度计的构造如解图所示，两支温度计安装在同一支架上，其中湿球温度计及球部的纱布一端置于装有蒸馏水的杯中。安装时，要求温度计的球部离开水杯上沿至少 20cm。其目的是为了使杯的上沿不会妨碍空气的自由流动，并使干湿球温度计球部周围不会有湿度增高的空气。

答案：D

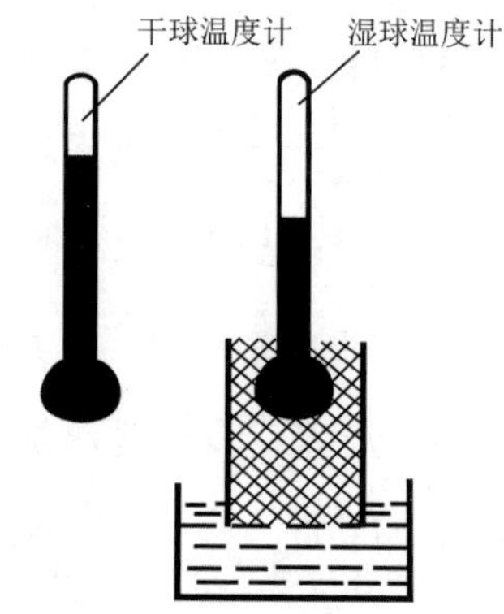

题 46 解图　干湿球温度计的构造

47. 解 当输入处于范围下限值时，某些影响量会引起输出值的变化。当下限值不为零值时，亦称为始点迁移（偏移）。以仪表的输入信号（被测量）相对于量程作为横坐标，以输出信号相对于信号范围作为纵坐标，则可以画出仪表的输入/输出特性曲线，设其为直线关系。特性曲线平移而曲线斜率不变称为零点迁移。应用差压变送器测量液面时，如果差压变送器的正、负压室与容器的取压点处在同一水平面上，就不需要迁移。而在实际应用中，出于对设备安装位置和便于维护等方面的考虑，测量仪表不一定都能与取压点在同一水平面上；又如被测介质是强腐蚀性或重黏度的液体，则不能直接把介质引入测压仪表，而必须安装隔离液罐，用隔离液来传递压力信号，以防被测仪表被腐蚀。这时就要考虑介质和隔离液的液柱对测压仪表读数的影响。差压变送器测量液位安装方式主要有三种，为了能够正确指示液位的高度，差压变送器必须做一些技术处理，即迁移。迁移分为无迁移、负迁移和正迁移。

答案：D

48. 解 热阻式热流计测量以导热方式传递的热流密度，有热流通过热流测头时，测头热阻层上产生温度梯度，根据傅里叶定律（$q=-\lambda\frac{\Delta t}{\Delta x}$）就可以得到通过热流测头的热流密度。

答案：A

49. 解 根据题意，γ角是曲柄摇杆机构的传动角，反映机构的传动性能。根据传动角的定义，该角应为连杆与从动摇杆之间所夹的锐角。

答案：D

50. 解 由题图可知，这是一个行星轮系。根据行星轮系传动比的计算过程，先将其转化为假想的"定轴轮系"，然后可计算出齿轮 3 与行星架 H 的传动比i_{13}^{H}：

$$i_{13}^{\mathrm{H}}=\frac{n_1^{\mathrm{H}}}{n_3^{\mathrm{H}}}=\frac{n_1-n_{\mathrm{H}}}{n_3-n_{\mathrm{H}}}=\frac{Z_2\times Z_3}{Z_1\times Z_{2'}}$$

代入数据，得到

$$\frac{0-n_{\mathrm{H}}}{n_3-n_{\mathrm{H}}}=\frac{100}{99}$$

经整理，有

$$i_{3\mathrm{H}}=\frac{n_3}{n_{\mathrm{H}}}=\frac{1}{100}$$

答案：B

51. 解 对于相同公称直径，粗牙螺纹螺旋升角大于细牙螺纹，螺距大于细牙螺纹，所以自锁性能较差；粗牙螺纹的小径，小于细牙螺纹，因此强度较低。

答案：D

52. 解 此题考查凸轮机构三类冲击的概念，刚性冲击指理论加速度无穷大的情况。当凸轮曲线设计为等速运动规律时，从动推杆理论加速度将出现瞬时无穷大，即刚性冲击。

答案：A

53. 解 按照随时间变化的情况，应力可分为静应力和变应力。不随时间变化的应力，称为静应力；随时间变化的应力，称为变应力。具有周期性的变应力称为循环变应力。

对于循环变应力，通常采用平均应力σ_m和应力幅σ_a两个参数来进行描述：

$$\sigma_m = \frac{\sigma_{max} + \sigma_{min}}{2}；\ \sigma_a = \frac{\sigma_{max} - \sigma_{min}}{2}$$

式中，σ_{max}、σ_{min}分别为最大应力和最小应力。

答案：C

54. 解 导程角越大，传动效率越高。头数越多，导程角越大，一定范围内，传动效率随导程角的增大而增大。

答案：A

55. 解 普通平键的工作面为两侧面，楔键的工作面为上下表面。

答案：B

56. 解 滚动轴承的失效形式有疲劳点蚀、塑性变形和磨损、胶合。在润滑良好、正常荷载条件下，失效形式主要是疲劳点蚀。在很大荷载或冲击荷载作用下，会发生塑性变形。

答案：A

57. 解 本题考查带传动的基本特性，即弹性滑动。弹性滑动是由于带材料的弹性变形而产生的滑动，在带传动中是不可避免的。弹性滑动造成带绕过从动轮时，带速超前于从动轮，因此从动轮转速相对变慢了。

答案：B

58. 解 《工程建设项目招标范围和规模标准规定》第三条规定：关系社会公共利益、公众安全的公用事业项目的范围包括：

（一）供水、供电、供气、供热等市政工程项目；

（二）科技、教育、文化等项目；

（三）体育、旅游等项目；

（四）卫生、社会福利等项目；

（五）商品住宅，包括经济适用住房；

（六）其他公用事业项目。

很明显，选项A、B、C都属于涉及公共安全、公益项目的建筑。

答案：D

59. 解 住房城乡建设部办公厅关于征求住房城乡建设部办公厅关于征求《建设项目总投资费用项目组成》《建设项目工程总承包费用项目组成》意见的函（建办标函［2017］621 号）中：

第二条 工程造价是指工程项目在建设期预计或实际支出的建设费用，包括工程费用、工程建设其他费用和预备费。

第十六条 工程建设其他费用是指建设期发生的与土地使用权取得、整个工程项目建设以及未来生产经营有关的，除工程费用、预备费、增值税、资金筹措费、流动资金以外的费用。主要包括土地使用费和其他补偿费、建设管理费、可行性研究费、专项评价费、研究试验费、勘察设计费、场地准备费和临时设施费、引进技术和进口设备材料其他费等。

答案：C

60. 解 《注册公用设备工程师执业资格制度暂行规定》第二十八条：

注册设备工程师应当履行下列义务：

（一）遵守法律、法规和职业道德，维护社会公共利益；

（二）保证建筑设计的质量，并在其负责的设计图纸上签字；

（三）保守在执业中知悉的单位和个人的秘密；

（四）不得同时受聘于两个及以上单位执业；

（五）不得准许他人以本人名义执行业务。

很明显，选项 D 违反了条例中的（四）。

答案：D

附录一

注册公用设备工程师（暖通空调、动力）执业资格考试专业基础考试大纲

十、热工学（工程热力学、传热学）

10.1　基本概念

热力学系统　状态　平衡　状态参数　状态公理　状态方程　热力参数及坐标图　功和热量　热力过程　热力循环　单位制

10.2　准静态过程　可逆过程和不可逆过程

10.3　热力学第一定律

热力学第一定律的实质　内能　焓　热力学第一定律在开口系统和闭口系统的表达式　储存能　稳定流动能量方程及其应用

10.4　气体性质

理想气体模型及其状态方程　实际气体模型及其状态方程　压缩因子　临界参数　对比态及其定律　理想气体比热　混合气体的性质

10.5　理想气体基本热力过程及气体压缩

定压　定容　定温和绝热过程　多变过程气体压缩轴功　余隙　多极压缩和中间冷却

10.6　热力学第二定律

热力学第二定律的实质及表述　卡诺循环和卡诺定理　熵　孤立系统　熵增原理

10.7　水蒸气和湿空气

蒸发　冷凝　沸腾　汽化　定压发生过程　水蒸气图表　水蒸气基本热力过程　湿空气性质　湿空气焓湿图　湿空气基本热力过程

10.8　气体和蒸汽的流动

喷管和扩压管　流动的基本特性和基本方程　流速　音速　流量临界状态　绝热节流

10.9　动力循环　朗肯循环　回热和再热循环　热电循环　内燃机循环

10.10　制冷循环

空气压缩制冷循环　蒸汽压缩制冷循环　吸收式制冷循环　热泵气体的液化

10.11　导热理论基础

导热基本概念　温度场　温度梯度　傅里叶定律　导热系数　导热微分方程　导热过程的单值性条件

10.12 稳态导热

通过单平壁和复合平壁的导热　通过单圆筒壁和复合圆筒壁的导热　临界热绝缘直径　通过肋壁的导热　肋片效率　通过接触面的导热　二维稳态导热问题

10.13 非稳态导热

非稳态导热过程的特点　对流换热边界条件下非稳态导热　诺模图集总参数法

常热流通量边界条件下非稳态导热

10.14 导热问题数值解

有限差分法原理　导热问题的数值计算　节点方程建立　节点方程式求解　非稳态导热问题的数值计算　显式差分格式及其稳定性　隐式差分格式

10.15 对流换热分析

对流换热过程和影响对流换热的因素　对流换热过程微分方程式　对流换热微分方程组　流动边界层　热边界层　边界层换热微分方程组及其求解　边界层换热积分方程组及其求解　动量传递和热量传递的类比　物理相似的基本概念

相似原理　实验数据整理方法

10.16 单相流体对流换热及准则方程式

管内受迫流动换热　外掠圆管流动换热　自然对流换热　自然对流与受迫对流并存的混合流动换热

10.17 凝结与沸腾换热

凝结换热基本特性　膜状凝结换热及计算　影响膜状凝结换热的因素及增强换热的措施　沸腾换热　饱和沸腾过程曲线　大空间泡态沸腾换热及计算　泡态沸腾换热的增强

10.18 热辐射的基本定律

辐射强度和辐射力　普朗克定律　斯蒂芬—波尔兹曼定律　兰贝特余弦定律　基尔霍夫定律

10.19 辐射换热计算

黑表面间的辐射换热　角系数的确定方法　角系数及空间热阻灰表面间的辐射换热　有效辐射　表面热阻　遮热板　气体辐射的特点　气体吸收定律　气体的发射率和吸收率　气体与外壳间的辐射换热　太阳辐射

10.20 传热和换热器

通过肋壁的传热　复合换热时的传热计算　传热的削弱和增强平均温度差　效能—传热单元数　换热器计算

十一、工程流体力学及泵与风机

11.1 流体动力学

流体运动的研究方法　稳定流动与非稳定流动　理想流体的运动方程式　实际流体的运动方程式　伯努利方程式及其使用条件

11.2 相似原理和模型实验方法

物理现象相似的概念　相似三定理　方程和因次分析法　流体力学模型研究方法

实验数据处理方法

11.3 流动阻力和能量损失

层流与紊流现象　流动阻力分类　圆管中层流与紊流的速度分布　层流和紊流沿程阻力系数的计算　局部阻力产生的原因和计算方法　减少局部阻力的措施

11.4 管道计算

简单管路的计算　串联管路的计算　并联管路的计算

11.5 特定流动分析

势函数和流函数概念　简单流动分析　圆柱形测速管原理　旋转气流性质　紊流射流的一般特性　特殊射流

11.6 气体射流压力波传播和音速概念　可压缩流体一元稳定流动的基本方程　渐缩喷管与拉伐尔管的特点　实际喷管的性能

11.7 泵与风机与网络系统的匹配

泵与风机的运行曲线　网络系统中泵与风机的工作点　离心式泵或风机的工况调节　离心式泵或风机的选择　气蚀　安装要求

十二、自动控制

12.1 自动控制与自动控制系统的一般概念

"控制工程"基本含义　信息的传递　反馈及反馈控制　开环及闭环控制系统构成

控制系统的分类及基本要求

12.2 控制系统数学模型

控制系统各环节的特性　控制系统微分方程的拟定与求解　拉普拉斯变换与反变换　传递函数及其方块图

12.3 线性系统的分析与设计

基本调节规律及实现方法　控制系统一阶瞬态响应　二阶瞬态响应频率特性基本概念　频率特性表示方法　调节器的特性对调节质量的影响　二阶系统的设计方法

12.4 控制系统的稳定性与对象的调节性能

稳定性基本概念　稳定性与特征方程根的关系　代数稳定判据对象的调节性能指标

12.5 掌握控制系统的误差分析

误差及稳态误差　系统类型及误差度　静态误差系数

12.6 控制系统的综合与和校正

校正的概念　串联校正装置的形式及其特性

继电器调节系统（非线性系统）及校正：位式恒速调节系统、带校正装置的双位调节系统、带校正装置的位式恒速调节系统

十三、热工测试技术

13.1　测量技术的基本知识

测量　精度　误差　直接测量　间接测量　等精度测量　不等精度测量　测量范围　测量精度　稳定性　静态特性　动态特性　传感器传输通道　变换器

13.2　温度的测量

热力学温标　国际实用温标　摄氏温标　华氏温标　热电材料　热电效应膨胀效应　测温原理及其应用　热电回路性质及理论　热电偶结构及使用方法　热电阻测温原理及常用材料、常用组件的使用方法　单色辐射温度计　全色辐射温度计

比色辐射温度计　电动温度变送器　气动温度变送器　测温布置技术

13.3　湿度的测量

干湿球湿度计测量原理　干湿球电学测量和信号传送传感　光电式露点仪　露点湿度计　氯化锂电阻湿度计　氯化锂露点湿度计　陶瓷电阻电容湿度计　毛发丝膜湿度计　测湿布置技术

13.4　压力的测量

液柱式压力计　活塞式压力计　弹簧管式压力计　膜式压力计　波纹管式压力计

压电式压力计　电阻应变传感器　电容传感器　电感传感器　霍尔应变传感器　压力仪表的选用和安装

13.5　流速的测量

流速测量原理　机械风速仪的测量及结构　热线风速仪的测量原理及结构　L 型动压管　圆柱形三孔测速仪　三管型测速仪　流速测量布置技术

13.6　流量的测量

节流法测流量原理　测量范围　节流装置类型及其使用方法　容积法测流量　其他流量计　流量测量的布置技术

13.7　液位的测量

直读式测液位　压力法测液位　浮力法测液位　电容法测液位　超声波法测液位

液位测量的布置及误差消除方法

13.8　热流量的测量

热流计的分类及使用　热流计的布置及使用

13.9　误差与数据处理

误差函数的分布规律　直接测量的平均值、方差、标准误差、有效数字和测量结果表达　间接测量最优值、标准误差、误差传播理论、微小误差原则、误差分配　组合测量原理　最小二乘法原理　组合测量的误差　经验公式法　相关系数　回归分析　显著性检验及分析　过失误差处理　系统误差处理方法及消除方法　误差的合成定律

十四、机械基础

14.1　机械设计的一般原则和程序　机械零件的计算准则　许用应力和安全系数

14.2　运动副及其分类　平面机构运动简图　平面机构的自由度及其具有确定运动的条件

14.3　铰链四杆机构的基本形式和存在曲柄的条件　铰链四杆机构的演化

14.4　凸轮机构的基本类型和应用　直动从动件盘形凸轮轮廓曲线的绘制

14.5　螺纹的主要参数和常用类型　螺旋副的受力分析、效率和自锁螺纹联接的基本类型　螺纹联接的强度计算　螺纹联接设计时应注意的几个问题

14.6　带传动工作情况分析　普通 V 带传动的主要参数和选择计算带轮的材料和结构　带传动的张紧和维护

14.7　直齿圆柱齿轮各部分名称和尺寸　渐开线齿轮的正确啮合条件和连续传动条件　轮齿的失效　直齿圆柱齿轮的强度计算　斜齿圆柱齿轮传动的受力分析　齿轮的结构　蜗杆传动的啮合特点和受力分析　蜗杆和蜗轮的材料

14.8　轮系的基本类型和应用　定轴轮系传动比计算　周转轮系及其传动比计算

14.9　轴的分类、结构和材料　轴的计算　轴毂连接的类型

14.10　滚动轴承的基本类型　滚动轴承的选择计算

十五、职业法规

15.1　我国有关基本建设、建筑、房地产、城市规划、环保、安全及节能等方面的法律与法规

15.2　工程设计人员的职业道德与行为规范

15.3　我国有关动力设备及安全方面的标准与规范

附录二

注册公用设备工程师（暖通空调、动力）执业资格考试专业基础试题配置说明

热力学（工程热力学、传热学）	20 题
工程流体力学及泵与风机	10 题
自动控制	9 题
热工测试技术	9 题
机械基础	9 题
职业法规	3 题

注：试卷题目数量合计 60 题，每题 2 分，满分为 120 分。考试时间为 4 小时。